FORTSCHRITTE DER ARZNEIMITTELFORSCHUNG
PROGRESS IN DRUG RESEARCH
PROGRÈS DES RECHERCHES PHARMACEUTIQUES
VOL. 1

# Fortschritte der Arzneimittelforschung
# Progress in Drug Research
# Progrès des recherches pharmaceutiques

*Herausgegeben von | Edited by | Rédigé par*
ERNST JUCKER, Basel

## Vol. I

*Autoren|Authors|Auteurs*
A. H. BECKETT, J. BÜCHI, K. K. CHEN und T.-M. LIN, H. HAAS, W. KUNZ,
H.-A. OELKERS, J. BALLY

1959
BIRKHÄUSER VERLAG BASEL
UND STUTTGART

ISBN-13: 978-3-0348-7037-5     e-ISBN-13: 978-3-0348-7035-1
DOI: 10.1007/978-3-0348-7035-1

## VORWORT

Die stürmische Entwicklung der Arzneimittelforschung führt beim Einzelnen, sei er Chemiker, Physiologe, Pharmakologe oder Arzt, zur Konzentration auf sein eigenes Arbeitsgebiet und oft zur Vernachlässigung der von ihm selbst nicht bearbeiteten Forschungszweige. Je länger desto mehr ist er gezwungen, die Erweiterung seines Allgemeinwissens und seines Überblicks über den gesamten Forschungsbereich in den Hintergrund zu stellen, um den unmittelbaren Anforderungen seiner eigenen Arbeit gerecht zu werden. So sehr diese Spezialisierung eine leider unumgängliche Notwendigkeit ist, so sehr ist sie von Nachteil, stehen doch die meisten Gebiete der Arzneimittelforschung miteinander in enger Berührung und bilden so eine Einheit, die nicht in isolierten Bruchstücken erfasst werden kann. Dem Einzelnen bleibt oft nur die Möglichkeit des Studiums von zusammenfassenden Publikationen mit möglichst vollständigem Literaturnachweis.

Die neue Reihe *Fortschritte der Arzneimittelforschung* soll die Lücke schließen, die zwischen den bekannten Periodica einerseits und den Monographien und Handbüchern andererseits bestanden hat. Damit wird ein Publikationsorgan geschaffen, das in grösseren Übersichten periodisch über wichtige, aktuelle Gebiete der Arzneimittelforschung referiert. Diese Referate werden einem weiteren Kreis die Möglichkeit geben, sich über verschiedene chemische, pharmakologische und klinische Forschungsrichtungen zu orientieren; darüber hinaus können sie aber auch Anregungen für die Inangriffnahme oder Weiterführung von Forschungsreihen vermitteln. Die in Fortsetzung erscheinenden Bände bilden zusammen ein Ganzes, sind aber einzeln in sich abgeschlossen.

Das wachsende pharmakologisch-chemische Tatsachenmaterial führt zur Vertiefung der Erkenntnis der Zusammenhänge zwischen Struktur und Wirkung bei einzelnen Substanzklassen. Der Herausgeber will versuchen, dieser Entwicklung ganz besondere Beachtung zu schenken. Es wird angestrebt, in jedem Band ein besonders aktuelles Gebiet der Arzneimittelforschung im Hinblick auf den Zusammenhang zwischen Struktur und Wirkung von einem anerkannten Fachmann behandeln zu lassen. So wird es vielleicht möglich sein, im Laufe der Zeit eine systematische Sichtung und Zusammenfassung der experimentellen Befunde zu erreichen. Eine möglichst vollständige Erfassung der Zusammenhänge zwischen Struktur und Wirkung innerhalb einzelner Substanzgruppen gibt dem aktiven Forscher eine bessere Möglichkeit der Planung seiner Untersuchungen und der Aufstellung von Arbeitshypothesen.

Zahlreiche Fachkollegen sind uns in verdankenswerter Weise bei der Gründung dieses Werkes mit ihrem Rat beigestanden; ohne ihre Ermunterung hätten wir das Wagnis wahrscheinlich nicht unternommen. Vor allem bin ich den Herren R. ADAMS, J. BÜCHI, E. CHERBULIEZ, H. v. EULER, W. FOERST, L. C. MILLER, Sir R. ROBINSON, CL. SCHÖPF, A. TISELIUS, Sir. A. TODD und R. B. WOODWARD zu grossem Dank verpflichtet. Ganz besonders sei aber den Autoren, die sich für die Mitarbeit am ersten Band zur Verfügung gestellt haben, auch an dieser Stelle bestens gedankt. Wir hoffen, auch in Zukunft auf die Mitarbeit aktiver Forscher sowie auf ihre Kritik und ihre Vorschläge zählen zu dürfen; nur so wird sich diese Reihe zu einem nützlichen Publikationsorgan entwickeln und einen Beitrag an die praktische Medizin leisten können.

Die vorliegende Reihe entstand nach anregenden Diskussionen mit Herrn CARL EINSELE-BIRKHÄUSER, dem wir auch an dieser Stelle für die freundschaftliche und angenehme Zusammenarbeit bestens danken möchten. Schließlich sei dem Birkhäuser Verlag und ganz besonders Herrn Dr. h. c. ALBERT BIRKHÄUSER für die zweckentsprechende, gediegene Aufmachung des Werkes gedankt.

Dr. E. JUCKER

Pharmazeutisch-chemisches Laboratorium
SANDOZ AG, Basel

# PREFACE

Due to the rapid development of pharmaceutical research the active investigator – whether chemist, physiologist, pharmacologist or physician – is only able to keep up with the progress in his own field. The enormous number of scientific publications constrains him increasingly to neglect his general knowledge and to lose the broad and many faceted overall picture of pharmaceutical research. Necessary as such specialisation is, it also contains a danger as most of these fields of research are interrelated. Innumerable links and contingencies have welded the various branches into a closely integrated entity. There seems today to be only one possibility left in order to keep contact with various fields, namely survey articles with complete and up-to-date bibliographies.

This new series *Progress in Drug Research* intends to close the gap that has hitherto existed between the periodicals and the monographs and handbooks. Yearly published volumes will contain longer survey articles on important current fields of pharmaceutical research. They will be designed to give men of science the possibility of obtaining a complete but brief summary of important fields in which they are not actively engaged themselves. The specialist might even find therein new ideas and suggestions for further research.

The growing volume of experimental chemical and pharmacological data makes possible today a better understanding of the very complicated rules governing the relationship between the structure and the pharmacological activity within various classes of compounds. The editor intends to devote special attention to this aspect, and he will aim at securing an expert to write for each volume an article on this relationship for a particular group of compounds. The more we know about these relationships, the greater are our possibilities for the planning of pharmaceutical research, and the better will be the working hypotheses upon which this research is based.

Our gratitude goes to numerous colleagues for their suggestions and advice; this publication would probably not have come into being without their encouragement. We are particularly indebted to R. ADAMS, J. BÜCHI, E. CHERBULIEZ, H. V. EULER, W. FOERST, L. C. MILLER, Sir R. ROBINSON, CL. SCHÖPF, A. TISELIUS, Sir A. TODD and R. B. WOODWARD. To all of them and to the authors who have contributed articles to this first volume we extend our sincere thanks. We hope in the future to be able to count on both the active cooperation and constructive criticism of research workers. Only thereby will it be possible to develop the series as a useful publication and thus make a positive contribution to medicine.

This series is the result of a long collaboration with Mr. CARL EINSELE-BIRKHÄUSER, for whose constant interest and help the editor wishes to express his thanks. The editor would also like to thank Birkhäuser Verlag, and more especially Dr. h. c. ALBERT BIRKHÄUSER, from whom he received every consideration and assistance.

Dr. E. JUCKER
Pharmaceutical-Chemical Laboratory
SANDOZ LTD., Basle

## PRÉFACE

Le développement rapide des recherches pharmaceutiques réduit le chercheur, qu'il soit chimiste, physiologiste, pharmacologue ou médecin, à ne pouvoir plus se tenir au courant que de son domaine propre. Le flux croissant de mémoires scientifiques contraint chacun à se spécialiser, s'il veut suffire aux exigences immédiates de son travail, et fait négliger ainsi d'élargir les connaissances générales et la vue d'ensemble sur les autres disciplines. Aussi nécessaire que soit cette spécialisation, autant elle est regrettable, car la plupart des domaines de la recherche pharmaceutique sont liés étroitement les uns aux autres et forment une unité organique qui ne peut être appréhendée de façon fragmentaire. Il ne subsiste plus guère aujourd'hui qu'une seule possibilité de se maintenir au courant de l'ensemble de la recherche: c'est de disposer d'articles étendus, résumant un sujet et pourvus d'une bibliographie à jour et complète.

La nouvelle suite *Progrès des recherches pharmaceutiques* ouverte par ce volume comble la lacune qui subsistait jusqu'ici entre les périodiques connus et les monographies et manuels; elle veut informer périodiquement, par de larges exposés, des progrès actuels réalisés en des secteurs importants de la recherche pharmaceutique. Ces exposés ont pour but d'apporter à un vaste cercle d'intéressés une orientation sur diverses directions de la recherche; ils pourront en outre transmettre des suggestions pour la suite des recherches ou l'étude de nouveaux thèmes.

L'accroissement continu des données scientifiques est propre en soi à amener un approfondissement de nos connaissances des relations existant, dans des classes particulières de corps, entre la structure chimique et les propriétés pharmacologiques; l'éditeur se propose de vouer à ce sujet, dans chaque volume, une attention spéciale. Les données concernant des domaines spécialement actuels de la recherche doivent donc être rassemblées périodiquement et soumises à une étude critique par un auteur compétent. On peut espérer contribuer ainsi à dégager progressivement la recherche pharmaceutique de son empirisme, en lui conférant le caractère d'une science plus exacte.

J'adresse mes remerciements aux nombreux collègues et amis qui m'ont encouragé à cette entreprise et aidé de leurs conseils; je pense ici en particulier à MM. R. ADAMS, J. BÜCHI, E. CHERBULIEZ, H. v. EULER, W. FOERST, L. C. MILLER, Sir R. ROBINSON, CL. SCHÖPF, A. TISELIUS, Sir A. TODD et R. B. WOODWARD. Que les auteurs de ce premier volume veuillent trouver ici l'expression de ma sincère gratitude. J'espère rencontrer à l'avenir la même collaboration de la part d'autres chercheurs; c'est seulement par les critiques et les suggestions de tous que cet ouvrage peut devenir un organe utile au service de la médecine.

Des entretiens fort intéressants avec M. CARL EINSELE-BIRKHÄUSER ont précédé la fondation de cette série de monographics. Il en est résulté ce premier volume dans la présentation actuelle et je tiens à exprimer ici ma vive reconnaissance à M. EINSELE pour son dévouement constant et aux Editions Birkhäuser, particulièrement à M. ALBERT BIRKHÄUSER, Dr h. c., pour le soin et la perfection apportés à la réalisation de l'ouvrage.

E. JUCKER
Laboratoires de Chimie Pharmaceutique
SANDOZ S.A., Bâle

# INHALT / CONTENTS / SOMMAIRE

# Die Ionenaustauscher und ihre Anwendung in der Pharmazie und Medizin

Von J. Büchi, Pharmazeutisches Institut der ETH, Zürich

## 1. Einleitung

Der Ionenaustausch hat sich in den letzten Jahren zu einem in der organischen Chemie, Pharmazie und Medizin allgemein gebrauchten Verfahren entwickelt, das sich von größtem Wert für viele präparative und analytische Zwecke sowie für bestimmte therapeutische Anwendungen erweist. Es wurde außerdem erkannt, daß zahlreiche biochemische Systeme selbst Ionenaustauscher sind und daß einige physiologisch bedeutsame Vorgänge auf dem Ionenaustausch beruhen. Die Grundlagenkenntnisse auf diesem Gebiet finden auch in der Arzneimittelforschung ihre Auswertung. In wachsendem Maße wird das Ionenaustausch-Verfahren nicht nur zur Bearbeitung von Forschungsproblemen herangezogen; es findet bereits eine vielfältige und erfolgreiche Anwendung in der Arzneimittelherstellung und der Arzneimittelprüfung und verschafft sich in zunehmendem Maße auch Eingang in die Arzneitherapie. Die Veröffentlichungen von Forschungsresultaten auf diesem Gebiet haben in den letzten Jahren einen derart großen Umfang angenommen, daß eine Sichtung der wichtigsten Ergebnisse einem Bedürfnis entspricht. Ohne Anspruch auf Vollständigkeit erheben zu wollen, geben wir im folgenden einen Überblick über das bis heute Erreichte und verweisen auf wichtige Originalarbeiten, Referate und Übersichten als Unterlagen für ein weiter reichendes Detailstudium von pharmazeutischen und medizinischen Spezialfragen.

## 2. Die geschichtliche Entwicklung des Ionenaustausches

Im Jahre 1850 veröffentlichte der wissenschaftlich interessierte englische Gutsbesitzer Thompson[1]) eine Abhandlung: *On the Adsorbent Power of Soils*. Darin beschreibt er Versuche, die er zusammen mit dem Apotheker Joseph Spence in York durchführte. Ihr Interesse galt dem Verhalten wässeriger Ammonsulfatlösungen im Erdboden. Beim Perkolieren von Wasser durch eine mit Ammonsulfat vermischte Erdschicht fand Spence überraschenderweise, daß im aufgefangenen wässerigen Perkolat nicht Ammoniumsulfat, sondern eine geringe Menge Calciumsulfat gelöst war. Way[2]), der von Thompson[1]) als beratender Chemiker der Royal Agricultural Society ins Einvernehmen gezogen wurde, untersuchte diese interessante Beobachtung weiter und konnte zeigen, daß es sich dabei um einen Ionenaustausch an den komplexen Silikaten handelte, welche in der betreffenden Erdprobe vorhanden waren. Der Vorgang kann wie folgt formuliert werden:

$$\left[\boxed{\text{Erde}}^{2-} \cdot Ca^{2+}\right] + (NH_4^+)_2 \cdot SO_4^{2-} \; \rightleftharpoons \; \left[\boxed{\text{Erde}}^{2-} \cdot (NH_4^+)_2\right] + Ca^{2+} \cdot SO_4^{2-} \qquad (2.1)$$

Way[2]) studierte dieses interessante agrikulturchemische Problem weiter und berichtete in drei wertvollen Veröffentlichungen, daß die $NH_4^+$-, $K^+$-, $Mg^{2+}$- und $Ca^{2+}$-Ionen in verschiedenem Maße vom Boden eingetauscht werden. Er

[1]) H. S. Thompson, J. Roy. agric. Soc. *11*, 68 (1850).
[2]) J. T. Way, J. Roy. agric. Soc. *11*, 313 (1850).

fand, daß die Anionen-Konzentration der untersuchten Lösung keine Veränderung erleidet, daß aber der Boden eine dem eingetauchten Kation äquivalente Menge eines andern Kations, meistens $Ca^{2+}$, an die Lösung abgibt. Der Austausch erfolgte rasch und erreichte ein bestimmtes Maximum. Nachdem WAY[1] erkannt hatte, daß als Kationenaustauscher (KAT) komplexe Silikate in Betracht kommen, gewann er durch gegenseitige Fällung von Natriumsilikat und Natriumaluminat verschiedene Aluminosilikate, welche sich ähnlich verhielten wie die natürlichen Tone. Die von WAY[1] gewissenhaft durchgeführten Versuche, die ihn zur Überzeugung führten, dass es sich beim beobachteten Ionenaustausch um eine chemische Reaktion handeln muß, fanden in LIEBIG[2] einen heftigen Kritiker. Der auf diese Kontroverse zurückgehende jahrzehntelange Streit «physikalischer oder chemischer Vorgang» hat sich als sehr unfruchtbar erwiesen und vorerst weitere Fortschritte gehemmt. Aber auch EICHHORN[3] und später LEMBERG[4] konnten zeigen, daß Aluminosilikate Ionenaustauscher (IAT) sind:

$$[Al_2Si_6O_{16} \cdot 8\ H_2O]^{2-} \cdot Ca^{2+} + 2\ Na^+ \longrightarrow [Al_2Si_6O_{16} \cdot 8\ H_2O]^{2-} \cdot (Na^+)_2 + Ca^{2+} \qquad (2.2)$$
$$\text{Chabasit}$$

$$[Al_2Si_4O_{12} \cdot 2\ H_2O]^{2-} \cdot 2\ K^+ + 2\ Na^+ \longrightarrow [Al_2Si_4O_{12} \cdot 2\ H_2O]^{2-} \cdot (Na^+)_2 + 2\ K^+ \qquad (2.3)$$
$$\text{Leuzit} \hspace{5cm} \text{Analzit}$$

Der erste Versuch zur kommerziellen Verwertung der IAT wurde von HARM[5] im Jahre 1896 unternommen. Er ließ sich ein Verfahren patentieren, nach welchem es ihm gelang, Zuckerrübensaft mit Hilfe eines natürlichen, Kationen austauschenden Silikates von Kalium und Natrium zu befreien. Einige Jahre später berichtete GANS[6] über die Synthese von Aluminosilikaten mit Ionenaustauschereigenschaften. Er gewann sie durch Flockungsreaktionen und durch Zusammenschmelzen von Quarz, Ton und Soda. Seine Produkte, die als Permutite bezeichnet wurden, besaßen die wertvolle Eigenschaft, $Na^+$-Ionen auszutauschen. Diese anorganischen KAT wurden in der Folge zur Enthärtung von Wasser und zur Behandlung von Zuckerlösungen in technischem Umfange verwendet. Die synthetischen Präparate verdrängten weitgehend die natürlich vorkommenden Austauschersilikate (Zeolithe). Die folgenden Jahre brachten den Ausbau der physikalischen und chemischen Kenntnisse über die anorganischen IAT. Der Einfluß ihres morphologischen Baues, die Bedeutung der Wertigkeit, der Größe und der Hydratation der auszutauschenden Ionen und ihre Haftfestigkeit am Austauscher konnte weitgehend abgeklärt werden. Als wesentlicher Nachteil dieser anorganischen KAT erwies sich ihre Empfindlichkeit gegenüber Säuren und der Umstand, daß sie unbrauchbar sind bei allen Austauschreaktionen, an welchen Wasserstoffionen beteiligt sind. Dies führte zur Herstellung von Derivaten hochmolekularer Naturstoffe;

[1] J. T. WAY. J. Roy. agric. Soc. *11*, 313 (1850).
[2] J. LIEBIG, Ann. Chem. Pharm. *94*, 373 (1855).
[3] H. EICHHORN, Pogg. Ann. Phys. Chem. *105*, 126 (1858).
[4] J. LEMBERG, Dtsch. geol. Ges. *22*, 335 (1870); *28*, 519 (1876).
[5] F. HARM, Dtsch. Pat. 95447 (1896).
[6] R. GANS, Jb. Kgl. preuss. geol. Landesanstalt *26*, 179 (1905).

oxydierte und sulfonierte Kohlen erwiesen sich als günstige Austauscher, auch Derivate von Kautschuk, Lignin und Zellulose wurden studiert[1,2]).

Es ist das Verdienst von ADAMS and HOLMES[3]), die Entwicklung der IAT wesentlich gefördert und dazu beigetragen zu haben, daß dieses Verfahren die Bedeutung der andern wichtigen chemischen Arbeitsverfahren, wie der Destillation, der Sublimation, der Adsorption usf., erlangt hat. Diese Autoren fanden, wie man durch speziell geleitete Polykondensation geeigneter, niedrigmolekularer Bausteine säure- und hitzebeständige Kunstharze herstellen kann, die sich wegen ihres großen Gehaltes an anionischen und kationischen Gruppen als IAT eignen. Die Untersuchungen von ADAMS and HOLMES[3]) befaßten sich mit zwei Gruppen von Kunstharzen:

a) Mit Kondensationsprodukten saurer aromatischer Grundstoffe, natürlicher Gerbstoffe und vor allem mehrwertiger Phenole mit Formaldehyd usw. Derartige Harze eignen sich zum Kationenaustausch und können auch als Wasserstoffaustauscher verwendet werden;

b) mit Kondensationsprodukten aromatischer Amine mit Aldehyden. Diese Harze sind befähigt zum Anionenaustausch und lassen sich auch zum Austausch von Hydroxylionen benützen.

Die von ADAMS and HOLMES[3]) synthetisierten KAT und AAT ermöglichten, nach Vorbehandlung mit Säure bzw. Lauge, ihre Verwendung als $H^+$- bzw. $OH^-$-Austauscher und ergaben die Möglichkeit, durch Hintereinanderschaltung der beiden Austauschertypen die basische und die saure Salzkomponente von Elektrolytlösungen durch $H^+$- bzw. $OH^-$-Ionen zu ersetzen, das heißt Wasser usf. zu demineralisieren. Es folgte die kommerzielle Fabrikation und Anwendung der Kunstharze durch HOLMES[3]) und die I. G. Farbenindustrie. Ein wesentlicher Erfolg war die ins Jahr 1944 fallende Entdeckung der Polystyrolharze durch D'ALELIO[4]), welche sich gegenüber den bis dahin bekannten Produkten durch eine größere Austauschkapazität und durch bessere mechanische und chemische Stabilität auszeichnen. In der Folge ist es gelungen, die Zusammensetzung der Styrolderivate in hohem Grade zu variieren und sie in feinkugeliger Form von hoher Beständigkeit gegen oxydierende Stoffe und Hitze herzustellen. Neben den chemischen Faktoren, welche bei der Bildung der Harze und ihrer Härtung zu berücksichtigen waren, wurde auch ihre Struktur verbessert. Es wurde erkannt, daß die hohe Arbeitsgeschwindigkeit der Harzaustauscher in engem Zusammenhang steht mit ihrer Gelstruktur, der eine große innere Oberfläche gegeben werden konnte. Durch Erprobung verschiedener Typen von Harzkomponenten als Harzgerüst und Einführung austauschfähiger Gruppen unterschiedlicher Art und Anzahl in das Harzskelett gelang es vor allem amerikanischen Forschern, in der Nachkriegszeit große Fortschritte zu erreichen. Die Emulsionspolymerisation von gequollenem Styrol und Divinylbenzol, gefolgt von der Sulfurierung des Polymerisates,

[1]) O. LIEBKNECHT, US. Pat. 2191060 (1940); 2206007 (1940).
[2]) P. SMIT, US. Pat. 2191063 (1940); 2205635 (1940).
[3]) B. A. ADAMS und E. L. HOLMES, J. Soc. chem. Ind. 54, 1 T (1935).
[4]) G. D'ALELIO, US. Pat. 2366007 (1944); 2366008 (1944).

führte zu stabilen Polystyrolpolysulfonaten von gewünschtem Vernetzungsgrad. Auch die Herstellung und die Eigenschaften der AAT sind wesentlich
gefördert worden, wurde es doch möglich, auf Grund der Chlormethylierung
und Aminierung auch stark basische Austauscher vom Typ der quaternären
Ammoniumverbindungen zu gewinnen. Durch Copolymerisation von Metacryl-
säure mit Divinylbenzol resultierten ferner KAT-Harze von weniger stark
sauren Eigenschaften und einer hohen Austauschkapazität. Durch die praktische Auswertung der mannigfaltigen Möglichkeiten bei der Bereitung von
IAT, welche durch die Abwandlung der Struktur, der Vernetzung und der
chemischen Struktur der Austauschgruppen, ihrer Raumdichte usf. gegeben
ist, konnten zahlreiche Spezialtypen von IAT entwickelt werden. So wurde
festgestellt, daß Kunstharze bei entsprechender Oberflächenentwicklung auch
eine deutliche Befähigung zur unspezifischen Adsorption erhalten. Die Neigung
zur Allgemeinadsorption tritt bei manchen Typen unter anderem dadurch in
Erscheinung, daß sie schwache organische Säuren oder Basen über ihre Austauschkapazität hinaus festzuhalten vermögen. Zum Teil werden auch Nichtelektrolyten in erheblicher Menge zurückgehalten. Zu den Spezialharzen dieser
Art gehören die Entfärberharze[1]), deren Verwendung auf der Adsorption
kolloidaler und subkolloidaler Ladungskörper beruht und die eine Lücke nach
den aktiven Kohlen hin ausfüllen. Zu den Spezialentwicklungen sind auch die
Chelatharze[2]), Katalysatorharze[3]), die Redoxite oder Elektronenaustauscher[4]), die IAT-Membranen[5]) und die IAT als Ionen- und Molekülsiebe[6]) zu
rechnen.

Die wissenschaftliche und industrielle Forschung fanden in den letzten
Jahren, nachdem die Schwierigkeiten der technischen Herstellung von gut
definierten und normierten sowie von mechanisch und chemisch widerstandsfähigen Materialien überwunden werden konnten, mannigfaltige Anwendungen
für den Ionenaustausch:

a) Die Beseitigung unerwünschter Kationen und Anionen zur Reinigung von
   Produkten, zum Beispiel
      die Enthärtung von Trinkwasser oder Wasser zur Beschickung von Heiß-
      wasser- und Dampferzeugungsanlagen, ferner
      zur Reinigung von biologischen und pharmazeutischen Produkten;
b) die Isolierung von ionisierenden Produkten, zum Beispiel
      die Gewinnung geringer Mengen anorganischer und organischer Stoffe,
      die Aufarbeitung reiner anorganischer und organischer Arzneistoffe und
      Reagenzien;

---

[1]) J. M. Abrams und B. N. Dickinson, Industr. Engng. Chem. *41*, 2521 (1949).
[2]) H. P. Gregor, M. Taifer, L. Citarel und E. Becker, Industr. Engng. Chem. *44*, 2834
(1952).
[3]) G. Naumann, in: Houben-Weyl, *Methoden der organischen Chemie*, 4. Aufl., 1. Band, 1. Teil
(1958), S. 585.
[4]) H. G. Cassidy, J. Amer. chem. Soc. *71*, 402 (1949).
[5]) R. Griessbach, *Austauschadsorption in Theorie und Praxis* (Akademie-Verlag AG, Berlin
1957), S. 205.
[6]) S. M. Partridge, Nature *169*, 496 (1952).

c) die Trennung von Ionen-Mischungen zur Durchführung von qualitativen und quantitativen Analysen;

d) die therapeutische Anwendung.

Für das Verständnis dieser Verwendungsmöglichkeiten des Ionenaustausches, mit welchen sich unsere Übersicht zu befassen hat, und für eine erfolgreiche Durchführung dieses Verfahrens ist die Kenntnis der Zusammensetzung und der Eigenschaften der Ionenaustauscher (IAT) sowie des Ionenaustausch-Vorganges notwendig. Diese Grundlagen sollen im folgenden Abschnitt des Übersichtsreferates behandelt werden, worauf auf die präparative, analytische und therapeutische Verwendung der IAT eingegangen wird.

### 3. Die Ionenaustausch-Materialien

#### 3.1 *Definition und Aufbau der Ionenaustauscher*

Sämtliche brauchbaren IAT sind feste Stoffe und praktisch unlöslich in Wasser und in organischen Lösungsmitteln; ferner besitzen sie eine große äußere und innere Oberfläche, welche durch die Gegenwart von ionisierenden Gruppen, den sogenannten Festionen, elektrisch aufgeladen ist und Gegenionen bindet. Die Bindung der letzteren ist mehr oder weniger labil, so daß sie durch andere Ionen einer umgebenden Elektrolytlösung reversibel ausgetauscht werden können. Ihrem chemischen Charakter nach sind die IAT somit entweder als hochmolekulare Säuren (Festsäuren), als hochmolekulare Basen (Festbasen) oder als hochmolekulare Ampholyte (Festampholyte) anzusprechen.

Liegen die hochmolekularen IAT als freie Säuren vor, dann sind sie zum Austausch ihrer Wasserstoffionen befähigt [Gleichung (3.1)]; sind sie dagegen mit einer Base zum Salz abgesättigt, dann lassen sie sich zum Neutralaustausch verwenden [Gleichung (3.2)]. Diese Vorgänge stellen einen Kationenaustausch dar – $H^+$ durch $Na^+$ bzw. $Na^+$ durch $K^+$ –, es handelt sich somit um Kationenaustauscher (KAT).

$$[KAT^- \cdot H^+] + Na^+ \cdot OH^- \rightleftharpoons [KAT^- \cdot Na^+] + HOH \qquad (3.1)$$

$$[KAT^- \cdot Na^+] + K^+ \cdot Cl^- \rightleftharpoons [KAT^- \cdot K^+] + Na^+ \cdot Cl^- \qquad (3.2)$$

Liegen die hochmolekularen Basen in freier Form vor, dann tauschen sie ihre Hydroxylionen aus und sind zur Bindung von Säuren befähigt [Gleichung (3.3)]; mit Säuren abgesättigt, ist ihre Salzform zum Austausch ihrer Anionen gegen Anionen einer Elektrolytlösung befähigt [Gleichung (3.4)]. Diese Vorgänge beruhen ihrerseits auf dem Austausch von Anionen – $OH^-$ durch $Cl^-$ bzw. $Cl^-$ durch $NO_3^-$ –, es handelt sich somit um Anionenaustauscher (AAT).

$$[AAT^+ \cdot OH^-] + H^+ \cdot Cl^- \rightleftharpoons [AAT^+ \cdot Cl^-] + HOH \qquad (3.3)$$

$$[AAT^+ \cdot Cl^-] + K^+ \cdot NO_3^- \rightleftharpoons [AAT^+ \cdot NO_3^-] + K^+ \cdot Cl^- \qquad (3.4)$$

Die hochmolekularen Ampholyte zeichnen sich dadurch aus, daß sie sowohl saure als auch basische Austauschergruppen besitzen. Sie sind von größter Bedeutung für die Bodenkunde und für das Geschehen im lebenden Organismus (Eiweißkörper und ihre Derivate, Phosphatide usf.). Künstliche Mischharze sind für Sonderzwecke von technischer Bedeutung.

Die chemische Konstitution der IAT ist äußerst mannigfaltig. Es kann sich um anorganische oder organische Verbindungen, um amorphe oder kristalline Stoffe handeln. Die Partikel der IAT stellen Riesenmoleküle, Molekularaggregate oder Salzkriställchen dar[1]). Das Trägergerüst ist in der Regel polymer; auf Grund der austauschaktiven Gruppen trägt es eine elektrostatische Ladung, welche genau neutralisiert ist durch die Ladung der Gegenionen. Diese letztern sind Kationen bei den KAT und Anionen bei den AAT. Ein KAT ist somit ein unlösliches polymeres Anion mit labilen Kationen, während ein AAT ein unlösliches polymeres Kation mit labilen Anionen darstellt. Als funktionelle Austauschgruppen der verschiedenen IAT lassen sich unterscheiden:

*Kationenaustauscher:* Die Austauschgruppen sind homofunktionell und besitzen anionischen Charakter wie

$-SO_3H \rightleftharpoons -SO_3^- + H^+$          kerngebundene Sulfonsäuregruppe

$-CH_2-SO_3H \rightleftharpoons -CH_2-SO_3^- + H^+$    aliphatisch gebundene Sulfonsäuregruppe

$$-\underset{\underset{\displaystyle OH}{|}}{\overset{\overset{\displaystyle OH}{|}}{P}}=O \rightleftharpoons -\underset{\underset{\displaystyle OH}{|}}{\overset{\overset{\displaystyle O^-}{|}}{P}}=O+H^+ \rightleftharpoons -\underset{\underset{\displaystyle O^-}{|}}{\overset{\overset{\displaystyle O^-}{|}}{P}}=O+H^+$$    Phosphorsäuregruppe

$$-\underset{\underset{\displaystyle OH}{|}}{\overset{\overset{\displaystyle OH}{|}}{P}} \rightleftharpoons -\underset{\underset{\displaystyle OH}{|}}{\overset{\overset{\displaystyle O^-}{|}}{P}}+H^+ \rightleftharpoons -\underset{\underset{\displaystyle O^-}{|}}{\overset{\overset{\displaystyle O^-}{|}}{P}}+H^+$$    Phosphinsäuregruppe

$$-\overset{\overset{\displaystyle O}{\|}}{C}-OH \rightleftharpoons -\overset{\overset{\displaystyle O}{\|}}{C}-O^- + H^+$$    aromatische Carbonsäuregruppen

$$-CH_2-\overset{\overset{\displaystyle O}{\|}}{C}-OH \rightleftharpoons -CH_2-\overset{\overset{\displaystyle O}{\|}}{C}-O^- + H^+$$    aliphatische Carbonsäuregruppen

$\rangle\!\!-OH \rightleftharpoons \rangle\!\!-O^- + H^+$    phenolische Hydroxylgruppe

$-SH \rightleftharpoons -S^- + H^+$    Sulfhydrylgruppe

Die natürlichen, die modifizierten natürlichen und einige synthetische KAT enthalten verschiedenartige Austauschergruppen, das heißt, sie sind multifunktionell. So besitzen die sulfonierten Kohlen und verschiedene Kunstharze sowohl $-SO_3H$-, $-COOH$- und $-OH$-Gruppen, $-SO_3H$- und $-OH$-Gruppen oder $-COOH$- und $-OH$-Gruppen. In neuerer Zeit wurden monofunktionelle Harze hergestellt und in Gebrauch genommen, das heißt KAT nur mit $-SO_3H$- oder mit $-COOH$-Gruppen. Dieser letztere Harztypus zeigt Vorteile, wenn mit dem Austausch eine pH-Änderung einhergeht. Bei den monofunktionellen

---

[1]) H. DEUEL und K. HUTSCHNEKER, Chimia *9*, 50 (1955).

Harzen kommt es nicht zu einer Änderung der Ionenaffinitäten im Zusammenhang mit der pH-Änderung, während die multifunktionellen Harze unter diesen Bedingungen Komplikationen zeigen.

Auf Grund ihrer Dissoziationsverhältnisse besitzen die Sulfosäure- und Phosphorsäure-Harze stark saure, die übrigen Harze nur schwach saure Eigenschaften.

*Anionenaustauscher:* Die Austauschgruppen sind homofunktionell und besitzen kationischen Charakter wie

$$-\overset{+}{N}(R_1R_2R_3)\cdot OH^- \rightleftharpoons -\overset{+}{N}(R_1R_2R_3) + OH^- \qquad \text{quaternäre Stickstoffgruppe}$$

$$-\underset{H}{\overset{+}{N}}(R_1R_2)\cdot OH^- \rightleftharpoons -\underset{H}{\overset{+}{N}}(R_1R_2) + OH^- \qquad \text{tertiäre Aminogruppe}$$

$$-\underset{H}{\overset{+}{N}}HR\cdot OH^- \rightleftharpoons -\underset{H}{\overset{+}{N}}HR + OH^- \qquad \text{sekundäre Aminogruppe}$$

$$-\underset{H}{\overset{+}{N}}H_2\cdot OH^- \rightleftharpoons -\underset{H}{\overset{+}{N}}H_2 + OH^- \qquad \text{primäre Aminogruppe}$$

$$=\underset{H}{\overset{+}{N}}H\cdot OH \rightleftharpoons =\underset{H}{\overset{+}{N}}H + OH^- \qquad \text{Iminogruppe}$$

Auch bei den AAT kann man zwischen multi- und monofunktionellen Austauschern unterscheiden. Entsprechend ihren Dissoziationsverhältnissen sind die Ammoniumharze stark basisch, die Polyalkylenamin- bzw. Iminharze mittelstark bis stark basisch und die aromatischen Amin- bzw. Iminharze schwach bis mittelstark basisch.

*Ampholytaustauscher:* Die Austauschgruppen sind heterofunktioneller Natur; sie enthalten anionische neben kationischen Gruppen, wie dies zum Beispiel bei Leder und Wolle der Fall ist. Neben künstlichen Harzen mit $-SO_3H-$ und $-NH_2$-Gruppen sind solche mit $-COOH-$ und $-NR_1R_2$-Gruppen beschrieben worden.

### 3.2 Übersicht der wichtigsten IAT-Materialien

Die gebräuchlichen IAT kann man in zwei Gruppen unterteilen, die anorganischen und die organischen. In beiden Gruppen treffen wir natürliche und synthetische Produkte an:
1. *Natürliche, mineralische IAT:* KAT-Eigenschaften besitzen die natürlichen Zeolithe, die Glaukonite, die Ton- und Glimmermineralien – vor allem die Montmorillonite. Als AAT sind die Skapolithe und Hydroxylapatite von einigem Interesse.
2. *Künstliche, mineralische IAT:* Hierher gehören die Aluminatsilikate, wie Schmelzzeolithe, Gelzeolithe, aktivierte Mineralstoffe als KAT und die künstlichen Skapolithe, Apatite, Eisenoxydgele und Tonerdegele als AAT.
3. *Natürliche, organische IAT:* Von praktischem Interesse sind Wolle, Haare, Horn, Leder und Cellulose.
4. *Künstliche, organische IAT:* Cellulosederivate, sulfurierte Kohlen, Polykondensations- und Polymerisationsharze.

Diese IAT besitzen folgende Eigenschaften:

### 3.21 Natürliche Mineralstoffe als Ionenaustauscher

Der Ionenaustausch wurde, wie wir bereits im Abschnitt über die geschichtliche Entwicklung des IAT dargestellt haben, durch Thompson[1]) und Way[2]) an natürlichen Mineralstoffen entdeckt. In den untersuchten Erdproben enthaltene komplexe Aluminiumsilikate konnten für diese Erscheinung verantwortlich gemacht werden. Heute weiß man, daß Montmorillonit (Bentonit), Beidellit, Ultramarin, Apophyllit, Natrolit und Glauconit KAT-Eigenschaften besitzen. Die Austauschkapazität der verschiedenen Erdproben variiert stark je nach Art und Menge der in ihnen enthaltenen Austauschsubstanzen. Sie kann zwischen wenigen Milliäquivalenten bis 200 mÄq pro 100 g betragen. Diese mineralischen IAT besitzen einen schichtförmigen Aufbau, dessen Struktur sich infolge Aufquellung aufweitet. Die austauschenden Ionen sind zwischen den Schichten eingelagert und werden erst mit dem Eindringen von Wasser abspaltbar[3]). Praktische Auswertung als IAT hat von diesen Mineralstoffen lediglich Glauconit, der sogenannte Grünsand, erfahren. Ihm kommt die empirische Formel $K(FeAl)Si_2O_6$ zu. Von geringer Austauschkapazität, ist er mechanisch resistent und wurde deshalb einige Zeit lang zum Enthärten von Wasser verwendet. Zur Entsalzung von Wasser eignen sich diese Präparate nicht, da sie nicht säurebeständig sind.

### 3.22 Künstliche, anorganische IAT

Gegen Ende des letzten Jahrhunderts wurden von Gans[4]) komplexe Aluminiumsilikate hergestellt und für die Enthärtung von Wasser verwendet. Durch Zusammenschmelzen von $Al_2O_3$ : 10 $SiO_2$ : 10 $Na_2O$ in den angegebenen molekularen Mengen gewann er ein unlösliches, gegen Zerfall widerstandsfähiges Produkt. Von geringer Austauschkapazität und langsamer Austauschgeschwindigkeit, wurde es bald durch ein durch Fällung von Natriumsilikat mit Aluminiumsulfat gewonnenes präzipitiertes Natriumaluminiumsilikat ersetzt. Im Verlaufe der Zeit wurde seine Zusammensetzung variiert und als günstigstes Verhältnis $Na_2O \cdot Al_2O_3 \cdot 4–6\ SiO_2 \cdot 6\ H_2O$ ermittelt. Damit war man der Zusammensetzung der natürlichen Zeolithe Natrolit und Analcit nahegekommen[5]). Die Porenweite der synthetischen Silikate erwies sich als etwas größer als jene der natürlichen Mineralstoffe[6, 7]); sie reicht aber noch längst nicht an die Porosität der synthetischen Harze heran. Derartige Pro-

[1]) H. S. Thompson, J. Roy. agric. Soc. *11*, 68 (1850).
[2]) J. T. Way, J. Roy, agric. Soc. *11*, 313 (1850).
[3]) S. B. Hendricks, J. phys. Chem. *45*, 65 (1941).
[4]) R. Gans, Jb. Kgl. preuss. geol. Landesanstalt *26*, 179 (1905).
[5]) S. Mattson, Soil Sci. *25*, 289 (1928).
[6]) E. A. Harrington, Amer. J. Sci. *13* (v), 467 (1927).
[7]) G. Wiegner und E. Russell, J. Soc. chem. Ind., London *50*, 70 T (1931).

dukte und durch komplexe Silikate aktiviertes Glaukonit werden heute noch zur Enthärtung von Wasser verwendet (Permutite).

### 3.23 Natürliche, organische IAT

Naturstoffe, wie *Wolle, Haare, Horn, Leder* und *Cellulose*, besitzen Ionenaustausch-Eigenschaften. Die ersten vier Stoffe sind eiweißartiger Natur und enthalten somit saure und basische austauschaktive Gruppen. Sie besitzen heterofunktionellen Charakter und können sich je nach der Reaktion der Lösung, mit der sie in Kontakt gelangen, als KAT oder AAT verhalten. Dies kommt zum Beispiel beim Färben von *Wolle* zum Ausdruck, indem die Farbstoffe vom Material durch Ionenaustausch (Coulombsche Kräfte) angezogen und dort auch durch van der Waalsche Kräfte festgehalten werden. Der Färbeprozeß, auch jener von bakteriologischen und histologischen Präparaten, folgt deshalb ebenfalls den Gesetzmäßigkeiten des Ionenaustausches (Austauschgleichgewichte, Kinetik usf.).

Auch aus pflanzlichem Material durch Isolierung gewonnene Präparate zeigen IAT-Eigenschaften. Dies ist zum Beispiel der Fall bei der *Alginsäure und ihren Derivaten*, die aus Braunalgen gewonnen werden und in neuerer Zeit als Hilfsstoff für die Arzneiformung Verwendung finden[1]). Die vorhandenen Carboxylgruppen verleihen der Alginsäure KAT-Eigenschaften; diese können aber nur beim Arbeiten in saurer Lösung ausgenützt werden, da die Alginsäure bei alkalischer Reaktion in Lösung geht[2, 3]). Weitere hierher gehörende Naturstoffe sind das *Carrageenin* aus Carrageen[4]) und *Fucoidin*, das aus Braunalgen gewonnen wird[5]). Beide Substanzen sind Polysaccharid-Polyelektrolyte, die sich durch einen großen Gehalt an $-OSO_3H$-Resten auszeichnen und deshalb stark saure Eigenschaften besitzen. Ferner sind in diesem Zusammenhang *Pektin und Pektinsäure* zu erwähnen. Pektin kommt in vielen Pflanzen vor und ist ein lineares Polymeres der D-Galacturonsäure in der Pyranose-Struktur. Im natürlichen, nicht abgebauten Pektin sind die meisten Carboxylgruppen mit Methanol verestert. Bei der Isolierung von Pektin aus dem Pflanzenmaterial wird ein Teil der Estergruppen durch Enzyme, Alkalien oder Säuren verseift, so daß mehr oder weniger Carboxylgruppen freigelegt sind. Zur Herstellung der Pektinsäure wird enzymatisch oder durch Alkali verseift. Pektin und Pektinsäure besitzen KAT-Eigenschaften; da sie sich aber in Wasser lösen, ist versucht worden, durch Vernetzung ihres Moleküls mit Formaldehyd die Austauschereigenschaften zu verbessern[6]).

Die Eigenschaften der angeführten Naturstoffe sind von großer Bedeutung für die praktische Pharmazie; da sie immer häufiger in der Arzneizubereitung

---

[1]) L.A.BASHFORD, R.S.THOMAS und F.N.WOODWARD, J. Soc. chem. Ind., London *69*, 337 (1950).
[2]) H. SPECKER, M. KUCHTNER und H. HARTKAMP, Z. anal. Chem. *141*, 33 (1954).
[3]) B. J. LUDWIG, W. T. HOLFELD und F. M. BERGER, Proc. Soc. exp. Biol. Med. *79*, 176 (1952).
[4]) R. JOHNSTON and E. G. V. PERCIVAL, J. chem. Soc. *1950*, 1994.
[5]) A. P. BLACK, E. T. DEWAR und F. N. WOODWARD, J. Sci. Food Agr. *3*, 122 (1952).
[6]) H. DEUEL et al., Helv. chim. Acta *30*, 1269 (1947); Nature *159*, 882 (1947); Z. Elektrochem. *57*, 172 (1953).

gebraucht werden, ist die Möglichkeit von Inkompatibilitäten mit Arzneistoffen vermehrt zu beachten und auch die Resorption der Arzneistoffe aus
dem Magen-Darm-Kanal abzuklären.

## 3.24 Künstliche, organische IAT

Die Cellulose enthält Alkoholgruppen, die mit Leichtigkeit zu Carboxylgruppen oxydiert werden können. Auf der Anwesenheit der letzteren beruhen
die Eigenschaften der Cellulose als schwach saurer KAT. Diese lassen sich verstärken durch Behandlung der Cellulose mit Oxydationsmitteln (Natrium-
hypobromit, Natriumhypochlorit, Distickstofftetroxyd usf.). Es entstehen dabei
Produkte (Oxycellulosen) mit Austauschkapazitäten bis zu 4 mÄq/g[1]). Carboxylgruppen wurden auch eingeführt durch Reagierenlassen von Watte mit
Chloressigsäure in Gegenwart von Alkali[2]) und durch Herstellung des sauren
Bernsteinsäurehalbesters der Cellulose mit Hilfe von Bernsteinsäureanhydrid in
Pyridin. Auch die Halbester der Malein-, Glutar- und Phthalsäure wurden bereitet und verwendet[3]). Phosphorsäuregruppen wurden eingeführt durch Durch-
feuchten von Watte mit einer Harnstoff-Phosphorsäure-Lösung und darauf-
folgendes Erhitzen auf rund 85°. Die dabei erreichte geringe Austauschkapazität
von rund 0,5 mÄq/g ließ sich verbessern durch Behandeln der Watte mit Poly-
vinylphosphat[4,5]). Auch basische Austauschgruppen wurden in die Cellulose
eingeführt, indem mit 2-Aminoäthylschwefelsäure ($NH_2$–$CH_2CH_2$–$SO_3H$) in
alkalischer Lösung und anschließend mit Äthylenimin behandelt wurde[6]).
Stark basische Gruppen ließen sich gewinnen durch Behandlung von Watte
mit 2-Chloräthyl-diäthylamin (Cl–$CH_2CH_2$–N[$C_2\dot{H}_5$]$_2$) und darauffolgende
Methylierung des tertiären Amins mit Methyliodid[7]).

Die *sulfonierten Kohlen* wurden erstmals 1934 bereitet, indem man bestimmte Kohlesorten granulierte und mit heißer, konzentrierter Schwefelsäure
erhitzte[8,9]). Diese Behandlung und später entwickelte Verfahren (rauchende
Schwefelsäure, Schwefeltrioxyd) führen zur Verankerung von Sulfosäure-
gruppen an der Oberfläche und in den Kapillaren der Kohlen und verleihen
diesen wertvolle KAT-Eigenschaften. Dieses Material zeichnet sich durch gute
physikalische und chemische Beständigkeit aus. Von Säuren werden sie nicht
angegriffen, während sie gegenüber Alkalien eine beschränkte Stabilität aufweisen. Erstmals standen in den sulfonierten Kohlen Materialien zur Verfügung, welche sich zum Austausch von Wasserstoffionen eigneten. Außer den
–$SO_3H$-Gruppen sind auch in geringem Maße –COOH-Reste vorhanden, welche
durch gleichzeitige Oxydation im Verlaufe der Sulfonierung entstanden sind.

[1]) J. D. GUTHRIE, Industr. Engng. Chem. *44*, 2187 (1952).
[2]) J. D. REID und G. C. DAUL, Textil Research J. *17*, 554 (1947); *18*, 551 (1948).
[3]) F. C. McINTIRE und J. R. SCHENK, J. Amer. chem. Soc. *70*, 1193 (1948).
[4]) F. M. FORD und W. P. HALL, US. Pat. 2482755 (1949).
[5]) G. C. DAUL, J. D. REID und R. M. REINHARDT, Industr. Engng. Chem. *46*, 1042 (1954).
[6]) G. L. DRAKE und J. D. GUTHRIE, US. Pat. 2656241 (1953).
[7]) C. L. HOFFPAUER und J. D. GUTHRIE, Textil Research J. *20*, 617 (1950).
[8]) J. Crosfield and Sons Ltd., Brit. Pat. 455374 (1934).
[9]) S. J. BRODERICK, Industr. Engng. Chem. *33*, 1291 (1941).

Sie verleihen bei höheren pH-Werten der zu behandelnden Elektrolytlösungen eine zusätzliche Austauschkapazität. Die sulfonierten Kohlen finden hauptsächlich Verwendung in der Wasserstoff-Form und werden zur Überführung von Salzen in ihre freien Säuren benützt.

Die *synthetischen Ionenaustauscherharze*, welche durch Polykondensation oder Polymerisation aufgebaut werden, haben dank ihrer verschiedenen Vorzüge zur sprunghaften Entwicklung und Anwendung des Ionenaustausches in der Wissenschaft und Praxis geführt. Ihre ständig verbesserte mechanische, thermische und chemische Widerstandsfähigkeit verleiht ihnen die erforderlichen Eigenschaften, um sie außer für den Neutralaustausch auch als Wasserstoff- und Hydroxylaustauscher einsetzen zu können. Sie lassen sich somit in universeller Weise gebrauchen, was mit den natürlichen und künstlichen Mineralstoffen nicht der Fall ist. Außerdem besitzen die synthetischen Austauscherharze den wichtigen Vorteil einer großen Abwandelbarkeit hinsichtlich ihrer Struktur und ihrer chemischen Eigenschaften, was zur Ausbildung leistungsfähiger Spezialharze «nach Maß» für mannigfaltige Sonderzwecke führte.

### 3.3 *Herstellung und Zusammensetzung der Austauscherharze*

Die Herstellung der Austauscherharze hat verschiedene wichtige Eigenschaften zu gewährleisten. Durch einen hochpolymeren Charakter und eine genügende Vernetzung muß erreicht werden, daß sie in Wasser und anderen Lösungsmitteln unlöslich sind und eine genügende mechanische und thermische Beständigkeit erhalten. Das Harz muß außerdem eine möglichst große Zahl austauschaktiver Gruppen besitzen, um eine gute Austauschkapazität aufzuweisen. Ferner wird die Struktur eines Gels verlangt; der IAT muß mehr oder weniger stark quellfähig sein, um dem Quellungsdruck der eintretenden Ionen nachgeben zu können und um die Diffusion dieser Ionen zu ermöglichen. Endlich muß das Harz einen günstigen Feinheitsgrad besitzen bzw. eine bestimmte Formung (kugelförmige Materialien, grobstückiges Material bei Katalysatorharzen, Austauschermembranen, Austauscher auf Trägermaterial) erlauben. Von den einzelnen Produktionsfirmen sind viele Hunderte von Austauschertypen hergestellt und erprobt worden. Da im Verbrauch der Austauscherharze große Anforderungen gestellt werden, hat sich davon nur eine beschränkte Anzahl bewährt und für die Technik eine gewisse Bedeutung erlangt.

Die Herstellung der Austauscherharze durch Polykondensation oder Polymerisation schließt ein:

a) Den *Aufbau des Harzgerüstes*: Als Grundkörper finden vor allem Stoffe Verwendung, welche mehrere kondensationsfähige Stellen enthalten (ein- und mehrwertige Phenole bzw. aliphatische und aromatische Amine oder Harnstoffderivate bei Kondensationen, Verbindungen mit Vinylgruppen, wie Styrol, Acrylderivate usf. bei Polymerisationen);

b) die *Vernetzung durch einen Brückenbildner* (Formaldehyd, Halogenkohlenwasserstoffe und Epoxyverbindungen bei Harzkondensationen, Di- und

Polyvinylverbindungen, wie Divinylbenzol oder Trivinylbenzol bei Polymerisationen);

c) die *Einführung von austauschaktiven Gruppen:* Dafür kennt man zwei
Wege; diese Gruppen können bereits im Grundkörper vorhanden oder vor-
gebildet sein und werden mit diesem eingeführt, oder die austauschaktiven
Gruppen werden nachträglich in das Harzgerüst eingebaut. Die älteren
Austauscherharze wurden durch Kondensation von Formaldehyd mit
Phenol oder einer Phenolsulfonsäure (KAT) bzw. durch Kondensation von
Formaldehyd mit einem Amin (AAT) gewonnen. In der Regel wurde die
Kondensation mit Verbindungen durchgeführt, welche die austauschaktiven Gruppen des Endproduktes bereits enthielten. In den letzten
Jahren dagegen werden die Austauscherharze durch Polymerisation unge-
sättigter Verbindungen, wie Styrol usw., und darauffolgende Einführung
der gewünschten austauschaktiven Gruppe hergestellt. Auf diese Weise
gelangt man zu Austauschern, welche eine größere Zahl aktiver Gruppen
pro Gewichtseinheit enthalten und sich durch eine größere Austauschkapazität auszeichnen als die älteren Kondensationsharze.

### 3.31 Herstellung und Zusammensetzung synthetischer Kationenaustauscher

Das von ADAMS und HOLMES[1]) synthetisierte erste KAT-Harz war ein
*Phenolharz,* das sie durch Kondensation von ein- oder mehrwertigen Phenolen,
vor allem Phenol und Resorzin, mit Formaldehyd in saurem oder in alkali-
schem Milieu erhielten. Die Kondensation verläuft so, daß das Phenol unter
Einwirkung von Formaldehyd zuerst ein Methylolderivat liefert, das unter
Austritt eines Moleküls Wasser mit einem weiteren Phenolmolekül zusammen-

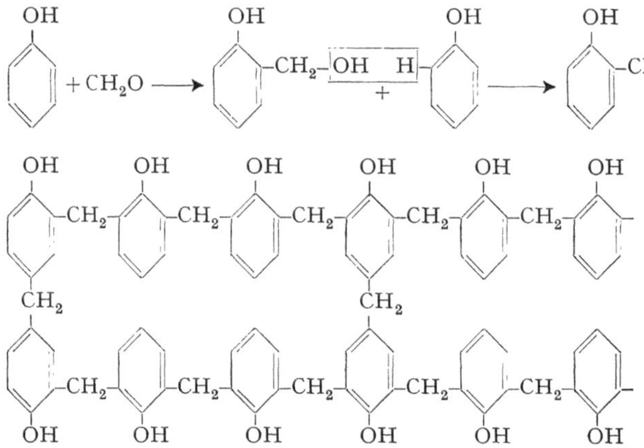

Abbildung 1
Aufbau eines Phenolharzes durch Kondensation.

---

[1]) B. A. ADAMS und E. L. HOLMES, J. Soc. chem. Ind. *54,* 1 T (1935).

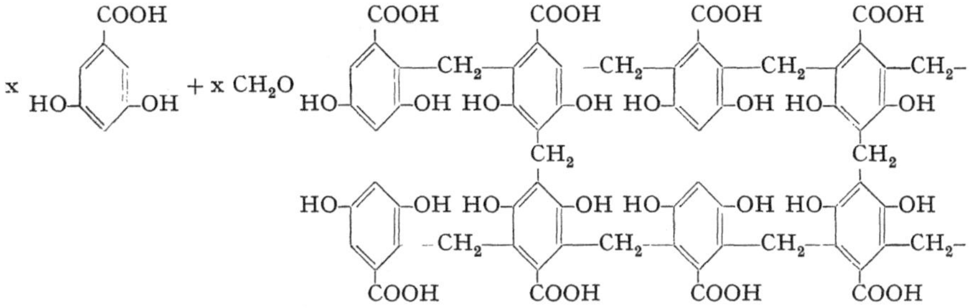

COOH COOH COOH COOH COOH

x HO—⟨ ⟩—OH + x CH$_2$O   HO—⟨ ⟩—OH  —CH$_2$—⟨ ⟩—OH  —CH$_2$—⟨ ⟩—OH  —CH$_2$—⟨ ⟩—OH  —CH$_2$—

CH$_2$                                   CH$_2$

HO—⟨ ⟩—OH  HO—⟨ ⟩—OH  HO—⟨ ⟩—OH  HO—⟨ ⟩—OH

—CH$_2$—      —CH$_2$—      —CH$_2$—      —CH$_2$—

COOH        COOH        COOH        COOH

Abbildung 2

Aufbau eines Carboxylharzes durch Kondensation (Carboxylgruppen kerngebunden).

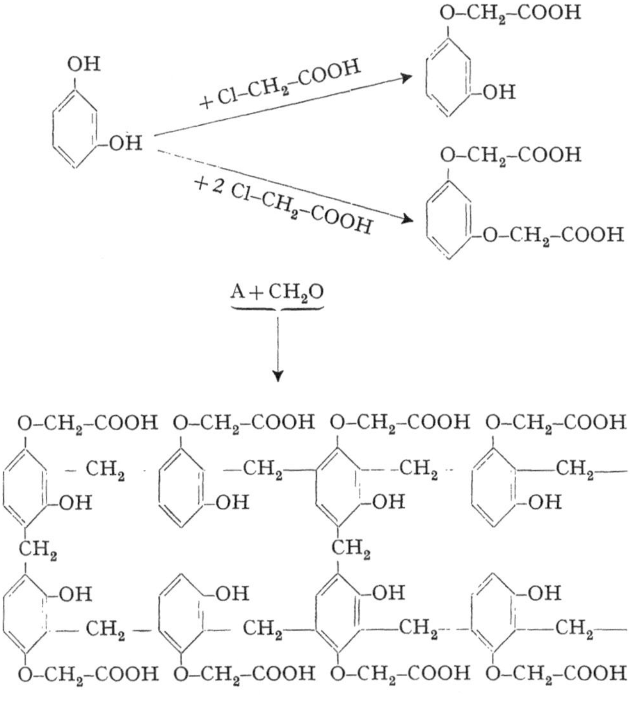

O—CH$_2$—COOH

OH                                        ⟨ ⟩—OH        A

+ Cl—CH$_2$—COOH

⟨ ⟩—OH

O—CH$_2$—COOH

+ 2 Cl—CH$_2$—COOH          ⟨ ⟩—O—CH$_2$—COOH   B

$\underbrace{A + CH_2O}$

O—CH$_2$—COOH  O—CH$_2$—COOH  O—CH$_2$—COOH  O—CH$_2$—COOH

—CH$_2$       —CH$_2$—      —CH$_2$—      —CH$_2$—

⟨ ⟩—OH  ⟨ ⟩—OH  ⟨ ⟩—OH  ⟨ ⟩—OH

CH$_2$                    CH$_2$

⟨ ⟩—OH  ⟨ ⟩—OH  ⟨ ⟩—OH  ⟨ ⟩—OH

—CH$_2$—  —CH$_2$—  —CH$_2$—  —CH$_2$—

O—CH$_2$—COOH  O—CH$_2$—COOH  O—CH$_2$—COOH  O—CH$_2$—COOH

Abbildung 3

Aufbau von Carboxylharzen durch Kondensation (Carboxylgruppen an Seitenketten gebunden).

tritt. Infolge Zusatz eines erheblichen Formaldehydüberschusses schreitet die Kondensation zu langen Ketten fort, welche schließlich durch Methylengruppen sich räumlich miteinander vernetzen und bei genügendem Fortschreiten dieser Reaktion eine feste Harzgallerte bilden (Abbildung 1). Der entstehende Harztyp ist monofunktioneller Natur und besitzt schwach saure Eigenschaften.

Die *Carboxylharze* können die Carboxylgruppe entweder kerngebunden oder in Seitenketten enthalten. Für den Aufbau des erstgenannten Typs hat sich die 1, 3, 5-Resorcylsäure als geeignet erwiesen. Ohne oder mit Zusatz von Phenol oder Resorzin wird diese Carbonsäure mit überschüssigem Formaldehyd zu wasserunlöslichen Harzen kondensiert (Abbildung 2). Die kernständige Carboxylgruppe läßt sich auch nachträglich in bereits auskondensierte phenolische Harzgallerten einführen, indem man sie mit Bikarbonat und Kohlendioxyd unter Druck behandelt[1]). Zu Austauschern mit an Seitenketten gebundenen Carboxylgruppen gelangt man, indem man aus Resorzin die entsprechenden O-Essigsäuren bereitet. Diese lassen sich leicht herstellen durch Verätherung der phenolischen Hydroxylgruppe mit Chloressigsäure. Die so erhaltenen Zwischenprodukte werden in gewohnter Weise mit Formaldehyd zu Austauschharzen kondensiert (Abbildung 3).

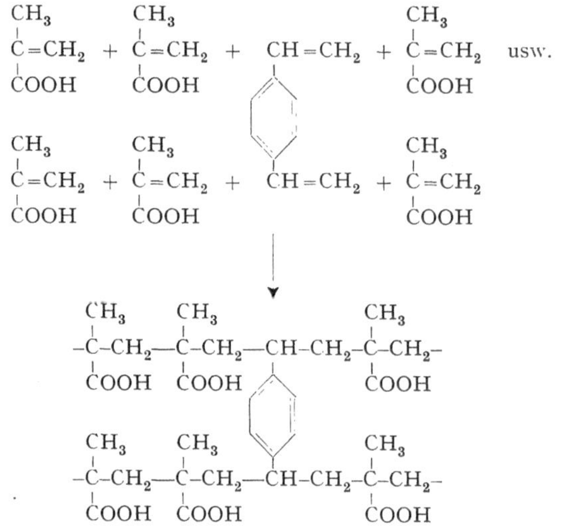

Abbildung 4
Aufbau eines monofunktionellen Carboxylaustauschers durch Polymerisation.

Ein ähnliches Harz mit –COOH- und –OH-Gruppen läßt sich auch durch nachträgliche Einführung der Carboxylgruppe gewinnen, indem das flüssige Kondensat aus Resorzin und Formaldehyd mit chloressigsaurem Natrium umgesetzt wird. Eine monofunktionelle Carboxylsäure ist durch Copolymerisation von Methylacrylsäure in brückenbildenden Agenzien gewonnen worden[2]). Sie zeigen die in Abbildung 4 angegebene Struktur und besitzen schwach saure Eigenschaften.

Mit den *Phenolsulfonsäureharzen* gelang es, stärker saure Austauscher zu gewinnen. Sie enthalten außer Hydroxyl- noch Sulfonsäuregruppen, die entweder am aromatischen Kern oder in einer Seitenkette des Austauscher-

---

[1]) N. E. Topp, *The Manufacture of Wofatit Base Exchange Resins*, B. I. O. S.-Final Report No. 621.

[2]) G. F. Dalelio, US. Pat. 2340111 (1943).

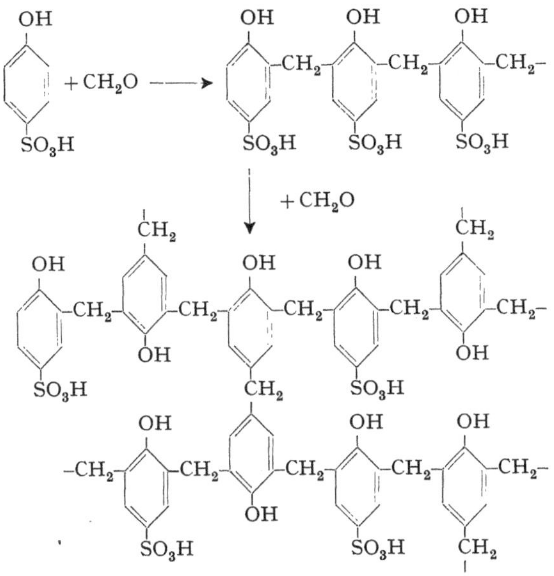

Abbildung 5
Aufbau von Phenolsulfonsäureharz durch Kondensation.

gerüstes gebunden sein können. Zu den ersteren (Abbildung 5) gelangt man am einfachsten durch Kondensation von Phenolsulfonsäuren mit Formaldehyd[1]), zu den letzteren, indem Phenol mit Formaldehyd und Natriumsulfit zu einer Oxyphenylmethylensulfosäure umgesetzt und hierauf mit überschüssigem Formaldehyd zu wasserunlöslichen Harzen kondensiert und vernetzt wird[2, 3]). Diese kerngebundenen Phenolsulfonsäureharze können in ihrer Wasserstofform nur unterhalb 40° gebraucht werden, da sie bei höheren Temperaturen hydrolysieren und Schwefelsäure abspalten. Die $-CH_2SO_3H$-Gruppe unterliegt weniger stark der Hydrolyse, so daß Harze mit dieser Gruppe bis zu Temperaturen von 80° gebraucht werden können, ohne daß eine erhebliche Zersetzung zu befürchten ist. Bei hohen pH-Werten und höheren Temperaturen zeigen beide Harztypen die Tendenz zur Zersetzung; dabei werden organische Stoffe freigesetzt infolge Aufspaltung der polymeren Struktur.

In den letzten Jahren sind Phenolsulfonsäureharze mit gesteigerten Austauschkapazitäten entwickelt worden[4]), indem die austauschfähigen Sulfonsäuregruppen nachträglich in vernetzte Polystyrolgerüste eingeführt wurden (Abbildung 6). Das hierzu erforderliche Polystyrolgerüst wird durch Mischpolymerisation aus Styrol, Äthylstyrol und Divinylbenzol erhalten. Durch Zusatz von Divinylbenzol wird die Vernetzung der Polystyrolketten erreicht;

[1]) E. L. HOLMES und L. E. HOLMES, Brit. Pat. 588380 (1947).
[2]) I. G. Farben A.G., Brit. Pat. 489173 (1937).
[3]) H. WASSENEGGER, US. Pat. 2228159 (1941), 2228160 (1941).
[4]) G. F. D'ALELIO, US. Pat. 2366007 (1944).

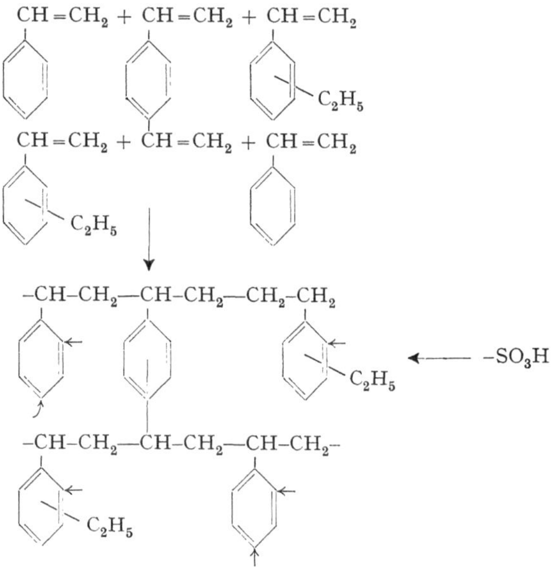

$$CH=CH_2 + CH=CH_2 + CH=CH_2$$

$$CH=CH_2 + CH=CH_2 + CH=CH_2$$

$$-CH-CH_2-CH-CH_2-CH_2-CH_2$$

$$\longleftarrow \quad -SO_3H$$

$$-CH-CH_2-CH-CH_2-CH-CH_2-$$

Abbildung 6
Aufbau sulfonierter Polystyrolharze.

da ein Gemisch von o-, m- und p-Äthylstyrol und o , m- und p-Divinylbenzol Verwendung findet, ist die Stellung der Äthylgruppen und der Anknüpfungspunkt der Vernetzung verschieden. Die Einführung der Sulfonsäuregruppen erfolgt hierauf durch Behandeln des getrockneten Polymerisates mit Schwefelsäure oder Chlorsulfonsäure. Die Verteilung der –SO₃H-Gruppen (→) ist ungleichmäßig, da die Sulfonierbarkeit der aromatischen Kerne verschieden ist und die Zahl der eingeführten Gruppen von der Oberfläche gegen die Mitte des Harzkornes hin abnimmt. Die Bestimmung des Schwefelgehaltes und der Austauschkapazität dieser monofunktionellen Polymerisationsharze ergab den Gehalt von einer –SO₃H-Gruppe pro aromatischen Ring, was rund 5,1 mÄq/g Harz entspricht. Die Handelsprodukte besitzen 4,7–5,1 mÄq/g. Die Abwesenheit von –OH-Gruppen im Molekül verleiht den sulfonierten Polystyrolharzen eine gute Stabilität; sowohl in der Wasserstoff- als auch in der Salzform können sie bei 100° und zum Teil darüber verwendet werden. Bei diesen Temperaturen ist weder eine Abspaltung von Sulfonsäuregruppen noch die Aufspaltung der polymeren Vernetzung zu befürchten.

Von verschiedener Seite sind auch KAT mit *Phosphinsäuregruppen* bzw. *Phosphorsäuregruppen* hergestellt worden. Ein technisch ausgewertetes Verfahren[1] setzt vernetztes Polystyrol mit Phosphortrichlorid in Gegenwart von Katalysatoren um und gelangt nach Durchführung einer Hydrolyse zur entsprechenden Phosphinsäure. DAUL, REID und REINHARDT[2] gewannen

[1]) VEB Farbenfabrik Wolfen, in: R. GRIESSBACH, *Austauschadsorption in Theorie und Praxis* (Akademie-Verlag, Berlin 1957), S. 53.
[2]) G. C. DAUL, J. D. REID und R. M. REINHARDT, Industr. Engng. Chem. *46*, 1042 (1957).

einen unlöslichen Polyvinylphosphorsäureester durch Umsetzung von Poly-
vinylalkohol mit Phosphoroxychlorid oder Harnstoffphosphat.

### 3.32 Herstellung und Zusammensetzung synthetischer Anionaustauscher

Als austauschaktive Gruppen von AAT sind primäre, sekundäre und tertiäre
Aminogruppen und vor allem quaternäre Ammoniumgruppen von Bedeutung.

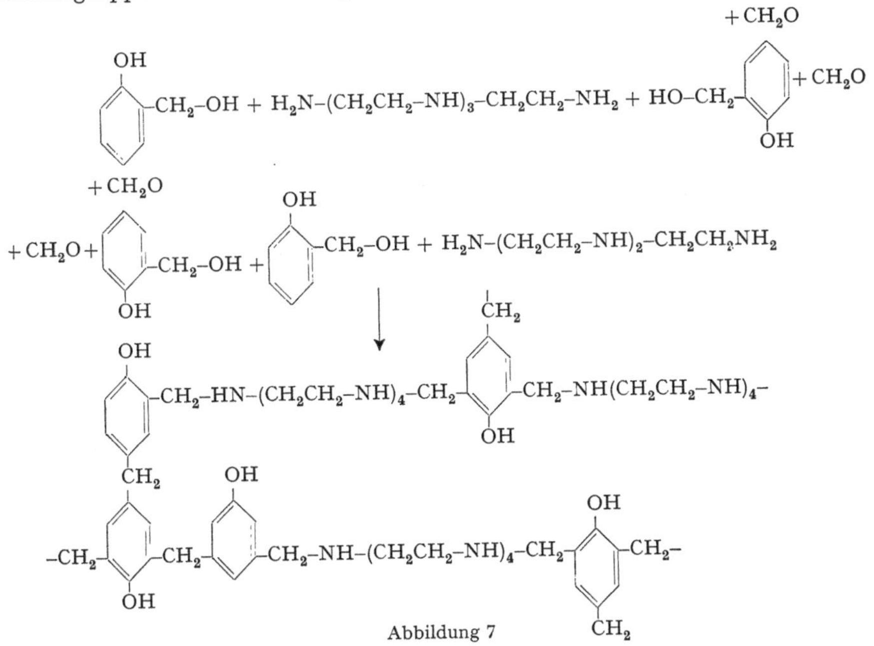

Abbildung 7

Aufbau eines aliphatischen Aminharzes durch Kondensation.

*Aliphatische Aminharze* werden durch Kondensation aus Ammoniak oder
monomeren aliphatischen Aminen als Grundstoffe mit Formaldehyd als Ver-
netzungsmittel hergestellt. Mit den Stickstoffgruppen bilden sich Methylol-
verbindungen (I) bzw. Schiffsche Basen (II), die ihrerseits mit weiteren Amin-

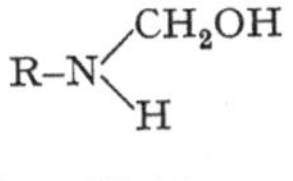

$$R-N\begin{matrix} CH_2OH \\ H \end{matrix} \quad I \qquad\qquad R-N=CH_2 \quad II$$

Molekülen zu großen Ketten polymerisieren. Die Vernetzung dieser primäre
und sekundäre Aminogruppen enthaltenden Kettenmoleküle kann mit Hilfe
von Äthylendichlorid, Dichlorhydrin oder Epichlorhydrin als Brückenbildner
durchgeführt werden[1]. Polyamine sind auch zusammen mit Formaldehyd
und Phenol [zum Beispiel $NH_2-(CH_2CH_2-NH)_3-CH_2CH_2-NH_2 =$ Tetraäthylen-
pentamin] zu amphoteren Harzen kondensiert worden[2] (Abbildung 7).

---

[1] Du Pont de Nemours & Co., Brit. Pat. 548107 (1940).
[2] Farbenfabrik Wolfen, DWP. 5104 (1942); 5577 (1942).

Aliphatische Aminharze von besser definierter Zusammensetzung und exakt festlegbaren physikalisch-chemischen Eigenschaften lassen sich durch nachträgliche Einführung der Aminogruppe in räumlich vernetzte Polystyrol-gerüste herstellen. Zu diesem Zwecke wird das durch Mischpolymerisation aus Styrol, Äthylstyrol und Divinylbenzol gewonnene Polymere (s. S. 27) mit Monochloräther kern-chlormethyliert und nachträglich durch Aminierung nach Wunsch in einen schwach oder stark basischen AAT übergeführt (Abbildung 8). Nach dieser letzteren Methode ist die Bereitung der *stark basischen Ammonium-harze ermöglicht* worden.

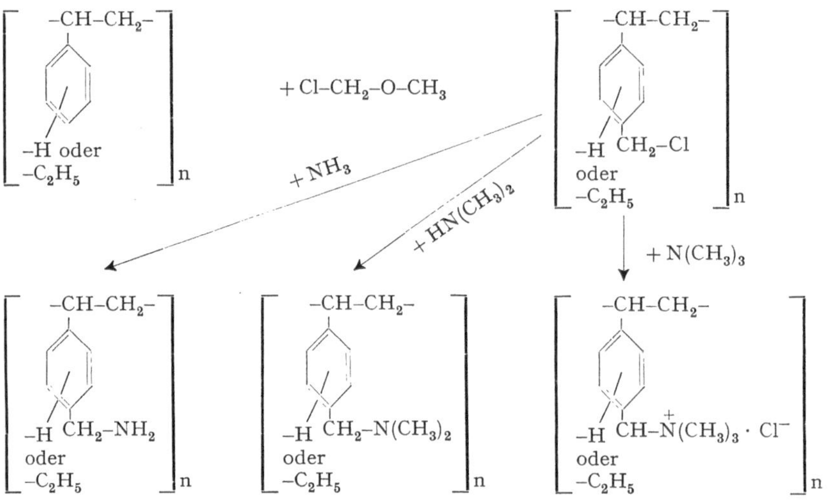

Abbildung 8
Aufbau aliphatischer Aminharze durch Kernsubstitution.

*Aliphatische Iminharze* haben in letzter Zeit eine gewisse Bedeutung erhalten. Ihr Aufbau erfolgt aus Polyäthyleniminen, dessen polymeren Ketten durch Äthylendichlorid oder Epichlorhydrin vernetzt werden[1].

*Aromatische Aminharze* als AAT sind erstmals von ADAMS und HOLMES[2] beschrieben worden. Als Bausteine der Makromoleküle werden angegeben:

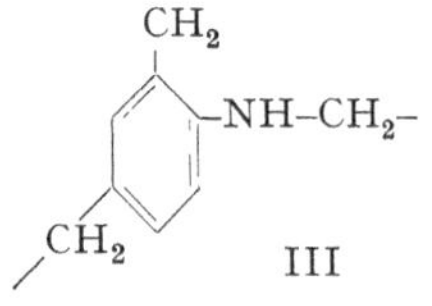

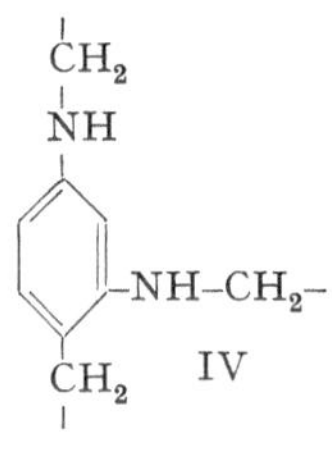

---

[1] Farbenfabriken Bayer, DBPA C 2442 (1936).
[2] B. A. ADAMS und E. L. HOLMES, J. Soc. chem. Ind. *54*, 1 T (1935).

Auf diese Weise lassen sich lediglich AAT von geringer Basizität gewinnen, da die kerngebundenen Aminogruppen schwach basische Eigenschaften verleihen.

*Pyridinharze* sind entwickelt worden, weil sich Pyridin und dessen Derivate als basische Grundkörper zur Synthese von anionenaustauschenden polymeren quaternären Ammoniumbasen eignen. Ein Verfahren besteht darin, Polyvinylpyridin mit Divinylbenzol zu vernetzen und anschließend eine Quaternisierung mit Methylhalogenid durchzuführen. Diese Polyvinylpyridiniumharze zeigen die gleiche Basizität wie die aliphatischen Ammoniumharze[1]).

### 3.33 Herstellung und Zusammensetzung von Spezialharzen

Bei den *Harzen für die Allgemeinadsorption* überwiegen die physikalischen Kräfte der Adsorption gegenüber den chemischen Bindungsvalenzen der austauschaktiven Gruppen. Dieser Harztypus bedarf einer weitporigen Struktur, um auch moleculardisperse Stoffe von höherem Molekulargewicht binden zu können. Die große innere Oberfläche wird durch Kondensation in wesentlich verdünnteren Lösungen erreicht; die Festigung ihrer Struktur erfolgt durch Behandlung mit Wasserdampf. Als Harzgrundlage wurden Kondensationsprodukte aus m-Phenylendiamin und Phenol bzw. Resorzin mit Formaldehyd verwendet. Die gleichzeitige Anwesenheit saurer und basischer Gruppen bedingt günstige Quellungseigenschaften der Harze sowohl im sauren wie im alkalischen Bereich. Harze mit guter Entfärbungswirkung ließen sich auch erhalten durch Einkondensieren sperriger Moleküle in das weitporige Harzgefüge.

Sogenannte *Chelatharze* wurden entwickelt, um die Selektivität der IAT für bestimmte Ionen zu vergrößern. Zu ihrer Herstellung führten GREGOR et al.[2]) und die Farbenfabrik Wolfen[3]) austauschaktive Gruppen in die IAT (VI, VII) ein, welche eine der Äthylendiamintetraessigsäure (V) ähnliche Struktur besitzen.

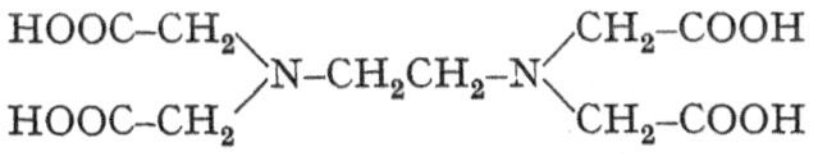

$$
\begin{array}{ccc}
\text{HOOC-CH}_2 & & \text{CH}_2\text{-COOH} \\
& \text{N-CH}_2\text{CH}_2\text{-N} & \\
\text{HOOC-CH}_2 & & \text{CH}_2\text{-COOH}
\end{array}
\qquad \text{V}
$$

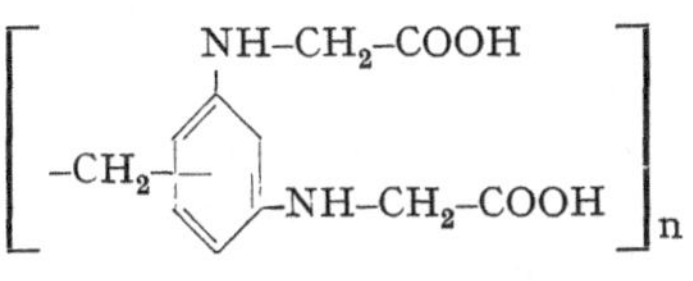

VI 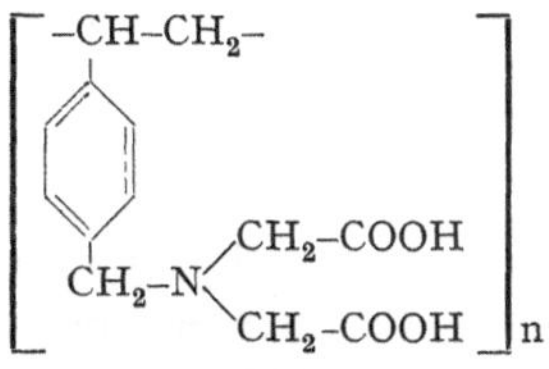                                          VII

---

[1]) Permutit Comp. Ltd., Brit. Pat. 634943 (1947).
[2]) H. P. GREGOR et al., Industr. Engng. Chem. *44*, 2834 (1952).
[3]) VEB Farbenfabrik Wolfen, DWP in Anmeldung laut: R. GRIESSBACH, *Austauscheradsorption in Theorie und Praxis* (Akademie-Verlag, Berlin 1957).

Wie SCHWARZENBACH[1]) zeigen konnte, ist diese Säure zur Bildung von Metallchelaten, vor allem der Übergangselemente befähigt. Der Nachteil dieser Gruppe als Grundlage von selektiven IAT besteht darin, daß sie mit einer großen Zahl von Schwermetallkationen stabile Komplexe bilden, so daß keine ausgesprochene Spezifität für ein bestimmtes Metallkation zu erwarten ist. Die Erfahrungen mit den hergestellten Chelatharzen bestätigen den Mangel an Spezifität. Immerhin läßt sich infolge Änderung der Spezifität für Kupfer, Kobalt und Eisen bei verschiedenen pH-Werten eine gewisse Trennung dieser Schwermetalle erreichen. Untersuchungen von PEPPER et al.[2]) mit ähnlichen Chelatharzen bestätigen, daß die Affinitäten der Metallionen für diese Harze von derselben Größenordnung sind wie die Komplexstabilitäten der löslichen Chelate.

*Elektronenaustauscher*, das heißt sogenannte Sauerstoffbinder, sind polymere Redoxsysteme und enthalten reversibel oxydierbare bzw. reduzierbare Gruppen. Derartige Präparate werden durch Kondensation von aromatischen Grundkörpern gewonnen, welche mindestens zwei Hydroxyl- bzw. Aminogruppen (zum Beispiel Hydrochinon, Brenzkatechin, Pyrogallol, p-Phenylendiamin usf.) enthalten. Hochmolekulare Redoxsysteme lassen sich auch durch Polymerisation, zum Beispiel von Vinylhydrochinon, herstellen. Bei der Reduktion von Eisen(III)-sulfat und der Oxydation von Titan(III)-chlorid und Hydrazin in der Säule aus Hydrochinon-phenolformaldehyd-Harz fand MANECKE[3]), daß der Einfluß der Konzentration, der Fließgeschwindigkeit, der Temperatur und des Zerkleinerungsgrades des Harzes von derselben Auswirkung ist wie bei den konventionellen IAT. Auch gewöhnliche IAT können in Elektronenaustauscher übergeführt werden, wenn an ihren austauschaktiven Gruppen polare Substanzen verankert werden, welche ReduktionsOxydations-Eigenschaften besitzen. SANSONI[4]) hat solche Produkte durch Sättigung von sulfonierten Polystyrolharzen mit Kationen hergestellt, welche Redoxsysteme ($Fe^{2+}/Fe^{3+}$, $Sn^{2+}/Sn^{4+}$, $Ce^{3+}/Ce^{4+}$, $Ti^{3+}/Ti^{4+}$, Leuko-Methylenblau/Methylenblau) bilden. Auf stark basischen AAT wurden die Systeme Hydrochinon/Benzochinon, Anthrahydrochinon/Anthrachinon, Dihydro-indigosulfonsäure/Indigosulfonsäure usf. verankert. Diese Präparate sind noch wenig studiert; vor allem ist noch zu wenig bekannt über die Schwierigkeiten, welche auftreten, wenn das Redox-Ion vom IAT abgelöst wird. Im günstigsten Falle ließen sich solche Präparate zur Beseitigung von Sauerstoff aus destilliertem oder demineralisiertem Wasser benützen.

In den letzten Jahren sind auch *IAT zur Racemattrennung* entwickelt worden. GRUBHOFER und SCHLEITH[5]) gingen aus von einem Carbonsäureaustauscher, dessen Carboxylgruppen sie durch Kochen mit Thionylchlorid in Gegen-

[1]) G. SCHWARZENBACH, Helv. chim. Acta *33*, 947 (1950); *35*, 2344 (1952).
[2]) K. W. PEPPER und D. K. HALE, *Ion Exchange and its Applications* (Society of Chemical Industry, London 1955).
[3]) G. MANECKE, Z. Elektrochem. *58*, 363 (1954).
[4]) B. SANSONI, Naturwissenschaften *39*, 281 (1952).
[5]) N. GRUBHOFER und L. SCHLEITH, Naturwissenschaften *40*, 508 (1953).

wart von Pyridin in Carbonsäurechloridgruppen überführten, welche sich zur Veresterung der sekundären Alkoholgruppe des Chinins eigneten. Das Reaktionsprodukt erwies sich als wirksamer AAT, mit dem sich racemische Säuregemische spalten lassen. So lieferte die Filtration einer racemischen Mandelsäurelösung durch eine solche Harzsäule in den ersten Eluaten fast reine L-(–)-Mandelsäure. Auch die Auftrennung von cis- und trans-Isomeren ist mit Hilfe von IAT gelungen. KING and WALTERS[1]) konnten aus einem Sulfonsäureharz zuerst den trans-Komplex des Dinitrotetraminocobalti-Ions mit 0,1 m-Natriumchlorid und dann den cis-Komplex mit 3 m-Natriumchlorid eluieren.

## 4. Die Eigenschaften der Ionenaustauscher

### 4.1 Aufbau des Netzwerkes der Ionenaustauscher

Wie im vorstehenden zur Darstellung gebracht wurde, handelt es sich bei den synthetischen IAT, mit denen wir uns im folgenden ausschließlich befassen möchten, um netzförmige Polyelektrolyte. Ihrer Molekülgröße wegen sind sie unlöslich. Die dissoziationsfähigen, austauschaktiven Gruppen sind am Netzwerk fest gebunden; sind diese saurer Natur, so ist das Netzwerk negativ, sind sie basischer Natur, dann ist es positiv aufgeladen (Abbildung 9). Aus

Kationenaustauscher

Anionenaustauscher

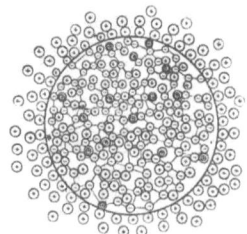
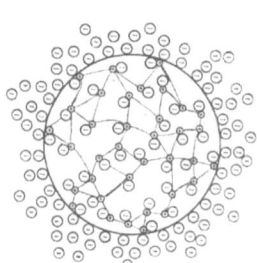

Netzwerk negativ aufgeladen.
Gegenionen: Kationen.

Netzwerk positiv aufgeladen.
Gegenionen: Anionen.

Abbildung 9
Schematisch dargestellter Aufbau von kugelförmigen Ionenaustausch-Partikeln

Gründen der Elektroneutralität muß für jedes am Netz fixierte Festion ein entgegengesetzt geladenes Ion, Gegenion genannt, vorhanden sein. Die Austauscher-Partikelchen sind somit außen und innen von einer äquivalenten Menge leicht beweglicher Ionen umgeben. Infolge der vorhandenen elektrostatischen Kräfte können sich die Gegenionen nicht zu weit vom aufgeladenen Teilchen entfernen, lassen sich aber auch nicht bestimmten Landungsstellen zuordnen. Sie sind aber dank ihrer Beweglichkeit durch andere Ionen gleichen

---

[1]) E. L. KING und R. R. WALTERS, J. Amer. chem. Soc. 74, 4471 (1952).

Ladungssinnes ersetzbar [siehe Gleichung (3.1–4)]. Der Ionenaustausch erfolgt in der Regel stöchiometrisch und ist reversibel. Da die ausgetauschten Ionen an die feste Phase des IAT gebunden werden, so können sie mit dieser mechanisch abgetrennt werden. Diese Ionentrennung läßt sich präparativ, analytisch und therapeutisch auswerten. Für die praktische Anwendung der Ionenaustausch-Reaktion sind nun jene Bedingungen zu wählen, welche zur quantitativen Auswechslung und Abtrennung der einen Ionenart einer Elektrolytlösung führen.

### 4.2 Die chemische Natur der austauschaktiven Gruppen (Festionen)

Diese bedingt weitgehend die Affinität des Austauschers für die Gegenionen. Wie wir bereits früher ausführten, bestehen die Festionen bei den KAT aus sauren funktionellen Gruppen, wie $-SO_3^-$, $-CH_2SO_3^-$, $-PO_3^{2-}$, $-PHO_2^-$, $-COO^-$, $-CH_2COO^-$ und $-O^-$ (phenolische) Gruppen; bei den AAT handelt es sich um Stickstoffbasen mit den Gruppen $-\overset{+}{N}(R_1R_2R_3)$, $-\overset{+}{N}H(R_1R_2)$, $-\overset{+}{N}H_2R$, $-\overset{+}{N}H_3$ und $=\overset{+}{N}H_2$. Diese austauschaktiven Gruppen besitzen hinsichtlich ihres Säure- bzw. Basencharakters ungefähr die gleichen Eigenschaften, die sie in löslichen Verbindungen aufweisen. Es sind

| | |
|---|---|
| Austauscher mit $-SO_3H$ (Kern) | sehr starke Säuren, |
| $-CH_2-SO_3H$ | starke Säuren, |
| $-PO_3H_2$ | mäßig starke Säuren, |
| $-COOH$ | schwache Säuren, |
| $-OH$ (ph.) | sehr schwache Säuren; |
| Austauscher mit $-\overset{+}{N}(R_1R_2R_3)$ | starke Basen, |
| $=\overset{+}{N}H_2$ | mittelstarke Basen, |
| $-\overset{+}{N}H(R_1R_2)$ | mittelstarke Basen |
| $-\overset{+}{N}H_3$ | schwache Basen. |

Die Azidität bzw. Basizität der austauschaktiven Gruppen in IAT läßt sich durch Titration mit Basen bzw. Säuren, am besten in Gegenwart von Neutralsalz bestimmen und in Form ihrer *Titrationskurven* darstellen. Nach GRIESSBACH[1]), dessen Methode vielfach Anwendung findet, wird ihre Bestimmung wie folgt ausgeführt:

Eine genau bekannte, einer Einwaage von 5–10 mÄq entsprechende Menge des KAT wird nach Vorquellung durch Behandeln mit Salzsäure in die Wasserstoffform übergeführt. Hierauf wird mit destilliertem Wasser chloridfrei gewaschen, die KAT-Probe in einen Rührbecher übergeführt und mit 50 ml 0,1 n-Natriumchloridlösung versetzt. Unter lebhaftem Rühren mit einem Glasrührer wird dann portionenweise 2,0 n-Natronlauge zugefügt und jeweils die Einstellung eines konstanten pH-Wertes abgewartet. Die gemessenen pH-Werte werden graphisch als Funktion der verbrauchten Laugemenge aufgetragen.

---

[1]) R. GRIESSBACH, Angew. Chem. *52*, 215 (1939).

Bei basischen Harzen (AAT) geht man sinngemäß von der Hydroxylform aus, indem man mit 2,0 n-Salzsäurelösung titriert. Die Einstellgeschwindigkeit muß sorgfältig abgewartet werden; bei den schwach sauren Phenol- und den schwach basischen Aminharzen kann dies Stunden bis Tage in Anspruch nehmen; die langen Reaktionszeiten sind als typischer Vernetzungseffekt zu betrachten. Bei diesen Harzen führt die punktweise Titration besser zum Ziele; sie besteht darin, daß für jeden Punkt der Titrationskurve ein besonderer Ansatz gemacht und stets die Gleichgewichtseinstellung abgewartet wird.

Die Abbildungen 10 und 11 geben die Titrationskurven verschiedener KAT bzw. AAT wieder. Die erhaltenen Kurven gestatten einerseits die Beurteilung der Säuren- bzw. Basenstärke, des Arbeitsintervalles und des Pufferungsvermögens. Anderseits lassen sich die Austauscher hinsichtlich ihrer Kapazität

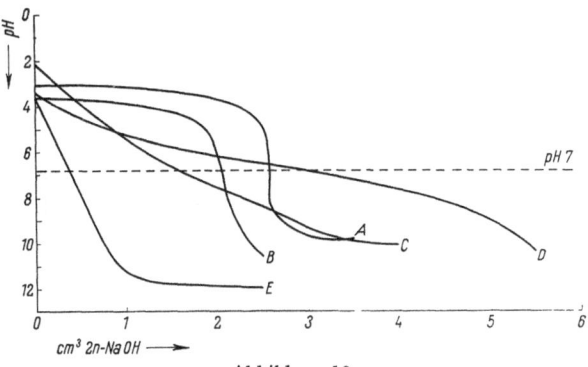

Abbildung 10

pH-Titrationskurven einiger Kationenaustauscher (Naumann, VEB Farbenfabrik Wolfen).

*A* Styrolsulfonsäureharz; *B* Phenolsulfonsäureharz; *C* Styrolphosphinsäureharz; *D* aliphatisches Carbonsäureharz; *E* Resorcinharz.

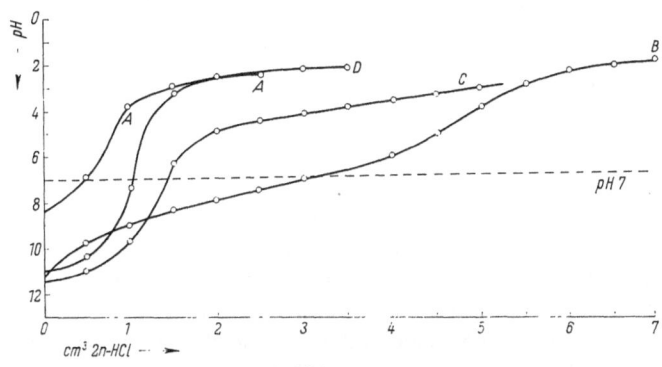

Abbildung 11

pH-Titrationskurven einiger Anionenaustauscher (Naumann: VEB Farbenfabrik Wolfen).

*A* aromatisches Aminharz; *B* Polyalkyleniminharz; *C* quaternäres Pyridiniumharz; *D* quaternäres Benzylammoniumharz.

beurteilen. Bei der Auswertung der letzteren wählt man als Endpunkt der Kurve den Schnittpunkt mit der Parallelen zur Ordinatenachse für pH 7, oder noch besser den Wendepunkt der Kurve.

Das *Austauschvermögen* der IAT ist teilweise wesentlich abhängig vom pH:

a) Beim *Sulfonsäure-AT* steigt das Austauschvermögen schon vom pH 1 an und ist ausgesprochen günstig über einen großen pH-Bereich. Dieser AT-Typ eignet sich vor allem für Austauschreaktionen im sauren Gebiet;

b) beim *Carbonsäure-AT* tritt ein gutes Austauschvermögen erst etwa vom pH 4 an auf; praktisch läßt es sich zwischen pH 4 und pH 8 ausnützen;

c) beim *Phenol-AT* werden die phenolischen Hydroxylgruppen erst von über pH 8 an wirksam; ein gutes Austauschvermögen ist nur im alkalischen Gebiet vorhanden.

Bei den AAT liegen die Zusammenhänge zwischen Austauschvermögen und pH wie folgt:

a) Beim *Ammoniumhydroxyd-AT* liegen die günstigsten Austauschverhältnisse zwischen pH 2 und pH 10;

b) beim *aromatischen Amin-AT* kann von einem guten Austauschvermögen nur im sauren Gebiet unter pH 5 gesprochen werden.

Während somit die monofunktionellen stark sauren und stark basischen IAT über einen sehr großen pH-Bereich hin eine nutzbare Austauschkapazität besitzen, ist eine solche bei den schwach sauren IAT nur im alkalischen und bei den schwach basischen IAT nur im sauren Gebiet vorhanden.

## 4.3 *Die Austauschkapazität*

Das Aufnahmevermögen bzw. die Austauschkapazität eines IAT ist vor allem abhängig von der Festionenkonzentration. Diese wichtige Eigenschaft ist ein Maß für die Gesamtzahl der vorhandenen bzw. der am Austausch beteiligten Austauschgruppen pro Gramm bei 100° getrocknetem IAT (Gesamtgewichtskapazität $\sum GK$) bzw. pro Milliliter unter Wasser gequollener IAT-Substanz (Gesamtvolumenkapazität $\sum VG$). Sie wird in mÄq/g bzw. ml IAT angegeben. Die Gesamtkapazität hängt auch vom Wassergehalt des Austauscherharzes ab und ist beim gleichen Fabrikationsprodukt selbst von Lieferung zu Lieferung gewissen Schwankungen unterworfen. Trotzdem die Austauschkapazität aus der Titrationskurve abgelesen werden kann, hat die Praxis zu ihrer Ermittlung einfachere Verfahren entwickelt; meistens wird dazu der Kleinfilterversuch herangezogen. Zu diesem Zwecke werden die KAT in die Säure- und die AAT in die Basenform übergeführt. Hierauf werden die stark sauren KAT und die stark basischen AAT mit einer Lösung eines Neutralsalzes erschöpfend behandelt, wodurch Säure bzw. Base in einer der Austauschkapazität äquivalenten Menge freigesetzt wird und durch Titration bestimmt werden kann. Die IAT mit schwach sauren bzw. schwach basischen Gruppen dagegen werden in einem Basen- bzw. Säureüberschuß umgesetzt und nach Einstellung des Gleichgewichtes die neutralisierte Menge Base bzw. Säure titrimetrisch ermittelt.

*Vorschrift zur Bestimmung der Gesamtgewichtskapazität ($\sum GK$) eines Sulfonsäure-Austauschers:* 5,00 g des bei 103–105° getrockneten AT werden in Wasser vollkommen ausquellen gelassen und in einem Filterröhrchen durch Perkolieren mit 1 lt. 4proz. Salzsäure vollständig in die Wasserstofform übergeführt und hierauf mit Wasser gewaschen, bis der Ablauf methylorange-neutral reagiert. Dann wird mit 5proz. neutraler Kalziumchloridlösung nachperkoliert, bis 1000 ml Ablauf gewonnen sind. In 100,0 ml des gut durchmischten Ablaufs wird die freigesetzte Salzsäure nach Zusatz von 5 Tropfen Phenolphthalein mit 0,1 n-Natronlauge bis zur Rosafärbung titriert. Die erhaltenen Resultate werden in mÄq/g Harz ausgedrückt.

Die *Gesamtvolumenkapazität* ($\sum VK$) läßt sich aus der Gesamtgewichtskapazität ($\sum GK$) berechnen, da die Beziehung zwischen diesen beiden Größen durch das Schüttgewicht und den Quellungsfaktor gegeben ist. Es ist

$$\sum VK = \frac{\overline{d_s} \sum GK}{(1+x)}$$

$\overline{d_s}$    Schüttgewicht des gequollenen Austauschers,

x    die von 1 g getrocknetem Austauscher beim Quellen aufgenommene Menge Wasser.

Wichtiger für die Anwendung der IAT ist die sogenannte *Arbeitskapazität* (nutzbare Volumenkapazität NVK). Sie wird auf mÄq/ml gequollenen AT bezogen. Ihre Bestimmung erfolgt unter den besonderen Verwendungsbedingungen. Dieser Wert ist aber keine wirkliche Konstante, weil sie von einer Reihe von leistungsbestimmenden physikalischen und chemischen Faktoren sowie von den äußeren Arbeitsfaktoren abhängt.

Ein Vergleich der in Tabelle 1 aufgeführten synthetischen IAT mit den natürlichen IAT zeigt, daß die letzteren im allgemeinen eine wesentlich geringere Gesamtaustauschkapazität besitzen. Bei den Aluminiumsilikaten liegt diese zwischen 0,06–1,0, bei den sulfonierten Kohlen bei 1,5–1,6 mÄq/g. Die synthetischen IAT gestatten ferner, auch innerhalb gleichartiger Austauschertypen Austauscher von abgestufter Austauschkapazität herzustellen.

### 4.4 *Vernetzungsgrad und Porenweite*

In gleicher Weise, wie man bei der Herstellung von synthetischen IAT die Anzahl der austauschaktiven Gruppen in weiten Grenzen variieren kann, so läßt sich auch ihr Vernetzungsgrad ändern. Bei Harzen vom Polymerisationstyp, zum Beispiel bei Styrolsulfonsäure-Harzen, gelingt es, je nach Menge zugesetztem Divinylbenzol die vernetzenden Brücken zu verstärken von nur schwach vernetzten Typen (mit 0,5–1% Divinylbenzol) zu mittelstark vernetzten Harzen (mit 8–10% Divinylbenzol) bis zu sehr dicht vernetzten Harzen (mit 20–25% Divinylbenzol). Mit zunehmender Vernetzung nimmt die Porenweite der Harze ab, so daß die dichter vernetzten Typen für größere Ionen weniger durchlässig werden. Der Siebeffekt gegenüber großen organischen Ionen geht aus der folgenden Tabelle 2 hervor:

Tabelle 1

*Eigenschaften von synthetischen Ionenaustauschern des Handels*
(Zusammenstellung einiger wichtiger Ionenaustauscherprodukte)

| Handelsname | Herstellerfirma | Austauschertyp | Meistens gebrauchte Form | Gesamtaustauschkapazität $\Sigma$GK mÄq/g | $\Sigma$VK mÄq/ml |
|---|---|---|---|---|---|
| *Kationenaustauscher* | | | | | |
| Amberlite IR 120 | Rohm & Haas Comp. | $-SO_3H$ (kerngebunden) | $Na^+$ | 4,25 | 1,9 |
| Dowex 50 | Dow Chemical Comp. | $-SO_3H$ (kerngebunden) | $Na^+$ | 4,5 | 2,0 |
| Lewatit S 100 | Farbenfabrik Bayer | $-SO_3H$ (kerngebunden) | $Na^+$ | 4,75 | 2,5 |
| Permutit RS | Permutit AG Berlin | $-SO_3H$ (kerngebunden) | $Na^+$ | 5,0 | 2,2 |
| Wofatit KPS 200 | VEB Farbenfabrik Wolfen | $-SO_3H$ (kerngebunden) | $Na^+$ | 4,5 | 1,5 |
| Duolite C 3 | Chemical Process Comp. | $-CH_2SO_3H$, $-OH$ (phenolisch) | $Na^+$ | 2,9 | 1,3 |
| Duolite C 10 | Chemical Process Comp. | $-CH_2SO_3H$, $-OH$ (phenolisch) | $H^+$ | 2,9 | 0,5 |
| Lewatite KNS | Farbenfabrik Bayer | $-SO_2H$, $-OH$ (phenolisch) | $H^+$ | 4,0 | 1,6 |
| Lewatite PN | Farbenfabrik Bayer | $-CH_2SO_3H$, $-OH$ (phenolisch) | $H^+$ | 2,25 | 1,2 |
| Wofatit F | VEB Farbenfabrik Wolfen | $-CH_2SO_3H$, $-OH$ (phenolisch) | $Na^+$ | 2,9 | 0,65 |
| Wofatit P | VEB Farbenfabrik Wolfen | $-CH_2SO_3H$, $-OH$ (phenolisch) | $Na^+$ | 1,9 | 0,34 |
| Zeo-Karb 215 | The Permutit Comp. | $-SO_3H$, $-OH$ (phenolisch) | $Na^+$ | 2,6 | 0,9 |
| Duolite C 62 | Chemical Process Comp. | $-P(OH_2)_2$ | $Na^+$ | 6,0 | 2,8 |
| Duolite C 63 | Chemical Process Comp. | $-P{=}O\!\!\begin{array}{l}-OH\\-OH\end{array}$ | $Na^+$ | 6,6 | 3,1 |
| Amberlite IRC 50 | Rohm & Haas Comp. | $-COOH$ | $H^+$ | 10,0 | 3,5 |
| Duolite CS 101 | Chemical Process Comp. | $-COOH$ | $H^+$ | 10,3 | 3,2 |
| Permutit C | Permutit AG Berlin | $-COOH$ | $H^+$ | 10,0 | 4,0 |
| Wofatit CP 300 | VEB Farbenfabrik Wolfen | $-COOH$ | $Na^+$ | 4,5 | 2,0 |
| Zeo-Karb 226 | The Permutit Comp. | $-COOH$ | $H^+$ | 10,0 | 3,5 |
| Duolite CS 100 | Chemical Process Comp. | $-COOH$, $-OH$ (phenolisch) | $H^+$ | 1,9 | 0,8 |
| Levatit CNO | Farbenfabrik Bayer | $-COOH$, $-OH$ (phenolisch) | $H^+$ | 4,0 | 2,5 |
| Wofatit CN | VEB Farbenfabrik Wolfen | $-COOH$, $-OH$ (phenolisch) | $Na^+$ | 2,0 | 0,6 |
| Zeo-Karb 216 | The Permutit Comp. | $-COOH$, $-OH$ (phenolisch) | $Na^+$ | 2,5 | 1,1 |

| Handelsname | Herstellerfirma | Austauschertyp | Meistens gebrauchte Form | Gesamtaustauschkapazität | |
|---|---|---|---|---|---|
| | | | | $\Sigma$GK mÄq/g | $\Sigma$VK mÄq/ml |
| *Anionenaustauscher* | | | | | |
| Amberlite IRA 400 | Rohm & Haas Comp. | $-\overset{+}{N}(CH_3)_3$ | Cl⁻ | 2,5 | 1,0 |
| Amberlite IRA 410 | Rohm & Haas Comp. | $-\overset{+}{N}(R_1, R_2, R_3)$ | Cl⁻ | 3,0 | 1,2 |
| Dowex 1 | Dow Chemical Comp. | $-\overset{+}{N}(CH_3)_3$ | Cl⁻ | 3,0 | 1,1 |
| Dowex 2 | Dow Chemical Comp. | $-\overset{+}{N}(CH_3)_2CH_2CH_2OH$ | Cl⁻ | 3,0 | 1,1 |
| Duolite A 40 | Chemical Process Comp. | $-\overset{+}{N}(CH_2CH_2OH)_3$ | Cl⁻ | 3,7 | 1,1 |
| Duolite A 42 | Chemical Process Comp. | $-\overset{+}{N}(CH_3)_3$ | Cl⁻ | 2,3 | 0,7 |
| Permutit ES | Permutit AG Berlin | $-\overset{+}{N}(CH_3)_2CH_2CH_2OH$ | Cl⁻ | 3,2 | 1,2 |
| Permutit S 1 | Permutit Comp. USA | $-\overset{+}{N}(CH_3)_3$ | Cl⁻ | 3,1 | 0,94 |
| Duolite A 30 | Chemical Process Comp. | $-\overset{+}{N}(CH_3)_2\text{H}$ | OH⁻/Cl⁻ | 8,7 | 2,6 |
| Lewatit MN | Farbenfabrik Bayer | $-\overset{+}{N}(R)_3$ | Cl⁻ | 2,3 | 0,9 |
| Wofatit L 150 | VEB Farbenfabrik Wolfen | $-\overset{+}{N}(CH_3)_3,\ -\overset{+}{N}(CH_3)_2\text{H}$ | Cl⁻ | 10,0 | 1,3 |
| Amberlite IR 4B | Rohm & Haas Comp. | $-\overset{+}{N}H_2\text{H}; -\overset{+}{N}(CH_3)_2\text{H}$ | OH⁻ | 10,3 | 3,0 |
| Amberlite IR 45 | Rohm & Haas Comp. | $-\overset{+}{N}H_2\text{H}; -\overset{+}{N}(CH_3)_2\text{H}$ | OH⁻ | 5,0 | 2,0 |
| Dowex 3 | Dowex Chemical Comp. | $-\overset{+}{N}H_2\text{H}; -\overset{+}{N}(CH_3)_2\text{H}$ | OH⁻ | 6,0 | 3,0 |
| Permutit E | Permutit AG Berlin | $-\overset{+}{N}H_2\text{H}; -\overset{+}{N}(CH_3)_2\text{H}$ | OH⁻ | 7,0 | 1,5 |
| Wofatit N | VEB Farbenfabrik Wolfen | $-\overset{+}{N}H_2\text{H}; -\overset{+}{N}(CH_3)_2\text{H}$ | Cl⁻ | 4,3 | 0,45 |

Tabelle 2

*Siebeffekt von Amberlite IRA 400 gegenüber Penicillin in Abhängigkeit vom Vernetzungsgrad*
(nach Gregor et al.[1])

| Vernetzung mit % Divinylbenzol | Gesamt-austauschkapazität mÄq/g | Penicillin-austauschkapazität mÄq/g |
|:---:|:---:|:---:|
| 1 | 3,2 | 3,2 |
| 2 | 3,1 | 2,6 |
| 3 | 3,1 | 2,3 |
| 4 | 2,9 | 1,8 |
| 8 | 2,6 | 0,1 |

Mit Änderung des Vernetzungsgrades verschieben sich somit auch die relativen Affinitäten der einzelnen Ionen zum Austauscher. Weiteres darüber findet sich im Abschnitt Selektivitätskoeffizient.

### 4.5 *Quellungsvermögen der Austauscherharze*

Sulfonsäureharze mit größerem Vernetzungsgrad nehmen in der $H^+$-Form weniger Feuchtigkeit auf als die weniger stark vernetzten Typen. Die Quellfähigkeit der IAT ist somit abhängig vom Vernetzungsgrad. Pepper[2]) hat diese Verhältnisse näher untersucht und fand folgende Beziehungen:

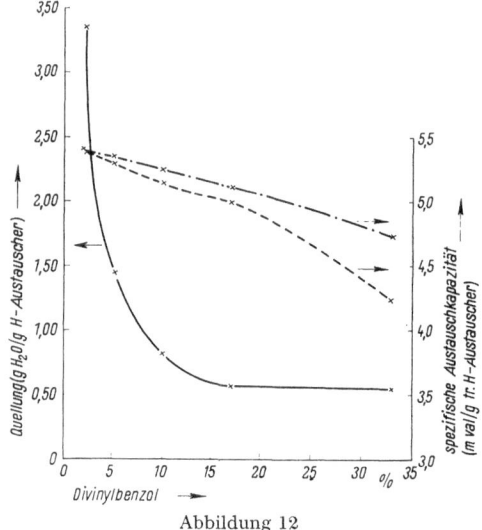

Abbildung 12

Abhängigkeit der Quellung und der Austauschkapazität vom Vernetzungsgrad (nach Pepper[2])).
———— Quellung; - - - - - -experimentell ($\pm$ 0,05); ········- berechnet (für Monosulfonsäure).

[1]) H. P. Gregor et al., J. Colloid Sci. *6*, 20 (1951).
[2]) K. W. Pepper, J. appl. Chem. *1*, 127 (1951).

Außer vom Vernetzungsgrad ist das Quellungsvolumen der IAT auch abhängig von der Festionenkonzentration, von der Art der Gegenionen und von der Konzentration der Außenlösung. Eine Variation dieser Faktoren beeinflußt die Harzvolumina und damit auch die Affinitätsverhältnisse. Mit der Zunahme der Festionenkonzentration und der Steigerung der Salzbildung nimmt die Quellung zu, bis bei vollständiger Ionisation ihr Maximum erreicht ist. Je größer die Konzentration der Außenlösung ist, um so mehr wirkt der osmotische Druck ihrer Ionen dem osmotischen Druck der Ionen in der Harzphase entgegen; dies führt zu einer Schrumpfung des IAT. Die Harzpartikel sind deshalb im Verlaufe der Austauscherreaktionen stark beansprucht auf Druck und Zug; für den Dauerbetrieb eignen sich aus diesem Grund nur mechanisch sehr widerstandsfähige Austauschermaterialien. Aus dieser Anforderung heraus entwickelten sich die kugelförmigen Polymerisate, die widerstandsfähiger sind und dank ihrer guten Festigkeit einen geringeren Verschleiß zeigen. Die stark quellenden IAT müssen vor ihrer Verwendung quellen gelassen werden. Diese Vorbehandlung erleichtert die Beweglichkeit der Ionen in den Austauscherpartikelchen. Durch die Vorquellung wird auch erreicht, daß die Harzsäulen nicht verkleben, so daß ein guter Durchfluß der Austauschflüssigkeit sichergestellt wird. Bei starker Nachquellung in der Säule würde ferner die Gefahr des Zerspringens der Austauscherröhre bestehen.

Zur *Ermittlung des Quellvermögens* wird die absolute Quellung bestimmt. Da der erreichte Quellungszustand in erheblichem Maße von der Ionenbeladung abhängt, wählt man als Bezugsgröße bei KAT im allgemeinen die $H^+$-Form, bei AAT die $Cl^-$-Form.

*Bestimmung der absoluten Quellung:* Man führt das Untersuchungsmaterial nach einwandfreier Quellung über Nacht in die betreffende Form über, wäscht bis zur neutralen Reaktion des Waschwassers, beseitigt das überschüssige Wasser durch Zentrifugieren, wägt 5,000 g des gequollenen Austauschers und trocknet diesen bei 103–105° bis zur Gewichtskonstanz. Die mit 20 multiplizierte Gewichtsdifferenz entspricht dem Wassergehalt des gequollenen Austauscherharzes.

## 4.6 Chemische Beständigkeit

Die Prüfung auf chemische Stabilität wird durchgeführt, um festzustellen, wie weit Bestandteile des IAT-Materials an das zu behandelnde Gut abgegeben werden. Nicht selten enthalten fabrikneue Austauscher noch Reste niedermolekularer Stoffe, die infolge ihrer Löslichkeit in Wasser oder organischen Lösungsmitteln extrahiert werden. Ferner muß die Prüfung ergeben, ob eine peptisative Abspaltung kolloider Teilchen erfolgt. GRIESSBACH[1]) beschreibt Kurzprüfungen, welche auf der Behandlung des Austauscherharzes mit Wasserdampf, 3proz. Ammoniak bei etwa 100° und mit organischen Lösungsmitteln beruhen. Die gewonnenen Auszüge werden auf ihre Farbe, ihren Gehalt an Stickstoffverbindungen, auf oxydierbare Substanzen und auf den Trockenrück-

---

[1]) R. GRIESSBACH, *Austauschadsorption in Theorie und Praxis* (Akademie-Verlag, Berlin 1957), S. 402.

stand untersucht. Technisch brauchbare Austauscher dürfen nur in fabrik-neuem Zustand gewisse Stoffe abgeben, sollen jedoch nach einigen Regenera-tionszyklen chemisch beständig sein.

Mit dem vorstehenden Prüfungsverfahren wird gleichzeitig die Temperatur-beständigkeit der Austauscherharze geprüft. Da diese von Produkt zu Produkt variiert, ist die Einhaltung bestimmter Arbeitstemperaturen sehr wichtig.

### 4.7 *Mechanische Festigkeit*

Vor allem für den technischen Gebrauch der Austauscherharze ist eine ge-nügende mechanische Festigkeit von größter Bedeutung. Bei den Austausch-prozessen gehen Quellungs- und Entquellungsvorgänge vor sich, welche die Austauscherteilchen mechanisch stark beanspruchen und unter Umständen einen großen Verschleiß zur Folge haben. Je nach der chemischen Beschaffen-heit des mit dem Austauscher behandelten Gutes können ungünstige Be-dingungen herbeigeführt werden. Zur Prüfung der mechanischen Kornfestig-keit schreitet man zur Zerdrückprüfung, zur Prüfung im Prallsieb, oder man benützt die von KNODEL[1]) beschriebene Rotierprobe.

### 5. Die Ionenverteilung (Austauschgleichgewichte) beim Ionenaustausch

### 5.1 *Das Austauschgleichgewicht*

Da die Austauschprozesse zwischen zwei Ionenarten nach bestimmten Regeln bis zu einem bestimmten Gleichgewicht erfolgen, ist es wichtig, diese Gleichgewichte kennenzulernen. Immer wieder ist daher das Gleichgewicht im System, bestehend aus dem mit einem bestimmten Ion gesättigten IAT und verschieden konzentrierten Lösungen eines einzutauschenden Ions, untersucht und beurteilt worden. Da die Austauschreaktionen reversibel und stöchiome-trisch verlaufen, lassen sie sich für den Umtausch von zwei monovalenten Ionen A und B wie folgt formulieren:

$$\begin{array}{ccccccc} AR & + & BX & \rightleftharpoons & BR & + & AX \\ \text{(am Harz)} & & \text{(in } H_2O) & & \text{(am Harz)} & & \text{(in } H_2O) \end{array} \qquad (5.1)$$

$$R = \text{Harz oder Festion}$$

Diese Gleichung vernachlässigt die kleinen Mengen AX bzw. BX, welche in das Austauscherharz diffundieren, ebenso die Änderung des Wassergehaltes infolge Änderung der Quellung. Dies ist zulässig, sofern die Außenlösung sehr verdünnt ist. Aus der Austauschgleichung ergibt sich bei Anwendung des Massenwirkungsgesetzes die Gleichung:

$$K \Big|_A^B = \frac{BR \cdot AX}{AR \cdot BX}$$

---

[1]) H. KNODEL, Vom Wasser *13*, 146 (1938).

und daraus

$$K \Big\downarrow^{B}_{A} \cdot \frac{BX}{AX} = \frac{BR}{AR} \tag{5.2}$$

Wird nun die Harzphase durch den Index R und die wässerige Phase durch S angegeben, dann wird

$$K \Big\downarrow^{B}_{A} \cdot \left[\frac{B}{A}\right]_S = \left[\frac{B}{A}\right]_R$$

$$K \Big\downarrow^{B}_{A} = \frac{\left[\dfrac{B}{A}\right]_R}{\left[\dfrac{B}{A}\right]_S} = \left[\frac{B}{A}\right]_R \cdot \left[\frac{A}{B}\right]_S \tag{5.3}$$

$K \Big\downarrow^{B}_{A}$  Gleichgewichtskonstante für B gegenüber A,

B  Äquivalente an B-Ionen pro Einheit Ionenaustauscher R bzw. Lösung S,

A  Äquivalente an A-Ionen pro Einheit Ionenaustauscher R bzw. Lösung S.

Für den Eintausch eines bivalenten gegen ein monovalentes Ion gilt entsprechend:

$$2\,AR + CX_2 \rightleftharpoons CR + 2\,AX \tag{5.4}$$

$$K \Big\downarrow^{C}_{2A} = \frac{CR \cdot 2\,AX}{2\,AR \cdot CX_2} $$

und daraus

$$K \Big\downarrow^{C}_{2A} \cdot \frac{CX_2}{2\,AX} = \frac{CR}{2\,AR} \tag{5.5}$$

$$K \Big\downarrow^{C}_{2A} \cdot \left[\frac{C}{A^2}\right]_S = \left[\frac{C}{A^2}\right]_R \tag{5.6}$$

$$K \Big\downarrow^{C}_{2A} = \frac{\left[\dfrac{C}{A^2}\right]_R}{\left[\dfrac{C}{A^2}\right]_S} \tag{5.7}$$

Zur graphischen Darstellung der Austauschgleichgewichte trägt man die dem Gleichgewichtszustand in der Lösung entsprechende Verhältniszahl von ein- und ausgetauschtem Ion auf die Abszisse, das entsprechende, auf die Harzphase bezogene Verhältnis, auf die Ordinate auf. Bei Erfüllung des Massenwirkungsgesetzes ist eine Gerade zu erwarten, welche durch den Nullpunkt

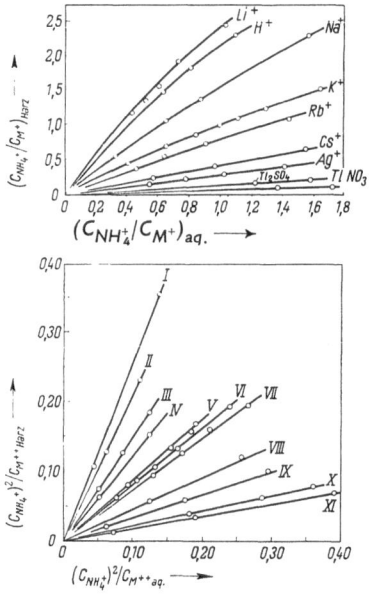

Abbildung 13
Austauschkurven einwertiger Kationen gegen ein Ammoniumharz
(nach Kressman und Kitchener[1])).

geht. In Abbildung 13 ist die Darstellung wiedergegeben, wie sie in der englisch-amerikanischen Literatur üblich ist. Man beachte, daß für die Ionenverhältnisse in der Lösung und im Harz die reziproken Werte aufgeführt sind.

### 5.2 *Die Selektivitätskonstante*

Diese Darstellung und zahlreiche weitere Kurvenbilder der Literatur[1]) zeigen, daß im Anfangsteil der Kurven, das heißt bei geringen Elektrolytkonzentrationen das Massenwirkungsgesetz in der Regel in guter Annäherung erfüllt ist. Aber auch viele deutliche Abweichungen sind festgestellt worden; sie können bedingt sein durch Konzentrationseinflüsse, unterschiedlichen Dissoziationsgrad, Hydrolyseeinfluss, durch die Harzstruktur usf. Da es sich somit bei $K \downarrow^{B}_{A}$ nicht um eine wirkliche Konstante handelt, hat man dafür den Ausdruck *Selektivitätskonstante* $K_s \downarrow^{B}_{A}$ eingeführt. Diese Konstante charakterisiert in übersichtlicher Weise die Verteilung zweier Ionen B und A zwischen dem Austauscher R und der Lösung S. $K_s$ wird $= 1$, wenn am Austauscher und in der Lösung gleiche Verhältnisse herrschen. In diesem Falle ist keine

---

[1]) T. R. E. Kressman und J. A. Kitchener, J. chem. Soc. *1949*, 1196, 1203.

Selektivität für eines der beiden Ionen vorhanden. Sollte aber das Harz selektiver für B sein, so wird $K_s > 1$, und ist das Harz selektiver für A, dann ist $K_s < 1$. Neuerdings wird die Verteilung der Ionen graphisch so dargestellt, daß anstelle der Molverhältnisse

$$\left[\frac{B}{A}\right]_S \text{ und } \left[\frac{B}{A}\right]_R$$

der Äquivalentbruch

$$\left[\frac{B}{A+B}\right]_S$$

in der Lösung als Abszisse gegen den Äquivalentbruch

$$\left[\frac{B}{A+B}\right]_R$$

im Harz als Ordinate aufgetragen wird.

Liegen die Versuchspunkte auf der Geraden mit dem Winkel von 45°, so ist keine Selektivität vorhanden. Für die oberhalb dieser Geraden liegende Kurve ist das Harz selektiv für B und für die unterhalb liegende Kurve selektiv für A.

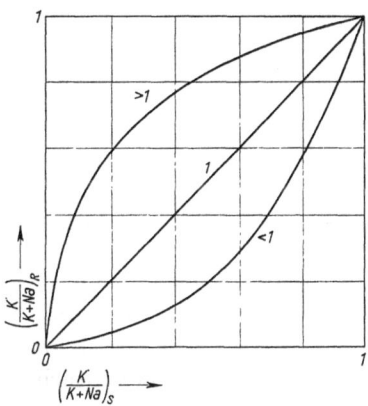

Die Bezeichnungen an den drei Kurven entsprechen den Selektivitätskoeffizienten $K_s \downarrow^{K}_{Na}$

$> 1$  selektiv für $K^+$ gegenüber $Na^+$
$= 1$  keine Selektivität
$< 1$  selektiv für $Na^+$ gegenüber $K^+$

Abbildung 14
Graphische Darstellung der Selektivitätsverhältnisse bei Ionenaustauschreaktionen.

### 5.3 Der Selektivitätskoeffizient unter Berücksichtigung
### der Aktivitätskoeffizienten

Da sich die Austauschgleichgewichte auf Grund des Massenwirkungsgesetzes nur in unzulänglicher Weise erfassen lassen, haben andere Autoren die Freundlich-Langmuirsche Adsorptionsisotherme sowie die Donnanschen Membrangleichgewichte zu ihrer Deutung herangezogen. Die letzten Entwicklungen betrachten die *IAT als hochkonzentrierte Elektrolyte,* die innerhalb der Austauscherphase ähnliche Abweichungen von den einfachen Lösungsgesetzen zeigen, wie sie von Lösung hochkonzentrierter starker Elektrolyte bekannt sind. Trägt man aus diesem Grunde den wirklichen Aktivitäten der am IAT beteiligten Ionen Rechnung und führt man die Aktivitätskoeffizienten in die Gleichung für den Selektivitätskoeffizienten ein, so erhält man für

$$K_a = K_s \Big|_{\downarrow A}^{B} \cdot \left(\frac{fB}{fA}\right)_R \cdot \left(\frac{\gamma A}{\gamma B}\right)_S = K_s \Big|_{\downarrow A}^{B} \cdot \left(\frac{fB}{fA}\right)_R \cdot \left(\frac{\gamma B}{\gamma A}\right)_S^{-1} \qquad (5.8)$$

$K_a$  Massenwirkungskonstante, welche den wirklichen Aktivitäten aller beteiligten Ionen im Harz sowie in der einwirkenden Lösung Rechnung trägt,

f  Aktivitätskoeffizienten der Ionen in der Harzphase,

$\gamma$  Aktivitätskoeffizienten der Ionen in der Lösungsphase.

Durch Substitution mittels einer von GREGOR[1]) abgeleiteten thermodynamischen Gleichung

$$-\Delta F = RT \ln K_a = \pi \, (v_A - v_B) \qquad (5.9)$$

$-\Delta F$  freie Enthalpie,

$\pi$  Quellungsdruck,

$v_A, v_B$  Ionenvolumina von A und B einschließlich ihrer Solvathüllen,

und durch Umformung folgert für

$$\ln K_s \Big|_{\downarrow A}^{B} = \frac{\pi}{RT} \, (v_A - v_B) - \ln \left(\frac{fB}{fA}\right)_R + \ln \left(\frac{\gamma B}{\gamma A}\right)_S \qquad (5.10)$$

Diese Beziehung gestattet alle thermodynamisch erfaßbaren, die Selektivität beeinflussenden Faktoren zu übersehen. Wird der *Quellungsdruck* $\pi$ in der Austauscherphase erhöht, was durch *vermehrte Vernetzung* des Harzes erreicht wird, dann steigt die Selektivität. Eine wesentliche Verminderung des Vernetzungsgrades bzw. die vollständige Aufhebung der Vernetzung bringt die Selektivität zum Verschwinden (Abfall von $\pi$ auf 0). Bei ansteigender *Temperatur* $T$ geht die Selektivität zurück; denn T steht im Nenner und zugleich tritt eine Verminderung von $v_A - v_B$ ein infolge Verringerung der Hydrathülle. Eine große Differenz der *Ionenvolumina* $v_A - v_B$ (einschließlich Hydrathülle) bewirkt eine Selektivitätssteigerung, eine geringe Differenz vermindert sie.

[1]) H. P. GREGOR, J. Amer. chem. Soc. *73*, 642 (1951).

Ein großer *Aktivitätskoeffizient* für das einzutauschende B und ein kleiner für A in der Lösungsphase fördert den Eintausch von B; ein größerer *Dissoziationsgrad* von B gegenüber A steigert die selektive Aufnahme des zutretenden Ions B. In der festen Phase kommt es infolge Ionenpaarbindung häufig zu einer engeren Bindung und damit zur Erniedrigung der betreffenden Aktivitätskoeffizienten. Dies bewirkt eine selektive Bevorzugung des einzutauschenden Ions. Im Sinne einer festeren Haftung am Austauscher wirkt sich auch eine höhere Valenz des Ions aus.

### 5.4 *Selektivitätsbeeinflussende Faktoren*

Eine instruktive Zusammenstellung der *Faktoren, welche die Selektivitätsverhältnisse* bei IAT-Reaktionen beeinflussen, verdanken wir DEUEL und HUTSCHNEKER[1]. Von seiten des IAT können schon geringfügige Verände-

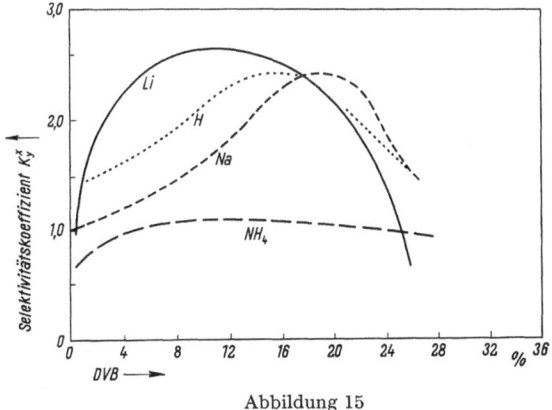

Abbildung 15

Abhängigkeit des Selektivitätskoeffizienten vom Vernetzungsgrad bei Alkaliionen (nach BREGMAN[2]). (Beachte die Darstellung des Selektivitätskoeffizienten als $K\uparrow_Y^K$.)

rungen seiner Struktur und Konstitution die Selektivitätsverhältnisse stark modifizieren. Während die Partikelgröße und -form kaum einen Einfluß haben, ist wiederholt durch den Versuch nachgewiesen worden, daß ein vernetztes Harz im allgemeinen eine höhere Selektivität zeigt als ein schwächer vernetztes oder unvernetztes. Die Beeinflussung des Selektivitätskoeffizienten $K\downarrow_{K'}^Y$, das heißt die Verdrängung von $K^+$ durch $Li^+$, $H^+$, $Na^+$ und $NH_4^+$, durch den Vernetzungsgrad ist von BREGMAN[2]) und GREGOR und BREGMAN[3]) untersucht worden. Abbildung 15 zeigt, daß für die Kurven der relativ kleinen Alkali-Ionen ein ausgesprochenes Maximum durchlaufen wird. Hier überlagern sich im wesentlichen drei Effekte. Neben die durch den Verdrängungs-

[1]) H. DEUEL und K. HUTSCHNEKER, Chimia *9*, 60 (1955).
[2]) J. I. BREGMAN, Ann. N. Y. Acad. Sci. *57*, 131 (1955).
[3]) H. P. GREGOR und J. I. BREGMAN, J. Colloid Sci. *6*, 323 (1951).

grad gegebene Änderung des Quellungsdruckes treten die Differenzen in den
Ionenvolumina in Erscheinung, und schließlich kommen noch Abwandlungen
im gegenseitigen Verhältnis der Aktivitätskoeffizienten des betreffenden
Ionenpaares zum Ausdruck. Die Selektivitätskoeffizienten der quaternären
Ammonium-Ionen (Abbildung 16) dagegen steigen symbat mit dem Vernetzungsgrad. Aus dieser Reihe geht eindeutig hervor, daß die stärker vernetzten Austauscher das kleinere K$^+$-Ion bevorzugen. Bei steigendem Vernetzungsgrad wird die Selektivität größer; es wird aber bei dessen Zunahme
ein Maximum durchlaufen. Mit steigender Austauschkapazität ist im allgemeinen eine Zunahme der Selektivität festgestellt worden[1]). Auch die che-

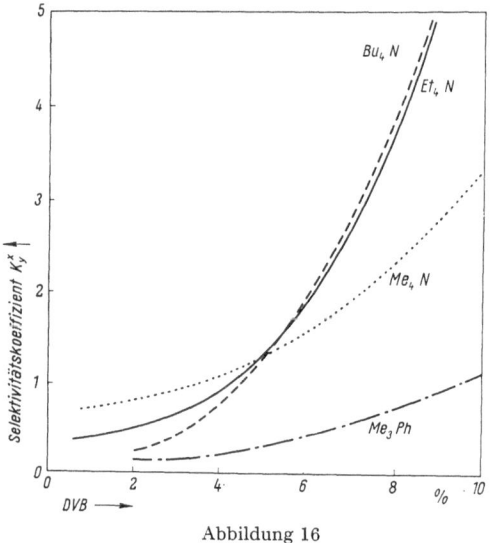

Abbildung 16

Abhängigkeit des Selektivitätskoeffizienten vom Vernetzungsgrad bei quaternären Ammoniumionen
(nach BREGMAN[2]) und GREGOR and BREGMAN[3])). (Beachte die Darstellung des Selektivitätskoeffizienten als K$\uparrow^K_Y$.)

mische Konstitution der austauschaktiven Gruppen und des Netzwerkes ist
von erheblicher Bedeutung für Selektivität. Die schwach sauren und schwach
basischen Harze sind hoch selektiv für OH$^-$- bzw. H$^+$-Ionen. Bestimmte
Spezifitäten lassen sich auch für Arsonium-, Phosphonium- und Sulfonium-
Harze für vierwertige Metallionen bzw. Lithium bzw. Calcium feststellen.

Die *Art der austauschbaren Ionen* ist ebenso wesentlich für die Selektivität
der IAT. Speziell organische Ionen werden um so selektiver aufgenommen, je
größer sie sind. Darauf fällt die Selektivität sehr großer Ionen wieder ab,
wenn sie nicht mehr in das Maschenwerk des Austauschers hineindiffundieren

[1]) H. DEUEL, K. HUTSCHNEKER und J. SOLMS, Z. Elektrochem. *57*, 175 (1953).
[2]) J. I. BREGMAN, Ann. N. Y. Acad. Sci. *57*, 131 (1955).
[3]) H. P. GREGOR und J. I. BREGMAN, J. Colloid Sci. *6*, 323 (1951).

können. Dieser einfache Siebeffekt wird mit Erfolg zur Trennung kleiner von großen Ionen ausgenützt[1]).

Die Selektivität nimmt mit zunehmender *Aufladung der Ionen* zu. Es konnten folgende Reihen festgestellt werden[2, 3]):

a) Für *einwertige Ionen:*

$$Li^+ < Na^+ < K^+ < Rb^+ < Cs^+ < Ag^+ < Tl^+ < NH_4^+ < CH_3NH_3^+ < (CH_3)_2NH_2^+ < (CH_3)_3NH^+;$$

b) für *zweiwertige Ionen:*

$$Cd^{2+} < Be^{2+} < Mg^{2+} < Ca^{2+} < Sr^{2+} < Ba^{2+}.$$

Die Wertigkeitsregel von SCHULZE und HARDY gilt also auch für den Ionenaustausch. Auf Grund von Leitfähigkeitsmessungen, die beim Ionenaustausch Aufschluß geben über die Bindungsverhältnisse zwischen Festionen und Gegenionen, konnte folgende Reihenfolge der *Bindungsfestigkeit der Ionen* ermittelt werden:

$$H^+ < Li^+ = Na^+ = K^+ < Mg^{2+} < Ca^{2+} < Ag^+ < Ba^{2+} < Th^{4+}.$$

Beim Austausch von $Cl^-$ von verschieden stark basischen Austauschern haben PETERSON[4]) und GREGOR, BELL und MARCUS[5]) die folgende *Reihenfolge der wichtigsten Anionen* bezüglich ihrer Selektivität festgestellt:

$$F^- < CH_3COO^- < HCO_3^- < Cl^- < BrO_3^- < NO_2^- < HSO_3^- < CN^- < Br^- < J^- < CNS^- < ClO_4^-.$$

Beim Austausch von $Cl^-$ von schwach basischen Austauschern wurde folgende Reihenfolge ermittelt:

$$F^- < Cl^- < Br^- = J^- = CH_3COO^- < H_2PO_4^- < NO_3^- < Tartrat < Citrat < CrO_4^{2-} < SO_4^{2-} < OH^-.$$

Mit steigender Polarisierbarkeit und abnehmender Hydratation der Ionen nimmt die Selektivität zu, was den lyotropen Reihen nach HOFMEISTER entspricht. Oft werden Schwermetallionen, die keine Edelgaskonfiguration besitzen, komplexe Ionen und manche organische Ionen von den IAT stark gebunden.

Auch *äußerliche Faktoren* werden von DEUEL und HUTSCHNEKER[6]) als selektivitätsbestimmend bezeichnet. Bei verdünnter Außenlösung ist der Selektivitätskoeffizient für mehrwertige Ionen gegenüber wenigerwertigen größer. Je weniger vom stärker haftenden Ion vorhanden ist, um so größer ist dieser Koeffizient für dieses. Am Austausch nicht beteiligte Ionen vom Ladungssinn des IAT beeinflussen die Ionenverteilung wenig[7]). Von großer Auswirkung ist auch die Art des Lösungsmittels; die Verwendung von Weingeist und anderen organischen Lösungsmitteln ändert das Quellungsvermögen der Harze und die Solvationsverhältnisse der Ionen, was Bedingungen herbeiführen

[1]) R. W. RICHARDSON, Nature *164*, 916 (1949).
[2]) T. R. E. KRESSMANN und J. A. KITCHENER, J. chem. Soc. *1949* 1190, 1201, 1908.
[3]) W. J. ARGERSINGER und A. W. DAVIDSON, J. phys. Chem. *56*, 92 (1952).
[4]) S. PETERSON, Ann. N. Y. Acad. Sci. *57*, 144 (1953).
[5]) H. P. GREGOR, J. BELL und R. A. MARCUS, J. Amer. chem. Soc. *77*, 2713 (1955).
[6]) H. DEUEL und K. HUTSCHNEKER, Chimia *9*, 64 (1955).
[7]) T. R. E. KRESSMAN, J. phys. Chem. *56*, 118 (1952).

kann, welche die Selektivität erhöhen und zu Kationentrennungen ausgenützt werden können[1]). Es sind auch Fälle beschrieben, wo die Gleichgewichte der Ionenverteilung stark von der *Temperatur* abhängig sind[2]). Da die IAT-Reaktionen Zeitreaktionen sind, hängt ferner die Ionenverteilung von der *Reaktionszeit* ab. Gewisse Reaktionen verlaufen rasch innerhalb von wenigen Minuten, während bei anderen das Gleichgewicht oft erst nach Wochen und Monaten erreicht wird. Solche Unterschiede in der Reaktionszeit lassen sich ebenfalls ausnützen zu Ionentrennungen. So werden $Zn^{++}$-Ionen sehr langsam gegen $H^+$-Ionen an den IAT gebunden, während beim Austausch von $K^+$ gegen $H^+$ das Gleichgewicht sehr viel rascher erreicht wird.

### 6. Die Adsorption durch Ionenaustauscher

Die zwei Hauptgruppen von Adsorption, die Austauschadsorption und die Allgemeinadsorption, treten beim gleichen Adsorbens sehr häufig nebeneinander auf. So spielt je nach der Art des IAT oder den besonderen Arbeitsbedingungen auch die Allgemeinadsorption eine mehr oder weniger wichtige Rolle. Der Grund hierfür liegt darin, dass sich neben den Coulombschen Kräften zwischen den ionischen Gruppen auch Polarisations- und Dispersionskräfte (van der Waalsche und Londonsche Kräfte) auswirken. Es können deshalb durch IAT auch Nichtelektrolyte durch Adsorption an ihre Oberfläche bzw. im Innern der Austauscherteilchen gebunden werden. Wird zum Beispiel ein Sulfonsäureharz in der $H^+$-Form in eine wässerige Lösung eines Nichtelektrolyten, zum Beispiel von n-Butanol, gegeben und die Einstellung des Gleichgewichtes abgewartet, so zeigt die Analyse der Harzphase, daß eine erhebliche Menge Butanol im IAT adsorbiert wurde. Gegenüber der Außenlösung tritt eine erhebliche Anreicherung von Butanol im Harz auf. Dies ist bedingt durch anziehende Kräfte: einesteils kommt es zur Ausbildung von Wasserstoffbrücken zwischen der polaren $-SO_3H$-Gruppe des Harzes und der polaren $-OH$-Gruppe des Butanols. Außerdem ist sichergestellt, daß zwischen dem Kohlenwasserstoff-Rest des Butanols und dem Kohlenwasserstoff-Gerüst des IAT van der Waalsche Bindungskräfte auftreten. Da die Größe dieser Kräfte mit der Kettenlänge des gelösten Moleküls steigt, dürfte n-Butanol stärker adsorbiert werden als n-Propanol und Äthanol. REICHENBERG und WALL[3]) konnten das erwartete Verhalten der drei Alkohole gegenüber einem Sulfonsäureharz bestätigen. Ist nun die Porenweite des IAT genügend groß, um die Nichtelektrolytmoleküle eintreten zu lassen, so verteilen sich die letzteren gleichmäßig im Innern der IAT-Teilchen und bleiben nicht an deren Oberfläche adsorbiert. Lediglich wenn die Nichtelektrolytkonzentration sehr gering ist, besteht die Möglichkeit, daß die Alkohole nur an die Oberfläche der IAT-Partikelchen adsorbiert werden. Die Adsorption wird graphisch als Beziehung

[1]) B. SANSONI, Chem. Techn. *6*, 464 (1954).
[2]) G. DICKEL und A. MEYER, Z. Elektrochem. *57*, 901 (1953).
[3]) D. REICHENBERG und W. F. WALL, J. chem. Soc. *1956*, 3364.

des Molaritätsverhältnisses (Molarität im Harz/Molarität in der Außenlösung) zur Molarität der Außenlösung dargestellt.

Die Erscheinung der leichten Adsorption von Nichtelektrolyten durch IAT kann ausgenützt werden zur Trennung von Elektrolyten und Nichtelektrolyten. Leicht adsorbierbare Fremdstoffe wie Farbstoffe lassen sich beim analytischen und präparativen Arbeiten entfernen. Ferner liefert die Adsorption einen Beitrag zur Erklärung der katalytischen Wirkung der IAT, indem die katalytische Wirkung weitgehend bestimmt sein dürfte durch den Umfang der Absorption der reagierenden Moleküle durch die IAT.

### 7. Die praktische Anwendung der Ionenaustauscher

Im folgenden geben wir einen Überblick über die mit den IAT möglichen Trennoperationen, die technischen Verfahren des IAT sowie ihre präparative, analytische und therapeutische Anwendung in der Pharmazie und Medizin.

7.1 *Zusammenstellung der mit Ionenaustauschern möglichen Trennoperationen*

Die mannigfaltigen adsorptiven Eigenschaften der IAT machen diese Materialien nicht nur geeignet für den eigentlichen Ionenaustausch an Elektrolyten, sondern auch für die Adsorption neutraler Moleküle. Bei richtiger Wahl ihrer Beschaffenheit gestatten sie deshalb nicht nur die Trennung bestimmter Ionen von andern Ionen, sondern auch die Trennung von Ionen aus Elektrolytlösungen, die Trennung bestimmter Elektrolyte von andern Elektrolyten sowie jene von Nichtelektrolyten. Für unsere Anwendungszwecke lassen sich die Trennungsoperationen wie folgt unterteilen[1]):
a) *Unmittelbare Trennung durch Ionenaustausch allein:* Kationen können von Anionen getrennt werden.

  Ferner lassen sich auch gleichartig geladene Ionen durch Auswertung ihrer Austauschselektivität voneinander trennen; vor allem ist es möglich, niedervalente von höhervalenten Ionen abzutrennen. Spezialharze gestatten auch die selektive Abtrennung bestimmter Ionen.

  Durch kombinierte Anwendung von KAT und AAT lassen sich aus Lösungen von Elektrolyten und Nichtelektrolyten die ersteren durch völlige Entsalzung abtrennen.
b) *Trennung durch Ionenaustausch in Verbindung mit Ionensiebung:* Niedermolekulare Elektrolyte lassen sich von hochmolekularen Elektrolyten, Polyelektrolyten und Kolloiden trennen, sofern die Porenweite der Austauscher so gewählt wird, daß wohl die kleinen Ionen eingetauscht, die großen Ionen der hochmolekularen Stoffe dagegen nicht in die Austauscherteilchen eindringen können und deshalb nicht absorbiert werden.

---

[1]) R. GRIESSBACH, *Austauschadsorption in Theorie und Praxis* (Akademie-Verlag, Berlin 1957), S. 306.

Niedermolekulare Elektrolyte können voneinander getrennt werden, wenn der eine Elektrolyt sich durch Komplexbildung vergrößern läßt, so daß er sich als hochmolekularer Nichtelektrolyt verhält und weder eingetauscht noch absorbiert wird.

c) *Trennung durch Molekiiladsorption:* Nach Blockierung der austauschaktiven Gruppen des IAT (zum Beispiel durch Überführung in seine nichtdissoziierte Form), lassen sich großmolekulare Elektrolyte in undissoziierter Form von niedermolekularen Elektrolyten durch van der Waalsche Adsorption trennen (Weiß-Effekt).

Nach Sättigung des Ionenaustauschers mit dem Kation des bereits vorhandenen Elektrolyts wird kein weiterer Elektrolyt mehr eingetauscht; dagegen wird ein Nichtelektrolyt nach der Langmuir-Freundlichschen Isotherme adsorbiert; diese als Wheaton-Baumann-Effekt (Ion Exclusion) bekannte Erscheinung kann zur Trennung von Nichtelektrolyten und Elektrolyten ausgewertet werden.

d) *Trennung durch Molekiiladsorption in Verbindung mit Molekiilsiebung:* Bei richtiger Wahl der Porengröße des IAT lassen sich höhermolekulare Nichtelektrolyte, die der Adsorption durch van der Waalsche Kräfte unterliegen, von niedermolekularen Nichtelektrolyten trennen. Oder es werden die niedermolekularen Stoffe von den Austauschern noch aufgenommen, während die höhermolekularen Stoffe zu große Moleküle sind, um in die Poren des Austauschers eintreten zu können.

Polare Nichtelektrolyten lassen sich unter Umständen von nichtpolaren trennen, weil ihre Polarisationskräfte zu einer stärkeren Adsorption an die Austauschermasse führen.

### 7.2 *Die Verfahren des Ionenaustausches*

### 7.21 Die Vorbereitung des Austauschmaterials

Die aus dem Handel beziehbaren Harztypen bedürfen zu ihrer einwandfreien Anwendung einer gewissenhaften Vorbereitung hinsichtlich Feinheitsgrad, Reinigung, Quellung und Vorbeladung.

Von den verschiedenen *Qualitätstypen* für technische und analytische Verwendung rechtfertigt es sich für präparative, analytische und wissenschaftliche Arbeiten, das zwar etwas teurere Produkt «für analytische Zwecke» zu verwenden. Es zeichnet sich in der Regel durch eine weitgehendere *Vorreinigung* und einen einheitlicheren *Zerkleinerungsgrad* aus. Die erste Vorbereitung besteht im Aussieben der von der betreffenden Arbeitsvorschrift gewünschten Fraktionen, worauf in der Regel feinere und gröbere Anteile beseitigt werden. Wird vor allem feinere Körnung verlangt, wie dies für die Austauschchromatographie vorgeschrieben wird, so schreitet man zum Vermahlen in einer Drogenmühle (Analysenmodell). Die gewünschte Menge der vorgeschriebenen Siebfraktion wird hierauf in destilliertem Wasser suspendiert und dekantierend von den feinen Staubteilen befreit.

Um für Spezialzwecke Reste von *niedermolekularen Substanzen* oder *störenden Fremdstoffen* aus den Harzen zu beseitigen, werden die KAT unter kurzem Aufkochen mit 2 n-Salzsäure behandelt. Diese Austauscher sind, fast ohne Ausnahme, sehr empfindlich gegen Laugen; da sie mit diesen zum Teil stark aufquellen und unter Umständen sogar peptisieren, ist diese Behandlung zu vermeiden. Eine alkalische Vorbehandlung ist bei KAT durch kurzes Aufkochen mit 2 n-Ammoniak durchzuführen. Die schwach basischen AAT sind weniger empfindlich gegen Säuren und Laugen als die quaternären Basen; diese sollen nicht mit starken Basen gekocht werden.

Die nächste Aufgabe besteht darin, das IAT-Harz in die für den besonderen Verwendungszweck erforderliche *Beladungsform* überzuführen. Diese Arbeit ist besonders sorgfältig vorzunehmen bei Harzen, welche analytischen Zwecken zu dienen haben. Die meist verwendeten Formen sind die H+- und $NH_4^+$-Form bei den KAT und die OH⁻-Form bei den AAT; während die ersteren meistens in der H+- und Na+-Form im Handel sind, sind die letzteren in der Regel in der Cl⁻-Form verfügbar.

*Beladung eines KAT zur H+- oder $NH_4^+$-Form:* Die Na+-Form wird in einem Filterrohr mit dem 10–15fachen Überschuß einer 2 n-Salzsäure bzw. mit 2 n-Ammonchlorid behandelt, die man innerhalb von etwa 1–2 h durchfließen läßt. Hierauf wird gründlich mit viel destilliertem Wasser gewaschen, bis der Auslauf frei ist von Säure bzw. Chlorid.

*Beladung eines AAT zur OH⁻-Form:* Die Überführung erfolgt bei schwach basischen Austauschern mit 1proz., bei stark basischen Harzen mit 2 n-Natronlauge. Das Auswaschen mit destilliertem Wasser ist bis zur Freiheit von Lauge durchzuführen.

### 7.22 Die technischen Verfahren des Ionenaustausches

Bei der präparativen und analytischen Verwendung werden die IAT je nach dem speziellen Arbeitsziel nach drei verschiedenen Verfahren auf die zu behandelnden Lösungen einwirken gelassen:

a) *Das Einrührverfahren (Batchverfahren):* Nach geeigneter Vorbereitung wird eine bestimmte Menge des körnigen Austauscherharzes in einem Rührgefäß in die zu behandelnde Lösung eingerührt und darin so lange bewegt, bis sich das Austauschgleichgewicht eingestellt hat. Hierauf wird das Harz durch Filtration oder Zentrifugieren abgetrennt, ausgewaschen und regeneriert. Dieses Verfahren führt in der Regel nicht zum quantitativen Ionenaustausch. Es findet Verwendung zur titrimetrischen Bestimmung der Austauschkapazität, zur Entfernung kleiner Mengen eines Fremdstoffes aus einer Lösung (zum Beispiel Säuren aus Fruchtsäften und Wein, von Schwer metallen aus Wein usw.), zum sogenannten Kontaktaustausch, wenn es sich darum handelt, gewisse pH-Grenzen nicht zu überschreiten, und zu katalytischen Reaktionen.

b) *Das Säulenverfahren:* Soll der quantitative Eintausch eines Ions gegen ein anderes erreicht werden, dann muß das Säulenverfahren herangezogen werden. Bei diesem Verfahren durchläuft die zu behandelnde Lösung eine mit dem IAT beschickte Säule von oben nach unten. Die obersten Schichten des Austauschers werden dabei immer wieder mit neuer, unbehandelter Elektrolytlösung zusammengebracht, und ihre Austauschkapazität wird schließlich erschöpft. Mit dem Eindringen in die Säule kommt die teilweise ausgetauschte Lösung mit frischem IAT in Kontakt. Durch dessen Austauschwirkung wird das Gleichgewicht der Reaktion immer weiter in die Richtung des quantitativen Austausches verschoben. Die Erschöpfung des IAT geht weiter von oben bis unten, bis schließlich die gesamte Menge der Ionen eingetauscht ist oder ein Durchbruch der nicht mehr ausgetauschten Ionen in den Auslauf erfolgt. Bei einem richtig geleiteten Austausch auf einer Säule sind die Länge der Harzsäule und die Durchlaufgeschwindigkeit so zu wählen, daß am unteren Säulenende stets eine Sicherheitsschicht von nicht verbrauchtem Austauscher vorhanden ist.

Das Säulenverfahren gestattet verschiedene Arbeitsweisen. Während für präparative Arbeiten zu wissenschaftlichen Versuchen, das heißt für die einfache Trennung entgegengesetzt geladener Ionen im *einfachen Austauschverfahren* kleine Glasröhren (Durchmesser 2–3 cm, Harzhöhe 10–15 cm für 20–50 ml Austauscherharz) genügen, muß zur Trennung gleichartig geladener Ionen das auf der Vertauschungsadsorption beruhende *Elutionsverfahren* benützt werden. Da dieses Verfahren die chromatographischen Arbeitsprinzipien mit jenen des Ionenaustausches verbindet, sind hierfür längere Austauschersäulen erforderlich. Hier wird die Tatsache ausgewertet, daß auch zwischen nahe verwandten Ionen kleine Unterschiede im Selektivitätskoeffizienten vorhanden sind. Ein kontinuierliches Spiel von Bindung und Verdrängung der konkurrierenden Ionen geht vor sich, das zur Ausbildung bestimmter Ionenschichten im mittleren und unteren Teil der Austauschersäule führt. Bei der Elution der Austauschersäule erscheinen die abgetrennten Schichten nacheinander als einheitliche Ionenfraktionen im Auslauf.

Für die präparativen und analytischen Arbeiten sind zahlreiche Austauschgeräte vorgeschlagen worden, von denen wir einige in der Praxis bewährte Modelle durch die Abbildungen 17–20 charakterisieren.

Die *Leistungsfähigkeit einer Austauschsäule* wird als Verhältnis $C/C_0$ gegen das Volumen des Ablaufes oder gegen die Milliäquivalente durchgehender Stoff ermittelt und als *Ionenaustausch-Isotherme* graphisch dargestellt. Dabei sind $C$ die Konzentration der einfließenden Lösung, $C_0$ die Konzentration der abfließenden Lösung.

Je später die austauschfähige Substanz im Ablauf auftritt, um so größer ist die *Durchbruchkapazität*, und je steiler die Durchbruchkurve ansteigt, um so schärfer ist der Durchbruch. Die Durchbruchkapazität ist somit ein Ausdruck der nutzbaren Austauschkapazität beim Säulenverfahren, das heißt unter den Austauschbedingungen der Praxis. Sie gibt an, wieviel Milliäquivalente je Liter unter den betreffenden Arbeitsbedingungen eingetauscht werden können, bis das in Frage stehende Ion durch die Säule durchbricht. Diese Größe ist abhängig von verschiedenen Faktoren, so vor allem vom Zerkleinerungsgrad des Austauschers, von der Länge der Harzsäule und von der

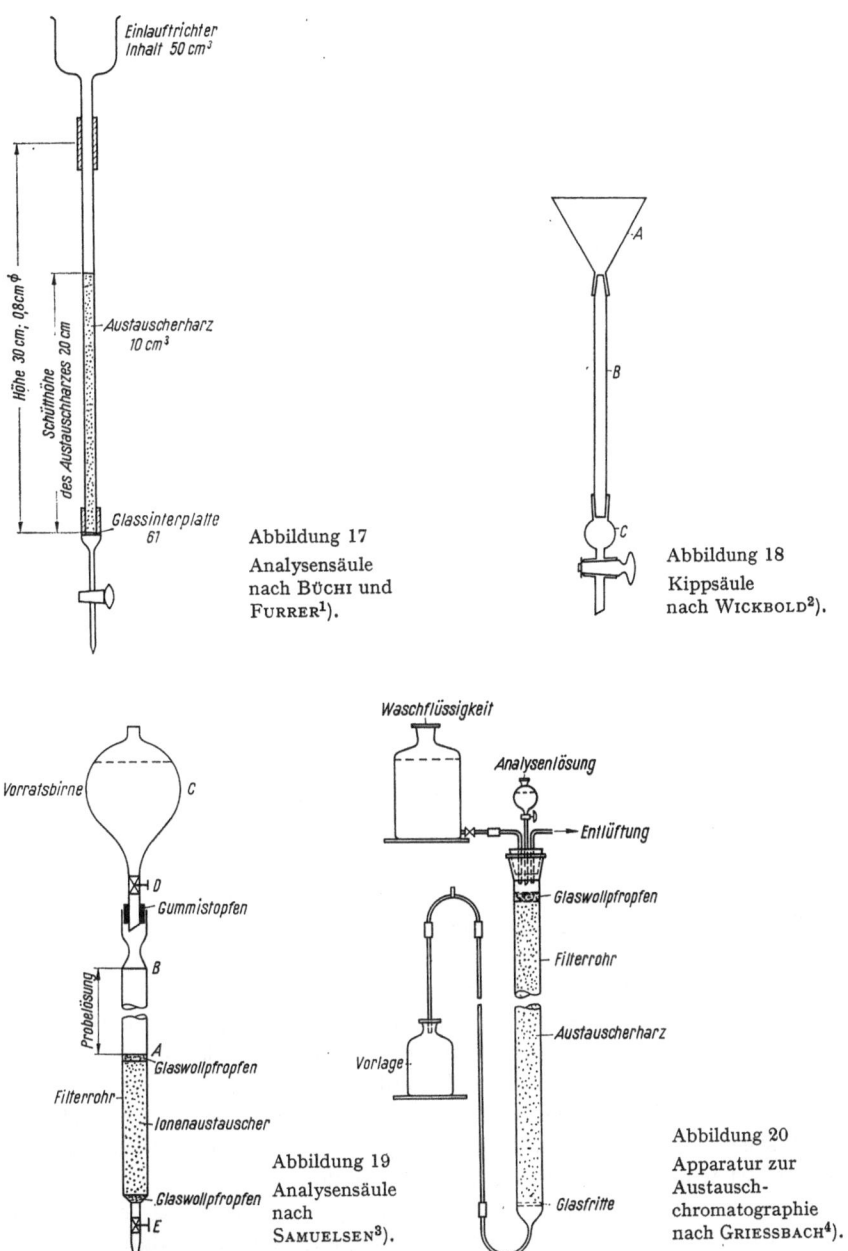

Abbildung 17
Analysensäule
nach Büchi und
Furrer[1]).

Abbildung 18
Kippsäule
nach Wickbold[2]).

Abbildung 19
Analysensäule
nach
Samuelsen[3]).

Abbildung 20
Apparatur zur
Austausch-
chromatographie
nach Griessbach[4]).

[1]) J. Büchi und F. Furrer, Arzneim.-Forsch. *3*, 307 (1954).
[2]) R. Wickbold, Dissertation (Hamburg 1950).
[3]) O. Samuelsen, Svensk Kem. Tidskr. *54*, 124 (1942).
[4]) R. Griessbach, *Austauschadsorption in Theorie und Praxis* (Akademie-Verlag, Berlin 1957), S. 384.

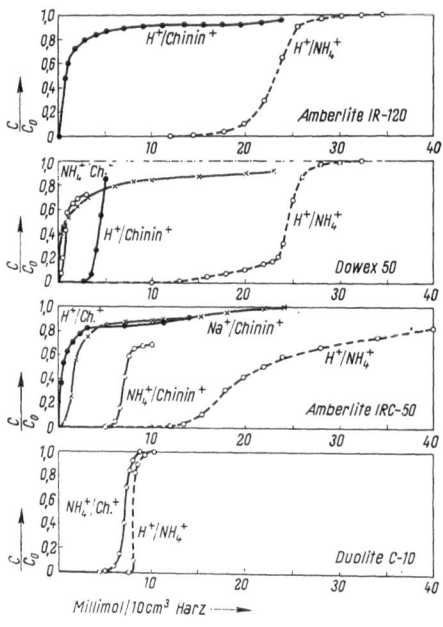

Abbildung 21

Austausch-Isothermen verschiedener Kationen-Austauscher für Ammoniak und Chinin aus wässeriger Ammoniumchlorid- bzw. Chininhydrochlorid-Lösung[1]).

Durchflußgeschwindigkeit. Die Abbildungen 21 und 22 geben Ionenaus-
tausch-Isothermen von Versuchen wieder, welche Auskunft geben über den
Einfluß dieser Faktoren.

Diese Resultate zeigen, daß das Austauschvermögen feinkörniger Aus-
tauschharze günstiger ist als dasjenige gröberer Austauscher (Abbildung 22).
Dank ihrer größeren Oberfläche und des kleineren Diffusionsweges bei den
feineren Maßen sind die austauschaktiven Gruppen besser und rascher erreichbar. Ferner sind auch beim IAT optimale Bedingungen hinsichtlich der
Säulenhöhe vorhanden und mit Vorteil einzuhalten (Abbildung 23). Da der
IAT eine Zeitreaktion ist, spielt die Durchflußgeschwindigkeit ebenfalls eine
wesentliche Rolle. Zu rascher Ablauf führt zum vorzeitigen Durchbruch des
einzutauschenden Ions. Diesem muß genügend Zeit für die Diffusion in die
Austauscherpartikel zur Verfügung stehen (Abbildung 24).

Ein großer Vorteil bei der Verwendung von Austauschersäulen besteht
außer der quantitativen Führung des Ionenaustauschers darin, daß der ganze
Austauschzyklus, das heißt die Beladung des Austauschers, der Ionenaustausch
und die Regeneration des Austauschers in kleinsten und großen Mengen in
demselben Gerät durchgeführt werden kann.

---

[1]) J. Büchi und F. Furrer, Arzneim.-Forsch. *3*, 310 (1954).

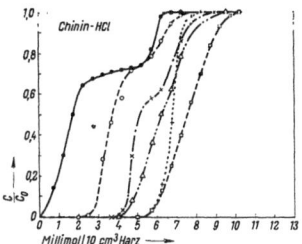

Abbildung 22

Austausch-Isothermen für Chinin aus wässeriger 0,0416 m Chininhydrochlorid-Lösung für verschiedene Zerkleinerungsgrade des Kationen-Austauschers Duolite C–10–H$^+$ bei einer Durchflussgeschwingigkeit von 1 cm$^3$/10 cm$^3$ Harz und Min.[1])

| | Sieb-Nr. | Korngrösse: mm |
|---|---|---|
| ——•—— | III/IV | 1,50–0,47 |
| ---○--- | IV/IVa | 0,47–0,32 |
| --·×--· | IVa/V | 0,32–0,22 |
| ·····△····· | V/VI | 0,22–0,17 |
| ---□--- | VI/VII | 0,17–0,15 |
| ······+······ | < VII | < 0,15 |

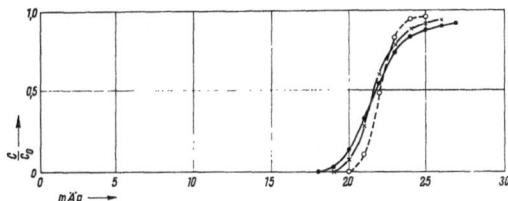

Abbildung 23

Einfluss der Säulenhöhe des IAT auf die Austausch-Isotherme einer 0,037 n-KNO$_3$-Lösung[2]).

Säulenhöhe: ——•—— 60 mm; ——×—— 100 mm; ----○---- 235 mm.

c) *Das Membranverfahren:* In den letzten Jahren ist es der chemischen Industrie gelungen, Kunstharze in der Form von Membranen herzustellen, die sich durch gutes Austauschvermögen, geringere Quellbarkeit und genügende mechanische Festigkeit auszeichnen[3]). Damit ergaben sich für den Ionenaustausch neue Anwendungsmöglichkeiten. Die IAT-Membran verhält sich als ein Ionensieb von selektiver Permeabilität. Eine KAT-Membran läßt nur Kationen durch, weil die Anionen durch die negativ geladenen Festionen zurückgestoßen werden. Sinngemäß ist eine AAT-Membran nur durchlässig für Anionen; ihre positiv geladenen Festionen stoßen die Kationen ab. Diese

---

[1]) F. Furrer, *Die Verwendung neuer Ionenaustauscher zur Bestimmung und Gewinnung von Alkaloiden*, Dissertation (ETH, Zürich 1954), S. 42.

[2]) O. Samuelsen, Tek. Tidskr. *76*, 561 (1946).

[3]) A. G. Winger, G. W. Bodamer und R. Kunin, J. electrochem. Soc. *100*, 178 (1953).

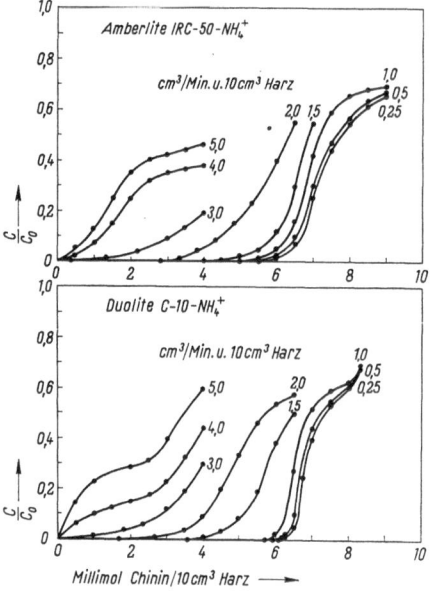

Abbildung 24

Austausch-Isothermen von Amberlite IRC-50-NH$_4^+$ und Duolite C-10-NH$_4^+$ für Chinin aus wässeriger 0,0416 m-Chininhydrochlorid-Lösung bei verschiedenen Durchfluß-Geschwindigkeiten[1].

permselektiven Eigenschaften der Austauschermembranen werden für elektrodialytische Zwecke praktisch ausgenützt. Für die Membranelektrolyse wird im einfachsten Fall eine einzige Membran verwendet. Sie unterteilt den Elektrolyseraum in einen anolytischen und einen katolytischen Raum (Abbildung 25). Gibt man in den ersteren zum Beispiel eine Natriumsebazatlösung (durch Verseifung aus Rizinusöl erhalten), in den letzteren verdünnte Natronlauge und legt ein elektrisches Potential an, so wandern Na$^+$-Ionen aus dem Anodenraum durch die für Kationen durchlässige Membran in die Kathodenzelle. Infolge Zunahme der Azidität des Anolyten fällt Sebazinsäure aus, und gleichzeitig nimmt die Natronlauge-Konzentration im Kathodenraum zu. An der Anode werden H$^+$-Ionen und freier Sauerstoff produziert, während an der Kathode Wasserstoff entwickelt wird. Das Verfahren hat verschiedene Vorteile; vor allem ist das gewünschte Produkt, die Sebazinsäure, frei von andern Salzen; zusätzlich werden Natronlauge, Wasserstoff und Sauerstoff gebildet, welche verwertet werden können. Sinngemäß wird in einer Zweikammerzelle mit AAT-Membran reines natriumchloridfreies Äthylendiamin aus dem Hydrochlorid gewonnen. Die Anwendungsmöglichkeit der Membranelektrolyse wird wesentlich erweitert, wenn zwei und mehr Membranen in die Zelle ge-

---

[1] F. Furrer, *Die Verwendung neuer Ionenaustauscher zur Bestimmung und Gewinnung von Alkaloiden*, Dissertation (ETH, Zürich 1954), S. 49.

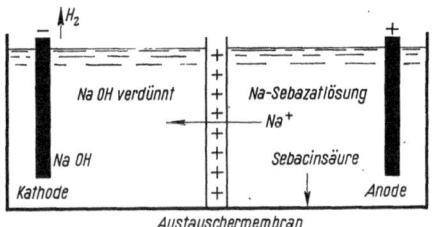

Abbildung 25
Zweikammerzelle mit Kationenaustauschermembran[1]).

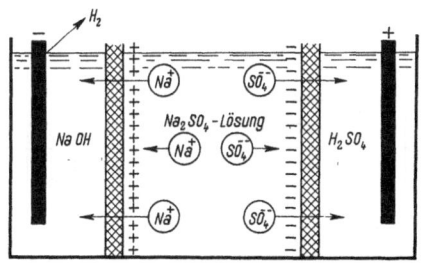

Abbildung 26
Dreikammerzelle mit Kationenaustauscher- und Anionenaustauscher-Membran[1]).

bracht werden. Mit einer Dreikammerzelle, die eine KAT- und eine AAT-Membran besitzt, lassen sich viele Reaktionen durchführen. Ein praktisch wichtiges Beispiel ist die Aufarbeitung von Glaubersalzabfällen (Abbildung 26). Diese erfolgt durch Trennung der Ionen des in Lösung dissoziierten Natriumsulfats aus der mittleren Zelle und ihrer Überführung in die entsprechenden Elektrodenkammern. Die $Na^+$-Ionen wandern durch die KAT-Membran in den Kathodenraum, wo außer reiner Natronlauge freier Wasserstoff entsteht und gewonnen wird, während die $SO_4^{--}$-Ionen durch die AAT-Membran in die Anodenzelle wandern, sich dort anreichern und Schwefelsäure bilden. In ähnlicher Weise wird Natronlauge aus Salzwasser oder Magnesiumhydroxyd aus Meerwasser gewonnen. Das Membranverfahren gestattet somit, viele pharmazeutisch wichtige Säuren und Basen in großer Reinheit aus ihren Salzen herzustellen, wobei oft noch verwertbare Nebenprodukte entstehen[2]). Ferner läßt es sich verwenden zur Entsalzung organischer Verbindungen[3]).

Die Membranelektrolyse ist ausgebaut worden zu einem Vielkammersystem, das zu einem kontinuierlichen Verfahren weiterentwickelt wurde (Abbildung 27). Dieses gestattet in wirtschaftlicher Weise Meerwasser zu entsalzen und in Trinkwasser überzuführen. Die Speisung der Zellen mit Salz-

[1]) K. S. SPIEGLER, in: F. C. NACHOD und J. SCHUBERT, *Ion Exchange Technology* (Academic Press Inc., New York 1956), S. 121.
[2]) W. JUDA, J. A. MARINSKI und N. W. ROSENBERG, Ann. Rev. phys. Chem. *4*, 373 (1953).
[3]) E. N. LIGHFOOD und I. J. FRIEDMAN, Industr. Engng. Chem. *46*, 1579 (1954).

wasser (Meerwasser oder Brackwasser) erfolgt von beiden Seiten her. Durch die
Membrankammern fließen dann zwei Ströme in entgegengesetzter Richtung;
der eine von der Kathodenseite her durch die Kammern mit ungeraden Zahlen,
der andere von der Anodenseite her durch die Kammern mit geraden Zahlen.
Der erste Strom verliert zunehmend Kationen und Anionen. Die Kationen
werden in Richtung Kathode durch die kationendurchlässige Membran, die
Anionen in der Gegenrichtung durch die anionendurchlässige Membran in die
benachbarten Kammern mit geraden Zahlen übergeführt. Der zweite Strom
führt die sich mit Ionen anreichernde Lösung gegen die Kathode, von wo sie
als Sole (Abwasser) abläuft. Die beiden Elektrodenräume werden durch einen
Nebenstrom von Salzwasser gereinigt.

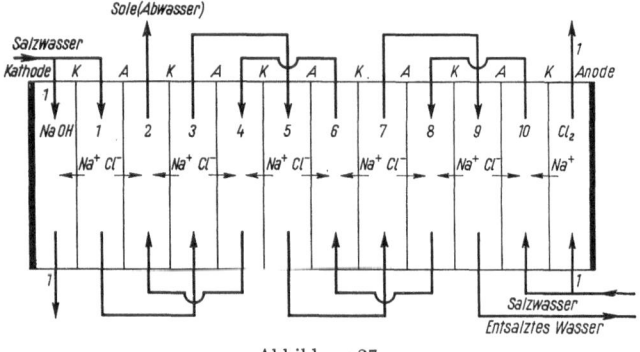

Abbildung 27

Schema einer Vielkammervorrichtung für kontinuierlichen Betrieb zur Meerwasser-Entsalzung.
*1* Elektroden-Reinigungsstrom, *K* Kationenaustauscher-Membran, *A* Anionenaustauscher-
Membran.

Das Membranverfahren, das 1952 vorgeschlagen wurde und erst auf eine
Entwicklungszeit von wenigen Jahren zurückblicken kann, eröffnet ein viel-
versprechendes Arbeitsfeld bei den Elektrodialyse-Prozessen.

### 7.3 *Die präparative Anwendung der Ionenaustauscher in der Pharmazie*

Die Anwendung der Austauscherharze für präparative, analytische, biologische und therapeutische Zwecke läßt sich betrachten vom Gesichtspunkt
der chemischen Prozesse, in welchen dieses Verfahren gebraucht wird, oder
vom Gesichtspunkt der Ionenaustausch-Verfahren aus. In den folgenden Abschnitten interessieren die Verfahrensprodukte, weshalb sie nach chemischen
Prozessen besprochen werden sollen. Die wichtigsten Typen sind:

a) *Die Neutralisation:* Der Gebrauch von IAT zur Neutralisation ist von
größter Bedeutung, da sie sich durchführen läßt, ohne daß eine Lauge oder
eine Säure benützt wird. Dies führt nach den herkömmlichen Verfahren zur
Bildung von Salzen, welche das Präparat verunreinigen. Die Entsäuerung

bzw. Entbasung erfolgt nach den Gleichungen

$$(AAT^+ \cdot OH^-) + H^+ \cdot X^- \longrightarrow (AAT^+ \cdot X^-) + HOH \tag{7.1}$$

$$(KAT^- \cdot H^+) + M^+ \cdot OH^- \longrightarrow (KAT^- \cdot M^+) + HOH \tag{7.2}$$

Zur Säureneutralisation werden im allgemeinen die schwach basischen Aminharze verwendet, da sie eine große Austauschkapazität besitzen. Auch die
stark basischen quaternären Ammoniumharze eignen sich für diesen Zweck;
ihrer nur halb so großen Kapazität wegen sind sie aber rascher erschöpft. Für
die Basenneutralisation werden ausschließlich Sulfonsäureharze verwendet, da
nur sie eine vollständige Entfernung von Basen gestatten. Von besonderer Bedeutung sind die IAT auch für die Einstellung pharmazeutischer Zubereitungen auf das physiologische pH von 7,3. Diesem Zwecke dient meistens das
Einrührverfahren geeigneter Austauschermengen unter ständiger Kontrolle
der pH-Werte. Eine wichtige Voraussetzung der Entsäuerung und Entbasung
ist, daß das zu reinigende Produkt selbst nicht ionisiert ist, da sonst erhebliche
Verluste auftreten können. Mit der Neutralisation von Lösungen läßt sich
auch ihre Entfärbung mit Spezialharzen verbinden.

  b) *Die Deionisierung und Demineralisierung:* Immer wieder erforderlich ist
die Beseitigung von Natriumchlorid und anderen Elektrolyten als Verunreinigungen von pharmazeutischen Präparaten. Eine Lösung des Präparates
wird mit einem KAT (Sulfonsäureharz in der $H^+$-Form) und einem AAT
(quaternäres Ammoniumharz in der $OH^-$-Form) behandelt:

$$[KAT^- \cdot H^+] + Na^+ \cdot Cl^- \longrightarrow [KAT^- \cdot Na^+] + H^+ \cdot Cl^- \tag{7.3}$$

$$[AAT^+ \cdot OH^-] + H^+ \cdot Cl^- \longrightarrow [AAT^+ \cdot Cl^-] + HOH \tag{7.4}$$

Früher wurde dieses Verfahren in zwei Stufen durchgeführt. Wird zuerst mit
dem KAT gearbeitet, so entsteht vorübergehend eine sauer reagierende Lösung;
wird die zu demineralisierende Lösung dagegen vorerst mit dem AAT behandelt,
nimmt sie alkalische Reaktion an. Liegen säure- bzw. alkaliempfindliche Produkte vor, so besteht die Möglichkeit ihrer Zersetzung (zum Beispiel Eiweißstoffe). Aus diesem Grunde muß dafür gesorgt werden, daß die Grenzen der
pH-Stabilität nicht überschritten und daß rasch gearbeitet wird. Diese Unzu-
länglichkeit hat in den letzten Jahren zum sogenannten Gemischtbett- oder
Einbettverfahren geführt. KAT und AAT werden zusammen in eine Austauschersäule eingetragen und die zu demineralisierende Lösung durch diese
eine Säule filtriert. Da nun der Austausch der $H^+$- und $OH^-$-Ionen fast gleichzeitig erfolgen kann, ist es möglich, die pH-Grenzen während der Demineral-
sation innerhalb weniger Zehntelseinheiten zu halten. Dieser Vorteil wird noch
vergrößert durch den Umstand, daß die Austauscherharze weniger beansprucht
werden durch chemische Einflüsse und weniger verunreinigende Eigenstoffe an
die Lösungen abgeben. Eine wichtige Voraussetzung ist, daß das zu demineral-
sierende Präparat nicht selbst dissoziiert und Ionen bildet. Die Wahl fällt in
der Regel auf dieses Verfahren, wenn das Präparat wie bei vielen biologischen
Produkten selbst nicht ionisiert. Eine Demineralisierung läßt sich auch schritt-

weise durchführen, so daß zum Beispiel für die Auftrennung der Plasmaproteine auf eine bestimmte Ionenstärke eingestellt werden kann.

c) *Der Ionenumtausch:* Dieser Prozeß hat im IAT wohl die breiteste Anwendung gefunden. Die Auswechslung der $Ca^+$- und $Mg^+$-Ionen in hartem Wasser durch $Na^+$-Ionen führt zur Enthärtung von Wasser. Nach diesem Verfahren werden auch pharmazeutisch-chemisch wichtige Salze von organischen Säuren und Basen in andere Salze übergeführt:

$$2\,[KAT^- \cdot Na^+] + Ca^{2+}\ (bzw.\ Mg^{2+}) \cdot Cl_2^- \longrightarrow [(KAT^-)_2 \cdot Ca^{2+}] + 2\,Na^+ \cdot Cl^- \qquad (7.5)$$

$$[KAT^- \cdot K^+] + Penicillin^- \cdot Na^+ \longrightarrow [KAT^- \cdot Na^+] + Penicillin^- \cdot K^+ \qquad (7.6)$$

$$[AAT^+ \cdot NO_3^-] + Vitamin^+]\ B_1^+ \cdot Br^- \longrightarrow [AAT^+ \cdot Br^-] + Vitamin\ B_1^+ \cdot NO_3^- \qquad (7.7)$$

Das Verfahren ist selbstverständlich nur bei Stoffen verwendbar, welche beim Arbeits-pH ionisiert sind. Handelt es sich darum, ein Salz einer organischen Säure in ein anderes überzuführen, dann muß ein stark saurer KAT benützt werden. Ist ein Salz einer organischen Stickstoffbase in ein solches mit einem anderen Anion umzusetzen, dann eignet sich auch ein schwach basischer AAT. Das Verfahren wird auch verwendet zu biologischen Reaktionen, so zum Beispiel zum Austausch des Blutcalciums zur Verhinderung der Blutgerinnung oder zur Entfernung der $Zn^{2+}$-Ionen nach Verwendung von Zinksalzen zur Fraktionierung der Blutproteine.

d) *Die Ionenbindung und -elution:* Wenn es sich darum handelt, ionisierende Stoffe aus verdünnten Lösungen oder komplizierten Mischungen mit anderen Stoffen anzureichern bzw. sie abzutrennen, dann kann der IAT als leistungsfähiges Verfahren eingesetzt werden. Der betreffende Stoff wird vorerst an einen geeigneten IAT gebunden und anschließend durch Verdrängung und Elution wieder abgelöst. So läßt sich zum Beispiel Neomycin aus seinen Kulturbrühen an ein Carbonsäureharz adsorbieren und hierauf mit 0,1 n-Ammoniak abtrennen:

$$[KAT^- \cdot Na^+] + Neomycin^+ \cdot X^- \longrightarrow [KAT^- \cdot Neomycin^+] + Na^+ \cdot X^- \qquad (7.8)$$

$$[KAT^- \cdot Neomycin^+] + NH_4^+ \cdot OH^- \longrightarrow [KAT^- \cdot NH_4^+] + Neomycin \qquad (7.9)$$

Auch andere Antibiotica, die Alkaloide, die ionisierenden Vitamine, Aminosäuren, Peptide und Proteine lassen sich nach diesem Verfahren aus ihren natürlichen Materialien isolieren. Hingegen sind Nichtelektrolyten nicht zugänglich, da sie wie die Kohlenwasserstoffe (Carotine, Vitamin A), Steroide (Vitamin $D_2$ und $D_3$) und Alkohole vom IAT nicht gebunden werden. Eine wichtige Ausnahme spielen nur jene Nichtelektrolyte, welche sich durch Komplexbildung in eine ionogene Form (zum Beispiel Zucker in Boratkomplexe) überführen lassen[1]. Außer der Eigenschaft als ionisierende Substanz muß die für den Ionenbindungs- und -elutionsprozeß geeignete Substanz noch eine genügende Wasserlöslichkeit (Eluierbarkeit sonst beschränkt), ein relativ niedriges Molekulargewicht (Eintauschkapazität sonst gering, da nur an der

---

[1] J. X. KHYM und L. P. ZILL, J. Amer. chem. Soc. *73*, 2399 (1951).

Partikeloberfläche gebunden) und eine hinreichende Stabilität in saurer bzw. alkalischer Lösung besitzen (Elution erfolgt meistens mit Säuren bzw. Basen).

e) *Verschiedenartige Prozesse:* Diese beruhen in der Regel nicht auf den Ionenaustausch-Eigenschaften der Harze, sondern auf den adsorptiven Fähigkeiten auf Grund der Polarisations- und van der Waalschen Kräfte. Die Anwendung beruht dann auf der Moleküladsorption und führt zur Anreicherung von Nichtelektrolyten oder zur Beseitigung von Farbstoffen (Entfärberharze).

### 7.31 Reinigung von Präparaten durch Beseitigung unerwünschter Ionen, Elektrolyte oder Nichtelektrolyte

Die Entsäuerung nichtvergorener *Fruchtsäfte* mit IAT wird in der Fruchtsaftindustrie bereits seit 1938 durchgeführt[1]) und ist ein Verfahren, das mit der industriellen Gewinnung von organischen Säuren (Apfelsäure, Zitronensäure, Ascorbinsäure) und mit der Geschmacks- und Geruchsverbesserung der Säfte kombiniert werden kann[2-4]). So liegen über die Entsäuerung von Orangensaft[5]), Ananassaft[6]), Grapefruitsaft usf. wichtige Erfahrungen vor. Bei diesem Verfahren besteht die Möglichkeit der teilweisen Beseitigung von Ascorbinsäure aus den Säften. Die Gärfähigkeit von frischgepreßtem Apfelsaft läßt sich durch Behandeln mit KAT vermindern. Es konnte nachgewiesen werden[7]), daß dies auf der Herabsetzung des Mineralstoff- und Stickstoffgehaltes beruht. Vergorener Apfelsaft enthält infolge teilweisem Abbau von Apfelsäure zu Milchsäure oft zu große Mengen Säuren und wird neuerdings mit Hilfe von IAT entsäuert. Bei dieser Behandlung kann aber ein Teil der Geruchsstoffe beseitigt werden, was mit der Hydrolyse von esterartigen Geruchsstoffen und durch Umsetzung aldehydartiger Verbindungen nach CANNIZZARO erklärt wird[8,9]). Auch in der *Weinaufbereitung* finden die IAT eine vielseitige Verwendung. Beide Typen von Austauschern werden eingesetzt, um die Eisen- und Kupfertrübung, Tartratniederschläge und einen zu hohen Säure- und Aldehydgehalt zu vermeiden sowie dem Wein ein besseres und stärkeres Bouquet zu verleihen. Eine geeignete Technik ist von AUSTERWEIL[10]) beschrieben worden, ebenso eine solche zur Verbesserung von gebrannten Wässern, wie Cognac, Armagnac und Whisky. Die durch IAT aufgearbeiteten frischen Fruchtsäfte und Weine spielen in der Pharmazie und Medizin eine Rolle, da sie zur Herstellung von Elixieren, Sirupen und medizinischen Weinen gebraucht werden.

---

[1]) G. V. AUSTERWEIL, Fr. Pat. 832866 (1938), 842115 (1938).

[2]) H. BLEULER, Schweizer Pat. 233394 (1944).

[3]) R. E. BUCK und H. H. MOTTERN, Industr. Engng. Chem. *39*, 1087 (1947).

[4]) H. HADORN, Mitt. Lebensm. Hyg. *37*, 114 (1946).

[5]) J. M. VIGNERA LOBO, L. MIRALLES IMENEZ DE LA ESPADA und E. PRIMO YÚFERA, An. Soc. espan. Fis Quim. *47* B, 853 (1951); Chem. Abstr. *46*, 5221 d (1952).

[6]) J. H. SPINNER, J. CIRIC und W. F. GRAYDON, Can. J. Chem. *32*, 143 (1954).

[7]) S. W. CHALLINOR, M. E. KIESER und A. POLLARD, Nature *161*, 1023 (1948).

[8]) G. V. AUSTERWEIL und P. PÊCHEUR, C. R. Acad. Sci. *232*, 1484 (1951).

[9]) G. V. AUSTERWEIL und R. PALLAND, Bull. Soc. chim. *20*, 678 (1953).

[10]) G. V. AUSTERWEIL, in: C. CALMON und T. R. E. KRESSMAN, *Ion Exchangers in Organic and Biochemistry* (Interscience Publishers, New York und London 1957), S. 614–625.

Zahlreiche in der Pharmazie verwendete organische Stoffe, welche von ihrer Herstellung her geringe Mengen Säure als Verunreinigung enthalten, können mit Hilfe von AAT gereinigt werden. So werden Formaldehyd[1]), Glykole[2]), Glyzerin[3]), Mannit, Sorbit und die verschiedenen Zucker durch schwach basische AAT in der OH⁻-Form geschickt. Diese Technik wird mit Vorteil dann herangezogen, wenn Mineralsäuren aus Hydrolyseprodukten entfernt werden müssen[4]). Ferner werden diese Austauscher auch gebraucht zur Abtrennung von sauer reagierenden Verunreinigungen aus Vitaminen[5]) und Antibiotica[6]). Für diese Zwecke sind AAT von normalem, nicht zu niedrigem Vernetzungsgrad zu benützen, da wohl die relativ kleinen organischen Ionen, nicht aber die höhermolekularen Elektrolyte adsorbiert werden sollen.

Für die Abtrennung kationischer Verunreinigungen eignen sich vor allem die stark sauren KAT in der H⁺- oder Na⁺-Form. Spielen die Regenerierungskosten eine wesentliche Rolle oder muß die katalytische Wirkung der stark sauren KAT vermieden werden, werden auch schwache KAT eingesetzt. Bei der präparativen Herstellung von chemischen Arzneistoffen treten oft Spuren von Schwermetallen aus den Apparaturen oder Metallkatalysatoren (Blei, Eisen, Kupfer, Nickel usf.) als Verunreinigungen auf. Oft genügt eine einfache Filtration der Lösungen über einen KAT in der H⁺-Form, um diese Beimengen zu beseitigen. Dieses Verfahren wird zur Reinigung von rohem Glykol[7]) und *Glyzerin*[8]), ferner von *Sorbit* zur Vitamin-C-Fabrikation[9]) herangezogen. Auch bei zahlreichen Gärungsvorgängen, welche zur Bildung pharmazeutisch wichtiger Produkte führen, ist es wichtig, Aluminium und Schwermetallspuren zu beseitigen, da diese die Mikroorganismen vergiften und die Ausbeute verschlechtern oder gar in das Produkt gelangen. Eine vollständige Entfernung von Schwermetallen durch IAT wird auch bei der Herstellung von *2,3-Butandiol*[10]) und *Zitronensäure*[11]) vorgenommen. Ähnliche Verfahren können benützt werden, um Schwermetalle aus nichtwässerigen Lösungen, wie zum Beispiel aus *Kohlenwasserstoffen*, *Celluloseäthern* und *organischen Basen* abzutrennen.

Die Beseitigung von Kationen durch das IAT-Verfahren wird auch angewendet zur Herstellung *diätetischer Milchprodukte*. Die Ca-reiche Kuhmilch koaguliert im Magen des Kleinkindes unter Bildung von schwerverdaulichen Caseinklumpen, während Ca-arme Milch unter dem Einfluß von Rennin feinflockig gerinnt und gut verdaulich ist. Um die Verdaulichkeit zu verbessern,

---

[1]) F. J. MYERS, Industr. Engng. Chem. *35*, 859 (1943).

[2]) F. J. METZGER, US. Pat. 2409441 (1946).

[3]) D. M. STROMQUIST und A. C. REENTS, Industr. Engng. Chem. *43*, 1065 (1951).

[4]) M. L. WOLFROM, W. L. SHILLING und W. W. BINKLEY, J. Amer. chem. Soc. *72*, 4544 (1950).

[5]) D. J. HENNESSY, in: *Ion Exchangers in Organic and Biochemistry* (Interscience Publishers, New York und London 1957), S. 520.

[6]) J. L. WACHTEL und E. T. STILLER, in: *Ion Exchangers in Organic and Biochemistry* (Interscience Publishers, New York und London 1957), S. 502.

[7]) W. WESLY, DR. Pat. Anm. I 76234 IV c/120 (1943).

[8]) W. DURANT, Canad. Pat. 470665 (1945).

[9]) J. C. WINTERS, Chem. Ind. *62*, 754 (1948).

[10]) G. E. WARD, O. G. PETTIJOHN und R. D. COGHILL, Industr. Engng. Chem. *37*, 1189 (1945).

[11]) Miles Lab. Inc., Brit. Pat. 653808 (1947), 669773 (1948).

wurde früher die Kuhmilch verdünnt gegeben, das Calcium durch Natrium-
zitratzusatz gebunden oder ausgefällt. Der IAT gestattet den Ca-Gehalt auf
schonende Weise herabzusetzen[1]. Auch andere Ionen, vor allem Natrium,
werden aus der Kuhmilch entfernt, um für Herzkranke mit Natriumretention
in den Geweben eine natriumarme Diätmilch zur Verfügung zu haben[2].

Wohl das klassischste Beispiel für die Beseitigung von Kationen ist die
*Enthärtung von Trinkwasser*, die übrigens die erste technische Anwendung der
IAT ist. Hier handelt es sich darum, die für viele Verwendungszwecke des
Trink- oder Gebrauchswassers nachteiligen härtebildenden Ionen ($Ca^{2+}$, $Mg^{2+}$,
$Fe^{2+}$ und $Fe^{3+}$ und $Mn^{2+}$) aus dem Wasser zu beseitigen. Hierzu dienen die
$Na^+$-Formen von KAT, wie zum Beispiel die Permutite und neuerdings auch
die synthetischen Austauscherharze. Der Austausch der Kationen erfolgt nach
der Gleichung (für $Ca^{2+}$):

$$[KAT^{2-} \cdot 2\,Na^+] + Ca^{2+} \cdot 2Cl^- \longrightarrow [KAT^{2-} \cdot Ca^{2+}] + 2\,Na^+ \cdot 2\,Cl^- \qquad (7.10)$$

Die Wahl des geeignetsten KAT hängt ab von der Beschaffenheit des zu ent-
härtenden Wassers hinsichtlich Härte, Kieselsäuregehalt, Reaktion und Was-
sermenge, welche aufbereitet werden muß. In Abbildung 28 ist eine technische
Enthärtungsanlage wiedergegeben[3]. Der kleine Kessel enthält eine konzen-
trierte Natriumchloridlösung als Regeneriermittel, das nach Erschöpfung der
KAT-Säule (großer Kessel) und Rückspülung mit Wasser durch den Austauscher geschickt wird. Seit Einführung der Hochleistungsaustauscher auf
Polystyrolbasis (höhere Austauschkapazitäten, bessere Ausnützung der Re-
generierungsmittel, größere Reaktionsgeschwindigkeit und längere Lebensdauer) ist die Wasserenthärtung wesentlich vervollkommnet worden.

Die vollständige *Beseitigung von Kationen und Anionen* als Verunreinigungen von Nichtelektrolytlösungen (totale Entionisierung oder Entsalzung)
durch den IAT wird immer häufiger durchgeführt. Die zu entionisierende
Lösung wird zuerst durch einen KAT in der $H^+$-Form und anschließend durch
einen AAT in der $OH^-$-Form filtriert. Die Kationen und die Anionen der gelösten Salze werden dabei an die beiden Austauscher gebunden unter Abgabe
von Wasserstoff- und Hydroxylionen, die zu Wasser zusammentreten. Diese Vorgänge lassen sich wie folgt formulieren (Natriumchlorid als zu entfernendes Salz):

$$[KAT^- \cdot H^+] + Na^+ \cdot Cl^- \longrightarrow [KAT^- \cdot Na^+] + H^+ \cdot Cl^- \qquad (7.11)$$

$$[AAT^+ \cdot OH^-] + H^+ \cdot Cl^- \longrightarrow [AAT^+ \cdot Cl^-] + HOH \qquad (7.12)$$

Man kann die beiden Austauscher auch umgekehrt schalten, doch muß darauf
geachtet werden, daß der erste der beiden Austauscher ein starker Neutralspalter
ist. Ein stark basischer AAT kann nur vorangestellt werden, wenn es sich um
die Beseitigung von Alkalisalzen handelt. Die Demineralisation läßt sich auch
im Gemischtbett durchführen, was bei säureempfindlichen Stoffen ein Vorteil ist.

---

[1] H. S. HALLER, A. O. MORIN und R. W. BELL, J. Dairy Sci. *33*, 395, 406 (1950).
[2] A. O. CHANEY und K. D. JOHNSON, US. Pat. 2707152 (1955).
[3] H. HOEK und E. SAILER, Chimia *9*, 128 (1955).

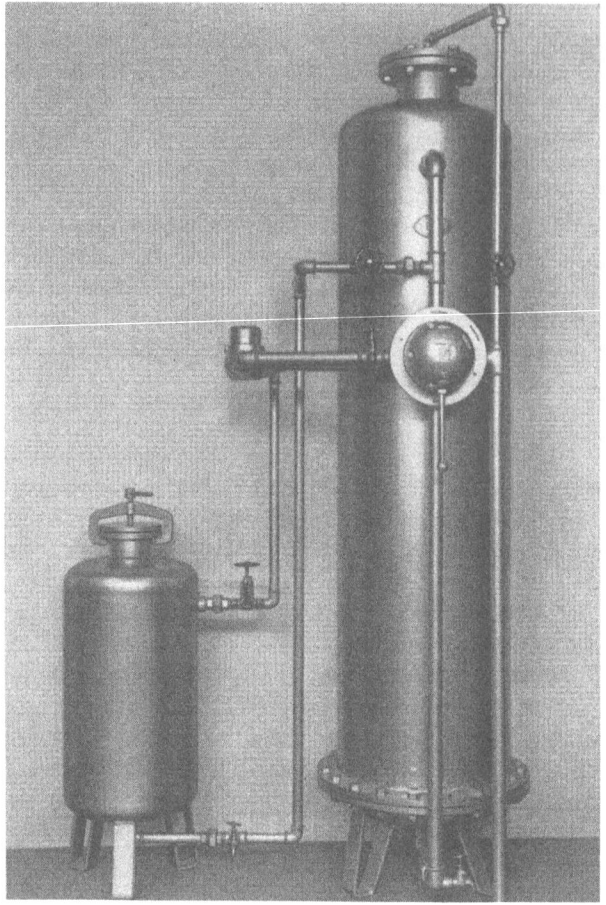

Abbildung 28
Technische Anlage zur Wasserenthärtung (mit Erlaubnis der Firma Th. Christ AG., Basel).

Die totale Entsalzung dient zur *Demineralisierung von Trinkwasser*, zur *Entionisierung von Nichtelektrolytlösungen* und zur *Reinigung von kolloiden Lösungen und Gelen*. Im letzteren Falle kann das Verfahren die Dialyse und Elektrodialyse ersetzen. In den Apotheken, pharmazeutischen Laboratorien und der pharmazeutisch-chemischen Industrie wird sehr viel reines Wasser für die Arzneizubereitung, die Herstellung von Reagenzien und für Spülzwecke gebraucht. Während dazu früher ausschließlich durch Destillation bereitetes Aqua destillata benutzt wurde, hat sich vor allem in den Großbetrieben seit einigen Jahren die Bereitung von reinem Wasser durch das Ionenaustausch-Verfahren eingeführt. Die erzielbare große Reinheit des demineralisierten Wassers, die raschere Herstellungsmöglichkeit und die geringeren Kosten brachten diesem neuen Verfahren einen vollen Erfolg. Im Großbetrieb werden

Entsalzungsanlagen verschiedener Art gebraucht; sie arbeiten nach dem Zwei-
säulen- oder Mischbettverfahren; der Vorgang der Entionisierung kann für
die beiden Verfahren wie folgt formuliert werden:

Die in der Abbildung 29 dargestellte Anlage enthält in der ersten Säule
einen stark sauren KAT, der sämtliche im einfließenden Wasser enthaltenen
Kationen (im wesentlichen $Na^+$, $Ca^{2+}$ und $Mg^{2+}$) aufnimmt. Das diese Säule
verlassende Wasser enthält die den Salzen entsprechenden Säuren ($H_2SO_4$,
HCl, $H_2CO_3$ und $H_2SiO_3$). Um den AAT zu entlasten, wird dieses Wasser in
der Regel über einen Kohlensäure-Entfernungsturm geleitet, wo die Kohlensäure durch Verrieselung ausgetrieben wird. In der zweiten Austauschersäule
befindet sich ein starker AAT, der in der Lage ist, sämtliche Säuren, auch die

Abbildung 29
Anordnungen zur Entionisierung im Zweisäulen-Apparat (nach HOEK und SAILER[1]).

restliche Kohlensäure und die Kieselsäure zu binden, so daß ein sehr reines
Wasser mit einem Restsalzgehalt von höchstens 1–2 mg/l ausfließt.

Wird jedoch ein Wasser von höchster Reinheit gewünscht, so wird die vor
einigen Jahren zur technischen Vollkommenheit entwickelte *Mischbettentsalzung*
herangezogen. Diese arbeitet mit einer einzigen Austauschersäule, in der der KAT
und AAT innig gemischt vorliegen. Der KAT erzeugt wie im Zweibettsäulenver-
fahren aus den Neutralsalzen die entsprechenden Säuren, die aber am Ort ihrer
Bildung sofort vom AAT aufgenommen werden. Dabei resultiert ein Wasser von
höchster Reinheit mit einem Restionengehalt unter 0,1 mg/l, einem Kieselsäuregehalt unter 0,03 g/l und mit elektrischen Widerständen bis zu $20 \cdot 10^6$ $\Omega$/cm.

[1] H. HOEK und E. SAILER, Chimia 9, 125 (1955).

Um besonders hohen Anforderungen zu genügen, werden auch Zweisäulen-anlagen vor Mischbettsäulen geschaltet, wie aus Abbildung 30 ersichtlich ist.

Zur Regenerierung der Austauscherharze in der Mischbettsäule müssen der KAT und AAT voneinander getrennt werden, was dank der verschiedenen spezifischen Gewichte der beiden Austauschertypen möglich ist. Läßt man von unten rasch Wasser in die Mischbettsäule einfließen, so werden die IAT aufge-wirbelt, wobei der spezifisch leichtere AAT nach oben steigt und sich auf dem schwereren KAT ablagert. In diesem Zustand kann man beide Schichten regenerieren und sie dann durch einen Luftstrom wieder vermischen (Abbil-dung 31). Zur Kontrolle der richtigen Funktion der Entsalzungsapparate wird der elektrische Widerstand des ausfließenden Wassers mit Leitwertprüfern

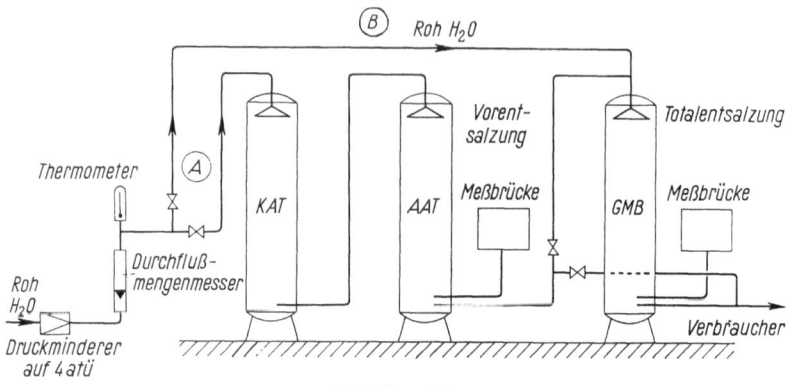

Abbildung 30
Schema einer Entsalzungsanlage mit KAT-, AAT- und MB-Säule (nach FISCHER[1])).

(Wheatsonesche Brücke) kontrolliert. Steigt der elektrische Widerstand auf über $10^6$ $\Omega$/cm an, dann ist die Säule erschöpft und muß regeneriert werden. Großtechnische Entsalzungsanlagen wurden von HOEK und SAILER[2]) und FISCHER[1]) beschrieben.

Das große Interesse an der Herstellung von reinem Wasser in pharmazeu-tischen Kleinbetrieben veranlaßte verschiedene Firmen, Kleinapparate für diese Bedürfnisse zu konstruieren. Nach anfänglichen Schwierigkeiten verfügt man heute über geeignete IAT, brauchbare Einrichtungen und einwandfreie Verfahren zur Herstellung von demineralisiertem Wasser im kleinen. dessen Produkte nach den Untersuchungen verschiedener Autoren[3-10]) mindestens

[1]) A. FISCHER, Pharm. Ind. *17*, 129 (1955).
[2]) H. HOEK und E. SAILER, Chimia *9*, 128 (1955).
[3]) J. W. E. HARRISON, R. J. MYERS und D. S. HERR, J. Amer. pharm. Ass., Sci. Ed. *32*, 121 (1943).
[4]) R. ROESL, Pharm. Ind. *13*, 279 (1951).
[5]) E. BÜTTIKOFER und R. AMMANN, Pharm. Acta Helv. *27*, 77 (1952).
[6]) J. BÜCHI und M. SOLIVA, Pharm. Acta Helv. *29*, 221 (1954).
[7]) L. SAUNDERS, J. Pharm. Pharmacol. *6*, 1014 (1954).
[8]) A. FISCHER, Pharm. Ind. *17*, 129 (1955); *18*, 355 (1956).
[9]) J. BÜCHI und A. L. KAPOOR, Schweiz. Apoth.-Ztg. *95*, 137 (1957).
[10]) L. SAUNDERS und E. SHOTTON, J. Pharm. Pharmacol. *8*, 832 (1956).

den Anforderungen der Arzneibücher an Aqua destillata entsprechen. Dabei
sind aber eine einwandfreie Wartung und ein sachgemäßer Betrieb der Kleinapparate Vorbedingung. Besonders nach Betriebspausen ist ein genügend
großer Ablauf zu verwerfen, damit die beim Stehen der Apparatur aus den
Austauschern ausgelaugten Stoffe nicht ins Wasser gelangen. Um die Wartung
der Demineralisierapparate zu vereinfachen und Fehler auszuschalten, sind
einige Lieferfirmen dazu übergegangen, die Regenerierung der Austauscher-

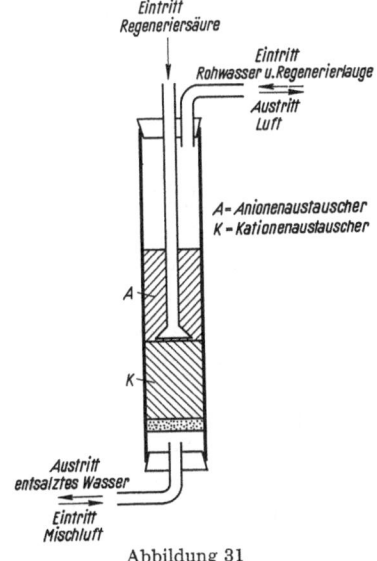
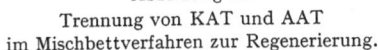
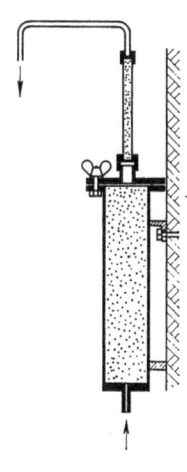

| Abbildung 31 | Abbildung 32 |
|---|---|
| Trennung von KAT und AAT | Ministil Modell P-4 |
| im Mischbettverfahren zur Regenerierung. | der Th. Christ AG., Basel. |

massen selbst durchzuführen. Die entsprechenden Apparate (Abbildung 32)
gestatten in einfacher Weise, die erschöpften Austauscher zu entnehmen und
durch ein Paket regeneriertes Austauschergemisch zu ersetzen.

Sterilität[1-4]) und Pyrogenfreiheit[1,3,5-7]) des gereinigten Wassers können
durch den IAT nicht mit Sicherheit erreicht werden, obwohl gelegentlich
entsprechende Beobachtungen gemacht wurden[5,6]). Völlige Sicherheit für die
Sterilität besteht nur, wenn das demineralisierte Wasser sofort destilliert,
sterilisiert und steril aufbewahrt wird. Auf Grund dieser Erfahrungen gestattet
die Pharmacopoea Helvetica V (III. Suppl.) die Verwendung des deminerali-

[1]) J. W. E. HARRISON, R. J. MYERS und D. S. HERR, J. Amer. pharm. Ass., Sci. Ed. *32*, 121
(1943).
[2]) J. BÜCHI und M. SOLIVA, Pharm. Acta Helv. *29*, 221 (1954).
[3]) L. SAUNDERS, J. Pharm. Pharmacol. *6*, 1014 (1954).
[4]) L. SAUNDERS und E. SHOTTON, J. Pharm. Pharmacol. *8*, 832 (1956).
[5]) T. D. WHITTET, J. Pharm. Pharmacol. *8*, 1034 (1956).
[6]) R. HEIZ, Blutspendedienst des Schweiz. Roten Kreuzes, persönliche Mitteilung (1955).
[7]) P. RASMUSSEN und A. SCHOU, Arch. Pharm. og. Chemi *64*, 27, 78, 256 (1957).

sierten anstelle des destillierten Wassers wohl zur Herstellung von Reagenzien und Arzneipräparaten, nicht aber von Augentropfen, Augenwässern und Injektionslösungen. Für diese Zwecke muß das entsalzte Wasser pyrogenfrei sein, sofort nach seiner Bereitung destilliert, in alkaliarmem Glas sterilisiert und bis zu seiner Verarbeitung steril aufbewahrt werden.

Die Entsalzung durch IAT wird auch zur Reinigung vieler Pharmaca benutzt, welche nicht ionischer Natur sind. In der Zuckerindustrie wird der Zuckerdicksaft zur Gewinnung möglichst reiner *Saccharose* aus Zuckerrüben und Zuckerrohr, der erhebliche Mengen Salze anorganischer und organischer Säuren enthält, durch IAT gereinigt. Die Salze werden beseitigt, weil sie die Kristallisation des Rohrzuckers erschweren und die Ausbeute stark vermindern. Diese letztere läßt sich durch Entsalzung um etwa 10% steigern[1]). Auch bei der Reinigung anderer Zucker, wie *Invertzucker, Glukose, Fruktose* usf., bietet das IAT-Verfahren große Vorteile[2]). Dasselbe ist bei mehrwertigen Alkoholen, wie *Äthylenglycol, Glyzerin* und *Sorbit*, der Fall. Rohes Glyzerin (15–20proz.) wird durch einen Sulfosäureaustauscher, dann durch ein quaternäres Ammoniumharz, ein entfärbendes Harz und schließlich durch eine Mischbettsäule geschickt. Nach dem Eindampfen des Durchlaufes im Vakuum wird ein 95proz. Glyzerin erhalten, das reiner und billiger als das gewöhnliche Destillatglyzerin ist[3,4]). Es entspricht den Anforderungen der Arzneibücher (Aschegehalt maximal 0,004%).

Auch zur Reinigung *biologischer Präparate* kolloider Natur hat sich die Entionisierung durch IAT bewährt. HOWE, PUTTER und TISHLER[5]) beschreiben Austauschverfahren, welche die Bereitung von *Aminosäurelösungen für die Injektion* ermöglichen, die frei sind von unerwünschten Kationen, Anionen, Aminodikarbonsäuren und Histamin. Sinngemäß lassen sich auch Elektrolyte aus Polypeptiden und Eiweißlösungen entfernen. Ein instruktives Beispiel ist die Herstellung der haltbaren Plasmaproteinlösung für die Injektion. Als Anticoagulans wird dem Blut Natriumzitrat zugefügt, so daß die $Na^+$-Konzentration mit 0,85% einen hypertonischen Wert erreicht. Zur Herabsetzung auf einen Gehalt von 0,44% Natrium werden KAT ($H^+$-Form) und AAT ($OH^-$-Form) im Batch- oder Mischbettverfahren auf die Lösung wirken gelassen[6]). Die Beseitigung von Elektrolyten aus *Enzympräparaten* für wissenschaftliche Untersuchungen und therapeutische Zwecke, ist sehr wichtig, da die Enzyme, wie alle Proteine, sehr empfindlich sind auf die Anwesenheit gewisser Ionen. Die IAT gestatten, auf schonende Weise aktivierende oder hemmende Ionen zu entfernen und durch unschädliche Ionen oder durch solche mit gegenteiligem Effekt zu ersetzen. Von dieser Möglichkeit haben POLIS und

[1]) R. J. BROWN, Industr. Engng. Chem. *43*, 610 (1951).

[2]) G. V. AUSTERWEIL, *L'échange d'ions et les échangeurs* (Gauthier-Villars, Paris 1955), S. 285.

[3]) D. M. STROMQUIST und A. C. RECENTS, Industr. Engng. Chem. *43*, 1065 (1951).

[4]) S. E. ZAGER und T. C. DOODY, Industr. Engng. Chem. *43*, 1070 (1951).

[5]) E. E. HOWE, J. PUTTER und M. TISHLER, US. Pat. 2457820 (1949), 2662046 (1953); 2680744 (1954).

[6]) R. B. PENNELL, B. E. SANDERS und L. A. KAZAL, in: F. C. NACHOD and J. SCHUBERT, *Ion Exchange Technology* (Academic Press Inc., New York 1956), S. 605.

MEYERHOF[1]) bei ihren Studien an der Hexokinase, Phosphohexokinase und Adenosintriphosphatase mit Erfolg Gebrauch gemacht. BAKER und SOBER[2]) entfernten mit Amberlite IR-100 Spuren von Kupfer aus der Ascorbinsäure-Oxydase. Als erster hat MÜLLER[3]) IAT zur Reinigung von *Viruspräparaten* herangezogen; indem er eine geklärte Suspension von virusinfiziertem Hühner-embryo über Amberlite XE-64 (Carboxylharz in der $Na^+$- und $H^+$-Form) schickte, konnte er stickstoffhaltige Nebenstoffe abtrennen. Dieses Verfahren ist in der Folge von verschiedenen Virusforschern mit gutem Erfolg benützt worden.

### 7.32 Umsetzung und Reingewinnung von pharmazeutischen und biologischen Produkten

Vorzügliche Dienste leisten die IAT bei der Herstellung von freien Säuren und Basen aus ihren Salzen und beim Umsalzen. Das gewünschte Verfahrens-produkt, das ionisierbar sein muß, wird in einer ersten Phase an einen geeigne-ten Austauscher adsorbiert, dort in weitgehend gereinigter Form angereichert und in einer zweiten Phase wieder abgelöst, aus der Austauschersäule eluiert und weiter aufgearbeitet. Dieses Verfahren gestattet die Anreicherung von Stoffen aus sehr verdünnten Lösungen. Es ist sehr erfolgreich bei der Auf-arbeitung unreiner und schonend zu behandelnder Rohstoffe pflanzlicher und tierischer Herkunft. Ohne weitere Extraktion und ohne mühsames Eindampfen der Stofflösungen lassen sich die gewünschten Substanzen konzentrieren und isolieren. Dank der großen Selektivität der neuzeitlichen Austauscherharze ist auch die Möglichkeit der Auftrennung nahe verwandter Verbindungen gegeben. Um dieses Ziel zu erreichen, müssen die besonderen Eigenschaften der IAT, die übrigens dem bestimmten Verwendungszweck weitgehend angepaßt werden können, und die verschiedenen Austauschtechniken (Chromatographie) zur Lösung der sich stellenden Aufgaben herangezogen werden.

Zur *Aufarbeitung von Säuren bzw. Basen*, die als Salze einer chemischen oder biochemischen Reaktion anfallen, werden diese letzteren über einen stark basischen AAT ($OH^-$-Form) bzw. über einen stark sauren KAT ($H^+$-Form) geleitet, wo sie gebunden werden. Hierauf werden sie mit einer geeigneten Säure oder Base in reiner Form abgeschieden und eluiert.

$$[AAT^+ \cdot OH^-] + R\text{–}COO^- \cdot Na^+ \longrightarrow [AAT^+ \cdot R\text{–}COO^-] + Na^+ \cdot OH^- \qquad (7.13)$$

$$[AAT^+ \cdot R\text{–}COO^-] + H^+ \cdot Cl^- \longrightarrow [AAT^+ \cdot Cl^-] + R\text{–}COOH \qquad (7.14)$$

$$[KAT^- \cdot H^+] + R\text{–}\overset{+}{N}\underset{H}{H_2} \cdot Cl^- \longrightarrow [KAT^- \cdot R\text{–}\overset{+}{N}\underset{H}{H_2}] + H^+ \cdot Cl^- \qquad (7.15)$$

$$[KAT^- \cdot R\text{–}\overset{+}{N}\underset{H}{H_2}] + Na^+ \cdot OH^- \longrightarrow [KAT^- \cdot Na^+] + R\text{–}NH_2 + HOH \qquad (7.16)$$

---

[1]) B. D. POLIS und O. MEYERHOF, J. biol. Chem. *169*, 389 (1947).
[2]) C. G. BAKER und H. A. SOBER, J. Amer. chem. Soc. *75*, 4058 (1953).
[3]) R. H. MÜLLER, Proc. Soc. exp. Biol. Med. *73*, 239 (1950).

Die Ablösung des Säurerestes und die Eluierung der Säure wird mit Salz‚ säure, jene des Basenrestes mittels Natronlauge vorgenommen. Die Salze organischer Säuren können auch über einen KAT (H+-Form) filtriert werden, worauf die Lösung der freien organischen Säure ausfließt. Bei ungenügender Wasserlöslichkeit muß die Säure mit einem organischen Lösungsmittel eluiert werden. Sinngemäß läßt sich mit dem Salz einer organischen Base verfahren, welche direkt mit dem AAT (OH⁻-Form) umgesetzt und ins Eluat übergeführt wird. Die Wahl des Verfahrens wird unter anderem davon abhängen, wie weit eine Konzentration der Säure oder Base beabsichtigt ist und in welcher Weise eine bessere Reinigung der gewünschten Produkte erreicht wird.

$$[KAT^- \cdot H^+] + R\text{–}COO^- \cdot Na^+ \longrightarrow [KAT^- \cdot Na^+] + R\text{–}COOH \qquad (7.17)$$

$$[AAT^+ \cdot OH^-] + R\text{–}\overset{+}{\underset{H}{N}}H_2 \cdot Cl^- \longrightarrow [AAT^+ \cdot Cl^-] + R\text{–}NH_2 + HOH \qquad (7.18)$$

Nach diesem Verfahren lassen sich Carbonsäuren, Oxycarbonsäuren, Aminocarbonsäuren usf. aufarbeiten. Es eignet sich auch zur Herstellung der Komplexone. Als Beispiel sei die Gewinnung von *Weinsäure* aus den Rückständen der Weinbereitung bzw. aus Grapefruitabfällen beschrieben[1]). Die durch Extrahieren des Rückstandes gewonnene, rohe, etwa 0,5proz. Kaliumbitartratlösung wird der Reihe nach über einen AAT (OH⁻-Form, Bindung der freien Weinsäure), dann über einen KAT (H+-Form, Bindung der K+-Ionen) und schließlich das weitere Mengen freie Weinsäure enthaltende Eluat über eine dritte AAT-Säule (OH⁻-Form, Bindung der Weinsäure) geschickt. Die erste Säule wird mit 15proz. Schwefelsäure, die dritte mit 10proz. Kalilauge eluiert, worauf die beiden Eluate in geeignetem Verhältnis gemischt werden. Aus der Mischlösung, die noch mit Aktivkohle entfärbt werden muß, scheidet sich bei Kühlung das saure Kaliumtartrat in reiner Form ab. Ähnliche Verfahren eignen sich zur Gewinnung anderer Fruchtsäuren, wie der *Äpfel-* und *Zitronensäure*.

Von großer pharmazeutisch-praktischer Bedeutung ist die Isolierung von *Alkaloidbasen* aus Drogen und Drogenauszügen durch IAT, und zwar zur präparativen Aufarbeitung oder Gehaltsbestimmung. Das Prinzip der vorgeschlagenen Verfahren beruht darauf, daß die Alkaloide dank ihrer basischen Eigenschaften Salze bilden, welche in wässeriger Lösung dissoziieren unter Bildung von Alkaloidkationen:

$$Alk. + HCl \longrightarrow [Alk. \cdot H]^+ \cdot Cl^- \rightleftharpoons [Alk. \cdot H]^+ + Cl^- \qquad (7.19)$$

Die Alkaloidbasen lassen sich aus den Lösungen ihrer Salze nach zwei Verfahren, das heißt durch KAT oder durch AAT gewinnen.

*1. Verfahren:* Gibt man die Alkaloidsalzlösung durch einen KAT in der H+-Form, so wird das Alkaloidkation gegen das H+-Ion ausgetauscht und an

---

[1]) R. GRIESSBACH, *Austauschadsorbentien in der Lebensmittelchemie*, 1. Aufl. (Verlag J. A. Barth, Leipzig 1949), S. 64.

den KAT gebunden. Die freigesetzte Säure läßt sich mit Wasser aus der Austauschersäule auswaschen. Im günstigsten Falle gehen auch die Farbstoffe und weitere Ballaststoffe des Drogenauszuges mit in die Waschflüssigkeit. Da die Alkaloide als große Kationen zusätzlich durch van der Waalsche Kräfte an den Austauscher gebunden sind[1]), lassen sie sich mit den für anorganische Kationen üblichen Methoden nur sehr schwer und unvollständig von der Austauschermatrix ablösen[2]). Aus diesem Grund wird nach dem Vorschlage von SUSSMAN et al.[3]) vorerst mit einem Alkali als Regeneriermittel behandelt, wodurch das Alkaloid als Base aus der Bindung mit dem Austauscher befreit wird. Infolge ihrer geringen Wasserlöslichkeit bleibt sie jedoch in den Poren und an der Oberfläche des Austauschers zurück. Nach dem Auswaschen des Alkalis muß sie dann mit einem geeigneten Lösungsmittel eluiert werden. Durch Verwendung eines alkalischen Lösungsmittels (zum Beispiel Ammoniak-Weingeist) gelingt es, die beiden Schritte in einen einzigen zu vereinigen. Die Vorgänge lassen sich wie folgt formulieren:

$$[KAT^- \cdot H^+] + Alk.\ H^+ \cdot Cl^- \longrightarrow [KAT^- \cdot Alk.\ H^+] + H^+ \cdot Cl^-$$

$$\downarrow + NH_4^+ \cdot OH^-$$

$$[KAT^- \cdot NH_4^+] + Alk. + HOH$$

$$\downarrow + C_2H_5OH \qquad\qquad (7.20)$$

*weingeistige Lösung der Alkaloidbase als Eluat*

2. *Verfahren:* Dieses schickt die wässerige Alkaloidsalzlösung durch einen schwach oder stark basischen AAT in der $OH^-$-Form. Dabei wird das Salz in die Alkaloidbase und Säure gespalten. Die letztere wird vom AAT gebunden, während die freie Alkaloidbase in der Regel ausfällt und durch ein organisches Lösungsmittel ausgewaschen werden muß:

$$[AAT^+ \cdot OH^-] + Alk.\ H^+ \cdot Cl^- \quad [AAT^+ \cdot Cl^-] + Alk. + HOH \qquad (7.21)$$

$$\downarrow + C_2H_5OH$$

*weingeistige Lösung der Alkaloidbase als Eluat*

Für eine ganze Reihe von Alkaloidsalzen haben JINDRA und POHORSKI[4]) Standardmethoden ausgearbeitet, die das schwach basische Amberlite IR-4B verwenden. Da aber für einige Alkaloidsalze (zum Beispiel Ephedrinhydrochlorid, Cotarinhydrochlorid usf.) das Salzspaltungsvermögen von Amberlite IR-4B nicht ausreicht, benützten D'ANS et al.[5]) das stark basische Austauschersalz Permutit ES. Dieses Verfahren hat vor allem analytische Anwendung gefunden.

---

[1]) T. R. E. KRESSMAN und J. A. KITCHENER, J. chem. Soc. *1949*, 1208.

[2]) D. S. HERR, Industr. Engng. Chem. *37*, 631 (1945).

[3]) S. SUSSMAN, G. B. MINDLER und W. WOOD, Chem. Ind. *57*, 455, 549 (1945).

[4]) A. JINDRA und J. POHORSKI, J. Pharm. Pharmacol. *1*, 87 (1949); *2*, 361 (1950); *3*, 344 (1951).

[5]) J. D'ANS et al., Chem. Ztg. *76*, 28 (1952).

Das *Verfahren 1* hat sich aus den Untersuchungen von NACHOD[1]) und
APPLEZWEIG[2]) über die Extraktion der *Chinaalkaloide* aus Chinarinde entwickelt. Dem letzteren gelang es, aus rohem Totaquina (Alkaloidbasengemisch
mit 23% Alkaloiden) ein weißes, kristallisiertes Alkaloidpräparat mit 94%
Alkaloiden und vollständiger Löslichkeit in Säure und Chloroform herzustellen. Die technischen Untersuchungen von APPLEZWEIG und RONZONE[3])
ergaben die Möglichkeit, die IAT direkt in den Säureextraktionsprozeß der
Chinarindenaufbereitung einzuschalten. Als Extraktionsmittel diente 0,1 n-
Schwefelsäure. Als KAT wurde Zeokarb in der $H^+$-Form verwendet. Die aus
dem Perkolator abfließende alkaloidhaltige Säure passierte eine KAT-Säule,
welche das Alkaloid aufnahm und die freie Säure zurückbildete. Diese letztere
wurde in den Perkolator zurückgeleitet und zur weiteren Extraktion der Alkaloide benützt. Zur Regeneration wurde 0,5 n-Natronlauge verwendet, welche
die Alkaloide vom Harz loslöste und auf den Austauscher niederschlug, während der Großteil der färbenden Begleitstoffe aus der Säule entfernt werden
konnte. Die Alkaloide wurden dann mit Alkohol aus der Säule gelöst. Auf
diesem Wege gelang es, eine Ausbeute von 90% der in der Chinarinde vorhandenen Alkaloide zu extrahieren und in relativ reiner Form aufzuarbeiten.
MUKHERJEE *et al.*[4]) berichten über die Adsorption von Chinin aus 0,1 n-
schwefelsaurer Lösung an Zeo-Karb, Amberlite IR-100 und Ionac C-284 in der
$H^+$-Form. Das letztgenannte Harz gab die besten Austauschleistungen, erwies
sich aber als nicht alkalibeständig. Die nächstbesten Adsorptionsresultate ergab Zeo-Karb, das dank seiner Alkalibeständigkeit auch die Ablösung und
Auswaschung der Alkaloidbase gestattete. Die Untersuchungen von KRESSMAN
und KITCHENER[5]) über die Gleichgewichte von großen organischen Kationen
(Chininhydrochlorid) und der $NH_4^+$-Form eines Phenolsulfonsäure-Harzes ergaben, daß das Gleichgewicht infolge zu geringer Porenweite des Harzes auch
nach zwanzigwöchiger Kontaktdauer nicht erreicht wurde. Aus alkoholischer
Lösung wird Chinin nur langsam an den Carboxylaustauscher Amberlite
IRC-50 adsorbiert, wobei seine totale Austauschkapazität nur zu 20% ausgenützt werden konnte. Eine einläßliche Studie über die Isolierung von China-
alkaloiden aus Chinarinde und Chinaextrakt stammt von BÜCHI und FURRER[6]).
Von den überprüften KAT Amberlite IR-120, Dowex 50, Amberlite IRC-50
und Duolite C-10 eignet sich der letztgenannte am besten zum Austausch von
Chinin aus sehr stark sauren wie auch aus alkoholischen Chininhydrochlorid-
Lösungen. Der Vorgang läßt sich quantitativ gestalten, weshalb Duolite C-10
zur Bestimmung der Gesamtalkaloide von Chinarinden und -extrakten, zur
Isolierung dieser Alkaloide und zu ihrer Überführung in ein totaquinaähnliches
Präparat verwendet wurde. Dieser Austauscher gestattet die verlustlose Bin-

---

[1]) F. C. NACHOD, *Ion Exchange* (Academic Press, New York 1949), S. 353.
[2]) N. APPLEZWEIG, J. Amer. chem. Soc. *66*, 1990 (1944); Ann. N. Y. Acad. Sci. *49*, 295 (1948).
[3]) N. APPLEZWEIG und S. R. RONZONE, Industr. Engng. Chem. *38*, 576 (1946).
[4]) S. MUKHERJEE, M. L. GUPLA und R. N. BHATTACHARYYA, J. Proc. Inst. Chemist (India)
*21*, 83 (1949); J. Indian Chem. Soc. *27*, 156 (1950).
[5]) T. R. E. KRESSMAN und J. A. KITCHENER, J. chem. Soc. *1949*, 1208.
[6]) J. BÜCHI und F. FURRER, Arzneim.-Forschung *3*, 1 (1953).

dung der Alkaloide des schwefelsauren Drogenauszuges. Beim Auswaschen der Farb- und Ballaststoffe gingen nur 0,05% und bei der Ablösung und Aufarbeitung der Alkaloidbasen zwischen 0,9 und 1,4% verloren. Die Gesamtalkaloid-Ausbeute beim Totaquinapräparat betrug 84–87%, verglichen mit nur etwa 55% bei der Herstellung von Extractum Cinchonae nach den Vorschriften der Pharmacopoea Helvetica V. Die Untersuchung des Kontaktaustausch-Verfahrens, welches darin besteht, daß die feingepulverte Chinarinde zusammen mit Duolite-C und verdünnter Schwefelsäure während 14 Stunden geschüttelt wird, ergab einen quantitativen Austausch der Alkaloide. Leider bestehen aber große Schwierigkeiten, den beladenen IAT vom extrahierten Chinarindenpulver zu trennen.

Auch andere Alkaloidbasen sind erfolgreich mit Hilfe des IAT-Verfahrens isoliert worden. APPLEZWEIG[1]) hat *Atropin* aus Datura stramonium aufgearbeitet; die Belladonnaalkaloide wurden von VOTA and YUFÉRA[2]) unter Verwendung von Zeo-Karb isoliert; dieselben Autoren[3]) studierten die Bindung von *Morphin* an sulfonierte Kohle; sie konnten 1 mÄq Morphin mit Hilfe von 1,2 g Austauscher aus einer Lösung eintauschen und das Alkaloid mit Kaliumhydroxyd wieder vollständig ablösen; sie erhielten dabei 98,5% Alkaloidausbeute. Die Adsorption der Opiumnebenalkaloide (Codein, Papaverin, Thebain und Narcotin) an IAT und ihre Eluierung wurde von DVOŘÁKOVÁ und TOMBO[4]) mit Carboxyl- und Sulfonsäureharzen untersucht. Die aufgenommene Menge Alkaloid lag wesentlich unterhalb der Gesamtkapazität der Austauscher und erwies sich nicht als proportional mit dieser. Das Austauschvermögen hängt somit, wie auch bei andern großen Molekülen beobachtet wurde, von weiteren Faktoren, wie zum Beispiel von ihrer Korngröße und Struktur ab. Van ETTEN et al.[5]) klärten unter anderem den Einfluß des Vernetzungsgrades der verwendeten Austauscher auf ihre Eluierbarkeit ab.

Ein Verfahren zur Isolierung von Morphin und seinen Nebenalkaloiden aus Mohnkapseln wurde von MEHLTRETTER and WEAKLEY[6]) beschrieben. Mit einem alkalischen binären Lösungsmittelgemisch werden die gepulverten Kapseln extrahiert und die Extraktlösung über einen KAT (Sulfosäureharz bzw. sulfurierte Kohle, wenig vernetztes Sulfosäureharz) geschickt, um die Alkaloide zu binden. Der Durchlauf wird dann über einen AAT filtriert, Alkali zugefügt und erneut zur Extraktion der Droge verwendet. Die Freisetzung der Alkaloide erfolgt mit Alkali. Das Eluat wird angesäuert, eingedampft und zur Fällung der Alkaloidbasen alkalisiert. Im Filtrat dieser Fällung bleibt

---

[1]) N. APPLEZWEIG, in: F. C. NACHOD, *Ion Exchange* (Academic Press, New York 1949), S. 351.

[2]) A. S. P. VOTA und E. P. YUFÉRA, Farmacognosia (Madrid) *10*, 81 (1950); Chem. Abstr. *45*, 309 (1951).

[3]) J. M. VIGNERA-LOBO, R. N. BOTELLO und E. P. YUFÉRA, Anales Soc. espan. Fis. Quim. (Madrid) *48 B*, 47 (1952); *50 B*, 477 (1954); Chem. Abstr. *47*, 4553 (1953); *49*, 567 (1955).

[4]) B. DVOŘÁKOVÁ und H. TOMBO, Chem. Zvesti *8*, 193, 596 (1954); Chem. Abstr. *49*, 7194, 7810 (1955).

[5]) C. H. VAN ETTEN et al., Anal. Chem. *27*, 954 (1955); *28*, 867 (1956).

[6]) CH. L. MEHLTRETTER und F. B. WEAKLEY, US. Pat. 2 740 787 (1956).

Morphin gelöst und wird an einen KAT gebunden und seinerseits wieder mit Alkali abgelöst. Weitere Studien über das Verhalten der Opiumalkaloide gegenüber den IAT dienten der quantitativen Bestimmung dieser Wirkstoffe[1]).

Auch bei der präparativen Aufarbeitung der *Curarealkaloide*[2]), von *Ephedrin*[3]), der *Veratrumalkaloide*[4]), von *Nicotin*[5–8]) und *Koffein*[9]) bietet der IAT Vorteile.

Mittels IAT lassen sich auch *Umsalzungen* von Alkaloid- und Antibioticasalzen durchführen. KARRER und SCHMID[10]) gelang es bei der Isolierung von Curarealkaloiden, die gewonnenen Pikrate unter Verwendung von Wofatit M in der $Cl^-$-Form in die weitgehend gereinigten Hydrochloride umzusetzen. Wie das folgende Beispiel zeigt, lassen sich aus einem bestimmten Salz verschiedene andere Salze herstellen:

$$3\,[(AAT^+)_2 \cdot SO_4^{2-}] + (Streptomycin^{3+})_2 \cdot 6\,Cl^-$$

$$[6\,(AAT^+ \cdot Cl^-)] + (Streptomycin^{3+})_2 \cdot (SO_4^{2-})_3 \qquad (7.22)$$

Auf diesem Wege sind das Acetat, Iodid, p-Aminosalizylat, Laktat und Phosphat des Streptomycins hergestellt worden.

Die Aufarbeitung und Auftrennung von *Aminosäuren* oder niedrigmolekularen *Peptiden* aus biologischen Flüssigkeiten, Gewebsdialysaten und Eiweißhydrolysaten läßt sich teilweise oder vollständig mittels Gegenstromverteilung, Elektrophorese, Papierchromatographie und IAT erreichen. Dank der ständigen Verbesserung der Austauscherharze und der Vervollkommnung der Austauschverfahren, insbesondere der IAT-Chromatographie, konnten bei der Aufarbeitung der Aminosäure große Fortschritte erzielt werden. Die meisten Untersuchungen dienten analytischen Zwecken, doch sind einige Trennungsverfahren auch auf das präparative Gebiet übertragen worden. Die hierzu geeigneten Verfahren lassen sich nach ihrem Leistungsziel unterteilen in solche zur Trennung in Aminosäuregruppen (basische und neutrale Aminosäuren, Amino-dicarbonsäuren), ferner in chromatographische Verfahren zur Auftrennung in die einzelnen Aminosäuren, sowie in Verfahren zur Isolierung bestimmter Aminosäuren aus Eiweißhydrolysaten.

Die *Gruppentrennung der Aminosäuren* wurde einläßlich beschrieben von KUNIN und MYERS[11]), SAMUELSON[12]) und NACHOD[13]). Sie läßt sich dadurch

[1]) CH. L. MEHLTRETTER und F. B. WEAKLEY, US. Pat. 2740787 (1956).
[2]) J. T. BASHOUR, US. Pat. 2409241 (1946).
[3]) B. BLAJOT und A. M. TORIBIO, Galenica Acta (Madrid) *3*, 313 (1950).
[4]) W. G. H. EDWARDS, Chem. Ind. *1953*, 488.
[5]) H. L. TIGER und J. G. DEAN, US. Pat. 2293954 (1942).
[6]) A. W. KINGSBURY, A. B. MINDLER und M. E. GILWOOD, Chem. Engng. Progr. *44* (7), 487(1948).
[7]) A. NOVA, Japan. Pat. 223 und 224 (1950); Chem. Abstr. *46*, 8815 (1952).
[8]) A. RILEY, US. Pat. 2226389 (1940).
[9]) E. G. ARRARAS, Chem. Abstr. *47*, 1865 (1953).
[10]) P. KARRER und H. SCHMID, Helv. chim. Acta *29*, 1853 (1946).
[11]) R. KUNIN und R. J. MYERS, *Ion Exchange Resins* (Wiley, New York 1950).
[12]) O. SAMUELSON, *Ion Exchangers in Analytical Chemistry* (Wiley, New York 1953).
[13]) F. C. NACHOD, *Ion Exchange* (Academic Press, New York 1949).

erreichen, daß vorerst alle Aminosäuren an ein Sulfonsäureharz im $H^+$-Zyklus gebunden und die nichtionischen Verunreinigungen abgetrennt werden. In neutraler oder alkalischer Lösung werden dann durch einen Sulfonsäureaustauscher im $Na^+$- oder $NH_4^+$-Zyklus nur die basischen Aminosäuren gebunden. Diese lassen sich auch an das Carboxylharz Amberlite IRC-50 bei Pufferung auf pH 4,7 adsorbieren. Die Amino-dicarbonsäuren werden von den übrigen Aminosäuren durch Adsorption an einen schwach basischen AAT getrennt. Kunin und Winters[1]) entfernten die Salzsäure aus der Hydrolysatlösung und schickten die Aminosäurelösung über Amberlite IR-4B (schwach bis mittelstark basischer AAT in der $OH^-$-Form). Dadurch wurden die sauren Aminosäuren (Asparagin- und Glutaminsäure) gebunden, während die neutralen und basischen Aminosäuren im Auslauf erschienen. Glutamin- und Asparaginsäure ließen sich mit Hilfe eines Natriumazetatpuffers von der Säule lösen und in zwei Zonen abtrennen. Die auf pH 7 eingestellte Lösung der übrigen Aminosäuren wurde auf Amberlite IRC-50 (Carboxylaustauscher in der $Na^+$-Form) gegeben, wobei die basischen Aminosäuren (Arginin und Lysin) adsorbiert wurden, Histidin und die neutralen Aminosäuren dagegen im Durchlauf erschienen. Arginin und Lysin konnten nach dem Eluieren mit Salzsäure mittels Amberlite IRA-400 (stark basischer AAT in der $OH^-$-Form) aufgetrennt werden. Aus dem auf pH 4,7 gebrachten Gemisch von Histidin mit den neutralen Aminosäuren konnte Histidin an Amberlite IRC-50 (schwach saurer Carboxyl-AT in der $Na^+$-Form) gebunden werden, und die neutralen Aminosäuren gelangten in den Auslauf. Die *chromatographische Trennung der einzelnen Aminosäuren*, die hauptsächlich analytischen Zwecken dienten, wurde von Moore und Stein[2]) entwickelt. Das Verfahren wird im Abschnitt über die analytische Verwendung der IAT beschrieben.

Die *Aufarbeitung bestimmter Aminosäuregruppen* durch IAT wird durchgeführt bei der Herstellung von Aminosäurelösungen für Injektionszwecke. Dabei handelt es sich darum, die schwefelsauren Caseinhydrolysate von den unerwünschten Amino-dicarbonsäuren zu befreien und toxische Verunreinigungen zu beseitigen. Beim Durchschicken der Hydrolysatlösung durch eine Austauschersäule aus Ionac A 300 (stark basischer IAT in der $OH^-$-Form) werden Schwefelsäure und die Amino-dicarbonsäuren zurückgehalten. Die im Auslauf erscheinenden Aminosäuren werden an Amberlite IR 120 (stark saurer IAT in der $H^+$-Form) adsorbiert, ausgewaschen und mit wässerigem Ammoniak eluiert. Nach dem Konzentrieren und Ansäuern wird das Eluat mit Tierkohle behandelt, wobei Tyrosin entfernt wird. Dann filtriert man die erhaltene Lösung nacheinander über Zeo Karb (in der $H^+$-Form) zur Entfernung von Histamin, über Amberlite IRB-4B (in der $CH_3COO^-$-Form) zur Abtrennung unerwünschter Anionen und über Amberlite IR-4B (in der $OH^-$-Form) zur Beseitigung von Schwermetallen. Die so gereinigte Lösung wird auf pH 7,4

---

[1]) R. Kunin und J. C. Winters, Industr. Engng. Chem. *41*, 660 (1949).
[2]) S. Moore und W. H. Stein, J. biol. Chem. *192*, 663 (1951).

eingestellt, mit Stabilisatoren versetzt, durch einen Tryptophanzusatz ergänzt und im Autoklav sterilisiert[1]).

Ein interessantes Beispiel einer Isolierung von *Polypeptiden* mittels IAT ist die Aufarbeitung von Corticotropin. Das aus tierischen Drüsen gewonnene adrenocorticotrope Hormon Corticotropin besitzt das relativ hohe Molekulargewicht von rund 15000. Beim fermentativen Abbau des natürlichen Hormons mit Pepsin entsteht ein wesentlich kleineres Molekül vom Molekulargewicht 3000. Dieses als Corticotropin B bezeichnete Spaltprodukt zeigt beim Menschen die volle Hormonwirkung. RICHTER, AYER, BAZEMORE und BRINK[2]) isolierten und reinigten es mit Hilfe von Oxycellulose bzw. Amberlite IRC-50. Die gegen Oxydation durch Zusatz eines Reduktionsmittels geschützte Lösung des abgebauten Hormons wurde über den Harzaustauscher in der $Na^+$-Form geschickt. Dabei wurden das Hormon und gewisse Eiweißstoffe gebunden, während inaktive, eiweißartige Stoffe durch Eluieren mit wässerigem Pyridin beseitigt werden konnten. Durch Auswaschen der Säule mit Essigsäure konnten weitere Mengen unwirksamer Eiweißverbindungen abgetrennt werden. Coticotropin B ließ sich mit verdünnter Salzsäure vom Harz ablösen. Durch die beschriebene Reinigung ließ sich der Wirkungswert des Hormons von 5 E/mg auf 250–300 E/mg erhöhen.

Bei der *Gewinnung von Vitaminen* wird ebenfalls vom IAT Gebrauch gemacht. Seine Anwendung hat vor allem eine praktische Bedeutung bei den immer noch aus natürlichem Material isolierten Vitaminen, während er für die synthetisch zugänglichen Vertreter dieser Stoffgruppe präparativ nur ausnahmsweise benützt wird. Die analytische Anwendung dagegen spielt eine große Rolle. Für *Vitamin $B_1$* wurde ein Isolierungsverfahren aus natürlichem Material beschrieben[3]). Seine Adsorption erfolgt an ein Carboxyl-Harz. Das Verfahren kann aber nicht mit den synthetischen Verfahren konkurrieren. Bei den letzteren wird das Hydrobromid des Vitamins $B_1$, das sich nicht für alle Verwendungen gleich gut eignet wie das Nitrat oder Chlorid, mit Hilfe des IAT umgesalzt; die Hydrobromidlösung wird über Amberlite IR-4B in der $NO_3^-$- oder $Cl^-$-Form filtriert, worauf aus dem Ablauf das Vitamin $B_1$-Nitrat oder Chlorid auskristallisiert wird[4]). Vom IAT wurde weiterhin Gebrauch gemacht zur Trennung der *Vitamine $B_1$ und $B_2$*, weil Aneurin durch KAT wesentlich besser gebunden wird als Lactoflavin[5, 6]). Ein alkoholisches Hefeextrakt wird durch einen stark sauren KAT filtriert, wobei das schwächer basische Aneurin gebunden wird, während das Lactoflavin in den Ablauf gelangt. Aneurin wird dann mit einer starken Säure vom Harz gelöst und aufgearbeitet. *Vitamin $B_{12}$* kann durch Isolierung aus den Kulturbrühen der ver-

---

[1]) E. ETTOWE, J. PUTTER und M. TISHLER, US. Pat. 2457820 (1949), 2480654 (1949), 2662042 (1953), 2680744 (1954).

[2]) J. W. RICHTER, D. E. AYER, A. W. BAZEMORE und N. G. BRINK, J. Amer. chem. Soc. *75*, 1952 (1953).

[3]) J. C. WINTERS und R. KUNIN, Industr. Engng. Chem. *41*, 460 (1949).

[4]) E. E. HOWE und M. TISHLER, US. Pat. 2597329 (1952).

[5]) Farbenfabrik Wolfen, DR. Pat.-Anmeldung I 78594 (1944), DDR. Pat. 4702 (1944).

[6]) D. S. HERR, Industr. Engng. Chem. *37*, 631 (1945).

schiedenen Streptomyces-Spezies gewonnen werden. SHIVE[1]) beschreibt ein Verfahren, das auf der Verwendung von Amberlite IRC-50 beruht. Dieser Austauscher adsorbiert bei pH 3–6 das Vitamin und gibt es beim Eluieren mit einem wässerig-organischen Lösungsmittelgemisch wieder ab. Eine andere Methode besteht darin, daß das adsorbierte Vitamin $B_{12}$ nach dem Auswaschen der Verunreinigungen mit 0,1 n-Salzsäure eluiert wird. Von 30 µg/g Kulturbrühe kann das Vitamin auf 5000 µg/g Eluat angereichert werden. Da Vitamin $B_{12}$ nichtionischer Natur ist, beruht der Austauschvorgang auf einer physikalischen Adsorption. *Vitamin C* ist von MOTTERN und BUCK[2]) durch einen IAT-Vorgang als Nebenprodukt der Zitronensäure- und Pektinherstellung gewonnen worden. Aus den entsäuerten Lösungen wird die Ascorbinsäure an einem mit Schwefelwasserstoff vorbehandelten KAT gebunden und dann mit verdünnter Schwefelsäure abgelöst. Es gelang, die Ascorbinsäure-Konzentration auf das Achtfache zu erhöhen. KLOSE et al.[3]) arbeiteten Vitamin C aus einem wässerigen Walnußschalenextrakt auf, indem sie an Amberlite IR-4B adsorbierten und mit 0,1 n-Salzsäure eluierten. Der Vitamingehalt konnte von 5–8% auf 63% im Eluat angereichert werden. Da die Austauschkapazität für Vitamin C sehr gering war, vermag das Verfahren nicht mit der synthetischen Herstellung zu konkurrieren.

Zur Isolierung und Reinigung von *Nichtsteroidhormonen* haben die IAT schon recht erfolgreich eingesetzt werden können. Mit dem KAT Amberlite IRC-50 haben BERGSTROM und HANSSON[4]) Adrenalin und Noradrenalin aus einem Phosphatpuffer vom pH 6,5 adsorbiert. Die Eluierung erfolgte mit verdünnter Salzsäure. Zur Gewinnung von Thyroxin und Thyroxinderivaten eignet sich eine Cellulosesäule[5]). Für die einzelnen Protein- und Proteidhormone wurden zahlreiche spezielle Isolierungsverfahren beschrieben, welche sich des Ionenaustausches bedienen. Oxycellulose adsorbiert *ACTH* und *Intermedin* gleichzeitig aus einer 0,1 n-Essigsäurelösung, während *Prolactin* und das *Wachstumshormon* nicht gebunden werden[6]). Eine relative Trennung von ACTH und Intermedin kann erreicht werden, wenn beide Hormone mit 0,1 n-Salzsäure eluiert werden und dann ACTH an eine kleine Menge Oxycellulose adsorbiert wird. Als wertvolles Adsorbens hat sich auch Amberlite XE-97 erwiesen. Aus einer ammonsulfathaltigen Pufferlösung vom pH 5,2 wird das Wachstumshormon quantitativ adsorbiert, während ACTH und das follikelstimulierende Hormon nur in geringem Maße gebunden werden[7]). HEIDEMANN[8]) konnte das thyreotrope Hormon nicht an den schwach basischen AAT Amberlite XE-67 binden, aber bei pH 7–8 seine quantitative Ad-

[1]) W. SHIVE, US. Pat. 2628186 (1953).
[2]) H. MOTTERN und R. BUCK, US. Pat. 2443583 (1944).
[3]) A. A. KLOSE et al., Industr. Engng. Chem. *42*, 387 (1950).
[4]) S. BERGSTROM und G. HANSSON, Acta Physiol. Scand. *22*, 87 (1950).
[5]) D. L. SCOTT, Brit. J. exp. Pathol. *21*, 320 (1940).
[6]) M. S. RAABEN et al., Fed. Proc. *11*, 126 (1952).
[7]) J. D. RAACKE und CH. H. LI, in: C. CALMON und T. R. E. KRESSMAN, *Ion Exchangers in Organic and Biochemistry* (Interscience Publishers, New York und London 1957), S. 374.
[8]) M. L. HEIDEMANN, Endocrinology *53*, 640 (1953).

sorption an Amberlite IRC-50 in der Na$^+$-Form erreichen. Bei Verwendung des AAT Amberlite XE-59 in der Cl$^-$-Form gelang es McShan et al.[1]), das follikelstimulierende Hormon anzureichern und weitgehend zu reinigen. Taylor[2]) berichtete über seine erfolgreiche IAT-chromatographische Trennung von Oxytocin, Lysin-Vasopressin und Arginin-Vasopressin nach Adsorption an Amberlite IRC-50 und Ausdrängung mit 0,2 m-Natriumphosphat vom pH 6,95.

Wohl die ausgedehnteste Anwendung finden IAT bei der Isolierung neuer antibiotisch wirksamer Stoffe und der Herstellung von bereits in die Therapie eingeführten Antibiotica. Diese Substanzen sind Stoffwechselprodukte von Mikroorganismen, welche in Konzentrationen von nur 1–5 mg/ml Kulturbrühe gebildet werden und aus diesen großen Verdünnungen und aus mannigfaltig zusammengesetzten Gemischen isoliert und in kristalline Form übergeführt werden müssen. Diese Aufarbeitung war ein schwieriges Problem, das nur mit speziellen Methoden gelöst werden konnte. Da einige Antibiotica Ionencharakter besitzen, wurde auch der IAT herangezogen. So werden heute vor allem Streptomycin und Neomycin mit Hilfe dieses Verfahrens aufgearbeitet. Da Streptomycin eine schwach basische und zwei stark basische Funktionen im Molekül enthält, wurden vorerst Versuche mit dem stark sauren Sulfosäureharz Amberlite IR-100 durchgeführt. Dieses vermag in der Tat Streptomycin mit guter Ausbeute aus der Kulturflüssigkeit zu adsorbieren, dagegen ließ es sich nur unvollständig vom Harz ablösen. Nach Entwicklung schwach saurer IAT vom Carboxylharztyp im Jahre 1947 wurde Amberlite IRC-50 auf seine Eignung zur Lösung dieses Problems überprüft[3]). Der Versuch war erfolgreich, weil dieses Harz eine hohe Austauschkapazität für Streptomycin zeigt und letzteres in großer Quantität und Reinheit vom Harz abgelöst werden kann. Amberlite IRC-50 wird mit Natronlauge in die Na$^+$-Form übergeführt und der Laugenüberschuß ausgewaschen. Hierauf wird die filtrierte Kulturflüssigkeit durch die Harzsäule gelassen. Sobald das Antibioticum durch die Säule bricht, wird diese mit Wasser gewaschen und mit 0,5–2 n-Salzsäure eluiert. Das Eluat zeigt pH-Werte zwischen 4,5 und 6; sobald diese Werte stark sinken, ist die Säule erschöpft. Sofort nach seiner Gewinnung wird der Ablauf neutralisiert, mit Methanol oder Azeton gefällt oder durch Lyophylisierung zur Trockne gebracht. Nach dem von Berk und Bartels[4]) angegebenen Verfahren kann das so gewonnene Streptomycinhydrochlorid unter Verwendung von Amberlite IRA-400 zum Sulfat umgesalzen werden. Auch Neomycin wird mit einem Carboxylharz aufgearbeitet. Das Verfahren entspricht dem für das Streptomycin beschriebenen. Eine durch Nager[5]) modifizierte Methode löst das Neomycin mit n-Ammoniak vom Austauscher ab, ohne das noch im Harz vor-

---

[1]) W. H. McShan et al., Proc. Soc. exp. Biol. Med. 85, 393 (1954).
[2]) S. P. Taylor, Proc. Soc. exp. Biol. Med. 85, 226 (1954).
[3]) E. E. Howe und J. Putter, US. Pat. 2541240 (1951).
[4]) B. Berk und C. Bartels, in: F. C. Nachod und J. Schubert, Ion Exchange Technology (Academic Press. Inc., New York 1956), S. 582.
[5]) U. F. Nager, US. Pat. 2667441 (1954).

handene Natrium auszuwaschen. Das Neomycin und Ammoniak enthaltende Eluat wird zur Entfernung des Ammoniaküberschusses eingeengt und vorteilhaft durch Filtration über den stark basischen AAT Amberlite IRA-400 von Farbstoffen befreit. Hierauf wird mit Schwefelsäure angesäuert und das Neomycinsulfat mit Methanol ausgefällt.

Für *Penicillin, Chlortetracyclin* und *Oxytetracyclin* wird der IAT nicht technisch angewendet. Dagegen spielt er bei der Isolierung neuer Wirkstoffe aus den Kulturflüssigkeiten der verschiedensten Mikroorganismen eine große Rolle. Vor allem im Pilot-plant-Maßstab werden die für die Überprüfung der antibiotischen Wirkung erforderlichen Versuchsmengen oft mittels IAT isoliert. Die ersten Beobachtungen über das Verhalten der Wirkstoffe beim IAT lassen diese Substanzen als saure, basische, amphotere oder neutrale Substanzen erkennen.

Die IAT-Verfahren haben sich auch auf dem *Fermentgebiet* als sehr wertvoll erwiesen. Da die Fermente eiweißartiger Natur sind, sehr große, komplexe und relativ instabile Moleküle darstellen, konnten die Erfahrungen bei den Proteinen und Peptiden ausgewertet werden. Als Besonderheit muß aber bei den Fermenten berücksichtigt werden, daß es sich bei ihnen um einfache oder konjugierte Proteine handelt. Die erstern sind nur aus $\alpha$-Aminosäuren aufgebaut, während die letzteren außer diesen noch Bausteine enthalten, welche nicht eiweißartiger Natur sind. Der konjugierte Typ der Fermente besteht aus zwei locker gebundenen Teilen, dem Apoferment (Eiweißanteil) und aus dem Coferment (prosthetische Gruppe, wenn unter physiologischen Bedingungen nicht abtrennbar durch Dialyse oder IAT, bzw. Aktivator, wenn unter diesen Bedingungen abtrennbar). Gegenüber IAT verhalten sich die aus einfachen Proteinen aufgebauten Fermente so, daß sie ihre Aktivität nicht verlieren, sofern das Protein nicht denaturiert wird. Der konjugierte Typ eines Fermentes dagegen verliert seine Aktivität beim IAT, wenn das Coferment oder der Aktivator (mindestens ein anorganisches Ion) abgetrennt wird. Nach DAWSON und MAGEE[1]) sind die IAT auf Grund dieser Gegebenheiten brauchbar zur Beseitigung von Fremdionen aus Fermenten, zur Reinigung von Fermenten von verunreinigenden Proteinen, zur Reinigung von Cofermenten, zu Studien über die Struktur von Ferment-Eiweiß-Stoffen, zum Studium des Reaktionsmechanismus der Fermente und als Modelle von Fermentwirkungen. Infolge der großen Instabilität der Fermentmoleküle und ihrer leichten Denaturierbarkeit müssen die Bedingungen des IAT-Verfahrens so gestaltet werden, daß günstige Bedingungen hinsichtlich Wasserstoffionenkonzentration, Ionenstärke, Dielektrizitätskonstante, Oberflächeneigenschaften, Temperatur usf. eingehalten werden.

Von den verschiedenen Anwendungsmöglichkeiten des IAT interessieren in diesem Zusammenhang jene, welche zur *Isolierung und Reinigung von Fermenten* führen. Als Beispiele für die Entfernung von Fremdionen durch IAT sind

---

[1]) CH. R. DAWSON und R. J. MAGEE, in: C. CALMON und T. R. E. KRESSMAN, *Ion Exchange in Organic and Biochemistry* (Interscience Publishers, 1957), S. 378.

jene des Eintausches von $Cu^{2+}$-Ionen an Amberlite IR-100 ($Na^+$-Form) aus Lösungen der Ascorbinsäure-Oxydase[1]) und der Tyrosinase[2]) anzuführen. Die Entionisierung wurde an Fermentpräparaten von *Aspergillus Oryzae*[3]), an der Pektin-Depolymerase beschrieben. Die Entfernung von aktivierenden Ionen kann dazu benützt werden, um die Aktivität der Fermente im Verlaufe ihrer Gewinnung zu blockieren, so daß keine unerwünschten Reaktionen katalysiert werden. Als Beispiel soll die Isolierung der Hexokinase aus Rattenhirn erwähnt werden[4]). Das $NH_4^+$-Ion ist ein Aktivator, während das $Na^+$-Ion weder aktiviert noch hemmt. In Gegenwart von $NH_4^+$-Ionen wird die Hexokinase infolge ihrer Wirkung auf das im Gehirnextrakt vorliegende natürliche Substrat inaktiviert. Wird das $NH_4^+$-Ion durch IAT in einer Amberlite-IRC-50-Säule in der $Na^+$-Form durch $Na^+$-Ionen ersetzt, dann erfolgt keine Inaktivierung des Fermentes. Andere Beispiele des Austausches anorganischer Ionen an Fermenten sind beschrieben worden in Lösungen der α-Amylase[5]), Phosphohexokinase[4]) und Myosin-Adenosin-triphosphatase[6]). In diesen Zusammenhang gehört auch die Methode zur Verhinderung der Blutgerinnung, welche auf der Beseitigung der $Ca^{++}$-Ionen mit Amberlite IR-100 und der dadurch bedingten Blockierung der Prothrombokinase-Aktivität beruht[7]). Die Beseitigung von fremden Eiweißstoffen aus Fermentpräparaten mit Hilfe von synthetischen Austauscherharzen wurde erstmals von McColloch und Kertesz[8]) mit Erfolg durchgeführt; unter Verwendung von Amberlite IR-100 gelang es, die Pektin-Methylesterase aus käuflichen Pektinasepräparaten abzutrennen. In ähnlicher Weise wurden die Polygalacturonase[9]), Pektinase[10]), Cytochrom C[11]) usw. von inaktiven Eiweißstoffen getrennt. Pankreas-Ribonuclease, Eiweiß-Lysocym und Chymotrypsinogen konnten am besten durch Austauschchromatographie mit Amberlite IRC-50 gereinigt werden[12,13]).

Die Möglichkeit, *Antikörper und Antigene* spezifisch an IAT-Harze zu adsorbieren, ist von Isliker[14]) einläßlich untersucht worden. Die Bildung von Komplexen mit geeigneten KAT- und AAT-Harzen hat sich als aussichtsreich erwiesen zur Trennung und Reinigung von Antikörpern und Antigenen.

[1]) C. G. Baker und H. A. Sober, J. Amer. chem. Soc. *75*, 4058 (1953).
[2]) H. Dressler und C. R. Dawson, in: C. Calmon und T. R. E. Kressman, *Ion Exchange in Organic and Biochemistry* (Interscience Publishers, New York 1957), S. 380.
[3]) J. Gillepsie, M. Jermyn und E. Woods, Nature *169*, 487 (1952).
[4]) J. A. Muntz und J. Hurwitz, Arch. Biochem. Biophys. *32*, 137 (1951).
[5]) K. H. Meyer, E. H. Fischer, P. Bernfield und A. Straub, Experientia *3*, 455 (1947).
[6]) D. B. Polis und O. Meyerhof, J. biol. Chem. *169*, 389 (1947).
[7]) A. Steinberg, Proc. Soc. exp. Biol. Med. *56*, 124 (1944).
[8]) R. J. McColloch und Z. J. Kertesz, J. biol. Chem. *160*, 149 (1945).
[9]) M. London, A. Sommer und P. B. Hudson, Abstracts of Papers, 126th Meeting Amer. chem. Soc. New York (1954), S. 64.
[10]) P. W. Talboys, Nature *166*, 1077 (1950).
[11]) H. C. Isliker, Ann. N. Y. Acad. Sci. *57*, 225 (1953).
[12]) C. H. W. Hirs et al., J. biol. Chem. *200*, 493 (1953); *205*, 93 (1953).
[13]) H. H. Tallan und W. H. Stein, J. Amer. chem. Soc. *73*, 2976 (1951); J. biol. Chem. *200*, 507 (1953).
[14]) H. C. Isliker und P. H. Strauss, Fed. Proc. *13*, 236 (1954).

Durch chemische Reaktion und physikalische Adsorption ließ sich eine große Spezifität erreichen für die Isoagglutinine des Menschen, die Rhesus-Antikörper, die Influenzavirus-Antikörper und die Antikörper des Serumalbumins. Ein spezifisches Antigen konnte an ein Austauscherharz gebunden werden, unter Bildung eines unlöslichen Antigen-Harz-Komplexes, das mit Leichtigkeit mit einem spezifischen Antikörper reagierte und diesen aus der Lösung entfernte. Der Antikörper ließ sich dann durch Dissoziation des Antikörper-Antigen-Harz-Komplexes und Elution vom unlöslichen Antigen-Harz-Komplex gewinnen. Bei diesem Mechanismus handelt es sich nicht um einen IAT im engern Sinne, sondern um die Verankerung einer Substanz am Harz, die ihrerseits zur Komplexbildung mit einem weiteren Stoff befähigt ist. Diese Verwendung von IAT dürfte neue Möglichkeiten in der Biochemie eröffnen.

Die Isolierung von *Virusteilchen*, die bekanntlich lebende Wirtzellen für ihre Vermehrung benötigen und deren physikalische, chemische und morphologische Eigenschaften den Eigenschaften bestimmter Bestandteile der Wirtzellen sehr ähnlich sind, erfordert besonders spezifische und schonende Trennverfahren. Dank der ständigen Weiterentwicklung der Spezialharze und spezieller Austauschverfahren erwies sich der IAT in vielen Fällen als geeignetes Verfahren. SHARP[1]) gibt einen umfassenden Überblick über diese Entwicklungen. Als erstem gelang LO GRIPPO[2]) die Anreicherung und Reinigung des Poliomyelitis-Virus aus den Nervengeweben der Maus, indem er die Virussuspension mit dem stark basischen AAT Amberlite XE-67 in der Cl⁻-Form behandelte. Dieser Austauscher adsorbiert die Virusteilchen vollständig. Durch Auswaschen des Adsorbates mit sterilem destilliertem Wasser liessen sich Verunreinigungen entfernen, worauf das Virus mit 10proz. Dinatriumphosphat vom Harz abgelöst und ins Filtrat übergeführt wurde. Auf diese Weise konnten 90% des Gesamtstickstoffes beseitigt werden; der Verlust an Virus war aber ziemlich groß. Die Kombination von AAT und KAT in den ersten und letzten Reinigungsstufen lieferte LO GRIPPO und BERGER[3]) ein wesentlich reineres Polyomyelitis-Virus; immerhin war auch bei diesem Verfahren die Ausbeute relativ niedrig. MÜLLER und ROSE[4]) benützten den schwach sauren Carboxyl-AT Amberlite XE-64 in der Säure- und Salzform, um einige neurotrope Viren anzureichern. Unwirksame, stickstoffhaltige Verunreinigungen wurden vom Austauscher zurückgehalten, während die teilweise gereinigten Viren in den Perkolaten erschienen. In gleicher Weise gelang ihnen die Reinigung eines japanischen Encephalitis-Virus und des Pferde-Encephalomyelitis-Virus. Etwas weniger günstige Resultate erhielten die Autoren bei der Reinigung von japanischem Encephalitis-, Pferde-Encephalomyelitis- und Rabies-Virus, die sie aus infizierten Mäusehirnen gewannen. Später berichteten MÜLLER und

[1]) D. G. SHARP, *Purification and Properties of Animal Viruses*, in: *Advances in Virus Research*, vol. 1 (Academic Press, New York 1953), S. 277.
[2]) G. A. LO GRIPPO, Proc. Soc. exp. Biol. Med. *74*, 208 (1950).
[3]) G. A. LO GRIPPO und B. BERGER, J. Lab. clin. Med. *39*, 370 (1952).
[4]) R. H. MÜLLER und H. M. ROSE, Proc. Soc. exp. Biol. Med. *73*, 239 (1950).

Rose[1]) über die rasche Anreicherung und eine teilweise Reinigung des PR-8-Stammes des Influenzavirus. Amberlite XE-64 in der H+-Form wurde mit n-Natriumazetat (pH 5,6) behandelt und die Extraktflüssigkeit aus den infizierten Hühnerembryonen auf die so vorbereitete Harzsäule gegeben. Der Austauscher adsorbierte zwischen 75 und 98% des Virus, und 72–82% des totalen Stickstoffgehaltes gingen durch die Harzsäule. Das Virus konnte dann mit 10proz. Natriumchloridlösung vom Austauscher getrennt werden. Diese Methode ergab auch gute Resultate bei der Anreicherung des Lee-Stammes des Influenza-Virus, des Mumpf-, Herpes- und Coxsackie-Virus. Diese günstigen Resultate veranlassten weitere Forscher, das IAT-Verfahren zur Anreicherung von Bakteriophagen[2]), Coxsackie-Virus[3]) und menschlichem Influenza-Virus[4-6]) zu benützen. Die Anwendung individueller Adsorptionsverfahren dürfte auch bei anderen Virusarten zu einer erfolgreichen Isolierung, Anreicherung und Reinigung führen.

### 7.33 Anwendung der Ionenaustauscher als Katalysatoren in der Arzneimittelsynthese

Eine große Zahl von chemischen Reaktionen in flüssiger Phase wird durch Wasserstoff-, Hydroxyl- oder andere Ionen katalysiert. Die zu diesem Zwecke erforderlichen Ionen wurden dem Reaktionsgemisch früher in Form löslicher Elektrolyte (Säuren, Laugen usw.) zugefügt und es wurde im homogenen System gearbeitet. Seitdem die synthetischen Austauscherharze mit ihrer großen Säure- bzw. Basenstärke, mit ihrer hohen Austauschleistung und ihrer großen chemischen Beständigkeit eingeführt sind, werden sie dank ihren Eigenschaften als feste Säuren und Basen auch als Katalysatoren für chemische Reaktionen verwendet, welche bei Anwesenheit von H+- oder OH−-Ionen ablaufen. Dieser Einsatz der Harztauscher führt zur sogenannten heterogenen Katalyse in fest-flüssiger oder fest-dampfförmiger Phase. Dazu geeignet ist im Prinzip jeder IAT, der das katalytisch wirksame Ion als Gegenion enthält. Die katalytischen Vorgänge spielen sich hauptsächlich in den Poren und nur zu einem Teil an der Oberfläche der Harzteilchen ab. Ein Austausch von Ionen findet dabei aber nicht statt. Ein wesentlicher Vorteil der IAT-Katalyse über die konventionelle Säure- und Basenkatalyse besteht darin, dass das Reaktionsgemisch nicht verunreinigt wird durch die katalysierenden Ionen. Oft ist die Beseitigung von Säuren und Basen aus dem Reaktionsprodukt eine schwierig zu lösende Aufgabe, bei der die Neutralisation oder eine Fällung vorgenommen werden muss. Die als Katalysatoren benützten IAT hingegen lassen sich durch einfaches Dekantieren oder Filtrieren abtrennen. Da sich die katalysierten

[1]) R. H. Müller und H. M. Rose, Proc. Soc. exp. Biol. Med. 80, 27 (1952).
[2]) T. T. Puck und B. Sagik, J. exp. Med. 97, 807 (1953).
[3]) S. M. Kelly, Amer. J. Publ. Health 43, 1532 (1953).
[4]) K. Takemoto, Proc. Soc. exp. Biol. Med. 85, 670 (1954).
[5]) A. J. Zwart Voorspuij, Experientia 5, 474 (1949).
[6]) H. C. Isliker, Ann. N. Y. Acad. Sci. 57, 225 (1953).

Vorgänge bei Anwendung von IAT kontinuierlich gestalten lassen, kommt ein weiterer Vorteil dazu. Der IAT wird bei dieser Katalysatortechnik nicht verbraucht, er muß höchstens von Zeit zu Zeit mit einer Säure oder Lauge regeneriert werden. Auf diesem Wege lassen sich endlich Reaktionen durchführen, welche mit den konventionellen Methoden infolge des Ablaufes unerwünschter Nebenreaktionen nicht möglich sind.

Das Katalysevermögen eines IAT hängt grundsätzlich ab von der Zahl der aktiven, die katalysierenden Ionen bindenden Gruppen, die ihrerseits die Gesamtaustauschkapazität bedingen. Ferner ist die Porengrösse der Harze wichtig; damit die Reaktionsprodukte zu den aktiven Gruppen gelangen können, hat sich die Porosität nach ihrer Molekülgröße zu richten[1]). Da bei katalytischen Reaktionen meistens in nichtwässerigen Lösungsmitteln gearbeitet wird, ist zu berücksichtigen, daß die Quellfähigkeit der Harze wesentlich geringer ist als in Wasser; dies hat zur Folge, daß die Porenweite der Harze kleiner ist. Zur Vorbereitung der Katalysatorharze sind diese – in der Regel mit Hilfe von Säuren bzw. Laugen – in die gewünschte Beladungsform überzuführen. Für Umsetzungen, welche unter Abspaltung von Wasser verlaufen, muß das beladene feuchte Harz durch Lufttrocknung oder mit einem geeigneten nichtwässerigen Lösungsmittel von Wasser befreit werden.

Mit Hilfe von IAT-Katalysatoren werden bereits zahlreiche Reaktionen im Laboratoriumsmaßstab, aber auch großtechnisch durchgeführt. So sind schon viele

Veresterungen, Alkoholysen (Umesterungen), Verätherungen, Acetal-Bildungen,

Verseifungen von Estern, Nitrilen, Amiden (Proteinen), Äthern, Acetalen, Kohlehydraten,

Kondensationen (Acyloin-, Aldolkondensation, Knoevenagel-Reaktion, Nitroalkoholbildung),

Additionsreaktionen (Cyanhydrinbildung, Cyanäthylierung, Epoxydbildung usw.),

Abspaltungsreaktionen (Alkoholdehydratisierungen, Halogenwasserstoffabspaltungen),

Polymerisationen usw.

beschrieben worden. Da eine detaillierte Behandlung dieser Methoden den Rahmen unseres Übersichtsreferates überschreitet, verweisen wir auf einige wichtige Literaturzusammenstellungen[2-6]).

[1]) H. DEUEL, J. SOLMS, L. ANYAS-WEISS und F. HUBER, Helv. chim. Acta *34*, 1849 (1951).
[2]) G. NAUMANN, *Katalyse durch Ionenaustauscher*, in: HOUBEN-WEYL, *Methoden der organischen Chemie*, 4. Aufl., 1. Bd., 1. Teil (1958), S. 585.
[3]) M. J. ASTLE, *Ion Exchangers as Catalysts*, in: C. CALMON und T. R. E. KRESSMAN, *Ion Exchangers in Organic and Biochemistry* (Interscience Publishers, New York und London 1957), S. 658.
[4]) F. X. MC GARVEY und R. KUNIN, *Catalysis with Ion Exchange Resins*, in: F. C. NACHOD und J. SCHUBERT, *Ion Exchange Technology* (Academic Press Inc., New York 1956), S. 272.
[5]) R. GRIESSBACH und G. NAUMANN, Chem. Tech. *5*, 187 (1953).
[6]) F. HELFFERICH, Angew. Chem. *66*, 241 (1954).

### 7.4 Die analytische Anwendung der Ionenaustauscher in der Arzneimittelprüfung

Die allgemeinen Umsetzungsmöglichkeiten des Ionenaustausches, das heißt der Austausch von Ionen durch andere und die Trennung von Ionen, haben auch in der Arzneimittelprüfung Anwendung gefunden und werden ohne Zweifel eine immer stärkere Berücksichtigung erlangen. Die auch auf anderen Gebieten bewährten Verfahren werden sowohl in der qualitativen Analyse, das heißt zur Identitäts- und Reinheitsprüfung als auch insbesondere zur Gehaltsbestimmung von Einzelstoffen und Arzneistoffgemischen benützt. Viele Aufgaben lassen sich mit ihrer Hilfe besser und rascher lösen als mit den konventionellen Methoden, während bestimmte Probleme erst mit diesem neuen analytischen Verfahren angegangen werden konnten.

Im folgenden soll ein Überblick gegeben werden über die wichtigsten Angaben der Fachliteratur, welche sich mit der Anwendung des Ionenaustausches in der Arzneimittelprüfung befassen.

### 7.41 Abtrennung von bei der Analyse störenden Kationen und Anionen

Recht oft wird es zur einwandfreien Durchführung von qualitativen Analysen und quantitativen Bestimmungen notwendig, störende Ionen zu entfernen. In der Regel gelingt dies rasch und vollständig, indem die störenden Ionen gegen ein nicht störendes, auf einen geeigneten IAT geladenes Ion ausgetauscht werden. Im Gang der qualitativen anorganischen Analyse stört bekanntlich die Anwesenheit von Phosphat, Oxalat, Tartrat usw. Diese Anionen lassen sich in einfacher Weise aus dem Filtrat der $H_2S$-Gruppe abtrennen, indem die Lösung durch einen KAT ($H^+$- oder $NH_4^+$-Form) geschickt wird. Die Kationen werden vom Austauscher gebunden, während die störenden Anionen in Lösung bleiben und mit dem Durchlauf verworfen werden. Die Kationen können dann mit Salzsäure quantitativ vom KAT abgelöst und im salzsauren Eluat in üblicher Weise nachgewiesen werden[1, 2]. In gleicher Weise haben RUNEBERG und SAMUELSON[3] Sulfat-, Phosphat-, Cyanidkomplex-, Chromat-, Vanadat-, Phosphatmolybdat- und Wolframat-Ionen von den Alkalimetallen abgetrennt. BRUNISHOLZ et al.[4] verwendeten das schwach basische Amberlite IR-4B, um Phosphat-Ionen vor der komplexometrischen Calciumbestimmung zu entfernen. Die nicht leichte Herstellung von karbonatfreier Natronlauge als Titrierflüssigkeit kann mit Amberlite IRA 400 ($OH^-$-Form) einwandfrei gelöst werden. Das zweiwertige Karbonat-Ion wird quantitativ an diesen AAT gebunden, und eine praktisch karbonatfreie Natronlauge fließt ab[5, 6]. Nicht weniger wichtig kann die Beseitigung störender Kationen aus

[1]) O. SAMUELSEN, Z. anal. Chem. *116*, 328 (1939).

[2]) R. KLEMENT et al., Z. anal. Chem. *127*, 2 (1944); *128*, 109 (1948).

[3]) G. RUNEBERG und O. SAMUELSON, Svensk. Kem. Tidskr. *57*, 250 (1945).

[4]) G. BRUNISHOLZ et al., Helv. chim. Acta *36*, 782 (1953).

[5]) C. W. DAVIES und H. G. NANCOLLAS, Nature *165*, 237 (1950).

[6]) B. W. GRUNBAUM, W. SCHÖNIGER und P. L. KIRK, Anal. Chem. *24*, 1857 (1952).

einem Analysengemisch sein. Als Beispiel ,sei die Schwefelbestimmung als
Sulfat angeführt. Vor der Ausfällung des Sulfations als Bariumsulfat wird die
Lösung zur Entfernung von Schwermetallen und Calcium über einen KAT
($H^+$-Form) filtriert[1]). Borate lassen sich nur einwandfrei durch acidimetrische Titration der Borsäurekomplexe mit mehrwertigen Alkoholen, wie Glyce-
rin, Mannit usw., bestimmen, wenn störende Kationen (Ammonium, zweiwertige Kationen) durch $H^+$-Ionen ersetzt werden. Dies erfolgt durch Filtration der wässerigen, höchstens schwach salzsauren Lösung über einen KAT
in der $H^+$-Form[2, 3]). Kupfer und Blei lassen sich von Bismut trennen, indem
der mit diesen Kationen beladene Austauscher mit einer 1proz. Kaliumjodid-
lösung eluiert wird[4]). Dabei geht nur Bismut ins Eluat und kann dort kolorimetrisch bestimmt werden. Aus einer sauren Lösung von Arsen, Antimon und
Zinn hält ein stark saurer KAT Antimon und Zinn zurück, während Arsen ins
Eluat gelangt[5]). Bei der Bestimmung von Arsen in Insektiziden wird dieses
zu $As^V$ oxydiert und die Lösung zur Entfernung störender Kationen durch
einen stark· sauren KAT gegeben. Die Kationen werden gebunden, während
Arsen im Durchlauf erscheint und auf iodometrischem Wege quantitativ erfaßt
wird[6]). Im qualitativen Analysengang für Arzneimittelgemische werden sich
noch zahlreiche Anwendungsmöglichkeiten des Ionenaustausches ergeben.

### 7.42 Anreicherung und Isolierung kleiner Stoffmengen

Das Ionenaustauschverfahren erlaubt Spuren von Ionen zu gewinnen,
deren Nachweis oder quantitative Bestimmung ihrer geringen Konzentration
wegen schwierig oder unmöglich ist. Das Verfahren eignet sich vor allem zur
Gehaltsbestimmung von Schwermetallionen in Wässern[7]), von Kupfer in der
Milch[8]), zur Erfassung kleiner Mengen Arsen, Eisen und Kupfer in Weinen[9])
und zur Bestimmung von Eisen-, Kupfer- und Zinnspuren in Bieren[10]).
Speziell pharmazeutische Anwendungen sehen wir in der Erkennung, Bestimmung und Beseitigung von Kupferspuren in Lösungsmitteln und weiteren
Hilfsstoffen zwecks Verhinderung ihrer oxydationskatalytischen Wirkung. Da
auf diesem Wege ionisierende Stoffe ohne oft wenig schonendes Eindampfen
quantitativ angereichert werden können, ergeben sich interessante Möglichkeiten für die Analyse sehr verdünnter Lösungen von Arzneistoffen. Dasselbe
ist zu berichten vom Nachweis radioaktiver Isotopen, worüber ein einläss-

[1]) R. A. WHITEKER und E. H. SWIFT, Anal. Chem. 26, 1602 (1954).
[2]) G. BRUNISHOLZ und J. BONNET, Helv. chim. Acta 34, 2074 (1951).
[3]) J. R. MARTIN, J. R. HAYES, Anal. Chem. 24, 182 (1952).
[4]) O. E. SCHULTZ, Dtsch. Apoth.-Ztg. 96, 1166 (1956).
[5]) Y. Y. LURE und N. A. FILIPPARU, in: O. SAMUELSON, Ion Exchangers in Analytical
Chemistry (Wiley, New York 1953), S. 60.
[6]) J. T. ODENCRANTZ und W. RIEMAN, Anal. Chem. 22, 1066 (1950).
[7]) F. NYDAHL, Proc. appl. Limnology 11, 276 (1951).
[8]) H. A. CRAUSTON und J. B. THOMPSON, Industr. Engng. Chem. Anal. Ed. 18, 323 (1946).
[9]) R. BURKHARDT, Angew. Chem. 66, 650 (1954).
[10]) D. B. WEST, R. F. EVANS und K. BECKER, Amer. Soc. Brewing Chemists, Proc. 107 (1950),
ref. Chem. Abstr. 45, 8716 (1951).

liches Übersichtsreferat von PARKER, HIGGINS und ROBERTS[1]) Auskunft gibt. Auch in der klinisch-chemischen Analyse macht man von der Anreicherung körpereigener Stoffe, von Arzneistoffen und Ausscheidungsprodukten für ihren qualitativen Nachweis und die quantitative Bestimmung Gebrauch. In dieser Hinsicht sei verwiesen auf die Bestimmung des Ca-Gehaltes im Blut[2]), die Ermittlung des Morphingehaltes[3]) und des Vitamin-C-Gehaltes im Urin[4]).

### 7.43 Bestimmung des Elektrolytgehaltes in Lösungen

Die IAT finden häufig Verwendung, um durch quantitativen $H^+$- oder $OH^-$-Austausch den Gesamtelektrolytgehalt einer Lösung zu bestimmen. Das Prinzip beruht darauf, daß in der Lösung, die ein nach konventionellen Methoden nur schwierig und unter großem Zeitaufwand bestimmbares Kation bzw. Anion enthält, mittels Ionenaustausch durch ein anderes, einfach zu bestimmendes Ion in äquivalenter Menge ersetzt wird. In den meisten Fällen erfolgt der Ersatz des Kations gegen das $H^+$-Ion, indem die Lösung über einen KAT in der $H^+$-Form gegeben wird, während der Ersatz des Anions gegen das $OH^-$-Ion mit Hilfe eines AAT in der $OH^-$-Form durchgeführt wird.

$$[KAT^- \cdot H^+] + Na^+ \cdot Cl^- \longrightarrow [KAT^- \cdot Na^+] + H^+ \cdot Cl^- \qquad (7.23)$$

$$[AAT^+ \cdot OH^-] + Na^+ \cdot Cl^- \longrightarrow [AAT^+ \cdot Cl^-] + Na^+ \cdot OH^- \qquad (7.24)$$

Da im Filtrat die den vorhandenen Kationen äquivalente $H^+$-Ion-Menge auftritt, läßt sich das erstere indirekt durch eine einfache acidimetrische Titration bestimmen. Sinngemäß gibt die alkalimetrische Titration des vom AAT in der $OH^-$-Form ablaufenden Filtrats Auskunft über die in der zu bestimmenden Lösung anwesende Menge Anion. Es ist auch möglich, ein Salz neben einer Säure zu bestimmen, indem bei der Filtration über einem AAT in der $OH^-$-Form die $H^+$-Ionen der Lösung zu Wasser umgesetzt werden und nur so viel $OH^-$-Ionen im Ablauf erscheinen, wie den Metallionen der ursprünglichen Lösung äquivalent sind. Gibt man die ursprüngliche Lösung durch einen KAT in der $H^+$-Form, so erscheinen die ursprünglich vorhandenen $H^+$-Ionen und die zusätzlich durch den Austausch der Metallionen in Freiheit gesetzten $H^+$-Ionen im Filtrat. Aus den Resultaten der beiden Bestimmungen läßt sich der Gehalt an freier Säure und Salz in der Lösung berechnen.

Für das Gelingen dieser quantitativen Methode ist wichtig, daß das zu bestimmende Salz in der vorliegenden Lösung in genügendem Maße dissoziiert vorliegt. In organischen Lösungsmitteln können Salze nur dann quantitativ erfaßt werden, wenn sie genügend dissoziiert sind. Dies ist oft der Fall in Methyl- und Äthylalkohol. Damit das Austauschgleichgewicht vollständig

[1]) G. W. PARKER, J. R. HIGGINS und J. T. ROBERTS, in: F. C. NACHOD und J. SCHUBERT, *Ion Exchange Technology* (Academic Press Inc., New York 1956), S. 391.
[2]) A. J. QUICK, Amer. J. Physiol. *148*, 211 (1947).
[3]) F. W. OBERST, J. Lab. clin. Med. *24*, 318 (1938).
[4]) S. S. JACKEL, E. H. MOSBACH und G. G. KING, Arch. Biochem. *31*, 442 (1951).

auf die Seite des Austauscherharzes zu liegen kommt, muss mit verdünnten Lösungen und mit einem großen Harzüberschuß gearbeitet werden. Endlich ist zu berücksichtigen, daß der Austausch sehr großer Kationen bzw. Anionen nur dann möglich ist, wenn die Poren des Netzwerkes der IAT groß genug sind, um ihr Eindringen zu gestatten. Diese Verhältnisse sind abzuklären durch Bestimmung der nutzbaren Austauschkapazität (Durchbruchkapazität, siehe S. 36).

7.431 *Bestimmung des Kation-Anteiles durch quantitativen $H^+$-Austausch:* Nach SAMUELSON et al.[1]) lassen sich die Kationen $Li^+$, $Na^+$, $K^+$, $NH_4^+$, $Cs^+$, $Mg^{2+}$, $Ca^{2+}$, $Sr^{2+}$, $Ba^{2+}$, $Zn^{2+}$, $Cd^{2+}$, $Mn^{2+}$, $Co^{2+}$, $Ni^{2+}$, $Al^{3+}$ und $Fe^{3+}$ in Gegenwart der Anionen $Cl^-$, $Br^-$, $J^-$, $NO_3^-$, $ClO_4^-$, $ClO_3^-$, $SO_4^{2-}$, $PO_4^{3-}$, $CH_3COO^-$ und $^-OOC–COO^-$ zum größten Teil quantitativ gegen $H^+$ austauschen. Mit vielen pharmazeutisch wichtigen Salzen, für welche bisher einfache Gehaltsbestimmungen fehlten, lassen sich mit dem IAT auf einfache Weise Prüfungen vornehmen. Da BLASIUS[2]) das in der Literatur zerstreute Tatsachenmaterial bereits zusammengefaßt hat, sollen in diesem Zusammenhang nur die Anwendungen dieses Austauschverfahrens in der Arzneimittelprüfung näher besprochen werden. Sie betreffen vor allem die maßanalytische Bestimmung von *anorganischen Neutralsalzen und von Salzen schwacher organischer Säuren*, für die in den Arzneibüchern noch kaum Gehaltsbestimmungen vorgeschrieben sind.

RAUSCHER[3]) gibt eine allgemeine Analysenvorschrift für die Prüfung von Natrium chloratum und Natrium sulfuricum. Er läßt 25 ml des stark sauren, gequollenen Wofatit KPS 200 in der $H^+$-Form verwenden und gibt die rund 0,05–0,1 n-Salzlösungen durch die Säule. Nach gründlichem Auswaschen des Harzes mit destilliertem Wasser titriert er den gesamten Ablauf mit 0,1 n-Natronlauge gegen Phenolphthalein als Indikator. Verschiedene Sulfate, wie zum Beispiel Natrium-, Magnesium- und Zinksulfat, wurden von GUNDERSEN und KLEVSTRAND[4]) in Injektionslösungen und Augentropfen bestimmt; als Beispiel einer Analysenvorschrift führen wir an:

*Gehaltsbestimmung des Iniectabile magnesii sulfatis Ph. Danic.[4])*: 1,00 ml Injektionslösung (entsprechend 0,20 g $MgSO_4 \cdot 7\ H_2O$) werden in einem Erlenmeyer-Kolben mit 75 ml Wasser verdünnt und über eine Säule aus 10 g gequollenem Zeokarb 215 (Korngröße 0,2–0,4 mm) in der $H^+$-Form filtriert und die Säule mit 75 ml destilliertem Wasser nachgewaschen. Der gesamte Ablauf wird mit 0,1 n-Natronlauge gegen Phenolphthalein als Indikator titriert:

$$1\ ml\ 0,1\ n\text{-}NaOH = 0,01233\ MgSO_4 \cdot 7\ H_2O\ .$$

[1]) O. SAMUELSON et al., Tekn. Tidskr., Heft 23, 10 (1946); Svensk Kem. Tidskr. *58*, 247 (1946); *59*, 14 (1947).

[2]) E. BLASIUS, in: *Neuere maßanalytische Methoden*, herausgegeben von G. JANDER (Ferdinand-Enke-Verlag, Stuttgart 1956), S. 385.

[3]) K. RAUSCHER, Pharm. Zentralh. *90*, 41 (1951).

[4]) F. O. GUNDERSEN und R. KLEVSTRAND, Norges Apot. Tidskr. *60*, 121 (1952).

Sinngemäß lassen sich auch Lösungen von Cuprum sulfuricum[1]), Natrium sulfuricum[2]) und Zincum sulfuricum[2]) bestimmen. Phosphate sind von ANDERSEN[3]) bearbeitet worden.

Besonders einläßlich ist die *Gehaltsbestimmung von Salzen schwacher organischer Säuren* mit Ionenaustauschern studiert worden. Eine gewisse Schwierigkeit bot anfänglich die geringe Wasserlöslichkeit einiger freigesetzter organischer Säuren. Diese läßt sich dadurch beheben, daß diese Säuren mit Hilfe von verdünntem Weingeist aus der Austauschersäule eluiert werden.

Für Natrium (bzw. Kalium und Calcium) formicicum[4,5]), – aceticum[4,5]), – propionicum[4]), – butyricum[4]), – lacticum[4-7]), – gluconicum[4,8]), – laevulinicum[4,7,8]), – bitartaricum[5]), – tartaricum[5,7]), – citricum tribasicum[2,5,6]), und für Natrium benzoicum[4,5]), – salicylicum[2,5,6]), Calcium acetylosalicylicum[2]), – amygdalicum[7]), Kalium guajacolsulfonicum[5,7]), Natrium nicotinicum[2]), Barbitalum natricum[7]), Phenobarbitalum natricum[7]),

ist die Eignung des $H^+$-Austausches zur Gehaltsbestimmung erwiesen worden. Als zuverlässige Analysenvorschriften können empfohlen werden:

*Gehaltsbestimmung der Solutio Natrii citrici anticoagulans USP XIV[6]*): 20,00 ml der Lösung werden mit Wasser in einem Meßkolben auf 100 ml verdünnt und auf eine regenerierte Säule ($\varnothing$ = 1 cm, h = 10 cm) Amberlite IR-120 in der $H^+$-Form gegeben und 1 ml/min ablaufen gelassen. Die Säule wird mit $4 \times 10$ ml destilliertem Wasser ausgewaschen und die im gesamten Ablauf vorhandene freie Säure mit 0,1 n-Natronlauge gegen Phenolphthalein als Indikator titriert:

$$1 \text{ ml } 0,1 \text{ n-NaOH} = 0,0119 \text{ g } C_6H_5O_7Na_3 \cdot 5^1/_2 H_2O.$$

Zur Kontrolle des quantitativen Austausches werden nochmals 40 ml destilliertes Wasser durch die Harzsäule gegeben und der Ablauf mit 0,1 n-Natronlauge titriert.

*Gehaltsbestimmung von Natrium salicylicum[2]*): Etwa 0,3 g Natriumsalicylat (genau gewogen) werden in 10 ml Weingeist + 20 ml Wasser gelöst und durch eine Säule ($\varnothing$ 0,8–0,9 cm) aus 10 ml Amberlite IRC-50 (gequollen und in die $H^+$-Form übergeführt) gegeben und bei einer Ablaufsgeschwindigkeit von 1 ml/min mit 50 ml 30proz. Weingeist nachgewaschen. Die im genannten Ablauf auftretende Säure wird mit 0,1 n-NaOH unter Verwendung von Phenolphthalein als Indikator titriert:

$$1 \text{ ml } 0,1 \text{ n-Natronlauge} = 0,01601 \text{ g } C_7H_5O_3Na.$$

Auch in Wasser *schwer lösliche und sehr schwer lösliche Salze* lassen sich, wie SAMUELSON[9]) und OSBORN[10]) gezeigt haben, mit Ionenaustauschern be-

[1]) E. WIESENBERGER, Mikrochem. Acta *30*, 253 (1952).
[2]) F. O. GUNDERSEN und R. KLEVSTRAND, Norges Apot. Tidskr. *60*, 121 (1952).
[3]) S. ANDERSEN, Farm. Revy *47*, 433 (1948).
[4]) H. BAGGESGAARD RASMUSSEN, D. FUCHS und L. LUNDBERG, J. Pharm. Pharmacol. *4*, 566 (1952).
[5]) C. WUNDERLICH und W. BURKARD, Galenica Wettbewerb (1951/52), Arch. Eidg. Pharmakopöe-Labor, Bern.
[6]) S. M. BLAUG, J. Amer. pharm. Ass. *45*, 274 (1956).
[7]) J. A. P. SHOES und J. S. FABER, Pharm. Weekbl. *92*, 588 (1957).
[8]) Apotekens Kontrollaboratorium, Analysenmetoder Stockholm (1950).
[9]) O. SAMUELSON, *Ion Exchangers in Analytical Chemistry* (John Wiley und Sons, New York 1952).
[10]) H. G. OSBORN, Analyst *78*, 220 (1953).

stimmen. Diese Substanzen werden durch Schütteln mit einem $H^+$-gesättigten KAT, wenn nötig durch Erwärmen, in Lösung gebracht. Hierauf gibt man Harz und Lösung auf eine mit frischem Harz versehene Säule, wäscht die in Freiheit gesetzte Säure aus und titriert. Dieses Verfahren kann benützt werden zur Gehaltsbestimmung von Barium sulfuricum, Bismutum subnitricum, – subsalicylicum[1]), Zincum undecylenicum[1]) usw. Als Beispiel sei erwähnt:

*Gehaltsbestimmung von Bismutum subsalicylicum*[1]): Etwa 0,3 g Substanz (genau gewogen) werden mit 50 ml Weingeist und 20 ml Amberlite IR-120 in der $H^+$-Form in einem Kolben am Rückflußkühler unter Rühren $1/2$ h gekocht. Nach dem Erkalten werden Harz und Lösung auf eine Säule mit 5 ml Amberlite IR-120 in der $H^+$-Form gegossen und mit 50 ml 30proz. Weingeist nachgewaschen. In den vereinigten Abläufen wird die freigesetzte Salicylsäure mit 0,1 n-Natronlauge gegen Phenolphthalein titriert:

$$1 \text{ ml } 0{,}1 \text{ n-NaOH} = 0{,}013805 \text{ g Salicylsäure.}$$

7.432 *Bestimmung des Anionanteils durch quantitativen $OH^-$-Austausch:* Dieses Verfahren bedient sich der stark und sehr stark basischen AAT in der $OH^-$-Form, da es sich darum handelt, auch Neutralsalze vollständig zu spalten und die dem eingetauschten Anion äquivalente Menge $OH^-$-Ionen ins Eluat überzuführen. Am besten eignen sich Amberlite IRA-410 und Dowex 2. Die sehr stark basischen Austauscher Amberlite IRA-400 und Dowex 1 sind ebenfalls brauchbar, lassen sich jedoch nur langsam mit $OH^-$-Ionen beladen. Nach den umfangreichen Untersuchungen von D'ANS, BLASIUS et al.[2]) können bei den *anorganischen Salzen*, unter denen sich auch solche befinden, deren Bestimmung mit KAT nicht durchgeführt werden kann, gute Resultate erhalten werden: NaF, NaCl, KCl, $NH_4Cl$, $Na_2SO_4$, $K_2SO_4$, $NaNO_2$, $KNO_2$, $NaNO_3$, $KNO_3$, $NaH_2PO_4 \cdot 2H_2O$, $KH_2PO_4 \cdot H_2O$, $Na_2HPO_4 \cdot 12\,H_2O$, $Na_3PO_4 \cdot 12\,H_2O$, $Na_4P_2O_7 \cdot 10\,H_2O$, $Na_2B_4O_7 \cdot 10\,H_2O$, $NaHCO_3$, $KHCO_3$, $KClO_3$, $KBrO_3$, $KJO_3$, $K_2CrO_4$, $K_2CrO_7$ usw.

Ein Teil dieser Arzneistoffe läßt sich auf anderem Wege einfacher titrimetrisch bestimmen. Von besonderem Interesse für die Arzneimittelprüfung ist die Möglichkeit, durch Kombination der Permanganat- und Ionenaustauschmethode Nitrit neben Nitrat zu bestimmen[2]). Handelt es sich darum, den Gehalt von Salzen neben den freien Säuren, zum Beispiel $NH_4Cl$ neben HCl, zu ermitteln, so führt diese Methode ebenfalls zum Ziel, indem der AAT in der $OH^-$-Form das $H^+$-Ion der Säure mit seinen $OH^-$-Ionen zu Wasser neutralisiert[2]). In vielen Fällen werden auch die *organischen Anionen von Salzen* gegen die $OH^-$-Ionen quantitativ ausgetauscht. Als Beispiel hierfür geben D'ANS, BLASIUS et al.[2]) die Na- bzw. K-Salze der Essigsäure, Bernsteinsäure, Weinsäure, Benzoesäure, Salicylsäure, Zimtsäure, Äthylendiamintetraessigsäure, Sulfanilsäure und verschiedener Sulfosäuren an. Von die-

---

[1]) J. A. P. SHOES und J. S. FABER, Pharm. Weekbl. *92*, 588 (1957).
[2]) J. D'ANS, E. BLASIUS et al., Chem. Ztg. *76*, 811, 841 (1952); Naturwissenschaften *38*, 236 (1951).

ser Möglichkeit der Bestimmung der Alkalimetalle sollte in der Arzneimittelprüfung vermehrt Gebrauch gemacht werden. Liegen Erdalkali- und Schwermetalle als Begleitmetalle vor, so lassen sich diese nach SAMUELSON *et al.*[1])
zuvor an komplexbildende Austauscher binden. BLASIUS und OLBRICH[2])
beheben diese Schwierigkeit, indem sie AAT benützen, die mit Zitronensäure oder Äthylendiamin-tetraessigsäure beladen sind.

### 7.44 Gehaltsbestimmung durch spezielle Austauschverfahren

Für die *Alkaloidsalze* und *Alkaloide in Drogen und Drogenpräparaten* haben
sich vor allem die synthetischen Austauscherharze als geeignet erwiesen und
fanden deshalb eine umfangreiche Verwendung. Die beiden Verfahren, nach
denen es gelingt, die Alkaloidbasen aus ihren Salz- oder Extraktlösungen
quantitativ ins Eluat überzuführen, haben wir bereits auf S. 72–73 beschrieben.
Für das 1. Verfahren, welches die Alkaloidsalzlösung auf einen KAT in der
$H^+$-Form gibt und das an den Austauscher salzartig gebundene Alkaloid mit
einer Lauge wieder ablöst und mit Hilfe eines organischen Lösungsmittels
auswäscht [siehe Gleichung (7.20)], bringen die schwach sauren KAT mit
Carboxylgruppen keinen Vorteil vor den stark sauren. Die schwach basischen
Alkaloide werden von den ersteren nur in geringen Mengen gebunden, so daß
sie eine Möglichkeit bieten zur Trennung schwach basischer (Strychnin,
Coffein) von stärker basischen Alkaloiden[3]). SAUNDERS und SRIVASTAVA[4]),
welche ebenfalls mit dem schwach basischen Amberlite IRC-50 in der $H^+$-
Form arbeiteten und die Adsorption und Eluierung von Chininsalzen aus
50proz. Weingeist untersuchten, mußten feststellen, daß der Austausch sehr
langsam vor sich geht und daß das Gleichgewicht erst nach verschiedenen
Tagen erreicht wird. HUYCK[5]) verfolgte die Adsorption von Ephedrin aus
weingeistigen Lösungen an Dowex 50 und Amberlite IRC-50. Er empfiehlt
das letztere, da es das Alkaloid gut absorbiert. In weiteren Austauschstudien
mit verschiedenen Alkaloiden (Coffein, Chinin, Ephedrin und Nicotin) machten dieselben Autoren[6]) die Beobachtung, daß die Adsorption und die
Gleichgewichtskapazität von der Basizität und der Molekülgröße der Alkaloide
abhängt. BÜCHI und FURRER[7]) unternahmen systematische Untersuchungen
mit Chininhydrochloridlösungen, um die Eignung einiger KAT abzuklären
und eine brauchbare Elutionstechnik zu finden. Amberlite IR-120 und Dowex
50 erwiesen sich als ungeeignet für die Bindung eines so großen Moleküls, wie
es das Chinin ist. Die Austauschkapazität des Carboxylsäureaustauschers
Amberlite IRC-50 in sauren und alkoholischen Chininhydrochlorid-Lösungen
engt den Anwendungsbereich dieses Harzes erheblich ein. Am besten eignet

[1]) O. SAMUELSON *et al.*, Z. Elektrochem. *57*, 207 (1953); Z. anal. Chem. *144*, 323 (1955).
[2]) E. BLASIUS und G. OLBRICH, Angew. Chem. *67*, 723 (1955).
[3]) J. C. WINTERS und R. KUNIN, Industr. Engng. Chem. *41*, 460 (1949).
[4]) L. SAUNDERS und R. SRIVASTAVA, J. chem. Soc. *1950*, 2915.
[5]) L. HUYCK, Amer. J. Pharm. *122*, 288 (1950).
[6]) L. SAUNDERS und R. SRIVASTAVA, J. chem. Soc. *1952*, 2111.
[7]) J. BÜCHI und F. FURRER, Arzneim.-Forsch. *3*, 1 (1953).

sich nach diesen Untersuchungen das Sulfosäureharz Duolite C-10, weil es das Chinin sowohl aus sehr stark sauren wie auch aus alkoholischen Chininhydro-chlorid-Lösungen quantitativ eintauscht. Die Rückgewinnung des adsorbierten Chinins vom Harz erfolgt nach diesen Autoren am besten mit einer 10proz. Lösung von Ammoniak in Weingeist. Auf Grund dieser Ergebnisse bringen die Autoren Vorschriften für die Gehaltsbestimmung von Chininhydrochlorid-Lösungen, Cortex Cinchonae und Extractum Cinchonae in Vorschlag.

1. *Verfahren zur Bestimmung von Chininhydrochlorid (oder anderen Alkaloidsalz)-Lösungen [KAT⁻ · H⁺]:* Etwa 0,2 g getrocknetes Chininhydrochlorid (genau ge-wogen) werden in 20 ml Wasser gelöst und durch eine regenerierte Duolite-C-10-Säule ($\varnothing$ 0,17–0,22 mm, h = 200 mm) in der $NH_4^+$-Form mit einer Abflußgeschwindig-keit von 1 ml/min passiert. Hierauf wird zuerst das Lösungsgefäß und dann die Harzsäule mit 30 ml destilliertem Wasser und 20 ml Weingeist nachgewaschen. Die Waschflüssigkeiten werden verworfen. Die Chininbase wird mit 50 ml 10proz. weingeistigem Ammoniak eluiert, die Säule während 15 min stehengelassen und nochmals mit 50 ml 10proz. weingeistigem Ammoniak nachgewaschen. Die ver-einigten Eluate werden vollständig eingedampft; der Rückstand in 5 ml Weingeist gelöst, mit 10 ml frisch ausgekochtem und wiedererkaltetem Wasser verdünnt und mit 0,1 n-Salzsäure gegen Methylrot als Indikator titriert:

$$1 \text{ ml } 0,1 \text{ n-HCl} = 0,0309 \text{ g } C_{20}H_{24}O_2N_2 \cdot HCl \cdot 2 H_2O.$$

Nach SAUNDERS[1]) sind unter Einhaltung gewisser Arbeitsbedingungen auch schwache KAT geeignet für die Alkaloidbestimmung, vor allem bei stark gefärbten und verunreinigten Lösungen. Die Basen werden besonders gut ad-sorbiert aus schwach alkalischer, weingeistiger Lösung. Nach Adsorption des Alkaloids an die Harzsäule wird diese zur Entfernung der Farbstoffe und weiterer Verunreinigungen mit einem geeigneten Lösungsmittel ausgewaschen und hierauf das Alkaloid (zum Beispiel Chinin) mit Ammoniak oder mittels Salzsäure abgelöst, wenn es sich um stark basische Alkaloide handelt. Vor kurzem hat FREEMAN[2]) mitgeteilt, daß Oxycellulose ein brauchbares Ionen-austauschmaterial zur Gehaltsbestimmung von Atropin, Chinin, Codein und Strychnin ist. Diese Alkaloide werden rasch und vollständig aus ihren Salz-lösungen eingetauscht und lassen sich leicht und quantitativ wieder ablösen. Der Autor ist der Ansicht, daß die günstigen Resultate bedingt sind durch den geringen Vernetzungsgrad der Oxycellulose, der die großen Alkaloidmoleküle nicht hindert bei der Absorption und Eluierung.

Zusammenfassend kann darauf hingewiesen werden, daß sichere Resultate bei der Gehaltsbestimmung von Alkaloidsalzlösungen erhalten werden können bei Verwendung eines genügend stark sauren KAT von geringem Vernetzungs-grad. Nach der Adsorption und dem Auswaschen des Säureanteiles muß die Alkaloidbase mit einer stärkeren Base (zum Beispiel Ammoniak) vom Harz gelöst und mit einem geeigneten organischen Lösungsmittel eluiert werden. Die Verwendung von ammoniakalischem Weingeist hat sich als sehr geeignet erwiesen, da das Freisetzen und Lösen der Alkaloidbase miteinander verbun-

[1]) L. SAUNDERS, J. Pharm. Pharmacol. *5*, 569 (1953).
[2]) F. M. FREEMAN, J. Pharm. Pharmacol. *8*, 42 (1956).

den und Ammoniak beim Einengen des Lösungsmittels quantitativ beseitigt werden kann. Bei der Gehaltsbestimmung von Reinalkaloidsalzen läßt sich das Freisetzen und Auswaschen der Alkaloidbase aber auch umgehen, indem die Säurekomponente im Ablauf titrimetrisch bestimmt wird. Diese von JAMPOLSKAJA[1]) empfohlene Methode hat nur den Nachteil, nicht den physiologisch wirksamen Teil des Salzes zu bestimmen.

Nach dem 2. Verfahren wird die Alkaloidsalzlösung über einen AAT gegeben, wobei die Säurekomponente an das Austauscherharz gebunden und die Alkaloidbase freigesetzt wird. Die Base wird mit einem geeigneten organischen Lösungsmittel eluiert und nach Verdampfen des letzteren mit Salzsäure titriert [siehe Gleichung (7.21)]. JINDRA und POHORSKY[2]) benützten zuerst das schwach basische Amberlite IRA-4B, brachten die Alkaloidsalze in weingeistiger Lösung auf das Harz, eluierten mit heißem Methyl- oder Äthylalkohol und titrierten den Ablauf nach Verdünnen mit Wasser mittels Säure gegen Methylrot-Methylenblau als Indikator. Für zahlreiche Alkaloidsalze und galenische Zubereitungen entwickelten diese Verfasser Standardvorschriften, die sich für Arzneibuchzwecke eignen. Einige Alkaloide geben allerdings unbefriedigende Resultate. Apomorphin wird oxydativ zersetzt und muß in Stickstoffatmosphäre titriert werden; Physostigmin ist ebenfalls nicht haltbar. Zu niedrige Resultate wurden mit Cotarninchlorid und Ephedrin erhalten. Beide Alkaloide werden unvollständig ausgetauscht, da die schwache Basizität der Austauscher nicht ausreicht, um diese Salze vollständig zu spalten. Dieser Nachteil tritt nicht auf bei Verwendung stark basischer AAT, weshalb später auch andere Autoren in der Regel Amberlite IRA-400[3-6]) und Dowex 1[7,8]) benützten. Diese stark basischen AAT haben allerdings den Nachteil, leicht hydrolysierbare Alkaloide, wie Pilocarpin, Yohimbin und Neostigmin, zu zersetzen.

*2. Verfahren zur Bestimmung von Alkaloidsalzen (AAT+–OH⁻):* Etwa 0,1 g Alkaloidsalz (genau gewogen) werden in einem Becherglas von 50 ml Inhalt in 10 ml 80proz. Weingeist gelöst. Aus einer frisch regenerierten Amberlite IRA-400-Säule (OH⁻-Form, 10 mm Durchmesser und 10 cm Höhe) wird das Wasser bis zum Baumwollpfropfen abgelassen und $6 \times 5$ ml heißer Alkohol aufgegeben und jeweils in die Harzsäule eingelassen. Hierauf wird die zu bestimmende Alkaloidsalzlösung in 2 Anteilen aufgegeben und mit einer Geschwindigkeit von 15 Tropfen/min in einen Erlenmeyer-Kolben von 250 ml Inhalt ablaufen gelassen. Anschließend wird die Säule mit insgesamt 50 ml heißem, 80proz. Weingeist eluiert, das Eluat mit 50 ml frisch ausgekochtem und wiedererkaltetem Wasser verdünnt und mit 0,1 n-Salzsäure gegen Methylrot-Methylenblau als Mischindikator titriert.

[1]) M. M. JAMPOLSKAJA, Apt. delo *2*, 17 (1953) nach A. JINDRA, in: Bl. Narcotics *7*, 23 (1955).

[2]) A. JINDRA und J. POHORSKY, J. Pharm. Pharmacol. *1*, 87 (1949); *3*, 344 (1951); *2*, 361 (1950).

[3]) A. JINDRA und J. RENTZ, J. Pharm. Pharmacol. *4*, 632 (1952).

[4]) H. BAGGESGAARD RASMUSSEN, D. FUCHS und L. LUNDBERG, J. Pharm. Pharmacol. *4*, 570 (1952).

[5]) L. SAUNDERS, P. H. ELWORTHY und R. FLEMING, J. Pharm. Pharmacol. *6*, 32 (1954).

[6]) J. A. P. STROES und J. S. FABER, Pharm. Weekbl. *92*, 588 (1957).

[7]) F. O. GUNDERSEN, R. HEITZ und R. KLEVSTRAND, J. Pharm. Pharmacol. *9*, 611 (1953).

[8]) A. FISCHER, Dtsch. Apoth.-Ztg. *97*, 24 (1957).

Besonders eingehend wurde die Gehaltsbestimmung von Morphinsalz-lösungen mittels IAT untersucht. Dieses Alkaloid nimmt seines amphoteren Charakters wegen eine besondere Stellung ein. Es war zu erwarten, daß es dank seiner basischen Eigenschaften unter Verwendung von KAT von sauren und neutralen Substanzen getrennt werden kann; da es aber auch phenolischer Natur ist, wird es auch von starken AAT gebunden und läßt sich aus Ge-mischen mit nichtphenolischen Alkaloiden isolieren. HAMLOW, DEKAY und RAMSTAD[1]) untersuchten systematisch das Verhalten von Morphin gegenüber verschiedenen Austauscherharzen. Das stark saure Amberlite IR-120 tauscht Morphin quantitativ ein; die Base läßt sich mit wenig 4 n-methanolischem Ammoniak wieder vollständig ablösen und eluieren. Dagegen vermag das schwach saure Amberlite IRC-50 die Morphinsalze nur teilweise zu spalten. Mit dem schwach basischen Amberlite IR-4B wird, wie schon JINDRA[2]) fand, das Sulfation quantitativ aus Morphinsulfatlösungen eingetauscht. Die Morphinbase kristallisiert dann aus der wässerigen Lösung aus, läßt sich aber mit Methanol quantitativ eluieren. Das stark basische Austauscherharz Amberlite IRA-400 bindet Morphin dank seiner phenolischen Hydroxylgruppe quantitativ aus einer alkalischen Lösung. Da dieses Harz die Lactongruppe der Alkaloide vom Narcotintyp nicht hydrolysiert, bietet es eine Möglichkeit zur Abtrennung der phenolischen von den nichtphenolischen Opiumalkaloiden. Nach gründlicher Abklärung der Versuchsbedingungen empfiehlt BROCH-MANN-HANSSEN[3]) das nachfolgende

*Verfahren zur Morphinbestimmung in Opium:* 100 mg Opiumpulver werden mit 1 g Dowex 50-$X_2$ in der $H^+$-Form und 25 ml heißem Wasser versetzt. Die Mischung wird bei 70–80° während 15 min mechanisch geschüttelt. Das Extraktionsgemisch wird quantitativ in einen engen Glastubus mit Baumwollfilter gegeben und die fast klare und farblose Flüssigkeit abgesogen. Hernach werden Extraktionsgefäß und der Harzrückstand gründlich mit etwa 30 ml Wasser nachgewaschen. Der Glastubus mit dem Harzrückstand wird nun auf eine 10 mm dicke und 200 mm hohe IAT-Säule gegeben, welche Dowex 1-$X_1$ enthält und zuvor mit 50 ml 4 n-methanolischem Ammoniak gewaschen wurde. Nun werden die Alkaloide mit 50 ml 4 n-methanolischem Ammoniak vom Dowex 50-$X_2$ eluiert und das Eluat direkt durch die Dowex 1-$X_1$-Säule gegeben, wo die amphoteren Alkaloide (Morphin und Narcotin) adsorbiert werden. Die Harzsäule wird dann mit 50 ml Methanol und hierauf mit Wasser gewaschen, bis der Ammoniak vollständig beseitigt ist. Zum Schluß werden die amphoteren Alkaloide mit 0,1 n-Salzsäure eluiert und das Morphin mit Hilfe der Jodsäure-Nickelchlorid-Methode nach PRIDE und STERN[4]) im Eluat bestimmt.

Ein anderes Verfahren wurde von MARIANI und VICARI[5]) in Vorschlag gebracht, da es ein besser gereinigtes Morphin liefern soll. Der Calcium-hydroxyd-Auszug aus Opium wird nach FISCHER und FOLBERT[6]) durch «saures» Aluminiumoxyd filtriert, wobei die Farbstoffe weitgehend adsorbiert

[1]) E. E. HAMLOW, H. G. DEKAY und E. RAMSTAD, J. Amer. pharm. Ass. *43*, 460 (1954).
[2]) A. JINDRA, J. Pharm. Pharmacol. *1*, 87 (1949).
[3]) E. BROCHMANN-HANSSEN, J. Amer. pharm. Ass. *43*, 307 (1954).
[4]) R. R. A. PRIDE und E. S. STERN, J. Pharm. Pharmacol. *6*, 590 (1954).
[5]) A. MARIANI und C. VICARI, J. Pharm. Belg. *11*, 233 (1956).
[6]) R. FISCHER und K. FOLBERT, Arzneim.-Forsch. *5*, 66 (1955).

werden. Nach Eintausch an eine kombinierte Säule mit Amberlite IR-4B in
der OH$^-$- und Amberlite IRC-50 in der Na$^+$-Form läßt sich das Morphin mit
Essigsäure eluieren. GRANT und HILTY[1]) beschreiben eine quantitative Trennung und Bestimmung von Morphin und Codein. Das Alkaloidgemisch wird
in wässeriger Lösung durch den stark basischen Harzaustauscher Dowex 2
geschickt, der Morphin adsorbiert und Codein durchlaufen läßt. Die Trennung
von Morphin und Atropin wird von BLAUG[2]) erreicht, indem er die zu bestimmende Lösung durch eine Säule aus 10 ml Amberlite IR-4B in der oberen
und 10 ml Amberlite IRA-410 in der unteren Schicht schickt und 4mal mit
10 ml 75proz. Methanol eluiert. In der oberen Austauscherschicht werden die
Anionen gebunden und die beiden Alkaloidbasen freigesetzt. Mit Hilfe von
Methanol werden die Basen in die untere Schicht gewaschen, wo Morphin
quantitativ gebunden wird, während Atropin im Auslauf erscheint. Die Alkaloide lassen sich in gewohnter Weise spektrophotometrisch oder titrimetrisch
bestimmen. KAMP[3]) endlich arbeitete ein Verfahren aus, das die quantitative Bestimmung der sechs Hauptalkaloide in Opium gestattet. Aus dem salzsauren Opiumauszug werden alle Alkaloide an das stark saure Austauscherharz Imac C 22 adsorbiert, durch Auswaschen mit Wasser und 70proz. Weingeist zuerst die Farbstoffe weitgehend entfernt und durch Eluieren eine
1. (Morphin und Narcein), eine 2. (Codein) und eine 3. Fraktion (Papaverin,
Narcotin und Thebain) gewonnen. Die 1. Fraktion wird über Amberlite IRA-400
in der OH$^-$-Form geleitet und bei pH 4,6 das Morphin bzw. bei pH 4,0 das
Narcein eluiert. Die 2. Fraktion wird nochmals auf Imac C 22 gegeben und
reines Codein abgelöst. Die Alkaloide der 3. Fraktion werden ebenfalls wieder an
Imac C 22 gebunden und bei pH 8,0 mit Acetatpuffer Papaverin, dann Narcotin
und zum Schluss Thebain mit ammoniakalischem Weingeist abgetrennt.

Mit Hilfe stark basischer AAT lassen sich auch die *Salze synthetischer Stickstoffbasen* in reiner Form oder in Arzneizubereitungen quantitativ bestimmen.
Die Salzlösungen werden durch den AAT in der OH$^-$-Form geschickt, wobei
das Anion gebunden und die Stickstoffbase freigesetzt wird. Diese kann mit
einem geeigneten Lösungsmittel eluiert und im Eluat titriert werden. Die
Autoren, welche dieses Verfahren auf seine Brauchbarkeit prüften, verwendeten das schwach basische Amberlite IR-4B und die stark basischen Harze
Amberlite IRA-400, IRA-410 oder Dowex 2. Während Amberlite IR-4B sich
als zu wenig stark basisch erwies, um die aufgegebenen Salze zu trennen, und
nur bei saurer Reaktion austauscht, eignen sich die stark basischen Austauscherharze vorzüglich für die quantitative Analyse, und zwar bei saurer,
neutraler und alkalischer Reaktion. Von großer Bedeutung ist die richtige
Wahl des Lösungsmittels, in dem sich sowohl das Salz der Stickstoffbase als
auch die freie Base lösen muss. Ist die Base nicht vollständig löslich, dann
bleibt ein Teil derselben in der Harzsäule zurück, und die Resultate fallen zu

---

[1]) E. W. GRANT und W. W. HILTY, J. Amer. pharm. Ass., sci. ed. *43*, 150 (1953).
[2]) S. M. BLAUG, Drug Standards *23*, 143 (1955).
[3]) W. KAMP, Academisch Proefschrift *Het Bepalen en Scheiden van Alkaloiden met Behnep
van Ionenuitwisselaars of Harsbasis* (Universiteit van Amsterdam 1956).

niedrig aus. In den meisten Fällen ist 70–80proz. Weingeist brauchbar; nur bei sehr schwer löslichen Basen muß der Äthanolgehalt auf 80% erhöht werden. Ein zu rascher Durchfluß ist zu vermeiden, da sonst der Austausch nicht quantitativ verläuft.

*Quantitative Bestimmung von Salzen schwacher Stickstoffbasen:* Etwa 0,5 mÄq getrocknetes Salz (genau gewogen) werden in einem Becherglas mit 10 ml 70proz. Weingeist gelöst und diese Lösung auf eine regenerierte, mit 20 ml 70proz. Weingeist nachgespülte Amberlite IRA-400-Säule ($9 \times 100$ mm) in der $OH^-$-Form gegeben, und mit einer Ablaufgeschwindigkeit von 1 ml/min durchlaufen gelassen. Hierauf wird das Becherglas viermal mit 10 ml 70proz. Weingeist nachgewaschen und damit die Harzsäule eluiert. Der gesamte Ablauf wird mit 0,1 n-Salzsäure unter Verwendung von 3 Tropfen Bromkresolgrün (oder Bromphenolblau) als Indikator titriert. Durch die eluierte Austauschersäule werden nochmals 50 ml 70proz. Weingeist geschickt und der Ablauf ebenfalls mit 0,1 n-Salzsäure titriert. Der gefundene Wert wird vom Resultat der ersten Titration abgezogen (Kontrolle der vollständigen Eluierung der freien Base, Korrektur für eine eventuelle Alkalinität des Harzes und des Lösungsmittels).

Die Brauchbarkeit dieses Bestimmungsverfahrens wurde an folgenden Salzen schwacher Basen erprobt:

*Antihistaminica*[1–4])

| | |
|---|---|
| Diphenylhydraminhydrochlorid | Doxylaminsuccinat |
| Tripelenaminhydrochlorid | Methapyrilenhydrochlorid |
| Chlorethancitrat | Prometazinhydrochlorid |
| Chlorcyclizinhydrochlorid | Phenindamintartrat |
| Chlorprophenpyridaminmaleat | Pyrrobutamindiphosphat |

*Analgetica*[1–3])

| | |
|---|---|
| Methadonhydrochlorid | Pethidinhydrochlorid |

*Lokalanästhetica*[1–3, 5])

| | |
|---|---|
| Cocainhydrochlorid | Procainhydrochlorid |
| Cinchocainhydrochlorid | Tetracainhydrochlorid |
| Butacainhydrochlorid | Amylocainhydrochlorid |
| Diocain® | Larocain® |

*Sympathomimetica*[1–3, 6])

| | |
|---|---|
| L-Ephedrinsulfat | Racephedrinsulfat |
| Propadrinhydrochlorid | Paredrin®-hydrobromid |
| Araminhydrogentartrat | Orthoxinhydrochlorid |
| Privin®-hydrochlorid | Vonedrin®-hydrochlorid |
| DL-Methamphetaminhydrochlorid | D-Methamphetaminhydrochlorid |
| Tuamin®-sulfat | |

*Spasmolytica*[7, 8])

| | | |
|---|---|---|
| Parpanit® | Syntropan® | Trasentin® |

[1]) H. Baggesgaard Rasmussen, D. Fuchs und L. Lundberg, J. Pharm. Pharmacol. *4*, 570 (1952).
[2]) J. A. P. Stroes und J. S. Faber, Pharm. Weekbl. *92*, 588 (1957).
[3]) F. O. Gundersen, R. Heitz und R. Klevstrand, J. Pharm. Pharmacol. *9*, 611 (1953).
[4]) M. Blaug und L. C. Zopf, J. Amer. pharm. Ass., sci. Ed. *45*, 9 (1956).
[5]) A. Jindra und J. Rentz, J. Pharm. Pharmacol. *4*, 645 (1952).
[6]) M. C. Vincent, E. Krupski und L. Fischer, J. Amer. pharm. Ass., sci. Ed. *42*, 754 (1953).
[7]) A. Jindra und A. Motl, Pharmazie *8*, 547 (1953).
[8]) G. Gabrielson und O. Samuelson, Svensk Kem. Tidskr. *64*, 150 (1952).

Das Verfahren läßt sich auch zur Gehaltsbestimmung von galenischen Zubereitungen, wie Tabletten, Elixieren und Salben, verwenden, welche Salze von schwach basischen Stickstoffverbindungen enthalten[1, 2]). Es liefert aber nur unter bestimmten Voraussetzungen einwandfreie Resultate. So dürfen weder Farbstoffe noch Hilfsstoffe der Arzneiforschung stören. Infolge des stark basischen Charakters der benützten AAT werden nicht nur die schwach basischen Stickstoffverbindungen freigesetzt, sondern auch Alkali- und Ammoniumsalze. Die entsprechenden Basen treten ebenfalls im Eluat auf und täuschen einen zu hohen Gehalt an organischer Base vor. Da Amberlite IR-4B ihres schwach basischen Charakters wegen die Alkali- und Ammoniumsalze nicht zu spalten vermag, kann dieser AAT unter Verwendung einer mindestens 20 cm langen Harzsäule zur Bestimmung galenischer Präparate in Betracht kommen, welche diese Salze enthalten.

In den letzten Jahren sind immer mehr chemische Stoffklassen der quantitativen Bestimmung durch IAT zugänglich gemacht worden. SAMUELSON *et. al.*[3]) haben für die *Aldehyde und Ketone* ein besonderes Verfahren entwickelt, bei dem diese Stoffe durch einen mit Bisulfit beladenen, stark basischen AAT zum Eintausch gebracht werden. Die sich abspielenden Reaktionen sind die folgenden:

$$[AAT^+ \cdot {}^-O\!-\!\overset{\displaystyle \nearrow O}{\underset{\displaystyle \searrow O}{S}}\!-\!OH] + R\!-\!CHO \longrightarrow \left[ AAT^+ \cdot {}^-O\!-\!\overset{\displaystyle \nearrow O}{\underset{\displaystyle \searrow O}{S}}\!-\!\overset{\displaystyle OH}{\underset{\displaystyle}{C}}H\!-\!R \right] \qquad (7.25)$$

$$[AAT^+ \cdot {}^-O\!-\!\overset{\displaystyle \nearrow O}{\underset{\displaystyle \searrow O}{S}}\!-\!OH] + \overset{\displaystyle R}{\underset{\displaystyle R_1}{\diagdown\!\!\diagup}}C=O \longrightarrow \left[ AAT^+ \cdot {}^-O\!-\!\overset{\displaystyle \nearrow O}{\underset{\displaystyle \searrow O}{S}}\!-\!\overset{\displaystyle OH}{\underset{\displaystyle R_1}{C}}\!-\!R \right] \qquad (7.26)$$

Je stabiler die Aldehyd- bzw. Keton-bisulfit-Bindung ist, um so stärker werden die Carbonylverbindungen durch das Bisulfitharz zurückgehalten. Da die Stabilität der Reihe Formaldehyd > Acetaldehyd > Benzaldehyd > Furfurol > Aceton entspricht, wird zuerst Aceton, zum Beispiel mit Wasser von 75° C, vom Harz abgelöst. Die Aldehyde lassen sich hierauf mittels Natriumchloridlösung quantitativ eluieren. Von den Aldehyden wurden Acetaldehyd, Glyoxal, Crotonaldehyd, Furfurol, Benzaldehyd, Salicylaldehyd und Vanillin quantitativ aus Wasser und Alkohol-Wasser-Lösungen aufgenommen. Bei den Ketonen, die weniger beständige Bisulfitverbindungen ergeben, wurden Aceton, Methyläthylketon, Mesityloxyd, Benzalacetophenon und Cyclohexanon am Austauscherkomplex zurückgehalten. Acetophenon, Benzophenon, Campfer und Fenchen dagegen werden nicht gebunden[4]). $\alpha,\beta$-ungesättigte Ketone addieren Bisulfit leicht an die Doppelbindung und sind auf diesem Wege dem Bisulfitaustauschverfahren zugänglich. Die Reaktion zwischen den AAT in

[1]) M. BLAUG und L. C. ZOPF, J. Amer. pharm. Ass., sci. Ed. *45*, 9 (1956).
[2]) A. JINDRA und J. RENTZ, J. Pharm. Pharmacol. *4*, 645 (1952).
[3]) O. SAMUELSON und E. SJÖSTRÖM, Svensk Kem. Tidskr. *64*, 305 (1952).
[4]) O. SAMUELSON und E. SJÖSTRÖM, Z. Elektrochemie *57*, 211 (1953).

Bisulfitform und Carbonylverbindungen läßt sich analytisch ausnützen zur Bestimmung von Methanol und Äthanol in Anwesenheit von Aldehyden und Ketonen, zur Bestimmung von Aldehyden und Ketonen nebeneinander und schließlich zur Gruppentrennung von organischen Säuren, Alkoholen, Aldehyden und Ketonen [1].

$$\left[\begin{array}{c} -\!\!\overset{|}{C}\!-\!O \\ -\!\!\overset{|}{C}\!-\!O \end{array}\!\!\!\!\!\!B\!-\!O\right]^{-}\!\!\cdot H^{+} \qquad \left[\begin{array}{c} -\!\!\overset{|}{C}\!-\!O \\ -\!\!\overset{|}{C}\!-\!O \end{array}\!\!\!\!\!\!B\!\!\!\!\begin{array}{c}OH\\OH\end{array}\right]^{-}\!\!\cdot H^{+} \qquad \left[\begin{array}{c} -\!\!\overset{|}{C}\!-\!O \\ -\!\!\overset{|}{C}\!-\!O \end{array}\!\!\!\!\!\!B\!\!\!\!\begin{array}{c}O\!-\!\overset{|}{C}\!- \\ O\!-\!\overset{|}{C}\!- \end{array}\right]^{-}\!\!\cdot H^{+}$$

VIII             IX            X

Auch Zucker, welche Bisulfitverbindungen eingehen, sind dem AAT-Bisulfit-Verfahren zugänglich. Während diese Verbindungen in wässeriger Lösung wenig stabil sind, sind sie wesentlich stabiler in weingeistiger Lösung.

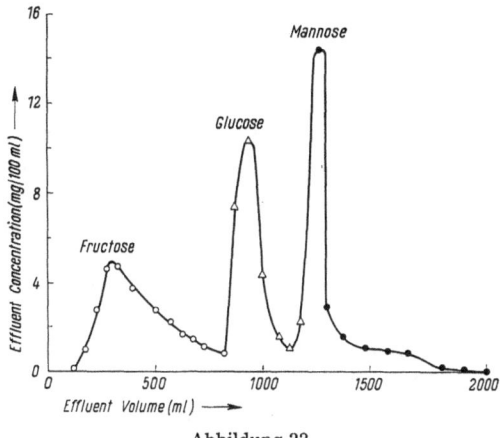

Abbildung 33

Ionenaustausch-chromatographische Trennung von Fructose, Glucose und Mannose. Amberlite IRA-400-HSO$_3$, eluiert mit 99,5proz. Weingeist/95proz. Weingeist/Wasser nach SAMUELSON und SJÖSTRÖM [2].

SAMUELSON und SJÖSTRÖM [2] stellten fest, daß die Monosaccharide in der Reihenfolge Mannose > Xylose > Galactose > Glucose > Fructose gebunden werden und sukzessive mit alkoholhaltigem Wasser eluiert werden können (Abbildung 33).

Zur Trennung und Bestimmung von Zuckermischungen haben KHYM und ZILL [3] eine Methode entwickelt, welche auf der Bildung von Komplexen zwischen den Polyhydroxyverbindungen und dem Borat-Ion beruhen. Diesen Komplexen wurden die Strukturen VIII–X zugewiesen. Die entstehenden

[1] O. SAMUELSON, Z. Elektrochemie 57, 207 (1953).
[2] O. SAMUELSON und E. SJÖSTRÖM, Svensk Kem. Tidskr. 64, 305 (1952).
[3] J. X. KHYM and L. P. ZILL, J. Amer. chem. Soc. 74, 2090 (1952).

Anionen eignen sich für Austauschreaktionen. Das Verfahren arbeitet so, daß ein stark basischer AAT mit einer Kaliumtetraboratlösung in die Boratform umgesetzt und hernach mit Wasser ausgewaschen wird. Die zu analysierende Lösung der Zucker wird dann durch die Harzsäule gegeben und mit einem Borsäure-Boratpuffer eluiert. Dabei lassen sich scharfe Trennungen von Fructose, Galactose, Xylose, von Saccharose, Fructose und Glucose sowie von Saccharose und Mannose erzielen.

Da die *Glycoside* ätherartige Verbindungen zwischen einem oder mehreren Monosacchariden und einem Aglycon darstellen, eignet sich die Austauscherharz-Borax-Methode auch zur Isolierung und Bestimmung dieser Verbindungsgruppe. CHAMBERS, ZILL und NOGGLE[1]) untersuchten das Verhalten von Methyl- bzw. Benzyl-$\beta$-D-arabinopyranosid und fanden, daß die Trennungsmöglichkeit auf dem verschiedenen Verhalten des Aglyconteiles des Moleküls beruhen muß. Die Auftrennung von Glycosidmischungen anionischen Charakters ist von SCHULTZ und BARTHOLD[2]) beschrieben worden. Mit schwach basischem AAT in der $OH^-$-Form (Amberlite IR-4B und IR 45) konnten sie Senfölglycoside in nahezu reiner Form gewinnen. Bei der Analyse von Anthrachinonglycosid-haltigen Drogenauszügen erwiesen sich stark basische AAT (Lewatit MI und Amberlite IRA-400) für den Austausch geeignet. Vier mit Eisessig eluierte Fraktionen wurden hydrolytisch gespalten, mit Benzol ausgeschüttelt und spektrophotometrisch auf ihren Gehalt an Anthrachinon untersucht[3]).

Die Möglichkeit der Auftrennung von *Aminosäuren* ist, wie auf Seite 76 bereits ausgeführt wurde, nicht nur für präparative, sondern vor allem auch für analytische Zwecke ausgewertet worden. Hier haben sich die chromatographischen Trennungen mit stufenweiser Eluierung als erfolgreich erwiesen. Nacheinander werden Lösungsmittel mit steigender Säurekonzentration oder bei Anwendung von KAT in der $Na^+$-Form Pufferlösungen von steigendem pH-Wert angewandt. STEIN und MOORE[4]) zeigten, daß die einzelnen Säuren aus einer Mischung von 18 Aminosäuren praktisch quantitativ mit Hilfe steigender Salzsäurekonzentrationen von einer 55-cm-Säule aus Dowex 50-X8 für sich abgelöst werden können. Ein anderes Verfahren derselben Autoren[5]) adsorbiert die Aminosäuren an eine 100-cm-Säule aus Dowex 50-X8 in der $Na^+$-Form und eluiert die Aminosäurefraktionen mit Pufferlösungen von steigendem pH (3,41–11,0) bei individuell angepaßten Temperaturen (Abbildung 34).

In der Arzneimittelforschung findet dieses oder ein ähnliches Verfahren[6]) Anwendung zur Bestimmung des Gehaltes der verschiedenen Aminosäuren in

[1]) M. A. CHAMBERS, L. P. ZILL und G. R. NOGGLE, J. Amer. pharm. Ass., sci. Ed. *41*, 461 (1952).

[2]) O. E. SCHULTZ und E. BARTHOLD, Arzneim.-Forsch. *2*, 532 (1952).

[3]) O. E. SCHULTZ und G. MAYER, Arzneim.-Forsch. *6*, 334 (1956).

[4]) W. H. STEIN und S. MOORE, Cold Spring Harbor Symposia Quant. Biol. *14*, 179 (1949).

[5]) W. H. STEIN und S. MOORE, J. biol. Chem. *192*, 663 (1951).

[6]) P. B. HAMILTON, in: C. CALMON und T. R. E. KRESSMAN, *Ion Exchange in Organic and Biochemistry* (Interscience Publishers, New York und London 1957), S. 255–291.

Eiweißhydrolysaten. Blutplasmadialysate[1]) und Nucleotide[2]) werden im Prinzip wie die Aminosäuren aufgetrennt.

Die präparativen Austauschverfahren zur Reinigung und Anreicherung von *Vitaminen* (siehe S. 78) sind auch für analytische Zwecke ausgewertet worden. Soll Vitamin $B_1$ in biologischem Material nachgewiesen werden, so werden bei den herkömmlichen Methoden Stoffe mitextrahiert, welche die Gehaltsbestimmung stören. Mit Ionenaustauschern dagegen kann man sie zurückhalten; dazu eignen sich außer den synthetischen Zeolithen auch Amberlite IR-100 in

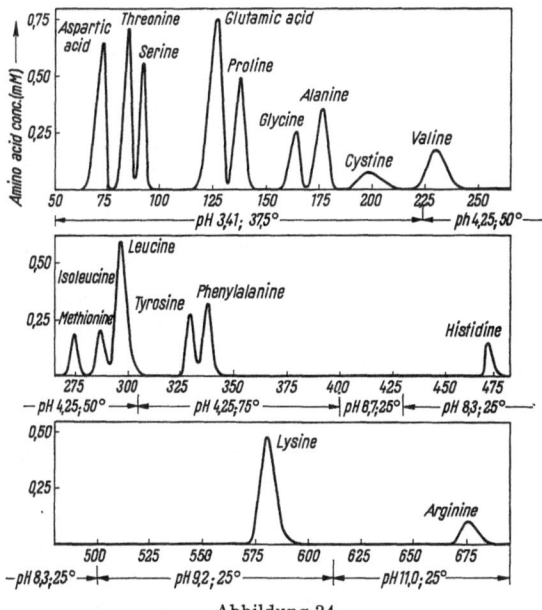

Abbildung 34

Austausch-chromatographische Trennung der Aminosäuren und verwandter Verbindungen aus einem Gemisch von 32 Bestandteilen (STEIN und MOORE[3])).

der H+- oder Na+-Form[4]) sowie Carboxylharze in der Na+-Form[5]). Für die Einzelheiten der Bestimmung von Vitamin $B_1$ in Urin[6,7]) und Blut[8]) sei auf die Originalliteratur verwiesen. Vitamin $B_2$ läßt sich nach FUJIWARA und SHIMIZU[9]) mit dem sulfonierten Phenolharz KH-9 von Verunreinigungen trennen. Der Austausch erfolgt zwischen pH 4 und 5, das Auswaschen der

[1]) M. FLING und N. H. HOROWITZ, J. biol. Chem. *190*, 277 (1951).
[2]) W. F. COHN und C. E. CARTER, J. Amer. chem. Soc. *72*, 2606 (1950).
[3]) W. H. STEIN und S. MOORE, J. biol. Chem. *192*, 663 (1951).
[4]) F. J. MYERS, Industr. Engng. Chem. *35*, 858 (1943).
[5]) J. C. WINTERS und R. KUNIN, Industr. Engng. Chem. *41*, 460 (1949).
[6]) E. EGAÑA und A. P. MEIKLEJOHN, J. biol. Chem. *141*, 859 (1941).
[7]) Y. NOSE und T. TASHIRO, J. Japan. biol. chem. Soc. *21*, 130 (1949).
[8]) A. FUJITA und M. YAMADORI, Arch. Biochem. *28*, 94 (1950).
[9]) M. FUJIWARA und H. SHIMIZU, Z. anal. Chem. *131*, 159 (1950).

Nebenstoffe mit 0,2proz. wässeriger Essigsäure, worauf Vitamin $B_2$ mit einer Pyridin-Essigsäure-Mischung vom pH 7 eluiert wird. Zur Beseitigung störender Stoffe, welche zusammen mit Vitamin $B_6$ aus Hefe mitextrahiert werden, haben Shimizu und Shiba[1]) ein Carboxylharz benützt und eine einwandfreie Bestimmung des eluierten Vitamins erreichen können. Weitere Austauschverfahren wurden zur Isolierung, Reinigung und Gehaltsbestimmung von Nicotinsäureamid[2]), Vitamin C[3]) und Panthenol[4]) in Vorschlag gebracht.

Außer für die Reinigung von *Nichtsteroid-Hormonen* (siehe S. 79) sind die IAT in den letzten Jahren auch für die quantitative Bestimmung von *Steroidhormonen* empfohlen worden. Sjöström und Nykänen[5]) überprüften das Verhalten von Östradiol, Östradiolbenzoat, Progesteron, Testosteron und Methyltestosteron an stark basischen Austauscherharzen. Amberlite IRA-410 (poröse Form), Dowex 1 und Dowex $X_4$ (poröse Form) adsorbieren Östradiol und Östradiolbenzoat, wofür der phenolische Charakter von Östradiol und die Verseifung des Benzoesäureesters zu Östradiol verantwortlich zu machen sind. Die Elution ist abhängig vom Vernetzungsgrad des Harzes, der Temperatur, dem Lösungsmittel und der Säure. Die besten Resultate werden bei 35° erhalten unter Verwendung von Borsäure oder Benzoesäure in absolutem Methylalkohol. Mit starken Säuren werden die Resultate infolge Abgabe von Harzbestandteilen zu hoch. Gibt man Progesteron, Testosteron und Methyltestosteron über die untersuchten Harze, dann erscheinen sie infolge ihres nichtphenolischen Charakters im Ablauf. Sie können quantitativ ausgewaschen werden mit 70proz. oder absolutem Methylalkohol, ohne daß Östradiol vom Harz abgelöst wird. Diese Eigenschaften gestatten die quantitative Trennung nichtphenolischer Steroidhormone von Östradiol mit einer Genauigkeit von über $\pm$ 2%. Dieselben Autoren entwickelten das Verfahren weiter zur Gehaltsbestimmung phenolischer und nichtphenolischer Steroidhormone in Injektionslösungen und Tabletten. Nach Extraktion der Hormone aus diesen Arzneiformen führten sie die methanolischen Lösungen über Dowex 1 ($OH^-$-Form), verdrängten die Nichtphenole mit Methylalkohol und eluierten dann Östradiol mit 0,33 m-methanolischer Borsäure. Die Nichtphenole (Progesteron, Testosteron, Testosteronpropionat, Methyltestosteron und Methylandrostanolon) wurden UV-spektrometrisch, Östradiol kolorimetrisch nach Folin und Cio-calteu bestimmt.

### 7.45 Analyse von Arzneistoffgemischen

Zahlreiche schwierige Probleme der quantitativen Bestimmung der verschiedenen Bestandteile von Arzneistoffzubereitungen und Arzneispezialitäten

[1]) H. Shimizu und H. Shiba, J. chem. Soc. Japan 72, 442 (1950); J. Japan. Chem. 5, 55 (1951).
[2]) M. Kato und H. Shimizu, Science 144, 12 (1951).
[3]) S. S. Jackel, E. M. Mosbach und C. G. King, Arch. Biochem. Biophys. 31, 442 (1952).
[4]) E. G. Wollish und M. Schmall, Anal. Chem. 22, 1033 (1950).
[5]) E. Sjöström und L. Nykänen, Suomen Kemistilehti [B] 29, 23 (1956).

lassen sich mit Hilfe des IAT lösen. Die folgenden Beispiele mögen dies illustrieren:

Borsäure und Zinksulfat in den Solublettae Zinci F. 51[1]),
Citronensäure, Natriumcitrat und Glycose in der Anticoagulant Acid Citrate Dextrose Solution[2]),
Sulfonamidgemische[3]),
Codein-Coffein-Dimethylaminoantipyrin-Phenazetin[4]),
Antipyrin-Coffein-Phenacetin-Phenobarbital[4]),
Acetylsalicylsäure-Coffein-Phenacetin[5]),
Codein-Terpinhydrat[5]),
Codein-Natriumbenzoat-Papaverin[5]),
Atropin-Papaverin-Phenobarbital[6]),
Acetylsalicylsäure in den Tablettae magnyli F. 51[1]),
Coffein und Neobenodin in Tabletten[7]).

### 7.5 Bedeutung und Anwendung des Ionenaustausches in der Biologie und Medizin

Die Erforschung der Struktur der lebenden Materie und der physiologischen Vorgänge hat zur Erkenntnis geführt, daß biologische Ionenaustauscher und Ionenaustauschreaktionen für die Lebensvorgänge eine große Bedeutung besitzen. Die kolloiden Körperflüssigkeiten (Blutserum, Lymphe usw.) und die festen gelartigen Strukturen der Zellen und Gewebe (Zellelemente, Zellmembranen und Bindegewebe) sind aus Makromolekülen aufgebaut, welche ionisierte Gruppen enthalten und Ionenaustauscher-Eigenschaften besitzen. Sie sind zur Adsorption und Desorption von Elektrolyten befähigt und bedingen, zusammen mit weiteren Faktoren, den physiologischen Gleichgewichtszustand der Elektrolyten in den Zellen und Geweben. Der Ionenaustausch spielt somit eine große Rolle im Elektrolytstoffwechsel und bei den Vorgängen, welche auf den elektrischen Eigenschaften der Zellmembranen beruhen.

Auch das pharmakologische Verhalten der Arzneistoffe und Gifte im Organismus wird hinsichtlich Resorption, Transport und Anreicherung in bestimmten Zellen und Geweben, Wirkungsweise, chemischem Abbau und Ausscheidung wesentlich beeinflußt durch Ionenaustauschvorgänge. Verfolgt man den Weg markierter Arzneistoffmoleküle im Organismus, so ergibt sich ein sehr kompliziertes Bild einer ständig wechselnden Adsorption und Desorption an der Oberfläche von Makromolekülen. Bei genauer Kenntnis dieser hochmolekularen Substanzen und Strukturen und ihrer Austauscheigenschaften ließe sich das Schicksal neuer Wirkstoffe im Körper mit einiger Sicherheit voraussagen. Zahlreiche Beobachtungen deuten darauf hin, daß die Wirkungsweise vieler Arzneistoffe und Gifte auf einer Austauschreaktion beruht. Endlich sind

[1]) F. O. GUNDERSEN und R. KLEVSTRAND, Norges Apot. Tidskr. 60, 121 (1952).
[2]) S. M. BLAUG, J. Amer. pharm. Ass. 45, 274 (1956).
[3]) H. H. HUTCHINS und J. E. CHRISTIAN, J. Amer. pharm. Ass., sci. Ed. 42, 310 (1953).
[4]) M. G. THOMAS und M. F. CRUCKE, Ann. pharm. franç. 12, 313 (1954).
[5]) M. G. THOMAS, P. ROLAND und M. F. CRUCKE, Pharm. Weekbl. 90, 241 (1955).
[6]) P. LUNDGREEN, Svensk farm. Tidskr. 59, 365 (1955).
[7]) J. A. P. STROES und J. S. FABER, Pharm. Weekbl. 92, 599 (1957).

wertvolle Arzneistoffe entwickelt und in die Klinik eingeführt worden, bei denen das Prinzip des Ionenaustausches zur Anwendung gelangt oder die selbst Ionenaustauscher sind.

In den folgenden Abschnitten wird ein Überblick über diese die Arzneiwirkung stark interessierenden Probleme gegeben.

### 7.51 Die biologisch wichtigen Ionenaustauscher und ihre Bedeutung

Die strukturellen Elemente der Zellen und Gewebe bestehen vor allem aus Proteinen in Kombination mit anderen Makromolekülen, wie Nucleinsäuren, Phospholipoiden, Mucopolysacchariden usw. Diese hochmolekularen Verbindungen besitzen viele endständige basische Gruppen, die versehen sind mit negativen Ladungen und als Polyanionen für den Kationenaustausch in Betracht kommen. Als Austauschgruppen sind vorhanden:

*Proteine:* Die $\omega$-Carboxylgruppe der Glutamin-, Hydroxyglutamin- und Asparaginsäure; die phenolische Hydroxylgruppe des Tyrosins; die Sulfhydrylgruppe des Cysteins und die Imidazolylgruppe des Histidins verleihen den Proteinen KAT-Eigenschaften; die Aminogruppe der Diamino-carbonsäure Lysin, die Guanidinogruppe des Arginins und die N-Gruppen von Histidin haben basischen Charakter, so daß die sie enthaltenden Proteine unter bestimmten Reaktionsbedingungen zum AAT befähigt sind. Unter körpereigenen pH-Verhältnissen verhalten sich die Proteine als Anionen. Die einfache Protein-Kation-Reaktion ist wenig spezifisch; für die Bindung spielt die Zahl der anionischen Gruppen, das heißt die Aminosäure-Zusammensetzung der Proteine eine ausschlaggebende Rolle. Die Proteine können kleine Kationen und Anionen, wie $Na^+$, $K^+$, $Ca^{2+}$ bzw. $Cl^-$, aber auch große Moleküle, wie die Nucleinsäuren, Phospholipoide, Kohlenhydrate und andere Proteine binden. Die Wasserstoffionenkonzentration beeinflußt die Ionenbindung an die Proteine stark. $Na^+$ und $K^+$ sind über einen weiten pH-Bereich nicht erheblich gebunden an Protein, Serumalbumin, Gelatine, Kasein und Hämoglobin; Wolle zum Beispiel zeigt bei pH-Werten von 12–13 eine gewisse Bindungskapazität[1]. Die zweiwertigen Ionen hingegen werden fest gebunden; je nach Art des Metallions und pH-Wert nehmen verschiedene funktionelle Gruppen an der Bindung teil. Die Erdalkaligruppe verbindet sich vor allem mit den Carboxylgruppen, aber auch phenolische Hydroxylgruppen können daran beteiligt sein. $Hg^{2+}$, $Cu^{2+}$, $Zn^{2+}$ und $Ag^+$ besitzen eine spezielle Affinität zur Sulfhydrylgruppe, binden aber bei höheren pH-Werten auch an die Carboxylgruppe. $Cu^{2+}$ wird bei höheren pH-Werten komplex an 4-Peptid-Stickstoffatome gebunden, während sich $Zn^{2+}$ bei pH 6–7,5 mit der Imidazolylgruppe des Histidins verbindet. Die spezifischen Blutproteine, welche $Ca^{2+}$, $Zn^{2+}$, $Cu^{2+}$, $Fe^{3+}$ und andere Ionen transportieren, können ebenfalls als KAT betrachtet werden. Für die Schwermetallionen liegen die Verhältnisse etwas komplizierter, indem sie oft in Form von negativ geladenen Komplexen gebunden sind und

---

[1] J. Steinhardt und E. M. Zaiser, J. biol. Chem. *183*, 739 (1950).

transportiert werden. In vielen Fällen liegt zwischen dem Protein und dem Ion nicht nur eine einfache elektrostatische Ionenbindung vor, da noch weitere Bindungskräfte, wie koordinative Bindungen, Wasserstoffbindungen und van der Waalsche Bindungen beteiligt sind. Die größere Zahl von Bindungsstellen setzt eine bestimmte Sequenz und räumliche Anordnung der Aminosäuren im Proteinmolekül voraus, was in der Regel eine große Bindungsspezifität zur Folge hat. Diese spielt zum Beispiel beim Transport von Fe, Cu, Zn, Ca und anderen Kationen durch Bluteiweißstoffe eine wichtige Rolle[1]) und ist auch bei den Metallfermenten vorhanden.

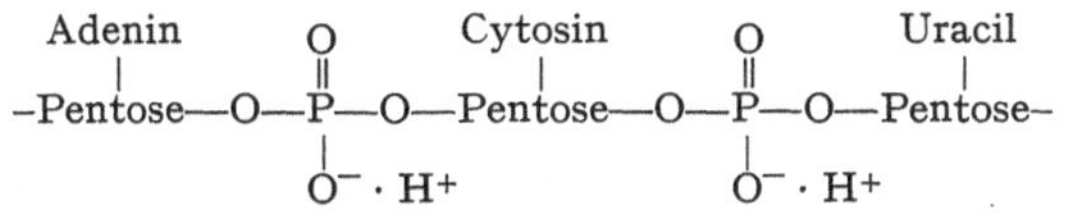

$$\text{Adenin} \quad \overset{O}{\underset{|}{||}} \quad \text{Cytosin} \quad \overset{O}{\underset{|}{||}} \quad \text{Uracil}$$
$$-\text{Pentose}-\text{O}-\overset{|}{\underset{|}{P}}-\text{O}-\text{Pentose}-\text{O}-\overset{|}{\underset{|}{P}}-\text{O}-\text{Pentose}-$$
$$\text{O}^- \cdot \text{H}^+ \qquad\qquad \text{O}^- \cdot \text{H}^+$$

XI

*Nucleinsäuren:* Diese hochmolekularen Phosphorsäure-diester (XI) können sich dank ihrer negativ geladenen Phosphorylgruppen mit einfachen Kationen, basischen Farbstoffen und mit Proteinen (Nucleoproteide) verbinden. Beim physiologischen pH bilden sie auch mit einwertigen Ionen Komplexe, was sie von den Proteinen unterscheidet; sie verhalten sich hingegen gleich wie die polymeren Phosphorsäuren. Wesentlich größer ist ihre Affinität für zweiwertige Ionen; die maximale Bindung von $Ca^{2+}$ und $Mg^{2+}$ beträgt 1 Kation auf 2 Phosphorylgruppen. Von physiologischer Bedeutung ist die Bindung zwischen Nucleinsäuren und Proteinen zu Nucleoproteiden.

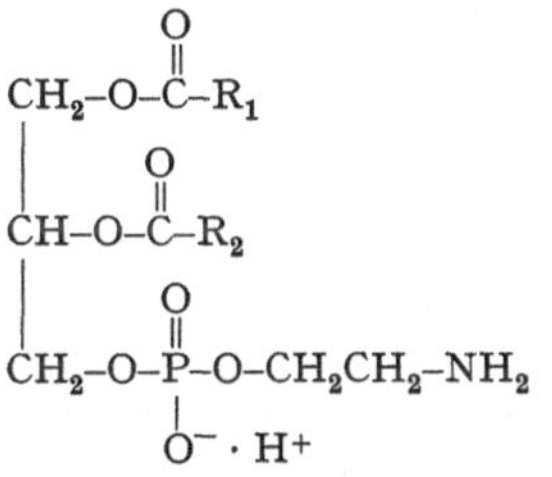

$$CH_2-O-\overset{O}{\overset{||}{C}}-R_1 \qquad\qquad CH_2-O-\overset{O}{\overset{||}{C}}-R_1$$
$$CH-O-\overset{O}{\overset{||}{C}}-R_2 \qquad\qquad CH-O-\overset{O}{\overset{||}{C}}-R_2$$
$$CH_2-O-\overset{O}{\overset{||}{P}}-O-CH_2CH_2-NH_2 \qquad CH_2-O-\overset{O}{\overset{||}{P}}-O-CH_2CH_2-\overset{+}{N}(CH_3)_3$$
$$O^- \cdot H^+ \qquad\qquad\qquad O^- \cdot H^+$$

Kephaline                XII 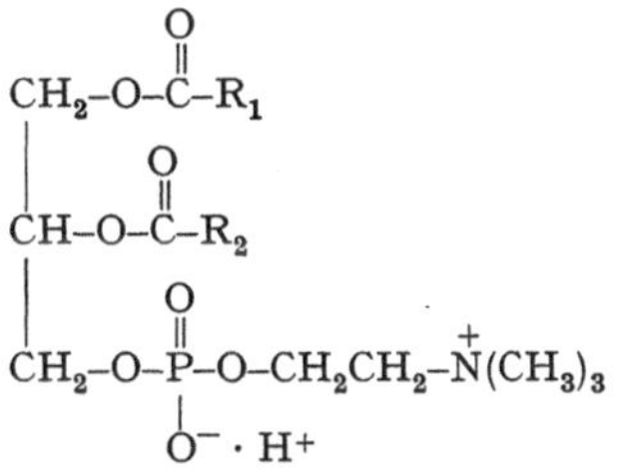                Lecithine                XIII

*Phospholipoide:* Die fettähnlich aufgebauten Phosphatide zeigen ebenfalls Ionenaustauschereigenschaften; als Phosphorsäure-diester neutraler und basischer Alkohole sind sie amphoterer Natur (XII, XIII) und verhalten sich je nach den pH-Verhältnissen als Kationen oder Anionen. Die Untersuchungen von CHRISTENSEN und HASTINGS[2]) zeigten, daß sie sowohl einwertige als auch zweiwertige Kationen zu binden vermögen. Die β-Lipoproteide des Blutplasmas

---

[1]) F. R. N. GURD, *Chemical Specifity in Biological Interactions* (Academic Press, New York 1954).

[2]) H. N. CHRISTENSEN und A. B. HASTINGS, J. biol. Chem. *136*, 387 (1940).

verhalten sich nach BERSIN[1]) wie AAT; sie nehmen beim isoelektrischen Punkt 6 Cl⁻- und 16 CNS⁻-Ionen/Mol auf und tauschen Acetat- und Succinat-Ionen ein.

*Mucopolysaccharide:* Diese Stoffe sind vornehmlich Bestandteile der extra-cellulären Elemente, das heißt der Bindegewebe, der Knorpelsubstanz und des Sekretschleimes. Am besten charakterisiert sind die Chondroitinschwefelsäure (XIV) und die Hyaluronsäure (XV). Aufgebaut aus Acetylglucosamin, Glucuronsäure und Schwefelsäure, enthält die erstere –O–SO₃H- und –COOH-Gruppen als Kationenbindungsstellen. Die Hyaluronsäure setzt sich aus Acetylglucosamin und Glucuronsäure zusammen und verfügt als ionogene Gruppen

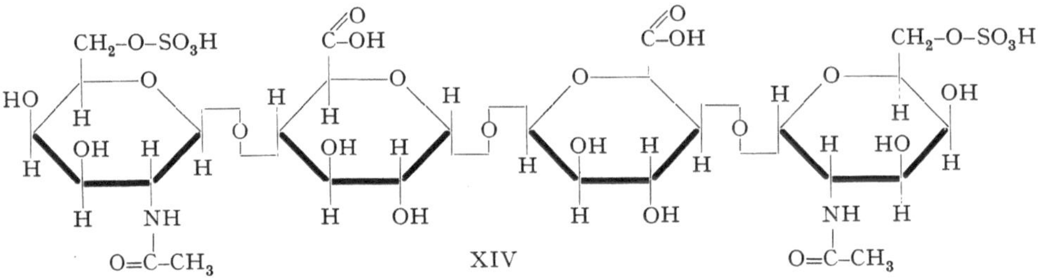

XIV
Chondroitinschwefelsäure

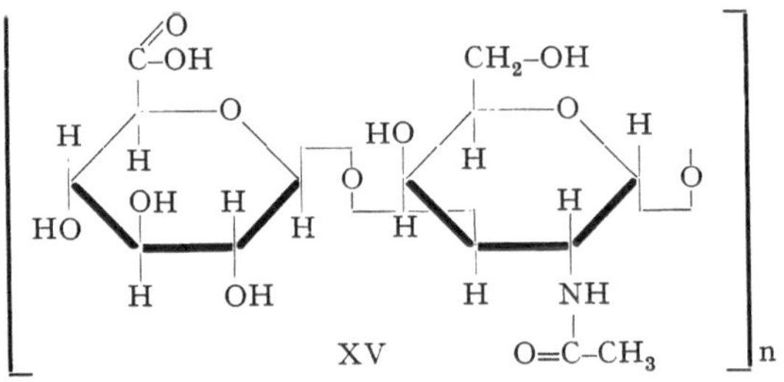

XV
Hyaluronsäure

über –COOH-Reste[2,3]). Ihre Ionenbindungseigenschaften beruhen somit auf –COOH- und eventuell NH-Gruppen. Die Mucopolysaccharide haben das Bestreben, sich mit einfachen Kationen und mit Proteinen zu verbinden; sie kommen in den Geweben als Mucoproteide vor. Das Kationenbindungsvermögen des Bindehautgewebes wurde von BOYD und NEUMANN[4]) einläßlich studiert. Mit Na⁺-, Ca²⁺- und Ba²⁺-Ionen beobachteten die Autoren einfache Austauschreaktionen bei ungefähr gleicher Bindungskapazität. Diese hängt ab vom Gehalt an –OSO₃H-Gruppen, woraus der Schluß gezogen werden

-) TH. BERSIN, *Exchange Absorption in Man*, in: C. CALMON und T. R. E. KRESSMAN, *Ion Exchangers in Organic and Biochemistry* (Interscience Publishers, New York und London 1957), S. 490.

[2]) K. MEYER, Adv. Protein Chem. *2*, 249 (1945).

[3]) B. WEISSMANN und K. MEYER, J. Amer. chem. Soc. *76*, 1753 (1954); J. biol. Chem. *208*, 417 (1954).

[4]) E. S. BOYD und W. F. NEUMANN, J. biol. Chem. *193*, 243 (1951).

kann, daß beim physiologischen pH in erster Linie die Chondroitinschwefel-
säure und nicht das Protein für die Bindung der Ionen verantwortlich ist. Die
–COOH-Gruppe der Glucuronsäure dürfte ungefähr die Hälfte der Kationen-
Bindungskapazität übernehmen.

*Fermente:* Man kennt eine Anzahl Fermente, welche Metallverbindungen,
sogenannte Metallproteide, sind[1]). Als Metallbestandteil sind Eisen, Mangan,
Kupfer, Zink, Molybdän usw. festgestellt worden. Bei vielen Fermenten dürfte
das Metall direkt in die Eiweißstruktur eingebaut sein. In gewissen Fällen aber
ist das Metall Bestandteil einer besonderen Wirkungsgruppe, wie zum Beispiel
in den eisenhaltigen Atmungsfermenten, in denen es als komplexe Porphyrin-
verbindung (Häm) vorkommt. Die Cytochrom-C-Reduktase besteht aus dem
aktiven Komplex eines Flavin-Moleküls mit 1 Fe-Atom; andere Flavin-Fermente
enthalten Cu-, Mo- oder ebenfalls Fe-Atome. Zu den Cu-haltigen Fermenten
gehören die Tyrosinase, Catecholase und die Ascorbinsäure-Oxydase. Diese
hochmolekularen Komplexe können als KAT aufgefaßt werden, die als Polyanionen mit positiv geladenen Gegenionen verbunden sind. Den aktiven
Gruppen der Fe- bzw. Cu-haltigen Metallproteide kommen die Eigenschaften
von Elektronenaustauschern zu. Sie können Redoxsysteme bilden, indem sie
ihre Wertigkeit wechseln. Als wichtige Vertreter von Reduktions-Oxydations-
Fermenten, die in der Regel in Fermentketten wirken, sind die Phenoloxydasen
($Cu^+ \rightleftharpoons Cu^{2+}$), die Cytochromoxydasen ($Fe^{2+} \rightleftharpoons Fe^{3+}$) und andere Me-
tallchelatverbindungen der Flavine erkannt worden, welche Elektronen von
Zwischenprodukten des Stoffwechsels auf die Cytochrome übertragen
($Cu^+ \rightleftharpoons Cu^{2+}$, $Fe^{2+} \rightleftharpoons Fe^{3+}$ usw.). An anderen Elektronen-Austausch-
reaktionen sind die $\pi$-Elektronen der C–C-, C–N- und S–S-Verbindungen in den
Flavin-, Pyridin- und Liponsäurefermenten beteiligt. Diese Funktionseinheit,
wie sie in den Metallproteiden vorliegt, kann gestört werden, indem ein Kom-
plexbestandteil durch Ionenaustausch verdrängt wird. Dieser Vorgang kann
zur kompetitiven Hemmung der Fermenttätigkeit führen.

Außer den besprochenen biologischen Strukturen mit ausgesprochenen
KAT- oder AAT-Eigenschaften gibt es auch solche, die *amphotere Austauscher*
sind. Hierher gehören die Proteine, welche sowohl saure als auch basische
Funktionen besitzen und sich je nach den pH-Bedingungen als gemischte KAT
und AAT verhalten. In diesem Zusammenhang sei auf die Plasmaproteine
verwiesen, welche Kationen und Anionen zu binden vermögen. Sie betätigen
sich als Trägerstoffe sowohl für die Metallionen $Fe^{2+}$, $Cu^{2+}$, $Zn^{2+}$ und $Pb^{2+}$ als
auch für Arzneistoffe von anionischem Charakter[2]).

Die bevorzugte Lokalisation von Kationen bzw. Anionen in verschiedenen
Organen wird erklärt durch die Gegenwart von *Austauschern mit komplexbildenden Eigenschaften*. Diese Verhältnisse sind von BERSIN[3]) in einem Übersichtsreferat einlässlich dargestellt worden und sollen hier nur kurz erörtert

[1]) B. L. VALLEE, Adv. Prot. Chem. *10*, 317 (1955).
[2]) A. PLETSCHER, Schweiz. med. Wschr. *85*, 128 (1955).
[3]) TH. BERSIN, *Exchange Absorption in Man*, in: C. CALMON und T. R. E. KRESSMAN, *Ion Exchangers in Organic and Biochemistry* (Interscience Publishers, New York und London 1957), S. 490.

werden. Als Modell eines solchen Systemes wurde ein AAT-Harz beschrieben, welches mit Äthylendiamintetraessigsäure beladen ist. Dieses Austauscher-system vermag $Ca^{2+}$ mit großer Stabilitätskonstante komplex zu binden. Das Modell ist von größtem therapeutischem und praktischem Interesse, weil es zeigt, wie ein $AAT^{2+}$ durch Eintausch einer Polycarbonsäure in einen $KAT^{2-}$ umgewandelt werden kann. Ein solcher Vorgang dürfte sich auch bei der Bildung der Knochensubstanz abspielen, indem die Fermente des Citronen-säurecyclus und die citronensäurebildenden Substanzen des Knochenbildungs-gewebes sekundäre, $Ca^{2+}$-bildende KAT liefern. KOMETIANI[1]) stellt sich vor, daß Polycarbonsäuren unter biologischen Bedingungen, wie die Polyphosphate

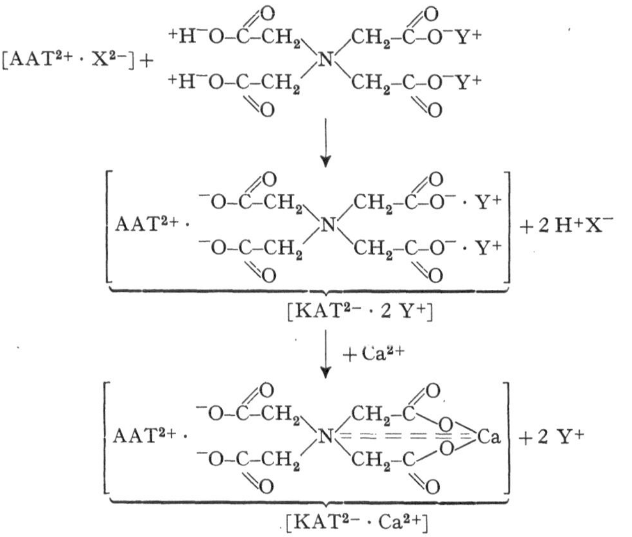

$$(7.27)$$

ATP, die Co-carboxylase usw., an einen AAT gebunden werden. Dies· ist im Actomyosin, der Apo-carboxylase usw. der Fall und führt zu sekundären KAT, welche bevorzugt in der Lage sind, $K^+$, $Ca^{2+}$, $Mg^{2+}$ und Acetylcholin zu binden. Eine ähnliche Vorstellung kann man sich machen von der spezifischen, kom-plexartigen Bindung von $Fe^{3+}$, $Cu^{2+}$ und $Mo^{3+}$ durch die Cytochrom-C-Reduk-tase, die Äthylen-Reduktase und die Xanthin-Oxydase, welche ebenfalls die Struktur von sekundären KAT besitzen. Auch sekundäre AAT ergeben sich aus der Bildung größerer Komplexe, zu denen ein KAT mit einem polybasischen Kation oder einem zweiwertigen Metallkation zusammentreten. Nach BERSIN[2]) dürfte sich eine derartige «Umladung»

$$\underbrace{[KAT^- \cdot H_3N^+\text{–}X\text{–}N^+H_3]}_{[AAT]^+} \cdot Y^- \tag{7.28}$$

[1]) P. A. KOMETIANI, Isvest. Akad. Nank, Otdel Khim. Nank 189 (1950), ref. Chem. Abstr. *44*, 8975 (1950).

[2]) TH. BERSIN, *Exchange Absorption in Man*, in: C. CALMON und T. R. E. KRESSMAN, *Ion Exchangers in Organic and Biochemistry* (Interscience Publishers, New York und London 1957), S. 490.

im Knochenbildungsgewebe abspielen, wo sich Adsorbate von Calcium als AAT für Fluorid-, Phosphat- und Citrationen betätigen.

Der Ionenaustausch und die Komplexbildung, die wir bisher für sich betrachtet haben, sind aber nicht die einzigen Vorgänge, welche sich beim Transport von Stoffen durch die Körperflüssigkeit und bei ihrem Durchgang durch die Bindegewebe, Zellmembranen, Oberflächen der Mitochondrien und Zellkerne abspielen. Für die Verteilung der Ionen sind als weitere Faktoren mitverantwortlich gemacht worden:

die Produktion von Ionen ($H^+$, $NH_4^+$, $HCO_3^-$, organische Ionen) durch den Stoffwechsel (Änderung der Ionenkonzentration),

der Stoffwechsel organischer Ionen, welcher weniger stark oder nicht ionisierende Produkte liefert,

die Gegenwart nicht diffundierender Ionen, welche entsprechend dem Donnan-Gleichgewicht aus der Ionenverteilung resultiert,

die Diffusion der Ionen, entsprechend ihren Aktivitätsgradienten in einer Geschwindigkeit, welche bedingt ist durch die Permeabilität der Zellmembran und der inneren Oberfläche der Mitochondrien und Zellkerne, sowie

der aktive Ionentransport.

Besonders der Umstand, daß die lebende Zelle befähigt ist zum aktiven Transport gewisser Ionen, entgegen ihren Aktivitätsgradienten, was allerdings nur durch Verausgabung von Energie aus Stoffwechselvorgängen möglich ist, macht die Verhältnisse schwer übersehbar. Zudem ist der Mechanismus, durch den diese Ionenpumpen betätigt werden und unterschiedliche Ionenverteilungen zwischen dem Zellinneren (Erythrocyten, Muskelzelle und Nervenzelle) und dem umgebenden Medium aufrecht erhalten bleiben, noch kaum bekannt. Da aber die meisten anorganischen und organischen Substanzen diesem aktiven Transport, gebunden an eine oder mehrere Trägersubstanzen, unterliegen, dürfte der Ionenaustausch bei der Bindung an solche Trägerstoffe und bei der Übertragung auf andere Substanzen eine wichtige Rolle spielen.

Über die Bindungsmöglichkeit von Elektrolyten an das *Blutserum* und die Transportaufgabe des Blutes gibt es schon viele Beobachtungen; GOLDSTEIN[1]) hat sie in einer wertvollen Übersicht kritisch gesichtet. Beim Austausch von Stoffen zwischen dem Blut und den Geweben muß die *Grundsubstanz des Bindegewebes* und die *Kittsubstanz* der kapillaren Zellen durchschritten werden. Diese schwammartigen Strukturen haben sich als durchlässig für Wasser und wasserlösliche, eher kleinmolekulare Ionen und Moleküle erwiesen. Dabei scheint es sich vor allem um einen passiven Transport durch Diffusion zu handeln. Hochmolekulare, dem IAT und der Bindung unterliegende Substanzen haben die Eigenschaft, die Kittsubstanzen der Gefäßwände abzudichten. Carboxycellulose[2]), Dextran[3]), Polyvinylpyrrolidon[4]) und andere kolloidale Plasmaersatzstoffe vermögen die Durchlässigkeit der Blutgefäße stundenlang herab-

---

[1]) A. GOLDSTEIN, Pharmacol. Rev. *1*, 102 (1949).
[2]) W. A. HUNZINGER, H. WILLENEGGER und A. L. MEYER, Klin. Wschr. *32* (1954).
[3]) H. DAHM und R. MUSCHAWECK, Anästhesist *2*, 71 (1953).
[4]) H. WEESE, Dtsch. med. Wschr. *76*, 757 (1951).

zusetzen. Der gegenteilige Effekt wird durch den enzymatischen Abbau der in der Kittsubstanz vorhandenen Mucopolysaccharide (Chondroitinschwefelsäure und Hyaluronsäure) durch die Hyaluronidasen erreicht. Diese Fermente bewirken als «spreading factor» eine Erhöhung der Diffusion; dieser Effekt läßt sich ausnützen zur Steigerung der Resorption und Wirkungsstärke zahlreicher Arzneistoffe (zum Beispiel Lokalanästhetika). Hormonale Einflüsse scheinen bei diesem physiologisch wichtigen Mechanismus ebenfalls eine große Rolle zu spielen (hemmende Wirkung der Cortisone auf die Bildung des Bindegewebes, fördernde Wirkung von Thyroxin auf die Infiltration der Gewebe mit Mucoproteiden). Der Aufbau der *Zelloberflächen* aus hydrophilen Proteinmolekülen und hydrophoben Phosphatid-Cholesterin-Komplexen ergibt das Bild eines heteroporösen Netzwerkes mit Ionenaustauscheigenschaften. Die vorhandenen negativen Ladungsstellen sind mit anorganischen und organischen Kationen, die positiven Gruppen mit Anionen als Gegenionen besetzt und erteilen der Zellmembran Ampholyt-Charakter. Nach RIGGS, COYNE und CHRISTENSEN[1]) sind die austauschaktiven Aniongruppen an den Zelloberflächen immer vollständig mit Gegenkationen besetzt und unterliegen einem mehr oder weniger raschen Ionenaustausch mit den Kationen der extrazellulären Flüssigkeit. Doch darf die Zellmembran nicht als einfacher IAT, wie zum Beispiel die Austauscherharze oder Cellophanmembranen, betrachtet werden. Die Membran der lebenden Zelle ist nicht in Ruhe, sondern in ständiger Funktion und Umwandlung begriffen. Es treten Strukturänderungen auf, wie sie von BERSIN[2]) auch an Polyäthylencarbonsäure-Oberflächen während des Ionenaustauschvorganges beobachtet werden konnten. Außerdem werden Art und Zahl der austauschfähigen Gruppen während der Stoffwechselvorgänge und der Tätigkeit der Zellmembran dauernd verändert. Ebenso ist mit der Gegenwart funktionswichtiger Stoffe, wie Fermente, Adenosindiphosphorsäure, Adenosintriphosphorsäure usw., in der Zellmembran zu rechnen, Stoffe, welche ihrerseits dem Ionenaustausch unterliegen. Die physiologischen Ionenaustauschvorgänge, und durch diese die Gegenionen, sind weitgehend verantwortlich für die Spezifität und die Geschwindigkeit der Permeabilität der Zellmembran. Mit Bezug auf die Ionenverteilung zwischen der Zelle und der extrazellulären Flüssigkeit besteht selten osmotisches Gleichgewicht. Dieser Zustand wird einesteils darauf zurückgeführt, daß innerhalb der Zelle außer der Zellmembran weitere Grenzflächen von differenzierter Permeabilität vorhanden sind. Dies geht daraus hervor, daß gewisse Stoffe die Zellmembran gut permeieren, aber weder in die Mitochondrien noch in die Zellkerne eindringen können. Die Hauptursache des Ungleichgewichtes der Ionenverteilung beruht aber darauf, daß die Zelle befähigt ist, gewiße Ionen entgegen ihrem Aktivitätsgradienten zu transportieren. Die Mechanismen dieses aktiven Transportsystems sind noch kaum bekannt. Wie aus Tabelle 3 ersichtlich ist, hat es Elektrolytverteilungen zur Folge, die sich auszeichnen durch einen $K^+$-Reichtum und eine $Na^+$- und $Cl^-$-Armut der

---

[1]) T. R. RIGGS, B. A. COYNE und H. N. CHRISTENSEN, J. biol. Chem. *209*, 395 (1954).
[2]) TH. BERSIN, Arzneim.-Forsch. *8*, 61 (1958).

Zelle im Vergleich zur umgebenden Flüssigkeit. In $Ca^{2+}$-reichem Medium sind die phosphatidhaltigen Zelloberflächen immer mit $Ca^{2+}$ als Gegenionen besetzt. Diese begrenzen die Permeation von Wasser und $Na^+$, indem sie das hydrophile Netzwerk der Zellmembran abdichten; die Blockierung der $Ca^{2+}$ mit Adenosintriphosphorsäure oder mit Äthylendiamintetraazetat erhöht in der Tat die Permeabilität. Durch Verdrängung der einwertigen physiologischen durch mehrwertige Ionen von der Zelloberfläche kommt es zur Dichtung der Membran und zur Herabsetzung der Permeabilität für andere Stoffe. Auf dieser Erscheinung beruht die größere Toxizität der mehrwertigen Ionen. Diese Verhältnisse lassen sich besonders gut an Einzellern (Hefezelle, Bakterien usw.) untersuchen. ROTHSTEIN et al.[1,2]) überprüften die Einwirkung des Uranyl-Ions ($UO_2^{2+}$) auf Hefezellen und fanden, daß Phosphatgruppen in einer kom-

Tabelle 3
*Ionenverteilung in Zellen und dem Plasma in mÄq/l (nach DAVSON[3]))*

| Ionen | Mensch | | Frosch | | |
|-------|--------|--------|--------|--------|--------|
| | Erythrozyten | Blutplasma | Muskelzelle | Nervzelle | Plasma |
| $K^+$ | 150 | 5 | 126 | 173 | 3 |
| $Na^+$ | 20 | 110 | 15 | 37 | 106 |
| $Mg^{2+}$ | 3 | 1 | 17 | – | 1 |
| $Ca^{2+}$ | – | 3 | 3 | 10 | 2 |
| $Cl^-$ | 74 | 110 | 1 | – | 77 |
| $HCO_3^-$ | 27 | 38 | 1 | – | 30 |

plexbildenden Struktur, wie sie bei den Polyphosphatverbindungen und Nu-
cleinsäuren vorliegen, als austauschaktive Gruppen in Betracht kommen[4]). Diese Bindung ist vollständig reversibel. Die große Bedeutung der an die Zelloberfläche gebundenen Fremddionen $UO_2^{2+}$, $Hg^{2+}$ konnte damit bewiesen werden, daß bei den Hefen die Zuckeraufnahme vollständig gehemmt wurde, während sie durch $Ca^{2+}$, $Mg^{2+}$ und $K^+$ stimuliert wird[4]). Weitere Untersuchungen zur Frage der physiologischen Bedeutung des Ionenaustauschers wurden mit isolierten Zellen, Erythrocyten, Muskel- und Nervenfasern durchgeführt. Über den Stand dieser Kenntnisse geben verschiedene Übersichtsreferate Auskunft[5-7]), auf die wir verweisen möchten. Hier sei nur kurz

---

[1]) A. ROTHSTEIN et al., J. Cell. comp. Physiol. *32*, 247 (1945).
[2]) A. ROTHSTEIN et al., J. Cell. comp. Physiol. *38*, 254 (1951).
[3]) H. DAVSON, *A Textbook of General Physiology* (The Blakiston Company, Philadelphia 1951).
[4]) A. ROTHSTEIN, *Enzyme Systems of Cell Surface Involved in the Uptake of Sugars by Yeast*, in *Active Transport and Secretion*, Symposia Soc. exp. Biol., VIII (Cambridge University Press, Cambridge 1954).
[5]) R. BROWN und J. F. DANIELLI, in: *Active Transport and Secretion*, Symposia Soc. exp. Biol., VIII (Cambridge University Press, Cambridge 1954).
[6]) H. T. CLARKE und D. NACHMANSON, *Ion Transport Across Membranes* (Academic Press, New York 1954).
[7]) A. SHANES, *Electrolytes in Biological Systems*, Symp. Soc. Gen. Physiol., Amer. physiol. Soc. (Washington 1955).

zusammengefaßt, daß der K+- und Na+-Austausch, das heißt die Bewegung dieser Ionen durch die Zellmembranen bei den Muskeln[1, 2]) und Nerven[3]) Anlaß zur Bildung und Änderung von Membranpotentialen gibt. Das Ungleichgewicht der K+- und Na+-Ionen in Ruhestellung dieser Zellen wird dadurch aufrecht erhalten, daß dank des aktiven Transportmechanismus die Na+ in derselben Geschwindigkeit aus der Zelle herausgeschafft werden, wie sie eintreten. Die physiologische Aktivität der Muskel- und Nervenzelle geht mit einer Änderung der Ionenverteilung einher; nach der Muskelkontraktion verliert die Muskelzelle K+, die gegen Na+ ausgetauscht werden. Während der Erholungsphase geht der umgekehrte Austausch vor sich[4]). Ähnlich ist der Vorgang beim Nerv; sein Ruhepotential ist eine Folge der Na+- und K+-Verteilung. Die Fortpflanzung des Nervenreizes und die Erholungsphase sind mit Ionenaustauschvorgängen verbunden, welche die Eigenschaften der Nervenmembran ändern. Mit der Reizübertragung entlang des Nervs verläuft eine Depolarisationswelle; der Depolarisationsprozeß geht mit einer starken Permeabilitätserhöhung der Nervenmembran für Na+ einher. Na+ hat die Tendenz, im Austausch gegen K+ in die Zelle hinein zu diffundieren. Die Umkehr der Polarität beruht auf dem Umstand, daß das Diffusionspotential von Na+ der vorherrschende elektrische Faktor während der Leitungsphase ist. In der Restitutionsphase wird Na+ im Austausch gegen K+ aus der Zelle transportiert, wodurch das normale Ruhepotential wieder hergestellt wird und die Membran ihre normale Permeabilität zurückerhält. Auch die H+ Bildung in der Magenschleimhaut[5]) und in den Nierentubuli[6]) beruht auf einem Ionenaustausch.

Der vorstehende kurze Überblick läßt erkennen, daß physiologisch wichtige Strukturen Ionenaustauschereigenschaften besitzen und daß viele funktionell wichtige Substanzen des Blutserums, des Bindegewebes, der Zellmembran und des Zellinhaltes dem Ionenaustausch zugänglich sind. Viele physiologisch bedeutsame Vorgänge, wie die Nervleitung, die Muskelkontraktion, die Säureabscheidung im Magen, die Salzresorption aus dem Darm und die Regulierung des Säure-Basen-Gleichgewichtes sind Vorgänge, welche abhängig oder doch eng verbunden sind mit dem Ionenaustausch. Allerdings stellen die Zellen keine einfachen Austauschsysteme dar, indem sehr verschiedene Faktoren, vor allem der aktive Stofftransport, eine Rolle spielen. Immerhin dürften das Studium und die Kenntnis des biologischen Ionenaustausches manchen Beitrag zum Verständnis der Wirkung mancher Arzneistoffe liefern.

[1]) A. Shanes, *Electrolytes in Biological Systems*, Symp. Soc. Gen. Physiol., Amer. physiol. Soc. (Washington 1955).

[2]) H. B. Steinbach, *The Regulation of Sodium and Potassium in Muscle Fibres*, in: *Active Transport and Secretion*, Symposia Soc. exp. Biol., VIII (Cambridge University Press, Cambridge 1954).

[3]) A. L. Hodgkin und R. D. Keynes, *Movements of Cations During Recovery in Nerve*, aus Symposia Soc. exp. Biol., VIII (Cambridge University Press, Cambridge 1954).

[4]) W. O. Fenn, Physiol. Rev. *20*, 337 (1940).

[5]) E. J. Conway, *The Biochemistry of Gastric Acid Secretion* (Charles C. Thomas, Springfield 1952).

[6]) H. W. Smith, *The Kidney*, Kapitel XIII (Oxford University Press, New York 1951).

## 7.52 Pharmakologische Gesichtspunkte des Ionenaustausches

Zahlreiche Arzneistoffe sind dissoziierende Verbindungen und als solche dem Ionenaustausch zugänglich. Immer mehr Beobachtungen weisen darauf hin, daß sie im Organismus als Gegenkationen (zum Beispiel Alkaloide und synthetische Stickstoffbasen der Sympathomimetica, Sympatholytica, Parasympathomimetica, Parasympatholytica, Ganglioplegica, Curarimimetica, Lokalanästhetica usw.) oder als Gegenanionen (zum Beispiel die Acetylsalicylsäure, p-Aminosalicylsäure, Ascorbinsäure, p-Aminobenzoesäure, Pantothensäure, Barbiturate, Gallensäuren usw.) Ionenaustauschvorgängen unterliegen. Die Bindung an die bereits (Kapitel 7.51) näher charakterisierten hochmolekularen und austauschaktiven Verbindungen (Proteine, Nucleinsäuren, Phospholipoide, Mucopolysaccharide, Fermente usw.) und die mit austauschaktiven Gruppen besetzten Zell- und Gewebestrukturen (Blutkörperchen, Gefäßwandungen, Kittsubstanzen der Kapillaren, Zelloberflächen, Oberflächen der Mitochondrien und Zellkerne) sind mitbestimmend für die Resorption, den Transport, die Wirkungen und Nebenwirkungen, die Entgiftung und Ausscheidung der Arzneistoffe. Ihre *Resorption* aus dem Magen-Darm-Trakt beruht wahrscheinlich zum Teil auf dem Ionen- und Gruppenaustausch (zum Beispiel Phosphorylisierung); die Natur der Austauscher ist allerdings noch wenig abgeklärt. Werden höhere oder niedrigere Konzentrationen eines kationischen Wirkstoffes in die Blutbahn injiziert, dann haben die KAT der Plasmaeiweißstoffe und der benachbarten Gefäßoberflächen die Tendenz, den physiologischen Wert der Osmolarität wieder herbeizuführen. Dies gelingt gut bei niedrigen Stoffkonzentrationen; sind aber größere Konzentrationen vorhanden, dann erfolgt der Ausgleich durch sofortige Permeation durch die Gefäßwände in die umliegenden Gewebe. Die Fähigkeit der Plasmaproteine, Arzneistoffe mehr oder weniger stark und in kleineren oder größeren Mengen zu binden, ist ein wichtiger, die Geschwindigkeit und die Dauer einer Arzneistoffwirkung beeinflußender Faktor. Das gründliche pharmakologische Studium eines neuen Wirkstoffes schließt deshalb die Untersuchung dieser Verhältnisse ein[1]). Der bevorzugte Transport und die spezifische Anreicherung bestimmter Kationen bzw. Anionen in gewissen Zellen, Geweben und Organen, wie wir ihn zum Beispiel für die $Ca^{2+}$-Ionen im Knochenbildungsgewebe[2, 3]) und für die $I^-$-Ionen in der Schilddrüse[4]) kennen, spielt auch bei den Arzneistoffen eine bedeutsame Rolle. Er beruht nach Auffassung verschiedener Autoren auf der Gegenwart von Austauschersubstanzen mit komplexbildenden Gruppen. Die zusätzlichen Bindungskräfte bedingen eine große Bindungskonstante, welche die Lokalisierung der Wirkstoffmoleküle zur Folge hat. Auch der *Wirkungsmechanismus* zahlreicher Arzneistoffe, der nach den heutigen hypothetischen

---

[1]) A. Goldstein, Pharmacol. Rev. *1*, 102 (1949).
[2]) W. A. Kljatschko, Proc. Acad. Sci. USSR *81*, 235 (1951), ref. Chem. Zbl. 5377 (1952).
[3]) A. E. Martell und M. Calvin, *Chemistry of the Metal Chelate Compounds* (Prentice Hall, New York 1952).
[4]) F. Bergman, Lancet *266*, 51 (1954).

Vorstellungen auf einer Wirkstoff-Rezeptor-Bindung, auf der Hemmung durch Neutralisation einer an einer biochemischen Reaktion beteiligten Verbindung oder auf der Konkurrenzhemmung einer Reaktion beruhen kann, läßt sich durch Austauschvorgänge erklären[1]). Bei Verabreichung kleiner Kation- oder Anionkonzentrationen können die auftretenden Austauschreaktionen zu unerwünschten Nebenwirkungen führen[2, 3]). Eine zu rasche Injektion von $Ca^{2+}$-Ionen, zum Beispiel, verursacht starkes Rotwerden, Hitzesensation und eventuell Kollaps. Die oft ausgesprochene Vermutung, daß dabei Histamin durch Verdrängung von seinen Rezeptoren freigesetzt werden soll, scheint noch nicht bewiesen zu sein. Die komplexe Bindung von $Ca^{2+}$ (zum Beispiel an die Äthylendiamintetraessigsäure) läßt diese Nebenwirkungen der $Ca^{2+}$-Ionen vermeiden[4]). Ähnliche Verhältnisse liegen auch bei der intravenösen Injektion von $Fe^{3+}$ vor[5]). Diese sind sehr toxisch, weil durch Ionenaustausch auch hier Histamin und ähnliche Kationen freigesetzt werden. Diese Nebenwirkung kann ebenfalls durch Komplexbindung der Ferriionen als Eisenoxydsaccharat vermieden werden[5]). Der chemische Abbau der Arzneistoffe im Organismus bedient sich bei der Substrat-Ferment-Bindung ebenfalls des Ionenaustausches und der Komplexbindung, während die chemischen Umsetzungen außer in oxidativen und reduktiven Vorgängen vor allem im Gruppenaustausch (Veresterungen, Glycosidierungen usw.) bestehen. Die Bildung harnfähiger Ausscheidungsprodukte besteht unter anderem in der Bildung von Verbindungen mit geringer Ionen- und Komplexbindungsstärke.

## 7.53 Medizinische Anwendung der Ionenaustauscher

7.531 *Anwendung in der klinisch-chemischen Analyse:* Die Bestimmung der Magensäure wurde bis vor kurzem ausschließlich im Magensaft durchgeführt, welcher durch Magenausheberung gewonnen wurde. 1950 schlugen SEGAL, MILLER und MORTON[6]) vor, das Ionenaustauschverfahren heranzuziehen, um die Magenazidität ohne Durchführung einer Magensondierung zu bestimmen. Die vorgeschlagene Technik besteht darin, daß Indikator-IAT-Verbindungen hergestellt werden, in welchen die $H^+$-Ionen eines Carboxylharzes durch eine äquivalente Menge eines Indikator-Kations ersetzt sind, oder bei denen ein Indikator-Anion zu einem AAT gegeben wird. Die Indikatorstoffe müssen nichttoxisch, durch die freien $H^+$-Ionen des Magensaftes vom Harz verdrängbar, leicht aus dem Magen-Darm-Kanal resorbierbar und in der zur Untersuchung gebrauchten Körperflüssigkeit (Blut oder Harn) leicht nachweisbar sein. Je nach der Menge freier Salzsäure im Magensaft wird nach der Gleichung (7.29) entsprechend viel Indikatorsubstanz vom Austauscherharz freigesetzt. Die Milliäquivalente Indikatorion, die von einer Indikator-IAT-Verbindung ver-

[1]) TH. BERSIN und S. BERGER, Z. physiol. Chem. *283*, 74 (1948).
[2]) TH. BERSIN, Z. Elektrochem. *57*, 213 (1953).
[3]) TH. BERSIN, Arzneim.-Forsch. *8*, 61 (1958).
[4]) I. R. HOFSTETTER, Schweiz. med. Wschr. *63*, 611 (1953).
[5]) J. A. NISSIM und J. M. ROBSON, Lancet *256*, 686 (1949)
[6]) H. L. SEGAL, L. L. MILLER und J. J. MORTON, Proc. Soc. exp. Biol. Med. *74*, 218 (1950).

drängt werden, hängen ab vom pH des Magensaftes, vom Ionengewicht, der Wertigkeit und der Konzentration der Ionen in Lösung sowie von der Säurebindungskapazität des IAT. Infolge Variation der physiologischen Bedingungen läßt sich der Gehalt an Magensäure nur approximativ bestimmen;

$$[KAT^- \cdot J^+] + H^+ \longrightarrow [KAT^- \cdot H^+] + J^+ \quad (J^+ = \text{Indikator-Kation}) \quad (7.29)$$

immerhin läßt sich eine Anazidität oder Subazität mit großer Sicherheit erkennen. Als erstes Indikator-IAT-Präparat wurde *Diagnex*® (Squibb) klinisch verwendet. Es enthält 20–28 mg Chinin (= 0,06–0,08 mÄq) pro Gramm Carboxyl-Austauscherharz Amberlite XE-96. SEGAL[1]) veröffentlichte ein Diagramm, das zeigt, wie Chinin aus einer Salzsäurelösung vom pH 1–3 verdrängt wird, während bei höheren pH-Werten praktisch kein Chinin freigesetzt wird. Ungefähr 1% des Chinins erscheint im ersten Zweistundenharn. Da sein Nachweis im Harn eine etwas langwierige Technik erfordert (Extraktion, UV-Lampe), wurde es später durch kationische Farbstoffe, wie Methylenblau, 2,4-Diamino-4′-äthoxyazobenzol = Serenium® (Squibb), 2,6-Diamino-3-phenylazopyridin = Pyridium® (Squibb) und durch einen AAT mit Fluorescein als Indikatorfarbstoff ersetzt[1, 2]). SEGAL *et al.*[4, 5]) entwickelten später das *Diagnex*® *Blue* (Squibb), das als Indikatorfarbstoff Azur A enthält, der im Harn mit Leichtigkeit kolorimetrisch bestimmt werden kann. *Gastrotest*® (Cilag) ist ein nach demselben Prinzip hergestelltes Indikator-IAT-Präparat mit 3-Phenylazo-2,6-diamino-pyridin = Pyridacyl® (Cilag). Diese Präparate haben den großen Vorteil, die Unannehmlichkeiten einer Magensondierung zu ersparen, und gelten als großer Fortschritt.

Bei der *Untersuchung und Verarbeitung von Blut* bedient man sich ebenfalls des Ionenaustauschverfahrens. Bereits im Jahre 1944 schlug STEINBERG[3]) vor, mit einem KAT (Amberlite IR-100 in der Na+-Form) die Ca²+-Ionen aus frisch gewonnenem Blut zu beseitigen und das Blut auf diesem Wege nichtkoagulierbar zu machen. Unter den angewandten experimentellen Bedingungen fand dieser Autor, daß die Ca²+- und Mg²+-Ionen quantitativ gegen Na+ ausgetauscht werden, daß aber keine wesentliche Änderung der Zahl und der Morphologie der Blutkörperchen und keine ins Gewicht fallenden Änderungen der chemischen Eigenschaften des Blutes auftreten. Diese Methode wurde vorgeschlagen zur Vorbereitung von Blut für die üblichen klinisch-chemischen Analysen; sie besitzt den Vorteil, daß dem Untersuchungsmaterial keine Fremdstoffe zugefügt werden.

Das Ionenaustauschverfahren hat sich auch als nützlich erwiesen zur Beseitigung von chemischen Blutbestandteilen, welche exakte Untersuchungen stören. Seine Verwendung ist beschrieben worden zur quantitativen chemi-

---

[1]) H. L. SEGAL, Ann. N.Y. Acad. Sci. *57*, 308 (1953).

[2]) J. A. McGOVAN und M. M. STANLEY, Bull. New Engl. Med. Center *15*, 107 (1953).

[3]) A. STEINBERG, Proc. Soc. exp. Biol. Med. *56*, 124 (1944).

[4]) H. L. SEGAL, L. L. MILLER und E. J. PLUB, Gastroenterology *28*, 402 (1955).

[5]) H. L. SEGAL und L. L. MILLER, Gastroenterology *29*, 633 (1955).

schen Bestimmung von Ergothionein[1]), Citrullin[2]), Serum-Cholesterin[3]), Adrenalin[4]), Histamin[5]), Aneurin[6]) usw. Die papierchromatographische Untersuchung der Aminosäuren des Blutserums läßt sich durch ihre Adsorption an Permutit 50[7]) vorbereiten; eine Ionenaustausch-Chromatographie wurde von BOARDMAN[8]) für Insulin beschrieben. Die Aufarbeitung von Blutkörperchen mit Hilfe eines KAT haben FREEMAN[9]) und STEFANI[10]) durchgeführt. Endlich sei auf die Reinigung von Antikörpern, zum Beispiel der Agglutinine A und B[11]), sowie von pathologischen Hämoglobinen[12–14]) hingewiesen.

Auch in der *Harnanalyse*, die sich mit der Untersuchung eines sehr komplizierten Stoffgemisches befaßt, wird der Ionenaustausch mit gutem Erfolg zur Isolierung einzelner Bestandteile oder zur Beseitigung störender Nebenstoffe herangezogen. Mit Hilfe von KAT läßt sich die quantitative Bestimmung der anorganischen Kationen Natrium[15]), Ammonium und Magnesium[16,17]), von Aminen, wie Adrenalin, Hydroxytyramin[18]) und Histamin[18–20]), der Aminosäuren[21,22]), der Guanidin-Derivate[23,24]), der Vitamine Aneurin[25]), $N_1$-Methylnicotylamid[25]), Pantothensäure[26]) und von Arzneistoffen, wie Aureomycin[27]) sowie Morphin[28]) vornehmen. Unter Verwendung eines AAT sind Aminosäuren[25]), Carbonsäuren[29]), Ascorbinsäure[30]), Purine[31]) und Steroide[32]) quantitativ im Harn ermittelt worden.

[1]) D. B. MELVILLE und R. LUBSCHEZ, J. biol. Chem. *200*, 275 (1953).

[2]) R. M. ARCHIBALD, J. biol. Chem. *156*, 121 (1944).

[3]) J. C. FORBES und H. J. IRVING, J. Lab. clin. Med. *16*, 909 (1930).

[4]) J. C. WHITEHORN, J. biol. Chem. *108*, 633 (1935).

[5]) F. C. McINTIRE, J. Allergy *26*, 292 (1955).

[6]) P. N. GERASIMOR, Biokhimiya *6*, 140 (1941), ref. Chem. Abstr. *35*, 7438 (1941).

[7]) P. BOULANGER und B. GERARD, Bull. Soc. Chim. Biol. *33*, 1930 (1951).

[8]) N. K. BOARDMAN, Biochem. biophys. Acta *18*, 290 (1955).

[9]) G. FREEMAN, Science *114*, 527 (1951).

[10]) M. STEFANI, Amer. med. Ass., Arch. int. Med. *95*, 543 (1955).

[11]) H. C. ISLER, Ann. N. Y. Acad. Sci. *57*, 225 (1953).

[12]) N. K. BOARDMAN und S. M. PARTRIDGE, Nature *171*, 208 (1953).

[13]) H. T. J. und H. K. PRINS, J. Lab. clin. Med. *46*, 255 (1955).

[14]) C. H. W. HIRS, S. MOORE und W. H. STEIN, J. biol. Chem. *200*, 493 (1953).

[15]) J. C. VANATTA und C. C. COX, J. biol. Chem. *212*, 599 (1955).

[16]) Y. YOSHINO, J. chem. Soc. Jap. *72*, 457 (1951); ref. Chem. Abstr. *46*, 2120 (1952).

[17]) Y. YOSHINO, Sci. Papers Coll. Gen. Educ. Univ. Tokyo *2*, 41 (1952).

[18]) U. S. v. EULER und S. HELLNER, Acta Physiol. scand. *22*, 161 (1951).

[19]) P. HOLTZ, K. CREDNEV und W. KOEPP, Arch. exp. Pathol. Pharmakol. *200*, 356 (1942).

[20]) D. RICHTER, J. Physiol., London *98*, 361 (1940).

[21]) W. H. STEIN, J. biol. Chem. *201*, 45 (1953).

[22]) M. E. CARSTEN and R. K. CANNAN, J. Amer. chem. Soc. *74*, 5950 (1952).

[23]) J. C. WINTERS und R. KUNIN, Industr. Engng. Chem. *41*, 460 (1949).

[24]) E. A. H. SIMS, J. biol. Chem. *158*, 239 (1945).

[25]) M. E. CARSTEN, *The Component of Urine*, in: C. CALMON und T. R. E. KRESSMAN, *Ion Exchangers in Organic and Biochemistry* (Interscience Publishers, New York und London 1957), S. 422.

[26]) R. CROKAERT, S. MOORE und E. J. BIGWOOD, Bull. Soc. Chim. Biol. *33*, 1209 (1951).

[27]) A. SALTZMAN, J. Lab. clin. Med. *35*, 123 (1950).

[28]) F. W. OBERST, J. Lab. clin. Med. *24*, 318 (1938).

[29]) H. BUSCH und V. R. POTTER, J. biol. Chem. *198*, 71 (1952).

[30]) S. S. JACKEL, E. H. MOSBACH und C. G. KING, Arch. Biochem. Biophys. *31*, 442 (1951).

[31]) B. B. BRODIE, J. AXELROD und J. REICHENTHAL, J. biol. Chem. *194*, 215 (1952).

[32]) A. J. ANDERSON und F. L. WARREN, J. Endocrinol. *7*, 1 (1951).

7.532 *Herstellung von Blutpräparaten:* Die Beseitigung von $Ca^{2+}$-, $Mg^{2+}$- und $K^+$-Ionen sowie eines Teiles der Blutkörperchen mit dem KAT Dowex 50 in der $Na^+$-Form wird vorgenommen zur Herstellung von Frischblutkonserven. Zu diesem Zweck ist ein Gerät aus dem Kunststoff Vinylite entwickelt worden[1]), bei dem Frischblut durch die Austauschersäule in einen Kunststoffsack filtriert wird. Das so gewonnene Blut soll Vorteile besitzen gegenüber dem mit Citrat-Glucose-Lösung versetzten Präparat. Ferner gestattet das Ionenaustauschverfahren die Abtrennung einzelner Plasmabestandteile und der Blutkörperchen.

Ein Verfahren, das zur Gewinnung einer haltbaren Plasmaeiweißlösung für therapeutische Zwecke führt, bedient sich der Fraktionierung der Bluteiweißstoffe mit Zinksalzen. Zink wird nach der Auftrennung der Eiweißfraktionen mit Hilfe von KAT wieder abgetrennt[2, 3]).

7.533 *Verwendung der Ionenaustauscher in der Arzneiformung:* Die synthetischen Austauscherharze lassen sich auch auswerten, um Arzneistoffe vor der Einwirkung des Magensaftes zu schützen und um ihre Resorption aus dem Magen-Darm-Kanal zu verzögern. Man überzieht die ionisierenden Arzneistoffe mit einem geeigneten Austauscherharz oder bindet sie als Gegenionen an den unlöslichen Austauscher. Durch die körpereigenen Ionen des Magen- oder Darmsaftes wird dann der Arzneistoff langsam aus ihrer Austauscherbindung verdrängt und kann sukzessive resorbiert werden. Durch Einstellung eines konstanteren Blutspiegels wird eine gleichmäßige protrahierte Wirkung des Arzneistoffes erreicht. Magensäureempfindliche Substanzen lassen sich, wie dies LOEWE[4]) mit Erfolg bei den Antibiotica gezeigt hat, durch Überziehen mit einem IAT schützen. Mit einem AAT überzogenes Penicillin passiert den Magen ohne Verlust an Wirksamkeit. FRIEDMAN, ZUCKERMANN und McCATTY[5]) machten darauf aufmerksam, dass ein Sulfosäureharz in der $NH^+$-Form die antibakterielle Wirkung von Dihydrostreptomycin, Aureomycin und Terramycin in vitro hemmt, nicht aber jene von Chloramphenicol und Penicillin. Eine ähnliche Kombination ist Neomycin-Amberlite[6]) und hat sich als günstige Bindungsform in Salben erwiesen. Mit der Bereitung einer p-Aminosalicylsäure-Polyaminharz-Verbindung, wie sie im *Rezipas®* (Squibb) vorliegt, wurde die Vermeidung von Magenbeschwerden bezweckt, welche bei der peroralen Applikation der p-Aminosalicylsäure häufig auftreten[7, 8]). Im *Ferrokationit®* (Hausmann) hat BERSIN[9]) $Fe^{2+}$-Ionen als Gegenionen an ein Sulfosäureharz gebunden. Dieses Präparat spricht auf Mangelanämien gut an und hat den Vorteil, weniger toxisch zu sein als Ferrosulfat. Es setzt das $Fe^{2+}$

[1]) C. W. WALTER, Proc. Congr. Amer. Coll. Surgeons 483 (1950).
[2]) J. W. MEHL, J. Amer. chem. Soc. *76*, 4004 (1954).
[3]) D. M. SURGENOR, Sixth. Ann. Meet. Amer. Soc. Blood Banks Chicago, Oct. 17–20 (1953).
[4]) L. LOEWE, US. Pat. 2656298 (1953).
[5]) I. S. FRIEDMAN, S. ZUCKERMANN und E. McCATTY, Amer. J. med. Sci. *225*, 399 (1953).
[6]) W. C. FIEDLER und G. J. SPERANDIO, J. Amer. pharm. Ass., sci. Ed. *46*, 44 (1957).
[7]) A. G. HOLLANDER, Ann. Rev. Tuberc. *72*, 548 (1955).
[8]) S. J. SHANE, S. E. COPP und T. R. KRZYSKI, J. Canad. med. Ass. *72*, 137 (1955).
[9]) TH. BERSIN, Arzneim.-Forsch. *8*, 61 (1958).

nach und nach im Magen-Darm-Kanal frei im Austausch gegen $H^+$- und Alkali-Ionen[1]). Als erste studierten MARTIN und SULLIVAN[2]) und LARSEN[3]) die Resorptionsverhältnisse von Alkaloid-IAT-Verbindungen im Magen-Darm-Kanal. Sie fanden, daß Atropinsulfat und Ephedrin langsam freigesetzt und protrahiert resorbiert werden, wodurch für längere Zeit ein konstanterer Blutspiegel erreicht werden kann. Diese Beobachtungen haben BROCKMEYER und GUT[4]) und CHAUDHRY und SAUNDERS[5]) sowie KENNON und HIGUCHI[6]) zu weiteren Untersuchungen veranlaßt. Sie stellten die erwartete protrahierte Resorption bei Ephedrin-, Amphetamin, Cyclomethycain-, Procain- und Pyribenzamin-Kationiten neben einer Verbesserung der Stabilität und Arzneiwirkung fest. KUNIN und ROTHMAN[7]) ließen sich die Herstellung einer *Cholin-Amberlite-Verbindung* durch Patent schützen; die Verbindung ist frei vom unangenehmen Geschmack der meisten Cholinsalze. Das an die $H^+$-Form von Bentonit gebundene *Sulfathiazol* zeigt nach BARR und GUTH[8]) eine größere antibakterielle Wirkung als das freie Sulfonamid. Die Kombination von *Capryl-* oder *Undecylensäure* mit Amberlite XE-58 erwies sich als wertvoll für die Behandlung der Moniliasis[9]).

NASHED und SPERANDIO[10]) untersuchten die Eignung von mit IAT-Adsorbaten beladenen Membranen für die Wundbehandlung. *p-Chlorphenol-Nalcite SAR* und *Streptomycin-Amberlite IRC-50*, in Membranen verarbeitet, geben die Arzneistoffe durch Ionenaustausch an Blutplasma ab. Der Austauscheffekt ist größer als das Rückhaltevermögen der Membran. Die Autoren sind der Ansicht, daß die völlig reizlosen Präparate eine geeignete Darreichungsform bei offenen Wunden darstellen.

7.534 *Therapeutische Verwendung von Ionenaustauschern:* Dieser Anwendung liegt der Gedanke zugrunde, durch Verabreichung von IAT in den Magen- und Darmtrakt den Körperhaushalt der physiologisch wichtigen Kationen (das heißt Wasserstoff, Natrium und Kalium) zu beeinflussen. In der Mehrzahl der Fälle besteht das Bedürfnis, dem Körper ein vermehrt auftretendes, pathologische Zustände verursachendes Kation zu entziehen bzw. dessen Resorption aus der Nahrung zu verhindern[11]). Es kann sich aber auch darum handeln, ein mangelndes Kation (Kalium, Eisen) durch Ionenaustauschvorgang zuzuführen. Diese Art der Verabreichung unterscheidet sich von der Zufuhr eines Salzes dadurch, daß dem Organismus kein resorbierbares Anion angeboten, gleichzeitig jedoch eine dem eingetauschten Kation äquivalente Menge anderer Kationen entzogen wird.

---

[1]) W. OTT und W. MAURER, Anästhesist *5*, 53 (1956).
[2]) G. J. MARTIN und M. J. SULLIVAN, Amer. J. Pharm. *112*, 48 (1950).
[3]) D. H. LARSEN, US.Pat. 2498687 (1950).
[4]) E. W. BROCKMEYER und E. P. GUTH, J. Amer. pharm. Ass., sci. Ed. *44*, 70 (1955).
[5]) N. C. CHAUDHRY und L. SAUNDERS, J. Pharm. Pharmacol. *8*, 975 (1956).
[6]) L. KENNON und T. HIGUCHI, J. Amer. pharm. Ass. Sci. Ed. *45*, 157 (1955).
[7]) R. KUNIN und S. ROTHMAN, US.Pat. 2677670 (1954).
[8]) M. BARR und E. P. GUTH, J. Amer. pharm. Ass., sci. Ed. *40*, 13 (1951).
[9]) J. NEUHAUSER, Arch. int. Med. *93*, 53 (1954).
[10]) W. NASHED und G. J. SPERANDIO, Drug Standards *23*, 100, 138 (1955).
[11]) O. KRAUPP, Subsidia Medica *5*, 10 (1953).

Bisher wurden folgende Austauschreaktionen therapeutisch angewandt:

1. Der Entzug und die Verhinderung der Resorption von $Na^+$ unter gleichzeitiger Zufuhr von $H^+$ oder $K^+$ (zur Behebung von Ödemen verschiedener Ursache).

2. Der Entzug von $K^+$, unter gleichzeitiger Zufuhr von $H^+$ (zwecks Senkung des $K^+$-Spiegels bei Hyperkalämie).

3. Die Bindung von $H^+$ unter Zufuhr von $OH^-$ (zur Behebung der Hyperazidität und Azidosen).

4. Die Zufuhr von $K^+$ (zur Behebung einer Hypokalämie).

Je geringer ein Ion hydratisiert und je höher es geladen ist, um so stärker wird es nach der Hofmeisterschen Regel an den Austauscher gebunden. Da somit das $Ca^{2+}$ stärker als $K^+$ und dieses wieder bevorzugt vor dem $Na^+$ an die Austauscher gebunden wird, verlaufen die Austauschreaktionen nicht einheitlich. Es mußte der gleichzeitige Entzug von $Ca^{2+}$, $Mg^{2+}$, Schwermetallionen, von Vitaminen und wichtigen Stoffwechselprodukten durch Eintausch aus dem Körper als unerwünschte Möglichkeit von Nebenreaktionen in Berücksichtigung gezogen werden.

1. *Anwendung der KAT:* Für den Entzug von $Na^+$ werden die folgenden Austauschreaktionen benützt:

$$[KAT^- \cdot H^+] + Na^+ \rightleftharpoons [KAT^- \cdot Na^+] + H^+ \qquad (7.30)$$

$$[KAT^- \cdot NH_4^+] + Na^+ \rightleftharpoons [KAT^- \cdot Na^+] + NH_4^+ \qquad (7.31)$$

$$[KAT^- \cdot K^+] + Na^+ \rightleftharpoons [KAT^- \cdot Na^+] + K^+ \qquad (7.32)$$

Prinzipiell lassen sich somit KAT in der $H^+$-, $NH_4^+$- und $K^+$-Form verwenden. Nach den Gleichungen (7.30) und (7.31) – das $NH_4^+$ kann weiterreagieren nach der Gleichung

$$2\ NH_4^+ + CO_2 \longrightarrow \underset{\diagdown NH_2}{\overset{\diagup NH_2}{C}}=O + H_2O + 2\ H^+ \qquad (7.33)$$

– kommt es zu einer Säuerung des Organismus, während nach Gleichung (7.32) dem Organismus $K^+$-Ionen dargeboten werden. Gleichzeitig werden aber, wie oben angeführt wurde, noch andere Kationen des Körpers reagieren, und zwar:

$$[KAT^- \cdot H^+] + K^+ \longrightarrow [KAT^- \cdot K^+] + H^+ \qquad (7.34)$$

$$[KAT^{2-} \cdot 2\ H^+] + Ca^{2+} \longrightarrow [KAT^{2-} \cdot Ca^{2+}] + 2\ H^+ \qquad (7.35)$$

Diese Reaktionen verlaufen entsprechend den Selektivitätskoeffizienten $Ca^{2+} > K^+ > Na^+ > H^+$, so daß bei Verabreichung der $H^+$-Form neben $Na^+$ vor allem $Ca^{2+}$ und $K^+$ an den Austauscher gebunden und dem Organismus entzogen werden. Die Beladungsverhältnisse des Zeokarb 225 ($H^+$-Form) bei Konzentrationsverhältnissen, wie sie im Magen-Darm-Trakt vorliegen, ergaben nach MORTON[1]), daß in vitro durch den Austauscher aus den künstlich her-

---

[1]) F. MORTON, Lancet *1952*, 825.

gestellten Nahrungs- und Verdauungssäften 70% der $Na^+$-, 46% der $K^+$- und 100% der $Ca^{2+}$-Ionen entfernt wurden. Diese Werte weichen allerdings sehr stark von den in vivo beim Menschen und bei den Tieren festgestellten Verhältnissen ab. Die Ausscheidungen im Stuhl stiegen bei normal ernährten, gesunden Erwachsenen nach Irvin et al.[1]) bei Einnahme von *60 g eines Sulfonsäure-AT:*

$$\begin{array}{lll} \text{Bei } Na^+: & \text{von 1,4 auf 51 mÄq/Tag,} \\ \text{bei } K^+: & \text{von 5,8 auf 58 mÄq/Tag.} \end{array}$$

Nach Einnahme von *45 g eines Carboxyl-AT:*

$$\begin{array}{lll} \text{Bei } Na^+: & \text{von 2,7 auf 60 mÄq/Tag,} \\ \text{bei } K^+: & \text{von 12,0 auf 97 mÄq/Tag.} \end{array}$$

Bei der fäkalen $Ca^{2+}$-Ausscheidung konnten keine signifikanten Unterschiede gegenüber den Kontrollen festgestellt werden. Die Verhältnisse lagen ähnlich, wenn die IAT statt in der $H^+$- in der $NH_4^+$-Form gebraucht wurden[1]).

Diese Untersuchungen und die klinischen Erfahrungen zeigen, daß bei länger dauernder Verabreichung von wasserstoffbeladenen Austauschern eine negative Kaliumbilanz auftritt. Es kam tatsächlich zur Einschränkung der $K^+$-Ausscheidung durch den Harn und zum starken Absinken der Serum-Kaliumwerte[2, 3]). Die durch die Hypokalämie bedingten Veränderungen sind auch elektrokardiographisch erfaßbar. Ein weiterer Nachteil der Verabreichung von KAT in der $H^+$-Form ist die bei gleichzeitigem Alkalienzug auftretende Ansäuerung des Organismus durch die freiwerdenden $H^+$; die Folge sind Störungen des Säure-Basen-Gleichgewichtes. Dieser unerwünschten Nebenwirkungen wegen hat sich die alleinige Verabreichung von KAT in der $H^+$-Form nicht bewährt. Durch Zusatz von $K^+$-beladenen KAT zu ihren $H^+$-Formen ließ sich in der Folge sowohl das Auftreten einer negativen Kaliumbilanz wie auch die Gefahr einer stärkeren Azidose wesentlich vermindern[4]). Die meisten neuzeitlichen KAT-Präparate für die therapeutische Anwendung sind deshalb Gemisch von etwa 80% $H^+$-Form und rund 20% $K^+$-Form; dieses Mischungsverhältnis hat sich als optimal erwiesen[5]). Was das Austauschvermögen von $Ca^{2+}$ und $Mg^{2+}$ sowie von Schwermetallen betrifft, so ist wie auch für andere wichtige Kationen (Vitamine, Stoffwechselzwischenprodukte) durch experimentelle Untersuchungen sichergestellt, daß keine unerwünschten Verluste auftreten[6–11]).

[1]) L. Irvin et al., J. clin. Invest. *28*, 1403 (1949).
[2]) T. S. Danowski et al., Ann. int. Med. *35*, 529 (1951).
[3]) B. L. Martz et al., Proc. Centr. Soc. Clin. Res. *23*, 70 (1951).
[4]) J. M. Peters, T. S. Danowski et al., J. clin. Invest. *30*, 1009 (1951).
[5]) E. Crismon, Fed. Proc. *8*, 30 (1949).
[6]) E. W. McChesney, J. Lab. clin. Med. *38*, 199 (1951).
[7]) M. Best, J. Sta. med. Ass. *44*, 1168 (1951).
[8]) W. Penman, Amer. J. med. Sci. *222*, 193 (1951).
[9]) E. Berger, J. clin. Invest. *28*, 770 (1949).
[10]) M. Goldman, New Orl. Med. Surg. J. *104*, 261 (1952).
[11]) K. Emerson et al., Arch. int. Med. *88*, 605 (1951).

Im folgenden sei auf einige *KAT-Präparate* hingewiesen, die heute auf dem Markt sind (Tabelle 4).

Aus Tabelle 4 ist ersichtlich, daß die meisten Präparate Carboxylharze in der $H^+$- und $K^+$-Form im Mischungsverhältnis von etwa $80:20\%$ enthalten. Es figuriert nur ein Sulfosäureharz, was erkennen läßt, daß heute den Carboxyl-Harzen der Vorzug gegeben wird. DANOWSKI[1]) zieht die Carboxylaustauscher vor, weil ihre $H^+$-Wirkung im Organismus leicht abzupuffern ist

Tabelle 4

*Therapeutisch gebrauchte Kationenaustauscher*

| Bezeichnung der Präparate | Hersteller | Austauschertyp und Zusammensetzung | | |
|---|---|---|---|---|
| Cambil® | Montavit (Absam Tirol) | Carboxylharz | $H^+$-Form $K^+$-Form | 75% 25% |
| Carbo-Resin® | Lilly & Co. (Indianapolis) | Carboxylharz Polyaminharz | $H^+$-Form $K^+$-Form $OH^-$-Form | 59% 29% 12% |
| Enatrol® | Hamol AG (Zürich) | Carboxylharz Polyaminharz Excipiens | $H^+$-Form $K^+$-Form $OH^-$-Form | 54% 17% 7% 22% |
| Katonium® | Winthrop-Stearns (New York) | Sulfosäureharz | $NH_4^+$-Form $K^+$-Form | 75% 25% |
| Masoten® | Bayer (Leverkusen) | Carboxylharz | $H^+$-Form $K^+$-Form | 80% 20% |
| Natrinil® | National Drug Company (Philadelphia) | Carboxylharz | $H^+$-Form $K^+$-Form | 80% 20% |
| Resodex® | Smith, Kline & French (Philadelphia) | Carboxylharz Polyaminharz | $H^+$-Form $K^+$-Form $OH^-$-Form | 87,5% 12,5% |

und deshalb extreme lokale pH-Änderungen vermieden werden. Einige Präparate enthalten auch geringe Mengen Polyaminharze, AAT in der $OH^-$-Form, welche die beim Austausch freigesetzten $H^+$ zum Teil binden sollen, um die Ausbildung einer Azidosis weitgehend zu vermeiden.

Infolge der im Organismus stark herabgesetzten Austauschkapazität der Harze müssen relativ große Mengen der Präparate verabreicht werden. Die empfohlenen, in 3–6 Gaben verabreichten Tagesdosen liegen zwischen 40–60 g. Als unerwünschte Nebenwirkung kann bei empfindlichen Patienten eine Reizung der Mund- und Magenschleimhäute und Verstopfung auftreten.

[1]) T. S. DANOWSKI *et al.*, J. clin. Invest. *30*, 979 (1951).

Als Indikationen werden Ödeme kardialer[1-11]), zirrhotischer[1, 12-15]) und renaler Ursache[16-18]) angegeben. Bei ihrem Auftreten kommt es zur Retention von größeren Mengen Natrium (3–4 g/l Ödemflüssigkeit). Diese werden beim Verschwinden der Ödeme durch die Nieren ausgeschieden. Die Eigenschaft der mit $H^+$ beladenen KAT, dem Organismus $Na^+$ unter gleichzeitiger $H^+$-Zufuhr zu entziehen, erklärt die guten Erfolge dieser Präparate bei Ödemen.

Ein von ESSELLIER, JEANNERET und ROSENMUND[19]) beschriebener klinischer Fall gibt uns einen sehr guten Einblick in die Wirkungsweise der KAT bei Ödemen.

Beim 23jährigen B. A. fällt unter täglicher Verabreichung von 96 g Carbo-Resin® die Natriumausscheidung im Urin schon am 4. Tag auf Spuren ab. Gleich nach Beginn der Austauscherverabreichung tritt, gekoppelt mit einer gesteigerten Ausscheidung von Chlorid, eine gesteigerte Diurese auf. Das Körpergewicht fällt entsprechend dem Wasserverlust, nimmt aber sofort nach Absetzen des IAT wieder zu. Die Alkalireserve sinkt leicht unter gleichzeitigem Anstieg des Chloridspiegels.

Bei der Behandlung von Schwangerschaftsödemen mit KAT haben PENMAN[21]) sowie ODELL et al.[20]) gute Erfolge festgestellt, indem sie in allen Fällen eine völlige Ausschwemmung des zurückgehaltenen Natriums und Wassers erreichen konnten. KAT leisten auch bei der ACTH- bzw. Cortison-Therapie gute Dienste. Werden diese Arzneistoffe längere Zeit gegeben, so treten Störungen des Mineralstoffwechsels auf. Infolge einer Natriumretention kommt es zur Ödembildung, während sich gleichzeitig eine Hypokalämie infolge vermehrter Kaliumausscheidung bemerkbar macht. Diese unerwünschten Nebenwirkungen der Cortisontherapie lassen sich, wie PETERS et al.[13]) zeigten, durch Verabreichung von KAT vermeiden, welche allerdings zu mehr als 20% mit $K^+$ beladen sein müssen. In der Folge wurde ein Mischungsverhältnis von 1 Teil $K^+$- zu 1 Teil $H^+$-beladener Form in Vorschlag gebracht[22, 23]). Auch

[1]) L. IRVIN et al., J. clin. Invest. 28, 1403 (1949).
[2]) M. GOLDMAN, New Orl. Med. Surg. J. 104, 261 (1952).
[3]) K. EMERSON et al., Arch. int. Med. 88, 605 (1951).
[4]) S. HAY und J. WOOD, Ann. int. Med. 33, 1139 (1950).
[5]) TH. LOWE, Lancet 1951, 851.
[6]) S. HOOBLER, Bull. Amer. Soc. Hosp. Pharm. 8, 90 (1951).
[7]) E. KLEIBER und G. ROCKAR, Ann. int. Med. 34, 417 (1951).
[8]) J. FABRE und W. BACHMANN, Schweiz. med. Wschr. 82, 1313 (1952).
[9]) J. FABRE, Praxis, Rev. suisse med. 42, 986 (1953).
[10]) A. E. ESSELLIER, H. J. HOLTMEIER und P. JEANNERET, Praxis, Schweiz. Rundsch. Med. 43, 566 (1954).
[11]) H. HAMMERL, Schweiz. med. Wschr. 86, 438 (1956).
[12]) B. L. MARTZ et al., Ann. int. Med. 35, 529 (1951).
[13]) J. M. PETERS, T. S. DANOWSKI et al., J. clin. Invest. 30, 1009 (1951).
[14]) J. E. WOOD et al., J. Amer. med. Ass. 148, 820 (1952).
[15]) G. McHARDY, New Orl. Med. Surg. 104, 187 (1951).
[16]) R. LIPPMAN, Amer. J. med. Soc. 10, 776 (1951).
[17]) F. MATEER et al., J. clin. Invest. 30, 1018 (1951).
[18]) W. PAYNE und H. R. WILKINSON, Lancet 261, 101 (1951).
[19]) A. ESSELLIER, P. JEANNERET und H. ROSENMUND, Schweiz. med. Wschr. 83, 727, 755 (1953).
[20]) L. D. ODELL et al., Amer. J. Obstet. Gynecol. 62, 121 (1951).
[21]) W. PENMAN, Amer. J. med. Sci. 222, 193 (1951).
[22]) T. DANOWSKI, Amer. Pract. Dig. Treatm. 2, 545 (1951).
[23]) L. GREENMAN, J. clin. Invest. 30, 1027 (1951).

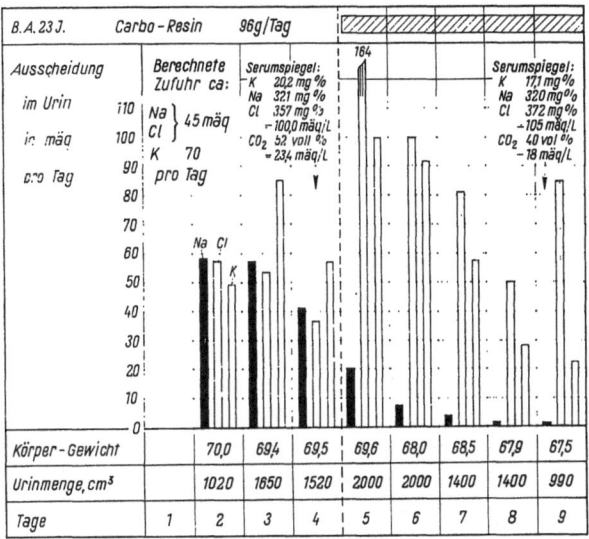

| B.A. 23 J. | Carbo - Resin | 96 g/Tag | | |
|---|---|---|---|---|

| Ausscheidung | Berechnete Zufuhr ca: | Serumspiegel: K 20,2 mg% Na 32,1 mg% Cl 35,7 mg% = 100,0 mäq/L CO₂ 52 vol% = 23,4 mäq/L | | Serumspiegel: K 17,1 mg% Na 32,0 mg% Cl 37,2 mg% = 105 mäq/L CO₂ 40 vol% = 18 mäq/L |
|---|---|---|---|---|

| Körper-Gewicht | 70,0 | 69,4 | 69,5 | 69,6 | 68,0 | 68,5 | 67,9 | 67,5 |
|---|---|---|---|---|---|---|---|---|
| Urinmenge, cm³ | 1020 | 1850 | 1520 | 2000 | 2000 | 1400 | 1400 | 990 |
| Tage | 1 | 2 | 3 | 4 | 5 | 6 | 7 | 8 | 9 |

Abbildung 35
Klinische Untersuchung der Wirkung von Carbo Resin® [1]).

bei arteriellem Hochdruck, bei dem sich eine salzarme Diät günstig auswirkt, wurden gute Erfolge mit KAT erzielt. Bei Patienten, die nach Sympathektomie keine Besserung zeigten, konnten GILL und DUNCAN[2]) ein gutes Ansprechen der KAT-Therapie feststellen. EMERSON[3]) berichtete über einen Fall, dessen Hochdruck während 10 Jahren auf 240/120 mm Hg lag, nach einer neunmonatigen Behandlung mit KAT auf 185 mm Hg fiel, jedoch nach dem Absetzen der Therapie wieder auf die alte Höhe stieg.

Aus der medizinischen Literatur erhält man den Eindruck, daß dank der verbesserten KAT-Präparate bei einer gründlichen ärztlichen Überwachung die früher beobachteten unerwünschten Nebenwirkungen (Reizung der Mund- und übrigen Schleimhäute, Verstopfung, starke Säuerung des Harnes, Gefahr der Kaliumverarmung) weitgehend vermieden werden können. Die erforderliche Kontrolle, vor allem des Kaliumspiegels und der Alkalireserve, erheischt, daß die hier besprochenen Arzneimittel unter die Kontrolle des Arztes gehören.

2. *Anwendung der AAT:* Bei der peroralen Verabreichung eines AAT in der OH⁻-Form reagiert dieser mit dem sauren Magensaft.

$$[AAT^+ \cdot OH^-] + H^+ \cdot Cl^- \rightleftharpoons [AAT^+ \cdot Cl^-] + H_2O \tag{7.36}$$

Die H⁺-Ionen werden mit den OH⁻-Ionen zu $H_2O$ gebunden. Der OH⁻-beladene Austauscher verschiebt deshalb das Säure-Basen-Gleichgewicht im

[1]) A. ESSELLIER, P. JEANNERET und H. ROSENMUND, Schweiz. med. Wschr. *83*, 727, 755 (1953).
[2]) R. J. GILL und G. G. DUNCAN, New Engl. J. Med. *247*, 271 (1952).
[3]) K. EMERSON *et al.*, Arch. int. Med. *88*, 605 (1951).

Organismus nach der alkalischen Seite. Auf diesem Austausch beruht ihre Anwendung zur Verhinderung einer Azidosis. Viel wichtiger aber sind derartige Präparate für die Neutralisationstherapie der hyperaziden Gastritis, der chronischen und akuten Gastritis, der Gastroenteritis und zur Behandlung des Ulcus pepticum geworden[1-5]). Die klinischen Erfahrungen zeigten, daß sehr fein verteilter AAT den Überschuß an H[+] im Magensaft in kurzer Zeit beseitigen kann. Von großem Vorteil ist, daß die aus dem Magensaft aufgenommenen Wasserstoffionen im Dünndarm wieder gebildet werden, so daß keine Verschiebung des Säure-Basen-Gleichgewichtes und damit keine alkalische Harnreaktion auftritt. Die Ulcus-Therapie wird ferner dadurch begünstigt, daß die AAT Pepsin zu adsorbieren und inaktivieren vermögen.

Die AAT (OH[-]-Form) wirken rascher säurebindend als Aluminiumhydroxyd und verlassen, im Gegensatz zu den Alkalisierungsmitteln, das saure Milieu nicht[6]). Ferner inaktivieren sie das Pepsin und sind deshalb den Alkali-Antacida deutlich überlegen. Eine Reizung der Magenschleimhaut und eine ungünstige Beeinflußung des Stuhlganges mußte nicht festgestellt werden[7]).

In Tabelle 5 finden sich einige *AAT-Präparate* des Arzneihandels zusammengestellt. Die verschiedenen Präparate sind in Kapseln oder Tabletten zu 0,5–0,25–0,5 g oder als Granulat im Handel. Die Dosierung beträgt 3–4mal täglich je 2 Kapseln oder Tabletten.

Die guten Austauscheigenschaften der synthetischen Harze, welche jene der adsorbierenden Kohle und anderer Adsorbentien übertreffen, veranlaßten MARTIN und WILKINSON[8]), die Wirkung des AAT Amberlite IR-413 bei Lebensmittelvergiftungen und Diarrhöen unsicherer Ätiologie zu untersuchen. Sie fanden, daß dieser Austauscher in vitro Indol und Skatol bindet, während Folin-Zeolith eine Reihe von Ptomainen (Putrescin, Cadaverin, Tyramin und Histamin) aus ihren Lösungen adsorbiert. MARTIN und ALPERT[9]) setzten diese Untersuchungen mit AAT- und KAT-Harzen und einer Reihe natürlicher Adsorbentien fort und stellten fest, daß die AAT Indol und Skatol, die KAT Tyramin, Putrescin und Histamin fast vollständig beseitigen. Tierkohle erwies sich ebenfalls als wirksam, während die synthetischen Zeolithe, Kaolin, Aluminiumhydroxyd und Magnesiumsilikat wesentlich weniger wirksam sind. Um alle genannten Giftstoffe zu entfernen, müssen somit verschiedene Austauscherstoffe verwendet werden. Vor einigen Jahren schlugen Moss und MARTIN[10]) vor, eine Kombination von *Resion*® (National Drug Co.), Phthalylsulfacetamid und Polymyxin für die Behandlung unspezifischer

[1]) C. WIRTS et al., Gastroenterology *15*, 1 (1950).
[2]) O. BERGEN und S. GREENBERG, N.Y. State J. Med. *50*, 1495 (1950).
[3]) G. MARTIN und J. WILKINSON, Gastroenterology *6*, 315 (1946).
[4]) M. M. SPEARS and M. C. PFEIFFER, Gastroenterology *8*, 191 (1947).
[5]) M. KRAEMER und D. LEHMANN, Gastroenterology *8*, 202 (1947).
[6]) J. I. GREENBLATT, M. JACOBI und T. D. COHEN, Amer. J. dig. Dis. *18*, 362 (1951).
[7]) S. C. KASDON, New Engl. J. Med. *239*, 575 (1948).
[8]) G. J. MARTIN und J. WILKINSON, Arch. Biochem. *12*, 95 (1947).
[9]) G. J. MARTIN und S. ALPERT, Amer. J. dig. Dis. *17*, 151 (1950).
[10]) J. Moss und G. J. MARTIN, Amer J. Pharm. *126*, 165 (1954).

Tabelle 5

*AAT-Präparate als Antacida*

| Bezeichnung Präparat | Hersteller | Austauschertyp |
|---|---|---|
| Basex® | Columbus (Ohio) | Polyaminharz: $OH^-$-Form |
| Huminit® | Globopharm (Zürich) | Huminsaures $Ca^{2+}$ |
| Muresin® | Treupha SA (Baden) | Polyaminharz: $OH^-$-Form Aluminiumhydroxyd Magnesiumtrisilikat Magenschleimhautpulver Belladonnaextrakt |
| Re Al Bis® | Schiapparelli (Turin) | Polyaminharz: $OH^-$-Form mit Extractum Belladonna und Natrium alginicum |
| Resinat® | National Drug Company (Philadelphia) | Polyaminharz: $OH^-$-Form |
| Resinat® HMB | National Drug Company (Philadelphia) | Polyaminharz: $OH^-$-Form mit Homatropinmethylbromid |
| Styrion® | Glaxo Laboratories (Greenford) | Polyaminharz: $OH^-$-Form |
| Talimon® | Bayer (Leverkusen) | Carboxylharz: $Na^+$-Form KAT (größere Kapazität) |
| Talimon-Neu® | Bayer (Leverkusen) | Carboxylharz: $Ca^{2+}$-Form |
| Belladonna-Talimon® | Bayer (Leverkusen) | Carboxylharz: $Ca^{2+}$-Form mit Extractum Belladonnae |

Diarrhöen und von Diarrhöen zu verwenden, welche gelegentlich nach der Therapie mit einem Breitbandantibioticum auftreten. Mit diesem Präparat, das als IAT Amberlite XE-58 enthält, hat WEISS[1]) gute Resultate erhalten bei der Behandlung von antibiotischer Diarrhöe, ulzerativer Colitis, Sommerdiarrhöe usw. Über gute Erfahrungen mit *Resion®* berichteten auch GABROY und SELSMAN[2]).

Die IAT werden auch als Desodorantia verwendet. Ihre Wirkung beruht auf der stark adsorbierenden Wirkung gegenüber Ammoniak, Harnstoff und organischen Säuren. Die Untersuchungen von JKAI[3]), zeigen, daß AAT die niedrigen Fettsäuren adsorbieren und dadurch zu desodorieren vermögen und daß die KAT Ammoniak und Indol binden.

---

[1]) J. WEISS, Amer. J. Gastroenterology *22*, 64 (1954).
[2]) H. K. GABROY und G. J. SELSMAN, Amer. J. dig. Dis. *20*, 395 (1953).
[3]) K. JKAI, J. Invest. Dermatol. *23*, 411 (1954).

# Cholesterol and Its Relation to Atherosclerosis

By Tsung-Min Lin, Ph. D., and K. K. Chen, M. D.

Lilly Research Laboratories, Indianapolis, Ind., USA

## 1. Introduction

Cholesterol is a common constituent of tissue cells and body fluids of animal organisms. It is both ingested and synthesized in the body. Since plants do not produce cholesterol, herbivorous animals presumably acquire this sterol entirely by biosynthesis. Only recently some red algae have been shown to contain cholesterol[1]) but they are not generally consumed as food. Except in the central nervous systems, cholesterol is actively metabolized in parenchymatous and endocrine organs and in integument and muscle. The plasma and tissues of healthy animals maintain certain levels of cholesterol characteristic of the species. The association of high plasma cholesterol with atherosclerosis in man has given rise to numerous laboratory and clinical studies. It seems that the arteries of some individuals are genetically more vulnerable than those of others, for the intima of their blood vessels is easily susceptible to cholesterol deposition. When atherogenesis takes place in the coronary arteries, occlusion (angina and thrombosis) occurs. Also serious is cerebral or renal atherosclerosis with or without diabetes mellitus. Investigators have become encouraged when they successfully produced atherosclerosis in experimental animals by cholesterol feeding. The problem is so challenging that research efforts directed to the pathogenesis of atherosclerosis and its control have been rapidly on the increase. For example, in the United States alone many laboratories have been committed to various phases of this disease syndrome. One of the symposia held under the auspices of the National Academy of Sciences–National Research Council[2]) brought together up-to-date contributions of 24 active workers. New data were presented at the annual meetings of American Society for the Study of Atherosclerosis and American Heart Association. There were daily sessions at the 1958 Spring meeting of the Federation of American Societies for Experimental Biology held at Philadelphia[3]). Papers, reviews and monographs appear at frequent intervals, the latest book being edited by COOK[4]) and KRITCHEVSKY[5]).

## 2. Intestinal Absorption of Cholesterol

JANKAU[6]) demonstrated that when rabbits were given cholesterol by mouth only part of it was recovered in feces. He therefore believed that cholesterol was absorbed by the intestines, a postulation that has been confirmed re-

---

1) K. TSUDA, S. AKAGI, and Y. KISHIDA, Science *126*, 927 (1957); Chem. pharmaceut. Bull. (Japan) *6*, 101 (1958).
2) National Academy of Sciences, Symposium on Atherosclerosis, Washington, D. C. (1955).
3) Fed. Proc., Atherosclerosis *17*, 545 (1958).
4) R. P. COOK, editor, *Cholesterol, Chemistry, Biochemistry, and Pathology* (Academic Press Inc., New York 1958).
5) D. KRITCHEVSKY, *Cholesterol* (John Willey and Sons, New York 1958).
6) L. JANKAU, Arch. exp. Path. Pharmakol. *29*, 237 (1891).

peatedly[1-3]). The proof of the intestinal absorption of cholesterol was firmly established when Schönheimer and Sperry[4]) designed a micromethod for the determination of blood cholesterol utilizing the Liebermann-Burchard color reaction. One of the most recent modifications of another spectrophotometric method[5]), applicable to both serum and tissue cholesterol, was developed by Herrmann[6]) in our laboratory. With little practice one can handle 160–200 samples in a period of 14 h. The precipitation of cholesterol by digitonin[7]) distinguishes the free form from its esters. Employment of isotopically labeled cholesterol in the study of cholesterol absorption further broadens and clarifies the specific and quantitative aspects of endogenous cholesterol in the intestinal contents[8-10]).

## 2.1 Fat

The amount of cholesterol absorbed is frequently influenced by the presence of fat. The importance of fat in cholesterol absorption was recognized by early investigators. Both Jankau[11]) and Pribram[12]) dissolved cholesterol in oil before administration. Reicher[13]) and Hueck and Wacker[14]) noted that in rabbits and dogs the cholesterol ester levels in the blood were elevated after feeding cholesterol with fat. Schönheimer[15]), in a study on experimental atherosclerosis in rabbits, claimed that alimentary hypercholesterolemia could best be produced by feeding cholesterol dissolved in neutral fat. Similarly, Bürger and Habs[16]) induced hypercholesterolemia in man by administering cholesterol in oil.

Cook[17]) found no absorption when a fat-free diet was given to rats and thus held the belief that fat was essential for cholesterol absorption. However, evidence to the contrary has been presented. Dubach and Hill[18]) reported that cholesterol was absorbed equally well by the rabbit with or without the addition of neutral fat to ordinary rabbit food, and Popják[19]) also was able to

---

[1]) C. Kusumoto, Biochem. Z. *14*, 411 (1908).
[2]) M. T. Fraser and J. A. Gardner, Proc. Roy. Soc. London [B] *82*, 559 (1910).
[3]) C. Dorée and J. A. Gardner, Proc. Roy. Soc. London [B] *81*, 109 (1909).
[4]) R. Schoenheimer and W. M. Sperry, J. biol. Chem. *106*, 745 (1934).
[5]) A. Zlatkis, B. Zak, and A. J. Boyle, J. Lab. clin. Med. *41*, 486 (1953).
[6]) R. G. Herrmann, Proc. Soc. exp. Biol. Med. *94*, 503 (1957).
[7]) A. Windaus, Z. physiol. Chem. *65*, 110 (1910).
[8]) R. G. Gould, Circulation *10*, 589 (1954).
[9]) I. L. Chaikoff, B. Bloom, M. D. Siperstein, J. Y. Kiyasu, W. O. Reinhardt, W. G. Dauben, and J. F. Eastham, J. biol. Chem. *194*, 407 (1952).
[10]) R. P. Cook, A. Kliman, and L. F. Fieser, Arch. Biochem. *52*, 439 (1954).
[11]) L. Jankau, Arch. exp. Path. Pharmakol. *29*, 237 (1891).
[12]) H. Pribram, Biochem. Z. *1*, 413 (1906).
[13]) K. Reicher, Verh. dtsch. Kongr. inn. Med. *28*, 327 (1911).
[14]) W. Hueck and L. Wacker, Biochem. Z. *100*, 84 (1919).
[15]) R. Schönheimer, Arch. path. Anat. *249*, 1 (1924).
[16]) M. Bürger and H. Habs, Z. ges. exp. Med. *56*, 640 (1927).
[17]) R. P. Cook, Biochem. J. *30*, 1630 (1936).
[18]) R. Dubach and R. H. Hill, J. biol. Chem. *165*, 521 (1946).
[19]) G. Popják, Biochem. J. *40*, 608 (1946).

effect absorption without fat by giving cholesterol in the form of a fine emul-
sion. By means of intestinal lymph cannulation in the rat, BOLLMAN and
FLOCK[1]) detected no difference in cholesterol absorption with or without fat
in the diet. Their work has been partly confirmed in balance studies by KIM
and IVY[2]), LIN et al.[3]) and PIHL[4]). They established that a minimal ratio of
1 part of cholesterol to 8 parts of fat further increased the absorption of
cholesterol.

Apparently the nature of the fat molecule determines to a great extent
the facilitation of cholesterol absorption. For example in rats, oleic acid, corn
oil and tallow are more efficient in increasing the absorption of exogenous
cholesterol than are tripalmitin, palmitic acid and trielaidin[5]). Human subjects receiving palmitic and stearic acids at a level of 4·5% in a diet containing
20 g of vegetable and animal fats do not absorb more exogenous cholesterol
than when these acids are omitted[6]).

## 2.2 Lymphatic Route

Cholesterol after absorption is found in chyle and collected in the thoracic
duct of the dog, an observation made by MUELLER[7,8]) more than four de-
cades ago. It is obvious that the cholesterol-bearing lymph drains into the
left subclavian vein by way of the thoracic duct (dog and man) and continuously supplies the blood with this sterol. When free cholesterol is fed,
esterified cholesterol shows up in the thoracic lymph, but if cholesteryl
esters are given, free cholesterol appears in the lymph[8]). Esterification or
saponification is undoubtedly achieved by the cholesterol esterase of the intestinal mucosa or wall[9,10]), and the formation of esters is probably not only
an expression of equilibrium of the enzymatic reaction, but also an important
step for the transport of cholesterol from the wall to the lymph[9]). The esterified
cholesterol is the major portion of the total sterol in the lymph[8,11,12]). Recent
studies suggest that essentially all absorbed cholesterol is esterified[12]). The
lymphatic duct is perhaps the only pathway for cholesterol absorption in rats
since nearly all cholesterol labeled with tritium[13]) or with $^{14}C$[14]) is collected in

[1]) J. L. BOLLMAN and E. V. FLOCK, Amer. J. Physiol. 164, 480 (1951).

[2]) K. S. KIM and A. C. IVY, Amer. J. Physiol. 171, 302 (1952).

[3]) T. M. LIN, E. KARVINEN, and A. C. IVY, Amer. J. Physiol. 183, 86 (1955).

[4]) A. PIHL, Acta physiol. Scand. 34, 183 (1955).

[5]) T. M. LIN, E. KARVINEN, and A. C. IVY, Amer. J. Physiol. 183, 86 (1955).

[6]) E. KARVINEN, T. M. LIN, and A. C. IVY, J. appl. Physiol. 11, 8 (1957).

[7]) J. H. MUELLER, J. biol. Chem. 22, 1 (1915).

[8]) J. H. MUELLER, J. biol. Chem. 27, 463 (1916).

[9]) L. SWELL, J. E. BYRON, and C. R. TREADWELL, J. biol. Chem. 186, 543 (1950).

[10]) L. SWELL, E. C. TROUT, JR., J. R. HOPPER, H. FIELD, JR., and C. R. TREADWELL, J. biol.
Chem. 232, 1 (1958).

[11]) H. H. HERNANDEZ, I. L. CHAIKOFF, W. G. DAUBEN, and S. ABRAHAM, J. biol. Chem. 206,
757 (1954).

[12]) G. V. VAHOUNY, I. FAWAL, and C. R. TREADWELL, Amer. J. Physiol. 188, 342 (1957).

[13]) M. W. BIGGS, M. FRIEDMAN, and S. O. BYERS, Proc. Soc. exp. Biol. Med. 78, 641 (1951).

[14]) I. L. CHAIKOFF, B. BLOOM, M. D. SIPERSTEIN, J. Y. KIYASU, W. O. REINHARDT, W. G. DAU-
BEN, and J. F. EASTHAM, J. biol. Chem. 194, 407 (1952).

the thoracic lymph after oral administration. Cholesterol reaches its peak absorption via the lymph between 3 to 8 h[1,2]), depending on the nature of the diet and other factors. The cholesterol content of the lymph can be raised by a fatty meal containing no cholesterol[1,3,4]). This can be attributed to reabsorption of endogenous cholesterol from the pool[5]).

### 2.3 Bile and Pancreatic Secretion

Bile is necessary for the absorption of cholesterol from the intestine, as suggested by SCHÖNHEIMER[6]) and HUMMEL[7]), and was conclusively proved by SIPERSTEIN et al.[8]) in rats with [14]C-labeled cholesterol. The latest confirmation is that of SUZUKI and PRASAD[9]) who recovered practically all the radioactivity in the feces of rats with chronic biliary fistula. Among the bile salts, cholic and taurocholic acids are the most effective in stimulating cholesterol absorption[10,11]).

HERNANDEZ et al.[12]) observed no absorption of [14]C-cholesterol in semi-acute preparations of rats when pancreatic juice and bile were kept from the intestinal tract. The continuous administration of pancreatic juice alone does not re-establish cholesterol absorption; the continuous administration of bile alone does enable the rat to absorb cholesterol, but at a much lower rate than control rats. Normal absorption was obtained by the continuous administration of both bile and pancreatic juice. In long-term balance studies on rats, LIN and associates[13]) ligated and then cut the common bile duct near the duodenum in order to block the entrance of pancreatic juice in the intestine, and at the same time transposed the uppermost portion of the common bile duct into the jejunum so as to allow for normal supply of bile to the animal. These workers proved that pancreatic secretion is not essential for cholesterol absorption. Similarly BYERS and FRIEDMAN[14]) noted that simple exclusion of pancreatic flow from the intestine of the rat was without effect upon subsequent cholesterol absorption.

On the other hand, the pancreatic juice contains lipase, which is essential for its lipolytic activity on neutral fats. The absence of the juice interferes

[1]) J. L. BOLLMAN and E. V. FLOCK, Amer. J. Physiol. 164, 480 (1951).

[2]) G. V. VAHOUNY and C. R. TREADWELL, Amer. J. Physiol. 191, 179 (1957).

[3]) E. FRÖLICHER and H. SÜLLMANN, Biochem. Z. 274, 21 (1934).

[4]) S. FREEMAN and A. C. IVY, Amer. J. Physiol. 114, 132 (1935).

[5]) L. SWELL, E. C. TROUT, JR., J. R. HOPPER, H. FIELD, JR., and C. R. TREADWELL, J. biol. Chem. 232, 1 (1958).

[6]) R. SCHÖNHEIMER, Biochem. Z. 147, 258 (1928).

[7]) R. HUMMEL, Z. physiol. Chem. 185, 105 (1929).

[8]) M. D. SIPERSTEIN, I. L. CHAIKOFF, and W. O. REINHARDT, J. biol. Chem. 198, 111 (1952).

[9]) R. SUZUKI and C. R. PRASAD, Fed. Proc. 17, 159 (1958).

[10]) L. SWELL, D. F. FLICK, H. FIELD JR., and C. R. TREADWELL, Proc. Soc. exp. Biol. Med. 84, 428 (1953).

[11]) A. PIHL, Acta physiol. Scand. 34, 206 (1955).

[12]) H. H. HERNANDEZ, I. L. CHAIKOFF, and J. Y. KIYASU, Amer. J. Physiol. 181, 523 (1955).

[13]) T. M. LIN, E. KARVINEN, and A. C. IVY, Amer. J. Physiol. 190, 214 (1957).

[14]) S. O. BYERS and M. FRIEDMAN, Amer. J. Physiol. 182, 69 (1955).

with both the digestion and absorption of fats. Since certain fats facilitate cholesterol absorption, it is conceivable that a greater absorption of cholesterol is achieved when both bile and pancreatic juice are present as shown by HERNANDEZ et al.[1]). Under normal physiological conditions the pancreatic juice is also the main source of cholesterol esterase for the intestinal lumen.

## 2.4 *Capacity of Cholesterol Absorption*

The absorptive capacity of the intestinal mucosa is limited even when fat, bile and pancreatic secretion are present in physiological amounts. Comparative values of absorption among different species of animals have been tabulated by GOULD and COOK[2]). The rabbit is particularly efficient in the uptake of exogenous cholesterol. The dog and man absorb relatively less cholesterol than smaller animals.

The quantitative relationship between the amount of cholesterol in the diet and the amount absorbed when other conditions remain unchanged has been determined in the rat[3]) and in man[4]). In 16 young men, the amount of cholesterol absorbed reached a plateau when 6 g or more of the sterol were present in the diet; the average capacity was approximately 2 g per day and the percentage of apparent cholesterol absorption was 60% at 1-g, 40% at 3-g, 33% at 6-g, and 12% at 9-g dose levels. The excretion of total fecal sterol increased with the amount of cholesterol fed and the fecal elimination of fats closely followed the amount of sterol excretion. In two human subjects on one dose level each, FAVARGER and METZGER[5]) calculated the apparent cholesterol digestibility of deuterium-labeled cholesterol to be 57% for a 4-g dose and 75% for a 3-g dose; i.e., 2·28 or 2·25 g were absorbed, which agreed well with the findings of KARVINEN, LIN and IVY[4]). It should be emphasized that the capacity to absorb exogenous cholesterol does not represent the total capacity for cholesterol absorption because on a sterol-free diet the endogenous intestinal pool is quite large.

## 2.5 *Mechanism of Absorption*

The cholesterol liberated from the diet and that synthesized in the liver and delivered by bile are combined in the intestinal lumen. Many workers, such as SCHRAMM and WOLFF[6]) and HERNANDEZ et al.[7]), believe that esterification in the lumen is important for cholesterol absorption. Other investigators offer evidence that the formation of esters is not essential for the transport across the

---

¹) H. H. HERNANDEZ, I. L. CHAIKOFF, and J. Y. KIYASU, Amer. J. Physiol. *181*, 523 (1955).
²) R. G. GOULD and R. P. COOK, *Cholesterol; Chemistry, Biochemistry, and Pathology*, edited by R. P. COOK (Academic Press Inc., New York 1958), p. 244.
³) T. M. LIN, E. KARVINEN, and A. C. IVY, Proc. Soc. exp. Biol. Med. *89*, 422 (1955).
⁴) E. KARVINEN, T. M. LIN, and A. C. IVY, J. appl. Physiol. *11*, 143 (1957).
⁵) P. FAVARGER and E. F. METZGER, Helv. chim. Acta *35*, 1811 (1952).
⁶) G. SCHRAMM and A. WOLFF, Z. physiol. Chem. *263*, 73 (1940).
⁷) H. H. HERNANDEZ, I. L. CHAIKOFF, and J. Y. KIYASU, Amer. J. Physiol. *181*, 523 (1955).

mucosa[1-5]). The work of SWELL et al.[6]) would indicate that esterification of cholesterol with fatty acids takes place in the intestinal wall. Thus, much of the cholesterol transported to the lacteal lymph is in the ester form. It must not be overlooked, however, that in the whole body the formation of cholesterol esters proceeds continuously in the liver, plasma, blood vessels, skin and other organs.

### 3. Biosynthesis of Cholesterol — Endogenous Source

Man and animals are capable of making cholesterol in various organ tissues, particularly in the liver. BLOCH[7]) summarized the essential steps for the biosynthesis of endogenous cholesterol. By means of isotopic techniques it has been proved that acetate can serve as the starting material and by reacting with coenzyme A it polymerizes to squalene. The latter undergoes cyclization to form lanosterol, which is quickly converted to cholesterol. The accumulation of this knowledge is the result of painstaking investigations by several groups of workers[8-20]) – to mention a few. Their experiments were conducted either in vitro with liver slices[21]) or in vivo in mice or rats[8, 9]). Further studies with liver (rat) homogenates indicate that supernatant fractions free from nucleus and mitochondria are capable of synthesizing cholesterol from acetate[22-24]).

Biosynthesis of cholesterol also takes place in the small intestines[25]), the skin[25]), adrenals[26]) and gonads[27, 28]). Special attention has been paid to the

1) P. FAVARGER and E. F. METZGER, Helv. chim. Acta 35, 1811 (1952).
2) E. F. METZGER and P. FAVARGER, Helv. chim. Acta 35, 1805 (1952).
3) D. W. PATERSON, E. A. SHNEOUR, and N. F. PEEK, Fed. Proc. 12, 426 (1953).
4) A. PIHL, Acta physiol. Scand. 34, 197 (1955).
5) A. L. SMITH, R. HAUK, and C. R. TREADWELL, Amer. J. Physiol. 193, 34 (1958).
6) L. SWELL, E. C. TROUT, JR., J. R. HOPPER, H. FIELD, JR., and C. R. TREADWELL, J. biol. Chem. 232, 1 (1958).
7) K. BLOCH, The Harvey Lectures, series 48 (Academic Press Inc., New York 1954), p. 83; Vitamins & Hormones 15, 119 (1957).
8) K. BLOCH and D. RITTENBERG, J. biol. Chem. 143, 297 (1942).
9) K. BLOCH and D. RITTENBERG, J. biol. Chem. 145, 625 (1942).
10) J. WÜERSCH, R. L. HUANG, and K. BLOCH, J. biol. Chem. 195, 439 (1952).
11) J. W. CORNFORTH, G. D. HUNTER, and G. POPJÁK, Biochem. J. 54, 590 and 597 (1953).
12) J. W. CORNFORTH, G. D. HUNTER, and G. POPJÁK, Arch. Biochem. 42, 481 (1953).
13) J. W. CORNFORTH, G. POPJÁK, and I. Y. GORE, Biochemical Problems of Lipids, edited by G. POPJÁK and E. LEBRETON (Interscience Publishers Inc., New York 1956), p. 216.
14) J. W. CORNFORTH, I. Y. GORE, and G. POPJÁK, Biochem. J. 65, 94 (1957).
15) W. G. DAUBEN and K. H. TAKEMURA, J. Amer. chem. Soc. 75, 6302 (1953).
16) R. B. WOODWARD and K. BLOCH, J. Amer. chem. Soc. 75, 2023 (1953).
17) J. L. RABINOWITZ and S. GURIN, J. Amer. chem. Soc. 76, 5168 (1954).
18) H. RUDNEY, Fed. Proc. 15, 342 (1956).
19) H. RUDNEY, Fed. Proc. 13, 286 (1954).
20) E. SCHWENK and N. T. WERTHESSEN, Arch. Biochem. 42, 91 (1953).
21) K. BLOCH, E. BOREK, and D. RITTENBERG, J. biol. Chem. 162, 441 (1946).
22) N. L. R. BUCHER, J. Amer. chem. Soc. 75, 498 (1953).
23) J. L. RABINOWITZ and S. GURIN, Biochim. biophys. Acta 10, 345 (1953).
24) N. L. R. BUCHER and K. McGARRAHAN, J. biol. Chem. 222, 1 (1956).
25) P. A. SRERE, I. L. CHAIKOFF, S. S. TREITMAN and L. S. BURSTEIN, J. biol. Chem. 182, 629 (1950).
26) P. A. SRERE, I. L. CHAIKOFF, and W. G. DAUBEN, J. biol. Chem. 176, 829 (1948).
27) R. O. BRADY, J. biol. Chem. 193, 145 (1951).
28) J. L. RABINOWITZ and R. M. DOWBEN, Biochim. biophys. Acta 16, 96 (1955).

aorta, particularly because of its role in the development of atherosclerosis. The bovine aorta can synthesize cholesterol[1]) and phospholipids[2]).

The speed of cholesterol biosynthesis is chiefly regulated by the liver, largely depending on the exogenous supply in the whole body[3]), the more cholesterol in the diet (exogenous), the less the biosynthesis (endogenous).


## 4. Cholesterol in Blood

Cholesterol is present in the blood in both plasma (or serum) and formed elements. The plasma cholesterol, composed of the free alcohol and its esters, is extractable along with other lipid components. In the plasma as in the lymph, cholesterol is associated with lipoproteins—more with the $\beta$- than with the $\alpha$-form[4,5]). It has been further demonstrated by ultracentrifugal techniques that more cholesterol exists in the lower density fractions than the higher density fractions of $\beta$-lipoproteins[6,7]). For practical purposes in clinical medicine, the simple methods of determining total cholesterol are sufficient for appraisal of patients' conditions[8]). Esterified cholesterol constitutes nearly two thirds of total plasma cholesterol[9]). Most esters of cholesterol are those of unsaturated fatty acids such as linoleic and linolenic acids[10]).

In the erythrocytes, cholesterol occurs mainly in the free form[9,11,12]) and primarily in the stroma[13,14]). Similarly there is more free than esterified cholesterol in the leucocytes[15]).

Species differences in blood cholesterol levels have been well recognized, man having higher values than other animals[12,16]). A table showing comparative figures is given by BOYD and OLIVER[17]).

The relationship between age and serum cholesterol level in man has been a subject of disagreement. At birth and during infancy the blood cholesterol

[1]) N. T. WERTHESSEN, L. J. MILCH, R. F. REDMOND, L. L. SMITH, and E. C. SMITH, Amer. J. Physiol. *178*, 23 (1954).

[2]) S. CHERNICK, P. A. SRERE, and I. L. CHAIKOFF, J. biol. Chem. *179*, 113 (1949).

[3]) R. G. GOULD and R. P. COOK, *Cholesterol; Chemistry, Biochemistry, and Pathology*, edited by R. P. COOK (Academic Press Inc., New York 1958), p. 273.

[4]) J. L. ONCLEY, F. R. N. GURD, and M. MELIN, J. Amer. chem. Soc. *72*, 458 (1950).

[5]) J. L. ONCLEY, K. W. WALTON, and D. G. CORNWELL, J. Amer. chem. Soc. *79*, 4666 (1957).

[6]) J. W. GOFMAN, F. T. LINDGREN, and H. ELLIOTT, J. biol. Chem. *179*, 973 (1949).

[7]) J. W. GOFMAN, F. GLAZIER, A. TAMPLIN, B. STRISOWER, and O. DE LALLA, Physiol. Rev. *34*, 589 (1954).

[8]) J. W. GOFMAN et al., Circulation *14*, 691 (1956).

[9]) W. M. SPERRY, J. biol. Chem. *111*, 467 (1935).

[10]) F. E. KELSEY and H. E. LONGENECKER, J. biol. Chem. *139*, 727 (1941).

[11]) M. BODANSKY, J. biol. Chem. *63*, 239 (1925).

[12]) S. H. RUBIN, J. biol. Chem. *131*, 691 (1939).

[13]) G. C. BRUN, Acta med. Scand., suppl. 99 (1939), pp. 3–237.

[14]) B. N. ERICKSON, H. H. WILLIAMS, S. S. BERNSTEIN, I. AVRIN, R. L. JONES, and I. G. MACY, J. biol. Chem. *122*, 515 (1938).

[15]) E. M. BOYD, Arch. Path. *21*, 739 (1936).

[16]) R. P. COOK, Nutr. Abstr. Rev. *12*, 1 (1942).

[17]) G. S. BOYD and M. F. OLIVER, *Cholesterol; Chemistry, Biochemistry, and Pathology*, edited by R. P. COOK (Academic Press Inc., New York 1958), p. 187.

level is low. Figures of 80 to 100 mg% have been reported in the newborn[1]).
The blood cholesterol level rises rapidly in the early days of life[2]). PAGE *et al.*[3])
reported that among 66 male subjects the range in age from 20 to 90 years
had no detectable influence on the amount or the composition of the plasma
lipids. SPERRY and WEBB[4]), who made studies on 14 men and 18 women kept
under observation over a period of 13 to 15 years, and MAN and PETERS[5]),
who remeasured the blood lipid fractions of 7 men and 9 women after intervals
of 10 to 20 years, were unable to prove a direct relationship between age and
levels of blood cholesterol.

There is, however, evidence that the blood cholesterol level increases with
age in a population group. KEYS *et al.*[6]), in a study on 1492 men and 564
women residing in Minnesota, found that the plasma cholesterol rose pro-
gressively from birth to middle age and declined thereafter. KORNERUP[7])
observed a tendency toward higher serum concentration in older people. An
age trend of serum cholesterol levels in both men and women was also demonstrated by JONES *et al.*[8]), LEWIS *et al.*[9]), and LAWRY and associates[10]).

Seasonal[11–13]), diurnal[14,15]) and even hourly[16,17]) variations have been
recorded, but the significance of these changes remains to be established.

In women, premenstrual lowering of blood cholesterol has been noted, but
MAN and GILDEA[13]) were unable to confirm this. A definite elevation of
cholesterol level takes place during pregnancy, beginning after the second
month and continuing until the seventh month, and gradually declining
thereafter[18]).

The total plasma cholesterol for males in the fourth decade of life among
Europeans, Canadians and Americans ranges between 180 and 230 mg%[19]).

[1]) M. FOURESTIER and P. GÉRARD, Gaz. Hôp., Paris, No. 7, 101 (1945).
[2]) M. B. GORDON and D. J. COHN, Amer. J. Dis. Child. *35*, 193 (1928).
[3]) I. H. PAGE, E. KIRK, W. H. LEWIS, JR., W. R. THOMPSON, and D. D. VAN SLYKE, J. biol. Chem. *111*, 613 (1935).
[4]) W. M. SPERRY and M. WEBB, J. biol. Chem. *187*, 107 (1950).
[5]) E. B. MAN and J. P. PETERS, J. Lab. clin. Med. *41*, 738 (1953).
[6]) A. KEYS, O. MICKELSEN, E. V. O. MILLER, E. R. HAYES, and R. L. TODD, J. clin. Invest. *29*, 1347 (1950).
[7]) V. KORNERUP, Arch. int. Med. *85*, 398 (1950).
[8]) H. B. JONES, J. W. GOFMAN, F. T. LINDGREN, T. P. LYON, D. M. GRAHAM, B. STRISOWER, and A. V. NICHOLS, Amer. J. Med. *11*, 358 (1951).
[9]) L. A. LEWIS, F. OLMSTEAD, I. H. PAGE, E. Y. LAWRY, G. V. MANN, F. J. STARE, M. HANIG, M. A. LAUFFER, T. GORDON, and F. E. MOORE, Circulation *16*, 227 (1957).
[10]) E. Y. LAWRY, G. V. MANN, A. PETERSON, A. P. WYSOCKI, R. O'CONNELL, and F. J. STARE, Amer. J. Med. *22*, 605 (1957).
[11]) G. PFEIFFER, Biochem. Z. *220*, 210 (1930).
[12]) W. F. PETERSEN, *The Patient and the Weather*, vol. 1, part 2 (Edwards Brothers, Inc., Ann Arbor 1936).
[13]) E. B. MAN and E. F. GILDEA, J. biol. Chem. *119*, 769 (1937).
[14]) E. M. BOYD, J. biol. Chem. *110*, 61 (1935).
[15]) K. B. TURNER and A. STEINER, J. clin. Invest. *18*, 45 (1939).
[16]) W. M. SPERRY, J. biol. Chem. *117*, 391 (1937).
[17]) J. M. MCEACHERN and C. R. GILMOUR, Canad. M. A. J. *26*, 30 (1932).
[18]) J. A. GARDNER and H. GAINSBOROUGH, Lancet *1*, 603 (1929).
[19]) G. S. BOYD and M. F. OLIVER, *Cholesterol; Chemistry, Biochemistry, and Pathology*, edited by R. P. COOK (Academic Press Inc., New York 1958), p. 189.

It has been reported that the blood cholesterol concentrations of newborn African and European infants are strikingly similar[1]) whereas wide differences in plasma cholesterol levels have been observed among the adults of several races. Relatively low levels occur among Navajo Indians[2]), Japanese coal miners[3]), Chinese coolies[4]), Capetown Bantus[5]), Yemenite Jews[6]), rural Central Americans[7]), Neapolitans and Sardinian miners[8]) and residents of Madrid[9]). High levels among Jews in America[10,11]) and in Holland[12]) perhaps reflect differences in dietary habits and socio-economic status rather than true racial difference. Suffice it to state at present that there is no unequivocal evidence that race significantly affects the level of blood cholesterol.

## 5. Metabolic Pathway of Cholesterol

Carnivorous animals, including man, absorb cholesterol from food and also synthesize it in their organ tissues. The exogenous and endogenous forms, being identical chemically, mix and replace each other. If the exogenous supply is increased, biosynthesis (chiefly in the liver) is inhibited, and vice versa[13,14]). The rate of cholesterol formation in the animal body from $^{14}C$-acetate is very fast; in a matter of a few minutes to an hour the radioactive carbon is already incorporated into the cholesterol molecule[15]). On the other hand, labeled cholesterol given orally requires one to two days to reach a peak concentration in the plasma[16-19]). Besides the liver, which supplies endogenous cholesterol to plasma, many other organs are capable of synthesizing cholesterol—the spleen, intestine, skin, heart, lungs, kidney, eggs in the

[1]) I. Bersohn and S. Wayburne, Amer. J. clin. Nutr. 4, 117 (1956).
[2]) I. H. Page, L. A. Lewis and J. Gilbert, Circulation 13, 675 (1956).
[3]) A. Keys, N. Kimura, A. Kusukawa, and M. Yoshitomi, Amer. J. clin. Nutr. 5, 245 (1957).
[4]) I. Snapper, Advances int. Med. 2, 577 (1947).
[5]) B. Bronte-Stewart, A. Keys, and J. F. Brock, Lancet 2, 1103 (1955).
[6]) D. Brunner and K. Löbl, Lancet 1, 1300 (1957).
[7]) G. V. Mann, J. A. Muñoz, and N. S. Scrimshaw, Amer. J. Med. 19, 25 (1955).
[8]) A. Keys, Geriatrics 12, 301 (1957).
[9]) A. Keys, F. Vivanco, J. L. R. Miñon, M. H. Keys, and H. C. Mendoza, Metabolism 3, 195 (1954).
[10]) D. Adlersberg, L. E. Schaefer, and S. R. Drachman, J. Lab. clin. Med. 39, 237 (1952).
[11]) F. H. Epstein, E. P. Boas, and R. Simpson, J. chronic Dis. 5, 300 (1957).
[12]) J. Groen, C. E. Kamminga, J. H. Reisel, and A. F. Willebrands, Ned. Tijdschr. Geneesk. 94, 728 (1950).
[13]) R. G. Gould, Symposium on Atherosclerosis (National Academy of Sciences, Washington, D. C., 1955), p. 153.
[14]) L. Swell, E. C. Trout, Jr., H. Field, Jr., and C. R. Treadwell, Science 125, 1194 (1957).
[15]) R. G. Gould, D. J. Campbell, C. B. Taylor, F. B. Kelly, Jr., I. Warner, and C. B. David, Jr., Fed. Proc. 10, 191 (1951).
[16]) M. W. Biggs, D. Kritchevsky, D. Colman, J. W. Gofman, H. B. Jones, F. T. Lindgren, G. Hyde, and T. P. Lyon, Circulation 6, 359 (1952).
[17]) I. Warner, Fed. Proc. 11, 306 (1952).
[18]) L. Hellman, R. S. Rosenfeld, M. L. Eidinoff, D. K. Fukushima, T. F. Gallagher, C. I. Wang, and D. Adlersberg, J. clin. Invest. 34, 48 (1955).
[19]) L. Hellman, R. Rosenfeld, T. F. Gallagher, D. Adlersberg, and C. I. Wang, Circulation 8, 434 (1953).

female, and striated muscle[1-5]). Indeed, cholesterol is present in every cell of the body and probably provides van der Waals forces to hold protein and lipid molecules together[6]). The circulatory cholesterol of the plasma apparently interchanges with tissue cholesterol except that of the central nervous system[7]). The liver is the main organ regulating the plasma level of cholesterol[8,9]).

The chief metabolic products of cholesterol are bile acids, which facilitate the reabsorption of cholesterol[10-15]). A small amount is converted to adrenal cortical steroids and probably other hormones[16-27]). Finally some of the unchanged cholesterol and the catabolized products coprosterol and dihydrocholesterol are excreted in the feces[28-30]).

[1]) H. WAELSCH, W. M. SPERRY, and V. A. STOYANOFF, J. biol. Chem. *135*, 291 (1940).

[2]) N. E. EKLES, C. B. TAYLOR, D. J. CAMPBELL, and R. G. GOULD, J. Lab. clin. Invest. *46*, 359 (1955).

[3]) G. V. LE ROY, R. G. GOULD, D. M. BERGENSTAL, H. WERBIN, and J. J. KABARA, J. Lab. clin. Med. *49*, 858 (1957).

[4]) L. SWELL, E. C. TROUT, JR., H. FIELD, JR., and C. R. TREADWELL, J. biol. Chem. *230*, 61 (1958).

[5]) L. I. RICE, R. B. ALFIN-SLATER, and H. J. DEUEL, JR., Proc. Soc. exp. Biol. Med. *80*, 562 (1952).

[6]) D. M. SURGENOR, *Symposium on Atherosclerosis* (National Academy of Sciences, Washington, D. C., 1955), p. 203.

[7]) H. WAELSCH, W. M. SPERRY, and V. A. STOYANOFF, J. biol. Chem. *135*, 291 (1940).

[8]) R. G. GOULD, D. J. CAMPBELL, C. B. TAYLOR, F. B. KELLY, JR., I. WARNER, and C. B. DAVID, JR., Fed. Proc. *10*, 191 (1951).

[9]) N. E. EKLES, C. B. TAYLOR, D. J. CAMPBELL, and R. G. GOULD, J. Lab. clin. Invest. *46*, 359 (1955).

[10]) K. BLOCH, B. N. BERG, and D. RITTENBERG, J. biol. Chem. *149*, 511 (1943).

[11]) M. D. SIPERSTEIN, M. E. JAYKO, I. L. CHAIKOFF, and W. G. DAUBEN, Proc. Soc. exp. Biol. Med. *81*, 720 (1952).

[12]) S. BERGSTRÖM, Proc. Roy. physiogr. Soc. Lund *22*, 1 (1952).

[13]) S. BERGSTRÖM and A. NORMAN, Proc. Soc. exp. Biol. Med. *83*, 71 (1953).

[14]) M. D. SIPERSTEIN and A. W. MURRAY, J. clin. Invest. *34*, 1449 (1955).

[15]) D. S. FREDRICKSON, J. biol. Chem. *222*, 109 (1956).

[16]) A. ZAFFARONI, O. HECHTER, and G. PINCUS, J. Amer. chem. Soc. *73*, 1390 (1951).

[17]) O. HECHTER, M. M. SOLOMON, A. ZAFFARONI, and G. PINCUS, Arch. Biochem. *46*, 201 (1953).

[18]) N. SABA and O. HECHTER, Fed. Proc. *14*, 775 (1955).

[19]) M. HAYANO, N. SABA, R. I. DORFMAN, and O. HECHTER, Recent Progr. Hormone Res. *12*, 79 (1956).

[20]) R. D. H. HEARD, E. G. BLIGH, M. C. CANN, P. H. JELLINCK, V. J. O'DONNELL, B. G. RAO, and J. L. WEBB, Recent Progr. Hormone Res. *12*, 45 (1956).

[21]) H. WERBIN and G. V. LE ROY, Fed. Proc. *14*, 303 (1955).

[22]) H. WERBIN, J. PLOTZ, G. V. LE ROY, and E. M. DAVIS, J. Amer. chem. Soc. *79*, 1012 (1957).

[23]) S. SOLOMON, R. V. WIELE, and S. LIEBERMAN, J. Amer. chem. Soc. *78*, 5453 (1956).

[24]) W. R. SLAUNWHITE, JR., and L. T. SAMUELS, J. biol. Chem. *220*, 341 (1956).

[25]) W. S. LYNN, JR., Fed. Proc. *15*, 305 (1956).

[26]) K. SAVARD, R. I. DORFMAN, B. BAGGETT, and L. L. ENGEL, J. clin. Endocrinol. *16*, 1629 (1956).

[27]) O. HECHTER, *Cholesterol; Chemistry, Biochemistry, and Pathology*, edited by R. P. COOK (Academic Press Inc., New York 1958), p. 309.

[28]) R. S. ROSENFELD, D. K. FUKUSHIMA, L. HELLMAN, and T. F. GALLAGHER, J. biol. Chem. *211*, 301 (1954).

[29]) A. SNOG-KJAER, I. PRANGE, and H. DAM, J. gen. Microbiol. *14*, 256 (1956).

[30]) D. L. COLEMAN and C. A. BAUMANN, Arch. Biochem. *72*, 219 (1957).

### 6. Relation Between Hypercholesterolemia and Atherosclerosis

As is the case with glucose, calcium and non-protein nitrogen, blood (plasma or serum) cholesterol levels within a certain range are accepted as clinically normal. The Caucasian man maintains a plasma cholesterol level of 180–230 mg% through the fourth decade of life in health[1]). The level rises in certain disease conditions, chief among which are coronary occlusion, hypo-thyroidism, diabetes mellitus, arteriosclerosis and xanthomatosis. Necropsy of patients who die from these ailments usually reveals intimal deposits of cholesterol, often together with calcium. The latter substances are presumed to have infiltrated from plasma under faulty conditions of homeostasis, and in advanced stages fibrous tissues are mixed with them in the intima of arteries involved. Frequently lipids, phospholipids and lipoproteins are accumulated with cholesterol. Such a lesion is called atherosclerosis. Hypertension may occur when hypercholesterolemia is associated with coronary occlusion or arteriosclerosis.

The development of atherosclerosis is a slow process and seems to require a predisposition for the lesion. There is also a genetic component, which is exhibited most convincingly in xanthomatosis[2,3]) and idiopathic hyper-cholesterolemia[4,5]). The higher incidence of atherosclerosis in men than in women is well known. Mental and emotional stress may play a role in the development of atherosclerosis[6]); indeed hypercholesterolemia occurs among students during examinations[7]).

An association between elevated plasma cholesterol and atherosclerosis has been suspected for many years. The frequent occurrence of hypercholes-terolemia in coronary atherosclerosis, xanthomatosis, and atherosclerosis identified with other diseases supports this hypothesis. Furthermore, athero-matous lesions in animals experimentally produced by feeding cholesterol resemble human atheroma so closely that it would be difficult to deny that cholesterol plays a role in the development of atherosclerosis. The only reservation is the lack of uniformity of the clinical picture. Persons who die of atherosclerosis may not have a plasma cholesterol level significantly higher than normal subjects, whereas men with hypercholesterolemia may live to old age. In other words, atherosclerosis cannot always be predicted by the determination of plasma cholesterol or other lipids[8]). This constitutes the main source of controversy and has resulted in intensified research now taking place in different laboratories and clinics throughout the world.

---

[1]) G. S. Boyd and M. F. Oliver, *Cholesterol; Chemistry, Biochemistry, and Pathology*, edited by R. P. Cook (Academic Press Inc., New York 1958), p. 187.

[2]) D. Adlersberg, Amer. J. Med. *11*, 600 (1951).

[3]) D. Adlersberg, A. M. A. Arch. Path. *60*, 481 (1955).

[4]) R. Schönheimer, Z. klin. Med. *123*, 749 (1933).

[5]) M. W. Biggs and D. S. Colman, Circulation 7, 393 (1953).

[6]) A. Keys, Minnesota Med. *38*, 758 (1955).

[7]) P. T. Wertlake, A. A. Wilcox, M. I. Haley, and J. E. Peterson, Proc. Soc. exp. Biol. Med. *97*, 163 (1958).

[8]) J. W. Gofman *et al.*, Circulation *14*, 691 (1956).

## 7. Experimental Atherosclerosis

Atherosclerosis has been produced successfully in animals for about half a century by the administration of cholesterol, usually incorporated in food. This tool has been employed by many investigators for the exploration of the mechanism although criticisms have been offered that the amounts of cholesterol fed in a short period of experimentation are out of proportion to what human beings would consume[1]. For comparative purposes, especially in the development of therapeutic agents before clinical trials, one can use the following criteria: periodic determination of plasma cholesterol, terminal assay of cholesterol content of the liver and aorta, and microscopic study of the sections of aorta and coronary artery stained with Sudan III or IV, or Oil red O. The latter procedure detects the presence of lipids, but cholesterol crystals are often visible under the crossed Nicol prisms of a polarizing microscope. In fact, Sudan IV stain will also show the relative concentration of cholesterol *in situ*[2]. HERRMANN'S[3] modification of the method originally proposed by ZLATKIS *et al.*[4] is applicable to both plasma and tissue cholesterol.

### 7.1 *Rabbits*

In 1908 IGNATOWSKI[5] and SALTYKOW[6] demonstrated that the feeding of meat, eggs and milk to rabbits resulted in thickening of intima of the aorta. Subsequent investigators[7,8] showed that oral administration of pure cholesterol for a long period of time produced similar lesions in this herbivorous animal. The high susceptibility of the rabbit to cholesterol-induced atherosclerosis has been amply confirmed[9-16]. One of the common methods to administer cholesterol to rabbits is to feed pellets in which cholesterol has been incorporated to the extent of 1%. At the end of two months, hypercholesterolemia and plaques of atheroma will occur in the majority of the animals.

[1]) A. KEYS and J. T. ANDERSON, *Symposium on Atherosclerosis* (National Academy of Sciences, Washington, D. C., 1955), p. 181.

[2]) J. C. GREER, J. P. STRONG, H. C. McGILL, JR., M. A. NYMAN, and N. T. WERTHESSEN, Proc. Soc. exp. Biol. Med. *98*, 260 (1958).

[3]) R. G. HERRMANN, Proc. Soc. exp. Biol. Med. *94*, 503 (1957).

[4]) A. ZLATKIS, B. ZAK, and A. J. BOYLE, J. Lab. clin. Med. *41*, 486 (1953).

[5]) A. IGNATOWSKI, Ber. mil. med. Akad., St. Petersburg *16*, 174 (1908); Arch. path. Anat. *198*, 248 (1909).

[6]) S. SALTYKOW, Zbl. allg. Path. path. Anat. *19*, 321 (1908).

[7]) N. ANITSCHKOW and S. CHALATOW, Zbl. allg. Path. path. Anat. *24*, 1 (1913).

[8]) L. WACKER and W. HUECK, Arch. exp. Path. Pharmakol. *74*, 416 (1913).

[9]) S. SHAPIRO, J. exp. Med. *45*, 595 (1927).

[10]) K. B. TURNER, J. exp. Med. *58*, 115 (1933).

[11]) A. STEINER, Proc. Soc. exp. Biol. Med. *38*, 231 (1938).

[12]) J. GLAVIND, S. HARTMANN, J. CLEMMESSEN, K. E. JESSEN, and H. DAM, Acta pathol. microbiol. Scand. *30*, 1 (1952).

[13]) I. H. PAGE and H. B. BROWN, Circulation *6*, 681 (1952).

[14]) S. MEMBER, M. BRUGER, and E. OPPENHEIM, Arch. Path. *38*, 210 (1944).

[15]) C. I. WANG, L. E. SCHAEFER, S. R. DRACHMAN, and D. ADLERSBERG, J. Mt. Sinai Hosp. *21*, 19 (1954).

[16]) A. L. MYASNIKOV, Circulation *17*, 99 (1958).

## 7.2 Chickens

The chick has been recommended for the study of experimental athero-sclerosis[1,2] because of the speed with which it develops atheromata. Details are given in other publications[3-5]. Cholesterol in one per cent concentration induces hypercholesterolemia and atheroma of the thoracic aorta within one month in most birds.

## 7.3 Rats

The rat is reputed to be resistant to the effects of cholesterol feeding. However, manipulations of the diet in addition to cholesterol feeding markedly enhance the chances of producing atherosclerosis. Thus, elevation of plasma cholesterol and occurrence of aortic atheroma can be achieved by the combina-tion of cholesterol and cholic acid[6-8]. A choline-deficient[9] or high carbo-hydrate diet[10] also enhances cholesterol-induced hypercholesterolemia. A convenient method for general use consists of feeding a ration of 2% cholesterol and 1% cholic acid. Atherosclerosis will be evident in 8–10 months.

## 7.4 Dogs and Other Animals

Hypercholesterolemia occurs in dogs that are given daily doses of 2–30 g of pure cholesterol[11] but results appear to be more convincing if thiouracil is added[12]. In cebus or rhesus monkeys a dietary deficiency plus cholesterol is required to bring about hypercholesterolemia[13-15]. Experiments are being conducted in baboons[16] but no report has been published. Milk and egg yolk[17] easily cause atherosclerosis in golden hamsters and guinea pigs. Overfeeding with or without cholesterol of geese results in atheroma formation[18].

[1] D. V. DAUBER and L. N. KATZ, Arch. Path. *34*, 937 (1942); *36*, 473 (1943).

[2] L. N. KATZ and J. STAMLER, *Experimental Atherosclerosis* (Charles C Thomas, Springfield, Illinois, 1953).

[3] L. HORLICK and L. N. KATZ, Amer. Heart J. *38*, 336 (1949).

[4] J. STAMLER and L. N. KATZ, Amer. J. Physiol. *163*, 952 (1950).

[5] S. RODBARD, C. BOLENE, and L. N. KATZ, Circulation *4*, 43 (1951).

[6] I. H. PAGE and H. B. BROWN, Circulation *6*, 681 (1952).

[7] L. C. FILLIOS, S. B. ANDRUS, G. V. MANN, and F. J. STARE, J. exp. Med. *104*, 539 (1956).

[8] R. W. WISSLER, M. L. EILERT, M. A. SCHROEDER, and L. COHEN, Fed. Proc. *11*, 434 (1952).

[9] W. S. HARTROFT, J. H. RIDOUT, E. A. SELLERS, and C. H. BEST, Proc. Soc. exp. Biol. Med. *81*, 384 (1952).

[10] O. W. PORTMAN, E. Y. LAWRY, and D. BRUNO, Proc. Soc. exp. Biol. Med. *91*, 321 (1956).

[11] K. H. SHULL, G. V. MANN, S. B. ANDRUS, and F. J. STARE, Amer. J. Physiol. *176*, 475 (1954).

[12] A. STEINER and F. E. KENDALL, Arch. Path. *42*, 433 (1946).

[13] L. D. GREENBERG and J. F. RINEHART, Proc. Soc. exp. Biol., N. Y. *76*, 580 (1951).

[14] G. V. MANN, S. B. ANDRUS, and A. MCNALLY and F. J. STARE, J. exp. Med. *98*, 195 (1953).

[15] J. F. RINEHART and L. D. GREENBERG, Amer. J. clin. Nutr. *4*, 318 (1956).

[16] *Southwest Foundation for Research and Education*, Science *127*, 1107 (1958).

[17] R. ALTSCHUL, Amer. Heart J. *40*, 401 (1950).

[18] J. B. WOLFFE, A. S. HYMAN, M. B. PLUNGIAN, A. D. DALE, G. E. MCGINNIS, and M. B. WALKOW, J. Gerontol. *7*, 13 (1952).

It is fortunate that human subjects are not as sensitive to exogenous cholesterol as are rabbits. Daily intake of 1 to 9 g for 4 weeks does not significantly affect plasma cholesterol[1]. GOULD[2] cited the work of MESSINGER and associates in which they prescribed '30 g of cholesterol and 90 g of fat daily for 29 days with no significant increase in plasma cholesterol level'.

## 8. Foodstuffs Affecting Plasma Cholesterol Levels

The foods of man, an omnivorous animal, supply not only exogenous cholesterol, but also two-carbon fragments (acetate groups) that are constantly derived from the major sources of calories, namely, the fats, sugars and proteins. Thus cholesterol metabolism is an important subject in nutritional research. Although numerous observations have been made on animals, many contributions at clinical or epidemiological level are also available for review purposes. Of the three foodstuffs, the fats appear to play the most significant role.

### 8.1 *Fats*

A thorough discussion on this subject has been presented by PAGE et al[3].). KEYS and his associates[4] demonstrated in their latest paper that a low-fat diet resulted in a lower serum cholesterol than the addition of 100 g of oleic acid or a mixture of safflower oil and oleo-stearine, all three diets having equal caloric value. The results would support the merit of KEMPNER's rice diet for hypertensive patients[5-7] because the regimen involves fat restriction.

There is evidence that vegetable fats confer a lower plasma cholesterol level than animal fats. Thus HARDING and STARE[8] reported that male adult vegetarians carry a lower serum cholesterol concentration than non-vegetarians. Many of the vegetable fats are unsaturated some of which, such as linoleic and linolenic acids, are considered essential fatty acids. These acids form esters with cholesterol in the liver and plasma and may accelerate the catabolism of cholesterol to bile acids for fecal excretion[9]. This may account for their choles-

---

[1] E. KARVINEN, T. M. LIN, and A. C. IVY, J. appl. Physiol. *11*, 143 (1957).

[2] R. G. GOULD, *Symposium on Atherosclerosis* (National Academy of Sciences, Washington, D. C., 1955), p. 200.

[3] I. H. PAGE, F. J. STARE, A. C. CORCORAN, H. POLLACK, and C. F. WILKINSON, JR., Circulation *16*, 163 (1957).

[4] A. KEYS, J. T. ANDERSON, and F. GRANDE, Proc. Soc. exp. Biol. Med. *98*, 387 (1958).

[5] W. KEMPNER, Ann. int. Med. *31*, 821 (1949).

[6] D. M. WATKIN, H. F. FROEB, F. T. HATCH, and A. B. GUTMAN, Amer. J. Med. *9*, 441 (1950).

[7] H. STARKE, Amer. J. Med. *9*, 494 (1950).

[8] M. G. HARDING and F. J. STARE, Amer. J. clin. Nutr. *2*, 83 (1954).

[9] H. GORDON, B. LEWIS, L. EALES, and J. F. BROCK, Lancet *2*, 1299 (1957).

terol-reducing property in patients with hypertension[1-6]. On the other hand, saturated animal fats or hydrogenated vegetable fats tend to increase plasma cholesterol.

## 8.2 *Carbohydrates*

The change in the amount of carbohydrates in isocaloric diets may influence the plasma cholesterol level. However, each carbohydrate seems to exert its own influence on cholesterol metabolism. For example, Purina Chow, a commercial animal diet, increases bile acid excretion in rats more than a sucrose-containing ration[7]. When cholesterol and cholic acid are added to the latter, a higher degree of cholesterolemia results than with a cornstarch-containing diet[8]. Sucrose, glucose and fructose have essentially equal effects on cholesterolemia induced by cholesterol and cholic acid[8]. In general, high carbohydrate diets of one type or another are apt to raise plasma cholesterol levels[9-11]. These laboratory data do not support the hypocholesterolemic effect of rice diet[12-14] on hypertensive patients. However, rice contains chiefly starch and not simple sugars.

## 8.3 *Proteins*

Evidence was presented as early as 1899[15] that a high-protein diet produced not only more bile but also more cholic acid than a low-protein diet in biliary fistula dogs. This cholepoietic action depends much on the quality of proteins. Liver extract and casein are good stimulators whereas gelatin is ineffective[16]. Whatever the relationship between cholepoiesis and plasma cholesterol level may be, a diet high in proteins generally favors reduction of

[1]) L. W. KINSELL, G. D. MICHAELS, J. W. PARTRIDGE, L. A. BOLING, H. E. BALCH, and G. C. COCHRANE, J. clin. Nutr. *1*, 224 (1953).
[2]) E. H. AHRENS, JR., D. H. BLANKENHORN, and T. T. TSALTAS, Proc. Soc. exp. Biol. Med. *86*, 872 (1954).
[3]) J. M. R. BEVERIDGE, W. F. CONNELL, G. MAYER, J. B. FIRSTBROOK, and M. DEWOLFF, Circulation *10*, 593 (1954).
[4]) B. BRONTE-STEWART, A. ANTONIS, L. EALES, and J. F. BROCK, Lancet *1*, 521 (1956).
[5]) E. H. AHRENS, JR., J. HIRSCH, W. J. INSULL, JR., T. T. TSALTAS, R. BLOMSTRAND, and M. L. PETERSON, Lancet *1*, 943 (1957).
[6]) H. MALMROS and G. WIGAND, Lancet *2*, 1 (1957).
[7]) O. W. PORTMAN, G. V. MANN, and A. P. WYSOCKI, Arch. Biochem. *59*, 224 (1955).
[8]) O. W. PORTMAN, E. Y. LAWRY, and D. BRUNO, Proc. Soc. exp. Biol. Med. *91*, 321 (1956).
[9]) W. C. GRANT and M. J. FAHRENBACH, Fed. Proc. *16*, 50 (1957).
[10]) C. D. DE LANGEN and W. F. DONATH, Acta med. Scand. *156*, 317 (1956).
[11]) C. C. LEE and R. G. HERRMANN, Fed. Proc. *17*, 386 (1958).
[12]) W. KEMPNER, Ann. int. Med. *31*, 821 (1949).
[13]) D. M. WATKIN, H. F. FROEB, F. T. HATCH, and A. B. GUTMAN, Amer. J. Med. *9*, 441 (1950).
[14]) H. STARKE, Amer. J. Med. *9*, 494 (1950).
[15]) A. LIGATI, Jber. Tierchemie *1899*, 422.
[16]) D. J. MAGEE, K. S. KIM, and A. C. IVY, Amer. J. Physiol. *169*, 317 (1952).

cholesterol in the blood of mice and rats[1,2]). The soybean proteins, due to their lack of sulfur-containing amino acids, produce in cebus monkeys hyper-cholesterolemia and atherosclerosis that can be prevented or reversed by the administration of L-cystine and DL-methionine, particularly the latter[3]). Mice and rats show the same response of the plasma cholesterol to DL-methionine[4]).

The lipotropic action of proteins is evinced by their ability to remove or prevent accumulation of lipids, including cholesterol in the liver. The demonstration of such effects on the fatty liver of mice[5]), rats[6-8]), and dogs[9]) has been recorded repeatedly.

## 9. Other Factors

Cholesterol metabolism is influenced by food accessories, hormones, and physical activity. This is reflected in the changes of the plasma cholesterol and sometimes in the unfolding of the atherosclerotic process.

### 9.1 *Vitamins*

Avitaminosis of one kind or another is frequently accompanied by cachexia and reduction of plasma cholesterol. It is difficult to differentiate between the direct action of vitamins and the effect of inanition upon the cholesterol metabolism. SMITH[10]) observed an increase of serum cholesterol in vitamin A-deficient rats, but a drop of the level at the terminal stage. A rise in plasma cholesterol in young dogs concurrent with the development of symptoms of vitamin A-deficiency is reversed by subsequent feeding of vitamin A[11]).

PFLEIDERER[12]) reported that combined administration of irradiated ergosterol and cholesterol intensified the development of atherosclerosis in rabbits. Similar results were obtained by DELANGEN and DONATH[13]). The authors warned against the use of vitamin D in older people with atherosclerosis. Work carried out in this laboratory[14,15]) showed that vitamin D raised the serum level of normal, thyroidectomized, and ovariectomized rats fed a high-carbohydrate diet.

[1]) J. MAYER and A. K. JONES, Amer. J. Physiol. *175*, 339 (1953).
[2]) A. W. MOYER, D. KRITCHEVSKY, J. B. LOGAN, and H. R. COX, Proc. Soc. exp. Biol. Med. *92*, 726 (1956).
[3]) G. V. MANN, S. B. ANDRUS, A. MCNALLY, F. J. STARE, J. exp. Med. *98*, 195 (1953).
[4]) L. C. FILLIOS and G. V. MANN, Metabolism *3*, 16 (1954).
[5]) S. A. SINGAL and H. C. ECKSTEIN, Proc. Soc. exp. Biol. Med. *41*, 512 (1939).
[6]) H. J. CHANNON and H. WILKINSON, Biochem. J. *29*, 350 (1935).
[7]) C. H. BEST, M. E. HUNTSMAN, and J. H. RIDOUT, Nature, London, *135*, 821 (1935).
[8]) A. W. BEESTON, H. J. CHANNON, and H. WILKINSON, Biochem. J. *29*, 2659 (1935).
[9]) R. ELMAN and C. J. HEIFETZ, J. exp. Med. *73*, 417 (1941).
[10]) M. E. SMITH, J. Nutrition *8*, 675 (1934).
[11]) E. P. RALLI and A. WATERHOUSE, Proc. Soc. exp. Biol. Med. *30*, 519 (1933).
[12]) E. PFLEIDERER, Arch. path. Anat. *284*, 154 (1932).
[13]) C. D. DE LANGEN and W. F. DONATH, Acta med. Scand. *156*, 317 (1956).
[14]) R. G. HERRMANN and C. C. LEE, Fed. Proc. *17*, 377 (1958).
[15]) C. C. LEE and R. G. HERRMANN, Fed. Proc. *17*, 386 (1958).

Among the B vitamins, pantothenic acid is a component of coenzyme A and thus plays a role in biosynthesis of cholesterol. KLEIN and LIPMANN[1]) observed a decrease in cholesterol synthesis in liver slices from pantothenic acid-deficient rats.

Atherosclerotic lesions have been observed in pyridoxine-deficient rhesus monkeys and dogs[2-5]). GRIFFITH [6]) claimed that lipotropic vitamins, including choline, inositol and pyridoxine, probably lowered the mortality of hypertensive male subjects with hypercholesterolemia. FAILEY[7]) administered 400 mg of pyridoxine daily to patients for a period of 9 days and was able to achieve only slight lowering of serum cholesterol.

Much interest in nicotinic acid was aroused after ALTSCHUL et al.[8]) showed its cholesterol-reducing effect in men. This has been repeatedly observed by other workers[9-16]) and extended by ALTSCHUL and HOFFER[17]). In rabbits nicotinic acid is said to lower plasma cholesterol level, inhibit cholesterol deposition, and prevent atherosclerosis[18,19]). The effective clinical dose is 3 to 6 g daily. Such large amounts usually produce untoward reactions such as flushing, pruritus, urticaria, nausea and vomiting. It is therefore not a practical therapy.

There is less agreement regarding the action of ascorbic acid on the cholesterol metabolism. While FLEXNER et al.[20]) could not detect any significant effect of ascorbic acid on the cholesterol deposition in the aorta of rabbits, MYASNIKOV[21]) claimed to have observed a cholesterol-reducing property of ascorbic acid. CHAKRAVARTI et al.[22]) reported that the combination of $B_{12}$ and ascorbic acid was more effective in inhibiting the atheroma formation of cholesterol-fed rabbits than ascorbic acid alone.

Administration of $\alpha$-tocopherol has also given rise to contradictory results.

———————

[1]) H. P. KLEIN and F. LIPMANN, J. biol. Chem. 203, 101 (1953).
[2]) J. F. RINEHART and L. D. GREENBERG, Fed. Proc. 7, 278 (1948).
[3]) J. F. RINEHART and L. D. GREENBERG, Amer. J. Path. 25, 481 (1949).
[4]) J. F. RINEHART and L. D. GREENBERG, A. M. A. Arch. Path. 51, 12 (1951).
[5]) C. W. MUSHETT and G. A. EMERSON, Fed. Proc. 15, 526 (1956).
[6]) J. Q. GRIFFITH, JR., Amer. Practitioner 7, 2012 (1956).
[7]) R. B. FAILEY, JR., Circulation 16, 506 (1957).
[8]) R. ALTSCHUL, A. HOFFER, and J. D. STEPHEN, Arch. Biochem. 54, 558 (1955).
[9]) W. B. PARSONS, JR., R. W. ACHOR, K. G. BERGE, B. F. McKENZIE, and N. W. BARKER, Proc. Mayo Clin. 31, 377 (1956).
[10]) W. B. PARSONS, JR., R. W. P. ACHOR, K. G. BERGE, B. F. McKENZIE, and N. W. BARKER, Circulation 14, 495 (1956).
[11]) M. MANCINI and G. LAVITOLA, Osp. psichiat. (Naples) 24, 153 (1956).
[12]) R. ALTSCHUL and A. HOFFER, Circulation 16, 499 (1957).
[13]) R. W. P. ACHOR, K. G. BERGE, N. W. BARKER, and B. F. McKENZIE, Circulation 16, 499 (1957).
[14]) W. B. PARSONS, JR., and J. H. FLINN, J. A. M. A. 165, 234 (1957).
[15]) W. B. PARSONS, JR., and J. H. FLINN, Circulation 16, 499 (1957).
[16]) P. O. O'REILLY, M. DEMAY, K. KOTLOWSKI, A. M. A. Arch. int. Med. 100, 797 (1957).
[17]) R. ALTSCHUL and A. HOFFER, Arch. Biochem. 73, 420 (1958).
[18]) R. ALTSCHUL, Circulation 14, 494 (1956).
[19]) J. M. MERRILL and J. LEMLEY-STONE, Circulation Res. 5, 617 (1957).
[20]) J. FLEXNER, M. BRUGER and I. S. WRIGHT, Arch. Path. 31, 82 (1941).
[21]) A. L. MYASNIKOV, Circulation 17, 99 (1958).
[22]) R. N. CHAKRAVARTI, U. N. DE and B. MUKERJI, Indian J. med. Res. 45, 315 (1957).

Most investigators[1-7] were unable to demonstrate any activity of α-tocopherol on cholesterol metabolism. BRUGER[8] and GALEONE and BOERO[9] believed that this vitamin increased the blood cholesterol. In spite of this uncertainty, vitamin E has been advocated for clinical use in the treatment of coronary or general atherosclerosis[10-14], although negative findings have also been presented[15-17]. The dose variation has been extreme. For example, GREENBLATT[18] employed a daily dose of 40 g of α-tocopherol for one month and recorded a lowering of approximately 100 mg% of plasma cholesterol. GRAY and LOH[19] observed an opposite effect in healthy young individuals with a daily dose of 100 mg. One of the interesting papers is that of WEITZEL and BUDDECKE[20]. They found that in old hens vitamin A, especially in combination with vitamin E, caused regression of atherosclerotic plaques, reduction of aortic lipids and cholesterol. Vitamin K had no effect in these experiments.

## 9.2 Endocrines

The thyroid gland appears to play an important role in the regulation of cholesterol metabolism. Numerous early workers have reported the association of low blood cholesterol levels with hyperthyroidism[21-30] or a rise in blood

[1]) M. MONNIER, A. FARCHADI, and A. MAULBETSCH, C. R. Soc. phys. hist. nat., Genève, 58, 244 (1941).
[2]) W. MARX, L. MARX, E. R. MESERVE, F. SHIMODA, and H. J. DEUEL, JR., Arch. Path. 47, 440 (1949).
[3]) H. DAM and E. M. KELMAN, Science 96, 430 (1942).
[4]) J. STAMLER, R. PICK, and L. N. KATZ, Circulation 8, 455 (1953).
[5]) H. DAM, J. Nutrition 28, 289 (1944).
[6]) M. BELTRÁN BÁGUENA, J. BÁGUENA CANDELA, F. MARCO ORTS, and V. TORINO, Arch. Méd. exp. 18, 13 (1954).
[7]) H. DAM, J. Nutrition 27, 193 (1944).
[8]) M. BRUGER, Proc. Soc. exp. Biol. Med. 59, 56 (1945).
[9]) A. GALEONE and P. BOERO, Acta gerontol. 1, 3 (1951).
[10]) W. E. SHUTE and E. V. SHUTE, Alpha-tocopherol in Cardiovascular Disease (Ryerson Press, Toronto 1954).
[11]) M. G. WILSON and E. W. PARRY, Lancet 1, 486 (1954).
[12]) E. BOTTIGLIONI and P. L. STURANI (Zuffi, Bologna 1950). Quoted from L. A. GERVASONI and A. VANNOTTI, Schweiz. med. Wschr. 86, 708 (1956).
[13]) R. H. MOORMAN, JR., H. E. SNYDER, C. D. SNYDER, and W. A. GROSJEAN, A.M.A. Arch. Surg. 67, 137 (1953).
[14]) I. J. GREENBLATT, Circulation 16, 508 (1957).
[15]) U. BUTTURINI, Gior. clin. med. 31, 1 (1950).
[16]) L. L. PENNOCK, Lancet 1, 46 (1950).
[17]) M. HAMILTON, G. M. WILSON, P. ARMITAGE, and J. T. BOYD, Lancet 1, 367 (1953).
[18]) I. J. GREENBLATT, Circulation 16, 508 (1957).
[19]) D. E. GRAY and S. M. LOH, Canad. J. Biochem. Physiol. 36, 269 (1958).
[20]) G. WEITZEL and E. BUDDECKE, Klin. Wschr. 34, 1172 (1956).
[21]) A. A. EPSTEIN and H. LANDE, Arch. int. Med. 30, 563 (1922).
[22]) H. J. BING and H. HECKSCHER, Biochem. Z. 158, 403 (1925).
[23]) E. G. NICHOLLS and W. A. PERLZWEIG, J. clin. Invest. 5, 195 (1928).
[24]) R. L. MASON, H. M. HUNT, and L. HURXTHAL, New England J. Med. 203, 1273 (1930).
[25]) C.-I. PARHON and I. ORNSTEIN, C. R. Soc. Biol. 108, 303 (1931).
[26]) L. M. HURXTHAL, Arch. int. Med. 53, 762 (1934).
[27]) A. O. SCHALLY, Z. klin. Med. 128, 376 (1935).
[28]) E. M. BOYD and W. F. CONNELL, Quart. J. Med. 5, 455 (1936).
[29]) E. M. BOYD and W. F. CONNELL, Quart. J. Med. 6, 231 (1937).
[30]) E. F. GILDEA, E. B. MAN, and J. P. PETERS, J. clin. Invest. 18, 739 (1939).

cholesterol after thyroidectomy[1-7]). The over-all catabolism and synthesis of cholesterol is increased in hyperthyroid and decreased in hypothyroid states[8-12]). Euthyroid dogs respond to high-cholesterol diet by a fivefold increase in fecal bile-acid excretion, whereas in thiouracil-treated animals the administration of excess dietary cholesterol produces only a twofold increase in bile-acid output[13]). Hyperthyroid rats excrete 2 to 3 times more cholesterol in the bile than hypothyroid rats, which excrete only about half as much cholesterol as controls[14-17]). It seems that atherosclerosis produced in rabbits by cholesterol feeding can be prevented by simultaneous feeding of thyroid gland[18]). TURNER et al.[18]) observed that the serum cholesterol of rabbits on a normal diet without cholesterol is increased only slightly by thyroidectomy, whereas in rabbits with hypercholesterolemia due to long continued cholesterol intake thyroidectomy caused a marked rise in the blood cholesterol.

Thyroid therapy brings about a lowering of hypercholesterolemia and a rise of basal metabolic rate in cretins[19]), in patients with diabetes or arterio-sclerosis[20]), and in thyroidectomized persons with angina pectoris[21]). Sensitivity of serum cholesterol to thyroid therapy is generally heightened in man, dog, and rabbit after thyroidectomy[22]). In dogs elevation of serum cholesterol and $\beta$-lipoprotein occurs when cholesterol and thiouracil are administered jointly[23]). Both thyroxine and triiodothyronine are capable of lowering the circulating cholesterol in hypothyroid and euthyroid human subjects[24-27]) by oxidation to their acetic acids, which are the active metabolites. The chief drawback of prescribing thyroid extract or its hormones for hypercholesterolemia is ob-vious – the unnecessary elevation of the basal metabolic rate.

[1]) A. RÉMOND, H. COLOMBIÈS, and J. BERNARDBEIG, C. R. Soc. Biol. *91*, 445 (1924).

[2]) E. J. BAUMANN and O. M. HOLLY, Amer. J. Physiol. *75*, 618 (1926).

[3]) O. J. YOSHIMURA, J. Chosen M. A. *21*, 1079 (1931).

[4]) M. M. KUNDE, M. F. GREEN, and G. BURNS, Amer. J. Physiol. *99*, 469 (1932).

[5]) J. J. WESTRA and M. M. KUNDE, Amer. J. Physiol. *103*, 1 (1933).

[6]) E. M. BOYD, Trans. Roy. Soc. Canad. *5:* Sect. V., Series 3, 30 (1936).

[7]) K. B. TURNER, C. H. PRESENT, and E. H. BIDWELL, J. exp. Med. *67*, 111 (1938).

[8]) A. KARP and D. STETTEN, JR., J. biol. Chem. *179*, 819 (1949).

[9]) S.O.BYERS, R.H.ROSENMAN, M.FRIEDMAN, and M.W.BIGGS, J. exp. Med. *96*, 513 (1952).

[10]) S. B. WEISS and W. MARX, J. biol. Chem. *213*, 349 (1955).

[11]) G. V. LeROY, Ann. int. Med. *44*, 524 (1956).

[12]) S. ERIKSSON, Proc. Soc. exp. Biol. Med. *94*, 582 (1957).

[13]) E. H. MOSBACH and F. E. KENDALL, Circulation *16*, 490 (1957).

[14]) R. H. ROSENMAN, M. FRIEDMAN, and S. O. BYERS, Science *114*, 210 (1951).

[15]) R. H. ROSENMAN, S. O. BYERS, and M. FRIEDMAN, J. clin. Endocrinol. *12*, 1287 (1952).

[16]) R. H. ROSENMAN, M. FRIEDMAN, and S. O. BYERS, Circulation *5*, 589 (1952).

[17]) M. FRIEDMAN and R. H. ROSENMAN, Amer. J. Physiol. *188*, 295 (1957).

[18]) K. B. TURNER, C. H. PRESENT, and E. H. BIDWELL, J. exp. Med. *67*, 111 (1938).

[19]) I. P. BORNSTEIN, J.A.M.A. *100*, 1661 (1933).

[20]) K. B. TURNER and A. STEINER, J. clin. Invest. *18*, 45 (1939).

[21]) D. R. GILLIGAN, M. C. VOLK, D. DAVIS, and H. L. BLUMGART, Arch. int. Med. *54*, 746 (1934).

[22]) W. FLEISCHMANN, H. B. SHUMACKER, JR., and L. WILKINS, Amer. J. Physiol. *131*, 317 (1940).

[23]) L. L. ABELL and F. E. KENDALL, Circulation *16*, 502 (1957).

[24]) J. LERMAN and R. PITT-RIVERS, J. clin. Endocrinol *15*, 653 (1955).

[25]) A. W. G. GOOLDEN, Lancet *1*, 890 (1956).

[26]) W. R. TROTTER, Lancet *1*, 885 (1956).

[27]) M. F. OLIVER and G. S. BOYD, Lancet *1*, 124 (1957).

Estrogens induce atherosclerotic lesions with hypercholesterolemia in cockerels and immature hens[1-3]). ENTENMAN et al.[4]) compared the effect of several crystalline estrogens and noticed that estrone, estradiol, estradiol benzoate, ethinyl estradiol and stilbestrol all caused increases in plasma cholesterol and other lipids; however the most striking response was obtained with diethylstilbestrol. A single pellet of diethylstilbestrol (25 mg) implanted into Leghorn cockerels was able to induce atherosclerosis of the thoracic and abdominal aortas[5]).

Interesting but somewhat puzzling is the fact that estrogen in large doses produces hyperlipemia and atherosclerosis in the chick[6-8]), whereas when given in conjunction with cholesterol, it seems to counteract the effect of cholesterol feeding on coronary atherosclerosis[9]). Recently KUROYANAGI et al.[10]) reported the inhibition of cerebrovascular lipid infiltration by estrogen administration, implying that the estrogens exert a prophylactic and inhibitory effect on both coronary and cerebral atherogenesis. This accounts for the enthusiasm expressed by KATZ and his coworkers[11, 12]). It might serve as a clue to the phenomenon that adult men are more prone to develop atherosclerosis than women. The estrogen therapy, including estradiol, estrone and estriol, has been tried out in male patients[13-16]) with resultant depression of plasma cholesterol and changes of lipoprotein pattern. Interesting results with some newer estrogen derivatives have also been reported[17-20]). Were it not for feminization and its attendant complications, diethylstilbestrol or the natural estrogens would have found wide uses in coronary occlusion, myocardial infarction, xanthomatosis, and allied ailments. Androgens in men have the opposite effect on the cholesterol metabolism. Thus methyltestosterone abolishes

1) F. W. LORENZ, C. ENTENMAN, and I. L. CHAIKOFF, J. biol. Chem. 122, 619 (1937).

2) F. W. LORENZ, I. L. CHAIKOFF, and C. ENTENMAN, J. biol. Chem. 126, 763 (1938).

3) I. L. CHAIKOFF, S. LINDSAY, F. W. LORENZ, and C. ENTENMAN, J. exp. Med. 88, 373 (1948).

4) C. ENTENMAN, F. W. LORENZ, and I. L. CHAIKOFF, J. biol. Chem. 134, 495 (1940).

5) S. LINDSAY, F. W. LORENZ, C. ENTENMAN, and I. L. CHAIKOFF, Proc. Soc. exp. Biol. Med. 62, 315 (1946).

6) F. W. LORENZ, C. ENTENMAN, and I. L. CHAIKOFF, J. biol. Chem. 122, 619 (1937).

7) S. LINDSAY and I. L. CHAIKOFF, Arch. Path. 49, 434 (1950).

8) L. HORLICK and L. N. KATZ, J. Lab. clin. Med. 33, 733 (1948).

9) R. PICK, J. STAMLER, S. RODBARD, and L. N. KATZ, Circulation 6, 858 (1952).

10) T. KUROYANAGI, S. RODBARD, and C. WILLIAMS, Circulation 16, 501 (1957).

11) L. N. KATZ, J. STAMLER, and R. PICK, Symposium on Atherosclerosis (National Academy of Sciences, Washington 1955), p. 236.

12) L. N. KATZ and J. STAMLER, Experimental Atherosclerosis (Charles C Thomas, Springfield, Ill., 1953).

13) D. P. BARR, E. M. RUSS, and H. A. EDER, Trans. Amer. Physicians 65, 102 (1952).

14) M. F. OLIVER and G. S. BOYD, Amer. Heart J. 47, 348 (1954).

15) A. STEINER, H. PAYSON, and F. E. KENDALL, Circulation 11, 784 (1955).

16) M. F. OLIVER and G. S. BOYD, Lancet 2, 1273 (1956).

17) R. W. ROBINSON, W. D. COHEN, and N. HIGANO, Circulation 14, 489 (1956).

18) R. W. ROBINSON, W. D. COHEN, and N. HIGANO, Ann. int. Med. 48, 959 (1958).

19) F. W. DAVIS, JR., W. R. SCARBOROUGH, R. E. MASON, M. L. SINGEWALD, and B. M. BAKER, JR., Amer. J. med. Sci. 235, 50 (1958).

20) D. L. COOK, R. A. EDGREN, and F. J. SAUNDERS, Endocrinology 62, 798 (1958).

the drop of plasma cholesterol induced by estrogens[1-3]). In eunuchs the cholesterol level is reported to be low[4]).

The results of early work with extracts of adrenal cortex are difficult to interpret because these extracts contained mixtures of adrenal steroids. More information is now available with cortisone, hydrocortisone and ACTH (adrenocorticotropic hormone), the last substance being the most studied hormone of the pituitary body with reference to the cholesterol metabolism. Even with the pure hormones, results vary depending upon the species of animals used. Hypercholesterolemic effects of cortisone were described in rats by WINTER et al.[5]), KNOWLTON et al.[6]), and MIGEON[7]), and in rabbits by KOBERNICK and MORE[8]) and RICH et al.[9]). STAMLER[10]) reported a marked hypercholesterolemic effect of hydrocortisone in cholesterol-fed chicks, accompanied by a proportional elevation of phospholipids, whereas cortisone did not alter the plasma cholesterol levels at daily doses of 1 to 15 mg per chick. ADLERSBERG et al.[11]) treated dogs for periods up to three weeks with cortisone and/or ACTH in doses many times higher than those used in man and ⁻ ⁻ led to show any noteworthy changes in serum cholesterol. In contrast, the effect of cortisone or ACTH at doses slightly higher or identical with those used for therapeutic purposes in man caused lipemia and elevation of serum cholesterol and phospholipids. Recent studies by DiLuzio et al.[12,13]) and ZILVERSMIT et al.[14]) showed that cortisone has hypercholesterolemic action in bilaterally adrenalectomized dogs.

KENDALL[15]) administered cortisone to a patient with nephrosis and found a rise in both the cholesterol and total fats of the serum. ADLERSBERG et al.[11,16-18]) recorded a gradual rise of total and esterified cholesterol in the blood of a large number of patients treated with cortisone or ACTH. FURMAN et al.[19]) observed that prednisone and cortisone caused absolute and relative increases in the amount of lipid in the α-fraction and reduced the cholesterol and phos-

---

[1]) M. F. OLIVER and G. S. BOYD, Lancet 2, 1273 (1956).

[2]) M. F. OLIVER and G. S. BOYD, Brit. Heart J. 15, 387 (1953).

[3]) E. M. RUSS, H. A. EDER, and D. P. BARR, Amer. J. Med. 19, 4 (1955).

[4]) R. H. FURMAN and R. P. HOWARD, Ann. int. Med. 47, 969 (1957).

[5]) C. A. WINTER, R. H. SILBER, and H. C. STOERK, Endocrinology 47, 60 (1950).

[6]) A. I. KNOWLTON, E. N. LOEB, H. C. STOERK, J. P. WHITE, and J. F. HEFFERNAN, J. exp. Med. 96, 187 (1952).

[7]) C. J. MIGEON, Proc. Soc. exp. Biol. Med. 80, 571 (1952).

[8]) S. D. KOBERNICK and R. H. MORE, Proc. Soc. exp. Biol. Med. 74, 602 (1950).

[9]) A. R. RICH, T. H. COCHRAN, and D. C. McGOON, Bull. Johns Hopkins Hosp. 88, 101 (1951).

[10]) J. STAMLER, Proc. Ann. Meeting, Council for High Blood Pressure Research, Amer. Heart Assoc. Cleveland, Ohio, 1, 45 (1952).

[11]) D. ADLERSBERG, S. R. DRACHMAN, and L. E. SCHAEFER, Circulation 4, 475 (1951).

[12]) N. R. DiLuzio, M. L. SHORE, and D. B. ZILVERSMIT, Fed. Proc. 12, 197 (1953).

[13]) N. R. DiLuzio, M. L. SHORE, and D. B. ZILVERSMIT, Metabolism 3, 424 (1954).

[14]) D. B. ZILVERSMIT, N. R. DiLuzio, and M. L. SHORE, Metabolism 3, 433 (1954).

[15]) E. C. KENDALL, in discussion on K. E. BLOCH, Trans. First Conf. (Josiah Macy, Jr., Foundation, New York 1950), p. 144.

[16]) D. ADLERSBERG, L. SCHAEFER, and S. R. DRACHMAN, J.A.M.A., 144, 909 (1950).

[17]) D. ADLERSBERG, L. E. SCHAEFER, and R. DRITCH, J. clin. Invest. 29, 795 (1950).

[18]) D. ADLERSBERG, L. E. SCHAEFER, and S. R. DRACHMAN, J. clin. Endocrinol. 11, 67 (1951).

[19]) R. H. FURMAN, R. P. HOWARD, and L. N. NORCIA, Proc. Central Soc. Clin. Res. 30, 35 (1957).

pholipids of the $\beta$-lipoproteins. However BARR[1]), who studied the effect of cortisone on serum lipids and lipoproteins in six normal men and four women, stated that with daily doses ranging from 50 mg to 150 mg the changes in lipoproteins and serum cholesterol were inconstant. Studies in men and in animals show that cortisone increases the rate of cholesterol synthesis in various organs of the body[2-4]).

In diabetes mellitus there is usually an elevation of serum cholesterol, but following insulin injection the serum cholesterol tends to return to normal level[5]). This is obviously associated with the correction of carbohydrate metabolism. In healthy persons insulin has no effect on the serum cholesterol level[6]).

## 9.3 *Physical Exercise*

MAYER et al.[7]) subjected gold-thioglucose-obese mice and genetically obese mice to exercise along with normal mice. During the experimental period the exercised obese mice definitely weighed less than the nonexercised mice. Non-obese mice had the same weight in the exercised and nonexercised groups. The differences in serum cholesterol between exercised and nonexercised animals of all groups were not significant. BROWN et al.[8]), on the contrary, found that in exercised rabbits maintained on a cholesterol diet the total serum cholesterol was only half of that of the nonexercised group toward the end of a 12-week study although there was no enhanced effect on the development of atheromata in the aorta and coronary arteries.

CHAILLEY-BERT et al.[9]) reported that the mean cholesterol level is greater than normal in sedentary people but declines upon assumption of a more active mode of life. One should keep in mind that it is difficult to assess the effect of physical activity independent of other factors, such as dietary habits and the quality of the diet, in epidemiological studies. MANN et al.[10]) reported that laborers in rural areas of Guatemala consumed a diet high in calories, of which only 8% were derived from fat. The cholesterol levels of these people were significantly lower than those of urban Guatemalans and of North Americans, who obtained 30 to 40% of their calories from fat. The authors did not feel that these differences in blood lipid values could be explained by the fat content of the diet, but believed that the nature of the caloric disposal was important. When excess calories were stored as fat, the cholesterol rose and when the calories were distributed as heat and energy, the cholesterol

[1]) D. P. BARR, Minnesota Med. *38*, 788 (1955).

[2]) J. STAMLER, R. G. GOULD, and C. BOLENE-WILLIAMS, Circulation *10*, 612 (1954).

[3]) G. V. LeROY, Ann. int. Med. *44*, 524 (1956).

[4]) N. T. WERTHESSEN, Circulation *16*, 484 (1957).

[5]) E. P. JOSLIN, H. F. ROOT, P. WHITE, and A. MARBLE, *The Treatment of Diabetes Mellitus*, 9th ed. (Lea & Febiger, Philadelphia 1952), p. 169.

[6]) M. F. OLIVER and G. S. BOYD, Minnesota Med. *38*, 794 (1955).

[7]) J. MAYER, C. ZOMZELY, and F. J. STARE, Experientia *13*, 250 (1957).

[8]) C. E. BROWN, T. C. HUANG, E. I. BORTZ, and C. M. McCAY, J. Geront. *11*, 292 (1956).

[9]) CHAILLEY-BERT, P. LABIGNETTE, and FABRE-CHEVALIER, Presse méd. *63*, 415 (1955).

[10]) G. V. MANN, J. A. MUÑOZ, and N. S. SCRIMSHAW, Amer. J. Med. *19*, 25 (1955).

level was low. Additional data on human subjects have been reported[1]). NADEAU and LARUE[2]) noted a significant drop of serum cholesterol level in schizophrenics undertaking temporary physical exercise after years of inactivity. GROEN[3]) believed that physical exertion resulted in lowering serum cholesterol levels regardless of the subject's diet. Recent studies by TAYLOR et al.[4]) also indicate that physical activity can modify the effect of diet on serum cholesterol.

### 10. Therapeutic Measures for Control of Blood Cholesterol

#### 10.1 Hypocholesterolemia

Low plasma cholesterol is an incidental sign in hyperthyroidism, inanition due to famine, war or poverty, and in parenchymatous degeneration of the liver. The determination of plasma cholesterol sometimes is of value in judging the prognosis of the disease; the lower the level, the worse the condition. Treatment is directed at the etiology. As improvement takes place, plasma cholesterol spontaneously returns to normal. For example $^{131}$I raises the total serum cholesterol in hyperthyroid patients in addition to alleviating the symptoms[5]).

#### 10.2 Hypercholesterolemia

Elevation of plasma cholesterol is frequently associated with atherosclerosis, a pathological entity that may terminate in a serious ailment, coronary occlusion or myocardial infarction. Hypercholesterolemia is also a common finding in a hereditary disease, xanthomatosis, which may eventually involve the coronary arteries. The hypothesis advanced by many investigators that atherosclerosis may be due to a disorder of cholesterol metabolism is supported to a significant degree by the successful production of experimental atherosclerosis in various animals by cholesterol feeding. What is more hopeful is that numerous agents not only reduce hypercholesterolemia but also inhibit or prevent atheroma formation. For example MANN and STARE[6]) showed that in cebus monkeys the administration of cystine, methionine or cysteine would prevent or reverse atherogenesis and hypercholesterolemia induced by cholesterol feeding and deprivation of sulfur-containing amino acids. Similarly KATZ et al.[7]) reported that estrogens given orally or parenterally prevented coronary atherogenesis in cholesterol-fed cockerels. The reversal effect can be

[1]) G. V. MANN, K. TEEL, O. HAYES, A. McNALLY, and D. BRUNO, New England J. Med. 253, 349 (1955).

[2]) G. NADEAU and G. H. LARUE, Canad. med. Assoc. J. 66, 320 (1952).

[3]) J. GROEN, C. E. KAMMINGA, J. H. REISEL, and A. F. WILLEBRANDS, Nederl. Tijdschr. Geneesk. 94, 728 (1950).

[4]) H. L. TAYLOR, J. T. ANDERSON, and A. KEYS, Circulation 16, 516 (1957).

[5]) W. H. FLORSHEIM, M. E. MORTON, and J. R. GOODMAN, Amer. J. med. Sci. 233, 16 (1957).

[6]) G. V. MANN and F. J. STARE, Symposium on Atherosclerosis (National Academy of Sciences, Washington, D. C., 1955), p. 169.

[7]) L. N. KATZ, J. STAMLER, and R. PICK, Symposium on Atherosclerosis (National Academy of Sciences, Washington, D. C., 1955), p. 236.

demonstrated even in tissue culture of human aortic cells grown in cholesterol medium but treated with linolenic acid[1]). Many clinical attempts have therefore been made to influence the cholesterol metabolism by means of foodstuffs, food accessories, or drugs.

10.21 *Vitamins, Amino Acids and Lipotropic Agents.* In a previous section the changes of plasma cholesterol upon the administration of various vitamins have been discussed briefly. Much clinical interest has centered around the members of the B vitamin complex, particularly nicotinic acid[2,3]). Advocation of pantothenic acid, pyridoxine, ascorbic acid and α-tocopherol is based mainly on suggestive evidence obtained from experimental animals.

PAGE[4]) advised that for the treatment of disorders of cholesterol metabolism a high-protein, low-fat diet be prescribed. Laboratory observations on cebus monkeys[5]) and rats[6]) would classify cystine and methionine as valuable amino acids for the control of cholesterol level.

Lipotropic agents are substances capable of removing lipids from fatty livers or of preventing their deposition. The term has been broadened in its meaning to include the inhibition of atherosclerosis. While the subject is controversial, the list of lipotropics has increased from choline to inositol, lecithin, betaine, vitamin $B_{12}$, biotin and pantothenic acid. Reabsorption of cholesterol-induced atheromata in rabbits by the administration of choline has been claimed by STEINER[7]), and lowering of blood cholesterol in old hens by HERRMANN[8]). Favorable clinical results with choline therapy have been reported by different investigators[9-12]) in patients with coronary thrombosis, myocardial infarction and hypertension. Contradictions have been offered both experimentally[13-20]) and clinically[21,22]).

[1]) D. D. RUTSTEIN, E. F. INIGENITO, J. M. CRAIG, and M. MARTINELLI, Lancet *1*, 545 (1958).
[2]) J. M. MERRILL and J. LEMLEY-STONE, Circulation Res. *5*, 617 (1957).
[3]) R. ALTSCHUL and A. HOFFER, Arch. Biochem. *73*, 420 (1958).
[4]) I. H. PAGE, *Cholesterol; Chemistry, Biochemistry, and Pathology*, edited by R. P. COOK (Academic Press, Inc., New York 1958), p. 427.
[5]) G. V. MANN and F. J. STARE, *Symposium on Atherosclerosis* (National Academy of Sciences, Washington, D. C., 1955), p. 169.
[6]) R. OKEY and M. M. LYMAN, J. Nutrition *61*, 103 (1957).
[7]) A. STEINER, Proc. Soc. exp. Biol. Med. *39*, 411 (1938).
[8]) G. R. HERRMANN, Proc. Soc. exp. Biol. Med. *61*, 302 (1946).
[9]) L. M. MORRISON and W. F. GONZALEZ, Amer. Heart J. *38*, 471 (1949).
[10]) L. M. MORRISON and W. F. GONZALEZ, Proc. Soc. exp. Biol. Med. *73*, 37 (1949).
[11]) L. M. MORRISON and W. F. GONZALEZ, Amer. Heart J. *39*, 729 (1950).
[12]) J. Q. GRIFFITH, JR., Amer. Practitioner *7*, 2012 (1956).
[13]) H. P. HIMSWORTH, Acta med. Scand. Suppl. *90*, pp. 158–168 (1938).
[14]) C. A. BAUMANN and H. P. RUSCH, Proc. Soc. exp. Biol. Med. *38*, 647 (1938).
[15]) C. MOSES and G. M. LONGABAUCH, Arch. Path. *50*, 179 (1950).
[16]) J. STAMLER, C. BOLENE, R. HARRIS, and L. N. KATZ, Circulation *2*, 722 (1950).
[17]) J. STAMLER, C. BOLENE, R. HARRIS, and L. N. KATZ, Circulation *2*, 714 (1950).
[18]) K. GUGGENHEIM and R. E. OLSON, J. Nutrition *48*, 345 (1952).
[19]) J. D. DAVIDSON, W. MEYER, and F. E. KENDALL, Circulation *2*, 471 (1950).
[20]) J. D. DAVIDSON, W. MEYER, and F. E. KENDALL, Circulation *3*, 332 (1951).
[21]) R. S. JACKSON, C. F. WILKINSON, JR., L. MEYERS, M. S. BRUNO, and M. R. BENJAMIN, Circulation *10*, 588 (1954).
[22]) C. F. WILKINSON, JR., J. Amer. geriatric Soc. *3*, 381 (1955).

About the same status exists with inositol. Reduction of plasma cholesterol is said to occur in rabbits, hens and man[1-5]), but failures are encountered in the hands of other workers[6-10]).

Lecithin seems to prevent experimental atherosclerosis in rabbits[11]) and reduce plasma cholesterol in hypercholesterolemic patients[12-15]). Again contradictions have been voiced by others[16,17]).

10.22 *Fats*. There have been extensive studies on the effects of fats on cholesterol metabolism. Summaries and communications have been repeatedly presented by the authorities in the field[18-20]). Indiscriminate recommendation of the use of unsaturated fats in the treatment of coronary diseases associated with hypercholesterolemia is surely not warranted in the absence of absolute proof of their effectiveness[21]), although the knowledge that has been accumulated is useful for the care of special patients. Evidence appears to point out that certain vegetable oils rich in essential fatty acids, particularly linoleic acid, may be useful in reducing high plasma cholesterol levels. However, such measures are unnecessary for the general public because their prophylactic value has yet to be substantiated.

10.23 *Sitosterol*. Sitosterol is a term referring to a mixture of closely related phytosterols present in the oils of corn, cottonseed, soybean and wood pulp. One member, $\beta$-sitosterol, has the most anti-hypercholesterolemic effect in the animal organism as compared with others in the group, and differs chemically from cholesterol by the substitution of an ethyl group for the hydrogen at $C_{24}$. This plant sterol prevents the development of hypercholesterol-

[1]) G. R. HERRMANN, Proc. Soc. exp. Biol. Med. *63*, 436 (1946).
[2]) G. R. HERRMANN, Exp. Med. Surg. *5*, 149 (1947).
[3]) I. LEINWAND and D. H. MOORE, Amer. Heart J. *38*, 467 (1949).
[4]) L. B. DOTTI, W. C. FELCH, and S. J. ILKA, Proc. Soc. exp. Biol. Med. *78*, 165 (1951).
[5]) W. C. FELCH and L. B. DOTTI, Proc. Soc. exp. Biol. Med. *72*, 376 (1949).
[6]) G. O. BROUN, K. R. ANDREWS, P. J. V. CORCORAN, and J. VAN BRUGGEN, Geriatrics *4*, 178 (1949).
[7]) A. M. LUPTON, T. W. BATTAFARANO, F. E. MURPHY, and C. L. BROWN, Ann. West. Med. Surg. *3*, 342 (1949).
[8]) C. H. BEST, C. C. LUCAS, J. M. PATTERSON, and J. H. RIDOUT, Biochem. J. *48*, 452 (1951).
[9]) C. MOSES, G. L. RHODES, and A. DELACIO, Angiology *3*, 238 (1952).
[10]) H. SECKFORT, Ärztl. Forsch. *8*, 118 (1954).
[11]) H. D. KESTEN and R. SILBOWITZ, Proc. Soc. exp. Biol. Med. *49*, 71 (1942).
[12]) A. STEINER and B. DOMANSKI, Proc. Soc. exp. Biol. Med. *55*, 236 (1944).
[13]) P. GROSS and B. KESTEN, Arch. Dermat. Syphil. *47*, 159 (1943).
[14]) D. ADLERSBERG and H. SOBOTKA, J. Mt. Sinai Hosp. *9*, 955 (1943).
[15]) L. M. MORRISON, Geriatrics *13*, 12 (1958).
[16]) W. C. CORWIN, Arch. Path. *26*, 456 (1938).
[17]) W. J. MESSINGER, Y. POROSOWSKA, and J. M. STEELE, Arch. int. Med. *86*, 189 (1950).
[18]) E. H. AHRENS, JR., J. HIRSCH, W. INSULL, JR., T. T. TSALTAS, R. BLOMSTRAND, and M. L. PETERSON, J. A. M. A. *164*, 1905 (1957).
[19]) F. J. STARE, T. B. VAN ITALLIE, M. B. McCANN, and O. W. PORTMAN, J. A. M. A. *164*, 1920 (1957).
[20]) I. H. PAGE, F. J. STARE, A. C. CORCORAN, H. POLLACK, and C. F. WILKINSON, JR., Circulation *16*, 163 (1957).
[21]) *Council on Foods and Nutrition*, J. A. M. A. *167*, 863 (1958).

emia and reduces the incidence of atherosclerosis in chicks[1-3], rabbits[4-6], rats[7-9], and mice[10]. It has been demonstrated that $\beta$-sitosterol prevents the absorption of cholesterol from the intestinal tract[5,8,11]. The mechanism of action may involve the sucessful competition of $\beta$-sitosterol for esterase with cholesterol[12]. $\beta$-Sitosterol is absorbed to a much smaller extent than cholesterol[13-15].

In man $\beta$-sitosterol reduces hypercholesterolemia and $\beta$-lipoproteinemia[16-23]. The dosage varies from 6 to 9 g per day by mouth. Prolonged administration does not cause untoward effects in animals or man[24,25]. A combination of $\beta$-sitosterol and a low- or unsaturated-fat diet seems to have an additive effect[26,27].

10.24 *Synthetic Organic Compounds.* Certain aromatic acids, particularly $\alpha$-phenylbutyric and its amide, are reported to lower plasma cholesterol level. Laboratory and clinical results have been presented by French workers[28-31].

1) D. W. PETERSON, Proc. Soc. exp. Biol. Med. *78*, 143 (1951).
2) D. W. PETERSON, C. W. NICHOLS, JR., and E. A. SHNEOUR, J. Nutrition *47*, 57 (1952).
3) D. W. PETERSON, E. A. SHNEOUR, N. F. PEEK, and H. W. GAFFEY, J. Nutrition *50*, 191 (1953).
4) O. J. POLLAK, Circulation *6*, 459 (1952).
5) W. T. BEHER, G. D. BAKER, and W. L. ANTHONY, Circulation Res. *5*, 202 (1957).
6) R. H. HEPTINSTALL and K. A. PORTER, Brit. J. exp. Path. *38*, 49 (1957).
7) R. B. ALFIN-SLATER, A. F. WELLS, L. AFTERGOOD, D. MELNICK, and H. J. DEUEL, JR., Circulation Res. *2*, 471 (1954).
8) K. A. BURKE, R. F. J. McCANDLESS, and D. KRITCHEVSKY, Proc. Soc. exp. Biol. Med. *87*, 87, (1954).
9) M. M. BEST and C. H. DUNCAN, Circulation *14*, 344 (1956).
10) W. T. BEHER and W. L. ANTHONY, Proc. Soc. exp. Biol. Med. *90*, 223 (1955).
11) J. M. LESESNE, C. W. CASTOR, and S. W. HOOBLER, Univ. Michigan M. Bull. *21*, 13 (1955).
12) H. H. HERNANDEZ, D. W. PETERSON, I. L. CHAIKOFF, and W. G. DAUBEN, Proc. Soc. exp. Biol. Med. *83*, 498 (1953).
13) R. G. GOULD, Circulation *10*, 589 (1954).
14) A. C. IVY, T. M. LIN, and E. KARVINEN, Amer. J. Physiol. *183*, 79 (1955).
15) R. G. GOULD, L. V. LOTZ, and E. M. LILLY, in: *Biochemical Problems of Lipids*, edited by G. POPJÁK and E. LEBRETON (Interscience Publishers Inc., New York 1956), p. 353.
16) J. M. LESESNE, C. W. CASTOR, and S. W. HOOBLER, Univ. Michigan M. Bull. *21*, 13 (1955).
17) R. E. SHIPLEY, Trans. New York Acad. Sci. *18*, 111 (1955).
18) B. A. SACHS and R. E. WESTON, A. M. A. Arch. int. Med. *97*, 738 (1956).
19) C. R. JOYNER and P. T. KUO, Circulation *10*, 589 (1954).
20) M. M. BEST, C. H. DUNCAN, E. J. VAN LOON, and J. D. WATHEN, Circulation *10*, 201 (1954).
21) M. M. BEST and C. H. DUNCAN, Ann. int. Med. *45*, 614 (1956).
22) J. W. FARQUHAR, R. E. SMITH, and M. E. DEMPSEY, Circulation *14*, 77 (1956).
23) J. H. LEHMANN, Northwest Med. *56*, 43 (1957).
24) H. D. KAUTZ, J. A. M. A. *160*, 669 (1956).
25) R. E. SHIPLEY, R. R. PFEIFFER, M. M. MARSH, and R. C. ANDERSON, Circulation Res. *6*, 373 (1958).
26) J. W. FARQUHAR and M. SOKOLOW, Circulation *16*, 494 (1957).
27) N. WEINER, W. J. WALKER, and L. J. MILCH, Amer. J. med. Sci. *235*, 405 (1958).
28) J. COTTET, J. VIGNALOU, J. REDEL, and COLÁS-BELCOUR, Bull. Soc. méd. Hôp. Paris *69*, 903 (1953).
29) A. MATHIVAT and J. COTTET, Bull. Soc. méd. Hôp. Paris *69*, 1030 (1953).
30) J. COTTET, J. REDEL, C. KRUM-HELLER, and M. E. TRICAUD, Bull. Acad. nat. méd. *137*, 441 (1953).
31) J. COTTET and A. MATHIVAT, Presse méd. *63*, 1005 (1955).

α-Phenylbutyrate does not have a thyroid-stimulating action, nor does it inhibit the intestinal absorption of cholesterol. The suggested mechanism is the inhibition of the synthesis of endogenous cholesterol probably by the suppression of co-enzyme A[1,2]. STEINBERG and FREDRICKSON[3] demonstrated that both α-phenylbutyrate and β-phenylvalerate inhibited the rate of $^{14}$C-acetate incorporated into cholesterol by the rat liver. MINNINI and LEBRUN[4] showed the diminution of biliary elimination of cholesterol in man, implying the inhibition of hepatic cholesterol synthesis. Confirmatory reports rapidly appeared[5–8]. It is said that α-p-diphenylbutyrate is more potent than α-phenylbutyrate in animals and man[9–11]. On the other hand, observations made in other clinics and laboratories are contradictory to what has been described above. GRANDE et al.[12], FREDRICKSON and STEINBERG[13] and OLIVER and BOYD[14] all failed to note a fall of plasma cholesterol in man treated with α-phenylbutyrate or its amide. STEINBERG[15] encountered the same results in rats.

In search for choleretics GRAVE[16] discovered the antihypercholesterolemic action of p-hydroxyphenylsalicylamide. Other synthetic compounds may be found to possess this type of action.

10.25 *A Partial List of Products for Cholesterol Reduction.* It is surprising to see the appended long list of products and formulations available for the correction of cholesterol metabolism. Most of them owe their claims to suggestions from experimental data. Some are recommended as lipotropic agents but extended to the consideration for the control of the entire lipid metabolism. Others may offer relatively more clinical value. The efficacy of any drug or its combinations, however, will depend upon our further understanding of the etiology of atherosclerosis in man.

[1] S. GARATTINI, C. MORPURGO, and N. PASSERINI, Gior. ital. Chemiosterap. 2, 60 (1953).
[2] C. A. ROSSI and F. SANGUINETTI, Gior. biochimica 4, 240 (1955).
[3] D. STEINBERG and D. S. FREDRICKSON, Proc. Soc. exp. Biol. Med. 90, 232 (1955).
[4] G. MINNINI and S. LEBRUN, Minerva Med. 101, 864 (1955).
[5] G. GARRONE and C. BOSSONEY, Schweiz. med. Wschr. 86, 417 (1956).
[6] J. S. KING, JR., T. B. CLARKSON, and N. H. WARNOCK, Circulation Res. 4, 162 (1956).
[7] B. ROSSI and V. RULLI, Amer. Heart J. 53, 277 (1957).
[8] F. COMESAÑA, A. NAVA, B. L. FISHLEDER, and D. SODI-PALLARES, Amer. Heart J. 55, 477 (1958).
[9] G. ANNONI, Farmaco, Pavia 11, 244 (1956).
[10] S. GARATTINI, C. MORPURGO, B. MURELLI, R. PAOLETTI, and N. PASSERINI, Arch. int. pharmacodyn. 109, 400 (1957).
[11] P. A. TAVORMINA and M. GIBBS, J. Amer. chem. Soc. 79, 758 (1957).
[12] F. GRANDE, J. T. ANDERSON, and A. KEYS, Metabolism 6, 154 (1957).
[13] D. S. FREDRICKSON and D. STEINBERG, Circulation 15, 391 (1957).
[14] M. F. OLIVER and G. S. BOYD, Lancet 2, 829 (1957).
[15] D. STEINBERG and D. S. FREDRICKSON, Ann. New York Acad. Sci. 64, 579 (1956).
[16] D. GRAVE, Thèse de Doctorat en Médecine (Paris 1955).

CANADA

Citrate de Betaine (Eddé)
  betaine
Lipodom (Dominion)
  choline, methionine, inositol, B-complex
Lipo-Geritaine (Anglo-French)
  betaine, choline, methionine, liver extract, vitamin $B_{12}$
Liposchol (Bio-Chem.)
  choline, methionine, inositol, liver extract, vitamin $B_{12}$
Lipotrope (Rougier)
  betaine, inositol, cystine, vitamins $B_1$, $B_2$, $B_6$, niacinamide

CUBA

Belife (Life)
  choline dihydrogen citrate, methionine, inositol, $B_1$, $B_2$, $B_6$, $B_{12}$, niacinamide,
  calcium pantothenate
Protecpatil (Vieta-Plasencia)
  methionine, choline chloride, inositol, liver, $B_1$, $B_2$, $B_6$, calcium pantothenate,
  nicotinamide, vitamin E, bile

EGYPT AND THE MIDDLE EAST

Bardisikol (Bardissi)
  methionine, choline dihydrogen citrate, $B_1$, $B_2$, $B_{12}$, nicotinamide, calcium pantothenate
Crinocholine (Reaubourg)
  choline citrate, betaine hydrochloride, methionine, cystine, inositol, $B_1$, $B_2$, $B_{12}$,
  nicotinamide
Inosimesol (ECIC)
  meso-inositol
Metonal ('CID', Chem. Ind. Develop. S.A.F.)
  choline, methionine, inositol, B-complex

FRANCE

Achol (Lab. Broncho-Lactol)
  boldine, formine, sodium and magnesium sulfates, sodium benzoate and citrate,
  sodium phosphate, sodium bicarbonate
Alca-Citran-Choline (Thevenot)
  choline bitartrate
Choleretol (Reaubourg)
  aminophylline, artichoke extract
Chophytol (Lab. Rosa)
  hexamethylenetetramine, artichoke extract, magnesium hyposulfite
Cinarascol (Labs. Dagonnot)
  artichoke extract
Citrocholine (Labs. Therica)
  choline citrate, sodium and magnesium citrates
Decholergon (Labs. Maignan)
  lithium dehydrocholate, lithium dehydrodesoxycholate
Decholestrol (Labs. Laroze)
  magnesium sulfate and hexamethylenetetramine
Desintex-Choline (Lab. Marcel Richard)
  choline HCl, magnesium and sodium hyposulfites
Dissolvurol (de Brazidec)
  colloidal silicon

Flucholinase (R. Tidier)
  methionine, boldo, artichoke, peptones, magnesium salts
Hepacholine (Robert et Carriere)
  choline citrate, vitamins $B_1$, $B_2$, $B_3$ and PP
Hyposterol (Theraplix)
  phenylethylacetamide
Panbiline-Methionine (Labs. Dr. Plantier)
  liver ext., bile ext., boldo, methionine, podophyllin
Sulfarlem (Latema)
  trithio-p-methoxyphenylpropene

GERMANY

Lipostabil (A. Nattermann)
  linolenic and oleic acids, inositol, choline and colamine glycerophosphates,
  linoleic acid, potassium 1, 3-dimethylxanthine, potassium sulfocyanide
Perskleran (Gerot Pharm, Vienna)
  theobromine magnesium oleate

GREAT BRITAIN

Lipovit (Richter)
  dehydrocholic acid, methionine, benzyl succinate, inositol, nicotinic acid,
  vitamin $B_{12}$

ITALY

Inositene (Ist. Medicamento S.A.)
  inositol
Livalip (Franco Tosi)
  acetylmethionine, choline, vitamin PP, choline
Mepachol $B_{12}$ (A.B.C. Ist. Biol. Chem. Torinese)
  choline, methionine, inositol, B-complex
Mesol (Cipelli)
  inositol

ISRAEL

  Hepathion (Assia)
  DL-methionine

MEXICO

Icolina (Servet)
  choline Cl, DL-methionine, inositol, diiodohexamethylpropanol, $B_1$, $B_6$
Labycol (Labys)
  DL-methionine, choline dihydrogen cit., inositol, $B_1$, $B_{12}$
Lipotron (Waltz and Abbat)
  B-complex, vitamin C, menadione bisulfite, betaine, choline dihydrogen citrate,
  inositol
Mavicolina-B (Mavi, S.A.)
  methionine, choline bitartrate, inositol, vitamin $B_1$, niacinamide
Methioplex-Espec ('Gaster' S.A.)
  methionine, inositol, choline, B-complex, calcium pantothenate
Timagol (A. Rueff)
  dehydrocholic acid, methionine, inositol, methenamine

SPAIN

Lipotrope (Andromaco)
  methionine, vitamins $B_1$, $B_2$, $B_6$, nicotinamide, inositol
Lipotropico (Roger)
  methionine, choline chloride, liver extract, vitamin K

UNITED STATES

Alestrol (Testagar)
  safflower oil, pyridoxine
Arcofac (Armour)
  linoleic acid, pyridoxine
Atheroxin (Gray)
  corn oil, pyridoxine
Beta-Methischol (U.S. Vitamin Corporation)
  choline, inositol, methionine, $B_{12}$, betaine monohydrate, liver concentrate
B-Tropic (Vale)
  choline, inositol, $B_1$, $B_2$, niacin
Cholimeth (Central)
  choline, inositol, methionine, $B_{12}$
Chylipase (Columbus)
  betaine, thyroid, steapsin
C-M-I (Haskell)
  choline, inositol, methionine, $B_{12}$
Covitral (Flint-Eaton)
  choline, vitamin $B_6$ and C, folic acid, intrinsic factor concentrate
Cytellin (Sitosterols, Lilly)
  $\beta$- and dihydro-$\beta$-sitosterols
Delphicol (Lederle)
  choline, inositol, methionine, $B_{12}$, folic acid, acetyl methionine
Ebicol (M. R. Thompson)
  choline, inositol, nat. B complex, potassium acetate
E.F.A. (Columbus)
  soybean lecithin, $B_6$
Geratose (Patch)
  choline, desiccated liver, tocopherol
Geriatrone (U.S. Vitamin Corporation)
  inositol, $B_1$, $B_2$, $B_6$, $B_{12}$, niacin, pantothenic acid, betaine monohydrate, betaine
  hydrochloride, liver concentrate, yeast extract, pancreatin, pepsin, glycerophosphate
Gericaps (Sherman)
  choline, inositol, vitamins A, $B_1$, $B_2$, $B_6$, C, niacin, pantothenic acid, rutin
Gerizyme (Upjohn)
  choline, inositol, $B_1$, $B_2$, $B_6$, $B_{12}$, niacin, pantothenic acid, liver concentrate,
  ferrous gluconate, calcium glycerophosphate
Hepa-Desicol (Parke, Davis)
  choline, inositol, methionine, desicol, betaine
Incholip (Flint-Eaton)
  choline, inositol
Inochol (National)
  choline, inositol, methionine
Lenic (Crookes-Barnes)
  linoleic, linolenic, oleic, tetraenoic, pentaenoic and hexaenoic acids
Linodoxine (Pfizer)
  linoleic acid, pyridoxine, mixed tocopherols

Linoleic Acid, E and $B_6$ (West-Ward)
  safflower oil, mixed tocopherols, pyridoxine
Lipocaps (Lakeside)
  choline, inositol, methionine
Lipoliquid (Lakeside)
  choline, inositol, $B_{12}$
Lipomic (Chicago Pharmacal)
  choline, inositol, methionine, liver concentrate, $B_{12}$
Lipophilate (Brewer)
  choline, inositol, methionine, liver extract
Lipotaine (Stuart)
  choline, $B_{12}$ betaine from monohydrate, liver fraction 1 N.F.
Lipothyn (Flint-Eaton)
  choline, inositol, methionine, $\alpha$-tocopherol acetate, $B_{12}$
Lipotinic (Wampole)
  choline, inositol, methionine, $B_1$, $B_2$, $B_6$, $B_{12}$, niacin, pantothenic acid, folic acid, iron, liver-stomach
Lipotropin (Vascular)
  choline, inositol, $B_6$
Litrison (Roche)
  choline, methionine, vitamins A, $B_1$, $B_2$, $B_6$, $B_{12}$, niacin, panthothenic acid, folic acid, ephynal acetate, biotin
Lufa (U.S. Vitamin Corporation)
  unsaturated fatty acids, pyridoxine, choline bitartrate, methionine, inositol, desiccated liver, vitamins $B_{12}$ and E
Methcolate (Ascher)
  choline, methionine
Methischol (U.S. Vitamin Corporation)
  choline, inositol, methionine, $B_{12}$, liver concentrate
Methoponex (Rawl)
  choline, inositol, methionine, $B_1$, $B_2$, $B_6$, $B_{12}$, niacin, pantothenic acid, folic acid, whole liver, biotin, amino acids
Monichol (Ives-Cameron)
  choline, inositol, polysorbate 80
Saff (Abbott)
  oil from seeds of safflower
Safplex (Lloyd, Dabney & Westerfield)
  linoleic acid, pyridoxine HCl, mixed tocopherols
Sirnositol (Reed & Carnrick)
  choline, inositol
Soya Lecithin (Glidden)
  oil-free lecithin
Vascutum (Schenley)
  choline, inositol, methionine, $B_6$, $B_{12}$, ascorbic acid, quercetin
Vastran Forté (Wampole)
  nicotinic acid, ascorbic acid, riboflavin, $B_1$, $B_6$, $B_{12}$, calcium pantothenate
Wychol (Wyeth)
  choline, inositol

# Die Chemotherapie der Wurmkrankheiten

## Von H.-A. Oelkers Hamburg

## 1. Einleitung

### 1.1 *Verbreitung der Wurminfektionen*

In seinem vielzitierten Vortrag *This Wormy World* gab der bekannte Helminthologe STOLL[1]) 1946 einen Überblick über die Verbreitung und Häufigkeit der Wurminfektionen. Auf die statistischen Unterlagen der einschlägigen Weltliteratur gestützt, schätzte er die Gesamtbevölkerung der Erde damals auf 2166,8 Millionen Menschen. Davon lebten in Europa (einschließlich dem europäischen Rußland) 512,5, in Asien 1221,9, in Afrika 148, in Amerika 274,3 und in Australien (einschließlich Insulinde) 10,1 Millionen. Von ihnen konnten, bei Berücksichtigung sämtlicher Wurmarten und grob geschätzt, in Europa 42,9%, in Asien 125,6%, in Afrika 210%, in Amerika 45,6% und in Australien 34% als wurminfiziert angenommen werden. Für die gesamte Erdbevölkerung ergab sich so eine Verwurmung von 104,2%. Diese erschreckend hohe Zahl kommt allerdings dadurch zustande, daß die Schätzungen über die Häufigkeit der einzelnen Parasiten einfach addiert wurden, ohne Berücksichtigung der besonders in den Tropen und Subtropen so häufigen Mehrfachinfektionen vieler Individuen.

Tabelle 1, die nach den Angaben von STOLL zusammengestellt wurde, zeigt, welche Wurmarten in den verschiedenen Erdteilen als Parasiten des Menschen in Betracht kommen.

### 1.2 *Infektionsquellen*

Die Angaben von STOLL über die Häufigkeit des Vorkommens von Helminthen liegen zwar bereits ein gutes Jahrzehnt zurück, treffen aber im wesentlichen auch heute noch zu. Mindestens in den Tropen und Subtropen hat sich in der Zwischenzeit nicht viel geändert. Gleichgültigkeit und starres Festhalten der Einheimischen an den überkommenen Lebensgewohnheiten machen eine wirksame *Prophylaxe* durch allgemeine Einhaltung geeigneter hygienischer Vorschriften praktisch unmöglich. Der Weg, den Befall mit Helminthen durch die Vernichtung ihrer Eier im Boden oder durch die Bekämpfung ihrer Zwischenwirte (Schnecken, Insekten) einzuschränken, ist ebenfalls schwierig und wird oft wegen der damit verbundenen Kosten nicht gangbar sein, müssen doch große Landstriche gleichzeitig und wiederholt mit geeigneten Chemikalien behandelt werden, damit ein durchschlagender Erfolg eintritt. Immerhin sind aber in den letzten Jahren auf diesem Gebiet einige Fortschritte erreicht worden[2]).

Die wichtigsten Infektionsquellen und Wege für den Befall mit den verschiedenen Helminthen zeigt Tabelle 2 (nach VOGEL und MINNING[3]), etwas modifiziert).

---

[1]) N. R. STOLL, J. Parasitol. *33*, 1 (1947).

[2]) G. W. HUNTER, Amer. J. trop. Med. Hyg. *1*, 831 (1952).

[3]) H. VOGEL und W. MINNING, *Handbuch der Inneren Medizin*, Bd. 1, Teil 2 (Springer-Verlag, Berlin, Göttingen und Heidelberg 1952), S. 789.

### 1.3 *Bedeutung der Anthelminthica*

Wie schwer sich aber auch in hochzivilisierten Ländern prophylaktische Maßnahmen durchsetzen, zeigen Befunde über die stellenweise noch immer starke Verbreitung des Befalls mit Madenwürmern, Spulwürmern oder Peitschenwürmern in unseren Breiten[1-6]). Obwohl zum Beispiel seit nahezu 100 Jahren bekannt ist, daß der Rinderbandwurm nur durch den Genuß von rohem Rindfleisch erworben wird, ist die Häufigkeit seines Vorkommens bei uns nicht entsprechend zurückgegangen und nimmt sogar in neuerer Zeit wieder zu[7,8]). Auch der Befall des Menschen mit dem Großen Leberegel ist in Westeuropa trotz der genauen Kenntnis des Infektionsweges immer noch ein nicht ganz seltenes Vorkommnis[9]).

So ist die Bedeutung der Anthelminthica also keineswegs geringer geworden. Sie ist im Gegenteil gestiegen, je mehr man die ungeheure Verbreitung der Helminthosen in den tropischen Ländern und die nachteiligen Folgen des Wurmbefalls für die Gesundheit kennengelernt hat. So sehen wir, daß erst in neuerer Zeit begonnen wurde, systematisch nach wirksameren Mitteln gegen die Wurmplage zu suchen, als es die altüberkommenen, empirisch gefundenen Drogen sind.

Bereits zu Beginn dieses Jahrhunderts ging man mehr und mehr dazu über, statt der «klassischen Wurmdrogen» die aus ihnen gewonnenen vermifugen oder vermiciden Wirkstoffe anzuwenden. Trotzdem blieben aber Wurmkuren nicht nur relativ häufig erfolglos, sondern auch nach wie vor mit dem Odium der Gefährlichkeit behaftet. Vor wenigen Jahren noch war die Abtreibung eines Bandwurms oder von Spulwürmern ein ernstes Problem. Klinikaufnahme erschien ratsam, und unangenehme Vergiftungen, ja Todesfälle konnten trotzdem nicht immer vermieden werden[10]). Bei der verständlichen Abneigung dagegen, unangenehme Zwischenfälle bei therapeutischen Maßnahmen zu veröffentlichen, wurde aber sicherlich nur ein kleiner Teil derartiger Vorkommnisse bekannt.

### 1.4 *Methoden zur Auffindung neuer Wurmmittel*

Nicht immer allerdings waren die Vergiftungen mit Anthelminthica allein die Folge ihrer geringen therapeutischen Breite. In der Mehrzahl der durch Veröffentlichungen in der Fachpresse bekanntgewordenen Vergiftungen lagen Überdosierung, die Eingabe ungeeigneter Mischungen verschiedener Anthel-

[1]) G. W. Hunter, Amer. J. trop. Med. Hyg. *1*, 831 (1952).
[2]) K. Seitz, Med. Klinik *48*, 618 (1953).
[3]) J. Schmidt, Med. Mschr. *10*, 248 (1956).
[4]) M. Schröder, Dtsch. med. J. *7*, 517 (1956).
[5]) N. Tecce und A. Villari, Acta med. ital. *12*, 150 (1957).
[6]) W. Sommerfeld, D. Medizin. *1958*, 1679.
[7]) O. Jirovec, Dtsch. Gesundheitswes. *1954*, 1119.
[8]) H. H. Hennemann, Dtsch. med. Wschr. *83*, 892 (1958).
[9]) J. Coudert und F. Triozon, Presse méd. *1957*, 1586.
[10]) O. A. Rösler, Wien. klin. Wschr. *64*, 942 (1952).

Tabelle 1

Helminthenbefall in Millionen (+ bedeutet weniger als 100000 Infizierte)

| | Nord-amerika | Mittel- und Süd-amerika | Afrika | Europa ohne UdSSR | UdSSR in Europa | UdSSR in Asien | Asien ohne UdSSR | Australien mit Neu-seeland | Insgesamt |
|---|---|---|---|---|---|---|---|---|---|
| Trichinella spiralis | 21,1 | 1,3 | 0,2 | 3,9 | 1,3 | ... | + | + | 27,8 |
| Taenia saginata | 0,1 | 0,7 | 12,0 | 0,8 | 12,0 | 7,2 | 6,0 | 0,1 | 38,9 |
| Taenia solium | + | + | 0,5 | + | 0,5 | 0,3 | 1,2 | + | 2,5 |
| Hymenolepis nana | 0,1 | 0,7 | 0,6 | 1,6 | 2,3 | 0,9 | 14,0 | + | 20,2 |
| Diphyllobothrium latum | + | ... | + | 2,8 | 3,3 | 3,1 | 1,2 | ... | 10,4 |
| Clonorchis sinensis | ... | ... | ... | ... | ... | ... | 19,0 | ... | 19,0 |
| Opisthorchis felineus | ... | ... | ... | 0,1 | 0,4 | 0,6 | + | ... | 1,1 |
| Fasciolopsis buski | ... | ... | ... | ... | ... | ... | 10,0 | ... | 10,0 |
| Paragonimus westermani | ... | ... | + | ... | ... | ... | 3,2 | + | 3,2 |
| Schistosoma japonicum | ... | ... | ... | ... | ... | ... | 46,0 | ... | 46,0 |
| Schistosoma haematobium | ... | ... | 39,0 | + | ... | ... | 0,2 | ... | 39,2 |
| Schistosoma mansoni | ... | 6,2 | 23,0 | ... | ... | ... | ... | ... | 29,2 |
| Dracunculus medinensis | ... | + | 15,0 | ... | ... | 3,3 | 30,0 | ... | 48,3 |
| Onchocerca volvulus | ... | 0,8 | 19,0 | ... | ... | ... | ... | ... | 19,8 |
| Mansonella ozzardi | ... | 7,0 | ... | ... | ... | ... | ... | ... | 7,0 |
| Acanthocheilonema perstans | ... | 8,0 | 19,0 | ... | ... | ... | ... | + | 27,0 |
| Loa loa | ... | ... | 13,0 | ... | ... | ... | ... | ... | 13,0 |
| Wucheria bancrofti, Wucheria malayi | ... | 9,0 | 22,0 | + | + | ... | 157,0 | 1,0 | 189,0 |
| Enterobius vermicularis | 18,0 | 16,0 | 8,9 | 62,0 | 25,0 | 7,5 | 71,0 | 0,4 | 208,8 |
| Ancylostoma duodenale, Necator americanus | 1,8 | 42,0 | 49,0 | 1,4 | 2,8 | + | 359,0 | 0,8 | 456,8 |
| Ascaris lumbricoides | 3,0 | 42,0 | 59,0 | 32,0 | 13,0 | 6,9 | 488,0 | 0,5 | 644,4 |
| Trichuris trichiura | 0,4 | 38,0 | 28,0 | 34,0 | 23,0 | 4,2 | 227,0 | 0,5 | 355,1 |
| Strongyloides stercoralis | 0,4 | 8,6 | 3,3 | 0,6 | 0,7 | 0,2 | 21,0 | 0,1 | 34,9 |
| Trichostrongylus spp. | + | ... | + | ... | 0,5 | 0,5 | 4,5 | ... | 5,5 |
| Gesamtzahl der Wurminfizierten | 44,9 | 180,3 | 315,5 | 139,2 | 84,5 | 34,7 | 1458,3 | 3,4 | 2257,1 |
| Bevölkerung in Millionen | 143,8 | 130,8 | 148,0 | 387,5 | 125,0 | 45,4 | 1176,5 | 10,1 | 2166,8 |
| Prozentsatz der Wurminfizierten | 31,0 | 138,0 | 210,0 | 36,0 | 68,0 | 76,0 | 124,0 | 34,0 | 104,2 |

Tabelle 2

*Hauptinfektionsquellen für den Befall mit Helminthen*

**A. Infektion per os**

| | | |
|---|---|---|
| 1. Trinkwasser (Vegetabilien) | vom Lande | durch Cyclopsarten | *Dracunculus, Sparganum mansoni* |
| | | gejauchte Radieschen, Salate, Erdbeeren, Fallobst usw. | *Ascaris, Trichuris, Cysticercus cellulosae* |
| | aus dem Wasser | Brunnenkresse, Wassernüsse | *Fasciola hepatica, Fasciolopsis buski* |
| 2. Roh genossene Nahrungsmittel (Fleisch) | von Säugetieren | vom Schwein, vom Rind | *Trichinella spiralis, Taenia solium, Taenia saginata* |
| | von Fischen | Quappe, Hecht, Karpfen | *Diphyllobothrium latum, Clonorchis, Opisthorchis* |
| | von Krabben | | *Paragonimus* |
| 3. Schmutz | vom Erdboden | | *Ascaris, Trichuris, Cysticercus cellulosae* |
| | vom Anus über den Finger zum Mund | | *Enterobius, Hymenolepis nana, Cysticercus cellulosae* |
| | Zimmerstaub | | *Enterobius* |
| | von Hunden | | *Echinococcus* |

**B. Infektion perkutan**

| | |
|---|---|
| 1. Vom Erdboden aus | Hakenwürmer, Strongyloides |
| 2. Vom Wasser aus | Schistosomen, Cercariendermatitis |
| 3. Durch Stechinsekten | Filarienarten |

minthica oder sonstige Fehler bei der Durchführung der Kur (zum Beispiel Fortlassen des Abführmittels, Wiederholung der Kur in zu kurzen Abständen) infolge von Unachtsamkeit oder Unkenntnis vor[1-3]. Das verhältnismäßig häufige Vorkommen derartiger, auf menschliches Versagen zurückzuführender Zwischenfälle, war aber ein weiterer wichtiger Grund, nach Mitteln harmloserer Art zu suchen, die gleichzeitig wirksamer als die alten Drogen und ihre Reinsubstanzen sein sollten.

Zwei Wege wurden von der Forschung eingeschlagen, um dieses Ziel zu erreichen: Man prüfte Substanzen, von denen man sich auf Grund theoretischer Überlegungen eine anthelmintische Wirkung versprach, zunächst in vitro an Würmern verschiedener Art hinsichtlich eines erregenden, lähmenden oder abtötenden Effektes. Die auf diese Weise aus einer großen Zahl chemischer Verbindungen herausgesuchten Stoffe wurden dann einer weiteren Prüfung am wurminfizierten Tier unterworfen, falls ihre sonstigen Eigenschaften (Löslichkeit, Zersetzlichkeit, Toxizität) dies zweckmäßig erscheinen ließen.

Dieses Vorgehen hat mehrfach zur Auffindung wirksamer Mittel geführt[4-6]. Es wird versagen, sobald es sich um Substanzen handelt, aus denen erst im Organismus die wurmwirksame Verbindung entsteht. Als Anthelminthica wird man ferner in vitro Stoffe nicht erkennen, die weder vermifug noch vermicid wirken, sondern deren Einwirkung auf die Parasiten beispielsweise in einer langsam eintretenden Schädigung ihrer Generationsorgane oder ihres Stoffwechsels besteht. Dies trifft zum Beispiel für Miracil D, Emetin sowie für Arsen- und Antimonverbindungen zu. Das Filarienmittel Hetrazan schließlich scheint ähnlich wie ein Opsonin auf die Parasiten zu wirken, so daß sie den Abwehrreaktionen des befallenen Organismus erliegen.

Bisher ist es nicht gelungen, diese Vorgänge im Modellversuch an Würmern in vitro zu reproduzieren und einfache Methoden zur Testung neuer Substanzen, die in dieser Weise wirken, zu entwickeln. Infolgedessen wird hier der Heilversuch am wurmkranken Tier bei der Suche nach wurmwirksamen Substanzen an die erste Stelle rücken müssen. Die Wahl geeigneter Versuchstiere mit Wurminfektionen, die denen beim Menschen möglichst weitgehend ähneln, ist dabei besonders wichtig[7].

Die folgende Tabelle 3, die einer Arbeit von ERHARDT[8] entnommen wurde, gibt eine Übersicht über die wichtigsten Modellversuche, die zur Prüfung der Wirksamkeit neuer Präparate gegen die verschiedenen Wurminfektionen des Menschen geeignet scheinen. Anzufügen wäre hier noch die Infektion der Baumwollratte (*Sigmodon hispidus*) mit der Filarie *Litomosoides carinii*[9] sowie

[1]) M. ROSETTI, Inauguraldissertation (Basel 1951).
[2]) H. GREINER, Med. Klinik *47*, 645 (1952).
[3]) R. SCHÖN und H. H. SCHNEIDER, Dtsch. med. Wschr. *78*, 1057 (1953).
[4]) P. D. LAMSON, C. B. WARD und H. W. BROWN, Proc. Soc. exp. Biol. Med. *27*, 1017 (1930).
[5]) H.-A. OELKERS, Pharm. Zentralhalle *90*, 188 (1951).
[6]) R. AMMON, Pharmazie *5*, 57 (1950); Dtsch. Apotheker-Ztg. *91*, 55 (1951).
[7]) F. EICHHOLTZ und A. ERHARDT, Dtsch. tropenmed. Z. *46*, 275 (1942).
[8]) A. ERHARDT, Pharmazie *3*, 49 (1949).
[9]) J. T. CULBERTSON und H. M. ROSE, J. Pharmacol. *81*, 181 (1944).

vielleicht auch die natürliche Oxyureninfektion der Maus (*Aspiculuris tetraptera, Syphacia obvelata*[1, 2]).

Die folgende Tabelle 4, die der gleichen Arbeit von ERHARDT entnommen wurde wie die Tabelle 3, gibt die chemotherapeutischen Indizes (Dosis letalis minima dividiert durch die kleinste in mindestens 50% der Fälle therapeutisch voll wirksame Dosis) für eine Anzahl Anthelminthica wieder.

Die nähere Betrachtung dieser Tabelle zeigt, daß auch die Ergebnisse dieser Tierversuche nur einen ungefähren Anhalt für die Eignung eines chemischen Stoffes zur Behandlung von Wurminfektionen beim Menschen zu bieten vermögen. So sind zum Beispiel Acranil und Atebrin beim Menschen bessere Bandwurmmittel als Filmaronöl. Ferner sind Santonin und Ascaridol als Spulwurmmittel beim Menschen keineswegs gleichwertig, wie man vielleicht aus den in der Tabelle angegebenen Werten schließen könnte. Das Präparat Lubisan endlich, ist heute als Oxyurenmittel mit Recht verlassen und hat als Spulwurmmittel beim Menschen ebensowenig eine Rolle zu spielen vermocht wie etwa Thymol bei der Madenwurminfektion.

Diese Beispiele zeigen die großen Schwierigkeiten, mit denen die Forschung bei der Auffindung neuer Mittel zu kämpfen hat. Auch der chemotherapeutische Heilversuch am Tier kann weder vor Überschätzung der mutmaßlichen Wirkung einer neuen Substanz beim Menschen noch vor einer Ablehnung wegen scheinbarer Wirkungslosigkeit schützen. So sei daran erinnert, daß die Prüfung des bei der Leberegelinfektion (*Fasciola hepatica*) des Menschen hochwirksamen Emetins bei der gleichen Infektion des Kaninchens Wirkungslosigkeit ergab, während andere beim Menschen weniger wirksame Mittel die Infektion des Kaninchens zu heilen vermochten[3]. Hetrazan, das Mittel der Wahl bei den meisten Filarieninfektionen des Menschen, war bei der Auswertung im Tierversuch anderen Mitteln deutlich unterlegen (Cyaninfarbstoffen, Arsen- und Antimonverbindungen). Glücklicherweise wurde aber trotzdem eine klinische Prüfung durchgeführt, die dann den überragenden therapeutischen Wert ergab.

Diese Erfahrungen zeigen die Notwendigkeit, möglichst jede Substanz, die bei Laboratoriumsversuchen irgendwelche anthelminthische Eigenschaften zeigt, klinisch zu prüfen. Trotz aller Bemühungen, den Modellversuch in vitro und am wurminfizierten Tier zu vervollkommnen, wird es sich vorerst nur so vermeiden lassen, daß chemotherapeutisch wertvolle Stoffe übersehen werden[4].

## 1.5 *Wirkungsmechanismus von Wurmmitteln*

Von jeher ist man gewöhnt, bei Mitteln, die gegen die im Darm des Menschen parasitierenden Helminthen gebraucht werden, eine gewisse *Wirkungsspezifität* anzunehmen, mindestens aber zwischen *Bandwurm-* und *Rundwurm-*

---

[1]) H. BOECKER und A. ERHARDT, Z. Tropenmed. Parasitol. *6*, 198 (1955).
[2]) H.-A. OELKERS, Arzneimittelforschung *8*, 717 (1958).
[3]) G. LÄMMLER, Z. Tropenmed. *7*, 289 (1956).
[4]) F. HAWKING, Pharmacol. Rev. *7*, 279 (1955).

Tabelle 3

| Art der Infektion | Erreger | Invasionsmodus | Wesentlichste Punkte des Modellversuches |
|---|---|---|---|
| Hakenwurm-infektion der Katze | *Ancylostoma caninum* | Percutane Einboh-rung der gezüchte-ten Larven | Quantitative Infektion. Eierzählung. Sektion |
| Spulwurm-infektion der Katze | *Toxocara cati* | Perorale Aufnahme larvenhaltiger Wurmeier | Nachweis der abgetriebe-nen Würmer. Sektion |
| Bandwurm-infektion der Katze | *Taenia taeniaeformis* | Perorale Aufnahme finnenhaltiger (*Cysticercus fascio-laris*) Leber von Maus und Ratte | Nachweis der abgetriebe-nen Würmer. Sektion |
| Leberegelinfek-tion der Katze | *Opisthorchis tenuicollis* | Perorale Aufnahme finnenhaltiger (en-cystierte Metacer-carien) Fisch-muskulatur | Eierzählung. Mehraus-schwemmung von Eiern. Sektion |
| Oxyureninfektion des Kaninchens | *Passalurus ambiguus* | Perorale Aufnahme larvenhaltiger Wurmeier | Chirurgischer Eingriff oder rektal. Einlauf zur Fest-stellung der Infektions-stärke. Nachweis der abge-triebenen Würmer. Sektion |
| Peitschenwurm-infektion des Kaninchens | *Trichuris leporis* | Perorale Aufnahme larvenhaltiger Wurmeier | Eierzählung. Nachweis ab-getriebener Würmer. Sektion |
| Finneninfektion des Kaninchens | *Cysticercus pisiformis* | Perorale Aufnahme von Gliedern von *Taenia pisiformis* aus Hundekot | Chirurgischer Eingriff zur Feststellung der Infektion. Test, ob die Finnen leben. Sektion |
| Zwergfaden-wurminfektion der Ratte | *Strongyloides ratti* | Perkutane Einboh-rung der gezüch-teten Larven | Eierzählung ab 30. Tag nach der Infektion. Mehr-ausschwemmung von Eiern. Mikroskopische Sektion |
| Trichineninfek-tion der Ratte | *Trichinella spiralis* | Perorale Aufnahme trichinenhaltiger Rattenmuskulatur | Quantitative Infektion. Darm- u. Muskeltrichinen. Mikroskopische Sektion. Kontrollinfektionen |
| Bilharzieninfek-tion der weißen Maus und des Affen bzw. des Kaninchens | *Schistosoma mansoni* und *haematobium* bzw. *japonicum* | Percutane Einboh-rung der gezüchte-ten Gabelschwanz-larven (Cercarien) | Eier- und Mirazidiennach-weis. Wasserschnecken. Quantitative Infektion. Sektion |

Tabelle 4

| Wurm-mittel | Hakenwurm-infektion der Katze | Spulwurm-infektion der Katze | Bandwurm-infektion der Katze | Oxyuren-infektion des Kaninchens | Spezifikum gegen die Infektion des Menschen mit |
|---|---|---|---|---|---|
| Tetrachlor-kohlenstoff | 1–2 | 2–6 | unwirksam | nicht untersucht | Haken-würmern |
| Tetrachlor-äthylen | 1–3 | 8–12 | 2–3 | nicht untersucht | Haken-würmern |
| Filmaronöl | 2–6,6 | unwirksam | 12–40 | 2 | Band-würmern Haken-würmern |
| Santonin | unwirksam | 4–40 | unwirksam | unwirksam | Spulwürmern |
| Ascaridol | 2 | 40 | unwirksam | 1,5 | Spulwürmern Haken-würmern |
| Hexyl-resorcin | 1–3 | 4–12 | 1–3 | nicht untersucht | Haken-würmern Spulwürmern |
| Tridecyl-resorcin | 6 | 12 | 24 | nicht untersucht | Haken-würmern Spulwürmern |
| Thymol | 1–2 | 4 | 1–2 | 50 | Spulwürmern Haken-würmern |
| Lubisan (Resorcin-monobutyl ätherdiäthyl-carbamat) | unwirksam | 5–10 | unwirksam | 3–6 | Oxyuren |
| Acranil | 1–2 | 1–2 | 1–2 | 8 | Lamblien Band-würmern |
| Atebrin | 1–2 | 1–2 | 1–2 | 8 | Plasmodien |

*mitteln* zu unterscheiden, wirken doch zum Beispiel die Drogen der Filixgruppe in der Tat nur gegen Bandwürmer, Chenopodiumöl bzw. Ascaridol dagegen nur gegen Spul- und Hakenwürmer einigermaßen befriedigend.

Die Gründe dafür sind noch weitgehend unbekannt und nicht oder nur zum kleinen Teil darin zu suchen, daß Bandwürmer Anthelminthica durch ihre gesamte Körperoberfläche hindurch aufnehmen, Rundwürmer aber möglicherweise vornehmlich durch die Mundöffnung[1]). Wahrscheinlicher ist es, daß die elektive Wirkung der Filixstoffe auf Bandwürmer mit dem «hohen Sitz» dieser Parasiten, dicht hinter dem Duodenum[2, 3]), zusammenhängt, denn auch gegen *Ancylostoma duodenale* sind Filixzubereitungen gelegentlich erfolgreich gebraucht worden (vgl. auch Tabelle 4). Nematoden in den tieferen Darmabschnitten dagegen werden wegen der fortschreitenden Resorption und der bei dem pH des Darminhaltes stattfindenden raschen Zersetzung der wurmwirksamen Phloroglucinderivate des Filixrhizoms nur noch von unzureichenden Konzentrationen dieser Wirkstoffe erreicht.

Die spezifische Wirkung des Santonins auf Spulwürmer hat man durch die Annahme zu erklären versucht, daß die wurmwirksame Substanz erst nach der Resorption des Santonins aus diesem in der Leber entstehe[4-6]). Diese vermifug wirkende Verbindung soll dann in individuell verschiedener Menge in den Darm ausgeschieden werden, so daß auch die oft unzureichende Wirkung von Santoninkuren auf diese Weise ihre Erklärung gefunden hätte. Sicher ist jedenfalls, daß Santonin auf Würmer in vitro, selbst in gesättigter Lösung, keine deutlich erregende oder lähmende Wirkung hat[7]), sowie ferner, daß das Naphthalinderivat sehr rasch resorbiert wird und infolgedessen bereits 30 Minuten nach der Einnahme als Oxysantonin im Harn zu erscheinen beginnt[8]). Ein wurmwirksames Derivat des Santonins konnte aber bei Santoninkuren bisher weder im Harn noch im Darminhalt nachgewiesen werden.

Keine Erklärung dieser Art aber bietet sich dafür, daß zum Beispiel Chenopodiumöl und Ascaridol Bandwürmer nicht abzutreiben vermögen und daß sie auf Hakenwürmer schwächer einwirken als auf Spulwürmer, obwohl letztere wegen ihres «tieferen» Sitzes erst später und infolgedessen in schwächeren Konzentrationen von ihnen erreicht werden. Ähnliches gilt zum Beispiel auch für Salze des Piperazins und viele andere Stoffe.

Nur sehr wenige der heute als Wurmmittel gebrauchten Substanzen lassen sich mit Recht als «Breitband-Anthelminthica» bezeichnen[9, 10]). Auch sie zeigen trotz beträchtlicher Breite des Wirkungsspektrums eine mehr oder minder

---

[1]) E. SCHILL, Dtsch. tropenmed. Z. *47*, 105 (1943).
[2]) R. PRÉVÔT, H. HORNBOSTEL und H. DOERKEN, Klin. Wschr. *30*, 78 (1952).
[3]) H. HORNBOSTEL und H. DOERKEN, Dtsch. med. Wschr. *1952*, 339.
[4]) L. KOKAME und J. ASADA, Ber. ges. Physiol. *49*, 710 (1929).
[5]) Y. ASAHINA und T. MOMOSE, Ber. dtsch. chem. Ges. *71*, 1421 (1938).
[6]) A. SHIRANE, Tokyo Igakkwai Zasshi *53*, 718 (1939).
[7]) H.-A. OELKERS und W. RATHJE, Arch. exp. Path. Pharmakol. *198*, 317 (1941).
[8]) H. W. KNIPPING und H. SEEL, Arch. exp. Path. Pharmakol. *159*, 202 (1931).
[9]) J. CL. SWARTZWELDER, W. W. FRYE, J. P. MUHLEISEN, J. H. MILLER, R. LAMPERT, A. PENA CHOVARRIA, ST. H. ABUDIZE und S. O. ANTHONIE, J. Amer. med. Ass. *165*, 2063 (1957).
[10]) H. W. OCKLITZ, H. KUPATZ und W. OLDORF, Ther. d. Gegenw. *97*, 94 (1958).

deutliche Bevorzugung der einen oder anderen Wurmspezies. Aufklärung über die Ursachen dafür ist von einer Vertiefung unserer Kenntnisse vom Stoffwechsel der verschiedenen Helminthen zu erwarten, der sich in wichtigen Punkten nicht nur von dem ihres Wirtes, sondern unter Umständen auch von Spezies zu Spezies beträchtlich unterscheidet[1–6]. Es ist anzunehmen, daß ein wesentlicher Teil der Wirkung von Anthelminthica auf der Beeinflussung von Stoffwechselvorgängen beruht. Hemmung oder Förderung von Fermenten nicht nur im Körper der Parasiten, sondern vielleicht auch im Wirtsorganismus spielen dabei eine Rolle.

Diese Auffassung, die als Erklärung für die chemotherapeutischen Wirkungen, insbesondere von Arsen- und Antimonverbindungen, schon seit längerer Zeit diskutiert wird[7, 8], trifft offenbar auch für die meisten, wenn nicht für alle übrigen Anthelminthica zu. Es ist daher möglich, daß die nähere Beschäftigung mit den in Betracht kommenden Fermenten und insbesondere Studien über ihre Hemmbarkeit durch chemische Substanzen zur Auffindung neuer Anthelminthica führen kann[9].

Eine Wirkungssteigerung der gegen Darmhelminthen gerichteten Pharmaca durch zusätzliche Eingabe eines Abführmittels tritt im allgemeinen nicht ein[10] (vgl. auch S. 229). Dabei besteht bei Verordnung von Kalomel, insbesondere bei Verwendung der früher viel gebrauchten Santonin-Kalomel-Mischungen, Gefahr, bei Kindern eine Acrodynie auszulösen[10–12]. Magnesiumsulfat (Bittersalz) wird wegen der in neuerer Zeit mehrfach beobachteten resorptiven Nebenwirkungen nur noch mit Vorsicht gebraucht[13, 14].

### 1.6 *Die parasitischen Würmer*

Die parasitischen Würmer des Menschen werden in zwei Hauptgruppen eingeteilt: die PLATHELMINTHEN oder *Plattwürmer* und die NEMATHELMINTHEN oder *Rundwürmer*. Die *Invasion* erfolgt entweder *passiv* mit roh genossener oder verunreinigter Nahrung über die Mundöffnung oder *aktiv* durch die Haut

---

[1] E. BUEDING, Physiol. Rev. *29*, 195 (1949).

[2] E. BUEDING und H. W. YALE, J. biol. Chem. *193*, 411 (1951).

[3] T. v. BRAND, *Chemical Physiology of Endoparasitic Animals* (Academic Press Inc., New York 1952).

[4] E. BUEDING und H. MOST, Ann. Rev. Microbiol. *7*, 295 (1953).

[5] S. S. COHEN, in: *Cellular Metabolism and Infections*, herausgegeben von E. Racker, N. Y. Acad. Med. Sect. Microbiol. Symp. *8*, 84–88 (1954).

[6] E. BUEDING und G. W. FARROW, Exp. Parasitol. *5*, 345 (1956).

[7] H.-A. OELKERS, *Handbuch der experimentellen Pharmakologie*, Ergänzungswerk, Band 3, (Verlag Julius Springer, Berlin 1937), S. 201, 217, 251.

[8] H.-A. OELKERS, *Festschrift Bernhard Nocht* (Verlag J. J. Augustin, Glückstadt, Hamburg und New York 1937), S. 418.

[9] E. BUEDING und CL. SWARTZWELDER, Pharmacol. Rev. *9*, 329 (1957).

[10] H.-A. OELKERS, *Pharmakologische Grundlagen der Behandlung von Wurmkrankheiten*, 3. Aufl. (S.-Hirzel-Verlag, Leipzig 1950), S. 40–42.

[11] M. MAYER, Arch. Kinderheilkd. *144*, 58 (1952).

[12] F. B. BARRETT, Med. J. Austr. *1957*, I, 714.

[13] O. A. RÖSSLER, Wien. klin. Wschr. *1952*, 942.

[14] G. DOTZAUER und H. HORNBOSTEL, Ärztl. Wschr. *1952*, 1102.

hindurch (siehe auch Tabelle 2 auf Seite 163). Im letzteren Falle durchdringen Larvenstadien der Parasiten die Haut. Sie können diese entweder selbst aufsuchen (Cercarien, Hakenwurmlarven) oder durch Insekten zu ihr hingetragen werden (Filarien).

Der Zeitraum vom Hineingelangen oder Eindringen eines Parasiten im invasionsfähigen Entwicklungsstadium in den menschlichen Organismus bis zum Erscheinen der Eier oder Larven in den Faeces, im Urin oder im Blut wird *Präpatentperiode* genannt. Erst nach Ablauf dieses «*Zeitraumes vor dem Erscheinen*» ist gewöhnlich die Diagnose des Befalls mit einer bestimmten Wurmart zu stellen und hat es Sinn, eine medikamentöse Behandlung einzuleiten. Die oft früh festzustellende hochgradige Eosinophilie kann nur den Verdacht auf das Vorliegen einer Wurminfektion nahelegen, besagt aber nichts über Art und Stärke des Befalls[1]).

Die *Plathelminthen* sind dorsoventral abgeplattete Würmer ohne Leibeshöhle. Ihr von einer Chitincuticula bedeckter Körper besteht aus einem bindegewebigen, von Muskeln durchzogenen Parenchym, in das die Organe (Darm, Exkretionssystem und Geschlechtsapparat, Nerven) eingebettet sind. Man unterscheidet zwei Unterklassen der Plathelminthen: die TREMATODEN oder *Saugwürmer* und die CESTODEN oder *Bandwürmer*.

## 2. Trematoda

Die als Parasiten für den Menschen in Betracht kommenden Trematoden finden sich in verschiedenen Organen, so vor allem in der Leber, der Lunge, im Darm oder in den Blutgefäßen. Sie können sich hier mit Hilfe ihrer Saugnäpfe anheften und sich durch Darminhalt, Zelltrümmer der Umgebung oder das Blut ihres Wirtes ernähren. Mit Ausnahme der Schistosomen sind alle in Betracht kommenden Trematoden Hermaphroditen.

Bei der komplizierten Entwicklung der Trematoden vom Ei bis zum geschlechtsreifen Wurm folgen mehrere, auch morphologisch verschiedene *Larvenformen* aufeinander: In dem mit einem Deckel versehenen Ei entsteht eine bewimperte Larve, das *Miracidium*, das im Wasser das Ei verläßt und *aktiv* in eine als *Zwischenwirt* dienende Schnecke eindringt oder das *passiv* mit dem Ei von dem *Zwischenwirt* aufgenommen wird. Hier entwickelt sich die Wimperlarve zum Keimschlauch, der *Sporocyste*, aus der *Redien* (Stablarven) und aus diesen schließlich die mit einem Ruderschwanz und mit Saugnäpfen versehenen *Cercarien* entstehen. Diese winzigen, Kaulquappen in mancher Hinsicht ähnelnden Organismen verlassen ihren Wirt und schwärmen in das umgebende Wasser aus. Ihre Weiterentwicklung verläuft je nach der Trematodenart, von der sie stammen, auf eine der drei folgenden Weisen:

1. Sie encystieren sich im Wasser oder an Wasserpflanzen und werden zu *Metacercarien*, die passiv durch den Mund in den Endwirt gelangen, wenn dieser infiziertes Wasser ungekocht trinkt oder infizierte Pflanzen roh ver-

---

[1]) G. LAVIER, Rev. Pract. *1957*, 2179.

zehrt. Dies ist der Fall beim Großen Leberegel (*Fasciola hepatica*) und beim Darmegel (*Fasciolopsis buski*).

2. Sie encystieren sich in einem zweiten Zwischenwirt (Fische, Krebse oder Krabben). Durch den Genuß der rohen oder ungenügend gekochten Organe dieses *Hilfs-* oder *Transportwirtes* infiziert sich dann der Mensch. Auf diese Weise verhalten sich die Cercarien des Chinesischen Leberegels (*Clonorchis sinensis*), vom Katzenleberegel (*Opisthorchis felineus*) und vom Lungenegel (*Paragonimus ringeri*).

3. Die Cercarien schwimmen einige Zeit im Wasser umher und dringen *aktiv* in die Haut des Menschen ein. Diesen Weg nehmen die Cercarien der Pärchenegel oder Bilharzien (*Schistosoma*).

### 2.1 Leberegel

Der bei Schafen und Rindern, aber auch bei Ziegen, Pferden, Schweinen sowie bei wildlebenden Wiederkäuern häufig vorkommende *Große Leberegel* (*Fasciola hepatica*) findet sich gelegentlich auch beim Menschen. Er ist von blattförmiger Gestalt, etwa 2–4 cm lang und 8–13 mm breit. Der bräunlichgraue oder mehr schwärzlich gefärbte Parasit lebt in den unter seiner Einwirkung oft stark erweiterten Gallengängen der Leber. Seine Verbreitung ist an das Vorkommen seines Zwischenwirtes, der in kleinen Tümpeln und auf feuchten Wiesen oft in großen Mengen zu findenden Zwergschlammschnecke («Leberegelschnecke»), *Galba truncatula*, gebunden.

Beim Menschen sind nach PIEKARSKI[1] bis zum Jahre 1950 etwa 300–400 Fälle von *Fasciolosis* bekannt geworden. Die Infektion erfolgt durch Kauen an cystenhaltigen Gräsern oder Verzehren roher Gemüse in Salatform (Brunnenkresse, Sauerampfer) von Feldern oder Gärten, die zeitweilig überschwemmt waren. Die ersten *Krankheitserscheinungen* (Fieber, Leberschwellung, hochgradige Eosinophilie) pflegen 1–2 Monate später aufzutreten. Die *Diagnose* wird durch den Nachweis der Eier (vgl. S. 241, Abbildung 7) im Stuhl oder im Duodenalsaft sowie bereits kurz nach der Infektion durch serologische Methoden gestellt[2].

Zur wirksamen *Prophylaxe* der Leberegelerkrankung von Mensch und Vieh ist Beseitigung der Leberegelschnecken durch Trockenlegung schneckenhaltiger Tümpel sowie Ansetzen von Hausenten anzustreben, die die Schnecken verzehren. Zur chemischen Bekämpfung der Schnecken eignen sich Viehsalz, Chlorkalk, Ätzkalk und Kainit. Sehr wirksam ist ferner die Anwendung von Kupfersulfat (Kupfervitriol), das allerdings in den Gewässern eine Konzentration von 1:250000 bis 1:50000 erreichen muß.

Der *Kleine Leberegel* (Lanzettegel), *Dicrocoelium dendriticum* (*D. lanceolatum*) kommt nur sehr selten beim Menschen vor und soll daher hier nicht näher besprochen werden. Die Diagnose der Dicrocoeliasis wird gegebenenfalls durch das Auffinden der Eier im Duodenalsaft sowie durch den positiven Ausfall der

---

[1]) G. PIEKARSKI, *Lehrbuch der Parasitologie* (Springer-Verlag, Berlin, Göttingen und Heidelberg 1954), S. 232.
[2]) A. MAREK, Ärztl. Labor *1957*, 25.

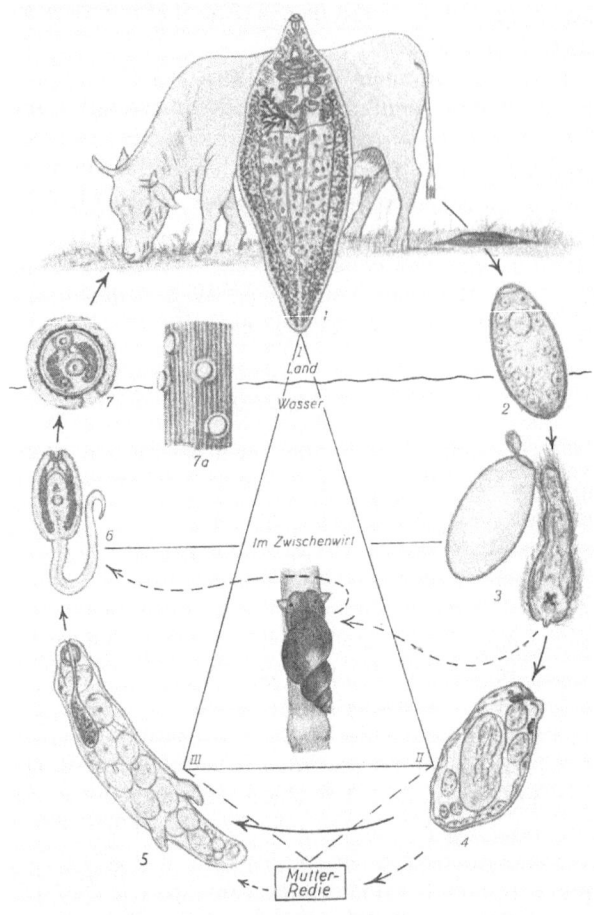

Abbildung 1

Entwicklungszyklus von *Fasciola hepatica*. *1* erwachsener Leberegel, *2* ungefurchtes Ei aus dem Kot des Endwirtes, *3* im Wasser schlüpfendes Miracidium, *4* Sporocyste und *5* Redie aus dem Zwischenwirt, *6* freischwimmende Cercarie, *7* und *7a* Cercariencysten; *I*, *II*, *III* erwachsene Individuen der Geschlechts- und der beiden Larvengenerationen (nach Mattes, 1954).

Intracutanprobe mit einem wässerigen Auszug aus getrockneten Lanzettegeln (frischer Schafsleber) gesichert[1]).

Der 10–20 mm lange und 3–5 mm breite Chinesische Leberegel (*Chlonorchis sinensis*) ist im Fernen Osten ein häufiger Parasit des Menschen (rund 19 Millionen Befallene). Da der Parasit durch den Genuß roher Süßwasserfische der Karpfenfamilie (als erster Zwischenwirt dienen Schnecken der Gattung *Bithynia*) erworben wird, stehen seine Verbreitungsgebiete in China, Japan und Korea in enger Beziehung zu den Flußsystemen.

―――――――

[1]) G. Scheid, H. Mendheim und R. Amenda, Z. Tropenmed. Parasitol. *2*, 142 (1950/51).

Die Krankheitssymptome der *Chlonorchiasis* beim Menschen ähneln denen der Fasciolosis (septisches Fieber, Lebervergrößerung, Schmerzen im Oberbauch, Abmagerung, Anämie, meist starke Eosinophilie). Stärkerer Befall führt im späteren Verlauf häufig zu einer Lebercirrhose mit Ascites. Die *Diagnose* der Erkrankung wird durch den Nachweis der gelbbraunen, sehr kleinen Eier (30:16 μ), die die Gestalt einer bauchigen Flasche haben, im Stuhl oder im Duodenalsaft gesichert (vgl. S. 241, Abbildung 7).

Der *Katzenleberegel* (*Opisthorchis felineus*) ist, wie der Name sagt, vor allen Dingen ein Parasit der Katze. Er kommt aber in einigen Gegenden Osteuropas und in Rußland sowie in Vorder- und Hinterindien auch beim Menschen nicht selten vor (STOLL schätzt die Gesamtzahl auf 1,1 Millionen; vgl. Tabelle 1).

Schnecken der Art *Bithynia leachi* dienen als erste, und karpfenartige, zur Familie der Cypriniden gehörende Süßwasserfische als zweite *Zwischenwirte*. Der Genuß infizierter Fische im rohen oder ungenügend gekochten Zustand (sogenannte Fischsalate) führen zur Infektion des Menschen. Die *Symptome* der *Opisthorchiasis* ähneln denen der *Clonorchiasis*. Der *Nachweis* der *Opisthorchis*-Eier, die denen des Chinesischen Leberegels ähneln, erfolgt im Stuhl oder im Duodenalsaft.

### 2.2 *Lungenegel*

Der *Lungenegel* (*Paragonimus westermani*) ist außer im Fernen Osten (Korea, Japan, Formosa, China, Mandschurei, Philippinen) auch in einigen Teilen Südamerikas und Afrikas (Belgisch-Kongo, Nigeria) ein häufiger Parasit des Menschen. Nach STOLL (vgl. Tabelle 1) sind insgesamt etwa 3,2 Millionen Menschen befallen. Zur Verbreitung der Paragonimiasis trägt bei, daß der Parasit auch bei Ratten, Hunden, Katzen, Schweinen und Ziegen sowie bei verschiedenen wertvollen Pelztieren (Nerz, Marder, Waschbär) häufig vorkommt.

Die rötlichbraunen oder fleischfarbenen, 0,8–1,6 cm langen und 0,6 cm breiten ovalen Egel, deren Cuticula mit schuppenartigen Dornen besetzt ist, leben in der Lunge in bis zu haselnußgroßen cystenartigen Hohlräumen, die von einer blutig-eitrigen Masse gefüllt sind und mit den Bronchien in direkter Verbindung stehen. Die gut sichtbaren, mit Deckel versehenen goldbraunen Eier des Parasiten gelangen daher leicht mit dem häufig blutig gefärbten Sputum ins Freie.

Hier entwickelt sich im Wasser bei optimaler Temperatur von 27° innerhalb von 3 Wochen das Miracidium. Als erste Zwischenwirte dienen Wasserschnecken (in Japan *Melania*-Arten, in Südamerika *Ampullaria*-Arten), als zweite Zwischenwirte verschiedene Flußkrebse und Krabben. Ihr Genuß in rohem oder ungenügend gekochtem Zustand führt zur Paragonimiasis.

Die sich langsam entwickelnden Krankheitssymptome der Lungenparagonimiasis (gelegentlich siedeln sich die Parasiten aber auch in den Bauchorganen oder im Gehirn an) legen häufig den Verdacht auf eine Lungentuberkulose nahe (Husten, blutiger Auswurf). Der Nachweis der Parasiteneier im Sputum und die Röntgenuntersuchung der Lungen führen zur Diagnose[1].

---

[1] F. GEHER, Fortschr. Röntgenstr. *87*, 313 (1957).

## 2.3 *Darmegel*

Der sogenannte *Riesendarmegel* (*Fasciolopsis buski*), der im Äußeren dem Großen Leberegel ähnelt, wird 3–5–7 cm lang und etwa 1,5 cm breit. Er ist in Mittel- und Südchina, in Formosa, ferner in Indochina und Siam, aber stellenweise auch in Indien (Assam und Bengal) ein häufig zu findender Parasit, der im Dünndarm des Menschen lebt. Die *Krankheitserscheinungen* bestehen hauptsächlich in periodisch auftretenden kolikartigen Schmerzen im Oberbauch, Diarrhoen, Meteorismus und Erbrechen. Im weiteren Verlauf kann bei starkem Befall eine schwere Kachexie mit Ascites, Oedemen und hochgradiger Anämie eintreten. Massenbefall kann zum Tode führen.

Für die Übertragung ist das Vorkommen von Schnecken der Gattungen *Planorbis* und *Segmentina*, die als Zwischenwirte dienen, erforderlich. Die Cercarien encystieren sich an Wasserpflanzen, vor allem an den Blättern und Früchten der Wassernuß (*Trapa natans*), durch deren Genuß im ungekochten Zustand der Mensch infiziert wird.

Der nur 6,5 mm lange und 1,2 mm breite *Darmegel* (*Echinostoma ilocanum*), der auf den Philippinen, in Kanton, in Indien und auf Java häufig vorkommt, benutzt als ersten und als zweiten Zwischenwirt Schnecken. Durch den Genuß von Metacercarien enthaltenden rohen oder ungenügend gekochten Schnecken, zum Beispiel der Art *Pilaluzonica* oder *Viviparus javanicus*, erfolgt die Infektion des Menschen. Nur bei Massenbefall mit den ausschließlich im Jejunum lebenden Parasiten treten Beschwerden (Kopfschmerzen, leichte Anämie, Diarrhoe, Leibschmerzen) auf. Die *Diagnose* wird durch den Nachweis der Eier im Stuhl gestellt (frühestens 70 Tage p. i.).

Der birnenförmige *Zwergdarmegel* (*Heterophyes heterophyes*) ist nur 1–1,7 mm lang und 0,3–0,6 mm breit. Der im Dünndarm des Menschen lebende Parasit, der durch den Genuß roher Fische übertragen wird, ist außer in Ägypten auch in Palästina, China, Japan, Formosa, Korea und auf den Philippinen zu finden und macht wie *Echinostoma* nur bei starkem Befall Beschwerden (Diarrhoen, Leibschmerzen).

Das gleiche gilt für den ebenfalls nur kleinen *Darmegel* (*Metagonimus yokogawai*) (1–2,5 mm lang und 0,4–0,7 mm breit), der in Korea, Südchina, Japan sowie in Ägypten und Nordsizilien häufig, gelegentlich aber auch in den Balkanländern und Spanien vorkommt. Erster Zwischenwirt ist eine Schnecke, als zweite Zwischenwirte dienen verschiedene karpfenartige Fische.

## 2.4 *Pärchenegel*

Die zur Gattung *Schistosoma* (*Bilharzia*) gehörenden *Pärchenegel* sind im Gegensatz zu den anderen Trematoden des Menschen keine Hermaphroditen, sondern getrennt-geschlechtlich. Sie bewohnen paarweise (das 16–20 mm lange und 0,2 mm breite Weibchen im Canalis gynaecophorus des 10–15 mm langen und 0,5–1 mm breiten Männchens) die Venen der abdominalen Organe und des kleinen Beckens und sind die Erreger der *Schistosomiasis* oder *Bilharziose*. Drei

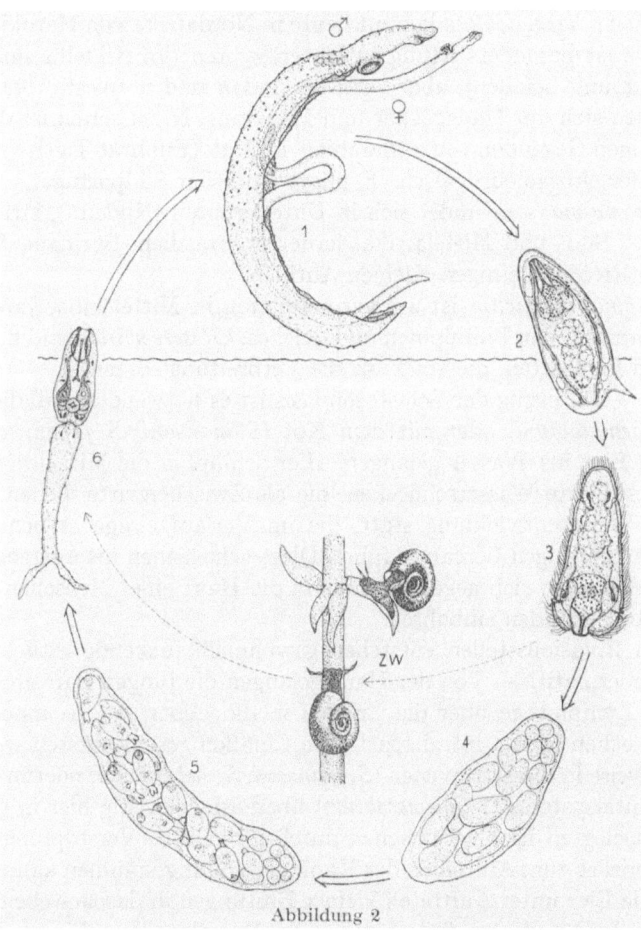

Abbildung 2

Entwicklungszyklus von *Schistosoma mansoni*. *1* Weibchen im Canalis gynaecophorus des Männchens, aus dem Venensystem des Menschen, *2* Ei mit schlüpffähigem Miracidium aus dem Stuhl des Menschen, *3* im Wasser ausgeschlüpftes Miracidium, *4* Muttersporocyste und *5* Tochtersporocyste aus dem Zwischenwirt (ZW) *Australorbis glabratus guadaloupensis*, *6* freischwimmende, unmittelbar in die Haut des Menschen eindringende Cercarie (nach MATTES).

Arten rufen sie hervor, nämlich *Schistosoma haematobium* (Blasen- oder Urogenitalbilharziose, «ägyptische Hämaturie»), *Schistosoma mansoni* (Darmbilharziose, «ägyptische Splenomegalie») und *Schistosoma japonicum* (Katayamakrankheit = Hypertrophie der Leber und Milz, ruhrartige Erscheinungen, Kachexie und Anämie). Eine vierte Art, *Schistosoma intercalatum*, wird vielfach als Unterart von *Schistosoma haematobium* aufgefaßt. Die Zahl der an Schistosomiasis leidenden Menschen wurde 1946 von STOLL auf 111 Millionen geschätzt (vgl. Tabelle 1). Anscheinend nimmt aber die Bilharziose ständig zu und ist auf dem Wege, die Malaria aus ihrer Spitzenstellung zu verdrängen[1].

---

[1] H. E. MELENEY, Amer. J. trop. Med. Hyg. *3*, 209 (1954).

*Schistosoma haematobium* kommt heute in Nordafrika von Marokko bis zum Nil vor. Sie ist besonders häufig in Unterägypten (im Nildelta sind 60–80% der Bevölkerung befallen), aber auch im Sudan und in Westafrika. Kleinere Herde finden sich auf Madagaskar und Mauritius. Nicht selten ist der Parasit auch in einigen Gegenden von Südarabien, im Irak (Euphrat-Tigris-Gebiet) und in Israel. Der einzige europäische Fundort ist bisher Südportugal.

*Schistosoma mansoni* findet sich in Unterägypten (Nildelta), strichweise in West-, Ost-, Süd- und Mittelafrika, ferner in Brasilien, Surinam, Venezuela, auf Puerto Rico und einigen Kleinen Antillen.

*Schistosoma japonicum* ist am verbreitetsten in Mittelchina, Japan, Korea und auf Formosa, den Philippinen und Celebes. «*Reservewirte*» sind hier Rinder, Hunde und Feldratten, die stark für die Verbreitung sorgen.

Für die Verbreitung der Schistosomiasis ist es notwendig, daß die mit dem Urin (*S. haematobium*) oder mit dem Kot (*S. mansoni*, *S. japonicum*) ausgeschiedenen Eier ins Wasser gelangen. Hier schlüpfen die Miracidien aus und befallen bestimmte Wasserschnecken, die als Zwischenwirte dienen. In ihnen findet die Weiterentwicklung statt, die im Verlauf einiger Wochen zu den gabelschwanzförmigen Cercarien führt. Diese schwärmen ins umgebende Wasser aus und können sich gegebenenfalls in die Haut eines Menschen innerhalb von etwa 10 Sekunden einbohren.

An den Invasionsstellen entstehen gewöhnlich juckende rötliche Flecken («Cercariendermatitis»). Von der Haut gelangen die jungen Parasiten auf dem Blut- und Lymphwege über die Lungen in die Leber, wo sie innerhalb von wenigen Wochen in den intrahepatischen Gefäßen geschlechtsreif werden, um dann paarweise in die Darmvenen (*S. mansoni*, *S. japonicum*) oder in die Venen des Urogenitalsystems (*S. haematobium*) überzusiedeln. Die hier in gewaltigen Mengen abgelegten Eier verursachen durch ihre Größe Verstopfungen kleiner Gefäße, wobei es zum Aufreißen der Kapillarwandung kommen kann. Dadurch gelangen die Eier unter Auftreten kleiner Blutungen in das Gewebe der Darm- und Blasenwand und zum Teil später in das Darmlumen und in die Blase. Die Mehrzahl der Eier bleibt im Gewebe bzw. in den obliterierten Gefäßen zurück und führt hier nach dem Absterben zu einer entzündlichen Reaktion (vgl. S. 241, Abbildung 7).

Die ersten klinischen Erscheinungen der Bilharziose beginnen bei stärkerem Befall nach 4–7 Wochen mit unter Umständen wochenlang anhaltendem remittierendem Fieber, Kopf- und Gliederschmerzen, Bronchitis, Hautausschlägen urticarieller Natur und einer meist hochgradigen Eosinophilenvermehrung im Blut. Dieses *Initialstadium*, das als Allgemeinreaktion des Körpers auf Stoffwechselprodukte der Schistosomen aufgefaßt wird, kann leicht verlaufen und unbemerkt bleiben.

Das *chronische Stadium* setzt erst nach Monaten ein. Es beginnt bei der *Blasenbilharziose* mit Hämaturie und den Symptomen einer Cystitis. In schweren Fällen kommt es zu polypösen und geschwürigen Veränderungen in der Blase, zu Stenosen der Harnröhre sowie zu bakteriellen Sekundärinfektionen, die auf das Nierenbecken übergreifen und schließlich zum Tode führen können. Auch können männliche und weibliche Genitalorgane durch Ablagerung der Parasiteneier verändert werden.

Die *Darmbilharziose* (*S. mansoni, S. japonicum*) beginnt mit Diarrhoen («Bilharziadysenterie»), die mit hartnäckigen Obstipationen abzuwechseln pflegen. Durch in der Leber abgelagerte Wurmeier können sich schwere cirrhotische Leberveränderungen entwickeln, die gewöhnlich von Milzschwellung und Anämie begleitet sind. Diese *hepato-lienale Form* der Bilharziose ist besonders für den Befall mit *S. japonicum* typisch. Im Endstadium treten Ascites, zunehmende Kachexie und Blutungen aus Ösophagusvaricen auf.

Bei der *Lungenbilharziose*, die durch Massenablagerung von mit dem Blutstrom in die Lunge gelangten Bilharzia-Eiern vorkommt, kann der Druckanstieg in der Pulmonalarterie zur Ausbildung einer tödlich endenden Herzinsuffizienz führen. Verhältnismäßig selten kommt es auf entsprechende Weise zu Eiansammlungen im Gehirn und Rückenmark (cerebrale Bilharziose) mit je nach der Lokalisation verschiedenen Folgen.

Die *Prophylaxe* der Bilharziose erfolgt zweckmäßig durch Ausrottung der als Zwischenwirte dienenden Schnecken. Hier haben sich in · neuerer Zeit Natrium-pentachlor-phenolat und Kupfer-pentachlor-phenolat als besonders geeignet erwiesen[1]. Imprägnieren der Kleider und Bedecken gefährdeter Hautstellen mit cercarienschädigenden Schutzsalben werden ebenfalls empfohlen[1].

Eine Behandlung bereits infizierter Personen während der Präpatenz[2] erscheint schwierig, da die noch nicht geschlechtsreifen Parasiten gegen sonst wirksame Schistosomenmittel refraktär zu sein pflegen[3].

## 2.5 *Chemotherapeutica bei Trematodeninfektionen*

Sieht man von den Darmegeln und Pärchenegeln ab, so halten sich die verschiedenen Trematodenarten im Körper des Menschen an Stellen auf, die nicht ohne weiteres durch Arzneimittel zu erreichen sind. Dies gilt besonders für die in bindegewebigen Cysten des Lungengewebes lebenden *Lungenegel*, deren medikamentöse Bekämpfung bis in die jüngste Zeit hinein größte Schwierigkeiten gemacht hat.

Etwas günstiger stehen die Dinge bei den in den Gallengängen hausenden Leberegeln. Sie können durch solche Anthelminthica erreicht werden, die von der Leber aus dem Blut aufgenommen, angereichert und dann mit der Galle ausgeschieden werden.

Im Laufe der Zeit ist eine ganze Reihe derartiger Stoffe gefunden worden. Während es aber verhältnismäßig leicht gelingt, eine *Fasciolosis* oder eine *Dicrocoeliasis* mit dem Alkaloid *Emetin* zu heilen, versagt dieses bei der wegen ihrer großen Verbreitung in Ostasien ungleich wichtigeren *Clonorchiasis* ganz. Erst seit kurzem scheint es, daß *Resochin* (Chloroquindiphosphat), ein Derivat des 4-Aminochinolins, bei monatelanger Behandlung Heilung zu bringen ver-

---

[1]) G. LÄMMLER, Z. Tropenmed. *9*, 294 (1958).
[2]) M. SCHUBERT, Amer. J. trop. Med. *28*, 157 (1948).
[3]) O. D. STANDEN, Ann. Trop. Med. Parasitol. *49*, 183 (1955).

mag. Auch bei der Lungenegelinfektion, der *Paragonimiasis*, soll das Mittel wirksam sein.

Sollten die wenigen bisher vorliegenden Berichte über die erfolgreiche Verwendung des *Resochins* sich bestätigen, so wäre damit ein wichtiger Fortschritt in der Behandlung der Trematodeninfektionen des Menschen erreicht. Weitere Versuche mit Resochin auch bei der *Opisthorchiasis*, die sich bisher gegenüber allen chemotherapeutischen Versuchen mit sogenannten Trematodenmitteln (Emetin, Verbindungen des dreiwertigen Antimons, Miracil D) refraktär verhielt, erscheinen geboten[1].

Emetin

*Emetin:* Das zu 1–1,7% in der Radix Ipecacuanhae vorkommende Alkaloid *Emetin* ist ein Isochinolinderivat, das seit langer Zeit als Mittel gegen Amöbendysenterie und ihre Komplikationen (Leberabszesse) bekannt ist. Nach den übereinstimmenden Mitteilungen der neueren Autoren kann es als Mittel der Wahl bei der durch *Fasciola hepatica* verursachten Leberegelinfektion des Menschen angesehen werden[2]. Man verwendet das gut wasserlösliche salzsaure Salz Emetinum hydrochloricum gewöhnlich in 2–3prozentiger wässeriger Lösung. Da die EMD 0,05 beträgt, wird die Tagesdosis (1 mg/kg Körpergewicht), die 8–10 Tage hintereinander gegeben werden muß, vielfach in zwei gleichen Portionen (morgens und abends) langsam intravenös injiziert (TMD 0,1). Gegen Ende der Kur verschwinden die Eier des Großen Leberegels gewöhnlich endgültig aus dem Duodenalsaft[3-7]. Bei kurzer Behandlungsdauer ist dies anscheinend erst nach einer Latenzzeit der Fall[8].

Auch die seltene *Lanzettegelinfektion* (Dicrocoeliasis) des Menschen (bisher sind rund 100 Fälle beschrieben worden) wird anscheinend durch Emetin in der angegebenen Dosierung geheilt[9, 10].

Die wesentlich wichtigere Infektion mit dem *Chinesischen Leberegel (Clonorchis sinensis)* läßt sich jedoch durch Emetin allein ebensowenig beeinflussen wie die *Katzenleberegelinfektion* (Opisthorchiasis) des Menschen. Ob bei der

[1]) H. Knönagel, Z. Tropenmed. *4*, 389 (1953).

[2]) W. Minning, *Handbuch der Inneren Medizin*, Bd. 1, 2. Teil (Springer-Verlag, Berlin, Göttingen und Heidelberg 1952), S. 921.

[3]) W. Mohr, W. Berka, H. Knütgen und A. Ohr, Med. Mschr. *5*, 676 (1951).

[4]) K. Grote, Wschr. Kinderheilk. *103*, 482 (1955).

[5]) G. Reese, V. Bornemann und E. Mäder, Klin. Wschr. *34*, 1131 (1956).

[6]) P. Meriel, C. Darnaud, P. Ferret, G. Denard, G. Moreau und J. Rimart, Arch. Malad. Appar. digest. *43*, 613 (1954).

[7]) R. Cahan, Rev. internat. Hépatol. *6*, 749 (1956).

[8]) O. Bergsmann, A. Marek und H. Ninol, Münchn. med. Wschr. *99*, 985 (1957).

[9]) A. P. Wasilijewa, Russ. J. trop. Med. *5*, 36 (1927).

[10]) I. Mtschedlidze, Ann. Parasitol. hum. *9*, 68 (1931).

Clonorchiasis eine kombinierte Emetin-Gentianaviolett-Kur zur Heilung führt, wie gelegentlich berichtet wurde[1]), bedarf noch der Bestätigung. Bei der *Lungenegelinfektion* (Paragonimiasis) läßt sich zwar mit einer intensiven Emetinbehandlung in einem Teil der Fälle eine gewisse Besserung, jedoch anscheinend nur sehr selten eine Heilung erreichen[2,3]).

Zur Behandlung der *Bilharziosen* ist Emetin bereits seit 1915 versucht worden[4]), und ältere Autoren haben sowohl bei der Blasen- als auch bei der Darmbilharziose über erfolgreiche Kuren berichtet[5]). Indessen kommt es auch nach hohen Dosen nur selten zu einer Heilung der Infektion. In der Regel tritt nur eine reversible Schädigung der Parasiten bzw. eine zeitweilige Hemmung ihrer Eiproduktion ein. Aus diesem Grunde wurden Behandlungsschemata ausgearbeitet, bei denen Patienten im Durchschnittsgewicht von 60 kg 12 intravenöse Injektionen mit insgesamt 1,09 g Emetin im Verlauf von 4 Wochen oder aber nach einer anderen Vorschrift 10 Injektionen mit insgesamt 1,12 g an 10 aufeinanderfolgenden Tagen intravenös oder bei schlechten Venen intramuskulär erhielten[6]).

Die therapeutischen Ergebnisse waren unter diesen Umständen besser, doch kamen ernste Nebenwirkungen bei den genannten hohen Emetindosen ziemlich häufig vor. Nur ein Teil dieser Kuren konnte daher programmgemäß durchgeführt werden. Immerhin wird aber Emetin auch heute noch gelegentlich bei Schistosomiasis gegeben, wenn Miracil D und Antimonverbindungen schlecht vertragen werden oder versagen[7]).

Über den feineren *Mechanismus der Einwirkung* auf die verschiedenen Egel ist bisher nur wenig bekannt. Nach Versuchen an mit *Bilharzia japonica* infizierten Kaninchen führt die Emetinbehandlung zu einer isolierten Schädigung der Geschlechtsorgane der weiblichen Würmer[8]). Dementsprechend werden auch bei der menschlichen Bilharziose bereits nach der 5. oder 6. Emetingabe vorwiegend degenerierte Parasiteneier ausgeschieden. Die Zahl der ausgeschiedenen Eier nimmt ferner im Verlauf der Behandlung mehr und mehr ab, und gegen Ende der Kur verschwinden sie oft ganz aus dem Urin bzw. Stuhl.

In vitro ist die Giftigkeit des Emetins für Leberegel und andere Würmer im kurzdauernden Versuch nicht besonders groß[9]). Erst nach mehrtägiger Einwirkung ist ein vermicider Effekt festzustellen. Dem entspricht, daß zur Heilung der Fasciolosis beim Menschen ebenso wie bei der Bilharziose eine längere Kurdauer erforderlich ist. Wie lange Emetin dabei im Blut kreist, ob es in die Galle ausgeschieden wird und welche Konzentrationen hier gegebenenfalls erreicht werden, ist bisher nicht bekannt.

---

[1]) R. P. KOENIGSTEIN, Trans. Roy. trop. Med. *42*, 503 (1949).
[2]) A. J. B. TILLMANN und H. S. PHILIPPS, Amer. J. trop. Med. *5*, 167 (1949).
[3]) T. MOMOSE, Shikoka Acta med. *4*, 247 (1953).
[4]) M. MEYER, Münchn. med. Wschr. *1915*, 64; *1918*, 612.
[5]) M. PELTIER und J. RAYNAL, Bull. Soc. Pathol. exot. *32*, 169 (1929).
[6]) M. B. KHALIL, Arch. Schiffs- Tropenhyg. *35*, Beih. 2 (1931).
[7]) W. MINNING, *Handbuch der Inneren Medizin*, Bd. 1, 2. Teil (Springer-Verlag, Berlin, Göttingen und Heidelberg 1952).
[8]) H. VOGEL und W. MINNING, Acta tropica *4*, 21 (1947).
[9]) H.-A. OELKERS, noch unveröffentlicht.

Im allgemeinen wird angenommen, daß Emetin in der Hauptsache im Urin ausgeschieden wird und daß diese *Ausscheidung* so langsam vor sich geht[1]), daß es bei Emetinkuren zur *Kumulation* des Alkaloids im Organismus kommt. Hauptort der Kumulation sollen die Leber, aber auch die Milz sowie die Lungen und Nieren sein[2, 3]).

Die Untersuchung dieses Problems im Tierversuch wird durch die Giftigkeit des Alkaloids bei intravenöser Injektion und durch das Fehlen geeigneter mikrochemischer Nachweismethoden erschwert. So könnte zum Beispiel das bereits erwähnte (vgl. Seite 9) Versagen des Emetins bei der Infektion des Kaninchens mit *Fasciola hepatica* damit zusammenhängen, daß die Verteilung des Alkaloids hier eine andere als im Körper des Menschen ist.

Bereits ältere Tierversuche sprachen ebenso wie die klinischen Beobachtungen dafür, daß Emetin ein ausgesprochenes Herzgift ist. Dies ließ sich in neuerer Zeit experimentell bestätigen[4]). So wurde am isolierten Froschherzen bereits nach sehr geringen Konzentrationen von Emetin (ab $5 \cdot 10^{-7}$) regelmäßig eine deutliche Verringerung des Schlagvolumens gefunden. Die Herzfrequenz wurde erst bei einer allmählich zum Stillstand führenden Konzentration ($10^{-5}$) erheblich herabgesetzt.

Die letale Dosis des Emetinhydrochlorids liegt im Tierversuch bei oraler Verabfolgung und bei subkutaner Injektion verhältnismäßig hoch. Sie beträgt bei verschiedenen Tierspezies 15–20 mg/kg ($LD_{50}$ für Mäuse = 20,41 mg/kg). Der Tod tritt dabei erst nach 48 Stunden ohne vorhergehende Krämpfe, Diarrhoe oder andere besondere Vergiftungserscheinungen an Atemlähmung ein[5]).

Bei intravenöser Injektion wurden für Kaninchen 2–6 mg und für Katzen 6–16 mg/kg als kleinste letale Dosen angegeben.

*Nebenwirkungen* treten bei einer Emetinkur selten vor der fünften Injektion auf und sind bei Tagesdosen von 1 mg/kg und bei der heute üblichen Verwendung hochgereinigter Präparate selten geworden. Sie beginnen meist mit Nachlassen des Appetits, leichter Übelkeit und einem Schwächegefühl in der Muskulatur, insbesondere der unteren Extremitäten[6]). Stets ernst zu nehmen sind Kreislaufsymptome; Sinken des Blutdrucks, Tachycardie, Irregularitäten des Pulses und Klagen über anginöse Beschwerden zwingen zur sofortigen Unterbrechung der Kur, die nur bei Bettruhe und bei sorgfältiger Kreislaufüberwachung durchgeführt werden soll.

Elektrokardiographische Untersuchungen haben gezeigt[7–12]), daß es bei Emetinkuren häufig zu einer Abflachung oder Umkehr von T sowie zu einer

[1]) CH. MATTEL, Bull. gén. Thérap., Paris *182*, 201 (1931).
[2]) A. I. GIMBLE, C. DAVIDSON und P. K. SMITH, J. Pharmacol. exp. Therap. *94*, 431 (1948).
[3]) L. G. PARMER und C. W. COTTRILL, J. Lab. clin. Med. *34*, 818 (1949).
[4]) U. BLÜTHGEN und P. MARQUARDT, Pharmazie *5*, 415 (1950).
[5]) W. A. YOUNG und G. R. TUDHOPE, Trans. Roy. Soc. trop. Med. Hyg. *20*, 93 (1926).
[6]) M. B. KHALIL, Arch. Schiffs- Tropenhyg. *35*, Beih. 2 (1931).
[7]) M. HARDGROVE und E. R. SMITH, Amer Heart J. *28*, 752 (1944).
[8]) S. DACK und R. E. MOLOSHOK, Arch. Med. *79*, 228 (1947).
[9]) G. KLATSKIN und H. FRIEDMAN, Ann. int. Med. *28*, 892 (1948).
[10]) L. KENT und R. C. KINGSLAND, Amer. Heart J. *39*, 576 (1950).
[11]) P. COTRUTO und A. PANE, Acta med. ital. *6*, 326 (1951).
[12]) W. A. SODEMAN, Amer. Heart J. *43*, 582 (1952).

Verlängerung von PQ zu kommen pflegt. Derartige Symptome zwingen zur Vorsicht und lassen unter Umständen eine Herabsetzung der Dosen ratsam erscheinen, zumal die individuelle Empfindlichkeit gegenüber Emetin beim Menschen wechselt und plötzliche Todesfälle durch Herzversagen (interstitielle Myocarditis?) – wenn auch sehr selten – vorkommen[1].

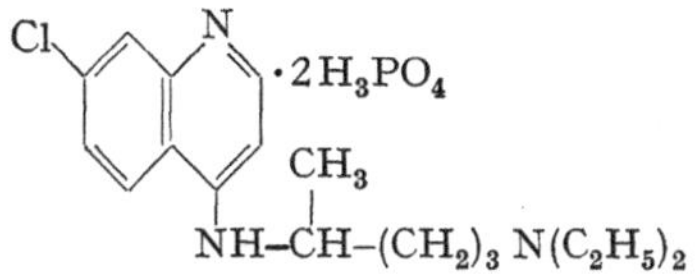

Resochin

*Resochin*® (= Chloroquine) ist das Diphosphat des 7-Chlor-4-(4'-diäthylamino-1'-methylbutylamino)-chinolins. Von den zahlreichen Derivaten des 4-Amino-chinolins, die in neuerer Zeit synthetisiert wurden, ist es nicht nur das leistungs-fähigste Mittel zur Behandlung des akuten Malariaanfalls, sondern es scheint, daß eine längere intensive Behandlung mit Resochin eine Ausheilung der sonst so therapieresistenten *Paragonimiasis* und *Clonorchiasis* zu bewirken vermag.

*Resochin* ist ein weißes, bitter schmeckendes Pulver, das in Form des leicht wasserlöslichen Diphosphats in Tabletten zu 0,25 g (= 0,15 g Base) in den Handel kommt. Als Chloroquindiphosphat wurde die Verbindung in die inter-nationale Pharmakopoe und als Chloroquinphosphat in die Amerikanische Pharmakopoe und den British Pharmaceutical Codex aufgenommen. In be-sonderen Fällen kann eine 5prozentige Lösung von Resochindiphosphat in Ampullen zu 5 ml (= 0,25 g Resochindiphosphat = 0,15 g Base) zur intra-muskulären Injektion gebraucht werden.

Die *Resorption* des Resochins von der Schleimhaut des Magen-Darm-Kanals erfolgt rasch und nahezu vollständig[2]. Im Blut findet sich für längere Zeit ein verhältnismäßig hoher Resochinspiegel, da die Abgabe des Chinolinderivates an die Gewebe verhältnismäßig langsam verläuft[3]. Gespeichert wird es vor allem in Leber, Niere, Milz und Lunge.

Die *Ausscheidung* erfolgt durch die Nieren[2] und scheint bei acidotischer Stoffwechsellage rascher und in größerem Umfang vor sich zu gehen als bei alkalotischer[3]. Im allgemeinen erscheinen innerhalb von 10 Tagen ungefähr 25% der verabfolgten Dosis im Urin[2]. Der größte Teil des Resochins wird im Körper langsam zerstört[4]. Es scheint, daß mindestens ein Teil dieser Abbau-produkte ebenfalls chemotherapeutisch aktiv ist[5, 6].

[1] TH. H. BREM und B. KONVALER, Amer. Heart J. *50*, 476 (1955).

[2] K. KOENIG und G. FUHRMANN, Med. u. Chem. *5*, 174 (1956).

[3] R. W. BERLINER, D. P. EARLE jr., J. V. TAGGART, C. G. ZUBROD, W. J. WELCH, N. J. CO-NAN, E. BAUMANN, S. T. SCUDDER und J. A. SHANNON, J. clin. Invest. *27*, 98 (1948).

[4] J. W. JAILER, C. G. ZUBROD, M. ROSENFELD und J. A. SHANNON, J. Pharmacol. exp. Therap. *92*, 345 (1948).

[5] E. O. TITUS, L. C. CRAIG, C. COLUMBIC, H. R. MIGHTON, J. M. WEMPEN und R. C. ELDER-FIELD, J. org. Chem. *13*, 39 (1948).

[6] A. S. ALVING, L. EICHELBERGER, B. CRAIG jr., R. JONES jr., C. M. WHORTON und T. N. PULLMAN, J. clin. Invest. *27*, 60 (1948).

Die *Verträglichkeit* des Resochins ist nach allen bisher vorliegenden Erfahrungen gut[1,2]). Allerdings ist es zur Vermeidung von Magenbeschwerden wichtig, daß die Tabletten unmittelbar nach einer Hauptmahlzeit eingenommen werden. Wird die Einnahme hoher Dosen längere Zeit fortgesetzt, so klagen manche Patienten über Kopfschmerzen und Benommenheit sowie über Schlaflosigkeit, Flimmern vor den Augen und Akkomodationsstörungen. Ein Arzneimittelexanthem wurde nur selten gesehen. Etwas häufiger kam ein einfacher Pruritus zur Beobachtung. Mehrfach wurde bei ausgedehnten Behandlungen ein deutliches Hellerwerden der Haarfarbe[3]) sowie in je 2 Fällen das Auftreten eines reversiblen Verwirrtheitszustandes[4]) und eine relative Abnahme der Granulocyten beschrieben[5]). Es scheint daher empfehlenswert, bei monatelang fortgesetzter Behandlung mit hohen Dosen, wie sie zur Bekämpfung der Leberegel- und Lungenegelinfektion notwendig sind, von Zeit zu Zeit Blutbildkontrollen durchzuführen.

Nebelsehen und das Auftreten von farbigen Ringen um Lichtquellen während der Dämmerung können als Folge der Ablagerung staubfeiner weißer Körnchen im Epithel der Cornea auftreten[6]). Die Sehstörungen sind je nach der Dichte der Ablagerungen, die diffus oder fleckförmig auftreten, recht unangenehm. In einem Teil der Fälle scheint es nach dem Absetzen des Medikamentes nicht zur Rückbildung der Veränderungen zu kommen[7]).

Ein Todesfall unter gastro-intestinalen Erscheinungen, der nach einer lange fortgesetzten Resochinbehandlung beobachtet wurde, hing wahrscheinlich mit der Grundkrankheit (Lupus erythematodes acutus disseminatus) und nicht mit dem Medikament zusammen[8]). In vereinzelten Fällen wurden während der Resochinkur reversible Veränderungen des Elektrokardiogramms gesehen[9]).

Zur *Behandlung* der *Paragonimiasis* erhalten Erwachsene 3–4mal täglich 1 Tablette Resochin. Die Behandlung muß monatelang (3–7 Monate) fortgesetzt werden, bis die klinischen Erscheinungen verschwinden und keine Eier des Lungenegels im Sputum mehr gefunden werden[10]).

In ähnlicher Weise wird auch die *Behandlung* der *Clonorchiasis* durchgeführt[11]). Von 8 Patienten, die bis zu 53 Tagen 2–3mal am Tag 1 Tablette Resochin erhalten hatten, blieben 7 während einer Beobachtungszeit von sieben Monaten ohne Rückfall[12]). Bei 2 von diesen Kranken hatte die Leberegel-

---

[1]) A. S. ALVING, L. EICHELBERGER, B. CRAIG jr., R. JONES jr., C. M. WHORTON und T. N. PULLMANN, J. clin. Invest. *27*, 60 (1948).
[2]) A. FREEDMAN, Ann. rheumat. Dis. *15*, 251 (1956).
[3]) W. KNIERER, Dermat. Wschr. *127*, 653 (1955).
[4]) A. MARCHIONINI und W. THIES, Münchn. med. Wschr. *98*, 329 (1956).
[5]) N. M. BUREAU, E. JARRY und H. BARBIÈRE, Bull. Soc. franç. Derm. Syph. *3*, 289 (1954).
[6]) H. E. HOBBS und C. D. CALNAN, Lancet *1958*, 1, 1207.
[7]) H. E. HOBBS und C. D. CALNAN, Lancet *1958*, 1, 1207.
[8]) L. REMOUCHAMPS, Acta med. scand. *153*, 237 (1956).
[9]) A. S. ALVING und L. EICHELBERGER, B. CRAIG jr., R. JONES jr., C. M. WHORTON und T. N. PULLMAN, J. clin. Invest. *27*, 60 (1948).
[10]) HUEI-LAN CHUNG, CHIEN-HUNG CHEN und TSUNG-CHANG HOU, Chinese med. J. *72*, 1 (1954).
[11]) H. H. FU und K. C. MA, Chinese med. J. *71*, 135 (1953).
[12]) WENG HSIN-CHIH und HOU TSUNG CH'ANG, Chinese med. J. *73*, 1 (1955).

infektion bereits rund 20 Jahre bestanden und war mit den bis dahin üblichen Mitteln nicht gebessert worden.

Es scheint von ausschlaggebender Bedeutung für den Erfolg der Kur mit Resochin zu sein, daß sie auch dann noch mehrere Wochen hindurch regelmäßig und mit gleichen Dosen fortgeführt wird, wenn die Eier des Chinesischen Leberegels aus dem Stuhl verschwunden sind[1]).

*Antimon:* Fast ebenso alt wie die Emetinbehandlung gewisser Trematodeninfektionen ist die *Antimontherapie,* insbesondere der Bilharziosen. Wirksam sind hier nach bisherigen Erfahrungen vor allem Verbindungen des dreiwertigen Antimons. Die älteste von ihnen ist das *Kaliumantimonyltartrat,* der *Brechweinstein* (36,5% $Sb^{III}$). Er wird seit seiner Einführung in die Therapie der Bilharziosis durch CHRISTOPHERSON und McDONAGH[2]) bis heute von vielen Tropenärzten als besonders wirksam bezeichnet und daher noch viel angewandt.

$$COO \, (SbO)$$
$$|$$
$$CHOH$$
$$|$$
$$CHOH$$
$$|$$
$$COOK \cdot {}^1/_2 \, H_2O$$

Brechweinstein

Da die sauer reagierenden Brechweinsteinlösungen (pH 4) stark lokalreizend wirken, ist nur die intravenöse Verabfolgung möglich, die die Durchführung von Massenbehandlungen erschwert.

Im *Fuadin*® (13,5% $Sb^{III}$), dem Natriumsalz der Antimon$^{III}$brenzkatechindisulfosäure liegt $Sb^{III}$ in stärkerer Komplexbindung als im Brechweinstein vor.

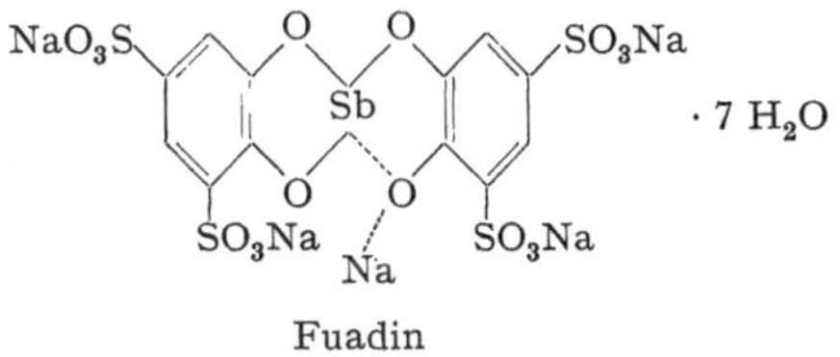

Fuadin

Die 6,3prozentigen, neutral reagierenden Lösungen sind gewebsisotonisch und werden bei intramuskulärer Injektion infolge der stärkeren «Maskierung» des dreiwertigen Antimons ohne Lokalreizung vertragen. Auch die Giftigkeit im Tierversuch ist, bezogen auf den Antimongehalt, geringer und beträgt nur $^1/_6$ derjenigen des Brechweinsteins. Allerdings scheint auch der therapeutische Effekt bei der Bilharziose weniger intensiv zu sein, so daß manche Autoren, wie erwähnt, den zugleich billigeren Brechweinstein bevorzugen[3, 4]).

Die Erfolge der Antimonbehandlung bei der *Schistosomiasis* regten zu chemotherapeutischen Versuchen auch bei anderen Trematodeninfektionen

[1]) P. S. CRANE, O. B. BUSH und P. CHUNG WON, Trans. Roy. Soc. trop. Med. *49,* 68 (1955).
[2]) I. B. CHRISTOPHERSON und E. R. McDONAGH, Lancet *1918,* II, 325.
[3]) E. A. CLEVE, P. H. LAGSVEN und N. M. HENSLER, Amer. J. med. Sci. *229,* 74 (1955).
[4]) W. MOHR, Z. Tropenmed. Parasitol. *8,* 185 (1957).

des Menschen an. Nach unseren heutigen Kenntnissen ist aber nur die *Dicrocoeliasis* durch Fuadin zu heilen[1]). Bei der *Clonorchiasis* ist selbst durch eine lange Zeit fortgesetzte Behandlung mit hohen Dosen nur eine Besserung zu erreichen[2, 3]). Gegen *Opisthorchis* erwies sich Fuadin entgegen den Befunden an Katzen[4]) als nahezu wirkungslos[5]). Ob es möglich ist, die Fuadinwirkung auf die Parasiten durch Vorbehandlung der Patienten mit Resochin zu verbessern[6]), bedarf noch der Bestätigung.

Der *Mechanismus* der *chemotherapeutischen Wirkung* von Antimonverbindungen auf Bilharzien hat mit der des Emetins und der des anschließend zu besprechenden Miracil D gewisse Ähnlichkeiten, da es zu einer elektiven Schädigung der Geschlechtsorgane, hier allerdings auch bei den männlichen Würmern, kommt[7, 8]). Im übrigen sprechen alle bisher vorliegenden Untersuchungen dafür, daß Verbindungen des dreiwertigen Antimons in vitro für Würmer nicht so giftig sind, daß eine Beurteilung ihres Wertes auf diese Weise möglich wäre[9, 10]). Ein rascher Wirkungseintritt ist bei den in Betracht kommenden Konzentrationen auch nicht zu erwarten, da Antimon ähnlich wie Arsen ein *Fermentgift* ist, das den Stoffwechsel der Parasiten und wahrscheinlich auch den ihrer Wirte verändert[11, 12]). Insbesondere die Phosphofruktokinase der Schistosomen wird nach neueren Untersuchungen bereits durch niedrige Antimonkonzentrationen gehemmt und ist empfindlicher als das gleiche Enzym beim Menschen[13, 14]). Derartige Stoffwechselstörungen pflegen erst nach einer gewissen Zeit zum Absterben der Parasiten zu führen. Hohe Antimonkonzentrationen allerdings, die eine 50prozentige Hemmung der Phosphofruktokinase bewirken, verkürzen auch in vitro die Überlebenszeit von Schistosomen, die in geeigneten Medien 30 Tage betragen kann, auf 8 Stunden[15]).

Zum Verständnis der Antimonwirkung auf die Bilharzien und Leberegel ist zu wissen wichtig, daß die Verbindungen des dreiwertigen Antimons zunächst längere Zeit im Blut kreisen[16, 17]) und dann hauptsächlich in der Leber und in den Nieren, aber auch im Herzmuskel und in der Schilddrüse gespeichert

---

[1]) G. Scheid, H. Mendheim und R. Amenda, Z. Tropenmed. Parasitol. *2*, 142 (1950).

[2]) R. P. Koenigstein, Trans. Roy. Soc. trop. Med. *42*, 503 (1949).

[3]) O. Hueck, Z. Tropenmed. Parasitol. *3*, 100 (1951).

[4]) L. Szidat und A. Erhardt, Dtsch. med. Wschr. *1931*, 1322; Arch. Schiffs- Tropenhyg. *36*, 22, 610 (1932).

[5]) R. Wigand, Dtsch. med. Wschr. *1934*, 461.

[6]) H. Knönagel, Z. Tropenmed. *4*, 389 (1952/53).

[7]) F. B. Bang und N. G. Hairston, Amer. Hyg. *44*, 313 (1946).

[8]) H. Vogel und W. Minning, Acta Tropica *4*, 21 (1947).

[9]) W. Kollath und A. Erhardt, Biochem. Z. *287*, 287 (1936).

[10]) T. E. Mansour, Brit. J. Pharmacol. *6*, 588 (1951).

[11]) H.-A. Oelkers, *Antimon und seine Verbindungen. Handbuch der experimentellen Pharmakologie*, Ergänzungswerk Bd. 3 (Verlag Julius Springer, Berlin 1937), S. 198.

[12]) H.-A. Oelkers, *Pharmakologische Grundlagen der Behandlung von Wurmkrankheiten* (S.-Hirzel-Verlag, Leipzig 1950), S. 190.

[13]) E. Bueding, J. gen. Physiol. *33*, 475 (1950).

[14]) T. E. Mansour und E. Bueding, Brit. J. Pharmacol. *9*, 459 (1954).

[15]) E. Bueding und T. E. Mansour, Fed. Proc. *15*, 405 (1956); Brit. J. Pharmacol. *12*, 159 (1957).

[16]) G. T. Otto, T. H. Maren und H. W. Brown, Amer. Hyg. *46*, 193 (1947).

[17]) C. T. Behner, Proc. Soc. exp. Therap. *86*, 371 (1954).

werden[1-4]). Auch in der Galle gelang der Antimonnachweis[5]). Die Ausscheidung erfolgt langsam und ganz überwiegend durch die Nieren[6]). Nach einer Fuadinkur vergehen mehrere Wochen bis zur vollständigen Ausscheidung des Antimons[7]).

Die *Nebenwirkungen* der Antimontherapie sind je nach dem Präparat, das verwandt wird, verschieden. Infolge der langsameren Resorption des intramuskulär injizierbaren Fuadins ist mit Hustenparoxismen und schockartigen Zuständen, die sich an eine intravenöse Brechweinsteininjektion anschließen können, nicht zu rechnen. Übelkeit und Erbrechen, Mattigkeit und Schwindelgefühl können sich aber auch im Verlauf einer Fuadinkur einstellen. Auf Zeichen einer Leber- oder Nierenschädigung (Verminderung der Harnmenge, Albuminurie) ist zu achten. Gelegentlich wurde das Auftreten einer exfoliativen Dermatitis, ähnlich wie nach Salvarsan, beobachtet.

Am bedenklichsten sind Symptome einer Kreislaufschädigung. Bei den in der Literatur beschriebenen tödlichen Zwischenfällen trat der Tod gewöhnlich unter Zeichen einer Vasomotorenschwäche ein. Indessen zeigten elektrokardiographische Untersuchungen am Krankenbett, daß – insbesondere bei Brechweinsteinkuren – mit dem Auftreten einer toxischen Herzmuskelschwäche zu rechnen ist[8-10]). So tritt mitunter relativ frühzeitig (zum Beispiel nach nur 0,53 g Brechweinstein innerhalb von 10 Tagen!) eine paroxysmale ventriculäre Tachycardie oder der Adam-Stokessche Symptomenkomplex auf, der rasch tödlich enden kann[11]).

*Fuadin* (= Repodral oder Stibophen) enthält, wie erwähnt (vgl. Seite 183), 13,5% dreiwertiges Antimon, so daß 1 ml der 6,3prozentigen Lösung 8,5 mg Sb$^{III}$ entspricht. Fuadin wird zur intramuskulären Injektion steril in Flaschen zu 50 oder 100 ml zur Massenbehandlung (Haltbarkeit nach der ersten Entnahme 8–14 Tage) und in Ampullen geliefert. *Kurpackungen* für Erwachsene enthalten 1 Ampulle zu 3,5 ml und 9 Ampullen zu 5 ml oder 1 Ampulle zu 3,5 ml und 14 Ampullen zu 5 ml. Kurpackungen für Kinder enthalten je 1 Ampulle zu 0,5 ml und zu 1,5 ml nebst 8 Ampullen zu 3,5 ml oder je 1 Ampulle zu 0,5 ml und zu 1,5 ml nebst 13 Ampullen zu 3,5 ml.

Sowohl bei Erwachsenen als auch bei Kindern können die ersten 3 Injektionen an aufeinanderfolgenden Tagen gegeben werden. Bei den späteren Injektionen werden Pausen von 1–2 Tagen eingelegt. Da Überempfindlichkeit gegen Fuadin vorkommen kann, empfiehlt es sich, die erste Injektion – bei Kindern eventuell die ersten beiden Injektionen – niedriger zu halten.

[1]) G. Franz, Arch. exp. Path. *186*, 661 (1937).
[2]) M. S. El Ayadi, J. Roy. egypt. med. Ass. *29*, 227 (1946).
[3]) A. Gellhorn, N. H. Tupikowa und H. B. van Dyke, J. Pharmacol. exp. Ther. *87*, 169 (1946).
[4]) L. B. Kramer, Bull. Hopkins Hosp. *86*, 179 (1950).
[5]) S. W. Lippicott, J. clin. Invest. *26*, 970 (1947).
[6]) H. Weese, zitiert nach H. Schmidt und F. M. Peter, *Ergebnisse und Fortschritte der Antimontherapie* (Georg-Thieme-Verlag, Leipzig 1937).
[7]) N. B. Khalil, Arch. Schiffs- Tropenhyg. *35*, Beih. 2, 100 (1931).
[8]) F. Mainzer und M. Krause, Trans. Roy. Soc. trop. Med. *33*, 405 (1940).
[9]) B. Girgis und S. Aziz, Lancet *1948*, I, 206.
[10]) M. H. Edelman und C. L. Spingarn, J. Amer. med. Ass. *140*, 1147 (1949).
[11]) Shou-Ch'i T'ao, Chinese med. J. *75*, 365 (1957).

Man beginnt bei *Erwachsenen* mit einer Dosis von 3,5 ml und injiziert dann bei guter Verträglichkeit jeweils 5 ml. Bei Infektionen mit *S. haematobium* genügen oft insgesamt 10–12 Injektionen. Handelt es sich um *S. mansoni* und *S. japonicum*, werden mindestens 12–15 Injektionen zu einer Kur benötigt. Bei *Kindern* rechnet man 1 ml Fuadin auf je 10 kg Körpergewicht. Auch hier werden die ersten drei oder vier Injektionen bei guter Verträglichkeit an aufeinanderfolgenden Tagen verabreicht, wobei man, wie erwähnt, die ersten beiden Dosen etwas niedriger hält. Alle Injektionen werden zweckmäßig mit einer Ganzglasspritze und gut vernickelten Kanülen ausgeführt.

Da diese «klassische» Form der Fuadinbehandlung, bei der Erwachsenen im Verlauf von 2–3 Wochen insgesamt 50–70 ml der Lösung intramuskulär injiziert werden, verhältnismäßig zeitraubend ist, wurden mehrfach Vorschläge gemacht, die Kur auf wenige Tage zusammenzudrängen. Besonders weit in der Beziehung gingen AZAR et al.[1]), die ihren Patienten 34 ml Fuadinlösung in 3 Tagen intravenös injizierten (3 Injektionen von je 2–4 ml am Tag). Kaum vorsichtiger sind SPINGARN und EDELMAN[2]), die empfehlen, 57 ml Fuadinlösung innerhalb von 5 Tagen und beim Auftreten von Vergiftungserscheinungen als Antidot 9–14,4 ml der 10prozentigen öligen Lösung von *Dimercaprol* (= 2,3-Dimercaptopropanol = BAL) innerhalb von 24 Stunden intramuskulär zu injizieren. Nach den Autoren sollen die therapeutischen Erfolge bei Infektionen mit *S. mansoni* bei den «Intensiv-Kuren» erheblich besser sein als bei der alten Kurform, bei der sie in bis zu 60% der Fälle Rezidive feststellen mußten.

Nach einem dritten Kurschema erhalten Patienten, bei denen sich kein Anhalt für eine Herz-, Leber- oder Nierenschädigung ergeben hat, 4 Tage lang täglich zwei intramuskuläre Injektionen zu je 5 ml Fuadin, ambulante Patienten 10 Tage lang täglich 1 Injektion zu je 5 ml Fuadin. Bei Kindern wird entsprechend niedriger dosiert (1 ml/10 kg Körpergewicht).

Eine nicht geringe Zahl von Autoren hält auch heute noch sowohl bei der visceralen Bilharziose als auch besonders bei der Infektion mit *S. japonicum* die alte Behandlung mit Brechweinstein für eindeutig wirkungsvoller als die Kuren mit Fuadin[3]). Es sollen sich mit einer Gesamtdosis von 100 ml Fuadin (20 Tage je 5 ml/Tag i.m.) 90–100% der Infektionen mit *S. haematobium*, 75% der Infektionen mit *S. mansoni*, aber nur 30–40% der Infektionen mit *S. japonicum* heilen lassen[4, 5]).

*Brechweinstein* (oder Natriumantimonyltartrat) wurde bei der «klassischen» Behandlungsform in jeweils frischhergestellter 6prozentiger Lösung körperwarm und in relativ kleinen Dosen jeden zweiten oder dritten Tag langsam intravenös injiziert. Ein Erwachsener von etwa 60 kg Gewicht erhielt bei der ersten Injektion 0,06 g (= 1 ml der 6prozentigen Lösung), bei der zweiten Injektion 0,09 g und bei den folgenden Injektionen jeweils 0,12–0,13 g Kalium- oder

[1]) J. E. AZAR, A. C. PIPKEN und G. A. GARABEOSAR, Amer. J. trop. Med. *25*, 595 (1949).
[2]) CL. SPINGARN und M. H. EDELMAN, Ann. int. Med. *142*, 1198 (1955).
[3]) FR. MAINZER, Erg. Inn. Med. [N. F.] *2*, 388 (1951).
[4]) H. MOST, Amer. J. trop. Med. *30*, 239 (1950).
[5]) E. BUEDING und H. MOST, Ann. Rev. Microbiol. *7*, 295 (1953).

Tabelle 5

| Kurdauer Tage | Behandlung: Gesamtdosis Brechweinstein mg/kg | Infektion mit *Schistosoma japonicum* | |
| --- | --- | --- | --- |
| | | Verabreichung[1]) | Relapse % |
| 1 | 8 | 3 Dosen im Abstand von 3 Stunden | 60 |
| 3 | 12 | 1 Dosis alle 12 Stunden | 32 |
| 7 | 15 | 1 Dosis täglich | 15 |
| 20 | 25 | 1 Dosis täglich | 15 |
| 25 | 30 | 1 Dosis täglich | 16 |

[1]) Bei der 1-, 3- und 7tägigen Kur wurde Brechweinstein zu 1% in 25–30prozentiger Glukoselösung langsam i. v. injiziert. Bei längerer Behandlungsdauer wurde auf den Glukosezusatz oft verzichtet. Die größte Einzeldosis betrug stets 20 ml der 1prozentigen Lösung.

Natriumantimonyltartrat. Insgesamt wurden bei jeder Kur mindestens 1,2 g (bis 1,5 g) der Verbindung im Verlauf von 4 Wochen (12–14 Injektionen) verabfolgt. Die Kuren dauerten mithin recht lange, zumal bei dem relativ häufigen Auftreten von Nebenwirkungen eine Herabsetzung der Einzeldosen oder eine Verlängerung der Intervalle zwischen den Injektionen entsprechend oft notwendig wurden.

In neuerer Zeit wurden aber auch mit Brechweinstein bzw. mit Natriumantimonyltartrat *Abortivkuren* in der beim Fuadin vorgeschlagenen Art häufig durchgeführt. Bei einer besonders intensiven Kurform erhalten die Patienten die erforderliche Gesamtdosis (11–13 mg/kg) im Verlauf von 30–48 Stunden auf 6 Injektionen verteilt. Die mit 10prozentiger Traubenzuckerlösung jeweils auf 10 ml verdünnten Einzeldosen werden dabei langsam (2 ml je Minute) intravenös injiziert. Es ist nicht verwunderlich, daß bei diesem Vorgehen ernste Nebenwirkungen ziemlich häufig vorkommen[1,2]).

Empfehlenswerter sind die von MAEGRAITH[3]) ausgearbeiteten Kurschemata, der ebenfalls auf die deutliche Überlegenheit des Brechweinsteins bei den Infektionen mit *S. japonicum* hinwies. Nach seinen bei 5000 Kuren gewonnenen Erfahrungen (vgl. Tabelle 5) sind die Erfolge am besten, wenn die Kranken 15 mg Brechweinstein pro Kilogramm Körpergewicht im Verlauf von 7 Tagen (1 intravenöse Injektion täglich) oder aber 25 mg Brechweinstein pro Kilogramm Körpergewicht im Verlauf von 20 Tagen erhalten.

Nachkontrolle des Kurergebnisses soll nach 3 und nach 6 Monaten erfolgen, da 70% der Relapse bei scheinbar Geheilten innerhalb von 3 Monaten

---

[1]) B. GIRGIS und F. AZIZ, Lancet *1948*, I, 206.
[2]) G. A. RAIL, Lancet *1949*, I, 548.
[3]) B. MAEGRAITH, Lancet *1958*, I, 208.

und 85% innerhalb von 6 Monaten eintraten. Nach dieser Zeit wurden im Verlauf eines weiteren halben Jahres nur noch bei weiteren 3% der zunächst als geheilt Entlassenen bei Stuhluntersuchungen und bioptischen Kontrollen der Rectalschleimhaut normal sich entwickelnde Eier von *S. japonicum* gefunden.

Die *Nebenwirkungen* (Appetitlosigkeit und Erbrechen) beginnen bei den 7tägigen Kuren gewöhnlich am 3. Tag, bleiben bis zum Ende der Behandlung bestehen und sind oft recht unangenehm. Bei der 20-Tage-Kur pflegen die Nebenwirkungen weniger schwer zu sein. Es empfiehlt sich, die Patienten vor der Brechweinsteinkur etwa 1 Woche lang vitamin- und eiweißreich zu ernähren.

*Kontraindikationen* einer Antimonkur sind Zeichen einer Leber- oder Nicrenschädigung sowie Fieber. Bei stark kachektischen Personen und bei nicht völlig herzgesunden Patienten ist Fuadin dem Brechweinstein vorzuziehen. Aber auch bei Fuadinkuren ist eine sorgfältige Überwachung der Kranken erforderlich, wie die Beobachtung einer zum Tode führenden ventriculären Tachycardie erst kürzlich wieder zeigte[1]).

Beim ersten Auftreten ernsterer Kreislaufstörungen ist ein Versuch mit BAL (Dimercaptopropanol) angezeigt[2, 3]). Man gibt zweckmäßig 3 mg/kg am 1. Tag alle 4 Stunden, sodann 2 Tage hindurch alle 6 Stunden und anschließend noch einige weitere Tage alle 12 Stunden zum Beispiel in Form von SULFACTIN® (Ampullen zu 2 ml mit 0,1 Dimercaptopropanol in öliger Lösung) intraglutäal.

*Zinnoxyd:* Französische Autoren berichteten in den letzten Jahren, daß es möglich sei, die viscerale Bilharziose (*S. mansoni*) durch orale Gaben von *Zinnoxyd* (4 g/Tag an 8 aufeinanderfolgenden Tagen) zu heilen[4-7]). Die Nebenwirkungen der Kuren waren gering und bestanden lediglich in Übelkeit, Kopfschmerz und sehr selten auch in Erbrechen. Leider liegen nähere Untersuchungen darüber, ob sich mit dieser einfachen und billigen Behandlungsmethode tatsächlich dauerhafte Heilungen erzielen lassen, bisher nicht vor.

*Miracil D*® ist das Hydrochlorid des 1-Diäthylamino-äthylamino-4-methylthioxanthons, ein orangegelbes, kristallines Pulver, das zu etwa 1–2% in Wasser löslich ist. Es wurde von KIKUTH, GÖNNERT und MAUS[8, 9]) auf Grund der

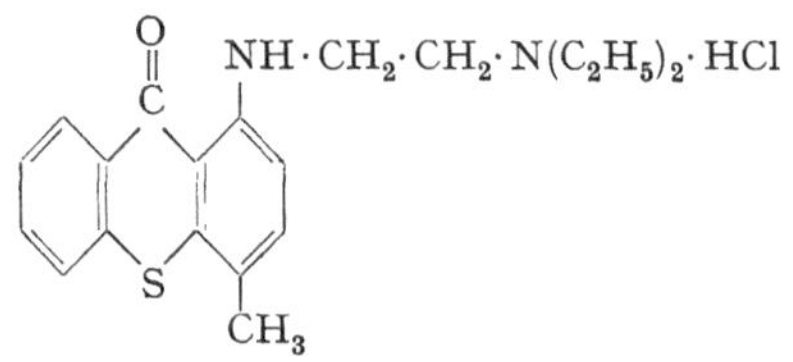

Miracil D

[1]) R. SCHICK *et al.*, Ann. Med. *46*, 392 (1957).
[2]) CH. CHU, Y. TSEN, Y. LJANG und K. TING, Acta physiol. sinica *21*, 24 (1957).
[3]) K. OZAWA, Tohoku J. exp. Med. *65*, 1, 11 (1956).
[4]) R. DESCHIENS, Bull. Soc. Path. exot. *44*, 667 (1951).
[5]) J. MAUZE und G. ARNAND, Bull. Soc. Path. exot. *47*, 77 (1954).
[6]) J. BELLON, Bull. Soc. Path. exot. *48*, 197 (1955).
[7]) M. O. A. CORREA und V. A. NETO, Hospital (Rio de Janeiro) *51*, 347 (1957).
[8]) W. KIKUTH, R. GÖNNERT und H. MAUS, Naturwissenschaften *33*, 253 (1946).
[9]) W. KIKUTH und R. GÖNNERT, Ann. trop. Med. Parasitol. *42*, 256 (1948).

günstigen Ergebnisse von Heilversuchen an mit *S. mansoni* infizierten Mäusen und Affen in die Therapie der Bilharziose eingeführt.

Die Wirkung tritt im Tierversuch langsam ein und beginnt mit degenerativen Veränderungen an den Fortpflanzungsorganen der männlichen und weiblichen Parasiten. Diese Veränderungen pflegen erst am 4. oder 5. Tag nach der Miracilverabfolgung ihr Maximum zu erreichen. Zum Absterben der Parasiten kommt es bei Mäusen erst 12–15 Tage nach der Eingabe von 7 mg/20 g[1]). Bei mit *S. japonicum* infizierten Kaninchen, Hamstern und Affen fanden sich zwar ebenfalls Hoden-bzw. Ovarschädigungen bei den Parasiten, doch erfolgte keine Abtötung[2]).

In Übereinstimmung mit den Ergebnissen der Tierversuche vermag Miracil D auch beim Menschen die Infektion mit *S. japonicum* nicht zu heilen. Lediglich bei Infektionen mit *S. haematobium* und *S. mansoni* besitzt Miracil therapeutischen Wert, der aber auch den so günstigen Ergebnissen der Tierversuche nicht ganz entspricht. Besonders bei *Mansoni*-Infektionen sind Dauererfolge mit Miracil D kaum zu erreichen. Als Domäne dieser mit so großer Erwartung eingeführten Therapie werden heute im allgemeinen nur die leichten und mittelschweren Fälle von Blasenbilharziose angesehen[3]).

In schweren Fällen beginnt man mit einer Fuadinkur und läßt später eine Miracil-D-Behandlung folgen[4]). In ähnlicher Weise kann man bei der visceralen Bilharziose vorgehen.

Im übrigen scheint es, daß Wirksamkeit und Verträglichkeit von Miracil D bei Blasenbilharziose regional verschieden und zum Beispiel im Kongogebiet und in Rhodesien besser als in Ägypten sind[5–9]).

Von den *pharmakologischen Eigenschaften* des Miracils ist wichtig, daß die Verbindung bei Eingabe per os rasch resorbiert wird. Die *Ausscheidung* erfolgt zu etwa 7% im Harn[10]). In den Faeces wurden nur Spuren gefunden[11]), so daß angenommen werden kann, daß etwa 90% der Substanz im Körper zerstört werden[10]).

Die Toxizität ist nach den Tierversuchen nicht ganz so gering, wie es ursprünglich angenommen wurde. Mäuse vertragen zwar die orale Eingabe von 0,3 g/kg auf einmal oder die zehnmalige Verabfolgung von je 0,1 g/kg an 10 aufeinanderfolgenden Tagen ohne Besonderheiten. Bei Kaninchen aber zeigte sich bei täglicher Eingabe von 50–100 mg/kg nach einiger Zeit Verfettung der Leber, der Nieren und des Herzens. Bei Ratten sowie bei Katzen führte die längere Zeit fortgesetzte tägliche orale Zufuhr von 30 mg/kg bzw. von 10–20 mg/kg zu ähnlichen Schädigungen[11]).

[1]) R. Gönnert, Naturwissenschaften *34*, 347 (1947).
[2]) H. Vogel und W. Minning, Ann. trop. Med. Parasitol. *42*, 268 (1948).
[3]) A. Halawani, A. Abdallah und M. Saif, Z. Tropenmed. *8*, 134 (1957).
[4]) L. Gremliza, Z. Tropenmed. *4*, 394 (1952/53).
[5]) W. Alves, S. Afr. med. J. *23*, 428 (1949).
[6]) R. Deschiens, Bull. Soc. Path. exot. *44*, 667 (1951).
[7]) E. Seitz, J. trop. Med. *56*, 2 (1953).
[8]) J. Schweitz, Ann. Soc. belge Méd. trop. *34*, 233 (1954).
[9]) J. Newsome, Trans. Roy. Soc. Med. Hyg. *44*, 611 (1951).
[10]) F. Hawking und W. F. Ross, Brit. J. Pharmacol. *3*, 167 (1948).
[11]) D. R. Wood, J. Pharmacol. *20*, 31 (1947); J. Roy. Egypt. med. Ass. *31*, 272 (1948); Trans. Roy. Soc. trop. Med. *42*, 37 (1948).

Diese Dosen nähern sich bereits den beim Menschen therapeutisch empfohlenen (bis zu 34 mg/kg/Tag[1])), die dann allerdings oft erhebliche Nebenwirkungen hervorrufen. Während man nämlich ursprünglich mit Tagesdosen von 12–15–20 mg/kg und mit 3- bis 5tägigen Kuren glaubte auskommen zu können, werden in neuerer Zeit fast allgemein höhere Dosen empfohlen. Auch Kinder erhalten jetzt gewöhnlich insgesamt 100 mg/kg im Verlauf von 3–5–10 Tagen[2,3]).

Indessen besteht über die erforderliche Höhe keine Einigkeit. So empfahlen kürzlich HALAWANI et al.[4]), in leichten Fällen von Blasenbilharziose Erwachsenen 20 Tage hintereinander dreimal täglich 1 Tablette Miracil D compositum (= 200 mg Miracil D + 5 mg Extract. Belladonnae), das heißt also nur etwa 10 mg/kg/Tag, einzugeben. Die Verträglichkeit des Präparates war unter diesen Umständen so gut, daß die Kuren ambulant durchgeführt werden konnten. Bei der Nachkontrolle 6 Wochen nach Abschluß der Kuren waren von 530 Patienten 75,9% geheilt.

Für mittelschwere Fälle von Blasenbilharziose scheint aber eine wesentlich intensivere Behandlung, bei der insgesamt 15,2–19 g Miracil D im Verlauf von 13–16 Tagen gegeben wurden, notwendig zu sein. In Anbetracht der häufig recht unangenehmen Nebenwirkungen müssen derartige Kuren klinisch durchgeführt werden.

Die *Nebenwirkungen*, die bei Kuren mit Miracil D am häufigsten beobachtet wurden, sind Verlust des Appetits, Übelkeit, Erbrechen und Leibschmerzen. Die Patienten klagen ferner häufig über quälende Schlaflosigkeit, über Schwindel- und Schwächegefühl sowie über Ohrensausen. Starkes Muskelzittern kann vorkommen. Nicht selten tritt gegen Ende der Kur eine Gelbfärbung der Haut auf, die anscheinend auf Speicherung von Thioxanthonderivaten in der Haut beruht.

Zur Dämpfung der Nebenwirkungen von Miracil D wurde mehrfach die Eingabe von Atropin oder von Belladonnaeextrakt empfohlen. Aus diesem Grunde wurden unter der Bezeichnung «Miracil D compositum» Tabletten hergestellt, die neben 200 mg Miracil D 5 mg Extractum Belladonnae enthalten.

Nach neueren Untersuchungen, insbesondere von STANDEN et al., scheinen verschiedene *Diaminodiphenoxyalkane* und *Diaminodibenzylalkane* bei oraler Verabfolgung zur Behandlung der Schistosomiasis (S. mansoni, S. japonicum) geeignet zu sein[6–9]). Von DESCHIENS et. al.[10, 11]) wurde ähnliches über Bis-(diäthylaminoäthoxy)-2,3-desoxybenzoin berichtet.

---

[1]) A. HALAWANI und M. DAWOOD, J. Roy. egypt. med. Ass. *33*, 463 (1950).
[2]) K. R. KOCH und P. KUX, Z. Tropenmed. *3*, 94 (1951/52).
[3]) W. T. KOLLERT, Z. Tropenmed. *7*, 153 (1956).
[4]) A. HALAWANI, A. ABDALLAH und M. SAIF, Z. Tropenmed. *8*, 134 (1957).
[5]) W. MOHR, Z. Tropenmed. *8*, 185 (1957).
[6]) O. D. STANDEN, Trans. Roy. Soc. trop. Med. Hyg. *49*, 416 (1955).
[7]) C. G. RAISON und O. D. STANDEN, Brit. J. Pharmacol. *10*, 191 (1955).
[8]) A. G. CALDWELL und O. D. STANDEN, Brit. J. Pharmacol. *11*, 367, 375 (1956).
[9]) E. BUEDING und N. PENEDO, Fed. Proc. *16*, 286 (1957).
[10]) R. DESCHIENS, L. LAMY, D. LIBERMANN, J. COTTET und R. REYNAUD, C. R. Acad. Sci. Paris *238*, 168 (1954).
[11]) R. DESCHIENS, L. LAMY und R. REYNAUD, Bull. Soc. Path. exot. *47*, 71 (1954).

Nach Untersuchungen von LÄMMLER[1]) zeigen 4-Chlor-2($\beta$-diäthyl-amino-äthylamino)-1,3,5-trimethyl-benzolchlorhydrat und Maleinsäure-mono-4(3-chlor-4-methyl-phenyl)piperazid einen deutlichen chemotherapeutischen Effekt auch gegen jugendliche Bilharzien. Die Verbindungen eignen sich daher möglicherweise dazu, um die Behandlung bereits im Frühstadium bzw. bereits während der Präpatentperiode erfolgreich durchzuführen.

### 3. Cestoda

Die zweite Klasse der Plathelminthen bilden die *Cestoden* oder *Bandwürmer*. Sie sind sämtlich Hermaphroditen und im geschlechtsreifen Zustand Darmbewohner. Ihr bandförmiger, in verschieden zahlreiche Segmente, die *Proglottiden*, zerlegter Körper besitzt weder eine Mundöffnung noch einen Darm. Infolgedessen geht die Ernährung nur auf endosmotischem Wege durch die Körperoberfläche vor sich, die von einer elastischen Cuticula bedeckt ist.

Auf dem mit Haftapparaten (Saugnäpfen, Hakenkränzen) versehenen Kopf oder *Scolex* folgt die Gliederkette oder *Strobila*. Der Scolex und Strobila verbindende Halsteil trägt die *Proliferationszone*, in der die Bildung der jungen Proglottiden erfolgt. Den größten Teil jeder Proglottis nehmen die männlichen und weiblichen Geschlechtsteile ein. Die befruchteten und mit einer Schale versehenen Eier werden im Uterus gesammelt, der bei den Taenien blind geschlossen ist. Eier werden daher bei Taenienbefall nur dann im Stuhl gefunden, wenn abgestorbene Glieder im Darm angedaut werden und platzen. Normalerweise aber ist das nicht der Fall: die reife Proglottide löst sich lebend von der Gliederkette ab und erscheint unverletzt im Stuhl.

Die *Eier* der Bandwürmer (vgl. S. 241, Abbildungen 6 und 7) enthalten, sobald sie ins Freie gelangen, bereits einen vollständig ausgebildeten Embryo, die Sechshakenlarve oder *Oncosphäre*, die zur Weiterentwicklung in einen passenden Wirt gelangen muß. Hier erreicht sie nach einiger Zeit ein Larvenstadium, das als *Finne* oder Cysticercus bezeichnet wird. Derartige Finnen, die aus einer mit Flüssigkeit gefüllten, den Kopf des zukünftigen Bandwurms enthaltenden Blase bestehen, können viele Jahre in ihrem Zwischenwirt überleben. Wird die Finne – eventuell mit dem Zwischenwirt – vom Endwirt verschluckt, so löst sich die Finnenhülle im Magen oder zu Beginn der Darmpassage auf, der Scolex wird frei, haftet sich an die Darmschleimhaut an und beginnt mit der Produktion der Proglottiden.

Die *Lebensdauer* der beim Menschen vorkommenden Bandwürmer ist sehr verschieden. Es scheint, daß die kleineren Arten nur etwa bis zu einem Jahr am Leben bleiben. Die größeren Taenien sollen jedoch 10 oder sogar 20 Jahre alt werden können.

---

[1]) G. LÄMMLER, Z. Tropenmed. Parasitol. *9*, 294 (1958).

### 3.1 *Die verschiedenen Cestodenarten*

Der breite Bandwurm oder *Fischbandwurm, Diphyllobothrium latum* (*Bothriocephalus latus*), der bei einer Breite von 20 mm durchschnittlich 10–12 m lang zu werden pflegt, ist wegen der für seinen Entwicklungsgang notwendigen beiden Zwischenwirte (kleine Wasserkrebse, Fische) an seenreiche Gebiete gebunden. So sind in Europa im Gebiet der großen Binnenseen Finnlands 45–70% der Bevölkerung Träger des Parasiten. Ursache ist der hier sehr verbreitete Genuß von rohem oder schwach gekochtem Fisch[1]). Andere Gebiete Europas, in denen der Fischbandwurm häufiger gefunden wird, sind die Gegend am Kurischen Haff, das Donaudelta, ferner das Bodenseegebiet und der Bereich der oberitalienischen Seen. Er kommt ferner in einigen Gegenden Sibiriens, in Turkistan, in der Nordmandschurei, in Japan sowie im Seengebiet von Nordamerika und Kanada relativ häufig vor.

Von STOLL (vgl. Tabelle 1) wurde die Zahl der Fischbandwurmträger auf der ganzen Erde insgesamt auf 10,4 Millionen geschätzt. Für die Verbreitung des Parasiten ist es bedeutungsvoll, daß als Endwirt außer dem Menschen auch mehrere fischfressende Säugetiere (Hund, Katze, Schwein, Fuchs und Bär) in Betracht kommen.

*Diphyllobothrium latum* lebt nicht selten zu mehreren Exemplaren im Dünndarm (Jejunum und Ileum) und verursacht relativ häufig (in etwa 50% der Fälle) Magenbeschwerden, Verdauungsstörungen, Schwindel, Kopfschmerzen, Herzklopfen sowie normo- oder hypochrome Anämien.

Nach HUHTALA[1]) findet man auf 2000–3000 Infektionen mit *Diphyllobothrium latum* eine perniciosaähnliche Anämie, die nach den Untersuchungen von BONSDORF *et al.*[2-5]) auf den ständigen Entzug von Vitamin $B_{12}$ zurückzuführen ist, das der Parasit bei geeignetem Sitz im Darm dem Chymus nahezu vollständig entnimmt.

Im Gegensatz zu den Taenien endet der Uterus bei dieser Bandwurmart ins Freie, so daß die Eier des Parasiten bei Stuhluntersuchungen regelmäßig gefunden werden können. Die Präpatentperiode ist kurz und beträgt nur 18 Tage.

Der *Schweinebandwurm* (*Taenia solium*) ist in der ganzen Welt verbreitet, in Ländern mit obligatorischer Fleischbeschau aber in neuerer Zeit selten geworden. Die Länge der Gliederkette pflegt 2–3 m, selten 6 oder gar 8 m zu betragen. Der kugelförmige Kopf besitzt ein kurzes, mit einem doppelten Hakenkranz versehenes *Rostellum* (rüsselartiges Organ) und 4 Saugnäpfe. Auf den kurzen, dünnen Hals folgen die Glieder, von denen die ersten breiter als lang, die in der Mitte der Strobila liegenden quadratisch und die letzten ungefähr doppelt so lang wie breit sind.

---

[1]) A. HUHTALA, Ann. Med. int. Fenn. *39*, Suppl. Bd. 6 (Helsinki 1950).
[2]) B. v. BONSDORF und R. GORDIN, Acta med. scand. Stockholm, *142*, Suppl. 266, 283 (1952).
[3]) W. NYBERG, Acta med. scand. *144*, Suppl. 271 (1952).
[4]) B. v. BONSDORF, Exp. Parasitol. *5*, 207 (1956); Internat. Z. Vitaminforschg. *26*, 402 (1956).
[5]) W. NYBERG, Internat. Z. Vitaminforschg. *26*, 403 (1956).

Reife Glieder pflegen unbemerkt in Gruppen zu etwa 4–6 Stück mit dem Stuhl abzugehen. Die Eier werden erst beim Zerfall der Proglottiden, das heißt also in der Regel außerhalb des Wirtskörpers frei. Schweine können beim Wühlen in Düngerhaufen reife Proglottiden oder auch reife Eier aufnehmen. In ihrem Magen-Darm-Kanal wird dann die *Oncosphäre* frei, die durch die Darmwand hindurch in Blutgefäße eindringt und mit dem Blut in alle Teile des Körpers, vor allem in die quergestreifte Muskulatur bzw. in das intramuskuläre Bindegewebe, aber auch in die inneren Organe (Leber, Lunge, Gehirn)

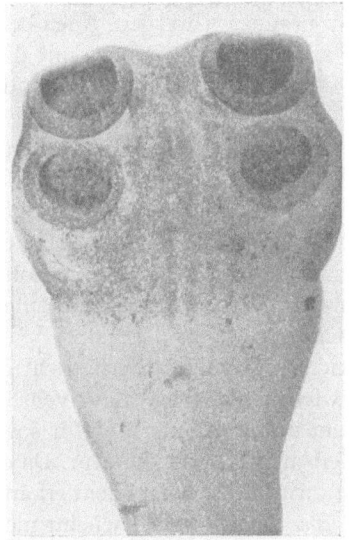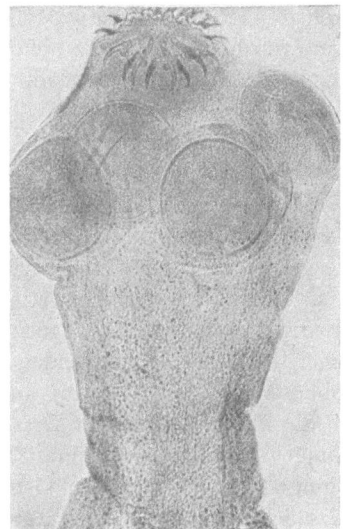

Abbildung 3a und b

a *Taenia saginata.*  b *Taenia solium*
Kopf (etwa 50mal) (nach Szidat und Wigand, 1934).

gelangt. Außer dem Schwein können auch Hund, Katze, Affe und Bär sowie der Mensch (zum Beispiel durch Verschlucken reifer Bandwurmglieder bei unvollständigem Ausbrechen, ferner durch Fallobst oder Gemüse bei Düngung mit menschlichen Fäkalien) als Zwischenwirt für *Taenia solium* dienen und an *Cysticercose* erkranken[1]).

Wird eine Finne mit rohem oder ungenügend gekochtem Schweinefleisch vom Menschen, dem alleinigen Endwirt, aufgenommen, so heftet sich nach ihrer Auflösung der Scolex im Dünndarm an und es entwickelt sich in üblicher Weise die Gliederkette. Nach etwa 11–12 Wochen beginnt der Abgang reifer Glieder.

---

[1]) J. C. White, W. H. Sweet und E. P. Richardson jr., New England J. med. *256*, 479 (1957).

Der kosmopolitische *Rinderbandwurm Taenia saginata* ist der häufigste Bandwurm des Menschen und wird meist erheblich länger als der Schweinebandwurm, nämlich 10 m und mehr. Nach STOLL (vgl. Tabelle 1) kann man auf der ganzen Erde mit ungefähr 38,9 Millionen Rinderbandwurmträgern rechnen.

Der birnenförmige Kopf des Rinderbandwurms hat einen Durchmesser von 1–2 mm und besitzt vier starke Saugnäpfe, jedoch kein Rostellum und keine Haken. Der anschließende Halsteil ist verhältnismäßig lang. Die reifen Proglottiden sind länger als breit (18–20 mm lang und 4–7 mm breit). Ungefähr das letzte Fünftel besteht aus reifen Proglottiden, von denen im Monat durchschnittlich 400 Stück mit je etwa 100 000 Eiern produziert werden. Auch beim Rinderbandwurm werden diese nicht einzeln abgelegt, sondern erst mit dem Zerfall der Proglottiden, das heißt also im allgemeinen erst außerhalb des Körpers frei.

Außer mit dem Stuhl gehen reife Proglottiden, die Kriechbewegungen ausführen können, auch *aktiv* durch Überwindung des Schließmuskels ab, so daß sie im Bett oder in der Kleidung des Patienten gefunden werden. Das Vorhandensein eines Rinderbandwurms wird daher frühzeitig bemerkt. Da die ins Freie gelangten Proglottiden sich zu wurmförmigen Gebilden aufzurollen pflegen, so wird allerdings nicht selten zunächst an das Vorliegen einer Infektion mit einer besonderen Rundwurmart gedacht.

Nehmen Rinder auf Viehweiden Proglottiden mit reifen Eiern (richtiger Embryophoren) mit der Nahrung auf, so entwickelt sich im Verlauf von 3–6 Monaten die Finne (*Cysticercus bovis*) vor allem in der Kaumuskulatur sowie in der Zungen-, Kehlkopf-, Schlund-, Zwerchfell- und Herzmuskulatur. Da die Rinderfinne verhältnismäßig klein ist (6–8 mm), wird sie weniger leicht erkannt als die des Schweinebandwurms. Eine *Cysticercose* des Menschen scheint nicht vorzukommen.

Die Übertragung des Bandwurms auf den Menschen erfolgt durch das Verzehren von finnenhaltigem Rindfleisch in rohem oder ungenügend gekochtem Zustand (Abtötung erfolgt bei Temperaturen oberhalb von 50° in wenigen Minuten). Wie bei *Taenia solium*, sitzt auch der Scolex von *Taenia saginata* gewöhnlich dicht unterhalb der Flexura duodeno-jejunalis[1]). Die ersten reifen Glieder werden etwa 10–12 Wochen nach der Anheftung abgestoßen. Die Lebensdauer des Rinderbandwurmes soll 10–20 Jahre betragen können.

Der *Gurkenkernbandwurm, Dipylidium caninum* (*Taenia canina*), ist ein bei Hunden und Katzen häufig vorkommender Bandwurm, der gelegentlich auch beim Menschen, und zwar vorzugsweise bei Kindern gefunden wird. Die Länge des im Dünndarm lebenden erwachsenen Wurmes beträgt 20–50 cm, die Breite 2–4 mm. Die reifen, etwa 20 mm langen Proglottiden haben ein gurkenkernartiges Aussehen und sind gelblich oder rötlich gefärbt.

Die mit dem Kot der Wirttiere ausgeschiedenen und zum Teil an den Haaren der Aftergegend haftenden Eier müssen zur Weiterentwicklung vom

---

[1]) R. PRÉVÔT, H. HORNBOSTEL und H. DÖRKEN, Klin. Wschr. *30*, 78 (1952).

Hundehaarling oder Hundefloh bzw. ihren Larven gefressen werden. Der Mensch kann beim Streicheln von Hunden und Katzen die von diesen zerbissenen Teile der Zwischenwirte mit den darin befindlichen Cysticercoiden aufnehmen, auf die Nahrung übertragen und sich so infizieren.

Der nur in warmen Ländern und nur bei Kindern häufige *Zwergbandwurm Hymenolepis nana* ist der kleinste der im Menschen vorkommenden Bandwurmarten. Er wird bei einer Breite von ungefähr 1 mm maximal 40 mm lang. Da die reifen Glieder bereits im Darm zerfallen, findet man die elliptischen, $50 : 40$ $\mu$ großen und bereits invasionsfähigen Eier einzeln im Stuhl. Die Oncosphäre kann bereits im Darm des Wirtes ausschlüpfen, sich in die Schleimhaut des oberen oder mittleren Dünndarms einbohren und dort intramural zum Cysticercoid heranwachsen. Dieses durchbricht dann abermals die Mucosa und entwickelt sich im unteren Dünndarm zum geschlechtsreifen Bandwurm. Ein anderer Teil der Eier gelangt mit dem Stuhl ins Freie und kann durch Verunreinigung von Lebensmitteln zur Weiterverbreitung der Infektion führen. Kopfschmerzen, Abgeschlagenheit und Schwäche sowie Verdauungsstörungen und anfallsweise auftretende heftige Unterbauchschmerzen können bei Massenbefall vorkommen[1]).

*Echinococcus granulosus*, der Hundebandwurm (*Taenia echinococcus*), lebt in oft sehr großer Zahl im Dünndarm des Hundes. Er ist über die ganze Erde verbreitet, doch liegen die Hauptendemiegebiete in Gegenden mit intensiver Schaf- oder Rinderzucht (zum Beispiel Südafrika, Australien, Neuseeland, Argentinien). In Europa ist der Parasit am häufigsten in Mecklenburg, Pommern, Friesland, Dalmatien und Island zu finden. *E. multilocularis* Leuckart (= *E. alveolaris*) und *E. granulosus* Batsch (*E. cysticus*) sind nicht artidentisch, wie vielfach angenommen worden ist[2]).

Der geschlechtsreife Hundebandwurm ist nur 3–6 mm lang und 0,6 mm breit. Er besteht aus 3–4 Gliedern und dem 0,3 mm breiten Kopf, der vier Saugnäpfe und ein Rostellum besitzt, das mit einer doppelten Reihe von Haken versehen ist. Die im Kot der befallenen Hunde in großer Zahl abgelegten, bereits reife Oncosphären enthaltenden Eier entwickeln sich in den geeigneten Zwischenwirten (vor allem Schweine, Schafe, Rinder), zu denen auch der Mensch gehört, zur Finne, die aber hier Hydatide (Echinokokkenblase) genannt wird. Sie wächst langsam heran und kann nach Monaten oder Jahren eine beträchtliche Größe erreichen und bei entsprechendem Sitz schwere Krankheitserscheinungen hervorrufen. Beim Menschen findet man derartige Echinokokkencysten in etwa 65% der Fälle in der Leber und zu etwa 10% in der Lunge.

Die *Diagnose* bei Verdacht auf eine Echinokokkose läßt sich serologisch außer durch den positiven Ausfall der Komplementbindungsreaktion (positiver Ausfall aber auch bei Anwesenheit von *Taenia saginata*, *Taenia solium* oder *Fasciola hepatica*) auch durch den Hauttest (Intradermalreaktion) sichern.

---

[1]) L. WOLFF und W. TEUSCH, Med. Klinik *1950*, 1313.
[2]) H. VOGEL, Z. Tropenmed. *8*, 404 (1957).

### 3.2 Chemotherapeutica bei Cestodeninfektionen

Eine Zusammenstellung der Ergebnisse von 87 klinisch durchgeführten Bandwurmkuren mit z. T. heute noch üblichen Mitteln gaben 1953 WIGAND und WARNECKE[1]). Wie die dieser Arbeit entnommene Tabelle 6 zeigt, waren die Ergebnisse mit *Filmaron*, dem wirksamen Bestandteil des Filixextrakts, schlecht und nicht besser als die mit Tetrachlorkohlenstoff, der ebenso wie Chloroform mit Recht in neuerer Zeit als Bandwurmmittel verlassen wurde.

Wesentlich besser bewährte sich *Benzinum Petrolei*, ein der anatolischen Volksmedizin entnommenes Mittel[2]), das man wegen seiner relativ geringen Giftigkeit unter Umständen auch heute noch verwenden wird. Die Autoren empfahlen folgende Verordnungsweise:

| Rp. | Benzin. Petrolei | 60,0 | Ol. Menthae pip. gtts. II |
| | Mucil. Gummi arabici | 20,0 | M. f. emulsio |
| | Mucil. Tylose | 20,0 | S. Vor Gebrauch in heißes Wasser stellen. Feuergefährlich! |

Erwachsene erhalten die volle Dosis zusammen mit Kaffee; Kinder im Alter von 2–5 Jahren $1/_3$ und Kinder im Alter von 6–14 Jahren $1/_2$ davon. Unangenehme Magen-Darm-Reizungen treten nicht auf, wenn man 1–2 Stunden nach Eingabe des Mittels kräftig mit Karlsbadersalz abführt.

Um Erbrechen zu vermeiden, ist allerdings die Verabfolgung mittels Duodenalsonde, deren Kopf im absteigenden Schenkel des Duodenums liegen soll, dringend zu empfehlen. Da die Kuren wegen der Feuergefährlichkeit des Petroleumbenzins nur klinisch und mit geschultem Personal durchgeführt werden sollen, macht dies keine besonderen Schwierigkeiten.

Ob es möglich ist, die Kur durch *intraduodenale Sauerstoffeinblasungen*, die ja eine starke Belästigung für den Patienten darstellen, entscheidend zu verbessern, läßt sich vorerst nicht sagen.

*Nebenwirkungen* der Kur mit Benzinum Petrolei bestehen bei einem Teil der Patienten in Übelkeit und eventuell in Erbrechen. Anschließend kann infolge der lokalreizenden Wirkung des Mittels eine Diarrhoe entstehen. Da die Resorption des hauptsächlich aus wasserunlöslichem Heptan und Hexan bestehenden Petroleumbenzins gering bleibt, treten nur selten leichte Rauschzustände und Rötung des Gesichtes sowie Schwindelgefühl und schließlich Schlafneigung ein. Ernste resorptive Wirkungen wurden auch bei Tierversuchen mit sehr hohen Dosen nicht beobachtet[3, 4]).

Dies ist ein weiterer Vorzug vor dem *Filmaron*, das trotz der unzuverlässigen vermifugen Wirkung aus ungeklärten Gründen gelegentlich schwere, unter Umständen sogar tödliche Vergiftungen nach normalerweise gut vertragenen

[1]) R. WIGAND und W. WARNECKE, Dtsch. med. Wschr. *78*, 1493 (1953).
[2]) N. BIYAL, Schweiz. med. Wschr. *78*, 571 (1948).
[3]) D. FAURE, Ann. Parasitol. *17*, 590 (1940).
[4]) A. AKCASU, Bull. Fac. med. Istambul *13*, 544 (1951).

Tabelle 6
*Wirkung einiger Anticestodica auf Taenia saginata (87 Kuren)*[1]

| Remedia anticest. | Zahl der Kuren | Scolex gefunden | Erfolg gemeldet | Gesamt-erfolg der Kuren | Erfolg-lose Kuren |
|---|---|---|---|---|---|
| 1. Filmaron (zum Teil mit Chloroform) . . . . . . | 33 | 5 | 6 | 11 | 22 |
| 2. Tetrachlorkohlenstoff[2] . | 12 | 1 | 3 | 4 | 8 |
| 3. Benzinemulsion . . . . | 6 | – | 6 | 6 | 0 |
| 4. Duodenale Sauerstoff-einblasungen (Luft und Filmaron) . . . . . . | 20 | 7 | 7 | 14 | 6 |
| 5. Duodenale Sauerstoff-einblasungen und Benzinemulsion . . . . | 13 | 5 | 5 | 10 | 3 |
| 6. Duodenale Sauerstoff-einblasungen und Atebrin[3] . . . . . . . | 2 | 1 | 1 | 2 | 0 |
| 7. Duodenale Sauerstoff-einblasungen und Bittersalz. . . . . . | 1 | – | 1 | 1 | 0 |

[1] R. WIGAND und W. WARNECKE, Dtsch. med. Wschr. *78*, 1493 (1953).
[2] Von der Kombination des Tetrachlorkohlenstoffes mit Luft wurde wegen leicht auftretender toxischer Oxydationsprodukte (?) abgesehen.
[3] Die mit Atebrin ohne Einblasung von Luft in das Duodenum vorgenommene Kur war erfolglos.

Dosen hervorrufen kann[1,2]. In noch höherem Grade gilt das natürlich von dem in seiner Zusammensetzung inkonstantem Filixextrakt, das daher schon seit längerer Zeit als obsolet angesehen werden muß.

Ein großer Teil der Zwischenfälle bei Bandwurmkuren mit Filixpräparaten beruhte auf ihrer nicht genügend beachteten Herzgiftigkeit[3]. So zeigten EKG-Aufnahmen während Filixkuren bei 8 von 22 Patienten ST-Senkungen oder Abflachungen bzw. Negativwerden des T. Besonders ausgeprägt waren die Erscheinungen bei älteren Personen, die bereits Zeichen einer Coronarerkrankung aufgewiesen hatten[4]. Der Todesfall eines 32 Jahre alten Patienten, der 7 Stunden nach der Einnahme der üblichen Dosis von 10 g Filmaronöl unter den Symptomen eines Anfalls von Angina pectoris starb, wird so verständlich[5].

[1] H.-A. OELKERS, *Pharmakologische Grundlagen zur Behandlung von Wurmkrankheiten*, 3. Aufl. (S.-Hirzel-Verlag, Leipzig 1950), S. 108.
[2] H. GREINER, Sammlung Verg. Fälle Arch. Toxikol. *14*, 1000 (1952).
[3] H.-A. OELKERS und G. OHNESORGE, Klin. Wschr. *1954*, 226.
[4] P. I. HALONEN und A. KOSKIMIES, Cardiologia (Basel) *171*, 1 (1950).
[5] K. WILKOEWITZ, Sammlung Verg.fälle Arch. Toxikol. *1*, 19 (1930).

*Quinacrine:* (Atebrin, Atabrine oder Mepacrine) ist 6-Chlor-9(1-methyl-4-diäthylamino)-butylamino-2-methoxyacridin. Es wird bereits seit etwa 10 Jahren als Bandwurmmittel empfohlen[1-4]) und gilt in den USA auch heute noch als Bandwurmmittel der Wahl.

Nach schlackenarmer Kost und Darmentleerung durch ein kräftiges Abführmittel am Vortag erhält der Patient morgens nüchtern viermal 2 Tabletten zu je 0,1 g in Abständen von etwa 5 Minuten (insgesamt also 0,8 g). Zwei Stunden später wird ein salinisches Abführmittel (Karlsbadersalz oder Bittersalz) gegeben. Die Erfolge sind recht gut (50%), doch kommt es verhältnismäßig oft zu Übelkeit, Magenbeschwerden und heftigem Erbrechen. Letzteres erscheint im Hinblick auf die Gefahr einer *Cysticercose* bei Schweinebandwurmträgern gefährlich.

Aus diesem Grunde wurde empfohlen, den Farbstoff in körperwarmem Wasser gelöst mittels Duodenalsonde zu verabfolgen. Die Olive der Sonde soll etwa 70 cm hinter dem Pylorus liegen, damit der Scolex des Parasiten, der gewöhnlich 40–50 cm von der Flexura duodeno-jejunalis entfernt an der Dünndarmwand haftet, möglichst unmittelbar von der Farblösung erreicht wird. Indessen kommt es auch bei intraduodenaler bzw. -jejunaler Verabfolgung noch relativ häufig zum Erbrechen, das also nicht allein durch eine lokale Reizung der Magenschleimhaut, sondern auch auf resorptivem Weg hervorgerufen wird[1-6]). Die Zuverlässigkeit der Kur aber wird durch die intraduodenale Verabreichung ganz erheblich verbessert.

An *sonstigen Nebenwirkungen*, die nach der Eingabe der zur Bandwurmabtreibung nötigen Quinacrindosen (0,8–1,0 g) infolge der Resorption des Farbstoffes vorkommen, sind Kopfschmerzen, Schwindel, Schweißausbrüche, Hautjucken und Muskelschmerzen zu nennen sowie Schlaflosigkeit und in seltenen Fällen Verwirrtheitszustände bzw. Psychosen mit retrograder Amnesie[7-10]). Ganz vereinzelt wurden mehr oder minder flüchtige Sehstörungen infolge von körnigen Ablagerungen in der Cornea nach intensiver Atebrinanwendung gesehen[11]).

Von den *sonstigen pharmakologischen* Wirkungen des Acridinfarbstoffes ist festzustellen, daß die *Resorption* vom Magen-Darm-Trakt rasch erfolgt. Da die *Ausscheidung* im Urin nur langsam vor sich geht, kommt es bei chronischer Darreichung zu einer beträchtlichen *Kumulation* in den inneren Organen. Es

1) M. Scherf, Med. Klinik *1949*, 1364.
2) H. Hornbostel und H. Doerken, Dtsch. med. Wschr. *77*, 339 (1952).
3) M. Fabienke, Z. ärztl. Fortbildg. *4*, 498 (1954).
4) K. A. Nolte, Medizinische *1954*, 1219.
5) K. M. Paekelmann, Dtsch. med. J. *5*, 244 (1954).
6) H. H. Hennemann und R. d'Heureuse, Ther. d. Gegenw. *97*, 1 (1958).
7) G. L. Engel, J. Romano und E. B. Ferris, Arch. Neurol. Psychiatr. *58*, 337 (1947).
8) A. Halawani, J. Roy. egypt. med. Ass. *31*, 956 (1948).
9) F. Hernandez-Morales, Puerto Rico J. Publ. Health trop. Med. *25*, 78 (1949).
10) W. de Boor, *Pharmakopsychologie und Psychopathologie* (Springer-Verlag, Berlin, Göttingen und Heidelberg 1956), S. 234.
11) J. Mann, Brit. J. Ophthal. *31*, 40 (1947).

scheint, daß die Ausscheidung durch die Nieren bei acidotischer Stoffwechsellage zunimmt, bei alkalotischer aber sinkt[1,2]).

Nach eigenen, bisher nicht veröffentlichten Versuchen, ist Atebrin nicht besonders giftig für Würmer in vitro und führt erst in relativ hohen Konzentrationen zu einer nicht mehr reversiblen Lähmung. Bei Mäusen scheint aber Atebrin Bandwürmer (*H. fraterna*) in gut vertragenen Dosen mit großer Zuverlässigkeit abzutreiben[3]). Schwächer ist der Effekt bei der Bandwurmkur der Katze (vgl. Tabelle 4, Seite 167).

Bei der Oxyureninfektion des Kaninchens, das bei oraler Darreichung Atebrin bis zu 0,5 g/kg gut verträgt ($LD_{50}$ etwa 1,0 g/kg), ist der chemotherapeutische Index auffällig hoch (vgl. Tabelle 4, Seite 167). Beim Menschen, der bereits auf relativ kleine Dosen des Farbstoffs mit Erbrechen und anderen Nebenwirkungen reagiert, kommt eine Verwendung als Oxyurenmittel nicht in Betracht.

Quinacrine (Atebrin)                                    Acranil

*Acranil*®: In Deutschland wird Atebrin seit kurzem nicht mehr hergestellt. Hier wird jetzt für Bandwurmkuren ein nahe verwandtes Acridinderivat, das *Acranil*, Dihydrochlorid des 3-Chlor-7-methoxy-9-diäthylamino-8-hydroxypropyl-aminoacridins[4]) empfohlen. Die Wirkung gegen Bandwürmer ist ungefähr die gleiche wie beim Atebrin (vgl. Tabelle 4, Seite 167). In Deutschland wurde es bereits 1940 als recht zuverlässiges Bandwurmmittel erkannt[5]). Später wurde seine gute taenicide Wirkung bei der ausgedehnten Verwendung als Malariamittel wiederholt beobachtet[6]). Auch bei der Infektion von Kindern mit *H. nana* soll Acranil wirksam sein[7]).

Auch vom *Acranil* gibt man Erwachsenen 8 Tabletten zu 0,1 g. Sie sollen morgens nüchtern in drei Portionen (zweimal 3 und einmal 2 Tabletten) in Abständen von $1/4$–$1/2$ Stunde eingenommen werden. Kinder von 8–12 Jahren erhalten nur 6 und Kinder von 4–7 Jahren nur 4 Tabletten. Sie müssen unzerkaut mit Wasser hinuntergespült werden. Zur Unterdrückung des sich sehr häufig einstellenden *Brechreizes* wurde vorgeschlagen, 1–$1^1/_2$ Stunden vor der ersten Acranildosis 0,5–1 mg *Atropinsulfat* subkutan zu injizieren oder 30–45 Minuten vorher Erwachsenen 0,1 g, Kindern von 8–12 Jahren 0,05 g und Kindern von 4–7 Jahren 0,025 g Luminal per os zu verabfolgen[8]). Es empfiehlt

---

[1]) W. Trager und M. C. Hutchinson, J. clin. Invest. 25, 694 (1946).

[2]) J. W. Jailer, M. Rosenfeld und J. A. Shannon, J. clin. Invest. 26, 1146 (1947).

[3]) J. T. Culbertson, J. Pharmacol. exp. Therap. 76, 309 (1940).

[4]) J. Klosa, *Entwicklung und Chemie der Heilmittel*, Bd. 1 (Verlag Technik, Berlin 1952), S. 312.

[5]) P. v. d. Trappen, Ther. d. Gegenw. 79, 501 (1940).

[6]) F. L. Nino, Bol. Inst. Clín. quir. B. Aires 20, 813 (1944).

[7]) A. Neghme, Horizont. Med. (Argentinia) 7, 1 (1945).

[8]) D. A. Berberian, Amer. J. trop. Med. 26, 339 (1946).

sich ferner, während der Kur Bettruhe einzuhalten. Ungefähr 2 Stunden nach Beendigung der Acranil-Einnahme muß ein rasch und kräftig wirkendes Abführmittel (Rizinusöl, Karlsbadersalz, Glaubersalz oder Bittersalz, 2 Teelöffel bis 1 Eßlöffel voll in einem großen Glas warmen Wassers lösen) eingegeben werden.

Ebenso wie beim Atebrin wird auch die Wirkung beim Acranil zuverlässiger, und Erbrechen tritt seltener auf, wenn die Tabletten in 80–100 ml körperwarmem Wasser gelöst und durch die Duodenalsonde (vgl. Seite 198) eingegeben werden[1]). Diese Maßnahme läßt sich naturgemäß am besten bei Klinikaufnahme durchführen, die auch wegen der übrigen Nebenwirkungen (starke Unruhe, Psychosen), die denen des Atebrins ähneln, ratsam erscheint.

In neuerer Zeit werden Bandwurmkuren gewöhnlich ambulant durchgeführt, da man über mehrere Mittel verfügt, mit denen man sehr zuverlässig und ohne Gefährdung des Patienten, ja oft sogar ohne Unterbrechung seiner beruflichen Tätigkeit, alle vorkommenden Bandwürmer abzutreiben vermag.

*Zinn:* Das älteste davon ist das *Zinn*, das als Stannum metallicum purissimum pulveratum in dem noch im vorigen Jahrhundert häufig gebrauchten *Pulvis contra Taeniam* Becker enthalten war. Die damals ebenfalls üblichen *Boli stanni compositi* und das *Electuarium vermifugum* Mathieu enthielten Zinnpulver zusammen mit Cortex radicis Granati bzw. mit Rhizoma Filicis.

Dies spricht vielleicht dafür, daß metallisches Zinn allein nicht als Bandwurmmittel befriedigt hat. Indessen teilte 1904 Dotschewski[2]) mit, daß er mit Tagesgaben von 2,5–5 g reinem Zinnpulver erfolgreiche Bandwurmkuren durchgeführt habe. Andere Autoren verwandten Zinnsalze[3]) und Zinnoxyd[4]) mit befriedigender Wirkung. 1951 wurde schließlich von Hirte[5]) eine Mischung aus feingepulvertem Zinn, Zinnoxyd und Zinnchlorid, die unter dem Namen *Cestodin*® in Form von 1,0 g schweren Tabletten hergestellt wird, klinisch erprobt. Von 54 Patienten, die 5–6 Tage hintereinander dreimal täglich 1 Tablette während der Mahlzeiten einnahmen, wurden 52 von den Bandwürmern befreit. Bei der Fortsetzung dieser Untersuchungen konnte 1953 berichtet werden[6]), daß von 202 bis zu diesem Zeitpunkt durchgeführten Cestodinkuren 180 (89%) mit Sicherheit rezidivfrei geblieben waren. Dies ist überraschend, da der Bandwurmkopf während oder nach der Kur nur selten gefunden wird, wie auch von anderer Seite bestätigt wurde[7–9]).

Hirte erklärt das Verlassen der alten Zinntherapie damit, daß Zinnpulver früher wahrscheinlich oft mit Arsen oder Blei verunreinigt gewesen sei und infolgedessen relativ häufig zu unangenehmen Vergiftungen geführt habe. Andererseits muß aber auch daran gedacht werden, daß die von Hirte ge-

[1]) R. Schubert, Dtsch. med. Wschr. *83*, 1296 (1958).
[2]) I. I. Dotschewski, zitiert nach pharmazeut. Zentralhalle *45*, 421 (1904).
[3]) M. L. Lépinay und M. Taskin, Presse méd. *41*, 613 (1933).
[4]) P. Le Gac, Bull. Soc. Path. exqt. *40*, 452 (1947).
[5]) W. Hirte, Dtsch. med. Wschr. *76*, 1083 (1951).
[6]) R. Kuhls, Med. Klinik *48*, 1511 (1953).
[7]) W. Mohr, Med. Klinik *47*, 1476 (1952).
[8]) G. C. Gras, L'étain, thèse (Montpellier 1956).
[9]) K. Hueck und A. Steinhoff, Münch. med. Wschr. *101*, 424 (1959).

brauchte Mischung von Zinn, Zinnoxyd und Zinnchlorid in Form des Präparates *Cestodin* wirksamer sein könnte als das früher übliche einfache Zinnpulver.

Über den Wirkungsmechanismus des Zinns auf Bandwürmer ist nichts bekannt. Bei Wurmkuren mit Cestodin pflegen zwischen dem 2. und 4. Kurtag zahlreiche reife Glieder abzugehen, die sich oft noch lebhaft bewegen. Da der Kopf des Parasiten, wie erwähnt, nicht gefunden wird, dürfte er absterben und im Darm verdaut werden. In vitro ist die Giftigkeit des Zinns für Würmer gering, so daß zum Beispiel Enchytraen erst nach vielen Tagen in Aufschwemmungen von Zinnpulver oder Zinnoxydpulver mit Wasser zugrunde gehen[1]). Stannochlorid ist nur bei stark saurer Reaktion in Wasser löslich, die für Würmer in vitro unverträglich ist.

Möglicherweise bilden sich im Magen-Darm-Trakt unbekannte, wasserlösliche Komplexverbindungen des Zinns, die zu den im oberen Jejunum haftenden Bandwürmern gelangen. So sollen verschiedene organische Zinnverbindungen wirksame Taenicida bei Küken sein[2]). Die Wirkung derartiger Verbindungen könnte auf der Hemmung bestimmter Fermente beruhen[3]). Erinnert sei hier an die Mitteilungen über therapeutische Erfolge mit oraler Verabfolgung von Zinnoxyd bei der visceralen Bilharziosis (vgl. Seite 188). Eine Wirkung ist nur unter der Annahme vorstellbar, daß Zinnoxyd in eine resorbierbare und für die Parasiten giftige Verbindung überführt wird. Die Toxizität von Zinnoxyd und Zinnchlorid ist nach den wenigen bisher vorliegenden Untersuchungen bei oraler Verabfolgung für Warmblüter gering[4]).

*p-Isopropylbromkresol:* Wesentlich rascher als mit Zinn und ebenfalls ambulant lassen sich Bandwürmer mit p-Isopropylbromkresol abtreiben, das in Form der VERMELLA®-Bandwurmkapseln im Handel ist. Erwachsene erhalten gewöhnlich morgens nüchtern dreimal je drei Kapseln (zu je 0,4 g) in Abständen von etwa $^1/_2$–1 Stunde. Ungefähr 2–3 Stunden später soll ein Abführmittel eingenommen werden. Zarte Personen und Kinder von 12–16 Jahren nehmen dreimal je 2 Kapseln, Kinder von 6–11 Jahren dreimal je 1 Kapsel in entsprechendem Abstand ein. Kleinkinder, die schlecht Kapseln schlucken können, erhalten zwei- bis dreimal je 1 Teelöffel (1–2 Jahre), 2 Teelöffel (2–3 Jahre) oder 3–4 Teelöffel (4–6 Jahre) voll VERMELLA-Konfekt (Granulat), das 3% p-Isopropylbromkresol enthält.

Soll die Kur ohne Unterbrechung der Berufsarbeit durchgeführt werden, so gibt man dem Patienten abends etwa 1–2 Stunden nach einer knappen, schlackenarmen Mahlzeit zweimal je 1–2 Kapseln im Abstand von $1^1/_2$-2 Stunden ein. Am folgenden Morgen werden nochmals nüchtern 1–2 Kapseln und ein mildes pflanzliches Laxans in üblicher Dosierung eingenommen.

Die Wirkung ist bei dieser Verabreichungsform, die für empfindliche Personen besonders geeignet scheint[5]), auch nach eigenen Erfahrungen sehr zu-

[1]) H.-A. OELKERS, unveröffentlicht.
[2]) K. B. KERR und A. W. WALDA, Exper. Parasit. *5*, 560 (1956).
[3]) W. N. ALDRIDGE und J. E. CREMER, Biochem. J. *61*, 406 (1955).
[4]) R. DESCHIENS, D. BERTRAND und R. ROMAND, C. R. Acad. Sci., Paris *243*, 2178 (1956).
[5]) R. STEIN, Medizinische *1954*, 1457.

verlässig, obwohl es dabei anscheinend bisher nie gelungen ist, den Bandwurmkopf nach der Kur im Stuhl aufzufinden. Dies ist aber auch bei der intensiveren Kurform (dreimal 2–3 Kapseln morgens nüchtern und anschließend Karlsbadersalz oder Rizinusöl) verhältnismäßig häufig nicht der Fall[1-3]) und dürfte daran liegen, daß abgetötete Bandwurmglieder rasch im Darm verdaut werden[4]).

Im Gegensatz zu den Filixsubstanzen, Thymol, Acridinderivaten und vielen anderen als Anthelminthica gebrauchten Substanzen, die nur eine mehr oder minder lange Lähmung der Würmer hervorrufen[5]), wirkt p-Isopropylbromkresol vermicid[6]). Dieser Effekt tritt bei kurzdauernder Einwirkung unter Umständen erst nach einer mehrtägigen Latenzzeit ein. Er findet sich bei der entsprechenden Chlorverbindung in weit geringerem Grade und ist bei der Jodverbindung kaum noch vorhanden. Ein ähnliches Verhalten findet sich auch bei einigen anderen Halogenkohlenwasserstoffen[7]).

Die *Toxizität* des p-Isopropylbromkresols für höhere Tiere ist gering[6, 8]). Bei Meerschweinchen, die relativ empfindlich für diese Verbindung sind, fanden sich nach Eingabe der letalen Dosis (1,25 g/kg) in Form einer 15prozentigen Lösung von p-Isopropylbromkresol in Olivenöl, die im Verlauf von 1–7 Tagen zum Tode führte, bei der histologischen Untersuchung der inneren Organe außer einer allgemeinen Hyperämie (Stase?) nur in der Leber trübe Schwellung sowie stellenweise eine kleintropfige Verfettung. In den Nieren wurden vereinzelt Zylinderbildungen in den Sammelröhrchen festgestellt. An der Darmschleimhaut fanden sich an wenigen Stellen kleine Blutaustritte. Nach wenig kleineren Dosen (0,5–1,0 g/kg) traten keine Vergiftungserscheinungen auf. Die inneren Organe der 5 Tage später getöteten Tiere zeigten histologisch nichts Pathologisches.

Bei Mäusen und Kaninchen beträgt die $LD_{50}$ von p-Isopropylbromkresol bei oraler Verabfolgung in Form 15- und 20prozentiger Lösungen in Öl 1,6 bzw. 1,4 g/kg[9]). Die orale Eingabe von zweimal täglich 0,5–1,0 g/kg 3–5 Tage hintereinander wurde von 15–22 g schweren Mäusen ohne Zeichen einer Schädigung vertragen[9]). Ebensowenig zeigten Hunde nach oraler Verabfolgung von bis zu 1,0 g/kg irgendwelche Vergiftungserscheinungen.

*Nebenwirkungen* sind bei Bandwurmkuren mit VERMELLA-Bandwurmkapseln nur sehr selten beobachtet worden. Sie bestehen in leichtem Magendrücken und mäßiger Übelkeit. Diese Beschwerden verschwinden nach dem Trinken von etwas Milch oder Tee und dem Verzehren eines Zwiebacks. In einigen Fällen kam es $1^1/_2$–2 Stunden nach der Einnahme der 9 Kapseln zum Stuhldrang und Abgang des Bandwurmes noch vor der Einnahme des Abführmittels.

---

[1]) H. MEISEL, Medizinische *1952*, 1199.
[2]) M. KRUEGER, Med. Klinik *52*, 1975 (1957).
[3]) H. W. OLDORF, Dissertation (Rostock 1957).
[4]) H.-A. OELKERS, Ärztl. Forschung *9*, 259 (1955).
[5]) H.-A. OELKERS, Ärztl. Forschung *5*, 139 (1951); Pharmazeut. Zentralhalle *90*, 188 (1951).
[6]) H.-A. OELKERS, Pharmazeut. Zentralhalle *90*, 188 (1951); Arzneimittelforschung *3*, 623 (1953).
[7]) M. OESTERLIN, *Chemotherapie* (Verlag Vieweg & Sohn, Braunschweig 1939).
[8]) H.-W. OCKLITZ, H. KUPATZ und W. OLDORF, Ther. d. Gegenw. *97*, 94 (1958).
[9]) H.-A. OELKERS, unveröffentlicht.

*Dichlorophen* oder *Di-phentane 70* (2,2'-Dihydroxy-5,5'-dichlordiphenyl-methan), das schwächer vermicid wirkt als p-Isopropylbromkresol, wird seit 1946 mit gutem Erfolg in den USA als Bandwurmmittel für Hunde und Katzen gebraucht[1]). Da die Verbindung für höhere Tiere verhältnismäßig ungiftig ist – die minimale letale Dosis für Hunde liegt zwischen 2 und 3 g/kg Körpergewicht –, so ist Dichlorophen seit einigen Jahren auch in der Humanmedizin mehrfach als Bandwurmmittel angewandt worden[2-4]).

Die erforderliche Dosis (0,5 g/7,25 kg Körpergewicht, maximal 6 g) wurde den Patienten, die ein knappes Frühstück eingenommen hatten, vormittags gegen 10 Uhr eingegeben[5]). Ungefähr 2–3 Stunden später pflegte dann Stuhldrang unter mäßigen Leibschmerzen einzusetzen. In den Abgängen wurden stark angedaute Bandwurmglieder festgestellt. Der Scolex wurde nie gefunden. Trotzdem kam es nur selten zu Rezidiven.

Gute Ergebnisse sollen auch erhalten worden sein, wenn die Patienten alle 4 Stunden 1 g Dichlorophen bis zu einer Gesamtmenge von 200 mg/kg einnahmen[6,7]).

Das Chinolinderivat *Resochin*® (vgl. Seite 181) soll sich besonders gut zum Abtreiben des Zwergbandwurmes (*Hymenolepis nana*) eignen, der wegen seines besonderen Entwicklungsganges (vgl. Seite 195) von anderen Bandwurmmitteln häufig nicht beseitigt werden kann[8,9]).

*Thymol-Jodöl* soll nach Mitteilungen spanischer und französischer Autoren geeignet sein[10,11]), um *Echinokokkencysten* zum Verschwinden zu bringen. Die Patienten erhielten jeden zweiten Tag 1,5 g Thymol in 3 ml einer 1prozentigen Jodöllösung tief intramuskulär injiziert. Nach 15 Injektionen wurde eine Pause von 10 Tagen eingelegt und die Behandlung wiederholt. In den meisten Fällen wurde noch eine dritte Injektionsserie erforderlich. Nebenwirkungen wurden nicht beobachtet. Auch *Palmitinsäure-Thymolester* soll sich zur Behandlung inoperabler Echinokokkenzysten eignen[12,13]).

## 4. Nematoda

Die *Fadenwürmer* (Ordnung: Nematodes) gehören zur Klasse der Nemathelminthen oder Rundwürmer und sind langgestreckte, zylindrische, nichtsegmentierte Würmer von sehr verschiedener Größe. Die getrenntgeschlechtlichen, mit einem durchgehenden Darmkanal versehenen Parasiten sind von

[1]) A. H. CRAIGE und A. L. KLECKNER, N. Amer. Vet. 27, 26 (1946).
[2]) D. R. SCATON, Lancet 1956, I, 808.
[3]) B. L. GOODLOW, Southwest Med. 40, 671 (1956).
[4]) L. MAZZOTTI und D. MENDEZ, Rev. Inst. Salubr. Enferm. trop. Mex. 16, 9 (1956).
[5]) D. R. SCATON, Lancet 1956, I, 808.
[6]) B. L. GOODLOW, Southwest Med. 40, 671 (1956).
[7]) L. MAZZOTTI und D. MENDEZ, Rev. Inst. Salubr. Enferm. trop., Mex. 16, 9 (1956).
[8]) J. G. BASNUEVO, Rev. Kuba Med. trop. 5, 58 (1949).
[9]) G. NOR EL-DIN, J. Egypt. med. Ass. 34, 449 (1951).
[10]) J. THIODET, J. THIODET und C. J. BOULARD, Thérapie 9, 668 (1954).
[11]) J. THIODET und J. THIODET, Therapiewoche 5, 366 (1954/55).
[12]) C. GARÇIA, Rev. Clin. Espagn. 1951, 320.
[13]) H. HANSTEIN, Dtsch. med. Wschr. 82, 316 (1957).

einer elastischen, vorwiegend aus Keratinen bestehenden Albuminoidcuticula umgeben. Die am Vorderende gelegene Mundöffnung kann durch Lippen, Zähne oder eine Mundkapsel modifiziert werden. Aus dem auf der Ventralseite, kurz vor dem Schwanzende gelegenen Anus (Kloake) werden beim Männchen auch die Geschlechtsprodukte entleert. Bei den weiblichen Parasiten endet die Vagina ventral im wechselnden Abstand vom Anus. Die meisten Arten legen Eier (vgl. die Abbildungen 6 und 7 auf S. 241), die außerhalb des Wirtes zur Reife kommen. Einige Arten sind lebendgebärend.

Der Mensch kann auf drei Wegen mit Fadenwürmern infiziert werden:
1. Mit larvenhaltigen («embryonierten») Eiern (*Ascaris, Enterobius, Trichuris*).
2. Mit infektionsfähigen Larven (*Strongyloides, Ancylostoma*).
3. Vermittels eines Zwischenwirtes, der die infektionsfähigen Larven aktiv (*Wucheria, Loa, Onchocerca*) oder passiv (*Trichinella, Dracunculus*) überträgt.

## 4.1 *Die verschiedenen Nematodenarten*

Der über die ganze Welt verbreitete *Spulwurm* (*Ascaris lumbricoides*) ist besonders in den warmen Ländern ein sehr häufiger Parasit des Menschen. Die etwa bleistiftdicken, rötlichgelben oder mehr weißlichen Würmer, von denen die Männchen 15–25 cm, die Weibchen 20–40 cm lang werden, halten sich im Dünndarm, vor allem im Jejunum auf. Sie können unbestimmte Schmerzen im Oberbauch, Meteorismus, dyspeptische und appendicitische Beschwerden, Ileus durch Verknäuelung sowie ernste Komplikationen durch die Einwanderung einzelner Exemplare in die Gallenwege oder den Ductus pancreaticus verursachen.

Die 0,05–0,075 mm langen und 0,04–0,05 mm breiten Eier, die eine dicke, mit kleinen Buckeln versehene Schale besitzen, sind bei der Ablage noch ungefurcht und gelangen mit den Faeces ins Freie. Sie sind gegen Witterungseinflüsse aller Art sowie gegen Chemikalien erstaunlich widerstandsfähig. Ihre Weiterentwicklung geht im Erdboden bei ausreichender Feuchtigkeit, Sauerstoffzutritt und bei Temperaturen über 8° (optimal 28–34°) im Verlauf mehrerer Wochen vor sich. Bei einer Durchschnittstemperatur von 15° enthalten sie bereits nach etwa 30 Tagen im Innern eine sich lebhaft bewegende, invasionsfähige Larve. Sie bleiben auch bei starken Witterungsschwankungen unter Umständen jahrelang infektiös.

Werden reife Eier mit verunreinigter Nahrung oder mit verschmutztem Trinkwasser aufgenommen, so schlüpfen die Spulwurmlarven im Dünndarm aus, dringen in die Wand des Darmkanals ein und wandern auf dem Blutweg in die Leber, zum rechten Herzen und schließlich in die Lungenkapillaren, wo sie steckenbleiben und sich allmählich in die Lungenbläschen einbohren. Von hier gelangen sie über Bronchioli, Bronchien und Trachea in den Schlund, werden abgeschluckt und kommen erneut in den Magen-Darm-Kanal, wo sie im Verlauf von etwa 2 Monaten zur Geschlechtsreife heranwachsen.

Mit dem Auftreten flüchtiger eosinophiler Lungeninfiltrate (oder einer «Askaridenpneumonitis») ist etwa 9–12 Tage nach der Aufnahme reifer Spulwurmeier für eine Dauer von 3–6 Tagen zu rechnen[1]). Spulwurmlarven im Auswurf werden etwa 11–16 Tage nach der Eiaufnahme gefunden[2]). Die Diagnose der Askaridiasis wird frühestens 70–75 Tage nach der Infektion durch den Beginn der Eiproduktion der reifen Weibchen (etwa 200000 Stück pro Weibchen täglich) und den Nachweis der leicht zu erkennenden Spulwurmeier im Stuhl gesichert werden können.

Zur *Prophylaxe* der Askaridiasis ist es wichtig, in Gegenden, wo mit menschlichen Fäkalien gedüngt wird, rohe Salate, Gemüse oder Fallobst nicht zu genießen.

Der ebenfalls kosmopolitische *Madenwurm* (*Enterobius vermicularis*) gehört zu den häufigsten Darmparasiten des Menschen. Er sieht seinem Namen entsprechend madenartig aus und bewohnt den unteren Teil des Dünndarms, das Coecum, den Proc. vermiformis und Teile des Dickdarms, vor allem das Colon ascendens. Die männlichen Tiere werden 3–5 mm lang. Das hintere Ende der 9–12 mm langen Weibchen ist pfriemenartig zugespitzt («Pfriemenschwanz»).

Die Eier (30:53 µ) von *Enterobius vermicularis* entwickeln sich im Uterus bis zum sogenannten Kaulquappenstadium und brauchen zur Ausreifung Sauerstoff, eine gewisse Feuchtigkeit und Temperaturen zwischen 20 und 38°. Diese Bedingungen sind am äußeren Analring, wo sie von den in den Abendstunden aus dem After auskriechenden Weibchen abgelegt werden, gewöhnlich erfüllt.

Werden reife Eier oral (durch Verschmutzung der Nahrung) aufgenommen, so verlassen die Larven nach Andauung der Eihüllen im Magen die Eier und wandern darmabwärts. Die Entwicklungsdauer vom verschluckten larvenhaltigen Ei bis zum geschlechtsreifen Tier beträgt beim Weibchen 37–93 Tage[3]).

Ein Neubefall mit Oxyuren kann auch, wenngleich selten, durch bereits am Anus aus den Eiern schlüpfende und wieder in den Darm einwandernde Larven erfolgen («Retrofektion»)[3,4]). Ferner ist eine Verbreitung der Oxyuriasis auch dadurch möglich, daß Wäsche und Kleider der Madenwurmträger sowie der Zimmerstaub von Schulklassen und Kinderheimen infektionstüchtige Oxyureneier enthalten können[3-5]).

Der *Peitschenwurm* (*Trichuris trichiura*) ist besonders in warmen Ländern ein häufiger, aber meist harmloser Parasit des Menschen, der sich im Darm direkt, das heißt also ohne Wanderung und Wirtswechsel entwickelt.

Das haardünne, peitschenähnliche Kopfende (daher auch Tricho-cephalus = Fadenkopf) beträgt etwa $^3/_5$ der Gesamtlänge (4–5 cm) und ist zum großen Teil oberflächlich in die Schleimhaut des Coecums und des Appendix, seltener auch des Dickdarms eingegraben. Das hintere Fünftel ist etwa 1 mm dick und liegt auf der Darmschleimhaut. Die bräunlichen Eier, die an beiden Polen mit

[1]) H. Vogel und W. Minning, Beitr. klin. Tubk. *98*, 626 (1948).
[2]) S. Koino, Arch. Schiffs- Tropenhyg. *27*, 293 (1922).
[3]) W. Schüffner und N. H. Swellengrebel, Zbl. Bakt. I Orig. *152*, 67 (1947); *154*, 220 (1949).
[4]) H.-A. Oelkers, Z. Parasitenkunde *14*, 574 (1950).
[5]) W. Goeters, Z. Hyg. *133*, 463 (1952); Z. Tropenmed. *4*, 508 (1952).

einem Pfropf versehen sind, werden mit den Faeces ausgeschieden. Sie reifen im Freien in feuchten Medien und bei Temperaturen zwischen 8 und 38° langsam heran, bis sie nach Wochen oder Monaten eine bewegliche Larve enthalten, die in den Eihüllen jahrelang am Leben bleiben kann. Werden derartige Eier mit verunreinigter Nahrung verschluckt, so schlüpfen die Larven aus und siedeln sich im Coecum an, wo sie nach ungefähr 4 Wochen Geschlechtsreife erreichen.

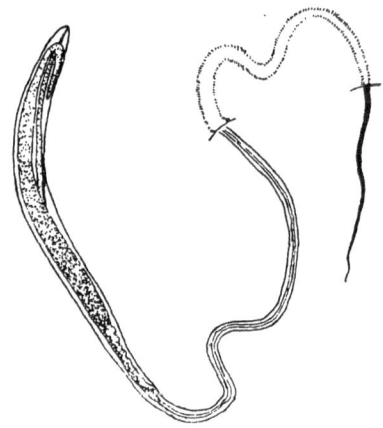

Abbildung 4

*Trichuris trichiura.* Gesamtansicht. Der Kopf befindet sich am dünnen Ende, der gestrichelte Abschnitt sitzt in der Darmschleimhaut (6mal) (nach Faust, 1930).

*Beschwerden* treten offenbar nur bei schwerem Befall und insbesondere bei Kindern auf. Außer dem Symptomenbild einer Ileocoecaltuberkulose oder einer chronischen Appendicitis können auch eine stärkere Anämie, nervöse Beschwerden und allergische Hauterscheinungen auftreten[1-3]).

Die *Hakenwurmkrankheit* oder *Ancylostomiasis* wird von den beiden Arten *Ancylostoma duodenale* und *Necator americanus* hervorgerufen. Beide Arten kommen in vielen Ländern nebeneinander vor. Die Zahl der Hakenwurmträger wird von Stoll (vgl. Tabelle 1) auf insgesamt 500–600 Millionen geschätzt, die fast ausnahmslos in einer Zone zwischen dem 30. Grad südlicher Breite und dem 40. Grad nördlicher Breite, das heißt also in den sogenannten warmen Ländern, leben. Hier finden die Hakenwurmlarven die für ihre Entwicklung im Freien notwendigen Lebensbedingungen.

Die gelbweiß bis rötlich gefärbten Ankylostomen sind im Durchschnitt nur etwa 8–13 mm lang und 0,45–0,6 mm dick (*N. americanus* etwas kürzer und schlanker) und besitzen eine schräg nach dorsal geöffnete Mundkapsel mit zwei

[1]) H. Boehncke, Med. Klinik *45*, 436 (1950).
[2]) K. Riegel, Z. Haut- Geschlechtskrankh. *23*, 338 (1957).
[3]) R. Gajardo und A. Atjas, zitiert in: J. Amer. med. Ass. *162*, 432 (1956).

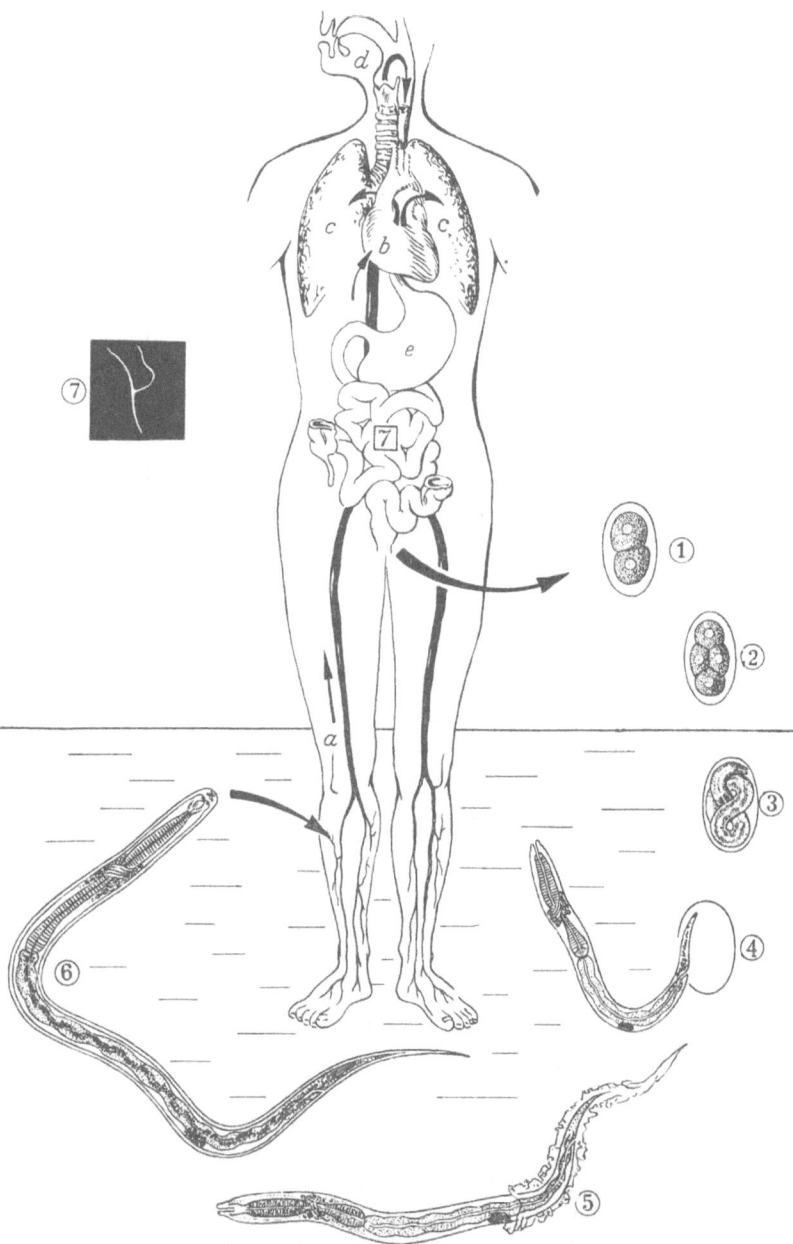

Abbildung 5

*Ancylostoma duodenale.* Schematische Darstellung des Entwicklungskreislaufs. *1* und *2* zwei- bzw. vierzelliges, ausgeschiedenes Ei; *3* Ei mit Larve; *4* rhabditiforme Larve beim Schlüpfen; *5* Häutung der rhabditiformen Larve; *6* gescheidete filariforme Larve (invasionsfähig); *7* charakteristische Kopulationsstellung. *a–e* Wanderungsweg im Menschen: über die Venen (*a*), zum Herzen (*b*) und über Lunge (*c*), Schlund (*d*) und Magen (*e*) zum Dünndarm (*7*) (Vergrößerung der Einzelabbildung unterschiedlich) (nach PIEKARSKI).

ventralwärts gestellten Hakenpaaren (*N. americanus* 2 halbmondförmige Schneideplatten).

Die Weibchen der im Jejunum (nur selten auch im Duodenum!) lebenden Parasiten legen ihre 0,05–0,072:0,032–0,036 mm großen Eier (etwa 10000 pro Tag) im Darm ihres Wirtes ab, die dann mit den Faeces entleert werden, wo sie sich bei einer Mindesttemperatur von 10–15° in Anwesenheit von genügend Sauerstoff und Feuchtigkeit langsam entwickeln. Bei optimaler Temperatur (25–30°) allerdings schlüpfen bereits nach 1–2 Tagen «rhabditiforme» Larven aus den Eiern, aus denen dann innerhalb von 4–5 Tagen nach 2 Häutungen die invasionsfähigen «filariformen» Larven entstehen.

Diese 0,5–0,7 mm langen Larven bleiben im feuchten Boden oder Schlamm mehrere Monate am Leben und haben die Fähigkeit, in die intakte Haut des Menschen an jeder Stelle, mit der sie in Berührung kommen, einzudringen. Sie gelangen hier in Kürze in die Lymphgefäße und kleinen Hautvenen und werden mit dem Blutstrom in die Lungen transportiert. Hier verlassen sie die Kapillaren und durchbohren die Alveolarwand, um schließlich durch Bronchien und Trachea zum Rachen und über Speiseröhre und Magen in den Darm zu gelangen, wo sie sich ansiedeln und innerhalb von 4 Wochen zur Geschlechtsreife heranwachsen. Etwa 6 Wochen nach der Invasion erscheinen die ersten Eier im Stuhl (Präpatentperiode).

Die Lebensdauer der Ankylostomen scheint etwa 5–8 Jahre zu betragen. Sie ernähren sich außer vom Blut (rund 0,1 cm$^3$ pro Wurm und Tag) auch von der Darmschleimhaut ihres Wirtes, indem sie mit ihren Mundkapseln Zotten umfassen und durch besondere Enzyme zerstören. Da die Parasiten ihren Sitz oft wechseln, entstehen bei stärkerem Befall beträchtliche Schleimhautzerstörungen und zahlreiche kleine Blutungen. Während der Befall mit bis zu etwa 500 Hakenwürmern erst nach 1–1$^1$/$_2$ Jahren zu einer ernsten Anämie zu führen pflegt, sollen sich von etwa 2000 Parasiten an bereits innerhalb weniger Wochen schwerste anämische und kachektische Zustände entwickeln können, die ohne therapeutisches Eingreifen in kurzer Zeit tödlich wirken[1]. In neuerer Zeit wird indessen der einfache Zusammenhang zwischen der Schwere des Befalls und der Stärke der Anämie angezweifelt[2,3]).

Ein wesentlicher Faktor für das Entstehen schwerer Anämien scheint nämlich die eisen- und eiweißarme Kost der Eingeborenen tropischer Länder zu sein. Auch rassische bzw. konstitutionelle Faktoren spielen offenbar eine Rolle. Neben der Abtreibung der Parasiten sind daher Eisenmedikation und eiweißreiche Kost von großer Wichtigkeit[4,5]).

*Trichostrongylus colubriformis, Trichostrongylus orientalis* und andere *Trichostrongylus*-Arten sind zwar in erster Linie Parasiten der Pflanzenfresser, insbesondere von Schaf, Ziege, Rind, Kamel und Reh, kommen aber gelegentlich

[1]) H. S. WELLS, J. Parasitol. *17*, 167 (1931).
[2]) H. FOY und A. KONDI, J. trop. Med. Hyg. *60*, 105 (1957); Lancet *1958*, I, 529.
[3]) A. P. MEIKLEJOHN und R. PASSMORE, Lancet *1958*, I, 857.
[4]) PH. MANSON-BAHR, Lancet *1958*, I, 962.
[5]) D. A. H. MCNAUGHT, Lancet *1958*, II, 46.

auch beim Menschen vor. Insbesondere im Iran und in Südrußland ist die *Trichostrongyloidose* weit verbreitet.

Die etwa 5–10 mm langen Würmer, die eine unbewaffnete Mundkapsel besitzen, leben gewöhnlich mit dem Kopf in die Schleimhaut eingebettet im oberen Dünndarm, gelegentlich auch im Duodenum und der Gallenblase. Sie können hier entzündliche Veränderungen hervorrufen. Außerdem soll bei starkem Befall eine Schädigung durch die Stoffwechselprodukte eintreten können.

Die Eier der Parasiten ähneln denen der Ancylostomen, sind aber etwas größer und länglich-oval. Außerdem ist die Anzahl der Furchungskugeln größer und beträgt auch in frischen Stühlen und frisch gewonnener Galle bereits mindestens 16.

Die Infektion des Menschen soll hauptsächlich oral durch Aufnahme der an feuchten Pflanzen haftenden Larven erfolgen.

Das *Krankheitsbild* der *Trichostrongyloidose* ist sehr vielgestaltig. Im Vordergrund stehen abdominelle Beschwerden, die vom Völlegefühl bis zu schweren akuten Schmerzzuständen unbestimmter Lokalisation gehen können. Appetitlosigkeit und Erbrechen führen oft zu einer schweren Beeinträchtigung des Allgemeinzustandes. Fast immer besteht eine ausgesprochene Eosinophilie. Die *Diagnose* stützt sich auf den Nachweis der Wurmeier im Stuhl und in der bei Duodenalsondierungen gewonnenen Galle. Hier werden häufig auch die sogenannten *Eiterkugeln*, das heißt kugelige Zusammenballungen von Leukozyten, festgestellt.

Der *Zwergfadenwurm*, *Strongyloides stercoralis* (*Anguillula stercoralis*), kommt hauptsächlich in Asien, Afrika und im tropischen Amerika vor. Nach STOLL (vgl. Tabelle 1) sind insgesamt ungefähr 35 Millionen Menschen von dem Parasiten befallen.

Man unterscheidet beim Zwergfadenwurm eine parthenogenetische parasitische von einer getrennt-geschlechtlichen freilebenden Generation. Die parasitischen Weibchen sind 2–2,5 mm lang und 30–75 µ breit. Sie sitzen in der Schleimhaut des Duodenums und des oberen Jejunums innerhalb der Zotten und in den Räumen zwischen den Zotten. Hier werden auch die Eier abgelegt, aus denen nach einiger Zeit «rhabditiforme» Larven schlüpfen. Nach dem Herausbohren aus der Darmschleimhaut werden sie mit den Faeces entleert. Im Freien entwickeln sich aus ihnen entweder die invasionsfähigen «filariformen» Larven oder zunächst eine getrenntgeschlechtliche Generation, aus deren Eiern abermals rhabditiforme Larven schlüpfen, die dann später zu invasionsfähigen filariformen Larven werden.

Filariforme Larven bleiben bei geeigneter Temperatur und in feuchter Umgebung mehrere Wochen lebensfähig und vermögen ebenso wie die Hakenwurmlarven die menschliche Haut rasch zu durchdringen, um in ganz ähnlicher Weise über die Lungen schließlich in den Dünndarm zu gelangen, wo sie zum parasitisch lebenden Wurm heranwachsen[1]).

---

[1]) H. GALLJARD, Ann. Parasitol. *25*, 441 (1950); *26*, 67 (1951).

Die *klinischen Erscheinungen* der *Strongyloidose* bestehen in Übelkeit, Brechreiz, Meteorismus und Diarrhoen, die mit hartnäckiger Obstipation abwechseln. Charakteristisch sind stark juckende Hauptquaddeln in der Glutaealregion (wandernde Larven?) und eine starke Eosinophilie.

Die *Trichine, Trichinella spiralis*, ist über die ganze Erde verbreitet. Da ein geringer Befall keine Beschwerden hervorruft, ist es schwer, sich ein Urteil über die Häufigkeit des Trichinenbefalls beim Menschen zu bilden[1]).

Die männlichen Würmer werden 1,2–1,5 mm, die viviparen Weibchen bis zu 4 mm lang, aber nur 0,04–0,06 mm breit, so daß man die im Dünndarm lebenden Parasiten («Darmtrichinen») mit bloßem Auge kaum erkennen kann. Bald nach der Kopulation sterben die Männchen ab, während sich die Weibchen in die Darmwand bis zu dem Lymphsinus einbohren und ihre Jungen ablegen. Die Jungtrichinen (100:6 $\mu$) gelangen mit dem Lymphstrom durch den D. thoracicus in den Blutkreislauf und mit dem Blut in alle Organe, besonders aber in die quergestreifte Muskulatur, in deren Fasern sie aktiv einwandern.

Nach Degeneration der contractilen Substanz scheidet sich vom Perimysium ausgehend eine hyaline Kapsel um die anfangs noch bewegliche Trichine ab. Nach 3–6 Wochen ist die Bildung der Kapsel, die im Laufe der Monate langsam verkalkt, beendet. Die eingeschlossene Trichine kann beim Menschen bis zu 30 Jahre, beim Schwein etwa 11 Jahre entwicklungsfähig bleiben. Die Weiterentwicklung findet statt, wenn trichinöses Fleisch ungenügend gekocht oder gebraten verzehrt wird. Räuchern oder Pökeln genügen im allgemeinen zum Abtöten nicht.

Das Krankheitsbild der *Trichinose* entsteht gewöhnlich, wenn mindestens 50 bis 75 entwicklungsfähige Larven aufgenommen werden[2, 3]). Die ersten Symptome, die 4–10 Tage nach dem Verzehren von trichinösem Fleisch aufzutreten pflegen, bestehen in einem thyphusähnlichen Krankheitsbild (mäßiges Fieber, Kopfschmerzen, Benommenheit, Schwindel, Durchfälle). Sehr bald beginnen dann rheumatische Beschwerden (Muskeltrichinen), die je nach der Schwere des Befalls erhebliche Ausmaße annehmen können (mit Lidoedem und anderen Zeichen einer allergischen Reaktion).

Vor FLURY[4]) wurde versucht, die Erscheinungen der Trichinose auf besondere Gifte zurückzuführen, die teils aus Stoffwechselprodukten der Parasiten, teils aus beim Zerfall der Körpermuskulatur gebildeten Substanzen bestehen sollen.

Die *Diagnose* der Trichinose kann bei wenig typischem Verlauf frühzeitig mittels Hauttest und Komplementbindungsreaktion gesichert werden[5, 6]).

Als *Filarien* bezeichnet man eine Gruppe relativ langer, fadenförmiger, zum Teil nur pferdehaardünner Nematoden, die im Lymphsystem oder im sub-

---

[1]) T. J. BROOKS, J. W. WARD und T. M. HOLDER, Amer. J. trop. Med. *28*, 863 (1948).

[2]) K. JUNAK, Z. Fleisch- Milchhyg. *24*, 73 (1913).

[3]) H. VEELKEN, Inauguraldissertation (Berlin 1913).

[4]) F. FLURY, Arch. exp. Path. Pharmakol. *73*, 164 (1913).

[5]) O. WAGNER, Z. physiol. Chem. *274*, 116 (1942); Zbl. Bakteriol. *154*, 155 (1949).

[6]) H. SPAETH, Dtsch. med. Wschr. *68*, 912 (1942).

kutanen Bindegewebe ihres Wirtes leben. Die von den viviparen Weibchen ausgestoßenen, mikroskopisch kleinen Larven (0,2–0,3 mm lang), die *Mikrofilarien*, halten sich zeitweilig im Blut oder in den Lymphspalten der Haut auf, so daß sie von blutsaugenden Insekten beim Stich aufgenommen werden können. Im Gewebe dieser *Zwischenwirte* entwickeln sie sich nach verschieden langer Zeit zu infektiösen Larven, die dann in den Rüssel der betreffenden Mücke oder Bremse einwandern. Beim Stich des Insektes gelangen sie in den Stichkanal und damit in ihren neuen Endwirt.

*Wucheria bancrofti* ist in Afrika sehr verbreitet. Ebenso sind die benachbarten Inseln Madagaskar, Mauritius, Réunion sowie große Gebiete in Mittel- und Südamerika stark befallen. In Asien findet man *W. bancrofti* hauptsächlich in Indien und in Südchina.

Die erwachsenen Würmer, die zusammengeknäuelt in den Lymphdrüsen des Beckens, der Extremitäten und der Genitalien liegen, gleichen langen, weißen Pferdehaaren (45–100 mm:0,1 mm). Durch Lymphstauungen werden sie zur Ursache von Lymphvarizen, lokalen Oedemen, rezidivierenden Lymphangitiden («Elephantiasisfieber») und schließlich nach Jahren von Elephantiasis.

Die nahe verwandte *W. malayi* findet sich in Indien, auf Ceylon, in Indonesien, Malaya, Indochina und Südchina.

Die *Mikrofilarien* von *W. bancrofti* und *W. malayi* finden sich, von wenigen regionalen Ausnahmen abgesehen, nur nachts im Blut (*Microfilaria nocturna*), entsprechend der Eigenschaft ihrer Zwischenwirte (Stechmücken der Gattungen *Anopheles*, *Culex* und *Aëdes*), nur nachts zu stechen. Die Entwicklung in der Mücke zur infektionsfähigen Larve erfordert bei einer durchschnittlichen Umgebungstemperatur von 29–31° ungefähr 6 Tage. Für die Entwicklung im Menschen vom Eindringen der Larve bis zum geschlechtsreifen Wurm wird mindestens 1 Jahr benötigt. Die Lebensdauer der ausgewachsenen Würmer scheint 10–20 Jahre zu betragen.

*Loa loa* (*Filaria Loa*) findet sich nur in West- und Mittelafrika. Hier ist strichweise nahezu die gesamte Bevölkerung befallen. Die Fähigkeit der erwachsenen Würmer (32–60:0,35–0,5 mm), im Hautbindegewebe herumzuwandern, wobei flüchtige, stark juckende Hautschwellungen («Calabarschwellungen») vor allem an den Armen und im Gesicht auftreten, hat zur Bezeichnung *Wanderfilarie* geführt.

Die *Mikrofilarien* (250–300 μ:7,3 μ) erscheinen nur am Tage im Blut (*Microfilaria diurna*). Zwischenwirte sind Bremsen der Gattung *Chrysops*, in denen sie sich im Verlauf von 9 Tagen zu infektionstüchtigen Larven entwickeln. Die Dauer der Entwicklung bis zum geschlechtsreifen Wurm im Menschen beträgt mehrere Jahre (etwa 3–4).

*Onchocerca volvulus* kommt außer in Afrika (insbesondere in Lybien, Belgisch-Kongo, Sudan und Kenya) auch in Mittelamerika, und zwar an der pazifischen Seite Guatemalas und in den angrenzenden Bezirken Südmexikos vor.

Die erwachsenen Würmer (Männchen rund 18–40:0,13–0,18 mm, Weibchen 300–500:0,35 mm) leben im subkutanen Gewebe und liegen hier gewöhnlich zu mehreren in ungefähr erbsengroßen bindegewebigen Knoten, die als Folge einer entzündlichen Reizung des Gewebes entstehen. In seltenen Fällen können Knoten von der Größe eines Hühnereies auftreten, die aber ebenfalls kaum Beschwerden machen.

Die *Mikrofilarien* von *O. volvulus* finden sich nur ganz ausnahmsweise im Blut. Sie werden in großer Zahl in den Lymphspalten der Haut angetroffen und haben eigenartigerweise die Neigung, in die Hornhaut sowie in die vordere Augenkammer und die Iris einzuwandern. Sie können Hornhauttrübungen sowie eine Iridocyclitis hervorrufen und schließlich im Verlauf von Jahren zur Erblindung führen[1, 2]). Die Übertragung der Parasiten erfolgt durch Mücken der Gattung Simulium.

*Dracunculus medinensis*, der *Medinawurm*, ein mit den Filarien verwandter Nematode, findet sich in Afrika (Zentral- und Äquatorialafrika, Nordwest- und Westküste), im Nahen und Mittleren Osten (Arabien, Persien, Afghanistan, Turkistan und Indien) sowie vereinzelt in Südamerika ausgesprochen herdweise. Während der männliche Wurm nur 2–4 cm lang (0,4 mm breit) wird, erreicht das weibliche Tier eine Länge von 50–120 cm (0,5–1,5 mm breit). Im geschlechtsreifen Zustand lebt es im subkutanen Bindegewebe und verursacht hier ein kleines Geschwür, auf dessen Grund der Kopf des Parasiten liegt. Bei Abkühlung bzw. bei Berührung des Geschwürs mit Wasser erfolgt die Ausstoßung zahlreicher Larven, die zur Weiterentwicklung von kleinen Wasserkrebsen der Gattung Cyclops und einigen verwandten Arten aufgenommen werden müssen. Die Übertragung auf den Endwirt erfolgt durch Trinken von Wasser, das mit larvenhaltigen Cyclopsarten verunreinigt ist.

Durch bakterielle Infektion der Wurmgeschwüre können Phlegmonen entstehen. Die *Therapie* besteht in der möglichst frühzeitigen chirurgischen Extraktion des Wurmes und der Bekämpfung der Sekundärinfektion.

### 4.2 *Chemotherapeutica bei Nematodeninfektionen*

Von einer Chemotherapie der Filariosen kann man erst seit etwa 10 Jahren, nämlich seit Entdeckung des Piperazinderivates Hetrazan, sprechen. Die überraschenden Erfolge des Hetrazans bei diesen der Therapie bis dahin so wenig zugänglichen Wurminfektionen führten in der Folgezeit zu systematischen Versuchen mit Hetrazan und einfachen Salzen des Piperazins auch bei anderen Rundwurminfektionen. Dabei wurde sehr bald gefunden, daß insbesondere Spul- und Madenwürmer ausgesprochen piperazinempfindlich sind. In beiden Fällen erwies sich die Wirkung des Piperazins als ungewöhnlich zuverlässig, so daß es innerhalb weniger Jahre die meisten der bisher zur Ascaridiasis- und Enterobiasisbehandlung üblichen Mittel verdrängt hat. Im Hinblick auf diese Entwicklung erscheint es richtig, die Chemotherapie der Nematodeninfektionen mit der Besprechung des Hetrazans sowie einiger weiterer bei der Filariasis gebrauchter Pharmaca zu beginnen.

---

[1]) Lancet *1958*, I, 1165.
[2]) Lancet *1958*, II, 960.

*Diäthylcarbamazin* oder *Hetrazan*® ist das Dihydrogencitrat des 1-Diäthylcarbamyl-4-methylpiperazins.

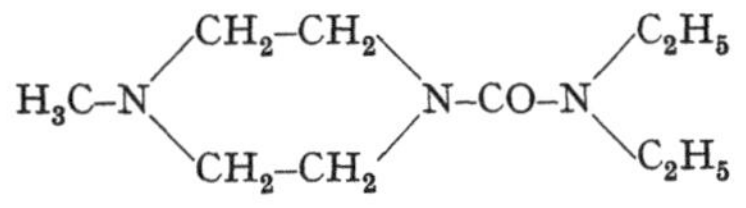

$$H_3C-N\diagdown_{CH_2-CH_2}^{CH_2-CH_2}\diagup N-CO-N\diagup_{C_2H_5}^{C_2H_5}$$

*Hetrazan*

Seine Einführung in die Therapie der Filariasis geht auf die umfangreichen Testversuche zurück, die Hewitt et al.[1]) an Baumwollratten (*Sigmodon hispidus*), die mit der Filarie *Litomosoides carinii* infiziert waren, durchführten.

Unter mehr als 100 Derivaten des Piperazins, die von den Autoren geprüft wurden, fiel Diäthylcarbamazin durch einen besonders guten mikrofilariciden Effekt auf. Obwohl die Wirkung auf die erwachsenen Filarien der Baumwollratte relativ gering war, kam es zur klinischen Prüfung der Verbindung[2, 3]), die sich hierbei überraschend gut bewährte. Sie war am Krankenbett verschiedenen Arsenverbindungen[3]) und Cyaninfarbstoffen[4]), die sich bei der Filarieninfektion der Baumwollratte als beträchtlich wirksamer erwiesen hatten, deutlich überlegen.

Über den *Wirkungsmechanismus* von *Hetrazan* bei der Filariasis besteht bisher keine vollständige Klarheit. In vitro bei 37° überleben jedenfalls Mikrofilarien in einem Serum-Ringer-Gemisch auch bei Zusatz sehr hoher Hetrazankonzentrationen (0,1–20 mg%) mehrere Tage. Lediglich Zeichen einer gewissen Lähmung waren nach einem kurzdauernden Stadium der Erregung festzustellen.

Das gleiche Ergebnis hatten Versuche, bei denen die Mikrofilarien dem Serum gesunder Tiere zugesetzt wurden, die zu verschiedenen Zeiten vorher Hetrazan in hoher Dosierung erhalten hatten. Das rasche Verschwinden der Mikrofilarien aus dem Blut infizierter Tiere nach Verabfolgung von Hetrazan (nach i.v. Verabreichung sind 80% nach etwa 2 Minuten verschwunden) kann mithin auch nicht etwa darauf beruhen, daß Hetrazan erst im Säugetierorganismus in für Mikrofilarien giftige Verbindungen umgewandelt wird.

Hawking et al.[5, 6]) nehmen an, daß Hetrazan eine opsoninartige Wirkung auf die Parasiten ausübt. Sie fanden nämlich bei infizierten Tieren nach Hetrazanverabfolgung, daß es gleichzeitig mit dem Absinken der Mikrofilarienzahl im peripheren Blut zu einer Anreicherung der Mikrofilarien in der Leber kommt. Sie werden hier infolge einer noch nicht näher bekannten Schädigung

[1]) R. J. Hewitt, S. Kushner, H. H. Stewart, E. White, W. S. Wallace und Y. Subbarow, J. Labor. clin. Med. *32*, 1293, 1304, 1314 (1947).

[2]) D. Santiago-Stevenson, J. Oliver-Gonzalez und R. J. Hewitt, J. Amer. med. Ass. *135*, 708 (1947).

[3]) G. F. Otto und T. H. Maren, Science *106*, 105 (1947).

[4]) A. D. Welch, L. Peters, E. Bueding, A. Valk und A. Higashi, Science *105*, 486 (1947).

[5]) F. Hawking, P. Sewell und J. P. Thurston, Lancet *1948*, II, 730.

[6]) F. Hawking und W. Laurie, Lancet *1949*, II, 146.

vom Reticuloendothel abgefiltert, phagozytiert und bereits im Verlauf von 18 Stunden weitgehend verdaut[1,2]).

Während Hetrazan bei mit *Litomosoides carinii* infizierten Baumwollratten auf die erwachsenen Filarien nur eine sehr geringe Wirkung ausübt[2]) – das gleiche gilt für die Infektion von Hunden mit *Dirofilaria immitis*[3]) –, scheint dies bei der Infektion des Menschen mit *W. bancrofti* anders zu sein. Da hier Mikrofilarien nach ausreichender Behandlung nicht wieder im Blut aufzutreten pflegen, kann angenommen werden, daß Hetrazan in diesen Fällen zur Abtötung auch der erwachsenen Parasiten, mindestens aber zur irreversiblen Sterilisierung der weiblichen Tiere geführt hat[4-6]).

Auch bei der *Loa*-Infektion werden die Filarien zum großen Teil abgetötet[7]). *Onchocerca* dagegen ist gegen Hetrazan resistent. Durch die Behandlung werden nur die in der Haut befindlichen Mikrofilarien getötet. Die erwachsenen Parasiten werden selbst bei sehr intensiver Behandlung nicht geschädigt, so daß nach einiger Zeit erneut Mikrofilarien produziert werden und die Krankheitssymptome wiederkehren[8-11]).

*Pharmakologische Untersuchungen* zeigten, daß Hetrazan, eine farblose, kristalline, gut wasserlösliche Substanz, für höhere Tiere sehr wenig giftig ist. Die $LD_{50}$ pro Kilogramm Körpergewicht betrug für Mäuse bei intravenöser Injektion 82 mg, bei intraperitonaler Injektion 250 mg und bei Eingabe per os 660 mg. Die entsprechenden Werte bei Ratten waren 150, 465 und 1350 mg.

Kaninchen und Ratten vertrugen ferner intraperitonale Injektionen von je 50 mg/kg bzw. von je 100 mg/kg an 5 Wochentagen 14 Wochen hindurch ohne Vergiftungserscheinungen. Hunde, die zwei Monate hindurch täglich 25 mg/kg Hetrazan per os erhalten hatten, zeigten keinerlei Schädigungen.

Die *Resorption* von Hetrazan im Magen-Darm-Kanal erfolgt rasch[12]). 3 Stunden nach Eingabe von 10 mg/kg Hetrazanbase konnten im Blut der Patienten Werte von etwa 0,4 bis 0,5 mg% festgestellt werden. Nach ungefähr 48 Stunden fand sich im Blut kein Hetrazan mehr.

Die *Ausscheidung* von Hetrazan geschieht in der Hauptsache im Urin[13]), beginnt bald nach der Verabfolgung und ist nach 24 Stunden nahezu beendet. Im Stuhl wurden nur Spuren nachgewiesen. Nur 10–25% jeder Dosis werden,

[1]) F. HAWKING, Trans. Roy. Soc. trop. Med. Hyg. *44*, 153 (1950).

[2]) F. HAWKING, P. SEWELL und J. P. THURSTON, Brit. J. Pharmacol. *5*, 217 (1950).

[3]) R. J. HEWITT, S. KUSHNER, H. W. STEWART, E. WHITE, W. S. WALLACE und Y. SUBBAROW, J. Labor. clin. Med. *23*, 1314 (1947).

[4]) R. J. HEWITT, M. KENNEY, A. CHAN und H. MOHAMED, Amer. J. trop. Med. *30*, 217 (1950).

[5]) J. A. McGREGOR, F. HAWKING und D. A. SMITH, Brit. med. J. *1952*, II, 908.

[6]) J. OLIVER-GONZALEZ, D. SANTIAGO-STEPHENSON und J. F. MALONADO, J. Amer. med. Ass. *139*, 308 (1949).

[7]) F. MURGATROYD und A. W. WOODRUFF, Lancet *1949*, II, 147.

[8]) R. PUYUELO, Bull. Soc. Path. exot. *42*, 558 (1949).

[9]) M. WANSON, Ann. Soc. belg. Méd. trop. *30*, 671 (1950).

[10]) L. MAZZOTTI, Amer. J. trop. Med. *31*, 628 (1951).

[11]) F. HAWKING, Brit. med. J. *1952*, I, 992.

[12]) M. LUBRAN, Brit. J. Pharmacol. *5*, 210 (1950).

[13]) B. K. HARNED, R. W. CUNNINGHAM, S. HALIDAY, R. E. VESSEY, N. N. YUDA, M. C. CLARK, C. H. HINE, R. COSGROVE und Y. SUBBAROW, J. Lab. clin. Med. *33*, 216 (1948).

unabhängig von der Verabfolgungsart, als unverändertes Hetrazan im Urin wiedergefunden. Ungefähr 70% erscheinen als Piperazin, Methylpiperazin und in Form anderer Piperazinderivate im Urin, die aber sämtlich keine besondere Giftigkeit für Filarien besitzen.

Untersuchungen über die Verteilung des Hetrazans im Organismus ergaben, daß diese sehr gleichmäßig erfolgt. Auch in den Filarien und Mikrofilarien waren die Konzentrationen nicht höher als in den umgebenden Geweben[1]).

Die *Nebenwirkungen* von Hetrazan bei Eingabe therapeutischer Dosen (das heißt von etwa 2 mg des Citrats pro Kilogramm Körpergewicht dreimal am Tag für 3 Wochen) pflegen gering zu sein, hängen aber weitgehend von der Art und der Stärke der vorliegenden Infektion ab. Während gesunde Personen, die freiwillig 6–10 mg/kg der Verbindung und mehr auf einmal einnahmen, nur über mäßige Magenbeschwerden und leichte Übelkeit zu klagen hatten – nur in seltenen Fällen trat auch Erbrechen ein –, pflegt es bei Patienten mit Onchocerciasis spätestens 16 Stunden nach der ersten Hetrazandosis zu Fieber, Kopfschmerzen, Benommenheit, Tachycardie, stark juckenden urticariellen Hautausschlägen, zu ausgedehnten ödematösen Hautschwellungen und schmerzhaften Lymphdrüsenvergrößerungen zu kommen[2]). Diese Symptome halten gewöhnlich während der ersten 3–7 Kurtage an. Später werden dann auch wesentlich höhere Dosen (12 mg/kg/Tag) ohne weiteres vertragen.

Die geschilderten Erscheinungen, die unter Umständen recht beunruhigend sein können, hängen offenbar mit dem massenhaften Absterben von Mikrofilarien in der Haut während der ersten Kurtage zusammen und sind als Zeichen einer Allergie gegen die Zerfallsprodukte der Parasiten aufzufassen. Mehrfach wurde daher vorgeschlagen, die mit Regelmäßigkeit auftretenden Symptome als verläßlichen diagnostischen Test auf diese Filarieninfektion zu verwenden[3, 4]).

Wesentlich milder sind die Nebenwirkungen bei mit *W. malayi* oder *W. bancrofti* infizierten Kranken. Hier pflegen in der Hauptsache Übelkeit, allgemeine Schwäche und Kopfschmerzen, seltener Hautausschläge, Fieber, Husten und Schmerzen in der Brust bald nach Beginn der Kur aufzutreten. Obwohl diese Erscheinungen lediglich unangenehm und keineswegs gefährlich für den Patienten sind, erschweren sie doch die Anwendung von Hetrazan zur Massenbehandlung beträchtlich.

Bei *Loa-Infektionen* erhalten Erwachsene gewöhnlich 10 Tage hintereinander 0,4 g Hetrazan täglich. Diese Kur wird nach 10 Tagen und dann noch zweimal in Zwischenräumen von 3–4 Wochen wiederholt[5]). Während der ersten 3–4 Kurtage empfiehlt es sich, gegen die, wie erwähnt, oft sehr unangenehmen allergischen Erscheinungen Antihistaminpräparate zu verab-

[1]) D. R. Bangham, Brit. J. Pharmacol. *10*, 406 (1955).
[2]) J. C. L. Adams, Trop Med. Hyg. *47*, 66 (1953).
[3]) L. Mazzotti, Rev. Inst. Salubr. Enferm. trop. Méx. *9*, 235 (1948).
[4]) F. Hawking, Trans. Roy. Soc. trop. Med. Hyg. *44*, 153 (1950).
[5]) J. Schneider, Bull. Soc. Path. exot., Paris *43*, 270 (1950).

folgen. In ähnlicher Weise können die Kuren bei Infektionen mit W. *bancrofti* und W. *malayi* durchgeführt werden[1]).

*Bayer 205* bzw. *Germanin*® (Antrypol®, Belganin®, Moranyl®, Naphuride sodium®, Suramin® und andere) ist das Carbamid des m-Benzoyl-m-amino-p-methyl-benzoyl-1-naphthylamino-4,6,8-trisulfosauren Natriums. Es wird in Trockenampullen zu 0,5 und 1,0 g geliefert, die zur Herstellung der 10prozentigen Lösung unmittelbar vor der Injektion dienen.

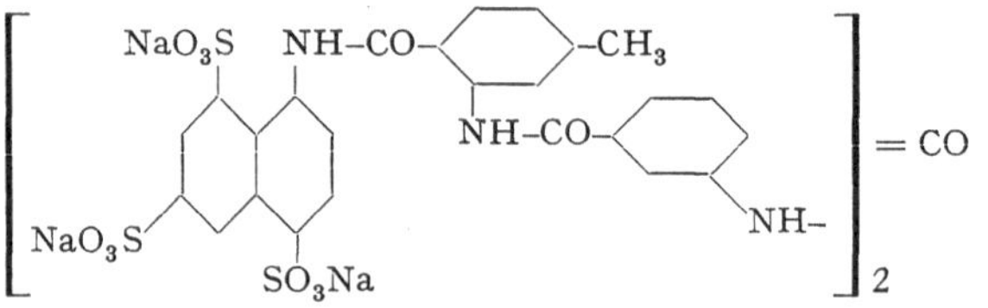

Germanin

Die *Wirkung* des Germanins gegen *Onchocerca volvulus* wurde 1945 zufällig entdeckt[2]). Es genügt, 5–7–10 Wochen hintereinander einmal wöchentlich 1 g (10 ml Lösung) langsam intravenös zu injizieren[3]). Hierbei treten im Blut Germaninkonzentrationen von 4–6 mg% auf[2, 4]). Die Wirkung erstreckt sich hauptsächlich auf die erwachsenen weiblichen Parasiten, die von der 4. oder 5. Behandlungswoche an zugrunde gehen oder sterilisiert werden. Die männlichen Würmer sind widerstandsfähiger. Am längsten bleiben die Mikrofilarien am Leben.

Beim Absterben der Würmer kommt es etwa in der 5. oder 6. Behandlungswoche zu ähnlichen allergischen Erscheinungen wie bei Hetrazankuren[5, 6]).

*Nebenwirkungen* von Germanin sind Übelkeit, Erbrechen und gelegentlich ein unmittelbar nach der Injektion einsetzender kollapsähnlicher Zustand, der zusammen mit einer Urticaria und angioneurotischen Oedemen auftreten und bedrohlich werden kann. Das Bild erinnert an die bei der Salvarsantherapie gefürchtete «nitritoide Krise».

Im späteren Verlauf der Germaninbehandlung können Arzneiexantheme, Paraesthesien sowie Albuminurie und Cylindrurie vorkommen, Symptome, die relativ harmlos sind und eine gute Prognose haben. In seltenen Fällen wurde nach Germanin eine *exfoliative Dermatitis* sowie das Auftreten einer *Agranulocytose* gesehen.

Derartig schwere Komplikationen wurden allerdings bisher nur bei der Germaninbehandlung der Trypanosomiasis und nur selten beobachtet. Im Hinblick darauf aber, daß die Infektion mit *Onchocerca volvulus* in der großen Mehrzahl der Fälle gutartig verläuft, wird man sich zu einer Behandlung mit einem so differenten Mittel schwer entschließen und sich häufig mit der chirur-

[1]) P. MANSON-BAHR, J. trop. Med. *55*, 169 (1953).
[2]) M. WANSON, Ann. Soc. belg. Méd. trop. *30*, 671 (1950).
[3]) WHO. Expert. Committee on Onchocerciasis, First Report (January 30, 1954).
[4]) F. HAWKING, Trans Roy. Soc. trop. Med. Hyg. *34*, 37 (1940).
[5]) M. WANSON, Ann. Soc. belg. Méd. trop. *30*, 671 (1950).
[6]) L. L. ASHBURN, T. A. BURCH und F. J. BRADY, Bol. Ofic. san. panam. *28*, 1107 (1949).

gischen Entfernung aller tastbaren *Onchocerca*-Knoten begnügen. Immerhin ist aber daran zu denken, daß die Infektion in etwa 5–10% der Fälle zur Erblindung führt[1]). Möglicherweise gelingt es, die Germaninbehandlung abzukürzen und damit ihre Gefährlichkeit zu vermindern, wenn man die Patienten zuvor intensiv mit Hetrazan behandelt[2]).

Interessanterweise ist Germanin ohne Einfluß auf die Infektionen mit *W. bancrofti* und *Loa loa* und vermag auch die Filariasis der Baumwollratte nicht zu heilen[1]).

*Antimon:* Verschiedene Verbindungen des Antimons sind bei Filariasis therapeutisch wirksam, wie in den Jahren 1944–1947 in ausgedehnten Laboratoriumsversuchen an mit *Litomosoides carinii* infizierten Baumwollratten gefunden wurde[3–5]). Dies bestätigte sich anschließend bei der klinischen Prüfung[4, 5]). Die Wirkung des Antimons erstreckt sich in erster Linie auf ausgewachsene Parasiten, die im Verlauf der Kur absterben. Die Zahl der Mikrofilarien geht nur langsam zurück, so daß frühestens 3 Monate, gelegentlich aber erst 19 Monate nach dem Kurende, das Blut der Patienten völlig frei von Mikrofilarien ist.

Die wirksamste Verbindung scheint *Ethylstibamine*® (früher Neostibosan) zu sein, das 42% Sb$^V$ enthält. Es muß allerdings in hohen Dosen, die dicht an der toxischen Grenze liegen, 12–14 Tage hintereinander (ungefähr 1 g/Tag) gegeben werden. Auch *Ureastibamin*® und *Solustibosan*® (Stibanose, eine 37prozentige Lösung von Natrium-Antimon$^V$ gluconat, 1 ml = 100 mg Sb$^V$) wurden mit gutem Erfolg gebraucht.

Verbindungen des dreiwertigen Antimons (Brechweinstein, Fuadin und andere) wirken weniger zuverlässig, selbst in hohen Dosen, die schwere Nebenwirkungen und gelegentlich sogar Todesfälle verursachten.

Wie Tabelle 7 zeigt, ist die Verträglichkeit der Verbindungen des fünfwertigen Antimons erheblich besser als die des dreiwertigen Metalls. Der Vorteil, daß dem Organismus mit den fünfwertigen Verbindungen verhältnismäßig hohe Antimondosen zugeführt werden können, wird allerdings dadurch etwas beeinträchtigt, daß Verbindungen des fünfwertigen Metalls sehr viel schneller im Urin ausgeschieden werden als die des dreiwertigen. Bereits nach 24 Stunden hat ein großer Teil (etwa 50% der verabfolgten Menge) der fünfwertigen Verbindungen den Körper wieder verlassen[6–9]). Hiermit hängt vielleicht auch die geringere Giftigkeit der fünfwertigen Antimonverbindungen zum Teil zusammen[10]).

---

[1]) G. Crips, *Simulium and Onchocerciasis in the Northern Territories of the Gold Coast* (H. K. Lewis, London 1957).
[2]) P. W. Hutton, Trans. Roy. Soc. trop. Med. Hyg. *48*, 522 (1954).
[3]) J. T. Culbertson und H. M. Rose, J. Pharmacol. exp. Therap. *81*, 189 (1944).
[4]) J. T. Culbertson, Trans. Roy. Soc. trop. Med. Hyg. *41*, 18 (1947).
[5]) J. T. Culbertson, Ann. New York Acad. Sci. *50*, 73 (1948).
[6]) U. N. Brahmachari, Ind. J. med. Res. *11*, 829 (1924).
[7]) T. C. Boyd und A. C. Roy, Ind. J. med. Res. *17*, 94 (1929).
[8]) A. Gellhorn, H. M. Rose und J. T. Culbertson, J. trop. Med. *50*, 27 (1947).
[9]) G. F. Otto, T. H. Maren und H. W. Brown, Amer. J. Hyg. *46*, 193 (1947).
[10]) H. Weese, Clin. Med. J. *52*, 421 (1937).

Tabelle 7

|                  | % Sb | Dosis tolerata in mg für 20 g Maus | mg Sb |
|------------------|------|-----------------------------------|-------|
| Brechweinstein   | 36,6 | 0,4  | 0,15 Sb$^{III}$  |
| Fuadin . . . .   | 13,5 | 6,6  | 0,89 Sb$^{III}$  |
| Stibosan  . . .  | 31,0 | 15,0 | 4,65 Sb$^{V}$    |
| Neostibosan . .  | 42,0 | 40,0 | 16,80 Sb$^{V}$   |
| Solustibosan . . | 27,0 | 64,0 | 17,20 Sb$^{V}$   |

Wie erwähnt, müssen die verschiedenen Antimonverbindungen bei Filaria-sis in relativ hoher Dosierung intravenös injiziert werden. Trotz der geringen Toxizität der fünfwertigen Antimonverbindungen ist daher mit der Möglich-keit unangenehmer Nebenwirkungen auf die Leber, die Nieren und das Herz-gefäßsystem durchaus zu rechnen. Infolgedessen wird man Antimonverbin-dungen bei Filariasis heute nur noch in besonders gelagerten Fällen anwenden und dem ungiftigen, oral anzuwendenden *Hetrazan* den Vorzug geben. Auf die gegen Hetrazan resistenten Infektionen mit *Onchocerca volvulus* haben auch Antimonverbindungen keinen Einfluß[1]).

*Arsen:* Auch Verbindungen des Arsens wurden seit 1923 mehrfach zur Be-handlung der Filariasis empfohlen[2]). In neuerer Zeit durchgeführte Unter-suchungen[3,4]) zeigten, daß *Arsenamid*, eine Verbindung von p-Arsinoxyd-benzoesäureamid mit Thioglykolsäure unter zahlreichen geprüften Verbin-dungen sowohl in vitro als auch in vivo am stärksten filaricid wirkt. Bei der klinischen Prüfung genügte es, 2 Wochen hindurch täglich 1 mg/kg zu injizieren, um die Mikrofilarien dauerhaft aus dem Blut zum Verschwinden zu bringen.

Auch die erwachsenen Filarien, die in ihrem Körper Arsen zu speichern scheinen[5]), wurden abgetötet. Im allgemeinen wird das Präparat zwar gut vertragen, doch wurden bereits mehrere Fälle von Leberschädigungen mit Ikterus beschrieben, von denen einer sogar zum Tode führte[5]).

Das zur Behandlung der *Trichuriasis* bei Kindern auch in neuerer Zeit gelegentlich noch empfohlene[6]) *Spirocid*® (Carbarsol®, Stovarsol®), ein Acetyl-derivat der Paraoxymetaminophenylarsinsäure, kann auch bei oralem Gebrauch zur «Spirocid-Encephalopathie» mit Hirnödem und Hirnpurpura führen[7]).

---

[1]) F. C. BARTER, T. A. BURCH, D. B. COVIE, L. L. ASHBURN und F. J. BRADY, Ann. New York Acad. Sci. *50*, 89 (1948).

[2]) F. Noc, Bull. Soc. Path. exot. *16*, 126 (1923).

[3]) G. F. OTTO und T. H. MAREN, Science *106*, 105 (1947); Ann. New York Acad. Sci. *50*, 39 (1948).

[4]) G. F. OTTO, H. W. BROWN, S. D. BELL jr. und N. D. THETFORD, Amer. J. trop. Med. Hyg. *1*, 470 (1952).

[5]) J. A. McFADZEAN und F. HAWKING, Brit. med. J. *1954*, I, 956.

[6]) H. BOEHNCKE, Med. Klinik *1950*, 436.

[7]) I. R. BIERICH, Arch. Kinderheilk. *151*, 5 (1955).

Das p-Glycolyl-aminophenyl-arsonsaure Wismut (Viasept®) eignet sich nach neueren Untersuchungen nicht nur zur Behandlung der Peitschenwurminfektion des Hundes[1]), sondern auch des Menschen[2]).

*Farbstoffe:* Eine Anzahl von Cyaninfarbstoffen zeichnete sich in Modellversuchen an der Baumwollratte durch eine starke filaricide Wirkung aus[3-6]). Die günstigste Eigenschaft zeigte *Cyanin* (1-Äthyl-3,6-dimethyl-2-phenyl-4-pyrimido-2'-cyaninchlorid). Wurden Tagesdosen von 1 mg/kg 3–6 Tage hintereinander gegeben, so kam es bei den Ratten mit Sicherheit zur Abtötung aller Filarien. Toxische Erscheinungen zeigten Ratten erst bei Tagesdosen oberhalb von 10 mg/kg.

Die daraufhin vorgenommenen klinischen Versuche an Patienten, die mit *W. bancrofti* infiziert waren, verliefen jedoch enttäuschend. Tagesdosen von 2 mg/kg hatten häufig bereits von der dritten Dosis an recht unangenehme Nebenwirkungen zur Folge (Erbrechen, Kopfschmerz, Blutdrucksenkungen, Bradycardie) und führten nur zu einer vorübergehenden Abnahme der Filarienzahl im Blut.

Ein ähnliches Schicksal hatte das zur Safraninreihe gehörende *Methylenviolett*. Bei der Infektion der Baumwollratte mit der Filarie *Litomosoides carinii* waren chemotherapeutischer Effekt und Verträglichkeit ausgezeichnet. Am Krankenbett aber versagte die Verbindung fast ganz[7]).

*Piperazin* (Diäthylendiamin) ist eine alkalisch reagierende kristalline Substanz vom Molekulargewicht 86, die hygroskopisch ist und gewöhnlich als Hexahydrat (Molekulargewicht 194,1) in den Handel kommt (Piperazingehalt 44,3%).

$$HN \underset{CH_2-CH_2}{\overset{CH_2-CH_2}{<\quad>}} NH \cdot 6\,H_2O$$

Piperazinhydrat

*Piperazinhydrat* löst sich leicht in Wasser, reagiert aber in konzentrierten Lösungen so stark alkalisch, daß es zu pharmazeutischen Zwecken gewöhnlich in Form bestimmter Salze gebraucht wird. Am üblichsten ist bei den flüssigen Piperazinzubereitungen der Zusatz von Zitronensäure, wobei sich je nach dem gewünschten Säuregrad Mono-, Di- oder auch Trizitrat bilden. Der Wirkstoffgehalt der Präparate, die in Sirupform unter verschiedenen Namen in den Handel kommen, wird dann gewöhnlich als Piperazinhexahydrat angegeben.

Piperazin wurde bereits 1891 als angeblich harnsäurelösendes Mittel in Tagesdosen von 1 g und mehr (bis zu 6 g) zur Behandlung der Gicht empfohlen.

[1]) G. Lämmler, Z. Tropenmed. u. Parasit. (im Druck).

[2]) W. Schoop, Medizinische *1958*, 2114.

[3]) A. D. Welch, L. Peters, E. Bueding, A. Valk und A. Higashi, Science *105*, 486 (1947).

[4]) L. Peters, Ann. New York Acad. Sci. *50*, 117 (1948).

[5]) L. Peters, E. Bueding, A. D. Valk, A. Higashi und A. D. Welch, J. Pharmacol. exp. Therap. *95*, 213 (1949).

[6]) L. Peters, A. D. Welch und A. Higashi, J. Pharmacol. exp. Therap. *96*, 460 (1949).

[7]) F. Hawking, W. E. Ormerod, J. P. Thurston und W. A. F. Webber, Brit. J. Pharmacol. *7*, 494 (1952).

Es ist mit dieser Indikation noch zu Beginn dieses Jahrhunderts in Form verschiedener Verbindungen und oft zu wochenlangen Kuren gebraucht worden[1]). Auf seine Eignung zum Wurmmittel wurde man aber erst vor einigen Jahren aufmerksam.

Den Anlaß, sich mit diesem Problem zu befassen, gaben die guten Erfahrungen der Tropenärzte mit dem Piperazinderivat Hetrazan (vgl. Seite 213) bei der Behandlung der Filariasis. Hetrazan wurde daraufhin auch bei anderen Nematodeninfektionen versucht. Hierbei stellte sich eine deutliche Wirkung bei der Askaridiasis heraus, die jedoch nicht restlos befriedigte[2-4]). Bei der Spulwurminfektion der Katze gelang eine vollständige Entwurmung selbst mit subletalen Hetrazandosen nicht mit Sicherheit[5]).

Bereits 1949 aber konnte FAYARD[6]) über gute Behandlungsergebnisse mit Piperazinhydrat bei rund 2000 Fällen von Askaridiasis berichten. Bald darauf stellten MOURIQUAND et al.[7]) nach erfolgreichen Testversuchen an der Mäuseoxyuriasis auch bei der klinischen Prüfung an Kindern fest, daß sich Piperazinhydrat auch zur Behandlung der Enterobiasis ausgezeichnet eignet.

Statt des alkalisch reagierenden und somit unter Umständen magenreizenden Piperazinhydrats wurden sehr bald Salze, wie zum Beispiel das Diphenylacetat des Piperazins gebraucht[8]). Als weitaus besser im Geschmack erwies sich Piperazinzitrat, das, wie erwähnt, vor allem in Form von neutral oder schwach sauer reagierenden Sirupen, aber auch in Form von Dragées unter verschiedenen Namen im Handel ist. Derartige Sirupe werden von Kindern leicht und gern eingenommen[9-11]).

Von der Einführung des adipinsauren Piperazins, eines nicht hygroskopischen, gut haltbaren Salzes, das sich in Tabletten und Dragées pressen läßt, erwartete man einen weiteren Fortschritt[12]). Da die schwach sauer reagierende Verbindung (pH 5,5) sich nur langsam und nur zu rund 5,0% in Wasser von 20° löst (zu 7,5% bei 37°), war anzunehmen, daß die Resorption im Darmkanal langsamer und in geringerem Ausmaß erfolgen würde als die der leicht wasserlöslichen Piperazinverbindungen[12, 13]).

Verschiedene Autoren fanden auch eine diesen Erwartungen entsprechende deutlich geringere resorptive Giftigkeit des adipinsauren Piperazins sowie eine besonders gute Wirkung bei verschiedenen wurminfizierten Tierspezies[14, 15]).

[1]) F. DORN, Therapeut. Mh. *1903*, 317.
[2]) J. OLIVER-GONZALES und R. J. HEWITT, Proc. Soc. exp. Biol. Med. *66*, 254 (1947).
[3]) J. N. ETTELDORF und L. V. CRAWFORD, J. Amer. med. Ass. *143*, 797 (1950).
[4]) E. H. LONGHLIN, J. RAPPAPORT, A. A. JOSEPH und W. G. MULLIN, Lancet *1951*, II, 1197.
[5]) A. ERHARDT, Z. Tropenmed. Parasitol. *5*, 350 (1955).
[6]) G. FAYARD, *Ascaridiose et pipérazine*, thésis Paris 1949; Sem. Hôp. Paris *35*, 1778 (1949).
[7]) G. MOURIQUAND, E. ROMAN und J. COISNARD, J. méd. Lyon *32*, 189 (1951).
[8]) R. TURPIN, R. CAVIER und J. SAVATON-PILLET, Thérapie *7*, 108 (1952).
[9]) R. H. R. WHITE und O. D. STANDEN, Brit. med. J. *1953*, II, 755, 1272.
[10]) H. W. BROWN, J. Pediatr. *45*, 419 (1954).
[11]) H. W. BROWN und M. M. STERMAN, Amer. J. trop. Med. Hyg. *3*, 750 (1954).
[12]) M. T. DAVIES, J. FORREST, F. HARTLEY und V. PETROW, J. Pharmacy Pharmacol. *6*, 707 (1954).
[13]) F. HARTLEY, Brit. med. J. *1955*, II, 205.
[14]) B. G. CROSS, A. DAVID und D. K. VALLANCE, J. Pharmacy Pharmacol. *6*, 711 (1954).
[15]) E. N. SLOAN, P. A. KINGSBURY und D. W. JOLLEY, J. Pharmacy Pharmacol. *6*, 718 (1954).

Bei der klinischen Prüfung an Kindern und Erwachsenen, die mit Spul- oder Madenwürmern infiziert waren, bestätigte sich jedoch dieser Eindruck von der Überlegenheit des Piperazinadipats über Piperazinhydrat bzw. -zitrat und andere einfache Piperazinsalze nicht[1-4]. Man kann heute annehmen, daß diese Verbindungen ihrem Piperazingehalt entsprechend annähernd gleichstark wirksam sind. Nur sebacinsaures und stearinsaures Piperazin scheinen etwas stärker zu wirken (um etwa 20–25%). Beide Verbindungen schmecken jedoch unangenehm und haben außerdem eine leichte lokalreizende Wirkung, können Erbrechen hervorrufen und werden daher nicht in nennenswertem Umfang therapeutisch verwandt[5].

Über den Mechanismus der anthelminthischen Wirkung, die sich anscheinend nur auf Darmhelminthen und hier eigenartigerweise nur auf *Spulwürmer*, *Madenwürmer* und *Trichostrongyliden* erstreckt, weiß man, daß es nach einer gewissen Einwirkungszeit zum Auftreten einer Lähmung der Parasiten kommt, die lange Zeit reversibel bleibt. Hierfür sprechen sowohl klinische Beobachtungen[6-9] als auch Versuche an Schweinespulwürmern in vitro[10,11].

Interessanterweise besitzen Spulwürmer und Madenwürmer in vitro eine relativ hohe Empfindlichkeit gegenüber Piperazin. Die sonst zur Auffindung wurmwirksamer Substanzen wegen ihrer großen Empfindlichkeit viel benutzten Enchyträen sind gegenüber Piperazin ebenso wie Regenwürmer und Blutegel auffällig resistent. An Nerv-Muskel-Präparaten beider Wurmarten kommt es jedoch nach kurzer Einwirkung von Piperazinhydrat (30–50 mg%), das mit verdünnter Salzsäure neutralisiert wurde, zur Tonusabnahme und zum Aufhören der Spontanbewegungen[11]. Ebenso wie reine Muskelpräparate dieser Würmer werden auch Nerv-Muskel-Präparate in Gegenwart von Piperazin unempfindlich gegen die Wirkung von Thymol und Santonin[11]. Am Spulwurmmuskel ließ sich in ähnlicher Weise die Acetylcholinkontraktion (0,2–1 mg%) durch Vorbehandlung mit Piperazin verhindern[12]. An der Skelettmuskulatur von Säugetieren ist dies nicht im gleichen Maße der Fall. Piperazin hemmt demnach beim Spulwurmmuskel in relativ niedriger Konzentration die neuromuskuläre Reizübertragung[12,13].

Hierbei sei erwähnt, daß das Vorhandensein von Acetylcholin im Gewebe von Spulwürmern unter physiologischen Bedingungen nachgewiesen worden

---

[1]) J. G. Basnuevo, E. B. Rabassa, J. A. Fontao, A. M. Cao und R. Casanova, Rev. Kuba Med. trop. *10*, 77 (1954).

[2]) M. T. Hoekenga, World med. J. *3*, 263 (1956).

[3]) J. H. Miller, C. Swartzwelder und W. R. Sappenfield, Amer. J. trop. Med. *6*, 382 (1957).

[4]) C. Swartzwelder, J. H. Miller und R. W. Sappenfield, Gastroenterology *33*, 87 (1957).

[5]) L. G. Goodwin und O. D. Standen, Brit. med. J. *1958*, I, 131.

[6]) H. W. Brown, J. Pediatr. *44*, 419 (1954).

[7]) C. Swartzwelder, J. H. Miller und R. W. Sappenfield, Amer. J. trop Med. *4*, 326 (1955).

[8]) H. W. Brown, K. F. Chan und K. L. Hussey, J. Amer. med. Ass. *161*, 515 (1956).

[9]) L. G. Goodwin und O. D. Standen, Brit. med. J. *1954*, II, 1332.

[10]) O. D. Standen, Brit. med. J. *1955*, II, 20.

[11]) H. A. Oelkers, Arzneimittelforschung *7*, 329 (1957).

[12]) L. G. Goodwin, Brit. J. Pharmacol. *13*, 194 (1958).

[13]) S. Norton und E. J. de Beer, Amer. J. trop. Med. *6*, 383 (1957).

ist[1, 2]). Wie weit die bei Askariden in lähmenden Piperazinkonzentrationen auftretende Abnahme der Bernsteinsäureproduktion Ursache oder Folge der Lähmung der Würmer ist, läßt sich bisher nicht entscheiden[3, 4]).

Im allgemeinen nimmt man heute an, daß die Wirkung des Piperazins sich in erster Linie auf das Nervensystem und die Muskulatur der dafür empfindlichen Darmhelminthen erstreckt und nicht über den Stoffwechsel geht.

Die *Resorption* des Piperazins vom Magen-Darm-Kanal erfolgt verhältnismäßig leicht, wie der rasche Beginn der anscheinend nur durch die Nieren erfolgenden Ausscheidung zeigt. Nach den in neuerer Zeit durchgeführten Untersuchungen erscheinen rund $33,2 \pm 8,3\%$ der verabfolgten Piperazinmenge innerhalb von 24 Stunden im Urin. Dabei war es gleichgültig, ob Piperazin in Form von Adipat oder einer besser wasserlöslichen Verbindung eingegeben wurde[5, 6]).

Die *Toxizität* des Piperazins bei oraler Verabfolgung ist sehr gering. Die Angaben, die in der Literatur darüber zu finden sind, differieren etwas, je nachdem, ob chemisch reine oder technische Salze des Piperazins oder Piperazinhexahydrat selbst für die Toxizitätsbestimmungen benutzt wurden. Die Applikation der erforderlichen hohen Dosen in Form von Lösungen des Hexahydrats kann außer zu einer Schädigung der Schleimhaut auch zu einer schweren Alkalose führen. So erklären sich Angaben, wonach bei Mäusen die Eingabe von $1,0\,g/kg$ Piperazinhydrat bereits für $20\%$ der Tiere tödlich wirkte[7]). Wird eine durch Zusatz einer geeigneten Säure neutralisierte Lösung verwandt, so vertrugen Mäuse die Verabfolgung (oral) von zweimal 1–1,5 g/kg/Tag Piperazinhydrat 5 Tage hintereinander ohne besondere Erscheinungen[8]).

Nach anderen Autoren[9]) beträgt die $LD_{50}$ für Mäuse bei oraler Verabfolgung von Piperazinadipat 11,4 g/kg (4,2 g/kg Piperazin) und vom Piperazinhydrat 4,3 g/kg (1,9 g/kg Piperazin in Form des Zitrats). Nur wenig niedriger sind die letalen Dosen für Ratten, die auch die chronische Verabfolgung von 300 mg/kg/Tag (Zusatz zum Futter) während 8 Wochen ohne Vergiftungserscheinungen vertrugen.

Wie bereits erwähnt, wurden die ersten klinischen Versuche auf Grund günstiger Ergebnisse bei Testversuchen an der Mäuseoxyuriasis vorgenommen (vgl. Seite 57). Empfindlicher als die chemotherapeutisch schwer zu beeinflussende Oxyuriasis der Maus ist die des Kaninchens. Hier gelingt eine vollständige Entwurmung der Tiere bereits nach einmaliger oraler Eingabe von 214 mg/kg ($DC_{95}$). Die eben tödliche Dosis ($DL_5$) wurde bei oraler Verabfolgung von Piperazinhydrat[10]) mit 1,3 g/kg bestimmt, so daß sich der sehr günstige

[1]) E. BUEDING, Brit. J. Pharmacol. 7, 563 (1952).
[2]) H. MELLANBY, Parasitol. 45, 287 (1955).
[3]) S. NORTON und E. J. DE BEER, Amer. J. trop. Med. 6, 383 (1957).
[4]) E. BUEDING und C. SWARTZWELDER, Pharmacol. Rev. 9, 329 (1957).
[5]) G. FUHRMANN, Z. Tropenmed. Parasitol. 8, 83 (1957).
[6]) E. W. ROGERS, Brit. med. J. 1958, I, 136.
[7]) H. BOECKER und A. ERHARDT, Z. Tropenmed. Parasitol. 6, 198 (1955).
[8]) H.-A. OELKERS, unveröffentlicht.
[9]) B. C. CROSS, A. DAVID und D. K. VALLANCE, J. Pharmacy Pharmacol. 6, 711 (1954).
[10]) Bei Verwendung neutralisierter Lösungen werden von Kaninchen ähnlich hohe Dosen vertragen wie von Mäusen.

therapeutische Index 1:6 ergab[1]). Ähnliche Auswertungsversuche bei der Askaridiasis der Katze wurden dadurch erschwert, daß die Eingabe von Piperazinhydrat nur bis zu etwa 200 mg/kg ohne Erbrechen vertragen wurde[2]). Die bei Askaridiasis voll wirksame Dosis ($DC_{95}$) wurde daher berechnet und betrug dann 430 mg/kg[3]).

Bei *Enterobiasis* sind nach der bisher vorliegenden Literatur befriedigende Erfolge nur bei mehrtägigen Kuren zu erwarten. Die ursprünglich empfohlenen siebentägigen Kuren, die zudem nach einer Pause von einer Woche wiederholt werden sollten, sind jedoch nicht unbedingt notwendig. So konnten bei systematischen Versuchen in einem Kinderheim bei genügend hoher Dosierung annähernd 95% der Behandelten durch eine nur viertägige Kur von den Madenwürmern befreit werden[4, 5]). Wurde die Behandlung sieben Tage hindurch fortgesetzt, so stieg die Erfolgsquote nicht mehr. Ebensowenig war es möglich, die Kurdauer durch Erhöhung der Tagesdosen (bis auf das Doppelte) zu verkürzen, ohne das Behandlungsergebnis merklich zu verschlechtern.

Benutzt wurde bei diesen Versuchen ein Sirup, der 1,0 g Piperazinhydrat (als Zitrat) in 5 ml enthielt. Kinder über 6 Jahre und Erwachsene erhielten davon täglich 3 Teelöffel (morgens auf einmal oder morgens, mittags und abends je 1 Teelöffel), Kinder von 2–5 Jahren täglich 2 Teelöffel (morgens auf einmal oder morgens und abends je 1 Teelöffel) und Kinder von 1–2 Jahren täglich 1 Teelöffel voll. Säuglinge sollten im Bedarfsfall täglich $^1/_2$ ml des Sirups (1 Teelöffel einer Verdünnung 1:10) pro Kilogramm Körpergewicht erhalten.

Einige Autoren empfehlen aber bei Erwachsenen eine Kurdauer von 7 Tagen[6]), die ja auch der Biologie der Enterobien noch besser entspricht. Da während der Kur keine bestimmte Diät eingehalten werden muß, Abführmittel und besondere hygienische Maßnahmen überflüssig sind, macht die etwas längere Dauer der Kur gewöhnlich auch keine Schwierigkeiten.

Bei *Askaridiasis* genügt eine kürzere Behandlungsdauer: So wird zum Beispiel vorgeschlagen, abends unmittelbar vor der letzten Mahlzeit Kindern über 6 Jahren und Erwachsenen 3 Teelöffel, Kindern von 3–5 Jahren 2 Teelöffel und Kindern von 1–2 Jahren 1 Teelöffel eines Piperazinzitratsirups, der 1 g Piperazinhydrat in 5 ml (1 Teelöffel) enthält, einzugeben. Die gleichen Dosen sollen dann am nächsten Morgen nach dem Frühstück abermals eingenommen werden.

Andere Autoren empfehlen, die zweite Dosis erst nach einem mehrtägigen Intervall (bis zu 7 Tagen) oder nur eine Dosis zu geben, die dann möglichst 4,5–6 g Piperazinhydrat äquivalent sein soll. Statt Piperazinzitrat kann ebensogut auch Piperazinadipat oder ein anderes Salz eingenommen werden[7–10]).

[1]) H. BOECKER und A. ERHARDT, Z. Tropenmed. Parasitol. *6*, 198 (1955).
[2]) Anscheinend handelte es sich ebenfalls um reine Lösungen von Piperazinhexahydrat.
[3]) A. ERHARDT, Arzneimittelforschung *6*, 496 (1956).
[4]) W. GOETERS und S. NORDBECK, Medizinische *1955*, 1449.
[5]) U. SCHRÖDER, Dtsch. med. J. *7*, 517 (1956).
[6]) J. SCHMIDT, Medizinische *1955*, 718.
[7]) C. SWARTZWELDER, J. H. MILLER und R. W. SAPPENFIELD, Gastroenterology *33*, 87 (1957).
[8]) J. H. MILLER, C. SWARTZWELDER und R. W. SAPPENFIELD, Amer. J. trop. Med. *6*, 382 (1957).
[9]) O. D. STANDEN, Brit. med. J. *1958*, I, 131.
[10]) M. T. HOEKENGA, World med. J. *3*, 263 (1956).

Der Abgang der Spulwürmer erfolgt gewöhnlich im Verlauf der ersten drei Tage nach Beginn der Behandlung[1,2]).

Derartige Kuren mit Eingabe von nur einer hohen Dosis an einem Tag sind besonders für ambulante Massenbehandlungen geeignet. In anderen Fällen wird es günstiger sein, 2–3tägige Kuren durchzuführen, bei denen ältere Kinder und Erwachsene die 2,5–2,7 g Piperazinhydrat entsprechende Menge eines Piperazinsalzes in Dragée- oder in Sirupform in zwei oder drei Portionen über den Tag verteilt einnehmen[3]). Die Patienten erhalten so insgesamt 5–7,5 g im Verlauf von zwei bzw. drei Tagen.

Mehrfach wurde berichtet, daß es in Fällen von *Askaridenileus* durch Verabfolgung von Piperazinsirup in mittlerer Dosierung – eventuell mittels Duodenalschlauch – an zwei oder drei Tagen hintereinander gelungen sei, ein chirurgisches Eingreifen zu vermeiden[4,5]).

In Anbetracht der zuverlässigen Wirkung bei Askaridiasis und Enterobiasis und der guten Verträglichkeit der verschiedenen Piperazinpräparate lag es nahe, sie auch gegen andere Darmhelminthen zu versuchen. Der anfängliche Eindruck eines therapeutischen Effektes hoher Piperazindosen, insbesondere von adipinsaurem Piperazin (6 g Piperazinhydrat/Tag entsprechend) bei Trichuriasis bestätigte sich jedoch später nicht, obwohl die Dauer der Piperazinbehandlung in einigen Fällen bis auf 20 Tage verlängert wurde[6-8]).

Bei *Ancylostomiasis* sind Piperazinpräparate nach allen bisher vorliegenden Untersuchungen trotz hoher Dosen (4,5–5 g/Tag 3 Tage lang) ohne Wert[9-11]). Dagegen soll bei *Trichostrongyloidose* nach nur einer Dosis von 4,5 g in mehreren Fällen Heilung eingetreten sein[9,11]). Zur Abtreibung von *Bandwürmern* sind Piperazin und seine Salze ungeeignet[9,11,12]).

*Nebenwirkungen* wurden bei Piperazinkuren relativ selten beobachtet. Sie wurden in einem Teil der Fälle durch *Überdosierung* oder durch zu lange fortgesetzte Behandlung mit den für die Kurzkuren vorgesehenen Tagesdosen verursacht[13-17]). Neben akuten unspezifischen Symptomen, wie Übelkeit, Erbrechen, Leibschmerzen und Diarrhoen, die aber auch fehlen können, finden sich vor allem *neurotoxische Erscheinungen:* Muskelschwäche, besonders in den Beinen, Koordinationsstörungen mit Ataxie und Gleichgewichtsstörungen beim

[1]) L. G. Goodwin und O. D. Standen, Brit. med. J. *1954*, II, 1332.
[2]) C. Swartzwelder, J. H. Miller und R. W. Sappenfield, Amer. J. trop. Med. *4*, 326 (1955).
[3]) M. Ratschow, Medizinische *1956*, 1790.
[4]) M. Q. Jenkins und M. W. Beach, Pediatr. N. Y. *13*, 419 (1954).
[5]) R. W. Sappenfield, S. Swartzwelder und J. H. Miller, Amer. J. trop. Med. *6*, 383 (1957).
[6]) C. Swartzwelder, J. H. Miller, W. W. Frye und R. Lampert, J. Parasitol. *42*, 20 (1955).
[7]) F. O. Atchley, D. B. Wysham und E. C. Hemphill, Amer. J. trop. Med. *5*, 881 (1956).
[8]) H. W. Brown, K. T. Chan und K. L. Hussey, J. Amer. med. Ass. *161*, 515 (1956).
[9]) H. W. Nagaty, M. A. Rifaat und S. Salem, Lancet *1955*, II, 827.
[10]) L. G. Goodwin und O. D. Standen, Brit. med. J. *1958*, I, 235.
[11]) H. F. Nagaty und A. Rifaat, Z. Tropenmed. Parasitol. *9*, 73 (1958).
[12]) L. G. Goodwin und O. D. Standen, Brit. med. J. *1958*, I, 133.
[13]) J. P. Hanzlik, J. Labor. clin. Med. *2*, 308 (1917).
[14]) R. H. R. White und O. D. Standen, Brit. med. J. *1953*, II, 1272.
[15]) S. R. Sims, Brit. med. J. *1953*, II, 1432.
[16]) H. Burgstedt und H. D. Pasche, Münchn. med. Wschr. *96*, 954 (1954).
[17]) V. M. Howie, Amer. J. Dis. Childr. *89*, 346 (1955).

Stehen, Gehen und im Sitzen, ferner kommen Muskelzuckungen, Störungen des Denkens, des Wahrnehmens und des Bewußtseins vor und können als charakteristisch für Piperazin angesehen werden.

In einem Fall kam eine Polyneuritis zur Beobachtung, die erst mehrere Tage nach der Piperazinkur auffiel und den Verdacht auf eine Polyomyelitis nahelegte[1]. Im EEG konnten bei Vergiftungen mit hohen Dosen schwere allgemeine Dysrhythmien beobachtet werden, die noch mehrere Tage nach der meist raschen Rückbildung der klinischen Erscheinungen bestehen blieben[2].

Nach neueren Untersuchungen scheinen bei Kindern bereits die üblichen Piperazindosen, auch wenn sie keinerlei Vergiftungserscheinungen hervorrufen, sehr häufig eine erhebliche Aktivitätsverminderung der hirnelektrischen Erscheinungen mit Frequenzverlangsamung und Amplitudenzunahme hervorzurufen. Diese pathologischen Erscheinungen, die als unspezifische Beeinflussung der subcorticalen Steuerung des Rindenrhythmus gedeutet werden, pflegten bis zu vier Tage nach dem Absetzen des Medikamentes anzuhalten[3].

Während die Mehrzahl der Vergiftungen, wie erwähnt, auf die Verabfolgung hoher bzw. zu hoher Dosen zurückgeführt werden konnte, mehrt sich allmählich doch die Zahl der Beobachtungen, wonach Vergiftungserscheinungen der oben genannten Art auch nach den im Bereich der üblichen Grenzen liegenden Dosen und oft bereits nach ganz kurzer Kurdauer aufgetreten sind[4-7]. Es muß daher damit gerechnet werden, daß es, wenn auch selten, Fälle von Überempfindlichkeit gegen Piperazin gibt. Derartige Vorkommnisse sind bereits aus der Zeit bekannt, als Piperazin in der irrtümlichen Annahme, daß es Uratablagerungen im Organismus lösen bzw. verhindern könne, zur Behandlung der Gicht gebraucht wurde[8]. Besonders empfindlich scheinen Patienten nach dem Überstehen einer Polyomyelitis sowie vielleicht überhaupt bei dem Vorliegen neurologischer Erkrankungen zu sein[2].

Schließlich ist aber auch daran zu denken, daß Kinder die verschiedenen Piperazinsirupe als recht wohlschmeckend empfinden. Infolgedessen besteht die Gefahr, daß sie bei ungenügender Aufsicht heimlich etwas von dem Medikament einnehmen und so zu höheren Tagesdosen gelangen als vorgesehen.

Wenn auch alle Vergiftungserscheinungen – gleichgültig ob durch Überdosierung oder durch Vorliegen einer besonderen Empfindlichkeit hervorgerufen – nach allen bisher vorliegenden Erfahrungen eine gute Prognose haben (vgl. auch HANZLIK, Seite 224) und sich gewöhnlich in wenigen Tagen zurückbilden, so erscheint doch eine gewisse Vorsicht ratsam. Außer der üblichen Überwachung der Kur wurde empfohlen, bei Verdacht auf das Vorliegen einer Allergie gegen Piperazin zunächst nur eine Testdosis (zum Beispiel

[1]) M. RATSCHOW, Medizinische *1956*, 1790.
[2]) K. WECHSELBERG, Dtsch. med. Wschr. *81*, 632, (1956); Kinderärztl. Praxis *24*, 312 (1956).
[3]) F. BETTECKEN, Z. Kinderheilkd. *80*, 225 (1957).
[4]) K. AMBOS, Münchn. med. Wschr. *97*, 1157 (1955).
[5]) K. H. WEBER, Arch. Toxikol. *16*, 215 (1957).
[6]) D. GREUEL, Med. Klinik *52*, 129 (1957).
[7]) H. HELBIG, Berl. Med. *8*, 435 (1957).
[8]) H. P. SLAUGHTER, Med. News, London *68*, 294 (1896).

entsprechend 0,5 g Piperazinhydrat) einnehmen zu lassen. Stellen sich innerhalb von 3 Tagen keine Unverträglichkeitserscheinungen ein, so kann die Kur
mit den üblichen Dosen durchgeführt werden[1]). Versuche, eine derartige Allergie durch den Läppchentest festzustellen, fielen bisher stets negativ aus[1]).

*Piperazin* in Form von Piperazinzitrat oder -adipat kann heute als Mittel
der Wahl zur Behandlung einer Askaridiasis angesehen werden. In den Fällen,
in denen man aus besonderen Gründen die Verwendung von Piperazinpräpa-
raten nicht für angebracht hält, wird man auf eins der älteren Mittel zurückgreifen müssen.

*Oleum Chenopodii anthelminthici*, das ab 1906 erneut in Europa als Spulwurmmittel eingeführt wurde[2]), wird man heute allerdings ganz vermeiden.
Seine anthelmintische Wirkung beruht auf dem zwischen 60 und 80% schwankenden Gehalt an *Ascaridol*, einem Cyclohexanperoxyd, das nur eine geringe
therapeutische Breite besitzt. Auch Ascaridol wendet man daher heute nur
noch dann an, wenn andere, harmlosere Mittel nicht zur Verfügung stehen.

Ascaridol wird seit 1943 auch synthetisch hergestellt[3]) und ist auch nach
Tierversuchen und in vitro vor allem für Spulwürmer giftig[4, 5]). Die Wirkung
gegen Hakenwürmer ist weniger ausgeprägt[6]).

Ascaridol ist zu 2% in Rizinusöl gelöst, außerdem aber auch unverdünnt in
Gelatinekapseln zu 0,1, 0,15 und 0,2 g pro Kapsel für Kinder und Erwachsene
im Handel. Während der Ascaridolkur ist Bettruhe einzuhalten. Die übliche
Dosis der 2prozentigen Ascaridollösung beträgt 25 ml für Erwachsene. Kinder
von 4–12 Jahren sollen 1,0 ml, ältere Kinder 1,25 ml pro Lebensjahr erhalten.
Die therapeutische Dosis wird morgens entweder auf einmal oder in zwei
gleichen Portionen im Abstand von $^1/_2$ Stunde eingenommen. Es ist unbedingt
notwendig, daß etwa $1^1/_2$ Stunden später nochmals 2 Eßlöffel voll Rizinusöl
oder 25–30 g Karlsbadersalz (in $^1/_4$–$^1/_2$ l warmem Wasser gelöst) eingenommen
werden. Da aber Ascaridol eine hemmende Wirkung auf die Darmperistaltik
ausübt[7]), müssen bei ungenügender Wirkung eventuell noch weitere Abführ-
mittelgaben und außerdem Darmeinläufe folgen.

Von den Kapseln mit 0,2 g Ascaridol sollen Erwachsene morgens nüchtern
1 Kapsel und $^1/_2$ Stunde danach 2 weitere Kapseln einnehmen. Etwa 1 Stunde
später folgt ein leichtes Frühstück und nach einer weiteren Stunde eine kräftige
Dosis eines zuverlässig und rasch wirkenden Abführmittels. Bei ungenügender
Wirkung muß mit erhöhter Dosis erneut abgeführt werden.

Kinder vom 2.–3. Lebensjahr erhalten morgens nüchtern 1 Kapsel zu 0,1 g
Kinder vom 4.–6. Lebensjahr morgens nüchtern 2 Kapseln zu 0,1 g, Kinder
vom 7.–10. Lebensjahr morgens nüchtern 3 Kapseln zu 0,1 g und Kinder vom
11.–14. Lebensjahr 4 Kapseln zu 0,1 g oder 3 Kapseln zu 0,15 g.

[1]) K. H. WEBER, Arch. Toxikol. *16*, 215 (1957).
[2]) H. BRÜNING, Z. exp. Path. Pharmakol. *3*, 564 (1906).
[3]) O. SCHENK, Naturwissenschaften *32*, 157 (1947); Süddeutsche Apotheker-Ztg. *88*, 3 (1948).
[4]) F. EICHHOLTZ und A. ERHARDT, Dtsch. Tropenmed. Z. *46*, 275 (1943).
[5]) H.-A. OELKERS und W. RATHJE, Arch. exp. Path. Pharmakol. *198*, 317 (1941).
[6]) F. EICHHOLTZ und A. ERHARDT, Dtsch. Tropenmed. Z. *46*, 275 (1942).
[7]) H.-A. OELKERS, Arch. exp. Path. Pharmakol. *195*, 315 (1940).

Die Mehrzahl der bekannt gewordenen *Vergiftungen* mit Ascaridol entstanden wie die mit Chenopodiumöl durch Überdosierung oder dadurch, daß das Abführmittel versagte oder ganz vergessen wurde. Blässe, Kopfschmerzen, Schwindelgefühl, Übelkeit und Brechreiz können aber auch bei lege artis durchgeführten Kuren als Nebenwirkungen auftreten, die allerdings bald wieder zu verschwinden pflegen.

Unangenehmer sind Ohrensausen und Schwerhörigkeit, die mehrere Tage oder sogar mehrere Wochen bestehen bleiben können[1]). Sie kommen häufiger vor, als man nach den relativ wenigen Mitteilungen in der Literatur schließen sollte, und sind als Zeichen einer besonderen Empfindlichkeit des N. acusticus gegenüber Ascaridol aufzufassen[2-4]).

Bei Vergiftungen durch Überdosierung treten Gehörstörungen meist frühzeitig und neben den bereits geschilderten Frühsymptomen auf. Benommenheit, motorische Unruhe, Hyperreflexie, tonische und klonische Zuckungen entwickeln sich im weiteren Verlauf, und der Tod kann nach verschieden langer Dauer im tiefen Koma durch Atemlähmung eintreten. Bei Patienten, die eine Chenopodiumöl- oder Ascaridolvergiftung überstanden haben, bleiben oft Störungen der Gehörfunktion als Dauerschädigung zurück.

Die Therapie der Vergiftung besteht in der Verabreichung von Tierkohle und mineralischen Abführmitteln – unter Umständen nach vorheriger Magenspülung – und symptomatischer Bekämpfung der verschiedenen Vergiftungszeichen.

OH

OH

$CH_2(CH_2)_4CH_3$

Hexylresorcin

*Hexylresorcin* (1,3-Dioxy-4-n-hexylbenzol) ist wie Ascaridol vor allem ein Spulwurmmittel[5]). Die Wirkung auf Hakenwürmer ist relativ schwach[6]). Die Eignung des Hexylresorcins, das zeitweilig als Harnantisepticum gedient hat[7]), zum Wurmmittel wurde durch Versuche an Spulwürmern in vitro und bei den daraufhin durchgeführten Behandlungen wurmkranker Hunde erkannt[8-10]). Obwohl die schwach rosa gefärbte, kristalline Substanz verhältnis-

[1]) R. MAURER, Dtsch. med. Wschr. *80*, 1501 (1955).

[2]) A. RIFF, Presse méd. *29*, 534 (1921).

[3]) N. OKA, Jap. med. Soc. Trans. IV, Pharmacol. *3*, 201 (1929).

[4]) A. JUULU und G. VRAA JEMSEN, Acta Pharmacol. Toxicol. *3*, 51 (1947).

[5]) F. EICHHOLTZ und A. ERHARDT, Dtsch. Tropenmed. Z. *46*, 275 (1942).

[6]) M. T. HOEKENGA, Amer. J. trop. Med. *5*, 529 (1956).

[7]) V. LEONARD, J. Amer. med. Ass. *83*, 2005 (1924); Lancet *1925*, I, 448.

[8]) P. D. LAMSON, C. B. WARD und H. W. BROWN, Proc. Soc. exp. Biol. Med. *27*, 1017 (1930).

[9]) P. D. LAMSON, H. W. BROWN und B. H. ROBBINS, Amer. J. Hyg. *13*, 803 (1931).

[10]) P. D. LAMSON, H. W. BROWN und C. B. WARD, J. Pharmacol. *53*, 198 (1935).

mäßig gut wasserlöslich ist (zu etwa 0,1%), wird nur $^1/_3$ der oral gegebenen Hexylresorcindosis im Magen-Darm-Kanal resorbiert[1]). Rund $^2/_3$ jeder Dosis werden in den Faeces wiedergefunden, trotzdem ist aber die Wirkung auf Oxyuren und Trichuren und *Strongyloides stercoralis* beim Menschen nicht ausreichend[2]).

Hexylresorcin hat vor Chenopodiumöl und Ascaridol den großen Vorteil der wesentlich geringeren resorptiven Giftigkeit ($LD_{50}$ für Mäuse bei oraler Verabfolgung in Öl gelöst 0,6 g/kg). Nachteilig ist die starke lokale Reizwirkung der Substanz, die in vielen Fällen zu heftigen Magenschmerzen mit starker Übelkeit, Erbrechen und unter Umständen sogar zu kollapsartigen Zuständen führen kann. Die Verabreichung in gehärteten Gelatinekapseln (Caprocols®, Geloverm®) mit je 0,2 oder je 0,5 g Hexylresorcin oder in Form von Dragées zu 0,1 g, die mit einem magenunlöslichen Überzug versehen sind (Krystoids®, Asarin®), schützt nicht immer vor derartigen Nebenwirkungen.

Es ist ratsam, über die von FAUST angegebenen Dosen auch bei Verwendung gegen Ancylostomiasis nicht hinauszugehen. Hiernach erhalten Erwachsene und ältere Kinder 1,0 g (2 Kapseln zu je 0,5 oder 10 Dragées zu 0,1g), Kinder zwischen 6 und 10 Jahren 0,8 g (8 Dragées zu 0,1 g) und Kinder unter 6 Jahren 0,1 g (1 Dragée) auf einmal. Nach 2 Stunden muß Rizinusöl oder ein anderes salinisches Abführmittel gegeben werden.

*Thymol* wurde zeitweilig als leidlich befriedigendes Mittel gegen Spul- und Hakenwürmer vor allem in den Tropen gebraucht[3]). Die Dosen, die zu Kuren empfohlen wurden, betragen fünfmal 1,0 g oder zweimal 2,0 g oder dreimal 1,8 g (Frauen 1,5 g), die im Abstand von 2 Stunden und zweckmäßig in Gelatinekapseln eingegeben werden[4, 5]). Etwa 2 Stunden nach der letzten Thymoldosis wird ein rasch wirkendes Abführmittel (Rizinusöl oder Karlsbadersalz) verabfolgt.

Bei der Höhe der Dosen ist es nicht verwunderlich, daß trotz der geringen Giftigkeit des Thymols als Nebenwirkungen Magenschmerzen, Diarrhoe, Kopfschmerzen, Schwindel, Schläfrigkeit, gelegentlich aber auch Kollapssymptome und in 2% der Fälle eine leichte Albuminurie nicht ganz selten beobachtet worden sind. Immerhin gehört aber Thymol zu den relativ ungefährlichen Mitteln, mit denen zumindest eine erhebliche Abnahme der Zahl der Spulwürmer oder Hakenwürmer bei den Patienten erreicht werden kann[6]).

Bei *Trichostrongyloidose* wurde Thymol in Dosen von 0,25 bis 1,0 g (in Oblaten) dreimal am Tag 1 Stunde vor dem Essen (damit der Zwölffingerdarm in konzentrierter Form erreicht wird) mit 1–1$^1/_2$ Glas heißem Wasser 7 Tage lang und nach einer Pause von 8 Tagen noch mehrmals je 7 Tage hindurch mit angeblich gutem Erfolg gegeben[7]). Wirkungsvoller dürfte die Behandlung mit Piperazinadipat sein (vgl. Seite 224).

---

[1]) B. H. ROBBINS, J. Pharmacol. *43*, 325 (1931).
[2]) M. T. HOEKENGA, Amer. J. trop. Med. *5*, 529 (1956).
[3]) W. SCHÜFFNER und H. VERWOORT, Münchn. med. Wschr. *60*, 129 (1913).
[4]) W. SCHÜFFNER, Arch. Schiffs- Tropenhyg. *30*, 543 (1926).
[5]) N. BURTON, J. trop. Med. Hyg. *15*, II (1911).
[6]) CH. LANE, Lancet *1940*, II, 349.
[7]) E. A. MELIK-GULNAZARIAN und N. N. KOSTANIAN, Münchn. med. Wschr. *98*, 1424 (1956).

Als *Kontraindikationen* für Thymol werden Leber- und Nierenschädigungen, stärkere Kachexie oder das Vorliegen einer Dysenterie genannt.

*Tetrachloräthylen* oder Perchloräthylen ($CCl_2=CCl_2$) wird seit 1925 anstelle von Tetrachlorkohlenstoff als Hakenwurmmittel empfohlen[1]) und mit dieser Indikation auch heute noch viel gebraucht. In der Tat fehlt dem Tetrachloräthylen nach allen Untersuchern die hochgradige Lebergiftigkeit des Tetrachlorkohlenstoffs[2]).

Die farblose, chloroformähnlich riechende, nicht brennbare Flüssigkeit, deren spezifisches Gewicht 1,553 beträgt, löst sich in Wasser von 25° nur zu 0,04%. Trotzdem scheint die *Resorption* im Magen-Darm-Kanal verhältnismäßig rasch zu beginnen. Bereits 5–10 Minuten nach der Verabfolgung toxischer Dosen zeigten sich bei Tierversuchen Zeichen einer narkotischen Wirkung[3]). Der Tod allerdings erfolgt ähnlich wie bei Parallelversuchen mit Tetrachlorkohlenstoff nach der Eingabe der mittleren letalen Dosis erst nach mehreren Tagen[3]). Indessen wird von verschiedenen Untersuchern übereinstimmend angegeben, daß nach toxischen Dosen Leberschädigungen in deutlich geringerem Grad auftreten als nach Tetrachlorkohlenstoff[2, 4–6]). Die Ausscheidung des resorbierten Tetrachloräthylens erfolgt anscheinend durch die Lungen[7]).

Die Ansichten über die *Dosierung* und die zweckmäßigste Kurform des Tetrachloräthylens haben sich in neuerer Zeit gewandelt. So galt es vor kurzem noch für richtig, kräftigen Erwachsenen 3,0 ml (4,6 g) und Kindern 0,18 bis 0,2 ml (0,28–0,31 g) pro Lebensjahr und anschließend ein kräftiges Abführmittel zu verabfolgen[8]). Hiermit sollen aber maximal nur 88% der vorhandenen Hakenwürmer abgetrieben werden[9]). Nur vereinzelt wurden bereits früher höhere Dosen (zum Beispiel 3,5–4,0 ml in 60 ml gesättigter Natrium- oder Magnesiumsulfatlösung emulgiert) empfohlen[10]).

Seit einigen Jahren dosiert man nicht nur höher (4,0–5,0 ml), sondern empfiehlt außerdem, das Abführmittel, das bisher zur Vermeidung der resorptiven Vergiftung für unbedingt erforderlich gehalten wurde, fortzulassen. Die bis dahin häufigen Nebenwirkungen (Magenbeschwerden, Benommenheit, Kopfschmerz, Exzitation) sollen eigenartigerweise seitdem fast ganz verschwunden sein[11–13]). Das Behandlungsergebnis soll bei dieser Kurform ebenfalls besser sein

[1]) M. C. Hall und J. E. Shillinger, Amer. J. trop. Med. *5*, 229 (1925).

[2]) S. M. Lambert, J. Amer. med. Ass. *100*, 247 (1933).

[3]) H.-A. Oelkers, Münchn. med. Wschr. *1940*, 1026.

[4]) N. S. Schlingmann, J. Amer. vet. med. Ass. *68*, 741 (1926); *75*, 74 (1929).

[5]) B. V. Christensen und H. J. Lynch, J. Pharmacol. *48*, 311 (1933).

[6]) S. A. Lewine, Vet. Med. *33*, 171 (1938).

[7]) B. H. Robbins, J. Pharmacol. exp. Therap. *37*, 203 (1929).

[8]) E. A. Melik-Gulnazarian und N. N. Kostanian, Münchn. med. Wschr. *98*, 1424 (1956).

[9]) S. B. Pessoa und H. Pascal, Trop. Dis. Bull. *39*, 473 (1939).

[10]) H. Braun, *Parasitische Würmer als Krankheitsursachen* (Wissenschaftliche Verlagsgesellschaft, Stuttgart 1942).

[11]) P. Carr, M. E. Pichardo Sarda und N. Aude Nunez, Amer. J. trop. Med. *3*, 495 (1954).

[12]) C. Saenz, E. Cordero, M. E. Calvo, C. Lizano, J. Arguedas und M. E. Chavarria, Rev. biol. trop. *3*, 135 (1955).

[13]) A. R. Pinto, F. C. Costa, L. V. De Meira und J. P. Viana, Amer. J. trop. Med. *5*, 739 (1956).

und 100% erreichen, wenn man die Eingabe des Präparates nötigenfalls mehrmals in Abständen von 4 Tagen wiederholt[1-3]).

Diese Dosen erscheinen sehr hoch, zumal ein Todesfall 24 Stunden nach der Einnahme von nur 3,0 ml Tetrachlorkohlenstoff (in Natriumsulfatlösung emulgiert) beschrieben worden ist[4]). Bei der Sektion wurden nur Zeichen einer schweren hämorrhagischen Gastritis festgestellt. Die leider nur makroskopisch untersuchte Leber war klein, blaß und weich. Der Befund eines vermehrten Urobilin- und Urobilinogengehaltes im Urin nach Hakenwurmkuren mit Tetrachloräthylen bei 9 von 20 Patienten spricht jedenfalls dafür, daß auch Tetrachloräthylen eine gewisse Giftwirkung auf die Leber ausübt[5]).

Bei Askaridiasis gilt Tetrachloräthylen als kontraindiziert, da es die Parasiten zu Wanderungen zum Beispiel in die Gallenblase oder den D. pancreaticus und zu Verknäuelungen im Darm veranlassen soll. In der Veterinärmedizin wird es allerdings gelegentlich zu Spulwurmkuren herangezogen.

*Keratinspaltende Fermentpräparate* wurden auf Grund der Feststellung, daß der in Mittelamerika in der Volksmedizin als Wurmmittel gebrauchte Saft bestimmter Ficusarten (Lèche de Higuéron) ein hochaktives eiweißspaltendes Ferment ,*Ficin*' enthält, als Spulwurm- und Madenwurm-, aber auch als Peitschenwurmmittel empfohlen. Bei den seit 1950 in Deutschland entwickelten Präparaten Nematolyt® und Vermicym® handelt es sich um aktiviertes *Papain*, ein aus *Carica Papaya* L. (Melonenbaum) gewonnenes Enzym, das auch keratinartige Eiweißkörper aufzuspalten vermag.

Untersuchungen in vitro zeigten[6-8]), daß Spulwürmer durch 1–2prozentige Fermentpulveraufschwemmungen nach kurzer Zeit angedaut, getötet und schließlich ganz verdaut werden. Die cuticulazerstörende Wirkung des aktivierten Papains konnte auch nach Spulwurmkuren beim Menschen wiederholt beobachtet werden, wenn durch rechtzeitige Verabfolgung eines geeigneten Abführmittels für den schnellen Abgang angedauter Askariden gesorgt wurde[9,10]).

Außer gegen Spulwürmer wurden die Fermentpräparate auch gegen Maden-[11,12]) und Peitschenwürmer[9,10]), gelegentlich aber auch gegen Hakenwürmer empfohlen[13]). Eigenartigerweise wird eine Wirkung gegen Bandwürmer vermißt[14]), obwohl in vitro Taenien ebenso wie Leberegel im toten wie im

[1]) P. Carr, M. E. Pichardo Sarda und N. Aude Nunez, Amer. J. trop. Med. *3*, 495 (1954).
[2]) C. Saenz, E. Cordero, M. E. Calvo, C. Lizano, J. Arguedas und M. E. Chavarria, Rev. biol. trop. *3*, 135 (1955).
[3]) A. R. Pinto, F. C. Costa, L. V. De Meira und J. P. Viana, Amer. J. trop. Med. *5*, 737 (1956).
[4]) R. N. Chandhuri und A. K. Mukerji, Ind. med. Gaz. *1947*, 115.
[5]) T. Baba, K. Nagata und T. Aizawa, Gumma J. med. Sci. *5*, 281 (1956).
[6]) R. Ammon, Pharmazie *5*, 57 (1950); Dtsch. Apotheker-Ztg. *91*, 55 (1951).
[7]) R. Ammon und M. Debusmann-Morgenroth, Med. Mschr. *7*, 705 (1953).
[8]) H. Mendelheim, G. Scheid und W. Rudofsky, Ärztl. Forschg. *7*, 552 (1953).
[9]) H. Bohn, H. Fedtke und P. Ortmann, Neue med. Welt *1950*, 858.
[10]) G. Scheid und H. Mendheim, Medizinische *1953*, 225.
[11]) J. B. Mayer, Therapiewoche *3*, 275 (1952/53).
[12]) H. Weise, Med. Klinik *45*, 1096 (1950).
[13]) M. T. Hoekenga, Amer. J. trop. Med. *5*, 529 (1956).
[14]) G. Scheid, Med. Klin. *51*, 467 (1956).

lebenden Zustand durch aktiviertes Papain rasch verdaut werden[1]). Das Versagen des aktivierten Papains bei der Bandwurminfektion könnte allerdings auf einem die Fermentwirkung hemmenden Effekt der Galle[2]) beruhen. ·

In neuerer Zeit fehlt es nicht an Autoren, die über eine unsichere bzw. nur sehr schwache Wirkung der Fermentpräparate berichten[3-9]). Auch die Wirkung des Ficins scheint überschätzt worden zu sein[10]). Hierbei sei erwähnt, daß bei Tierversuchen weder die Kaninchenoxyuriasis noch die Askaridiasis der Katze mit unschädlichen Dosen der Fermentpräparate geheilt werden können[11]). Auch die Mäuseoxyuriasis ließ sich durch aktiviertes Papain nicht beeinflussen[12]). Möglicherweise liegt die oft unzureichende Wirkung des Präparates daran, daß Papain durch Nahrungsbestandteile (und die Darmschleimhaut?) gebunden und so von den Parasiten abgelenkt wird.

Auch scheinen Gallebestandteile eine starke hemmende Wirkung ausüben zu können[2]). Schließlich ist daran zu denken, daß die Parasiten in vitro nach kurzer Einwirkung der Fermentpräparate in einen deutlichen Erregungszustand geraten. In vivo dürfte das auch der Fall sein, so daß die Parasiten gleich nach der Berührung mit dem Ferment Versuche machen werden, sich der weiteren Einwirkung durch die Flucht in andere Darmabschnitte zu entziehen.

Die Wirkung der Fermentpräparate soll sich den theoretischen Erwartungen entsprechend auf alle Darmhelminthen erstrecken, zumindest aber auf alle Nematoden. In der Praxis haben sich diese Erwartungen allerdings nicht bzw. nur zum Teil erfüllt, denn wie berichtet, konnten bei diesen Wurminfektionen aus bisher ungeklärter Ursache Teilerfolge nur bei Ascaridiasis, Trichuriasis und Enterobiasis erzielt werden.

Wesentlich zuverlässiger ist nach den bisher vorliegenden Untersuchungen ein erst seit 1957 empfohlenes Mittel, das *Dithiazanin*, ein Cyaninfarbstoff, dem erstmalig die Bezeichnung *Breitband-Anthelminthicum* zugelegt werden konnte.

*Dithiazanin*
3,3'-Diäthyl-thiodicarbocyanin-jodid

[1]) H.-A. OELKERS, Ärztl. Forschg. *9*, 259 (1955).
[2]) R. AMMON, Med. Klinik *51*, 463 (1956).
[3]) W. GOETERS, Med. Klinik *51*, 462 (1956).
[4]) H. WEISE, Med. Klinik *51*, 463 (1956).
[5]) W. MOHR, Med. Klinik *51*, 466 (1956).
[6]) J. B. MAYER und H. KREMMER, Med. Klinik *51*, 466 (1956).
[7]) Z. PAWLOWSKI und A. RYDZEWASKI, Windomosoi Parazyt., 2. Suppl. *5*, 139 (1954).
[8]) M. T. HOEKENGA, Amer. J. trop. Med. *5*, 529 (1956).
[9]) TH. S. BUMBALO, Current Therap. *1957*, 20.
[10]) M. T. HOEKENGA, Amer. J. trop. Med. *5*, 529 (1956).
[11]) A. ERHARDT, Arzneimittelforschung *1*, 220 (1951); Therapiewoche *1953*, 280.
[12]) H. A. OELKERS, Arzneimittelforschung *8*, 717 (1958).

Dithiazanin ist ein blaues Pulver, das sich nur wenig in Wasser löst. Bei peroraler Verabfolgung erscheint der Farbstoff fast quantitativ im Stuhl, so daß also nur Spuren während der Magen-Darm-Passage resorbiert werden.

Tierversuche zeigten die erstaunlich gute anthelminthische Wirkung von Dithiazanin, das bei Eingabe per os nur eine sehr geringe Toxizität für den Säugetierorganismus besitzt[1]). Erhielten Mäuse den Farbstoff zu 0,01% für 7 Tage zum Futter zugesetzt, so reichte dies aus, um die Tiere von den sonst so therapieresistenten Oxyuren (*Syphacia obvelata* und *Aspiculuris tetraptera*) zu befreien.

Stark verwurmte Hunde, die 3 Monate hindurch 2mal 5 oder 10 mg/kg/Tag in Kapseln erhalten hatten, waren am Versuchsende von den Spulwürmern, Hakenwürmern und Peitschenwürmern restlos befreit. Die Hunde zeigten während der Versuchszeit keine gesundheitlichen Störungen. Nach ihrer Tötung am Ende der Versuche ergab die histologische Untersuchung der inneren Organe nichts Pathologisches.

Ähnlich verliefen Versuche an Katzen, die 10 mg/kg/Tag 1 Woche hindurch erhielten. Nach dieser Zeit schieden die Tiere keine Spulwurm- oder Hakenwurmeier mehr in den Faeces aus, die übrigens ebenso wie bei den Versuchen an Mäusen und Hunden bald nach Beginn der Behandlung eine blaue Farbe annahmen.

Besonders gut war das Ergebnis von Heilversuchen mit Dithiazanin bei der Zwergfadenwurminfektion der Ratte (*Strongyloides ratti*). Bereits nach 3 Tagen der Behandlung mit zwei oralen Dosen von je 10 mg Dithiazanin pro Tag waren gewöhnlich die erwachsenen Würmer sowie die Wurmlarven und -eier aus den Faeces verschwunden[2]). Zur rezidivfreien Heilung der Tiere scheint allerdings eine Behandlungsdauer von 5 Tagen notwendig zu sein.

Wie bereits früher erwähnt (vgl. Seite 165), haben mehrere *Cyaninfarbstoffe* auch bei der Filariasis der Baumwollratte einen deutlichen chemotherapeutischen Effekt gezeigt. Hierbei scheint eine Hemmung der Sauerstoffaufnahme der erwachsenen Filarien bereits durch sehr niedrige Farbstoffkonzentrationen eine Rolle zu spielen[3]). Versuche an *Trichuris vulpis* zeigten nun, daß eine irreversible Hemmung des anaeroben Kohlehydratstoffwechsels bei kurzdauernder Einwirkung von nur $50\,\gamma$ des Farbstoffs pro Milliliter Nährflüssigkeit auftritt. Die Wirkung von Dithiazanin auf die verschiedenen Darmhelminthen scheint mithin auf dem Weg über eine Hemmung ihres Kohlehydratstoffwechsels vor sich zu gehen[4]). Hierdurch erklärt sich auch, daß eine mehrtägige Einwirkung des Farbstoffs zur Behandlung der verschiedenen Nematodeninfektionen notwendig ist.

Die bisher beim Menschen vorliegenden Behandlungsergebnisse entsprechen den Befunden im Tierversuch weitgehend. Dithiazanin erwies sich als sicher wirkendes Mittel bei *Ascaridiasis*, *Enterobiasis*, *Trichuriasis* und auch bei der

1) M. C. McCowen, M. E. Lallender und M. C. Brandt, Amer. J. trop. Med. 6, 894 (1957).
2) E. Bueding, Ann. N. Y. Acad. Sci. 51, 115 (1948).
3) E. Bueding, J. exp. Med. 89, 107 (1949).
4) E. Bueding und Cl. Swartzwelder, Pharmacol. Rev. 9, 329 (1957).

bisher kaum zu beeinflussenden *Strongyloidiasis*[1, 2]. Von 18 Patienten, die an einer schweren Strongyloidiasis litten, konnten 16 (89%) durch den Farbstoff geheilt werden[2].

Bei *Ancylostomiasis* (*Necator americanus*) war auch durch eine intensive Behandlung (3mal täglich 200 mg in magenunlöslichen Tabletten 21 Tage hindurch) nur eine zum Teil sehr deutliche Verminderung der Wurmeierausscheidung im Stuhl, jedoch in keinem Fall eine Heilung zu erreichen[1]. Dies soll jedoch verhältnismäßig leicht durch eine abschließende Behandlung mit Tetrachloräthylen (zum Beispiel je 1,0 g Tetrachloräthylen + 0,6 g Dithiazanin an 3 weiteren Tagen hintereinander) gelingen[1].

Nach den bisher vorliegenden Erfahrungen am Menschen[1, 2]) wird empfohlen, Erwachsenen 3mal täglich je 200 mg in Tabletten mit magenunlöslichem Überzug zu geben. Kinder erhalten entsprechend weniger (insgesamt 40 mg/kg/Tag). Während bei *Ascaridiasis*, *Enterobiasis* und *Trichuriasis* eine Behandlungsdauer von 5 Tagen zur Heilung auszureichen pflegt, muß die Eingabe des Mittels bei *Strongyloidiasis* unter Umständen bis zu 21 Tagen fortgesetzt werden.

Die *Nebenwirkungen* des Dithiazanins sind nach den bisher vorliegenden Beobachtungen gering und beschränken sich auf gelegentliches Vorkommen von Magenschmerzen, Übelkeit, Erbrechen und Diarrhoen. Alle diese Erscheinungen pflegten aber im Verlauf der Behandlung wieder zu verschwinden. Es war infolgedessen nicht notwendig, die Kuren zu unterbrechen, obwohl sich ein nicht geringer Prozentsatz der Patienten infolge von Anämie oder chronischer Unterernährung zu Beginn der Kur in einem schlechten Allgemeinzustand befand. Auch bei Schwangeren konnte die Behandlung mit Dithiazanin komplikationslos durchgeführt werden. Bei systematischen Blut- und Harnuntersuchungen während und nach Dithiazaninkuren konnten keine schädlichen Wirkungen des Farbstoffes nachgewiesen werden.

*Pyrviniumchlorid* ist ein weiterer Cyaninfarbstoff, der starke anthelminthische Eigenschaften besitzt. Er wird ebenfalls vom Magen-Darm-Kanal aus kaum resorbiert[3]. Pyrviniumchlorid wird unter dem Namen VANQUIN® und POQUIL® als Madenwurmmittel empfohlen. Die Wirkung soll bei 5- bis 8tägigen Kuren gut sein[4-6].

*p-Isopropylbromkresol* (VERMELLA®) wurde bereits als Bandwurm- und Darmegelmittel kurz besprochen (Seite 201). Es wurde ebenfalls als Breitbandanthelminthicum bezeichnet[7]. Die zu etwa 30 bis 35 mg% in Wasser sowie

[1]) J. C. Swartzwelder, W. W. Frye, J. P. Muhlheisen, J. H. Miller, R. Lampert, A. P. Chavarria, St. H. Abadie, S. O. Anthony und R. W. Sappenfield, J. Amer. med. Ass. *165*, 2063 (1957).

[2]) J. C. Swartzwelder, J. P. Muhleisen, S. H. Abadie, W. W. Frye, C. A. Jones, P. E. Robertson und J. F. Hebert, Arch. int. Med. (1958), im Druck.

[3]) D. H. Hales und A. D. Welch, J. Pharmacol. *107*, 310 (1953).

[4]) W. G. Sawitz und F. E. Karpinski, Amer. J. trop. Med. *5*, 538 (1956).

[5]) A. Royer, Canad. med. Ass. *74*, 297 (1956).

[6]) H. D. Kautz, J. Amer. med. Ass. *163*, 1481 (1957).

[7]) H.-W. Ocklitz, H. Kupatz und W. Oldorf, Ther. d. Gegenw. *97*, 94 (1958).

gut in Alkohol, Erdnuß- oder Olivenöl lösliche, farblose, kristalline Verbindung, die cymolähnlich riecht und schmeckt, fiel bei vergleichenden Versuchen an verschiedenen Würmern (Enchyträen, Spulwürmern vom Schwein und Pferd, Enterobien, Leberegel) in vitro durch eine besonders hohe Wurmgiftigkeit auf. Hierbei war bemerkenswert, daß Würmer bereits in Konzentrationen, die zur raschen Abtötung noch nicht ausreichten, irreversibel geschädigt und

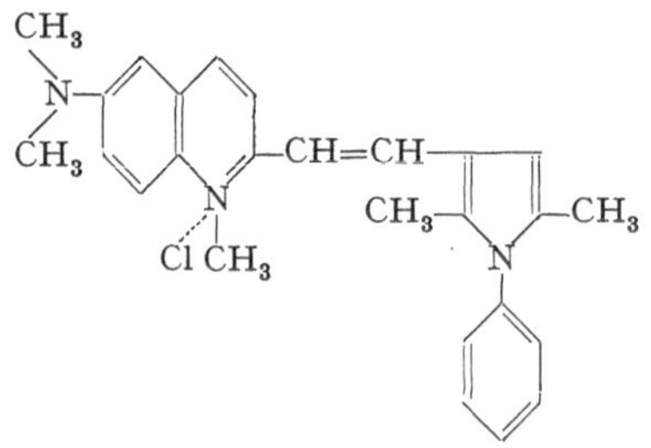

*Pyrviniumchlorid*
6-Dimethylamino-2-[2-(2,5-dimethyl-1-phenyl-3-pyrryl)-vinyl]-1-methyl-
chinolinchloriddihydrat

nach einer Latenzzeit von unter Umständen mehreren Tagen getötet wurden. Das war auch dann der Fall, wenn die Würmer bei Versuchen mit etwas höheren Wirkstoffkonzentrationen nach Eintritt einer leichten Lähmung in reine Ringer-Lösung bzw. in reines Wasser übergeführt wurden, worin sie sich vorübergehend erholten[1]).

Die meisten als Anthelminthica gebrauchten Verbindungen lähmen im Gegensatz hierzu auch bei längerer Einwirkung relativ hoher Konzentrationen nur reversibel. Ferner werden von diesen Stoffen Konzentrationen, die nicht in wenigen Stunden zur Lähmung führen, tagelang symptomlos vertragen[2]). Die große Giftigkeit für Würmer schlechthin zeigt sich schließlich auch darin, daß die sehr widerstandsfähigen Larven von *Enterobius vermicularis* durch die Verbindung gelähmt und abgetötet werden konnten[3]).

Weitere Versuche zeigten, daß die Verbindung für den Säugetierorganismus nur wenig giftig ist, da die $LD_{50}$ für Hunde, Kaninchen, Meerschweinchen und Mäuse bei oraler Eingabe in 10–20prozentigen Lösungen (in Erdnuß- oder Olivenöl) 1,2–1,5 g pro Kilogramm betrug[4, 5]). Die Verbindung wurde ferner, in Dosen von 0,5–0,6 g/kg mehrere Tage hintereinander oral verabfolgt, symptomlos vertragen[4, 5]).

Orientierende Versuche an Hunden und Katzen zeigten, daß bereits einmalige Gaben von 0,05–0,1 g/kg p-Isopropylbromkresol zum restlosen Abgang

---

[1]) H.-A. OELKERS, Ärztl. Forschung *5*, 139 (1951).
[2]) H.-A. OELKERS, Pharmazeutische Zentralhalle *90*, 188 (1951).
[3]) H.-A. OELKERS, Z. Parasitenkunde *14*, 574 (1950).
[4]) H.-A. OELKERS, *Pharmakologische Grundlagen der Behandlung von Wurmkrankheiten*, 3. Aufl. (S.-Hirzel-Verlag, Leipzig 1950), S. 88.
[5]) H. A. OELKERS, Arzneimittelforschung *8*, 717 (1958).

von Spulwürmern ausreichten. Zur Heilung der Mäuseoxyuriasis waren allerdings bei einmaliger oraler Verabfolgung 0,8–1,0 g/kg erforderlich. Wurde p-Isopropylbromkresol dreimal in Abständen von 10–12 Stunden eingegeben, so genügten 0,3 g/kg als kleinste Einzeldosis zur Heilung der Infektion. Da die Oxyureninfektion der Maus nur schwer chemotherapeutisch zu beeinflussen ist – mit gut vertragenen Dosen gelingt das außer mit p-Isopropylbromkresol nach eigenen bisherigen Erfahrungen nur noch mit Piperazinsalzen –, erscheint das Ergebnis auffällig günstig.

Die ersten Erfahrungen mit p-Isopropylbromkresol, das unter dem Namen VERMELLA in Form von Dragées, Kapseln und als Granulat im Handel ist, betrafen vor allen Dingen die *Enterobiasis* und *Ascaridiasis*[1-3]. Die gute Wirkung bei Taeniasis, die als Nebenbefund bei Mäusen und Katzen bemerkt worden war, konnte auch beim Menschen frühzeitig festgestellt werden (vgl. Seite 201). Relativ spät erst fiel bei Verwendung des Präparates in tropischen Ländern auf, daß auch *Haken-* und *Peitschenwürmer* durch VERMELLA abgetrieben werden können[4-8].

Im allgemeinen wurde bei den in den Tropen so häufig vorkommenden Mehrfachinfektionen festgestellt, daß Hakenwürmer verhältnismäßig leicht, Peitschenwürmer dagegen deutlich schwerer abzutreiben sind, so daß von manchen Autoren höhere Dosen, als ursprünglich vorgesehen, gegeben werden mußten, um die Patienten von allen Darmhelminthen zu befreien[6-8]. Die verhältnismäßig hohe Resistenz von Trichuren und Askariden wurde kürzlich auch bei der Behandlung von 100 Kindern, bei denen zum Teil Mischinfektionen vorlagen, bestätigt. Durch Zusammendrängen der ursprünglich für $1^1/_2$ Tage vorgesehenen Dosen auf einen Vormittag wird die Wirkung anscheinend erheblich gesteigert[9].

*Nebenwirkungen* treten bei Kuren mit p-Isopropylbromkresol nur sehr selten auf. Sie bestehen dann gewöhnlich in leichter Übelkeit und geringem Magendrücken. Auch von kachektischen und stark anämischen Personen wurde das Präparat gut vertragen, ohne daß Unverträglichkeitserscheinungen auftraten.

Bei den Kuren mit VERMELLA empfiehlt es sich nach mehreren Autoren, die 20 Dragées einer Packung morgens nüchtern in 4 Portionen zu je 5 Dragées in Abständen von 1–2 Stunden einzunehmen. Kinder von 10–14 Jahren erhalten 5 Dosen zu je 4 Dragées in Abständen von $1^1/_2$–2 Stunden, Kinder von 8–10 Jahren einmal 4 und 4mal 3 Dragées, von 6–8 Jahren 2mal 3, 2mal 2 und einmal 3 Dragées, von 4–6 Jahren 2mal 2, 2mal 1 und einmal 2 Dragées. Kleinere

[1] H. HENCK, Fortschr. Medizin *69*, 169 (1951).
[2] H. MEISEL, Medizinische *1952*, 1199.
[3] H. KIENINGER, Ärztl. Praxis *1953*, Nr. 19.
[4] H. GERLACH, Fortschr. Medizin *73*, 317 (1955).
[5] H. KIRCHMAIR, Med. Klinik *50*, 1333 (1955).
[6] P. H. THIERFELDER, Fortschr. Medizin *74*, 558 (1956).
[7] S. P. ELBERS, Med. Klinik *51*, 1074 (1956).
[8] H. UDERSTADT, Medizinische *1958*, 690.
[9] H.-W. OECKLITZ, H. KUPATZ und W. OLDORF, Ther. d. Gegenw. *97*, 94 (1958).

Kinder (2–4 Jahre) erhalten 2mal 3 und 2mal 2 Teelöffel voll Granulat. Mit der letzten Dragée- bzw. Granulatportion soll ein pflanzliches Laxans verabfolgt werden. Es wird empfohlen, am Abend vor der Kur für eine kräftige Darmentleerung zu sorgen[1]). Ferner soll am Vortag knapp und schlackenarm gegessen werden. Im Verlauf der Kur können etwas Tee und gelegentlich etwas Zwieback gereicht werden.

Neben diesen modernen Breitbandanthelminthica, deren Wirkung auf fast alle Darmhelminthen gerichtet ist, finden auch heute noch mehrere Mittel Anwendung, die ausschließlich bei *Enterobiasis* wirksam sind. Hiervon waren zeitweilig die *Pararosanilinfarbstoffe Gentianaviolett* und *Kristallviolett* besonders geschätzt. In vitro sind beide Farbstoffe für Enchyträen und in etwas geringerem Grade auch für *Enterobius vermicularis* verhältnismäßig giftig. Sie entsprechen hier im kurzfristigen Versuch etwa dem Thymol. Bei mehrtägiger Einwirkung schädigen die Farbstoffe allerdings diese Würmer noch in erheblich geringeren Konzentrationen und führen unter Anfärbung zu ihrer irreversiblen Lähmung. Schweinespulwürmer sind auffällig resistent und vertragen auch von dem für Würmer deutlich giftigeren Kristallviolett hohe Konzentrationen ohne erkennbare Schädigung[2]).

Den Versuchen in vitro entsprechend, konnte bei den Oxyureninfektionen der Maus[3]) und des Kaninchens[4]), dagegen nicht bei der Spulwurminfektion der Katze ein chemotherapeutischer Effekt vor allem mit Kristallviolett beobachtet werden, das in vitro fast doppelt so giftig für Würmer ist wie Gentianaviolett. Allerdings waren hohe Dosen zur Heilung der Kaninchenoxyuriasis erforderlich, die unter Umständen bereits tödlich für die Tiere wirkten[4]). Bei den Versuchen an Mäusen mußte der Farbstoff anal 8 Tage lang hintereinander appliziert werden. Oral gegeben, ließ sich durch den Farbstoff die Mäuseoxyuriasis nicht heilen[3, 4]).

Brock und Erhardt schlugen vor, die wasserunlösliche Carbinolbase des Kristallvioletts als Oxyurenmittel zu benutzen. Sie entsteht aus dem Chlorhydrat des Hexamethylpararosanilins bei Laugeneinwirkung. Um zu verhindern, daß sich der Farbstoff im Magen bei Vorhandensein von Salzsäure erneut bildet und dann bereits zu Beginn der Darmpassage zu einem Teil resorbiert wird, muß die Carbinolbase in Form von Aufschwemmungen mittels Duodenalsonde (im Tierversuch) oder in Form von Dragées mit in saurem Milieu unlöslichem Überzug (Atrimon®) eingegeben werden[4]).

Im Dünndarm bildet sich dann langsam wieder der Farbstoff und gelangt so in verhältnismäßig konzentrierter Form an die Parasiten heran. Die Ergebnisse bei der Kaninchenoxyuriasis entsprachen den theoretischen Erwartungen, so daß ein chemotherapeutischer Index $DL_5/DC_{95}$ von 4,05 gefunden wurde[4]).

---

[1]) H.-W. Oecklitz, H. Kupatz und W. Oldorf, Ther. d. Gegenw. *97*, 94 (1958).
[2]) H.-A. Oelkers, Ärztl. Forschung *5*, 139 (1951).
[3]) R. Deschiens, C. R. Séance Acad. Sci. *217*, 513 (1943).
[4]) N. Brock und A. Erhardt, Arzneimittelforschung *1*, 5 (1951).

Außer bei der Oxyuriasis wurden Parasanilinfarbstoffe auch bei verschiedenen anderen Wurminfektionen im Tierversuch geprüft. So scheint unter günstigen Bedingungen eine Abtötung der weiblichen Parasiten bei der Strongyloidose des Hundes (*Strongyloides stercoralis*) einzutreten[1]. Bei der Strongyloidose der Ratte (*Strongyloides ratti*) wirkte Gentianaviolett indessen selbst bei Eingabe bereits toxischer Dosen nicht ausreichend[2]. Dies entspricht beim Menschen auch klinischen Feststellungen, wonach die Larven mit den Farbstoffen nur vorübergehend aus dem Stuhl zum Verschwinden gebracht werden können[3, 4].

Unzuverlässig ist ferner die Wirkung der Gentianaviolettbehandlung bei verschiedenen Trematodeninfektionen (vgl. Seite 179). Es scheint, daß Gentianaviolett und Kristallviolett nur in toxischen Dosen eine gewisse, zur Heilung aber nicht ausreichende Wirkung haben. Die Farbstoffe wurden dabei teils per os, teils intravenös verabfolgt.

Von den sonstigen *pharmakologischen Eigenschaften* der Pararosanilinfarbstoffe ist die starke lokalreizende Wirkung hervorzuheben, die die Ursache der Magenbeschwerden bei oraler Einnahme ist. Am isolierten Meerschweinchendarm führten bereits Konzentrationen von $10^{-9}$ an nach kurzer Latenz zu einem Krampfzustand[5, 6]. Am nichtnarkotisierten Hund mit Mayo-Fistel und Registrierung der Darmtätigkeit mittels Ballonmethode verursachte die enterale Verabfolgung (Fistel) von 1 mg/kg Kristallviolett (0,5prozentige Lösung) einen mehrstündigen starken Krampfzustand. Bei i.v. Verabreichung kam es ab 2,5 mg/kg zur vorübergehenden Blutdrucksenkung. Erst insgesamt 25 mg/kg führten zum Atemstillstand.

Bei der Sektion der Tiere zeigten alle parenchymatösen Organe – dagegen nicht die Muskulatur – eine deutliche violette Farbe. Die Galle war extrem dunkelviolett gefärbt. Die Harnblase enthielt einen ziegel- bis kirschroten Harn, in dem Oxyhämoglobin und ein nicht identifizierter Farbstoff gefunden wurden. Die orale $LD_{50}$ beträgt vom Kristallviolett und ebenso vom Methylviolett $150 \pm 21$ mg/kg.

Die therapeutische Wirkung von Gentiana- und Kristallviolett bei der menschlichen Enterobiasis ist umstritten. Nicht wenige Autoren berichten, daß durch Eingabe von 60–65 mg dreimal pro Tag für eine Woche (Wiederholungskur nach einer weiteren Woche) bei Erwachsenen und 10 mg/Lebensjahr/Tag bei Kindern in Tabletten oder Dragées mit säurefestem Überzug in 90% der Fälle Heilung zu erzielen sei[7-9]. Die Farbstoffe galten noch vor wenigen Jahren als Mittel der Wahl bei der Enterobiasis[10].

[1] S. SAITER, Fukuoka Acta Med. *26*, 1587 (1933).
[2] A. ARREAZA-GUZMAN, *Contribution expérimentale à l'étude du traitement de la strongyloidose* (Paris 1935).
[3] R. WIGAND, Klin. Med. *128*, 308 (1935).
[4] R. JUNG und E. C. FAUST, Arch. int. Med. *98*, 495 (1956).
[5] H. W. WRIGHT und F. J. BRADY, J. Amer. med. Ass. *114*, 861 (1940).
[6] N. BROCK und A. ERHARDT, Arzneimittelforschung *1*, 5, 220, (1951); *2*, 224 (1952).
[7] J. S. D'ANTONIN, W. SAWITZ, Amer. J. trop. Med. *20*, 377 (1940).
[8] E. GLANZMANN, Schweiz med. Wschr. *74*, 225 (1944).
[9] D. C. BEAVER, R. C. JUNG, Bull. Tulane Med. *9*, 44 (1950).
[10] C. F. CRAIG und E. C. FAUST, *Clinical Parasitology* (J. Lea & Febiger, Philadelphia 1953).

Andere Autoren aber hatten bereits vor Jahren den Eindruck einer geringen Wirksamkeit[1, 2] oder meinten, daß lediglich die Carbinolbasen in Form von ATRIMON-Dragées therapeutisch befriedigen könnten[3].

Nebenwirkungen kommen nach den üblichen therapeutischen Dosen von Gentianaviolett oder Kristallviolett (Erwachsene 3–4mal 0,06 g/Tag, Kinder 3–4mal 0,01 g/Lebensjahr täglich für etwa 7 Tage, nach einer Woche Pause Wiederholung der Kur) recht häufig vor. Sie bestehen in Magenschmerzen, die sich bis zum Erbrechen steigern können, ferner in Leibschmerzen und Durchfällen. Da es sich hierbei um die lokalreizende Wirkung des Farbstoffs handelt, verschwinden sie beim Absetzen des Mittels rasch. Oft genügt dafür bereits eine Herabsetzung der Einzelgaben. Zweckmäßiger ist es, die Carbinolbasen der Farbstoffe, also zum Beispiel das Präparat ATRIMON zu verwenden. In manchen Fällen scheint es allerdings zum Auflösen der Dragées im Magen und damit dann ebenfalls zu Magenschmerzen zu kommen.

Als *resorptive Wirkungen* der Farbstoffe sind Mattigkeit, Kopfschmerzen und Schwindelgefühl zu deuten. Derartige Symptome finden sich indessen selten, obwohl nach den Tierversuchen ein nicht unbeträchtlicher Teil der Farbstoffe im Darm zur Resorption kommt. Gelegentlich wurde auf das Vorkommen von Leberschmerzen und erhöhten Urobilinogengehalt des Urins bei den Kuren mit Pararosanilinfarbstoffen hingewiesen.

*Egressin:* Der N-isoamylcarbaminsäure-3-methyl-6-isopropyl-phenylester ist unter dem Namen EGRESSIN ebenfalls zeitweilig als Madenwurmmittel gelobt worden. Der im Wasser kaum lösliche Ester (1:50000)[4, 5] wird im Magen-Darm-Kanal des Menschen und der Säugetiere nur in geringem Grade resorbiert und ist infolgedessen, per os gegeben, fast ungiftig. Katzen sollen oral bis zu 20 g/kg, Mäuse, Ratten, Meerschweinchen und Kaninchen 3–6 g/kg ohne Vergiftungszeichen vertragen. Bei der Kaninchenoxyuriasis (*Passalurus ambiguus*) wurde durch Eingabe von nur 0,1 g/kg bei den meisten Tieren völlige Entwurmung erzielt[4]. Nach anderen Untersuchungen[6] soll allerdings die $DC_{95}$ wesentlich höher liegen und 0,89 g/kg betragen. Im Hinblick auf die geringe Toxizität des Esters bei Eingabe per os würde aber der therapeutische Wirkungsindex auch dann sehr hoch sein.

Die ersten klinischen Ergebnisse lauteten, den Ergebnissen der Tierversuche entsprechend, äußerst günstig[7–9]. Sehr bald aber kamen Nachuntersucher zu

[1] A. ERHARDT und R. WIGAND, *Die Oxyuriasis*, Merkblätter für Medizinische Parasitologie, H. 3, S. 18 (1949).

[2] H. J. TRIEBE, Ther. d. Gegenw. *87*, 213 (1948).

[3] F. GIERTHMÜHLEN, Kinderärztl. Praxis *20*, 544 (1952).

[4] O. ZIMA, F. v. WERDER, A. VAN SCHOOR, A. HOFFMANN und L. HEPDING, Schweiz. med. Wschr. *80*, 734 (1950).

[5] F. EICHHOLTZ und R. HOTOVY, Schweiz. med. Wschr. *80*, 736 (1950).

[6] N. BROCK und A. ERHARDT, Arzneimittelforschung *1*, 220 (1951).

[7] F. EICHHOLTZ, R. HOTOVY, A. SAUER und J. WEISSPFLUG, Dtsch. med. Wschr. *1950*, 868.

[8] J. WEISSPFLUG, Dissertation (Heidelberg 1949).

[9] A. SAUER und J. WEISSPFLUG, Schweiz. med. Wschr. *80*, 737 (1950).

enttäuschenden Ergebnissen[1-5]). Nur ein relativ geringer Prozentsatz der Madenwurmträger konnte geheilt werden, und unangenehme Nebenwirkungen (Kopfschmerz, Schwindel, Erbrechen, Übelkeit, Leibschmerzen und Diarrhoe) traten in 30% der Fälle auf. Ferner zeigte es sich, daß relativ geringe Alkoholmengen, die während oder bald nach EGRESSIN-Kuren getrunken wurden, Blutandrang zum Kopf, Benommenheit und sogar Anfälle mit krampfartigen Zuckungen der Extremitäten hervorriefen. EGRESSIN wird heute nur noch selten als Wurmmittel benutzt.

Mehrere *Antibiotica* sind in neuerer Zeit zur Behandlung der Enterobiasis empfohlen worden. Hierzu gehören *Terramycin* (Oxycyclin)[6-9]), *Puromycin*[10]), eine Kombination von *Bacitracin* und Succinylsulfothiazol[11]), und *Phthalylsulfothiazon* («Cremothalidin»)[12]). Obwohl hiervon insbesondere *Terramycin* bei Verabfolgung ausreichender Dosen zuverlässig wirkt[13]), wird man nur in besonders gelagerten Fällen auf diese verhältnismäßig teure und unter Umständen nicht unbedenkliche Behandlung (Umstimmung der Darmbakterienflora) zurückgreifen.

*1-Brom-β-naphthol* soll für Säugetiere und den Menschen fast ungiftig sein, so daß es bei Ancylostomiasis in hohen Dosen, die zuverlässig wirken sollen, vertragen wird. Die Verabfolgung eines Abführmittels ist infolge der geringen Toxizität überflüssig[14]).

$$\langle\!\!\langle\ \rangle\!\!\rangle\text{—O}\cdot(CH_2)_2\cdot\overset{+}{N}\cdot(CH_3)_2\cdot CH_2\!\!-\!\!\langle\!\!\langle\ \rangle\!\!\rangle$$

Bephenium

Verschiedene qua·ternäre Ammoniumverbindungen, insbesondere *Bephenium* (Benzyldimethyl-2-phenoxyäthylammonium), das als Salz der Embonsäure oder der 2-Hydroxy-3-naphthoesäure (*Alcopar*®) gebraucht wird, sind zunächst in der Veterinär-, neuerdings aber auch in der Humanmedizin als Hakenwurmmittel erfolgreich gebraucht worden[15-17]). Das Präparat wird in

---

[1]) E. D. GODDARD und W. BROWN, J. Pediatr. *40*, 469 (1952).

[2]) W. E. ASKUE, J. Pediatr. *42*, 332 (1953).

[3]) T. S. BUMBALO, F. J. GUSTINA, J. BONA und R. OLEKSIAK, Amer. J. Dis. Childr. *86*, 592 (1952).

[4]) T. S. BUMBALO, F. J. GUSTINA, R. OLEKSIAK, J. Parasitol. *39*, 166 (1953).

[5]) R. J. JUNG und P. C. BEAVER, J. Pediatr. 11, 611 (1953).

[6]) H. S. WELLS, J. infect. Dis. *89*, 190 (1951); *90*, 34 (1952).

[7]) E. H. LONGHLIN, J. RAPPAPORT, W. G. MULLIN, H. S. WELLS, A. A. JOSEPH und H. B. SHOOKHOF, Antibiotics Chemother. *1*, 568 (1951).

[8]) TH. S. BUMBALO, F. J. GUSTINA, J. BONA und R. E. OLEKSIAK, Amer. J. Dis. Childr. *86*, 592 (1953).

[9]) W. GOETERS, Arzneimittelforschung *5*, 517 (1955).

[10]) M. D. YOUNG und J. E. FREED, South med. J. *49*, 537 (1956).

[11]) K. F. CHAN und H. W. BROWN, J. Pediatr. *43*, 290 (1953).

[12]) W. E. ASKAL und E. TUFTS, J. Pediatr. *44*, 380 (1954).

[13]) E. H. SADUN, D. MELVIN, M. M. BROOKE und C. H. CARTER, Amer. J. trop. Med. *5*, 382 (1956).

[14]) K. MIURA, Jap. J. med. Sci. Biol. *7*, 265 (1954).

[15]) F. C. COPP, O. D. STANDEN, J. SCARNELL, D. A. RAWES und R. B. BURROWS, Nature, London *181*, 183 (1958).

[16]) D. A. RAWES und J. SCARNELL, J. Vet. Rec. *70*, 251 (1958).

[17]) L. G. GOODWIN, L. G. JAYEWARDENE und O. D. STANDEN, Brit. med. J. *1958*, II, 1572.

einer Menge von 2–3 g Bephenium auf einmal an 4 Tagen hintereinander eingegeben. Es soll gegen Hakenwürmer besser wirksam sein als Tetrachloräthylen
und im Gegensatz zu diesem auch Spulwürmer weitgehend abtreiben. Die
Nebenwirkungen der Verbindung, die relativ rasch im Urin ausgeschieden
wird, sind gering und bestehen in Übelkeit und Diarrhöen[1]).

N-(2,4-Dichlorbenzyl)n-N-(2-Hydroxyäthyl)dichloracetat oder Mantomide®
besitzt nach Untersuchungen, die in Indien durchgeführt wurden, einen guten
chemotherapeutischen Effekt bei der *Ancylostomiasis*[2]). Bei *Strongyloidose*
scheint die Verbindung ebenfalls, aber nur schwach wirksam zu sein[3]).

Für die Behandlung der *Trichinose* kommen Anthelminthica nur dann in
Betracht, wenn man rechtzeitig von der Aufnahme trichinenhaltigen Fleisches
Kenntnis erhält. Da die Parasiten bereits wenige Stunden nach dem Auflösen
der Kapseln in die Mucosa der Dünndarmschleimhaut bis an die Grenze der
Muscularis eindringen, findet man 8–12 Stunden nach dem Verzehren von
rohem trichinösem Fleisch kaum noch Würmer im Darm[4]). Allerdings wandern
sie 20–24 Stunden später erneut für 24–48 Stunden ins Darmlumen zurück,
woraufhin sie endgültig in die Mucosa eindringen. Da die Beschwerden während
der ersten Zeit der Invasion gering sind (Diarrhoe), wird die Diagnose kaum je
gestellt und eine Behandlung nicht eingeleitet.

Aussichten, eine nachhaltige Verminderung des Befalls durch ein Vermi-
cidum zu erreichen, hat man während der ersten 6–8 Stunden und dann erneut
24–48 Stunden nach der Aufnahme von trichinösem Fleisch.

Da man über die Empfindlichkeit der erwachsenen Trichinen gegen die
verschiedenen Anthelminthica bisher ungenügend orientiert ist, wird es sich
empfehlen, ein Breitband-Anthelminthicum während der in Frage kommenden
Zeiten und in nicht zu niedrigen Dosen zu verabfolgen. In Betracht kommen
hier vor allem VERMELLA, Dithiazanin sowie vielleicht auch Hexylresorcin,
Atrimon, Tetrachloräthylen und Piperazinadipat.

Bei Versuchen an experimentell mit *Trichinella spiralis* infizierten Mäusen
sollen hohe Piperazindosen zu einer deutlichen Abnahme der Zahl der erwachsenen Trichinen geführt haben[5]). Dies war auch noch in späteren Stadien
der Infektion der Fall. Da die Trichinenweibchen mehrere Wochen hindurch
in Schüben Larven absetzen, so könnte vielleicht eine Piperazintherapie auch
noch zur Zeit des Einsetzens der typischen Muskel- und Allgemeinbeschwerden
Aussichten auf einen Erfolg haben.

Hetrazan führte bei experimentell infizierten Ratten eine Verminderung
der Darm- und Muskeltrichinen nur dann herbei, wenn es spätestens 24 Stunden nach der Infektion in einer Dosierung von 200 mg/kg dreimal täglich 5–10
Tage hintereinander verabfolgt wurde[6]).

---

[1]) E. W. ROGERS, Brit. med. J. *1958*, II, 1576.
[2]) U. K. SHETH, M. S. KERKE und R. A. LEWIS, Antibiot. Med. clin. Therap. *3*, 197 (1956).
[3]) G. McHARDY, R. McHARDY und D. C. BROWN, J. la St. méd. Soc. *27*, 108 (1956).
[4]) G. BUGGE, Rdsch. Fleischbeschau *41*, 185 (1940).
[5]) O. F. GURSCH, J. Parasitol. *35*, 19 (1949).
[6]) J. OLIVER-GONZALEZ und R. J. HEWITT, Proc. Soc. exp. Biol. Med. *66*, 254 (1947).

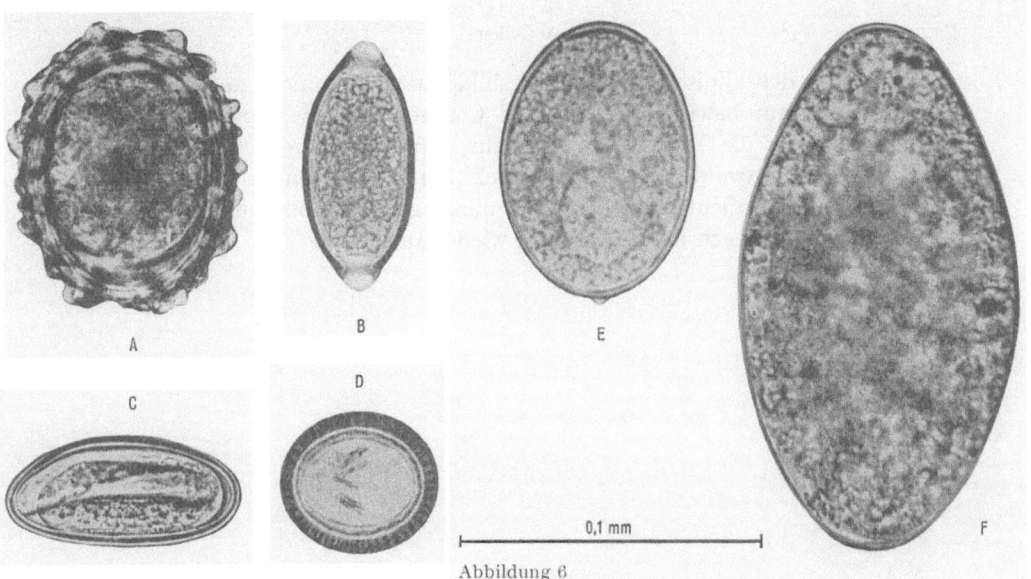

Abbildung 6

Eier von A *Ascaris lumbricoides*, B *Trichuris trichiura*, C *Enterobius vermicularis*, D *Taenia saginata*, E *Diphyllobothrium latum* und F *Fasciola hepatica*. Vergrößerung etwa 550mal.

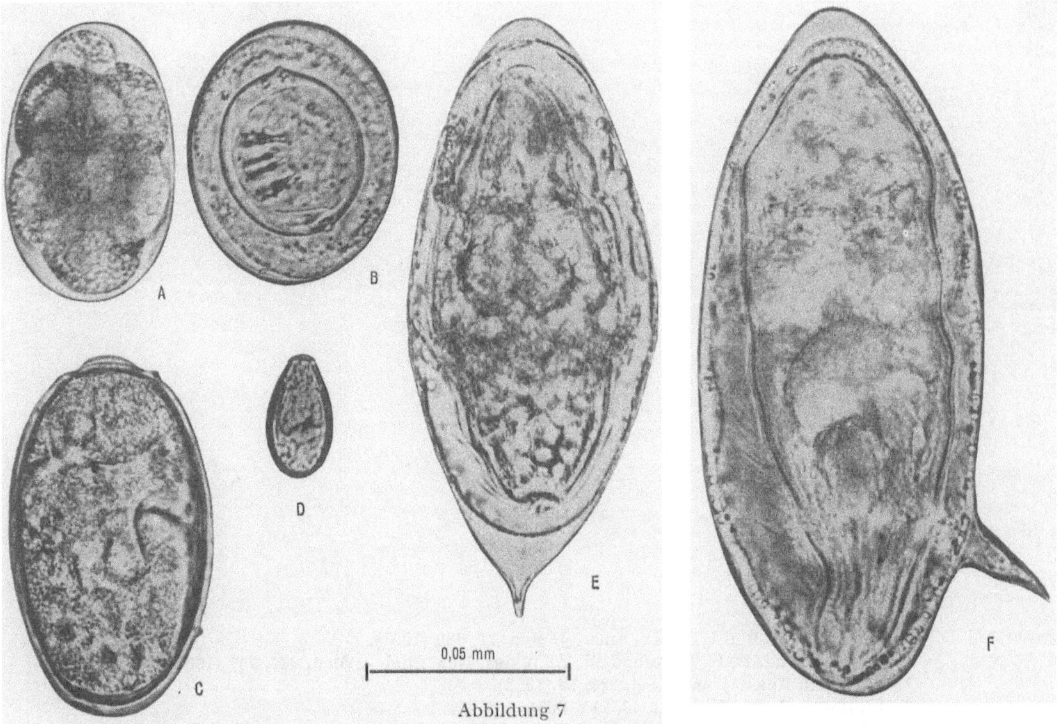

Abbildung 7

Eier von A *Necator americanus*, B *Hymenolepis nana*, C *Paragonimus westermani* und D *Clonorchis sinensis*, E *Schistosoma haematobium* und F *Schistosoma mansoni*. Vergrößerung etwa 550mal (nach H. VOGEL).

16 Arzneimittel

Besserung der klinischen Krankheitsbilder der Trichinose auch bei sehr schwerem Verlauf bewirken ACTH und Cortison[1-7]. Die Hormone beeinflussen allerdings die Trichinenlarven nicht, sondern unterdrücken oder mildern lediglich die von den Parasiten ausgelösten Reaktionen im Wirtsorganismus. Auch die Intracutanreaktion wird durch die Hormone verhindert und ist erst einige Zeit nach ihrem Absetzen wieder auslösbar.

[1] W. M. Davies und H. Most, Amer. J. Med. *11*, 639 (1951).
[2] M. A. Luongo, D. H. Reid und W. W. Weiss, New Engl. J. Med. *245*, 757 (1951).
[3] E. Rosen, Amer. J. med. Sci. *223*, 16 (1952).
[4] J. Silwer, Trop. Dis. Bull. *52*, 71 (1955).
[5] J. E. Fortier, Canad. med. Ass. *72*, 298 (1955).
[6] L. E. Meltzer und A. E. Bockman, J. Amer. med. Ass. *164*, 1566 (1957).
[7] L. F. Tice, Pharmacy Internat. *12*, Nr. 11, 14 (1958).

# Neuere Aspekte der chemischen Anthelminticaforschung

Von J. Bally

Sandoz A.G., Basel

Die chemische Forschung auf dem Gebiet der Wurmmittel ist in rapider Entwicklung begriffen. Infolge des steten Fortschrittes hat die Zahl der Wurmmittel ständig zugenommen, und es wird zunehmend schwieriger, einen genügenden Überblick über das umfangreiche Tatsachenmaterial zu gewinnen.

Die nachfolgende Zusammenstellung anthelmintisch wirksamer Verbindungen, nach Stoffgruppen geordnet, versucht eine Übersicht über die neueste Entwicklung der Chemie der Wurmmittel zu vermitteln und an einigen Beispielen den gegenwärtigen Stand unseres Wissens über die Beziehungen zwischen chemischer Konstitution und biologischer Wirkung vor Augen zu führen.

In einem ersten Teil wird kurz über Probleme der Konstitution und Synthese natürlich vorkommender Anthelmintica berichtet, währenddem in einem zweiten Teil über Wurmmittel referiert wird, die sich nicht von Naturstoffen ableiten lassen.

### 1. Natürlich vorkommende Anthelmintica

#### 1.1 *Phloroglucinderivate aus Filixinhaltsstoffen*

Die Untersuchungen verschiedener Arbeitsgruppen während der vergangenen 50 Jahre geben einen weitgehenden Einblick in die Konstitution natürlicher Phloroglucinderivate. In einigen Fällen ist die Strukturaufklärung der wirksamen Inhaltsstoffe des Wurmfarnextraktes bis heute noch nicht vollständig geglückt; die erkannten Strukturen boten aber mehrfach den Anreiz, ähnlich gebaute Stoffe herzustellen und auf ihre Bandwurmwirksamkeit zu untersuchen. Als Spaltprodukt fast aller Filixinhaltsstoffe isolierte BOEHM[1]) die sogenannte Filicinsäure (1), ein Dimethyl-oxy-cyclohexadien-on.

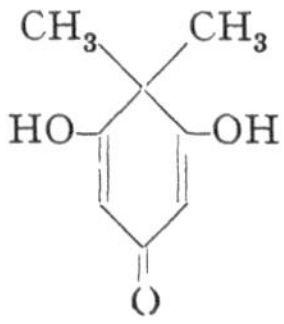

$$(1)$$

Filicinsäure

Die Filicinsäure wurde erstmals 1933 von ROBERTSON[2]) aus Dimethylmalonsäurehalbesterchlorid und Na-Acetondicarbonsäureester synthetisiert.

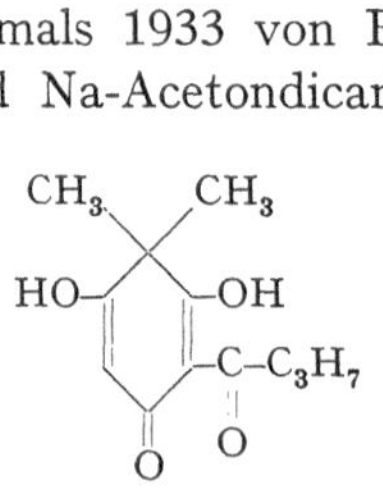

$$(2)$$

Filicinsäure-butanon

[1]) R. BOEHM, Liebigs Ann. Chem. *307*, 249 (1899).
[2]) A. ROBERTSON und W. F. SANDROCK, J. chem. Soc. (London) *1617* (1933).

Ein einfacherer Weg, aus Dimethylmalonsäurehalbesterchlorid und Na-Acetessigester, wurde vor kurzem von ANGUS et al.[1]) beschrieben.

In den genuinen Filixinhaltsstoffen liegt die Filicinsäure als Filicinsäure-butanon (2) gebunden vor.

Es wurde 1954 von RIEDL[2]) durch Umsetzung von Filicinsäure mit Buturylchlorid synthetisiert. Während die bisher genannten Stoffe Spaltprodukte der Filixstoffe sind, liegt im Aspidinol (3) der einfachste genuine Körper vor. Aspidinol wurde von BOEHM[3]) in Rhiz. Filicis aufgefunden und in seiner Konstitution als Methyl-phloroglucin-monomethyläther-n-butanon erkannt. 1920 erfolgte die Synthese dieses Körpers durch KARRER und WIDMER[4]) aus Methyl-phloroglucin-monomethyläther mit Butyronitril.

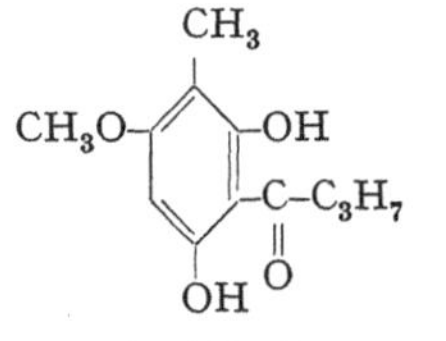

$$CH_3O{-}\underset{\underset{OH}{}}{\overset{\overset{CH_3}{}}{\bigcirc}}{-}OH, \quad {-}C{-}C_3H_7, \quad O \tag{3}$$

Aspidinol

Das Albaspidin (Methylen-bis-filicinsäure-butanon) (4), ebenfalls von BOEHM im Filixextrakt aufgefunden, konnte von diesem teilsynthetisch aus zwei Molekülen Filicinsäure-butanon und Formaldehyd gewonnen werden.

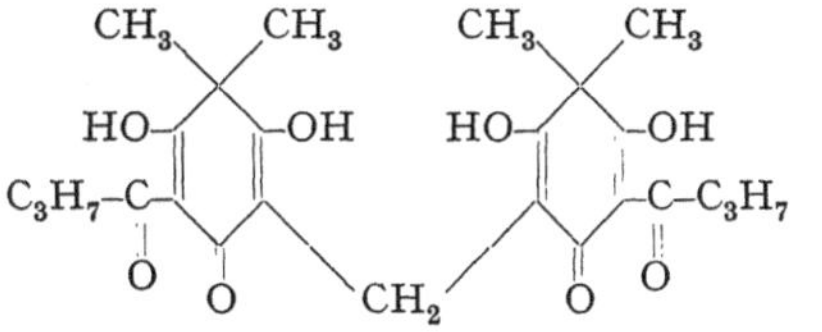

$$ \tag{4}$$

Albaspidin

Zu den zahlreichen natürlich vorkommenden Filixstoffen gehört auch die Flavaspidsäure (5), die sich zu 2,5% im Filixextrakt findet, wo sie von BOEHM[5]) 1896 aufgefunden wurde.

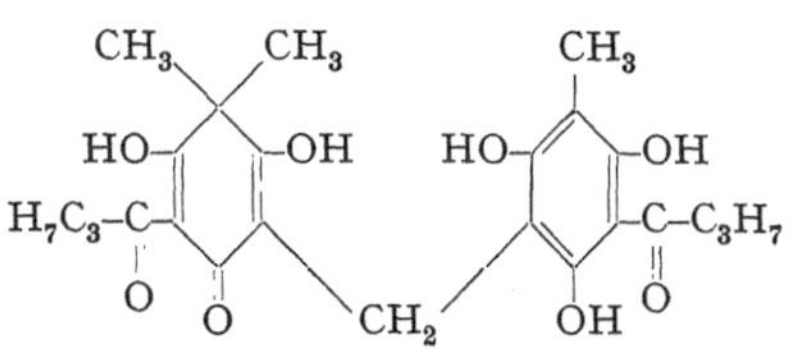

$$ \tag{5}$$

Flavaspidsäure

[1]) L. G. ANGUS, M. L. CLARK und K. R. HARGREAVES, Chem. & Ind. 546 (1954).
[2]) W. RIEDL, Ber. dtsch. chem. Ges. 87, 865 (1954).
[3]) R. BOEHM, Liebigs Ann. Chem. 302, 171 (1898); 307, 250 (1899); 318, 245 (1901); 329, 286 (1903).
[4]) P. KARRER und F. WIDMER, Helv. chim. Acta 3, 392 (1920).
[5]) R. BOEHM, Liebigs Ann. Chem. 318, 253 (1901).

Die Synthese der Flavaspidsäure konnte erst vor wenigen Jahren fast gleichzeitig durch ROBERTSON[1]) und RIEDL[2]) durchgeführt werden. Das aus Farnextrakt gewonnene Filicinsäure-butanon und 3-Methyl-phloroglucin-butanon wurden mit Formaldehyd kondensiert und ergaben außer den beiden symmetrischen Körpern (von denen der eine Albaspidin ist), Flavaspidsäure.

Ein weiterer natürlich vorkommender Filixkörper ist auch der mono-Methyl-äther der Flavaspidsäure, das Aspidin (6). Es enthält eine Filicinsäure-butanon- und eine Aspidinolkomponente.

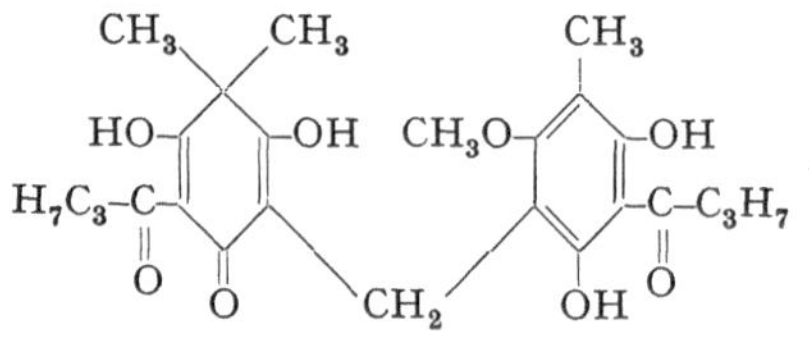

$$
\begin{array}{cc}
& (6)
\end{array}
$$

Aspidin

Das neuerdings von BÜCHI[3]) gewonnene Phloroglucinderivat Desaspidin (7) erscheint isomer der Flavaspidsäure (5); in bezug auf Aspidin (6) kann es als $CH_2$-ärmeres Isomer betrachtet werden.

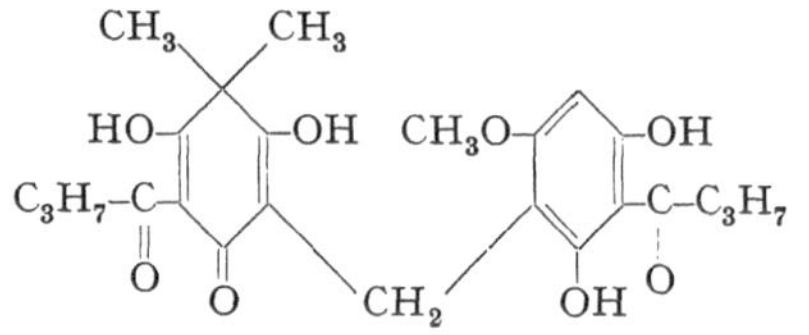

$$
(7)
$$

Desaspidin

Ein genuiner Filixkörper, welcher drei Phloroglucin-butanon-Komponenten enthält, ist die 1844 von LUCK[4]) entdeckte Filixsäure (8). W. R. CHAM und C. H. HASSALL[5]) sprechen in einer neuen Arbeit die Vermutung aus, daß Filixsäure folgende Konstitutionsformel hat.

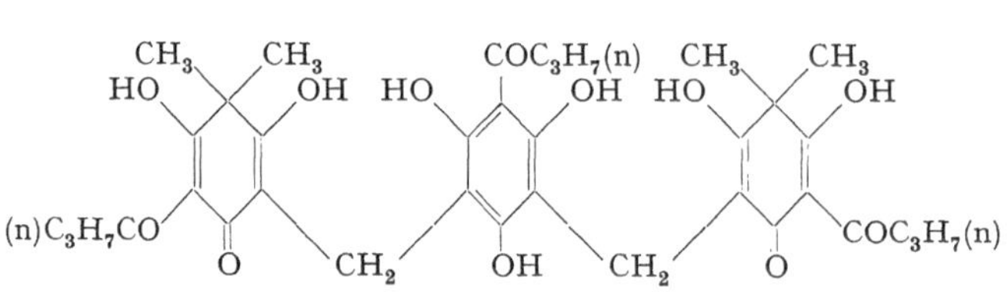

$$
(8)
$$

Filixsäure

[1]) A. Mc. GOOKIN, A. ROBERTSON und T. H. SIMPSON, J. chem. Soc. (London) 1828 (1953).
[2]) W. RIEDL, Ber. dtsch. chem. Ges. 87, 865 (1954).
[3]) J. BÜCHI, A. AEBI und A. KAPOOR, Scient. pharm. 4, 248 (1957).
[4]) E. LUCK, Chem, Pharm. Zbl. 657 (1851).
[5]) W. R. CHAN und C. H. HASSALL, Experientia 13, 349 (1957).

Von Interesse ist, daß in Kamala sowie in Flores Koso bandwurmwirksame Phloroglucinderivate von überraschend ähnlichem Bau enthalten sind. Hierzu gehört das 1855 entdeckte Rottlerin[1, 2] (9) und Iso-Rottlerin[3] (10).

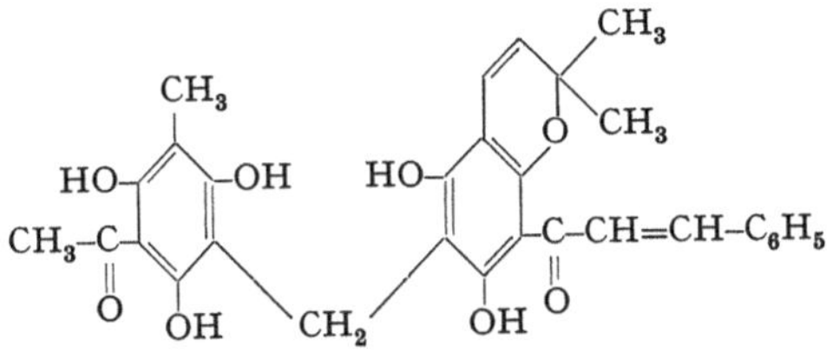

(9)

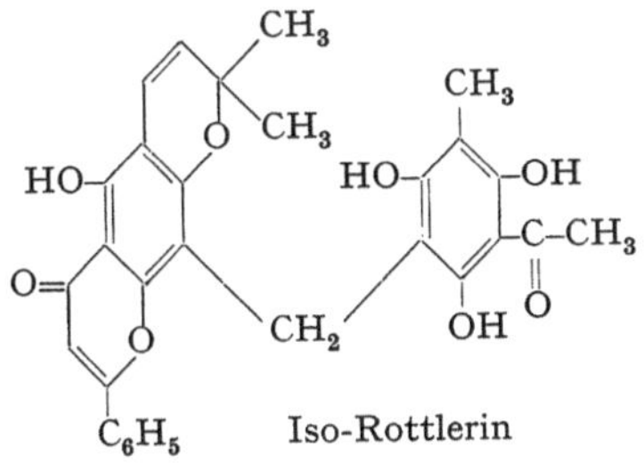

Rottlerin

(10)

Iso-Rottlerin

Bei der Aufarbeitung von Koso-Extrakt konnten α-Kosin, β-Kosin und Proto-Kosin isoliert werden, für die BIRCH und TODD[4] folgende, noch nicht völlig gesicherte Formeln vorschlagen (11), (12), (13):

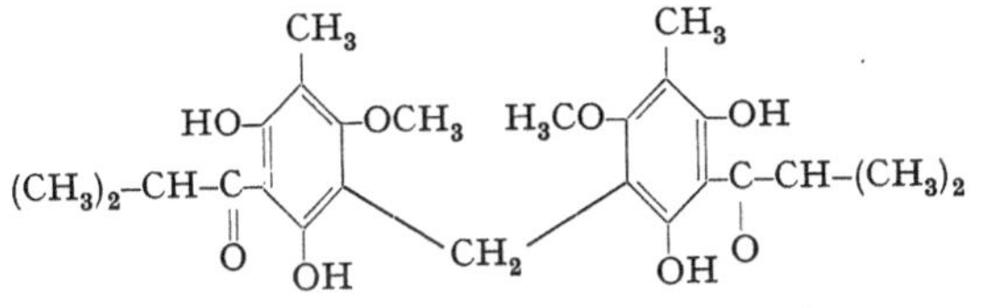

(11)

α-Kosin

(12)

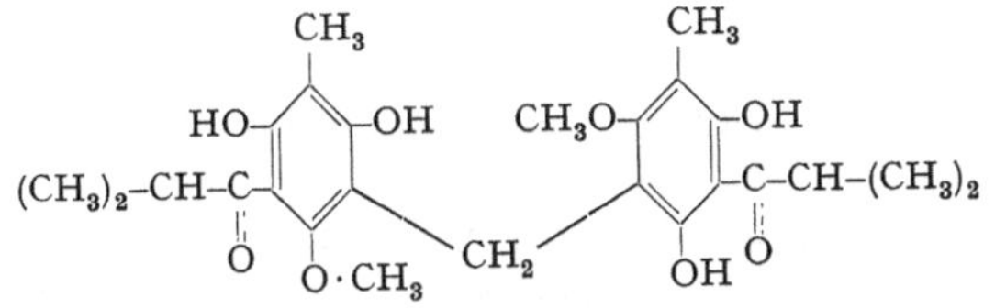

β-Kosin

[1]) A. Mc. GOOKIN, F. P. REED und A. ROBERTSON, J. chem. Soc. (London) 748 (1937).
[2]) KHORAMA und MOTIWALA, Ind. J. Pharm. 11, 37 (1949).
[3]) K. S. NARANG, I. N. RAY und B. S. ROY, J. chem. Soc. (London) 1862 (1937).
[4]) A. J. BIRCH und A. R. TODD, J. chem. Soc. London, 3102 (1952).

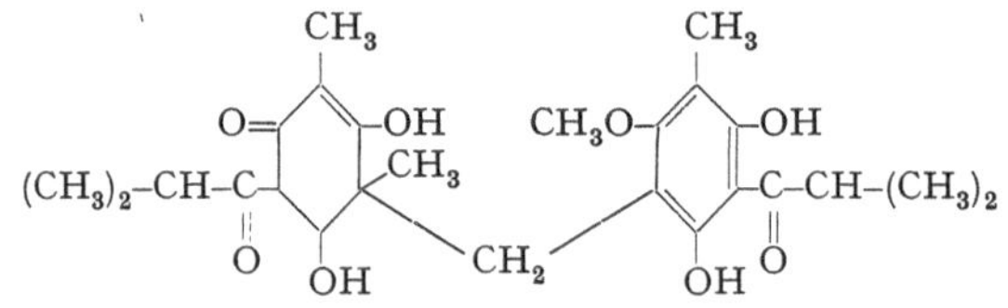

(13)

Proto-Kosin

Eine Anzahl synthetischer einkerniger Phloroglucinkörper beschrieb KARRER[1]: Phloroglucin-butyrophenon, Methyl-phloroglucin-butyrophenon, 1,3-Dimethyl-phloroglucin-butyrophenon, Phloroglucin-isobutyrophenon und andere. Alle diese Körper besitzen Bandwurmwirksamkeit, welche nicht verlorengeht, wenn man zu höheren Resten übergeht. Am wirksamsten erwies sich Phloroglucin-isocaprophenon[2] (14).

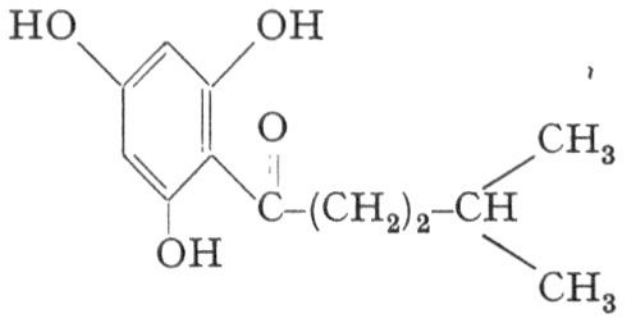

(14)

Phloroglucin-isocaprophenon

Von den zweikernigen synthetisierten Phloroglucinkörpern ist das von BOEHM[3] durch Formaldehyd-Synthese dargestellte Methylen-bis-dimethyl-phloroglucin zu erwähnen. Später synthetisierte KARRER[4] das Methylen-bis-methyl-phloroglucin-butyrophenon (15).

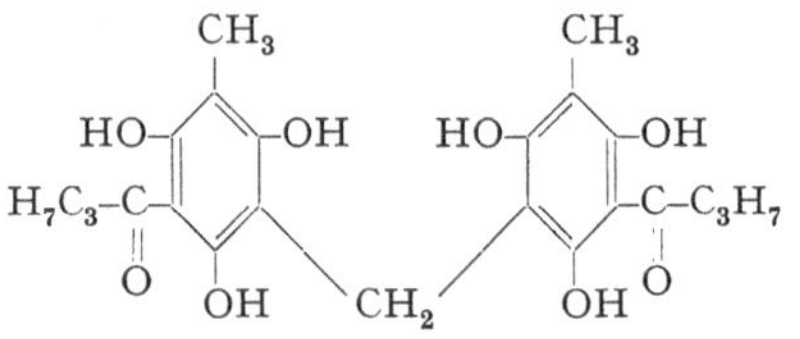

(15)

Methylen-bis-methyl-phloroglucin-butyrophenon

SEELKOPF[5] fand, daß synthetisch dargestellte, kondensierte Phloroglucin-phenone kaum wirksamer waren als ihre zur Kondensation herangezogenen einfachen Phloroglucinphenone. Lediglich Methyl-phloroglucin-isocaprophenon konnte mit Formaldehyd in ein wesentlich wirksameres Derivat übergeführt werden.

Vor kurzem berichtete RIEDL[6] über die Synthese zahlreicher, durch Kernmethylierung des Phloroglucin-acetophenons erhaltener Phloroglucin-

[1]) P. KARRER, Helv. chim. Acta 2, 466 (1919).
[2]) P. KARRER et al., Helv. chim. Acta 2, 407, 466 (1921).
[3]) R. BOEHM, Liebigs Ann. chem. 302, 171 (1898); 307, 250 (1899); 318, 245 (1901); 329, 286 (1903).
[4]) P. KARRER, Helv. chim. Acta 2, 466 (1919).
[5]) K. SEELKOPF, Arzneimittelforschung 2, 158 (1952).
[6]) W. RIEDL, Ber. dtsch. chem. Ges. 1849, 2589 (1956).

körper, und INAGAKI[1]) über die Herstellung von Acyl- und Methyl-phloroglucin sowie ihrer Kondensationsprodukte mit Formaldehyd.

## 1.2 Ätherperoxyde

Das wegen seiner besonderen Wirksamkeit gegenüber Askariden seit langem verwandte Chenopodiumöl wird durch Wasserdampfdestillation in eine unwirksame Terpenfraktion und in eine wirksame Ascaridolfraktion, letztere 60% des Gesamtöls, zerlegt. Ascaridol besitzt die von WALLACH[2]) hauptsächlich bei der katalytischen Hydrierung zum 1,4-Dioxy-p-menthan (cis-1,4-Terpin) gesicherte Formel des 1,4-Peroxydo-p-menthens (16). Als bisher einziges in der Natur vorgefundenes stabiles organisches Peroxyd nimmt es eine interessante Sonderstellung unter den heute bekannten Naturstoffen ein.

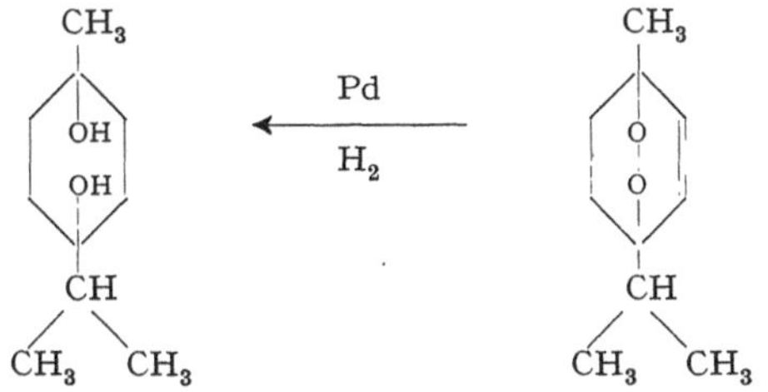

cis-1,4-Terpin          Askaridol        (16)

Bei den Versuchen, Ascaridol synthetisch darzustellen, ging man vom Gedanken aus, daß die Biosynthese des Ascaridols durch Anlagerung von einem Mol Sauerstoff an das Terpinen, das im Chenopodiumöl vorkommt, nach einer Art Diensynthese erfolgt. BODENDORF[3]) erhielt bei dieser Reaktion polymere Peroxyde folgender Konstitution (17).

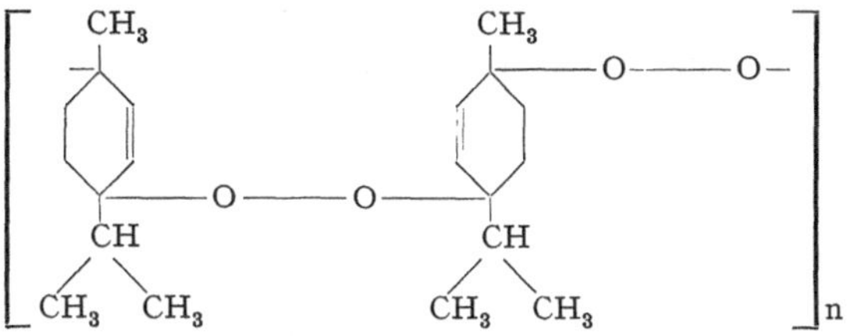

(17)

Erst vor einigen Jahren gelang SCHENK[4]) die Synthese des Askaridols, indem er in Analogie zur Biosynthese Chlorophyll als Sensibilisator benutzte und in Verdünnungen arbeitete, welche die Bildung von Polymerisaten ver-

[1]) INAGAKI, HISADA, OGAWA, NOVO und OHSUKA, J. pharm. Soc. Jap. 76, 1253, 1256 (1956).
[2]) O. WALLACH, Liebigs Ann. Chem. 392, 59 (1912).
[3]) K. BODENDORF, Ber. dtsch. pharm. Ges. 271, 1 (1933).
[4]) G. O. SCHENK, Süddtsch. Apothekerztg. 88, 6 (1948); SCHENK und ZIEGLER, Naturwissenschaft 32, 157 (1945).

hindern. α-Pinen wird zum Terpinen isomerisiert, das sich in Anwesenheit von Chlorophyll unter Einwirkung von Licht und Sauerstoff in das Ascaridol (18) umwandelt.

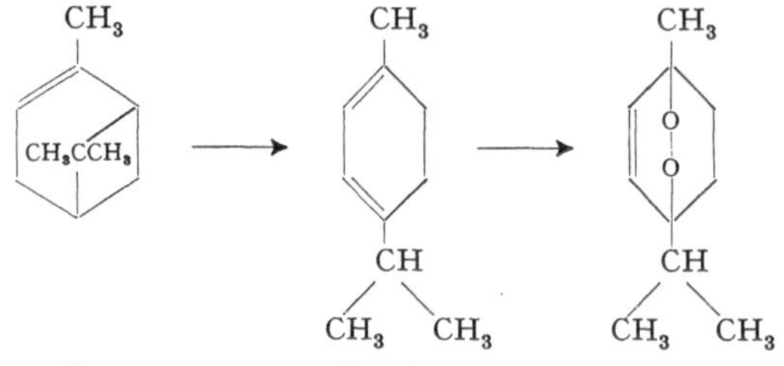

$$\text{(18)}$$

α-Pinen            α-Terpinen            Askaridol

Über die anthelmintische Wirkung von Körpern, die eine ähnliche Konstitution wie Ascaridol haben, ist bis heute nur wenig bekannt. Oxydationsprodukte von α-Pinen, Terpentin und D-Limonen ergaben keine wirksamen Präparate, da sich anscheinend auch hier Polymerisate bilden.

Hingegen wurde beschrieben, daß andere Peroxyde vermifuge Eigenschaften besitzen. Wasserstoffperoxyd[1]), Diheptylperoxyd[2]), Ozonide der Äthylester von Fettsäuren[3]) sowie Ozonide des Baumwollsamenöles[4]) zeigen anthelmintische Eigenschaften.

### 1.3 Anthelmintica mit Lactongerüst

Unter den Lactonkörpern mit anthelmintischen Eigenschaften ist das aus *Flores Cinae* gewonnene Askaridenmittel Santonin das bekannteste. Seine chemische Konstitution wurde durch CLEMO[5]) und RUZICKA[6]) sichergestellt.

Santonin ist als ein sauerstoffhaltiges Derivat eines bicyclischen Sesquiterpens aufzufassen und enthält vier asymmetrische Zentren.

Die stereochemischen Verhältnisse des α-Santonins (L-Santonin) (19) im Vergleich zu β-Santonin und dem ähnlich gebauten Artemisin (20) wurden

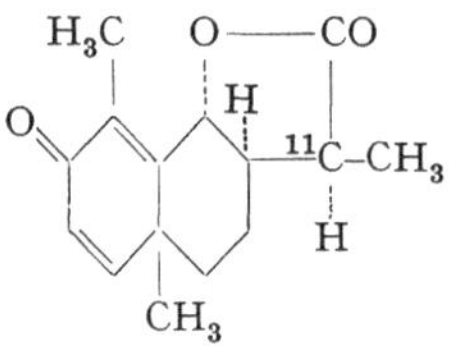

α-Santonin                              Artemisin

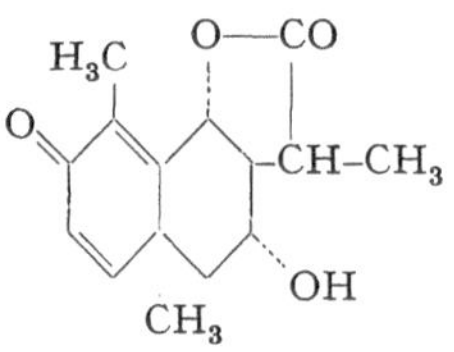

[1]) L. W. Butz und W. A. La Lande, jr., J. Amer. pharm. Ass. *23*, 1088 (1934).
[2]) APP 2079114.
[3]) APP 2079115.
[4]) L. W. Butz und W. A. La Lande, jr., J. Amer. pharm. Ass. *26*, 114 (1934).
[5]) R. G. Clemo, R. D. Haworth und E. Walton, J. chem. Soc. (London) *2368* (1929); *1110* (1930).
[6]) L. Ruzicka und E. Eichenberger, Helv. chim. Acta *13*, 1117 (1930).

1954 durch COCKER et al.[1]) aufgeklärt. $\beta$-Santonin ist stereoisomer zu $\alpha$-Santonin und unterscheidet sich von $\alpha$-Santonin nur in bezug auf die Konfiguration von $C_{11}$.

Weiterhin konnte $\psi$-Santonin (21) wie die oben erwähnten Körper aus einigen *Artemisia*-Arten isoliert und seine Konstitution aufgeklärt werden[2]).

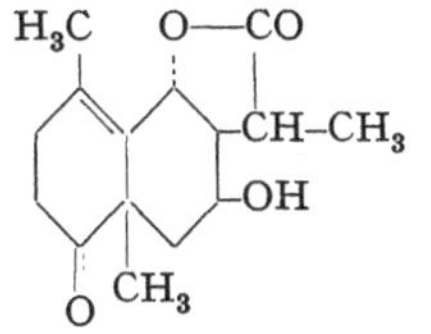

(21)

$\psi$-Santonin

ABE et al.[3]) gelang 1954 die Totalsynthese von Santonin, ausgehend von einer Michael-Kondensation von Methylmalonester mit 3-Keto-4,9-dimethyl-1,2,3,7,8,9-hexahydro-naphtalin (22).

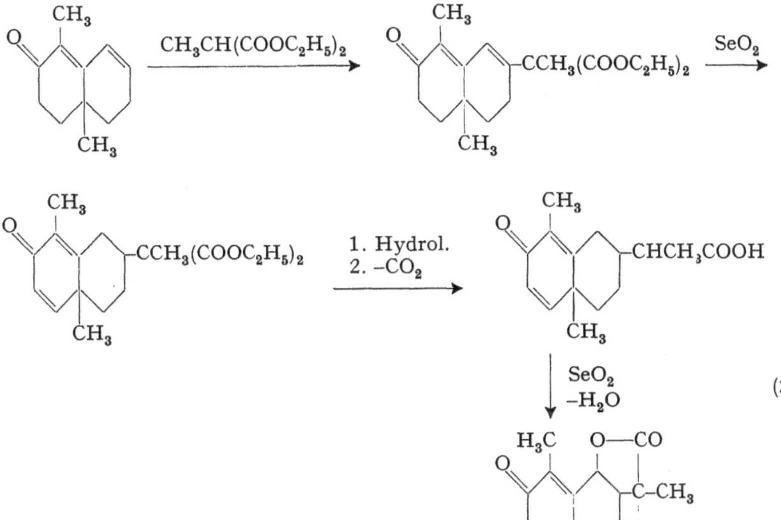

(22)

Eine weitere $\alpha$-Santoninsynthese führten die oben genannten Autoren durch, indem sie vom Enol-acetat ausgehend das aus der trans-Stellung von OH- und COOH-Gruppen zueinander gebildete Lacton herstellten und dann den Monoenonring in das Dienon überführten (23).

[1]) W. COCKER und T. B. H. Mc. MURRY, Chem. & Ind. *1199* (1954); E. J. COREY, J. Amer. chem. Soc. 77, 1044 (1955); M. SUMI, J. Amer. Chem. Soc. *80*, 4869 (1958).

[2]) R. G. CLEMO und W. COCKER, J. chem. Soc. *30* (1946); N. M. CHOPRA, W. COCKER, B. E. CROSS, J. T. EDWARD, D. H. HAYES und H. P. HUTCHISON, J. chem. Soc. *588* (1955).

[3]) Y. ABE, T. HARUKAWA, H. ISHIKAWA, T. MIKI, M. SUMI und T. TOGA, J. Amer. chem. Soc. *78*, 1422 (1956).

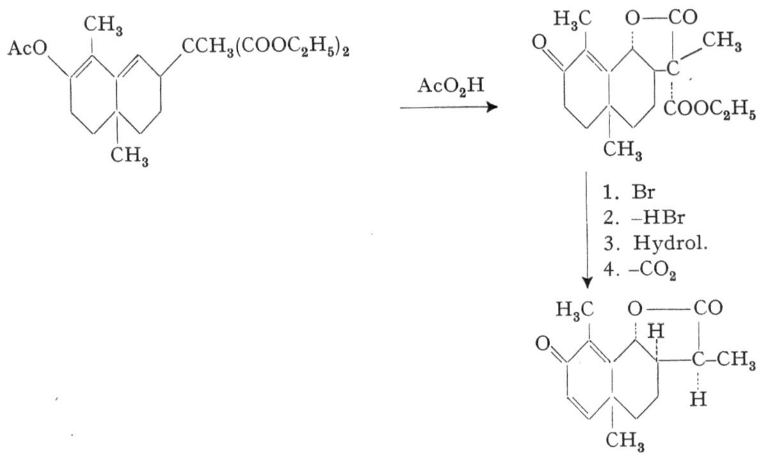

CH₃

AcO

CCH₃(COOC₂H₅)₂

$\xrightarrow{\text{AcO}_2\text{H}}$

CH₃

H₃C    O—CO
                CH₃
O                C
                COOC₂H₅

CH₃

1. Br
2. –HBr
3. Hydrol.
4. –CO₂

(23)

H₃C    O——CO
            H
O              C–CH₃
            H

CH₃

Für die Wirksamkeit des Santonins wird einmal die Lactongruppe, ferner der Oxonaphtalinring sowie das Vorhandensein einer angulären Methylgruppe verantwortlich gemacht[1]).

Daß die Ketogruppe am Tetrahydronaphtalinring von Bedeutung ist, bewiesen CAIUS und MHASKAR[2]), indem sie eine Reihe santonin-ähnlicher Körper (Desmotrop-santonin (24), Santoninsäure (25), Santonsäure (26) und andere) untersuchten.

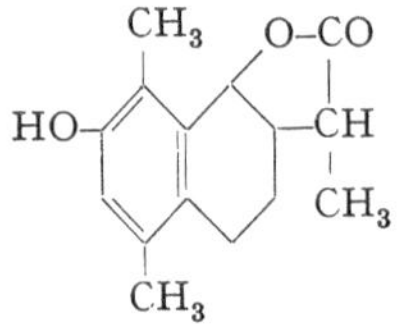

CH₃    O-CO

HO            CH
                CH₃

CH₃

(24)

Desmotrop-santonin

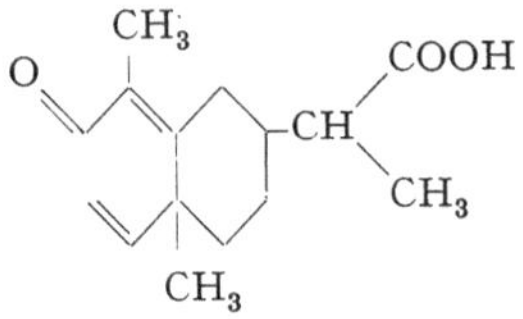

CH₃            COOH
O            CH
                CH₃

CH₃

(25)

Santoninsäure

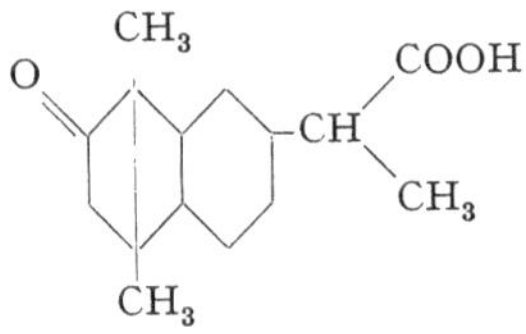

CH₃            COOH
O            CH
                CH₃

CH₃

(26)

Santonsäure

Ebenso erwiesen sich Tetrahydrochinole (27) sowie ihre Acylderivate als Anthelmintica[3]).

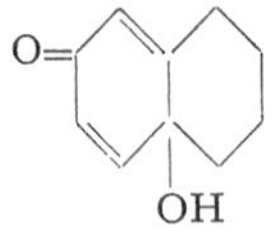

O=

OH

(27)

[1]) BALDWIN, Brit. J. Pharmacol. *3*, 91 (1948).
[2]) CAIUS und MHASKAR, Ind. J. med. Res. *1921* (1923).
[3]) APP 2151370 und 2151371.

Wirksam zeigten sich auch basische Kondensationsprodukte von Ketonen mit tetrahydrierten Naphtalin-Derivaten, wie zum Beispiel die 2-Dimethyl-aminomethyl- und die Benzylmethylaminomethyl-Verbindung des 1-Keto-tetrahydronaphtalins[1]). Erwähnt sei, daß auch Oxytetraline, besonders das 7-Oxytetralin, vermifuge Wirkung besitzen[2]).

Für die anthelmintische Wirkung bei Vorliegen einer Lactongruppe sprechen die Befunde von GLUSCHKE[3]), der eine Reihe santoninähnlich gebauter Lactone herstellte, so zum Beispiel das 5-Tetralol-6-essigsäure-lacton (Syntonin A) (28) und das 5-Tetralol-6-propionsäure-lacton (Syntonin B) (29).

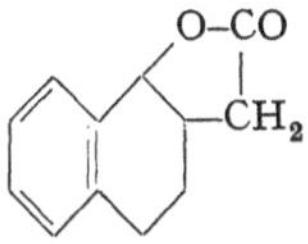

O–CO
    |
    –CH$_2$    (28)

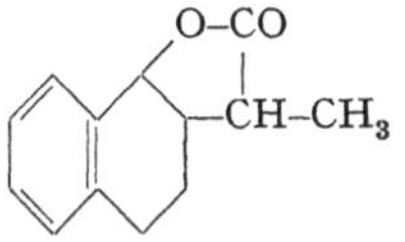

O–CO
    |
    –CH–CH$_3$    (29)

Syntonin A                    Syntonin B

Hierbei ergab sich, daß die Syntonine die gleiche vermifuge Wirkung besitzen wie das Santonin. Einführung von Alkylgruppen in 1- oder 4-Stellung des aromatischen Kernes sind ohne Einfluß auf die Wurmwirkung; Phenole und Aminogruppen in 1- und 3-Stellung haben Abschwächung der Wirkung zur Folge. Ohne wesentlichen Einfluß sind in den Lactonring eingeführte Alkylgruppen, während Hydroxylgruppen eine abschwächende Wirkung besitzen. Ist im Lactonring noch eine zweite Alkylgruppe vorhanden, so geht die vermifuge Wirkung vollständig verloren[4]).

Wendet man anstelle des Hexahydronaphtalinkernes einen Decalinring an, wie zum Beispiel in dem von ROSENMUND[5]) synthetisierten, durch eine Methyl-gruppe substituierten Decalinlacton (30), so wird eine starke Askaridenwirkung erhalten.

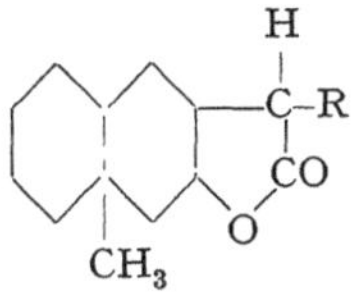

H
|
–C–R
   CO
    \
     O          (R = H, CH$_3$)          (30)
CH$_3$

Auf der Lactontheorie fußend, stellte LAUTENSCHLÄGER[6]) Phtalid (31) sowie einige seiner Derivate mit anthelmintischer Wirkung her.

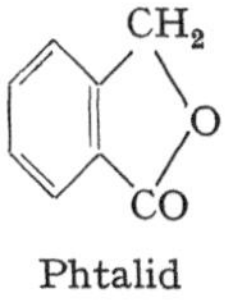

CH$_2$
     \
      O          (31)
CO

Phtalid

[1]) DRP 514418.

[2]) T. UEDA, T. KAWAJ und T. TSUJI, Pharm. Bull. Jap. *1*, 32 (1953).

[3]) A. GLUSCHKE, Arch. wiss. prakt. Tierheilkunde *65*, 201 (1932).

[4]) H. P. KAUFMANN, Arzneimittelsynthese *268* (1953).

[5]) K. W. ROSENMUND und H. HERZBERG, Ber. dtsch. chem. Ges. *87*, 1878 (1954).

[6]) L. LAUTENSCHLAGER, Pharm. Zentralhalle *356* (1921); Ber. dtsch. pharm. Ges. *31*, 279 (1921.)

Rosenmund *et al.*[1]) synthetisierten eine Anzahl Cyclohexanlactone mit noch unbekannter anthelmintischer Wirkung.

Rosenmund[2]) versuchte, die Wirksamkeit des $\beta$-Butyro-lactons mit der anthelmintischen Wirkung der Phenole zu kombinieren, zum Beispiel in Anisol und o-Kresoläther-$\beta$-butyro-lacton, ferner in Phenol-, p-Kresol-, p-Kresoläther-, m-Kresoläther-, Thymol- und Thymoläther-$\beta$-butyro-lacton. Die beiden erstgenannten Verbindungen waren etwa 3–4mal so wirksam wie Santonin, während die drei letzten sich als fast unwirksam erwiesen. Eine Verätherung der phenolischen Hydroxylgruppe ergab durchweg eine Steigerung der Wirksamkeit.

Rosenmund konnte überdies feststellen[3]), daß sich die Lösungen aller Lactone als oberflächenaktiv erwiesen und daß auch das Dipolmoment von Wichtigkeit ist. So zeigte es sich, daß das sehr wirksame Lacton des o-Kresoläthers die stärkste Polarität besitzt, während beim fast unwirksamen m-Kresoläther die $(+)$- und $(-)$-Polarisation sich überlagern und gegenseitig abschwächen (32).

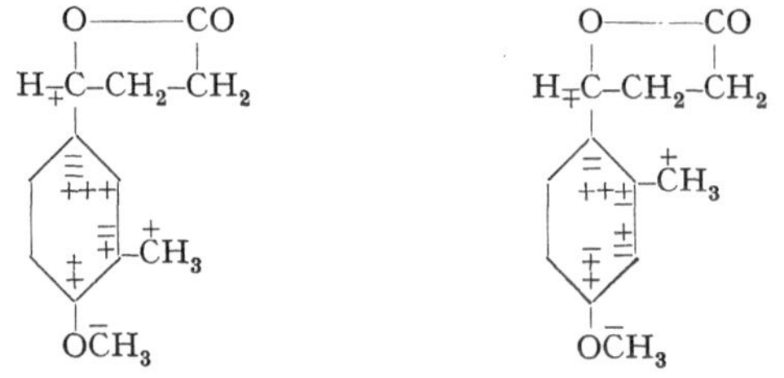

Lacton des o-Kresoläthers          Lacton des m-Kresoläthers

(32)

Eine noch bessere anthelmintische Wirksamkeit als Butyrolactone, welche in $\gamma$-Stellung durch Phenole und Phenoläthergruppen substituiert sind, sollen nach neueren Untersuchungen Rosenmunds[4]) Butyrolactone besitzen, welche in $\gamma$-Stellung einen alkylierten Phenylrest haben. Insbesondere ist das $\gamma$-Isopropylphenylbutyrolacton stärker wurmwirksam als die bisher bekannten Lactone.

Vor kurzem wurde die Synthese von $\gamma$-(4-Alkoxy-3-xenyl)-butyrolactonen der folgenden Formel (33) mitgeteilt[5]).

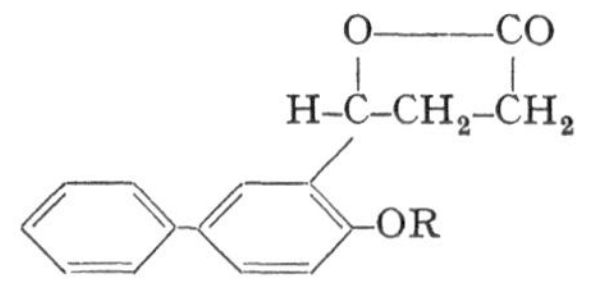

(R = Methyl, Amyl)          (33)

---

[1]) K. W. Rosenmund, E. Glet und F. Pohl, Arch. Pharm. *287*, 441 (1954); K. W. Rosenmund, H. Herzberg und H. Schütt; Ber. dtsch. chem. Ges. *87*, 1258 (1954).

[2]) K. W. Rosenmund und D. Schapiro, Arch. Pharm. Ber. pharm. Ges. *272*, 313 (1934).

[3]) K. W. Rosenmund, Angew. Chem. *48*, 701 (1935); *48*, 704 (1935); Chem. Ber. *84*, 711(1951).

[4]) K. W. Rosenmund, Schw. Pat. 393811.

[5]) D. K. Genge und J. J. Trivedi, J. Indian chem. Soc. *34*, 801 (1957).

Diese Lactone sollen auf ihre anthelmintische Wirkung untersucht werden. BALDWIN[1]) fand, daß neben $\gamma$-Butyrolactone auch Cumarin und Cumaranon gewisse vermifuge Eigenschaften zukommen. NAKABAYASHI et al.[2]) erweiterten diese Untersuchungen, indem sie Methyl-, Methoxy- und Oxycumarinderivate auf ihre anthelmintischen Eigenschaften hin prüften. 7- und 3-Methylcumarin erwiesen sich bei *Ascaris suilla* als sehr wirksam. Einführung einer Methylgruppe in 7-Stellung von 3-Alkyl-cumarinen setzt die Wirkung herab. Auch scheint die wurmwirksame Eigenschaft mit zunehmender Länge des Alkyls abzunehmen.

Ebenso wurden 3,4,5,6,7,8-Methyl-thiocumarine geprüft[3]). Die Thiocumarinderivate wirken relativ schwächer als Cumarine. Bei zunehmender Kettenlänge der Alkylgruppe nimmt die Wirkung ab. Schließlich wurde neuerdings die vermicide Wirkung von $\alpha$- und $\beta$-Naphtocumarin und deren 1- und 4-Methyl- sowie Tetrahydro-, Hexahydro- und Dodecahydroderivate gegenüber *Ascaris suilla* untersucht[4]). 4-Methyl-hexahydro-$\alpha$-naphtocumarin zeigte besonders starke Wirkung.

### 1.4 *Alkaloide*

Zur Behandlung von Trematodeninfektionen wird gewöhnlich Emetin verwendet. Die Konstitution dieser Verbindung wurde erst vor einigen Jahren aufgeklärt und ist durch die Anwesenheit von zwei hydrierten Isochinolinringen gekennzeichnet (Formel siehe OELKERS, Seite 178). Weitere Alkaloide mit Isochinolinringen sowie synthetisch aufgebaute Tetrahydroisochinolinverbindungen wurden nicht auf ihre anthelmintische Wirkung geprüft.

Hingegen besitzen Harmalin (34), Harman und Harmin, die in den Samen der Steppenraute (*Peganum harmala* L.) vorkommenden Alkaloide, eine askaricide Wirkung.

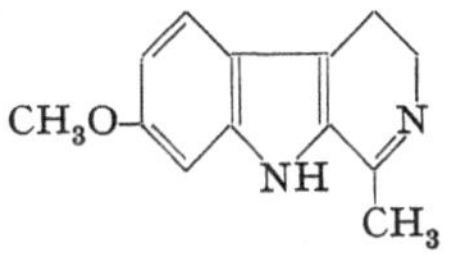

(34)

Harmalin

Die seit langer Zeit als wurmtreibendes Mittel dienende Rinde des Granatapfelbaumes enthält verschiedene Alkaloide, von denen insbesondere Pelletierin und Isopelletierin wirksam sein sollen, dagegen scheinen Pseudopelletierin[5]), N-Methyl-isopelletierin sowie andere am Stickstoff alkylierte Pelletierine unwirksam zu sein (35).

[1]) BALDWIN, Brit. J. Pharmacol. *3*, 91 (1948).

[2]) T. NAKABAYASHI et al., J. pharm. Soc. Jap. *73*, 565 (1953); C. A. *48*, 5187c (1954); J. pharm Soc. Jap. *74*, 590 (1954), C. A. *48*, 10721d (1954).

[3]) T. NAKABAYASHI, J. pharm. Soc. Jap. *74*, 898 (1954).

[4]) T. NAKABAYASHI, J. pharm. Soc. Jap. *77*, 5554 (1957).

[5]) W. AWE, Pharmazie *1*, 25 (1946).

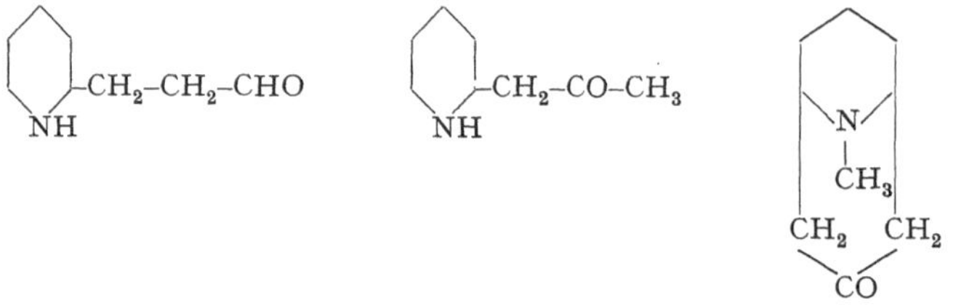

CH$_2$–CH$_2$–CHO      CH$_2$–CO–CH$_3$

NH           NH

N
CH$_3$
CH$_2$   CH$_2$
CO

(35)

Pelletierin        Isopelletierin      Pseudopelletierin

Nach einer Synthese von WIBAUT[1]) wird Isopelletierin durch Einwirkung von Essigsäureanhydrid auf Lithium-α-picolyl und nachträglicher Reduktion des entstandenen Picolyl-methyl-ketons zum Isopelletierin hergestellt (36).

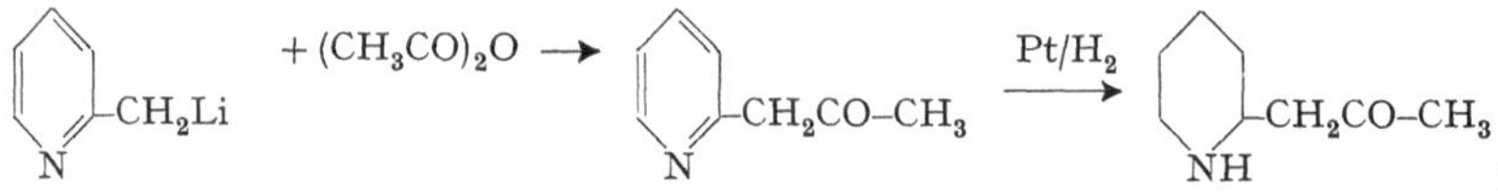

CH$_2$Li   + (CH$_3$CO)$_2$O →   CH$_2$CO–CH$_3$   $\xrightarrow{Pt/H_2}$   CH$_2$CO–CH$_3$

N          N         NH     (36)

Die Pelletierine sind recht toxisch, und es wäre interessant, durch Strukturumwandlung eine Herabsetzung der Toxizität zu erreichen.

Als Bandwurmmittel findet das ziemlich toxische Arecolin (37), Hauptalkaloid der Betelnuß, gelegentlich in der Veterinärmedizin Verwendung.

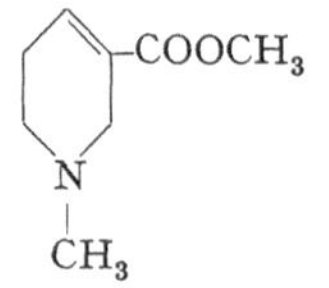

COOCH$_3$

N

CH$_3$

(37)

Arecolin

## 2. Anthelmintica, die sich nicht von Naturstoffen ableiten lassen

### 2.1 Halogenierte Kohlenwasserstoffe

WRIGHT und SCHAFFER[2]) untersuchten eine größere Anzahl Alkylhalogenide in der Absicht, Zusammenhänge zwischen chemischer Konstitution und anthelmintischer Wirkung zu finden.

Bei Hakenwurminfektion zeigten n-Butylchlorid, n-Amylchlorid, 2-Chlorbutan, n-Hexylchlorid, 2-Chlorpentan, 3-Chlorpentan sowie tert. Amylchlorid, Äthylidenchlorid und n-Butylidenchlorid eine gute Wirkung, außerdem besonders das 2-Propylchlorid.

Von größerer therapeutischer Breite als das Tetrachlormethan ist neben dem Tetrachloräthylen das Tetrachloräthan[3]).

[1]) WIBAUT und KLOPPENBERG, Rec. trav. chim. 63, 135 (1944).
[2]) W. H. WRIGHT und J. M. SCHAFFER, J. Parasitol. 16, 107 (1929); 18, 44 (1931); Amer. J. Hyg. 16, 325 (1932).
[3]) HALL, SCHILLINGER, Amer. J. trop. Med. 5, 1925 (1929).

Pentachloräthan war zwar gut wirksam, erwies sich jedoch als zu toxisch. Ferner erwiesen sich Propylenchlorid, Trimethylenchlorid, 1,2,3-Trichlorpropan und Trichloräthan als zu giftig. Hexachloräthan[1]) wird in der Veterinärmedizin bei Fascioliasis angewandt, ferner zeigte Hexachlorpentadien[2]) eine gute Wirkung.

Im allgemeinen sind Bromverbindungen wirksamer als die entsprechenden Chlorverbindungen, wirken aber irritierender auf den gastro-intestinalen Traktus.

Neben der chemischen Struktur, bei der vor allem die Zahl der Halogene und deren Stellung im Molekül wichtig ist, hat die Wasserlöslichkeit der Verbindungen große Bedeutung. Die anthelmintische Aktivität niederer Alkylhalogenide ist im allgemeinen umgekehrt proportional zu ihrer Löslichkeit[3]).

Aromatische chlorierte Kohlenwasserstoffe werden besonders als Insekticide verwendet. Das bekannteste dieser Produkte, Gammexan (das $\gamma$-Isomere des Hexachlorcyclohexans), zeigte bei der Bekämpfung von Askariden nur geringe Wirkung[4]).

Brom-, Trichlor- und Tetrachlorbenzol besitzen keine vermifugen Eigenschaften, hingegen wurden p- und o-Dichlorbenzol bei *Haemonchus contortus* und *Trichostrongyles* des Schafes angewandt[5]).

## 2.2 *Phenole*

Die Klasse der Phenole lieferte mehrere wertvolle Anthelmintica. Die Wirkung dieser Körper wird auf den sauren Charakter der Hydroxylgruppe zurückgeführt, welche die Fähigkeit hat, sich allgemein mit den basischen Gruppen der Proteine zu verbinden. Wahrscheinlich als Folge dieser Reaktion zeigen Phenole mannigfache toxische Erscheinungen bei Würmern, Insekten oder Bakterien sowie in einigen Fällen eine ziemlich hohe Toxizität für Säugetiergewebe. Thymol und $\beta$-Naphtol, an denen erstmals die anthelmintische Wirkung der Phenole erkannt wurde, werden wegen ihrer Toxizität heute kaum noch verwendet. Auch Carvacrol zeigte toxische Eigenschaften.

Durch Strukturabwandlungen ließen sich jedoch bei den genannten Körpern in jüngerer Zeit besser verträgliche Wurmmittel gewinnen, wie zum Beispiel 1-Brom-$\beta$-naphtol[6]), p-Chlor-carvacrol sowie N-Isoamylcarbaminsäurethymolester (Egressin®).

Die anthelmintische Wirkung des Hexylresorcins wurde in den USA schon vor einer Reihe von Jahren festgestellt[7]). Da Hexylresorcin im Magen-Darm-Kanal nur wenig resorbiert wird, besitzt es eine relativ große therapeutische Breite.

---

[1]) HALL, J. agric. Res. *30*, 1949 (1925); OLSEN, Amer. J. vet. Res. *7*, 358 (1946); LAPAGE, BLAKEMORE und WORTLEY, Vet. Rec. *59*, 176 (1947).

[2]) LEVINE, Amer. J. vet. Res. *15*, 548 (1953).

[3]) KUDICKE und WEISE, Trop. Dis. Bull. *24*, 167 (1926).

[4]) R. AMMON, Pharmazie *5*, 57 (1950); H. H. SCHNEIDER, Klin. Wschr. *28*, 104 (1950).

[5]) GORDON, Aust. vet. J. *29*, 167 (1953).

[6]) MUIRA, J. med. Sci. Biol. *7*, 263 (1954).

[7]) LAMSON et al., Amer. J. Hyg. *13*, 568 (1931); LEONARD, J. Urol. *12*, 585 (1924).

Die Darstellung des Hexylresorcins erfolgt durch Kondensation von Hexyl-alkohol mit Resorcin oder nach MILLER[1]) aus Capronsäure und Resorcin. Das entstehende Hexoylresorcin läßt sich nach CLEMMENSEN zum Hexylresorcin reduzieren (38).

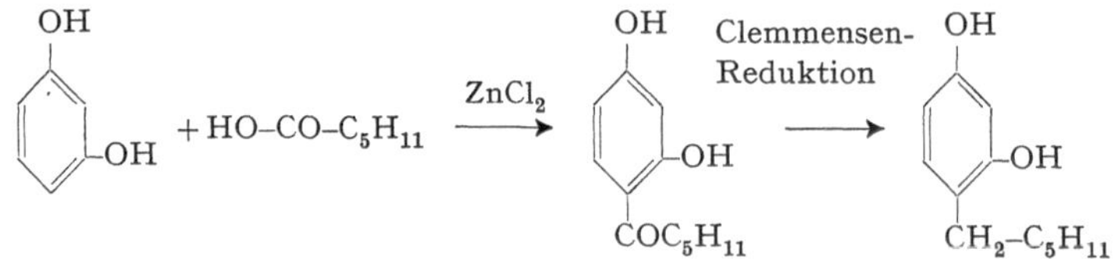

$$\text{(38)}$$

HURD[2]) gewann Hexylresorcin aus Bromhexen und Resorcin durch an-schließende Hydrierung des entstehenden Hexenylresorcins.

Untersuchungen von LAMSON[3]) zeigten, daß unter den Alkylpolyoxyben-zolen in der 4-n-Alkylresorcinreihe (39) erst das Amylresorcin eine merkliche

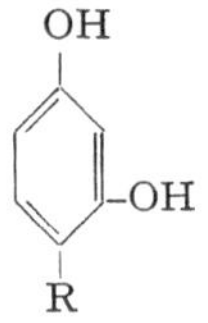

$$\text{(39)}$$

4-Alkylresorcin

Askaridenwirkung aufweist. Beim Hexylresorcin wurde das Maximum der Wir-kung erreicht, beim Duodecylresorcin hörte sie auf. Von den übrigen Poly-phenolen erwies sich nur das 4-n-Hexyl-brenzkatechin als schwach anthelmin-tisch wirksam.

Bei der Prüfung weiterer Resorcinderivate fand SEELKOPF[4]), daß 2,4-Di-oxy-desoxybenzoin (40) stark wurmwirksam ist.

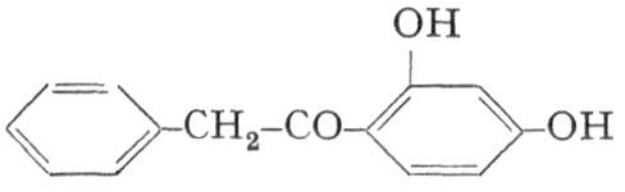

$$\text{(40)}$$

2,4-Dioxy-desoxybenzoin

DESCHIENS, LAMY und REYNAUD[5]) stellten eine Reihe basisch substituier-ter Desoxybenzoine her, von denen insbesondere Bis-(diäthylamino-äthoxy)-2,4-desoxybenzoin (41) stark anthelmintisch wirkt.

[1]) MILLER, HARTUNG, ROCK und CROSSLEY, J. Amer. chem. Soc. 60, 7 (1938).
[2]) C. HURD und R. B. Mc. NAMER, J. chem. Soc. (London) 59, 104 (1937).
[3]) P. D. LAMSON et al., J. Pharmacol. 53, 198, 218, 227 (1935); 56, 60 (1936).
[4]) K. SEELKOPF und H. AUBERHOFF, Pharmazie 5, 463 (1950).
[5]) R. DESCHIENS, L. LAMY und R. REYNAUD, Bull. Soc. Path. exot. 47, 71 (1954); R. DESCHIENS, L. LAMY, LIEBERMANN, J. COTTET und R. REYNAUD, C. R. Acad. Sci. Paris 238, 166 (1954).

Bei den o- und p-Alkylphenolen fand man, daß mit der Länge der Kette die Wirksamkeit bis zu einem Maximum zunimmt und danach wieder fällt. Die p-Derivate sind den o-Derivaten überlegen. Tert. p-Butylphenol (Butylphen) wird als Wurmmittel bei Hunden verwandt[1]).

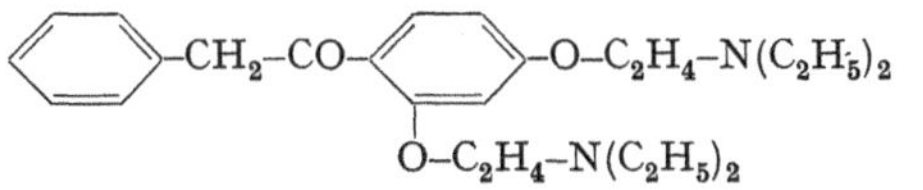

$$\langle\!\!\!\!\rangle\text{-CH}_2\text{-CO-}\langle\!\!\!\!\rangle\text{-O-C}_2\text{H}_4\text{-N(C}_2\text{H}_5)_2$$
$$\text{O-C}_2\text{H}_4\text{-N(C}_2\text{H}_5)_2$$

(41)

Heptylphenole zeigen im Vergleich zu Hexylresorcin nur schwache Wirkung.

In der 6-n-Alkyl-m-kresol-Reihe (42) steigt die askaricide Wirkung mit zunehmender Kettenlänge bis zum Butyl-m-Kresol.

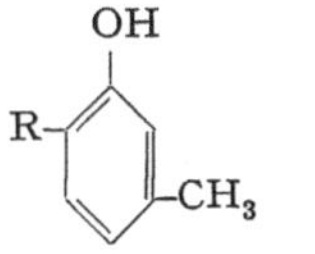

$$\text{R-}\langle\!\!\!\!\rangle\overset{\text{OH}}{\underset{\text{CH}_3}{}}$$

(42)

6-Alkyl-m-Kresol

Wie bei den anderen Reihen nimmt die Toxizität mit zunehmender Kettenlänge ab, die lokalreizende Wirkung des Aromaten geht zurück. 4-n-Hexyl-m-Kresol ist sowohl *in vitro* als auch *in vivo* wirksam.

Bei den Polyalkylphenolen gelang es nicht, durch Substitution mehrerer Alkylgruppen bei gleicher Gesamtzahl von Kohlenstoffatomen die Aktivität zu erhöhen. Das gleiche gilt für Isoverbindungen oder cyclische Alkylgruppen, so daß auch in dieser Reihe das Hexylresorcin nicht übertroffen wurde. Die wirksamsten Substanzen hatten durchweg einen Schmelzpunkt von unter 75° C und eine Wasserlöslichkeit von 1:1000 bis 1:35000.

Starke Reizwirkungen zeigt das Propylguajakol[2]). Besonders starke Wirkung zeigen einige halogenierte Alkylphenole. Neben den bereits aufgeführten p-Chlor-carvacrol und 1-Brom-β-naphtol seien die erst in neuerer Zeit bekannt gewordenen Verbindungen p-Isopropyl-bromkresol, 4-tert. Butyl-2-chlorphenol[3]), 2-Äthyl-4-chlor-6-hexylresorcin[4]), 4-Fluor-2-propylphenol[5]) und 6-tert. Butyl-1-chlor-2-naphtol[6]) erwähnt.

Die Acetophenone wirken relativ schwach, stärker die Butyryl-, Isobutyryl- und Isocaprylverbindungen. Die Oxyacetophenone sind schwächer als die entsprechenden Acetophenone, aromatische Oxyketone weitgehend unwirksam. Einige Monoäther waren zwar pharmakologisch aktiv, aber zu toxisch. Phenolester, die ohne Reizwirkung waren, erwiesen sich als nicht askaricid[7]).

---

[1]) Enzie, Proc. helm. Soc. Wash. *11*, 55 (1944); C. A. *39*, 351 (1945).
[2]) C. Pak und B. E. Read, Chin. J. Physiol. *10*, 249 (1936).
[3]) Enzie, Proc. helm. Soc. Wash. *12*, 19 (1945).
[4]) Williams, Amer. J. trop. Med. *29*, 241 (1949).
[5]) Dunker, J. Amer. pharm. Ass. [B] *39*, 437 (1950).
[6]) Crismer und Dallemagne, Acta gastro-ent. Belg. *14*, 575 (1951).
[7]) P. D. Lamson, J. Pharmacol. exp. Therap. *56*, 63 (1936).

Starke anthelmintische Eigenschaften besitzen Carbamidsäurederivate der Phenole. Aufgeführt sei insbesondere N-Isoamylcarbaminsäure-3-methyl-6-isopropyl-phenylester (Egressin)®. Dieser Körper (43) entsteht durch Kondensation von Isoamylamin mit Thymolchlorameisensäureester[1]:

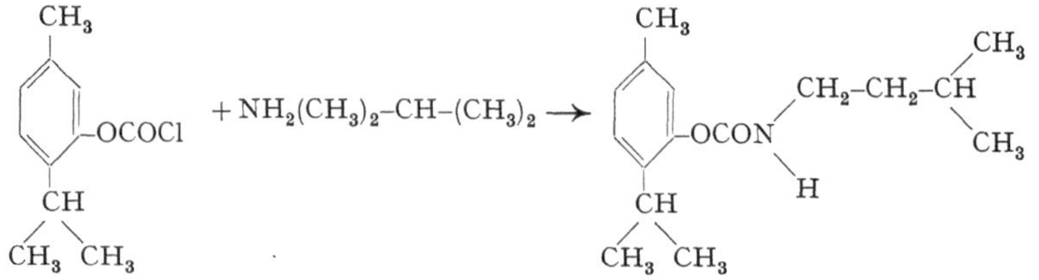

Als wurmtreibendes Mittel wurde ferner bekannt ein Carbaminsäureester des p-Benzylphenols, p-Benzylphenoxy-carbaminsäureester (Butolan®)[2], ferner Resorcinmonobutyläther-diäthylcarbamat (Lubisan).

Zur Darstellung von Lubisan überführt man den mono-Butyläther von Resorcin mit Phosgen in das Kohlensäurechlorid, das anschließend mit Diäthylamin umgesetzt wird[3] (44):

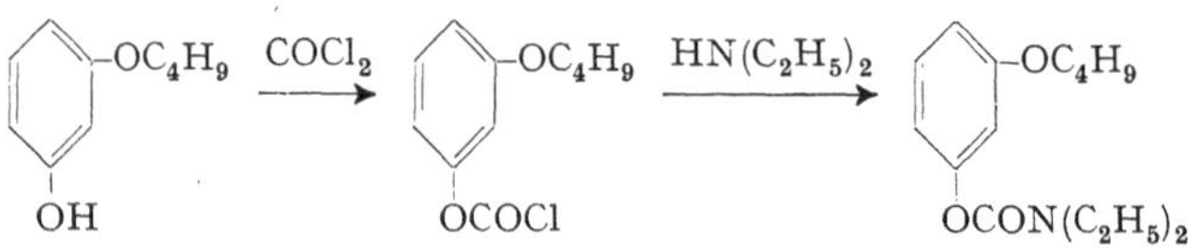

In neuerer Zeit wurden auch verschiedentlich Thiocarbaminsäureester auf ihre Wurmwirksamkeit geprüft. MULL[4] untersuchte 35 Thioncarbanilate, wovon Butyl-p-allyloxythiocarbanilat

$$CH_2=CH-CH_2-O-\!\!\!\!\!\!\!\!\langle\ \ \rangle\!\!\!\!\!\!\!\!-NH-CS-OC_4H_9 \qquad (45)$$

eine besonders starke vermifuge Wirkung zukommt.

## 2.3 Diphenyl und Diaminodiphenoxyalkane

In der Absicht, stark wirksame Germicide herzustellen, wurden eine große Anzahl Diphenylmethanverbindungen synthetisiert. Die anthelmintischen Eigenschaften der meisten dieser Körper sind jedoch bis heute noch nicht näher untersucht worden.

) APP 2524185.

[2]) O. GROSS, Naunyn-Schmiedberg's Arch. exp. Path. Pharmakol. 187, 100 (1937).

[3]) Schw. Pat. 210920; DRP Zweigst. Östr. 159425.

[4]) R. P. MULL, J. Amer. chem. Soc. 77, 581 (1955).

Unter den halogenierten Diphenylmethanen ist das als Insektengift sehr verbreitete Dichlor-diphenyl-trichlormethyl-methan (DDT) (46) gegen Spulwürmer nur schwach wirksam[1]).

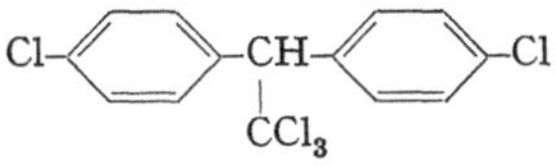

$$Cl-\langle\bigcirc\rangle-\underset{\underset{CCl_3}{|}}{CH}-\langle\bigcirc\rangle-Cl \qquad\qquad (46)$$

Hingegen zeigen halogenierte Hydroxy-diphenylmethane stark taenicide Eigenschaften. 5,5′-Dichlor-2,2′-dihydroxy-diphenylmethan (Dichlorophen, Diphentane-70) (47) ist als Bandwurmmittel stark wirksam[2]).

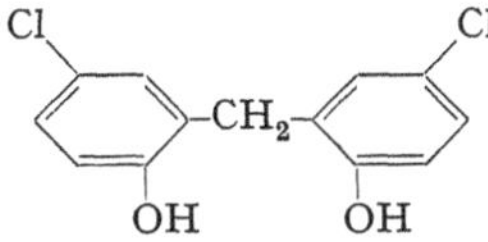

$$\underset{OH}{\overset{Cl}{\langle\bigcirc\rangle}}-CH_2-\underset{OH}{\overset{Cl}{\langle\bigcirc\rangle}} \qquad\qquad (47)$$

Aus der gleichen Verbindungsklasse zeigt das 3,3′, 5,5′, 6,6′-hexachlor-2,2′-dihydroxy-diphenylmethan (Hexachlorophen G 11) bei geringer Toxizität gute Wirkung[3]).

KERR et al.[4]) prüften die taenicide Wirkung einer Reihe von Diphenylmethanverbindungen, bei denen die Zahl und Stellung der Halogensubstituenten wechselte. Ebenso varierte die Stellung der beiden Hydroxylgruppen, und die Methylengruppe wurde durch Sauerstoff ersetzt. Die Untersucher kamen zum Ergebnis, daß die taenicide Aktivität mit steigendem Halogengehalt vergrößert wird. Hingegen konnte nicht nachgewiesen werden, ob die Anwesenheit einer Hydroxylgruppe für die taenicide Wirkung notwendig ist.

Eine Reihe von symmetrischen Diamino-diphenoxyalkanen (48), welche durch Reduktion der entsprechenden Nitrokörner dargestellt wurden, zeigten sich gegen *Schistosoma* bei Mäusen wirksam. Ebenso wurden Verbindungen der Formel (49) untersucht[5]).

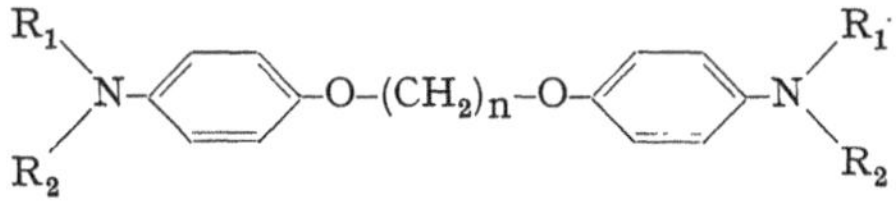

$$\underset{R_2}{\overset{R_1}{N}}-\langle\bigcirc\rangle-O-(CH_2)_n-O-\langle\bigcirc\rangle-\underset{R_2}{\overset{R_1}{N}} \qquad\qquad (48)$$

$$H_2N-\langle\bigcirc\rangle-X-\langle\bigcirc\rangle-NH_2 \qquad X = \begin{array}{l} -O-CH_2-C_6H_5-CH_2-O- \\ -O-(CH_2)_2-O-(CH_2)_2-O- \\ -S-(CH_2)_3-S- \\ -O-(CH_2)_3-NH- \\ O-(CH_2)_3- \end{array} \qquad (49)$$

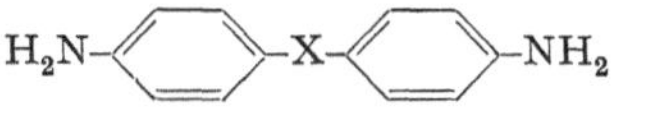

[1]) WHITEFIELD, Brit. med. J. *1*, 904 (1948); J. HOFFMANN und L. LENDLE; Arch. exp. Pathol. Pharmakol. *205*, 223 (1948).

[2]) CRAIGE und KLECKNER, J. Amer. Vet. *27*, 26 (1946).

[3]) HUNGERFORD, Aust. vet. J. *31*, 275 (1955).

[4]) K. B. KERR und H. E. GREEN, J. Parasitol. *39*, 79 (1953).

[5]) J. N. ASHLEY, R. COLLINS, M. DAVIS und N. SIRETT, J. chem. Soc. *1958*, 3298.

Bei Verbindungen der Formel (48) wurden folgende Beziehungen zwischen chemischer Struktur und Schistosomenwirkung festgestellt [1,2]:

Die Verbindungen sind am wirksamsten, wenn die Zahl der C-Atome in der mittleren Kette 7 beträgt. Sind $R_1$ oder $R_2$ höher als Äthyl, so nimmt die Wirkung ab. Sind am Stickstoff Hydroxyalkyl-, Carboxyalkyl- oder Natriumbisulfitgruppen gebunden, so bleibt die Wirkung erhalten. Durch Quartärisierung der Stickstoffatome oder Wechsel des Stickstoffatomes aus der para- in die orto- oder meta-Stellung hört die Wirkung auf. Wird im para-Aminophenolring in orto- oder meta-Stellung eine Methyl-, Methoxy-, Chlor- oder Aminogruppe eingeführt, so nimmt die Wirkung ab oder hört auf. Durch Ersatz des Sauerstoffs der Äthergruppe mit einer Alkyl- oder Arylgruppe hört die pharmakologische Aktivität auf; eine beschränkte Wirkung bleibt erhalten bei Ersatz des Sauerstoffs durch Schwefel. Wird die mittlere Kohlenstoffkette verzweigt, so tritt Wirkungsabnahme ein. Bei einer $-O-(CH_2)_4-O-(CH_2)_4-O-$ Kette bleibt jedoch die Aktivität erhalten. Ungesättigte Verbindungen mit einer dreifachen Kohlenstoffbindung erweisen sich als weniger wirksam als die entsprechenden gesättigten Derivate. Eine Kohlenstoffdoppelbindung in der mittleren Kette erweist sich hingegen nicht als wirkungsvermindernd. Die nachstehende Verbindung mit einer Kohlenstoffdoppelbindung und einer terminalen Urethangruppe erweist sich als eine der aktivsten Substanzen aus der Serie der Diamino-diphenoxyalkane (50).

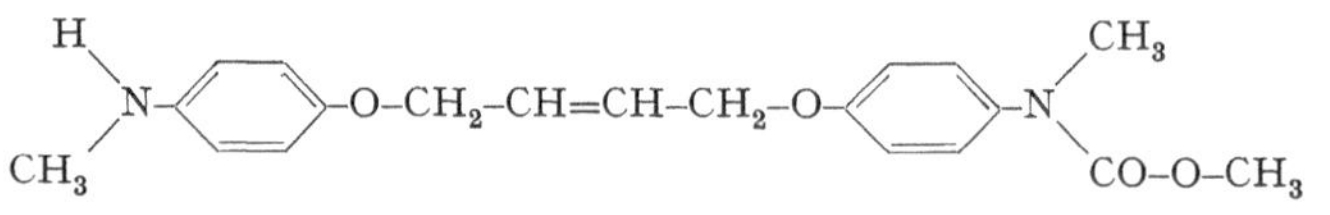

$$\text{(50)}$$

Bei Ersatz des Urethans durch eine Acetamidogruppe resultiert eine ebenso stark wirksame Verbindung. Um zu prüfen, ob bereits ein Teilstück des Diamino-phenoxyalkanmoleküls Wirkung besitzt, wurden eine Anzahl asymmetrischer Diamino-diphenoxyalkane und mono-p-Amino-phenoxyalkane untersucht. Hierbei ergab sich, daß folgende Grundstruktur (51) für eine Wirkung bei *Schistosoma* Bedingung ist.

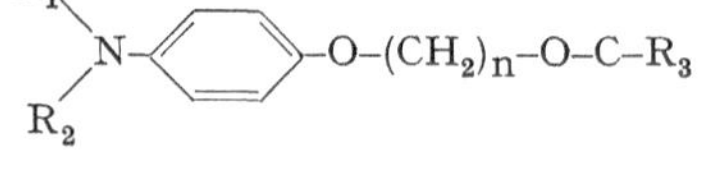

$$\text{(51)}$$

Eine optimale Wirkung wird erreicht, wenn $R_1$ und $R_2$ entweder H, $CH_3$ oder $C_2H_5$ bedeuten, $n = 7$ ist und $R_3$ eine Alkyl- oder eine substituierte Phenylgruppe bedeutet.

Bei *Schistosoma mansoni* erwies sich in vitro eine Reihe von symmetrischen

[1] STANDEN et al., Brit. J. Pharmacol. *11*, 367 (1956); *10*, 191 (1955); *11*, 375 (1956).
[2] E. BUENDING, SCHWARTZWELDER, Pharm. Rev. *9*, 329 (1957).

Diamino-dibenzylalkanen als wirksam[1]). Pharmakologisch waren Verbindungen mit einer mittleren Kette von 6 C-Atomen (n = 6) am aktivsten (52).

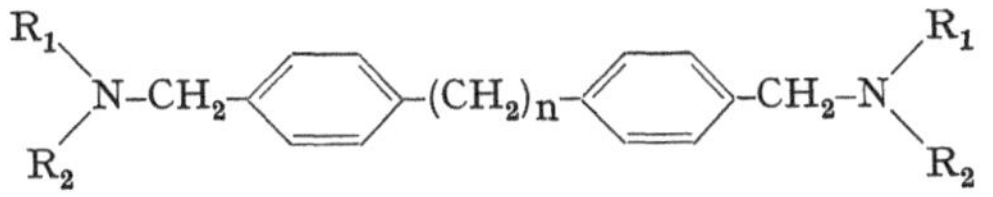

$$
\begin{array}{c}
R_1 \\
\diagdown \\
N{-}CH_2{-}\langle\!\!\bigcirc\!\!\rangle{-}(CH_2)_n{-}\langle\!\!\bigcirc\!\!\rangle{-}CH_2{-}N \\
\diagup \qquad\qquad\qquad\qquad\qquad\qquad \diagdown \\
R_2 \qquad\qquad\qquad\qquad\qquad\qquad\qquad R_2
\end{array}
\qquad (52)
$$

Quartärisierung der Aminogruppe hebt die Wirkung auf. Sekundäre Amine ($R_1$ = Alkyl, $R_2$ = H) sind in vitro wirksamer als tertiäre Amine ($R_1$ = Alkyl, $R_2$ = Alkyl).

### 2.4 Rosanilin- und Cyaninfarbstoffe

Triphenylmethanfarbstoffe, die als Anthelmintica Anwendung finden, zeichnen sich durch ihre chinoide Struktur aus. Dieses Strukturmerkmal und die durch saure und basische Gruppen hervorgerufene Affinität zu den Proteinen tragen zu der biologischen Wirkung dieser Farbstoffe bei.

Ursprünglich wurde nur Gentianaviolett verwendet. Es besteht aus einem Gemisch der Chloride des Penta- und Hexamethyl-p-rosanilids. Es kann durch Mischung von Dimethyl-p-toluidin und Dimethylanilin in Gegenwart von Kupfersulfat, Natriumchlorid oder Nitrobenzol gewonnen werden.

Kristallviolett (Hexamethyl-p-rosanilin-chlorhydrat) hat den Vorteil der konstanten Zusammensetzung (53). Die Herstellung erfolgt durch Verschmelzung von Michlers Keton mit Dimethylanilin und Phosphoroxychlorid[2]).

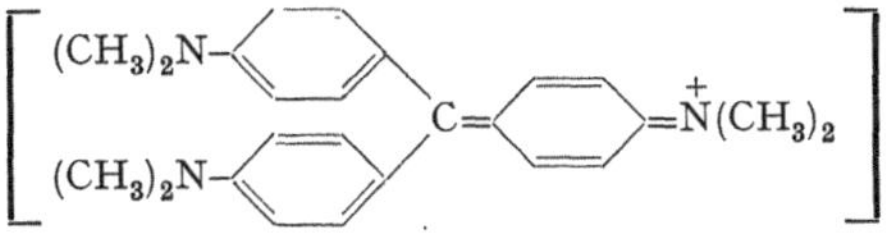

$$
\left[ (CH_3)_2N{-}\langle\!\!\bigcirc\!\!\rangle \right.
\left. C{=}\langle\!\!\bigcirc\!\!\rangle{=}\overset{+}{N}(CH_3)_2 \right] \ \bar{C}l
\qquad (53)
$$

Kristallviolett

DESCHIENS[3]) stellte anhand von experimentellen Untersuchungen an Triphenylmethanfarbstoffen folgende Zusammenhänge zwischen Konstitution und Wirkung fest:

Triaminoderivate des Triphenylmethans sind wirksamer als Diaminoderivate.

Malachitgrün (2mal $NR_2$) (54) ist weniger wirksam als Gentianaviolett (3mal $NR_2$).

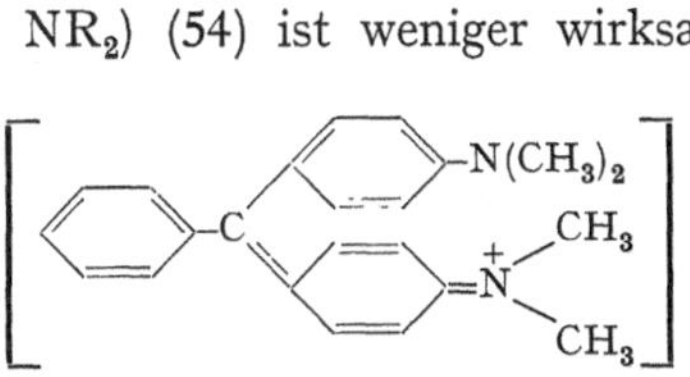

$$
\left[ \langle\!\!\bigcirc\!\!\rangle{-}C \right.
\left. \begin{array}{c} {-}N(CH_3)_2 \\[2pt] CH_3 \\ \overset{+}{N} \\ CH_3 \end{array} \right] \ \bar{C}l
\qquad (54)
$$

Malachitgrün

---

[1]) E. BUENDING und N. PENEDA, Fed. Proc. 286 (1957).
[2]) DRP 27789.
[3]) R. DESCHIENS, C. R. Acad. Sci. 217, 513 (1943); C. R. Soc. Biol. 138, 201 (1944); Bull. Soc. Path. exot. 37, 111 (1944); Presse méd. 21, 315 (1944); C. R. Soc. Biol. 138, 858 (1944).

Sulfonierung eines wirksamen Derivates vermindert dessen Aktivität oder hebt sie völlig auf (Beispiel: saures Fuchsin). Einführung eines 5wertigen Stickstoffes im Triphenylmethanmolekül setzt die Wirksamkeit herab (Beispiel: Methylengrün).

Verschiedene Cyaninfarbstoffe zeigen anthelmintische Eigenschaften. Typisch und wahrscheinlich für die Wirkung von Bedeutung ist das Amidiumionensystem, bei welchem ein quartärer Stickstoff von einem tertiären Stickstoff durch eine sogenannte «resonierende» Polyenkette getrennt ist (55).

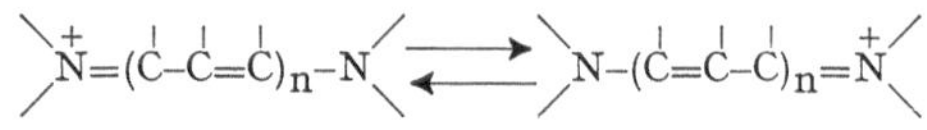

$$\overset{+}{N}=(\overset{|}{C}-\overset{|}{C}=\overset{|}{C})_n-N \rightleftharpoons N-(\overset{|}{C}=\overset{|}{C}-\overset{|}{C})_n=\overset{+}{N} \tag{55}$$

Als besonders wirksamer Farbstoff wurde 1947 das 1'-Äthyl-3,6-dimethyl-2-phenyl-4-pyrimidino-2'-cyaninchlorid[1]) bekannt (56).

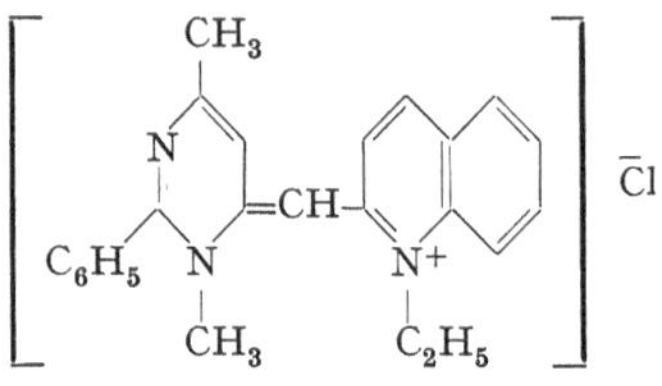

$$\bar{Cl} \tag{56}$$

Cyanin

1953 berichtete HALES[2]) über die Wirkung von 6-Dimethylamino-2-[2-(2,5-dimethyl-1-phenyl-3-pyrryl)-vinyl]-1-methyl-chinolin-chlorid (Pyrviniumchlorid, Vanquin) bei Oxyuren und anderen Nematoden. Der Körper (57) ist nur schlecht löslich und wird vom gastro-intestinalen Trakt nur wenig absorbiert[3]).

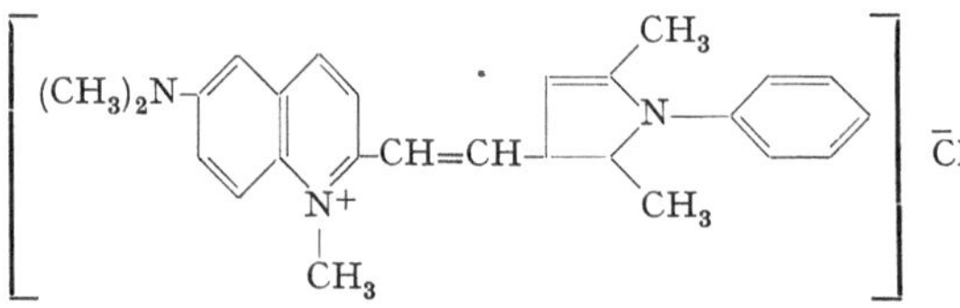

$$\bar{Cl} \tag{57}$$

Pyrviniumchlorid, Vanquin

Bei ausgezeichneter Verträglichkeit erwies sich neuerdings 3,3'-Diäthyl-thiodicarbocyanin-jodid (Dithiazanine)[4]) als hochwirksames Anthelminticum (58).

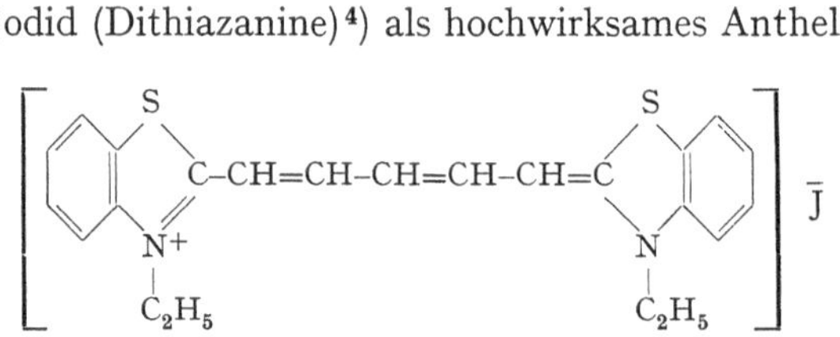

$$\bar{J} \tag{58}$$

Dithiazanine

[1]) WELCH, PETERS, BUEDING, VALK und HIGASHI, Science 106, 486 (1947).
[2]) HALES und WELCH, J. Pharmacol. 107, 310 (1953).
[3]) L. J. BRUCE-CHWATT, J. Amer. med. Ass. 163, 1481 (1957).
[4]) J. C. SWARTZWELDER, J. Amer. med. Ass. 165, 16 (1957).

## 2.5 *Acridin- und Xanthonderivate*

Zu der ersten Gruppe von Farbstoffen, die häufig auch Flavine genannt werden, gehören einige Verbindungen, die als Anthelmintica Bedeutung haben. Der Acridinkern mit der hier verwendeten Bezifferung wird in Formel (59) wiedergegeben.

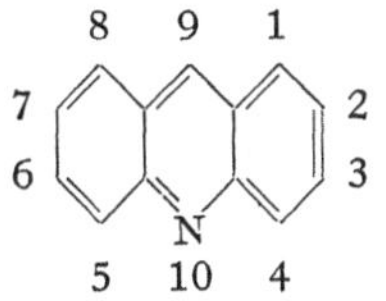

(59)

3,6-Diamino-10-methyl-acridiniumchlorid (Trypaflavin) (60) wurde bei Schistosomiasis, 2-Äthoxy-6,9-diamino-acridinlactat (Rivanol®) (61) und 6-Chlor-2-methoxy-acridyl-(9)-aminopropanol (Acranil®) (62) als Bandwurmmittel verwendet.

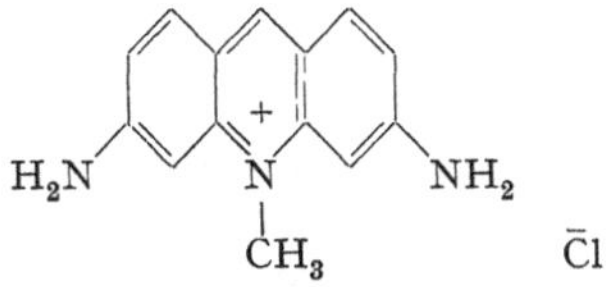

Trypaflavin

(60)

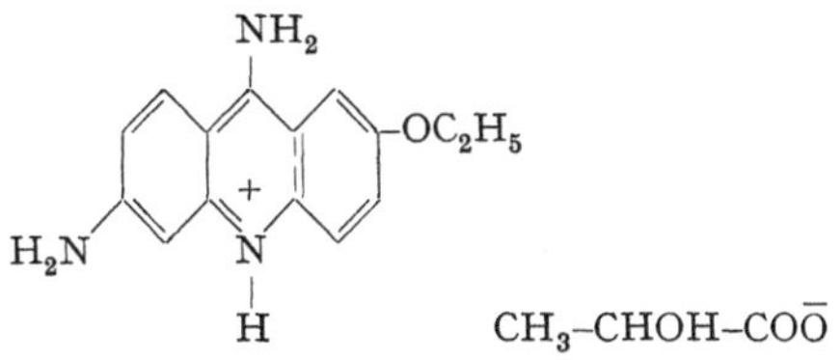

Rivanol

(61)

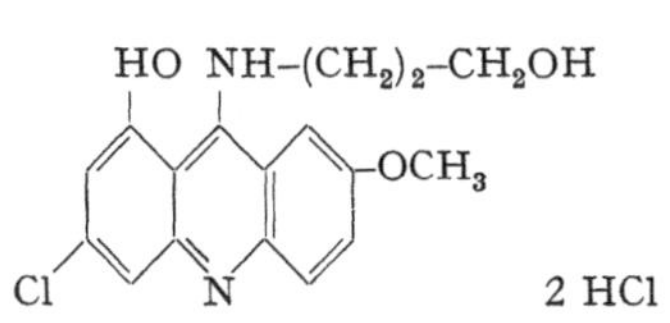

Acranil

(62)

CULBERTSON[1]) entdeckte 1940 die starke Wirkung des α-(5-Diäthyl-amino-pentyl-2-amino)-6-chlor-2-methoxy-acridins (Atebrin®) als Bandwurmmittel. Das zur Herstellung des Atebrins verwendete Verfahren (63) besteht in der Kondensation von 2,4-Dichlorbenzoesäure mit p-Anisidin und anschließendem Ringschluß mit Phosphoroxychlorid. Das entstandene 2-Methoxy-6,9-dichlor-

---

[1]) CULBERTSON, J. Pharmacol. *70*, 309 (1940).

acridin wird anschließend mit 1-Diäthylaminopentan in Phenol erhitzt:

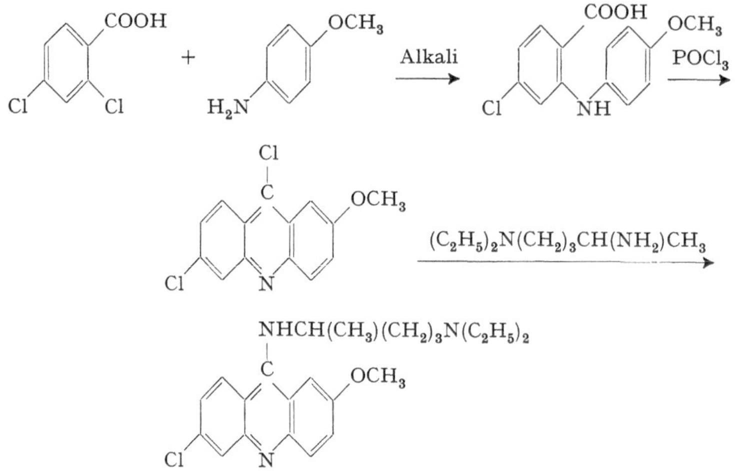

$$(63)$$

Vor kurzem wurde festgestellt[1]), daß insbesondere das Dichlorhydrat des Atebrins ein hervorragendes Bandwurmmittel ist.

Die Beobachtung, daß Atebrin eine anthelmintische Wirkung zukommt, führte zu Untersuchungen an 4-(5′-N-Diäthylaminopentyl-2′-amino)-7-chlor-chinolin (Resochin, Chloroquine). Resochin findet insbesondere als Trematoden-mittel sowie bei *Taenia* Verwendung[2]) (64).

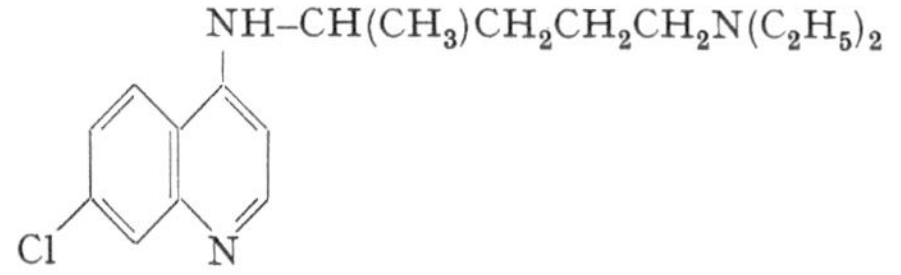

$$(64)$$

Resochin

Resochin wird erhalten, indem man 4,7-Dichlor-chinolin durch Erhitzen mit 5-Diäthylamino-2-aminopentan zur Reaktion bringt[3]).

SURREY et al.[4]) fanden, daß Verbindungen, die eine Hydroxylgruppe in der basischen Seitenkette des Atebrins aufwiesen, eine ausgeprägte anthelmin-tische Wirkung haben. Die beste Wirksamkeit gegen *Aspiculuris tetraptera* und *Syphacia obvelata* zeigte 9-(2-hydroxyäthylamino-äthylamino)-äthyl-2-methoxyacridin (65).

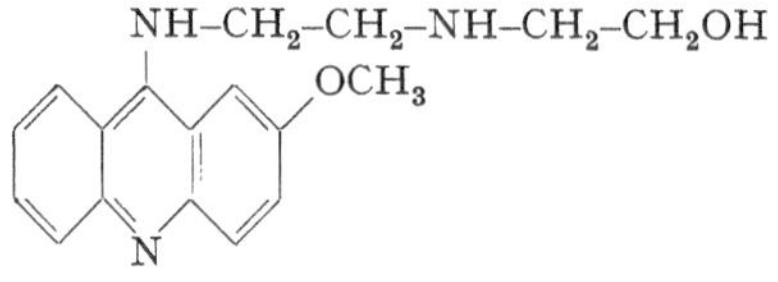

$$(65)$$

[1]) TARAJEVA, Famakologijau Toksikologija *17*, 47 (1954).
[2]) CAMERO, Rev. Fac. Med. Bogota *20*, 74 (1951).
[3]) DRP 683692 (1939); US. P. 2233970 (1941).
[4]) A. R. SURREY, S. M. SUTER und J. S. BUCK, J. Amer. chem. Soc. *74*, 4102 (1952).

In Anlehnung an die Erfahrungen, die mit Atebrin gemacht worden sind, prüfte Mauss[1]) verschiedene Xanthon- und Thioxanthonderivate mit einer Dialkylamino-alkylamino-Seitenkette. Diese Derivate sind wirksam bei *Schistosoma*, wenn in 4-Stellung eine Methylgruppe steht, unwirksam jedoch, wenn statt der Methyl- eine Äthylgruppe, eine Methoxygruppe oder Chlor eingeführt wird. Verlängerung der Kohlenstoffkette im basischen Rest verändert die Wirkung nicht.

1-(β-Diäthylamino-äthylamino)-3-methylxanthon (Miracil A) hat beim Menschen weder eine toxische noch eine signifikante therapeutische Wirkung. Eine Wirkungsverbesserung läßt sich durch Einführung von Methyl-, Methoxygruppen und Chlor, vor allem in 6- und 7-Stellung, erzielen. Von diesen Verbindungen erwies sich das 6-Chlorderivat (Miracil B) als besonders wirksam (66).

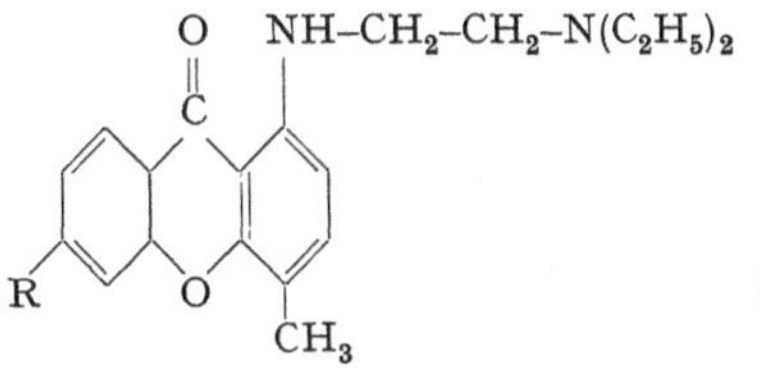

(66)

(Miracil A: R = H;
Miracil B: R = Cl)

Zur Verbesserung der Resorption stellte man das Xanthydrol-Analoge des Miracils A her, das letzteres als Miracil C (67) übertraf.

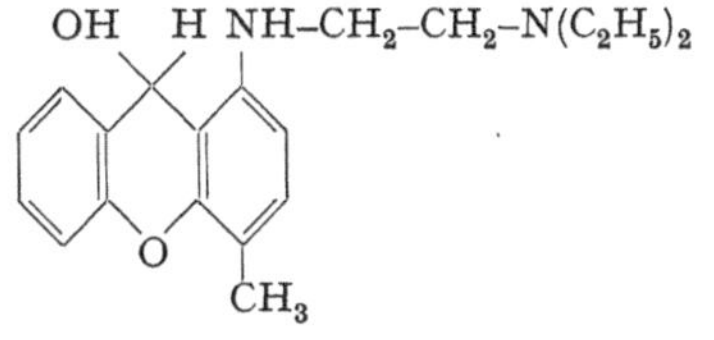

(67)

Miracil C

Eine weitere Wirkungssteigerung wurde durch Austausch des Xanthonrings gegen den Thioxanthonring erreicht. Das so erhaltene 1-(β-Diäthylamino-äthylamino)-3-methyl-thioxanthon (Miracil D) wurde verwendet bei oraler Applikation bei Mensch und Tier (68).

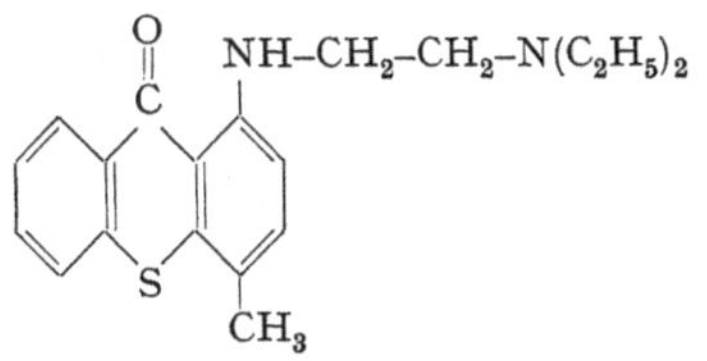

(68)

Miracil D

Die Herstellung von Thioxanthonen erfolgt durch Kondensation der entsprechenden 1-Halogen-thioxanthone mit Aminen oder der entsprechenden 1-Amino-thioxanthone mit Halogenalkylaminen.

---

[1]) Mauss, Chem. Ber. *81*, 19 (1948).

1-($\beta$-Diäthylamino-äthylamino)-4,6-dimethyl-5-aza-thioxanthone (69) sollen gegenüber bisher bekannten Thioxanthonen und Azathioxanthonen eine bessere Wirkung gegen Schistosomiasis besitzen[1]).

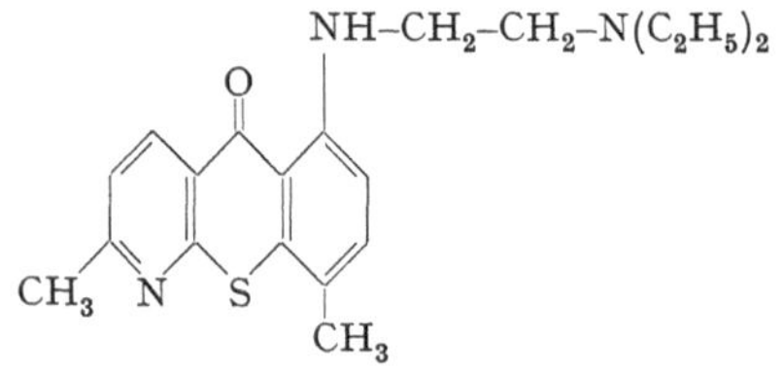

(69)

Ebenso soll das Hydrochlorid des 1-($\beta$-Diäthylamino-äthylamino)-4,6,8-tri-methyl-5-aza-thioxanthons (70) nach neueren Literaturangaben bei guter Verträglichkeit den entsprechenden Xanthonderivaten in der Bilharziosebehandlung überlegen sein[2]).

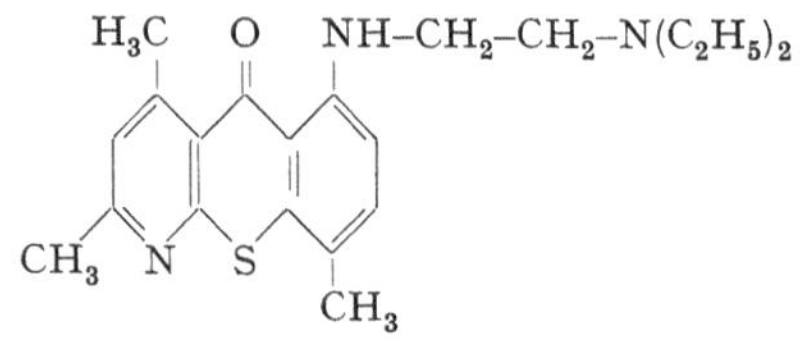

(70)

### 2.6 Phenothiazine

Im Laufe der letzten Jahre fand die Anwendung von Phenothiazinen als Anthelmintica eine gewisse Verbreitung.

Phenothiazin wird leicht oxydiert[3]). Die Oxydation wird durch Verunreinigungen – so durch Spuren von Eisen- oder Kupferverbindungen – beschleunigt. Auch in vivo wird Phenothiazin oxydiert und tritt im Harn von Tieren als Phenothiazon und Thionol auf. Es ist möglich, daß die Wirkung von Phenothiazin als Anthelminticum durch ein Oxydationsprodukt und nicht durch das Phenothiazin selbst hervorgerufen wird.

Unter Einwirkung des Luftsauerstoffs und bei Vorhandensein entsprechender Katalysatoren entsteht ein charakteristisches grünes Oxydationsprodukt, das wahrscheinlich in der Semichinonform vorliegt.

Im neutralen oder alkalischen pH-Bereich entsteht das farblose Sulfoxyd (71), das eine Pseudobase ist und ein scharlachfarbenes Hydrochlorid bildet.

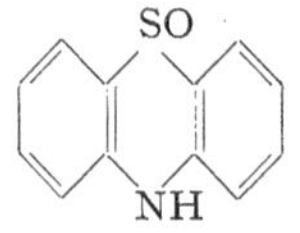

(71)

Phenothiazinsulfoxyd

[1]) DAS 1037458.
[2]) M. SANKALE, A. RIVOALEN, J. MILHADE und J. LE VIGUELLOUX, Bull. Soc. Path. exot. 6, 917 (1957).
[3]) DAVEY und INNES, Vet. Bull. Weybridge 12 (8) R 7 (1942).

Im sauren pH-Bereich kann das Sauerstoffatom vom Schwefelatom an den Benzolring gehen, und es entsteht Phenothiazon, das, wie auch das weiter oxydierte Thionol, im sauren pH-Bereich direkt aus dem Phenothiazin gebildet werden kann.

Thionol und Phenothiazon haben eine dunkelrote Farbe und lassen sich leicht zu den farblosen Leukoverbindungen reduzieren, die durch Luftsauerstoff wieder oxydiert werden (72).

Leukophenothiazon      Phenothiazon
(farblos)            (rot)

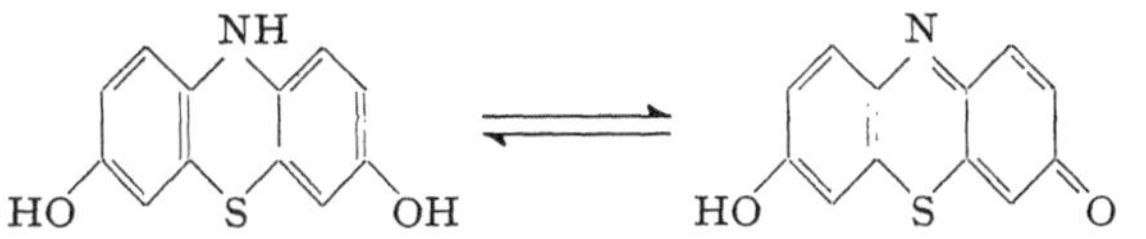

(72)

Leukothionol      Thionol
(farblos)          (rot)

Es wird angenommen, daß Phenothiazin als Redoxsystem hemmend auf die Zellatmung wirkt.

DESCHIENS et al.[1]) fanden, daß neben Phenothiazin die in Wasser ebenfalls schwer löslichen 10-Methyl- und 10-Äthylphenothiazine aktiv sind, währenddem die leicht löslichen Verbindungen Thionin (73) und Methylenblau (74) zwar ebenfalls wirksam, aber zu toxisch sind.

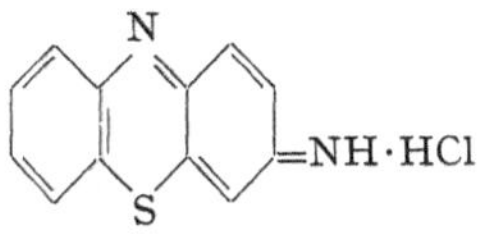

Thionin                Methylenblau

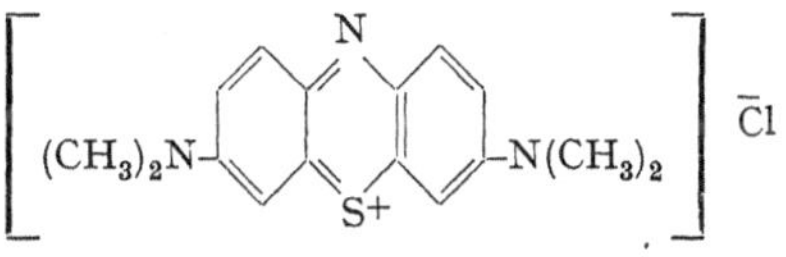

ROGER et al.[2]) untersuchten die anthelmintische Wirkung einer Reihe tricyclischer Verbindungen, bei denen die NH- und S-Gruppe des Phenothiazins durch andere Gruppen, wie CH, CO, N, O, S, Se, $SO_2$, ersetzt wurde. Ebenso wurden Carbazolverbindungen geprüft. Es zeigte sich, daß einzig Phenothiazin und Phenoxazin wirksam waren. Diphenylamin und Diphenylsulfid besitzen beide anthelmintische Eigenschaften, welche jedoch schwächer als Phenothiazin sind[3]).

[1]) R. DESCHIENS und L. LAMY, Presse méd. 453 (1946); C. R. Soc. Biol. 139, 447 (1945); Bull. Soc. Path. exot. 38, 288 (1945).

[2]) ROGER, CYMERMA, CRAIG und WARWICK, Brit. J. Pharmacol. 10, 340 (1955); Aust. J. Chem. 8, 252 (1955).

[3]) KUSHNER, BRANCONE, HEWITT et al., J. org. Chem. 13, 151 (1958).

Unter weiteren untersuchten Verbindungen erwies sich nach MACKIE[1]) eine Serie von 6-substituierten 2,3-Dihydro-3-keto-1,4-benzothiazinen bei *Fasciola hepatica* als wirksam. Unter den Derivaten zeigte sich besonders das 6-Bromderivat als aktiv.

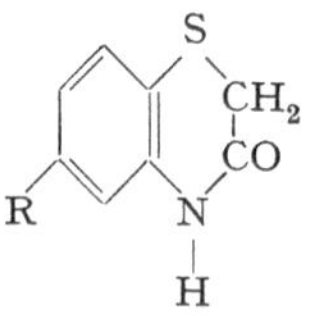

$$(75)$$

2,3-Dihydro-3-oxobenz-1,4-thiazin

Als Nematodenbekämpfungsmittel haben sich auch Benzthiazol sowie sein 2-Methyl- und 2-Chlorderivat als wirksam erwiesen[2]). Ferner sollen nach neueren Untersuchungen 1,1-Bis-(2-benzthiazolylamino)-2,2,2-trichloräthane (76), welche bei der Kondensation von 2-Amino-6-subst. Benzothiazol mit Chlorat entstehen, anthelmintische Eigenschaften besitzen.

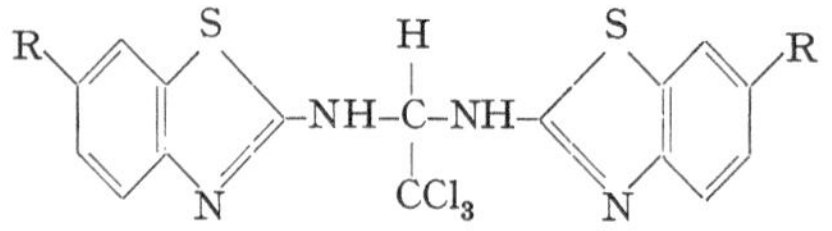

$$R = H, CH_3, OCH_3, OC_2H_5$$

$$-COO(CH_2)_2-N \begin{matrix} C_2H_5 \\ C_2H_5 \end{matrix}$$

$$(76)$$

Rhodaminderivate waren wenig wirksam, einzig die Benzylidenverbindung wirkte lähmend auf *Fasciola*[1]).

Zusammenfassend kann festgestellt werden, daß, obwohl bis heute bereits zahlreiche Verbindungen mit ähnlicher Struktur wie Phenothiazin auf ihre anthelmintische Wirkung geprüft worden sind, keiner dieser Körper die Wurmwirksamkeit von Phenothiazin übertrifft.

### 2.7 *Piperazin und seine Derivate*

1947 entdeckten HEWITT *et al.*[4]), indem sie über 100 Substanzen untersuchten, die Wirksamkeit von Piperazinderivaten bei der Filariasisbehandlung.

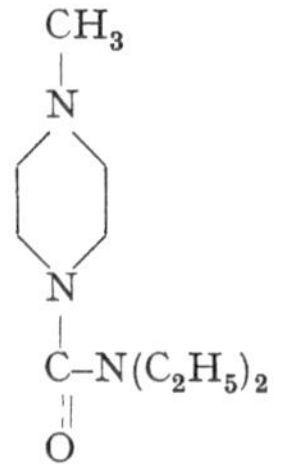

$$(77)$$

Hetrazan

[1]) MACKIE und RAEBURN, Brit. J. Pharmacol. *7*, 215 (1952); MACKIE, CUTLER und MISEN, T. chem. Soc. (London) *2577*, 3919 (1954).

[2]) R. HENSCH und B. HOMEYER, DAS 1035959.

[3]) A. L. MISRA, J. org. Chem. *23*, 1388 (1958).

[4]) HEWITT, WHITE, WALLACE, STEWART, KUSHNER und SULBA ROW, J. Lab. clin. Med. *32*, 1293 (1947).

Am aktivsten erwies sich das 1-Methyl-piperazin-4-carbonsäure-diäthylamid (Hetrazan®) (77).

Weder Piperazin selbst noch sein 1-Methyl-Derivat besitzen eine Filarienwirkung, währenddem das Piperazin-4-carbonsäure-diäthylamid eine nahe an Hetrazan heranreichende Wirkung aufweist. Außer Hetrazan zeigen auch zahlreiche andere N,N'-disubstituierte Piperazine eine, wenn auch nicht so starke Filarienwirkung. Auch bleibt bei Ersatz des Piperazinringes durch andere cyclische Amine, wie beispielsweise Dipiperidyl oder Homopiperazin, eine gewisse Filarienwirkung weiter bestehen, welche jedoch geringer als diejenige des Hetrazans ist[1]). Die Herstellung von Carbonylpiperazinen erfolgt aus den entsprechenden Piperazinen und Carbaminsäurechloriden (78)[2]).

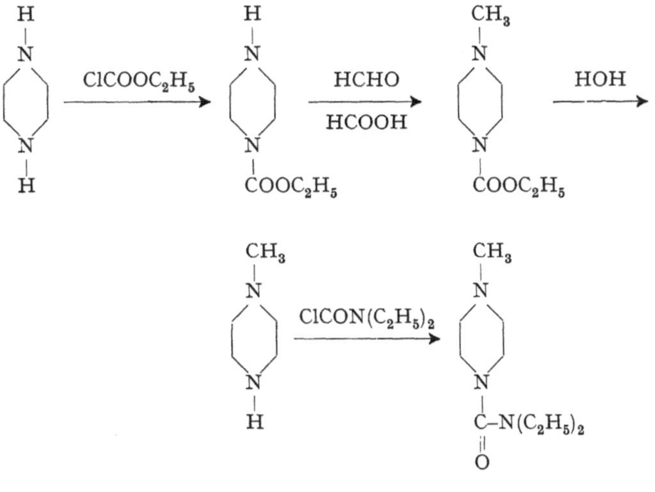

$$
\begin{array}{ccccc}
\underset{\underset{N}{|}}{H} & \xrightarrow{ClCOOC_2H_5} & \underset{\underset{N}{|}}{H} & \xrightarrow[\text{HCOOH}]{\text{HCHO}} & \underset{\underset{N}{|}}{CH_3} \\
& & & & \\
\underset{\underset{H}{|}}{N} & & \underset{\underset{COOC_2H_5}{|}}{N} & & \underset{\underset{COOC_2H_5}{|}}{N}
\end{array} \xrightarrow{HOH}
$$

(78)

$$
\begin{array}{ccc}
\underset{\underset{N}{|}}{CH_3} & \xrightarrow{ClCON(C_2H_5)_2} & \underset{\underset{N}{|}}{CH_3} \\
& & \\
\underset{\underset{H}{|}}{N} & & \underset{\underset{C-N(C_2H_5)_2}{\underset{\underset{O}{||}}{|}}}{N}
\end{array}
$$

Die Wirksamkeit von Piperazin bei Ascariden wurde 1949 erstmals von FAYARD[3]) erwähnt (79).

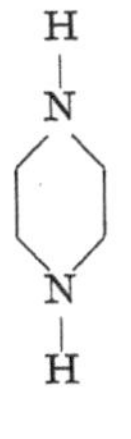

$$
\begin{array}{c}
\underset{\underset{N}{|}}{H} \\
\\
\underset{\underset{H}{|}}{N}
\end{array}
$$

(79)

Insbesondere seine Salze, wie zum Beispiel das Phosphat, Adipat, Citrat, Tartrat, Dilaurat und Diphenylacetat, sind als stark wurmwirksam bekannt. Ferner ist die kürzlich erfolgte Darstellung einer Chelatverbindung von

---

[1]) P. BROOKES, R. TENY und J. WALKER, Soc. 7, 3165 (1957).
[2]) KUSHNER, BRANCONE, HEWITT et al., J. org. Chem. 13, 151 (1948).
[3]) FAYARD, thèse (Paris), Abstr. Sem. hôp. 35, 1778 (1949).

Äthylendiamintetraessigsäure mit Calciumcarbonat und Piperazin[1]) zu erwähnen (80).

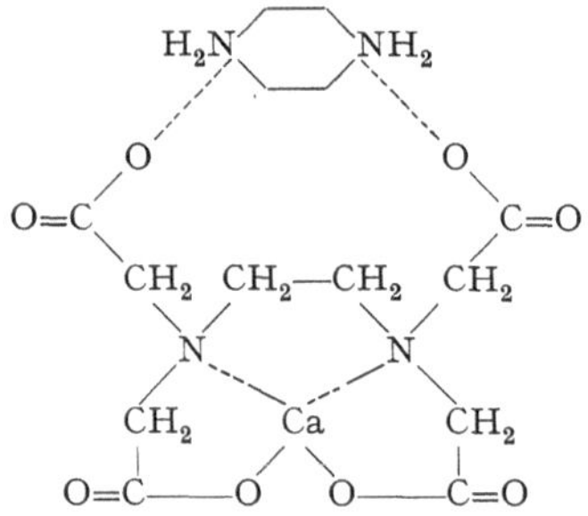

$$
\begin{array}{c}
\text{H}_2\text{N} \quad\quad \text{NH}_2 \\
\\
\text{O} \quad\quad\quad\quad \text{O} \\
\text{O=C} \quad\quad\quad \text{C=O} \\
\text{CH}_2 \;\; \text{CH}_2\text{—CH}_2 \;\; \text{CH}_2 \\
\text{N} \quad\quad\quad \text{N} \\
\text{CH}_2 \quad \text{Ca} \quad \text{CH}_2 \\
\text{O=C——O} \quad \text{O——C=O}
\end{array} \tag{80}
$$

LEIPER[2]) beschreibt einen unlöslichen Komplex von Piperazin und Schwefelkohlenstoff, welcher durch den Magensaft in seine Komponenten aufgeteilt wird. Beide Teile besitzen anthelmintische Wirkung. Es handelt sich dabei um eine polymere Verbindung, die sich aus Einheiten von Piperazin-1,4-dicarbothiosäure und dem Piperazinsalz von Piperazin-1,4-dicarbodithiosäure zusammensetzt[3]) (81).

$$
\text{HN} \quad \text{NCSSH} \quad\quad\quad\quad \text{HSCSN} \quad \text{NCSSH} \tag{81}
$$

Untersuchungen an zahlreichen substituierten Piperazinen ergaben, daß keines die Wirksamkeit des Piperazins bei Oxyuren und Askariden erreichte[4]). Nur HARFENIST[5]) fand bei der Prüfung von Piperazinen, die mit höheren Alkylresten substituiert waren, daß 1-Methyl-1-tridecyl- und 1-Methyl-1-tetradecyl-piperazinium-halogenid bei einem Carbäthoxy- oder Diäthylcarbamyl-Substituenten in N-4-Stellung bei *Syphacia oblevata* eine dem Piperazin gleichkommende Wirkung aufweisen.

In der neueren Literatur wird über Versuche berichtet, den anthelmintischen Effekt durch die Kombination von zwei wirksamen Verbindungen zu steigern.

Beispielsweise ließ man Piperazin oder seine Monosalze mit anorganischen Säuren und Santoninsäure zu Piperazin-disantoninat oder Piperazin-monosantoninat reagieren[6]). Ebenso wurden Thioxanthone durch Kondensation von 1-Halogen-4-methyl-thioxanthon mit Piperazin dargestellt[7]). Erwähnt sei auch die Darstellung eines Piperazinsalzes aus Piperazin und 4-n-Hexylresorcin[8]).

[1]) Endo Laboratories, J. Amer. med. Ass. *162*, 658 (1956).
[2]) LEIPER, Vet. Rec. *66*, 589 (1954).
[3]) DUNDERDALE und WATKINS, Chem. Ind. *174* (1956).
[4]) BROWN, CHAM und HUSSEY, Amer. J. trop. Med. Hyg. *3*, 504 (1954).
[5]) M. HARFENIST, R. V. FANELLI, R. BALTZLY, R. BROWN, K. L. HUSSEY und F. K. CHAN, J. Pharmacol. exp. Therap. *121*, 347 (1957).
[6]) Jap. Bek. N. Sho. *33* (799).
[7]) Amer. Cyanamid, A.P.P. 2.656.357.
[8]) Brit. Pat. 782.473 (1957).

## 2.8 *Metallorganische Verbindungen*

Metallsalze und Verbindungen, bei denen das Metall organisch gebunden ist, werden seit langem als Anthelmintica gebraucht. Zinn und Arsenverbindungen (siehe Oelkers, Seiten 188, 200 und 218) sind bekannte Beispiele.

Seit der Einführung von Brechweinstein in die Therapie der Bilharziosis wandte sich die chemische Erforschung des Antimongebietes insbesondere den dreiwertigen Brenzkatechinkomplexen zu, von denen das Antimon-3-bis-(brenzkatechin-disulfonsaure Natrium) Fuadin® (Formel siehe Oelkers, Seite 183) große Bedeutung erlangte. In neuerer Zeit suchte man die Nebenwirkungen der 3wertigen Antimonverbindungen herabzusetzen, indem man Körper herstellte, bei denen Antimon nicht an Sauerstoff, sondern an Schwefel gebunden ist. Friedheim et al.[1]) teilten mit, daß Antimon-$\alpha,\alpha'$-dimercapto-kaliumsuccinat (TWSb) ebenso wirksam wie Fuadin ist, aber weniger Nebenerscheinungen zeigt (82).

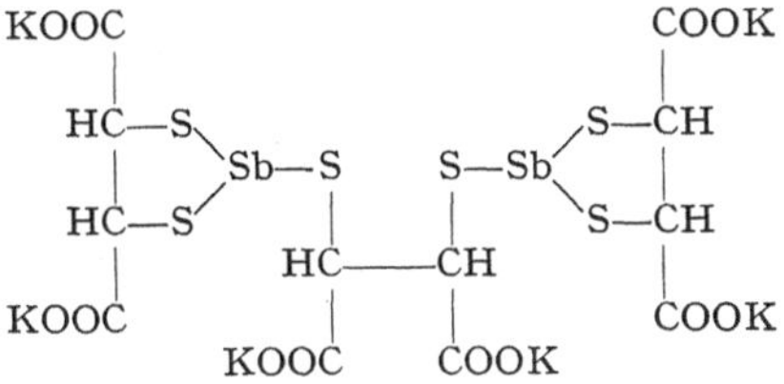

$$
\begin{array}{c}
\text{KOOC} \qquad\qquad\qquad\qquad\qquad \text{COOK} \\
| \qquad\qquad\qquad\qquad\qquad\qquad\qquad | \\
\text{HC—S} \qquad\qquad\qquad S\text{—CH} \\
| \quad\diagdown\quad Sb\text{—S} \quad S\text{—Sb} \quad\diagup\quad | \\
\text{HC—S} \diagup\qquad\qquad\qquad\diagdown S\text{—CH} \\
| \qquad\qquad \text{HC——CH} \qquad\qquad | \\
\text{KOOC} \qquad\quad |\qquad\quad| \qquad\qquad \text{COOK} \\
\qquad \text{KOOC} \quad \text{COOK}
\end{array}
\qquad (82)
$$

Andere Stibinverbindungen wurden durch Umsatz von Antimontrihalogeniden mit Mercaptanen erhalten, zum Beispiel Tri-(n-dodecyl-mercapto)-stibin[2]) (83).

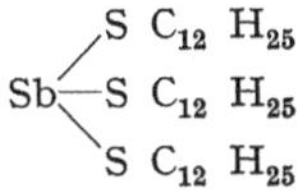

$$
Sb \begin{array}{l} \diagup S\ C_{12}H_{25} \\ \!\!\!-S\ C_{12}H_{25} \\ \diagdown S\ C_{12}H_{25} \end{array}
\qquad (83)
$$

5wertige Antimonverbindungen wurden in chemischer Hinsicht vornehmlich durch Schmidt[3]) bearbeitet. Er zeigte erstmals, daß 5wertige Benzolabkömmlinge (Stibenyl und Stibosan) eine chemotherapeutische Wirkung entfalten (84, 85).

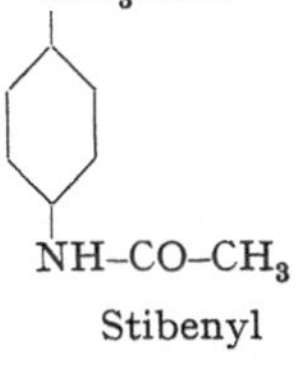

SbO$_3$HNa

(84)

NH–CO–CH$_3$

Stibenyl

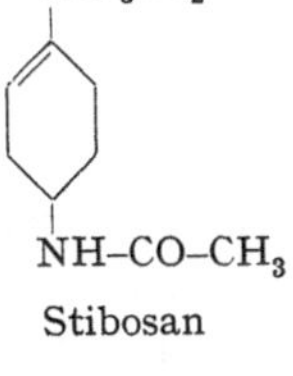

SbO$_3$Na$_2$

(85)

NH–CO–CH$_3$

Stibosan

[1]) E. A. H. Friedheim, J. R. Da Silva und A. V. Martins, Amer. J. trop. Med. *3*, 714 (1954).
[2]) A.P.P. 2510740.
[3]) H. Schmidt, Pharmazie *5*, 1 (1950).

Aromatische Antimonverbindungen werden im allgemeinen hergestellt, indem man diazotierte aromatische Amine mit Salzen der Antimonsäure umsetzt und hierauf aus den entstehenden Anlagerungsverbindungen Stickstoff abspaltet.

Die genannten Verbindungen werden durch Ethylstibamin (Neostibosan) übertroffen. Neostibosan entsteht durch Entacetylierung und Komplexbildung von Stibenyl. Die Konstitutionsformel ist sehr kompliziert. Das Kernstück des Moleküls bildet die 5wertige Antimonsäure (86).

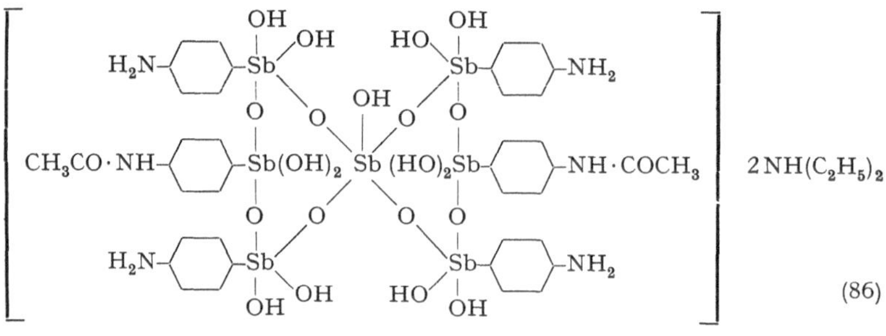

$$\left[\begin{array}{c}\text{...}\end{array}\right] \cdot 2\,NH(C_2H_5)_2 \qquad (86)$$

Neo-Stibosan

Erwähnt sei noch Solustibosan (Natriumsalz der Antimon-Gluconsäure), welches die Wirkung von Ethylstibamin besitzt, sich jedoch mit technisch einfachen Mitteln herstellen läßt.

### 2.9 Verschiedene Verbindungen

Abschließend soll noch auf einige wurmwirksame Verbindungsgruppen eingegangen werden, die sich nicht in die vorher aufgeführten Körperklassen einordnen lassen. Antibiotica und Fermentpräparate sollen an dieser Stelle nicht mehr besprochen werden (siehe OELKERS, Seiten 239, 230).

Thioharnstoffe und Isothiocyanate wurden verschiedentlich als Anthelmintica empfohlen.

Gute wurmwirksame Eigenschaften soll 1-Naphtyl-thioharnstoff aufweisen, keine hingegen das 2-Analoge und Dinaphtyl-thioharnstoff[1]). Unter verschiedenen Arylthioharnstoffkörpern zeigte eine Verbindung folgender Konstitution die beste Wirkung[2]) (87):

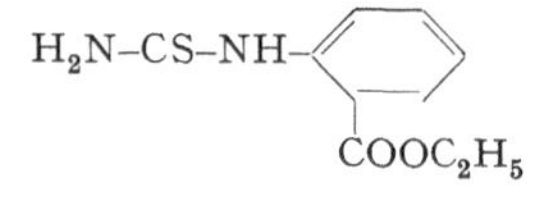

$$H_2N\text{–}CS\text{–}NH\text{–} \qquad (87)$$

Allylisothiocyanat zeigte bei pharmakologischen Untersuchungen mit *Ascaris lumbricoides* eine ebenso gute Wirkung wie Hexylresorcin[3]). Tetraäthylthiuramsulfid soll gegen Askariden wirksam sein (88).

[1]) G. FRACASSO, Boll. Chim. Farm. *90*, 314 (1951).
[2]) M. SHIMOTANI, J. pharm. Soc. Jap. *72*, 328 (1952).
[3]) H. H. ANDERSON und G. K. HURWITZ, Arch. exp. Path. Pharmakol. *219*, 119 (1953).

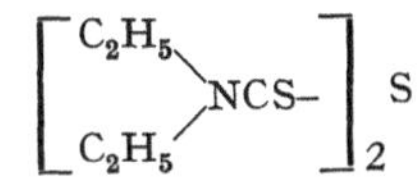

$$\left[ \begin{array}{c} C_2H_5 \\ \diagdown \\ \diagup \\ C_2H_5 \end{array} NCS- \right]_2 S \qquad\qquad (88)$$

Ebenso sollen Phenylisothiocyanate folgender Konstitution bei Oxyuren wirksam sein (89)[1]:

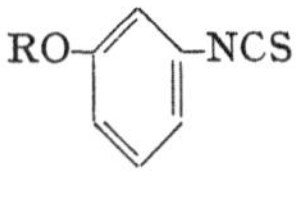

$$RO{-}\langle\ \rangle{-}NCS \qquad \begin{array}{l} (R = C_3H_7, \ i{-}C_3H_7, \ C_4H_9, \ \text{Allyl}, \\ \beta\text{-Methyl-allyl}) \end{array} \qquad (89)$$

Die Herstellung aromatischer Isothiocyanate erfolgt entweder durch Umsetzen von m-Aminophenol mit Thiophosgen und anschließender Behandlung des entstandenen m-Oxyphenyl-isothiocyanats mit Alkyl oder Alkenylhalogeniden oder durch Versetzen eines m-Alkyl- oder m-Alkenyl-oxyanilins mit Thiophosgen.

Eine weitere Verbindungsgruppe, die häufig wurmwirksame Eigenschaften aufweist, sind quartäre Salze. So haben substituierte Carbamido-methyl-benzyl-dialkyl-ammoniumhalogenide sich im Tierversuch als wirksam gegen Oxyurenbefall erwiesen[2] (90).

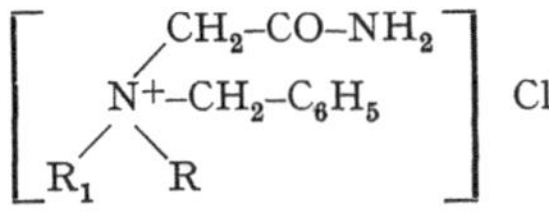

$$\left[ \begin{array}{c} CH_2{-}CO{-}NH_2 \\ \diagup \\ N^+{-}CH_2{-}C_6H_5 \\ \diagup \diagdown \\ R_1 \qquad R \end{array} \right] Cl^- \qquad (R, R_1 = \text{Alkyl}) \qquad (90)$$

Nach neueren Untersuchungen besitzen quartäre Ammoniumsalze folgender Formel (91) ein ungewöhnlich breites anthelmintisches Spektrum:

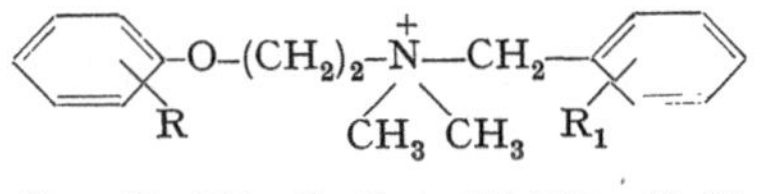

$$\langle\ \rangle{-}O{-}(CH_2)_2{-}\overset{+}{N}{-}CH_2{-}\langle\ \rangle \qquad (91)$$
$$\begin{array}{c} R \qquad\quad CH_3 \ CH_3 \quad R_1 \end{array}$$

$$(R = H, CH_3, Cl; \ R_1 = H, CH_3, Cl, F)$$

Bethenium (Benzyldimethyl-2-phenoxyäthylammonium), das als Salz der Embonsäure oder der 2-Hydroxy-3-naphthoesäure (Alcopar®) gebraucht wird, findet als Hakenwurmmittel Verwendung[3].

Ebenso wurden quartäre Picolinsalze, wie 1-Methyl-4-(2,6-dichlorstyryl)-piridiniumjodid)[5], als Anthelmintica vorgeschlagen (92).

Die Herstellung erfolgt, indem man das quartäre Salz von α- oder γ-Picolin mit dihalogeniertem Benzaldehyd umsetzt.

---

[1] E.P. 678124; E.P. 673798; E.P. 673346; D.R.P. 847894; A.P.P. 2595723.
[2] Chem. Eng. News *34*, 2120 (1950).
[3] F. C. Conn, O. D. Standen, J. Scanwell, D. A. Rawes, R. B. Brunows, Nature, London *181*, 183 (1958).
[4] A.P.P. 2742463.
[5] L. G. Goodwin, L. G. Jayewardene, O. D. Standen, Brit. med. J. *1958*, II, 1572.

Schließlich sei noch erwähnt, daß auch Phthalsäureester anthelmintisch wirksam sind. Bei der Prüfung verschiedener Ester dieser Reihe erwies sich

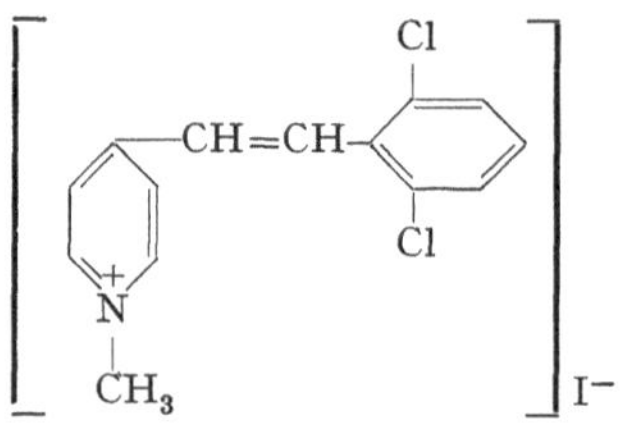

$$\left[\text{CH=CH}\begin{array}{c}\text{Cl}\\\\\text{Cl}\end{array}\right] \quad \text{I}^- \tag{92}$$

das saure Phthalat des 3-Methyl-pent-1-in-3-ol (Phthalolyne, Whipcyde) als das aktivste Derivat und zeigte eine hohe spezifische Wirksamkeit gegen *Trichuris vulpis*[1] (93).

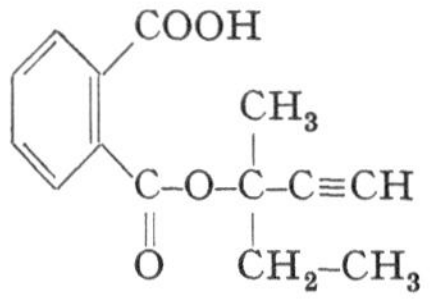

$$\begin{array}{c}\text{COOH}\\\text{CH}_3\\\text{C-O-C-C}\equiv\text{CH}\\\text{O}\quad\text{CH}_2\text{-CH}_3\end{array} \tag{93}$$

*Schlußbetrachtungen*

Betrachtet man zusammenfassend den derzeitigen Stand der Chemotherapie der Helminthiasen des Menschen, so muß man feststellen, daß der Gebrauch der klassischen Wurmdrogen und der aus ihnen hergestellten reinen Wirkstoffe im Verlauf der letzten 10 Jahre stark zurückgegangen und in den hochzivilisierten Ländern fast ganz verschwunden ist. Das gleiche gilt für viele synthetische Substanzen, die noch vor wenigen Jahren im Vordergrund des Interesses standen, wie zum Beispiel chlorierte Methanderivate, verschiedene Farbstoffe (zum Beispiel Phenothiazin, Gentianaviolett) und manche aromatische Ester (p-Benzylphenylurethan, Resorcin-monobutylätherdiäthylcarbamat und andere). Wirksamere und zugleich für den Menschen besser verträgliche Stoffe sind an ihre Stelle getreten. Dies gilt vor allem für den Befall mit Cestoden und Nematoden. Fast alle Arten lassen sich heute zuverlässig und nahezu gefahrlos für den Befallenen abtreiben, zumeist sogar ohne Unterbrechung der Berufstätigkeit des Patienten. Der hohe Preis mancher dieser Mittel erschwert allerdings die in den Tropen meist erwünschte Massenbehandlung zur Sanierung größerer Gebiete beträchtlich.

Unbefriedigend ist bisher noch die Chemotherapie der meisten Trematodiasen. Hier fehlt es auch vielfach an systematischen, mit kritischer Sorgfalt an einer großen Krankenzahl durchgeführten Behandlungsreihen der verschiedenen Egelinfektionen, zum Beispiel mit Resochin (Chloroquindiphosphat)

[1] F. A. Ehrenford, A. B. Richards, B. E. Abren, E. R. Bockstahler, L. C. Weaver und C. A. Bunde, J. Pharmacol. exp. Therap. *114*, 381 (1955).

und eventuell auch mit anderen Derivaten des 4-Aminochinolins. Infolgedessen kann beispielsweise die Frage nach den Aussichten einer Resochinbehandlung der Clonorchiasis oder der Paragonimiasis bisher noch nicht mit Sicherheit beantwortet werden[1]).

Die Behandlung der Bilharziosen mit Miracil D und anderen Thioxanthonderivaten hat die nach dem so günstigen Ausfall der Laboratoriumsversuche daran geknüpften Erwartungen nur zum Teil erfüllt. Wie oben ausgeführt (vgl. Seite 183), ist man in vielen Fällen nach wie vor auf die Verwendung der gefährlicheren Antimonverbindungen angewiesen. Das gilt ganz besonders für Infektionen mit *Schistosoma japonicum*, die anscheinend sogar in vielen Fällen nur mit hohen Dosen des alten Brechweinsteins befriedigend beeinflußt werden können. Die weniger giftigen «modernen» Antimonverbindungen sind bei dieser Infektion leider auch chemotherapeutisch weniger aktiv (vgl. Seite 186).

Auf dem Gebiet der Trematodeninfektionen sind daher Fortschritte der Chemotherapie besonders notwendig. Hierbei ist daran zu denken, daß in der Veterinärmedizin Verbindungen aus der Reihe der Filixstoffe, der chlorierten Methanderivate oder der Farbstoffe seit längerer Zeit mit zum Teil recht gutem Erfolg gegen Egelinfektionen gebraucht werden. Fortschritte für die Humanmedizin sind daher durch Fortsetzung der synthetischen Versuche auch auf diesen Gebieten noch durchaus denkbar. In dem zweiten Beitrag (J. BALLY) wird daher ein kurzer Überblick über den derzeitigen Stand aller derartigen Untersuchungen gegeben, die zugleich der Aufklärung des Zusammenhanges zwischen der chemischen Konstitution der Wurmmittel und ihrer anthelmintischen Wirkung gelten.

Leider werden Fortschritte auf dem Gebiet der Trematodenmittel sich nach den bisherigen Erfahrungen trotz umfangreicher synthetischer Arbeiten nur langsam einstellen. Der Hauptgrund dafür liegt in der Schwierigkeit, den anthelmintischen Wert neuer Stoffe rasch durch einfache Verfahren testen zu können. Gerade bei den Trematodeninfektionen des Menschen liegen die Dinge besonders ungünstig. Mehr noch als bei den Infektionen mit Cestoden und Nematoden versagen hier nicht nur Toxizitätsbestimmungen an den entsprechenden Parasiten in vitro, sondern auch Heilversuche am wurmkranken Laboratoriumstier. Nicht nur Über-, sondern auch Unterbewertung neuer Stoffe ist möglich, so daß es ratsam erscheinen kann, die klinische Prüfung auch auf Stoffe auszudehnen, die sich im pharmakologischen Versuch nicht besonders auszeichneten (vgl. etwa Seite 165). Derartige Prüfungen in genügend großem Umfang sind nur durch Zusammenarbeit mit großen Kliniken vor allem in den warmen Ländern möglich und erfordern nicht unbeträchtliche Mittel. Trotz dieser Vorbehalte steht aber in Anbetracht der großen Fortschritte, die in den letzten Jahren auf dem Gebiet der Chemotherapie der Helminthiasen bereits erreicht worden sind, doch zu hoffen, daß uns in absehbarer Zeit gegen jeden beim Menschen vorkommenden Helminthen ein zuverlässig wirkendes, gutverträgliches Mittel zur Verfügung stehen wird.

---

[1]) H.-G. THIELE, Dtsch. med. Wschr. *84*, 752 (1959).

# Das Placeboproblem

Von Prof. Dr. H. Haas, Dr. H. Fink und Dr. G. Härtfelder
Pharmakologische und wissenschaftliche Abteilung der Knoll AG.,
Chemische Fabriken Ludwigshafen a. R.

## 1. Allgemeiner Teil

### 1.1 *Einleitung*

«Es ist eine schwere Aufgabe, Beobachtungen zu machen, welche sichere Resultate über die Wirkungen der Arzneien geben.» An dieser Feststellung, die sich schon 1832 in der Pharmakodynamik des Gießener Internisten VOGT[1]) findet, hat sich in den seitdem verflossenen 125 Jahren trotz der inzwischen so stürmisch verlaufenden Entwicklung der Arzneiwissenschaft und trotz aller therapeutischen Erfolge grundsätzlich nichts geändert. Auch das vor über 30 Jahren erschienene Buch von BLEULER[2]) über *Das autistisch-undisziplinierte Denken in der Medizin*, in dem der Schweizer Psychiater sich über viele nie bewiesene und doch allgemein gebräuchliche Heilmethoden lustig macht, sowie die seit mehr als 25 Jahren von MARTINI[3]) erhobene Forderung, therapeutische Vergleiche unter Ausschaltung von Mitursachen in die therapeutisch-klinische Forschung einzuführen, haben die Ärzte nicht zu überzeugen vermocht, daß nur die wissenschaftlich bestfundierten Heilverfahren ihren Verpflichtungen gegenüber den Kranken und auch dem eigenen Streben nach einer rationellen und wirklich begründeten Therapie genügen können. Es gilt daher nach wie vor, wenn es noch so schwierig ist, das Problem der Sicherung unserer üblichen Heilmaßnahmen und all der vielen neu gewonnenen Therapeutika zu lösen oder wenigstens in Angriff zu nehmen.

Dieser Zweig der Therapie – die Therapie als Forschung – umfaßt allerdings von dem, was den gesamten Begriff «Therapie» beinhaltet, nur einen Anteil, der, gemessen an der therapeutischen Praxis und der Tätigkeit der Ärzte am Krankenbett, gering erscheinen will. Das besagt indes nichts über die Bedeutung der Fragestellung sowie die vielen negativen Auswirkungen, die sich aus der Vernachlässigung gerade dieses Teilgebietes der therapeutischen Forschung ableiten lassen. Schon die Erfahrung, daß die Mehrzahl der mit so großem Aufwand angepriesenen Mittel in kurzen Zeiträumen wieder vom Markt verschwindet, lehrt es, welch einem Anspruch an Exaktheit und Folgerichtigkeit unsere Heilmittel genügen müssen, um sich in der Situation des kranken Menschen auf die Dauer zu behaupten. Sogar dann, wenn die Wirksamkeit einer als Heilmittel angepriesenen Substanz sich bei der Erprobung am Krankenbett bestätigt hat, wird der erste Enthusiasmus, mit dem jede neue Entdeckung begrüßt wird, späterhin meist einer nüchternen Beurteilung Platz machen, welche die Grenzen, die Reichweite, den Nutzen und Schaden, mit anderen Worten die Vor- und Nachteile in unbefangener Weise richtig einzuschätzen weiß. Wenn man zudem die Schwierigkeiten betrachtet, die sich aus der immer zunehmenden Zahl an neuen Heilmitteln ergeben, und in Rechnung stellt, daß

---

[1]) VOGT, zitiert nach H. REINWEIN, Dtsch. med. Wschr. *81*, 562 (1956).

[2]) E. BLEULER, *Das autistisch-undisziplinierte Denken in der Medizin und seine Überwindung* (Springer, Berlin 1921).

[3]) P. MARTINI, *Methodenlehre der therapeutisch-klinischen Forschung* (Springer-Verlag, Berlin und Heidelberg 1947).

dieses Massenangebot den einzelnen Arzt nicht nur der Übersicht, sondern auch jeder kritischen Einstellung und jeder objektiven eigenen Beurteilung beraubt, so wird noch sinnfälliger, daß nicht alles, was mit dem Anspruch, Heilmittel zu sein, angepriesen wird, als ein zuverlässiger, reproduzierbarer, sachlich gesicherter und objektiver gültiger Heilfaktor bezeichnet werden kann, erst recht nicht, wenn solche Präparate dem klinischen Eindruck, der naiven, unzuverlässigen Erfahrung oder alten Gewohnheiten und Überlieferungen, der Propaganda bzw. einem optimistischen Analogieschluß ihre Existenz verdanken. Selbst bei den Heilmitteln, über deren Wert keine Zweifel bestehen, ist in der Regel über ihre grundsätzliche Eignung bei bestimmten Krankheiten und über ihren zweckmäßigen und begründeten Einsatz auf bestimmten Indikationsgebieten nichts Sicheres bekannt. Diese grosse Aufgabe ist im Prinzip noch zu lösen. Da der einzelne Kranke aber die letzte Instanz für die Beurteilung jeder Pharmakotherapie ist, brauchen wir solche objektiven Analysen der Klinik dringend als Ergänzung für die vielen vorliegenden pharmakologischen Laborbefunde über therapeutisch wirksame Stoffe.

Der Ausspruch des großen Spötters VOLTAIRE, demzufolge: «Un médecin est un homme, qui met des drogues, qu'il ne connaît pas, dans un corps qu'il ne connaît encore moins», ist somit auch für die heutige Zeit nicht völlig außer Kurs gesetzt, weil es so schwierig ist, bei aller Individualität des Einzelfalles zu einem Urteil zu kommen, das für ein bestimmtes Medikament eine wissenschaftliche, das heißt aber eine allgemeingültige und lehrbare Aussage über seine durchschnittliche Wirkung, seine Einsatzmöglichkeiten und seine Grenzen gestattet. Wir müssen infolgedessen immer wieder auf Heilmaßnahmen zurückgreifen und therapeutische Hilfsmittel verordnen, für die wir über methodisch exakte Beweise ihrer Wirksamkeit nicht verfügen und bei denen wir objektive Sicherungen zwar am Tier, nicht aber am Menschen aus diesem oder jenem Grunde durchgeführt haben.

Risiken für die therapeutische Forschung am Menschen gibt es schon genügend im Bereich des rein Materiellen, weil der menschliche Organismus äußerst differenziert und kompliziert aufgebaut und die Vielfalt der einander überschneidenden Kausalnexus schwer durchschaubar ist. Außerdem ist der Mensch mit den Eigenschaften des Fühlens und des Miterlebens ausgestattet. Dazu gibt es bei ihm eine Ebene des Unterbewußtseins und eine des bewußt Geistigen. Schließlich besitzt er die Freiheit des Willens und des Handelns. Dieser Teil des Seins ist ebenso wie das körperliche Geschehen in seine Krankheiten mit verwoben, und der Arzt muß mit seinen therapeutischen Maßnahmen in diese Bereiche des Geistigen eingreifen. Jede Änderung des somatischen und psychischen Gefüges kann aber bekanntlich zu einer Veränderung des Ganzen führen. Man wird sich daher fragen müssen, ob der Mensch während des Ablaufes einer Krankheit, wo er in einer zeitlichen Folge dauernden Schädigungen seines inneren Milieus unterliegt, mit sich selber verglichen werden kann, das heißt, ob es überhaupt noch möglich ist, die Wirkung eines Arzneimittels auf einen krankhaften Prozeß über einen längeren Zeitraum eindeutig zu beurteilen. Wenn dieses aber für den einzelnen Menschen zweifelhaft ist, so um so mehr für eine empirisch gebildete Stichprobe von Menschen, die durch die Ungleichheit ihrer Individuen, ihre verschiedenartige Reaktion auf ein gleiches krankmachendes Agens, ihre wechselnde Erlebnislage und Verhaltensweise und ihr unterschiedliches Ansprechen auf ärztliche Eingriffe gekennzeichnet ist. Sie wird niemals so beschaffen sein können, daß ihre Individuen einander gleichen wie «ein Ei dem anderen». Sogar wenn Rasse, Alter, Geschlecht sich nicht unterscheiden, so werden sich diese Menschen in ihrer seelischen Reaktion nie einander derart nähern, daß eine völlige Homogenität eines Krankengutes erreichbar wäre, und selbst wenn sich solche Gruppen von Kranken bilden ließen, so bliebe doch die Schwierigkeit bestehen, daß beim Menschen nie alle Mitursachen auszuschalten sind, die in den therapeutischen Effekt mit eingehen. Vor allem wird man es im Einzelfall kaum je abschätzen können, was bei der Heilung von Krankheiten der «vis medicatrix naturae», den natürlichen Reservekräften des Organismus zu verdanken ist, mit deren Hilfe die Kranken auch ohne jedes Medikament und ohne jede ärztliche Maßnahme gesund werden können. Beim Menschen spielt außerdem für die Heilwirkung der Wille zur Genesung oder sein Gegenteil eine wichtige Rolle. Derartige Momente sind einer quantitativ messenden Beurteilung, zumal am Tier, nicht zugängig, und sie können, selbst bei der Erprobung von Arzneimitteln am Menschen, die Quelle für eine Fehlbeurteilung bilden, wenn man die somatischen Wirkungsbedingungen der Arzneimittel erfassen will. Zudem ist zu bedenken, daß Homogenität als solche nicht beweisbar ist, sondern lediglich ihr Gegenteil, Inhomogenität, und auch diese nur in bezug auf bestimmte Variable. Dies ist im Wesen der statistischen Schlußweisen begründet. Ziel einer Gruppenbildung kann daher höchstens eine «möglichst weitgehende Homogenität» sein. Zu diesem Zwecke hat man in der Arzneimittelprüfung versucht, diejenigen Variablen konstant zu machen, deren Einfluß als erheblich gelten darf, zum Beispiel die Art der Krankheit, Dosierung, Konstitution, Alter, Geschlecht und Körpergewicht, soziales Milieu, Umwelt usw. Mit ihrer Ausschaltung begibt man sich indes aller Erkenntnismöglichkeiten über das Ausmaß und Wesen ihrer Einflussnahme, sowie vor allem ihrer Wechselwirkungen untereinander. Die moderne statistische Versuchsplanung eliminiert daher im Gegensatz zu der herkömmlichen Arbeitsweise nicht die Variablen, die als wichtig erkannt worden sind, sondern setzt sie in systematischer Weise in den Versuch ein. Dies geschieht bei kleinen Stichproben durch Zufallsverteilung (Randomisation), bei größeren meist in ähnlicher Weise, aber im Verhältnis ihres Vorkommens in der Grundgesamtheit, soweit dieses bekannt ist. Stichproben, so inhomogen sie zusammengesetzt scheinen, können deshalb gerade echte Abbilder der Grundgesamtheit darstellen oder der zu lösenden Fragestellung adäquat sein.

Dazu kommen als weitere Nachteile der therapeutischen Forschung am Menschen, daß kaum je ein Experiment am Kranken im wahren Sinne reproduzierbar oder genügend variierbar ist, und der Maßstab, der für die Abschätzung jeder quantitativen Beurteilung eines therapeutischen Problems grundsätzlich notwendig, a priori zumeist nicht gegeben ist. Noch aus einem anderen Grund sind der therapeutischen Forschung am Menschen Grenzen gesetzt, die

sie einfach nicht überschreiten darf, will sie nicht den Menschen zu einem reinen
Objekt der Forschung stempeln. Mit anderen Worten, überall dort, wo es gilt,
nicht· zu schaden, oder wo der Krankheitsverlauf keinen Aufschub gestattet,
kann sich der Arzt am Krankenbett keine Experimente mit einem zweifelhaften oder ungewissen Ausgang erlauben. Er kann seinen Kranken nicht einmal etwas zumuten, das die Sorgfaltspflicht des Arztes verletzt und das vielleicht zuungunsten des Hilfesuchenden ausschlagen könnte.

In dieser unübersehbaren Situation des kranken Menschen kann auch das
Tierexperiment, trotz seiner Eignung für die Begründung therapeutischer Erfolgsmöglichkeiten, nur bedingt Hilfe bringen, da es kein echtes Kriterium
gibt, ob die am Tier gewonnene Auskunft vollständig und ihre Deutung richtig
ist. Man kann also die Ergebnisse des Tierversuches nicht ohne weiteres auf
den Menschen übertragen. Das Experiment am Tier gestattet höchstens, mit
einer gewissen Wahrscheinlichkeit Schlüsse auf das Verhalten des Menschen
zu ziehen. Außerdem sind ihm für die Prüfung echter Heilwirkungen, die auf
spezifische Krankheitsvorgänge anwendbar sind, enge Grenzen gesetzt, da es
die Situation des einzelnen kranken Menschen nie völlig reproduzieren kann
und eine exakte wissenschaftliche Untersuchung über irgendwelche Zusammenhänge zwischen dem Ablauf eines Erkrankungsprozesses und seine Beeinflussung durch Medikamente nicht durchführbar ist, und zwar um so weniger,
je mehr das körperliche Geschehen beim Menschen von psychischen Faktoren
überlagert ist.

Dessen ist sich die Pharmakologie wohl bewußt, und sie wird daher nie zu
behaupten wagen, daß die, Arzneiwirkungen am kranken Menschen nur auf
den Organwirkungen beruhen, die im Tierversuch für einen bestimmten Stoff
ablesbar und objektivierbar sind, da wir am Tier die subjektiven und psychischen Wirkungskomponenten einer Arznei ebensowenig wie die psychogenen
Faktoren eines Krankheitsgeschehens beurteilen können.

Außerdem ist zu bedenken, daß der Anteil der organischen und psychischen
Faktoren bei den einzelnen Krankheiten und beim einzelnen Kranken ungleich
groß ist. Leiden ist letzten Endes immer seelisch, und fast immer ist etwas
Psychisches in das Krankheitsgeschehen und in die Therapie hineinverwoben;
eine rein somatische Therapie bleibt eigentlich auf wenige Ausnahmefälle beschränkt, etwa wenn man einem Bewußtlosen eine Injektion gibt. Im übrigen
verarbeitet der kranke Mensch jede therapeutische Maßnahme, und schon aus
diesem Grunde hat jeder therapeutische Eingriff und jede Einnahme von Tabletten eine somatische und eine psychische Wirkung, wobei ihr Einfluß auf
die Psyche positiv oder negativ sein kann. Die Frage ist also gar nicht, ob wir
bei der Behandlung psychische Momente ins Spiel bringen wollen oder nicht –
sie sind immer im Spiel. Es geht vielmehr darum, ob wir sie in Rechnung stellen
wollen und können, oder ob wir sie unkontrolliert und in unerwünschter Weise
wirken lassen. Es ist allerdings schwierig, diesen somatischen und psychischen
Anteil einer Therapie im Einzelfall richtig abzuschätzen. Selbst wenn ein
Mittel hilft, ist nicht ohne weiteres klar, was geholfen hat, das Mittel, die
«vis medicatrix naturae» oder die psychische Wirkung.

Man hat daher mit Recht immer wieder nach Möglichkeiten gesucht, therapeutische Erfolge am Krankenbett zu beurteilen, therapeutische Praktiken auf ihre grundsätzliche Eignung zu überprüfen, Falsches und Unnützes auszuschalten, Brauchbares auf seinen wahren Heilgehalt und seine Indikationsbreite zu sondieren und alle von den Arzneimitteln ausgelösten Veränderungen auf gewisse Regeln und Gesetzmäßigkeiten zurückzuführen. Dieses Anliegen ist indes nicht erst neuen Ursprungs. Neuartig ist lediglich die Einbeziehung aller nur denkbaren Hilfsmittel in die therapeutische Forschung, die sich im Laufe der Zeit als wertvolle Handhaben angeboten haben, wie zum Beispiel der therapeutische Vergleich, die Statistik, der Blindversuch, der Einsatz von Placebo sowie die psychologische Exploration und der klinische Laborbefund. Alle diese Dinge hat es, ansatzweise und wahlweise gebraucht, schon zuvor gegeben, und man sollte weder die früheren Leistungen gänzlich übersehen noch als restlos überholt abtun. Das wird erst die Zukunft entscheiden können, da auch die jetzigen Techniken und die rationalen Möglichkeiten der therapeutisch-klinischen Forschung vermutlich nur die Grundlagen für eine weitere Ausweitung und Entwicklung dieses Forschungszweiges erarbeiten helfen.

### 1.2 Geschichtliche Betrachtungen

Die Heilkunde ist ursprünglich ein Wissen aus Erlebnis und aus Erfahrung. Das Mißlingen oder der Erfolg, den ein therapeutischer Eingriff im einzelnen Krankheitsfall erbrachte, haftete zunächst im Gedächtnis und wurde bei günstigem Ausgang zu einem Erlebnis, das zur Nachahmung anreizte. Ließ sich das Resultat immer wieder reproduzieren, so kristallisierte sich im Laufe der Zeit aus der Erkenntnis von Gemeinsamkeiten und Gegensätzen eine Erfahrung heraus, die sich verallgemeinern ließ. Bezeichnend blieb indes für lange Zeiten, daß es ein Suchen nach einem planmäßig festgelegten Forschungsprinzip oder gar auf der Basis einer wissenschaftlichen Theorie nicht gab. Es wurde nicht gefragt und erst recht nicht analysiert und geforscht. Es kam daher nur in ganz seltenen Fällen, wie etwa bei der Chinarinde, der Digitalis, der Pockenimpfung, der Isolierung des Morphins, in dieser Geschichte der therapeutischen Irrungen auf der Basis von schlecht kontrollierten und recht naiven Erfahrungen zu einem reellen und damit dauerhaften Erfolg, der unvorhergeahnt und überraschend als ein Geschenk erwuchs. Von dieser Art war die Herkunft der Heilmittel über lange Zeiten bis zum endgültigen Sieg der naturwissenschaftlichen Medizin und dem damit verknüpften Beginn des pharmakologischen Experimentes, mit dessen Einsatz zunächst Hunderte und später Tausende und Abertausende von Substanzen der Untersuchung auf heilende und toxische Wirkungen zugängig wurden. Damit konnte erstmalig, ohne den Menschen allzu sehr zu gefährden, wertvolle Vorarbeit für ein zweckmäßiges und begründetes Vorgehen am Krankenbett geleistet und der Arzneischatz von allen spekulativen und mystischen Vorstellungen gereinigt werden.

Mit dieser fast ausschließlichen Verlagerung der Arzneimittelforschung auf das Experiment am Tier war indes als Nachteil verbunden, daß die Beeinflussung psychischer Faktoren und ihre Wertschätzung für die Therapie zu kurz kam. Zudem hatten die hohe Bewertung der tierexperimentellen Befunde und die mit ihrer Hilfe erzielten unerhörten Fortschritte zur Folge, daß es einen ·therapeutischen Arzneimittelversuch am Menschen kaum mehr gab und daß der Arzt am Krankenbett die therapeutische Grundlagenforschung vernachlässigte, eine echte Beurteilung therapeutischer Erfolge vom kranken Menschen aus nicht mehr kannte und sich zu einer rationellen Begründung der von ihm gebrauchten Medizinen sowie zu einer Abgrenzung ihrer Indikationsbereiche weder veranlaßt sah, noch angezogen fühlte. Diese Entscheidungen dem Tierexperiment zu überlassen, war man um so eher geneigt, da man sich sehr wohl der Schwierigkeiten einer exakten Arzneimitteluntersuchung am Menschen bewußt war.

Die Hilfsmittel für solche Studien standen dabei längst bereit. S:hon 1721 hatten COTTON MATHER in Boston und JURIN in London den statistischen Vergleich für die Beurteilung prophylaktisch angewandter Maßnahmen herangezogen und anhand ihres Zahlenmaterials den Wert der Pockenimpfung an Geimpften und Nichtgeimpften nachgewiesen. In der therapeutischen Forschung hat die Statistik indes erst 1793 durch COBBETT[1]) in Philadelphia praktische Anwendung gefunden, als er die dortigen Sterbeziffern als Beweismittel heranzog, um die von RUSH angepriesene Behandlungsmethode, mit Aderlaß und Abführmitteln dem Gelbfieber zu wehren, als wertlos und schädlich für den Krankheitsablauf abzutun. Das Interesse der breiten Öffentlichkeit an der Medizinalstatistik hat jedoch erst das Buch von LAPLACE über die *Théorie analeptique des probabilités* aus dem Jahre 1810 geweckt, das sich unter anderem auch mit der Anwendung von Rechenmethoden in der medizinischen Forschung befaßte. Die praktische Nutzanwendung für die Therapie vollzog als erster LOUIS (1787–1872)[2]), der die zahlenmäßigen Verfahrenweisen als die einzige Möglichkeit erkannte, um die Ungewißheit und Unbestimmtheit therapeutischer Erfahrungen in eine zuverlässige Genauigkeit zu verwandeln und aus Irrtum zur Wahrheit zu gelangen. Kurze Zeit später zeigte GAVARRET (1809–1890)[3]), daß man bei diesen Untersuchungen nicht mit kleinen Zahlen operieren darf, sondern das Gesetz der großen Zahlen und die Grundsätze der Wahrscheinlichkeitsrechnung berücksichtigen muß.

Schon zu Beginn des Aufstieges der wissenschaftlichen Medizin aus der Verworrenheit des 18. Jahrhunderts waren demnach die grundsätzlichen Voraussetzungen für eine zweckmäßige Anwendung der numerischen Methode geschaffen, und es konnte eigentlich niemand an der Nützlichkeit und Unentbehrlichkeit dieser Hilfsmittel zweifeln, wenn es auch weiterer Anstrengungen bedurfte, um sie aus ihrem einseitigen Operieren mit Krankheits- und Mortali-

---

[1]) W. COBBETT, *The Rush Light* (New York 1800), zitiert nach R. H. SHRYOCK, *Die Entwicklung der modernen Medizin* (Verlag F. Enke, Stuttgart 1947).

[2]) P. C. A. LOUIS, *Recherches anatomiques, physiologiques et thérapeutiques sur la phthisie* (Paris 1825); *Recherches anatomiques, pathologiques et thérapeutiques sur les maladies connues sous les noms de fièvre typhoïde* (Paris 1829).

[3]) J. GAVARRET, *Principes généraux de statistique médicale* (Paris 1840).

tätsstatistiken zu lösen und zu einem brauchbaren Instrument für die praktische Erforschung von medikamentös bedingten Effekten an Tier und Mensch zu machen.

Nicht allzuviel später haben die Gesellschaft der Ärzte in Wien sowie der Privatverein der homöopathischen Ärzte Österreichs in den Jahren 1844 bzw. 1856/57 Versuche an gesunden Menschen angestellt, bei denen den Prüfenden selbst bzw. den Versuchspersonen das Mittel unbekannt blieb. Die ersten Ansätze für eine blinde Versuchsanordnung sind demnach ebenfalls in der Mitte des vorigen Jahrhunderts zu finden. Man wird diese Arzneimittelprüfer um so höher einschätzen, da sie den Vorteil der Variation der Dosen richtig zu werten wußten und eine Periode der Vorbehandlung ohne Arzneigaben sowie eine Ausdehnung der Versuche auf Wochen und Monate kannten. Außerdem verstanden sie es, Pausen einzulegen, um das Abklingen der Wirkung abzuwarten, ehe man eine neue Dosis ausprobierte (HEISCHKEL[1])).

Ein anderes Zentrum für die Arzneimittelforschung entstand in Berlin, wo LÖFFLER sich seit 1847 mit der Wirkung von Heilmitteln in Versuchen an Gesunden beschäftigte und das Studium des natürlichen Verlaufes unbehandelter Krankheiten als ein wichtiges Hilfsmittel für die richtige Einschätzung von Arzneimitteleffekten ansah.

Alle diese zweckdienlichen Ansätze haben indes keine Wirkung in die Breite gehabt, da es das Vorbild des naturwissenschaftlichen Experimentes am Tier nicht gab und das Verständnis und Bedürfnis für strenge Versuchsanordnungen erst geweckt werden mußte. Selbst die Ausbildung und immer größere Vervollkommnung der experimentellen pharmakologischen Forschungsrichtung änderte daran nicht viel. Man findet daher vor der letzten Jahrhundertwende und lange danach mit großer Regelmäßigkeit, daß bei klinischen und experimentellen Arbeiten ungleich andere Maßstäbe für die Strenge der Versuchsanordnung zugrunde gelegt werden.

Erst die sprunghafte Entwicklung der chemischen und pharmakologischen Forschung und das aus diesen Arbeiten resultierende, immer größer werdende Angebot an Arzneimitteln zwang die klinisch-therapeutische Forschung erneut, sich mit Arzneimittelprüfungen zu befassen, wenn sie nicht in die Gefahr geraten wollte, ihre Kräfte zu vergeuden und ohne strenge Kriterien die Erfahrungen des Tierexperimentes für den Menschen in unrationeller Form und Indikationsstellung auszuwerten. Es war daher von entscheidender Bedeutung, daß MARTINI[2]) sich seit 1932 um eine Objektivierung der Arzneimittelwirkungen am Menschen und um die Ausarbeitung brauchbarer Kriterien für derartige Prüfungen bemühte und den therapeutischen Vergleich sowie die Ausschaltung von Mitursachen als Hauptvorbedingungen forderte. Auch die Notwendigkeit, suggestive Einflüsse auszumerzen und die Möglichkeiten und Wege zu ihrer Verhütung durch eine unwissentliche Versuchsanordnung und durch die Einschaltung unwirksamer Präparate, sind von ihm ebenfalls klar erkannt worden.

[1]) E. HEISCHKEL, Hippokrates 26, 536 (1955).
[2]) P. MARTINI, *Methodenlehre der therapeutisch-klinischen Forschung*, 1. Aufl. (Springer-Verlag, Berlin und Heidelberg 1932).

Die praktische Anwendung dieser Prinzipien, einschließlich der Tarnung, wurde noch im gleichen Jahre zum ersten Mal bei der Prüfung von sogenannten Herzhormonen (Lacarnol, Eutonon, Myoston) bei Angina pectoris von ihm verwirklicht[1]). Später folgen die Nachuntersuchungen von homöopathischen Arzneimitteln an Gesunden[2]), bei denen Sepia, Bryonia sowie Schwefel im Vergleich zu Scheinmitteln geprüft wurden. Alle diese Präparate wurden, ebenso wie die Laktosegaben, in Gelatinekapseln unter Wahrung einer unwissentlichen Versuchsanordnung verabreicht. Die Resultate fielen eindeutig zuungunsten aller getesteten Arzneimittel aus, auch viele andere in der Martinischen Klinik angestellte unwissentliche Arzneiversuche kamen nicht zu positiven Ergebnissen. Dies gilt für die Arzneimittel gegen Hypertonie[3]) sowie für die Tierblutinjektionen zur Behandlung des Morbus Basedow[4]). Ebenso ist es mit dem angeblichen Nutzen einer Behandlung von Magenulcera mit Histidin[5]), quarternären Ammoniumbasen[6]), Succus liquiritiae[7]), Follikelhormonen[8]) und Desoxycorticosteron[9]) bestellt. Dazu liefen alle Studien zur Behandlung der multiplen Sklerose negativ aus, sei es die Evers-Diät[10]), sei es das hämolytische Serum nach LAIGNEL-LAVASTINE und KORRESIOS[11]), sei es das Isonikotinsäurehydrazid[12]).

Es gibt allerdings bereits vor MARTINI Arzneimittelversuche, bei denen Leerpräparate in Kontrollserien eingesetzt wurden. Soweit ich sehe, hat BINGEL[13]) 1918 als erster in großem Umfange von dieser Methode Gebrauch gemacht, indem er von rund 1000 Diphtheriekranken die eine Hälfte mit antitoxinhaltigem und die andere mit gewöhnlichem Serum behandelte und fand, daß sich zahlenmäßig kein Unterschied in der therapeutischen Wirksamkeit nachweisen ließ. Bei einer Wiederholung an einem noch größeren Patientenmaterial konnte BINGEL[14]) dieses Ergebnis bestätigen. Ebenso fanden HOTTINGER und TOPFER[15]) bei der alternierenden Behandlung von 200 diphtheriekranken Kindern keine Unterschiede.

Schon zuvor hat MACHT[16]) Kontrollversuche mit Kochsalzinjektionen am Menschen ausgeführt, um die Wirkung von Morphin auf die Schmerzempfin-

---

[1]) P. MARTINI, Dtsch. med. Wschr. 58, 569 (1932).

[2]) P. MARTINI, L. BRÜCKMER, K. DOMINICUS, A. SCHULTE und A. STEGEMANN, Naunyn-Schmiedebergs Arch. 191, 141 (1939); 192, 131, 425 (1939).

[3]) A. KRUMEICH, Dtsch. Arch. klin. Med. 174, 527 (1933).

[4]) W. NAGEL, Dtsch. Arch. klin. Med. 174, 6 (1932).

[5]) R. SCHWENK, Dtsch. Arch. klin. Med. 187, 139 (1941).

[6]) H. BROICHER, Klin. Wschr. 31, 890 (1953).

[7]) H. BROICHER, Med. Klin. 49, 258 (1954).

[8]) P. MARTINI, Dtsch. Arch. klin. Med. 192, 137 (1944).

[9]) H. BROICHER, Münch. med. Wschr. 94, 837 (1952).

[10]) E. WELTE, Dtsch. med. Wschr. 74, 1441 (1949); Verh. dtsch. Ges. inn. Med. 1955, 362 (Therapie-Woche, Karlsruhe 1956).

[11]) P. BECK und P. MARTINI, Nervenarzt 13, 103 (1940).

[12]) E. WELTE und J. Ross, Dtsch. med. Wschr. 81, 1497 (1956).

[13]) A. BINGEL, Über die Behandlung der Diphtherie mit gewöhnlichem Pferdeserum (Vogel, Leipzig 1918).

[14]) A. BINGEL, Dtsch. med. Wschr. 74, 101 (1949); 75, 1585 (1950).

[15]) A. HOTTINGER und D. TOPFER, Z. Kinderheilk. 54, 513 (1933).

[16]) D. J. MACHT, N. B. HERMAN und C. S. LEVY, J. Pharm. 8, 1 (1916).

dung experimentell zu belegen. Man kann jedoch noch weiter in der Geschichte zurückgehen, worauf bereits GADDUM[1]) hinweist, und in den Beobachtungen von LIND aus dem Jahre 1747 die erste Nutzanwendung von Leerpräparaten sehen. Um die Heilkraft des seit 1546 geschätzten Orangen- und Zitronensaftes zur Skorbutbekämpfung zu beweisen, hat er an je zwei Kranken diese Säfte im Vergleich mit Seewasser, Kupfersulfatlösung, Perubalsam, Senf, Myrrhentinktur und Knoblauch erprobt und mit diesem Vorgehen, trotz der geringen Patientenzahl, nur die gute Heilwirkung von Orangen und Zitronen bestätigt gefunden und die anderen Präparate als wirkungslos erkannt.

Späterhin hat DIEHL 1933[2]) systematisch Leerpräparate bei der Überprüfung von vorbeugenden Mitteln gegen Schnupfen eingesetzt. Sein Resultat bleibt dasselbe, gleichviel, ob er seinen Kranken ein reales oder ein Scheinmedikament gibt. Er folgert daher, daß die Leertabletten durch ihren suggestiven Einfluß einen gleich günstigen Effekt wie die Medikamente ausüben. Den strikten Beweis, daß derartige Behandlungsmethoden überhaupt die zeitliche Dauer eines Schnupfens verkürzen können, blieb er jedoch schuldig, da er keine Kontrollserien mit unbehandelt gebliebenen Kranken durchführte.

Trotz dieser vielen Vorarbeiten ist der eigentliche Anstoß, sich mit dem Placeboproblem erneut auseinanderzusetzen, erst im Jahre 1945 erfolgt, und zwar durch eine Arbeit von PEPPER[3]), nach deren Veröffentlichung in Amerika eine ganze Reihe von Untersuchungen unter Benutzung solcher Leerpräparate einsetzte. Nach PEPPER ist das Wort «Placebo» als medizinischer Begriff bereits im 18. Jahrhundert in den englischsprechenden Ländern weitgehend bekannt. Es wurde hier gebraucht für eine Ersatzmedizin, die den Patienten gegeben wurde, um ihnen zu gefallen und um sie zufriedenzustellen, ut aliquid fiat. Man benutzte es also im Sinne der wörtlichen Übersetzung: Placebo = ich werde gefallen. In dieser Bedeutung erscheint dieser Begriff 1787 in QUINCYS Lexikon und wird dort als eine alltägliche Methode in der Medizin bezeichnet. Die gleiche Definition ist zu lesen in dem *Philadelphia Medical Dictionary*, der bei John Redman Coxe 1808 publiziert wurde. Auch in HOPPERS *Medical Dictionary*, desgleichen im kleinen *Oxford Dictionary* (1811) sowie in den modernen Werken von WEBSTERS *New International Dictionary of the English Language* und in DORLANDS *American Illustrated Medical Dictionary* wird das Wort «Placebo» in der gleichen Bedeutung geführt. Immer gilt das Placebo als eine Medizin ohne pharmakologische Wirkung, die den Leidenden für eine gewisse Dauer gefallen, sie beeindrucken und zufriedenstellen soll. Placebo wird also in der therapeutischen Absicht gegeben, daß der Patient sich behaglich fühlt. Damit ist nicht gesagt, daß alles, was dem Patienten behagt, auch für ihn gut ist[4]).

Es ist somit der praktischen Medizin seit langem bekannt, daß man mit Scheinmedizinen ohne pharmakologisch gesicherte Wirkung therapeutisch wir-

[1]) J. H. GADDUM, Proc. Roy. Soc. Med. *47*, 195 (1954).
[2]) S. DIEHL, J. Amer. med. Ass. *101*, 2042 (1933).
[3]) O. H. P. PEPPER, Trans. Stud. Coll. Physicians, Philadelphia 1381 (1945).
[4]) A. B. CARTER, Lancet *265*, 823 (1953).

ken kann, ohne sich deshalb einer psychoanalytischen Behandlungsweise bedienen zu müssen. Implizite nimmt man selbstverständlich an, daß die Beschwerden, die auf diese Weise beseitigt werden, nicht als real gewertet werden können, daß man also wirklich eine Scheintherapie mit Leer- oder Falsumtabletten betreibt. Im strengen Sinne des Wortes kann es jedoch nach unseren heutigen Erkenntnissen keine Leertabletten geben, da jede ärztliche Verordnung, auch von Substanzen ohne chemisch und pharmakologisch getestete Wirksamkeit, einen psychischen Effekt ausübt, der mit in die Reaktion zwischen Arzt und Patient eingeht und der auch bei pharmakologisch wirksamen Medikamenten stets vorhanden ist. Diese Feststellung ist an dem Placeboproblem neu, jedoch nicht die einzige Einsicht, die sich aus der intensiveren Beschäftigung mit solchen Scheinmedikamenten ergeben hat. Placebo ist unvergleichlich wirksamer, als man bisher angenommen hatte, und es vermag nicht nur viele subjektive Beschwerden beim Menschen in einem teilweise überraschend hohen Prozentsatz zu beseitigen oder abzumildern, sondern wirkt selbst in den somatischen Bereich hinein ganz wie ein echtes Arzneimittel helfend und heilend, ja es setzt unter Umständen Nebenwirkungen, die außerhalb von Zufall, Hysterie und Simulation liegen.

Diese systematischen Erfahrungen über Placebo sind erst sekundär aus den Bemühungen erwachsen, mit Hilfe von solchen pharmakologisch unwirksamen Stoffen echte Arzneimittelwirkungen abzugrenzen, auf diese Weise eine zuverlässige Basis für die Bewertung ihrer Wirksamkeit bzw. Unwirksamkeit zu gewinnen und womöglich über ihre Wirkintensität sowie über den Umfang und die Art ihrer Nebenwirkungen eindeutige Erfahrungen zu sammeln. Wenn man sich mit dem Placeboproblem erneut auseinandersetzt, so geschieht dies demnach nicht wie im vorigen Jahrhundert, um die praktische Verwendbarkeit solcher Scheinmedizinen für die Behandlung von Kranken zu beweisen, sondern mit der Absicht, am Menschen zuverlässige Verfahren für eine Arzneimittelbewertung zu erarbeiten, mit anderen Worten, um klinische Therapie als Forschung zu betreiben.

Über die Güte eines Arzneimittels etwas auszusagen, ist schwierig, wenn wir nicht gleichzeitig mit ihm ein anderes verabreichen. Wir brauchen also Vergleichsmaßstäbe, und zwar für jedes therapeutische Problem neue, da jede Prüfung der besonderen Situation von Kranksein und der gestellten Prüfungsaufgabe angepaßt werden muß. Das Placebo muß daher als eine besonders geeignete Vergleichsgrundlage imponieren, weil es als eine Substanz ohne pharmakodynamische Eigenschaften wenigstens auf dem somatischen Sektor nicht in das Kranksein eingreifen kann. Außerdem ist es in der Situation der klinischen Forschung, die mit zahlreichen komplizierenden Faktoren belastet ist und nicht vereinfachen kann, sicherlich leichter, zwischen nichts und etwas als zwischen etwas und etwas mehr zu entscheiden. In diesem Sinne ist wohl FINDLEY[1]) zu verstehen, der in dem Placebo die wichtigste therapeutische Waffe in den Händen des modernen Arztes sieht. Selbst wenn dies zu hoch

---

[1]) T. FINDLEY, Med. Clin. N. Amer. *37*, 1821 (1953).

gegriffen ist, so wird man zugeben müssen, daß die Placeboforschung erst
System in die Arzneimittelprüfung gebracht und das Verantwortungsgefühl
des Arztes für sein therapeutisches Handeln und sein Streben nach einer
möglichst objektiv begründeten Therapie geweckt hat.

Das große Interesse an dem Placeboproblem, das sich in zahlreichen Publikationen der letzten Jahre widerspiegelt, ist daher nur zu begrüßen. Nicht alle
Arbeiten auf diesem Gebiet sind jedoch von gleichem Wert, da selbst eine alternierende Behandlung, unter Einsatz von Placebo und unter der Voraussetzung,
daß die Kranken in der Versuchs- und Kontrollgruppe zweckentsprechend
ausgewählt waren, nicht vor Fehlentscheidungen zu schützen vermag. Mit der
zahlenmäßigen Ausweitung derartiger Versuchsreihen allein ist sicher wenig zu
gewinnen, wenn nicht die Erkenntnis für die Kompliziertheit und die Verfäng-
lichkeit der klinischen Situation hinzukommt und wenn nicht größte Folgerichtigkeit im Denken und eine noch größere Wachsamkeit in der Beobachtung
gewährleistet sind. Man wird daher die Anstrengungen auf diesem Sektor der
Arzneimittelforschung eher vervielfältigen als vermindern müssen, und es
ist nicht uninteressant, einer Publikation von Ross[1]) aus dem Jahre 1951 zu
entnehmen, in welchem Umfange eine therapeutische Forschung mit Kontrollversuchen durchgeführt bzw. in welchem Ausmaß von dieser Möglichkeit kein
Gebrauch gemacht wurde. Zur Auswertung kamen insgesamt 100 Veröffentlichungen aus der amerikanischen Literatur von 1950, die führenden Fachzeit-
schriften (wie Amer. J. Med., Ann. int. Med., Arch. Neur. Psych. und Amer.
J. med. Sci.) entnommen waren und die sich sämtlich mit der Empfehlung bzw.
Verwerfung von Arzneimitteln befaßten. Dies war der einzige Maßstab für die
Auswahl der Arbeiten. Das Resultat bestand in 45 Fällen darin, daß überhaupt
keine Kontrollen gemacht waren, 18mal waren die Kontrollen nicht adäquat
oder gültig angesetzt, und nur in 27 Veröffentlichungen wurde über Versuche
berichtet, bei denen in einwandfreier Weise geeignete Kontrollen eingeschoben
waren. Die übrigen Arbeiten waren für Kontrolluntersuchungen nicht geeignet.
Dieser Test von Ross ist heute nahezu von gleicher Bedeutung, da sich seitdem,
wenn man die gesamte Weltliteratur auf dem Gebiete der Therapie in Betracht
zieht, grundsätzlich nichts geändert hat und heute wie vor zehn Jahren die
gleichen Wünsche in der Therapieforschung offenstehen.

Dazu gehört die Einbeziehung bzw. Ausweitung der pharmakopsychologischen Forschungsrichtung, mit der man die Beeinflussung psychischer Partialfunktionen durch Arzneimittel zu erfassen hofft, um zugleich auf eine begründete Anwendungsweise von Therapeutika zur Bekämpfung psychischer Funktionsstörungen hinzuzielen. Mit der Bearbeitung derartiger Zusammenhänge
hat KRAEPELIN 1882 begonnen, indem er das Auffassungs- und Reaktions-
vermögen, die Assoziationsdauer, das Zeitschätzen zu messen versuchte und
Rechenteste einführte, die seitdem beim psychologischen Experiment eine
wichtige Rolle spielen. Seine ersten Erfahrungen auf diesem Gebiet finden
ihren Niederschlag in seiner Veröffentlichung aus dem Jahre 1892 *Über die*

[1]) O. B. Ross, J. Amer. med. Ass. *145*, 72 (1951).

*Beeinflussung einfacher psychischer Vorgänge durch einige Arzneimittel.* LANGE[1]) hat diese Reihe der meßbaren persönlichen Grundeigenschaften erweitert und die Übungsfähigkeit, die Ablenkbarkeit, die Gewöhnung und Ermüdung sowie die Erholungsdauer mit einbezogen. Selbstverständlich handelt es sich in Wirklichkeit nicht um die Erfassung isolierter Partialfunktionen, weil es solche im seelischen Bereich nicht geben kann. Immerhin ruht aber der Schwerpunkt bei einem solchen Vorgehen auf *einer* Funktion. Zudem wirken bei den psychologischen Experimenten mit Pharmaka immer somatische Faktoren mit, und so bietet sich wiederum bei solchen Prüfungen der vergleichende Test mit einem Placebo als eine große Hilfe an. Selbstverständlich wird man hier noch kritischer verfahren und die strengen Prinzipien, wie sie MARTINI für die somatische Arzneimittelprüfung gefordert hat, einhalten müssen.

Als aussichtsreichste Methoden empfiehlt PFLANZ[2]) unter anderem die Selbstbeobachtung, die Verhaltensbeobachtungen durch einen Untersucher, ausdruckskundliche Methoden, wie das Verhalten von Mimik, Sprache unter Einbeziehung der Graphologie, Leistungsteste und standardisierte Fragemethoden. Außerdem hält PFLANZ[2]) für den akuten pharmakopsychologischen Versuch die Beachtung folgender Einzelforderungen für unumgänglich: Der Versuch soll möglichst innerhalb eines Tages durchgeführt werden, und die Teste müssen so gewählt werden, daß sie innerhalb einer Stunde wiederholbar sind. Außerdem muß der Test genügend Stabilität und genügend Empfindlichkeit haben, und er soll möglichst quantitative Auskunft geben. Auch die Interpretation muß eindeutig garantiert sein. Ebenso ist die Möglichkeit für eine Nachprüfung der Teste eine selbstverständliche Voraussetzung. Schließlich ist zu beachten, daß die Versuchspersonen nicht zu lange beansprucht werden, da sonst unkontrollierbare neue Faktoren durch Ermüdung, Gewöhnung und Unlust hinzukommen.

Das Arsenal der Prüfungsmethoden, die für die Arzneimittelforschung in Betracht kommen, ist somit außerordentlich reichhaltig geworden, und es hat sich im Laufe seiner längeren geschichtlichen Entwicklung immer mehr vervollkommnet. Das will indes nicht so entscheidend erscheinen. Wichtiger dürfte die Tatsache sein, daß man immer mehr bestrebt ist, alle diese aus den verschiedensten.Gebieten gewonnenen methodischen Impulse in wachsendem Umfange gemeinsam für die Analyse therapeutischer Anwendungsweisen auszunützen, weil man erkannt hat, daß das angestrebte Ziel des Messens von Arzneimitteleffekten nur von der systematischen Anwendung aller methodischen Möglichkeiten zu erhoffen ist.

### 1.3 *Prinzipien und Grenzen der blinden Versuchstechnik*

Die Anwendung von Placebomitteln bezeichnet man auch als einfachen Blindversuch. Dieser macht nur die Versuchspersonen blind. Er besteht darin, daß die Versuchspersonen, an denen ein Medikament auf seine Wirksamkeit

---

[1]) J. LANGE, Kraepelins psychologische Arbeiten *8*, 129 (1925).
[2]) M. PFLANZ, Z. exp. angew. Psychol. *2*, 514 (1954).

und Tauglichkeit geprüft werden soll, für die gesamte Behandlungsdauer im ungewissen bleiben, ob und wann sie die zu testende Substanz bzw. das Leerpräparat erhalten. Dieser Modus des Vorgehens wird in der Regel so gehandhabt, daß in verschiedenen Versuchsreihen nebeneinander die Prüfsubstanzen und das Placebo zum Einsatz gelangen oder dem gleichen Menschenmaterial beide zu verschiedenen Zeiten verabreicht werden. Im ersteren Falle sollte die Zuteilung zur behandelten und zur nicht behandelten Gruppe nach einem Verteilungsschlüssel vorgenommen werden, der eine gleichmäßige Zusammensetzung beider Versuchsreihen gewährleistet. Außerdem ist in jedem Falle dafür zu sorgen, daß die Mittel, die zur Prüfung herangezogen werden, so getarnt sind, daß sie in ihrer Beschaffenheit, Form, Farbe, Geschmack, Geruch, Löslichkeit sowie in ihrer lokalen Verträglichkeit einander völlig gleichen, damit der Versuch nicht schon aus technischen Gründen von vornherein mit Fehlerquellen behaftet ist. Die wirksame und die unwirksame Charge soll deshalb womöglich an die Versuchspersonen unter mehreren Bezeichnungen verabreicht werden, so daß die Erkennung des Placebo praktisch vermeidbar ist[1-3]. Man darf also beispielsweise nicht zwei Tablettensorten ausgeben, sondern wird die beiden Präparate unter mehreren Tarnbezeichnungen führen, so daß der Eindruck entsteht, daß nicht zwei, sondern weit mehr Substanzen zur Prüfung anstehen. Die Beachtung dieser Regeln ist wichtig, da den Versuchspersonen aus ethischen und juristischen Gründen nicht verheimlicht werden darf, daß sie zu einer Prüfung herangezogen werden. Der ideale Fall der völligen Unvoreingenommenheit der Testpersonen kann somit nicht verwirklicht werden.

Nur wenn diese Regeln eingehalten werden, sind zu verallgemeinernde Schlußfolgerungen aus den erzielten Resultaten erlaubt. Der mathematische Schluß von der Stichprobe auf die Grundgesamtheit ist indes nicht berechtigt, wenn diese mit anderen Eigenschaften ausgestattet ist als jene. Außerdem wird man bei der Beweisführung für die Wirksamkeit von Heilmitteln fordern müssen, daß diese bei einem größeren Prozentsatz der Versuchspersonen wirksamer sind als das Placebo, oder daß ihre Wirkung um so viel intensiver als die eines Placebo ist, damit eindeutige Auskünfte zustande kommen und ein meßbares Ergebnis erwächst, das berechnet und einer statistischen Auswertung zugeführt werden kann[4,5]. Der Prozentsatz der auf Placebo ansprechenden Personen kann unter Umständen von Gruppe zu Gruppe stark schwanken. Er muß daher in jedem einzelnen Falle und bei jeder Prüfung mitbestimmt werden, und man kann sich keinesfalls bei der Abschätzung der Wirksamkeit einer Prüfsubstanz auf «bekannte Häufigkeiten» von Placeboeffekten beziehen. Man wird also nie auf die Gleichzeitigkeit der Prüfung von Medikament und Placebo und die Einhaltung gleichartiger äußerer Versuchsbedingungen verzichten können.

[1]) G. CLAUSER, Med. Klinik 51, 1403 (1956).
[2]) K. H. BEECHER, Biometr. Bull. 8, 218 (1952); Science 116, 157 (1952).
[3]) L. LASAGNA, J. chron. Dis. 1, 353 (1955).
[4]) E. M. JELLINEK, Biometr. Bull. 2, 87 (1946).
[5]) L. LASAGNA, F. MOSTELLER, J. M. VON FELSINGER und H. K. BEECHER, Amer. J. Med. 16, 76 (1954).

Die Behauptung, daß die gefundenen Unterschiede zwischen einem Medikament und einem Placebo statistisch signifikant sind, erscheint demnach nur berechtigt, wenn die technische Durchführung der Versuche einwandfrei ist und die Modellsituation, auf der der mathematische Schluß basiert, gegeben ist. Das setzt eine entsprechende Versuchsplanung voraus, bei der zu berücksichtigen ist, daß die Resultate einer statistischen Auswertung zugeführt werden[1, 2]). Beide, Planung und Auswertung, müssen hierbei so gleichgeschaltet sein[3]), daß die statistische Behandlung des Untersuchungsmaterials nicht der logischen Struktur des Experimentes widerspricht und daß umgekehrt die Projektierung und Durchführung der Untersuchungen auf den mathematischen Auswertungsmodus angelegt sind.

Nur auf diese Weise wird man etwas über den Wert oder Unwert der geprüften Substanzen sicher aussagen können, und es wäre ziemlich sinnlos, solche aufwendigen Versuchstechniken, wie sie das Blindversuchverfahren darstellt, überhaupt zu betreiben, wenn man dieses Ziel nicht erreichen wollte. Die Einbeziehung der Mathematik für die Urteilsbildung ist also eine selbstverständliche Forderung, die zu dieser Versuchstechnik unbedingt hinzugehört.

Der einfache Blindversuch entspricht damit weitgehend der unwissentlichen Versuchsanordnung von MARTINI[4]), die als optimale Bedingungen für eine therapeutisch-klinische Prüfung die Beachtung einer Vorbeobachtungsperiode, einer medikamentenfreien Nachbeobachtung und einen auslesefreien Vergleich zwischen einer Medikamenten- und einer Placebogruppe ansieht.

Im einfachen Blindversuch weiß der Arzt, ob und wann es sich um einen behandelten Fall oder um eine Kontrolle handelt. Das ist zweifellos für die Urteilsfindung nicht gleichgültig, da suggestive Einflüsse von seiten des Arztes nicht ausgeschaltet sind. Diese hängen nicht nur von der Empfänglichkeit des Patientenmaterials für Suggestion sowie von der ärztlicherseits beabsichtigten und bewußt betriebenen Suggestion im Sinne einer Aktivierung und Unterstützung der medikamentösen Therapie ab. Auch das unbewußte Überspringen einer Beziehung zwischen Arzt und Patient und die ungewollte Beeindruckung der Versuchsperson durch die ärztliche Persönlichkeit spielen zweifellos eine große Rolle. QUICK äußerte auf der Cornell Conference on Therapy[5]) 1946: «Ich habe bei anderen Gelegenheiten die Beobachtung gemacht, daß, je eindrucksvoller der Kliniker und je einnehmender seine Persönlichkeit ist, er um so ungeeigneter für die Bewertung von Medikamenten ist, weil seine Persönlichkeit sehr oft die Patienten beherrscht.» Zudem hat sich in jüngster Zeit eine Gruppe von englischen Ärzten bemüht, «die Droge Arzt» zu analysieren und ihren Einfluß auf die Therapie der Beurteilung zugänglich zu machen.

[1]) H. K. BEECHER, Biometr. Bull. *8*, 218 (1952); Science *116*, 157 (1952).

[2]) L. LASAGNA, J. chron. Dis. *1*, 353 (1955).

[3]) E. DE MAAR, Mod. Hosp. *84*, 108 (1955).

[4]) P. MARTINI, *Methodenlehre der therapeutisch-klinischen Forschung* (Springer-Verlag, Berlin und Heidelberg 1957).

[5]) Cornell Conference on Therapy, New York State J. Med. *46*, 1718 (1946).

BALINT[1]) meint in seiner Einführung, daß das am allerhäufigsten verwendete Heilmittel der Arzt selber sei und daß nicht die Flasche Medizin oder
die Tabletten ausschlaggebend sind, sondern die Art und Weise, in welcher sie
verschrieben, verabreicht und eingenommen werden. «Über die Dosierung,
in welcher der Arzt sich selbst verschreiben soll», so fährt er fort, «sowie über die
Form, die Häufigkeit, über die heilenden und erhaltenden Dosen steht in
keinem Lehrbuch etwas.» Diese Ärztegruppe stellt sich daher die Aufgabe, das
Problem des Verhältnisses zwischen Arzt und Patient einer befriedigenden und
glücklichen Lösung zuzuführen, und sucht diese Aufgabe in erster Linie mit
psychoanalytischen Methoden anzugehen. Im Rahmen der Placeboforschung
interessiert von diesen Bemühungen nur die starke Unterstreichung der Be-
deutsamkeit der Arztpersönlichkeit auf Heilmitteleffekte.

Diesem induzierenden Prinzip der Droge «Arzt» ist mit rein numerischen
Begriffen nicht beizukommen. Die Logistik kennt jedoch gewisse Verknüp-
fungen von Sachverhalten, die sich auf unsere Fragestellung anwenden lassen,
nachdem folgende 4 Prämissen gemacht sind:

1. Sind sowohl Arzt als auch Arznei gut, so ist der Effekt gut.
2. Sind sowohl Arzt als auch Arznei schlecht, so ist der Effekt schlecht.
3. Es ist nicht gleichgültig, ob der Arzt gut oder schlecht ist.
4. Es ist nicht gleichgültig, ob die Arznei gut oder schlecht ist.

| Verknüpfung | | Disjunktion | Konjunktion |
|---|---|---|---|
| Arzt | Arznei | Effekt | |
| 1 | 1 | 1 | 1 |
| 1 | 0 | 1 | 0 |
| 0 | 1 | 1 | 0 |
| 0 | 0 | 0 | 0 |
| Es sollen hierbei bedeuten: 0 = schlecht und 1 = gut. | | | |

Nunmehr kommen zwei Lösungen in Frage, die Disjunktion und die Kon-
junktion. Die Disjunktion ist immer dann wahr, wenn mindestens eine der
verknüpften Aussagen wahr ist; sie heißt auch logische Summe. Die Konjunk-
tion ist demgegenüber nur dann wahr, wenn beide verknüpften Aussagen
wahr sind; sie heißt daher auch logisches Produkt. Da demnach beide Funktionen mathematisch interpretierbar sind, kann die Verknüpfung mit mathematischen Symbolen gekennzeichnet werden.

---

[1]) M. BALINT, *Der Arzt, sein Patient und die Krankheit* (Ernst-Klett-Verlag, Stuttgart 1957).

Das Problem wird also alternativ betrachtet, und als Ergebnis kann gebucht werden, daß der grundlegende Unterschied zwischen der logischen Summe und dem logischen Produkt darin besteht, daß es im ersten Falle genügt, wenn entweder der Arzt oder das Medikament gut sind, während im zweiten Falle beide gut sein müssen, damit überhaupt eine gute Wirkung erzielt werden kann.

Man kann auch eine Rangskala aufstellen und dadurch das betrachtete Objekt quantifizieren, indem man folgende Reihe zugrunde legt: 0 = schlecht, 1 = mäßig, 2 = gut, 3 = sehr gut usw. Auf diese Weise ergeben die additive Verknüpfung:

| | Arznei | | | |
|---|---|---|---|---|
| Rang | 3 | 2 | 1 | 0 |
| 3 | 6 | 5 | 4 | 3 |
| Arzt 2 | 5 | 4 | 3 | 2 |
| 1 | 4 | 3 | 2 | 1 |
| 0 | 3 | 2 | 1 | 0 |

und die multiplikative Verknüpfung

| | Arznei | | | |
|---|---|---|---|---|
| Rang | 3 | 2 | 1 | 0 |
| 3 | 9 | 6 | 3 | 0 |
| Arzt 2 | 6 | 4 | 2 | 0 |
| 1 | 3 | 2 | 1 | 0 |
| 0 | 0 | 0 | 0 | 0 |

ein noch stärkeres Hervortreten der Unterschiede.

Unterstellt man, daß die Verknüpfung von Arzt und Arznei additiven Charakter hat, so wird man absolute Versager erwarten müssen, wenn beide, Arzt und Arznei, schlecht sind. Je qualifizierter der Arzt ist, um so weniger spielt die Güte der Arznei eine Rolle, je besser die Arznei ist, um so weniger die Qualifikation des Arztes. Nimmt man dagegen an, daß die Verknüpfung von Arzt und Arznei multiplikativer Art ist, so werden sich Versager ergeben, wenn entweder der Arzt schlecht ist oder die Arznei. Mässige Ergebnisse werden eintreten, wenn beide durchschnittlich sind, und überragende Resultate wird man erhalten, wenn beide gut bzw. sehr gut sind. Es bleibt also bei diesem Verknüpfungsmodus ungeachtet der Qualifikation des Arztes die Güterelation der Arznei und ungeachtet der Heilkraft der Arznei die Relation der ärztlichen Qualifikation immer gewahrt. Diese Art der Verknüpfung entspricht daher offensichtlich nicht der Empirie.

Der logistischen Analyse ist somit zu entnehmen, daß zwischen Arzt und Arznei im allgemeinen eine additive Verknüpfung bestehen mag. Sind beide Effekte aber nicht voneinander unabhängig, mit anderen Worten, treten Wechselwirkungen auf, die dieses additive Prinzip überlagern, so wird man wahrscheinlich nur aus der Beurteilung der einzelnen Situation zu einer verbindlichen Aussage kommen.

Methodisch kann der Arzt im einfachen Blindversuch dieses induzierende Prinzip seiner Persönlichkeit bewußt in die Waagschale werfen, indem er der ganzen Atmosphäre, in der die Medizin verabreicht und genommen wird, bei jedem Prüfpräparat und bei jeder Prüfperson noch einen positiven oder negativen Affekt aufdrückt. Der Prüfer kann also mit Absicht seinen Behandlungserfolg durch eine entsprechende Beeinflußung zu steigern versuchen oder ihm durch eine Gegensuggestion eine ungünstige Disposition schaffen. Welche Bedeutung ein solches Vorgehen unter Umständen haben kann, ist aus den Versuchen von WIED[1]) abzulesen. Sie besagen, daß auch unwirksame Präparate therapeutische Erfolge erzielen, wenn der Arzt seine Patienten entsprechend suggestiv beeinflußt. Dieses Ergebnis liegt ganz auf der Linie unserer Annahme, daß zwischen Arzt und Arznei im allgemeinen eine additive Verknüpfung gegeben ist.

Andererseits war es bei wirksamen Stoffen gleichgültig, ob die Kranken suggestiv indifferente, positive oder negative Anweisungen erhielten, da in jedem Falle die Erfolgsziffern gleichartig ausfielen und der Unterschied zu den unwirksamen Vergleichssubstanzen immer eindeutig gewahrt blieb. Auch dies besagt, daß bei einer wirksamen Arznei die Güte des Arztes praktisch zu vernachlässigen ist. Man hat daher nachdrücklich verlangt, daß der Arzt ebenfalls nicht wissen darf, ob beim Blindversuch wirksame oder unwirksame Substanzen verordnet werden. So ist die Technik des doppelten Blindversuches oder besser des doppelt blinden Versuches entwickelt worden, die auch den Arzt blind macht, so daß nur ein Dritter weiß, welches Präparat im Einzelfalle angewendet wird. Andere Untersucher sind noch weiter gegangen und haben

---

[1]) G. L. WIED, Ärztl. Wschr. *8*, 623 (1953).

den 3fachen Blindversuch bzw. den 3fach blinden Versuch als eine weitere Sicherungsmaßnahme vorgesehen. Hier weiß der Patient nicht, was er bekommt, dem untersuchenden Arzt ist es ebenfalls unbekannt, und selbst der Arzt oder die Pflegeperson, die die Spitzen oder die Medikamente geben, bleiben im ungewissen. Nur eine vierte überwachende Person hat Einblick in die Verteilung der Medikamente und in die Anordnung des Versuchsablaufes. Der 3fach blinde Versuch zerlegt somit die Person des Prüfers in die eines behandelnden und eines untersuchenden Arztes, die beide keine Einsichtsmöglichkeit in die Behandlungsweise haben. Zur Verwirrung von Patient und Arzt kann man außerdem, wie beim einfachen Blindversuch, die Präparate in mehrere gleiche Chargen aufteilen. Selbstverständlich müssen im übrigen die übereinstimmende Beschaffenheit von Placebo und Medikamenten und die gleichartige Zusammensetzung des Patientengutes unter Ausschluß einer bewußten Auswahl sowie die Anwendbarkeit statistischer Auswertungsverfahren gewährleistet sein.

Außerdem ist die Zufallsverteilung (Randomisation) der Prüfsubstanzen und des Placebo von wesentlicher Bedeutung[1, 2]. Diese unregelmäßig wechselnde und damit nur für den Kenner des Verteilerschlüssels durchschaubare Reihenfolge trägt wesentlich dazu bei, den prüfenden Arzt und den Probanden vor einer bewußt oder unbewußt einseitig ausgerichteten Einschätzung der vorgenommenen therapeutischen Maßnahmen zu bewahren und dem Charakter einer echten Blindmethode näherzukommen. Trotzdem sind gewisse Bedenken nicht auszuräumen, da unter Umständen das vorangehende Präparat für die Wirkung des nachfolgenden von Bedeutung sein kann. Man wird daher gut tun, in den einzelnen Prüfungsgruppen den Beginn zu variieren und den Wechsel zwischen Medikament und Placebo in verschiedenen Zeitabschnitten zu vollziehen[3]. Die Testung der einzelnen Gruppen durch unabhängige Untersucher kann weiterhin von Vorteil sein[4].

Ferner muß man in Rechnung stellen, daß ein Medikament die psychische Reaktionsbereitschaft und die Empfänglichkeit für äußere oder innere Reize verändern kann, so daß eine nachfolgende Behandlung mit einem zweiten Stoff – sei es ein Placebo oder ein zweites Arzneimittel – auf andere Bedingungen stößt[5]. Sedativa können beispielsweise Angstzustände dämpfen und gleichzeitig die Suggestibilität erhöhen. Örtliche Faktoren, wie Licht, Ernährung, Krankenhausaufenthalt, dürften ebenfalls von Einfluß sein. Daneben spielen psychogene Momente eine Rolle, die die Beobachtungsergebnisse abwandeln können, wie die Autoritätsgläubigkeit, die Suche nach Schutz und Hilfe, das Verhältnis zum Pflegepersonal, die innere Bereitschaft oder ablehnende Stellungnahme zur Arzneimittelprüfung, das Bemühen, mit einer dienlichen Auskunft aufzuwarten; selbst Befunde objektiver Art, falls sie vegetativen

---

[1]) H. K. BEECHER, Biometr. Bull. *8*, 218 (1952).
[2]) L. LASAGNA, J. chron. Dis. *1*, 353 (1955).
[3]) A. KEATS, J. Amer. med. Ass. *147*, 1761 (1951).
[4]) A. B. BREDFORD-HILL, Brit. med. Bull. *7*, 278 (1951).
[5]) J. KJAER-LARSEN, Ugeskr. Laeger. *118*, 1426, 1428 (1956).

Steuerungsmechanismen unterliegen, sind zumeist nicht ohne Kritik verwertbar. Dazu kommen Änderungen in der Beschaffenheit des menschlichen Prüfungsobjektes zum Guten oder zum Schlechten, sei es im Krankheitsverlauf, in der Stimmungslage oder anderem, die bei länger dauernden Versuchen ebenfalls nicht immer abwägbar und exakt faßbar sind[1].

Der doppelt blinde Versuch hat demnach seine Schwierigkeiten, die nicht allein in seinem großen technischen Aufwand liegen. Er stellt somit keine Patentlösung der klinisch-therapeutischen Forschung dar, als die er zunächst von der «Cornell Conference on Therapy»[2] empfohlen wurde. Auch JORES[3] hat ihn gewissermaßen zu einer Conditio sine qua non der Arzneimittelprüfung erhoben, nachdem die Wichtigkeit und Notwendigkeit dieser Prüfungsmethode immer wieder betont wurde[4-20].

Den Hauptbeweis für die Unentbehrlichkeit des doppelten Blindversuches erblickt JORES[21] in den Ergebnissen von GREINER[22] et al., die angeblich nebeneinander mit einer einfachen und einer doppelt blinden Versuchstechnik am gleichen Patientenmaterial Khellin überprüft und bei einfacher blinder Versuchsanordnung einen guten Khellin- und einen weniger guten Placeboeffekt, bei doppelt blinder Technik dagegen eine gleichartige Wirkstärke für Khellin und Placebo gefunden haben. Tatsächlich haben diese Autoren sich selbst keine Kontrolle dieser Art geschaffen, und so entfällt der exakte Beweis, daß die doppelt blinde Technik mehr als der einfache blinde Versuch leistet.

---

[1] A. J. STUNKARD, Amer. J. Psych. *107*, 463 (1950).

[2] Cornell Conference on Therapy, New York State, J. Med. *46*, 1718 (1946).

[3] A. JORES, Medizinische *1956*, 1240; Dtsch. med. Wschr. *80*, 915 (1955); *81*, 376 (1956).

[4] H. K. BEECHER, J. Amer. med. Ass. *159*, 1602 (1955); *158*, 399 (1955); Science *118*, 322 (1953); Pharm. Rev. *9*, 59 (1957); Amer. J. Med. *20*, 107 (1956); Biometrics *8*, 218 (1952).

[5] H. K. BEECHER, A. S. KEATS, F. MOSTELLER und L. LASAGNA, J. Pharm. *109*, 399 (1953).

[6] L. LASAGNA, F. MOSTELLER, J. M. VON FELSINGER und H. K. BEECHER, Amer. J. Med. *16*, 770 (1954).

[7] L. LASAGNA, Amer. J. Med. *16*, 770 (1954); J. Amer. med. Ass. *157*, 1006 (1955); J. chron. Dis. *1*, 353 (1955).

[8] H. GOLD, Amer. J. Med. *17*, 722 (1954).

[9] W. R. BEST, J. Amer. med. Ass. *160*, 586 (1956).

[10] H. F. HAILMAN, J. Amer. med. Ass. *151*, 1430 (1953).

[11] J. S. GRAFENSTEIN, J. appl. Physiol. *7*, 119 (1954); Arzneimittelforschung *6*, 621 (1956).

[12] R. W. TIBBETTS und J. R. HAWKINS, J. ment. Sci. *102*, 60 (1956).

[13] L. SCHIAVELTI und F. FERRARIS, Min. farm. *5*, 38 (1956).

[14] G. JEFFERSON, Lancet *268*, I, 59 (1955).

[15] E. M. JELLINEK, Biometr. Bull. *2*, 87 (1946).

[16] O. H. P. PEPPER, Trans. Coll. Physicians, Philadelphia 13, 81 (1945).

[17] T. FINDLEY, Med. clin. N. Amer. *37*, 1821 (1953).

[18] T. GREINER, M. CATTELL, E. TRAVELL, H. BAKST, S. RINZLER, R. H. BENJAMIN, L. J. WARSHAW, A. L. BOPP, N. T. KWIT, W. MODELL, H. H. ROTHENDLER, C. R. MESSELOFF und M. L. KRAMER, Amer. J. Med. *9*, 143 (1950).

[19] S. WOLF, J. clin. Invest. *29*, 100 (1950).

[20] S. WOLF und R. H. PINSKY, J. Amer. med. Ass. *32*, 613 (1953).

[21] A. JORES, Medizinische *1956*, 1240; Dtsch. med. Wschr. *80*, 915 (1955); *81*, 376 (1956).

[22] T. GREINER, M. CATTELL, E. TRAVELL, H. BAKST, S. RINZLER, R. H. BENJAMIN, L. J. WARSHAW, A. L. BOPP, N. T. KWIT, W. MODELL, H. H. ROTHENDLER, C. R. MESSELOFF und M. L. KRAMER, Amer. J. Med. *9*, 143 (1950).

LENDLE[1]) hält ebenfalls den Placeboeinsatz im doppelten Blindversuch für das zuverlässigste Verfahren zur Arzneimittelprüfung, soweit es gilt, subjektive Symptome einer Arzneimittelwirkung oder funktionelle Zustandsveränderungen zu beurteilen. Ähnlich betonen OSNES[2]) und KUSCHINSKY[3]) die Eignung von Placebo im doppelten Blindversuch für die Erforschung subjektiver Symptome, um zu möglichst objektiven Aussagen zu kommen. SCHULTEN[4]) stellt den doppelten Blindversuch eher gleichwertig neben andere Methoden, die er wahlweise je nach ihrer Brauchbarkeit im speziellen Fall angewendet sehen will[5]). PFLANZ erblickt eine weitere Einschränkung darin, daß die Effekte von Arzneimitteln unter Umständen von Tagesschwankungen sowie von Spontanremissionen schwer abgrenzbar sind. In solchen Fällen dürfte nach seiner Ansicht der doppelte Blindversuch mit Placebo geringere Vorteile bieten als ein Vergleich zwischen behandelten und unbehandelten Patienten, wobei dieser womöglich im unwissentlichen Verfahren durchzuführen wäre. Daneben erwähnt PFLANZ[5]), daß gewisse therapeutische Maßnahmen überhaupt nicht mit einem Placebo in einer doppelt blinden Versuchsanordnung überprüfbar sind. Hierzu rechnet er manche chirurgische Eingriffe sowie gewisse physikalisch-therapeutische Maßnahmen und die Psychotherapie. Auch das Sekundenphänomen nach HUNECKE kann nicht im doppelten Blindversuch verifiziert werden, weil sich der Novocain-Geschmack und die Hautanästhesie schlecht vermeiden lassen[6]). Daß Pharmaka, welche eine sensorisch starke Wirkung ausüben, prinzipiell kaum geeignet sind, ist somit aufgezeigt. So ist beispielsweise der Theophyllin-Geschmack durch ein Placebo schwerlich nachzuahmen. Es versteht sich daher, daß von dieser Seite aus dem Blindversuch Grenzen gesetzt sind. Die Forderung[7]), daß ein Placebo in all seinen von der Versuchsperson erfaßbaren Eigenschaften mit einem zu prüfenden Medikament in Übereinstimmung stehen soll, daß es also nur in einer Richtung, die im Versuch getestet wird, von ihm abweicht, ist praktisch nie zu verwirklichen. PFLANZ[5]) lehnt daher ein solches Ansinnen als übertrieben ab. Eine solche Substanz wäre kaum noch als Placebo zu bezeichnen, da dieser Begriff streng genommen eine absolute pharmakologische Indifferenz voraussetzt. LESLIE[8]) spricht von unreinen Placeboeffekten, wenn die Substanz irgendwelche pharmakologischen Eigenschaften besitzt, die für das zu untersuchende Problem nicht von Bedeutung sind. Man könnte sogar alle Medikamente, deren pharmakologischen Wert man in der üblichen niederen Dosierung nicht allzu hoch einschätzt, als ein kaschiertes Placebo bezeichnen. Vielleicht trifft dies für eine große Gruppe von Arzneimitteln zu. Man hat

---

[1]) L. LENDLE, Medizinische 1956, 1244.
[2]) M. OSNES, Nord. Med. 52, 1738 (1954).
[3]) G. KUSCHINSKY, Dtsch. med. Wschr. 1955, 1287.
[4]) H. SCHULTEN, Medizinische 1956, 1231.
[5]) M. PFLANZ, Medizinische 1956, 1235.
[6]) R. EBNER und H. LEY, Münch. med. Wschr. 98, 298 (1956).
[7]) L. LASAGNA, J. chron. Dis. 1, 353 (1955).
[8]) A. LESLIE, Amer. J. Med. 16, 854 (1954).

beispielsweise die Anwendung von Vitaminpräparaten, wenn keine Avitaminose vorliegt, als kostspielige Placebo bezeichnet[1]). Auf jeden Fall sind als Placebo nur solche Substanzen brauchbar, die nicht toxisch sind[2]).

PFLANZ[3]) hat zusammen mit GRUBER und ILLIG Blindversuche angestellt, bei denen neben einem echten Placebo Ritalin mit Coffein verglichen wurde. Der gemeinsamen, wenn auch differenten zentralen Wirkung beider Präparate entsprach es, daß sie sich nur bei wenigen der getesteten Eigenschaften signifikant unterschieden, während der Abstand zwischen Placebo und Ritalin deutlich gewahrt blieb. Solange indes über den Angriffspunkt dieser beiden zentral erregenden Stoffe keine exakten Unterlagen vorliegen, wird man in diesen Experimenten kaum mehr als einen tastenden Versuch von unbestimmbarer Beweiskraft sehen dürfen.

Ethische Bedenken können dem doppelten Blindversuch ebenfalls Beschränkungen auferlegen, die indes nicht für ihn allein, sondern für alle Arzneimittelprüfungen gelten, für den doppelten Blindversuch jedoch insofern in höherem Grad, weil unter diesen Bedingungen selbst der behandelnde Arzt nicht wissen darf, ob und wann der Patient ein wirksames Medikament oder Placebo erhält. Gerade hierin sieht MARTINI[4]) eines der wichtigsten Argumente, das man gegen den doppelten Blindversuch ins Feld führen kann. Zweifellos kann er die Beziehungen des Arztes zu seinen Kranken stark einschränken, weil der Arzt sich hüten muß, mit den Behandelten in stärkeren Kontakt zu treten und eine Suggestion zu riskieren. Ein solcher Grad von Zurückhaltung kann in dem Augenblick gefährlich werden, wenn dem Arzt nicht mehr gegenwärtig ist, wie es um seine Patienten steht, so daß er eventuell eine Verschlechterung des Gesundheitszustandes übersieht und der Unterlassung einer dringend notwendigen Behandlung schuldig wird. Selbstverständlich ist ein Blindversuch grundsätzlich immer abzulehnen, wenn eine Placeboverabreichung ärztlich nicht vertretbar ist. Auch wenn sie zweifelhaft erscheint, ist von einem solchen Unterfangen unbedingt Abstand zu nehmen. Es braucht wohl nicht mit Nachdruck betont zu werden, daß jeder Arzt zu allererst die Pflicht des Heilens und des Helfens zu erfüllen hat. Andererseits wird er nur wirklich helfen können, wenn er sich um die objektiven Grundlagen und lückenlosen Beweise der klinischen Erfolgsbeurteilung bemüht, weil erst eine optimal gesicherte und begründete Therapie ihrer Anwendung am Krankenbett rechtfertigt. Deshalb muß er auch um die Schwierigkeiten einer klinischen Prüfung wissen, damit er nicht dem Blindversuch und seinen Ergebnissen vorbehaltlos seine Zustimmung gibt und einem jeden solchen Versuch eine unbestreitbare Beweiskraft zumißt. Die widersprechenden Befunde bezeugen zu deutlich: je komplizierter der Versuchsplan ist, desto größer werden seine Fehlermöglichkeiten. Wer sie nicht kennt und überwacht, der wird letzten

[1]) G. KUSCHINSKY, *Taschenbuch der modernen Arzneibehandlung* (Georg-Thieme-Verlag, Stuttgart 1956).
[2]) A. B. CARTER, Lancet 2, 823 (1953).
[3]) K. GRUBER, H. ILLIG und M. PFLANZ, Dtsch. med. Wschr. *81*, 1130 (1956).
[4]) P. MARTINI, Dtsch. med. Wschr. *82*, 597 (1957).

Endes nur mit einer scheinwissenschaftlichen Exaktheit bemüht sein, den Unwägbarkeiten des lebendigen Geschehens nachzuspüren. Hierzu gehört auch die Einsicht, daß eine blinde Versuchsanordnung keine absolute Garantie für die Beseitigung aller suggestiven Elemente bietet, so daß ihr Anteil völlig entfällt. Im Einzelfall wird man sich sogar häufig fragen müssen, ob nicht bei der Konstruktion immer komplizierter angelegter Blindversuche irgendwo der Aufwand den Nutzen übersteigt, da die Stelle, wo der Wirkungsgrad methodisch ein Optimum aufweist, unter Umständen äußerst schwierig festzulegen ist. Bei der Planung einer Placebomedikation sollten daher auch die finanziellen und organisatorischen Schwierigkeiten mitbedacht werden; das gilt insbesondere, wenn die Art der Erkrankung eine Durchführung der Versuche im Krankenhaus erfordert oder durch den Einsatz von Placebo der Krankenhausaufenthalt verlängert wird.

Ebenso wie PFLANZ[1]) hat CLAUSER[2]) nach anfänglich ungeteilter Zustimmung gewisse Vorbehalte gemacht, die er, ähnlich wie MARTINI[3]), mit den vielfältigen Fehlermöglichkeiten von seiten des Prüfers, der Technik und des Probanden begründet, so daß bei abwägendem Urteil der doppelte Blindversuch für die sonst nahezu aussichtslose Klärung psychologischer Probleme innerhalb der Therapie und für die Beurteilung psychisch wirksamer Medikamente vorbehalten bleiben soll. Selbst auf diesem Sektor ist CLAUSER[2]) zu der Überzeugung gelangt, und MARTINI[3]) nimmt grundsätzlich den gleichen Standpunkt ein, daß man den therapeutischen Erfolg von Medikamenten längst nicht bei allen Symptomen mit einer doppelt blinden Technik prüfen kann und daß der einfache Blindversuch vielfach ebensogute Resultate liefert; dies gilt vor allem, wenn man das Placebo und die wirksame Substanz jeweils in zwei Gruppen testet und zusätzlich eine negative und eine positive Suggestion ausübt und die Bedeutung der Sinneswahrnehmungen beachtet. Weiterhin sind die Erfolgsmöglichkeiten einer Arzneigabe bei oftmals wiederholter Verabreichung im allgemeinen besser abzuschätzen als bei kurzer Medikationsdauer und großer Fallzahl. Mit anderen Worten: man sollte immer den Prüfungsmodus den einzelnen Symptomen und den einzelnen Medikamenten bestmöglich anpassen und nicht bedenken- und kritiklos die doppelte blinde Technik als einzig mögliche Regel gelten lassen. Daß es Situationen gibt, denen nur der doppelte Blindversuch gerecht werden kann und daß er bei psychologisch differenzierter Problemstellung seinen Platz behaupten dürfte, betont auch MARTINI[3]). Er hält seine Anwendung jedoch nur für einen Ausnahmefall und gibt der einfachen Versuchstechnik den Vorzug.

Noch weiter gehen HANDFIELD-JONES[4]) bzw. FANTUS[5]), die behaupten, daß der Umfang der Placeboanwendung sich umgekehrt proportional zu der Summe an Intelligenz bei Arzt und Patient verhalte und daß nur bei äußerst

---

[1]) M. PFLANZ, Medizinische *1956*, 1235.
[2]) G. CLAUSER, Dtsch. med. Wschr. *81*, 376 (1956); Med. Klin. *51*, 1403 (1956).
[3]) P. MARTINI, Dtsch. med. Wschr. *82*, 597 (1957).
[4]) R. HANDFIELD-JONES, Lancet *265*, 823 (1953).
[5]) B. FANTUS, J. Amer. med. Ass. *110*, 880 (1938).

begrenzten Indikationsstellungen ihre Anwendung im einfachen oder doppelten Blindversuch zulässig sei. Derartige Äusserungen beziehen sich indes in erster Linie auf den klinisch-therapeutischen Einsatz von Placebo und nicht auf ihre Hauptindikation als Objekt für die Arzneimittelprüfung. Auf diesem Sektor stehen sie zu sehr in Widerspruch mit all den neu gewonnenen Einsichten, die uns die Beschäftigung mit dieser Art von Arzneiforschung gebracht hat. Wenn man ihr gar nichts anderes gutschreiben wollte, so genügt schon die Tatsache, daß der Blindversuch interessante Aufschlüsse über die seelische Grundhaltung von gesunden und kranken Menschen vermittelt hat und daß weitere Einblicke in die Konstellation und Disposition bestimmter Krankheiten von ihm zu erwarten sind. Damit ist zugleich der Vorwurf entkräftet, daß der doppelte Blindversuch das Seelische und überhaupt das Menschliche ausklammere. PFLANZ[1]) hat sich bereits mit Recht dagegen verwehrt. Man kann eher sagen, daß der Blindversuch das Seelische erst in den Vordergrund rückt.

Schließlich bleiben die Befunde von BATTERMAN und GROSSMAN[2]) zu erwähnen. In zwei Prüfserien fanden diese Autoren bei Anwendung der doppelt blinden Technik, daß Aspirin, N-Acetyl-p-aminophenyl und Salicylamid trotz Zufallsverteilung genau wie ein Leerpräparat bei 56,1–60,6% des Patientenmaterials eine zufriedenstellende analgetische Wirksamkeit erzielten. In einer dritten Versuchsreihe mit 46 chronisch Kranken, deren Schmerzen durch verschiedenartige Leiden bedingt waren, fiel das Ergebnis mit Salicylamid im einfachen Blindversuch dagegen nur bei 26,6% günstig aus. Mit Leerpräparaten wurden in 46,6% die Schmerzen beseitigt, und Aspirin war in 60% wirksam. Ein Versuch, die Wirksamkeit des Leerpräparates durch Suggestion zu steigern, führte zu keinen besseren Erfolgen. Dagegen ließ die Erwartung eines gesteigerten Effektes bei psychologisch entsprechend vorbereiteten Personen den Umfang der toxischen Reaktionen hinaufschnellen. Auf Grund ihrer Erfahrungen glauben deshalb BATTERMAN und GROSSMAN[2]), daß der doppelte Blindversuch bei schwach wirksamen Analgetika vielleicht zu einer Verwischung der Erfolgshäufigkeit führen kann und daß der einfache Blindversuch unter diesen Umständen den Vorzug verdient.

Wenn man die doppelt blinde Technik bei Krankheitsfällen durchführt, so beweisen die eingeschobenen Placeboperioden nicht, wie die Krankheit ohne jede Behandlung verlaufen wäre. Es kann daher ratsam sein, soweit eine solche Möglichkeit besteht, drei Gruppen zu testen und einer Reihe von Versuchspersonen das eigentliche Arzneimittel zu geben, anderen ein Placebo zuzuführen und daneben eine unbehandelte Kontrollgruppe zu bilden. Derartige Kontrollreihen sind nach DENTON[3]) in besonderem Maße angezeigt, wenn es gilt, die Wirksamkeit unbekannter Substanzen auf bestimmte Symptome oder bestimmte Krankheiten zu beweisen, für deren Behandlung bereits ein gutes Heilmittel zur Verfügung steht. In solchen Fällen wird man in der Regel fordern müssen, daß die Heilwirkung in einem größeren Prozentsatz bei der neuen

[1]) M. PFLANZ, Medizinische 1956, 1235.
[2]) R. C. BATTERMAN und A. J. GROSSMAN, J. Amer. med. Ass. 159, 1619 (1955).
[3]) J. DENTON, J. Amer. med. Ass. 141, 1051, 1146 (1949).

Substanz als bei dem bereits bekannten Standardpräparat eintritt, oder daß sich weniger Nebenwirkungen einstellen. Da aber bei vielen Krankheiten ein gewisser suggestiver Einfluß mit in den Heileffekt eingeht, so wird man mit Nutzen auch bei solchen Versuchen ein Placebo mitlaufen lassen. Den idealen Fall würde eine Versuchsreihe darstellen, bei der sowohl das Standardpräparat mit einem Placebo wie auch das Versuchspräparat mit einem Placebo und zusätzlich das Standardpräparat im Vergleich zum Versuchspräparat getestet würde.

In den meisten Arbeiten dieser Art, bei denen ein Arzneimittel unter Verwendung eines Standardpräparates untersucht wurde, ist indes Placebo nicht verwendet worden. Ihre Ergebnisse konnten daher im Rahmen des gestellten Themas keine Berücksichtigung finden. Streng genommen, hat eine solche Grenzziehung jedoch nur formalen Charakter, und sie ist eingehalten worden, um das Thema nicht unnötig auszuweiten. Es ist schon nicht leicht, die Arbeiten, in denen Placebo Erwähnung findet, restlos aufzufinden, da dieses Stichwort in den Inhaltsübersichten nicht erscheint und es einer Durchsicht der gesamten Weltliteratur im einzelnen bedürfte, um alle Publikationen dieser Art aufzufinden. Aus diesem Grunde kann die vorgelegte Literatur nur eine Auswahl darstellen, die das Wichtigste enthalten dürfte.

Der blinden Versuchstechnik sind nicht zuletzt Grenzen von seiten der Pharmaka gesetzt. Es wurde schon erwähnt, daß PFLANZ[1]) gewisse chirurgische Eingriffe und die Psychotherapie nicht für einen doppelten Blindversuch geeignet hält. Das gleiche gilt für bestimmte Arzneimittel.

Unter dem Gesichtspunkt der klinischen therapeutischen Forschung lassen sich die gebräuchlichen Arzneimittel in drei Gruppen einteilen; in der ersten ist die pharmakologische Wirksamkeit in einem bestimmten Dosierungsbereich auch beim Menschen erwiesen. In der zweiten wird die Wirksamkeit lediglich auf Grund von Analogieschlüssen aus Pharmakologie, Physiologie, Bakteriologie oder Biochemie angenommen. Daneben steht eine dritte größere Gruppe, deren Substanzen in Ermangelung besserer Mittel verordnet werden. Ein typisches Beispiel für die erste Gruppe ist das Insulin, dessen blutzuckersenkende Wirkung fast bei allen Diabetikern signifikant zu belegen ist und dessen Wirkungsintensität auch beim Menschen in der Regel von der Höhe der angewandten Dosis abhängt. Die Sulfonamidabkömmlinge Rastinon und Invenol werfen nach der Ansicht von MARTINI[2]) schon schwierigere Probleme auf, da ihre Wirkungen ungleichmäßiger und individuell bedingter ablaufen. Sie gehören daher eher in die zweite Gruppe, in der recht viele Medikamente von unbestreitbarer therapeutischer Wirksamkeit stehen. So sind wir über die Wirkung der modernen Chemotherapeutika und Antibiotika heute am Menschen so gut orientiert, daß es bei den lebensbedrohlichen Infektionskrankheiten nicht mehr erlaubt ist, eine Gruppe von Kranken zu bilden, die überhaupt kein spezifisches Medikament erhält. Die Überlegenheit eines neuen Chemothera-

---

[1]) M. PFLANZ, Medizinische *1956*, 1235.
[2]) P. MARTINI, Dtsch. med. Wschr. *82*, 597 (1957).

peutikums wird sich daher nur im Vergleich mit dem besten bekannten spezifischen Mittel erweisen können.

Eine derartige therapeutische Forschung ist aber nur auf der Grundlage von repräsentativen Stichproben möglich, und dies setzt voraus, daß es gelingt, genügend große und einigermaßen homogene Gruppen von Kranken zu bilden. In besonders gelagerten Fällen kann der Nutzen einer Therapie grundsätzlich auch auf eine andere Weise erwiesen werden. So berichtet MARTINI[1]) über Erfahrungen mit Conteben, die auf der Basis einer Beobachtung an einem einzigen Patienten einen überzeugenden Beitrag für die therapeutische Brauchbarkeit dieses Mittels bei der Tuberkulosebehandlung lieferten. Es handelte sich um eine große Kaverne in der Lunge, die während einer 6 Monate langen Beobachtung langsam an Ausdehnung zunahm. Mit dem Einsetzen der Contebenzufuhr trat dagegen eine eindeutige Verkleinerung der Kaverne ein. Es genügte demnach ein einziger Fall, um mit genügender Sicherheit zu erweisen, dass die Erfahrungen des Tierversuches auch für den Menschen Geltung besitzen. Dies betrifft natürlich nur die Erkennung der grundsätzlichen Wirksamkeit und Brauchbarkeit eines Präparates. Für die Abgrenzung der Indikationsstellung, der Kontraindikationen, der Dosierung in Abhängigkeit von Lebensalter und Körpergewicht sowie für eine vergleichende Beurteilung mit anderen Pharmaka bedarf es der Erfahrungen an einem größeren Krankengut.

Andererseits gibt es in der Gruppe von Arzneimitteln, über deren Wirkungsmöglichkeiten und Angriffspunkte wir aus der tierexperimentellen Erfahrung entscheidende Kenntnisse besitzen, genügend Einschränkungen im pharmakologischen Urteil, die hier unbedingt nach einer zusätzlichen Testung am Menschen verlangen. Es ist damit keine erneute Analyse der Reaktionsweise und der Reaktionsorte im menschlichen Organismus gemeint; der Mensch nimmt nur selten eine solche Sonderstellung in der Tierreihe ein, daß man die gesamte experimentelle Pharmakologie noch einmal an ihm durchprüfen müßte[2]). Unabhängig vom Tierversuch sollte allerdings die am Kranken erforderliche therapeutische Dosis für jedes Pharmakon festgelegt werden. Außerdem werden etwaige toxische Nebenwirkungen, zumal solche, die sich im subjektiven Bereich abspielen, sowie Überempfindlichkeitsreaktionen meist erst am Menschen erkannt. Nicht notwendig ist dagegen, wie LENDLE[2]) mit Recht ausführt, gesunde Personen mit hohen Morphindosen zu vergiften, um an ihnen den therapeutischen Wert des Antidots Nalorphin zu beweisen. Dazu genügt der Versuch an verschiedenen Tierarten. Am Menschen wird man den gleichen Nachweis auf die Behandlung vergifteter Patienten beschränken und bei ihnen die erforderlichen Dosen ermitteln. Mit anderen Worten, was aus dem üblichen therapeutischen Erfolg am Menschen abzulesen ist, das braucht nicht zusätzlich an Gesunden überprüft zu werden.

Anders ist dagegen die Notwendigkeit zu beurteilen, wenn man für spezielle pathologische Zustände den Einfluß bestimmter Pharmaka klinisch klären will

[1]) P. MARTINI, H. MOERS und H. GANSEN, Beitr. Klin. Tuberk. *104*, 515 (1951).
[2]) L. LENDLE, Dtsch. med. Wschr. *81*, 557 (1956).

und im Tierversuch derartige Krankheitsbilder nicht erzeugen kann. Daneben ist der Versuch am Menschen unverläßlich, wenn es gilt, die subjektiven Symptome einer Arzneiwirkung, zum Beispiel auf die Schmerzempfindung oder auf andere funktionelle Zustände, bei denen subjektive Einflüsse eine Rolle spielen, festzulegen. Dann wird trotz aller aus den Tierexperimenten erworbenen Erfahrungen die Kontrolle im Blindversuch mit Placebo die beste Hilfe leisten, wie gerade die umfangreichen Bemühungen mit Morphin und anderen Analgetika gezeigt haben (S. 331).

Die größte Aufgabe der klinisch-therapeutischen Forschung liegt indes bei den vielfach verwandten Behandlungsweisen, die keine oder so gut wie keine spezifische und wohldefinierte Wirkung haben und die trotzdem aus der ärztlichen Praxis kaum wegzudenken sind. Hierher gehören die Tonika, Roborantia, der Gebrauch der verschiedenen Einreibungsmittel, die Verschreibung von Expektorantien und zahlreichen anderen Substanzen, bei denen es äußerst fraglich erscheint, ob sie überhaupt etwas von der ihnen nachgesagten Wirkung besitzen. Auf diesen Gebieten ist zweifellos eine sorgfältigere Auswertung und Auswahl all der Stoffe notwendig, deren therapeutische Effekte subjektiver Art sind. Zusätzlich wäre zu klären, wo die Grenzen ihrer objektiven Nützlichkeit liegen und welche Rolle die subjektiven Reaktionen spielen, die in den therapeutischen Effekt mit eingehen. Scheinbar Selbstverständliches bedarf demnach ebenso der Nachprüfung wie all das Neue, über dessen objektive Wirkungen nichts Zuverlässiges ausgesagt werden kann. Es ist jedoch nicht leicht, Therapie als Wissenschaft mit Methoden zu betreiben, die nicht auf irgendwelchen Eindrücken oder sogenannten Erfahrungen aufbauen. Das gilt insbesondere, wenn neue Heilverfahren an relativ undefinierten Kriterien zu messen sind und ihre Güte nach dem Grad der Besserung oder Heilung eines bestimmten Krankheitssymptomes oder nach dem Rückgang subjektiver Beschwerden beurteilt wird. Ebenso haben alle Versuche, die darauf hinzielen, den bestehenden und überlieferten Heilschatz zu reinigen und aus ihm alle unwirksamen Heilmaßnahmen auszumerzen, mit größten Schwierigkeiten zu rechnen, da die Täuschungsmöglichkeiten und Vorurteile selbst beim Streben nach größter Objektivität nicht gering zu veranschlagen sind, zumal wenn alle festen Meßstäbe fehlen und selbst der Einsatz von Placebo bei diesen relativ schwach wirksamen Pharmaka die Exaktheit der Versuchsaussagen nicht verbessern kann. Placebo ist nämlich unvergleichlich wirksamer, als man im allgemeinen annimmt, und es vermag nicht nur viele subjektive Beschwerden des Menschen in einem überraschend hohen Prozentsatz von Fällen zu beseitigen oder abzumildern, es kann sogar ganz wie echte Heilmittel objektiv feststellbare Veränderungen in bestimmten Organen sowie Nebenwirkungen ausüben. Alle Meß- und Beobachtungsergebnisse, die durch subjektive Schätzungen in dem einen oder anderen Sinne wesentlich beeinflußt werden können, bedeuten daher gerade auf diesem Sektor der medikamentösen Therapie wenig, wenn nicht die Differenzen zwischen Pharmakon und Placebo statistisch eindeutig zu sichern sind.

## 1.4 *Wirkungsgrad und Wirkungsmodus des Placebo*

Pharmakologische Wirkungen und Placeboeffekte unterscheiden sich in vieler Hinsicht. Die pharmakologischen Effekte sind gebunden an die Anwesenheit von Stoffen mit bestimmten Eigenschaften. Bei den Scheinmitteln ist dies nicht der Fall, und es besteht keine einzige Beziehung zwischen der Wirkung und der Beschaffenheit des Scheinmittels. Um seine Wirkung zu entfalten, muß ein Pharmakon in ausreichender Konzentration an die reagierende Stelle des Erfolgsorganes gelangen. Es muß demnach, wenn eine Applikation direkt in das Erfolgsorgan nicht möglich ist, resorbiert werden, damit es mit den reagierenden Bestandteilen in Kontakt kommt. Diese Bedingung braucht ein Placebo nicht einzuhalten. Ebensowenig hängt seine Wirkungsintensität von der Konzentration am Wirkungsort ab. Auch die Beschaffenheit der reagierenden körpereigenen Substrate, mit denen das Pharmakon in chemische oder physikalische Reaktion tritt, ist für ein Placebo nicht entscheidend, wenn auch der Zustand des Gesamtorganismus, insbesondere die Persönlichkeitsstruktur und die psychische Beeinflußbarkeit unter Umständen eine Rolle spielen kann. Dieses Moment kann allerdings ebensogut in die Reaktion eines echten Heilmittels mit eingehen.

Zahl und Höhe der Dosis pflegen mit einem pharmakodynamischen Effekt meist in Korrelation zu stehen. Pharmakologische Wirkungen sind also dosisabhängig, und die Höhe der Dosis ergibt bei entsprechender, meist logarithmischer Progression einen linearen oder kurvilinearen Zusammenhang mit den gemessenen Wirkungen bzw. nach Probittransformation mit den gezählten Wirkungen. Die Dosisabhängigkeit des Placeboeffektes bezieht sich dagegen allein auf die Zahl der Verabreichungen oder Einzeldosen. Infolgedessen sollten die Grenzen zwischen einer pharmakologischen oder einer Placebowirkung zu ziehen sein, wenn sich eine eindeutige Dosis-Wirkungs-Kurve erzielen läßt oder nicht. Nach LASAGNA *et al.*[1] nimmt bei postoperativen Schmerzen mit zunehmender Zahl der Placebogaben ihre Wirksamkeit ab. Bei der ersten Placebogabe ließen bei 15 Patienten in 53% die Schmerzen nach. Bei einer Zweitgabe fanden sich noch bei 40% von 21 Patienten die gleichen Effekte. Dieser Prozentsatz blieb der gleiche bei 15 Kranken, die das Placebo zum dritten Mal erhielten. Ab der vierten Placebodarreichung trat die Schmerzlinderung dagegen nur in 15% bei 15 Kranken ein. Es bestand demnach eine signifikante Korrelation zwischen der Anzahl der Dosen und dem Umfang der Schmerzbeseitigung, jedoch in einer anderen Art, als wir sie gewöhnlich bei den echten Pharmaka erwarten, es sei denn, daß diese tachyphylaktisch wirken. Diese Abnahme der Placebowirksamkeit ist jedoch nicht die unbedingte Regel. CLAUSER[2] hat über eine gegenteilige Beobachtung bei einer Carcinompatientin berichtet, bei der ein Placeboeffekt über viele Monate unvermindert anhielt. Wie sich der einzelne Patient verhalten wird, ist demnach nicht vorauszusehen.

---

[1] L. LASAGNA, F. MOSTELLER, J. M. VON FELSINGER und H. K. BEECHER, Amer. J. Med. *16*, 770 (1954).
[2] G. CLAUSER, Therapiewoche *7*, 72 (1956/57).

In der Untersuchungsreihe von LASAGNA[1]) wurde ebenfalls die Konstanz der Placeboreaktion überprüft. 69 Patienten erhielten zu diesem Zweck zwei oder mehr Placebogaben. 38 (55%) verhielten sich wechselnd und antworteten teilweise mit einer Schmerzlinderung, das andere Mal nicht. 10 Kranke (14%) sprachen dagegen immer in der gleichen Weise an. Alle Placebogaben verhinderten demnach in diesen Fällen den Schmerz. 21 andere (31%) blieben absolut unbeeinflußt. Bei diesen war also das Placebo stets unwirksam. Man kann demnach aus der ersten Placeboreaktion nie auf die Wirksamkeit einer nachfolgenden Placebogabe schließen, und erst recht kann man nicht aus einer bekannten Placebohäufigkeit folgern, daß diese bei anderen Patientengruppen in gleicher Weise zutrifft. Man muß deshalb immer von neuem die Placeboempfänglichkeit überprüfen und bei jedem Arzneimitteltest Kontrollen dieser Art einschieben.

Neben der Zahl der Verabreichungen ist die Applikationsform beim Placebo unter Umständen von Bedeutung. LESLIE[2]) spricht der Injektion generell die grösste Wirksamkeit zu, dann sollen die Dragees, Tabletten und zuletzt die Suppositorien folgen. Außerdem empfiehlt er gewisse Farben, und zwar für den innerlichen Gebrauch warme Rottöne oder gelbe und braune Flüssigkeiten. Äußerlich bevorzugt er blau oder grün gefärbte Lösungen. Weiterhin hält er bittere Arzneien für wirksamer als geschmacklose. CLAUSER[3]) meint dagegen, daß in dieser Hinsicht keine allgemeingültigen Aussagen möglich sind und daß die placebowirksamste Applikation von Symptom zu Symptom verschieden ist. So entfaltete beispielsweise ein als Schlafmittel deklariertes Placebo in Tablettenform oral verabreicht in 49% günstige Wirkungen. Als Schlaftrunk gegeben, steigerte sich der Effekt auf 69%, und in leuchtend rote Gelatinekapseln eingepackt, erzielte das gleiche Placebo sogar bei 81% einen guten Schlaf. Die Unterschiede sind statistisch gesichert. Trunk und Kapseln waren demnach signifikant besser wirksam als die Tabletten. Auch die Injektionsform erwies sich den Tabletten überlegen, jedoch weit weniger als die Kapseln und auch sichtbar schlechter als Placebo-Suppositorien[3,4]).

Bei Symptomen mit geringer Placebowirksamkeit, wie zum Beispiel bei der Obstipation, spielt dagegen die Darreichungsform eine geringere Rolle[5]). In diesem Falle bleibt Placebo in Form von Tabletten, Suppositorien, Kapseln und Tee gleichermaßen ohne jeden Erfolg.

Selbst das Auftreten subjektiver Empfindungsqualitäten kann unter Umständen für die Wirkung entscheidend sein. So wird beispielsweise die Wahrnehmung eines Wärmegefühls eventuell als ein eindrucksvoller Hinweis für die Wirksamkeit eines Einreibungsmittels gewertet. Solch ein subjektives Wärmegefühl ist auch ein Kennzeichen, das bei einer intravenösen Calciuminjektion

[1]) L. LASAGNA, F. MOSTELLER, J. M. VON FELSINGER und H. K. BEECHER, Amer. J. Med. *16*, 770 (1954).
[2]) A. LESLIE, J. Amer. Med. *16*, 954 (1954).
[3]) G. CLAUSER und H. KLEIN, Münch. med. Wschr. *99*, 896 (1957).
[4]) G. CLAUSER, Dtsch. med. Wschr. *82*, 354 (1957).
[5]) G. CLAUSER, G. MÖSSMER und E. STALMANN, Med. Klin. *52*, 1071 (1957).

unvermeidbar auftritt. Ein Phänomen dieser Art kann nach CLAUSER[1]) und SEEMANN[2]) zur Kupierung eines «tetanischen Anfalles» manchmal wichtiger sein als die Ionenaktivität. Beide Untersucher konnten jedenfalls bei einer normokalzämischen Tetanie die Krampfanfälle mit Nikotinsäureamid, Ronicol und Cobaltinjektionen ebensogut wie mit Calciumspritzen beseitigen, vermutlich weil diese Präparate insgesamt ein Wärmegefühl hervorrufen. Selbst Geschmacksempfindungen nach Decholin- oder Vitamininjektionen lösten den tetanischen Krampf. Ausschlaggebend für solche Effekte ist sicherlich, daß eine gewisse Arzneimittelerfahrung vorliegt. Immerhin zeigen diese Versuchsergebnisse, daß mit einer Pharmakawirkung bestimmte Sinneserlebnisse eng gekuppelt sein können.

Diese Faktoren kommen natürlich nicht bei allen Patienten in gleichem Maße zur Geltung, und es hängt im allgemeinen von der individuellen Eigenart und der jeweiligen Beschaffenheit der Persönlichkeit sowie der gegebenen Situation ab, wie und in welchem Umfang der Mensch auf bestimmte Medikamente und sogar auf ein und dasselbe Medikament reagiert. Das gilt in gleicher Weise für echte Arzneien wie für das Placebo. Aus diesen offensichtlichen Gründen muß daher der Prozentsatz der Patienten, die auf ein Placebo ansprechen, von Symptom oder Krankheit zu Symptom oder Krankheit, von Ort zu Ort, von Krankenhaus zu Krankenhaus und von Land zu Land Schwankungen unterworfen sein, die oftmals geradezu erstaunliche Ausmaße annehmen. So kann die Einnahme eines Placebo bei schmerzgeplagten Patienten in wechselndem Umfang Linderung bringen. Während die einen Autoren überhaupt keinen Effekt verzeichnen, berichten andere, daß 67% ihrer Fälle durch Placebo ihre Schmerzen verlieren (siehe Tabelle 1). Selbst schwerste Phantomschmerzen lassen sich nach der Amputation der unteren Extremitäten relativ leicht durch Placebo beheben[3]). Auch andere Symptome und Krankheitserscheinungen reagieren überraschend günstig auf Placebo. So werden etwa 46–73% aller von chronischen Kopfschmerzen geplagten Patienten durch Placebo von ihren Beschwerden befreit (siehe Tabelle 1). Ähnlich sollen 30–40% aller Patienten, die eine größere Operation durchgemacht haben, durch Placebo schmerzfrei oder zum mindesten beruhigt werden[4, 5]). Daneben kann Placebo im Status asthmaticus eine Vielzahl der üblichen Asthmamittel übertreffen[6]). Selbst dort, wo man einen Placeboeffekt nicht ohne weiteres erwarten sollte, tritt er in Erscheinung. So liegen beispielsweise günstige Erfahrungen bei der Tinea capitis vor, bei der Carbowax in 82,9% bei 35 Personen Heilung erzielte. Es ist nicht anzunehmen, daß Carbowax in diesem Falle als differente Substanz anzusehen ist. Trotzdem stand es in seinem therapeutischen Effekt nicht hinter

---

[1]) G. CLAUSER, Dtsch. med. Wschr. *81*, 370 (1956).
[2]) H. J. SEEMANN, Dissertation (Freiburg 1954).
[3]) A. LESLIE, Amer. J. Med. *16*, 854 (1954).
[4]) L. LASAGNA, F. MOSTELLER, J. M. VON FELSINGER und H. K. BEECHER, Amer. J. Med. *16*, 76 (1954).
[5]) H. K. BEECHER, A. S. KEATS, F. MOSTELLER und L. LASAGNA, J. Pharm. *109*, 393 (1953).
[6]) C. P. OBERNDORF, N. Y. State J. Med. *35*, 41 (1935).

Tabelle 1

*Therapeutische Wirkungen von Placebos bei verschiedenen Krankheitssymptomen*

| Symptome | Zahl der Patienten | Placebo + | % Placebo + | Literatur |
|---|---|---|---|---|
| Analgesie | 118 | 25 | 21 | KEATS[1]) |
| | 34 | 7 | 21 | KEATS[2]) |
| | 56 | 22 | 40 | KEATS[3]) |
| | 38 | 13 | 34 | |
| | 31 | 15 | 42 | |
| | 18 | 8 | 45 | |
| | 26 | 7 | 28 | |
| | 20 | 5 | 23 | |
| | 22 | 3 | 15 | |
| | 30 | 10 | 33 | LASAGNA[4]) |
| | 20 | 6 | 30 | |
| | 14 | 7 | 50 | LASAGNA[5]) |
| | 20 | 7 | 37 | |
| | 15 | 8 | 53 | |
| | 21 | 8 | 40 | |
| | 15 | 6 | 40 | |
| | 15 | 2 | 15 | |
| | 29 | 9 | 31 | BEECHER[6]) |
| | 52 | 21 | 40 | BEECHER[7]) |
| | 36 | 9 | 26 | |
| | 44 | 15 | 34 | |
| | 40 | 15 | 32 | |
| | 160 | 0 | 0 | SADOVE[8]) |
| | 65 | 46 | 67 | KJAER-LARSEN[9]) |
| | 22 | 0 | 0 | BIRREN[10]) |
| | 961 | 274 | 28,2 | |
| Kopf-schmerzen | 400 | 220 | 55 | FRIEDMAN[11]) |
| | 1082 | 1000 | 55 | FRIEDMAN[12]) |
| | 348 | 178 | 51 | |
| | 187 | 118 | 63 | |
| | 2185 | 1200 | 55 | |

[1]) A. S. KEATS und H. K. BEECHER, J. Pharm. *100*, 1 (1950).
[2]) A. S. KEATS und H. K. BEECHER, J. Amer. med. Ass. *147*, 1761 (1951).
[3]) A. S. KEATS und J. TELFORD, J. Pharm. *117*, 190 (1956).
[4]) L. LASAGNA, J. M. VON FELSINGER und K. H. BEECHER, J. Amer. med. Ass. *157*, 1006 (1955).
[5]) L. LASAGNA, F. MOSTELLER, J. M. VON FELSINGER und H. K. BEECHER, Amer. J. Med. *16*, 770 (1954).
[6]) H. K. BEECHER, US Armed Forces M. J. *2*, 1269 (1951).
[7]) H. K. BEECHER, A. S. KEATS, F. MOSTELLER und L. LASAGNA, J. Pharm. *109*, 393 (1953).
[8]) M. S. SADOVE, M. J. SCHIFFRIN, W. R. NICKERSON und W. J. DROVE, J. Amer. med. Ass. *166*, 1432 (1958).
[9]) J. KJAER-LARSEN, zitiert nach J. Amer. med. Ass. *163*, 674 (1957).
[10]) J. E. BIRREN, H. B. SHAPIRO und J. H. MILLER, J. Pharm. *100*, 17 (1950).
[11]) A. P. FRIEDMAN, N. DE SOLA POOL und T. I. C. VON STORCH, J. Amer. med. Ass. *151*, 174 (1953).
[12]) A. P. FRIEDMAN und H. H. MERRITT, J. Amer. med. Ass. *163*, 1111 (1957).

Tabelle 1 (Fortsetzung)

| Symptome | Zahl der Patienten | Placebo + | % Placebo + | Literatur |
|---|---|---|---|---|
| Kopf-schmerzen | 100 | 46 | 46 | FRIEDMAN [13] |
|  | 199 | 120 | 52 | JELLINEK [14] |
|  | 47 | 36 | 73 | FLY [15] |
|  | 40 | 21 | 53 |  |
|  | 4588 | 2839 | 61,9 |  |
| Migräne | 604 | 120 | 20 | FRIEDMAN [16] |
|  | 125 | 31 | 25 |  |
|  | 2511 | 630 | 25 | FRIEDMAN [12] |
|  | 1644 | 821 | 50 |  |
|  | 24 | 14 | 58 | FRIEDMAN [13] |
|  | 4908 | 1616 | 32,3 |  |
| Seekrankheit | 33 | 19 | 58 | GAY [17] |
|  | 33 | 19 | 58 |  |
| Schlaf-störungen | 268 | 21 | 8 | LASAGNA [18] |
|  | 52 | 4 | 7 | WILLIS [19] |
|  | 20 | 0 | 0 | SCHULZ [20] |
|  | 340 | 25 | 7 |  |
| Neurosen | 9 | 2 | 22 | FROMM [21] |
|  | 36 | 12 | 33 | WEST [22] |
|  | 16 | 0 | 0 | SELLING [23] |
|  | 31 | 9 | 28 | WOLF [24] |
|  | 18 | 11 | 61 | HAWKINS [25][26] |
|  | 25 | 12 | 48 |  |
|  | 135 | 46 | 34 |  |

[13] A. P. FRIEDMAN, Ann. N. Y. Acad. Sci. *67*, 822 (1957).
[14] E. N. JELLINEK, Biometr. Bull. *2*, 87 (1946).
[15] O. H. FLY, C. S. M. MacCARTY, R. P. GAGE, H. N. MacINTYRE und P. H. JONES, J. Amer. med. Ass. *161*, 415 (1956).
[16] A. P. FRIEDMAN und T. J. C. von STORCH, J. Amer. med. Ass. *145*, 1325 (1951).
[17] L. N. GAY und P. E. CARLINER, Bull. Johns Hopkins Hosp. *84*, 470 (1949).
[18] L. LASAGNA, J. Pharm. *111*, 9 (1954).
[19] G. C. WILLIS und E. C. AREND, Can. med. Ass. J. *71*, 126 (1954).
[20] K. H. SCHULZ und C. SCHIRREN, Dtsch. med. Wschr. *79*, 1160 (1954).
[21] G. H. FROMM und I. A. FORSBERG, Dis. nerv. Syst. *17*, 16 (1956).
[22] E. D. WEST und A. FERNANDES DA FONSECA, Brit. med. J. *1956*, II, 1206.
[23] L. S. SELLING und P. H. ORLANDO, J. Amer. med. Ass. *157*, 1594 (1955).
[24] S. WOLF und R. H. PINKY, J. Amer. med. Ass. *155*, 339 (1954).
[25] I. R. HAWKINS und R. W. TIBBETTS, J. ment. Sci. *102*, 43 (1956).
[26] I. R. HAWKINS und R. W. TIBBETTS, J. ment. Sci. *102*, 52 (1956).

Tabelle 1 (Fortsetzung)

| Symptome | Zahl der Patienten | Placebo + | % Placebo + | Literatur |
|---|---|---|---|---|
| Psychosen | 12 | 9 | 75 | HARGREAVES [27] |
|  | 88 | 16 | 18 | HALL [28] |
|  | 50 | 12 | 24 | KOVITZ [29] |
|  | 151 | 14 | 9 | SCHRUT [30] |
|  | 54 | 22 | 12 | DAVIES [31] |
|  | 20 | 8 | 32 | CAMPDEN-MAIN [32] |
|  | 33 | 15 | 45 | HARE [33] |
|  | 50 | 0 | 0 | SVENDSON [34] |
|  | 51 | 14 | 28 | ZELLER [35] |
|  | 44 | 13 | 30 | |
|  | 171 | 28 | 16 | ODLAND [36] |
|  | 14 | 0 | 0 | MEATH [37] |
|  | 38 | 0 | 0 | MITCHELL [38] |
|  | 10 | 2 | 20 | DENBER [39] |
|  | 11 | 0 | 0 | FERGUSON [40] |
|  | 15 | 2 | 13 | HOLLISTER [41] |
|  | 16 | 2 | 12 | SEGAL [42] |
|  | 828 | 157 | 19 | |
| Cerebrale Infarkte, Paraplegien | 19 | 4 | 21 | DYKEN [43] |
|  | 30 | 0 | 0 | LEVY [44] |
|  | 8 | 0 | 0 | GIBSON [45] |
|  | 57 | 4 | 7 | |

[27] G. R. HARGREAVES, M. HAMILTON und J. M. ROBERTS, Brit. med. J. *1957*, I, 306.
[28] R. H. HALL und D. J. DUNLAP, J. nerv. ment. Dis. *122*, 301 (1955).
[29] B. KOVITZ, I. T. CARTER und W. P. ADDISON, Arch. Neurol. Psych. *74*, 467 (1955).
[30] A. H. SCHRUT, J. nerv. ment. Dis. *122*, 513 (1955).
[31] D. L. DAVIES und M. SHEPHERD, Lancet *1955*, II, 117.
[32] B. C. CAMPDEN-MAIN und Z. WEHLIESKI, Ann. N. Y. Acad. Sci. *61*, 117 (1955).
[33] E. H. HARE, C. P. SEAGER und A. LEITCH, Lancet *1956*, 545.
[34] W. M. SVENDSON, S. GISLASON und D. E. ANDERSON, Arch. Neurol. Psych. *76*, 60 (1956).
[35] W. W. ZELLER, P. N. GRAFAGNINO, C. F. CULLEN und H. J. RIETMAN, J. Amer. med. Ass. *160*, 179 (1956).
[36] T. M. ODLAND, J. Amer. med. Ass. *165*, 333 (1957).
[37] J. A. MEATH, M. FELDBERG, D. ROSENTHAL und D. J. FRANK, Arch. Neurol. Psych. *76*, 207 (1956).
[38] P. H. MITCHELL, P. SYKER und A. KING, Brit. med. J. *1957*, 206.
[39] H. C. B. DENBER, Dis. nerv. Syst. *18*, 76 (1957).
[40] J. T. FERGUSON, F. V. Z. LINN, J. A. SHEETS und M. M. NICKELS, J. Amer. med. Ass. *162*, 1303 (1956).
[41] L. E. HOLLISTER, H. ELKINS, E. G. HILLER und R. ST. PIERRE, Ann. N. Y. Acad. Sci. *67*, 789 (1957).
[42] L. J. SEGAL und A. E. TANSLEY, J. ment. Sci. *103*, 677 (1957).
[43] M. DYKEN und P. T. WHITE, J. Amer. med. Ass. *162*, 1531 (1956).
[44] S. LEVY, J. Amer. med. Ass. *153*, 1260 (1953).
[45] J. W. GIBSON, S. S. BLUESTONE und E. W. LOOMAN, J. Amer. med. Ass. *165*, 18 (1957).

H. Haas

Tabelle 1 (Fortsetzung)

| Symptome | Zahl der Patienten | Placebo + | % Placebo + | Literatur |
|---|---|---|---|---|
| Multiple Sklerose | 98 | 0 | 0 | NAGLER[46]) |
| | 6 | 1 | 17 | TSCHABITSCHER[47]) |
| | 48 | 35 | 73 | BLOMBERG[48]) |
| | 152 | 36 | 24 | |
| Epilepsie | 72 | 0 | 0 | ZIMMERMANN[49]) |
| | 72 | 0 | 0 | |
| Parkinson | 18 | 0 | 0 | LAPINSOHN[50]) |
| | 13 | 6 | 46 | KAPLAN[51]) |
| | 31 | 6 | 19 | |
| Alkoholismus | 101 | 10 | 10 | GREENBERG[52]) |
| | 33 | 13 | 40 | WELLS[53]) |
| | 7 | 1 | 14 | TRULSON[54]) |
| | 45 | 10 | 23 | |
| | 24 | 12 | 50 | |
| | 210 | 46 | 22 | |
| Geistige Reaktions- fähigkeit | 8 | 0 | 0 | KORNETZKI[55]) |
| | 8 | 0 | 0 | |
| Tonisierende Wirkung | 19 | 3 | 16 | O'BRIEN[56]) |
| | 19 | 3 | 16 | |

[46]) B. NAGLER, J. Amer. med. Ass. *163*, 168 (1957).
[47]) H. TSCHABITSCHER, T. WANKO, H. SCHINKO und B. FUST, Schweiz. med. Wschr. *85*, 556 (1955).
[48]) L. H. BLOMBERG, Lancet *1957*, I, 431.
[49]) F. T. ZIMMERMANN und B. B. BURGEMEISTER, J. Amer. med. Ass. *157*, 1194 (1955).
[50]) L. I. LAPINSOHN, Nebraska State med. J. *34*, 17 (1949); Dis. nerv. Syst. *17*, 363 (1956).
[51]) H. A. KAPLAN, S. MACHOVER und A. RABINER, J. nerv. ment. Dis. *119*, 398 (1954).
[52]) L. A. GREENBERG, D. LESTER, A. DORA, R. GREENHOUSE und J. ROSENFELD, Ann. N. Y. Acad. Sci. *67*, 816 (1957).
[53]) R. E. WELLS, J. Amer. med. Ass. *163*, 426 (1957).
[54]) M. F. TRULSON, R. FLEMING und F. J. STAVE, J. Amer. med. Ass. *155*, 114 (1954).
[55]) C. KORNETZKI, J. Pharm. *122*, 40 A (1953).
[56]) J. R. O'BRIEN, Brit. med. J. *1954*, II, 136.

Tabelle 1 (Fortsetzung)

| Symptome | Zahl der Patienten | Placebo + | % Placebo + | Literatur |
|---|---|---|---|---|
| Asthma | 8 | 1 | 12 | SNIDER[57] |
|  | 11 | 0 | 0 | MULLIGAN[58] |
|  | 19 | 1 | 5 |  |
| Heufieber | 42 | 9 | 22 | FEINBERG[59] |
|  | 42 | 9 | 22 |  |
| Erkältungen | 88 | 53 | 61 | DIEHL[60] |
|  | 110 | 39 | 35 | DIEHL[61] |
|  | 48 | 18 | 35 |  |
|  | 246 | 110 | 45 |  |
| Husten | 22 | 8 | 36 | GRAVENSTEIN[62] |
|  | 22 | 10 | 43 |  |
|  | 44 | 18 | 41 |  |
| Angina pectoris | 49 | 0 | 0 | WEITZMANN[63] |
|  | 25 | 0 | 0 | SILBER[64] |
|  | 63 | 0 | 0 | ARAVANIS[65] |
|  | 39 | 12 | 31 | GREINER[66] |
|  | 32 | 1 | 3 | OSHER[67] |
|  | 20 | 6 | 45 | CHRISTENSEN[68] |
|  | 14 | 8 | 57 | SCOTT[69] |
|  | 60 | 27 | 38 | EVANS[70] |
|  | 25 | 5 | 20 | LE ROY[71] |
|  | 19 | 5 | 26 | TRAVELL[72] |
|  | 346 | 64 | 18,4 |  |

[57] G. L. SNIDER, M. M. MOSKO, D. B. RADNER und D. H. LANG, J. Amer. med. Ass. 150, 1400 (1952).

[58] R. M. MULLIGAN, Ann. Allerg. 11, 313 (1951).

[59] S. M. FEINBERG, F. L. FORAN, M. R. LICHTENSTEIN, E. PADNOS, B. Z. RAPPAPORT, J. SHELDON und M. ZELLER, J. Amer. med. Ass. 115, 23 (1940).

[60] H. S. DIEHL, A. B. BAKER und D. L. COWAN, J. Amer. med. Ass. 115, 593 (1940).

[61] H. S. DIEHL, J. Amer. med. Ass. 101, 2042 (1933).

[62] S. J. GRAVENSTEIN, J. appl. Physiol. 7, 119 (1954).

[63] D. WEITZMAN, Brit. med. J. 1953, II, 1409.

[64] E. N. SILBER und L. N. KATZ, J. Amer. med. Ass. 153, 1075 (1953).

[65] C. ARAVANIS, Circulation 12, 676 (1955).

[66] T. GREINER et al., Amer. J. Med. 9, 143 (1950).

[67] H. W. OSHER, K. H. KATZ und D. J. WAGNER, New Engl. J. Med. 244, 315 (1951).

[68] E. A. CHRISTENSEN, A. HJORTH und K. LIND, Nordisk. Med. 244, 315 (1955).

[69] R. E. SCOTT, V. J. SEIWERT, Ann. int. Med. 36, 1190 (1952).

[70] W. EVANS und C. HOYLE, Quart. J. Med. 26, 311 (1933).

[71] G. V. LE ROY, J. Amer. med. Ass. 116, 921 (1941).

[72] J. TRAVELL, Ann. N. Y. Acad. Sci. 52, 345 (1949).

Tabelle 1 (Fortsetzung)

| Symptome | Zahl der Patienten | Placebo + | % Plabebo + | Literatur |
|---|---|---|---|---|
| Hypertension | 28 | 1 | 3 | MERRILL [73]) |
|  | 48 | 16 | 33 | SHAPIRO [74]) |
|  | 40 | 3 | 8 | APPELHANS [75]) |
|  | 25 | 15 | 60 | COE [76]) |
|  | 24 | 0 | 0 | FORD [77]) |
|  | 20 | 7 | 35 | McGREGOR [78]) |
|  | 26 | 0 | 0 | KROGSGAARD [79]) |
|  | 2 | 0 | 0 | GRONBACK [80]) |
|  | 27 | 0 | 0 | WILKINS [81]) |
|  | 240 | 42 | 17 |  |
| Claudatio intermittens | 6 | 2 | 33 | SIMON [82]) |
|  | 6 | 2 | 33 |  |
| Rheuma | 57 | 34 | 60 | BATTERMANN [83]) |
|  | 57 | 31 | 58 |  |
|  | 41 | 19 | 46 |  |
|  | 43 | 20 | 46 |  |
|  | 43 | 15 | 35 |  |
|  | 51 | 13 | 25 | TRAUT [84]) |
|  | 37 | 31 | 84 |  |
|  | 29 | 12 | 14 | WILLIAMS [85]) |
|  | 358 | 175 | 49 |  |
| Magen-Darm-Störungen | 94 | 64 | 60 | BANG [86]) |
|  | 66 | 37 | 21 |  |
|  | 44 | 18 | 41 | MARCUSSEN [87]) |

[73]) D. H. MERRILL und K. KENYRE, Amer. J. med. Sci. 226, 623 (1953).
[74]) P. SHAPIRO und H. C. TENG, New. Engl. J. Med. 256, 970 (1957).
[75]) M. APPELHANS, K. KAISER, E. WATERLOH und E. WELTE, Dtsch. med. Wschr. 79, 1481 (1954).
[76]) W. S. COE, M. M. BEST und J. M. KINSMAN, J. Amer. med. Ass. 143, 4 (1950).
[77]) R. V. FORD, R. E. BORRESON, G. R. LINDLAY und J. H. MOYER, J. Pharm. 120, 247 (1957).
[78]) M. McGREGOR, M. ZION und T. H. BOTHWELL, South Afric. med. J. 28, 292 (1954).
[79]) A. R. KROGSGAARD, Acta med. scand. 157, 379 (1957).
[80]) P. GRONBACK und A. C. THOMSEN, Ugesk. Laeg. 1955, 575.
[81]) R. W. WILKINS, J. Med. 17, 703 (1954).
[82]) E. P. SIMON, J. S. WRIGHT, J. Amer. med. Ass. 153, 98 (1953).
[83]) R. C. BATTERMANN und A. J. GROSSMANN, J. Amer. med. Ass. 159, 1619 (1955).
[84]) E. T. TRAUT und E. W. PASSARELLI, Ann. rheum. Dis. 16, 18 (1957).
[85]) G. T. WILLIAMS und G. E. WELCH, South. med. J. 50, 1063 (1957).
[86]) H. O. BANG, H. L. NIELSEN und E. S. TOBIASEN, Ugesk. Laeg. 115, 556 (1953).
[87]) J. M. MARCUSSEN und J. A. SOLEM, Nordisk. Med. 49, 495 (1953).

Tabelle 1 (Fortsetzung)

| Symptome | Zahl der Patienten | Placebo + | % Placebo + | Literatur |
|---|---|---|---|---|
| Magen-Darm-Störungen | 14<br>66 | 8<br>37 | 57<br>56 | LICHSTEIN[88]<br>BECKGAARD[89] |
| | 284 | 164 | 58 | |
| Obstipation | 16<br>80<br>48 | 6<br>6<br>5 | 38<br>8<br>10 | PRIBILLA[90]<br>CLAUSER[91] |
| | 144 | 17 | 12 | |
| Hautkrankheiten | 11<br>8 | 4<br>0 | 36<br>0 | SAUER[92]<br>TORRE[93] |
| | 19 | 4 | 21 | |
| Dymenorrhoe, Menopause-störungen | 28<br>20<br>20<br>20 | 3<br>3<br>3<br>12 | 11<br>15<br>15<br>60 | PENNINGTON[94]<br>GOLDFARB[95]<br>WIED[96] |
| | 88 | 21 | 24 | |

| Symptome | Gesamtzahl der Patienten | Placebo + | % Placebo + |
|---|---|---|---|
| Kopfschmerzen . . . . . | 4588 | 2893 | 58,0 |
| Migräne. . . . . . . . . | 4908 | 1616 | 33,0 |
| Verschiedene Symptome . | 4681 | 1243 | 26,6 |

[88] J. LICHSTEIN, J. DECOSTA MAYER und E. W. HAUCK, J. Amer. med. Ass. *158*, 634 (1955).
[89] P. BECKGAARD, H. O. BANG, A. L. NIELSEN und E. S. TOBIASSEN, Amer. J. dig. Dis. *21*, 38 (1954).
[90] W. PRIBILLA, W. ASHENBACH und G. RICHARTZ, Medizinische *1953*, 1160.
[91] G. CLAUSER, G. MÖSSNER und E. STALMAN, Med. Clin. *1957*, 1071.
[92] G. C. SAUER, Arch. Derm. *71*, 488 (1955).
[93] D. TORRE und M. M. KLUMPP, J. Amer. med. Ass. *164*, 1447 (1957).
[94] V. M. PENNINGTON, J. Amer. med. Ass. *164*, 638 (1957).
[95] A. E. GOLDFARB und E. E. NAPP, J. Amer. med. Ass. *161*, 616 (1956).
[96] G. L. WIED, Ärztl. Wschr. *1953*, 632.

Zinkäthylen-bis-dithiocarbamat zurück, das bei 59 Personen in 81,4% eine Abheilung brachte[1].

Selbst von gesunden Personen kann die Wirkung von Placebo wahrgenommen werden[2]. So lieferten Versuchspersonen bessere Betriebsleistungen

[1] A. M. KLIGMAN und W. W. ANDERSON, J. invest. Derm. *16*, 155 (1951).
[2] J. JONGBLOED und H. VAN GOOR, Neerl. Tijdsch. Geneesk. *98*, 491 (1954).

während der Zeit, in der sie Luft zugeführt bekamen und unter der Suggestion standen, daß sie reinen Sauerstoff erhielten, während umgekehrt der Arbeitsumfang absank, trotz Zufuhr reinen Sauerstoffes bei negativer Suggestion in Form einer Angabe, daß es sich um einfache Luft handle.

Diesen Aussagen über hohe Placeboeffekte sind andere entgegenzuhalten, die über eine völlige Unwirksamkeit von Placebo berichten. Bei der Angina-pectoris-Behandlung fielen beispielsweise die Ergebnisse einiger Untersucher mit Placebo völlig negativ aus, während andere bis zu 45 und 56% Erfolge sahen. Diese Beispiele fußen allerdings auf einem relativ kleinen Patientenmaterial und sind aus diesem Grunde wie auch andere Untersuchungsreihen mit Placebo angreifbar. Weiterhin wird die Beurteilung bei der Angina-pectoris-Behandlung durch die Uneinheitlichkeit der Genese und der Krankheitszustände offensichtlich erschwert. Andere Beispiele, die sich auf ein größeres Zahlenmaterial stützen können, verhalten sich indes nicht wesentlich anders und zeigen ähnlich große Schwankungen im Prozentsatz der Patienten, die auf Placebo ansprechen. Trotzdem bleibt insgesamt der Eindruck bestehen, daß eine rein quantitative Betrachtungsweise der Placebowirkung erstaunlich hohe Werte liefert.

BEECHER[1]) hat in seinem Übersichtsreferat, das sich auf 15 Untersuchungen mit insgesamt 1082 Patienten stützt, angegeben, daß die durchschnittliche Wirksamkeit von Placebo $35,2 \pm 2,2\%$ der Fälle beträgt. Etwas mehr als $^1/_3$ aller amerikanischen Patienten würden demnach auf Placebo ansprechen. JORES[2]) behauptet, daß in Deutschland die Placebohäufigkeit höher liegen dürfte, weil er dem Realismus der Amerikaner und ihrer nüchternen Einstellung zur Therapie mehr zutraut. CLAUSER[3]) bezweifelt jedoch mit Recht, ob dieser Umstand über die Placebowirksamkeit entscheidet.

Unter Einbeziehung eines großen Untersuchungsmaterials von 4681 Fällen (siehe Tabelle 1) errechnet sich eine Placebohäufigkeit von 26,6%; bei der Migräne liegt die Erfolgsquote bei einer gleich großen Patientenzahl bei 33%, für die Kopfschmerzbekämpfung wurden bei einer ähnlichen Fallzahl in 58% Erfolge verzeichnet. Schon diese Zahlen zeigen, daß man nicht jede Krankheit oder jedes Krankheitssymptom gleich bewerten darf. Je weiter man die Differenzierung der Krankheitsbilder und -symptome treibt, die auf Placebo ansprechen, um so mehr treten diese Unterschiede auf. Die Angaben über die Häufigkeit von Placeboeffekten stellen demnach grobe Anhaltspunkte dar, die auch durch eine Zusammenstellung der einzelnen Literaturangaben nicht wesentlich an Präzision gewinnen und keine Schlußfolgerung für den Einzelfall, geschweige denn eine echte Voraussage für bestimmte Symptome erlauben.

Außerdem ist zu beachten, daß die höchsten Durchschnittszahlen im allgemeinen nur im doppelten Blindversuch erreicht werden. Unter normalen Versuchsbedingungen kann man in der Regel niedrigere Prozentsätze erwarten. Ein ganz anderes Bild gewinnt man zudem, wenn man die Placebowirkungen

---

[1]) H. K. BEECHER, J. Amer. med. Ass. *159*, 1602 (1955).
[2]) A. JORES, Dtsch. med. Wschr. *80*, 915 (1955).
[3]) G. CLAUSER und H. KLEIN, Münch. med. Wschr. *99*, 896 (1957).

nicht quantitativ, sondern qualitativ verfolgt. Schon die Aufstellung einer Rangskala und die Einteilung der Effekte in «vollkommen gebessert, gebessert, unverändert, verschlechtert und sehr verschlechtert» ergibt meist, trotz großer Variation, eine Verteilung mit einem Mittelwert nahe bei «unverändert». Dies gilt allerdings nur unter der Voraussetzung, daß die aufgestellte Rangskala wirklich symmetrisch ist. Bei asymmetrischer Skala liefert die quantitative Betrachtungsweise im allgemeinen nicht so hohe Werte, wie sie sich bei der qualitativen Beurteilung der Placebowirkungen ergeben.

Weiterhin ist festzuhalten, daß die Wirkung eines Placebo je nach der Fragestellung in eine andere Richtung gehen kann. So sehen SELIGMAN et al.[1]) bei einer vergleichenden Prüfung von Chinin und Placebo, daß beide Substanzen eine blutdrucksenkende Wirkung gleichen Umfanges bewirken. Ebenso fand FERGUSON[2]), daß Placebogaben bei Hypertonikern Blutdrucksenkungen verursachen, während umgekehrt in den Versuchen von GOODMAN[3]), der den Effekt von Dexedrin an Hypertonikern prüfte, ein Leerpräparat zu einer Erhöhung des Blutdruckes führte. Die Reaktionsrichtung eines Placebo auf den Blutdruck kann also verschiedenartig ausfallen, so daß neben echten Blutdrucksteigerungen echte Blutdruckabfälle zustande kommen, und zwar jeweils parallel zu den Blutdruckeffekten, die das Vergleichspräparat setzt.

Wichtiger ist jedoch, daß bestimmte Menschen besonders leicht auf Placebo ansprechen, andere dagegen überhaupt nicht auf Placebo reagieren. Diese Personen, die mit großer Regelmäßigkeit durch Placebo beeinflußbar sind, werden als Placeboreaktoren bezeichnet. Sie spielen bei der Auswertung von Arzneimittelwirkungen immer eine besondere Rolle, zumal wenn der Anteil der auf ein echtes Heilmittel reagierenden Personen im Verhältnis zu der Zahl der Personen, die bereits aus Placebo Nutzen ziehen, nicht ins Gewicht fällt und somit übersehen wird[4]). Man hat daher angestrebt, bei der Prüfung von Arzneimitteln sich auf einen Personenkreis zu beschränken, der nachgewiesenermaßen keine Placeboreaktoren enthält. Eine solche Aussonderung ist zweifellos günstig für die klinisch-therapeutische Forschung, da zu erwarten ist, daß bei einer vergleichenden Untersuchung schon an einem kleinen Krankengut die Unterschiede besser herauskommen. In der Tat hat JELLINEK[5]) bei der Prüfung an 199 Personen mit Kopfschmerzen diese Aussage bestätigen können. 79 Patienten reagierten niemals auf Placebo, während dies bei 120 der Fall war. Ähnlich verhielten sie sich bei der Anwendung verschiedener anderer Medikamente. Nach der Eliminierung der Placeboreaktoren erwies sich ein Arzneimittel besser wirksam als alle anderen Prüfsubstanzen einschließlich des Placebo, so daß unter diesen Bedingungen der mittlere Erfolgsquotient deutlich über die anderen hervorragte und die Überlegenheit dieses einen Mittels absolut gesichert

---

[1]) A. W. SELIGMAN, F. C. FERGUSON, S. GARB, J. L. GLUCK, S. L. HALPERN und M. GUSGOLD, Amer. J. med. Sci. *226*, 636 (1953).

[2]) J. H. FERGUSON, Amer. J. Obstet. Gynec. *65*, 592 (1953).

[3]) E. L. GOODMAN und E. L. HOUSEL, Amer. J. med. Sci. *227*, 250 (1954).

[4]) L. LASAGNA, F. MOSTELLER, J. M. VON FELSINGER und H. K. BEECHER, Amer. J. Med. *16*, 76 (1954).

[5]) E. M. JELLINEK, Biometrika *2*, 87 (1946).

werden konnte. Mit der Ausscheidung der Placeboreaktoren konnte demnach ein wirksamerer Vergleich angestellt werden, als es mit dem gesamten Patientenmaterial möglich war. JELLINEK[1]) ist allerdings nicht zuzustimmen, wenn er meint, daß diejenigen, welche auf Placebo ansprechen, in erster Linie an eingebildeten Schmerzen oder an psychologisch bedingten Kopfschmerzen leiden. Aus den Untersuchungen von LASAGNA et al.[2]) an Patienten mit postoperativen Wundschmerzen ist zu entnehmen, daß Placebo in gleicher Weise starke somatisch bedingte Schmerzen lindern kann.

Ein weiteres Beispiel für die Bedeutung der Aussonderung von Patienten, die auf Placebo ansprechen, ist bei BEECHER et al.[3]) zu finden. Es handelte sich um Patienten mit anhaltenden postoperativen Wundschmerzen. Bei Einbeziehung des gesamten Krankenmaterials und aller Zahlenwerte war es nicht möglich, zwischen der Wirkung von Aspirin und derjenigen von Morphin und Codein zu unterscheiden. Erst nach Aussonderung der Placeboreaktoren zeigte sich ein deutlicher Unterschied zugunsten des oral angewandten Aspirins im Gegensatz zu den Narkotika.

Beobachtungen dieser Art lassen es zweckmäßig erscheinen, die suggestibleren und reaktionsfähigeren Persönlichkeiten vor dem Beginn der therapeutischen Prüfung zu erkennen und sie auszuscheiden. Dies stößt auf eine doppelte Schwierigkeit. Einerseits sprechen nicht alle Placeboreaktoren auf jede erneute Placebogabe in gleicher Weise an. Man wird daher nur zu leicht gelegentliche Placeboreaktoren durch eine solche Auswahl ausscheiden und damit Patienten ausmerzen, bei denen ein Placebo genau wie ein echtes Heilmittel manchmal hilft und manchmal nicht hilft. Zum anderen ist es unmöglich, einen solchen Personenkreis eindrucksmäßig zu umreißen oder klinisch gar exakt zu erfassen. Es gelingt höchstens auf Grund einer eingehenden Analyse der Persönlichkeitsstruktur, statistisch die Placeboreaktoren zu differenzieren. Das besagt zugleich, daß ein solches Vorgehen verbindliche Aussagen im Einzelfall ausschließt.

Die wichtigsten experimentellen Unterlagen (siehe Tabelle 2) zu dieser Fragestellung sind einer Arbeit von LASAGNA[2]) zu entnehmen, bei der eine Gruppe von 162 Patienten mit anhaltendem postoperativem Wundschmerz auf ihre psychologischen und physiologischen Eigenschaften eingehend analysiert wurde. Diese Ergebnisse stützen sich zum Teil auf Fragebögen, die von Krankenschwestern ausgefüllt wurden und in denen die Beurteilung nach dem Verhalten der Patienten gegenüber dem Pflegepersonal erfolgte. Daneben wurden drei psychologische Teste, unter ihnen der Rorschach-Test, benutzt. Es fand sich, daß keine Unterschiede des Geschlechts und keine der Intelligenz bestehen. Es gibt unter Männern und Frauen sowohl kluge wie dumme Placeboreaktoren. Eine Differenzierung der Gefühlssphäre läßt die Placeboreaktoren anfälliger erscheinen. Daß unter den Kirchgängern mehr Placebo-

---

[1]) E. M. JELLINEK, Biometrika 2, 87 (1946).
[2]) L. LASAGNA, F. MOSTELLER, J. M. VON FELSINGER und H. K. BEECHER, Amer. J. Med. 1,6 76 (1954).
[3]) H. K. BEECHER, A. S. KEATS, F. MOSTELLER und L. LASAGNA, J. Pharm. 109, 393 (1953).

Tabelle 2

*Psychologische Daten aus den Versuchen von* LASAGNA *et al.*[1]) *(27 Patienten)*

| | % Placebo-reaktoren | % Nicht-reaktoren | P |
|---|---|---|---|
| Postoperativer Schmerz wurde von Patienten bagatellisiert . . . . . . . | 72 | 19 | 0,01–0,02 |
| Schien (nach dem Urteil der Schwestern) schwere Schmerzen zu haben . . . . | 9 | 50 | 0,02–0,05 |
| Verlangte (nach den Angaben der Schwestern) häufig nach Medikamenten . . | 27 | 62 | > 0,1 |
| Bereitwillig zur Mitarbeit (Schwesternbeurteilung) . . . . . . . . . . . | 81 | 50 | > 0,1 |
| In sich gekehrt (Schwesternbeurteilung) . | 36 | 19 | > 0,1 |
| «Liebt die ganze Welt» . . . . . . . | 54 | 12 | 0,02–0,05 |
| Findet das Krankenhaus «wundervoll» . | 100 | 25 | 0,001–0,1 |
| Dysmenorrhoen . . . . . . . . . | 71 (N = 7) | 25 (N = 8) | > 0,1 |
| Nimmt Medikamente gegen die Menstruationsbeschwerden . . . . . . . . | 71 (N = 7) | 25 (N = 8) | > 0,1 |
| Überdurchschnittlicher Verbrauch von Aspirin und ähnlichen Substanzen . . | 45 | 12 | > 0,1 |
| Überdurchschnittlicher Verbrauch von Sedativa . . . . . . . . . . . . | 9 | 6 | > 0,1 |
| Überdurchschnittlicher Verbrauch von Abführmitteln . . . . . . . . . . | 54 | 6 | 0,001–0,01 |
| Verhalten während des Interviews: ängstlich . . . . . . . . . . . . . | 45 | 44 | > 0,1 |
| Verhalten während des Interviews: weinerlich . . . . . . . . . . | 36 | 6 | > 0,1 |
| Verhalten während des Interviews: geschwätzig . . . . . . . . . . | 54 | 6 | 0,001–0,01 |
| Schuljahre . . . . . . . . . . . . | 8,73 Jahre | 10,57 Jahre | 0,02–0,05 |
| Regelmässige Kirchgänger oder interessiert an kirchlichen Dingen . . . . . | 100 | 44 | 0,001–0,01 |
| Intelligenzquotient im Rorschach-Test (Durchschnitt) . . . . . . . . . . | 109,3 | 110,7 | – |

[1]) L. LASAGNA, F. MOSTELLER, J. M. VON FELSINGER und H. K. BEECHER, Amer. J. Med. *16*, 770 (1954).

reaktoren anzutreffen sind als sonst, gehört wohl in diesen Bereich und hängt sicherlich mit der gesteigerten Glaubensfähigkeit dieses Personenkreises zusammen, die allgemein deutlicher ausgeprägt ist und nicht nur auf die Transzendenz beschränkt bleibt. Zusätzlich wurde festgestellt, daß ältere Menschen leichter auf Placebo reagieren als junge. Die Placeboreaktoren nehmen außerdem häufiger Arzneimittel als andere Leute ein, vor allem mehr Kopfschmerzmittel. Im Krankenhaus sind sie verträglicher, hilfsbereiter und leichter zu pflegen als andere Kranke. Sie zeigen mehr Affekte, reagieren dafür seelisch besser ab. Es ist also nicht nur ihre seelische Apperzeption, sondern auch ihre intrapsychische Leitfähigkeit gegenüber den Nichtreaktoren erhöht, so daß es bei ihnen seltener zu Affektstauungen kommt. Bei der Analyse von Klecksformen im Rorschach-Test zeigte sich, daß sie sich in viel stärkerem Maße als die Placebounempfindlichen mit dem Zustand und der Funktion ihrer Bauch- und Beckeneingeweide zu befassen pflegen.

Alle diese Kriterien können nur einen Hinweis darauf geben, welche Patienten auf Placebo ansprechen können oder mit einiger Wahrscheinlichkeit ansprechen werden. Eine Sicherheit ist mit diesem Vorgehen nicht zu erzielen, da es keineswegs angängig ist, die Placeboreaktoren außerhalb einer statistisch oder funktionell definierten Norm zu placieren oder sie gar als Psychopathen, Hysteriker oder Simulanten zu betrachten. Dafür sind sie viel zu zahlreich, als daß sie als Außenseiter gelten könnten. Selbst der extremste Rationalist weist noch irrationale Strukturreste auf. Somit kann jeder Mensch zumindest in einer besonderen Situation ein potentieller und inkonstanter Placeboreaktor sein. Das Aufstellen einer ideellen Norm erhält deshalb beim Placeboproblem keinen Sinn, zumal für viele Kranke das Vermögen, auf ein Placebo zu reagieren, geradezu als Gewinn zu betrachten ist. Man braucht nur an die Carcinomträger zu denken.

Auch TIBBETTS und HAWKINS[1]) haben sich um eine Differenzierung des Krankenmaterials bei Placeboreaktoren und Placebounempfindlichen bemüht (Tabelle 3). Aus der Bewertung der Intelligenz und des Arbeitsverhaltens ließen sich keine Unterschiede ermitteln. Äußere Faktoren, wie das Milieu und das Verhältnis zur Umwelt, beeinflussten die Empfänglichkeit für Placebo ebenfalls nicht. Selbst dort, wo Spannungen bestanden, war der Anteil der Placeboreaktoren nicht größer. Eine längere Krankheitsdauer zeitigte im allgemeinen eine geringere Placeboempfindlichkeit. Der Schweregrad der Krankheit beeinflußte die Placebowirkung nicht. Bei der Analyse der Krankheitszustände ergab sich ferner, daß Patienten mit Angstzuständen vager Art mit größter Wahrscheinlichkeit in positiver Weise auf ein Placebo ansprachen. Somatische Beschwerden auf organischer Grundlage förderten die Placeboempfindlichkeit nicht. Hysterische Reaktionen beeinträchtigten sie eher. Patienten mit hypochondrischen Symptomen sowie depressive Kranke und Zwangsneurotiker waren keine Placeboreaktoren. Es ist also keinesfalls beim Vorliegen eines bestimmten Symptomes im Einzelfall vorauszusagen, ob der Betreffende ein Placeboreaktor sein wird.

Wichtig erscheint ferner die Feststellung, daß zwischen der Schwere einer Erkrankung und der Wirksamkeit eines Placebo keinerlei Zusammenhang besteht, so daß selbst unheilbare organische Leiden und die damit verbundenen Schmerzen der Placebobehandlung nicht weniger zugänglich sind als die sogenannten eingebildeten Schmerzen. Es gibt in der Literatur allerdings auch anders zu deutende Angaben. So fand BEECHER[2, 3]), daß Placebo sogar um so besser wirksam ist, je stärker der Streß ausgebildet ist.

---

[1]) R. W. TIBBETTS und J. R. HAWKINS, J. ment. Sci. *102*, 60 (1956).
[2]) A. K. BEECHER, Amer. J. Physiol. *187*, 163 (1956).
[3]) A. K. BEECHER, J. Amer. med. Ass. *159*, 1602 (1955).

Tabelle 3

*Differenzierung des Krankenmaterials bei einem verschieden starken
Ansprechen auf Placebo nach* TIBBETTS *und* HAWKINS

| Art der Faktoren | | Gruppe 1 völlige Genesung | Gruppe 2 deutliche Besserung | Gruppe 3 keine wesentliche Veränderung |
|---|---|---|---|---|
| Gesamtzahl der Patienten | | 13 | 10 | 18 |
| Altersstufe | | 22–42 J. | 28–59 J. | 28–55 J. |
| Geschlecht | männlich | 7 | 4 | 10 |
| | weiblich | 6 | 6 | 18 |
| Neurotische Anamnese | Kindheit | 3 | 1 | 6 |
| | Erwachsenenalter | 2 | 2 | 8 |
| Verhalten | überängstlich | 6 | 4 | 4 |
| | gehemmt | 5 | 4 | 9 |
| | hysterisch | – | 2 | 8 |
| | unausgeglichen | – | – | 3 |
| Intelligenz | unterdurchschnittlich | – | 1 | 2 |
| | durchschnittlich | 9 | 8 | 14 |
| | überdurchschnittlich | 3 | 1 | 3 |
| Arbeitsleistung | stabil | 13 | 10 | 15 |
| | wechselnd | – | – | 3 |
| Anpassungsfähigkeit | | 5 | 4 | 8 |
| Krankheitsdauer in Jahren | Durchschnittswerte | 3,0 | 5,7 | 8,7 |
| Krankheitsverlauf | schubweise | 7 | 4 | 4 |
| | konstant | 6 | 6 | 14 |
| Krankheitsgrad | leicht | 10 | 9 | 14 |
| | schwer | 3 | 1 | 4 |
| Diagnose | psychogen bedingte Angstzustände | 10 | 5 | – |
| | somatisch verursachte Angstzustände | 3 | 2 | 2 |
| | Depressionen mit Angstzuständen | – | 1 | 1 |
| | hysterische Angstzustände | – | 1 | 4 |
| | Conversions-Hysterie | – | 1 | 6 |
| | depressive Conversions-Zwangsneurosen | – | – | – |

Bei einer solch hohen Häufigkeit der Placeboeffekte wird man sich bei
jeder Prüfung eines Medikamentes fragen müssen, wie groß der Anteil der
bisher geübten Arzneimitteltherapie in Wirklichkeit Placebotherapie war oder
ist. Selbst bei einem Heilstoff, bei dem qualitativ erfaßbare Wirkungen im
Kollektiv sowie quantitativ meßbare beim Individuum gesichert sind, wird
man nicht ausschließen können, daß sein Effekt aus zwei Teilen besteht, einem
pharmakologischen und einem, der auf einer Placebowirkung beruht. Sie im
Einzelfall zu analysieren, ist sicher ein schwieriges Unterfangen, da sie an sich
kaum trennbar und beide zudem der biologischen Variabilität unterworfen

sind. Mit anderen Worten, ihre Wirkungsaddition ist noch durch ein statistisches
Prinzip überlagert. Es ist daher unwahrscheinlich, daß diese Wechselwirkungen
außerhalb einer Einzelsituation allgemeinverbindlich beurteilt werden können.

Placebo liefert jedoch nicht nur günstige Resultate, es entfaltet ebenso wie echte Arzneimittel Nebenwirkungen, die teils subjektiver, teils
objektiver Art sind. In der Tabelle 4 ist die Häufigkeit der Einzelerschei-
nungen jeweils in Prozent angegeben. Außerdem ist die Zahl der Personen,
bei denen die einzelnen Krankheitssymptome jeweils auftraten, gesondert
angeführt (letzte Kolumne).

Im Bereich der Nebenwirkungen sind die Schwankungen in den einzelnen
Beobachtungsreihen erheblich. Zum Teil sind die hohen Prozentwerte lediglich
durch eine geringe Patientenzahl bedingt. Für die Häufigkeit ist weiterhin ausschlaggebend, ob der Patient das Auftreten eines bestimmten Symptoms jeweils
erwarten konnte. Außerdem bestimmen ärztliche Suggestion, eigene Arznei-
mittelerfahrungen und Beobachtungen an Mitpatienten die Frequenz der
Nebenwirkungen. Dies gilt um so mehr, da viele der als toxisch bezeichneten
Merkmale rein subjektiver Natur sind. MARTINI[1] zählt sie sogar zu den Erscheinungen, von denen wir wissen, daß sie ganz besonders leicht durch psychische Erregung bei sensiblen oder sensibilisierten Personen ausgelöst werden
können. Nach seiner Ansicht handelt es sich bei dem viel zitierten Krankengut
von WOLF[2,3] um Menschen, die in hohem Maße suggestibel waren. Von besonderem Interesse sind drei Patienten, von denen der erste im unmittelbaren
Anschluß an den Gebrauch eines Placebo sowie der Prüfsubstanz Mephenesin
mit einem überwältigenden Schweregefühl, Herzklopfen und Nausea reagierte.
Bei einem zweiten Kranken entwickelte sich eine Dermatitis medicamentosa
auf der Basis einer Placebotherapie. Es entstand ein diffuser, juckender,
erythematöser und maculopapulöser Ausschlag, der nach dem Absetzen der
Placeboanwendung rasch wieder abblaßte. Bei einem dritten Patienten traten
innerhalb von 10 Minuten nach der Einnahme der Tabletten Schmerzen im
Epigastrium auf, die von wässeriger Diarrhoe, Urticaria und einem angioneurotischen Ödem an den Lippen gefolgt waren. Diese Symptome stellten sich nach
mehrfacher Zufuhr der Tabletten ein, und zwar in gleicher Weise bei der Anwendung von Placebo und bei der Applikation von Mephenesin. Die gleiche
Arbeit enthält einen Hinweis auf die Ergebnisse von TUCKER[4], der im Blindversuch bei 61% seiner Patienten fast die gleichen Nebenerscheinungen wie
nach Streptomycin beobachten konnte. Insbesondere war ein Hörverlust für
die hohen und tiefen Frequenzen auffallend. Da solche Symptome nach
Placebogaben gerade bei der Beobachtung von Streptomycinnebenwirkungen
gehäuft auftreten und in anderen Versuchsreihen völlig fehlen, wird man für
die Deutung dieser Phänomene autosuggestive Einflüsse in Betracht ziehen

[1]) P. MARTINI, Dtsch. med. Wschr. 82, 597 (1957).
[2]) S. WOLF und R. H. PINSKY, J. Amer. med. Ass. 155, 339 (1954); J. clin. Invest. 32, 613 (1953).
[3]) S. WOLF, J. clin. Invest. 29, 100 (1950).
[4]) W. B. TUCKER, zitiert nach S. WOLF und R. H. PINSKY, J. Amer. med. Ass. 32, 613 (1953).

dürfen. In die gleiche Richtung scheint die Erfahrung zu weisen, daß bei Placebo echte Entziehungserscheinungen an süchtigen Patienten vorkommen[1]). Hier spielt zweifellos eine vorangehende Arzneimittelerfahrung mit. Ebenso auffällig ist, daß ausschließlich bei Arbeiten mit Narkotika von 15 Personen 47% nach Placebozufuhr mit einer Verengerung der Pupillen reagieren[2]). Diese Beobachtung hat keine Parallele in anderen Versuchsreihen gefunden. BEECHER[3]) will diesen Befund allerdings nicht mit der Placeboanwendung unmittelbar in Beziehung gebracht wissen. Selbst wenn dies zutrifft, so wird man ein solches Beispiel als eine willkommene Illustration für die Fehlermöglichkeiten werten müssen, die sich in nicht kontrollierten Arzneimittelprüfungen einschleichen können.

Auch die echten Arzneien können objektive Auswirkungen haben, die nicht auf das Konto ihrer chemisch-physikalischen Eigenschaften zu setzen sind. Hierzu hat WOLF[4]) wiederum ein Beispiel geliefert. Es handelt sich um einen Patienten mit einer künstlichen Magensonde, bei dem die effektiven Veränderungen der Magenfunktion offensichtlich weitgehend von der Stimmungslage, von dem Funktionszustand, von der Arzneimittelerfahrung und der Erfolgserwartung abhängig waren. So wirkte beispielsweise Urogastron je nach dem Befinden des Patienten in verschiedener Weise auf die Magentätigkeit. Auch andere Medikamente sowie Placeboeffekte waren in ihrer Wirkung von der jeweiligen psychischen Situation weitgehend abhängig, so daß bei der Beurteilung echter pharmakologischer Effekte oft schwierig zu entscheiden war, in welchem Grad und mit welcher Häufigkeit das somatische Geschehen durch die psychische Reaktionslage im Augenblick der Darreichung beeinflußt wurde. Selbst die Atropinwirksamkeit konnte unter Umständen in das Gegenteil des üblichen Effektes verwandelt werden, so daß auf Atropin eine Zunahme der Magendurchblutung, der Sekretion und der Motilität eintrat, wenn bei dem Patienten zuvor durch Prostigmin ein gleicher Zustand hervorgerufen wurde und er der Meinung blieb, daß es sich beim Atropin um Prostigmin handle. Das gleiche bewirkten Leitungswasser und Laktosegaben im Anschluß an vorangehende Prostigmineffekte.

Ein zweites Beispiel bestand in der Beobachtung, daß Ipecacuanha, das gewöhnlich Übelkeit und eine Hemmung der Darmperistaltik auslöst, selbst bei Patientinnen mit Schwangerschaftserbrechen heilend wirkte, wenn ihnen suggeriert wurde, daß sie ein gutes Heilmittel erhielten. Die Überzeugung eines Patienten kann somit selbst die relativ starke pharmakologische Wirkungsintensität einer Substanz in ihr Gegenteil umkehren. Vielleicht setzt dies allerdings voraus, daß es sich um psychisch anfällige Menschen handelt.

CLEGHORN u. Mitarbeiter[5]) sahen jedenfalls bei psychoneurotischen Patienten um so stärkere Effekte von Placebo auf die Nebennierenrindenfunktion,

---

[1]) A. LESLIE, J. Amer. Med. *16*, 854 (1954).

[2]) A. S. KEATS und H. K. BEECHER, J. Pharm. *105*, 109 (1952).

[3]) H. K. BEECHER, J. Amer. med. Ass. *159*, 1602 (1955).

[4]) S. WOLF, J. clin. Invest. *29*, 100 (1950).

[5]) CLEGHORN, GRAHAM, CAMPBELL, RUBLEE, ELLIOTT und SAFFRAN, erwähnt bei H. K. BEECHER, J. Amer. med. Ass. *159*, 1602 (1955).

Tabelle 4

*Prozentuale Häufigkeit von Nebenwirkungen nach Placebo*

| Art der Nebenwirkungen | Autoren | | | | | | | | | | | | | | 557*) |
| --- | --- | --- | --- | --- | --- | --- | --- | --- | --- | --- | --- | --- | --- | --- | --- |
| | 1) | 2a) | 2b) | 3) | 4) | 5) | 6) | 7) | 8) | 9) | 10) | 11) | 12) | 13) | 557*) |
| Nausea | 10 | 2 | 4 | 7 | 20 | 6 | 6 | | 5 | 8 | | | | 7 | 36 |
| Erbrechen | | | | | | | 6 | | | | | | | | 2 |
| Mundtrockenheit | 9 | | 4 | 13 | 40 | | | | 15 | 30 | | 9 | 10 | 3 | 51 |
| Nasenbeschwerden | | | | | | | | | | | | | | | 6 |
| Salivation | | | | | | | | | 20 | | | | 10 | | 4 |
| Durst | | | | | | | | | | | | | | | 1 |
| Magenbeschwerden | | | 2 | | | 2 | | | | | | | | | 3 |
| Appetitzunahme | | | | | | | | | | | | | | | 1 |
| Appetitlosigkeit | | 2 | | | | | | | | | 3 | | | | 1 |
| Diarrhoe | | | | | | | | | | | | 9 | | | 2 |
| Obstipation | 25 | 4 | 17 | | 50 | 18 | 3 | 3 | 10 | 42 | | | | 2 | 55 |
| Kopfschmerzen | | 2 | 14 | | 10 | 3 | 3 | | 5 | 15 | 12 | | | | 33 |
| Schwindel | 10 | 6 | | 66 | | 7 | | | | | | | | | 21 |
| Schlaf | 50 | 27 | 14 | | | 36 | | | | 30 | 9 | 19 | | | 125 |
| Schläfrigkeit | | | | | | | | | | 6 | | | | | 6 |
| Schlaflosigkeit | 10 | 12 | 8 | | | | 3 | | | | | 9 | | | 16 |
| Müdigkeit | | | 2 | 3 | | | | | | | | | | | 3 |
| Dösigkeit | | | | | | | | | | | | | | | 3 |
| Depression | | | | 3 | | | | | | 15 | | | 10 | | 16 |
| Nervosität | | | | | | | | | 5 | | | | | | 5 |
| Erregung | | | 2 | | | | | | | | | | | 7 | 2 |
| Parästhesien | 18 | 4 | | 7 | | | | | | | | | | | 16 |
| Schweregefühl | 9 | | | 3 | | | | | | | | | | | 5 |
| Leichtigkeitsgefühl | 15 | 10 | | 3 | 30 | 10 | | | | | | | | | 31 |
| Konzentrationsschwäche | | | | | | | | | | | | | | | |

| | [1] | [2a] | [2b] | [3] | [4] | [5] | [6] | [7] | [8] | [9] | [*] |
|---|---|---|---|---|---|---|---|---|---|---|---|
| Unangenehme Empfindungen | | | | 20 | | | | | | | 2 |
| Angenehme Empfindungen | 2 | 4 | 3 | | | | | | | | 5 |
| Konvergenzschwäche | | 2 | 3 | | 3 | | | | | | 4 |
| Divergenzschwäche | | | | 10 | | | | | | | 1 |
| Kältegefühl | | | | | | 25 | | | | | 5 |
| Hitzegefühl | 8 | 6 | | 10 | 6 | 5 | | | | | 14 |
| Zittern | | | | | | | | | 10 | 4 | 2 |
| Schwächegefühl | | 2 | 7 | | | | | | | | 3 |
| Herzklopfen | | | | | | | 5 | | | | 1 |
| Exantheme | | | | | | | 5 | | | | 1 |
| Juckreiz | | 2 | 7 | | | 10 | | | | | 4 |
| Sprachstörungen | | | | | 3 | | | 3 | | | 3 |
| Dyspnoe | | | | | 1 | | | | | | 1 |
| Schwitzen | | 2 | | | 1 | | | | | | 2 |
| Blässe | | 2 | | | | | | | | | 2 |
| Widerwillen g. Medikamente | | | 6 | | | | | | | | 2 |
| Apathie | | | | 50 | | | | | | | 5 |
| Ataxie | | | | | | | | | | | 2 |
| Oedeme | | | | | 3 | | | 3 | | | 1 |

1) H. K. Beecher, J. Amer. med. Ass. 159, 1602 (1955).
2a) J. E. Denton und H. K. Beecher, J. Amer. med. Ass. 141, 1148 (1949).
2b) J. E. Denton und H. K. Beecher, J. Amer. med. Ass. 141, 1148 (1949).
3) A. S. Keats, J. Telford und Y. Kurosu, J. Pharm. 119, 155 (1957); A. S. Keats, J. Telford und Y. Kurosu, J. Pharm. 120, 354 (1957).
4) L. Lasagna und H. K. Beecher, J. Pharm. 112, 306 (1954).
5) A. S. Keats und H. K. Beecher, J. Pharm. 105, 109 (1952).
6) A. S. Keats, G. L. d'Alessandro und H. K. Beecher, J. Amer. med. Ass. 147, 1761 (1951).
7) J. S. Gravenstein, G. M. Smith, R. D. Sphire, J. P. Isaacs und H. K. Beecher, New Engl. J. Med. 254, 877 (1956).
8) L. Lasagna, J. M. von Felsinger und H. K. Beecher, J. Amer. med. Ass. 157, 1006 (1955).
9) Brown, zitiert nach H. F. Hailman, J. Amer. med. Ass. 151, 1430 (1953).
10) E. H. Hare, C. P. Seager und A. Leitch, Lancet 1956, I, 545.
11) A. R. Krogsgaard, Ugesk. Laeger. 118, 1164 (1956).
12) K. Gruber, H. Illig und M. Pflanz, Dtsch. med. Wschr. 81, 1130 (1956).
13) L. J. Cass, W. S. Freederik und A. F. Bartholomay, J. Amer. med. Ass. 166, 1829 (1958).
*) Zahl der Patienten mit Krankheitssymptomen.

je ausgeprägter ihre Angst war. Die Veränderungen, die sie beobachteten, entsprachen im weitesten Umfang den Befunden, die an Normalpersonen nach ACTH-Zufuhr auftreten. So kam es zu einer Zunahme der zirkulierenden Neutrophilen, Abnahme der Lymphocyten und Eosinophilen, Veränderung der Ketosteroidausscheidung usw.

Neben den subjektiven Wirkungen kann Placebo demnach objektive Effekte im psychischen und physischen Bereich des Organismus hervorrufen. Auf welche Weise es wirksam ist, das ist allerdings problematisch. Zur Klärung ihres Wirkungsmodus werden je nach dem Standort des Untersuchers magische Phänomene[1]), Suggestionseffekte, bedingte Reflexe oder psychologische Prinzipien angeführt. Magie ist nach der Definition von PRADINES[2]) «ein Unternehmen, Veränderungen zum Vorteil des Menschen hervorzubringen, in dem man die Dinge von ihren eigenen Wegen zu unserem Dienst hin ablenkt». Nach GEHLEN[3]) ist sie «eine übernatürliche Technik zur Wiederherstellung der gewohnten Gleichförmigkeit». Die magische Welt ist die vor-wissenschaftliche und vor-philosophische, die von Dämonen bevölkert ist. Von dieser sagt VON WEIZSÄCKER[4]), daß sie heute noch koexistent sei, während es sie nach JASPERS[5]) nicht gibt – ein nur scheinbarer Widerspruch, der einfach darauf beruht, daß man sich wie so oft in der Geisteswissenschaft über die Definition des Begriffes «Dämonen» nicht geeinigt hat.

Eine magische Placebowirkung wäre nach dieser Auffassung ein Effekt, der so abläuft, als ob der Patient durch die Einnahme des Placebo einen übernatürlichen Mechanismus in Gang setzt, wobei dieser imstande sein müßte, das Krankheitsgeschehen zu beenden und den gewohnten Gesundheitszustand wieder herzustellen. Eine derartige Betrachtungsweise führt indes nicht weiter, da alle Fragen nach dem Wesen dieses Mechanismus und nach der Art seiner Auslösung unbeantwortet bleiben müssen. Das einzige Positive einer solchen Auffassung liegt vielleicht in der Tatsache, unser Augenmerk darauf zu richten, daß zur Erzielung eines Placeboeffektes eine vor-rationale geistige Haltung des Kranken Voraussetzung sein mag.

Es wurde schon erörtert, daß die Auslösung einer Placebowirkung dem suggestiven Element der Arztpersönlichkeit zuzuschreiben ist. Der Vorgang selbst unterliegt wohl einer Wirkungsweise, die dem ideomotorischen Grundsatz von CARPENTER[6]) entspricht, wonach jede Vorstellung das Prinzip ihrer Verwirklichung in sich selbst trägt. Ein Medikament verursacht also gerade die Wirkung, die in der Vorstellungswelt des Patienten wunschgemäß fixiert ist. Die Verfolgung dieses Grundgesetzes führt notwendigerweise auf das große Gebiet der bedingten Reflexe. Dieser Mechanismus spielt sicherlich bei der Wirkung eines Placebo eine wesentliche Rolle. Dafür läßt sich anführen, daß es gelingt, Patienten mit chronischen Schmerzen nach längerer Morphin-

[1]) A. JORES, Medizinische *1956*, 1240; Dtsch. med. Wschr. *80*, 915 (1955); *81*, 376 (1956).
[2]) M. PRADINES, *L'esprit de la religion* (1941).
[3]) A. GEHLEN, *Die Seele im technischen Zeitalter* (Hamburg 1957).
[4]) V. VON WEIZSÄCKER, *Körpergeschehen und Neurose* (Stuttgart 1957).
[5]) K. JASPERS, *Vom Ursprung und Ziel der Geschichte* (München-Zürich 1949).
[6]) W. B. CARPENTER (1874), zitiert nach W. HELLPACH, *Sozialpsychologie* (Stuttgart 1946).

anwendung statt der Morphingabe physiologische Kochsalzlösung zu injizieren, ohne daß Abstinenzsymptome auftreten. Erst wenn die Placeboinjektionen weggelassen werden, stellen sie sich prompt ein. Ebenso dürfte die Ausbildung bedingter Reflexe eine Rolle spielen, wenn ein echter Morphinist sich bei einer Entwöhnungskur durch Placeboinjektionen befriedigen läßt. Weiterhin läßt sich anführen, daß auch nach klinischer Erfahrung zum Beispiel bei der Schlaftherapie der bedingt-reflektorischen Arzneimittelwirkung große Bedeutung beizumessen ist[1,2]. Selbst bei experimentellen Versuchen an Tieren ist es möglich, nach wiederholter Injektion von differenten Pharmaka mit umrissenen und gut meßbaren Wirkungen durch Placebo die gleichen Effekte zu reproduzieren. So konnte bei Hunden die Wirkung von Lobelin auf die Atmung (BELOUS[3]) sowie die Wirkung einer Injektion von Kaliumcyanid auf die Herzfrequenz[4] in einen bedingten Reflex umgewandelt werden. Höchstwahrscheinlich handelt es sich bei manchen Placeboreaktionen, soweit es sich um Patienten mit einem chronischen Konsum an hochwirksamen Arzneimitteln handelt, um die gleichen Phänomene. Ein Arzneimitteleffekt separiert sich demnach nach häufiger Wiederholung von dem bedingenden Substrat, der pharmakologischen Substanz, und wird bereits durch den nicht bedingenden Reiz, durch die Applikation an sich, das heißt durch die Verabreichung eines Leerpräparates ausgelöst. Damit ist jedoch nur ein Teil der Placebophänomene zu erklären, zum Beispiel die Notwendigkeit der Arzneimittelerfahrung, das Nachlassen der Placebowirkung. Die Schwierigkeit, den bedingenden Reiz befriedigend zu beschreiben, bleibt indes bestehen.

Besteht dieser etwa in einer Teilwirkung des Phänomens? Damit würden wir das einfache Reizwirkungsmodell des Behaviorismus verlassen und das Vorhandensein von Reaktionsketten voraussetzen oder die Zugehörigkeit des Placebophänomens zu den bedingten Reflexen zweiter Art[5] postulieren: «Denn die Verhaltensweisen, die nicht wie Reflexe in eindeutiger Art durch bestimmte Reize ausgelöst werden, treten mit hoher Wahrscheinlichkeit unter gewissen Reizgegebenheiten auf, wenn sie sich zur Herbeiführung einer für den Organismus erstrebenswerten Lage als tauglich erwiesen haben.» Dieses als «Lernen am Erfolg»[6] bezeichnete Phänomen entspricht etwa der Placebosituation. Ähnliches wird im «Effektgesetz» (THORNDIKE)[7] ausgedrückt: «Akte, auf die Zustände folgen, die ein Lebewesen nicht vermeiden, sondern eventuell herbeizuführen und zu erhalten trachtet, werden ausgewählt und fixiert.» Die Psychologie bietet also für die Erforschung des Placeboproblems Ansätze in Hülle und Fülle, von der eigentlichen Lösung ist sie jedoch genau so weit entfernt, wie der Arzt für die Prüfung von Arzneimitteln keine endgültigen Praktiken gefunden hat.

[1]) H. KLEINSORGE und U. HOFMANN, Dtsch. Gesundheitswes. *13*, 808 (1958).
[2]) H. KLEINSORGE und K. RÖSNER, Therap. Gegenw. *95*, 441 (1956).
[3]) A. A. BELOUS und M. A. GREBENKINA, Fisiol. Zh. S.S.S.R. *39*, 591 (1953).
[4]) R. ALVAREZ-BUYLLA und M. RUSSEK, Acta physiol. lat. Amer. *2*, 119 (1952).
[5]) J. KONORSKI, zitiert nach P. R. HOFSTÄTTER, *Psychologie* (Frankfurt am Main 1957).
[6]) P. R. HOFSTÄTTER, *Psychologie* (Frankfurt am Main 1957).
[7]) E. L. THORNDIKE, zitiert nach P. R. HOFSTÄTTER, *Psychologie* (Frankfurt am Main 1957).

## 1.5 *Das ärztliche Wagnis*

«Therapeutische Praktiken, zumal mit stark wirksamen Arzneimitteln, am kranken Menschen auszuüben, ist in jedem Falle ein gewagtes Unterfangen, weil jeder Eingriff, wenn er überhaupt Sinn haben soll, in den Kern des Lebendigen eingreifen muß, da er nur so die krankhaften Störungen, die im Kern des Lebendigen sitzen, erreichen kann»[1]. «Jede medikamentöse Therapie enthält somit ein Risiko, auch schon die erprobte. Sie erfordert nämlich die Anpassung an die individuelle Empfindlichkeit des Patienten, also den Versuch»[2]. Diese Tatsachen wird man nicht übersehen dürfen, wenn die Frage beantwortet werden soll, ob der Arzt – selbstverständlich unter Wahrung aller Sorgfaltspflicht und unter Einbeziehung aller ärztlichen Erfahrungen und aller wissenschaftlichen Vorstellungen über die Erfordernisse einer Behandlung – berechtigt ist, Arzneimittelprüfungen am lebenden Menschen durchzuführen, und ob die praktische Verwendung von Placebo und Scheinarzneien für die Behandlung von Kranken und für die Erforschung therapeutisch-klinischer Probleme statthaft ist. Sicher ist der Arzt verpflichtet, alles zu tun und nichts zu unterlassen, um dem Patienten erfolgreiche Hilfe zu gewähren. MARTINI[3] hält es deshalb bei der Prüfung von neuartigen Pharmaka für eine selbstverständliche Voraussetzung, daß der Kranke Aussicht hat, durch das noch problematische Mittel eine günstige Chance zur Heilung oder doch zur Besserung zu bekommen, wenn auch die Größe der Chance verschieden sein kann. Daß eine positive Chance für den Kranken übrigbleibt, ist Merkmal und Voraussetzung. Die Durchführung von Placeboversuchen ist infolgedessen zweifellos unstatthaft, wenn es sich um lebensbedrohliche Situationen handelt, für die anerkannte Medikamente zur Verfügung stehen. Auch in anderen Fällen wird man den Indikationsbereich des Pacebo recht eng fassen müssen, wenn es gilt, ihre therapeutischen Verwendungsmöglichkeiten abzugrenzen.

CLAUSER[4] hat die aus klinischen Erfahrungen mit Placebo abgeleiteten Indikationen[5-8] dahingehend zusammengefaßt, daß Placebo geeignet ist, bei langdauernden, hoffnungslosen Krankheiten den Narkotikaverbrauch einzuschränken. Außerdem hält er sie für nützlich, um bei stark wirksamen Medikamenten deren Absetzen zu erleichtern und eine Gewöhnung zu vermeiden. Selbstverständlich darf der Arzt oder das Krankenhaus aus der Verwendung von Placebo keinen geldlichen Nutzen ziehen, da dies eine ungerechtfertigte Bereicherung des Behandelnden bedeuten würde und eventuell der Tatbestand des Betruges in Betracht gezogen werden könnte[9].

---

[1] H. HAAS, *Spiegel der Arznei* (Springer-Verlag, Berlin und Heidelberg 1956).
[2] L. LENDLE, Medizinische *1956*, 1244.
[3] P. MARTINI, Medizinische *1956*, 1243.
[4] G. CLAUSER und H. KLEIN, Münch. med. Wschr. *99*, 896 (1957).
[5] K. H. BEECHER, J. Amer. med. Ass. *159*, 1602 (1955).
[6] G. CLAUSER, Therapiewoche *7*, 72 (1956/57).
[7] A. LESLIE, J. Amer. Med. *16*, 854 (1954).
[8] M. PFLANZ, Medizinische *1956*, 1235.
[9] R. SCHMELCHER, Medizinische *1956*, 1239.

Weiterhin soll ihre Anwendung zweckmäßig sein bei vielen akuten funktionellen Symptomen psychischer und somatischer Natur sowie bei einer psychischen Überlagerung von chronischen Krankheitszuständen, bei denen die Placebodarreichung als Sonderform der Suggestivtherapie in Frage kommt. Auch CARTER[1]) hält ihren Einsatz bei Psychoneurosen für sinnvoll. Diese Art der Nutzanwendung wird allerdings nicht allseitige Zustimmung finden können, selbst wenn die Wirksamkeit des Placebo für diese Indikationsgebiete durch einen hohen Prozentsatz von positiv reagierenden Patienten belegt erscheint. Es könnte entgegengehalten werden, daß LANDIS[2]) bei einer Zusammenfassung aller im Jahre 1933 aus den Krankenhäusern in den USA entlassenen Patienten errechnet hat, daß 66% aller Psychoneurosen, 56% aller Kranken mit manisch-depressivem Irresein und 30% aller Fälle von Dementia praecox als geheilt oder gebessert die Kliniken verließen. Die gleichen Zahlenangaben mit 67% Besserung bei Psychoneurosen und 39% bei Psychosen finden sich bei APPEL[3]), der mit diesen Ziffern den Wert der Psychotherapie belegen will. Eine Besserungsquote von 33% aller Behandelten als Beleg für die gute Wirksamkeit eines neuen Medikamentes bei diesen Indikationsbereichen anzuführen, besagt demnach nicht viel. So erscheint auch die Nützlichkeit des Placebo in diesem Falle höchst zweifelhaft. Wertvolle Medikamente für die Behandlung Geisteskranker aufzufinden, ist demnach noch immer eine lohnende Aufgabe, die mehr verspricht, als wenn man mit Placebo eine recht fragwürdige Behandlung anstrebt.

Gegen die Anwendung von Placebopräparaten aus differential-diagnostischen Gründen, zum Beispiel zur Abgrenzung einer psychischen Krankheitsgenese, bestehen dagegen keine Bedenken. Auch der Standpunkt, Placebo zu wählen, um die Untersuchungsergebnisse während einer notwendigen Beobachtungszeit nicht zu stören und gleichzeitig den ungeduldigen Patienten zufriedenzustellen, dürfte bei Wahrung der Sorgfaltspflicht vertretbar erscheinen. OSSERMAN und TENG[4]) haben demonstriert, daß ein Placebo für die Differentialdiagnostik zwischen Myasthenie und Psychoneurosen recht brauchbar sind.

Die Hauptindikation des Placebo bleibt indes die Arzneimittelprüfung. Wer aber Versuche an Menschen anstellt und Prüfungen von Heilmitteln durchführen will, muß sich der geltenden Vorschrift bewußt sein, daß unerprobte Heilmittel nur mit Einverständnis und nach Belehrung des Patienten verabreicht werden dürfen. «Fehlt die Einwilligung, so darf eine neuartige Heilbehandlung nur dann eingeleitet werden, wenn es sich um eine unaufschiebbare Maßnahme zur Erhaltung des Lebens oder zur Verhütung schwerer Gesundheitsschädigungen handelt und eine vorherige Einholung der Einwilligung nach Lage der Verhältnisse nicht möglich war» (Richtlinien für neuartige Heil-

---

[1]) A. B. CARTER, Lancet 265, 823 (1953).

[2]) C. LANDIS, Kapitel 5, E. HINSIE, *Concepts and Problems of Psychotherapy* (Columbia University Press, New York 1937).

[3]) K. E. APPEL, W. T. LHAMON, J. M. MYERS und W. H. HAWEY, Res. Publ. Ass. nerv. ment. Dis. 31, 21 (1953).

[4]) K. E. OSSERMANN und P. TENG, J. Amer. med. Ass. 160, 153 (1956).

behandlung und für die Vornahme wissenschaftlicher Versuche am Menschen, RGBl., S. 174, 1931). Wenn im Sinne dieser Bestimmungen eine Prüfung neuer Stoffe am Menschen statthaft ist, dann muß nach der Ansicht von LENDLE[1]) auch im Rahmen einer solchen Untersuchung das Recht der Placeboprüfung zugelassen werden, falls sie mit unschädlichen Mitteln erfolgt und falls damit nicht eine dringlich erforderliche Maßnahme unterlassen wird. Die Art, wie diese Prüfung erfolgen soll (Art der Zufuhr, Dosierung, Kontrollversuch mit Placebo usw.), darüber den Patienten im einzelnen zu unterrichten und darüber seine Einwilligung einzuholen, hält LENDLE[2]) für unangebracht, da der Kranke die Bedingungen nicht mit Sachverständnis beurteilen kann. Es müßte daher genügen, wenn der Patient darüber aufgeklärt wird, daß man an ihm ein neues Medikament zu erproben beabsichtigt, und wenn ihm die Zusicherung gegeben wird, daß diese Prüfung nach wissenschaftlichen Prinzipien erfolgt. Es steht ihm frei, diese Einwilligung zu verweigern; dann darf der Placeboversuch, ebenso wie die Prüfung eines neuen Medikamentes, nicht durchgeführt werden. Die Form der zweckentsprechenden Belehrung wird man sicherlich besonders sorgfältig überlegen müssen, um juristischen Bedenken zu begegnen und andererseits das von vornherein wesentliche Moment, die Gutgläubigkeit und Unwissenheit des Kranken, nicht auszumerzen und damit die unwissentliche Versuchsanordnung durch ein Zuviel an Belehrung aufzuheben.

SCHMELCHER[3]) besteht dagegen auf der Aufklärungspflicht des Arztes, die auch die vorgesehene Scheinbehandlung einzubeziehen hat. Wenn die Einwilligung zu einem körperlichen Eingriff mittels Täuschung erzielt wird, so sei dies dadurch nicht rechtmäßig. Der Arzt mache sich daher bei einem derartigen rechtswidrigen Eingriff einer Körperverletzung schuldig. Allerdings meint SCHMELCHER[3]), daß in derartigen Fällen eine strafbare Körperverletzung ausscheiden dürfte, weil dem Arzt sicherlich das Bewußtsein der Strafbarkeit fehlt.

Fest steht jedenfalls, daß die Prüfung von Arzneimitteln überaus notwendig ist, wenn wir der Flut an immer neuen pharmazeutischen Präparaten wirksam entgegentreten wollen. Ohne die Benutzung von Leerpräparaten ist eine solche Objektivierung des therapeutischen Wirkungswertes neuer und alter Arzneimittel nicht mehr denkbar. Ein Beispiel soll verdeutlichen, daß solche Untersuchungen ohne Benachteiligung des Patienten durchführbar sind, und zugleich zeigen, daß die grundsätzliche Möglichkeit besteht, auf diese Weise die Wirkungen von höchst umstrittenen Medikamenten zu umreißen. Diesem Grundgedanken entspricht eine unwissentliche Versuchsanordnung, die zur Prüfung der Wirkung von Zellinjektionen von KUHN und KNÜCHEL[4]) im Einvernehmen mit HEUBNER durchgeführt wurden. Hierbei wurden Ampullen mit Trockenzellen, deren Inhalt dem behandelnden Arzt unbekannt war, auf ihren Einfluß auf die Ketosteroidausscheidung untersucht, um an dem Ansteigen der ein-

[1]) K. E. OSSERMAN und P. TENG, J. Amer. med. Ass. *160*, 153 (1956).
[2]) L. LENDLE, Medizinische *1956*, 1244.
[3]) R. SCHMELCHER, Medizinische *1956*, 1239.
[4]) W. KUHN und F. KNÜCHEL, Beiträge aus: P. NIEHANS, *Die Zellulartherapie* (Verlag Urban & Schwarzenberg, München-Berlin 1954); Medizinische *1955*, 16.

zelnen Fraktionen zu erkennen, ob es sich bei dem unbekannten Präparat um Testes oder Nebenniere handelte. Das Ergebnis bestand in einer einwandfreien Feststellung der spezifischen Wirkung, so daß die Diagnose des injizierten Präparates aus der Analyse mit 100prozentiger Sicherheit angegeben werden konnte.

Die Ärzteschaft sollte deshalb mit größtem Nachdruck ihre Rechte wahren, da nur sie allein die komplexen Bedingungen der ärztlichen Aufgaben und des ärztlichen Wagnisses übersieht und auch den Nutzen solcher Kontrollversuche mit Placebopräparaten für eine Objektivierung von Arzneimittelwirkungen im Interesse des Fortschrittes der Therapie und zum Heile des kranken Menschen richtig abzuschätzen und auszuwerten vermag.

## 2. Kasuistik[1]

### 2.1 *Analgetika*

Auf keinem anderen Gebiet der Arzneimittelprüfung wurde der Unterschied zwischen der Wirkung von Substanz und Scheinsubstanz so intensiv und erfolgreich erforscht wie auf dem Gebiet der Analgetika. Von hier aus bekam zugleich der Gedanke, die Arzneimittelwirkungen durch ein Placebo zu kontrollieren, ständig neue Impulse und Argumente. Es dürfte kein Zufall sein, daß das so eindringlich wirkende Wort «the powerful placebo» von einem Forscher stammt, der seine Hauptarbeit der Prüfung von Schmerzmitteln widmete[2]).

Nach allgemeiner Erfahrung sollte ein subjektives Symptom, wie es der Schmerz darstellt, in besonderem Maße durch Suggestion und damit auch durch Placebo beeinflußbar sein. Diese Vorstellung war an sich nicht neu: Jede Stationsschwester, die gelegentlich statt Morphin mit gleich gutem Erfolg physiologische Kochsalzlösung injizierte, handelte danach, indem sie intuitiv ihre «Placeboreaktoren» erkannte. Neu war auch nicht das Standardbeispiel aus der Literatur[3]), worin geschildert wird, daß Soldaten infolge der besonderen psychischen Einwirkungen nach einer Verwundung keine Schmerzen fühlten, obwohl sie sich in keinem Schockzustand befanden. Neu waren aber am Beginn der Placeboaera die Fragestellungen: 1. *Wie viele* placeboempfindliche Personen gibt es, 2. welcher Unterschied besteht zwischen der Suggestion und der Wirkung von Analgetika und 3. hat das Placebo noch Nebenwirkungen, die denen der Pharmaka, zum Beispiel der Opiate, qualitativ und quantitativ ähneln?

Die exakte Bearbeitung dieser Fragestellungen war nur möglich mit Hilfe einer Versuchsplanung und -auswertung nach den Gesichtspunkten der mathematischen Statistik. Oder man kann besser in Umkehrung des Gedankens auch sagen: Diese Fragestellungen konnten nur aufgeworfen werden auf Grund der in der biologischen Forschung immer mehr an Bedeutung gewinnenden statistischen Denkweise.

---

[1]) Abgeschlossen am 1. August 1958.
[2]) H. K. BEECHER, J. Amer. med. Ass. *159*, 1602 (1955).
[3]) H. K. BEECHER, Amer. J. Med. *20*, 107 (1956).

Der Wunsch, die Analgetica auf ihren wirklichen Wert zu prüfen und untereinander zu vergleichen, bestand lange bevor «Placebo» für die Mehrzahl der
Forscher ein Begriff war. Die erzielten Ergebnisse hielten jedoch der Kritik
nicht stand. In neuerer Zeit wurde die experimentelle Versuchsmethode nach
HARDY, WOLFF und GOODELL[1]) (Dolorimetrie) besonders begrüßt und in der
Folge von zahlreichen anderen Autoren angewandt. Ihre positiven Ergebnisse
wurden bestätigt, bis man daranging, die Wirkung der Analgetica mit Placebo
und im Blindversuch zu kontrollieren. Andere Untersucher zogen der experi-
mentellen Dolorimetrie die Prüfung am kranken Menschen auf Grund subjektiver Aussagen vor. Obwohl kein Zweifel an einer echten analgetischen
Wirkung der Opiate gegenüber dem Scheinmedikament bestand, war viel
Arbeit notwendig, bis man die quantitative Prüfung der Analgetica in allen
Feinheiten beherrschte. Einen besonderen Anreiz für diese Versuche bot die
ständig zunehmende Anzahl synthetischer Analgetica mit morphinähnlicher
Wirkung.

Die Zahl der Untersuchungen, in denen die Wirkungen eines Analgeticums
mit Placebo verglichen und die obengenannten drei Fragestellungen beantwortet werden, zwingt dazu, eine Unterteilung vorzunehmen. Neben einer
Gruppierung nach Substanzen bietet sich eine Betrachtung nach der verwendeten Methode bzw. der Art des Schmerzes an. Dieses Vorgehen verdient den
Vorzug, weil die Placebowirkung bei einem richtig angelegten Versuch in der
Regel nicht von dem unbekannten Vergleichspräparat abhängig ist, dagegen
sehr von der Einstellung, welche die zu prüfende Persönlichkeit zum Versuch
hat. Hier gibt es aber keine größeren Unterschiede als zwischen dem Verhalten
von gesunden und kranken Personen, bei denen man in dem einen Fall experimentell Schmerzen erzeugen muß, um diese zur Prüfung von Arzneimittelwirkungen zu benutzen. Im anderen Falle kann man sich an den bestehenden
Krankheitsprozeß und die begleitenden Schmerzzustände halten, um an ihnen
den Arzneimitteleffekt quantitativ zu messen.

### 2.1.1 Experimentell erzeugter Schmerz

Die gebräuchliche Standardtechnik zur experimentellen Prüfung analgetischer Wirkung am Menschen ist die Methode nach HARDY, WOLFF und
GOODELL[1, 2]). Sie besteht darin, daß gebündelte Hitze von einer Lampe auf
einen kleinen Bereich der Stirnhaut abgestrahlt wird. Die Versuchsperson
empfindet den Wärmereiz bei genügender Intensität als stechenden Schmerz.
Die niedrigste Hitzintensität, die diesen stechendem Schmerz hervorruft, kann
in Millikalorien gemessen werden und wird als Schmerzschwelle gewertet. In
einer Reihe von Untersuchungen konnten die Autoren, die ihre eigenen Versuchspersonen waren, und Nachuntersucher eine Reizschwellenerhöhung nach

---

[1]) J. D. HARDY, H. G. WOLFF und H. J. GOODELL, J. clin. Invest. *19*, 649 (1940).
[2]) J. D. HARDY, H. G. WOLFF und H. GOODELL, *Pain Sensations and Reactions* (Williams &
Wilkins Co., Baltimore 1952).

Morphin und anderen Analgetica finden[1-6]). Die Kritik an diesen Ergebnissen setzte ein, als man begann, die Versuche unter kontrollierten Bedingungen durchzuführen, das heißt, die Analgetica systematisch in ihrer Wirkung mit Placebo zu vergleichen. Zwar fanden noch FLODMARK und WRAMNER[7]) eine signifikante Wirkung von Morphin. Da aber die Morphinversuche nicht an den gleichen Patienten wie die Placeboversuche durchgeführt wurden und nur 4 Versuchspersonen für die Placebokontrolle verwendet wurden, ist es nicht sicher, ob die Placeboversuchspersonen als repräsentativ für die Gesamtheit gelten können. Dafür spricht, daß DODDS et al.[8]) mit der gleichen Methode keinen signifikanten Unterschied zwischen der Wirkung von 11–22 mg Morphin per os und Lactose per os feststellten. Die von ihnen beobachtete Erhöhung der Reizschwelle betrug für Morphin 5 bzw. für Placebo 9%. Ebenso fand THORP[9]) keine Zunahme des Schwellenwertes nach 10 mg Morphin und sprach von einer «höchst unsicheren Methode». Völlig negativ beurteilten auch 1949 DENTON und BEECHER[10]) die Möglichkeit, durch die Methode der strahlenden Hitze Analgesie im Blindversuch zu prüfen. Die gleiche Überzeugung läßt WIKLER[11]) in seinem Übersichtsreferat erkennen, und er erwähnt als weiteren Beleg ISBELL und FRANK (persönliche Mitteilung an WIKLER[11]). Auch in der Folge finden sich immer wieder Veröffentlichungen mit negativen Ergebnissen. So sahen KUHN et al.[12]) von Individuum zu Individuum wechselnde Effekte nach 16 mg Morphin subkutan. Auf keinen Fall entsprach das Ergebnis dem von WOLFF et al.[13]), die Werte um + 70% gefunden hatten. Als «Scheinmittel» verwandte KUHN[12]) aus besonderen Gründen 90 mg Natriumphenobarbital subkutan, da er fürchtete, die Versuchspersonen würden physiologische Kochsalzlösung vielleicht an dem Ausbleiben einer Aura von Morphin unterscheiden. Die Wirkung dieses unechten Placebo auf die Reizschwelle, ebenso wie die von 90 mg Acetylsalicylsäure per os und die von Saccharose per os (als echtem Placebo) war nicht nennenswert. KEELE[14]) wandte sich der Methode des ischämischen Muskelschmerzes zu, weil seine Ergebnisse mit der Methode der strahlenden Hitze keine signifikante Wirkung der Opiate gegenüber Placebo erkennen ließen. Von Bedeutung erscheint, daß selbst HARDY et al.[15]) mit 45 mg Codein

[1]) J. D. HARDY, H. G. WOLFF und H. GOODELL, J. clin. Invest. 19, 649 (1940).

[2]) J. D. HARDY, H. G. WOLFF und H. GOODELL, Pain Sensations and Reactions (Williams & Wilkins Co., Baltimore 1952).

[3]) J. D. HARDY, H. G. WOLFF und H. GOODELL, Proc. Ass. Res. nerv. ment. Dis. 23, 1 (1943).

[4]) H. G. WOLFF, J. D. HARDY und H. GOODELL, J. clin. Invest. 20, 63 (1941).

[5]) H. G. WOLFF und H. GOODELL, Proc. Ass. Res. nerv. ment. Dis. 23, 434 (1943).

[6]) H. G. WOLFF, J. D. HARDY und H. GOODELL, J. clin. Invest. 19, 659 (1940).

[7]) S. FLODMARK und T. WRAMNER, Acta Physiol. scand. 9, 88 (1945).

[8]) E. W. DODDS, W. LAWSON und S. SIMPSON, J. Physiol. 104, 47 (1945).

[9]) R. H. THORP, Brit. J. Pharmacol. 1, 113 (1946).

[10]) J. E. DENTON und H. K. BEECHER, J. Amer. med. Ass. 141, 1051 (1949).

[11]) A. WIKLER, Pharmacol. Rev. 2, 435 (1950).

[12]) R. A. KUHN und R. B. BROMILEY, J. Pharmacol. 101, 47 (1951).

[13]) H. G. WOLFF, J. D. HARDY und H. GOODELL, J. clin. Invest. 19, 659 (1940).

[14]) C. A. KEELE, Analyst 77, 111 (1952).

[15]) J. D. HARDY und M. CATHELL, Fed. Proc. 9, 282 (1950).

oder mit 60 mg Meperidin keine signifikante Erhöhung der Reizschwelle gegenüber Placebo erzielten. Sie deuteten dies damit, daß sie in ihrem Versuch keine «trainierten» Versuchspersonen eingesetzt hatten. Gegen diese Auffassung wandten sich BEECHER[1]) sowie KUHN et al.[2]), indem sie darauf hinweisen, daß arzneierfahrene Personen die Durchführung eines Blindversuches zu einer Illusion machen können, weil sie die zu prüfende Substanz von der Scheinsubstanz an den vertrauten Nebenwirkungen (Aura usw.) unterscheiden. HARRIS und BLOCKUS[3]) versuchten die Prüfung analgetischer Wirkungen mit Hilfe der elektrischen Reizung der Zahnpulpa im doppelten Blindversuch am Menschen. Als Kontrolle wurde neben dem Placebovergleich je ein «Trockenversuch» («dry run») durchgeführt. Da in diesen Experimenten an 9 Versuchspersonen nach der intramuskulären Injektion von physiologischer Kochsalzlösung die Reizschwelle nicht erhöht war, ließ sich für die an sich recht schwache Wirkung von 64 mg Codein intramuskulär ein signifikanter Unterschied gegen Placebo erreichen (P < 0,01). Bedenklich an dieser Signifikanz ist allerdings, daß in einer zweiten Versuchsserie an 10 anderen Versuchspersonen, die zur Prüfung von peroral gegebener Acetylsalicylsäure diente, eine ebenso starke Erhöhung der Reizschwelle nach Lactose per os auftrat wie im ersten Versuch nach Codein (siehe Tabellen 5 und 6). Da nach allgemeiner Erfahrung injiziertes Placebo aber stärker wirksam ist als peroral gegebenes, ist anzunehmen, daß sämtliche beobachtete Wirkungen innerhalb der Versuchsstreuung liegen, auch wenn mathematisch-statistisch die Signifikanz einwandfrei zu belegen war. Im Anschluß an die Methode der elektrischen Reizung der Zahnpulpa seien als Kuriosum die Versuche von MACHT et al.[4]) erwähnt, die schon 1916 ihre Versuchsergebnisse durch Placeboinjektionen, damals noch Kochsalzkontrollen genannt, im doppelten Blindversuch kontrollierten, allerdings nicht systematisch. Sie wendeten die elektrische Reizung schmerzempfindlicher Hautbezirke (Lippen oder Interdigitalfalten) an und fanden für Morphin deutlich erhöhte Reizschwellen. Die Leerinjektionen dagegen waren ohne Wirkung.

Die experimentelle Auslösung eines ischämischen Muskelschmerzes ist eine besondere Methode zur Prüfung analgetischer Wirkungen. Sie besteht darin, daß man eine Extremität der Versuchsperson arteriell abschnürt und die Versuchsperson danach auffordert, Kontraktionen auszuführen. Nach einer Anzahl von Kontraktionen entsteht ein heftiger Muskelschmerz. Die bis dahin vollbrachte Leistung kann als Maß für die Schmerzschwelle gelten. Es ist leicht einzusehen, daß bei diesem Vorgehen ein andersartiger Schmerz erzeugt wird, der heftiger ist und der zudem lange andauert. HEWER et al.[5]) fanden auf diese Weise eine signifikante Erhöhung der Schmerzschwelle nach 7,5 mg Morphin, während Placebo ohne Wirkung war. Ebenso arbeitete KEELE[6]) mit die-

[1]) H. K. BEECHER, J. Amer. med. Ass. 158, 399 (1955).
[2]) R. A. KUHN und R. B. BROMILEY, J. Pharmacol. 101, 47 (1951).
[3]) ST. C. HARRIS und L. E. BLOCKUS, J. Pharmacol. 104, 135 (1952).
[4]) D. I. MACHT, N. B. HERMAN und C. S. LEVY, J. Pharmacol. 8, 1 (1916).
[5]) H. J. HEWER und C. A. KEELE, Lancet 1948, II, 683.
[6]) C. A. KEELE, Analyst 77, 111 (1952), zitiert nach FLINTAN und KEELE[4]).

Tabelle 5

*Elektrische Reizung der Zahnpulpa am Menschen. Wirkung von 64 mg Codein i.m. und*
*1,0 ml physiologischer Kochsalzlösung im Vergleich zum Trockenversuch*
(nach HARRIS und BLOCKUS[1]), etwas modifiziert).

| Schmerzschwelle | Leer-versuch | Placebo | Codein |
|---|---|---|---|
| Durchschnittliche Skalenwerte vor der Injektion . . . . . . . . . . . . . . . | 7,64 | 7,52 | 7,42 |
| Durchschnittliche Skalenwerte für die ersten 70 Minuten nach der Injektion. . | 7,58 | 7,50 | 7,74 |

[1]) ST. C. HARRIS und L. E. BLOCKUS, J. Pharmacol. *104*, 135 (1952).

Tabelle 6

*Elektrische Reizung der Zahnpulpa. Wirkung von 650 mg Acetylsalicylsäure p.o.*
*und Lactose p.o. im Vergleich zum Trockenversuch*
(nach HARRIS und BLOCKUS[1]), etwas modifiziert).

| Schmerzschwelle | Leer-versuch | Placebo | Acetylsalicyl-säure |
|---|---|---|---|
| Durchschnittlicher Skalenwert vor der Medikamentengabe. . . . . . . . . . | 7,01 | 7,60 | 7,49 |
| Durchschnittlicher Skalenwert für die ersten 50 Minuten nach der Medikamentengabe. . . . . . . . . . . . . . | 6,89 | 7,80 | 7,63 |

[1]) ST. C. HARRIS und L. E. BLOCKUS, J. Pharmacol. *104*, 135 (1952).

ser Methode erfolgreich, nachdem er sich vorher vergeblich mit der Hardy-Wolff-Goodell-Methode bemüht hatte[1]).

Eine weitere experimentelle Methode wandten GAENSLER *et al.*[2]) an. Sie erhöhten künstlich von außen den Druck im Ductus choledochus durch einen T-Drain, der bei Gallenpatienten während der Operation angelegt worden war. Von einer bestimmten Druckerhöhung an empfand der Patient heftige kolikartige Schmerzen im Oberbauch. Die Verfasser konnten im einfachen Blindversuch in jeweils 10–50 Versuchen zeigen, daß nach 10 mg Morphin subkutan und nach anderen Substanzen mit morphinähnlicher Wirkung der hydrostatische Druck, der zur Schmerzauslösung führte, wesentlich höher lag. Die Placebomedikation in Form von subkutanen Injektionen physiologischer Kochsalzlösung hatte keinen erkennbaren Effekt; sie wurde jedoch nicht regelmäßig und systematisch durchgeführt. Einer allgemeineren Anwendung der Gänslerschen Methode dürfte ein Mangel an freiwilligen Versuchspersonen entgegenstehen.

[1]) P. FLINTAN und C. A. KEELE, Brit. J. Pharmacol. *9*, 106 (1954).
[2]) E. A. GAENSLER, J. clin. Invest. *30*, 406 (1951).

Nach HILL et al.[1, 2]) kann man Versuchspersonen anlernen, die Intensität schmerzhafter elektrischer Stromstöße einigermaßen zu schätzen. Auf dieser Basis haben sie die Wirkung subkutaner Injektionen von Morphin im Vergleich zu einer Thiamininjektion untersucht, wobei die Versuchspersonen angeben mußten, welcher von 9 Reizen, die in unregelmäßiger Reihenfolge in ihrer Intensität variierten, stärker oder schwächer als ein eintrainierter Standardschmerz empfunden wurde. Dieser Test wurde 6mal wiederholt, so daß insgesamt 54 Reize angeboten wurden. Dieses geschah zunächst im unbehandelten Zustand und eine Stunde nach der Injektion des Morphins bzw. des Placebo. Bei einem Teil der Versuchspersonen wurden die Stromstöße von dem Experimentator ausgeführt; diese Versuchspersonen waren über das methodische Vorgehen nicht orientiert. Bei der anderen Gruppe wurde der Apparat erklärt und den Versuchspersonen auferlegt, die Stromstöße selbst auszulösen. Im ersteren Falle wurde die Intensität der Stromstöße in den Kontrollversuchen überschätzt, und das Placebo übte keinen Einfluß auf diese Überschätzung aus. Nach Anwendung von Morphin kamen die Versuchspersonen mit ihren Schätzungen den tatsächlichen Stromintensitäten weitaus näher. Bei der Selbstbedienung des Apparates stimmten die Angaben im unbehandelten Zustand nahezu mit den objektiv verabreichten Stromstoßintensitäten überein, und weder Placebo noch Morphin übten einen signifikanten Effekt aus. Die Untersucher nehmen an, daß die gewählten Bedingungen in einem Falle die Angst förderten, im anderen Falle sie zerstreuten. Sie folgern daraus, daß Morphin nur imstande ist, die Angst in Erwartung des Schmerzes zu verringern, ohne die Fähigkeit zu beeinträchtigen, die Schmerzintensität richtig einzuschätzen.

Da bei der experimentellen Prüfung der Analgesie am Menschen selbst nach Morphin nur in einigen wenigen Versuchsanordnungen signifikante Unterschiede gegenüber Placebo gesehen wurden, war ein ähnliches oder ungünstigeres Ergebnis bei den schwächeren Analgetica, wie Acetylsalicylsäure und Aminopyrin, zu erwarten. Soweit wir überschauen, haben nur HARDY, WOLFF und GOODELL[3, 4]) deutliche Effekte mit diesen Substanzen erzielt. Dieser Versuch wurde aber nicht nach den Kriterien des kontrollierten Experimentes (Placebo, doppelt-blind usw.) durchgeführt. Selbst WOLFF und GODELL[5]) haben zu berichten, daß ein Placebo, mit positiver Suggestion gegeben, ebenso wie Acetylsalicylsäure die Reizschwelle für die schmerzerzeugende strahlende Hitze um 35% erhöht. Ähnlich fanden HARDY et al.[6]), daß der Anstieg der Reizschwelle nach 0,3–0,9 g Acetylsalicylsäure nicht größer war als nach Placebo. Sie führten diesen Mißerfolg auf die Verwendung von «untrainierten» Versuchspersonen zurück, eine Ansicht, zu der wir schon oben Stellung genommen haben.

---

[1]) H. E. HILL, H. G. FLANERY, C. H. KORNETSKY und A. WIKLER, J. clin. Invest. 31, 464 (1952).

[2]) H. E. HILL, C. KORNETSKY, H. G. FLANERY und A. WIKLER, J. clin. Invest. 31, 473 (1952).

[3]) J. D. HARDY, H. G. WOLFF und H. GOODELL, J. clin. Invest. 19, 649 (1940).

[4]) H. G. WOLFF, J. D. HARDY und H. GOODELL, J. clin. Invest. 20, 63 (1941).

[5]) H. G. WOLFF und H. GOODELL, Proc. Ass. Res. nerv. Dis. 23, 434 (1943).

[6]) J. D. HARDY und M. CATHELL, Fed. Proc. 9, 282 (1950).

Tabelle 7

*Einfluß von Natriumsalicylat (10 mg/kg i.v.) und physiologischer Kochsalzlösung i.v.
auf die Schmerzschwelle*

Methode nach HARDY, WOLFF und GOODELL. Bestimmung der Schmerzschwelle
in mcal/s/ml (nach BIRREN et al.[1]))

| | Vor der Injektion | 30 min nach der Injektion | Differenz | t |
|---|---|---|---|---|
| | Placebo | | | |
| Mittelwert . . . . . . | 237,3 | 230,9 | − 6,4 | 0,95[2]) |
| Fehler des Mittelwertes . | ± 10,1 | ± 10,2 | | |
| Anzahl der Versuche . . | 11 | . 11 | | |
| | Natriumsalicylat | | | |
| Mittelwert . . . . . . | 218,8 | 219,2 | − 0,4 | 0,05[2]) |
| Fehler des Mittelwertes . | ± 9,1 | ± 9,1 | | |
| Anzahl der Versuche . . | 12 | 12 | | |

[1]) J. E. BIRREN, H. B. SHAPIRO und J. H. MILLER, J. Pharmacol. *100*, 67 (1950).
[2]) Keine der Mittelwertsdifferenzen zwischen den Mittelwerten ist im t-Test statistisch signifikant.

Tabelle 8

*Einfluß von Acetsalicylsäure (600 mg p.o.) und von Lactose (p.o.) auf die Schmerzschwelle*
Methode nach HARDY, WOLFF und GOODELL. Bestimmung der Schmerzschwelle in mcal/s/ml
(nach BIRREN et al.[1]))

| | Vor der Injektion | 105 min nach der Injektion | Differenz | t |
|---|---|---|---|---|
| | Placebo | | | |
| Mittelwert . . . . . . | 273,0 | 273,0 | 0 | − |
| Fehler des Mittelwertes . | ± 14,4 | ± 11,9 | | |
| Anzahl der Versuche . . | 10 | 10 | | |
| | Acetylsalicylsäure | | | |
| Mittelwert . . . . . . | 271,0 | 266,0 | − 5 | 0,7[2]) |
| Fehler des Mittelwertes . | ± 12,4 | ± 12,3 | | |
| Anzahl der Versuche . . | 10 | 10 | | |

[1]) J. E. BIRREN, H. B. SHAPIRO und J. H. MILLER, J. Pharmacol. *100*, 67 (1950).
[2]) Die Differenz zwischen den Mittelwerten ist nicht signifikant.

Auch BIRREN et al.[1]) sahen weder nach Natriumsalicylat (10 mg/kg intravenös) noch nach 600 mg Acetylsalicylsäure per os noch nach intravenöser Injektion einer physiologischen Kochsalzlösung oder peroraler Gabe von

---

[1]) J. E. BIRREN, H. B. SHAPIRO und J. H. MILLER, J. Pharmacol. *100*, 67 (1950).

Tabelle 9

*Durchschnittliche Wirkung von Acetylsalicylsäure auf die Schmerzschwelle*
Bestimmt nach der Methode von HARDY, WOLFF und GOODELL
(nach KUHN et al.[1]), etwas vereinfacht)

| Substanz, p.o. gegeben | Anzahl der Versuchspersonen | Anzahl der Versuche | Schwellenwert vor Medikamentengabe (Watt) | Veränderung der Reizschwelle nach 1 Stunde ± Standardabweichung (Watt) | P |
|---|---|---|---|---|---|
| Lactose | 11 | 11 | 88,3 | − 2,91 ± 2,89 | 0,4–0,3 |
| Acetylsalicylsäure 1,3 g | 9 | 11 | 86,4 | − 0,18 ± 2,03 | > 0,5 |
| Acetylsalicylsäure 1,95 g | 7 | 11 | 108,7 | − 4,18 ± 1,99 | > 0,5 |

[1]) R. A. KUHN und R. B. BROMILEY, J. Pharmacol. *101*, 47 (1951).

Tabelle 10

*Durchschnittliche Wirkungen verschiedener Analgetica auf die Schmerzschwelle*
*bei elektrischer Reizung der Zahnpulpa am Menschen*
(nach SONNENSCHEIN und IVY[1]), vereinfacht)

| | Anzahl der Versuchspersonen | Anzahl der Versuche | Schwellenwert vor Medikamentengabe (Volt) | Veränderung der Reizschwelle nach 1 h ± Standardabweichung (Volt) | P[2]) |
|---|---|---|---|---|---|
| Kontrolle (Leerversuch) | 13 | 16 | 0,68 | + 0,10 ± 0,05 | 0,1–0,05 |
| Lactose p.o. | 14 | 26 | 0,96 | + 0,09 ± 0,04 | 0,02 |
| Acetylsalicylsäure 2,6 g p.o. | 4 | 10 | 0,70 | + 0,18 ± 0,69 | 0,1 |
| Aminopyrin 1,3 g p.o. | 5 | 10 | 0,50 | + 0,06 ± 0,04 | > 0,5 |
| Acetanilid 1,56 g p.o. | 4 | 9 | 0,73 | + 0,20 ± 0,12 | 0,2 |
| Acetphenetidin 1,95 g p.o. | 5 | 12 | 1,27 | + 0,04 ± 0,10 | > 0,5 |

[1]) R. A. SONNENSCHEIN und A. C. IVY, J. Pharmacol. *97*, 308 (1949).
[2]) Die P-Werte für die Substanzen wurden auf den Placeboeffekt korrigiert.

Lactose-Placebo eine Erhöhung der Reizschwelle (Tabellen 7 und 8). Dies negative Ergebnis kam zustande, obwohl relativ hohe Blutspiegelwerte nach der Einahme der Salicylsäurederivate gefunden werden konnten (maximal 4,29 mg%). KUHN et al.[1]) untersuchten 900 mg Acetylsalicylsäure per os im Vergleich mit Saccharose. Sie kamen ebenso wie SONNENSCHEIN und IVY[2]), die sogar 1,3–1,9 g Acetylsalicylsäure anwendeten, zu einem negativen Ergebnis (siehe Tabelle 9). Auf Grund ihrer Tierversuche mit der gleichen Methode (strahlende Hitze) bezweifelten ERCOLI und LEWIS[3]) überhaupt die Möglichkeit, auf diese

[1]) R. A. KUHN und R. B. BROMILEY, J. Pharmacol. *101*, 47 (1951).
[2]) R. A. SONNENSCHEIN und A. C. IVY, J. Pharmacol. *97*, 308 (1949).
[3]) E. N. ERCOLI und M. N. LEWIS, J. Pharmacol. *84*, 301 (1945).

Weise für Acetylsalicylsäure oder Antipyrin schmerzlindernde Wirkungen demonstrieren zu können, die größer sind als die von Placebo.

Die elektrische Reizung der Zahnpulpa erwies sich ebensowenig geeignet zur Prüfung von Substanzen des Salicylsäuretyps. SONNENSCHEIN und IVY[1]) sahen nach peroraler Gabe von 1,3–2,6 g Acetylsalicylsäure, 0,65–1,3 g Aminopyrin, 0,78–1,56 g Acetanilid und 0,3–1,95 g Acetphenetidin keine stärkere Erhöhung der zur Schmerzauslösung benötigten Wattzahl als nach Lactose-Placebo in Kapseln. Das Placebo selbst war jedoch mit P = 0,02 signifikant gegenüber der Ausgangslage wirksam (Tabelle 10). Mit der gleichen Methode kamen HARRIS und BLOCKUS[2]) ebenfalls zu dem Ergebnis, daß Acetylsalicylsäure in Dosen von 650 mg per os die Reizschwelle zwar erhöht, diese Erhöhung aber wegen der ebenso großen Wirkung von Placebo nicht signifikant ist. HARRISON und BIGELOW[3]) glauben, am experimentellen ischämischen Muskelschmerz eine 25prozentige Erhöhung der Reizschwelle nach Acetylsalicylsäure demonstriert zu haben. Sie mußten aber zugeben, daß durch Placebo allein eine 30prozentige Erhöhung möglich ist.

Selbst mit der nach den Morphinversuchen erfolgversprechenden Methode der künstlichen Druckerhöhung in den Gallenwegen, wie sie GAENSLER[4]) anwendete, ließ sich für 0,6–1,2 g Acetylsalicylsäure per os keine Wirkung nachweisen.

### 2.1.2 Pathologischer Schmerz

Schmerzen treten bekanntlich bei zahlreichen krankhaften Zuständen auf. Um Überschneidungen zu vermeiden, werden im folgenden nur solche Indikationen besprochen, bei denen mit der Schmerzbekämpfung keine kausale Therapie angestrebt wird: Dies gilt in erster Linie für den chronischen Schmerz des Krebskranken und den postoperativen Wundschmerz. Was Placebo im Vergleich zu anderen Substanzen für die Behandlung des Schmerzes bei Migräne, bei Angina pectoris und Blutgefäßspasmen, bei Rheuma und bei Baucherkrankungen leistet, ist in anderen Kapiteln zu finden. Da nach der Gabe von Scheinmedikamenten nicht nur erwünschte therapeutische Wirkungen auftreten, sondern viele von Arzneimitteln her bekannte Nebenwirkungen, soll diesen im Zusammenhang mit der Besprechung der analgetischen Wirkungen ebenfalls ein breiter Raum gewidmet werden.

Die ersten Versuche wurden 1942 von LEE[5]) an Krebskranken mit chronischen Schmerzzuständen und an chirurgischen Patienten mit akuten Schmerzen durchgeführt. Er gab zunächst bewußt niedrige Dosen von Morphin und steigerte die Gabe so lange, bis er völlige Schmerzfreiheit erzielte. Placebo wurde eingeschoben, aber nicht systematisch. Auf diese Weise fand LEE optimale Morphindosen von 9,6 mg gegen akuten Schmerz (776 Patienten) und

[1]) R. A. SONNENSCHEIN und A. C. IVY, J. Pharmacol. *97*, 308 (1949).
[2]) ST. C. HARRIS und L. E. BLOCKUS, J. Pharmacol. *104*, 135 (1952).
[3]) I. B. HARRISON und N. H. BIGELOW, Proc. Ass. Rev. nerv. Dis. *23*, 154 (1943).
[4]) E. A. GAENSLER, J. clin. Invest. *30*, 406 (1951).
[5]) L. E. LEE, jr., J. Pharmacol. *75*, 161 (1942).

13,1 mg bei chronisch Kranken (20 Patienten); bei diesen liegt offenbar bereits eine gewisse Gewöhnung vor[1]). Die wirksamen Dosen stimmen weitgehend mit denen späterer Untersucher überein.

HEWER[2,3]) und KEELE[4]) machten 1948 und 1949 den Versuch, den Grad der Schmerzempfindung zu erfassen und auf diese Weise zu quantitativen Aussagen einer analgetischen Wirkung zu kommen. Sie ließen die Patienten (meist chronisch Kranke) stündlich in eine Karte eintragen, ob sie keinen, leichten, mäßigen, schweren oder lebensbedrohlichen («agonizing») Schmerz empfanden. Ihre Methode scheint vor allem bei Patienten mit chronischem Schmerz geeignet zu sein. HEWER und KEELE[5]) fanden nach 15 mg Morphin subkutan in 33 Versuchen an 12 Patienten in 61% völliges Verschwinden eines schweren oder sehr schweren Schmerzes 1 h nach der Injektion; nach Placebo subkutan trat in 30 Untersuchungen an 15 Patienten eine gleiche Wirkung in 43% der Fälle ein.

HOUDE et al.[6]) hatten gleichfalls für ihre Untersuchungen chronisch Kranke ausgewählt, außerdem unterteilten sie ebenso wie KEELE et al.[5]) die Schwere des Schmerzes in 5 Stufen, und dementsprechend wurde die Schmerzlinderung nach der Medikation in Punkten bewertet und statistisch verarbeitet. Die Versuchsplanung entsprach ganz den letzten Anforderungen der Berufsstatistiker (Codierung, Maskierung und zufällige Verteilung der Substanzen, systematischer Vergleich mit Placebo und Standardsubstanz, ständige Überwachung der Patienten durch Helfer der Versuchsleitung usw.). Die Berechtigung ihrer Punktbewertung konnten sie durch Dosis-Wirkungs-Kurven und durch einen Vergleich mit einer Ja-Nein-Bewertung der Schmerzlinderung beweisen. Eine Verringerung der Versuchsstreuung erbrachte vor allem die konsequente Durchführung von Kontrollen am gleichen Individuum, so daß der Einfluß von Alter, Geschlecht, Krankheit, Schmerztyp und anderen physikalischen wie persönlichen Faktoren auf ein Mindestmaß reduziert wurde. Wenn eine peroral zu gebende Substanz (Salicylsäure) mit einer injizierbaren Substanz (Morphin) verglichen werden sollte, bekam jeder Patient gleichzeitig eine Injektion und eine Tablette bzw. eine Kapsel, wobei die eine Applikationsform zur Maskierung diente. Mit Hilfe ihrer ausgefeilten Methodik gelang es den Autoren, in jedem Falle sogar schwache und starke Analgetica signifikant zu unterscheiden und das schwache Analgeticum wiederum von Placebo zu trennen. Es genügten hierzu 10–25 Patienten. Das Ergebnis der Versuche von HOUDE et al.[7]) bestand bei der Erprobung an 65 Patienten in einer Schmerzbesserung von 65% nach 10 mg Morphin und einer Schmerzlinderung von 42% nach Placeboinjektion.

Schon zuvor hatten BEECHER und seine Schüler 1946 (vor allem LASAGNA und KEATS) mit ausgedehnten Untersuchungen über die Bekämpfung des post-

---

[1]) L. LASAGNA und H. K. BEECHER, J. Amer. med. Ass. *156*, 230 (1954).

[2]) H. J. H. HEWER und C. A. KEELE, Lancet *1948*, II, 683.

[3]) H. J. H. HEWER, C. A. KEELE, K. D. KEELE und P. W. NATHAN, Lancet *1949*, I, 431.

[4]) K. D. KEELE, Lancet *1948*, II, 6–8.

[5]) A. J. H. HEWER, C. A. KEELE, K. D. KEELE und P. W. NATHAN, Lancet *1949*, I, 431.

[6]) R. W. HOUDE und S. L. WALLENSTEIN, Drug Add. and Narcotics Bull. App. C, 417 (1953), und F, 660 (1953).

[7]) R. W. HOUDE und S. L. WALLENSTEIN, Drug Add. and Narcotics Bull. App. F, 660 (1953).

operativen Wundschmerzes begonnen. Die ersten Veröffentlichungen erschienen 1949[1–3]). 1950 wurde die Methode im Detail verbessert[4]). Die Versuchsplanung war konsequent nach den Regeln der Statistiker[5]) angelegt, so wie sie oben für die erst 1953 erschienenen Arbeiten von HOUDE et al.[6]) beschrieben wurde. Insbesondere wurde Wert darauf gelegt, daß jeder Patient mindestens einmal sowohl das Placebo wie das Analgeticum bekam. Im allgemeinen erhielten die Patienten nach dem Aufwachen aus der Operationsnarkose so lange alle 2 h ihre Spritze, wie sie Schmerzen äußerten. Die Spritze enthielt nach den Gesetzen des Zufalls Kochsalzlösung oder Analgeticum. Zur Bewertung der Analgesie wurde keine graduelle Unterteilung vorgenommen; die Patienten wurden lediglich zu zwei Zeitpunkten nach der Medikation oder der Placebogabe gefragt, ob sie sich zu mehr als 50% schmerzgebessert fühlten oder nicht. Diese Ja-Nein-Antworten wurden nach den Regeln der Ereignisstatistik durch einen Fachstatistiker auf ihre Signifikanz geprüft[7]). Bei späteren Untersuchungen wurden die Patienten zu einer Differenzierung ihrer Aussagen veranlaßt. Sie hatten neben ihrem Schmerzgefühl noch anzugeben, wie sich ihr Befinden («comfort») verändert habe. Es war nämlich vorgekommen, daß Patienten keine weitere Spritze mehr verlangten, obwohl sie angaben, noch den gleichen Schmerz wie vorher zu spüren. Sie fühlten sich aber behaglich («comfort»). Den Autoren schien diese Angabe ebenfalls ein wichtiges Kriterium zu sein. Sie unterschieden deshalb in einigen Arbeiten zwischen therapeutischer und analgetischer Wirkung, wobei unter therapeutischer Wirkung das Vorhandensein von Behaglichkeit mit oder ohne Schmerzbesserung verstanden wurde, während analgetische Wirkung Schmerzminderung mit oder ohne gleichzeitig vorhandenem Behaglichkeitsgefühl bedeutete.

BEECHER[8]) führte folgende Gründe an, die für die Vertrauenswürdigkeit der Methode seiner Schule sprechen:

1. Die Patienten, die vorher nie Morphin bekommen hatten, konnten Morphin einwandfrei von Placebo[9–11]) und sogar zwischen dem weniger wirksamen Aspirin und Placebo[12]) unterscheiden.

2. Es gelang, lediglich gestützt auf die subjektive Aussage der Versuchspersonen, aus einer Reihe von 2mal 6 Fläschchen mit unbekanntem Morphingehalt, die Fläschchen mit gleichem Morphingehalt mit einer Fehlerbreite von 10% herauszufinden.

---

[1]) J. E. DENTON und H. K. BEECHER, J. Amer. med. Ass. 141, 1051 (1949).
[2]) J. E. DENTON und H. K. BEECHER, J. Amer. med. Ass. 141, 1146 (1949).
[3]) J. E. DENTON und H. K. BEECHER, J. Amer. med. Ass. 141, 1148 (1949).
[4]) A. S. KEATS, H. K. BEECHER und F. C. MOSTELLER, J. appl. Physiol. 1, 35 (1950).
[5]) L. LASAGNA, J. chron. Dis. 1, 353 (1955).
[6]) R. W. HOUDE und S. L. WALLENSTEIN, Drug. Add. and Narcotics Bull. App. F, 660 (1953).
[7]) F. MOSTELLER, Pharmacol. Rev. 9, 103 (1957).
[8]) H. K. BEECHER, Pharmacol. Rev. 9, 59 (1957).
[9]) J. E. DENTON und H. K. BEECHER, J. Amer. med. Ass. 141, 1051 (1949).
[10]) A. S. KEATS, H. K. BEECHER und F. C. MOSTELLER, J. appl. Physiol. 1, 35 (1950).
[11]) L. LASAGNA und H. K. BEECHER, J. Amer. med. Ass. 156, 230 (1954).
[12]) H. K. BEECHER, A. S. KEATS und F. MOSTELLER, J. Pharmacol. 109, 393 (1953).

3. Bei einer analgetisch wirksamen Substanz (WIN 1161–1162) konnte allein auf Grund der klinischen Versuche festgestellt werden, daß sie nicht haltbar ist. Die Bestätigung durch eine chemische Untersuchung erfolgte erst nachträglich.

4. Die Ergebnisse der Versuche mit einer konstanten Morphindosis (10 mg subkutan) blieben in mehreren aufeinanderfolgenden Jahren nahezu gleich (siehe Tabelle 11).

5. Die Versuche mit gleicher Methodik an mehreren Kliniken der Vereinigten Staaten erbrachten weitgehend ähnliche Resultate[1].

Tabelle 11

*Analgetische Wirkung von Morphin in mehreren aufeinanderfolgenden Jahren, an der gleichen Klinik untersucht* (nach BEECHER et al.[1,2])

| Anzahl der Fälle | Jahr | Prozentuale Häufigkeit der Schmerzbesserung | Literatur |
|---|---|---|---|
| 359 | 1952 | 70% | |
| 395 | 1953 | 66% | BEECHER[1] |
| 397 | 1954 | 69% | |
| 262 | 1956 | 71% | |
| 66 | 1952 | 66% | LASAGNA und BEECHER[2] |
| 56 | 1953 | 69% | |

[1] H. K. BEECHER, Pharmacol. Rev. *9*, 59 (1957).
[2] L. LASAGNA und H. K. BEECHER, J. Amer. med. Ass. *156*, 230 (1954).

Vom Placebo aus betrachtet, ist das hervorstechende Ergebnis der Arbeiten aus der Beecher-Gruppe der konstante und hohe Prozentsatz einer analgetischen Wirkung allein durch das Scheinmedikament. Aus der von BEECHER[2] veröffentlichten Tabelle läßt sich berechnen, daß im Mittel 34,2% von 453 Patienten nach der Injektion einer physiologischen Kochsalzlösung eine deutliche Linderung ihrer Schmerzen verspürten.

Noch erstaunlicher vielleicht ist die Vielfalt und die Häufigkeit von Nebenwirkungen. Nach Placebo konnten fast alle toxischen Erscheinungen der Morphinwirkung beobachtet werden, wie zum Beispiel Schwindel, Erbrechen, Trunkenheitsgefühl, Müdigkeit, Konzentrationsschwäche usw.

Da BEECHER und seine Mitarbeiter ihre Prüfungen an Patienten nach einer Operation mit Narkose durchführten, war eine Überlagerung durch Nachwirkungen der Narkose möglich, die zu Fehlbeurteilungen führen mußte. Die Autoren kamen deswegen zu der Forderung, daß Art und Häufigkeit der Nebenwirkungen an gesunden Versuchspersonen festgestellt werden müssen. Nach ihrer Ansicht sind derartige Bestimmungen für eine Urteilsbildung über die therapeutische Brauchbarkeit einer Substanz von größter Bedeutung, da

[1] H. K. BEECHER, Pharmacol. Rev. *9*, 59 (1957).
[2] H. K. BEECHER, J. Amer. med. Ass. *159*, 1602 (1955).

Tabelle 12

*Übersicht über Nebenwirkungen nach subkutaner Gabe von 10 mg und 15 mg Morphin, 5 mg*
*L-Methadon und 1,0 ml physiologischer Kochsalzlösung an*
*29 und 28 gesunden Versuchspersonen*
(vereinfacht nach DENTON und BEECHER[1])). Es ist die Anzahl der Fälle angegeben.

| | Morphin | | Placebo | | L-Metha-don |
|---|---|---|---|---|---|
| | 15 mg 1. Ver-suchsserie | 10 mg 2. Ver-suchsserie | 1. Ver-suchsserie | 2. Ver-suchsserie | |
| Konzentrationsschwäche . | 23 | 12 | 5 | 0 | 16 |
| Ermüdung . . . . . . | 19 | 7 | 6 | 4 | 16 |
| Nausea . . . . . . . . | 18 | 12 | 1 | 2 | 15 |
| Objektive Ataxie . . . . | 19 | 12 | 0 | 0 | 15 |
| Schlaf . . . . . . . . | 16 | 5 | 3 | 0 | 13 |
| Unangenehme Empfindungen . . . . | 15 | – | 0 | – | 13 |
| Trunkenheit . . . . . . | 9 | – | 1 | – | 9 |
| Subjektive Ataxie . . . | 24 | 20 | 0 | 0 | 17 |
| Schläfrigkeit . . . . . . | 24 | 26 | 13 | 7 | 24 |
| Angenehme Empfindungen | 16 | 12 | 1 | 2 | 16 |
| Konvergenzschwäche . . . | 14 | 5 | 0 | 1 | 15 |
| Schwindel . . . . . . . | 13 | 11 | 0 | 0 | 12 |
| Blässe . . . . . . . . | 12 | 4 | 0 | 1 | 7 |
| Schwitzen . . . . . . | 10 | 3 | 0 | 1 | 6 |
| Trockener Mund . . . . . | 10 | 7 | 0 | 2 | 7 |
| Juckreiz . . . . . . . | 9 | 3 | 0 | 0 | 6 |
| Appetitlosigkeit . . . . . | 8 | 2 | 1 | 0 | 5 |
| Erbrechen. . . . . . . | 8 | – | 0 | – | 6 |
| Kopfschmerz . . . . . | 8 | 8 | 2 | 7 | 6 |
| Undeutliches Sprechen . . | 7 | 0 | 0 | 1 | 5 |
| Schweregefühl . . . . . . | 7 | – | 2 | – | 6 |
| Hitzegefühl . . . . . . . | 5 | 11 | 0 | 3 | 7 |
| Parästhesien. . . . . . . | 4 | 5 | 0 | 1 | 4 |
| Völlegefühl im Kopf . . . | 3 | 3 | 1 | 1 | 2 |
| Schwäche . . . . . . . . | 3 | 4 | 0 | 1 | 6 |
| Schwerer Kopf . . . . . | – | 12 | – | 1 | – |
| Magenbeschwerden . . . | – | 4 | – | 1 | – |
| Verstopfung . . . . . . . | – | 3 | – | 4 | – |
| Tinnitus . . . . . . . . | – | 2 | – | 0 | – |
| Mattigkeitsgefühl . . . . | – | 1 | – | 0 | – |
| Singultus . . . . . . . . | – | 1 | – | 0 | – |

[1]) J. E. DENTON und H. K. BEECHER, J. Amer. med. Ass. *141*, 1148 (1949).

die analgetische Wirkung immer im Verhältnis zur toxischen Wirkung betrachtet werden sollte, «eine Forderung, der häufig zu wenig Beachtung ge-
schenkt wird».

Tabelle 13

*Wirkung von Morphin, L-Methadon und physiologischer Kochsalzlösung auf die mittlere Atemfrequenz bei 29 gesunden Versuchspersonen* (nach DENTON und BEECHER[1]))

| Substanz | Dosis | Atemfrequenz/min | |
|---|---|---|---|
| | | vor Injektion | 1 h nach Injektion |
| Physiologische Kochsalzlösung. . | 1 ml   s.c. | 16,28 ($\pm$ 0,49) | 16,48 ($\pm$ 0,61) |
| Morphin . . . . . . . . . . . | 15 mg s.c. | 17,52 ($\pm$ 0,62) | 14,34 ($\pm$ 0,58) |
| L-Methadon . . . . . . . . . | 5 mg s.c. | 17,59 ($\pm$ 0,50) | 14,83 ($\pm$ 0,44) |

[1]) J. E. DENTON und H. K. BEECHER, J. Amer. med. Ass. *141*, 1148 (1949).

Es besteht kein statistisch signifikanter Unterschied zwischen der Wirkung von Morphin und der von L-Methadon. Dagegen bewirken diese beiden Substanzen, mit Placebo verglichen, eine signifikante Atemdepression (P $<$ 0,05).

Tabelle 14

*Differenzierung des therapeutischen Effektes von Morphin und physiologischer Kochsalzlösung bezüglich der Wirkung von Schmerz und Behaglichkeitsgefühl*
(nach KEATS und BEECHER[1]))

| | Physiologische Kochsalzlösung 1 ml | Morphin 8 mg/70 kg |
|---|---|---|
| Anzahl der Versuchspersonen . . . . . . . | 118 | 143 |
| Reaktionen . . . . . . . . . . . . . . . . | – | – |
| A. Keine Schmerzbesserung, kein Behaglichkeitsgefühl . . . . . . . . . . . . . | 93 | 27 |
| B. Schmerzbesserung, kein Behaglichkeitsgefühl | – | 7 |
| C. Keine Schmerzbesserung, Behaglichkeitsgefühl . . . . . . . . . . . . . . | 23 | 9 |
| D. Schmerzbesserung und Behaglichkeitsgefühl. | 23 | 100 |
| Therapeutische Wirkung (C+D), Anzahl Fälle . | 25 | 109 |
| Therapeutische Wirkung (C+D), in Prozent . . | 21,2% | 76,2% |
| Analgetische Wirkung (B+D), Anzahl Fälle . . | 23 | 107 |
| Analgetische Wirkung (B+D), in Prozent . . . | 19,5% | 74,8% |

[1]) A. S. KEATS und H. K. BEECHER, 7 Pharmacol. *100*, 1, (1950).

Der Unterschied zwischen der therapeutischen oder analgetischen Wirkung von Morphin und der von Placebo ist hochsignifikant.

Da sich die Häufigkeit der Nebenwirkungen wegen der Vielgestaltigkeit nicht einfach mit einer Durchschnittszahl belegen läßt, soll sie im folgenden nach einzelnen Arbeiten getrennt besprochen werden. Daneben werden die Werte für die analgetische Wirkung des Morphins und seiner Derivate im Vergleich zu Placebo zusammen mit weiteren Besonderheiten der Untersuchungen jeweils referiert.

DENTON und BEECHER[1, 2]) führten 1949 ihren ersten Vergleich zwischen

[1]) J. E. DENTON und H. K. BEECHER, J. Amer. med. Ass. *141*, 1051 (1949).
[2]) J. E. DENTON und H. K. BEECHER, J. Amer. med. Ass. *141*, 1146 (1949).

Tabelle 15

*Vergleich der analgetischen Wirkung von physiologischer Kochsalzlösung,*
*Procain und Morphin nach intravenöser Gabe*

(nach KEATS et al.[1])). Die Zahlen beziehen sich auf den Zustand 30 min nach der Injektion.

| | Physiologische Kochsalzlösung (1 ml) | Procain (4 mg/kg in 20 min) | Morphin (8 mg) |
|---|---|---|---|
| Anzahl der Patienten . . . . . . . . . . . . | 34 | 40 | 35 |
| Reaktionen: | | | |
| A. Keine Schmerzbesserung, kein Behaglichkeitsgefühl. . . . . . . . . . . . . . . . . | 25 | 18 | 7 |
| B. Schmerzbesserung, kein Behaglichkeitsgefühl . | 2 | 6 | 3 |
| C. Keine Schmerzbesserung, aber Behaglichkeitsgefühl. . . . . . . . . . . . . . | 1 | – | 1 |
| D. Schmerzbesserung und Behaglichkeitsgefühl . . | 6 | 16 | 24 |
| Therapeutische Wirkung (C+D) . . . . . . . . | 21% | 40% | 71% |
| Analgetische Wirkung (B+D) . . . . . . . . . | 24% | 55% | 77% |

*Zwischen Zeile C und D: in der Spalte Morphin steht zusätzlich eine 1 neben C oben.*

[1]) A. S. KEATS, G. L. D'ALESSANDRO und H. K. BEECHER, J. Amer. med. Ass. *147*, 1761 (1951).

Morphin und Methadonisomeren im doppelten Blindversuch, zwar noch ohne Placebo, durch. Sie äußerten jedoch die Auffassung, daß man künftighin Placebo zur Kontrolle einbeziehen sollte. Dementsprechend verglichen sie noch im gleichen Jahr die Nebenwirkungen der genannten Analgetica mit denen, die nach Injektion physiologischer Kochsalzlösung auftraten[1]) (siehe Tabellen 12 und 13). KEATS und BEECHER[2]) wählten bereits neben der Schmerzlinderung das Behaglichkeitsgefühl als Beurteilungsbasis. Ihre Untersuchungen erfolgten an 143 Patienten wenige Stunden nach einer Operation. In den meisten Fällen bekam der gleiche Patient mindestens einmal Morphin- und einmal Placeboinjektionen («paired doses»). Die therapeutische Wirkung von Morphin (8 mg intravenös) war gegenüber 1 ml physiologischer Kochsalzlösung i. v. hoch signifikant. Placebo selbst hatte in etwa 20% der Fälle eine therapeutische Wirkung (Tabelle 14).

In einem Versuch, bei dem zusätzlich die Procainwirkung zum Vergleich herangezogen wurde, sahen KEATS et al.[3]) einen therapeutischen Effekt von Morphin (8 mg/70 kg intravenös) in 71%, von Procain (0,1prozentige intravenöse Infusion, 4 mg/kg in 20 min) in 40%, von intravenösen Kochsalzinfusionen in 21% der Fälle (siehe Tabelle 15). Während und nach der Procaininfusion stellten sich häufig erhebliche Nebenwirkungen ein (Tabelle 16). Infolgedessen vertreten die Autoren die Auffassung, daß Procain trotz seiner analgetischen Fähigkeiten keinen Platz in der Behandlung des Schmerzes finden sollte.

---

[1]) J. E. DENTON und H. K. BEECHER, J. Amer. med. Ass. *141*, 1148 (1949).
[2]) A. S. KEATS, H. K. BEECHER und F. C. MOSTELLER, J. appl. Physiol. *1*, 35 (1950).
[3]) A. S. KEATS, G. L. D'ALESSANDRO und H. K. BEECHER, J. Amer. med Ass. *147*, 1761 (1951).

Tabelle 16
*Art und Anzahl von Nebenwirkungen (in Prozent) (nach* KEATS *et al.* 1951[1]))

| | Physiologische Kochsalzlösung | Procain | Morphin |
|---|---|---|---|
| Schwindel . . . . . . . . . . . . | 3 | 63 | 14 |
| Nausea . . . . . . . . . . . . . | 6 | 45 | 20 |
| Erbrechen . . . . . . . . . . . . | 6 | 23 | 14 |
| Taubheitsgefühl. . . . . . . . . . | 3 | 30 | 0 |
| Beklemmungsgefühl . . . . . . . . | 0 | 10 | 0 |
| Ängstlichkeit . . . . . . . . . . . | 0 | 15 | 0 |
| Bitte um Unterbrechung der intra-venösen Infusion . . . . . . . . | 0 | 15 | 0 |
| Tachycardie . . . . . . . . . . . | 0 | 5 | 0 |
| Kurzatmigkeit . . . . . . . . . . | 0 | 10 | 0 |
| Undeutliches Sehen . . . . . . . . | 0 | 20 | 0 |
| Schwierigkeiten beim Sprechen . . . . | 0 | 15 | 0 |
| Anzahl der Versuchspersonen . . . . . | (34) | (40) | (35) |

[1] A. S. KEATS, G. L. D'ALESSANDRO und H. K. BEECHER, J. Amer. med. Ass. *147*, 1761 (1951).
In weniger als 5% der Fälle folgten auf Procain Krämpfe, Parästhesien, Desorientierung, Tinnitus und Ruhelosigkeit.

Weiterhin unternahmen KEATS *et al.*[1]) den Versuch, den therapeutischen Wert einiger neuer synthetischer Substanzen zu beurteilen. Sie verglichen Heptazon, WIN 1161–2, 6-Methyldihydromorphin, Metopon, L-Isomethadon und Natriumpentobarbital mit 10 mg/70 kg Morphin subkutan als Standard und mit physiologischer Kochsalzlösung subkutan als Placebo. Die Verfasser halten es für entscheidend, daß äquipotente analgetische Dosen zum Einsatz gelangen, da die Beurteilung der Nebenwirkung bei ähnlich wirksamen Substanzen in erster Linie von der verwendeten Dosis abhängt. Anhand von Dosis-Wirkungs-Kurven fanden sie 60 mg Heptazon (Tabelle 17), 30 mg 6-Methyldi-hydromorphin und 3,5 mg Metopon gleich stark analgetisch wirksam wie 10 mg Morphin. Für diese Dosen waren die unerwünschten Nebenwirkungen bei allen Substanzen mit einer Ausnahme nicht geringer als nach Morphin. Nur L-Iso-methadon rief weniger Schwindel und Erbrechen hervor (Tabelle 18), war je-doch in seiner atmungsdepressiven Wirkung dem Morphin ähnlich. Auffallend hoch lag wiederum der Prozentsatz an Nebenwirkungen nach subkutan gegebener physiologischer Kochsalzlösung. Besonders häufig waren Kopfschmerz, Schläf-rigkeit, Konzentrationsschwäche, etwas weniger häufig Nausea vertreten. Ob-jektivierbar war eine Steigerung der Atemfrequenz und des Atemvolumens.

Ein weiterer Vergleich liegt für Codein sowie Propoxyphen (D-2-Propionoxy-4-dimethylamino-1,2-diphenyl-3-methylbutan) in Dosen von 32,5 bzw. 65,0 mg von GRUBER[2]) an 101 Patienten mit verschiedenen chronischen Leiden (Rheu-

[1] A. E. KEATS und H. K. BEECHER, J. Pharmacol. *105*, 109 (1952).
[2] CH. M. GRUBER, J. Amer. med. Ass. *164*, 966 (1957).

Tabelle 17

*Analgetische Wirksamkeit von Heptazon bei verschiedenen Dosen im Vergleich
zu einer Standarddosis Morphin* (nach KEATS *et al.*[1]))

| Anzahl der Patienten | Heptazon s. c. | | | Morphin s. c. | | | Differenz zwischen der prozentualen Besserung nach Heptazon und der nach Morphin |
|---|---|---|---|---|---|---|---|
| | Dosis in mg/70 kg | Anzahl der Versuche | Prozent Häufigkeit der Schmerzbesserung | Dosis in mg/70 kg | Anzahl der Versuche | Prozent Häufigkeit der Schmerzbesserung | |
| 42 | 6, 8, 10 | 66 | 54,5 | 10 | 66 | 83,3 | − 28,8 |
| 72 | 12, 14 | 117 | 55,6 | 10 | 117 | 70,9 | − 15,3 |
| 56 | 16, 20 | 83 | 53,0 | 10 | 83 | 77,1 | − 24,1 |
| 22 | 30 | 33 | 63,6 | 10 | 33 | 75,8 | − 12,2 |
| 38 | 40 | 58 | 51,7 | 10 | 58 | 70,7 | − 19,0 |
| 40 | 50 | 60 | 71,7 | 10 | 60 | 71,7 | 0 |
| 36 | 60 | 55 | 69,1 | 10 | 55 | 72,7 | − 3,6 |
| 12 | 70 | 19 | 89,5 | 10 | 19 | 84,2 | + 5,3 |

[1]) A. S. KEATS und H. K. BEECHER, J. Pharmacol. *105*, 109 (1952).

matismus, entzündlichen Prozessen, Neuritis, Knochenbrüchen, Thrombangitis, Arteriosklerose, Magengeschwüren und ähnlichem) vor. Die beiden Medikamente wurden im Vergleich mit Placebo in variabler Reihenfolge je 3 Tage lang unter Wechsel der Dosen verabreicht, so daß die Gesamtdauer der Versuche stets 15 Tage betrug. Das Placebo wurde regelmäßig vom 7. bis 9. Tag eingeschaltet. Die angegebenen Dosen wurden täglich 4–6mal verabreicht. Es zeigte sich nach Placebozufuhr kein Effekt auf die Schmerzzustände, während nach Codein bzw. Propoxyphen die subjektiven Beschwerden abnahmen. Die Patienten konnten deutlich zwischen der kleineren und größeren Dosis unterscheiden. Sie waren aber nicht imstande, Codein oder Propoxyphen voneinander abzutrennen.

Codein verursacht in Dosen von 65,0 mg stärkere Nebenwirkungen. In der Tabelle sind die Nebenwirkungen im einzelnen, aufgeteilt auf die Medikamente, Placebo und die verschiedenen Dosierungen, angeführt. Die Zahl von 1515 Beobachtungstagen ergibt sich aus der Anzahl von 101 Patienten mit je 15 Versuchstagen (Tabelle 19).

LASAGNA und BEECHER[1]) fanden an 122 postoperativen Patienten im placebokontrollierten doppelten Blindversuch, daß sich zwar mit 15 mg Morphin subkutan gegenüber 10 mg Morphin subkutan eine leichte, nicht signifikante Steigerung der Stärke und Dauer der Analgesie erzielen läßt. Da diese aber mit einer Zunahme unerwünschter Nebenwirkungen, zum Beispiel auf die Atmung, einhergeht, muß als optimale Morphindosis (subkutan) beim nicht gewöhnten Patienten 10 mg/70 kg angesehen werden. LASAGNA und BEECHER[2]) erreichten

[1]) L. LASAGNA und H. K. BEECHER, J. Amer. med. Ass. *156*, 230 (1954).
[2]) L. LASAGNA und H. K. BEECHER, J. Pharm. *112*, 306 (1954).

Tabelle 18

*Prozentuale Häufigkeit von Nebenwirkungen in den Versuchen von* KEATS *und* BEECHER[1]

| Substanzen s.c. | Physiologische Kochsalzlösung | Pentobarbital | Morphin | L-Iso-methadon | 6-Methyl-dihydro-morphin | Metopon | Heptazon |
|---|---|---|---|---|---|---|---|
| Schläfrigkeit | 36 | 100 | 91 | 81 | 89 | 89 | 96 |
| Schlaf | 7 | 96 | 24 | 29 | 44 | 51 | 64 |
| Konzentrationsschwäche | 10 | 56 | 43 | 28 | 36 | 42 | 62 |
| Schwindel | 1 | 53 | 41 | 29 | 31 | 47 | 73 |
| Konvergenzschwäche | 3 | 62 | 14 | 16 | 13 | 40 | 62 |
| Undeutliches Sprechen | 3 | 47 | 2 | 3 | 2 | 16 | 22 |
| Objektive Ataxie | 3 | 80 | 31 | 19 | 13 | 42 | 56 |
| Magenbeschwerden | 2 | 4 | 10 | 7 | 18 | 24 | 27 |
| Nausea | 6 | 4 | 34 | 14 | 33 | 31 | 58 |
| Erbrechen | 0 | 2 | 7 | 5 | 24 | 16 | 31 |
| Hitzegefühl | 6 | 4 | 29 | 17 | 13 | 24 | 29 |
| Trunkenheit | 2 | 53 | 0 | 10 | 4 | 7 | 16 |
| Kopfschmerz | 18 | 0 | 21 | 17 | 13 | 20 | 18 |
| Blässe | 1 | 2 | 16 | 3 | 27 | 31 | 56 |
| Schwitzen | 1 | 0 | 7 | 2 | 9 | 16 | 27 |
| Singultus | 0 | 0 | 10 | 0 | 18 | 13 | 22 |
| Juckreiz | 0 | 2 | 12 | 7 | 20 | 38 | 56 |
| Verengte Pupillen | 47 | 9 | 40 | 33 | 33 | 43 | 67 |
| Taubheitsgefühl | 0 | 4 | 3 | 0 | 4 | 2 | 29 |
| Anzahl der Versuchspersonen | (72) | (45) | (58) | (58) | (45) | (45) | (45) |

[1] A. S. KEATS und H. K. BEECHER, J. Pharmacol. *105*, 109 (1952).

Tabelle 19
*Art der Nebenwirkungen an 1515 Beobachtungstagen*

|  | Propoxyphen | | Codein | | Placebo |
|---|---|---|---|---|---|
|  | 32,5 mg | 65,0 mg | 32,5 mg | 65,0 mg |  |
| *Nach Befragung:* | | | | | |
| Appetitlosigkeit . . . . . . . | 13 | 16 | 20 | 31 | 19 |
| Übelkeit und Erbrechen . . . | 33 | 22 | 34 | 71 | 25 |
| Durchfälle . . . . . . . . . | 4 | 3 | 1 | 4 | 7 |
| Leibschmerzen . . . . . . . | 20 | 19 | 26 | 35 | 24 |
| Schwindel . . . . . . . . . | 11 | 10 | 7 | 21 | 4 |
| Schläfrigkeit . . . . . . . | 33 | 41 | 32 | 43 | 24 |
| Juckreiz . . . . . . . . . . | 2 | 8 | 2 | 5 | 4 |
| Obstipation . . . . . . . . | 26 | 32 | 44 | 51 | 26 |
| | | | | | |
| *Spontan geäusserte Beschwerden:* | | | | | |
| Kopfschmerz . . . . . . . . | 4 | 2 | | 6 | 4 |
| Geschmacksstörungen . . . . | | 1 | | | 1 |
| Ohrensausen. . . . . . . . . | | | | 1 | |
| Nervosität . . . . . . . . . | 1 | | 1 | 1 | |
| Schwitzen . . . . . . . . . | | | | 1 | |
| Brennen beim Harnlassen . . . | | 1 | | 1 | |
| Rektale Beschwerden . . . . . | | | | | 1 |
| Rückenschmerzen . . . . . . | 2 | | | | |
| | | | | | |
| Gesamtzahl . . . . . . . . | 149 | 135 | 167 | 271 | 139 |

einen ebenso starken analgetischen Effekt mit 60–120 mg Codein subkutan wie mit 10 mg Morphin subkutan. Gleich wirksam waren 50–100 mg Meperidin subkutan. Die subjektiven Nebenwirkungen der beiden Codeindosen waren an gesunden Versuchspersonen etwa ebenso stark wie die nach 10 mg Morphin subkutan (Tabelle 20). Das gleiche gilt für die Wirkung auf das Atemminutenvolumen bei Einatmung 5% $CO_2$-haltiger Luft. Die Placebowirkung war deutlich geringer.

Einen Beitrag von allgemeiner Gültigkeit für die Placeboforschung liefern die Analgesieversuche von LASAGNA et al.[1]) aus dem Jahre 1954, in denen an 162 Patienten mit postoperativen Schmerzen gezeigt werden konnte, daß 31% der in eine besondere Analyse genommenen Versuchspersonen beständige Nichtreaktoren waren. Bei diesen blieben demnach die Placebogaben immer unwirksam. 14% waren dagegen beständige Reaktoren, das heißt, alle Placebogaben waren wirksam, und 55% verhielten sich wechselnd in ihrer Reaktion auf Placebo. Daraus ergibt sich, daß man in der Mehrzahl der Fälle irren würde, wenn man aus dem Verhalten des Patienten auf die erste Placebogabe eine Einteilung in Reaktoren und Nichtreaktoren vornehmen wollte. Eine signifikante Korrelation bestand zudem zwischen der Dauer des Schmerzes und der

---

[1]) L. LASAGNA und F. MOSTELLER, Amer. J. Med. *16*, 770 (1954).

350          H. Haas

Tabelle 20

*Anzahl der Versuchspersonen mit Nebenwirkungen in den Versuchen*
*von* LASAGNA *und* BEECHER[1])
Die Versuche wurden an 10 gesunden Freiwilligen durchgeführt

|  | Placebo s.c. | 10 mg Morphin s.c. | 60 mg Codein s.c. | 120 mg Codein s.c. |
|---|---|---|---|---|
| Leichter Kopf | 2 | 3 | 5 | 8 |
| Schwerer Kopf | 3 | 6 | 6 | 3 |
| Kopfschmerz | 5 | 3 | 4 | 3 |
| Zittern | 1 | 6 | 5 | 4 |
| «Fühlt sich schrecklich» | 2 | 6 | 3 | 4 |
| Furchtsam | 0 | 1 | 1 | 0 |
| Apathisch | 2 | 7 | 5 | 4 |
| Lethargie | 2 | 8 | 7 | 9 |
| Stumpfsinnigkeit | 1 | 7 | 7 | 9 |
| Schwere Beine | 3 | 8 | 7 | 8 |
| Konzentrationsschwäche | 3 | 6 | 8 | 5 |
| Divergenzschwäche | 1 | 5 | 5 | 4 |
| Schwindel | 1 | 6 | 6 | 7 |
| Nausea | 1 | 5 | 1 | 5 |
| Singultus | 0 | 2 | 0 | 1 |
| Trockener Mund | 4 | 7 | 5 | 8 |
| Herzklopfen | 0 | 0 | 0 | 1 |
| Kribbeln und Taubheitsgefühl | 0 | 2 | 4 | 7 |
| Juckreiz | 0 | 4 | 2 | 6 |

[1]) L. LASAGNA und H. K. BEECHER, J. Pharmacol. *112*, 306 (1954).

Placebowirkung (53% bei kurz dauerndem Schmerz über mehrere Zwischenstufen bis herab zu 15% bei länger dauerndem Schmerz). Die gleiche Tendenz war auch bei der Morphinwirkung vorhanden. Bemerkenswert, wenn auch nicht überraschend, war das Ergebnis eines Vergleichs zwischen der Morphinwirkung bei Placeboreaktoren und absoluten Nichtreaktoren. Die Differenz der prozentualen Wirkung in beiden Gruppen (77,7 − 60,9% = 16,8%) war signifikant. Hinsichtlich des Geschlechtes bestand kein Unterschied zwischen den Patienten, die der Placebosuggestion unterlagen, und denen, die unter Placebo nicht schmerzfrei wurden. Dagegen war das Durchschnittsalter der Placeboreaktoren signifikant höher als das der Nichtreaktoren (52 ± 1,5) gegenüber 47 ± 1,8 Jahre; P < 0,05. Die psychologische Analyse, auf die die Verfasser ausführlich eingegangen sind, ist aus der Tabelle 2 zu entnehmen.

Auf die Möglichkeit, daß durch einen wechselnden Anteil von placeboempfänglichen Patienten Ergebnisse stark beeinflußt werden können, sind BEECHER et al.[1]) bereits 1953 eingegangen: Für die Wirkung von 300 mg, 600 mg Aspirin sowie 10 mg Morphin und 60 mg Codein und die Placebo-

[1]) H. K. BEECHER, A. S. KEATS und F. MOSTELLER, J. Pharmacol. *109*, 393 (1953)

Tabelle 21

*Analgetische Wirksamkeit von oral gegebenen Medikamenten im Vergleich mit Placebo*
(nach Beecher et al.[1]))

| Anzahl der Patienten | Anzahl der Versuche | Besserung in Prozent der Fälle nach Placebo s.c. | Analgeticum | Dosis in mg p.o. | Besserung in Prozent der Fälle | Differenz der prozentualen Besserung |
|---|---|---|---|---|---|---|
| 52 | 80 | 40,0 | Acetylsalicylsäure | 300 | 50,0 | + 10,0 |
| 36 | 51 | 25,5 | Acetylsalicylsäure | 600 | 54,9 | + 29,4 |
| 44 | 62 | 33,9 | Codein | 60 | 38,7 | + 4,8 |
| 40 | 54 | 31,5 | Morphin | 10 | 40,7 | + 9,2 |

[1]) H. K. Beecher, A. S. Keats und F. Mosteller, J. Pharmacol. *109*, 393 (1953).

substanz fanden sich die in der Tabelle 21 angegebenen Werte. Signifikant verschieden vom Placebo war lediglich die Gruppe mit 600 mg Aspirin. Stellte man die Wirkung bei den Placeboempfänglichen gegeneinander, so ergaben sich für die zusammengefaßte Aspiringruppe 58% Analgesie und für die zusammengefaßte Morphin-Codein-Gruppe ebenfalls 58% Analgesie. Die gleiche Zusammenstellung für die Nichtreaktoren brachte dagegen als Ergebnis 49% gegenüber 31%. Ein hoher Anteil an Placeboreaktoren vermag demnach einen Substanzwirkungsunterschied zu verschleiern, während die Aussonderung der Placeboreaktoren die Diskrimination verbessert. (Die ausnahmsweise geringe, gegen Placebo nicht signifikante Wirkung von Morphin und Codein wird übrigens mit langsamer Resorption erklärt. Diese Arbeit ist indes die einzige der Beecher-Gruppe, in der kein signifikanter Unterschied von Morphin gegenüber Placebo gefunden werden konnte.)

Der prozentuale Anteil der verschiedenen subjektiven Nebenwirkungen verteilt sich auf einzelne Symptome, die der Tabelle von Beecher[1]) (Tabelle 22) zu entnehmen sind. Außerdem war Placebo um so wirksamer, je stärker der Streß ausgebildet war. Aus einer späteren Arbeit Beechers[2]) ist zu entnehmen, daß die analgetische Wirkung des Scheinmedikamentes am größten gleich nach dem Erwachen aus der Narkose war, am stärksten also beim Wundschmerz. Dieser Auffassung steht allerdings ein Befund derselben Schule[3]) entgegen, wonach die analgetische Wirkung von Morphin und von Placebo bei lang dauerndem Wundschmerz, also offenbar größerem Gesamtstreß, signifikant geringer war.

Ein weiterer Beitrag zu der Frage, inwieweit die Zusammensetzung des Patientenmaterials hinsichtlich der Empfänglichkeit für Placebo das Ergebnis einer Substanzprüfung beeinflussen kann, lieferten Keats et al.[4]). Um zu einem

[1]) H. K. Beecher, J. Amer. med. Ass. *159*, 1602 (1955).
[2]) H. K. Beecher, Amer. J. Physiol. *187*, 163 (1956).
[3]) L. Lasagna und F. Mosteller, Amer. J. Med. *16*, 770 (1954).
[4]) A. S. Keats und J. Telford, J. Pharmacol. *117*, 190 (1956).

Tabelle 22

*Häufigkeit wichtiger Nebenwirkungen nach Placebogaben; Zusammenstellung aus mehreren Arbeiten* (nach BEECHER[1]))

| | Anzahl der Versuchspersonen | Häufigkeit in Prozent |
|---|---|---|
| Trockener Mund . . . . . . . . . . . . . | 77 | 9 |
| Nausea . . . . . . . . . . . . . . . . | 92 | 10 |
| Schweregefühl . . . . . . . . . . . . . | 77 | 18 |
| Kopfschmerz . . . . . . . . . . . . . | 92 | 25 |
| Konzentrationsschwäche . . . . . . . . | 92 | 15 |
| Schläfrigkeit . . . . . . . . . . . . | 72 | 50 |
| Wärmegefühl . . . . . . . . . . . . . | 77 | 8 |
| Relaxation . . . . . . . . . . . . . . | 57 | 9 |
| Müdigkeit . . . . . . . . . . . . . . | 57 | 10 |
| Schlaf . . . . . . . . . . . . . . . | 72 | 10 |

[1]) H. K. BEECHER, J. Amer. med. Ass. *159*, 1602 (1955).

Tabelle 23

*Analgetische Wirksamkeit von Morphin und Nalorphin im Vergleich zu der von Placebo*
Placebo und Analgeticum wurden jeweils am gleichen Patienten untersucht
(Daten von allen Patienten; nach KEATS et al.[1]))

| Anzahl der Patienten | Anzahl der paarig angelegten Versuche | Morphin s.c. | | Physiologische Kochsalzlösung s.c. | | Differenz der prozentualen Wirkungen |
|---|---|---|---|---|---|---|
| | | Dosis in mg/70 kg | Prozentuale Wirkung | Dosis in ml/70 kg | Prozentuale Wirkung | |
| 56 | 109 | 5 | 66,1 | 1,0 | 40,4 | 25,7 |
| 38 | 71 | 10 | 69,0 | 1,0 | 33,8 | 35,2 |
| 31 | 59 | 15 | 79,7 | 1,0 | 42,4 | 37,3 |
| 18 | 40 | 20 | 82,5 | 1,0 | 45,0 | 37,5 |

| Anzahl der Patienten | Anzahl der paarig angelegten Versuche | Nalorphin s.c. | | Physiologische Kochsalzlösung s.c. | | Differenz der prozentualen Wirkungen |
|---|---|---|---|---|---|---|
| | | Dosis in mg/70 kg | Prozentuale Wirkung | Dosis in ml/70 kg | Prozentuale Wirkung | |
| 26 | 46 | 5 | 54,3 | 1,0 | 28,3 | 26,0 |
| 20 | 43 | 10 | 74,4 | 1,0 | 23,3 | 51,1 |
| 22 | 52 | 15 | 82,7 | 1,0 | 15,4 | 67,3 |

[1]) A. S. KEATS und J. TELFORD, J. Pharmacol. *117*, 190 (1956).

Vergleich zu kommen, wurde die Differenz zwischen der prozentualen Analgesie nach der Substanz und der nach Placebo als Parameter gewählt. Es zeigte sich, daß eine signifikant größere analgetische Wirksamkeit von Nalorphin gegenüber Morphin bei gleichen Dosen (5–10 mg s.c.) nicht mehr signifikant war, wenn man die absoluten Placeboreaktoren wegließ (Tabellen 23 und 24).

Tabelle 24

*Analgetische Wirksamkeit von Morphin und Nalorphin im Vergleich zu der von Placebo*
Placebo und Analgeticum wurden jeweils am gleichen Patienten untersucht
(Daten ohne Berücksichtigung der Placeboreaktoren; nach KEATS *et al.*[1]))

| Anzahl der Patienten | Anzahl der paarig angelegten Versuche | Morphin s.c. | | Physiologische Kochsalzlösung s.c. | | Differenz der prozentualen Wirkungen |
|---|---|---|---|---|---|---|
| | | Dosis in mg/70 kg | Prozentuale Wirkung | Dosis in mg/70 kg | Prozentuale Wirkung | |
| 40 | 85 | 5 | 64,7 | 1,0 | 23,5 | 41,2 |
| 25 | 56 | 10 | 67,9 | 1,0 | 16,1 | 51,8 |
| 20 | 45 | 15 | 82,2 | 1,0 | 24,4 | 57,8 |
| 11 | 33 | 20 | 84,8 | 1,0 | 33,3 | 51,5 |
| Anzahl der Patienten | Anzahl der paarig angelegten Versuche | Nalorphin s.c. | | Physiologische Kochsalzlösung s.c. | | Differenz der prozentualen Wirkungen |
| | | Dosis in mg/70 kg | Prozentuale Wirkung | Dosis in mg/70 kg | Prozentuale Wirkung | |
| 20 | 38 | 5 | 52,6 | 1,0 | 13,2 | 39,4 |
| 17 | 40 | 10 | 72,5 | 1,0 | 17,5 | 55,0 |
| 18 | 48 | 15 | 81,3 | 1,0 | 8,3 | 73,0 |

[1]) A. S. KEATS und J. TELFORD, J. Pharmacol. *117*, 190 (1956).

Dieser Befund steht jedoch im Gegensatz zu der oben berichteten Arbeit[1]). Da in der Arbeit von KEATS die Anzahl der toxischen Effekte erheblich war (Sedation, Schwindel, Abgeschlagenheit, Trunkenheit, visuelle Halluzinationen, Desorientierung), verdient Nalorphin keinen Vorzug vor Morphin.

GRAVENSTEIN *et al.*[2]) fanden schließlich an postoperativen Patienten 30 mg Dihydrocodein (Paracodin) mit 10 mg Morphin (s.c.) fast wirkungsgleich. Andererseits übte Dihydrocodein keine signifikant vom Placebo verschiedene Atmungsdepression, (Tabelle 25) noch sonst unangenehme Nebenwirkungen aus (Tabelle 26). Placebo selbst hatte in diesen Versuchen nur geringe toxische Wirkungen (Tabelle 27). Mit dem Vergleich von Dihydrocodein und Morphin beschäftigten sich auch KEATS *et al.*[3]). Nach ihren Ergebnissen waren 30 mg Dihydrocodein um 9% weniger effektiv in der Schmerzstillung als 10 mg Morphin, dagegen 60 mg ebenso stark wirksam. Eine weitere Dosissteigerung brachte keine Zunahme der analgetischen Wirkung. 60 mg Dihydrocodein verursachten bereits eine gegenüber der Kochsalzlösung signifikante Verminderung des Atemzeitvolumens (Tabelle 28), die der depressiven Wirkung nach Morphin gleichkam. Die subjektiven Nebenwirkungen waren bei 60 mg Dihydrocodein signifikant größer als nach 30 mg Dihydrocodein (P < 0,01). Sie entsprachen bei der höheren Dosis in Art und Häufigkeit den nach Morphin zu beobachtenden

[1]) H. K. BEECHER, A. S. KEATS und F. MOSTELLER, J. Pharmacol. *109*, 393 (1953).
[2]) J. S. GRAVENSTEIN und G. M. SMITH, New Engl. J. Med. *254*, 877 (1956).
[3]) A. S. KEATS, J. TELFORD und Y. KUROSU, J. Pharmacol. *119*, 155 (1957); *120*, 354 (1957).

Tabelle 25

*Vergleich der Wirkung von Morphin (10 mg), Dihydrocodein (30 mg) und physiologischer Kochsalzlösung (1,0 ml) s.c. auf das Atemminutenvolumen von 10 normalen Versuchspersonen (nach* GRAVENSTEIN *et al.*[1]))

|  | Statistischer Vergleich von | | |
|---|---|---|---|
|  | Morphin mit Placebo | Dihydrocodein mit Placebo | Morphin mit Dihydrocodein |
| $\bar{x}_D$ | + 2,08 | + 0,38 | + 1,70 |
| $s_D$ | ± 0,58 | ± 0,48 | ± 0,57 |
| t | 3,56 | 0,80 | 2,97 |
| P | < 0,01 | < 0,50 | < 0,02 |

[1]) J. S. GRAVENSTEIN und G. M. SMITH, New Engl. J. Med. *254*, 877 (1956).

$\bar{x}_D$ = Differenz der Mittelwerte, gemessen in l/min.

$s_D$ = Standardabweichung der Mittelwertdifferenz.

Tabelle 26

*Statistischer Vergleich verschiedener Nebenwirkungen von Morphin (10 mg), Dihydrocodein (30 mg) und Placebo.*

P = Überschreitungswahrscheinlichkeit, berechnet nach dem t-Test.

Die erste Zahl bezieht sich auf eine Serie von 10 Versuchspersonen, die zweite Zahl auf eine andere mit 20 Versuchspersonen (nach GRAVENSTEIN *et al.*[1]))

|  | P für Vergleich von | | |
|---|---|---|---|
|  | Morphin mit Placebo | Dihydrocodein mit Placebo | Morphin mit Dihydrocodein |
| Schläfrigkeit . . . . . . . . | + 0,01; + 0,01 | > 0,1; > 0,1 | + 0,001; + 0,01 |
| Unruhe . . . . . . . . . . | > 0,1 ; > 0,1 | > 0,1; > 0,1 | > 0,1   ; > 0,1 |
| Gedankenträgheit . . . . . . | + 0,02; + 0,02 | > 0,1; > 0,1 | + 0,01  ; + 0,01 |
| Traurigkeit  . . . . . . . . | > 0,1 ; > 0,1 | > 0,1; > 0,1 | > 0,1   ; > 0,1 |
| Trunkenheit . . . . . . . . | + 0,05; + 0,01 | > 0,1; > 0,1 | + 0,01  ; + 0,02 |
| Scheu . . . . . . . . . . . | > 0,1 ; > 0,1 | > 0,1; > 0,1 | > 0,1   ; > 0,1 |
| Kein Schwung . . . . . . . | + 0,02; + 0,01 | > 0,1; > 0,1 | + 0,01  ; + 0,05 |
| Gequält . . . . . . . . . . | > 0,1 ; > 0,1 | > 0,1; > 0,1 | > 0,1   ; + 0,05 |
| Indifferenz . . . . . . . . . | > 0,1 ; − 0,05 | > 0,1; > 0,1 | > 0,1   ; > 0,1 |
| Rastlosigkeit . . . . . . . . | + 0,1 ;    0,1 | > 0,1; > 0,1 | > 0,1   ; > 0,1 |

[1]) J. S. GRAVENSTEIN und G. M. SMITH, New Engl. J. Med. *254*, 877 (1956).

Effekten (Tabelle 29), doch unterschied sich auch hierbei Dihydrocodein von Morphin durch eine seltener auftretende Brechwirkung und gering ausgebildete Sedation, die nicht stärker war als nach Placebo. Auf Grund ihrer Versuche hielten die Verfasser Dihydrocodein weniger für ein Analgeticum vom Morphintyp als vom Typ des Codeins mit gesteigerter Wirksamkeit. CASS[1]) ging es

[1]) L. J. CASS, W. S. FREDERIK und A. F. NARTHOLOMY, J. Amer. med. Ass. *166*, 1829 (1958).

Tabelle 27

*Spontan mitgeteilte Nebenwirkungen (30 normale Versuchspersonen)*
(nach GRAVENSTEIN und SMITH[1]))

|  | Nach physiologischer Kochsalzlösung s.c. | Nach 10 mg Morphin s.c. | Nach 30 mg Dihydrocodein s.c. |
|---|---|---|---|
| Nausea . . . . . . . . . . . | 0 | 10 | 0 |
| Kopfschmerz . . . . . . . | 1 | 0 | 0 |
| Schwindel . . . . . . . . | 0 | 7 | 0 |
| Schläfrigkeit . . . . . . . | 0 | 4 | 0 |
| Aufgepulvertsein . . . . . . | 0 | 0 | 0 |
| Zittern . . . . . . . . . . | 0 | 3 | 0 |
| Schwitzen . . . . . . . . | 0 | 3 | 0 |

[1] J. S. GRAVENSTEIN und G. M. SMITH, New Engl. J. Med. *254*, 877 (1956).

Tabelle 28

*Durchschnittliche Substanzwirkungen auf das Atemminutenvolumen und die*
*Atemfrequenz (7 Versuchspersonen) (vereinfacht nach KEATS et al.[1]))*

|  | Substanz | Atemminuten-volumen $\pm$ Fehler des Mittelwertes in 1 | Atemfrequenz $\pm$ Fehler des Mittelwertes/min |
|---|---|---|---|
| Vor Injektion | Physiologische | 6,61 $\pm$ 0,82 | 12,8 $\pm$ 0,2 |
| 1 h nach Injektion | Kochsalzlösung | 5,84 $\pm$ 0,39 | 13,2 $\pm$ 0,3 |
| Vor Injektion | Dihydrocodein | 5,73 $\pm$ 0,58 | 11,8 $\pm$ 0,4 |
| 1 h nach Injektion | 30 mg | 5,10 $\pm$ 0,60 | 11,7 $\pm$ 0,4 |
| Vor Injektion | Dihydrocodein | . 5,72 $\pm$ 0,56 | 12,2 $\pm$ 0,2 |
| 1 h nach Injektion | 60 mg | 4,37 $\pm$ 0,34 | 11,2 $\pm$ 0,9 |
| Vor Injektion | Morphin | 5,83 $\pm$ 0,51 | 12,4 $\pm$ 0,5 |
| 1 h nach Injektion | 10 mg | 4,12 $\pm$ 0,28 | 12,9 $\pm$ 0,5 |

[1] A. S. KEATS, J. TELFORD und Y. KUROSU, J. Pharmacol. *119*, 155 (1957); *120*, 354 (1957).

schließlich um den Vergleich mit Aspirin 0,6 bzw. Äthoheptanon (Zactirin) 0,1
sowie um die Kombination von Aspirin 0,6 mit Codein 0,03 bzw. Aspirin 0,6
und Zactirin 0,1. In diesen Versuchen standen 71 Patienten mit Arthritis sowie
anderen schmerzhaften Krankheitsprozessen, neuromuskulären Störungen,
Phantomschmerzen, Frakturen, Gangrän, kardiovaskulären Veränderungen
usw. Aspirin erwies sich als ein gutes schmerzlinderndes Mittel, das im Vergleich zu Placebo signifikant schmerzstillend wirkte. Zactirin war dem Aspirin
überlegen und in der Kombination mit Aspirin und Zactirin gleich gut wirksam.

Tabelle 29

*Prozentuale Häufigkeit von Nebenwirkungen nach Placebo, Dihydrocodein und Morphin*
*an hospitalisierten Patienten* (nach KEATS *et al.*[1]))

|  | Placebo | Dihydro-codein 30 mg | Dihydro-codein 60 mg | Morphin 10 mg |
|---|---|---|---|---|
| Anzahl der Versuchspersonen . . . . . | (30) | (30) | (40) | (30) |
| Männliche Versuchspersonen (in Prozent) | 17 | 23 | 33 | 17 |
| Versuchspersonen, älter als 40 Jahre (in Prozent) . . . . . . . . . . . . . | 43 | 43 | 35 | 43 |
| Trunkenheit. . . . . . . . . . . . . | 7 | 17 | 25 | 33 |
| Kopfschmerz . . . . . . . . . . . | 0 | 0 | 5 | 7 |
| Abgeschlagenheit . . . . . . . . . | 7 | 10 | 43 | 47 |
| Zittern . . . . . . . . . . . . . . | 0 | 0 | 0 | 7 |
| Nervosität . . . . . . . . . . . . | 0 | 0 | 8 | 10 |
| Depression . . . . . . . . . . . . | 3 | 0 | 13 | 20 |
| Schwindel . . . . . . . . . . . | 23 | 43 | 43 | 80 |
| Heiterkeit . . . . . . . . . . . | 7 | 20 | 10 | 20 |
| Ohne Heiterkeit . . . . . . . . . | 3 | 0 | 13 | 23 |
| Nausea . . . . . . . . . . . . . | 7 | 3 | 13 | 27 |
| Erbrechen. . . . . . . . . . . . . | 0 | 3 | 3 | 17 |
| Sehstörungen . . . . . . . . . . | 3 | 3 | 8 | 20 |
| Juckreiz . . . . . . . . . . . | 7 | 0 | 10 | 13 |
| Mundtrockenheit . . . . . . . . | 13 | 20 | 25 | 40 |
| Widerwille gegen Medikamente . . . . | 6 | 20 | 55 | 36 |
| Phantastische Träume . . . . . . . . | 0 | 0 | 3 | 10 |
| Blässe . . . . . . . . . . . . | 0 | 0 | 3 | 10 |
| Konzentrationsschwäche . . . . . . | 3 | 3 | 5 | 17 |
| Schweregefühl. . . . . . . . . . . | 0 | 3 | 18 | 20 |
| *Beurteilung durch das Krankenhaus-personal:* |  |  |  |  |
| «Euphorie» . . . . . . . . . . . | 10 | 0 | 8 | 17 |
| Geringe Substanzwirkung . . . . . . . | 63 | 53 | 38 | 27 |
| Sedation . . . . . . . . . . . . | 53 | 43 | 46 | 81 |
| Stimulierung . . . . . . . . . . | 7 | 10 | 35 | 37 |
| Unangenehmer Substanzeffekt. . . . . | 10 | 10 | 45 | 47 |

[1]) A. S. KEATS, J. TELFORD und Y. KUROSU, J. Pharmacol. *119*, 155 (1957); *120*, 354 (1957).

In allen Versuchen wurden Nebenwirkungen gesehen, die sich im einzelnen aufteilen, wie in Tabelle 30 dargestellt.

Unter den Veröffentlichungen, die sich mit der Wirkung von Placebo gegen den Schmerz befassen, nimmt die Arbeit von SADOVE *et al.*[1]) eine Sonder-

---

[1]) M. S. SADOVE, M. J. SCHIFFRIN, W. R. NICKERSON und W. J. DROVE, J. Amer. med. Ass. *166*, 1432 (1958).

Tabelle 30
*Anzahl der Nebenwirkungen bei 71 Patienten nach Behandlung mit Placebo, Äthoheptanon,*
*Aspirin, Äthoheptanon und Aspirin, Codein und Aspirin (nach Cass et al.[1]))*

| Art der Nebenwirkungen | Placebo | Äthohep-tanon | Aspirin | Äthoheptanon + Aspirin | Codein + Aspirin |
|---|---|---|---|---|---|
| Nausea oder Erbrechen . | 5 | 2 | 3 | 1 | 1 |
| Schwindel . . . . . . | 0 | 1 | 1 | 2 | 1 |
| Verstopfung . . . . . | 1 | 0 | 1 | 1 | 1 |
| Erregung . . . . . . . | 5 | 3 | 2 | 2 | 2 |
| Schläfrigkeit . . . . . | 2 | 1 | 0 | 4 | 1 |
| Zittern . . . . . . . . | 3 | 3 | 1 | 2 | 1 |

[1]) Nach L. J. Cass et al., J. Amer. med. Ass. *166*, 1829 (1958).

stellung ein, da die Autoren keine Linderung der Schmerzempfindung durch
Placebo beobachten konnten. Sie prüften an 160 Patienten in der postoperativen Phase den Einfluß von Dolantin in Dosen von 25 und 50 mg. Beide Gaben
von Dolantin wurden mit Laevallorphan in einem Mischungsverhältnis 100:1,
80:1 bzw. 60:1 kombiniert. Dolantin entfaltete in diesen Dosen eine deutliche
Analgesie, die auch bei Zusatz von Laevallorphan in allen Mischungsverhältnissen
in gleicher Weise bestehen blieb. Das Mischungsverhältnis 60:1 erwies sich
jedoch ungünstiger, und zwar durch einen sedierenden Effekt, der statistisch
einwandfrei über die Wirkung des Dolantins hinausging. Außerdem verminderte
Dolantin, allein gegeben, die Atemfrequenz in einem Ausmaß, der im Vergleich
zu Placebo signifikant war. Durch die Zugabe von Laevallorphan ließ sich der
atemschädigende Effekt mindern. Die höhere Dosis von Dolantin (50 mg) war
im Vergleich zu den niederen von 25 mg schlechter zu beurteilen, da mit Zunahme der Dosis der sedierende und atemschädigende Effekt anstieg. Für diese
Nebenwirkungen war die Differenz zwischen beiden Dosen statistisch eindeutig.

Zusammengefaßt ist demnach festzustellen, daß es möglich ist, signifikante
Unterschiede der Morphinwirkung und auch der Wirkung der Acetylsalicylsäure gegenüber der Wirkung von Placebo zu erhalten. Es hängt jedoch weitgehend von der Methode ab, mit der die Untersuchung durchgeführt wird.
Unsicher bleiben die Ergebnisse, wenn man sich auf den experimentell erzeugten Schmerz als Beurteilungsgrundlage beschränkt. Bessere Resultate liefert
die Methode des ischämischen Wundschmerzes. Diese Aussage steht zweifellos
in starkem Widerspruch zu den Ergebnissen des Tierversuchs, bei dem zumeist
die Morphinwirkung demonstriert werden kann. Nach Beecher ist dieser
Widerspruch zwischen dem Versuch am Menschen und dem am Tier dahingehend zu deuten, daß vom Tier jeder Schmerz unabhängig von der Genese
gleich bewertet wird, während sich beim Menschen die Verarbeitung und Transformation der Schmerzempfindung zum Schmerzgefühl und -erlebnis («reaction phase») danach richtet, welche Bedeutung dem Schmerz beigemessen wird.

Da die Wirkung der Analgetica sich offenbar in stärkerem Ausmaße gerade auf diesen Prozeß erstreckt, ist eine analgetische Wirkung beim experimentell erzeugten Schmerz, der als unwesentlich und nicht als ein bedrohlicher Eingriff in die Persönlichkeit empfunden wird, nur schwer oder überhaupt nicht nachzuweisen. Anders verhält es sich beim pathologischen, dessen Wesenseigentümlichkeit immer in einem irgendwie zentral unangenehmen Erlebnis für den Patienten besteht. Hier können sich daher Morphin und seine Derivate voll auswirken. Demzufolge ist seine Wirkung in den Versuchen aller klinischen Schulen erfaßbar, obwohl beim pathologischen Schmerz die Wirkung von Placebo gesteigert in Erscheinung tritt. Unerläßliche Voraussetzung bleibt aber, daß eine genügend kontrollierte statistische Versuchsplanung und Durchführung garantiert ist, um die Unterschiede der Morphin- oder Aspirinwirkung gegenüber der 20–40prozentigen Placebowirkung quantitativ mit beliebiger Genauigkeit festzulegen.

Die negativen Ergebnisse lehren zudem, daß man selbst bei Anwendung der doppelten Blindversuchstechnik eine gewisse Zurückhaltung in der ablehnenden Beurteilung des therapeutischen Wertes eines Pharmakons wahren sollte, besonders dann, wenn die zu beeinflußenden Symptome experimentell erzeugt werden. Es gibt also in der Arzneimittelforschung Situationen, wo sich eindeutig belegen läßt, daß Versuche am kranken Menschen allein eine beweiskräftige Aussage vermitteln. Die negativen experimentellen Versuchsergebnisse konnten indessen dem Ansehen von Morphin als Analgeticum keinen Abbruch tun, weil man aus langer Erfahrung zu sehr von seiner Wirkung überzeugt war. Sie könnten aber ein anderes Therapeuticum mit weniger Vergangenheit oder auch mit etwas weniger auffallender klinischer Wirkung zu Unrecht in Mißkredit bringen.

Von einem anderen Gesichtspunkt aus haben ECKENHOFF und HELRICH[1] vergleichende Versuche mit Morphin 5 mg, Dolantin 50 mg, Nisentil 30 mg und Secobarbital 75 mg sowie Placebo durchgeführt. Es ging ihnen um den Nachweis, ob diese Stoffe, zur Operationsvorbereitung gegeben, den Ablauf der Narkose verändern, wie das Verhalten der Patienten beeinflußt wird bzw. welche Nebenwirkungen hauptsächlich auftreten. Es zeigte sich, daß die Narkosen unter der Einwirkung der verschiedenen Stoffe etwa gleichartig ausfielen, mit Ausnahme der Atemdepression, die nach der Zufuhr der zentralen Analgetica stärker ausgeprägt war. Außerdem war die Dauer im allgemeinen etwas länger bei dieser Art der Vorbehandlung als nach Secobarbital oder nach Placebo. Größere Differenzen bestanden außerdem in der Art der Nebenwirkungen (siehe Tabelle 31). So lag der Anteil der Patienten mit Schwindelanfällen bei den Analgetika eindeutig höher als bei den mit Placebo Behandelten. Trotz der Unterschiede in den Zahlenwerten war dagegen die Rate des Erbrechens nicht einwandfrei different. Tachykardie wurde ebenfalls häufiger von den Analgetika als von Secobarbital und Placebo ausgelöst. Die Veränderungen des Blutdruckes hielten sich innerhalb der Streuungsbreite. Auffallend

---

[1] J. E. ECKENHOFF und M. HELRICH, J. Amer. med. Ass. *167*, 415 (1958).

Tabelle 31

*Unerwünschte Nebenwirkungen in Prozent nach Placebo, Secobarbital,
Morphin, Dolantin und Nisentil*

|  | Placebo | Secobar-bital | Morphin | Dolantin | Nisentil |
|---|---|---|---|---|---|
| Atemstörungen . . . . . | 4,5 | 5,2 | 10,0 | 18,0 | 19,0 |
| Blutdruckabfall . . . . . | 2,3 | 2,0 | 2,3 | 2,1 | 3,0 |
| Tachykardie . . . . . . | 2,3 | 0,5 | 4,0 | 4,0 | 2,0 |
| Schwindel . . . . . . . | 3,0 | 5,0 | 8,0 | 11,0 | 10,0 |
| Nausea . . . . . . . . . | 3,0 | 1,5 | 2,3 | 6,3 | 2,7 |

Tabelle 32

*Verhalten der Patienten in Prozent im vornarkotischen Stadium unter dem Einfluß von
Placebo, Secobarbital, Morphin, Dolantin und Nisentil*

|  | Placebo | Secobar-bital | Morphin | Dolantin | Nisentil |
|---|---|---|---|---|---|
| Anzahl der Patienten . . . | 320 | 192 | 303 | 282 | 303 |
| Ängstlich . . . . . . . . | 36 | 21 | 30 | 31 | 33 |
| Nicht ängstlich . . . . . | 9 | 21 | 10 | 12 | 8 |
| Wach. . . . . . . . . . | 66 | 62 | 50 | 43 | 40 |
| Schläfrig . . . . . . . . | 21 | 39 | 43 | 50 | 52 |

war weiterhin (siehe Tabelle 32), daß unter Secobarbital-Einwirkung weitaus
weniger Patienten über Ängstlichkeit klagten als unter den Präparaten der
Morphin-Reihe. Schläfrigkeit und Müdigkeit erreichten nach Secobarbital etwa
den gleichen Umfang wie nach den anderen geprüften Präparaten. Placebo
bewirkte schon bei 21% des Krankengutes dieses Syndrom.

CHRISTIE *et al.*[1]) haben sich schließlich mit der Frage beschäftigt, welche
Präparate geeignet sind, um Morphin-Nebenwirkungen zu bekämpfen. Für das
Placeboproblem ist aus diesen Untersuchungen vor allem zu entnehmen, daß
auch Kochsalzinjektionen immer wieder bei einzelnen Personen erhebliche
Nebenwirkungen ausüben können. Für die Bekämpfung des Morphin-Erbre-
chens erwies sich am wirksamsten eine Kombination von Daptazol mit dem
Antihistamin Cyclizin, durch die eine statistisch einwandfreie Senkung dieser
Nebenwirkungen erreicht werden konnte. Man muß allerdings in Kauf nehmen,
daß sich Schwindelerscheinungen häufiger einstellen. Die in der Tabelle 33
angeführten Zahlenwerte für die Häufigkeit von Schwindelanfällen nach Morphin bzw. nach kombinierter Anwendung von Morphin, Daptazol und Cyclizin
sind signifikant different.

---

[1]) G. CHRISTIE, S. GERSHON, R. GRAY, F. H. SHAW, J. McCANCE und D. W. BRUCE, Brit. med.
J. *1958*, 675.

Tabelle 33
*Häufigkeit der Nebenwirkungen*

| Behandlungsart | Gesamt-zahl der Patienten | Anzahl der Patienten mit | | Schläfrig-keit | Schwindel |
|---|---|---|---|---|---|
| | | Übelkeit | Erbrechen | | |
| Morphin 30 mg . . . . . . . | 7 | 4 | 3 | 3 | 1 |
| Morphin 30 mg + Daptazol 40 mg | 7 | 3 | 3 | 1 | 1 |
| Morphin 30 mg + Daptazol 40 mg + Cyclizin 50 mg . . . | 18 | 2 | 2 | 12 | 11 |
| NaCl 1 ml . . . . . . . . . | 28 | 1 | 0 | 1 | 2 |

## 2.1.3 Hustenstillende Analgetica

Bekanntlich werden einzelne zentrale Analgetica bevorzugt zur Husten-bekämpfung therapeutisch eingesetzt. Für diesen Sektor liegen ebenfalls einige Untersuchungsergebnisse mit Placeboerfahrungen vor. Einen eigenen Weg zur Prüfung dieser Frage beschritt HILLIS[1]), indem er sämtliche Substanzen an einer einzigen Versuchsperson untersuchte, die auf Reizung des hinteren Larynx durch Besprühen mit Pfefferminzwasser oder Äther gleichmäßig mit Husten-stößen reagierte. Die Experimente zogen sich über ein Jahr hin, und jede Sub-stanz wurde in etwa 50 Versuchen auf ihre hustenreflexmindernde Wirkung im Vergleich mit physiologischer Kochsalzlösung geprüft. Morphin (8 mg), Di-acetylmorphin (11 mg) und 15 mg Amidon subkutan erwiesen sich als starke hustenstillende Mittel, Codein subkutan (65 mg sowie 195 mg per os) unter-schied sich dagegen nicht statistisch von Placebo. Nach Placebogaben war die Zahl der Hustenstöße, je nach den Versuchsbedingungen und nach der Art des Reizstoffes, um 10–80 und mehr Prozent vermindert. BEECHER[2]) berechnete aus den Zahlen des Autors einen Durchschnitt von 37%.

GRAVENSTEIN et al.[3]) haben die hustenunterdrückende Wirkung verschiede-ner Morphinderivate bei experimentell erzeugtem Husten sowie bei Patienten mit chronischem Husten untersucht. Bei den durch Inhalation von Ammoniak-gas, Zitronensäurenebel oder durch intravenöse Injektion weniger Zehntelsmilli-liter Paraldehyd ausgelösten Hustenstößen, konnte keine Reduzierung der An-zahl mit 10–60 mg Codein, 2,5–5 mg Heroin, 5–15 mg Narcotin oder 20 mg N-Allylnormorphin oder 10 mg Dextromethorphan (per os 4mal täglich) erzielt werden. Auch die Injektion der Scheinsubstanz war ohne Wirkung. Ein Ansatz einer Arzneimittelwirkung schien bei den Versuchen an Patienten mit chroni-schem Husten vorhanden zu sein, die Sicherung der Befunde mit P <0,05 war aber nicht möglich. Interessant ist, daß eine Gruppe von Patienten glaubte, nicht mehr so häufig gehustet zu haben. Sie fühlten sich gebessert. Objektiv

[1]) B. R. HILLIS, Lancet *1952*, I, 1230.
[2]) H. K. BEECHER, J. Amer. med. Ass. *159*, 1602 (1955).
[3]) J. S. GRAVENSTEIN, R. A. DEVLOO und H. K. BEECHER, J. appl. Physiol. *7*, 119 (1954).

war jedoch kein Unterschied zu erkennen; die Zahl der registrierten Hustenstöße war vielmehr unverändert geblieben. Daß trotz dieser objektiv nicht
nachweisbaren hustenstillenden Wirkung Antitussica gern verordnet und eingenommen werden, führen die Verfasser auf die euphorisch-hypnotische Wirkung von Codein und morphinähnlichen Substanzen zurück. Da es letzten Endes
bei der Beurteilung der therapeutischen Wirksamkeit eines Hustenmittels auf
den subjektiven Effekt ankommt, ist möglicherweise eine Einstufung nach der
Zahl der Hustenstöße kein geeignetes Kriterium. Die Patienten hatten jedenfalls in einem Drittel bis in der Hälfte der Fälle eine falsche Vorstellung dar-

Tabelle 34

*Vergleich zwischen Heroin, Pholcodin und Placebo bei Patienten mit chronischem Husten*

| Art der Verabreichung | Zahl der Patienten, die bevorzugen | |
|---|---|---|
| | Pholcodin | Placebo |
| Pholcodin vor Placebo . . . . . | 11 | 4 |
| Placebo vor Pholcodin . . . . . | 11 | 2 |
| | Pholcodin | Heroin |
| Pholcodin vor Heroin   . . . . . | 11 | 2 |
| Heroin vor Pholcodin   . . . . . | 6 | 8 |
| | Placebo | Heroin |
| Placebo vor Heroin. . . . . . . | 2 | 10 |
| Heroin vor Placebo. . . . . . . | 2 | 8 |

über, ob sich ihr Husten objektiv (Anzahl der Hustenstöße) während des Ver-
suchs gebessert oder verschlechtert hatte. GRAVENSTEIN *et al.* kamen daher zu der
Schlußfolgerung, zu der die Forschergruppe um BEECHER schon für die Anal-
gesieprüfung gelangt war, daß die Prüfung auf hustenstillende Wirkung nur am
kranken Menschen, und zwar auf Grund der subjektiven Patientenangaben
erfolgen solle.

Ein solcher Versuch an 45 Patienten mit chronischen Hustenanfällen wurde
vergleichend mit Heroin bzw. Pholcodin sowie Placebo von SNELL und
ARMITAGE[1]) durchgeführt. Die Patienten erhielten diese Präparate in Form
einer Mixtur, wobei dem Pholcodinsirup noch Antistin und Ipecacuanha-
extrakt zugesetzt war. Jeder der Patienten erhielt die Lösungen 2 Tage lang
und hatte zu entscheiden, welche er für die wirksamere hielt. Zwischen Heroin
und Pholcodin konnten die Kranken nicht sicher differenzieren. Beide Präparate
waren aber eindeutig wirksamer als Placebo. Die Einzelheiten dieses Versuches
sind der Tabelle 34 zu entnehmen.

---

[1]) E. S. SNELL und P. ARMITAGE, Lancet *1957*, I, 860.

### 2.1.4 Kopfschmerzmittel

Symptomatische Kopfschmerzen können mannigfaltige Ursachen haben, die nicht selten einer exakten Diagnose unzugänglich sind. Infolgedessen erfordert die Beurteilung therapeutischer Erfolge ceteris paribus eine größere Anzahl von Patienten, als etwa für die Bewertung von Substanzen zur Bekämpfung von Wundschmerzen oder bei experimentell erzeugten Schmerzen notwendig sind. Aus dem gleichen Grunde stehen der exakten Bewertung von Placeboeffekten besondere Schwierigkeiten entgegen, zumal gerade beim Kopfschmerz starke Placebowirkungen zu erwarten sind.

FRIEDMANN et al.[1]) haben eine summarische Übersicht über die Fortschritte in der Behandlung der Migräne an 604 Patienten gegeben und bei der Bewertung der Medikation den Anteil der Placebowirkung berücksichtigt, indem sie die durchschnittliche Erfolgshäufigkeit nach Placebo neben die Erfolgszahlen der übrigen Arzneimittel stellten. Die Durchschnittszahlen für Placebo betrugen 25% bei «prophylaktischer» Gabe und 20% bei «therapeutischer» Gabe. Von den untersuchten Substanzen wirkten am besten bei symptomatischer Behandlung die Mutterkornalkaloide (74%), weniger gut Meperidin und Codein (63 bzw. 57%) und die hydrierten Mutterkornpräparate (50%). Aspirin unterschied sich mit 36% Besserung kaum mehr vom Scheinmedikament (über die Dosierungen haben die Verfasser keine Angaben gemacht; außerdem wurden die Versuche offenbar ohne statistische Versuchsplanung durchgeführt). Als günstigste Behandlung im Intervall erwies sich die Psychotherapie mit 66% Erfolgen.

In einer weiteren Arbeit versuchten FRIEDMANN et al.[2]), die therapeutischen Möglichkeiten bei einer Kopfschmerzform abzugrenzen, die sie «tension headache» nennen. Sie verstehen darunter einen doppelseitigen Kopfschmerz ohne Prodrome, der gelegentlich von Ängstlichkeit, Nausea und Erbrechen begleitet ist und ursächlich auf seelischen Konflikte zurückgeführt werden kann. Die Wirkung von prophylaktisch gegebenen Scheinmedikamenten betrug bei dieser Indikation 55% und wurde kaum übertroffen durch eine Psychotherapie (58%). Die beste symptomatische Besserung sahen die Autoren nach der Kombination: Analgeticum plus Sedativum (64%). Ebenso war das Placebo in 50% ein gutes «tension headache»-Mittel. Gegen dieses «wunderbare» Placebo konnten sich D-Amphetamin, Dihydroergotamin, Ergotamintartrat, Octin, Coffein, Bellafolin, Nikotinsäure, Hydergin, Pyribenzamin, Testosteronproprionat, Progynon usw. nicht behaupten (keine statistische Prüfung auf Signifikanz).

In einer späteren Übersicht über die Behandlung des chronischen Kopfschmerzes von FRIEDMANN et al.[3]) sind die Versuche an 2500 und 1600 Patienten aus zehn Jahren zusammengefaßt.

---

[1]) A. P. FRIEDMANN und TH. J. C. VON STORCH, J. Amer. med. Ass. *145*, 1325 (1951).
[2]) A. P. FRIEDMANN, N. DE SOLA POOL und TH. J. C. VON STORCH, J. Amer. med. Ass. *151*, 174 (1953).
[3]) A. P. FRIEDMANN und H. H. MERRITT, J. Amer. med. Ass. *163*, 1111 (1957).

Tabelle 35
*Behandlungsresultat an 2511 Patienten mit Migräne*

| Art der Therapie | Besserungsquote in Prozent |
|---|---|
| Ergotamin . . . . . . . . . . . . . . . . . | 67 |
| Ergotamin + Coffein . . . . . . . . . . . . | 83 |
| Ergotamin + Coffein + Belladonna . . . . . . | 81 |
| Analgetica, Sedativa, zentralerregende Stoffe . | 58 |
| Analgetica + Sedativa . . . . . . . . . . . | 57 |
| Placebo . . . . . . . . . . . . . . . . . | 25 |

Zu der Gruppe der Analgetica sind zu rechnen: Aspirin und Acetphenetidin. Bei den Sedativa handelt es sich hauptsächlich um Chlorpromazin und Meprobamat. Von zentralerregenden Substanzen wurden Coffein und Dextroamphetamin benutzt.

Tabelle 36
*Erfolg der Prophylaxe bei 1644 Patienten mit Migräne*

| Art der Therapie | Besserungsquote in Prozent |
|---|---|
| Hydrierte Mutterkornalkaloide. . . . . . . . | 65 |
| Spasmolytica + Sedativa + gefässverengende Substanzen . . . . . . . . . . . . . . . | 62 |
| Spasmolytica + Sedativa . . . . . . . . . | 61 |
| Analgetica + Sedativa + zentralerregende Substanzen . . . . . . . . . . . . . . | 55 |
| Histamin . . . . . . . . . . . . . . . . . | 55 |
| Placebo . . . . . . . . . . . . . . . . . | 50 |

Neben den bereits in Tabelle 1 genannten Substanzen wurden in diese Versuchsreihe einbezogen: Antihistamine, (wie Chlortrimeton und Dramamin), Prostigmin, Pitressin, Sekale-Alkaloide, Nitrite, Diamox, Vitamin $B_{12}$ und das Hormon Progynon.

In den Tabellen dieser Arbeit sind jeweils eine Reihe von Substanzen in Gruppen zusammengefaßt, ohne daß in jedem Falle für die einzelne überprüfte Substanz ihre Besserungsquote eruierbar wäre.

Ergotamin hat sich in der Kombination mit Coffein am besten für die Bekämpfung von Migräneschmerzen bewährt. Ergotamin allein gegeben, gibt bei oraler Zufuhr gute Resultate in 50% der Fälle. Wenn man es parenteral verabreicht, so wirkt es bei 80% günstig. Das gleiche gilt für die parenterale Applikation von Dihydroergotamin.

Prophylaktisch verabreicht, ist keines der geprüften Mittel imstande, einen sicheren Einfluß auf die Migräneanfälle auszuüben, da keine signifikante Differenz zu den Resultaten mit Placebo zu erreichen ist.

Tabelle 37

*Behandlungsresultate an 2081 Patienten mit «tension headache»*

| Art der Therapie | Behandlungsquote in Prozent |
|---|---|
| Analgetica und Sedativa . . . . . . . . . . . . . | 71 |
| Analgetica + Sedativa + zentralerregende Substanzen . | 58 |
| Sedativa oder Analgetica . . . . . . . . . . . . | 56 |
| Placebo. . . . . . . . . . . . . . . . . . . . | 55 |

| | Besserungsquote in Prozent bei: | |
|---|---|---|
| | «tension headache» | posttraumatischen Kopfschmerzen |
| Analgetica + Sedativa . . . . . | 71 | 70 |
| Hormone + Vitamine . . . . . . | 58 | 58 |
| Gefässerweiternde Substanzen . . | 51 | 50 |
| Gefässverengende Substanzen . . | 49 | 44 |
| Placebo. . . . . . . . . . . . | 51 | 63 |

Bei dem «tension headache»-Schmerz sind die Sedativa bzw. Analgetica allein nicht stärker wirksam als Placebo. In der Kombination sind sie dagegen überlegen. Eine gleichzeitige Zugabe von zentralerregenden Substanzen läßt den Effekt der Kombination Analgetica + Sedativa wieder auf eine Placebo-wirkung absinken.

Prophylaktisch verabreicht, konnte mit keiner der geprüften Substanz-gruppen ein besserer Effekt bei dieser Art von Kopfschmerz als mit einem Placebo erreicht werden. Die Besserungsquoten ergaben für Analgetica, Vita-mine und gefäßaktive Substanzen Werte zwischen 55 und 62%. Der Placebo-effekt lag bei 55%. Diese Aussage bezieht sich auf 2185 Patienten.

Außerdem wurden an 348 Kranken mit «tension headache» und 187 Kran-ken mit posttraumatisch verursachten Kopfschmerzen eine Reihe von Medi-kamenten vergleichend getestet. Die erreichten Besserungszahlen sind in der Tabelle 37 zusammengefaßt. Sie zeigt, daß Placebo bei beiden Kopfschmerz-arten recht hohe Erfolge aufzuweisen hatte, die lediglich von einer Kombina-tion von Analgetica und Sedativa etwas übertroffen werden.

Eine Beobachtungsreihe von mit Rauwolfia behandelten Kranken ergab, daß in 77% der Fälle günstige Resultate erzielt wurden. Wenn man aber diese Resultate mit den am gleichen Krankenmaterial erreichten Placebobesserungen vergleicht (66%), so ist kein strikter Beweis für den günstigen Effekt der Rau-wolfia-Alkaloide abzuleiten.

Weiterhin bestimmte JELLINEK[1]) die mittlere Erfolgsrate bei Patienten, die 2 Wochen lang mit Placebo bzw. 3 Kopfschmerzmitteln behandelt wurden. Die

---

[1]) E. M. JELLINEK, Biometrics *2*, 87 (1946).

Tabelle 38

*5 Kopfschmerzattacken, ausschließlich behandelt mit Placebos*

| Zahl der gesamten Schmerzanfälle | Zahl der Patienten 1. Versuchsreihe | Zahl der Patienten 2. Versuchsreihe |
|---|---|---|
| 0 | 22 | 49 |
| 1 | 1 | 1 |
| 2 | 5 | 6 |
| 3 | 7 | 12 |
| 4 | 8 | 18 |
| 5 | 16 | 35 |
| Gesamtzahl der Patienten . . | 59 | 121 |

Tabelle 39

*Mittlere Erfolgsquote von 3 Analgetica in Prozent*

| Personen, die nicht auf Placebo reagieren | | Personen, die auf Placebo gut ansprechen | |
|---|---|---|---|
| Anzahl 79 | Analgetica  A  B  C<br>88 67 77 | Analgetica  A  B  C<br>82 87 82 | Anzahl 120 |

Beschaffenheit der Präparate ist im einzelnen nicht angegeben. Die erste Gruppe erhielt eine Komponente a, die zweite eine Mischung aus a und c und die dritte eine Mischung aus a und b. Es fand sich, daß bei Placebo 52% und in den anderen 3 Gruppen mit ebenfalls je 50 Patienten 84 bzw. 80 bzw. 80% günstig ansprachen. Alle Kopfschmerzmittel waren demnach untereinander gleich und signifikant besser wirksam als Placebo. Die Erfolgsrate von 52%, die in der Placeboreihe erreicht wurde, bezieht sich auf 199 Versuche, von denen 120 mit einer Besserung reagierten. Die restlichen 79 Patienten, die nicht auf Placebo ansprachen, verzeichneten zu einem Drittel eine Abnahme der Kopfschmerzen nach Einnahme der Kopfschmerzmittel.

Wenn man in 5 verschiedenen Perioden mit Kopfschmerzattacken Placebo verabreichte, so sprach ein relativ großer Anteil der Patienten 5mal gleichmäßig auf Placebo an. In der 2. Gruppe der Tabelle, die insgesamt 121 Personen umfaßte, sind die 59 Fälle der ersten Gruppe mit einbezogen. Der unter Placebo gut beeinflußbaren Zahl von Kopfschmerzattacken steht eine etwa gleich große Anzahl von Personen gegenüber, die überhaupt nicht auf Placebo reagierten. Vielleicht ist dieses Ergebnis vorwiegend durch die Art der Kopfschmerzen bedingt, die bei dem einen Teil der Patienten somatischen, bei dem anderen psychogenen Ursprungs sind.

Untersucht man die Wirkung der Analgetica in der Gruppe der Placeboreaktoren bzw. in der Gruppe, bei denen Placebo versagt, so ergeben sich

Erfolgsraten, die deutliche Unterschiede aufweisen. Insbesondere wirkt das Präparat B, das sich aus den Komponenten a und c zusammensetzt, in der Reihe der Placeboreaktoren weitaus besser als bei den placeboinaktiven Patienten. Der Unterschied zwischen A und B ist bei den Nichtplaceboreaktoren signifikant; zwischen A und C liegt er an der Grenze der Wahrscheinlichkeit. In der Gruppe der Placeboreaktoren gibt es dagegen keine signifikante Differenz in der Wirkstärke der verschiedenen Analgetica.

## 2.2 *Alkohol*

Unter der Einwirkung kleiner Alkoholmengen nahm die Rechenleistung im Durchschnitt um 5,6% ab, während der Fehlerprozentsatz durchschnittlich um 266% anstieg. Diese Leistungsverschlechterung wurde von den Versuchspersonen nicht bemerkt, auch andere Alkoholwirkungen wurden nicht wahrgenommen, wie die Versuche von DÜKER[1]) an 9 Personen ergaben. Als Placebo wurden 250 ml Limonade verabreicht. Der Alkohol wurde in Form von 5 bzw. 10 ml in 80prozentiger Konzentration der Limonade zugemischt. Die größeren Mengen von 10 ml hatten keine weitere Verschlechterung der Leistung zur Folge als die kleinen Alkoholmengen. Teilweise kam es sogar zu einer Verbesserung der Rechenleistung, die vom Untersucher als Wegfall der Hemmungen gedeutet werden.

## 2.3 *Schlafmittel*

Die Ergebnisse von KEATS und BEECHER[2]) an Patienten mit postoperativen Schmerzzuständen, bei denen vergleichend Pentobarbital-, Morphin und Placeboinjektionen getestet wurden, haben bei der Besprechung der Analgetica schon Erwähnung gefunden. Für die Beurteilung der Barbituratwirkungen ist ihnen zu entnehmen, daß Pentobarbital einen schmerzstillenden Einfluß ausübt, der beim Einsatz von 90 mg eindeutig oberhalb des Placeboeffektes liegt. Die zwischen den Dosen von 90 bzw. 60 mg Pentobarbital gefundene Differenz im schmerzlindernden Effekt ist bei einer mathematischen Auswertung nicht signifikant. Morphin ist hingegen beiden Pentobarbitaldosen eindeutig überlegen, und es übertrifft erst recht den geringen Placeboeffekt.

LASAGNA[3]) hat an 268 Patienten in der ersten Nacht ihres Krankenhausaufenthaltes Chloralhydrat 1 g, Pentobarbital 0,1 g und Dormison 0,5 g sowie Placebo auf ihre schlafmachende Wirkung untersucht. Chloralhydrat erwies sich wirkungsvoll in bezug auf den Wirkungseintritt des Schlafes, ließ sich jedoch von Placebo in Hinsicht auf die Schlafdauer nicht sicher unterscheiden. Eine Steigerung der Dosis auf 2,0 zeitigte keine günstigeren Effekte. Pentobarbital war etwas schwächer im Wirkungseintritt als Chloralhydrat. Bei Verdopplung der Dosis auf 0,2 g war ein guter Wirkungseintritt und eine genügende

---

[1]) H. DÜKER, Naunyn Schmiedeberg's Arch. *228*, 175 (1956).
[2]) A. S. KEATS und H. K. BEECHER, J. Pharm. *100*, 1 (1950).
[3]) L. LASAGNA, J. Pharm. *111*, 9 (1954).

Tabelle 40

*Prozent Analgesie bei Versuchen an 30–34 Patienten*

| Substanz | Dosis mg/70 kg | Analgesie in Prozent | Vergleichs-substanz | Dosis mg/70 kg | Analgesie in Prozent | Differenz | P |
|---|---|---|---|---|---|---|---|
| Pentobarbital | 60 | 40,0 | NaCl | – | 21,0 | 19,0 | < 0,02 |
| Pentobarbital | 90 | 52,7 | NaCl | – | 21,0 | 32,7 | < 0,001 |
| Pentobarbital | 90 | 52,7 | Pentobarbital | 60 | 40,0 | 12,7 | < 0,2 |
| Morphin | 8 | 76,2 | Pentobarbital | 60 | 40,0 | 36,2 | < 0,001 |
| Morphin | 8 | 76,2 | Pentobarbital | 90 | 52,7 | 23,5 | < 0,001 |

Wirkungsdauer garantiert. Der hypnotische Effekt des Dormisons in Dosen von 0,5–1 g war nicht von dem eines Placebo abzugrenzen. In bezug auf die Nachwirkungen zeigte Pentobarbital die stärksten Effekte, während Chloralhydrat beim Erwachen keine Nachteile zeigte.

Tabelle 41

*Vergleichende Beurteilung über die Güte verschiedener Schlafmittel in Prozent*

| | Kontrolle | Placebo | Chloral-hydrat | Pento-barbital | Dormison |
|---|---|---|---|---|---|
| Schlaf besser als gewohnt . . . | 4 | 8 | 34 | 42 | 17 |
| Schlaf wie üblich. . . . . . . | 71 | 46 | 50 | 50 | 48 |
| Schlaf schlechter als gewohnt . | 25 | 46 | 16 | 8 | 35 |

Tabelle 42

*Anzahl der Patienten, bei denen Nebenwirkungen auftraten*

| | Placebo | Chloral-hydrat | Pento-barbital | Dormison |
|---|---|---|---|---|
| Keine . . . . . . . . . . . . . . . . | 33 | 34 | 29 | 40 |
| Müdigkeitsgefühl . . . . . . . . . . | 1 | 0 | 9 | 4 |
| Kopfschmerzen . . . . . . . . . . . | 5 | 7 | 9 | 3 |
| Gefühlsstörungen . . . . . . . . . | 9 | 14 | 16 | 8 |
| Erbrechen. . . . . . . . . . . . . | 0 | 1 | 1 | 0 |

Die Tabellen 41 und 42 geben Auskunft über das Urteil, das die Patienten abgaben, sowie über die Anzahl der Nebenwirkungen, die zur Beobachtung kamen.

GOODNOW et al.[1]) berichten, daß Pentobarbital in Dosen von 0,1 g p.o. im doppelten Blindversuch bei 30 Versuchspersonen das Tastgefühl, die Hörreaktionszeit, das Finden von gegensätzlichen Wortpaaren und das Gedächtnis

---

[1]) R. E. GOODNOW, H. K. BEECHER, M. A. B. BRAZIER, F. MOSTELLER und R. TAGIURI, J. Pharm. *102*, 55 (1951).

für Zahlen verschlechtert, und zwar in einem Ausmaß, daß signifikante Unterschiede gegenüber dem Placeboeffekt gegeben sind. 4 h nach der Darreichung wirkte das Barbiturat am stärksten in diesen Testen. 14 h nach der Einnahme waren die Fraktionen noch immer etwas beeinträchtigt, jedoch nicht mehr statistisch einwandfrei gestört.

Ebenso zeigten FELSINGER et al.[1]) im doppelten Blindversuch an 20 normalen Versuchspersonen, daß bis zu 8 h nach der Zufuhr von 0,1 g Pentobarbital im Gegensatz zu Placebo die visuelle Perzeption eingeschränkt ist. Als Maß wurde die Expositionszeit für die Erkennung von Wörtern benutzt. Weiterhin verschlechterte sich die Wiedergabe von sinnlos aneinandergereihten Silbenfolgen. Das gleiche galt für die Aufmerksamkeit, die mittels der Wiederholung von Zahlen getestet wurde, die in einer unregelmäßigen Zeitfolge auf ein Signal hin gehört und wieder aufgesagt werden mußten. Auch die Fähigkeit, arithmetische Reihen in einer bestimmten Zeit zu bilden, war herabgesetzt. Unter der Einwirkung des Placebo fielen alle diese Testreaktionen normal aus.

Amytal in Dosen von 2 g, Chloralhydrat in Gaben von 10 g und Dichlorphenazon, eine Kombination von Chloralhydrat und Antipyrin, in Dosen von 15 g sowie ein Placebotrunk wurden von WILLIS und ARENDT[2]) an 52 Patienten untersucht. 27 gaben an, daß sie Amytal bevorzugen und daß dies in bezug auf die Schnelligkeit des Wirkungseintritts und die Dauer des Schlafes den anderen Präparaten überlegen ist. 10 Patienten hielten Dichloralphenazon für das beste Schlafmittel, 8 schätzten Chloralhydrat und 4 Placebo am meisten.

CHERNISH et al.[3]) haben ambulanten Patienten in numerierten Briefumschlägen die zu prüfenden Schlafmittel oder ein Placebo mit der Weisung ausgehändigt, am nächsten Morgen folgende Fragen telephonisch zu beantworten: Nummer des Briefumschlages, Einschlafzeit, Schlafdauer, Qualität des Schlafes sowie Nachwirkungen und subjektiver Eindruck der Wirksamkeit. Verabreicht wurden an Schlafmitteln: Valamin in Dosen von 500 mg, Doriden in Dosen von 500 mg, Noludar zu 200 mg und Seconal zu 100 mg. Ausgewertet wurden statistisch insgesamt 270 Berichte. Das Ergebnis zeigte, daß die Einschlafzeit unter allen Schlafmitteln gegenüber den Placebotabletten verkürzt war. Ein Unterschied zwischen den einzelnen Präparaten sowie der einfachen und eineinhalbfachen Dosis war nicht feststellbar. In bezug auf die Schlafdauer und den Umfang der Nebenwirkungen verhielten sich die Schlafmittel gleichartig wie Placebo.

Einer Gruppe von 20 Patienten wurde eine Originaltablette Valamin zu 0,6 g im Wechsel mit einer Leertablette gegeben. Auf diese Weise konnten SCHULZ und SCHIRREN[4]) den hypnotischen Effekt des Valamins deutlich von dem einer Leertablette abgrenzen, da diese in keinem Falle den erwünschten Schlaf brachte.

[1]) J. M. VON FELSINGER, L. LASAGNA und H. K. BEECHER, J. Pharm. 109, 284 (1953).
[2]) G. C. WILLIS und E. C. ARENDT, Canad. med. Ass. J. 71, 126 (1954).
[3]) ST. M. CHERNISH, CH. M. GRUBER und K. G. KOHLSTAEDT, Proc. Soc. exp. Biol. Med. 93, 162 (1956).
[4]) K. H. SCHULZ und C. SCHIRREN, Dtsch. med. Wschr. 79, 1168 (1954).

Eine entsprechende Versuchsreihe für Valmid (Valamin) liegt von GRUBER[1]) vor, der im Vergleich zu Placebo ebenfalls einen guten schlafmachenden Effekt für 500 mg nachweisen konnte (Tabelle 43).

Zum Thema, ob Schlafmittel die psychische Leistung beeinträchtigen, hat LIENERT[2]) an 40 Studenten den Einfluß von Medomin in Tabletten zu 0,2 g p.o. im Rechentest vergleichend mit Placebo untersucht. Beurteilt wurde die

Tabelle 43

*Ergebnisse an 6 hospitalisierten Patienten, die nicht in die Gruppe der Placeboreaktoren gehören*

| Präparat | Schlaf gut | Schlaf unbeeinflußt | Schlaf schlecht |
|---|---|---|---|
| Valamin . . . . . . . | 52 | 2 | 5 |
| Placebo. . . . . . . . | 13 | 4 | 26 |

Zahl der gelösten Rechenaufgaben als Maßstab der Leistungsquantität und die Anzahl der fehlerhaften Leistung als Maßstab der Leistungsqualität. Die Leistungsprüfungen wurden in den späten Abendstunden bei schon ermüdeten Personen 40 min nach der Einnahme des Medomin sowie am folgenden Morgen zwischen 7 und 8 Uhr durchgeführt (Tabelle 44).

Unter der Medominwirkung wurden im Mittel von 20 Versuchspersonen 212 Aufgaben bewältigt. Die Kontrollgruppe erledigte im gleichen Zeitraum von 45 min 228 Aufgaben. Der Änderungsbetrag ist verhältnismäßig gering, jedoch

Tabelle 44

| Präparat | Anzahl der Versuchspersonen | Anzahl der in 45 min bewältigten Aufgaben | Prozent Fehler | Tageszeit |
|---|---|---|---|---|
| Medomin . . . . . | 20 | 212,0 | 5,71 | Abend |
| Placebo. . . . . . | 20 | 228,1 | 6,02 | Abend |
| Medomin . . . . . | 20 | 259,6 | 4,24 | Morgen |
| Placebo. . . . . . | 20 | 248,5 | 5,10 | Morgen |

statistisch gesichert ($P < 0,05$). Die Abnahme der Fehler um 4,5% ist nur als ein zufälliges Resultat anzusehen. Die Güte der Leistung bleibt also praktisch unangetastet. Am folgenden Morgen ergab sich unter Medomin im Vergleich zu Placebo ein Leistungsanstieg von 4,5% und eine Zunahme der Leistungsgüte um 16,9%. Beide Unterschiede sind jedoch nicht statistisch zu sichern. Die

---

[1]) C. M. GRUBER, K. G. KOHLSTAEDT, R. B. MOORE und F. B. PECK, J. Pharm. *112*, 480 (1954).
[2]) G. A. LIENERT, Dtsch. med. Wschr. *79*, 1180 (1954).

Tabelle 45

*Subjektive Beurteilung nach Medomin und Placebo*

| | Medomin | | | Placebo | | |
|---|---|---|---|---|---|---|
| | gesteigert | unbe-einflußt | herab-gesetzt | gesteigert | unbe-einflußt | herab-gesetzt |
| *Abendversuch* | | | | | | |
| Stimmungslage . . . | 5 | 16 | 0 | 4 | 16 | 1 |
| Körperliches Befinden | 4 | 11 | 6 | 2 | 11 | 8 |
| Erregbarkeit . . . . | 1 | 16 | 4 | 2 | 13 | 6 |
| Leistungsfähigkeit . . | 5 | 11 | 5 | 5 | 10 | 6 |
| Einschlafzeit . . . . | 11 | 9 | 1 | 4 | 11 | 6 |
| Schlaftiefe . . . . . | 13 | 7 | 1 | 4 | 10 | 8 |
| Träume. . . . . . . | 1 | – | 20 | 5 | – | 16 |
| Erwachen . . . . . | 11 | – | 10 | 12 | – | 9 |
| Schlafdauer . . . . . | 6,08 h | | | 5,52 h | | |
| *Morgenversuch* | | | | | | |
| Stimmungslage . . . | 6 | 10 | 5 | 2 | 12 | 7 |
| Körperliches Befinden | 5 | 12 | 4 | 3 | 11 | 7 |
| Erregbarkeit . . . . | 1 | 18 | 2 | 1 | 15 | 5 |
| Leistungsfähigkeit . . | 15 | 6 | 0 | 9 | 6 | 6 |

Richtungstendenz bleibt aber eindeutig; sie wurde zudem an einer geübten und gleichmäßig disponierten Versuchsperson bestätigt. Zusätzlich erfolgte auf Grund der Selbstbeobachtung die Beantwortung von 13 Fragen, die über Stimmungslage, Schlafverlauf und ähnliches eine Aussage gestatten (Tabelle 45).

Es zeigte sich, daß die meisten leistungsbestimmenden Faktoren, wie das Allgemeinbefinden, Nervosität, Leistungsbereitschaft und Stimmung, durch Medomin weder günstig noch ungünstig beeinflußt wurden. Die Einschlaf-geschwindigkeit und die subjektive Schlaftiefe wurden im Vergleich zu Placebo signifikant gefördert. Träume waren seltener. Auch die Häufigkeit des spontanen Erwachens war durch Medomin nicht verringert. Ebenso konnte die Absicht, zu einem bestimmten Zeitpunkt aufzuwachen, ohne wesentliche Verzögerung ver-wirklicht werden.

Am folgenden Morgen war die subjektive Leistungseinschätzung bei der medominbehandelten Gruppe sogar signifikant besser als in der Kontroll-gruppe. Die erwartete größere Ermüdbarkeit und Schläfrigkeit unter der Schlafmitteleinwirkung trat nicht in Erscheinung. Der Grad der Ablenkbarkeit war indes objektiv deutlich herabgesetzt, obwohl er nach den Aussagen der Versuchspersonen nicht verändert schien.

Weitere Versuche von LIENERT[1]) zeigen, daß Leerpräparate keine Ver-schiebungen der Rechenleistungen bewirken, während die Schlafmittel Phano-

---

[1]) G. A. LIENERT, Naunyn Schmiedebergs Arch. *228*, 176 (1956).

dorm, Medomin, Noludar sowie Bromural zunächst eine Leistungssteigerung und sekundär einen Leistungsabfall bedingen. Im Flimmerverschmelzungstest erfolgte nach der Gabe von Leertabletten eine deutliche negative Beeinflußung. Ebenso verursachte Noludar eine langandauernde Hemmung der visuellen Sukzessiv-Diskrimination. Unter den Barbituraten zeigte Medomin möglicherweise eine gewisse Stimulation, die in ihrem Ausmass jedoch von Leertabletten nicht signifikant unterschieden war. Die übrigen Barbiturate verhielten sich im Sinne der Erwartung hemmend. Die Stimmungslage wurde von den klinisch mild wirkenden Schlafmitteln im Sinne einer Dysphorie, Depression und Ermüdung verändert. Die stark wirkenden Mittel lösten offenbar eine gewisse Euphorie aus. Infolgedessen entfielen paradoxerweise Depressions- und Ermüdungsgefühle.

Jungen Studenten wurde von Dicker und Steinberg[1]) die Aufgabe gestellt, auf einer rotierenden Trommel Punkte zu treffen, die in unregelmäßiger Kurve angeordnet waren. In einer zweiten Versuchsserie wurde die Sicherheit der Hand geprüft, indem beim Einführen eines Stiftes in ein Loch die Wandung nicht berührt werden durfte. Treffer und Fehler wurden automatisch registriert. Bei der ersten Probe wurden zusätzlich die Beschleunigung des Pulses, der Atmung und die Durchblutung des Armes gemessen. Getestet wurden 0,5 g Dormison, 0,15 g Evipan sowie Placebo. Letzteres übte keinen Einfluß auf die Testreaktionen aus. Auch Evipan änderte die Treffsicherheit nicht in einem Ausmaß, daß ein signifikanter Unterschied zum Placebo festgestellt wurde. Dormison setzte dagegen diese Fähigkeit herab. Dafür blieb die Sicherheit der Hand unter seinem Einfluß erhalten, während Evipan sie herabsetzte. Die Reaktionen auf Puls, Atmung und Durchblutungsgröße, die unter Placeboeinfluß deutlich zunahmen, wurden durch Dormison fast völlig aufgehoben, durch Evipan herabgesetzt.

## 2.4 Antiepileptica

Zimmermann und Burgemeister[2]) haben 72 Epileptiker 2 Jahre lang beobachtet und alternierend mit Placebo und verschiedenen Medikamenten in wechselnder Reihenfolge behandelt. Neben Milontin (N-Methyl-α-phenylsuccinimid) (0,3 g) wurden die nahe verwandten Substanzen P.M. 396 (N-Methyl-α,α-methylphenylsuccinimid) in Dosen zu 0,3 g sowie P.M. 449 (α-Äthyl-α-phenylsuccinimid) in Dosen zu 0,1 g geprüft. Außerdem wurden Phenobarbital in Dosen zu 0,015 g und Trimethadon in Dosen zu 0,3 g in diese Versuche einbezogen. Die wöchentliche Anfallshäufigkeit bildete die Grundlage für die Bewertung der Wirksamkeit der einzelnen Präparate. In der Tabelle 46 ist außerdem die Besserung in Prozent jeweils im Verhältnis zu der vorangehenden Beobachtungsperiode berechnet.

In allen Versuchsreihen erwiesen sich die Placebogaben als unwirksam. Ebenso konnte kein Effekt für Phenobarbital gezeigt werden. Am besten zu

[1]) S. E. Dicker und H. Steinberg, Brit. J. Pharm. *12*, 479 (1957).
[2]) F. T. Zimmermann und B. B. Burgemeister, J. Amer. med. Ass. *157*, 1194 (1955).

Tabelle 46

| Gruppe | Behandlungsart | Wöchentliche Anfallshäufigkeit | Besserung in Prozent |
|---|---|---|---|
| I (36 Patienten) | Placebo . . . . . . . . | 96 | — |
| | Milontin . . . . . . . | 93 | 3 |
| | Placebo . . . . . . . . | 98 | − 5 |
| | Phenobarbital . . . . . | 103 | − 5 |
| | Placebo . . . . . . . . | 116 | − 12 |
| | Trimethadion . . . . . | 49 | 57 |
| | Placebo . . . . . . . . | 51 | − 4 |
| | P.M. 396 . . . . . . . | 45 | 12 |
| | Placebo . . . . . . . . | 56 | − 24 |
| | P.M. 449 . . . . . . . | 52 | 7 |
| II (36 Patienten) | Placebo . . . . . . . . | 109 | — |
| | P.M. 449 . . . . . . . | 101 | 7 |
| | Placebo . . . . . . . . | 103 | − 2 |
| | P.M. 396 . . . . . . . | 64 | 38 |
| | Placebo . . . . . . . . | 68 | − 6 |
| | Trimethadion . . . . . | 41 | 39 |
| | Placebo . . . . . . . . | 49 | − 19 |
| | Phenobarbital . . . . . | 56 | − 14 |
| | Placebo . . . . . . . . | 63 | − 12 |
| | Milontin . . . . . . . | 59 | 6 |

Tabelle 47

*Abnahme der Anfälle in Prozent, bezogen auf den initialen Placeboeffekt*

| Präparat | Gesamtes Krankenmaterial | Gruppe I | Gruppe II |
|---|---|---|---|
| Trimethadion . . . . . . | 76,5 | 80 | 73 |
| P.M. 396 . . . . . . . . | 64,0 | 69 | 59 |
| Milontin . . . . . . . . | 61,5 | 53 | 70 |
| P.M. 449 . . . . . . . . | 56,0 | 55 | 57 |
| Phenobarbital . . . . . . | 52,0 | 55 | 49 |

beurteilen sind P.M. 396 und Trimethadion. Dieses gilt für jede der beiden Versuchsreihen, gleichgültig in welcher Reihenfolge, die Zufuhr der Medikamente vorgenommen wurde. Berechnet man die Anfälle in Prozent, bezogen auf den initialen Placeboeffekt, so erhält man Tabelle 47.

Auch unter diesen Bedingungen schneidet Trimethadion am günstigsten ab. Nebenwirkungen wurden bei diesen Versuchen nicht gesehen. In Blut und Harn fanden sich keine Abweichungen von der Norm.

GRUBER *et al.*[1]) wählten 4 Gruppen von je 6 Epileptikern mit bekannter Anfallshäufigkeit aus, die bereits jahrelang Phenobarbital oder Diphenylhydantoin allein oder in Kombination erhielten. Der plötzliche Entzug dieser Medikamente in der Vorperiode hatte keine Komplikationen zur Folge. Auch ohne Medikamente blieben viele der Kranken anfallsfrei. Im eigentlichen Versuch wurde 2 Gruppen 100 mg Diphenylhydantoin, 100 mg Phenobarbital allein bzw. kombiniert sowie Placebo verabreicht. Die beiden anderen Gruppen erhielten 50 mg Phenobarbital bzw. 50 mg Diphenylhydantoin allein. In der Kombination wurden beide Präparate auf 25 mg reduziert. Außerdem kam Placebo zum Einsatz. Das Placebo wurde montags bis mittwochs gegeben, dann folgte die verordnete Arznei. Die Anfallshäufigkeit wurde jeweils von Montag bis Donnerstag registriert. Es zeigte sich, daß Diphenylhydantoin und Phenobarbital in gewichtsgleicher Dosis keine signifikanten Wirkungsunterschiede erkennen ließen. In der Kombination trat ein additiver Effekt ein. Beide Präparate sind in ihrer Wirkstärke dem Placebo überlegen.

### 2.5 Antiparkinsonmittel

Um den Einfluß verschiedener Medikamente auf die Bewegungsstörungen zu objektivieren, verabreichte KAPLAN[2]) jede Prüfsubstanz allen Patienten je 4 Wochen lang im Wechsel, so daß jede Testperson die 3 wirksamen Sub-

Tabelle 48
*Behandlungserfolg in Prozent*

| Präparat | Anzahl der Patienten | Subjektive Beurteilung | | | Objektiver neurologischer Status | | |
|---|---|---|---|---|---|---|---|
| | | % gebessert | % verschlechtert | % unbeeinflußt | % gebessert | % verschlechtert | % unbeeinflußt |
| Placebo | 33 | 18 | 64 | 18 | 6 | 42 | 52 |
| Parpanit | 35 | 63 | 20 | 17 | 31 | 9 | 60 |
| Artan | 32 | 66 | 16 | 18 | 41 | 6 | 53 |
| Hyoscin | 30 | 40 | 30 | 30 | 13 | 23 | 64 |

stanzen sowie das unwirksame Placebo erhielt. Von 33 Patienten, die mit Placebo behandelt wurden, wurden nur 18% gebessert, während 64% Verschlechterungen aufwiesen. Dem steht eine Besserungsquote durch Parpanit und Artan von über 60% gegenüber, während Hyoscin etwa in der Mitte zwischen Placebo und den beiden anderen Medikamenten rangiert. Die objektivierbaren neurologischen Symptome sprechen weniger gut auf die Medikation an. Parpanit und Artan sind indes auch auf dieser Bewertungsgrundlage dem Placebo sowie dem Hyoscin überlegen. Die Zahl der unverändert gebliebenen

---

[1]) C. M. GRUBER, J. M. MOSIER, P. GRANT und R. GLEN, Neurology *6*, 640 (1956).
[2]) H. A. KAPLAN, S. MACHOVER und A. RABBINER, J. nerv. ment. Dis. *119*, 398 (1954).

Fälle liegt in allen Versuchsreihen etwa gleich hoch. Die elektromyographischen Messungen lassen keinen Effekt bei allen geprüften Medikamenten auf die Amplitude des Tremors nachweisen. Im Dynamometer- und Lochtest ergibt sich für alle Medikamente sowie für Placebo gegenüber der Vorbeobachtungsperiode eine statistisch reelle Verbesserung. Eine Überlegenheit der Medikamente gegenüber Placebo ist jedoch nicht festzustellen. Außerdem sind in diesem Test die einzelnen Stoffe nicht voneinander unterscheidbar[1]).

## 2.6 Relaxantien

*Mephenesin (Tolserol):* An 31 Patienten, die an Magengeschwüren, Muskelbeschwerden, Kopfschmerzen sowie Rückenschmerzen litten, haben WOLF und PINSKY[2, 3]) Mephenesin im doppelten Blindversuch getestet. Vor Beginn der Behandlung wurden detaillierte Untersuchungen gesammelt über die Intensität und Lokalisation der Schmerzen, über das Allgemeinbefinden sowie den Erregungsgrad. Als Wertmaßstab wurden beurteilt Zittern, Schwitzen, Herzklopfen, Schlaflosigkeit, Erregbarkeit, Trockenheit im Munde und ähnliche Symptome. Die Untersuchungen erfolgten in Intervallen von 2 Wochen. Die Dosierung des Tolserol bestand in 2 mg. In der 7. bis 8. Woche wurde die Medikation vorübergehend verdoppelt. Die Placebogaben wurden mit der positiven Suggestion verabreicht, daß es sich um ein Mittel gegen Angstzustände und Muskelschmerzen handle. Der Effekt war bei der Zufuhr von Tolserol

Tabelle 49

*Vergleich der Wirkungen von Mephenesin (Tolserol) und Placebo auf die Erscheinungen der Angst im Blindversuch (in Prozent)*

|  | Subjektive Angst und Spannung | | Objektive Symptome der Angst | |
|---|---|---|---|---|
|  | Tolserol | Placebo | Tolserol | Placebo |
| besser . . . . . . | 35 | 28 | 17 | 17 |
| gleich. . . . . . . | 57 | 55 | 70 | 73 |
| schlechter . . . . . | 12 | 18 | 12 | 10 |

gleichartig wie bei Placebo. 20–30% der Patienten wurden gebessert, 50–70% blieben unbeeinflußt und 10–20% zeigten Verschlechterungen. Auch wenn man die Einzelsymptome bewertet, kommt man zu einem gleichartigen Ergebnis. Eine Überlegenheit des Tolserols gegenüber den Placeboeffekten halten WOLF und PINSKY daher für nicht gegeben.

Ebenso erwiesen sich bei hypomanen Erregungszuständen, agitierten Depressiven, bei Angstzuständen und Schizophrenien Placebogaben gleich gut

---

[1]) H. A. KAPLAN, S. MACHOVER und A. RABBINER, J. nerv. ment. Dis. *119*, 398 (1954).
[2]) ST. WOLF und R. H. PINSKY, J. Amer. med. Ass. *155*, 339 (1954).
[3]) ST. WOLF und R. H. PINSKY, J. clin. Invest. *32*, 613 (1953).

wirksam wie Tolserol. Insbesondere sprachen hochgradige Syndrome besser auf Placebo als auf Mephenesin in Dosen bis zu täglich 3 g an. Die gefundenen Differenzen waren jedoch nicht in signifikanter Weise zu sichern. Steigerungen der Dosis bis zu 9 g Mephenesin erbrachten in diesen Versuchsreihen, die von HAMPSON et al.[1]) durchgeführt wurden, keine zusätzlichen Erfolge.

*Zoxazolamin (Flexin):* Die Wirkung des Muskelrelaxans Zoxazolamin wurde in Dosen von 0,75–1,5 g täglich über 1 Monat an 10 Kranken mit spastischer Parese, Hemiplegie bzw. Athetose geprüft, nachdem die Patienten in einem gleich lang dauernden Placeboversuch kontrolliert waren. Die athetotischen Bewegungen wurden kymmographisch registriert, die Muskelkraft dynamometrisch bestimmt, die Koordinationsstörungen photographisch registriert. Es zeigten sich geringe, aber signifikante Differenzen zugunsten der Zoxazolaminwirkung, insbesondere bei athetotischen Störungen. Die Hemiplegien wurden weniger deutlich gebessert. Bei 4 von 10 Kranken mußte Zoxazolamin wegen toxischer Nebenwirkungen, vor allem Erbrechen, abgesetzt werden[2]).

WATKINS und HALE [3]) behandelten 68 spastische und 27 athetotische Lähmungen 3mal täglich mit 250 mg Zoxazolamin über 8 Tage bzw. mit Placebo. In diesem Dosierungsbereich konnten keine signifikanten Unterschiede beobachtet werden.

8 Patienten mit Paraplegien bzw. multipler Sklerose wurden von GIBSON et al.[4]) mit Zoxazolamin in Dosen von 500–1000 mg bzw. 25–50 mg Chlorpromazin und Placebo 4mal täglich behandelt. Es zeigte sich in keinem Falle ein günstiger Effekt auf die bestehenden Muskelspasmen.

## 2.7 Neuroplegica

*Chlorpromazin:* Bei der Anwendung von Chlorpromazin an psychisch erkrankten Patienten stößt die Beurteilung der therapeutischen Resultate unter Umständen auf erhebliche Schwierigkeiten wegen der starken Schwankungen des Krankheitszustandes, dem sich die Therapie in Dosierung und Länge der Behandlungsdauer anzupassen hat, vor allem aber wegen der unzureichenden Kriterien, auf die sich das Urteil über Besserung, Heilung oder Verschlechterung des Krankheitsstatus stützen muß. Man wird daher auch von Versuchsreihen, in denen zum Vergleich ein Placebo getestet wurde, nicht erwarten dürfen, daß man auf diese Weise zu Werturteilen von absoluter Gültigkeit gelangen kann.

ELKES[5]) hat Blindversuche an 27 zuvor therapeutisch refraktären Psychosen mit starken Erregungszuständen durchgeführt. Die Zufuhr des Chlorpromazins erfolgte mit Ausnahme von 3 Patienten, welche das Chlorpromazin i.m. erhielten, per os. Anfänglich wurden 75 mg täglich gegeben, maximal erhielten die Patienten in Ausnahmefällen bis zu 300 mg. Die durchschnittliche

[1]) J. L. HAMPSON, D. ROSENTHAL und J. D. FRANK, Bull. John Hopkins Hosp. *95*, 170 (1945).
[2]) J. G. MILLICHAP und R. HADEA, Neurology *6*, 843 (1956).
[3]) M. WATKINS und M. H. HALE, J. Amer. med. Ass. *165*, 830 (1957).
[4]) J. W. GIBSON, S. S. BLUESTONE und E. W. LOWMAN, J. Amer. med. Ass. *165*, 18 (1957).
[5]) J. ELKES und C. ELKES, Brit. med. J. *2*, 560 (1954).

tägliche Dosis lag bei 150 mg. Von der 7. bis 8. Woche der Behandlung an wurden bei den einzelnen Patienten in wechselnden Intervallen Placebotabletten
eingeschoben, die jeweils über eine Periode von 6 Wochen alternierend mit
Chlorpromazin verabreicht wurden. Dieses Vorgehen wurde insgesamt 22 Wochen lang fortgesetzt. In den ersten beiden Wochen war keine Besserung festzustellen. Im weiteren Verlauf erschienen nahezu alle Patienten gebessert,
gleichgültig, ob sie Chlorpromazin oder Placebo erhielten. Erst nach längerer
Beobachtungsdauer erwies sich die Behandlung mit Leertabletten ungünstiger,
indem die Patienten, die nach Chlorpromazin Besserung zeigten, mit Ausnahme
von 2 Fällen unter dem Einsatz der Placebotabletten Rückfälle in den alten
Krankheitszustand erlitten. Die Besserung bestand im Rückgang des Span-
nungszustandes, Zunahme des Appetites, des Schlafbedürfnisses und der Auf-
geschlossenheit für ihre Umgebung. Von 13 Schizophrenen dieser Serie wurden
3 weitgehend gebessert, 5 gering, die restlichen 5 blieben unbeeinflußt. Von 11
Patienten mit manisch-depressivem Irresein bzw. chronisch-melancholischen
Zuständen wurden 4 weitgehend, 6 gering und einer nicht beeinflußt. Keiner
der 3 Patienten mit senilen Geistesstörungen sprach dagegen auf Chlorpromazin an.

Weiterhin erreichten GIBBS et al.[1]) in 32 Fällen von Neurosen, schizophrenen Erstschüben und chronischer Schizophrenie mit Erregungszuständen
trotz Streuung der Ergebnisse nach 6wöchiger Behandlung mit Chlorpromazin
in Dosen von 75–120 mg täglich parenteral bzw. 150–400 mg p.o. im Vergleich
zu Placebo eine deutliche Besserung. Die Patienten wurden von 2 Psychiatern
unabhängig voneinander mit den gleichen Testverfahren überprüft. Angewandt
wurden der Malamud-Test, der Wechsler-Bellevue-Intelligenztest und ein Per-
sönlichkeitsfragebogen. Eine Kontrollgruppe, die zusätzlich zu Placebo wöchentlich einmal psychotherapeutisch behandelt wurde, blieb hinter den Kranken,
die unter Chlorpromazineinfluß standen, wesentlich zurück.

GOLDMAN[2]) berichtet über mehrere hundert Patienten, die mit Placebo
sowie Acetylsalizylsäure, Amphetamin, Isoniazid und Meratran ohne Erfolg
behandelt wurden. Im Vergleich dazu wurde Chlorpromazin getestet in Dosen,
die zwischen 150–1800 mg p.o. täglich lagen und bis zu 6 Monate lang zur
Anwendung kamen. Am besten sprachen die Patienten an, die erst kürzere Zeit
an ihrer Psychose erkrankt waren und 2 Monate oder länger behandelt wurden.
Die therapeutischen Erfolge unter Chlorpromazineinwirkung sind der Tabelle 50
zu entnehmen.

Zusätzlich wurde die Wirkung des Chlorpromazins im doppelten Blindversuch gegen ein Leerpräparat von FROMM und FORSBERG[3]) ausgetestet. Um
die Exaktheit der Untersuchungen zu erhöhen, beschränkten sich die Verfasser
auf die Auswertung eines Einzeleffektes, indem sie 21 männliche Patienten
lediglich nach dem Grad ihrer Ängstlichkeit einstuften. 9 der Patienten erhielten Placebo, 12 Chlorpromazin, beginnend mit 50 mg per os und steigernd

[1]) J. J. GIBBS, B. WILKENS und C. G. LAUTERBACH, J. clin. exp. Psychopath. *18*, 269 (1957).
[2]) D. GOLDMAN, J. Amer. med. Ass. *157*, 1274 (1955).
[3]) G. H. FROMM und J. A. FORSBERG, Dis. nerv. Syst. *17*, 16 (1956).

Tabelle 50

| Gruppe | Diagnose | Anzahl | Ergebnis | | | |
|--------|----------|--------|----------|-----|--------|------------------|
| | | | sehr gut | gut | gering | unbe- ein- flußt |
| I Behandlungsdauer > 2 Monate | Schizophrenie | 201 | 38 | 32 | 94 | 37 |
| | manisch-depressive Psychosen | 32 | 1 | 11 | 16 | 4 |
| | verschiedene Psychosen | 70 | 6 | 10 | 33 | 21 |
| II Behandlungsdauer < 2 Monate | Schizophrenie | 116 | 1 | 10 | 48 | 57 |
| | manisch-depressive Psychosen | 20 | 1 | 2 | 7 | 10 |
| | verschiedene Psychosen | 61 | 0 | 5 | 22 | 34 |

jeden 2. Tag um 25 mg bis zu einer Höchstdosis von 500 mg, die über 2 Wochen beibehalten wurde. Von den mit Chlorpromazin behandelten Kranken zeigten 8 eine signifikante Besserung ihrer Angstzustände, von den mit Placebo behandelten nur 2.

Ein anderer Bericht über einen doppelten Blindversuch an 175 Patienten mit chronischer Schizophrenie, die keine organischen Störungen, Leberveränderungen oder Schwachsinn aufwiesen, liegt von HALL und DUNLAP[1]) vor. Die Patienten wurden zunächst 32 Tage unbehandelt beobachtet. Die eine Hälfte erhielt dann Chlorpromazin, beginnend mit 25 mg und aufsteigend bis zu maximal 450 mg täglich bzw. zu einem Plateau, bei dem gute therapeutische Resultate erzielt wurden oder Nebenwirkungen in Form von Schläfrigkeit, Gelbsucht bzw. Blutdrucksenkung auftraten. Die andere Hälfte erhielt Placebo. Beide Maßnahmen wurden 64–66 Tage lang durchgeführt. Anschließend folgte eine Nachbeobachtungsperiode. Bewertet wurde das psychische und körperliche Verhalten, das nach Placebo- und Chlorpromazingaben keine sicheren Unterschiede erkennen ließ, mit Ausnahme der Wahnideen, die nach Chlorpromazin in größerem Umfange abnahmen als nach Placebo. Die Sinnestäuschungen wurden auch durch Chlorpromazin nicht beeinflußt. Im einzelnen lauten die Ergebnisse, getrennt beurteilt von einem Psychiater bzw. einem Psychologen (Zahlen in Klammern):

Tabelle 51

| | Gebessert | Unbeeinflußt | Verschlechtert |
|---|-----------|--------------|----------------|
| Chlorpromazin . . . | 35% (37%) | 61% (55%) | 4% (8%) |
| Placebo . . . . . . | 18% (18%) | 80% (77%) | 2% (5%) |

---

[1]) R. A. HALL und D. J. DUNLAP, J. nerv. Syst. *122*, 301 (1955).

In einer zweiten Gruppe wurden für Chlorpromazin 36% und für Placebo 18% Besserung gefunden. Die Heilungsrate war bei Patienten, die anfänglich hochgradige Spannungszustände aufwiesen, größer. Auch Kranke mit einer Paranoia sprachen besser als andere an.

Die Befunde von KOVITZ et al.[1]) enthalten zugleich einen Vergleich von Chlorpromazin und Reserpin sowie Placebo bei chronischen Psychosen. Bei den mit Reserpin behandelten Fällen von schwerer chronischer Schizophrenie betrug die Besserungsquote 53%, bei den mit Chlorpromazin behandelten 58% und bei den mit Placebo behandelten 24%. Insgesamt wurden 150 Patienten getestet, die in 3 Gruppen von je 50 Personen eingeteilt waren. Abgesehen von der geringeren Besserungsquote erforderten die Placebofälle etwa 3mal soviel Elektroschockbehandlung als die medikamentös behandelten Patienten. Im übrigen wurde für Chlorpromazin gefunden, daß es im allgemeinen rascher als Reserpin wirkt. Bei Depressionen ist es jedoch weniger wirksam. In bezug auf die Nebenwirkungen beurteilen die Verfasser das Chlorpromazin weniger ungünstig als Reserpin, obwohl Chlorpromazin bei vielen Patienten leichte Leberschädigungen mit Zunahme des Serumbilirubins auslöste.

Auch ROSNER[2]) verglich 100 mg Chlorpromazin täglich mit 2 mg Reserpin täglich sowie 120 mg Phenobarbital täglich, jeweils über 30 Tage lang gegeben mit Placebo im doppelten Blindversuch an 84 meist schizophrenen Patienten. Reserpin wurde wirksam gefunden im Flimmerverschmelzungstest, die übrigen Symptome wurden ebensogut durch Placebo beeinflußt wie durch die 3 Präparate, so daß sich kein signifikanter Unterschied zum Placebo nachweisen ließ. Dies gilt selbst für den Vergleich von Placebo mit Phenobarbitursäure, obwohl das Barbiturat im Gegensatz zu Placebo, Chlorpromazin und Reserpin keinen Einfluß auf Angstzustände ausübte. Zwischen Chlorpromazin und Phenobarbitursäure war die Differenz dagegen so groß, daß sie statistisch einwandfrei nachweisbar war. Reserpin verursachte zusätzlich einen Blutdruckabfall und beeinflußte das Körpergewicht günstig. Dies kann vermutlich als ein Ausdruck für die Abnahme des Angstgefühls gewertet werden. Diese Unterschiede sind jedoch geringfügiger Art und gehen über den Placeboeffekt nicht exakt meßbar hinaus. Das gleiche gilt für den Eindruck, daß Chlorpromazin und Reserpin etwas günstiger bei agitierten Patienten wirken. Bei erregten Kindern, die 10–20 mg Chlorpromazin 4mal täglich abwechselnd mit Placebo erhielten, fand GATSKI[3]), daß mit dem Absetzen des Chlorpromazins die Verwirrtheitszustände wieder auftraten.

Ferner haben ZELLER et al.[4]) an mehreren Gruppen geistesgestörter Patienten die Wirkung von Chlorpromazin bzw. Reserpin untersucht. Es wurden jeweils zwei Versuchsreihen pro Medikament angesetzt. In der ersten Gruppe erhielten die Patienten zunächst Chlorpromazin, um nach dem Einsetzen des

[1]) B. KOVITZ, J. T. CARTER und W. P. ADDISON, Arch. Neurol. Psychiat. 74, 467 (1955).
[2]) H. ROSNER, S. LEVINE, H. HESS und H. KAYE, J. nerv. ment. Dis. 122, 505 (1955).
[3]) R. L. GATSKI, J. Amer. med. Ass. 157, 1298 (1955).
[4]) W. W. ZELLER, P. N. GRAFFAGNINO, C. F. CULLEN und H. J. RIETMAN, J. Amer. med. Ass. 160, 179 (1956).

Tabelle 52
*Behandlungsresultate bei geistesgestörten Patienten*

| Medikation | Anzahl der Patienten | Initial-effekt | Nach Placebo-gabe | Bei kontinuierlicher Behandlung |
|---|---|---|---|---|
| Chlorpromazin . . . . . . | 51 | 86,3% | 27,5% | |
| Chlorpromazin . . . . . . | 44 | 81,8% | – | 70,5% |
| Reserpin . . . . . . . . | 44 | 88,6% | 29,5% | |
| Reserpin . . . . . . . . | 37 | 78,4% | – | 62,2% |

therapeutischen Effektes auf Placebo umgeschaltet zu werden. In der zweiten Gruppe wurde dagegen die Chlorpromazinmedikation ununterbrochen durchgeführt. Es zeigte sich, daß mit dem Umschalten auf Placebo der anfänglich erzielte günstige Erfolg in kurzer Zeit zurückging, so daß nur eine geringe Anzahl von Kranken dauernd gebessert blieb. Bei fortgesetzter Chlorpromazinmedikation lag der Dauereffekt wesentlich höher. Das gleiche zeigte sich in den beiden Reserpinbehandlungsreihen. Auch hier war eine hohe Rückfallquote mit dem Umschalten auf Placebo zu verzeichnen, während bei Dauermedikation relativ hohe, anhaltende Besserungsquoten erreicht wurden (siehe Tabelle 52).

Ein weiterer Vergleich existiert von DENBER[1]) an 4 Gruppen von je 10 Patienten, bei dem im doppelten Blindversuch Chlorpromazin zu 50 und 100 mg bzw. Diäthazin zu 25 und 100 mg sowie eine Kombination von Chlorpromazin und Diäthazin in gleichen Mengen und Placebo geprüft wurde. Es handelte sich um Depressionszustände, bei denen eine komplette Remission mit der Kombination bei 8, mit Placebo bei 2 und mit Chlorpromazin bei 4 Kranken erzielt wurde. 7 Patienten entwickelten unter der Behandlung mit der Kombination ein schweres extrapyramidales Syndrom. 2 hatten ungeklärte Anfallszustände. Im übrigen ließen die mitgeteilten Ergebnisse keine sicheren Rückschlüsse zu, weil es sich bei den depressiven Zustandsbildern um Veränderungen verschiedenster Pathogenese handelte und das Krankenmaterial neben manischdepressiven Psychosen, Alkoholikern, Fälle von Dementia praecox und andere Gruppen enthielt.

FRASER und ISBELL[2]) verglichen den Effekt von Chlorpromazin und Placebo auf die Abstinenzerscheinungen nach Morphinentzug an 4 opiatsüchtigen Patienten, die an täglich 240 mg Morphin gewöhnt waren. Die Chlorpromazin- und Placebogaben wurden 6 h vor der letzten Morphininjektion und dann alle 6 h erneut über 48 h lang zugeführt. Die Dosis für Chlorpromazin lag bei 100 mg i.m. täglich bzw. 800 mg p.o. täglich. In diesen Dosen erwies sich Chlorpromazin in der Behandlung der akuten Abstinenzsymptome nicht besser als Placebo bei denselben Patienten. Das gleiche gilt für Reserpin, das in Dosen

---

[1]) H. C. B. DENBER, Dis. nerv. Syst. *18*, 76 (1957).
[2]) H. F. FRASER und H. ISBELL, J. Pharm. *116*, 21 (1956).

von 1 mg oral 6 h vor der letzten Morphingabe bzw. gleichzeitig mit dieser und 14 h später verabreicht wurde. Auch in diesem Falle war der Effekt auf die Abstinenzsymptome nicht besser als der von Placebotabletten.

HOUDE und WALLENSTEIN[1] gaben bei Carcinomkranken abwechselnd 25 mg Chlorpromazin i.m., 10 mg Morphin bzw. 10 mg Morphin plus 25 mg Chlorpromazin im Vergleich zu NaCl-Injektionen. Es zeigte sich, daß Chlorpromazin, allein verabreicht, in der gewählten Dosierung im Vergleich zu Placebo keinen signifikanten Unterschied in der Schmerzbekämpfung erzielte. Die Kombination mit Morphin erwies sich etwas wirksamer als Morphin, das schon allein gegeben einen signifikanten analgetischen Effekt im Vergleich zu Placebo verursacht. Das Ergebnis des Kombinationsversuches ist indes möglicherweise durch die gewählte niedrige Dosierung des Chlorpromazins getrübt.

In den Versuchen von SHIDEMAN[2] wurden Chlorpromazin zu 30 mg und Placebo eingesetzt. Getestet wurde das Verhalten koordinierter Bewegungen beim Schreiben und Gehen sowie bei Manipulationen an Gegenständen. Diese Bewegungsstudien wurden ergänzt durch Untersuchungen der Reaktionszeiten, des Intelligenzgrades, des raschen Verständnisses und des Erinnerungsvermögens. Jede der 40 Versuchspersonen diente als eigene Kontrolle. Es fand sich unter dem Einfluß des Chlorpromazins lediglich eine leichte Einschränkung der feinsten koordinierten Bewegungen. Außerdem benötigten die Versuchspersonen längere Zeit, um kompliziertere erlernte Bewegungsvorgänge durchzuführen.

In Versuchen von TRUAX[3] zeigte sich außerdem, daß unter dem Einfluß von Chlorpromazin ein bedingter Reflex am Augenlid sich leichter und schneller einstellt als unter Placebo. Dieser eingespielte Reflex verschwindet unter dem Einfluß von Placebo und Chlorpromazin in gleicher Weise wie in den Kontrollversuchen. Wenn man aber von Placebo auf Chlorpromazin umschaltet, bleibt der bedingte Reflex länger erhalten als normal.

*Pacatal:* 37 chronisch psychotische Frauen, in der Mehrzahl Schizophrene, erhielten 12 Tage lang 3mal 0,25 mg, 28 Tage lang 3mal 0,5 mg und wiederum 12 Tage lang 3mal 0,75 mg Pacatal. Als Vergleichsbasis diente eine Kontrollgruppe von 38 Frauen, die mit Placebo behandelt wurde.

Bewertet wurden 3 Symptome, und zwar die Inkontinenz, Aggressivhandlungen und lärmendes Verhalten. In der Tabelle 53 ist die Häufigkeit in Prozent pro Woche angegeben, und zwar getrennt für die erste und zweite Hälfte der Behandlungsdauer. Alle bewerteten Symptome zeigten unter Pacatal einen Rückgang, während die Placebobehandlung die Inkontinenz unbeeinflußt ließ. Das aggressive und lärmende Verhalten nahm sogar bei Placebogaben zu. Die Pacatalbehandlung war indes mit einer relativ hohen Rate von Nebenwirkungen belastet. 2 Fälle zeigten Gelbsucht, 10 Blutdruckabfall und 4 eine Neutropenie. Von diesen starb eine Patientin an den Folgen einer Agranulocytose[4].

---

[1] R. W. HOUDE und S. L. WALLENSTEIN, Fed. Prod. *14*, 533 (1955).
[2] F. E. SHIDEMAN, C. B. M. TRUAX, R. E. PARKS und K. U. SMITH, J. Pharm. *122*, 68 A (1958).
[3] C. B. M. TRUAX, J. Pharm. *122*, 77 A (1958).
[4] P. H. MITCHELL, P. SYKES und A. KING, Brit. med. J. *1957*, 204.

Tabelle 53

*Häufigkeit der Symptome, berechnet in Prozent pro Patient und Woche*

| Symptome | Behandlungs-art | 1.–26. Tag | 27.–52. Tag | Differenz in Prozent |
|---|---|---|---|---|
| Inkontinenz . . . . . . . | Pacatal | 36,4 | 8,0 | − 28,4 |
| Inkontinenz . . . . . . . | Placebo | 53,1 | 49,6 | − 3,5 |
| Aggressivhandlungen . . . | Pacatal | 16,7 | 5,8 | − 10,9 |
| Aggressivhandlungen . . . | Placebo | 24,1 | 43,9 | + 19,8 |
| Lärmendes Verhalten . . . | Pacatal | 52,4 | 21,1 | − 31,3 |
| Lärmendes Verhalten . . . | Placebo | 59,5 | 86,4 | + 26,9 |

Ferner haben BAKER und THORPE[1]) an zwei Gruppen von je 18 Patienten, die wegen ihrer psychotischen Störungen bereits 15–20 Jahre in Heilanstalten behandelt wurden, nach einer 3wöchigen Vorperiode ohne Medikamente Placebo und Pacatal miteinander verglichen. Die Dosierung bestand beim Pacatal in den ersten 5 Tagen in 3mal 25 mg. Alle 5 Tage wurden die Dosen um einen Betrag von 75 mg erhöht, bis die Patienten insgesamt 300 mg pro Tag erhielten. Die Beurteilung erfolgte in neuntägigen Perioden über einen Gesamtbereich von 28 Tagen. Beurteilt wurde bei diesen Patienten wiederum der Einfluß auf die Inkontinenz. In den ersten beiden Behandlungsperioden war kein signifikanter Unterschied zwischen der Medikation und der Placeboverabreichung zu konstatieren. In der dritten Behandlungsperiode war dagegen eine signifikante Besserung durch Pacataleinfluß gegeben. Dieser Effekt hielt indes nicht bis in die Endperiode an.

BLOMBERG[2]) verglich bei 90 Patienten mit multipler Sklerose die Wirkungen von Pacatal (Lacumin) mit denen eines Placebo. Hierbei ergab sich, daß bei Patienten, welche sowohl Lacumin wie Placebo erhielten, das letztere in statistisch hoch signifikanter Weise bessere Resultate erbrachte. In der Regel waren die Nebenwirkungen bei Lacumin stärker ausgeprägt, so daß das Präparat teilweise abgesetzt werden mußte. Sie bestanden in Akkomodationsstörungen, Übelkeit und Mundtrockenheit. In den meisten Fällen trat ein leichter sedativer Effekt ein. Die vergleichende Prüfung mit alternierender Zufuhr von Placebo und Lacumin umfaßte 48 Patienten. Die Zahlenangaben für den objektiven und subjektiven Behandlungserfolg bzw. für das Auftreten von Nebenwirkungen sind in der Tabelle 54 zusammengefaßt.

An gesunden Versuchspersonen setzen Chlorpromazin (50 mg) sowie Morphin-Scopolamin (10 mg + 0,4 mg) den Grundumsatz um 13 bzw. 10% herab. Derartige Senkungen des Stoffwechsels liegen noch innerhalb der normalen Schwankungsbreite. Auch die Atemfrequenz und das Atemvolumen sowie die Temperatur, Pulszahl und Blutdruck zeigen fast immer geringfügige Ab-

[1]) A. A. BAKER und J. G. THORPE, Arch. Neur. Psychol. *78*, 57 (1957).
[2]) L. H. BLOMBERG, Lancet *272*, I, 431 (1957).

Tabelle 54

| | Objektiver Behandlungserfolg bei 48 Patienten nach | |
| --- | --- | --- |
| | Lacumin | Placebo |
| Gebessert . . . . . . . . | 8 | 32 |
| Verschlechtert . . . . . . | 34 | 2 |
| Unbeeinflußt . . . . . . | 6 | 14 |
| | Subjektive Beurteilung des Behandlungserfolges nach | |
| | Lacumin | Placebo |
| Nur Nebenwirkungen . . . | 8 | 0 |
| Gebessert . . . . . . . . | 13 | 35 |
| Verschlechtert . . . . . . | 47 | 2 |
| Unbeeinflußt . . . . . . | 15 | 18 |

weichungen von der Norm. Pacatal (Lacumin) sowie Kombinationen von Pacatal mit Allyl-Propymal oder Dolantin und physiologische Kochsalzlösungen lassen alle diese Funktionen unbeeinflußt[1]).

## 2.8 *Reserpin und andere Rauwolfia-Alkaloide*

Die Beurteilung der therapeutischen Wirkung der Rauwolfia-Alkaloide stößt bei der Behandlung von Psychosen auf die gleichen Schwierigkeiten wie die des Chlorpromazins, da das Patientenmaterial weder nach Dosierung noch nach Behandlungsdauer übereinstimmend angegangen werden kann und die Beurteilungskriterien von den verschiedenen Untersuchern nicht gleichartig gehandhabt werden. Es finden sich daher neben günstig lautenden Angaben, die über hohe Besserungsquoten berichten, nahezu ebenso viele Beobachtungen, in denen die Erfolge der Rauwolfia-Alkaloide als mäßig oder negativ bezeichnet werden.

Hohe Erfolgsquoten bei der Behandlung von Psychosen mit Reserpin finden sich beispielsweise bei NOCE et al[2]), die in 80% ihrer Fälle gute Resultate erzielten. Ebenso sahen BARSA und KLINE[3]) bei 86% von 200 Patienten gute Reserpineffekte, die in 71% über die Erfolge mit Elektroschock hinausgingen. Der Prozentsatz der erheblich gebesserten Fälle belief sich allerdings nur auf 22%, der Rest zeigte mäßige oder gute Wirkungen. Von den 41 Personen, die die besten Erfolge aufzuweisen hatten, erlitten 9 nach Beendigung der Reser-

[1]) B. F. HAXHOLDT und A. S. JENSEN, Acta anaesth. scand. *1*, 139 (1957).
[2]) R. H. NOCE, D. B. WILLIAMS und W. RAPAPPORT, J. Amer. med. Ass. *156*, 821 (1954).
[3]) J. A. BARSA und N. S. KLINE, J. Amer. med. Ass. *158*, 110 (1955).

pinbehandlung im Laufe von 8 Wochen einen Rückfall in ihren früheren Krankheitszustand, während bei den übrigen keine erneute Verschlechterung ihres Gesundheitszustandes während einer Beobachtungsdauer von 5 Monaten eintrat.

Ebenso günstige Erfolgsquoten mit Besserungen von 73–100% in verschiedenen Gruppen von Geisteskrankheiten finden sich bei KIRKPATRICK[1]) sowie KLINE und STANLEY[2]), die bei 84% ihrer Fälle Günstiges sahen. Auch HOFFMAN und KOUCHEGUL[3]) geben an, daß sie bei 73% ihrer Fälle mit Reserpin gute Ergebnisse erzielten, während in der Kontrollgruppe, die mit Placebopräparaten behandelt wurde, nur bei 5% ein günstiger Einfluß auf den Krankheitszustand erreicht wurde. Eine merkliche Besserung im Krankheitszustand wurde allerdings bei den mit Reserpin behandelten Patienten nur in 13% beobachtet. Auch bei KIRKPATRICK[1]) liegt die Besserungsquote in der Kontrollgruppe nur bei 8%.

Ähnlich lauten die Angaben von SCHRUT[4]), der an 151 Geisteskranken, meist Schizophrenen, nach $4\frac{1}{2}$ Monate langer täglicher Zufuhr von 3–6 mg Reserpin oral in 60% mäßige bzw. gute Besserungen sah, während die mit Placebo behandelten Patienten nur mit 9% günstig reagierten.

HARE et al.[5]) führten weiterhin einen Wirkungsvergleich zwischen Reserpin (2 mg 3mal täglich), Amylbarbitursäure (0,12 g 3mal täglich) und einem Placebo bei 33 Patienten mit Angstzuständen durch, wobei jedes Mittel eine Woche lang verabreicht wurde. Die Resultate sind in der Tabelle 55 zusammengefaßt und zeigen, daß Reserpin in diesen Versuchen im Vergleich zu Placebo nur etwa gleichartig abschnitt, während Amylbarbitursäure dem Placebo sowie dem Reserpin überlegen war.

Außerdem enthält diese Arbeit Angaben über die Nebenwirkungen von Reserpin, Amylbarbitursäure und Placebo, die zeigen, daß der Hauptanteil der ungünstigen Begleiterscheinungen auf die Reserpintherapie entfällt, daß aber selbst in der Placebobehandlung in der kleinen Gruppe von 33 Patienten noch verhältnismäßig viele Personen Nebenwirkungen aufwiesen (Tabelle 56).

NAIDOO[6]) teilte 80 Patienten, die über lange Jahre an Schizophrenie erkrankt waren, in vier Behandlungsgruppen ein, deren erste eine Scheindroge, die zweite eine Scheindroge+Elektrokrampf-, die dritte Serpasil+Elektrokrampfbehandlung erhielt. Erfolgsmäßig schnitten die Gruppen in steigender Reihenfolge ab, das heißt, die mit Serpasil und Elektroschock behandelten Fälle zeigten die meisten Besserungen.

Bei DAVIES und SHEPHERD[7]) zeigten von 54 Patienten, deren eine Hälfte 2mal täglich 0,5 mg Reserpin und deren andere Hälfte Placebo erhielt, unter der Serpasilmedikation mehr gute Remissionen als die mit Placebo be-

---

[1]) W. L. KIRKPATRICK und F. SANDERS, Ann. N. Y. Acad. Sci. *61*, 123 (1955).
[2]) N. S. KLINE und A. M. STANLEY, Ann. N. Y. Acad. Sci. *61*, 85 (1955).
[3]) J. L. HOFFMAN und L. KOUCHEGUL, Ann. N. Y. Acad. Sci. *61*, 144 (1955).
[4]) A. H. SCHRUT, J. nerv. ment. Dis. *122*, 513 (1955).
[5]) E. H. HARE, C. P. SEAGER und A. LEITCH, Lancet *1956*, 545.
[6]) D. NAIDOO, J. nerv. ment. Dis. *123*, 1 (1956).
[7]) D. L. DAVIES und M. SHEPHERD, Lancet *1955*, II, 117.

H. Haas

Tabelle 55

| Vergleichende Beurteilung | 1 besser als 2 | 1 = 2 | 1 schlechter als 2 |
|---|---|---|---|
| 1 2 | | | |
| Reserpin / Placebo . . . . . . | 45% | 10% | 45% |
| Amylbarbitursäure/Placebo . . . . . . | 82% | 3% | 15% |
| Amylbarbitursäure/Reserpin . . . . . | 76% | 3% | 21% |

Tabelle 56
*Nebenwirkung in Prozent unter der Behandlung mit Reserpin, Amylbarbitursäure und Placebo*

| | Reserpin | Amylbarbitursäure | Placebo |
|---|---|---|---|
| Schläfrigkeit . . . . . . . . . . . . | 33 | 21 | 9 |
| Schwindel . . . . . . . . . . . . | 24 | 18 | 12 |
| Schnupfen . . . . . . . . . | 18 | – | – |
| Schwellung der Knöchelgegend . . . . | 6 | 3 | 3 |
| Appetitzunahme . . . . . . . . . . . | 6 | – | 3 |
| Dyspnoe . . . . . . . . . . . | 6 | 3 | 3 |
| | 3 | – | – |
| | 6 | 3 | 6 |

handelte Gruppe. In der Tabelle 57 sind die Zahlenangaben im einzelnen aufgeteilt nach dem Grad der Verbesserung bzw. Verschlechterung des Krankheitszustandes, wobei das Urteil des Arztes und das eigene Urteil der Patienten
vergleichend zugrunde gelegt wurde.

Ähnliche Erfolgsquoten erzielten CAMPDEN-MAIN und WEGIELSKI[1]) im doppelten Blindversuch bei der Behandlung ihrer Patienten mit Reserpindosen
von 1–5 mg über 8 Wochen p.o. zugeführt bzw. Placebotabletten. Bei 21 Personen, die Reserpin erhielten, wurden in 67% günstige Ergebnisse gesehen.
Allerdings wurde nur bei 9% der Patienten ein voller Besserungserfolg erzielt.
Von 20 Placebobehandelten reagierten 33% mit Besserung und 5% mit bester
Wirkung.

Nicht so günstig lauten die Ergebnisse bei SWENSON[2]), der im doppelten
Blindversuch an 50 chronischen Geisteskranken, die nach psychisch experimen-
teller Untersuchung über einen Zeitraum von 3 Jahren als besonders agressiv
bekannt waren, Serpasil und Placebo vergleichend testete. Jede der beiden
Behandlungsgruppen umfaßte 25 Personen. An Reserpin wurden in den ersten
beiden Monaten täglich 2mal 1 mg und in den anschließenden 3 Monaten täg-

---

[1]) B. C. CAMPDEN-MAIN und Z. WEGIELSKI, Ann. N. Y. Acad. Sci. *61*, 117 (1955).
[2]) W. M. SWENSON, S. GISLASON und D. E. ANDERSON, Arch. Neurol. Psychiat. *76*, 60 (1956).

Tabelle 57

| Behandlungsart | Urteilsfindung | Prozent Besserung | | | Prozent Verschlechterung | |
|---|---|---|---|---|---|---|
| | | gut | mäßig | 0 | mäßig | stark |
| Reserpin | Ärztliche Beobachtung | 36 | 29 | 32 | 0 | 3 |
| | Aussage der Patienten | 36 | 36 | 28 | 0 | 0 |
| Placebo | Ärztliche Beobachtung | 8 | 27 | 61 | 4 | 0 |
| | Aussage der Patienten | 12 | 38 | 38 | 12 | 0 |

lich 2mal 2 mg verabreicht. Während dieser Behandlungsdauer wurden die Patienten wöchentlich durch Verhaltensteste und zu Beginn und Ende der Therapie noch zusätzlich psychisch-experimentell überprüft (L. M. Fergus Falls Test, Lorr-Jenkins Test), wobei den Untersuchern die Zugehörigkeit der Patienten zur Versuchs- oder Kontrollgruppe nicht bekannt war. Trotzdem fand sich im Endergebnis nur eine ganz geringfügige, praktisch zu vernachläßigende Wirkung des Reserpins im Sinne einer Dämpfung der Aktivität und eine Besserung der Mitarbeit, die am deutlichsten bei Kranken mit ausgeprägter Agressivität zu verzeichnen war. Außerdem ließ sich regelmäßig zu Anfang der Behandlung in beiden Gruppen eine Verschlechterung der Krankheitssymptome feststellen, die bei der placebobehandelten Gruppe am stärksten in Erscheinung trat.

Auch FINN[1]) hat in einer Gemeinschaftsarbeit von Psychiatern und Psychologen versucht, durch verschiedene Testmethoden die Serpasilwirkung bei chronisch Schizophrenen möglichst exakt zu erfassen und statistisch auszuwerten. Dazu wurden zwei Gruppen von je 11 Patienten ausgewählt, deren Krankheit durchschnittlich bereits $13^1/_2$ Jahre bestand und die etwa 9 Jahre lang in Krankenhäusern behandelt wurden. Bei der ersten Gruppe wurden nach einer 12wöchigen Serpasilbehandlung 8 Wochen lang Placebotabletten verabreicht. Bei der zweiten Gruppe wurde umgekehrt in den ersten 8 Wochen Placebo gegeben und dann über 12 Wochen lang die Serpasilbehandlung angeschlossen. Die Testmethoden bestanden im Wechsler-Bellevue-Test, im Rorschach-Test und in einem myokinetischen Test nach MIRA Y LOPEZ. Diese Tests konnten jedoch nicht bei allen Kranken gleichmäßig durchgeführt werden, so daß der eine Patient in seinem psychischen Verhalten auf Grund der einen Methode und ein anderer nach anderen Maßstäben beurteilt werden mußte. Da es nach der Auffassung der Autoren gegenwärtig keine psychologische Testmethode gibt, die in befriedigender Weise eine quantitative Auswertung der Psyche bei psychologisch erkrankten Patienten gestattet, meinen sie, daß das Urteil durch dieses Vorgehen nicht eingeschränkt werde. Das Gesamtergebnis bestand darin, daß die psychologische Grundstörung durch Reserpin nicht beeinflußbar ist. Reserpin hat indes eine gute symptomatisch-

---

[1]) M. H. P. FINN, F. NADOLSKI, W. GUY und M. GROSS, J. nerv. ment. Dis. *122*, 458 (1955).

therapeutische Wirkung, die sich in Form einer affektiven Auflockerung, einer psychomotorischen Entspannung sowie in der Zurückdrängung halluzinatorischer und paranoider Erlebnisse zeigt. Dieser Effekt ist allerdings nicht signifikant unterscheidbar von den Placebowirkungen. So zeigten bei der Gesamtzahl von 22 Patienten, von denen nur 11 Serpasil erhielten, 18 eine deutliche, 9 sogar eine sehr wesentliche Besserung, während nur 3 Patienten unbeeinflußt blieben und einer verschlechtert wurde. Die spezielle Form der schizophrenen Störung sowie Alter, Dauer der Krankheit und Dauer der Krankheitsbehandlung erwiesen sich ebenfalls ohne Bedeutung. Auch die Höhe der Dosierung war für den Erfolg nicht entscheidend. Bei langsamer Steigerung der Dosierung ließ sich lediglich erreichen, daß die Nebenerscheinungen geringer auftraten.

SOMMERNESS[1]) faßte 90 schwere chronische Psychosen gemeinsam auf einer Abteilung zusammen und gab 30 von ihnen 12 Wochen lang pro Tag 1 mg Reserpin p.o. 30 andere Patienten erhielten Placebotabletten, und die restlichen 30 wurden nicht medikamentös behandelt. Registriert wurden das psychische Verhalten, der Blutdruck und das Gewicht. Der Beobachtungszeitraum umfaßte außer 4 Wochen vor dem Einsetzen der Medikation noch 4 Wochen nach deren Ende. Das Ergebnis verlief negativ für Reserpin in Hinsicht auf den psychischen Zustand der Patienten, der in allen Fällen unverändert blieb. Hingegen schien sich die intensive Beschäftigung des ärztlichen und des Pflegepersonals durch die häufigeren körperlichen Untersuchungen, Blutdruckmessungen und den innigeren Kontakt günstig auf den Allgemeinzustand auszuwirken. Ein eindeutiger Unterschied zwischen den mit Reserpin oder Placebo behandelten Patienten ließ sich für den Blutdruckabfall und eine geringe Gewichtszunahme feststellen.

Auch ARNOLD[2]) sah keinen Unterschied bei 28 chronisch gestörten psychotischen Frauen zwischen einer mit Reserpin (bis 8 mg täglich) und einer mit Placebo behandelten Gruppe. Mittels psychologischer Teste konnte bei Patienten, die mit höheren Reserpindosen behandelt waren, lediglich eine signifikante Besserung im Vergleich zu Placebo in der Geselligkeit und Kontaktfähigkeit beobachtet werden. Die Stärke und Dauer der erzielten Besserung wiesen jedoch große Schwankungen auf. 15 Wochen nach Beendigung der Behandlung waren alle günstigen therapeutischen Effekte verschwunden.

COWDEN[3]) studierte an 32 Schizophrenen, die er in vier gleiche Gruppen einteilte, den Einfluß von Reserpin (4 mg täglich allein gegeben) im Vergleich zu der Wirkung von Reserpin in Kombination mit Psychotherapie. Daneben wurde ein Placebo mit und ohne Verbindung von psychotherapeutischen Maßnahmen getestet. Der Reserpineffekt stieg deutlich bei gleichzeitiger psychotherapeutischer Behandlung an. Insbesondere wurde die Erregbarkeit der Patienten auf diese Weise erheblich gemindert. Die psychologischen Teste (Bender Gestalt, Eigenaufzeichnungen der Patienten, Satzvervollständigungsteste

[1]) M. D. SOMMERNESS, R. J. LUCERN, J. S. HAMLON, J. L. ERICHSON und R. MATTHEWS, Arch. Neurol. 74, 316 (1955).
[2]) A. L. ARNOLD und M. FREEMAN, Arch. Neurol. Psychiat. 76, 281 (1956).
[3]) R. C. COWDEN, M. ZAX und J. A. SPROLES, Arch. Neurol. Psychiat. 74, 518 (1955).

und ähnliches) wiesen indes unter Reserpineinfluß keinen Unterschied zu den placebobehandelten Patienten auf. Der eigentliche Krankheitsprozeß wird demnach nicht beeinflußt, höchstens nehmen bestimmte Manifestationen des Krankheitsgeschehens etwas ab.

Bei 14 psychiatrischen Patienten erzielten MEATH et al.[1]) nur 2mal mit Reserpin einen Behandlungserfolg, während Placebo, über die gleiche Zeit von 12 Wochen verabreicht, ohne Wirkung blieb.

PENMAN[2]) fand ebenfalls keinen signifikanten Unterschied bei chronischen Schizophrenien, gleichgültig ob diese über 3 Monate lang 4–8 mg täglich Reserpin p.o. oder Placebo erhielten bzw. ob sie unbehandelt blieben.

Bei 18 Parkinsonkranken, die mit einer Kombination von 25 mg Serpasil und 5 mg Ritalin behandelt wurden, erzielte LAPINSOHN[3]) eine merkliche Besserung der subjektiven und objektiven Beschwerden. Die Placeboversuche verliefen dagegen negativ. Unter der medikamentösen Behandlung wurde vor allem ein Nachlassen des Tremors, des Rigors, der Verstimmungszustände, der Depressionen, der Scheinanfälle sowie des Speichelflußes erreicht. Als Nebenwirkungen traten während der Medikation vereinzelt Brechreiz und Behinderung der Nasenatmung ein. Diese Erscheinungen hörten mit dem Absetzen des Medikamentes bzw. mit der Erniedrigung der täglichen Dosis auf. Es dauerte im allgemeinen eine gewisse Zeit, bis die Besserung eintrat. Meist waren erst nach 7–10 Tagen Effekte der Medikation zu sehen.

WELLS[4]) berichtet über 145 chronische Alkoholiker, von denen 112 mit 0,25–0,5 mg Reserpin oral 2mal täglich behandelt wurden und in 71% Besserung zeigten, während von 33 mit Placebo Behandelten nur 13% ähnlich reagierten. Aus der Arbeit ist jedoch zu entnehmen, daß beide Gruppen zeitweise Chlorpromazin und Antabus erhielten, so daß die Differenz der Erfolgsquoten nicht einwandfrei zu bewerten ist.

Ferner wurden von FERGUSON[5]) vergleichend Reserpin und Placebo an zwei Gruppen mit je 20 Patienten untersucht, die an einer Neurose litten. Die Dosen betrugen: in der 1. Woche 1 mg, in der 2. Woche 2 mg, in der 3. Woche 3 mg täglich. Von der 4. Woche an wurde wieder auf 1 mg zurückgegangen. Bewertet wurden insgesamt 18 verschiedene Symptome: Schlaflosigkeit, Appetitlosigkeit, Unruhe, Konzentrationsschwäche, Phobien, Depressionen, Weinkrämpfe, Panikgefühle, Kopfschmerzen, Tremor, Benommenheit, Herzklopfen, Dyspnoe, Harndrang, Diarrhoe, Erbrechen, Spannungsgefühle, Schwermut. Wenn jedes dieser Symptome vorhanden war, ergab sich eine maximale Bewertungsziffer von 18. Es fanden sich bei den reserpinbehandelten Patienten bzw. in der Kontrollgruppe im Mittel die Zahlenwerte der Tabelle 58.

Die Unterschiede zwischen der Placebo- und der behandelten Gruppe sind bei statistischer Auswertung nicht signifikant different. Außerdem wurden

---

[1]) J. A. MEATH, T. M. FELDBERG, D. ROSENTHAL und J. D. FRANK, Arch. Neurol. Psychiat. 76, 207 (1956).

[2]) A. S. PENMAN und T. E. DREDGE, Amer. med .Ass. Arch. Neurol. Psychiat. 76, 42 (1956).

[3]) L. J. LAPINSOHN, Dis. nerv. System 17, 363 (1956).

[4]) R. E. WELLS, J. Amer. med. Ass. 163, 426 (1957).

[5]) R. S. FERGUSON, J. ment. Sci. 102, 30 (1956).

einige objektive Teste ausgeführt. Hierbei wurde mit einem EEG-Gerät ein Elektroencephalogramm aufgenommen. Mit einer anderen Ableitung wurde ein Potential der Nackenmuskulatur registriert. Der 3. Kanal wurde für ein EKG benutzt. Mit einem 4. wurde die Fingerbewegung gemessen, und in einem 5. Kanal wurde die Atemmuskulatur registriert. Daneben wurde die Puls-frequenz und das Verhalten des Blutdrucks überprüft. Wenn man diese Funk-tionsänderungen insgesamt betrachtet, so ergibt sich ebenfalls kein Unter-schied zwischen der Kontrollgruppe und den Patienten, die Reserpin erhielten. Auch in den einzelnen Testen gab es nie signifikante Differenzen.

Auf Grund des klinischen Befundes konnten 14 von den 20 mit Reserpin behandelten Kranken als gebessert bezeichnet werden; 5 blieben unbeeinflußt, in einem Falle verschlechterte sich das Krankheitsbild. In der Kontrollgruppe zeigten 8 Kranke Besserungen, bei 11 blieb der Krankheitsstatus unverändert, 1 Patient verschlechterte sich.

Tabelle 58
*Mittlere Bewertungsziffern*

| Zahl der Patienten | Vorperiode | Nach Reserpin | Nach Placebo |
|---|---|---|---|
| 20 | 10,4 | 6,9 | |
| 20 | 10,6 | | 9,0 |

Für die Rauwolfia-Alkaloide liegen zudem eine Reihe von Ergebnissen vor, die sich mit seiner Wirkung bei der Behandlung der Hypertonie beschäftigen. So hat KROGSGAARD[1]) im doppelten Blindversuch den hypotensiven Effekt von Reserpin (1–2 mg täglich), Phenobarbital (80 mg täglich) sowie Placebo bei 26 Patienten mit benigner, essentieller Hypertonie während einer 8–9 Wochen dauernden ambulanten Behandlung verglichen. Die durchschnittliche Blutdrucksenkung betrug gegenüber der 7wöchigen Kontrollperiode nach Reser-pin 17 mm Hg und nach Phenobarbital 7 mm Hg. Dieser Unterschied konnte statistisch gesichert werden. Nach Gaben von Placebo fiel der mittlere Blut-druck ebenfalls um 7 mm Hg. Eine Blutdrucksenkung durch Phenobarbital konnte demnach nicht abgewiesen werden. Ein Blutdruckabfall über 20 mm Hg trat nach Reserpin nur bei 25% der Patienten auf. Nach Phenobarbital oder Placebo war er bei keinem Patienten zu beobachten. Auch die subjektiven Beschwerden wurden durch Reserpin besser als durch Phenobarbital oder Placebo beeinflußt.

Ebenso konnten GRONBACK und THOMSON[2]) bei der Behandlung von 20 Hochdruckpatienten mit Serpasil 15mal einen blutdrucksenkenden Effekt fest-stellen, nur bei 6 Patienten ließen sich allerdings zufriedenstellende Werte er-reichen. 2 Fälle blieben unter Placebomedikation unbeeinflußt.

---

[1]) A. R. KROGSGAARD, Acta med. scand. *157*, 379 (1957).
[2]) P. GRONBACK und A. CH. THOMSON, Ugeskr. Laeg. *1955*, 575.

Von KROGSGAARD[1]) existiert eine weitere Arbeit über 21 Fälle von essentieller Hypertonie, die nach einer Kontrollperiode von 7 Wochen mit Reserpin in Dosen bis 2 mg täglich bzw. mit 10 mg Phenemal bzw. Placebo behandelt wurden. Alle Patienten erhielten in Behandlungsperioden von 8–9 Wochen jede dieser Prüfsubstanzen in einer wechselnden Reihenfolge. In der Vorbeobachtungsperiode blieb die Blutdruckhöhe unverändert. Nach Reserpin war ein Abfall von durchschnittlich 19 mm Hg, nach Phenemal von 11 mm Hg und nach Placebo von 12 mm Hg im Mittel zu verzeichnen. Die gefundenen Unterschiede sind nicht ausreichend, um die Wirksamkeit eines dieser Medikamente gegenüber dem Placeboeffekt zu erhärten. Bei einer größeren Patientenzahl traten Nebenwirkungen auf, die sich im einzelnen auf folgende Symptome verteilen:

Tabelle 59

*Nebenwirkungen bei 21 Patienten nach Reserpin, Phenemal und Placebo*

| Symptome | Reserpin | Phenemal | Placebo |
|---|---|---|---|
| Müdigkeit . . . . . . . . | 12 | 5 | 4 |
| Nasenbeschwerden . . . . | 12 | 4 | 2 |
| Gewichtsanstieg . . . . . | 9 | 0 | 0 |
| Vermehrter Stuhlgang . . | 4 | 3 | 2 |
| Cardialgie . . . . . . . . | 2 | 1 | 1 |
| Ödeme . . . . . . . . . | 1 | 0 | 0 |
| Depression . . . . . . . | 1 | 0 | 0 |
| Dösigkeit . . . . . . . . | 4 | 2 | 2 |
| Exantheme . . . . . . . | 0 | 0 | 1 |
| Gesamtzahl der Patienten mit Nebenwirkungen . . . | 18 | 11 | 9 |

Nach einer zweiwöchigen einleitenden stationären Kontrollzeit hat FORD et al.[2]) 24 männliche Hypertoniker mit einer durchschnittlichen Blutdruckhöhe von 198/22 mm Hg mit Reserpin (durchschnittlich 6 mg) bzw. mit einem Placebo behandelt. Nach der i.m.-Injektion des Placebo wurde kein Blutdruckabfall beobachtet, auf Reserpin erfolgte eine Blutdrucksenkung von etwa 15 h Dauer. Die einzige Nebenwirkung bestand in einer leichten Somnolenz. Rescinamin in Dosen von durchschnittlich 10 mg zeigte ähnliche Wirkungen auch hinsichtlich der Nebenerscheinungen. Serpentin und Deserpentin in Gaben von durchschnittlich 18 bzw. 16 mg senkten den Blutdruck nur gering und setzten starke Nebenwirkungen in Form von Nausea, Vertigo und Desorientierung.

McGREGOR und SEGEL[3]) behandelten 19 essentielle Hypertonien mit Raudixin oder Serpasil. Zur Beurteilung des Behandlungserfolges dienten ihnen

---

[1]) A. R. KROGSGAARD, Ugskr. Laeger. *118*, 1164 (1956).
[2]) R. V. FORD, R. E. BORRESON, G. R. LINDLEY und J. H. MOYER, J. Pharm. *120*, 247 (1957).
[3]) M. McGREGOR und N. SEGEL, Brit. Heart. J. *17*, 391 (1957).

die klinischen Beobachtungen, Augenhintergrundsuntersuchungen, das EKG sowie der Rest N im Blut und die Konzentrationsfähigkeit der Niere. 16 von diesen Patienten reagierten mit einer Blutdrucksenkung, und 10 der Fälle wurden wesentlich gebessert. Auch nach Placebotabletten traten ähnliche Besserungen auf und sogar Nebenerscheinungen in Form von Dyspnoe. Unter der Rauwolfiabehandlung waren die Nebenerscheinungen häufiger, so daß 16 Patienten mit Brechreiz, Schlaflosigkeit, Depression oder Appetitlosigkeit reagierten.

WILKINS[1]) gab im Anschluß an eine Vorbeobachtungsperiode von mehreren Wochen seinen Patienten Placebo, Phenobarbital bzw. Rauwolfiaextrakte für mehrere Wochen in der gleichen Pillenform. Bei 39 Patienten betrug der Blutdruck vor der Behandlung 192/112 mm Hg. Die Pulsfrequenz lag im Durchschnitt bei 82 Schlägen/min. Nach der Behandlung mit Rauwolfiarohextrakt waren der Blutdruck auf 165/95 mm Hg und die Pulsfrequenz auf 70/min im Mittel herabgesetzt. Bei 27 Patienten, die Placebo erhielten, lagen die Mittelwerte für den Blutdruck vor der Behandlung bei 196/115 mm Hg und für den Puls bei 84/min. Während der Behandlung wurden als Blutdruckwerte 186/11 mm Hg gemessen, für die Pulsfrequenz 84/min. Weiteren 58 Patienten wurde das reine Alkaloid Reserpin gegeben, das den Blutdruck von 191/109 mm Hg auf 167/94 und die Pulsfrequenz von 85 auf 75/min senkte. Für den Rohextrakt und das Reinalkaloid wurden demnach identische Wirkungen gesehen, die über den Effekt der Placebobehandlung hinausgingen. Die Erfolge hielten sich jedoch in mäßigen Grenzen.

Zu den gleichen Ergebnissen kamen WILKINS et al.[2]) an 100 Hypertonikern, bei denen wiederum die Gesamtdroge als Extrakt sowie das Reinalkaloid Reserpin in Dosen von 0,1–1 mg/Tag in Kontrolle mit Leertabletten geprüft wurde.

Weiterhin studierte STONEHILL[3]) bei 17 Hypertonien im Vergleich die Wirkung von Rauwolfia allein sowie in Kombination mit Rutin und Mannit-Hexanitrat unter Einschaltung von Kontrollperioden mit Leertabletten. Die Untersuchungen erstreckten sich über 1 Jahr, und jedes Medikament wurde über 6 Monate verabfolgt. In der Kombination fiel der blutdrucksenkende Effekt etwas stärker für Rauwolfia aus. Auch mit Hilfe der Leertabletten wurde der Blutdruck durchschnittlich um die Hälfte gesenkt.

Perioden mit Leertabletten wurden auch von LEE et al. bei der Behandlung von Hypertonikern eingeschaltet, bei denen der Hochdruck mindestens 3 Jahre bestand und die mit Serpasil bis 1,5 mg täglich oder mit einer Kombination von Reserpin bis 1,2 mg täglich und Hydralazin bis 300 mg täglich behandelt wurden. Es war dem Arzt wie dem Patienten nicht bekannt, welche Art von Tabletten verabreicht wurden. Nach Reserpin trat bei 12 Fällen in 60% ein Blutdruckabfall ein, der im Durchschnitt 20/15 mm Hg betrug. Nach den Leertabletten stieg der Blutdruck um 8/4 mm Hg an. Die Kombination von Reserpin und Hydralazin rief etwas stärkeren Blutdruckabfall hervor.

[1]) R. W. WILKINS, Amer. J. Med. 17, 703 (1954).
[2]) R. W. WILKINS, W. E. JUDSON, R. W. STONE, W. HOLLANDER, W. E. HUCKABEE und J. H. FRIEDMAN, New England, J. Med. 250, 477 (1954).
[3]) S. STONEHILL, Arch. Int. Med. 97, 189 (1956).

Einen doppelten Blindversuch mit Reserpin bei 25 Patienten mit Hypertonie führten außerdem BELLO und TURNER[1]) durch. Auch sie fanden keinen signifikanten Einfluß von Reserpin auf Puls und Blutdruck, obwohl sie bei etwa zwei Dritteln der Patienten Nebenwirkungen beobachteten.

Schließlich verglichen SHAPIRO und TENG[2]) bei 144 Patienten mit Hypertension in drei Gruppen mit je 48 Patienten Rauwiloid, Pentobarbital und Placebo. Die Besserungsquote lag nach Rauwiloid genau so hoch wie nach Placebo, indem jeweils ein Drittel der Patienten mit Blutdrucksenkungen ansprach. Nach Pentobarbital zeigte die Hälfte der so behandelten Patienten in gleichem Umfang Senkungen des Blutdrucks. Keine Unterschiede ließen sich in der Beeinflußung der subjektiven Merkmale, wie Kopfschmerzen, nachweisen. Nebenwirkungen wurden nach Placebogabe in 30%, nach Rauwiloid in 62% und nach Phenobarbital in 43% gesehen.

Tabelle 60

| Präparat | % der gesamten Beobachtungstage, an denen die Herzschmerzen | | | |
|---|---|---|---|---|
| | zunahmen | abnahmen | verschwanden | unbeeinflußt blieben |
| ·Rauwiloid . . . . . . . | 15 | 11 | 37 | 37 |
| Placebo . . . . . . . . . | 16 | 9 | 31 | 44 |

LEWIS et al.[3]) verfügen über ein Material von 50 Patienten mit Hypertension, Angina pectoris, Menière sowie Kopfschmerzen, sowie weiteren 50 Personen mit psychotischen Symptomen in Form von Angst, Depression, Hypochondrie bzw. Hysterie, die sie mit 4 mg Alseroxylon (Fraktion der *Rauwolfia serpentaria*) alternierend mit Placebo behandelten. Außerdem wurden an 10 normalen Versuchspersonen die gleichen Untersuchungen durchgeführt. Von 15 Patienten mit Angina pectoris wurden 3 durch Alseroxylon gebessert und durch Placebo verschlechtert.

9 andere Patienten sprachen gut auf Alseroxylon an und blieben bei der Umstellung auf Placebo unverändert. 2 wurden durch Alseroxylon nicht beeinflußt. Das gleiche gilt für Placebo. 1 Patient reagierte auf Alseroxylon mit einer Verschlechterung seines Krankheitszustandes. Wenn man bei den Angina-pectoris-Anfällen die Beobachtungstage zugrunde legt, an denen die Herzbeschwerden günstig oder ungünstig beeinflußt wurden, so ergibt sich beim Vergleich der Rauwolfiatherapie mit der Placeboverabfolgung praktisch kein Unterschied, wie aus Tabelle 60 zu ersehen ist:

---

[1]) C. T. BELLO und L. W. TURNER, Amer. J. med. Sci. *232*, 194 (1956).

[2]) A. P. SHAPIRO und H. C. TENG, New Engl. J. Med. *256*, 970 (1957).

[3]) B. J. LEWIS, R. J. LUBIN, L. E. JANUARY und J. B. WILD, J. Amer. med. Ass. *160*, 622 (1956).

Von den Personen mit psychotischen Symptomen wurden durch Alseroxylon 15 gebessert. 7 davon erlitten einen Rückfall bei der Umschaltung auf Placebo, in 8 Fällen blieb der Zustand bleibend gut, auch wenn Placebo gegeben wurde. Unwirksam erwies sich die Medikation bei den depressiven, hypochondrischen und hysterischen Personen.

FRIEDMAN[1]) hat für Kopfschmerzen auf der Basis einer Hypertension bei der Verabreichung von Reserpin in täglichen Gaben von durchschnittlich 7,5 mg in 55% gute Erfolge gesehen. Bei der Zufuhr von Placebo lag die Besserungsquote indes noch höher. 62% der Patienten verspürten eine Minderung ihrer Kopfbeschwerden.

REIN und GOODMAN[2]) gaben 60 Fällen verschiedener Dermatosen mit Juckreiz, bei denen psycho-genetische Faktoren ursächlich bedeutsam schienen, täglich 4mal 0,2 mg Reserpin p.o. über 1 Monat lang. Anschließend erhielt die Hälfte des gleichen Patientenmaterials über einen weiteren Monat eine Scheinmedikation. Fast alle Patienten gaben 2–4 Tage nach dem Beginn der Behandlung eine gewisse Schläfrigkeit und Müdigkeit an, die sich nach der zweiten Woche wieder verlor. 40 Personen erfuhren eine deutliche Beruhigung und ein Nachlassen der inneren Spannungen. Blutdruck und Puls waren praktisch nicht verändert. 5 weitere Patienten mit Hyperhydrosis sprachen ebenfalls auf die gleiche Therapie nach 2 Wochen gut an. Als Nebenwirkungen wurden notiert: Nasenbluten, gesteigerter Appetit, Nykturie. Stärkere Nebenwirkungen waren in 5 Fällen erhebliche Schläfrigkeit, in 2 Fällen mit Asthma in der Vorgeschichte Dyspnoe. Dazu traten zweimal Übelkeit und in einem Fall ein Depressionszustand auf. Alle diese Symptome verschwanden jedoch prompt nach dem Absetzen des Mittels. Alle diese Fälle mit Nebenwirkungen sind in der Zahl der genannten 60 Patienten nicht inbegriffen. Von den 30 scheinbehandelten Patienten bemerkten 22 ein plötzliches Nachlassen der Wirkung, obwohl die Umstellung auf Placebo für sie unkenntlich vorgenommen wurde.

CLARK und SCHNEIDER[3]) untersuchten schließlich die Wirkung von Reserpin bei intravenöser Zufuhr auf die Magensekretion an 24 Patienten, von denen 11 mittels einer Placeboinjektion behandelt wurden. Nach Reserpin trat eine deutliche Zunahme der Magenacidität innerhalb 30 min ein, die mindestens 4 h anhielt. Die Placeboinjektionen blieben dagegen wirkungslos. Die Größe der Aziditätszunahme war nicht beeinflußt durch den Grad der Basalazidität oder durch das Vorhandensein eines peptischen Ulcus.

Atropin, Adrenalin, Methantelin sowie Vagotomie (bei 2 Patienten) wirkten gegen Reserpin nicht antagonistisch. Oral verabfolgt, steigerten erst Reserpingaben ab 2,5 mg die Sekretion. Bei gesunden Personen waren kleinere Dosen von 1 mg Reserpin pro Tag bzw. von 200 mg *Rauwolfia serpentina* unwirksam, auch wenn man sie 14 Tage lang verabreichte. Ebenso wie die Magensekretion wurde auch die Uropepsinausscheidung im Harn nicht verändert. An 21 Ulcuspatienten übten die gleichen Mengen *Rauwolfia serpentina* bzw. 4mal 30 mg

[1]) A. P. FRIEDMAN, Ann. N. Y. Acad. Sci. *61*, 276 (1955).
[2]) CH. R. REIN und J. J. GOODMAN, Arch. Dermat. *70*, 713 (1954).
[3]) E. M. SCHNEIDER und M. L. CLARK, Ann. intern. Med. *47*, 640 (1957).

Phenobarbital täglich keinen besseren therapeutischen Effekt als die Eingabe eines äußerlich gleich aussehenden Placebo aus. Wenn auch kein direkter Beweis für eine ulcusfördernde Wirkung der Rauwolfia-Alkaloide vorliegt, so wird es nach der Ansicht der Verfasser trotzdem ratsam sein, bei der Behandlung von Ulcuskranken mit der Behandlung von Rauwolfiapräparaten Vorsicht walten zu lassen.

Ein weiterer Versuch von KROGSGAARD[1]) besagt wiederum, daß Reserpin die Magensekretion und Azidität deutlich steigert. Im Vergleich zu Placebo liegt der Anstieg der Magensaftmenge unter Reserpin mit seinem Maximum in der Zeit von 2–3 h nach der Applikation, und er beträgt mehr als das Doppelte der normalen Werte. Atropin hat keinen hemmenden Einfluß. In den Placeboversuchen erfolgt keine Veränderung weder der Magensaftmenge noch der Aziditätswerte.

## 2.9 Psychosedativa

*Meprobamat:* (Miltown) SELLING und ORLANDO[2]) fanden unter dem Einfluß von Meprobamat, beginnend mit einer Dosis von 400 mg 4mal täglich p.o. und langsamer Minderung der Gaben innerhalb von 6 Wochen, an 187 Psychoneurotikern einen günstigen Einfluß in 81,3%. Von 19 Patienten, die zuvor Phenobarbital erhalten hatten, zogen 9 dieses dem Miltown vor. 2 andere, denen Phenobarbital anstelle von Miltown gegeben wurde, da sie während der Einnahme dieser Substanz schläfrig wurden, verlangten nach kurzer Zeit, daß man sie wieder auf Miltown umstelle. 16 Patienten wurden nach Miltowngabe mit Placebo behandelt. Sie erlitten bereits innerhalb der ersten Woche nach der Umstellung einen Rückfall in die alten Krankheitssymptome, so daß sie dringend nach Miltown verlangten. Eine Gewöhnung an Miltown wurde nicht gesehen, so daß, auch über längere Zeit verabreicht, keine Erhöhung der Dosierung notwendig war.

Ferner wurde an 191 hospitalisierten Patienten mit chronischen Geistesstörungen, von denen 111 an Schizophrenie litten und die anderen verschiedenartigen Krankheitsgruppen zugehörten, die Wirkung von Meprobamat studiert. Der Prozentsatz der Gebesserten betrug im Durchschnitt für alle Krankheitsgruppen 46%. Zusätzlich wurde im doppelten Blindversuch Meprobamat in zwei Versuchsreihen im Vergleich mit Placebo getestet. In einer 1. Versuchsreihe standen zum Vergleich 27 Fälle von Schizophrenie, von denen 12 mit aufsteigenden Dosen von Meprobamat (1600–4800 mg täglich) über 21 Tage lang behandelt wurden. 7 von diesen 12 wurden erheblich gebessert. Dem steht ein positiver Placeboeffekt an 2 von 15 Patienten gegenüber. In einer zweiten Gruppe von 24 Patienten mit verschiedenartigen Krankheitsbildern sprachen 11 auf Meprobamat in Gaben von 3200 mg täglich an, 3 weitere wurden durch Placebo gebessert. Eine andere Gruppe von 3 Patienten sprach sowohl günstig

[1]) A. R. KROGSGAARD, Acta med. scand. *158*, 1 (1957).
[2]) L. S. SELLING und P. H. ORLANDO, J. Amer. med. Ass. *157*, 1594 (1955).

auf Meprobamat als auf Placebo an, bei den restlichen 7 blieb der Krankheitszustand unverändert, gleichgültig ob Placebo oder Meprobamat zum Einsatz
gelangten. Gemessen an dem Effekt des Chlorpromazins und Reserpins, ist
Meprobamat am gleichen Krankenmaterial schwächer wirksam[1]).

Nach LAIRD et al.[2]) wurden 8 chronisch Schizophrene in Kontrolle mit 8
anderen, die Placebo erhielten, durch Meprobamat gebessert. Die günstige Beeinflußung bestand in einer Herabsetzung der motorischen Erregungszustände,
der Angstgefühle und Panikzustände. Auch die Spannung und Agressivität
ließen nach.

An 167 Alkoholikern, von denen 101 wegen starker Erregungszustände
hospitalisiert waren, haben GREENBERG et al.[3]) den Effekt von Meprobamat im
Vergleich mit Placebo getestet. Die ambulanten Patienten erhielten täglich
über eine Periode von 3 Wochen 1,6 g, die im Krankenhaus behandelten durchschnittlich 2,4 g täglich. Die Resultate in der Ambulanz sprachen eindeutig
für den Effekt des Meprobamats. Mit Ausnahme der Appetitlosigkeit und der
Trinksucht waren alle Meprobamateffekte statistisch einwandfrei zu sichern.
Auch bei den hospitalisierten Patienten lagen die Erfolge des Meprobamats
eindeutig über denen des Placebo (siehe Tabelle 61).

Ein doppelter Blindversuch mit Meprobamat an nervösen Patienten mit
Angst- und Spannungszuständen liegt von WEST und FERNANDES DA FON-
SECA[4]) vor. Bei 35 Beobachtungen mit Meprobamat waren 21mal günstige
Resultate zu verzeichnen. In der Kontrollreihe mit Placebo wurden 12mal von
insgesamt 36 Beobachtungen Besserungen gesehen. Diese Resultate sind statistisch zu sichern und deuten auf eine Überlegenheit des Meprobamats gegenüber dem Placebo hin. Ein weiterer doppelter Blindversuch, bei dem Meprobamat mit Amylbarbitat an 51 Patienten verglichen wurde, erbrachte keine
Unterschiede zwischen beiden Drogen.

Eine Arbeit von FRIEDMAN[5]) umfaßt 210 Patienten mit Kopfschmerzen
heterogener Genese, die im doppelten Blindtest von fünf verschiedenen Ärzten
auf ihre Arzneimittelempfänglichkeit geprüft wurden. Im einzelnen wurde
Meprobamat getestet, mit einer Anfangsdosis von 400 mg 3mal täglich per os
und einer Vergrößerung der Tagesration im Durchschnitt bis auf 1600 mg.
Maximal wurden vereinzelt sogar 4000 mg täglich gegeben. Die Beurteilung
erfolgte in Form einer Ja-Nein-Fragestellung, indem lediglich die vollständige
Besserung als positiv gewertet wurde. Bei der Migräne betrugen die Erfolge
bei 23 Patienten, die über 6 Monate lang Meprobamat erhielten, 57%. Bei einer
anderen Gruppe von 60 Patienten wurde die Medikation auf 18 Monate ausgedehnt. Die Erfolgsquote lautete 55%. Die entsprechenden Zahlenwerte bei

---

[1]) L. E. HOLLISTER, H. ELKINS, E. G. HILER und R. ST. PIERRE, Ann. N. Y. Acad. Sci. 67,
789 (1957).

[2]) D. M. LAIRD, J. N. ANGELO und J. M. HOPE, Dis. nerv. Syst. 18, 346 (1957).

[3]) L. A. GREENBERG, D. LESTER, A. DORA, R. GREENHOUSE und J. ROSENFELD, Ann. N. Y.
Acad. Sci. 167, 816 (1957).

[4]) E. D. WEST und A. FERNANDES DA FONSECA, Brit. med. J. 1956, II, 1206.

[5]) A. P. FRIEDMAN, Ann. N. Y. Acad. Sci. 67, 822 (1957).

Tabelle 61

| Besserung in Prozent bei ambulant behandelten Patienten | | |
|---|---|---|
| Symptome | Meprobamat | Placebo |
| Psychomotorische Agitation . . . | 82 | 40 |
| Angstgefühle . . . . . . . . . | 88 | 33 |
| Erregungszustände . . . . . . . | 82 | 32 |
| Trinksucht . . . . . . . . . . | 67 | 38 |
| Schlaflosigkeit . . . . . . . . | 89 | 38 |
| Depression . . . . . . . . . . | 85 | 48 |
| Verlangen nach Medikamenten. . | 50 | 10 |
| Appetitlosigkeit . . . . . . . . | 62 | 41 |
| Besserung in Prozent bei hospitalisierten Patienten | | |
| Symptome | Meprobamat | Placebo |
| Schlaflosigkeit . . . . . . . . | 76 | 22 |
| Gesamtbesserung. . . . . . . . | 64 | 10 |

Spannungskopfschmerz lauten: 67% Besserung bei sechsmonatiger Behandlung, errechnet aus 21 Beobachtungsfällen, und 65% Besserung bei 18monatiger Behandlung, errechnet auf der Basis von 150 Versuchspersonen.

Außerdem hat FRIEDMAN bei Migräne bzw. Spannungskopfschmerz seine Beobachtungsresultate mit Meprobamat, Chlorpromazin, Reserpin und Placebo zusammengestellt. Diese Zahlenwerte sind der Tabelle 62 zu entnehmen, aus der ersichtlich ist, daß ein erheblicher Prozentsatz aller an Kopfschmerzen Leidenden auf Placebo günstig reagiert. Es ist infolgedessen kaum möglich, ein sicheres Urteil über eine bestimmte Medikation abzugeben, da statistisch eindeutige Ergebnisse sich kaum erzielen lassen. In der Einzelbeobachtung kann unter Umständen das Resultat ganz eindeutig zu günstigen Ergebnissen der pharmakodynamisch wirksamen Substanz führen. Im Reihenversuch verwischen sich dagegen die Unterschiede sehr stark.

42 Frauen mit prämenstruellen Störungen wurden von PENNINGTON[1] mit Meprobamat in Dosen von 400 mg behandelt. 28 dieser Frauen erhielten diese Medikation nach dem Auftreten der ersten prämenstruellen Beschwerden, bis diese verschwanden, dann wurde die Behandlung unterbrochen. 14 Frauen erhielten 2 Monate lang Mepobramat als Dauerbehandlung und sodann noch mit dem Auftreten der prämenstruellen Symptome. Beide Gruppen reagierten in 78% mit einer deutlichen Besserung, gleichgültig ob die Symptome psychogen oder somatisch bedingt waren. Über 1–3 Monate lang wurde Placebo zwischengeschaltet. Nur 3 der Patientinnen reagierten positiv mit einer Besserung, bei allen übrigen traten die Beschwerden wieder auf.

[1] V. M. PENNINGTON, J. Amer. med. Ass. 164, 638 (1957).

Tabelle 62

| Behandlungserfolge mit | Migränekopfschmerz | | Spannungskopfschmerz | |
|---|---|---|---|---|
| | Anzahl der Patienten | Prozent Besserung | Anzahl der Patienten | Prozent Besserung |
| Meprobamat. . . . . . . | 60 | 55 | 150 | 65 |
| Chlorpromazin . . . . . . | 55 | 47 | 114 | 51 |
| Reserpin . . . . . . . . | 114 | 45 | 266 | 49 |
| Placebo . . . . . . . . . | 24 | 58 | 100 | 46 |

KORNETSKY[1]) setzte 8 Versuchspersonen in einem Verhaltenstest ein, der es gestattete, eine einfache motorische Reaktion zu prüfen. Außerdem wurde die Reaktionszeit gemessen, wobei es galt, eine Auswahl möglichst schnell zu treffen. Drittens wurde die Lernfähigkeit beurteilt. Unter dem Einfluß von 1600 mg Meprobamat wurden alle drei Testreaktionen signifikant verschlechtert. 800 mg Meprobamat beeinflußten lediglich die Lernfähigkeit ungünstig, während die beiden anderen Testreaktionen nicht verändert wurden. 60 und 120 mg Phenobarbital sowie 5 und 15 mg D-Amphetamin ließen alle drei Teste unverändert. Das gleiche gilt auch für Placebo.

An einem Fahrprüftestgerät, das den Bedingungen eines Autofahrers angepaßt ist, haben LOOMIS und WEST[2]) im doppelten Blindversuch an 8 trainierten normalen Personen den Einfluß von 400 mg Meprobamat, 100 mg Secobarbital, 50 mg Chlorpromazin und 300 mg Ultran (Phenaglycodol) sowie Placebo auf die Reaktionszeit studiert. Weder das Placebo noch das Phenaglycodol zeigten irgendeinen meßbaren Effekt, auch wenn diese Stoffe nach Zwischenschaltung einer kleinen Mahlzeit 4 h nach der ersten Gabe zum zweiten Male appliziert wurden. Chlorpromazin übte erst nach einer gewissen Latenzzeit einen sicheren Effekt auf die Leistungsfähigkeit aus, so daß die zweite Gabe auf eine Verschlechterung der Reaktionszeit traf, die signifikant unter der unbehandelter oder mit Placebo behandelter Personen lag. Mit der zweiten Dosis sank die Leistungsfähigkeit weiter ab. Meprobamat verursachte zunächst nur eine geringe und nicht signifikante Verschlechterung der Reaktion. In der zweiten Stunde lag indes die Verhaltensweise bereits signifikant unter der Norm, um dann im Laufe der folgenden 2 h wieder etwa auf die Norm zurückzugehen. Die zweite Gabe von Meprobamat führte zu einer signifikanten Minderung im Laufe der ersten Einwirkungsstunde, dann wurden die Reaktionszeiten wieder besser, so daß statistisch kein signifikanter Unterschied gegenüber der Norm mehr nachweisbar war. Nach Secobarbital sank die Leistung innerhalb der ersten Stunde erheblich ab. Sie erholte sich dann etwas, ohne jedoch die Norm wieder zu erreichen. Nach der zweiten Gabe machte sich nur eine Verschlechterung der Reaktionszeiten bemerkbar.

[1]) C. KORNETSKY, J. Pharm. *122*, 40 A (1958).
[2]) T. A. LOOMIS und T. C. WEST, J. Pharm. *122*, 525 (1958).

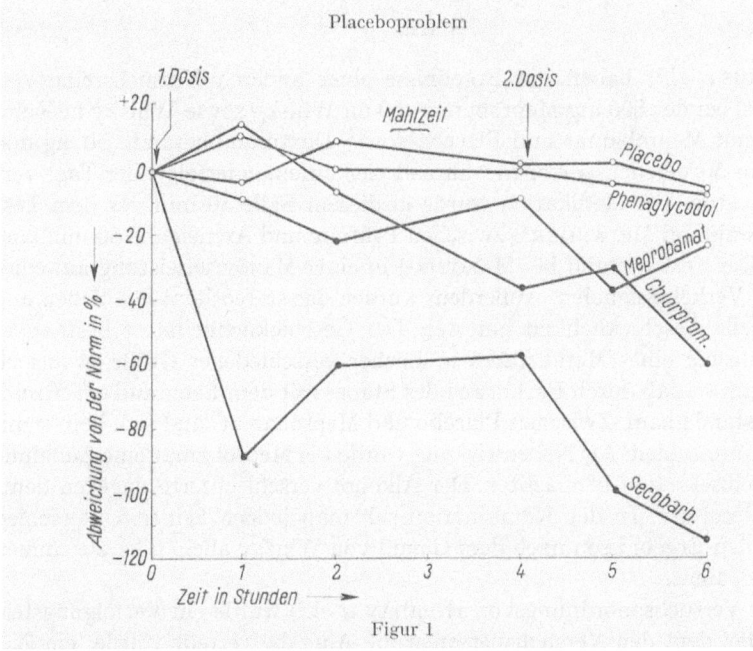

Figur 1

Reaktion (im Mittel) von 8 Versuchspersonen, die von 5 Medikamenten je 2 Dosen erhielten.
● Signifikante Effekte (P>0,05).   ○ Nicht gesicherte Effekte.
Entnommen aus T. A. Loomis und T. C. West, J. Pharmacol. *122*, 529 (1958).

Subjektiv beurteilten die Versuchspersonen ihren Zustand etwa in der gleichen Weise, wie es den objektiv gemessenen Befunden entsprach. Der stärkste Grad von Schläfrigkeit und Lethargie wurde von allen Probanden unter der Einwirkung von Secobarbital angegeben.

In einer weiteren Versuchsreihe, bei der Modellstände verwendet wurden, die mit allen Einrichtungen für das Fahren und Lenken eines Autos versehen waren, verabreichte Melander[1]) 400 mg Meprobamat bzw. 100 mg Amobarbital. Jedes Medikament wurde je 5 Versuchspersonen verabreicht. Eine dritte Gruppe mit 5 weiteren Personen erhielt Placebo. Die einzelnen Leistungen bei der Bedienung des Gaspedals, der Bremse, der Kupplung, der Richtungsanzeiger und Steuerung wurden nach Punkten bewertet und diese Zahlenwerte durch paarweisen Vergleich statistisch bearbeitet. Dabei stellte sich heraus, daß Meprobamat das Lenkvermögen nicht beeinflußt, während Amobarbital es in der gewählten Dosierung herabsetzt. Die prozentuale Veränderung der Fahrgenauigkeit war unter dem Einfluß der beiden Medikamente im Verhältnis zu einem Placebo statistisch nicht zu sichern, jedoch wird wahrscheinlich durch Amobarbital das Fahrvermögen herabgesetzt. Es bestätigte sich somit, daß unter dem Einfluß von Barbituraten stehende Personen keine guten Autofahrer sind, während Meprobamat offenbar die Fahrgeschicklichkeit nicht beeinflußt.

---

[1]) B. Melander, Münch. med. Wschr. *1957*, 1340.

MARQUIS *et al.*[1]) haben die Ergebnisse einer anderen Versuchsreihe ver-
öffentlicht, bei der 800 mg Meprobamat, 60 ml Whisky sowie Whisky in Kombination mit Meprobamat und Placebo sowie Dextroamphetamin 50 mg und
Placebo an 50 Versuchspersonen während vier aufeinanderfolgender Tage verabreicht wurde. Die Medikation wurde in diesem Falle 30 min vor dem Test
gegeben, während MELANDER[2]) zwischen Prüfung und Arzneigabe 60 min lang
wartete. Der Test bestand bei MARQUIS[1]) in einer Manövrierleistung auf einer
Bahn mit Verkehrssignalen. Außerdem wurden das stereoskopische Sehen und
die manuelle Geschicklichkeit getestet. Der Geschicklichkeitstest bestand in
der Einführung eines Metallstabes in Löcher verschiedener Größe, wobei zu
vermeiden war, daß durch Berührung des Stabes mit dem Lochrand ein Strom-
schluß zustande kam. Zwischen Placebo und Meprobamat fand sich kein signifikanter Unterschied. Als Nebenwirkung wurde bei Meprobamat eine Zunahme
der Schweißsekretion beobachtet. Der Alkohol verschlechterte dagegen deutlich die Resultate. In der Kombination sah man jedoch keinen Unterschied
zwischen den Ergebnissen nach dem Genuß von Whisky allein oder zusammen
mit Meprobamat.

In der Versuchsanordnung von HOLIDAY *et al.*[3]) wurde ein Verfolgungstest
benutzt, bei dem den Versuchspersonen die Aufgabe gestellt wurde, ein Ziel
mit einem Stab zu erreichen. Beim Verfehlen des Zieles wurde den Versuchspersonen in unregelmäßiger Reihenfolge entweder ein elektrischer Schlag versetzt, oder sie wurden mit einem Geräusch erschreckt bzw. sie erhielten einen
kalten Luftstrom in den Nacken. Die Auswirkung dieser Reize wurde mittels
Hautwiderstandsmessungen bzw. Zählung der Herzfrequenz festgestellt. Im
eigentlichen Versuch standen vier Gruppen von 10 Studenten, die nach einer
einwöchigen Vortestung 50 mg Chlorpromazin p.o., 100 mg Pentobarbital,
800 mg Meprobamat bzw. Placebo p.o. erhielten. Abgesehen von Chlorpromazin, das 2 h vor dem Versuchsbeginn verabreicht wurde, waren alle anderen
Prüfstoffe 1 h zuvor gegeben worden. Bei der statistischen Auswirkung zeigte
sich, daß unter dem Einfluß von Pentobarbital, Chlorpromazin und Placebo
ein Leistungsabfall eintrat, während unter Mepobramat die Leistung deutlich
und dauernd gesteigert wurde.

*Hydroxyzin (Atarax)*: Von 32 unterdurchschnittlich begabten und im Verhalten gestörten Kindern erhielten 16 2mal täglich über mehrere Wochen lang
10 mg Atarax. Im psychologischen Test erwiesen sich 14 als gebessert. Gleichzeitig gaben SEGAL und TANSLEY[4]) 16 anderen Kindern mit gleichen Störungen
über dieselbe Zeit Placebotabletten. Von diesen 16 wurden nur 2 gebessert. Die
Normalisierung unter der Einwirkung von Atarax bestand in einer Dämpfung
der Hypermotilität, Besserung der Konzentrationsfähigkeit sowie einer erhöhten Zugänglichkeit für von außen kommende Anregungen. Auch die psycho-

[1]) D. G. MARQUIS, E. L. KELLY, J. G. MILLER, R. W. GERARD und A. RAPOPORT, Ann. N. Y. Acad. Sci. *67*, 701 (1957).
[2]) B. MELANDER, Münch. med. Wschr. *1957*, 1340.
[3]) R. HOLIDAY, M. L. DUFFY und J. M. DILLE, J. Pharm. *122*, 32 A (1958).
[4]) L. J. SEGAL und A. E. TANSLEY, J. ment. Sci. *103*, 677 (1957).

somatischen Störungen gingen zurück. In einzelnen Fällen wurde vorübergehend eine Eosinophilie und ein Anstieg der Monozyten beobachtet.

*Benactyzin:* Von 26 Patienten, die an Geistesstörungen litten, wurden 14 von HARGREAVES[1]) mit Benactyzin (durchschnittlich 8 mg täglich) behandelt und sämtlich gebessert, während von 12 placebobehandelten 9 gebessert wurden. Wenn man die einzelnen Symptome exakter erfaßt und auf dieser Basis die Heilungstendenz beurteilt, so kann man für Benactyzin einen Vorteil gegenüber Placebo feststellen, der auch statistisch (P = 0,06 — 0,08) noch haltbar ist.

*Frenquel (Azacyclonol):* Frenquel, das $\gamma$-Isomere des Pipradols, übt im Gegensatz zu diesem zentral beruhigende Wirkungen aus. Im doppelten Blindversuch wurde es in Gaben von 10 mg 2mal täglich oral von RINALDI *et al.*[2]) an 33 Schizophrenien, 5 affektiven Psychosen und 1 Involutionspsychose mit depressiver Stimmungslage verabreicht. Getestet wurde nach einem Schema, das die Sprach- und Denkfähigkeit, die Perzeption, das Auftreten von Wahnideen, die Kontaktfähigkeit, das kritische Urteilsvermögen, die Schlaf- und Essensgewohnheiten, die Gewichtsverhältnisse, die Beeinflussung der Herzfrequenz und des Blutdrucks sowie das Verhalten des Pupillendurchmessers als Urteilskriterien berücksichtigte. Die Frenquel- bzw. Placebotabletten wurden alternierend über vier Perioden von je vierwöchiger Dauer eingenommen. 54 der Versuchspersonen zeigten nach Frenquel eine Besserung ihrer Aktivität; wenn man die zweifelhaften Erfolge mit einbezieht, so wurden sogar 72% gebessert. Keine Änderung des Befindens trat bei 20% der Kranken ein, 8% wurden deutlich verschlechtert. Nur in 5 Fällen nahmen die Halluzinationen ab, bei 5 anderen verschwand die Apathie weitgehend. Der somatische Status wurde nicht beeinflußt. Nach der Umstellung auf Placebo fielen 26 Kranke in den anfänglichen Krankheitszustand zurück, und zwar innerhalb von 1–2 Tagen.

Daneben wurden in einem doppelten Blindversuch 171 chronisch Schizophrene von ODLAND[3]) getestet, um den Effekt von Frenquel, insbesondere auf die Verhaltensweise und das Auftreten von Halluzinationen, festzustellen. Das Ergebnis bestand bei 61 Fällen (36%) in einer deutlichen Besserung mit Nachlassen der Halluzinationen, Abklingen der Wahnideen, Minderung der Agressivität und Abnahme der Persönlichkeitsspaltung. Dieser günstige Effekt ist mit Dosen von 100 mg Frenquel täglich zu erreichen. Bei der Placeboverabreichung konnte eine Besserung in 28 Fällen (16%) erreicht werden. Der Unterschied zwischen der Placebogruppe und der mit Frenquel behandelten ist statistisch signifikant zu sichern. Mit Verlängerung der Einwirkungszeit nimmt offenbar der Effekt des Frenquels zu.

Nach GRAY und FORREST[4]) wirkt Frenquel erregend und verursacht bei höheren Dosen eine Steigerung des Harnstoff-N im Blut. Getestet wurden 40 Schizophrenien sowie halluzinatorische Alkoholpsychosen abwechselnd mit

[1]) G. R. HARGREAVES, M. HAMILTON und J. M. ROBERTS, Brit. med. J. *1957*, I, 306.
[2]) F. RINALDI, L. H. RUDY und A. E. HIMWICH, Amer. J. Psychiatr. *112*, 343 (1955).
[3]) T. M. ODLAND, J. Amer. med. Ass. *165*, 333 (1957).
[4]) S. GRAY und A. D. FORREST, Brit. med. J. *1958*, 374.

Tabelle 63

*Vergleichende Untersuchungen von Frenquel und Placebo*

| Präparat | Anzahl der Patienten | % unver- ändert | % gebessert | % ver- schlechtert |
|---|---|---|---|---|
| Frenquel . . . . . | 30 | 63,4 | 33,3 | 3,3 |
| Placebo . . . . . . | 30 | 50,0 | 47,7 | 3,3 |

Frenquel bzw. Scheinmedikamenten. Signifikante therapeutische Wirkungen wurden bei diesen psychiatrischen Erkrankungen im Vergleich zu Placebo nicht gesehen, wie aus den Zahlen der Tabelle 63 zu ersehen ist.

### 2.10 Stimulantien

*Pipradol (Meratran)*: Für die Prüfung des Pipradols unterzog sich eine Gruppe von Psychiatern, Psychologen und Pharmakologen einer Reihe von Testen[1]. In einer ersten Versuchsreihe nahmen 3 Psychiater und 2 Pharmakologen Dosen von 1,2 und 4 mg ein, um an sich selbst die subjektiven Wirkungen des Pipradols kennenzulernen. Jede Versuchsperson hatte hierbei in regelmäßigen Intervallen vor und nach der Einnahme über sich selbst Auskunft zu geben. Zudem wurde sie überprüft, wie sich ihre neuromuskuläre Koordination und ihre visomotorischen Funktionen in Schreib- und Rechentesten verhielten. Außerdem wurden Wortassoziationsteste nach KENT-ROSANOFF durchgeführt. 3 der Untersuchten antworteten mit Angstgefühlen, erhöhtem Betätigungsdrang, leichter Euphorie, geringerer Ermüdbarkeit, Gedankenflucht, Geschwätzigkeit, Schlafstörungen, frühem Erwachen, ohne daß indes eines dieser Symptome mit Sicherheit als eine stärkere Abweichung von der Normallage empfunden wurde. Objektiv wurden keine sicheren Effekte wahrgenommen, abgesehen von einer erhöhten Schreibleistung. 2 der Versuchspersonen reagierten selbst auf 4 mg nicht. Bei einer von diesen kam es nach 6 mg zu einer Reaktion, die mit den Aussagen der anderen Patienten etwa vergleichbar war. Die Grenzschwelle der Wirksamkeit zeigte auch bei den übrigen Personen starke individuelle Schwankungen.

In einer zweiten Versuchsreihe wurden 5 Psychiatern, einem Psychologen und 2 Pharmakologen 3 Tablettenchargen überreicht, von denen zwei Pipradol und eine Placebo enthielt. Die Aufgabe bestand darin, zwischen der unwirksamen und der wirksamen Substanz auf Grund der subjektiv wahrgenommenen Symptome zu unterscheiden. Alle Versuchspersonen waren zuvor an Pipradol gewöhnt und kannten seine Wirkungen. Die Dosis konnte in diesem Blindversuch von den Patienten selbst bestimmt werden, indem sie die für notwendig erachtete Tablettenzahl festlegten. 4 von den 8 Versuchspersonen konnten mit Sicherheit

[1]) L. A. GOTTSCHALK, F. T. KAPP, W. D. ROSS, S. M. KAPLAN, H. SILVER, J. A. MACLEOD, J. B. KAHN, E. F. VAN MANEN und G. H. ACHESON, J. Amer. med. Ass. *161*, 1054 (1956).

zwischen Pipradol und Placebo unterscheiden. Mit dem gleichen Resultat warteten die objektiven Untersucher auf.

In einer dritten Versuchsreihe nahmen 5 Psychiater und 2 Pharmakologen zwei Serien von 5 gleichartigen Substanzen, ohne zu wissen, in welchem Umfange und in welcher Anordnung Pipradol und Placebo gemischt waren. Sie wurden ebenfalls auf ihre Fähigkeit getestet, zwischen Medikament und Placebo zu unterscheiden. Außerdem wurde geprüft, ob objektive Untersucher in der Lage sind, festzustellen, welche Versuchspersonen das Medikament oder das Placebo eingenommen hatten. Bei insgesamt 60 Einzelversuchen wurden 47mal subjektiv korrekte Auskünfte erteilt. Die Angaben der objektiven Untersucher waren in 45 Fällen unter 60 richtig. Es besteht demnach die Möglichkeit, selbst eine Droge, die nur schwache, subjektiv wahrnehmbare Veränderungen setzt, von einem Placebo zu unterscheiden, obwohl unter diesen Bedingungen mannigfaltige Unsicherheiten bei der subjektiven und objektiven Beurteilung gegeben sind. Als Beurteilungsgrundlage wurde außerdem das Ausmaß der Sprech- und Schreibleistung und die Wortassoziationsfähigkeit einbezogen. Bei der Bewertung dieser Faktoren konnte der Pipradoleffekt wiederum deutlich vom Placebo abgegrenzt werden. So war beispielsweise bei der Versuchsperson 4 nach Pipradol eine Sprechleistung innerhalb von 3 min im Mittel von 327 Worten und nach Placebo von 294 Worten zu verzeichnen. Auch wenn man die Schwankungsbreite von 15 Einzelversuchen berücksichtigt, so ist diese Differenz eindeutig statistisch zu sichern.

SCHUT et al.[1] fanden im doppelten Blindversuch gute Effekte bei der Behandlung von Schizophrenien mit depressiven Zuständen, die keine Wahnideen aufwiesen. Auch bei Patienten, die psychomotorisch gehemmt und bei denen die zwischenmenschlichen Beziehungen gestört waren, sowie bei Schizophrenien im Stadium einer progressiven Verschlechterung erwies sich Pipradol besser als Placebo.

*Ritalin:* Im doppelten Blindversuch haben GRUBER et al.[2] an gesunden Versuchspersonen die zentral anregende Wirkung von Ritalin vergleichend mit Coffein und Placebo getestet. Gleichzeitig wurde bei der Ritalinprüfung der einfache Blindversuch herangezogen. Die in der Tabelle 64 enthaltenen Zahlenreihen erlauben jedoch keine absolute vergleichende Bewertung des einfachen und doppelten Blindversuches, da in der zweiten Kolonne die Ritalinergebnisse aus dem einfachen und doppelten Blindversuch zusammengefaßt sind und dieses gemischte Resultat dem doppelt blinden Versuch gegenübergestellt ist. In der Tabelle 65 sind die Verhältnisse klarer übersehbar, da hier 10 doppelte blinde Versuche mit 15 einfach blinden Versuchen zum Vergleich stehen.

Getestet wurden die Flimmerverschmelzungsfrequenz, die optische und akustische Reaktionszeit. Außerdem wurde der Perlenreihtest benutzt, und es wurde bestimmt, ob der Moment, in dem kurzfristig aufeinanderfolgende Reize optisch als gleichzeitig wahrgenommen werden, unter der Einwirkung der

[1] J. W. SCHUT und H. E. HIMWICH, Amer. J. Psychiatr. *111*, 837 (1955).
[2] K. GRUBER, H. ILLIG und M. PFLANZ, Dtsch. med. Wschr. *81*, 1130 (1956).

26 Arzneimittel

Prüfsubstanzen verkürzt ist. Setzt man die Ausgangswerte gleich 100%, so ergeben sich folgende Veränderungen:

Tabelle 64

*Prozentuale Veränderungen bei doppelter Blindversuchsanordnung: Zahl der Versuchspersonen n = 10; bei Ritalin zusätzlich unter Zusammenfassung der Resultate des doppelt und einfach blinden Versuches n = 25*

| n = Zahl der Versuchspersonen | Präparat | Moment | Flimmer-ver-schmel-zungs-frequenz | Perlen-reihtest | Reaktions-zeit optisch | Reaktions-zeit akustisch |
|---|---|---|---|---|---|---|
| 10 | Ritalin | *94,9* | 101,3 | 97,4 | *94,6* | 97,7 |
| 25 | Ritalin | *93,2* | 102,0 | *94,5* | *93,5* | 98,9 |
| 10 | Coffein | *94,5* | 99,0 | *101,3* | *89,7* | *91,4* |
| 10 | Placebo | *96,4* | 99,3 | 98,4 | 99,1 | 97,9 |

Die *kursiv* gesetzten Prozentwerte der Tabelle bedeuten, daß gegenüber dem Ausgangswert eine statistische Signifikanz gegeben ist. Gegenüber der Placebo-reaktion ist keine Abweichung festzustellen. Placebo bewirkt selbst eine Ver-kürzung des optischen Momentes unter die Norm, und zwar in signifikantem Ausmaß, ein Resultat, das in früheren Versuchen nicht erzielt werden konnte. Streng genommen, kann man jedoch nur solche Resultate mathematisch aus-werten, bei denen die Versuchsbedingungen gleichartig sind. Es erscheint daher nicht angängig, die aus früheren Versuchen gewonnenen Resultate in die Be-urteilung der in der Tabelle niedergelegten Ergebnisse miteinzubeziehen.

Neben dem Zeiterleben (ausgedrückt in der Tabelle als Moment), das durch Ritalin und Coffein sowie Placebo verändert wird, wird auch die optische Reaktionszeit durch Ritalin und Coffein sowie die akustische Reaktionszeit durch Coffein beeinflußt. Am Perlenreihtest zeigt sich eine statistisch signifi-kante Leistungssteigerung nur, wenn man bei Ritalin den doppelten und ein-fachen blinden Versuch gemeinsam betrachtet. Die gefundene Erhöhung der Flimmerverschmelzungsfrequenz war statistisch nicht zu sichern.

Außerdem hatten die Patienten über ihr Befinden Auskunft zu geben. Die Häufigkeit der positiven Antworten auf die vorgelegten Fragen sind in der Tabelle 65 zusammengefaßt. Faßt man die ersten 11 Antworten zusammen und berechnet die Wahrscheinlichkeit für die Prüfung von Ritalin und Placebo im doppelten Blindversuch, so ergibt sich ein hochsignifikanter Unterschied. Auch Placebo und Coffein verhalten sich unter diesen Bedingungen different; das gleiche gilt für Ritalin und Coffein. Gleichzeitig ist aus dieser Tabelle zu ent-nehmen, daß unangenehme Nebenwirkungen bei Ritalin und Coffein häufig sind, wobei zu bemerken ist, daß von diesen beiden Stoffen verhältnismäßig hohe Dosen zum Einsatz gelangten.

Tabelle 65

*Zahl der Versuchspersonen mit positiven Befindungsänderungen. Für die ersten 11 Antworten ist P für die Differenz zwischen Ritalin und Placebo im doppelten Blindversuch < 0,001, zwischen Coffein und Placebo < 0,01 und zwischen Ritalin und Coffein < 0,01*

| Eigene Stellungnahme | Ritalin | Ritalin | Coffein | Placebo |
|---|---|---|---|---|
| Zahl der Versuchspersonen | 10 | 15 | 10 | 10 |
| Versuchsanordnung | doppelt blind | einfach blind | doppelt blind | doppelt blind |
| Stimmung positiv . . . . . . . . . . | 7 | 8 | 4 | 3 |
| Wachheit positiv . . . . . . . . . . | 8 | 7 | 4 | 1 |
| Bewegungsdrang positiv . . . . . . . | 3 | 6 | 1 | 1 |
| Rededrang positiv . . . . . . . . . . | 3 | 5 | 3 | 1 |
| Konzentrationsvermögen positiv . . . . | 3 | 5 | 3 | 1 |
| Schwierigkeiten erhöht . . . . . . . . | 3 | 3 | 1 | 0 |
| Probleme erleichtert . . . . . . . . . | 3 | 7 | 1 | 0 |
| Beschäftigungsbedürfnis positiv . . . . | 5 | 6 | 4 | 2 |
| Energiezunahme positiv. . . . . . . . | 5 | 6 | 5 | 1 |
| Euphorie positiv . . . . . . . . . . . | 5 | 4 | 3 | 1 |
| Beurteilung der Wirkungsdauer . . . . | 7 | 11 | 1 | 2 |
| Unrast positiv . . . . . . . . . . . . | 5 | 7 | 2 | 1 |
| Zittern positiv . . . . . . . . . . . . | 5 | 6 | 4 | 1 |
| Motorische Unruhe positiv . . . . . . | 8 | 6 | 5 | 1 |
| Nervosität positiv . . . . . . . . . . | 5 | 3 | 5 | 1 |
| Mundtrockenheit positiv . . . . . . . | 6 | 6 | 4 | 1 |
| Durst positiv . . . . . . . . . . . . . | 4 | 5 | 4 | 1 |

Diese Arbeit enthält zudem eine Versuchsreihe mit Cafilon, bei der 10 Versuchspersonen auf Grund der Selbstbeobachtung bewerten mußten, ob sie sich für angeregt hielten, und bei denen gleichzeitig durch Fremdbeobachtung der Erregungsgrad festgestellt wurde. Wie die Tabelle 66 zeigt, gehen diese Aussagen nicht immer parallel, und es gibt anregende Wirkungen bei Versuchspersonen, die sich auf Grund ihres eigenen subjektiven Erlebnisses nicht für erregt hielten.

SALISBURY und HARE[1]) haben an 48 schizophrenen Patienten mit starker motorischer Unruhe bzw. Apathie im doppelten Blindversuch Ritalin in Dosen von 10 und 20 mg bzw. Chlorpromazin in einer Dosis von 50 mg erprobt. Die Mittel wurden in einem Sirup verabreicht, dem im Placeboversuch ein Geschmackskorrigens zugesetzt war, das in seinem bitteren Geschmack etwa dem Chlorpromazin entsprach. Der eigentliche Versuch erstreckte sich über 4 Monate. Zusätzlich wurde Placebo 1 Monat lang gegeben. Beim Ritalin fanden sich keine sicheren Behandlungserfolge, gleichgültig ob die Patienten erregt oder apathisch waren. Chlorpromazin ließ dagegen Wirkungen erkennen,

---

[1]) B. J. SALISBURY und E. HARE, J. ment. Sci. *103*, 830 (1957).

Tabelle 66

*Erregende Wirkung des Cafilons, beurteilt nach Fremd- und Selbstbeobachtung*

| Versuchspersonen | Fremdbeobachtung | Selbstbeobachtung |
|---|---|---|
| 1 | + + | + + |
| 2 | + | 0 |
| 3 | + | + |
| 4 | + + | + + |
| 5 | + | 0 |
| 6 | 0 | + |
| 7 | + + | + + |
| 8 | + + | 0 |
| 9 | + | 0 |
| 10 | 0 | 0 |

die über den Placeboeffekt hinausgingen. Insbesondere wurde ein besserer sprachlicher Kontakt erzielt, und die Patienten verhielten sich im Umgang sozialer.

Ebenso fanden CAREY et al.[1]) im doppelten Blindversuch, daß Ritalin in ansteigenden Dosen von 30–120 mg täglich über eine Gesamtbehandlungsdauer von 10 Wochen keinen günstigen Einfluß bei Kranken, die an einer chronischen Schizophrenie leiden, ausübt, der von einer Placebowirkung unterscheidbar wäre. Das einzige meßbare Ergebnis bestand bei der Anwendung von Ritalin in einer Abnahme des Appetites und des Körpergewichtes, während Placebo in dieser Hinsicht keine Wirkungen entfaltete.

An 11 inaktiven chronisch gehemmten Patienten erzielten 10 mg Ritalin, 3mal täglich verabreicht, dagegen eine wesentliche Besserung der Aktivität und einen stärkeren Kontakt mit der Umgebung. Wurden den gleichen Kranken Placebo gegeben, so blieben sie in ihrem Status völlig unverändert[2]).

*Amphetamin:* In der Versuchsanordnung von DEWS[3]) mußten die Versuchspersonen eine Telegraphentaste in Zeitabständen von 2,5 bzw. 25 Sekunden drücken, wobei ihnen auferlegt war, diese Zeitabstände möglichst exakt einzuhalten. Je 5 Versuchspersonen wurden in beiden Reihen eingesetzt und erhielten eine halbe Stunde zuvor entweder 5 mg D-Amphetamin oder Placebo. Amphetamin verursachte regelmäßig eine Verkürzung der geschätzten Zeitabstände zwischen den Reaktionen. Auch bei Versuchen an Tauben setzte Amphetamin die gleichen Effekte.

Weiterhin haben LASAGNA et al.[4]) an 20 freiwilligen gesunden Versuchspersonen sowie an 30 Patienten mit chronischen Leiden (Carcinomen, multiplen

[1]) B. CAREY, M. WEBER und J. A. SMITH, Amer. J. Psychiatr. *113*, 546 (1956).
[2]) J. T. FERGUSON, F. V. Z. LINN, J. A. SHEETS und M. M. NICKELS, J. Amer. med. Ass. *162*, 1303 (1956).
[3]) P. B. DEWS, J. Pharm. *122*, 18 A (1958).
[4]) L. LASAGNA, J. M. VON FELSINGER und H. K. BEECHER, J. Amer. med. Ass. *157*, 1006 (1955).

Sklerosen, Apoplexien, Muskelatrophien) und 30 Opiatsüchtigen im doppelten Blindversuch Kochsalzinjektionen subkutan mit den Effekten von 20 mg/70 kg Amphetamin subkutan, 2 und 4 mg Heroin subkutan, 8 und 15 mg Morphin subkutan bzw. 0,05 und 0,1 mg Phenobarbital intravenös getestet. Bei den gesunden Personen stellten sich auf alle diese Stoffe in relativ hohen Ausmaßen Nebenwirkungen ein. Diese verteilen sich im einzelnen auf folgende Symptome:

Tabelle 67
*Nebenwirkungen an 20 Normalpersonen*

| | Pla-cebo | Am-phet-amin | Pento-barbital | | Heroin | | Morphin | |
|---|---|---|---|---|---|---|---|---|
| | | | 0,1 g | 0,05 g | 4 mg | 2 mg | 15 mg | 8 mg |
| Anzahl Versuchspersonen . | 20 | 20 | 12 | 8 | 11 | 9 | 11 | 9 |
| *Symptome:* | | | | | | | | |
| Kopfschmerz . . . . . . | 2 | 3 | 4 | 1 | 4 | 2 | 6 | 3 |
| Nausea . . . . . . . . . | 1 | 5 | 4 | 1 | 6 | 3 | 6 | 3 |
| Schwindel . . . . . . . | 1 | 7 | 9 | 6 | 10 | 3 | 9 | 7 |
| Zittern . . . . . . . . . | – | 8 | – | – | 6 | 3 | 7 | 2 |
| Parästhesien. . . . . . . | 1 | 9 | 3 | 2 | 6 | 2 | 7 | 4 |
| Jucken . . . . . . . . . | 2 | 2 | – | – | 6 | 4 | 5 | – |
| Mundtrockenheit . . . . | 3 | 9 | – | – | 4 | 3 | 6 | 4 |
| Salivation . . . . . . . | 4 | 1 | 2 | 1 | 3 | 1 | – | – |
| Wärmegefühl . . . . . . | 1 | 4 | – | – | 5 | 3 | 6 | 3 |
| Kältegefühl . . . . . . . | 5 | 6 | 5 | 5 | 2 | 2 | – | 1 |
| Palpitation . . . . . . . | – | 9 | – | – | 2 | 1 | 2 | 1 |

Bei Placeboverabreichung war der Anfall an Nebenwirkungen geringer als bei den meisten Prüfsubstanzen. Am häufigsten wurden nach Placebo Trockenheit der Mundschleimhaut bzw. vermehrter Speichelfluß und Kältegefühl gesehen.

Die Beurteilung therapeutischer Effekte erfolgte auf Grund der Aussage der untersuchten Personen. Gewertet wurden die Stimmungslage, die Aktivität und das geistige Verhalten (Tabelle 68).

Bei den 30 hospitalisierten chronischen Kranken wurde die Beurteilung auf einer anderen Basis durchgeführt. Die Patienten hatten darüber Auskunft zu erteilen, ob sie ein gesteigertes Wohlbefinden oder eine Besserung, bedingt durch Verschwinden einzelner Symptome, verspürten, ob sie sich kräftiger oder schläfrig fühlten, ob sie keine Änderung ihres Zustandes oder ein Unwohlbefinden wahrnahmen. Nach diesen Gesichtspunkten geordnet, erhielten die Untersucher für die einzelnen Präparate die Aussagen der Tabelle 69.

Die Morphinsüchtigen wurden wiederum in der gleichen Weise wie die normalen Versuchspersonen beurteilt. Diese Ergebnisse sind ebenfalls in einer Tabelle zusammengefaßt (Tabelle 70).

Tabelle 68
*Anzahl der normalen Versuchspersonen (Gesamtzahl 20), die reagieren mit Euphorie,*
*Dysphorie, Beruhigung, Erregung, Beeinträchtigung und Besserung der geistigen Leistung*

| Präparat | Euphorie | Dysphorie | Beruhi-gung | Erregung | Beein-trächti-gung der geistigen Leistung | Besserung der geistigen Leistung |
|---|---|---|---|---|---|---|
| Placebo . . . . . . | 6 | 5 | 11 | 4 | 11 | 2 |
| Amphetamin . . . | 14 | 6 | 9 | 9 | 8 | 8 |
| Pentobarbital . . . | 9 | 8 | 17 | 3 | 16 | 2 |
| Heroin . . . . . . | 9 | 10 | 17 | 1 | 18 | 0 |
| Morphin . . . . . | 8 | 10 | 18 | 0 | 18 | 0 |

Tabelle 69
*Angaben von 30 chronisch leidenden Patienten über ihre Beschwerden*

| Präparat | Gestei-gertes Wohl-befinden | Besserung | Kräfti-gung | Schläfrig-keit | Keine Änderung | Ver-schlechte-rung |
|---|---|---|---|---|---|---|
| Placebo . . . . . . | 10 | – | 3 | 5 | 12 | – |
| Amphetamin . . . | 17 | – | – | – | 12 | 1 |
| Pentobarbital . . . | 13 | – | – | 9 | 6 | 2 |
| Heroin . . . . . . | 11 | – | – | 6 | 10 | 3 |
| Morphin . . . . . | 10 | 4 | – | 6 | 2 | 8 |

Tabelle 70
*Anzahl der opiatsüchtigen Personen (Gesamtzahl 30), die reagieren mit Euphorie,*
*Dysphorie, Beruhigung, Erregung, Besserung und Verschlechterung der geistigen Leistung*

| Präparat | Euphorie | Dysphorie | Beruhi-gung | Erregung | Besserung der geistigen Leistung | Ver-schlechte-rung der geistigen Leistung |
|---|---|---|---|---|---|---|
| Placebo . . . . . . | 5 | 6 | 4 | 4 | 2 | 3 |
| Amphetamin . . . | 20 | 5 | 4 | 19 | 3 | 16 |
| Heroin . . . . . . | 15 | 4 | 9 | 7 | 3 | 9 |
| Morphin . . . . . | 22 | 3 | 13 | 5 | 2 | 16 |

Es ließ sich demnach sowohl bei normalen Personen und in geringerem Ausmaße bei chronisch kranken Patienten eine Verschiebung des subjektiven Befindens zu einem angenehmen Zustand am stärksten durch Amphetamin
erreichen. Bei Morphin, Heroin, Phenobarbital sowie Placebo kam diese
Möglichkeit weniger deutlich zum Ausdruck. Eine Verschlechterung der Stim-

mungslage trat am häufigsten nach Morphin ein. Die Mehrheit der Opiatsüchtigen beurteilte den Effekt von Morphin günstiger als den von Heroin, Amphetamin oder Placebo. Amphetamin wurde von dieser Gruppe am wenigsten angenehm empfunden, da sich Schlaflosigkeit und Appetitminderung einstellten. Außerdem ist diesen Versuchsergebnissen zu entnehmen, daß die Beschaffenheit der menschlichen Versuchsobjekte unter Umständen von größter Bedeutung für die Beurteilung der subjektiven Wahrnehmungen ist.

Dub und Lurie[1]) gaben im doppelten Blindversuch therapeutisch 48 depressiven weiblichen Patienten alternierend Amphetamin und Lactose jeweils über 3 Wochen lang. Dann erfolgte eine zweiwöchige Pause, an die sich eine erneute Periode von Placebo und eine weitere von Amphetamin anschloß. Auch hier wechselte der Turnus jeweils nach 3 Wochen. Deutliche Besserungen zeigten sich bei 42 Patienten nach der Amphetaminmedikation. 5 von den insgesamt 48 Patienten waren so gewalttätig, daß das Experiment abgebrochen werden mußte. Bei den gebesserten 42 Fällen hielt der Erfolg nur 5mal nach der Umschaltung auf Placebo an.

Hauty und Payne[2]) ließen 96 Freiwillige lernen, eine Zielaufgabe im Spiegelbild zu lösen. Im Anschluß daran wurde eine Stunde nach der Applikation von 5 mg Amphetamin bzw. 0,65 mg Scopolamin in Kombination mit 50 mg Benadryl die eigentliche Testreaktion durchgeführt. Daneben wurden Kontrollreihen ohne Medikation angestellt und außerdem die Wirkungen von Placebo geprüft. Die in der Lernperiode gefundenen Werte wurden den Versuchspersonen als Anhaltspunkte angeboten, um ihnen auf dieser Basis die Schätzung ihrer Leistung im eigentlichen Testversuch zu ermöglichen. Diese geschätzten Werte wurden mit den objektiv gemessenen verglichen und als Maßstab für die Urteilsfähigkeit der Versuchspersonen benutzt.

Amphetamin sowie die Kombination von Benadryl und Scopolamin führten zu keiner Beeinflußung der Urteilsfähigkeit, die signifikant von den Kontrollversuchen oder den Placeboeffekten abwich. Erst wenn der Schweregrad der gestellten Aufgabe erhöht war, ergab sich im Vergleich zu den Kontrollen eine signifikante Beeinträchtigung des Urteilsvermögens.

Außerdem benutzten die gleichen Autoren an 64 Freiwilligen in einer einfachen Blindversuchsanordnung einen Verfolgungstest an Modellflugzeugen, bei dem die Versuchspersonen während 50 min Lernzeit die Zieleinstellung üben konnten. Über 4 h lang wurde die Leistungsfähigkeit nach 5 mg Amphetamin bzw. Placebogaben geprüft. In den ersten beiden Stunden erhielten die Patienten ein Gemisch von Stickstoff und Sauerstoff mit einem Gehalt von 12% Sauerstoff; in der dritten Stunde wurde die Sauerstoffkonzentration auf 21% erhöht, um in der vierten Stunde erneut auf 12% reduziert zu werden.

Die Placebogaben stellten bei normalen Luftverhältnissen (21% $O_2$) die Abnahme der Leistung, welche durch die Hypoxie und Ermüdung herbeigeführt war, wieder her und hielten die Leistungsfähigkeit während der ganzen Periode

1) L. A. Dub und L. A. Lurie, Ohio State med. J. 35, 39 (1939).
2) G. T. Hauty und R. B. Payne, J. Pharm. 120, 33 (1957).

aufrecht, in der sauerstoffreiche Luft eingeatmet wurde. In der Periode mit erneuter Hypoxie in der vierten Stunde trat die Leistungsabnahme wieder ein. Amphetamin steigerte nach Umstellung auf hohen Sauerstoffgehalt die Leistung nicht stärker als Placebo, dagegen war Amphetamin imstande, die Leistungsabnahme in der ersten hypoxämischen Phase zu verhindern. In der letzten Periode bei erneuter Umschaltung auf Hypoxie war auch Amphetamin nicht geeignet, eine Leistungsabnahme zu verhüten. Auch die Geschwindigkeit, mit der die Leistungsminderung erfolgte, war von dem Verhalten der Placebogabe nicht different[1]).

Mit dem gleichen Test wurde an 64 freiwilligen Versuchspersonen nach einer Ausbildung über 50 min das Verhalten der Leistung unter dem Einfluß von 5 mg Amphetamin, 25 mg Mephentermin, 2 mg Pipradol, 25 mg Phenergan, 50 mg Meclizin (Portafen), 50 mg Cyclizin sowie einer Kombination von 0,65 mg Scopolamin mit 50 mg Benadryl im Vergleich zu Placebo getestet. Die 3 Analeptica erhielten die Leistung während der ganzen Beobachtungsdauer von 4 h in hohem Maße signifikant aufrecht und lagen in ihrem verbesserten Effekt eindeutig oberhalb der Placebowirkung. Cyclizin, Phenergan und Meclizin waren statistisch nicht von den Kontrollversuchen zu unterscheiden. Scopolamin, zusammen mit Benadryl gegeben, senkte die Leistung rasch und einwandfrei unter den Placeboeffekt[2]).

*2-Dimethylaminoäthanol:* An 35 Studenten wurde im Vergleich zu Amphetamin bzw. Placebo die Wirkung von 10 mg Dimethylaminoäthanol studiert, das in der ersten Woche einmal pro Tag und in der zweiten Woche 2mal täglich zugeführt wurde[3]). Von diesem Zeitpunkt an war den Versuchspersonen die Wahl der Dosierung selbst überlassen, das heißt, sie konnten die festgelegten Dosen vermindern bzw. die Medikation gänzlich abstellen. Jede Woche wurde das Verhalten der Herzfrequenz, des Blutdrucks, des Handtremors, der Vitalkapazität und des Körpergewichtes untersucht. Alle diese Faktoren wurden nicht beeinflußt. Ebenso änderten sich die Aziditätsverhältnisse im Magen und der Cholesterinblutspiegel nicht, ebensowenig das Verhalten des eiweißgebundenen Jods. Die Überprüfung der Patienten erstreckte sich auch auf das Lernen von unsinnigen Wortbildungen sowie auf Gruppenteste nach ROHRSCHACH. Bei einer Gesamtversuchsdauer von drei Monaten, bei der alle Versuchspersonen in den letzten sechs Wochen unter Dimethylaminoäthanoleinwirkung standen, fand sich eine gewisse Zunahme des Muskeltonus, eine Minderung des Schlafbedürfnisses und eine vergrößerte Konzentrationsfähigkeit. Im Vergleich zu Amphetamin erwies sich Dimethylaminoäthanol eher stärker stimulierend als Amphetamin. Auch die Wirkungsdauer von 24–48 h übertraf die des Amphetamins.

*Dexedrin:* GOODMAN[4]) prüfte den Effekt von Dexedrin bei fettsüchtigen Hypertonikern. Anfänglich führte das Präparat zu einer Erhöhung des Blut-

[1]) G. T. HAUTY, R. B. PAYNE und R. O. BAUER, J. Pharm. *119*, 385 (1957).
[2]) R. B. PAYNE und E. W. MOORE, J. Pharm. *115*, 480 (1955).
[3]) C. C. PFEIFFER und H. B. MURPHREE, J. Pharm. *122*, 60 A (1958).
[4]) E. L. GOODMAN und E. L. HOUSEL, Amer. J. med. Sci. *227*, 250 (1954).

drucks. Placebo übte den gleichen Effekt aus. Wenn man diese Beobachtungen neben die Ergebnisse von FERGUSON[1]) mit Placebogaben an Hypertonikern stellt, bei denen die Leertabletten Blutdrucksenkungen verursachten, so ergibt sich, daß nicht nur die Blutdruckhöhe durch Placebo verändert werden kann, sondern daß auch die Reaktionsrichtung des Placebos auf den Blutdruck verschiedenartig ausfallen kann, so daß neben echten Blutdrucksteigerungen auch echte Blutdruckabfälle zustande kommen.

*Phenmetrazin (Preludin)*: 30 Patienten mit Fettleibigkeit wurden im doppelten Blindversuch von RESSLER[2]) getestet. Unter dem Einsatz von Phenmetrazin in Dosen von 2mal 25 mg täglich nahmen die Patienten innerhalb von 3 Monaten im Durchschnitt 7 kg ab. Der wöchentliche Gewichtsverlust betrug etwa 0,6 kg für beide Gruppen. Patienten, die Placebo erhielten, zeigten ebenfalls einen Gewichtsverlust, der insgesamt 1,4 kg im Mittel betrug und pro Woche berechnet bei 0,1 kg lag. Unter dem Einfluß des Phenmetrazins traten bei 5 von 14 Patienten Nebenwirkungen auf. Diese bestanden in Pulsfrequenzstörungen, Schlaflosigkeit, Nervosität, Mundtrockenheit und Schwindelerscheinungen. Bei 16 Placebobehandelten waren einmal Schlaflosigkeit und in einem zweiten Fall Verdauungsstörungen zu verzeichnen.

*Lysergsäurediäthylamid (LSD)*: An opiumsüchtigen Personen haben ISBELL et al.[3,4]) im Vergleich zu Placebo den Effekt von LSD in Dosen 20–300 γ per os geprüft. Die durchschnittlichen Dosen hielten sich zwischen 60–120 γ. Die Wirkungsintensität wurde nach verschiedenen Graden eingestuft, je nachdem ob Ängstlichkeit und Nervosität ohne Halluzinationen und Gesichtstrübungen bzw. mit derartigen Erscheinungen auftraten und ob eine Einsicht in das Krankheitsgeschehen gegeben war oder nicht. 24 Versuchspersonen waren imstande, den Effekt des LSD sicher von dem einer Placebogabe zu unterscheiden. 8 Personen, die Placebo und LSD in einer wahllosen Aufeinanderfolge in wöchentlichen Abständen erhielten und bei denen 8 Stunden nach der Applikation das klinische Zustandsbild sowie der Pupillendurchmesser, das Verhalten von Blutdruck und Patellarsehnenreflexen überprüft wurden, zeigten, daß nach Abzug der Placeboeffekte eine deutliche Abhängigkeit zwischen Dosis und Wirkungsintensität in einem Gabenbereich von 0,25–2 γ/kg Körpergewicht vorhanden ist. Diese Relation zwischen Dosis und Wirkung war jedoch bei der Benutzung des Patellarsehnenreflexes als Testobjekt nicht nachweisbar. Nach mehrfacher Gabe nahm die Toleranz für LSD zu, so daß die Wirkstärke durchschnittlich nach dreitägiger Verabreichung absank.

ISBELL[5]) war dagegen nicht imstande, im doppelten Blindversuch an Opiatsüchtigen Unterschiede in der Wirkung von 60 γ Lysergsäurediäthylamid nach einer Vorbehandlung mit 60 mg Frenquel (täglich über 7 Tage lang p.o. gegeben) und einer entsprechend gehandhabten Placebobehandlung festzustellen.

[1]) J. H. FERGUSON, Amer. J. Obstetr. Gynecol. *65*, 592 (1953).
[2]) C. Ressler, J. Amer. med. Ass. *165*, 135 (1957).
[3]) H. ISBELL, R. E. BELLEVILLE, H. F. FRASER, A. WIKLER und C. R. LOGAN, Arch. Neur. Psychiatr. *76*, 468 (1956).
[4]) H. ISBELL, H. F. FRASER, A. WIKLER und R. E. BELLEVILLE, Fed. Proc. *14*, 354 (1955).
[5]) H. ISBELL, Fed. Proc. *15*, 442 (1956).

Unter diesen Bedingungen traten wie üblich nach Lysergsäurediäthylamid die gleichen körperlichen und geistigen Veränderungen auf. Auch wenn Frenquel in Dosen zu 50 mg in Abständen von 30 min injiziert wurde oder wenn man in gleicher Weise Placebo zuführte, änderte sich das Wirkungsbild des Lysergsäurediäthylamids (100–200 $\gamma$ oral verabreicht) nicht. Reserpin, in Dosen von 7,5 mg oral bzw. 6 mg i.m. zugeführt, verstärkte die Wirkung von 60 $\gamma$ Lysergsäurediäthylamid, während Chlorpromazin in Dosen von 50–150 mg, 30 min vor der Applikation von 50–60 $\gamma$ Lysergsäurediäthylamid gegeben, dessen Wirkung hemmte. Vollständig aufgehoben wurde die Wirkung von Lysergsäurediäthylamid, wenn man Chlorpromazin intramuskulär in Gaben von 25 mg gab.

Anderseits fand FABING[1]) im doppelten Blindversuch an 6 Personen, daß eine Vorbehandlung mit Frenquel in Dosen von 10–30 mg täglich das Auftreten der Halluzinationen verhinderte, die 100 $\gamma$ Lysergsäurediäthylamid an normalen Menschen verursachen. Nur bei einem von den 6 Versuchen wurde für die Aufhebung des Lysergsäurediäthylamideffektes 50 mg Frenquel benötigt. Das gleiche Medikament hemmte, in Gaben von 50 mg 4mal verabreicht, innerhalb eines Zeitraumes von 50 h auch den Mescalineffekt (0,4 mg), während an den gleichen 4 Versuchspersonen Placebo weder gegen Mescalin noch Lysergsäurediäthylamid antagonistisch wirkte.

ABRAMSON et al.[2, 3]) gaben als Placebo 75 ml Wasser und fanden, daß dieses die verschiedenartigsten Reaktionen hervorrufen kann, wie schwitzende Hände, Kopfschmerzen, Müdigkeit und Schläfrigkeit, Angst, Frösteln, Unruhe, Appetitminderung, Hitzegefühl, Schwäche- und Wärmegefühl. Diese Erscheinungen traten am stärksten 30 min nach der Placebogabe auf und waren bei 25% seiner Versuchspersonen nachweisbar.

Die schwachen Placeboreaktoren lagen bei der Gruppe der aktiv orientierten Menschen. Starke Placeboreaktoren wurden hauptsächlich bei Personen gesehen, die sehr ideenreich waren, wie sich aus der Anwendung des Wechsler-Bellevue-Intelligenztestes ergab. Bei 26 von diesen Testobjekten wurden diese im Wasserversuch erzielten Reaktionen von dem Effekt des LSD abgezogen. Auf dieser Basis ergab sich, daß die Wirkung des LSD in Gaben von 50 $\gamma$ oral in abfallender Reihenfolge besteht in: Unstetigkeit, Traumgefühlen, Parästhesien, innerer Unruhe, Ohrensausen, Akkomodationsstörungen, Schwächezuständen, Schwerelosigkeit der Extremitäten, Schwindel, Schläfrigkeit und Hautüberempfindlichkeit. Weniger deutlich ausgeprägt sind: Salivation, Appetitzunahme, Schwitzen, Kälte- und Müdigkeitsgefühl. Für alle diese Syndrome war die Differenz gegenüber den Placeboeffekten statistisch zu sichern. Mit Steigerung der Dosis auf 100 $\gamma$ verstärkten sich die Symptome, und es traten zusätzlich Nausea, Schwindel und Sehstörungen auf sowie Erstickungssymptome, Atemstörungen, Taubheit der Lippen und Farb- und Klangstörungen.

---

[1]) H. D. FABING, Neurology 5, 319 (1955).

[2]) H. A. ABRAMSON, M. E. JARVIK, A. LEVINE, M. R. KAUFMAN und M. W. HIRSCH, J. Psychol. 40, 367 (1955).

[3]) H. A. ABRAMSON, C. KORNETSKY, M. E. JARVIK, M. R. KAUFMAN und N. W. FERGUSON, J. Psychol. 40, 53 (1955).

Bei einer anderen Gruppe von 31 Kranken rief LSD euphorische Erscheinungen mit Albernheit und gehobener Stimmung bzw. depressive Symptome sowie Störungen der Perzeption im Bereich des Tast-, Gehör-, Gesichts- und Zeitsinns hervor. Außerdem wurden neurotische Syndrome, wie innere Unruhe, Nervosität, Schweißausbruch, Zittern, Tachycardie, Polyurie, Hitze- und Kältewellen, beobachtet. Im psychischen Bereich stellten sich Halluzinationen, Entpersönlichung, Konfusion, Bewußtseinstrübungen, Mißtrauen, Unumgänglichkeit, Traumgefühle und ähnliches ein. Der Umfang der psychotischen und neurotischen Syndrome ist in diesem Falle nicht von der Höhe der Dosis abhängig. Außerdem zeigten die Placeboreaktoren keineswegs die meisten Symptome.

Eine weitere Versuchsserie von ABRAMSON et al. an 5 normalen Versuchspersonen bezieht sich auf die Prüfung von Ergometrin, Äthylalkohol, Scopolamin, D,L-Bromlysergsäure, Methamphetamin, D-Lysergsäuremonoäthylamid, D-Lysergsäurediäthylamid sowie Placebo in Form von Wasser oral (JARVIK[1]), HIRSCH[2]).

Jede dieser Substanzen wurde innerhalb eines Monats einmal jeder Versuchsperson verabreicht. 1–2 Placebogaben waren in wahlloser Reihenfolge zwischengeschaltet. Mit Hilfe von Fragebogen wurden die Erlebnisinhalte bzw. die Veränderungen der Wahrnehmungssphäre und der Denkvorgänge beurteilt. Außerdem wurde die Handschrift graphologisch überprüft. Lysergsäurediäthylamid verursacht die stärksten Veränderungen in der Perzeption und beim Denkakt. Ebenso fanden sich psychotoxische Effekte bei der graphologischen Überprüfung der Handschrift, die deutlich von einer Placebowirkung unterscheidbar waren. Auch die anderen Pharmaka bedingten Abweichungen von der Norm, ohne daß jedoch eine Abgrenzung von einer Placebowirkung statistisch gesichert werden konnte.

Bei einem Vergleich der Wirkung oraler Gaben von Lysergsäurediäthylamid, Chlorpromazin, Secobarbital, Dolantin und Placebo auf die Pupillenreaktion ergab sich, daß LSD erweiternd, Chlorpromazin und Dolantin verengernd wirken. Secobarbital und Placebo blieben ohne Einfluß. Außerdem wirkten diese beiden Präparate bei allen 10 Versuchspersonen gleichartig, während die anderen Versuchssubstanzen erhebliche individuelle Schwankungen erkennen ließen. Die Helladaptation erfolgte unter LSD rascher, die Dunkeladaptation unter Chlorpromazin. Soweit die Versuchspersonen auf LSD stärker reagierten, sprachen sie auf Chlorpromazin schwächer an[3]).

### 2.11 Analeptica

Cardiazol: BOSE et al.[4]) benutzten rhythmische Lichtblitze von kurzer Dauer, die in kurzem Abstand aufeinander folgten, um den Einfluß verschiedener Pharmaka auf die kleinste Zeiteinheit zu untersuchen, bei denen die Licht-

[1]) M. E. JARVIK, H. A. ABRAMSON und M. W. HIRSCH, J. Abnorm. Soc. Psychol. 51, 667 (1955).
[2]) M. W. HIRSCH, M. E. JARVIK und H. A. ABRAMSON, J. Psychol. 41, 11 (1956).
[3]) V. R. CARLSON, J. Pharm. 121, 501 (1957).
[4]) H. J. VON BOSE, M. PFLANZ und TH. VON UEXKÜLL, Klin. Wschr. 1953, 1073.

Tabelle 71

*Beeinflussung des Krankheitszustandes durch Cytochrom C, Cardiazol, Nikotinsäure,*
*Cardiazol + Nikotinsäure, Cardiazol + Nikotinsäure + Cytochrom C, Placebo* (nach S. Levy[1])

| Symptome | Cyto-chrom C | Cardia-zol | Nikotin-säure | Cardia-zol + Nikotin-säure | Cardia-zol + Nikotin-säure + Cyto-chrom C | Placebo |
|---|---|---|---|---|---|---|
| Gesamtstatus . . . . | 0 | 0 | 0 | + | 0 | 0 |
| Aktivität . . . . . | 0 | + | + | + | + | 0 |
| Soziales Verhalten . . | − | + | 0 | + | − | 0 |
| Aufmerksamkeit . . | − | + | 0 | + | 0 | 0 |
| Stimmung . . . . . | − | 0 | + | + | 0 | 0 |
| Subjektives Befinden | − | − | 0 | + | 0 | 0 |
| Gesprächigkeit . . . | − | 0 | 0 | + | 0 | 0 |
| Gedächtnis . . . . | 0 | 0 | 0 | + | 0 | 0 |
| Arbeitsleistung . . . | 0 | 0 | 0 | 0 | 0 | 0 |
| Manieren beim Essen | − | + | 0 | 0 | 0 | 0 |
| Schlaf . . . . . . . | 0 | 0 | 0 | + | 0 | 0 |

+ gebessert; 0 unbeeinflußt; − verschlechtert.
[1] S. Levy, J. Amer. med. Ass. *153*, 1260 (1953).

phänomene unabhängig von der objektiven Zeitfolge als gleichzeitig empfunden wurden. Dieser «Moment» wurde in Leerversuchen mit Kochsalzlösung i.m. bei 9 von 10 Versuchspersonen nicht verändert. 0,2 g Cardiazol in Kombination mit 0,2 g Coffein verkürzte bei 12 von 15 Personen die optische Wahrnehmung, und zwar in einem statistisch reellen Ausmaß. Isophen, an 4 Personen oral mit 6 mg und an 17 i.m. mit 15 mg geprüft, war nicht eindeutig von einem Placeboeffekt abzugrenzen, obwohl die gemessenen Zeitwerte im Durchschnitt etwas tiefer lagen als in den Leerversuchen. Eunarcon i.v. zu 0,15 g verabreicht sowie 80 g Alkohol verlangsamten die optische Wahrnehmungsfähigkeit deutlich.

30 ältere Patienten mit senilen Altersstörungen erhielten 2–5 ml Cytochrom C parenteral, Cardiazol bis 0,6 g täglich p.o., Nikotinsäure bis 300 mg täglich p.o. sowie eine Mischung von Cardiazol und Nikotinsäure in Einzeldosen von 0,2 g Cardiazol + 0,1 g Nikotinsäure bis 3mal täglich im Vergleich zu Placebo verabreicht. Das Verhalten der Kranken wurde getestet nach dem allgemeinen Zustandsbild, nach dem Verhalten der Aktivität, der Steigerung des subjektiven Befindens und ähnlichem. Fast alle diese Symptome wurden durch die Kombination von Cardiazol und Nikotinsäure merklich gebessert. Auch das subjektive Befinden, die Intelligenz sowie bestehende Abnormitäten des Encephalogramms und des Blut-Milchsäure-Spiegels bildeten sich zur Norm zurück. Cytochrom C blieb in den gewählten Dosierungsbereichen praktisch ohne jeden Einfluß. Bei Zulage zu der Kombination von Cardiazol und Nikotin-

säure verschlechterte es den zuvor günstigen Effekt. Cardiazol und Nikotinsäure allein gegeben, erwiesen sich dem Gemisch beider Substanzen weitgehend unterlegen. Einzelne Symptome wurden indes durch diese beiden
Medikamente günstiger beeinflußt als durch Placebo, das alle Testsymptome
unverändert bestehen ließ[1]) (siehe Tabelle 71).

### 2.12 Gefäßaktive Substanzen

*Khellin:* MARTINI[2]) hat bereits darauf hingewiesen, daß die Wirkung des
Khellins auf den anginösen Schmerz in den Beobachtungsreihen ohne unwissentliche Versuchsanordnung entsprechend ihrer unkritischen Anlage zumeist günstig oder bestens beurteilt wurde. Das trifft, wie Tabelle 72 zeigt, für die
meisten Untersucher zu. Es gibt jedoch einige Ausnahmen. Geradezu auffälliger
Art sind etwa die Ergebnisse von STRANG und VAN DER VEER, die nur bei 2 von
41 Patienten gute Wirkungen verzeichnen und bei 15 leichte Besserungen erzielten. Auch DEWAR und GRIMSON liegen mit ihren Erfolgsquoten niedrig. Bei
den übrigen Autoren schwanken die Prozentzahlen der gut reagierenden Patienten zudem nicht unerheblich. Von der Mehrzahl der angeführten Autoren
werden indes bei $^2/_3$ ihres Krankenmaterials erhebliche Besserungen angegeben.

Dieser Beobachtungsreihe läßt sich eine geringe Anzahl von Veröffentlichungen gegenüberstellen, bei denen im einfachen oder doppelten Blindversuch
der Khellineffekt auf die Beschwerden bei Angina pectoris getestet wurde. Fast
allen diesen Befunden haftet, bedingt durch die erschwerten Versuchsanordnungen, der Nachteil an, daß sie sich nur auf eine geringe Fallzahl stützen können.

In der einfach blinden Versuchsanordnung haben diese Frage BEST et al.[3])
überprüft, und zwar an 9 ausgesuchten Kranken mit einer typischen Angina pectoris ohne Insuffizienzzeichen und ohne Hyperthyreose und Anämie.
Weiterhin wurden Patienten mit frischen Myokardinfarkten ausgeschieden.
Bei den ausgewählten Kranken fiel mindestens einer von drei elektrokardio-
graphischen Testen positiv aus. Nach einer Kontrollperiode von einem
Monat erhielten sie 3mal täglich 50 mg Khellin p.o. über 2–4 Wochen. Anschließend wurden für die gleiche Zeit Placebotabletten eingeschaltet. Ein
wesentlicher Anstieg der Leistungsfähigkeit im Belastungstest und eine Abnahme der anginösen Anfälle wurde während der Khellintherapie bei 8 von 9
Patienten erreicht. 3 Kranke mußten gelegentliche Nebenwirkungen in Form
einer geringen Übelkeit und Benommenheit in Kauf nehmen. Die erzielte Besserung lag eindeutig über den Placeboeffekten, so daß die Untersucher auf Grund
ihrer Ergebnisse annehmen, daß Khellin für die Behandlung der Angina pectoris zu empfehlen ist. Wenn man diese Zahlen, in Prozent berechnet, mit denen
der unkontrollierten Versuchstage vergleicht, so sind sie erst recht der Gruppe
mit hoher Erfolgsquote zuzuordnen, da der Prozentsatz an positiv ansprechenden Patienten sich auf 89% beläuft.

[1]) S. LEVY, J. Amer. med. Ass. *153*, 1260 (1953).
[2]) P. MARTINI, Dtsch. med. Wschr. *82*, 597 (1957).
[3]) N. M. BEST und W. S. COE, Circulation *2*, 344 (1950).

Tabelle 72

*Wirkung des Khellins auf den Schmerz bei Angina pectoris*
*ohne unwissentliche Versuchsanordnung*

| Untersucher | Literatur | % Besserung | | Anzahl der Patienten |
|---|---|---|---|---|
| | | gut | gering | |
| G. V. ANREP, M. R. KENNAWAY und G. BARSOUM . . | Amer. Heart. J. *37*, 531 (1949) ⎱ | | | |
| G. V. ANREP, S. BARSOUM, M. R. KENNAWAY und G. MISRAHY . . . . . . . | Lancet *1947*, I, 557 ⎰ | 56 | 34 | 250 |
| H. AYAD . . . . . . . . . | Lancet *1948*, I, 305 | 62 | – | 23 |
| H. BRÜGEL und H. HENNE . | Dtsch. med. Wschr. *78*, 14 (1953) | 77 | – | 49 |
| W. CLOETENS und D. DE MAY | Brüx. med. *34*, 1565 (1954) | 80 | – | 98 |
| W. CLOETENS . . . . . . | Scalpel *105*, 355 (1952) | 100 | – | 6 |
| J. CONN, R. W. KISSANE, R. H. KOON u. T. E. CLARK | Ann. int. Med. *38*, 23 (1953) | 60 | – | 42 |
| H. A. DEWAR u. T. A. GRIMSON | Brit. Heart. J. *13*, 348 (1951) | 29 | – | 34 |
| E. GADERMANN . . . . . . | Med. Klin. *46*, 1267 (1951) | 70 | – | 33 |
| E. GADERMANN . . . . . . | Therap. Geg. *92*, 62 (1953) | 76 | – | 79 |
| F. DI GUISEPPI . . . . . . | Min. med. *42*, 219 (1951) | 42 | 42 | 12 |
| H. HAMKE . . . . . . . . | Medizin. *1952*, 978 | 72 | 13 | 53 |
| E. E. KLEIBER . . . . . . | Ann. int. Med. *36*, 1179 (1952) | 70 | – | 18 |
| A. H. LEMMERZ und J. KRANEMAN . . . . . . | Ärztl. Wschr. *8*, 350 (1953) | 82 | – | 50 |
| C. LIAN und R. CHARLIER . . | Act. Cardiol. *5*, 373 (1950) | 75 | – | 200 |
| B. S. LIPMAN und E. MASSIE . | 23. Jahrestag. Cent. Soc. Clin. Res. Chikago 1950 | 77 | – | 13 |
| L. A. NALEFSKI, W. R. RUDY und N. C. GILBERT . . . . | Circulation *5*, 851 (1952) | 90 | – | 19 |
| K. NIEL . . . . . . . . . | Wien. klin. Wschr. *1951*, 729 | 76 | – | 33 |
| L. PESCADOR und B. MARTIN DE PRADOS . . | Bol. Cons. Gen. Col. Méd. Esp. *12*, 29 (1952) | 71 | – | – |
| Č. PLAVŠIĆ u. B. S. DORDEVIĆ | Med. Pregl. *6*, 438 (1953) | 50 | – | 20 |
| E. SCHULZ und R. FRANKE . | Ärztl. Wschr. *7*, 1207 (1952) | 57 | 43 | 42 |
| H. SEELIGER . . . . . . . | Therap. Geg. *11*, 425 (1951) | 57 | 32 | 100 |
| J. E. STRANG und J. B. VAN DER VEER . . . | Amer. J. med. Sci. *224*, 186 (1952) | 5 | 37 | 41 |
| K. UHLENBROOK und E. MÜLLERSTAEL . . . . . | Med. Welt *20*, 461 (1951) | 72 | 19 | 32 |

Ähnlich prüften OSHER *et al.*[1]) an 32 Patienten (26 Männer und 6 Frauen) im einfachen Blindversuch die Wirkung von Khellin in täglichen Dosen bis 160 mg auf typische Angina-pectoris-Anfälle. Die Untersuchungen erstreckten sich über einen längeren Zeitraum mit alternierenden Gaben von Khellin und Placebo. Das Patientenmaterial betraf Kranke, die im EKG Zeichen der

---

[1]) H. L. OSHER, K. H. KATZ und D. J. WAGNER, New Engl. J. Med. *244*, 315 (1951).

Tabelle 73
*Abnahme der Angina-pectoris-Beschwerden in Prozent der Beobachtungstage*

| Gruppe | Anzahl | Behandlungsart | Herzbeschwerden | | | |
|--------|--------|----------------|-----------------|----------|-----------|-----------|
| | | | unverändert | verstärkt | gemindert | aufgehoben |
| I | 39 | Khellin | 41,6 | 17,2 | 20,9 | 20,3 |
| | | Placebo | 42,8 | 17,2 | 21,8 | 18,2 |
| II | 27 | Khellin | 41,3 | 14,8 | 21,2 | 22,7 |
| | | Placebo | 46,2 | 15,5 | 20,3 | 18,0 |
| III | 27 | Khellin | 40,6 | 15,5 | 21,9 | 23,0 |
| | | Placebo | 46,9 | 16,8 | 20,7 | 15,6 |

Coronarinsuffizienz aufwiesen. Die Besserung war sehr deutlich in 11 Fällen (34%), in weiteren 11 Fällen (34%) war sie mäßig und in 4 Fällen (12%) leicht. Bei den übrigen Patienten konnte eine Abnahme der Anfälle nicht beobachtet werden. Unter der Placebobehandlung war nur in einem Fall eine Besserung zu konstatieren. 14–17 Personen verspürten sofort eine Verschlechterung beim Einsatz der Placebotabletten. Bei der durchschnittlichen täglichen Dosis von 160 mg Khellin waren toxische Nebenerscheinungen nicht zu beobachten. Die Autoren halten ebenfalls Khellin bei richtiger Dosierung für ein sehr wirksames Mittel gegen die Angina pectoris.

Weiter berichtet McKEEN[1]) über alternierende Versuche mit Khellin und Placebo an 39 Patienten. Die Dosen lagen zwischen 31–50 mg täglich. Die Dauer der Behandlung erstreckte sich für jede Untersuchungsperiode auf 2–4 Wochen. Als Bewertungsmaßstab wählten diese Untersucher die Anzahl der Tage, berechnet in Prozent auf die gesamte Beobachtungszeit, an denen die anginösen Beschwerden entweder unverändert bzw. in erhöhtem oder verringertem Umfang oder gar nicht in Erscheinung traten. In Tabelle 73 sind diese Angaben in der Gruppe I für das gesamte Patientenmaterial und die ganze Beobachtungsdauer einschließlich der ersten Behandlungstage durchgeführt. In der Gruppe II sind alle die Patienten ausgeschieden, deren Auskunft nicht exakt erschien. Die Gruppe III umfaßt 27 Patienten unter Ausschluß der ersten 3 Behandlungstage mit Khellin bzw. der ersten 7 Behandlungstage mit Placebo.

Weiterhin hat CHRISTENSEN[2]) im einfachen Blindversuch 20 Personen mit Angina pectoris und 5 weitere mit Bronchialasthma unter der Gabe von Khellin und Placebo untersucht. 6 von diesen Fällen sprachen auf Khellin nicht, dagegen auf Placebo an. 3 Fälle wurden in gleicher Weise von Placebo und Khellin gebessert. Ein Fall verschlechterte sich nach Khellinzufuhr, und 2 weitere blieben völlig unbeeinflußt, gleichgültig welche Art der Behandlung durchgeführt wurde. Bei 2 anderen Patienten mußte die Therapie wegen der Khellinnebenwirkungen abgebrochen werden. 6 weitere Fälle konnten wegen einer bestehen-

[1]) C. McKEEN, J. Amer. med. Ass. *144*, 889 (1950).
[2]) E. A. CHRISTENSEN, A. HJORTH und K. LIND, Nord. med. *54*, 1490 (1955).

den Demenz bzw. wegen ihrer schweren Dekompensationserscheinungen nicht
ausgewertet werden. 3 der 5 Asthmapatienten reagierten auf Khellin mit guten
Effekten, einer wurde unter Placebo und Khellin in gleicher Weise gebessert.
Der fünfte Fall zeigte derartige Schwankungen seines Krankheitszustandes,
daß eine sichere Beurteilung nicht möglich war.

Weitere klinische Versuche bei Kranken mit Angina pectoris, Cor pulmonale und Asthma bronchiale mit vergleichender Prüfung von Khellin und
Placebo liegen von ROSENMANN[1]) vor. Von 14 Kranken mit Angina pectoris
wurden 11 mit täglichen Dosen von 100–200 mg Khellin per os wesentlich, ein
weiterer Patient leicht gebessert, während in 2 Fällen das Mittel versagte. Von
den 8 Patienten mit chronischem Cor pulmonale zeigten alle eine deutliche
Besserung, die sich auf Grund der Beurteilung der Dyspnoe, des Atem-
mechanismus, der Hautfarbe und der Belastungsfähigkeit zu erkennen gab.
Bei diesen Kranken wurden Dosen von 100–300 mg täglich angewendet. Von
21 Patienten mit akutem Bronchialasthma konnte nur in 9 Fällen der Anfall
durch eine Injektion von 200 mg i.m. gelöst werden. Der Effekt war jedoch
nicht länger anhaltend. Nebenerscheinungen traten bei insgesamt 17 Fällen
auf. Sie nahmen mit der Höhe der Dosis zu und bestanden in Nausea, Ver-
stopfungserscheinungen, Benommenheit, Schlaflosigkeit sowie Urticaria und
Dermatitis. Im Vergleich zu Placebo ist in diesen Versuchsreihen Khellin immer
deutlich überlegen.

Im doppelten Blindversuch hat ARMBRUST[2]) an 53 Patienten mit Angina
pectoris, bei denen größtenteils EKG-Veränderungen vorhanden waren,
Khellin in Dosen von 3mal 40 mg p.o. im Vergleich zu Placebo geprüft. Placebo
wurde bei der Hälfte der Patienten im Wechsel mit Khellin gegeben. 60% der
Kranken, vor allem die mittelschweren und leichten Fälle, zeigten eine eindeutige Besserung, die sich auch im Arbeitsversuch objektivieren ließ. Außerdem wurde eine Besserung nur dann angenommen, wenn zwischen Khellin
und Placebo ein signifikanter Wirkungsunterschied feststellbar war. Gleich-
laufend mit der Erfolgsquote mußten 60% der Kranken zum Teil unangenehme Nebenerscheinungen in Kauf nehmen, wie Nausea, Anorexie und Benommenheit, durch die der an sich günstige Effekt von Khellin herabgemindert
wurde.

Wesentlich ungünstiger lauten die Ergebnisse von GREINER et al.[3]), der
ebenfalls im doppelten Blindversuch vergleichend Placebo und Khellin bei
Patienten mit Angina-pectoris-Beschwerden testete.

Berechnet auf die gesamte Beobachtungszeit sind die Tage, bei denen die
Herzanfälle unbeeinflußt blieben bzw. an denen sie verschlechtert, gebessert
oder aufgehoben waren, als Prozentwerte eingesetzt.

---

[1]) R. H. ROSENMANN, A. P. FISHMAN, S. R. KAPLAN, H. G. LEVIN und L. N. KATZ, J. Amer.
med. Ass. *143*, 160 (1950).

[2]) C. A. ARMBRUST und S. A. LEVINE, Amer. J. med. Sci. *220*, 127 (1950).

[3]) T. GREINER, H. GOLD, J. TRAVELL, H. BAKST, S. H. RINZLER, Z. H. BENJAMIN, L. J. WAR-
SHAW, A. L. BOBB, N. T. KWIT, W. MODELL, H. H. ROTHENDLER, C. R. MESSELOFF und M. L.
KRAMER, Amer. J. Med. *9*, 143 (1950).

Diese Beobachtungen stützen sich auf 39 Patienten mit Angina-pectoris-Beschwerden, die über ihre Anfallshäufigkeit genauestens Bericht zu erstatten hatten. Wie die Tabelle 74 zeigt, ist die Besserungsquote von Khellin oder Placebo nicht unterscheidbar.

Auch wenn man auf Grund der subjektiven Aussagen der Patienten Khellin und Placebo beurteilt, so ergibt sich, daß 13 Patienten Khellin und 12 Placebo günstiger einschätzen, während der Rest von 14 Personen Khellin und Placebo als gleich wirksam betrachtet. Auf den Blutdruck übt Khellin genau wie Placebo ebenfalls keinen therapeutisch verwertbaren Effekt aus.

An einer sorgfältig ausgewählten Gruppe von 14 Kranken mit Angina pectoris, die mit einer gewissen Regelmäßigkeit täglich während ihrer normalen Tätigkeit Anfälle hatten, prüften HULTGREN et al.[1]) ebenfalls im doppelten Blindversuch Khellin und Placebo. Die Dosis des Khellins betrug 100–150 mg

Tabelle 74

*Behandlungserfolg von Khellin und Placebo an 39 Patienten mit Angina pectoris*
*Prozent der Tage, an denen die Anfälle unverändert, verstärkt, verringert waren*
*bzw. nicht mehr auftraten*

|  | Unverändert | Verstärkt | Verringert | Nicht mehr |
|---|---|---|---|---|
| Behandlung mit Placebo . . . . (Gesamtbeobachtungstage 1463) | 42,8 | 17,2 | 21,8 | 18,0 |
| Behandlung mit Khellin . . . . (Gesamtbeobachtungstage 1489) | 41,6 | 17,2 | 20,9 | 20,3 |

täglich per os. Ein Teil der Kranken erhielt die gleichen Mittel intramuskulär. Die Placebotabletten wurden in einer äußerlich nicht unterscheidbaren Aufmachung per os gegeben. Von den 14 Kranken reagierten 7 eindeutig mit einer Abnahme der Zahl ihrer Anfälle unter der Khellintherapie, wobei deutliche Unterschiede gegenüber der Zeit vor der Behandlung bzw. während der Behandlungszeit mit Placebo festzustellen waren. Die Autoren bemerken indes, daß nicht mit Sicherheit zu entscheiden war, ob die Abnahme der Anfälle als Folge der verbesserten Kranzgefäßdurchblutung oder als Folge einer durch toxische Nebenwirkungen verhinderte körperliche Aktivität anzusehen ist. Vergleichende Untersuchungen zwischen Khellin und Nitroglycerin mit Hilfe des Arbeitsbelastungstestes ließen eine günstige Wirkung für Khellin vermissen. Selbst die tägliche Injektion i.m. verbesserte die Leistungsbreite der Kranken nicht. Auch das Herzminutenvolumen, der Druck in der A. pulmonalis bzw. der Blutdruck zeigten nach intramuskulärer Injektion keine wesentlichen Änderungen. Ein weiterer Nachteil des Khellins bestand in zahlreichen toxischen Nebenreaktionen allgemeiner oder lokaler Art, so daß die Untersucher den therapeutischen Wert von Khellin als sehr zweifelhaft bezeichnen.

---

[1]) H. N. HULTGREN, H. SCH. ROBERTSON und L. E. STEVENS, J. Amer. med. Ass. *148*, 465 (1952).

Ein weiterer doppelter Blindversuch mit Khellin und Placebo bei Patienten mit Angina pectoris wurde von SCOTT et al.[1] durchgeführt. Die Behandlung erfolgte periodenweise abwechselnd nach einer vorangehenden Beobachtungszeit mit einer Gesamtbeobachtungsdauer von etwa $1/2$ Jahr. Die untersuchten 20 Patienten trugen ihr Befinden täglich in eine Kartei ein und durften bei Bedarf Nitroglycerin nehmen. Wesentliche Besserungen zeigten lediglich 4 von diesen 20 Kranken während der oralen Khellintherapie. 11 Patienten gaben ein Nachlassen der Herzschmerzen und eine Zunahme der Leistungsgrenze an. Diese ließ sich jedoch nur bei 2 von 9 Kranken objektivieren. Das mit Ballistokardiogramm bestimmte Schlagvolumen nahm nach intramuskulärer Injektion von Khellin nur bei 1 von 8 Patienten zu, während 3 Patienten mit Verschlechterung reagierten. Die übrigen verhielten sich auf Khellin in bezug auf das Schlagvolumen indifferent. In 6 Fällen wurde außerdem die Reaktion des Carotis-Sinus-Reflexes durch Kippen nach parenteraler Applikation geprüft. Auch hier ergab sich keine Veränderung. Ab Dosen von 120 mg stellten sich Nebenerscheinungen ein mit Übelkeit, Appetitlosigkeit, Sodbrennen und vermehrter Diurese. Die Eignung des Khellins für die Behandlung der Angina pectoris erscheint nach diesen Ergebnissen nicht hoch anzuschlagen zu sein.

Ein zweiter Versuch von SCOTT[2] befaßt sich mit 14 anginösen Patienten, die nach vierwöchiger Vorbeobachtung 4mal täglich 50 mg Khellin bzw. Placebo p.o. erhielten. 6 von ihnen zeigten keine Besserung, die übrigen 8 erlitten weniger Anfälle, gleichgültig, ob sie das kristalline Khellin oder Placebo nahmen bzw. sich in der Kontrollperiode befanden. 9 von den 14 Patienten zeigten Nebenwirkungen, die mit dem Absetzen der Khellinmedikation bzw. einer Herabsetzung der Dosis auf 100 bzw. 150 mg/Tag verschwanden. Die Nebenwirkungen bestanden in Übelkeit, Durchfällen, Schläfrigkeit und Appetitlosigkeit.

Ein letzter Blindversuch wurde an 15 Patienten mit Coronarsklerose, die seit mehreren Monaten oder Jahren an anginösen Beschwerden litten, von LEINER und DACK[3] durchgeführt, wobei die Patienten 50 mg Khellolglykosid bzw. 20 mg Khellin 1–3mal täglich erhielten, nachdem sie zuvor 1–2 Wochen lang auf Placebo eingestellt waren. 4 von 15 Patienten fühlten sich nach der Umstellung auf das Medikament besser. Sie wurden weniger häufig durch Anfälle belästigt und konnten infolgedessen ihren Nitroglycerinverbrauch reduzieren. 6 fühlten sich nach Khellin schlechter. Der Rest blieb unbeeinflußt. Gastro-intestinale Beschwerden traten in 4 Fällen auf, und zwar unabhängig von der Khellinzufuhr.

Bei der Untersuchung im einfachen und doppelten Blindversuch ist der Effekt des Khellins bei Patienten mit anginösen Beschwerden demnach ebenfalls nicht eindeutig zu umreißen, da die Resultate keineswegs gleichmäßig lauten. Zwei völlig negativen Beurteilungen stehen andere mit mittelmäßigen

[1] R. C. SCOTT, A. IGLAUER, R. S. GREEN, J. W. KAUFMAN, B. BERMAN und J. McGUIRE, Circulation 3, 80 (1951).
[2] R. C. SCOTT und V. J. SEIWIRT, Ann. int. Med. 36, 1190 (1952).
[3] G. C. LEINER und S. DACK, J. Mt. Sinai Hosp. 20, 41 (1953).

oder guten Ergebnissen gegenüber, so daß im Grunde die gleiche Unsicherheit der Aussage wie bei den klinischen Beobachtungen ohne unwissentliche Versuchsanordnung bestehen bleibt. Im Falle des Khellins kann somit selbst der doppelte Blindversuch keine Garantie für eine absolute Zuverlässigkeit und Gleichmäßigkeit der Behandlungsergebnisse bieten.

Ergänzend ist zu berichten über eine Beobachtungsreihe von 30 Patienten, die an einem lange bestehenden, nicht jahreszeitlich bedingten Bronchialasthma litten[1]). 8 hatten ein schweres Emphysem. Bei 27 Kranken spielten psychische Faktoren als auslösende Ursache der Asthmaanfälle mit Sicherheit keine wesentliche Rolle. 11 von ihnen nahmen alternierend in täglichem oder wöchentlichem Wechsel ein Leerpräparat im Vergleich zu Khellin 2–3mal täglich 40 mg p.o. Alle diese Patienten gaben ohne Ausnahme an, daß das Leerpräparat keinen Effekt zeige und auch keine Nebenwirkungen habe. Im übrigen sprachen 22 Patienten gut auf Khellin an. 4 vermerkten nur eine geringe Linderung ihrer Beschwerden. 4 reagierten mit Verschlechterung oder ohne Erfolg. Nebenwirkungen gab es bei 17 Personen in Form von Übelkeit. 5 Patienten hatten 1–2mal Erbrechen aufzuweisen. Ein Hochdruckkranker mußte die Therapie wegen Herzbeschwerden aufgeben. Daneben zeigten sich bei der Mehrzahl der Patienten Appetitlosigkeit, Kopfschmerzen, Benommenheit und Juckreiz. Diese Beschwerden konnten jedoch nicht in sicheren Zusammenhang mit dem Medikament gebracht werden.

Ähnliches berichtet SNIDER[2]), der 120 mg Khellin pro Tag oral alternierend mit Placebo 8 Asthmapatienten über 1–2 Wochen verabreichte. Besserungen mäßigen Umfanges wurden bei einem von diesen Patienten nach Placebo und bei 3 nach Khellin gesehen. In einer zweiten Serie erhielten 6 Asthmatiker während des Anfalles 300 mg Khellin i.m. Während sie auf Adrenalin und Aminophyllin gut ansprachen, wurde nach Khellin nie ein spezifischer Effekt wahrgenommen.

*Purine:* Theobromin zeigte in den Untersuchungen von GOLD[3]) keinen besseren Einfluß auf Angina-pectoris-Beschwerden im Vergleich zu Placebo. Wenn man die Häufigkeit der Schmerzanfälle zugrunde legt und sie in Prozent berechnet, so ergibt sich eine nahezu völlige Übereinstimmung der Ergebnisse, wie aus der Tabelle 75 ersichtlich ist. Die Dosen des Theobromins betrugen in diesem Versuch 0,3–1,0 g. Die Verabreichungsdauer wurde auf 4–8 Wochen ausgedehnt.

Ebenso erwiesen sich Theobromin und Aminophyllin ohne Einfluß auf den Blutdruck. Auch unter diesen Bedingungen wurde kein unterschiedliches Verhalten gegenüber Placebo erzielt.

Die Ergebnisse von LEROY[4]) lauten anders. Auch hier handelt es sich um die Beeinflußung von Angina-pectoris-Beschwerden, deren Ansprechen auf

[1]) R. M. MULLIGAN, Ann. Allergy *11*, 313 (1953).
[2]) G. G. SNIDER, M. M. MOSKO, D. B. RADNER und D. H. LANG, J. Amer. med. Ass. *150*, 1400 (1952).
[3]) H. GOLD, N. T. KWIT und H. OTTO, J. Amer. med. Ass. *108*, 2173 (1937).
[4]) G. V. LE ROY, J. Amer. med. Ass. *116*, 921 (1941).

Tabelle 75

*Beeinflussung der Schmerzanfälle unter Theobromin und Placebo*

|  | Theobromin | Placebo |
|---|---|---|
| Schmerzen unverändert | 63% | 69% |
| Schmerzen gemindert | 22% | 25% |
| Schmerzen verstärkt | 15% | 6% |

Tabelle 76

| Behandlungsart | Zahl der Patienten | Angina-pectoris-Anfälle | |
|---|---|---|---|
|  |  | Besserung in Prozent | Rückfälle in Prozent |
| Phenobarbital 0,06 g + Na Br. 1,2 g . . . | 17 | 18 |  |
| Placebo. . . . . . . . . . . . . | 12 | 17 |  |
| Aminophyllin, 3mal täglich 0,2 g . . . . | 39 | 79 |  |
| Aminophyllin, 3mal täglich 0,2 g . . . . | 24 | 75 |  |
| Placebo. . . . . . . . . . . . . | 42 |  | 72 |
| Keine Therapie . . . . . . . . . . | 43 |  | 74 |
| Aminophyllin, 3mal täglich 0,2 g . . . . | 142 | 81 |  |
| Placebo. . . . . . . . . . . . . | 13 | 23 |  |

Aminophyllin bzw. eine Kombination von Phenobarbital und Natriumbromid sowie Placebo getestet wurde (siehe Tabelle 76).

Wenn man das Gesamtmaterial zusammenfaßt, so steht einer Erfolgsquote von 75% bei Aminophyllin eine von 20% bei Placeboverabreichung gegenüber. Dazu kommt eine Rückfallquote von etwa 80%, wenn man von der Theophyllintherapie auf Placebo umschaltet.

ARAVANIS[1] hat 63 Fälle von Angina pectoris untersucht, von denen 35 täglich 3 Tabletten zu 200 mg Cholin und Theophyllinat und 28 täglich 3 gleichartig aussehende Leertabletten erhielten. 2 Fälle (6%) wurden nicht beeinflußt. 5 Patienten (15%) wurden leicht gebessert, 11 Patienten (33%) wurden erheblich gebessert, und 15 Patienten (46%) wurden wieder völlig hergestellt. Unter der Placebobehandlung blieben 18 Fälle (64,5%) unbeeinflußt, und nur 10 Fälle (35,5%) zeigten ein minimales Nachlassen ihrer Beschwerden. Aus diesen Befunden wird auf eine bemerkenswerte Wirkung des Theophyllinpräparates geschlossen. Dem entspricht ein zweiter Bericht des gleichen Untersuchers[2], der 72 Patienten umfaßt, von denen 42 das Medikament und 28 ein Leerpräparat erhielten. Der klinische Befund veränderte sich erst allmählich in günstiger Richtung. Dies zeigte sich in der Abnahme der Zahl und Schwere der Anfälle sowie in dem geringeren Bedarf an Nitroglycerin. Im Ruheelektrokardiogramm war nur ausnahmsweise ein günstiger Befund zu objektivieren.

---

[1]) C. ARAVANIS, Circulation *12*, 676 (1955).
[2]) C. ARAVANIS und A. A. LOUISADA, Ann. int. Med. *44*, 1111 (1956).

Schließlich haben ANDERSON und McINTYRE[1]) bei 100 Fällen von Dysmenorrhoe Aminophyllin sowie eine Kombination von Aminophyllin, Coffein, Acetphenetidin und Aspirin bzw. Placebo untersucht. Mit Placebo wurden überhaupt keine Effekte gesehen. Bei alleiniger Verwendung von Aminophyllin war die Wirkung äußerst gering, bei der Verabreichung der Kombination zeigten sich in 70% der Fälle erhebliche Besserungen. 16 Fälle wurden nur gering gebessert, und 14 blieben unbeeinflußt.

### Nitrite und andere Substanzen

An 90 Patienten haben EVANS und HOYLE[2]) verschiedene Medikamente in ihrer Wirksamkeit auf Angina-pectoris-Anfälle vergleichend mit Placebo unter-

Tabelle 77

*Anzahl der Patienten mit Angina-pectoris-Anfällen,*
*die gebessert, erleichtert, unbeeinflusst oder verschlechtert wurden* (nach EVANS und HOYLE[1]))

| Präparat | Gesamt-versuchs-zahlen | Gebessert | Erleichtert | Unbe-einflußt | Ver-schlech-tert |
|---|---|---|---|---|---|
| Placebo . . . . . . . . . . | 66 | 18 | 7 | 22 | 19 |
| Natriumnitrit | 42 | 5 | 3 | 21 | 13 |
| Placebo | | 12 | 5 | 11 | 14 |
| Mannitolhexanitrat | 21 | 2 | 1 | 13 | 5 |
| Placebo | | 6 | 2 | 9 | 4 |
| Erythroltetranitrat | 20 | 0 | 0 | 13 | 7 |
| Placebo | | 7 | 1 | 8 | 4 |
| Kaliumjodid | 47 | 13 | 5 | 20 | 9 |
| Placebo | | 15 | 5 | 15 | 12 |
| Luminal | 59 | 8 | 14 | 30 | 7 |
| Placebo | | 17 | 7 | 21 | 14 |
| Chlorhydrol | 56 | 19 | 13 | 15 | 9 |
| Placebo | | 17 | 4 | 20 | 15 |
| Morphin | 48 | 16 | 11 | 15 | 6 |
| Placebo | | 15 | 3 | 16 | 14 |
| Papaverin | 31 | 9 | 7 | 8 | 7 |
| Placebo | | 9 | 3 | 11 | 8 |
| Phenacetin | 20 | 6 | 4 | 6 | 4 |
| Placebo | | 7 | 1 | 6 | 6 |
| Diuretin | 53 | 10 | 5 | 30 | 8 |
| Placebo | | 17 | 5 | 18 | 13 |
| Euphyllin | 37 | 7 | 3 | 16 | 11 |
| Placebo | | 12 | 3 | 12 | 10 |
| Belladonna | 15 | 1 | 1 | 7 | 6 |
| Placebo | | | | | |
| Digitalis | 19 | 3 | 1 | 8 | 7 |
| Placebo | | 4 | 2 | 7 | 6 |

[1]) W. EVANS und C. HOYLE, Quart. J. Med. *26*, 311 (1933).

---

[1]) H. E. ANDERSON und A. R. McINTYRE, Nebraska State med. J. *34*, 17 (1949).

[2]) W. EVANS und C. HOYLE, Quart. J. Med. *26*, 311 (1933).

sucht. 66 Patienten, welche Placebo in verschiedenen Testperioden von je 14 Tagen erhielten, zeigten bereits erhebliche Besserungen. Ein völliges Nachlassen der Anfälle wurde bei 27% erreicht. In 10,5% war der Besserungsgrad mäßig, in 33,5% blieb das Zustandsbild unbeeinflußt, und in 29% führten die Placebo-gaben zu einer Verschlechterung. Wenn man diese Ergebnisse in Parallele stellt zu den Wirkungen der geprüften Medikamente, so ergibt sich in keinem Falle ein signifikant zu sichernder Wirkungsgrad, der über den Placeboeffekt hinaus-geht. Zum Teil schneiden sogar die benutzten Medikamente schlechter ab als

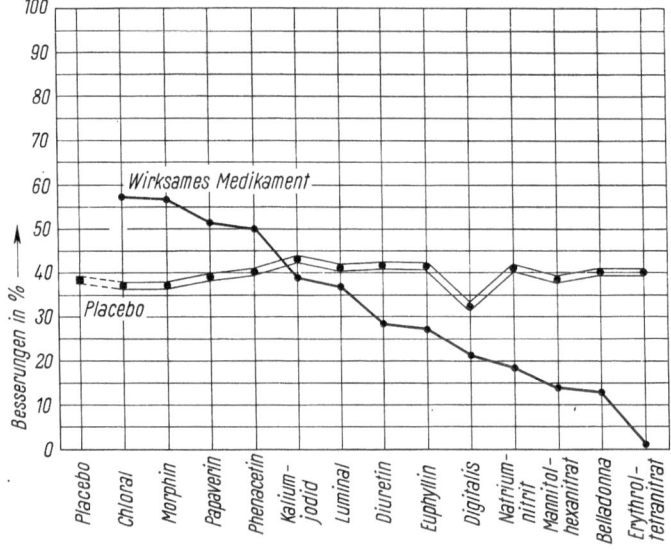

Figur 2

Vergleichende Untersuchungen an Patienten mit Angina pectoris.
———— Erfolgsquoten nach einer Behandlung mit verschiedenen Medikamenten. ===== Ergebnisse nach Placebo-Anwendung am gleichen Krankenmaterial. ===== Wirksamkeit des Vortestes mit Placebo.

Entnommen aus W. EVANS und C. HOYLE, Quart. J. Med. *26*, 311 (1933).

Placebo. Dies wird besonders deutlich in dem Diagramm, in dem der Prozent-satz der gebesserten Patienten unter Einfluß des Placebo bzw. der Prüfsub-stanzen kurvenmäßig dargestellt ist (siehe Figur 2).

Im einfachen Blindversuch sah WEITZMANN[1]) dagegen nach Erythrol-tetranitrat, in Dosen von 60 mg 3mal täglich verabreicht, bei 49 Patienten einen günstigen Einfluß auf die Angina pectoris, während Placebo, monate-lang geprüft, völlig versagte.

SILBER und KATZ[2]) kamen im doppelten Blindtest an 65 Patienten zu gleichartigen Ergebnissen. Ebenso wurde an 20 Kranken im Vergleich zu Placebo bei einer Beobachtungsdauer von 6 Monaten für Paveril (Dioxylin)

---

[1]) D. WEITZMAN, Brit. med. J. *1953*, II, 1409.
[2]) E. N. SILBER und L. N. KATZ, J. Amer. med. Ass. *153*, 1075 (1953).

ein klinisch günstiger Einfluß gesehen. Placebo selbst ließ jeden Einfluß vermissen.

Weiterhin gibt HUEBER[1]) an, daß Nitroglycerin in Dosen von 6,5 mg bei Angina-pectoris-Patienten die Anfallsbereitschaft deutlich herabsetzt, während Placebo die Häufigkeit der Anfälle unbeeinflußt läßt.

FULLER und KASSEL[2]) testeten an drei Gruppen von Patienten mit Angina pectoris Triäthanolamintrinitrat (Metamin) zusammen mit Placebo (siehe Tabelle 78). Hierbei war eine Vorbeobachtungsperiode gefolgt von einer Placebogabe, auf die in der dritten Phase das Metamin gegeben wurde. Bei der ersten

Tabelle 78
*Anzahl der Angina-pectoris-Anfälle pro Tag*

| Gruppe | Zahl der Versuchs-personen | Phase I Vorbeobach-tungsperiode | Phase II Placebo | Phase III Metamin-medikation |
|---|---|---|---|---|
| A | 34 | 11,0 | 14,2 | 5,5 |
| B | 17 | 5,5 | 4,7 | 2,0 |
| C | 20 | 2,0 | 3,0 | 1,0 |
| | 71 | 7,1 | 7.7 | 3,4 |

*Metamindosierung und Erfolgsquoten*

| Gruppe | Zahl der Versuchs-personen | Anfangs-dosis mg/kg täglich | Enddosis mg/kg täglich | Prozent Besserung |
|---|---|---|---|---|
| A | 34 | 8 | 12–24 | 85 |
| B | 17 | 8 | 8–20 | 76 |
| C | 20 | 8 | 8–16 | 80 |

Gruppe (A) handelte es sich um Kranke, die bereits längere Zeit mit Mannitolhexanitrat, Erythroltetranitrat, Pentaerythroltetranitrat bzw. Papaverin oder Khellin behandelt waren und die außerdem in der Regel Nitroglycerin benutzten. Bei allen diesen Kranken handelte es sich um schwere Fälle. Die Gruppe B umfaßte Patienten mit geringen Beschwerden, die ausschließlich prophylaktisch zur Verhütung ihrer Anfälle Nitroglycerin oder ein anderes Nitrit einnahmen. In der Gruppe C sind die Patienten eingeordnet, die ihre Anfälle durch Ruhe und Vermeidung von Anstrengungen beheben konnten und die nie zuvor Medikamente eingenommen hatten. Das Ergebnis zeigt, daß die Anzahl der Angina-pectoris-Anfälle pro Tag gegenüber der Vorphase und der Placeboperiode unter der Metaminmedikation in allen Gruppen deutlich absinkt. Entsprechend der Schwere der Krankheitsbilder sind für das Nachlassen der anginösen Beschwerden ver-

[1]) E. HUEBER und H. THALER, Med. Verein Wien (16. November 1956).
[2]) H. L. FULLER und L. E. KASSEL, J. Amer. med. Ass. *159*, 1708 (1955).

schieden hohe Dosen erforderlich. Zwischen der Vorphase und der Placeboperiode sind keine Unterschiede nachweisbar. Der Metamineffekt ist demnach
nicht in Frage gestellt.

*Myocardon:* Nach einer therapiefreien Vorperiode mit Placebomedikation
haben HOLLDACK *et al.*[1]) alternativ mit Myocardon (Kombinationspräparat mit
Euphyllin, Papaverin, Atropin-Methylnitrat, Luminal und Nitroglycerin) behandelt und möglichst sorgfältig die Häufigkeit und Schwere der auftretenden
Angina-pectoris-Anfälle registriert. Während der Zeit, in der Myocardon gegeben wurde, war die Zahl und Stärke der Anfälle deutlich geringer als während der
Placeboverabfolgung. Auf eine statistische Auswertung wurde verzichtet, weil
keine entsprechenden Versuche mit den Einzelbestandteilen durchführbar waren.

Tabelle 79
*Beobachtungen an 22 Patienten mit Angina pectoris*

| Präparate | Zahl der Angina-pec- toris-Anfälle | Verbrauch an Nitroglycerin |
|---|---|---|
| Äthaverin . . . . . | 926 | 967 |
| Placebo . . . . . . | 849 | 941 |

*Äthaverin:* Äthaverin wurde in Dosen von 400 mg täglich im doppelten
Blindversuch alternierend mit Placebo an 22 Patienten mit Angina pectoris von
VOYLES[2]) vergleichend getestet (siehe Tabelle 79). Placebo wurde mit positiver
Suggestion verabreicht. Die Prüfung dauerte 6–12 Wochen. Es fanden sich keine
Unterschiede, gleichgültig ob Äthaverin oder Placebo verabreicht wurden. Auch
dann, wenn subjektiv ein günstiger Eindruck bei den Patienten bestand, war
objektiv das Krankheitsbild nicht verändert. Dies geht auch aus der Zahl der
Angina-pectoris-Attacken und dem Verbrauch an Nitroglycerintabletten hervor.

*Heparin:* An 44 Patienten mit Angina pectoris wurde von BINDER[3])
100 mg Heparin 2mal wöchentlich intravenös bzw. Kochsalzinjektionen im
Anschluß an eine Vorbeobachtungsperiode geprüft. Wenn man die Tage, an
denen Herzbeschwerden innerhalb der gesamten Beobachtungszeit auftraten,
in Prozent berechnet, so ergibt sich für die Vorperiode ein Prozentsatz von 76,
für die Zeit der Heparinbehandlung von 46 und für die Zeit der Placeboinjektionen von 48%. Bei zwei Versuchsgruppen von 18 bzw. 16 Patienten findet
sich außerdem die Zahl der Angina-pectoris-Anfälle und der Verbrauch an
Nitroglycerintabletten pro Woche angegeben. Diese Beobachtungen sind in der
Tabelle 80 zusammengefaßt. Das Resultat ist immer ungünstig, gleichgültig
ob Heparin vor oder nach der Placebozufuhr verabreicht wurde.

6 Patienten mit Clauditio intermittens erhielten Heparin 50 mg bzw. Placebo
injiziert und wurden am Ergometer auf ihre Gehfähigkeit getestet. 2 der Kranken

[1]) K. HOLLDACK, W. BRONDLE und W. HEID, Dtsch. med. Wschr. *80*, 181 (1955).
[2]) C. M. VOYLES, H. A. SIEBER und E. S. ORGAIN, J. Amer. med. Ass. *153*, 12 (1953).
[3]) M. J. BINDER, J. Amer. med. Ass. *151*, 967 (1953); *152*, 1066 (1953).

Tabelle 80

| Versuchs-gruppe | Anzahl der Patienten | Behandlungsart | Anzahl der Angina-pec-toris-Anfälle | Verbrauch an Nitroglycerin pro Woche |
|---|---|---|---|---|
| I | 18 | Vorbehandlung | 18 | 13 |
| | | Heparin | 18 | 6 |
| | | NaCl | 15 | 7 |
| II | 16 | Vorbehandlung | 12 | 10 |
| | | NaCl | 11 | 7 |
| | | Heparin | 11 | 6 |

zeigten nach Placebo erhebliche Besserung. 2 fühlten sich sowohl nach Placebo wie nach Heparin wohler. Der objektive Befund blieb jedoch praktisch unverändert. Ein weiterer Patient zeigte objektiv und subjektiv keine günstige Beeinflußung seines Krankheitszustandes. Der letzte von den 6 Fällen wurde dagegen verschlechtert. Auch bei 5 anderen Arteriosklerotikern zeigte sich nach der Heparinzufuhr über einen Zeitraum von 4–14 Wochen kein Effekt[1].

### 2.13 Blutdrucksenkende Stoffe

*Hydralazine und andere Substanzen:* Bei Hypertensionen aller Art und Schwere wurden im doppelten Blindversuch an hospitalisierten und ambulant behandelten Patienten Veriloid, Protoveratrin, Hexamethonium, Apresolin und Rauwolfiaextrakte auf ihre blutdrucksenkenden Eigenschaften getestet. Es gelang für keine dieser Drogen einen spezifischen Behandlungseffekt, der über eine Placebowirkung hinausginge, zu zeigen. Der Einfluß psychischer Faktoren ist bei diesen Patienten meist so groß, daß er den spezifischen pharmacodynamischen Effekt verschleiert[2].

Im einfachen Blindversuch fand sich bei Patienten mit Hypertonie, die mit Apresolin bzw. Placebo behandelt wurden, in beiden Gruppen eine Blutdrucksenkung, die nach Apresolingabe etwas stärker ausgeprägt war. Dieser Effekt war jedoch nicht mit Regelmäßigkeit zu erzielen, die Resultate wechselten vielmehr häufig. Von 37 Patienten wiesen nur 12 eine Abnahme des diastolischen Blutdrucks auf, der mehr als 20% der Ausgangslage betrug. Nebenwirkungen in Form von Kopfschmerzen zwangen bei 11 Personen zum Absetzen der Therapie. Bei den 28 Placebobehandelten wurde nur in einem Falle ein Druckabfall von mehr als 20% erreicht[3].

*Secalealkaloide:* Über die Wirksamkeit von Hydergin als blutdrucksenkende Substanz sind die Meinungen sehr geteilt. McGREGOR et al.[4] haben deshalb an

[1] E. P. SIMON und J. S. WRIGHT, J. Amer. med. Ass. *153*, 98 (1953).
[2] A. P. SHAPIRO, J. Amer. med. Ass. *160*, 30 (1956).
[3] D. H. MERRILL und K. KENYRE, Amer. J. med. Sci. *226*, 623 (1953).
[4] M. McGREGOR, M. ZION und TH BOTHWELL, South Afric. med. J. *28*, 292 (1954).

20 Patienten Kontrollversuche mit Placebo durchgeführt. 16 dieser Kranken wurden vor Beginn der Behandlungszeit durchschnittlich 16 Wochen lang kontrolliert. Die Applikation des Hydergins bestand zunächst in der Mehrzahl der Fälle in einer i.m.-Injektion. 60 min später wurde der Blutdruck kontrolliert. Die Placebokontrolle wurde erst während der oralen Medikation von Hydergin als Vor- oder Nachbehandlungsperiode angestellt. Derartige Kontrollen wurden in 13 Fällen 2mal und in 2 Fällen 3mal durchgeführt, zwischengeschaltet wurde das Hydergin meist über 5 Wochen verabfolgt. Die durchschnittliche Blutdrucksenkung war im allgemeinen gering und nie als statistisch signifikant zu betrachten. Selbst bei Placebozufuhr fühlten sich 7 der 20 Patienten subjektiv weitgehend gebessert. Ein Unterschied gegenüber dem Einfluß von Hydergin war auch im subjektiven Befinden nicht sicher zu beweisen.

Ebenso kamen APPELHANS et al.[1]) zu negativen Ergebnissen bei 13 stationär und 40 ambulant behandelten Patienten. Die Beurteilung erfolgte bei den stationären Fällen im Anschluß an eine Vorbeobachtungszeit und bei den ambulanten Kranken nach einer Vorbehandlung mit einem Leerpräparat. Nahezu in keinem dieser Fälle konnte ein ausreichend belegbarer Effekt des Hydergins auf den pathologisch erhöhten Blutdruck erwiesen werden. Von den 40 ambulant behandelten Personen reagierten 15 überhaupt nicht auf die Therapie, 17 sprachen bereits auf das Leerpräparat an. In 3 Fällen war eine signifikante Blutdrucksenkung festzustellen. Beim Hydergin wurden Besserungen in 8 Fällen erzielt, davon waren 4 signifikant. Die medikamentöse Therapie des Hochdrucks und ihre Bewertung ist mit vielen unkontrollierten und unübersehbaren Faktoren belastet, so daß gerade bei diesem Krankheitskomplex nur schwer exakte Ergebnisse erreichbar sind.

Günstiger lauten die Kontrollversuche mit Placebo und Hydergin von HOLLISTER[2]), der über 26 Patienten berichtet, die an cerebraler Arteriosklerose (14 Fälle), an senilen bzw. präsenilen cerebralen Prozessen (5 Fälle), an Hypertonie (2 Fälle) sowie an Involutionspsychosen, Schizophrenie, Lues cerebri, Alkoholpsychosen (insgesamt 5 Fälle) litten. Während der ersten 4 Wochen wurden täglich 4 mg Hydergin, in den folgenden 14 Tagen 3 mg und im weiteren Verlauf 2 mg pro Tag verabreicht. Dem Versagen des Placebo stehen eindeutige Besserungen in zwei Fällen mit organischen Hirnveränderungen und bei der Hypertonie entgegen. Ebenso war bei 8 Fällen von Alterspsychosen eine günstige Beeinflussung durch die Medikation erkennbar. Bei einer Hemiparesie nach Gefäßverschluß kam es sogar zu einer Rückbildung der Durchblutungsstörung. Kein Einfluß war dagegen in diesen Fällen auf den psychischen und neurologischen Befund erkennbar. Auch die Schizophrenie wurde nicht gebessert.

*Veratrumalkaloide:* Im doppelten Blindversuch erhielten 24 Patienten mit einem Durchschnittsalter von 48 Jahren, von denen 22 an einer essentiellen Hypertonie litten, 14 Tage lang täglich 1 mg Veriloid. Dann nahmen die

[1]) M. APPELHANS, K. KAISER, E. WATERLOH und E. WELTE, Dtsch. med. Wschr. *79*, 1481 (1954).
[2]) L. E. HOLLISTER, Dis. nerv. System *16*, 259 (1955).

Untersucher, JOINER und KAUNTZE[1]), eine Teilung in zwei Gruppen vor. In der ersten, die 12 Patienten umfaßte, wurden zunächst 8 Wochen lang Placebotabletten und in den folgenden 8 Wochen Rauwolfia serpentina 0,05 g unter gleichzeitiger Fortsetzung der Veriloidzufuhr verabreicht. Den restlichen 12 Patienten wurde die gleiche Menge Veriloid und bereits in den ersten 8 Wochen täglich 0,5 und in den weiteren 8 Wochen täglich 1 g Rauwolfiaextrakt verabreicht. Die einzelnen Fälle wurden der ersten und zweiten Gruppe nach Zufall zugewiesen. Wöchentlich wurden Blutdruck und Pulsfrequenz vom gleichen Beobachter gemessen, ohne daß dieser über die Art der Therapie unterrichtet war. Ausgewertet konnten insgesamt 16 Fälle werden. Bei 6 dieser Patienten fand sich unter der Rauwolfiatherapie eine signifikante Verlangsamung der Pulsfrequenz im Vergleich zu der Placeboperiode. 5 dieser Patienten zeigten zusätzlich Veränderungen des diastolischen Blutdrucks. Diese traten jedoch nur bei 3 Patienten in einem Ausmaße ein, daß man ihnen eine klinische Bedeutung zusprechen konnte. Durch hohe Dosen von Rauwolfia waren keine besseren Resultate zu erzielen. Die geringe Anzahl der Beobachtungen läßt jedoch keine Schlußfolgerungen zu, die verallgemeinert werden können. Ein Beweis für eine additive oder synergistische Wirkung der Rauwolfia mit dem Veriloid konnte nicht erbracht werden.

Ein weiterer Behandlungsversuch mit Veratrum-viride-Extrakten an 25 Patienten mit essentieller Hypertonie liegt von COE, BEST und KINSMAN[2]) vor. Jeder Patient erhielt in dieser Untersuchungsreihe täglich am Abend und am Morgen 1 Tablette, die 10 Craw-Einheiten enthielt. Es fand sich eine symptomatische Besserung bei 64% aller behandelten Fälle. Ebenso wurden in 64% toxische Symptome beobachtet. Bei einer Kontrollgruppe, die Placebo erhielt, war eine symptomatische Besserung in 60% der Fälle festzustellen. Die Blutdrucksenkung unter der Veratrumbehandlung war nicht signifikant abweichend von der der Placebofälle. Eine weitere Steigerung der Veratrumdosis war bei der starken Toxizität nicht möglich. Der Behandlungserfolg ist unter diesen Bedingungen demnach im Vergleich zum Placebo negativ zu beurteilen.

*Cinchona-Alkaloide:* In Nachkontrolle der günstig lautenden tierexperimentellen Befunde untersuchten SELIGMAN et al.[3]) den Einfluß der Cinchona-Alkaloide auf die essentielle Hypertonie im doppelten Blindversuch (alle 4 Wochen alternierend mit Placebo gegeben). Die Versuchspersonen standen 1 Jahr lang zuvor unter sorgfältiger Kontrolle. Ihr Blutdruck lag mindestens bei 150/90 mm Hg. Jede Woche während des therapeutischen Versuches erfolgte eine Untersuchung der Patienten, die über ihr subjektives Befinden berichten mußten. Weiterhin mußten sie Auskunft geben über das Auftreten von Kopfschmerzen, Herzklopfen, Brustbeschwerden, Zustände von Benommenheit oder Nervosität. Daneben erfolgte eine Messung des Blutdrucks und eine Beurteilung des Zustandsbildes durch den Arzt. Es bestand zunächst der Eindruck, daß

---

[1]) C. JOINER und R. KAUNTZE, Lancet *1954*, I, 1097.
[2]) W. S. COE, M. M. BEST und J. M. KINSMAN. J. Amer. med. Ass. *143*, 4 (1950).
[3]) A. W. SELIGMAN, F. C. FERGUSON, S. GARB, J. L. GLUCK, S. L. HALPERN und M. GUSGOLD, Amer. J. med. Sci. *226*, 636 (1953).

Chinin und Chinidin einen günstigen Effekt ausüben, da die Patienten sich unter dieser Therapie wohlfühlten. Außerdem trat eine Senkung des Blutdruckes ein. Bei der statistischen Analyse erwies sich indes, daß der Effekt der Placebotabletten nicht signifikant von dem der Cinchona-Alkaloide unterscheidbar war. Welches der Präparate man auch gab, stets verbesserten sich bei einem Teil der Patienten die subjektiven und objektiven Befunde. Auch die unter dem Einfluß der Cinchona-Alkaloide eintretende Blutdrucksenkung wurde im gleichen Umfang durch Placebogaben erreicht. Bei einer Krankheit mit einem so wechselhaften Verlauf und einer so unsicheren Genese, wie sie für die Hypertonie typisch sind, kann man aus Einzelfällen kaum ein gleichartiges Kollektiv bilden. Man muß demnach bei der Beurteilung von Arzneimittelwirkungen besonders vorsichtig sein.

### 2.14 Magen-darm-wirksame Substanzen

GRACE[1]) berichtet über einen Patienten mit einer Magenfistel, bei dem die Reaktion des Magens in bezug auf die Durchblutungsgröße sowie die sekretorische und motorische Aktivität auf die Zufuhr von Bouillon verschiedenartig ausfiel, je nach der Stimmungslage des Patienten. In gleicher Weise änderte sich die Wirkung von Medikamenten in Abhängigkeit vom psychischen Zustand. Bei zorniger Stimmungslage fehlten beispielsweise nach der Zufuhr von Atropin die sonst nachweisbaren sekretorischen und muskulären Reaktionen des Magens. Das ist indes nicht überraschend, da HEYER[2]) bereits 1921 nachweisen konnte, daß man mit Hilfe der Suggestion Einfluß auf die Saftproduktion des Magens nehmen kann.

Am gleichen Patienten erzielte WOLF[3]) mit Placebogaben eine Zunahme der Durchblutung, eine Steigerung der Säuresekretion und einen Anstieg des Turgors, wobei diese Effekte in ihrem Ausmaß wiederum von der psychischen Situation gesteuert wurden. Es ist infolgedessen bei der Beurteilung echter pharmakologischer Effekte oft schwierig zu erkennen, in welchem Grad und mit welcher Häufigkeit das somatische Geschehen durch die psychische Reaktionslage im Augenblick der Darreichung beeinflußt wird. WOLF schätzt die Häufigkeit einer Einflußnahme psychogener Faktoren durchschnittlich auf 50%.

Bei der Placeboverabreichung kann außerdem die Wirkung von äußeren Faktoren beeindruckt werden. Dies zeigt ein Versuch an diesem Magenfistelkranken, bei dem 20 ml Wasser die Magenfunktion unbeeinflußt ließen, während Placebotabletten, die in rote Kapseln eingehüllt waren, so starke Effekte auslösten, dass sie teilweise sogar einer Prostigminreaktion weitgehend glichen, die von Bauchschmerzen, Diarrhoen sowie einer Hyperämie, Hypersekretion und Hypermotilität der Magenschleimhaut begleitet war.

Auch Urogastron verringerte die Tätigkeit des Magens nur, wenn er sich im Zustande der Hyperämie und einer vermehrten Sekretion befand und

[1]) W. J. GRACE, Amer. J. Med. 17, 722 (1954).
[2]) G. R. HEYER, Verh. dtsch. Ges. inn. Med. 33, 447, 463 (1921); 35, 87 (1923).
[3]) St. WOLF, J. clin. Inv. 29, 100 (1950).

wenn der Patient sich wohl fühlte und entspannt war. Die gleiche Dosis von Urogastron führte indes trotz guter Ausgangsfunktion zu keiner Änderung der Magentätigkeit, wenn die Versuchsperson verärgert war oder Enttäuschungen erlebt hatte. Ebenso gab es Unterschiede in der Wirkung von Benadryl, Pyribenzamin und Hypophysenhinterlappenextrakten, die die Magenfunktion hemmten, wenn er sich in einem inaktiven Zustand befand, die aber keinerlei Wirkung im Zustande der Hyperfunktion ausübten. Nach einem bedingenden Reiz, ausgelöst durch Neostygmin, das Hyperämie, Hyperazidität, Leibschmerzen und Diarrhoe verursacht, bewirkten auch Leitungswasser und Lactosetabletten die gleichen Effekte. Selbst Atropin konnte unter diesen Umständen Hypersekretion und Hypermotilität hervorrufen.

Eindrucksvoll ist außerdem eine Beobachtung an einer 28jährigen Patientin mit Schwangerschaftserbrechen, die auf Ipecacuanha mit Besserung reagierte, wenn ihr suggeriert wurde, daß sie ein wirksames Medikament erhielt. Üblicherweise trat nach Ipecacuanha Übelkeit und eine Hemmung der Darmperistaltik auf. Zwei weitere Patientinnen mit Schwangerschaftsbeschwerden wurden zunächst durch Ipecacuanha unter positiver Suggestion für die ersten 60 min nach der Zufuhr günstig beeinflußt, dann trat erneut Nausea auf, die jedoch nach einer weiteren Ipecacuanhazufuhr endgültig verschwand.

*Spasmolytica:* Den gleichen Magenfistelkranken benutzte WOLF in Zusammenarbeit mit ABBOT und MACK[1]) für die Prüfung von Banthin. Hierbei wurden 15 Versuche mit einer Dosis von 50 mg ausgeführt, die mit 13 Placeboversuchen bzw. 13 Kontrollversuchen ohne Einnahme von Medikamenten gemischt waren. Beurteilt wurden das Verhalten der Azidität, die Durchblutung und der Turgor der Schleimhaut. Die Motorik wurde mit Hilfe eines eingeführten Ballons gemessen. Alle diese Funktionen waren nach der Banthininverabreichung herabgesetzt. Am stärksten war die Motorik und die Säureproduktion gemindert, eine Abblassung der Schleimhaut fand weniger zuverlässig statt. Auch der Turgor änderte sich nicht regelmäßig. Von Placebo unterschied sich Banthin lediglich darin, daß seine Effekte weitaus konstanter auftraten. Trotzdem ließ sich ein Placebo von den Kontrollen ohne jede Medikation deutlich abgrenzen, da das Placebo immer gewisse Funktionsabläufe im Gegensatz zu den inaktiven Kontrollen in Gang setzte.

Diese Beobachtungen an dem Magenfistelkranken wurden ergänzt durch eine zweite Versuchsreihe, bei denen 16 normale Personen 100 mg Banthin erhielten. 11 von ihnen zeigten eine Hemmung der Motorik und der Sekretion des Magens. Unter diesen Versuchsbedingungen blieben Leerversuche mit Wasser unbeantwortet. Auch der Banthineffekt war nicht gleichmäßig ausgeprägt und erwies sich durch psychische Faktoren deutlich beeinflußbar.

Mit Banthin befaßten sich weiterhin CHAPMAN *et al.*[2]), die dieses Präparat zu 50 und 100 mg p.o. verabreichten. Vergleichend kamen Pamin in Dosen zu 5 und 10 mg sowie Placebo zum Einsatz. Die Darmpassage wurde mittels

[1]) F. K. ABBOT, M. MACK und ST. WOLF, Gastroent. *20*, 249 (1952).
[2]) W. P. CHAPMAN, S. M. WYMAN, J. O. GAGNON, J. A. BENSON, C. M. JONES und C. SEXTON, Gastroenterology *28*, 500 (1955).

eines Kontrastbreies röntgenologisch verfolgt. Zwischen der Medikation und der Kontrastbreizufuhr lag 1 h. Banthin wirkte in Gaben von 100 mg stark und verzögerte die Magenentleerung sowie den Breitransport deutlich. Dieser Effekt blieb konstant nachweisbar, wenn Banthin über 3 Wochen laufend verabreicht wurde. Nennenswerte Nebenwirkungen traten unter diesen Bedingungen nicht auf. Es wurde höchstens über Trockenheit im Munde geklagt. Auch Pamin und Placebo verzögerten die Breipassage, und zwar beide in einem Umfange, daß man zwischen ihren Wirkungen nicht sicher unterscheiden konnte. Nebenwirkungen wurden weder nach Pamin noch nach Placebo bemerkt. Wenn man dem Patienten zusätzlich eine Mahlzeit, bestehend aus Hafermehl, Butter, zwei Scheiben Toast, Gelee, Milch und Orangensaft, verabreichte und unter diesen Bedingungen Banthin, Pamin und Placebo vergleichend testete, so fand sich merkwürdigerweise, daß Pamin stärker hemmend als Placebo auf die Darmmotilität wirkte und daß das sonst kräftiger wirksame Banthin durch die Zugabe der Mahlzeit abgeschwächt wurde und ebensowenig wie Placebo ansprach.

Ein weiterer Vergleich von CHAPMAN[1]) liegt für Banthin, Atropin, Belladonnatinktur und Placebo vor. In diesen Versuchen wurde die Darmtätigkeit wiederum mittels eines Ballons registriert und die Beeinflußung der Propulsion, der Kontraktionstätigkeit und des Tonus als Beurteilungsgrundlage verwandt. Banthin wirkte in Dosen zu 100 mg schneller und stärker als Belladonnatinktur in beiden Dosierungen von 0,4 bzw. 0,6 ml. Dafür mußten die Patienten eine Zunahme der Herzfrequenz und Mundtrockenheit in Kauf nehmen. Wenn man die Effekte in Prozent ausdrückt, so ergab sich eine Abnahme der Propulsion durch Placebo von 31%, durch Atropin (0,45–0,6 mg p.o.) sowie Belladonnatinktur um 71%. Die kontraktile Tätigkeit des Darmes war durch Placebo um 36 und durch die Drogen um 64% beeinträchtigt. Der Tonus nahm durch Placebo um 7% zu, während die Drogen ihn um 8% senkten.

Auch Syntropan, Pavatrin ($\gamma$-Diäthylaminoäthyl-fluoren-9-carboxyäthyl-hydrochlorid), Asymatrin (Diäthylaminoäthyl-phenyl-thienyl-essigsäurehydro-bromid) und Trasentin wurden in Kontrolle mit Leertabletten hinsichtlich ihres Einflusses auf die peristaltische Darmbewegung von CHAPMAN untersucht. Im Gegensatz zu Atropin und Belladonnatinktur war mit diesen Präparaten kein deutlicher Effekt zu erhalten. Die Verfasser halten es indes für möglich, daß diese Substanzen nur bei einer bestehenden Krankheit, wie Hypermotilität und Spasmen, im Bereich des Magen-Darm-Traktes wirken. Die Testversuche wurden nur an völlig gesunden Menschen durchgeführt.

Andere Versuche von CHAPMAN[2–4]) an 8 Patienten besagen, daß Pavatrin weder oral noch intravenös noch rektal verabreicht einen Effekt auf den Tonus

[1]) W. P. CHAPMAN, E. N. ROWLANDS und C. M. JONES, New Engl. J. Med. 243, 1 (1950); 246, 435 (1952).
[2]) W. P. CHAPMAN, E. N. ROWLANDS, A. TAYLOR und C. M. JONES, Gastroenterology 16, 241 (1950).
[3]) W. P. CHAPMAN, E. N. ROWLANDS und C. M. JONES, J. Amer. med. Ass. 143, 627 (1950).
[4]) W. P. CHAPMAN, S. M. WYMAN, L. O. MORA, M. H. GILLIS und C. M. JONES, Gastroenterology 23, 234 (1953).

und die Kontraktion des Magens und Darmes ausübt, der über die Wirkung eines Placebo hinausgeht. Bereits an gesunden Personen wechselte der Motilitätsgrad von Individuum zu Individuum wie auch innerhalb des Darmrohres von Segment zu Segment. Durchschnittlich wurde nach Placebogaben in diesen Versuchen eine Abnahme der Spontankontraktionen um 27% gesehen. Atropin verhinderte die Propulsion und Kontraktion des Darmrohres um 50% mehr als Placebo. Das gleiche galt für Tinctura Belladonnae. Der Effekt des Atropins war an wechselnde Dosen gebunden, die zwischen 0,06–0,45 mg variierten. Eine Versuchsreihe des gleichen Autors an 13 Personen, bei denen die Darmpassagezeiten mittels Bariumchloridbrei beobachtet wurden, erbrachte für Banthin in Dosen von 100 mg p.o. eine bessere Hemmung der Motilität als nach Placebo und Tinctura Belladonnae. Auch die Magenentleerung war durch Banthin entsprechend stärker gehemmt. In diesem Test war der Effekt von Tinctura Belladonnae und Placebo nicht zu unterscheiden, wenn man die Magenentleerungszeiten als Maß zugrunde legte. Auch der Bariumchloridtransport im Darm wurde durch Placebo und Tinctura Belladonnae in gleicher Weise beeinträchtigt. 3–4 h nach der Einnahme schien ein gewisser Unterschied zugunsten der Belladonnae im Sinne einer stärkeren Hemmung zu bestehen.

Bei der Behandlung von 34 Patienten mit chronischen Ulcera erwies sich nach BECKGAARD[1]) ein Drittel der Kranken nach 3monatiger Zufuhr von 200 mg Banthin täglich ohne zusätzliche Therapie oder Diät schmerzfrei. Bei einem Drittel konnte röntgenologisch kein Ulcus mehr nachgewiesen werden. Nach Ablauf eines Jahres war das entsprechende Verhältnis ein Drittel bzw. ein Fünftel. 10 Patienten waren inzwischen operiert worden.

In einem zweiten Therapieversuch wurden von 134 Patienten 66 mit Placebo, die restlichen mit Banthin über 3 Monate behandelt. In bezug auf die klinischen Erscheinungen wurden durch Placebo 56% und durch Banthin 65% gebessert. Röntgenologisch wurde in 13 bzw. in 23% ein Verschwinden des Ulcus gesehen. Eine direkte Heilwirkung durch Banthin beim Ulcus pepticum dürfte demnach durch diese Untersuchungen von BECKGAARD[1]) in Frage gestellt sein.

Ferner wurden an 2 Frauen und 6 Männern im Alter zwischen 24 und 32 Jahren ohne Störungen am Magen-Darm-Kanal von HAWKINS[2]) Vergleichsuntersuchungen mit Banthin (100 mg), Prantal (200 mg) und Placebotabletten durchgeführt, wobei die Patienten diese Medikation $1/_2$ h vor einer Bariummahlzeit erhielten. Bereits beim Gesunden variierte die Breientleerung aus dem Magen zeitlich zwischen $1^1/_2$ und 2 h. Prantal verzögerte die Magenentleerung erheblich. Das gleiche galt für Banthin. Prantal schien indes besser verträglich zu sein.

Schließlich behandelten LICHSTEIN et al.[3]) (siehe Tabelle 81) von 49 Patienten mit chronischen Magen- und Darmstörungen zwei Gruppen von je 14 Kranken

---

[1]) P. BECKGAARD, H. O. BANG, A. L. NIELSEN und E. TOBIASSEN, Amer. J. dig. Dis. 21, 38 (1954); Nord. Med. 50, 1147 (1953).
[2]) G. K. HAWKINS, S. M. MARGOLIN und J. J. THOMPSON, Gastroenterology 24, 193 (1953).
[3]) J. LICHSTEIN, J. DECOSTA MAYER und E. W. HAUCH, J. Amer. med. Ass. 158, 634 (1955).

Tabelle 81

*Beeinflußung von Magen- und Darmstörungen*

| Gruppe | Anzahl der Patienten | Behandlungsart | % gebessert | % unbeeinflußt | % verschlechtert |
|---|---|---|---|---|---|
| I (Blindversuch) . . . | 14 | Banthin | 35,7 | 21,4 | 42,9 |
| II (Blindversuch) . . . | 14 | Placebo | 57,2 | 0 | 42,8 |
| III (unwissentliche Versuchsanordnung) | 18 | Banthin | 44,5 | 33,2 | 22,3 |
| IV (unwissentliche Versuchsanordnung) | 7 | Belladonna + Phenobarbital | 57,0 | 29,0 | 14,0 |

im Blindversuch mit Banthin bzw. Placebo. Die dritte Gruppe von 18 Patienten erhielt ebenfalls Banthin, jedoch war in diesem Falle die Art der Medikation den Kranken und dem behandelnden Arzt bekannt. Eine letzte Gruppe von 9 Kranken diente als Kontrolle. Sie wurde mit der üblichen Standardtherapie, die aus einer Kombination von Belladonna und Phenobarbital bestand, behandelt. In allen vier Gruppen konnten einzelne Patienten in die Auswertung nicht einbezogen werden, da sie die Medikamente nicht konstant eingenommen hatten.

Wenn man die Zahlenwerte vergleicht und den Erfolg am Nachlassen der epigastrischen Schmerzen, der peristaltischen Beschwerden, dem Auftreten von Diarrhoe, Verstopfung, Müdigkeit und derartigen Symptomen mißt, so ergibt sich, daß der Effekt des Banthins nicht dem des Placebo oder der Kontrollgruppe überlegen ist.

BANG und Mitarbeiter[1]) erzielten zwar an 94 mit Banthin (3mal täglich 50 mg) (über 3 Wochen) behandelten Ulcusfällen eine günstige Wirkung in 80%. Mit Blindtabletten erreicht man indes in 60% der Fälle etwa des Gleiche. Nach einer Beobachtungsdauer von 12–13 Monaten hatten zudem 50% der mit Banthin Behandelten und 17% der mit Blindtabletten Behandelten neuerdings Beschwerden. In einer anderen Krankengruppe wurden durch Banthin nach einer Behandlungsdauer von drei Monaten von 68 Kranken 65% geheilt oder gebessert. In der Blindtablettengruppe betrug bei 66 Personen die Erfolgsquote 56%. Röntgenologisch waren die entsprechenden Werte 23 bzw. 14%. Bei diesem Personenkreis waren 1 Jahr nach der Banthinkur $2/_3$ der Patienten rückfällig.

Ebenso wurden von MARCUSSEN[2]) 88 Fälle mit Ulcus ventriculi täglich mit 4mal 50 mg Banthin behandelt. Nach 5–6 Wochen wurden die Dosen ausschleichend verringert. Erreicht wurde bei 58 Patienten (66%) Symptomenfreiheit. 15 (17%) weitere wurden gebessert, der Rest blieb unverändert. Schon nach 12–13 Monaten kam es bei 45 Kranken zu Rezidivien. In einer Kontrollgruppe mit Blindtabletten wurden von 44 Kranken 18 (41%) symptomenfrei,

[1]) H. O. BANG, A. L. NIELSEN und E. S. TOBIASEN, Ugeskr. Laeg. *115*, 556 (1953).
[2]) J. M. MARCUSSEN und J. A. SOLEM, Nord. Med. *49*, 495 (1953)

9 (20%) wurden gebessert. Der Rest blieb unverändert. Auch hier traten im Laufe eines Jahres Rezidive auf, und zwar bei 17%.

Ein anderer Vergleich[1]) von Banthin, Antrenyl, Darstin, Pro-Banthin, Prantal sowie Pamin basiert auf der Messung ihrer schweißhemmenden Wirkung. Er wurde von Zupko *et al.* unter Einschaltung von Leertabletten durchgeführt. Pro-Banthin, Antrenyl und Pamin wurde neben gesunden Versuchspersonen auch solchen mit gesteigerter Schweißsekretion über 6 Wochen bis 8 Monate lang täglich verabreicht, um das Auftreten von Nebenwirkungen bei langdauernder Medikation zu studieren. Diese bestanden in Kopfschmerzen, Verstopfung, Durchfall, Trockenheit im Munde, Mydriasis sowie Schläfrigkeit, doch waren sie nur in 6 Fällen so erheblich, daß die Behandlung abgebrochen werden mußte. Die meisten Unverträglichkeitserscheinungen verursachten Banthin und Antrenyl. In absteigender Reihe folgten Pro-Banthin, Pamin und Darstin. Für die therapeutische Wirksamkeit ergab sich von den stark wirkenden zu den schwächer wirksamen Substanzen eine abnehmende Reihenfolge von Banthin über Pamin, Antrenyl, Pro-Banthin, Prantal bis zu Darstin. Diese therapeutischen Effekte wurden getestet mittels einer Provokation von Schweißausbrüchen durch Ultraroteinstrahlung in einen Raum mit konstant gehaltener Temperatur. Die Menge des Schweißes wurde durch Messen der Gewichtszunahme von adsorbierendem Papier bestimmt. Die Zahl der Versuchspersonen betrug 116. Jede von ihnen erhielt vier verschiedene Mittel unter Einschaltung von Leertabletten an vier aufeinanderfolgenden Tagen. Bei leichten Schweißausbrüchen genügten zur Hemmung von Pro-Banthin 45–60 mg p.o., von Antrenyl 15–20 mg, von Pamin 7,5–10 mg und von Darstin 150–200 mg. In schwereren Fällen mußte man die Gaben von Pro-Banthin bis auf 120, von Antrenyl bis auf 60, von Pamin bis auf 30 und von Darstin bis auf 600 mg steigern. An Gesunden trat der gleiche Effekt wie bei Personen mit gesteigerter Schweißsekretion auf. Am schnellsten wirkte Darstin, am längsten Pamin. Diese Aussage gilt jedoch mit einer gewissen Einschränkung, da die einzelnen Mittel an verschiedenen Körperregionen, wie Handrücken, Vorderarm, Stirne und Schenkel, unterschiedlich wirkten.

Auch Nacton (1-Methyl-2-pyrrolidyl-methylbenzylat), eine Substanz mit atropinartiger Wirkung von langer Wirkungsdauer, setzt die Magensekretion nach den Ergebnissen von Douthwaite[2]) bei Patienten mit Duodenalgeschwüren im Vergleich zu Placebo deutlich herab.

*Robuden:* Negative Resultate liegen hingegen für Robuden vor, das Evans[3]) an 111 Magengeschwürkranken im Vergleich zu dem Effekt einer Diätkur prüfte. Dies gilt sowohl bei einer Versuchsreihe unter Einhaltung einer strengen Diät mit und ohne Zufuhr des Medikamentes als auch für eine mit einer minder starken Diätanordnung. Stets fanden sich gleichartige Resultate, gleichgültig ob der Magenextrakt zusätzlich verordnet wurde oder nicht. Ähnlich fand Stolte[4]),

[1]) A. G. Zupko und L. D. Prokop, J. Amer. pharm. Ass. *43*, 35 (1954).
[2]) A. H. Douthwaite und J. N. Hunt, Brit. med. J. *1958*, I, 1030 (1958).
[3]) P. C. R. Evans, Brit. med. J. *1954*, I, 612.
[4]) J. B. Stolte, Lancet *259*, 858 (1950).

daß Placebotabletten gleich gut wie eine Robudenkur helfen. Obwohl er sehr strenge Bewertungsmaßstäbe anlegte, konnte er Besserungen in 78–83% mit Placebo erreichen. Bei einer so hohen Placebowirkung ist selbstverständlich nichts anderes zu erwarten, als daß dem Robuden eine völlige Wirkungslosigkeit zuzusprechen ist. Die günstigen Aussagen, die ohne unwissentliche Kontrollversuche für Robuden vorliegen, sind demnach nicht aufrecht zu erhalten[1–3]).

WATRIN und BURGHARTZ[4]) fanden dagegen im Blindversuch unter Anwendung von Placebo einen positiven Effekt für Robuden, wenn sie den Behandlungserfolg nach den Kriterien der subjektiven Beschwerdefreiheit bei noch bestehender Ulcusnische bzw. bei subjektiven Restbeschwerden nach röntgenologisch ausgeheiltem Ulcus bewerteten.

Eine Nachprüfung dieser Befunde durch CLAUSER und KLEIN[5]) mit statistischen Methoden ergab jedoch, daß die gefundenen Unterschiede zwischen dem Robudeneffekt und dem des Placebo, das immerhin bei 47,8–55,9 der Fälle günstig wirkte, keineswegs signifikant sind.

*Laxantien:* CLAUSER et al.[6]) verabreichten 80mal Placebo bei chronischer Stuhlträgheit. Nur 6mal (7,5%) war ein Erfolg zu verzeichnen, obwohl das Placebo als Abführmittel deklariert wurden. Die Placeboerfolge bei Obstipierten liegen somit im Bereich des Zufalls. Dies bedeutet, daß der psychische Effekt bei der Verabreichung von Laxantien sicher keinerlei Rolle spielt. Auch die Verabreichungsart ist offenbar gleichgültig, da Placebo, in Form von Tabletten, Suppositorien, Kapseln oder Tee verabreicht, in gleichem Umfange ohne Erfolg blieb.

Einen doppelten Blindversuch (siehe Tabelle 82), der 48 Versuche mit Placebo und 134 mit Lecicarbon umfaßt, ergab für das Placebo eine gleich niedrige Erfolgsquote von 10%, während Lecicarbon in statistisch signifikanter Weise zu guten Ergebnissen bei schwer Obstipierten führte. Bei den Lecicarbonversagern bewirkte ein zusätzlich verabreichtes Placebo in keinem Falle einen Abführeffekt. Nach erfolgloser Placebobehandlung hatten dagegen 19 Patienten auf Lecicarbon eine ausreichende Stuhlentleerung. Für die Beurteilung von Laxantien benötigt man nicht den doppelten Blindversuch. Es genügt schon das einfache Blindverfahren, um ein sicheres Urteil zu gewinnen.

Tabelle 82

| Präparat | Anzahl der Versuchspersonen | Abführwirkung positiv | Negativ |
|---|---|---|---|
| Placebo. . . . . . | 48 | 10% | 90% |
| Lecicarbon  . . . . | 134 | 66% | 34% |

[1]) H. SCHMASSMANN, Schweiz. med. Wschr. *74*, 576 (1944).
[2]) H. NEUMANN, Schweiz. med. Wschr. *76*, 653 (1946).
[3]) D. KEISER, Schweiz. med. Wschr. *75*, 913 (1945).
[4]) H. WATRIN und G. BURGHARTZ, Int. Kongr. inn. Med. (Madrid 1956).
[5]) G. CLAUSER und H. KLEIN, Dtsch. med. Wschr. *82*, 896 (1957).
[6]) G. CLAUSER, G. MÖSSNER und E. STALMANN, Med. Klin. *52*, 1071 (1957).

## 2.15 Antihistamine

BROWN[1]) hat die Nebenwirkungen von Pyribenzamin im Vergleich mit Placebo geprüft (siehe Tabelle 83). In 100 Versuchen wurden 5mal 50 mg Pyribenzamin pro Tag und in 56 Versuchen 10mal 50 mg pro Tag verabreicht. Trotz dieser großen Dosen war der Umfang der Nebenwirkungen unter Pyribenzamin nicht wesentlich größer als bei Placeboverabreichung.

Tabelle 83
*Umfang der Nebenwirkungen nach Pyribenzamin und Placebo*

| Symptome | Pyribenzamin | | Placebo |
|---|---|---|---|
| | 100 Versuche | 56 Versuche | 102 Versuche |
| | 250 mg/Tag | 500 mg/Tag | 5mal täglich |
| Schläfrigkeit . . . . . | 37 | 48 | 30 |
| Kopfschmerzen . . . . | 26 | 36 | 42 |
| Nausea . . . . . . . . | 17 | 23 | 8 |
| Schwindel . . . . . . | 24 | 41 | 15 |
| Nervosität . . . . . . | 13 | 21 | 15 |
| Mundtrockenheit . . . | 29 | 45 | 30 |
| Schlaflosigkeit . . . . . | 12 | 23 | 6 |

Die günstigen Erfahrungen von BREWSTER[2]) bei der Anwendung von Antihistaminen auf den Verlauf von Erkältungskrankheiten haben sich in Kontrollversuchen von HOAGLAND et al.[3]) nicht bestätigt. Auch FABRICANT[4]) sah bei Erkältungen unter Beachtung der erzielten Placeboerfolge keinen Effekt unter der Zufuhr von Antihistaminen. COWAN et al.[5]) fanden ebenfalls keinen Unterschied in der Dauer von Erkältungskrankheiten, wenn sie diese mit Antihistaminen mit und ohne Vitamin-C-Zulage bzw. mit Placebo behandelten. Die mittlere Dauer in Tagen wurde in zwei Versuchsreihen ermittelt. Die Zahlen sind in der Tabelle 84 als Mittelwerte zusammengestellt.

Mit der von WOLFF, HARDY und GOODELL[6]) angegebenen Methode wurde an 18 Versuchspersonen 1 h nach dem Morgenfrühstück über 4 h lang der Einfluß von Pyribenzamin (50 mg) bzw. Antistin (100 mg) in Kontrolle mit Leertabletten auf die Schmerzempfindung geprüft. Es zeigte sich bei diesen Ver-

[1]) B. R. BROWN, Proc. Soc. exp. biol. Med. *67*, 373 (1948); zitiert nach H. F. HAILMAN, J. Amer. med. Ass. *151*, 1430 (1953).
[2]) J. M. BREWSTER, US Navy med. Bull. *49*, 1 (1949).
[3]) R. J. HOAGLAND, E. N. DEITZ, P. M. MYERS und H. E. COSAND, J. Amer. med. Ass. *143*, 157 (1950).
[4]) N. D. FABRICANT, Arch. Otolaryngology *52*, 843 (1950).
[5]) D. W. COWAN und H. S. DIEHL, J. Amer. med. Ass. *143*, 421 (1950); D. W. COWAN, H. S. DIEHL und H. B. BAKER, J. Amer. med. Ass. *120*, 1268 (1942).
[6]) H. G. WOLFF, J. D. HARDY und H. GOODELL, J. clin. Invest. *19*, 659 (1940)

Tabelle 84
*Dauer der Erkältung in Tagen*

| | Behandlungsart | | | | |
|---|---|---|---|---|---|
| | Placebo | Ascorbin-säure | Phenind-amin | Phenindamin + Ascorbin-säure | Pyribenz-amin |
| I. Versuchsreihe  . . . . | 13,0 | 12,2 | 11,5 | 10,5 | 13,0 |
| II. Versuchsreihe  . . . . | 5,1 | 5,6 | 5,7 | 5,6 | 5,2 |

suchen von KUTSCHER und CHILTON[1]) eindeutig, daß beide Antihistamine keinen mit dieser Methode des Wärmereizes erfaßbaren Einfluß auf die Schmerzschwelle ausüben, der über den Placeboeffekt hinausginge. Auch im Bereich von Hautpartien, die 24 h zuvor mit UV bestrahlt waren und ein kräftiges Erythem aufwiesen, war kein Effekt der Antihistamine auf die Schmerzreize festzustellen.

In den Jahren von 1950–1956 wurde von der amerikanischen Armee, Marine und Luftwaffe ein Großversuch mit insgesamt über 16 000 Versuchspersonen durchgeführt, um 26 Medikamente, in der Mehrzahl Antihistamine, auf ihren therapeutischen Wert gegen Seekrankheit zu prüfen (Zusammenfassung bei CHINN[2]), Ergebnisse aus einzelnen Versuchsserien: CHINN et al[3]) und HANDFORD[4])). Die Passagiere, meist Soldaten, und die Besatzungen von mehreren gleich großen und gleichartigen Schiffen, bekamen prophylaktisch und therapeutisch auf 15 Transatlantikreisen diese Substanzen in Kapselform. Nach den Empfehlungen der Statistiker wurde die Gesamtheit der Versuchspersonen in einzelne etwa gleich große Gruppen unterteilt, und innerhalb dieser Gruppen wurden die Substanzen in möglichst gleicher Anzahl ausgegeben, selbstverständlich zufällig verteilt, codiert und gleichförmig maskiert. Damit war eine Chancengleichheit für alle Substanzen, einschließlich Placebo, gewährleistet. Außerdem mußten die Versuchspersonen ihr Medikament unter Aufsicht schlucken, und für jede Versuchsperson wurde ein Begleitzettel ausgegeben, auf dem die notwendigen statistischen Unterlagen vermerkt waren (persönliche Daten, Wirkung des Medikamentes, Nebenwirkungen usw.). Es wurde nicht kontrolliert, wie die Seekrankheit ohne Medikation verlaufen wäre. Infolgedessen liegen in den Arbeiten keine Zahlen über den Erfolg der Placebogaben vor, sondern nur über die Häufigkeit des Auftretens von Erbrechen (19,6–22,9%; die erste Zahl bezieht sich auf Fahrten in West-Ost-, die zweite Zahl auf Fahrten in umgekehrter Richtung). Die entsprechenden Angaben für

---

[1]) A. H. KUTSCHER und N. W. CHILTON, Amer. J. med. Sci. *223*, 239 (1952).
[2]) *Report of Study by Army, Navy, Air Force Motion Sickness Team*, J. Amer. med. Ass. *160*, 755 (1956).
[3]) H. J. CHINN, ST. W. HANDFORD, P. K. SMITH, TH. CONE jr., R. F. REDMOND, J. MALONEY und A. SMYTHE, J. Pharmacol. *108*, 69 (1953).
[4]) S. W. HANDFORD, J. E. CONE jr., H. J. CHINN und P. K. SMITH, J. Pharmacol. *111*, 447 (1954).

Tabelle 85

*Wirksamkeit verschiedener Arzneimittel gegen Seekrankheit*

(a und b bedeuten Daten aus West-Ost- bzw. Ost-West-Reisen) (CHINN *et al.*, J. Amer. Med. Ass. *160*, 755 [1956])

| Medikament | Dosis in mg p.o. | | Anzahl der Versuchspersonen | | Erbrechen in Prozent | |
|---|---|---|---|---|---|---|
| | a | b | a | b | a | b |
| Placebo . . . . . . . . . . . . | — | — | 1264 | 443 | 22,9 | 19,6 |
| Diphenhydramin . . . . . . . . | 50 | 50 | 1289 | 346 | 7,4 | 11,6 |
| Meclizin . . . . . . . . . . . . | 50 | 50 | 1286 | 319 | 6,2 | 2,8 |
| Meclizin, 1mal täglich . . . . . . | 50 | 50 | 724 | 325 | 4,1 | 5,2 |
| Buclizin . . . . . . . . . . . . | 50 | 50 | 136 | 451 | 3,7 | 4,9 |
| Dimenhydrinat . . . . . . . . . | 100 | | 1279 | | 8,2 | |
| Hyoscin . . . . . . . . . . . . | 0,5 | | 241 | | 14,5 | |
| Cyclizin . . . . . . . . . . . . | 50 | | 1294 | | 7,3 | |
| Cyclizin, 2mal täglich . . . . . . | 50 | 50 | 133 | 87 | 5,3 | 16,1 |
| Multergan . . . . . . . . . . . | 50 | | 241 | | 16,6 | |
| Aethopromazin . . . . . . . . . | 50 | | 788 | | 11,9 | |
| Promethazin . . . . . . . . . . | 25 | 25 | 1265 | 139 | 7,3 | 5,8 |
| Promethazin, 2mal täglich . . . . | 25 | | 726 | | 5,1 | |
| Pyrathiazin . . . . . . . . . . | 50 | | 425 | | 11,4 | |
| Scopolamin-Hydrobromid . . . . | 0,5 | | 242 | | 15,3 | |
| Pheniramin . . . . . . . . . . | 25 | | 503 | | 11,5 | |
| Phenyltoloxamin . . . . . . . . | | 85 | | 111 | | 18,9 |
| Racemisches Calciumpantothenat . | | 125 | | 125 | | 18,4 |
| Benztropin . . . . . . . . . . . | | 1,0 | | 264 | | 8,0 |
| Nikotinamid . . . . . . . . . . | | 200 | | 209 | | 20,6 |
| Scopolamin-Methobromid . . . . | | 2,5 | | 118 | | 16,9 |
| Pyridoxin . . . . . . . . . . . | | 100 | | 283 | | 23,6 |
| Alseroxylon . . . . . . . . . . | | 3,0 | | 112 | | 24,1 |
| Reserpin . . . . . . . . . . . . | | 0,3 | | 117 | | 21,3 |
| Sandosten . . . . . . . . . . . | | 50 | | 380 | | 8,4 |
| Thiamin . . . . . . . . . . . . | | 15 | | 275 | | 22,5 |
| Chlorpromazin . . . . . . . . . | | 50 | | 234 | | 26,5 |
| Transergan . . . . . . . . . . . | | 20 | | 112 | | 19,6 |
| Gesamtzahl der Versuchspersonen . | | | 12098 | 4804 | | |

die Arzneimittel sind in den Tabellen 85 und 86 zusammengestellt. Auf Grund dieser Zahlen konnte die Signifikanz der Wirkungen gegenüber Placebo berechnet werden. Als beste Mittel gegen die Seekrankheit erwiesen sich Meclizin (1mal 50 mg oder auch 3mal 50 mg täglich gegeben), weiter Cyclizin und Promazin (50 mg 3mal täglich bzw. 25 mg 3mal täglich). Die Reihenfolge der Wirksamkeit der übrigen Medikamente ist den beiden Tabellen zu entnehmen. Nicht wirksam waren Alseroxylon («Rauwiloid»), racemisches Calciumpantothenat, 1-Dimethylamino-2-(2'-benzyl-4'-chlorphenoxy)-äthan (BL-717),

Tabelle 86

*Reihenfolge der Wirksamkeit der untersuchten Antiemetica*

(CHINN et al., J. Amer. Med. Ass. *160*, 755 [1956])

| Medikament | Dosis in mg 3mal täglich | Anzahl der Versuchs-personen | $\chi$-Qua-drate[3]) Med. gegen Plac. | P | $\chi$-Qua-drate Meclizin gegen Med. | P |
|---|---|---|---|---|---|---|
| Meclizin . . . . | 50 | 1605 | 180,0 | < 0,01 | – | – |
| Meclizin . . . . | 50[1]) | 1052 | 134,4 | < 0,01 | 1,11 | > 0,2 |
| Promethazin . . | 25 | 1265 | 122,0 | < 0,01 | 1,12 | > 0,2 |
| Cyclizin . . . . | 50 | 1294 | 122,7 | < 0,01 | 1,28 | > 0,2 |
| Promethazin . . | 25[2]) | 865 | 106,6 | < 0,01 | 3,44 | 0,05–0,1 |
| Buclizin . . . . | 50 | 587 | 60,4 | < 0,01 | 3,72 | 0,05–0,1 |
| Dimenhydrinat . | 100 | 1279 | 106,1 | < 0,01 | 3,79 | 0,05–0,1 |
| Aethopropazin . . | 50 | 788 | 34,4 | < 0,01 | 4,75 | < 0,05 |
| Diphenhydramin . | 50 | 1635 | 124,0 | < 0,01 | 4,84 | < 0,05 |
| Benztropin . . . | 1,0 | 264 | 11,4 | < 0,01 | 7,80 | < 0,01 |
| Sandosten . . . . | 50 | 380 | 20,8 | < 0,01 | 8,32 | < 0,01 |
| Cyclizin . . . . | 50[2]) | 220 | 7,9 | < 0,01 | 13,90 | < 0,01 |
| Pheniramin . . . | 25 | 503 | 13,6 | < 0,01 | 15,35 | < 0,01 |

[1]) 1mal täglich gegeben.

[2]) 2mal täglich gegeben.

[3]) $\chi$-Quadrat, für P = 0,05 ist 3,84; $\chi$-Quadrat für P = 0,01 ist 6,64.

Chlorpromazin, $\beta$-Diäthylaminoäthyl-phenothiazin-10-carboxylat («Trans-ergan»), Scopolamin-methobromid («Pamine bromide»), Hyoscin B.P., Phenyl-toloxamin («Bristamin»), Pyrathiazin («Pyrrolazote»), Pyridoxin, Reserpin («Serpasil»), Scopolamin-hydrobromid U.S.P., Thiamin, N($\beta$-Methyl-$\beta$-tri-methyl-ammonium-methyl)-phenothiazin-methylsulfat («Multergan»). Die mei-sten unangenehmen Nebenwirkungen wurden nach Scopolamin und Rauwolfia-alkaloiden gesehen. Unter den gut wirksamen Mitteln zeigten unerwünschte Begleiterscheinungen: Benztropin, Aethopromazin, Promethazin. Es handelte sich dabei hauptsächlich um Schläfrigkeit, Mundtrockenheit und Sehstörungen. Unter anderen wirksamen Mitteln war keines mit stärkeren Nebenwirkungen belastet als Placebo, insbesondere auch nicht die oben genannten drei besten Mittel gegen Seekrankheit.

Die Wirkung antiemetischer Substanzen auf das Erbrechen nach einer Stickoxydul-Äther-Narkose untersuchten KNAPP und BEECHER[1]) an über 500 Patienten im doppelten Blindversuch und im Vergleich mit Placebo. Sie fan-den, daß 50 mg Chlorpromazin intramuskulär für die Zeitdauer von 24 h (Tabelle 87) nach dem Operationsende signifikant häufiger die Brechneigung und das Schwindelgefühl der Patienten unterdrücken konnte als physiologische Kochsalzlösung. Signifikant wirksam waren auch 150 mg Pentobarbital intra-

---

[1]) M. R. KNAPP und H. K. BEECHER, J. Amer. med. Ass. *160*, 376 (1956).

Tabelle 87

*Häufigkeit von Nausea, Erbrechen und/oder Würgen innerhalb der ersten 24 h
nach Operationsende* (KNAPP und BEECHER, J. Amer. med. Ass. *160*, 376 [1956])

| Medikament | Anzahl der Patienten | Patienten mit Nausea usw. (%) |
|---|---|---|
| Placebo . . . . . . . . | 165 | 68 |
| Chlorpromazin 50 mg . . . | 152 | 45[1] |
| Dimenhydrinat 100 mg . . | 41 | 68 |
| Pentobarbital 100 mg . . | 67 | 67 |
| Pentobarbital 150 mg . . | 41 | 56 |

[1] Im $\chi$-Quadrat-Test signifikanter Unterschied mit $P < 0,01$.

Tabelle 88

*Häufigkeit von Nausea, Erbrechen und/oder Würgen innerhalb der ersten 4 h
nach Operationsende* (KNAPP und BEECHER, J. Amer. med. Ass. *160*, 376 [1956])

| Medikament | Anzahl der Patienten | Patienten mit Nausea usw. (%) |
|---|---|---|
| Placebo . . . . . . . . | 165 | 58 |
| Chlorpromazin 50 mg . . . | 152 | 34[1] |
| Dimenhydrinat 100 mg . . | 85 | 61 |
| Pentobarbital 100 mg . . | 67 | 52 |
| Pentobarbital 150 mg . . | 85 | 43[2] |

[1] Im $\chi$-Quadrat-Test signifikanter Unterschied gegen
Placebo mit $P < 0,01$.
[2] Im $\chi$-Quadrat-Test signifikanter Unterschied gegen
Placebo mit $P < 0,05$.

muskulär, aber nur für die Dauer von 4 h (Tabelle 88), während Dimenhydrinat
(100 mg) und 100 mg Pentobarbital nicht besser wirkten als die Placeboinjektion. Völlig symptomfrei nach der Operation blieben 18% der Patienten,
die Placebo bekommen hatten, 33% der Patienten nach 150 mg Pentobarbital
und 41% nach Chlorpromazin. Diese beiden Prozentzahlen sind ebenfalls
signifikant von Placebo verschieden (Tabelle 89). Für die antiemetische Wirkung von Chlorpromazin mußte man allerdings in Kauf nehmen, daß die Zeit
bis zum Aufwachen länger wurde und der Blutdruck der Patienten absank.
Ebenso hatten 150 mg Pentobarbital Nebenwirkungen in Form von Erregungs-
und Verwirrtheitszuständen. Die Autoren vertreten die Auffassung, daß aus
diesem Grunde keine der Behandlungsarten für eine postoperative Routine-
behandlung empfohlen werden könne.

Tabelle 89

*Patienten, die innerhalb der ersten 24 h postoperativ vollkommen frei von Nebenwirkungen (Nausea, Erbrechen, Würgen) waren* (KNAPP und BEECHER J. Amer. med. Ass. *160*, 376 [1956]).

| Medikament | Anzahl der Patienten | Davon völlig symptomfrei | Chance, symptomfrei zu sein |
|---|---|---|---|
| Placebo . . . . . . . . . | 165 | 18 | 1 : 5 |
| Chlorpromazin 50 mg . . . | 152 | 41[1] | 1 : 2,5 |
| Dimenhydrinat 100 mg . . | 85 | 25 | 1 : 4 |
| Pentobarbital 100 mg  . . | 67 | 25 | 1 : 4 |
| Pentobarbital 150 mg  . . | 85 | 33[2] | 1 : 3 |

[1] $P < 0,001$.
[2] $P < 0,01$.

## 2.16 Hormone

Dem Studium eines ätiologisch definierten Kopfschmerzes wandten sich FLY et al.[1] zu. Sie gaben unmittelbar nach einer Pneumoencephalographie, die erfahrungsgemäß 1–2 Tage lang Kopfschmerzen zur Folge hat, p.o. 50 mg Cortison alle 6 h, bis zu einer Gesamtmenge von 400 mg an 50 Patienten und verglichen mit der Wirkung von Placebo an 47 anderen Patienten nach einem gleichen Eingriff. Wenn man den Erfolg unter Zugrundelegung des Schweregrades der auftretenden Beschwerden bewertet, so ergibt sich, daß praktisch kein Unterschied zwischen dem Placebo und den Cortisoneffekten besteht (siehe Tabelle 90).

Wenn man das Patientenmaterial aufteilt nach der Krankheitsgenese, so findet sich eine Überlegenheit der Cortisonbehandlung gegenüber den Placeboeffekten bei den organisch bedingten Beschwerden. Patienten mit funktionell oder psychogen bedingten Symptomen sprechen dagegen nicht auf Cortison an (siehe Tabelle 91). Die Menge der in den Lumbalkanal eingeführten Luft ist nicht entscheidend für den Umfang der auftretenden Beschwerden. Kranke, die 155 ml Gas oder mehr eingeführt erhielten, zeigten indes im allgemeinen ein besseres Ansprechen auf Cortison.

WYSS[2] berichtet über mehrere Beobachtungen, bei denen es geradezu zu einer Cortisonsucht kam. Eine Patientin erklärte, daß sie sich ohne Cortison halbtot fühle und daß sie unfähig sei, einen klaren Gedanken zu fassen. Bei ihr blieben Scheinpräparate wirkungslos. Der pharmakologisch-somatische Effekt des Cortisons dürfte demnach in diesem Falle außer Frage stehen. Diese Erfahrung erscheint um so wichtiger, da viele Autoren es für möglich halten, daß die durch Cortisonbehandlung auftretende Euphorie psychologisch zu deuten ist und daß über diesen Modus die Besserung des körperlichen Zustandes und das Freiwerden von Schmerzen verständlich sei.

---

[1] O. A. FLY, C. S. M. MACCARTY, R. P. GAGE, H. N. MACKINTON und P. H. JONES, J. Amer. med. Ass. *161*, 415 (1956).
[2] ST. WYSS, Z. Rheumaforsch. *13*, 195 (1954).

Tabelle 90
*Kopfschmerzen, verursacht durch Pneumoencephalographie*
*Besserungsquote in Prozent*

| | 1. Tag nach dem Eingriff | | 2. Tag nach dem Eingriff | |
|---|---|---|---|---|
| Stärke der Kopfschmerzen | Cortison 50 Patienten | Placebo 47 Patienten | Cortison 50 Patienten | Placebo 47 Patienten |
| 0 | 2 | 4 | 16 | 8 |
| 1 | 20 | 15 | 52 | 50 |
| 2 | 40 | 43 | 24 | 28 |
| 3 | 34 | 21 | 6 | 8 |
| 4 | 4 | 17 | 2 | 6 |

Tabelle 91
*Kopfschmerzen, Besserungsquote in Prozent*

| Klinische Diagnose | Zahl der Patienten | Behandlungsart | Prozent gebessert | Prozent unver- ändert | Prozent absolut beschwer- defrei |
|---|---|---|---|---|---|
| Psychogen bedingte Kopfschmerzen . . . | 10 | Cortison | 50,0 | 50,0 | – |
| | 7 | Placebo | 71,5 | 28,5 | – |
| Organisch bedingte Kopfschmerzen . . . | 40 | Cortison | 75,0 | 22,5 | 2,5 |
| | 40 | Placebo | 52,5 | 42,5 | 5,0 |

Diese Aussage erscheint um so mehr berechtigt, wenn man die Ergebnisse von TRAUT und PASARELLI[1]) berücksichtigt, die 88 Patienten mit Arthritis rheumatica ausschließlich mit Placebotabletten behandelt haben. 51 von ihnen erhielten die Tabletten über 4 Wochen oder weniger mit dem Resultat, daß 13 gebessert waren. Die restlichen 37 wurden kontinuierlich bzw. progressiv über 2–20 Monate behandelt. Unter diesen Bedingungen wurden 31 gebessert. Die durch Placebo günstig beeinflußten Kranken zeigten nach Umstellung der Therapie auf Salicylate bzw. Cortison keine zusätzliche Beeinflußung ihres Krankheitsbildes. Ebenso antworteten 4 Patienten mit Psoriasis und Arthritis, 6 mit Gicht, 10 mit Rückenschmerzen, bedingt durch eine Involution der Weichteile, und 18 mit Schulterbeschwerden in gleicher Weise auf Placebo günstig. Bei chronischen Krankheiten wird man daher besonders vorsichtig in der Beurteilung von medikamentösen Effekten sein müssen.

Ein Vergleich von WILLIAMS und WELCH[2]) an 29 Patienten mit Gelenkbeschwerden, die im doppelten Blindversuch Prednison, Aspirin und Placebo

[1]) E. T. TRAUT und E. W. PASARELLI, Ann. rheumat. Dis. *16*, 18 (1957).
[2]) G. T. WILLIAMS und G. E. WELCH, South. med. J. *50*, 1063 (1957).

erhielten, besagt, daß unter diesen Bedingungen eine Besserungsquote von 78,2% nach Prednison, 65,2% nach Aspirin und 40,0% nach Placebo zu verzeichnen ist. An Nebenwirkungen wurde während der 4wöchigen Behandlung mit Prednison eine Magengeschwürbildung, das Auftreten von Osteoporose und Hypertension gesehen. Eine längere Verabreichung erscheint deshalb nicht empfehlenswert.

Von 24 Patienten mit chronischem Asthma, die Hydrocortison als Inhalat erhielten, wurden 17 gebessert, während von Prednisolon nur ein Erfolg bei 7 Patienten verzeichnet wurde. Unter Placeboeinwirkung reagierten 5 von 13 Versuchspersonen mit einer Besserung. Das Ergebnis mit Hydrocortison ist statistisch gegenüber den Placeboeffekten eindeutig zu sichern, so daß diesem Mittel ein günstiger Einfluß bei chronischen Asthmazuständen zugesprochen wird[1]).

Außerdem prüften THURSBY-PELHAM und KENNEDY[2]) Cortison und Prednisolon vergleichend mit Placebo an 12 asthmakranken Kindern. 7 reagierten besser auf Prednisolon, und 2 Fälle sprachen besser auf Cortison an, während Placebo in jedem Falle schlechter abschnitt.

Von 36 Patienten mit cerebralen Infarkten wurden 17 mit 300 mg Cortison und 19 mit Placebo behandelt. Unter der Cortisontherapie starben 13. Zwei wurden gebessert, zwei weitere zeigten minimale Veränderungen ihres Krankheitszustandes im günstigen Sinne. Von den 19 Placebobehandelten verstarben 10. Vier wurden gebessert und fünf geringgradig günstig beeinflußt[3]). Ein Nutzen dieser Therapie ist demnach bei solchen Krankheitsbildern nicht evident.

DOWDEN und BRADBURY[4]) verglichen Adrenalin-, Corticotropin- und Kochsalzinjektionen im Eosinophilentest. 4 h nach der Zufuhr fand sich in 28 Testversuchen nach Adrenalin eine durchschnittliche Abnahme der Eosinophilen um 48,6 $\pm$ 10,4%. Mit Corticotropin wurden 40 Versuche angestellt. Die mittlere Senkung der Eosinophilen betrug 49,0 $\pm$ 11,1%. Kochsalzinjektionen verringerten die Eosinophilenzahlen in 45 Testversuchen um durchschnittlich 10,2 $\pm$ 12,0%.

Die Nebennierenrindenaktivität wurde von CLEGHORN[5]) bei psychoneurotischen Patienten, die stark an Angstzuständen litten und eine Krankenhausbehandlung benötigten, getestet, und zwar an dem Verhalten der zirkulierenden Neutrophilen, der Lymphozyten und Eosinophilen sowie der Ketosteroidausscheidung. Es zeigte sich, daß bei diesen Kranken nach der Zufuhr von Placebo in Form von NaCl-Injektionen die gleichen Effekte wie bei normalen Personen unter dem Einfluß von ACTH auftraten. So kam es zu einer Neutrophilie, Lymphopenie und einem Eosinophilensturz. Auch die Ketosteroidausscheidung änderte sich entsprechend. Je mehr die Persönlichkeit des Arztes ausgeprägt war, um so stärker evident trat der Effekt der Placeboinjektionen in Erscheinung.

[1]) W. BROCKBANK und C. D. R. PENGELLY, Lancet 1958, I, 187.
[2]) D. C. THURSBY-PELHAM und M. C. S. KENNEDY, Brit. med. J. 1958, 243.
[3]) M. DYKEN und P. T. WHITE, J. Amer. med. Ass. 162, 1531 (1956).
[4]) C. W. DOWDEN und J. T. BRADBURY, J. Amer. med. Ass. 149, 725 (1952).
[5]) CLEGHORN, erwähnt bei H. K. BEECHER, Amer. J. Physiol. 187, 163 (1956).

Tabelle 92

| Krankheitsdiagnose | Prednisolon | | |
|---|---|---|---|
| | Besser als Placebo | = Placebo | Schlechter als Placebo |
| Kontaktdermatitis . . . . . . . | 5 | 1 | 1 |
| Dermatitis atrophicans . . . . . | 5 | – | – |
| Seborrhoe . . . . . . . . . . . | 3 | – | 1 |
| Pruritus ani . . . . . . . . . . | 2 | – | – |
| Ekzem . . . . . . . . . . . . | 1 | – | 1 |
| Lichen planus . . . . . . . . . | – | – | 1 |
| Pruritus hiemalis. . . . . . . . | 1 | – | – |
| Lichen simplex chronicus . . . . | 1 | – | – |
| Pemphigus . . . . . . . . . . | 1 | – | – |
| Gesamtzahl . . . . . . . . . . | 19 | 1 | 4 |

Eine Beurteilung der Wirksamkeit von Prednisolon in 0,5prozentiger Konzentration an 24 Hautkranken liegt von Zimmermann[1]) vor. Als Vergleichsplacebo wurde eine Hautcreme mit Präcutan benutzt. Die Ergebnisse wurden gewertet, je nachdem, ob der Vergleich zwischen Prednisolon und Placebo besser, gleichwertig oder schlechter war. Die Einzelheiten sind der Tabelle 92 zu entnehmen.

Zur Behandlung der Acne vulgaris verwandten Torre und Klumpp[2]) östrogene Hormone in Form des Präparates Premarin in Dosen von 3,9 mg über mehrere Monate, jeweils verabreicht vor Beginn der Menses. Von 50 Patienten erhielten 12 ausschließlich das östrogene Hormon, 8 ausschließlich Placebo und die restlichen 30 alternierend Placebo bzw. östrogenes Hormon. Bei diesen 30 wurde 16 Personen das Placebo vor der Hormontherapie und 14 nach der Hormontherapie gegeben. Placebo allein war nie therapeutisch wirksam. Das gilt auch für die 16 Fälle, bei denen das Placebo als einleitende Behandlung gewählt wurde. Von den 14 Patienten, die nach der östrogenen Gabe Placebo erhielten, wurden 11 rückfällig. Im übrigen war der Erfolg der Hormontherapie bei 24 Patienten gut und bei 13 gering. 3 von 42 Personen, die östrogene Hormone erhielten, blieben unbeeinflußt.

Bei Patienten mit anhaltenden neuralgischen Schmerzen im Gefolge von Herpes zoster wurde von Sauer[3]) Corticotropin, Cortison und Placebo vergleichend geprüft. 7 von 11 Patienten wurden durch 40–80 E Corticotropin i.m. jeden 2. Tag nach 3–4 Injektionen schmerzfrei, so daß sie auf Analgetica und Mischpräparate mit Aspirin umgestellt werden konnten. Bei Placeboinjektionen zeigte sich in 4 von 11 Fällen ein guter therapeutischer Erfolg. Cortisontabletten erwiesen sich bei 7 von 10 Personen wirksam.

[1]) E. H. Zimmermann, J. Amer. med. Ass. 162, 1379 (1956).
[2]) D. Torre und M. M. Klumpp, J. Amer. med. Ass. 164, 1447 (1957).
[3]) G. C. Sauer, Arch. Derm. 71, 488 (1955).

EDWARDS und SWYER[1]) befaßten sich mit dem Einfluß, den Amphetamin bzw. Schilddrüsenextrakt im Vergleich zu Placebo auf die Gewichtsabnahme bei Patienten ausübt, die auf eine Diät von 1000 cal eingestellt waren. Amphetamin in Dosen zu 5 mg 3mal täglich verringerten das Gewicht beträchtlich, im Unterschied zu Placebo. Schilddrüsenextrakt, 30 mg 3mal täglich verabreicht, führte dagegen zu keinem signifikanten Effekt. Ebenso konnte keine Verstärkung bei gleichzeitiger Zufuhr von Amphetamin und Schilddrüsenextrakt gesehen werden. Die Wirksamkeit von Amphetamin hielt 4 Monate nach Absetzung der Behandlung an.

FERGUSON[2]) verglich den Effekt von Stilboestrol und Placebo bei Störungen der Schwangerschaft. Seine Kriterien für die Beurteilung waren: Häufigkeit und Schweregrad der präeklamptischen Erscheinungen, Zunahme des Gewichtes, Ausbildung von Ödemen am Ende der Schwangerschaft, Dauer der Schwangerschaft, Sterblichkeit der Neugeborenen, Uterusblutungen, Aborthäufigkeit. Wenn man diese Merkmale zur Urteilsfindung zugrunde legt, so ergibt sich kein Unterschied zwischen der Placebo- und der Stilboestrolbehandlung. Die erwartete Wirkung im Sinne einer Anregung der Progesteronproduktion, von der man eine Korrektur des gesenkten Östrogen- bzw. Progesteronblutspiegels erhoffte, ist demnach durch Stilboestrol nicht erreichbar oder für den therapeutischen Effekt belanglos.

6 mg des synthetischen Östrogens Vallestril sind in der Lage, bei einem Test an 100 Frauen mit Störungen in der Menopause in 91% Besserungen zu bewirken, während Placebo, an 20 Frauen verabreicht, nur 15% Besserungen aufwies[3]).

WIED[4]) hat seine Untersuchungen an 120 Patienten mit klimakterischen Ausfallserscheinungen in erster Linie dazu benutzt, um den Einfluß der Suggestion auf den therapeutischen Erfolg experimentell anzugehen. Die Prüfungen wurden als einfacher Blindversuch angelegt. Getestet wurde ein Ovarialtotalextrakt, der nach Untersuchung von HOHLWEG[5]) keine wirksamen Hormonmengen enthielt. Bei dem zweiten Präparat handelte es sich um Aethinyloestradiol, das in Dosen von 0,02 mg täglich verabreicht wurde. Als Placebo wurde Salzwasser gegeben. Jedes dieser Präparate wurde 40 Patientinnen verabreicht, von denen je 20 zunächst suggestiv beeinflußt wurden, daß sie ein fraglich wirksames Präparat erhielten. Nach 3 Wochen erfolgte eine Umstellung auf die Suggestion, daß ein hochwirksames Präparat zum Einsatz gelange. Als Gegentest standen 20 andere Patientinnen in der Beobachtung, die suggestiv zunächst auf ein hochwirksames und dann auf ein fraglich wirksames Präparat hin beeinflußt wurden. Zur Unterstützung wurden in der Periode mit positiver Suggestion regelmäßig Vaginalabstriche gefertigt und Temperaturmessungen durchgeführt, während in der Phase der negativen

[1]) D. A. W. EDWARDS und G. J. M. SWYER, Clin. Sci. 9, 115 (1950).
[2]) J. H. FERGUSON, Amer. J. Obstet. Gynec. 65, 592 (1953).
[3]) A. F. GOLDFARB und E. E. NAPP, J. Amer. med. Ass. 161, 616 (1956).
[4]) G. L. WIED, Ärztl. Wschr. 8, 632 (1953).
[5]) W. HOHLWEG, Zbl. Gynäk. 71, 330 (1949).

Tabelle 93
Beeinflußung klimakterischer Ausfallsbeschwerden durch
10prozentige NaCl-Lösung, Ovarialtotalextrakt und Aethinyloestradiol

| Präparat | Anzahl der Patientinnen | Suggestion | Gebessert | Nicht gebessert |
|---|---|---|---|---|
| 10prozentige NaCl-Lösung p.o.. | 20 | «wirkungslos» | 3 | 17 |
| 10prozentige NaCl-Lösung p.o.. | 20 | «hochwirksam» | 12 | 8 |
| Ovarialtotalextrakt p.o. . . . | 20 | «wirkungslos» | 4 | 16 |
| Ovarialtotalextrakt p.o. . . . | 20 | «hochwirksam» | 15 | 5 |
| Aethinyloestradiol p.o. . . . . | 20 | «wirkungslos» | 16 | 4 |
|  | 20 | «hochwirksam» | 19 | 1 |

Suggestion die Temperaturmessungen weggelassen und die cytologischen Abstriche nur in größeren Abständen getätigt wurden. Die Beurteilung erfolgte auf Grund der Aussagen der Patientinnen, ob sie sich geheilt, gebessert oder nicht gebessert fühlten. Die Ergebnisse (siehe Tabelle 93) besagen, daß auch von unwirksamen Präparaten therapeutische Erfolge erzielt werden können, falls der Arzt den Patienten suggestiv beeinflußt. Andererseits lassen sich mit wirksamen Stoffen sogar bei suggestiv indifferent oder negativ beeinflußten Kranken Wirkungen erzielen, die verhältnismäßig deutlich über den Erfolgsziffern der Placebogruppe liegen, selbst wenn eine positive Suggestion mit im Spiele ist.

## 2.17 Vitamine

Bei chronischen Alkoholikern wurde von TRULSON[1]) der Einfluß eines Vitamin-Kombinationspräparates gegen Placebo untersucht. Zum Einsatz kam eine Mischung, die 5 mg Thiamin, 4 mg Riboflavin, 8 mg Nikotinsäureamid, 16 mg Pantothensäure, 5 mg Pyridoxin, 16,5 mg p-Aminobenzoesäure, 1,65 mg Follinsäure, 80 mg Inositol, 80 mg Cholin unter Zusatz von Vitamin A (50000 I.E.), 500 mg Ascorbinsäure, 50 mg Vitamin E und 100 $\gamma$ Vitamin $B_{12}$ enthielt. Dieses Präparat wurde in der ersten Woche 1mal täglich, in der zweiten Woche 4mal täglich und von der dritten Woche an 6mal täglich verabreicht. Das Ergebnis ist in der Tabelle 94 zusammengefaßt. Sie zeigt, dass diese Art der Vitaminanwendung keinen Vorteil gegenüber Placebo bietet.

Die durch mehrere Untersucher[2-4]) erzielten günstigen Resultate mit Vitamin $B_6$ (Pyridoxin) bei Schwangerschaftserbrechen wurden von HESSEL-

[1]) M. F. TRULSON, R. FLEMMING und F. J. STAVE, J. Amer. med. Ass. 155, 114 (1954).
[2]) B. B. WEINSTEIN, B. MITCHELL und G. F. SUSTENDAL, Amer. J. Obstet. Gynec. 47, 283 (1943).
[3]) R. R. WILLIS, Amer. J. Obstet. Gynec. 47, 389 (1943).
[4]) B. F. HART, Amer. J. Obstet. Gynec. 48, 251 (1944).

Tabelle 94

| Behandlungsart | Patienten-zahl | Prozent Personen mit | | | |
|---|---|---|---|---|---|
| | | totaler Abstinenz | begrenzter Alkohol-zufuhr | Besserung | negativem Behand-lungs-ausgang |
| Vitamintherapie . . | 114 | 16 | 11 | 6 | 67 |
| Placebo . . . . . . | 45 | 21 | 2 | 0 | 77 |
| | | *Dauer der Therapie 6 Monate* | | | |
| Vitamintherapie . . | 58 | 28 | 17 | 17 | 38 |
| Placebo . . . . . . | 24 | 42 | 8 | 0 | 50 |
| | | *Dauer der Therapie 13 Monate* | | | |
| Vitamintherapie . . | 25 | 28 | 28 | 8 | 36 |
| Placebo . . . . . . | 7 | 14 | – | – | 86 |

STINE[1]) in Blindversuchen nachgeprüft. Auf Grund seiner Erfahrungen kam er zu dem Ergebnis, daß Wasser besser hilft. Das hinderte indes DORSEY[2]) nicht, ohne Kontrollversuche durchzuführen, nachträglich zu erklären, daß Pyridoxin in Kombination mit Nebennierenrindenextrakten als ein ausgezeichnetes Mittel für diese Indikation zu bezeichnen ist.

### 2.18 *Chemotherapeutica und Antibiotica*

*Sulfonamide:* Eine vergleichende Prüfung von Sulfonamid sowie Sulfatriad und Placebotabletten liegt von LANDSMAN et al.[3]) vor. Beurteilt wurden die Dauer des Fiebers, der Entzündungszustände und der Schmerzen bei Patienten, die an einer Angina, hauptsächlich durch Streptokokken ausgelöst, litten. Die Ergebnisse sind in der Tabelle 95 zusammengefaßt unter Angabe des zeitlichen Bestehens der angeführten Phänomene in Durchschnittswerten. Diese Zahlen verdeutlichen, daß ein meßbarer Unterschied zwischen der Wirkung der beiden geprüften Medikamente und den verabreichten lactosehaltigen Tabletten nicht nachweisbar ist.

*Isoniazid.* Für dieses Präparat hat NAGLER[4]) bei Patienten mit multipler Sklerose den Einfluß einer Gabe von 3mal täglich 100 mg mit Placebo verglichen. Die Versuche wurden bis auf 12 Monate ausgedehnt. Es standen für

[1]) H. C. HESSELSTINE, Amer. J. Obstet. Gynec. *50*, 82 (1946).
[2]) C. M. DORSEY, Amer. J. Obstet. Gynec. *58*, 1073 (1949).
[3]) J. B. LANDSMAN, N. R. GRIST, R. BLACK, D. McFARLANE, W. BLAID und T. ANDERSON, Brit. med. J. *1951*, I, 326.
[4]) B. NAGLER, J. Amer. med. Ass. *163*, 168 (1957).

Tabelle 95

| Präparat | Dosis | Anzahl der Patienten | Tage | | | | | | | | | Mittlere Dauer in Tagen |
|---|---|---|---|---|---|---|---|---|---|---|---|---|
| | | | 0 | 1 | 2 | 3 | 4 | 5 | 6 | 7 | 8 | |
| | | | Dauer des Fiebers | | | | | | | | | |
| Sulfanilamid . . . | 0,5 p.o. | 26 | 4 | 17 | 3 | 1 | 1 | – | – | – | – | 1,15 |
| Sulfatriad . . . . | 0,5 p.o. | 26 | 7 | 16 | 3 | – | – | – | – | – | – | 0,85 |
| Lactose . . . . . | | 43 | 17 | 16 | 6 | 1 | 1 | 1 | 1 | – | – | 1,07 |
| | | | Dauer der Entzündung | | | | | | | | | |
| Sulfanilamid . . . | 0,5 p.o. | 26 | 0 | 6 | 0 | 13 | 3 | 1 | 1 | 1 | 1 | 3,19 |
| Sulfatriad . . . . | 0,5 p.o. | 26 | 1 | 6 | 3 | 10 | 5 | 1 | – | – | – | 2,58 |
| Lactose . . . . . | | 43 | 2 | 7 | 1 | 23 | 3 | 1 | 4 | 1 | 1 | 3,21 |
| | | | Dauer der Schmerzen | | | | | | | | | |
| Sulfanilamid . . . | 0,5 p.o. | 26 | 0 | 17 | 2 | 4 | 2 | 0 | 1 | – | – | 1,81 |
| Sulfatriad . . . . | 0,5 p.o. | 26 | 1 | 13 | 5 | 4 | 2 | 1 | – | – | – | 1,85 |
| Lactose . . . . . | | 43 | 0 | 26 | 4 | 6 | 5 | 0 | 2 | – | – | 1,95 |

Isoniazid 88 und für Placebo 98 Patienten zur Verfügung. Das Ergebnis fiel für beide Präparate völlig negativ aus, da die beobachteten Besserungen nur geringfügig waren und lediglich einige Patienten betrafen. Im einzelnen wurden folgende Feststellungen gemacht:

Tabelle 96

| Gesamte Krankheitssymptome | Placebo | Isoniazid |
|---|---|---|
| Erheblich gebessert. . . . | 0 | 0 |
| Mäßig gebessert . . . . . | 0 | 1 |
| Geringfügig gebessert . . . | 4 | 3 |
| Unbeeinflußt . . . . . . | 39 | 33 |
| Verschlechtert . . . . . . | 21 | 20 |

*Rimifon:* Günstiger lauten die Ergebnisse des doppelten Blindversuches von TSCHABITSCHER et al.[1]), die unter 14 Patienten mit multipler Sklerose 8 von diesen Kranken mit Rimifon 4mal täglich per os 100 mg und zusätzlich 100 mg intravenös über einen Zeitraum von 30–45 Tagen behandelten. 6 dieser Patienten zeigten eine deutliche Besserung, die restlichen 2 blieben stationär und sprachen nicht an. Von 6 mit Placebo behandelten Kranken besserte sich in einem Falle der Krankheitszustand deutlich, 3 Fälle blieben stationär, 2 verschlechterten sich. Bei 58 Patienten, die mit Isoniazid längere Zeit behandelt

---

[1]) H. TSCHABITSCHER, T. WANKO, H. SCHINKO und B. FUST, Schweiz. med. Wschr. *85*, 556 (1955).

Tabelle 97

*Penicillin-Behandlung der Gonorrhoe* (Eagle *et al.*[1])

| Behandlungsdauer | Experiment I 16 Wochen | | Experiment II 8 Wochen | |
|---|---|---|---|---|
| Präparat . . . . . . . | Placebo | 100000 E Penicillin | Placebo | 250000 E Penicillin |
| Versuchspersonen . . . . | 176–195 | 151–213 | 137–217 | 87–141 |
| Go + . . . . . . . . . . | 35 | 5 | 8 | 1 ? |
| Go + pro 1000 Personen . | 13,2 | 1,8 | 10,8 | – |

[1]) H. Eagle, A. V. Gude, G. E. Beckman, G. Mast, J. J. Sapero und Shindledecker, J. Amer. med. Ass. *140*, 940 (1949).

wurden, wurden in 47 Fällen günstige Resultate erzielt. Bei 21 Personen, die Iproniazid (Marsilid) erhielten, wurden 15 gebessert.

*Penicillin:* Um den prophylaktischen Effekt von Penicillin bei der Gonorrhoe festzulegen, haben Eagle *et al.*[1]) Penicillin mit Placebo in Vergleichsversuchen getestet. Diese Versuche erstreckten sich jeweils über mehrere Wochen. Die Versuchspersonen standen in diesem Test nicht immer über die gesamte Beobachtungszeit zur Verfügung. Dadurch erklärt es sich, daß in der Tabelle 98 die Zahl der Versuchspersonen mit 2 Werten angegeben ist. Trotzdem dürfte der vorbeugende Effekt des Penicillins sich deutlich bemerkbar machen.

## 2.19 *Sera und Impfstoffe*

*Poliomyelitisserum:* Francis[2]) berichtete über einen Großversuch, bei dem 200745 Kinder des 1. bis 3. Schuljahres mit Poliovaccine geimpft und mit 201229 scheingeimpften bzw. 338778 ungeimpften Kindern des gleichen Schuljahres verglichen wurden.

In einer anderen Gruppe von 221998 Kindern des 2. Schuljahres, die ebenfalls geimpft wurden, standen zum Vergleich 725173 Kontrollen des 1. und 3. Schuljahres sowie 123605 Kontrollen des 2. Schuljahres, die unbehandelt blieben, zur Verfügung.

Von den gesamten geimpften Kindern erkrankten 25 bzw. 28 pro 100000, während bei den Scheingeimpften 71 befallen wurden. Bei den Ungeimpften schwankten die Erkrankungsziffern zwischen 32–54 pro 100000 in den verschiedenen Bezirken.

Koller[3]) sieht in diesen Zahlenwerten einen positiven Beweis für den Impfeffekt. Auffällig ist, daß die Erkrankungsziffern bei den Scheingeimpften in der 1. Versuchsreihe höher liegen als die der Ungeimpften, so daß bei einem Vergleich zwischen Geimpften und Placebobehandelten ein günstigerer Effekt resultiert als bei dem Vergleich zwischen Geimpften und Ungeimpften.

---

[1]) H. Eagle, A. V. Gude, G. E. Beckman, G. Mast, J. J. Sapero und J. B. Shindledecker, J. Amer. med. Ass. *140*, 940 (1949).
[2]) Th. Francis, J. Amer. med. Ass. *158*, 1267 (1955).
[3]) S. Koller, Dtsch. med. Wschr. *82*, 273 (1957); *82*, 307 (1957).

Tabelle 98

*Erkrankungen an Poliomyelitis in den verschiedenen Versuchsgruppen*

| | Zahl der Kinder | Poliomyelitisfälle | | | | | |
|---|---|---|---|---|---|---|---|
| | | Anzahl | auf 100000 | paralytisch | | nichtparalytisch | |
| | | | | Anzahl | auf 100000 | Anzahl | auf 100000 |
| Placebo-Gebiete insgesamt . . . . . . (1.–3. Schuljahr) | 749236 | 358 | 48 | 270 | 36 | 88 | 12 |
| Geimpfte . . . . . . . | 200745 | 57 | 28 | 33 | 16 | 24 | 12 |
| Scheingeimpfte . . . . | 201229 | 142 | 71 | 115 | 57 | 27 | 13 |
| Ungeimpfte[1]) . . . . . | 338778 | 157 | 46 | 121 | 36 | 36 | 11 |
| Kontrollklassen: . . . . Gebiete insgesamt . . | 1080680 | 505 | 47 | 415 | 38 | 90 | 8 |
| Geimpfte im 2. Schuljahr | 221998 | 56 | 25 | 38 | 17 | 18 | 8 |
| Kontrollen (alle Kinder) im 1. und 3. Schuljahr. | 725173 | 391 | 54 | 330 | 46 | 61 | 8 |
| Ungeimpfte im 2. Schuljahr . . . . . | 123605 | 54 | 44 | 43 | 35 | 11 | 9 |
| 2. Schuljahr insgesamt . | 355507 | 114 | 32 | 85 | 24 | 29 | 8 |

Die Restgruppe der nicht vollständig Geimpften ist hier nicht angeführt.

Es fragt sich daher, ob bei einer solchen Fragestellung und bei einer so großen Beobachtungszahl der Einsatz von Placebo für die Beurteilung Vorteile bietet, zumal aus dem Francis-Bericht nicht zu entnehmen ist, wie das Placebo beschaffen war.

*Bogomoletzserum:* In einfachen Blindversuchen wurde von PRIBILLA et al.[1]) die Behauptung kontrolliert, daß Bogomoletzserum bei chronischer Obstipation günstig wirke. 16 Patienten erhielten zunächst Placebo in Form einer intracutan injizierten Kochsalzlösung mit positiver Suggestion, daß diese Spritzen helfen würden. In 6 Fällen wurde ein Erfolg erzielt. Nach Umschaltung auf Bogomoletzserum war bei 2 Patienten zusätzlich eine Besserung zu verzeichnen. Alle übrigen reagierten weder auf Placebo noch auf die Seruminjektionen.

*Vaccine:* Von CULVER et al.[2]) wurde eine wässerige Lösung einer Influenzavaccine, die aus dem A/Japan-305/57-Stamm gewonnen wurde, an 2364 Rekruten im Vergleich mit Placebo geprüft. Die Vaccine wurde intracutan zu 1 ml verabreicht, das entspricht 250 Hühnerblutkörperchen-Agglutinationseinheiten. In den ersten 10 Tagen nach der Inokulation erkrankten von 916 Vaccinierten 114 und nach 10 Tagen oder später 20 Rekruten. Bei den 1448

---

[1]) W. PRIBILLA, W. ACHENBACH und G. RICHARTZ, Medizinische *1953*, 1160.

[2]) J. O. CULVER, R. E. NITZ und E. H. LENNETTE, J. Amer. med. Ass. *165*, 2174 (1957).

Placebobehandelten lag die Erkrankungsziffer in den ersten 10 Tagen bei 216 und im weiteren Verlauf bei 55. Aus diesen Daten schließen die Untersucher, daß die benutzte Vaccine einen echten Schutzeffekt ausübt.

Unter der Vaccinebehandlung erzielten DIEHL et al.[1]) bei 92 Versuchspersonen, die an einer Erkältung litten, in 55% der Fälle eine Besserung. Dieses Resultat bedeutet jedoch nichts, da in der Kontrollgruppe, die 88 Personen umfaßte, mit NaCl-Injektionen in 61% gute Effekte erreicht wurden.

## 2.20 Verschiedenes

*Acetylcholin:* Je 18 neurotische Patienten wurden von HAWKINS und TIBBETTS[2]) mit Acetylcholin bzw. mit Aqua dest. intravenös behandelt. Die Acetylcholingabe betrug anfangs 25 mg und wurde langsam bis zu 200 mg maximal gesteigert. Das Ergebnis bestand darin, daß in der behandelten Gruppe insgesamt 6 Patienten symptomfrei und 4 merklich gebessert wurden. Bei den restlichen 8 Kranken trat keine Änderung ihres Befindens ein. In der Kontrollreihe wurden 8 von 18 Kranken völlig beschwerdefrei, 3 zeigten merkliche Besserung, 6 blieben unbeeinflußt, und 1 Fall verschlechterte sich. Die Anwendung von Acetylcholin leistet demnach nicht mehr als das Placebo.

*Kohlendioxyd:* Um die Wirkung von Kohlendioxyd in der Behandlung von Neurosen abzugrenzen, haben HAWKINS und TIBBETTS[3]) an je 25 Patienten den Einfluß eines Gemisches von 30% Kohlendioxyd + 70% Sauerstoff gegenüber Druckluft geprüft. Es fand sich, daß in beiden Gruppen je 5 Patienten symptomfrei wurden. Gebessert wurden durch Kohlendioxyd 6 und durch Druckluft 7 Patienten. Unbeeinflußt blieben in beiden Gruppen 12 Kranke. Eine Verschlechterung trat in einem Fall nach Kohlendioxyd ein. Außerdem weigerte sich in jeder Gruppe je 1 Person, sich weiter behandeln zu lassen. Die Anwendung von Kohlendioxyd dürfte demnach keine besonderen Vorteile bieten.

*Monotrean:* Für die Behandlung von Schwindelzuständen sowohl labyrinthärer als auch vasomotorischer Art wurde Monotrean verwendet, und zwar in Dosen von 3–6 Dragees pro Tag. Bei der Umschaltung nach 14tägiger Behandlung auf Placebo zeigte sich bei posttraumatischen Schwindelanfällen, daß eine größere Anzahl von Personen trotz Umstellung der Therapie auf die unwirksame Substanz eine weitere Besserung angab. Auch bei Cerebralsklerose ist die Wirksamkeit des Monotreans nicht eindeutig zu belegen. Bei umgekehrter Versuchsanordnung, das heißt vorangehender Placeboeinwirkung und nachfolgender Monotreantherapie, trat nach der Auffassung von HOHMANN[4]) der günstige Einfluß des Monotreans deutlicher in Erscheinung. Die geringe Zahl der Beobachtungsfälle ließ jedoch eine sichere Schlußfolgerung nicht zu.

---

[1]) H. S. DIEHL, A. B. BAKER und D. W. COWAN, J. Amer. med. Ass. *115*, 593 (1940).
[2]) I. R. HAWKINS und R. W. TIBBETTS, J. ment. Sci. *102*, 43 (1956).
[3]) J. R. HAWKINS und R. W. TIBBETTS, J. ment. Sci. *102*, 52 (1956) .
[4]) H. HOHMANN, Med. Klin. *1958*, 1501.

*Glutaminsäure:* Untersuchungen mit Glutaminsäure, bei denen Placebo als Kontrolle einbezogen wurde, stammen von BERGIUS[1]). Es handelt sich um doppelte Blindversuche, bei denen auch die untersuchenden Studenten nicht wußten, welche Kinder Glutaminsäure und welche Placebo erhalten hatten.

Die Kinder waren in Heimen untergebracht, da es sich um entwicklungsretardierte, milieugeschädigte und psychopathische Kinder in einem Alter von 8–11 Jahren handelte, die alle die Hilfs- oder Heimschule besuchten. In einem anderen Heim waren es organisch schwergeschädigte Kinder, unter denen sich auch Debile und Imbezille sowie Mongoloide befanden. Die Glutaminsäureverabreichung erfolgte täglich in vier Portionen nach den Mahlzeiten zu 8–12 g über 3 Monate lang. Die psychologischen Teste waren so ausgewählt, daß mehr oder weniger von einer Totalerfassung der Persönlichkeit gesprochen werden konnte. Trotz Aufschlüsselung der Ergebnisse nach verschiedenen Rangordnungen gelang es bei der Auswertung nicht, die Kontroll- und die Glutaminsäuregruppen zu rekonstruieren, da dies die meßbaren Entwicklungs- und Leistungsfortschritte offenbar nicht gestatten. Mit den ausdruckspsychologischen Phänomenen, wie zum Beispiel Sprachanalyse, Verhaltensbeschreibungen der Kinder, Ausdrucksgehalt von Zeichnungen und Schriften war es dagegen besser möglich, die Gruppen wieder zu treffen. Auch die Stimmungslage wurde durch Glutaminsäure ziemlich regelmäßig gebessert. In dem unwissentlichen Verfahren zeigten nur 2 Kinder keine positive Stimmungsbeeinflussung. BERGIUS hebt aber hervor, daß «Entwicklungsförderungen von erheblichem Ausmaß, die in ähnlichen Untersuchungen sonst unbedenklich auf das Konto medikamentöser Einwirkung geschrieben werden, ebensogut auf psychologische Einflüsse unabsichtlicher Herkunft zurückgehen können».

DE BOOR[2]) meint hierzu, daß damit eine alte Weisheit in ein wissenschaftliches Gewand eingehüllt worden ist, die nichts anderes besagt, als daß «Kinder nur dann gedeihen und sich entwickeln können, wenn sie geliebt oder mindestens geachtet werden, gleichgültig ob sie dazu Glutaminsäure bekommen oder nicht».

*Leberextrakte:* Zur Prüfung der Frage, ob Leberextrakte eine roborierende Wirkung haben, haben BIRK und BÖHM[3]) bei Erschöpfungszuständen im doppelten Blindversuch Leberextrakte mit Choleval und Kochsalzinjektionen über 5 Wochen lang vergleichend getestet. Alle Patienten standen unter der positiven Suggestion, Leberextrakt zu erhalten. Die jeweils gefundenen Differenzen in bezug auf das Verhalten von Körpergewicht, Appetit und Allgemeinzustand sind nicht signifikant und besagen, daß Leberextrakte nicht besser wirksam als Placebo sind (Tabelle 99).

Die Frage, ob Leberextrakte bzw. Vitamin $B_{12}$ tonisierende Wirkungen ausüben, hat außerdem O'BRIEN[4]) im Vergleich mit Kochsalzlösungen an vier Gruppen von Patienten getestet. Es handelte sich einerseits um jugendliche

---

[1]) R. BERGIUS, Jb. Psychol. Psychother. *2*, 21 (1954).
[2]) W. DE BOOR, *Pharmacopsychologie und Psychopathologie* (Springer, Berlin 1946).
[3]) G. BIRK und A. BÖHM, Neue med. Welt *1950*, 1702.
[4]) J. R. O'BRIEN, Brit. med. J. *1954*, II, 136.

Tabelle 99

| Präparat | Körper-gewicht | Appetit | Allgemein-zustand |
|---|---|---|---|
| Leberextrakt . . . | − 1,4 % | + 35% | + 16% |
| Choleval . . . . . | + 2,25% | + 57% | + 28% |
| NaCl . . . . . . . | + 1,23% | + 40% | + 29% |

Kranke mit einer Lungentuberkulose sowie um ältere Patienten mit chroni-schen Leiden, wie Arthrosis, Paraplegien usw. Eine dritte Gruppe umfaßte orthopädisch behandelte Kranke und eine vierte Patienten, die in der Sprech-stunde nach einem Tonicum verlangten. Die Beurteilung erfolgte aus den Ant-worten, die die Patienten auf einige Fragen nach dem subjektiven Befinden, dem Aktivitätsgrad, nach Appetit und Schlafverhalten gaben. Nach Vitamin-$B_{12}$- und Leberextraktzufuhr (Plexan) wurden in 49 bzw. 48% Besserungen festgestellt. Nach Kochsalzinjektionen waren 43% gebessert. Wenn man die einzelnen Gruppen getrennt betrachtet, so sprachen die Kranken der dritten und vierten Gruppe etwas besser an, weil sie offensichtlich leichter einer Sug-gestion zugänglich waren.

*Apomorphin:* Bei 30 Versuchspersonen haben FINCKENSTEIN und UEX-KÜLL[1]) fortlaufend den Stoffwechsel vor und nach der subcutanen Injektion von 0,75 mg Apomorphin gemessen. In 10 Fällen, in denen Apomorphin keine übermäßige Nausea auslöste, fand sich 9mal 30 min nach der Injektion eine durchschnittliche Senkung des Grundumsatzes von 10%. Das Auftreten von Übelkeit und Brechreiz war verknüpft mit einer vermehrten motorischen Un-ruhe und einer verstärkten Muskelinervation, die eine Grundumsatzsteigerung bedingte. Die Grundumsatzsenkung war infolgedessen weniger deutlich nach-weisbar. Sie trat auch hier im Vergleich zu den Kontrollversuchen, mit physiologischer Kochsalzlösung subcutan injiziert, in Erscheinung. Prominal, in Gaben von 0,2 g, 2 h vor Versuchsbeginn verabreicht, erhöhte entgegen den Erwartungen die Empfindlichkeit für die emetische Wirkung des Apomor-phin. Der Blutdruck wurde bei der Mehrzahl der Versuchspersonen durch Apomor-phin gesenkt, selbst wenn motorische Unruhe oder Nausea auftraten. Die Pulsfrequenz war erhöht. Nach der Injektion der Kochsalzlösung kam es bei den meisten Versuchspersonen zu einem Anstieg des Blutdrucks sowie der Pulsfrequenz.

*Cobalt:* An einem Patienten mit Schilddrüsenhypertrophie wurde von KRISS[2]) der Einfluß von Cobalt auf die Jodaufnahme, das eiweißgebundene Jod, den Cholesteringehalt und den Cobaltspiegel im Blut durch Einschiebung von Placebo verfolgt. Die Einzelheiten sind in der Tabelle 100 zusammengefaßt. Die Jodaufnahme in die Schilddrüse wird demnach durch Cobalt verringert. Dieser Effekt ist in der Placeboperiode wieder aufgehoben.

---

[1]) J. VON FINCKENSTEIN und TH. VON UEXKÜLL, Z. klin. Med. *152*, 58 (1953).
[2]) J. P. KRISS, W. H. CARNES und R. T. GROSS, J. Amer. med. Ass. *157*, 117 (1955).

Tabelle 100

| Behandlungsart | Jod[131]-Aufnahme (%) | Eiweißgebundenes Jod ($\gamma$) | Cholesterin (mg) | Cobalt ($\gamma$) |
|---|---|---|---|---|
| Vorperiode . . . . . . . . . | 30 | 7 | 125 | 0 |
| Cobalt 80 mg täglich 9 Wochen . | 2 | 7,4 | 168 | 75 |
| Placebo 4 Wochen . . . . . . | 28 | 7,6 | 145 | 60 |
| Placebo 6 Wochen . . . . . . | 31 | 5,6 | 163 | Spuren |
| Placebo 7 Wochen . . . . . . | 29 | 5,2 | 195 | Spuren |
| Placebo 12 Wochen. . . . . . | 34 | 6,6 | – | – |
| Cobalt 150 mg täglich 1 Woche . | 27 | 7,0 | – | 0 |
| Cobalt 150 mg täglich 5 Wochen | 12 | 5,8 | – | Spuren |

*Nardostachys jatamansi:* 20 Patienten mit neurozirkulatorischer Dystonie ohne organische Herzbeschwerden gaben VAKIL und DALAI[1]) Extrakte aus *Nardostachys jatamansi* nach einer 3wöchigen Vorperiode im doppelten Blindversuch alternierend mit Placebo. Im einzelnen bestand ihr Vorgehen darin, daß der Drogenauszug und das Placebo 3 Wochen lang verabreicht wurden; dann folgte eine behandlungsfreie Periode von 3 Wochen, an die sich erneut je eine 3wöchige Behandlung anschloß. Therapeutisch wurden immer bessere Resultate mit dem Drogenauszug als mit Placebo gesehen.

*Chlorophyll:* Zu der Fragestellung, ob Chlorophyll desodorierende Wirkung hat, haben KUTSCHER et al.[2]) einen Beitrag geliefert, indem sie bei Carcinomkranken im doppelten Blindversuch wässerige Chlorophyll-Lösungen im Vergleich zu Placebo prüften. Es handelte sich um 27 Patienten mit zerfallenden Hautcarcinomen im Bereich des Kopfes und Nackens. Insgesamt wurden 73 Behandlungsperioden von je einer Woche durchgeführt. In 33 von diesen Zeitabschnitten wurde keine Änderung des Geruches erzielt. In 24 Perioden nahm der unangenehme Geruch zu, gleichgültig ob Chlorophyll oder Placebo zum Einsatz gelangte. Nur in 16 Perioden nahm der Geruch ab. Ein statistisch nachweisbarer Unterschied zwischen Placebo und Chlorophyll war nicht feststellbar.

*Pollentherapie:* Bei 42 Patienten mit Heufieber erbrachte die orale Anwendung der Pollentherapie in 18,8% schwache und in weiteren 18,8% gute Resultate. Die Erfolgsquoten lauten bei der Anwendung von Placebo: 3,1% für schwache Besserung und 18,8% für gute Besserung[3]).

*Sekundenphänomen:* EBNER und LEY[4]) haben das Sekundenphänomen von HUNEKE an 91 Patienten, die insgesamt 225 Impletolinjektionen erhielten, überprüft. Es handelte sich um eine größere Gruppe von Kranken, bei denen

[1]) R. I. VAKIL und S. R. DALAI, Indian Practit. *8*, 227 (1955); zitiert nach J. Amer. med. Ass. *158*, 869 (1955).
[2]) A. H. KUTSCHER, R. RANKOW, J. D. PIRO, E. V. ZEGARELLI und N. W. CHILTON, J. Amer. med. Ass. *157*, 1279 (1955).
[3]) S. M. FEINBERG, F. L. FORAN, M. R. LICHTENSTEIN, E. PADNOS, R. Z. RAPPAPORT, J. SHELDON und M. ZELLER, J. Amer. med. Ass. *115*, 23 (1940).
[4]) R. EBNER und H. LEY, Münch. med. Wschr. *1956*, 298.

die Möglichkeit bestand, daß ein fokales Geschehen am Krankheitsprozeß beteiligt sein könnte, und eine kleinere Patientenzahl, bei der es sich vorwiegend
um Carcinomkranke handelte. Eine sofortige Schmerzfreiheit nach der Injektion, die beim Wiederauftreten der Schmerzen reproduzierbar war und die bei
wiederholter Injektion allmählich zu verlängerten schmerzfreien Intervallen
führte, wurde nur 3mal erreicht, und zwar bei zwei Fällen von Ischalgie und bei
einem Patienten mit Gelenkbeschwerden. Bei diesem wurde die Schmerzfreiheit durch eine Injektion in die Umgebung des Focus genau so erzielt wie mit
einer Injektion in die gesunde Schleimhaut. Außerdem war es gleichgültig, ob
man Impletol, Aqua dest. oder Kochsalzlösung verwendete. Eine Schmerzfreiheit ohne weitere Beeinflussung des Gesamtkrankheitsbildes wurde bei 11 Patienten 25mal erreicht. Darunter befanden sich zwei Carcinomkranke. In einer
Reihe von Fällen erzielten Kochsalz- und Aqua-dest.-Injektionen einen gleich
guten schmerzlindernden Effekt wie das Impletol.

# Stereochemical Factors in Biological Activity

By Arnold H. Beckett

School of Pharmacy, Chelsea College of Science and Technology, London S. W. 3

## · 1. Introduction

The property of many enzymes to attack one of a pair of stereoisomers selectively, 'stereochemical specificity', has been known for many years. In 1925, CUSHNY[1]) wrote 'the reactions of the enzymes to optically active isomers have been the subject of a large number of researches'. In the latter half of the previous century, PASTEUR had been impressed with the abundance of optically active compounds in nature. Subsequent work has demonstrated that the majority of chemical substances formed and broken down in metabolic processes are optically active.

The penetration of certain membranes also has been shown to be stereo-chemically dependent and the uptake of enantiomorphs upon naturally occurring surfaces is known to be selective. It is therefore not surprising that there are many examples of drug molecules which exhibit large differences in biological effects in their enantiomorphs.

It is generally accepted that the mechanism of action of 'structurally specific drugs' involves the reaction of the drug with certain parts or enzymes of certain cells in the effector tissues or organs; these 'active spots' or 'receptors' are considered to be usually of a proteinous nature. Our knowledge of the characteristics of the receptor sites is derived from an understanding of the physico-chemical characteristics of the molecules producing a biological response. The application of biological investigations of enantiomorphic molecules to provide information concerning the 'configuration in the tissues' was emphasized by CUSHNY[1]). Recently PAULING[2]), after considering the specificity of interaction of antibodies and antigens wrote: 'I think that complementariness in molecular structure of some sort is responsible for biological specificity in general. It is likely that many enzymes, perhaps all enzymes except those involved in the transfer of electrons during oxidation–reduction reactions, are effective because of complementariness of structure of the reacting molecules.'

It is surprising, therefore, that little use of stereochemical selectivity has been made in researches attempting to obtain further information concerning receptor sites for drug molecules and in the search to provide more selective agents. (In recent years, however, stereochemical studies have helped greatly in the more detailed understanding of enzymatic reactions.) Few studies involving pharmacological investigations of configurationally related isomers exhibiting qualitatively similar, but quantitatively dissimilar, biological responses have been carried out compared with those involving changes in the size of cationic or anionic groups in molecules and the number of atoms separating such groups. In general, evidence is lacking concerning the spatial arrangement of many drug enantiomorphs despite the large differences which may have been observed in the effect of these isomers.

[1]) A. R. CUSHNY, *Biological Relations of Optically Isomeric Substances* (Balliere, Tindall and Cox, 1926).

[2]) L. PAULING, in *Enzymes: Units of Biological Structure and Function*, ed. by O. H. GAEBLER (Academic Press Inc., New York 1956), p. 177.

The interpretation of experimental data is not too complex when the reactions of stereoisomers with single enzymes are involved; activity is propo:tional to the enzyme-substrate concentration, the kinetics of the system can be investigated, and the observed effects can be determined quantitatively. Obviously, the definition of the requirements of the receptor by the attempted interpretation of *in vivo* studies involving series of compounds exhibiting a particular biological response is fraught with pitfalls. The response is influenced by various factors such as penetration of membranes, metabolism of the isomers, uptake on 'sites of loss' as well as by the interaction at the receptor sites. The response may be the mean of several effects. To these factors are added the complication that the receptor surface may change its spatial characteristics upon steric or electronic demand of different substrates. Finally, the reactions would only be expected to proceed rapidly if the enzymes (or receptors) and substrates were structurally complementary in the activated complex rather than complementary in the ground state of the reactant or product molecules.

Despite these difficulties, studies of the action of series of enantiomorphs, in which so many properties are identical in the isomeric pairs of compounds, provide an important approach to the delineation of receptor surfaces if similar configurations are established for the more active members of enantiomorphic pairs exhibiting a particular biological response. The integration of such investigations with studies of the metabolism of isomers is important. There are indications that receptor sites, via which different biological effects are mediated, may be not too dissimilar in their electronic and configurational characteristics; *small* changes of active drugs on a three-dimensional plan therefore seems to offer an important method for the production of more selective clinical agents. The use of geometrical isomers which are dissymmetric may be used to help to elucidate both the distances and the orientation of specific receptor areas of the receptor site if the physico-chemical properties of the geometrical isomers are not too dissimilar.

In this article, general information on the geometrical arrangement in stereoisomers, the implication of such arrangements on biological activity, and selected examples of drugs and other molecules which interact stereospecifically will be presented, in the hope that a stimulus to the three-dimensional approach to drug design will result.

## 2. Spatial Arrangement in Stereoisomers

Stereoisomers are defined as isomeric substances which differ only in the geometrical arrangement (configuration) of their atoms or groups. There are two types of stereoisomerism, *optical isomerism* and *geometrical isomerism*. In recent years a further aspect of stereoisomerism which has importance in biological considerations, namely that of the conformation of molecules, has received much attention.

## 2.1 *Optical Isomerism*

Optical isomers (enantiomorphs) may be defined as stereoisomers in which the atoms or groups comprising the compound are arranged in two different ways to form two molecular species which differ from one another only as an object differs from its mirror image (i.e., the structure is not superimposable on its mirror image). An asymmetric centre within the molecule is frequently associated with such a spatial arrangement, but it is not an essential feature for molecular asymmetry. A consequence of the geometry of such systems which is of great importance in a consideration of biological receptors, is that if three of the groups attached to an asymmetric carbon atom are aligned towards a particular surface as shown in Figure 1a, then the enantiomorph (b) can only present two of the three groups in a comparable manner as shown in Figure 1b.

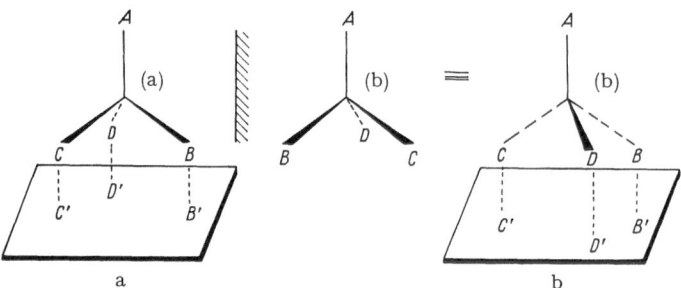

Figure 1

*Alignment of Enantiomorphs (a) and (b) to a Receptor Surface*

C, D and B represent groups in the enantiomorphs, and C′, D′ and B′ represent their points of alignment at the surface; ——— represents in the plane of the paper, ▬▬▬ represents pointing towards and – – – – represents pointing away from the observer.

Enantiomorphs rotate the plane of polarized light by equal and opposite amounts, but the value or the direction of the optical rotation produced has little significance from a configurational and thus 'alignment at a receptor surface' point of view. Otherwise enantiomorphs have identical physical properties. The chemical properties are also identical except when reactions with other optically active molecules or asymmetric surfaces are involved. The combination of an enantiomorph with another optically active compound yields two products, *diastereoisomers*, which are not related as object to mirror image. Diastereoisomers usually exhibit significant differences in such physical properties as solubility, partition coefficients and chemical reactivity.

## 2.2 *Geometrical Isomerism*

Geometrical isomers may be defined as stereoisomers which have the same structure, but the atoms or groups comprising the molecule are arranged in two different spatial arrangements to form molecular species which are not related as object to mirror image. Optical activity does not arise because of

the geometrical isomerism, but geometrical isomers will exhibit optical isomerism also if the structure is asymmetric or dissymmetric. Geometrical isomers may result when rotation within the molecule is restricted for example
by double bonds or by rigid or semi-rigid systems. Geometrical isomers differ,
sometimes greatly, in physical properties such as partition coefficient, solubili-
ties, dissociation constants and adsorption at surfaces. Frequently there are
considerable differences in the chemical reactivity of such isomers.

Unlike optical isomers, geometrical isomeric pairs of compounds have certain groups separated by different distances; such groups cannot therefore be
oriented similarly to a receptor surface. For example, if the alignment of
groups X, A and B to a particular surface is required to give an effect (Figure
2a in which A and B are *cis*), then the *trans* A/B isomer will only be able to
present two of the three groups correctly as shown in Figure 2b.

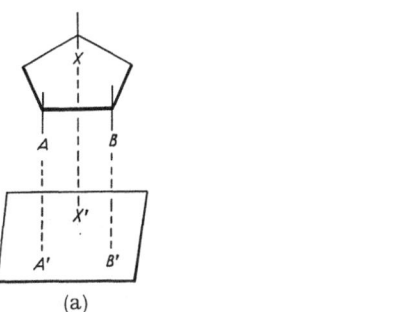

(a)                                                                           (b)

Figure 2

*Alignment of Stereoisomers to a Receptor Surface*

A, B and X represent groups in the isomers, and A', B' and X' represent their points of alignment
at the surface.

### 2.3 Conformational Considerations

Conformational analysis (see BARTON[1]), KLYNE[2]), ORLOFF[3]), ANGYAL[4])
DAUBEN and PITZER[5])) is the study of the different arrangements in space of
atoms or groups in a single classical organic structure (configuration). Different
conformations of a given structure may be interconverted by the rotation and
twisting but not breaking of bonds. For instance, *cyclo*hexane may exist in two
angle strainless forms, the chair (I) and the boat (II) conformations. The
energy of interconversion is about 5 kcal/mol; this energy barrier is not suffi-
ciently high to allow the isolation of these two separate conformations of the
same classical structure.

[1]) D. H. R. BARTON, J. chem. Soc. *1953*, 1027; D. H. R. BARTON and R. C. COOKSON, Quart.
Rev. chem. Soc., Lond. *10*, 44 (1956).

[2]) W. KLYNE, in: *Progress in Stereochemistry*, ed. by W. KLYNE, vol. I (Butterworths Scientific
Publications, London 1954), p. 36.

[3]) H. D. ORLOFF, Chem. Rev. *54*, 347 (1954).

[4]) S. J. ANGYAL and J. A. MILLS, Rev. pure appl. Chem., Aust. *2*, 185 (1952).

[5]) W. G. DAUBEN and K. S. PITZER, in: *Steric Effects in Organic Chemistry*, ed. by M. S. NEW-
MAN (John Wiley and Sons, Inc., New York 1956), p. 1.

In the absence of strong electrostatic effects, the chair conformation of a 6-membered carbocyclic or heterocyclic structure is more stable than the boat conformation. This situation obtains because although the boat and chair

(I)                                                    (II)

forms are equally strain free in the classical sense, the mutual repulsions of neutral nonbonded atoms is greater in the boat than in the chair conformation [see (I) and (II)].

The C–H bonds of the chair conformation of *cyclo*hexane may be divided into two classes. The six bonds which are parallel to the axis as shown in (III) are designated *axial* (symbolized *a*) bonds; three of these bonds on alternate carbon atoms extend in one direction and three in the other as shown in (IV).

Axial hydrogen atoms

(III)                                              (IV)

The six bonds which extend radially outward at angles of 109·5° to the axis, (V) and (VI), are designated *equatorial* (symbolized *e*) bonds. The equatorial bonds may be changed into axial ones and *vice versa* by the rotation

Equatorial hydrogen atoms

(V)                                                (VI)

and twisting of the chair form of *cyclo*hexane to form a second chair form (both chair forms are identical in the case of unsubstituted *cyclo*hexane).

In a monosubstituted *cyclo*hexane, e.g. monomethyl*cyclo*hexane, two chair conformations of different energy content are possible, one with an axial (VII) and the other with an equatorial (VIII) methyl group. The conformation possessing the axial methyl group will be thermodynamically less stable than that with the equatorial methyl group, mainly because of the nonbonded interactions of the axial methyl group with the 3- and 5-axial hydrogens on the same side of the ring.

In the absence of strong electrostatic effects, the most stable conformation of a molecule composed of six membered alicyclic rings will be the chair form with the large groups in equatorial positions, e.g. a *trans*-1:2-disubstituted

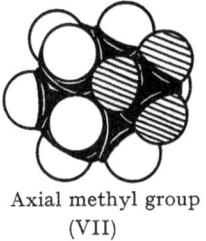

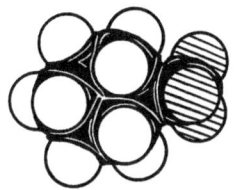

| Axial methyl group | Equatorial methyl group |
|:---:|:---:|
| (VII) | (VIII) |

*cyclo*hexane isomer will exist mainly in the chair conformation (IX) (R and R′ groups *e*, *e*), rather than the alternative chair form (X) (R and R′ groups *a*, *a*). The preferred conformation of a *cis*-1:2-isomer, in which R′ is a larger group

than R will be (XI) (R′ is *e*, R is *a*) rather than (XII) (R′ is *a*, R is *e*). The nonbonded interactions in the *trans*-form (IX) (R and R′ groups *e*, *e*) will be less than in the *cis*-isomer (XI) (R′ = *e*, R = *a*) and therefore the former will be the thermodynamically favoured isomer.

In the 1:3-disubstituted *cyclo*hexanes, the *cis*-isomer will exist mainly in the conformation (XIII) (R′ and R groups *e*, *e*) rather than (XIV) (R′ and R groups *a*, *a*); the *cis*-isomer will be thermodynamically more stable than the corresponding *trans*-isomer [conformation (XV) and (XVI) with the former predominating if R′ > R].

The concept of non-bonded interactions and the geometrical arrangement of equatorial and axial bonds has assisted, not only in the explanation of the relative thermodynamic stability of isomers, but in the better understanding of observed differences in chemical reactions. Some of the generalizations are outlined below since it is probable that the application of similar concepts to reactions occurring enzymatically will lead to important advances.

The differences in the reactions, or rates of reactions, of various conformations are due to differences in the accessibility of the groups concerned, or

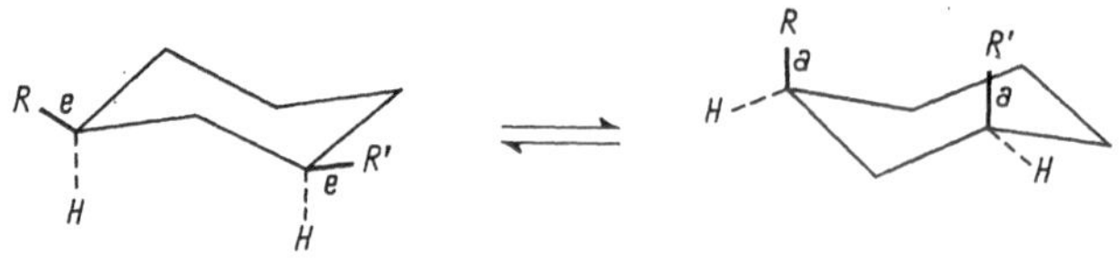

(XIII)                                        (XIV)

differences in the steric requirements of the reactions which may be satisfied to a greater or lesser extent by the particular conformation.

Axial groups in a *cyclo*hexane ring system (or 6-membered heterocyclic system) are subjected to greater steric hindrance than the corresponding equatorial ones. This is reflected in the following differences in reactions:

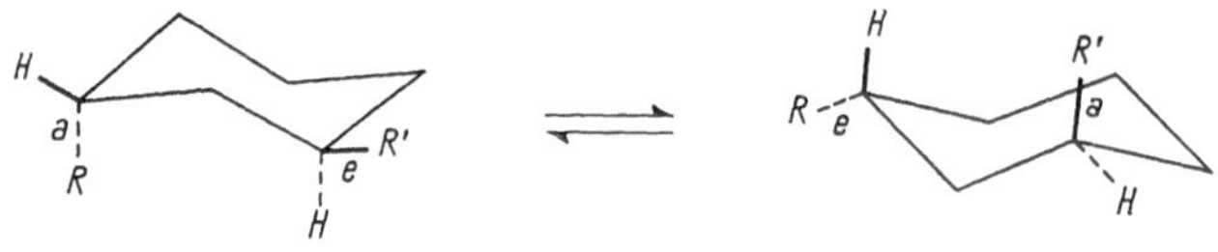

(XV)                                          (XVI)

equatorial hydroxyl groups are more readily esterified than the corresponding axial ones; equatorial acyloxy groups are more readily hydrolyzed than axial groups; equatorial carboxyl groups are more readily esterified and the products more readily hydrolyzed than the corresponding axial groups; axial secondary alcoholic groups are more readily oxidized (attack on the C–H bond being the rate determining step) than the corresponding equatorial epimers. In non-rigid systems, ELIEL[1]) considered that the above acylations or hydrolyses proceed via the conformation of the molecule in which the reactive group is equatorial, and that the observed rate differences in the reaction of isomers should be attributed to the energy necessary to place other substituents of the molecule, if necessary, into the axial conformation, e.g. if R is hydrolyzed in (XV), then change into conformation (XVI) would be required. The impossibility of conformational changes in certain isomers adsorbed at a biological surface to provide accessibility to a potential reactive site in the molecules, whereas similar adsorption of their epimers would allow access to the site without requiring conformational changes, may well explain observed differences of the biological effects of epimeric compounds.

---

[1]) E. L. ELIEL, Experientia *9*, 91 (1953).

In semi-rigid condensed ring systems, long range conformational effects may be relayed through the system[1-3]). Variations in the rates of reaction of a variety of triterpenoid 3-ketones with the common group (XVII) were shown to be dependent upon group arrangement in more distant parts of the molecule. These rate variations were considered to be chiefly due to the distortion produced by the introduction of trigonal atoms at a remote

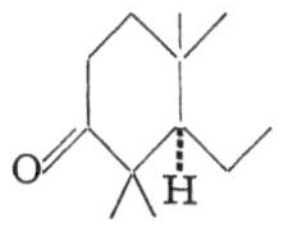

(XVII)

point and transmitted to the site of reaction through the saturated molecule by slight flexing of valency angles and alteration of atomic positions, i.e. 'conformational transmission'[2]). The possibility of the occurrance of similar transmitted effects in suitable molecules adsorbed at biological surfaces, if the surface is complementary to the conformation of the activated molecule, may well account for observed differences of effects of related molecules.

## 2.4 Configuration of Isomers

The arbitrarily chosen configuration (XVIII) (D-configuration) was assigned to (+)-glyceraldehyde and this was used as a reference configuration. A second standard reference configuration (XIX) for (+)-serine was chosen as a reference for $\alpha$-amino acids. The standards (XVIII) and (XIX) are now known to be equivalent[4]). The designation L and D for an amino acid thus denotes its configurational relationship to L- and D-glyceraldehyde respectively. More recently it has been shown that (XVIII) represents the absolute configuration of (+)-glyceraldehyde[4]).

In the present account, L and D will be used to denote configurations and (−) and (+) to denote the direction of rotation.

---

[1]) D. H. R. BARTON, A. J. HEAD and P. J. MAY, J. chem. Soc. 1957, 935.
[2]) D. H. R. BARTON, Experientia-Suppl. II (Birkhäuser, Basel 1955), p. 121.
[3]) D. H. R. BARTON and A. J. HEAD, J. chem. Soc. 1956, 932.
[4]) J. A. MILLS and W. KLYNE, in: Progress in Stereochemistry, ed. by W. KLYNE (Butterworths Scientific Publications, London 1954), p. 177.

### 3. Biological Activity of Stereoisomers

Biologically active molecules may be broadly classified into those which are *structurally specific* and those which are *structurally nonspecific*[1]). The latter type exhibit a general nonselective action upon tissue or enzyme system, e.g. the depressant action of chloroform or trichloroethylene; a similar biological response is given by diverse types of molecules of this type and their mechanism of action is probably a physical one.

The *structurally specific* drugs exert their action probably as a result of interaction at specific receptor sites in tissue or enzyme systems to form complexes, the majority of which are reversible. The dissociation constants of the complexes will be influenced by the closeness of fit of the molecules and the receptors and their stereochemical features would be expected to play an important role.

It has already been pointed out that the *in vivo* activity of a molecule may be influenced by various factors which will affect the availability of the molecule at any particular site of action. Stereochemical features may well affect this availability as well as the actual fit at the receptor site.

The more important potentially stereochemically dependent factors which may contribute to the observed differences in the biological effect of stereoisomers may be considered as leading to (1) differences in the distribution of the isomers, (2) differences in the properties of the drug-receptor combination and (3) differences in the adsorption of the isomers to a complementary receptor surface.

### 3.1 *Differences in the Distribution of Isomers*

*Optical Isomers.* Differences in the distribution of enantiomorphs will lead to differences in the observed potencies and possibly to differences in the biological effect. Several factors may contribute.

*General Penetration of Membranes.* Differences in the ease of penetration of membranes by enantiomorphs could result from the asymmetric nature of constituents of membranes; the binding forces will be different for the penetrating enantiomorphs. It is known, for instance, that certain biological surfaces adsorb certain isomers more strongly than their enantiomorphs, e.g. the (+)-isomers of certain dyes are held more strongly by wool than their enantiomorphs[2]); wool and casein selectively adsorb (+)-mandelic acid and (+)-α-naphthylglycollic acid from aqueous solutions of their respective racemic mixtures[3]); the (+)-form of α-methoxyphenylacetic acid combines preferentially with wool[4]).

[1]) A. ALBERT, *Selective Toxicity* (Methuen and Co., Ltd., 1951).
[2]) C. W. PORTER and C. T. HIRST, J. Amer. chem. Soc. *41*, 1264 (1919). C. W. PORTER and H. K. IHRIG, J. Amer. chem. Soc. *45*, 1990 (1923).
[3]) W. BRADLEY and G. C. EASTY, J. chem. Soc. *1951*, 499; *1953*, 1519.
[4]) W. BRADLEY and R. A. BRINDLEY, Nature, Lond. *173*, 312 (1954).

Membranes are considered to be composed of layers of lipids and proteins. The asymmetric sites in the latter can be envisaged as exerting a stereochemical control of penetration. The degree of resolution of the above acids by wool is small. However the degree of separation would be greatly increased if a succession of membrane surfaces had to be penetrated.

*Stereospecific Penetration Systems ('Permeases').* During recent years, the existence of stereospecific permeation systems which are distinct from metabolic enzyme systems have been shown to exist in bacteria[1]). The generic name

Table 1

*The Effect of Stereospecific Permeases on the Amino Acid Penetration of Bacteria*

| Internally accumulated labelled amino acid | Displaced by | Not displaced by |
|---|---|---|
| L-Valine | L-Valine | D-Valine |
| | L-Leucine | D-Leucine |
| | L-Isoleucine | D-Isoleucine |
| | | DL-Phenylalanine |
| | | DL-Dibenzylalanine |
| | | DL-Dibutylalanine |
| | | DL-N-Monomethylvaline |
| | | DL-Valinamide |
| | | DL-Proline |
| L-Phenylalanine | L-Phenylalanine | D-Phenylalanine |
| | | DL-Phenylserine |
| L-Methionine | L-Methionine | D-Methionine |
| | L-Norleucine | D-Norleucine |
| | | DL-Phenylalanine |
| | | DL-Proline |

'*permeases*' has been given to these systems. For example, it was found that when *Escherichia coli* K 12 was shaken with isotopically labelled amino acids under conditions in which protein synthesis was blocked, the acids were concentrated up to 500 times in the cell compared with the medium; the accumulation was reversible. The internally accumulated L-amino acids could be displaced by identical L-amino acids or structurally related amino acids; the corresponding D-amino acids were ineffective (Table 1).

Possibly similar enzyme systems exist in other membranes to transport normal substrates. The penetration of enantiomorphic pairs of metabolic analogues would therefore be expected to be stereoselective.

*Enzymatic Attack on Enantiomorphs.* In a subsequent section the stereochemical specificities of enzymatic reactions are discussed. The distribution of enantiomorphic drug molecules would be affected by the preferential attack

1) G. N. COHEN and J. MONOD, Bact. Revs. *21*, 169 (1957) and references there cited.

of enzymes upon certain configurations, e.g. optically active mepacrine can be detected in the urine after the administration of racemic mepacrine[1]); only the (+)-isomer of acetyl-$\beta$-methylcholine is detectably hydrolyzed by serum cholinesterases[2, 3]).

*Differences in Adsorption at 'Sites of Loss'.* Few molecules of an active compound in a complex biological system will reach the site of action at which their chief biological effect is produced. Some may interact at sites of secondary importance, while others may be adsorbed elsewhere in a harmless way or may cause toxic effects in the system. The sites at which loss of the drug occur with respect to the primary action have been termed 'sites of loss'[21]). Such losses may be stereoselective. For instance, incompletely protecting doses of quinine against chick malaria were combined with analogues of a more lipophilic structure, namely, the 9-chloro-9-desoxy derivatives of quinine, quinidine, cinchonine and cinchonidine. The derivatives of quinine and cinchonidine (i.e. same configuration as quinine) enhanced the effect of underdosage of quinine, whereas those of quinidine and cinchonine (different configuration from quinine) were practically inactive on synergists[4]). Probably those molecules related sterically to quinine are displacing the latter from sites of loss.

*Geometrical Isomers.* The differences in the distribution of geometrical isomers may result from the effect of all the factors mentioned under optical isomers. However, large differences in chemical as well as physical properties may be exhibited, and thus changes in the distribution pattern of isomers readily effected.

The percentage of a drug ionized at physiological pH may differ in isomeric pairs of compounds with a consequent effect upon adsorption at surfaces and penetration.

Geometrical isomers, unlike optical ones, can be separated by adsorption upon optically inactive surfaces. This may sometimes be due to the differences in planarity shown by the stereoisomers, e.g. coplanarity factors play an important part in the chromatographic adsorbabilities of conjugated isomeric biaryls and arylalkenes on alumina[5]); the *trans*-isomers (coplanar) of stilbene and 4:4'-dimethoxy-stilbene are more strongly adsorbed than the corresponding *cis*-isomers (not coplanar)[6]); in 1:4-diphenylbutadienes, the order of adsorbability was *trans-trans* (coplanar) > *trans-cis* > *cis-cis* (noncoplanar)[7]). In certain drug molecules of type (XX), differences in the adsorption of the *cis* and *trans* series of compounds on alumina have been observed[8]). Similar differences in adsorption on biological surfaces may well affect the drug distribution.

[1]) D. L. HAMMICK and W. E. CHAMBERS, Nature, Lond. *155*, 141 (1945).

[2]) D. GLICK, J. biol. Chem. *60*, 209 (1938).

[3]) A. SIMONART, Arch. int. Pharmacodyn. *60*, 209 (1938).

[4]) H. VELDSTRA, Pharmacological Revs. *8*, 339 (1956).

[5]) L. H. KLEMM, D. REED and C. D. LIND, J. org. Chem. *22*, 739 (1957), and references there cited.

[6]) L. ZECHMEISTER and W. H. McNEELEY, J. Amer. chem. Soc. *64*, 1919 (1942).

[7]) J. H. PINCKARD, B. WILLE and L. ZECHMEISTER, J. Amer. chem. Soc. *70*, 1938 (1948).

[8]) A. ZIERING, A. MOTCHANE and J. LEE, J. org. Chem. *22*, 1521 (1957).

The conformation of a polar group also could possibly affect the distribution of isomers, e.g. in the chromatography of steroids, it has been shown that epimers with an equatorial hydroxyl group are adsorbed more strongly than the corresponding axial epimers[1]; dihydro*iso*codeine (equatorial hydroxyl group) was bound more firmly by alumina than was dihydrocodeine (axial hydroxyl group)[2].

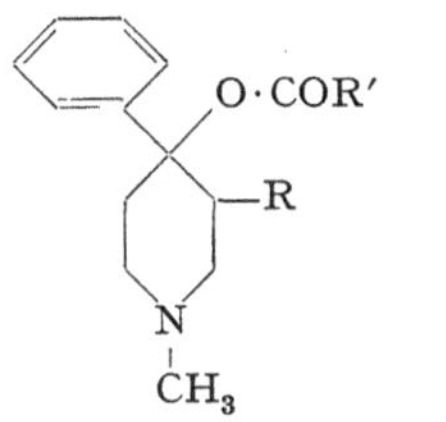

$$O \cdot COR'$$

$$-R$$

N
|
$CH_3$

(XX)

It has been previously mentioned that the conformation of a group may influence the chemical reactivity of the compound, e.g. the stability of glycosides to acid hydrolysis has been considered in conformational terms – the methyl-$\beta$-pyranosides of glucose, mannose and galactose, in which the anomeric methoxyl group is equatorial are hydrolyzed by acid more rapidly than the $\alpha$-pyranosides in which it is axial[3, 4]). It is probable that similar differences in the rates of reaction will occur when molecules present groups of differing conformation to an enzyme; difference in the metabolism of geometrical isomers would therefore be expected.

### 3.2 *Differences in the Properties of the Drug-Receptor Combination*

Ionic forces, hydrogen bonding and van der Waals' forces are probably involved in the 'combination' of drugs and receptor. It is not implied that combination alone produces the response, but that a suitable combination may initiate, modify or block a series of interdependent chemical processes.

*Optical Isomers.* CUSHNY[5]) considered that differences in the biological activity of enantiomorphs were due to differences in properties of the two drug-receptor combinations. He suggested that the two combinations were analogous to diastereoisomeric forms which would be expected to exhibit different properties of solubility etc., as for instance the combinations of (+)- and (−)-tartaric acid with (+)-cinchonidine. In the case of the constrictor action of (−)- and (+)-adrenaline on the vessels of the conjunctiva, it was considered that the more active (−)-isomer readily produced a 'precipitate' in the neuro-

---

[1]) K. SAVARD, Recent Progr. Hormone Res. 9, 197 (1954).

[2]) M. BAIZER, A. LOTER, E. ELLNER and D. SATRIANA, J. org. Chem. 16, 543 (1951).

[3]) J. T. EDWARD, Chem. and Ind. 1955, 1102.

[4]) A. B. FOSTER and W. G. OVEREND, Chem. and Ind. 1955, 566.

[5]) A. R. CUSHNY, *Biological Relations of Optically Isomeric Substances* (Balliere, Tindall and Cox, 1926).

effector cell junction whereas the less active (+)-isomer only did so when present in higher concentrations.

It is possible that differences in the properties of drug-receptor combinations are not always solely dependent upon the difference in geometry of the two enantiomorphs but the above explanation of differences of biological activity of enantiomorphs does not seem to be generally applicable.

### 3.3 Differences in Adsorption to a Complementary Receptor Surface

*Optical Isomers.* The differences in biological activities of certain enantiomorphs may best be explained in terms of geometrical differences and the necessity of three (or two) sites in the molecules being correctly oriented to a receptor surface. Figure 1 illustrates the fact that one isomer can present three groups but its enantiomorph only two groups similarly to a receptor surface. · It is not intended to imply that the presentation of all three groups is essential; a similar discrimination would result if only two groups had to be presented to give an effect and the third group either facilitated or hindered the drug-receptor combination. All the groups need not be ionic or reactive, e.g. the 'three-point' attachment groups for analgesic drugs have been postulated[1, 2] as a flat aromatic ring, a basic group (ionized) and a projecting hydrocarbon moiety.

The differences in the biological effect of enantiomorphs in a series of compounds only becomes of established significance in terms of alignment to areas in a specific receptor surface, if the configurations of the biologically more active enantiomorphs of the series are shown to be identical. Unfortunately only in few series, e.g. see section on analgesics and plant growth substances, have such configurational relationships been established.

The biological discrimination between enantiomorphs may be accomplished in a number of ways involving the presentation of three 'groups' to the receptor surface and these will now be described. The subdivisions are somewhat arbitrary and the observed effect may result from a combination of the types complicated by the nature of the drug-receptor combination. A study of the effect of antagonists provides evidence to help in the general classification of the associations involved.

(i) All three groups are essential for the association and reaction of the molecule with the receptor; the latter has rigid steric and electronic demands and is not capable of deformation other than that needed to form the activated drug-receptor complex. One enantiomorph will then comply with the geometrical limitations and produce the correct drug-receptor combination. Its enantiomorph will not be capable of correct orientation, and will be inactive but may antagonize the action of the active isomer when present in much higher concentrations.

[1]) A. H. BECKETT and A. F. CASY, J. Pharm. Pharmacol. *6*, 986 (1954).

[2]) A. H. BECKETT, A. F. CASY, N. J. HARPER and P. M. PHILLIPS, J. Pharm. Pharmacol. *8*, 860 (1956).

Interactions of this class would be expected in cases when two strong binding forces (Figure 3, bond B and C) are involved between drug and receptor and the group to be transformed constitutes the third point (Figure 3, X) of association between drug and receptor, correctly orientated for reaction in one isomer and incorrectly orientated in the other (Figure 3b). If these conditions

(a)                                                           (b)

Figure 3

*Three Contact Points*

B and C represent points of strong binding and X of reaction but weak binding.

obtain and this third reaction point only constitutes a weak binding force, then high concentrations of the inactive isomer (Figure 3b) will antagonize the actions of the active isomer (Figure 3a) since good binding to the receptor will occur via the strong binding forces at B and C but reaction at X will be precluded in this incorrect orientation.

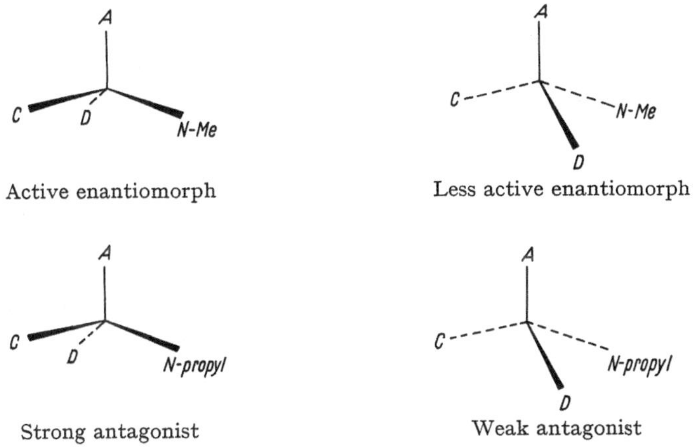

Active enantiomorph                        Less active enantiomorph

Strong antagonist                          Weak antagonist

Figure 4

*The Conversion of Active Enantiomorphs into Antagonists*

(ii) Three groups are involved, but the intensity of the biological action is dependent solely upon the ease of combination of the enantiomorph with the receptor; one enantiomorph 'fits' better than the other. EASSON and STEDMAN[1] advanced this hypothesis to explain the difference in biological activity of enantiomorphs. Since the drug-receptor complex concentration will be in-

[1] L. H. EASSON and E. STEDMAN, Biochem. J. 27, 1257 (1933).

fluenced by the concentration as well as by the geometry of the enantiomorph, increasing the concentration of the enantiomorph of lesser activity will give the same biological effect as the less active isomer rather than leading to an antagonistic action. (However, if the nature of the drug-receptor complex also influences the biological effect it would be possible for the less active enantiomorph, in high concentrations, to antagonize the more active one in lower concentration.)

It is possible that slight modifications of a group which is both held and transformed at the receptor surface might well yield compounds of antagonistic action. They would be correctly oriented at the surface but would fail to undergo the reaction which is a constituent part of the sequence which results in the particular biological response. If, for instance, a N-Me group were held at the surface as a cation and oxidative demethylation were involved in the reactions leading to a biological response, then a N-propyl derivative of the

$$CH_3 \diagdown$$
$$\phantom{CH_3}N\text{--}CH_2\text{--}CH_2\text{--}\overset{\overset{\displaystyle C_6H_5}{|}}{\underset{\underset{\displaystyle C_6H_5}{|}}{C}}\text{--}COC_2H_5$$
$$CH_3 \diagup$$

(XXI)

$$CH_3 \diagdown$$
$$\phantom{CH_3}N\text{--}\overset{\phantom{C_6H_5}}{\underset{\underset{\displaystyle CH_3}{|}}{CH}}\text{--}CH_2\text{--}\overset{\overset{\displaystyle C_6H_5}{|}}{\underset{\underset{\displaystyle C_6H_5}{|}}{C}}\text{--}COC_2H_5$$
$$CH_3 \diagup$$

(XXII)

active isomer would 'fit' the surface correctly but a reduced tendency to dealkylate would yield a less active compound or else an antagonist. A similar derivative of the less active enantiomorph would have only a weak antagonistic action (Figure 4). It is known, for instance, that the change of a N-methyl group in certain analgesically active enantiomorphs to a N-alkyl group results in analgesic antagonists whereas a similar change in the corresponding analgesically inactive enantiomorphs does not produce molecules which behave as analgesic antagonists[1, 2].

(iii) Two groups are directly involved in the 'combination of the molecule with the receptor' (Figure 3, C and B) and the 'third group' (Figure 3, X) improves the combination when correctly, but hinders when incorrectly, oriented; consequently the enantiomorphs have different activities. This third group contributes little to the binding forces between drug and receptor but incorrectly oriented can constitute a steric barrier to correct association of the important binding sites. A small hydrocarbon moeity fulfils such a role, e.g. (XXI) is an analgesic whereas (XXII) in the correct configuration [(−)-isomer]

[1] A. H. BECKETT and A. F. CASY, J. Pharm. Pharmacol. 6, 986 (1954), and references there cited.
[2] A. H. BECKETT, A. F. CASY and N. J. HARPER, J. Pharm. Pharmacol. 8, 874 (1956).

is a more powerful analgesic, but the (+)-isomer of (XXII) has much less activity than (XXI). In compound (XXIII), one of the $CH_3$ groups on the carbon adjacent to the nitrogen must be 'incorrectly oriented' and would be expected to result in the molecule having little association with the receptor; the inactivity of (XXIII) as an analgesic or an analgesic antagonist demonstrates this fact[1, 2].

The antagonism of the more active isomer by higher concentrations of the less active one would not be expected in this class unless the nature of the drug-receptor complex played some part.

$$CH_3\!\!\diagdown\!\!\!\underset{\displaystyle CH_3 \diagup}{N}\!-\!\underset{\displaystyle \underset{CH_3}{|}}{\overset{\displaystyle \overset{CH_3}{|}}{C}}\!-\!CH_2\!-\!\underset{\displaystyle \underset{C_6H_5}{|}}{\overset{\displaystyle \overset{C_6H_5}{|}}{C}}\!-\!COC_2H_5$$

(XXIII)

Some workers consider that a 'two point contact' is involved in the activity of plant growth substances. However high concentrations of the inactive isomers antagonize the activity of active isomers; support for a 'three point contact' is concluded (see under plant growth substances).

*Geometrical Isomers.* In Figure 2 it was shown that there were differences between the isomers in the orientation of groups to a receptor surface if three groups were involved. Arguments similar to those used above are therefore applicable. The differences in the distance between two groups in the isomers can also lead to biological discrimination if these have to 'fit' two centres in the receptor, e.g. the differences in enzymatic responses to *cis* and *trans*-isomers in the *cyclo*hexane and *cyclo*pentane series have been used to provide information concerning the distance between the esteratic and anionic sites of the acetylcholinesterase surface[3] (see later).

### 3.4 Modification of Receptors by the Substrates

In an explanation of the stereospecificity of certain biological reactions, the enzyme or biological receptor is usually considered as a rather rigid negative of the substrate. It has previously been mentioned that for a reaction to proceed readily, a complementary character of molecule and receptor in the activated state is required; some flexibility of the receptor is therefore implied. However, certain evidence indicates that there may be considerable flexibility at important sites in the receptor but this does not invalidate the above geometrical discussions.

Ribose-5-phosphate (adenylic acid without the purine) is hydrolyzed at 1/100 the rate of adenylic acid by 5′-nucleotidase at enzyme saturation)[4]. The

[1] A. H. Beckett and A. F. Casy, J. Pharm. Pharmacol. *6*, 986 (1954).
[2] A. H. Beckett and A. F. Casy, J. Pharm. Pharmacol. *7*, 1039 (1955).
[3] S. L. Friess and H. D. Baldridge, J. Amer. chem. Soc. *78*, 2482 (1956).
[4] L. A. Heppel and R. J. Hillmoe, J. biol. Chem. *188*, 665 (1951).

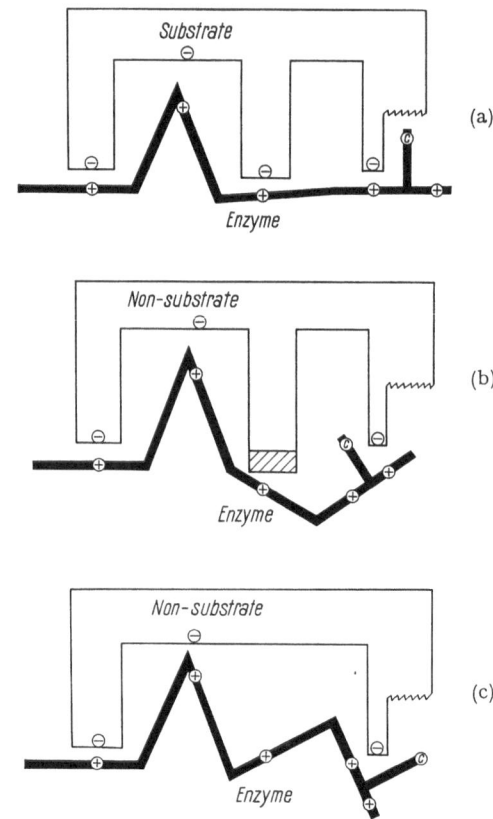

Figure 5

*Interaction of Enzyme with (a) Substrate, (b) Compound too Large to be Substrate, and (c) Compound too Small to be Substrate*

Circled pluses and minuses indicate any mutually attractive groups on enzyme and substrate. Circled C stands for catalytic group, and jagged line for bond to be broken.

basic key-lock hypothesis of substrate-enzyme complex would predict equal rates of hydrolysis at saturation levels. When $R = CH_3$ in (XXIV), i.e. the substance is α-methyl glucoside, the molecule is adsorbed on the receptor of the enzyme amylomaltase since it behaves as a competitor for maltose [(XXIV) $R$ = pyranose ring] hydrolysis by the enzyme[1]). Both molecules must be adsorbed at the receptor but the nature of the R group controls the hydrolysis. This may be interpreted as due to the nature of group R controlling the electronic density in the glucosidic oxygen; alternatively R may influence the activation energies involved for reaction of the two molecules. Recently, however, these results have been interpreted by 'the induced fit' theory[2]) in which

[1]) H. WIESMEYER and M. COHN, Fed. Proc. *16*, 270 (1957).
[2]) D. E. KOSHLAND, Jr., Proc. nat. Acad. Sci. *44*, 98 (1958).

the fit is retained from the key-lock theory[1]) but fit is considered *only after* the changes in conformation of the enzyme have been induced by the presence of the substrate. The postulates are as follows: (a) a precise orientation of catalytic groups is required for enzyme action; (b) the substrate may cause an appreciable change in the three-dimensional relationship of the amino acids at the active site; and (c) the changes in protein structure caused by the substrate will bring the catalytic groups into the proper orientation for reaction

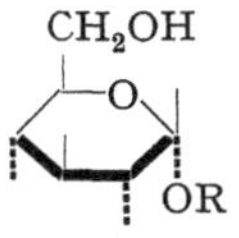

$$CH_2OH$$

(XXIV)

whereas a non-substrate will not. This is represented diagramatically in Figure 5. In Figure 5a, a catalytic group C is aligned with the bond to be broken (shown by the jagged line). In Figure 5b, increasing the size of a group well removed from the bond to be broken destroys the alignment, and in Figure 5c, the complete removal of the same group likewise destroys the alignment. The theory thus explains why a substrate can be converted into a non-substrate by a decrease in, as well as by an increase in, its size.

### 3.5 *Receptor Requirements in Different Tissues*

Molecules may act at many sites within the body and it seems reasonable to assume that the steric and electronic requirements of the sites do not differ greatly although the interaction with the drug may produce a completely different response at these diverse sites, e.g. molecules possessing analgesic activity also act at the respiratory centre and on smooth muscle. If small differences do exist, then the study of isomeric ratios required to produce a particular response in the different tissues should help to determine the specificity of the sites[2]). Differences in distribution and metabolism etc., of the isomers should be considered before conclusions are made. However, for example, the geometric conformation of pressor sites in the central nervous system is apparently more critical than those for vascular smooth muscle since pressor amines, such as amphetamine and methylamphetamine show a greater difference in isomeric ratios for the central nervous system (approximately 6 to 12) than for the blood pressure response (approximately 2).

It seems reasonable to assume an approach to the design of more selective drugs would involve the selection of a compound with the desired effect but unwanted side reactions. Preferably a molecule would be selected in which two strong binding sites Figure 6. A and B were present and the introduction of

---

[1]) E. FISHER, Ber. dtsch. chem. Ges. *27*, 2985 (1894).
[2]) C. C. PFEIFFER, Science, *124*, 29 (1956).

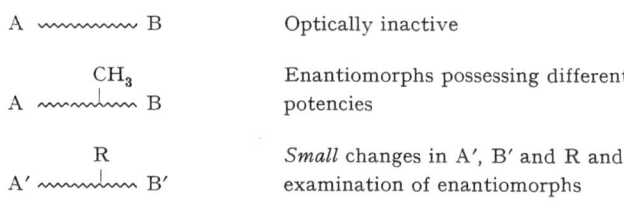

Figure 6

*An Approach to the Design of Selective Drugs*

a methyl or ethyl group in the chain between these centres led to isomers in which a big difference in the desired activity could be demonstrated. A and B would preferably be joined by a ring system to reduce the flexibility of the molecule. *Small* changes in A, B and R which did not alter the physico-chemical characteristics of the molecule (e.g. changes of one carbon atom of ethyl groups) and examination of the resulting enantiomorphs would constitute a logical approach to the production of more selective clinical agents.

### 3.6 *Potency Ratio of Isomers*

It is to be expected that structurally *nonspecific* drugs would exhibit little difference in the biological effect of their isomers unless differences in distribution occurred. This in general is found experimentally, e.g. no significant difference was found between the general anaesthetic activity in mice of the optical isomers of 3:5-dimethyl-5-ethyl-2:4-oxazolidinedione or 5-ethyl-5-methyl-2:4-oxazolidinedione[1]. However, (−)-5-ethyl-5-phenyl hydantoin anaesthetized mice at lower doses than the (+)-isomer but the latter was found to disappear from the plasma more rapidly than the former; possibly the isomers are equi-effective at the site of action.

In general, smaller doses of *structurally specific* drugs are required; PFEIFFER[2] has postulated that the lower the effective dose of a drug, the greater will be the difference in the pharmacological effect of the optical isomers. In Figure 7, decrease in isomeric ratios with decrease in drug potency is clearly indicated. The dose of the racemate as used in man is plotted against the observed isomeric ratio of the various (+)- and (−)-isomers as tested in animals or animal organ systems.

In the remainder of this article, after a consideration of the importance of stereoisomerism in enzymatic reactions and metabolism, attention will be given to series of compounds, the members of which exhibit a common biological action which has been shown to be greatly dependent upon the stereochemical features of the molecules concerned.

[1] T. C. BUTLER and W. J. WADDELL, J. Pharmacol. *113*, 238 (1955); *110*, 120 (1954).
[2] C. C. PFEIFFER, Science *124*, 29 (1956).

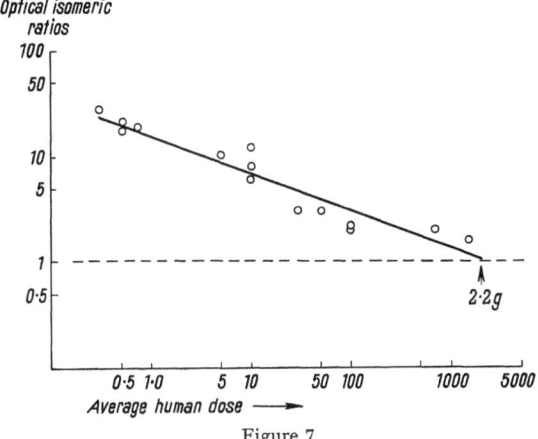

Figure 7

*Decrease in Isomeric Ratios with Decrease in Drug Potency*

The geometric ratio of the potency of the optical isomers is plotted in logarithmic units on the ordinate. The average human dose in milligrams is plotted in logarithmic units on the abscissa. The points for 14 different drugs are plotted.

## 4. Metabolism and Enzymes

The majority of chemical substances formed or broken down in metabolic processes are optically active. By far the greater proportion of naturally occuring α-amino acids, whether as constituents of proteins or smaller peptides, or in the free state, belong to the L-configuration.

It has been known for many years (see CUSHNY[1]) and HIRSCH[2]) that enzymes, tissues, whole animals or bacteria can differentiate in their chemical reactions between many enantiomorphic pairs of compounds. For instance, NEUBERG and WOHLGEMUTH[3]) in 1902 reported that, in the rabbit, less (−)-arabinose appears in the urine than (+)-arabinose when the substances were given by mouth or subcutaneously. In the same year, MACKENZIE[4]) stated that (+)-β-oxybutyric acid is more readily decomposed in the tissues than the (−)-isomer. LEWKOWITSCH[5]) in 1883 demonstrated that *Penicillium glaucum* oxidizes (+)-lactic, (+)-mandelic and (−)-glyceric acids but leaves their enantiomorphs almost unchanged. PASTEUR showed that (+)- and (−)-tartrates could be differentiated by moulds and yeast.

Now that increasing numbers of enzyme systems have been purified, their great degree of stereoselectivity has been demonstrated. A complete account of such work is outside the scope of the present review; examples have been

[1]) A. R. CUSHNY, *Biological Relations of Optically Isomeric Substances* (Balliere, Tindall and Cox, 1926).

[2]) P. HIRSCH, *Einwirkung der Mikroorganismen auf Eiweißkörpern* (Berlin 1918).

[3]) C. NEUBERG and J. WOHLGEMUTH, Z. Physiol. Chem. *35*, 41 (1902).

[4]) A. MACKENZIE, J. chem. Soc. *1902*, 81, II, 1402.

[5]) J. LEWKOWITSCH, Ber. dtsch. chem. Ges. *16*, 1565 (1883).

chosen, therefore, which illustrate the stereoselectivity of generally occuring classes of reactions. Greater emphasis is given to those examples which permit some consideration of the structural and electronic requirements of substrate-enzyme interaction.

Until comparatively recently, research involving stereoisomers and enzymes or tissues generally consisted of observation of differences in the effect of isomers. Now much work is based on the philosophy that the activity of enzymes is related to specific groups in the enzyme polypeptide chain and that 'active receptor sites' have some physical reality. A combination of kinetic and stereochemical studies are leading to the formulation of specific reaction mechanisms and models of the active sites, e.g. studies involving alcohol dehydrogenase[1-3]), acetylcholinesterase[4, 5]), fumarase[6-8]), arginase[9]), enolase[10]) and renal acylase I[11]). The use of stereoisomers as inhibitors of enzymes is also providing information concerning the nature of the active sites of enzymes, e.g. studies with prostatic acid phosphatase[12]).

### 4.1 Amino-Acid Oxidases

Reviews[13-17]) have emphasized the stereospecificity of these enzymes which catalyze the reaction

$$R \cdot CH \cdot NH_2 \cdot COOH \rightarrow R \cdot CO \cdot COOH + NH_3$$

The L- and D-amino acid oxidases are so stereospecific that they can be used to evaluate the optical purity of amino-acid enantiomorphs; it is stated that one procedure[18]) makes it possible to determine the level of contamination of an amino acid by its optical isomer to less than 1 part in 1000[19]).

[1]) A. P. NYGAARD and H. THEORELL, Acta chem. scand. 9, 1587 (1955).

[2]) J. VAN EYS and N. O. KAPLAN, J. Amer. chem. Soc. 79, 2782 (1957).

[3]) H. R. LEVY and B. VENNESLAND, J. biol. Chem. 228, 85 (1957).

[4]) I. B. WILSON, in: The Mechanism of Enzyme Action, ed. by W. D. McELROY and B. GLASS (The Johns Hopkins Press, Baltimore, Md., 1954).

[5]) F. BERGMANN, R. SEGAL, A. SHIMONI and M. WURZEL, Biochem. J. 63, 684 (1956).

[6]) V. MASSEY and R. A. ALBERTY, Biochem. biophys. Acta 13, 354 (1954).

[7]) R. A. ALBERTY, V. MASSEY, C. FRIEDEN and A. R. FUHLBRIGGE, J. Amer. chem. Soc. 76, 2485 (1954).

[8]) C. FRIEDEN and R. A. ALBERTY, J. biol. Chem. 212, 859 (1955).

[9]) O. A. J. ROHULT and D. M. GREENBURG, Arch. Biochem. Biophys. 62, 454 (1956).

[10]) F. WOLD and C. E. BALLOU, J. biol. Chem. 227, 301, 313 (1957).

[11]) SHOU-CHENG J. FU, S. M. BIRNBAUM and J. P. GREENSTEIN, J. Amer. chem. Soc. 76, 6054 (1954).

[12]) C. S. KILSHEIMER and B. AXELROD, J. biol. Chem. 227, 879 (1957), and references there cited.

[13]) A. NEUBERGER, Advanc. Protein Chem. 4, 297 (1948).

[14]) J. P. GREENSTEIN, Advanc. Protein Chem. 9, 122 (1954).

[15]) H. A. KREBS, in: The Relation of Optical Form to Biological Activity in the Amino-Acid Series, Biochemical Symposia No. 1 (Cambridge University Press 1948), p. 2.

[16]) H. A. KREBS, The Enzymes, vol. II (Academic Press, New York 1951), p. 499.

[17]) The Enzymes, ed. by J. B. SUMNER and K. MYRBÄCK (Academic Press, New York 1951).

[18]) A. MEISTER, L. LEVINTOW, R. B. KINGSLEY and J. P. GREENSTEIN, J. biol. Chem. 192, 535 (1951).

[19]) F. KARUSH, J. Amer. chem. Soc. 78, 5519 (1956).

Rattlesnake L-amino acid oxidase has been used to determine the purity of D-amino acids and hog kidney D-amino acid oxidase to determine the optical purity of the L-isomers; these enzymes have been used to prepare L- and D-isomers of 46 amino acids of high optical purity[1]).

A preparation from *Proteus vulgaris* oxidized 11 L-amino acids but did not react with the corresponding D-isomers[2]).

The concentration in animal tissue of the D-amino acid oxidases appears to be greater than that of the L-oxidases because KREBS[3]) found that tissue slices deaminated D-amino acids 10 to 20 times more rapidly than the corresponding L-amino acids. These oxidases are present in most animal organs, the L-oxidase occuring especially in liver and kidney.

An L-amino acid oxidase from rat kidney oxidizes several $\alpha$-hydroxy acids[4, 5]) which are configurationally related. Neither D-amino acids nor D-$\alpha$-hydroxy acids are oxidized by this enzyme. Any increase in enzymatic activity towards one type of substrate acid upon purification of the enzymes results in a similar increase in activity towards the other type.

In diastereoisomeric $\alpha$-amino acids of type (XXV) possessing a $\beta$-asymmetric centre, the configuration of this $\beta$-centre has an influence upon the

$$
\begin{array}{c}
\text{R}' \\
| \\
\text{R--CH--CH} \stackrel{\text{NH}_2}{\underset{\text{COOH}}{<}}
\end{array}
$$

(XXV)

attack of L-amino acid oxidase on the L-amino acids[6]). The rate of action of L-amino acid oxidase on L-threonine, L-phenylserine and L-alloisoleucine, in which the configuration of the $\beta$-asymmetric atom is D, is slower than on that of the corresponding $\beta$-L-diastereoisomer. The rate of action of D-amino acid oxidase on D-allothreonine and D-isoleucine, in which the $\beta$-asymmetric centre has the D-configuration is greater than on their respective $\beta$-L-diastereoisomers. These results, and those involving the enzymatic hydrolysis of amino acid diastereoisomers[6]) and the enzymatic decarboxylation of diastereomeric phenyl serines[7]) indicate that for primarily $\alpha$-L-directed enzymes, an L-configuration at the $\beta$-asymmetric centre is more conducive to enzyme action than the $\beta$-D-configuration, whereas the opposite situation obtains for primarily $\alpha$-D-directed enzymes.

[1]) J. P. GREENSTEIN, Advanc. Protein Chem. *9*, 122 (1954).

[2]) P. K. STUMP and D. E. GREEN, J. biol. Chem. *153*, 387 (1944).

[3]) H. A. KREBS, Z. physiol. Chem. *217*, 191 (1933).

[4]) M. BLANCHARD, D. E. GREEN, V. NOCITO-CARROL and S. RATNER, J. biol. Chem. *161*, 583 (1945); *163*, 159 (1946).

[5]) B. ISELIN and E. A. ZELLER, Helv. chim. Acta *29*, 1508 (1946).

[6]) M. WINITZ, S. M. BIRNBAUM and J. P. GREENSTEIN, J. Amer. chem. Soc. *77*, 3106 (1955), and references there cited.

[7]) W. J. HARTMAN, R. S. POGRUND, W. DRELL and W. G. CLARK, J. Amer. chem. Soc. *77*, 815 (1955).

## 4.2 Decarboxylases

These enzymes which catalyze the decarboxylation of acids, e.g.

$$R-CH\begin{array}{c} NH_2 \\ \\ COOH \end{array} \longrightarrow RCH_2-NH_2 + CO_2$$

show pronounced stereospecificity[1-3].

For instance, a decarboxylase in liver decarboxylates L-(+)-cysteic acid to taurine but does not react with the D-isomer[4]; a histidine decarboxylase in kidney and liver decarboxylates L-(+)-histidine but not the D-(−)-isomer[4].

The optical purity of the D-isomers of arginine, lysine, ornithine and aspartic and glutamic acids has been tested using the appropriate optically specific L-decarboxylases[5, 6].

The mammalian decarboxylase which converts *threo*- and *erythro*-β-3:4-dihydroxyphenylserine into *nor*-adrenaline specifically attacks the L-form[7, 8]. The *erythro*-diastereoisomer is decarboxylated more readily than the *threo*-isomer by hog kidney enzyme, but both are decarboxylated at the same rate by whole liver homogenate[8].

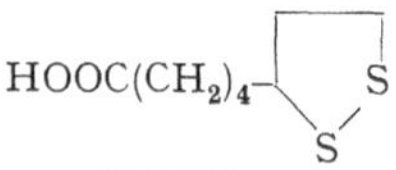

$$HOOC(CH_2)_4-\begin{array}{c} S \\ S \end{array} \qquad\qquad HOOC(CH_2)_4CH(SH)\cdot CH_2CH_2SH$$

(XXVI)                                 (XXVII)

The coenzyme in the oxidative decarboxylation of pyruvate, α-lipoic acid (XXVI), was found to have twice the activity in the (+)-isomer as in the (±)-mixture; the (−)-isomer was inactive in the enzymatic assay[9]. The reduction product, dihydrolipoic acid (XXVII) was active as the (−)-isomer whereas the (+)-isomer was inactive. (In contrast, dihydrolipoic dehydrogenase oxidizes both (−)- and (+)-dihydrolipoic acids[10].)

[1] H. BLASCHKO, Advanc. Enzymol. 5, 68 (1945).

[2] E. F. GALE, Advanc. Enzymol. 6, 1 (1946).

[3] J. P. GREENSTEIN, Advanc. Protein Chem. 9, 122 (1954).

[4] H. BLASCHKO, Biochem. J. 36, 571 (1942).

[5] A. MEISTER, L. LEVINTOW, R. B. KINGSLEY and J. P. GREENSTEIN, J. biol. Chem. 192, 535 (1951).

[6] S. M. BIRNBAUM and J. P. GREENSTEIN, Arch. Biochem. Biophys. 39, 108 (1952); S. M. BIRNBAUM, L. LEVINTOW, R. B. KINGSLEY and J. P. GREENSTEIN, J. biol. Chem. 194, 455 (1952).

[7] W. DRELL, J. Amer. chem. Soc. 77, 5429 (1955).

[8] W. J. HARTMAN, R. S. POGRUND, W. DRELL and W. G. CLARK, J. Amer. chem. Soc. 77, 816 (1955).

[9] E. WALTON, A. F. WAGNER, L. H. BACHELER, L. H. PETERSEN, F. W. HOLLY and K. FOL-KERS, J. Amer. chem. Soc. 77, 5144 (1955).

[10] I. C. GUNSALUS, L. S. BARTON and W. GRUBER, J. Amer. chem. Soc. 78, 1763 (1956); I. C. GUNSALUS, Nutrition Symposium 6, Ser. No. 13 (1956).

### 4.3 *Hydrolytic Enzymes*

Many examples of stereospecificity are observed in the large number of enzyme types which produce hydrolysis[1-3].

*Maltase.* The enzyme maltase which acts upon an α-glucosidic linkage (XXVIII) but not upon a β-linkage (XXIX) is quoted as a classical example

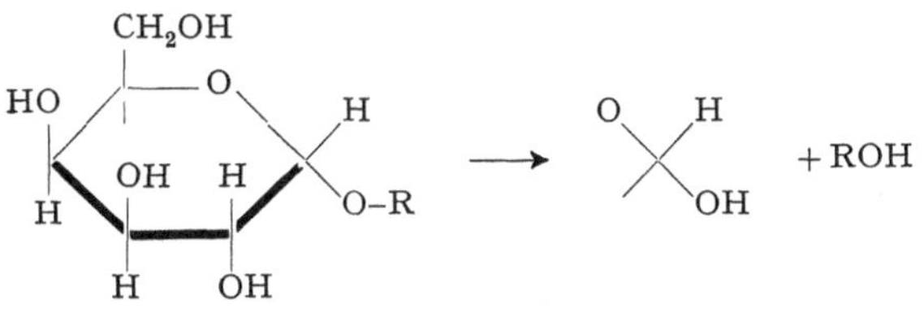

(XXVIII)

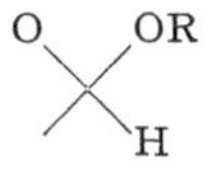

(XXIX)

of stereospecificity. Emulsin hydrolyzes the β-glucosidic linkage but not the α-linkage[4,5].

*Lipases.* These enzymes will react selectively with esters of the type RCOOR' whether the asymmetry occurs in the R or R' part of the molecule.

*Esterases.* Chymotrypsin hydrolyzes L-tryptophan methyl ester more readily than the D-isomer[6]; an extract of pancreas hydrolyzes the isopropyl ester of L-phenylalanine more readily than the D-isomer[7]. WARBURG[8] found that pancreatin, freed from lipase activity, hydrolyzed DL-leucine propyl ester to yield pure L-leucine.

*Acylases, Amidases and Peptidases.* Many amino acids have been resolved by the use of these enzymes which act with complete or nearly complete optical specificity in the reactions[1, 9-11]

$$RCO-NHCHR'\,COOH \rightarrow H_2NCHR'-COOH + RCOOH$$

$$NH_2CHR'-CONH_2 \rightarrow NH_2CHR'-COOH + NH_3$$

[1]) J. P. GREENSTEIN, Advanc. Protein Chem. 9, 122 (1954).

[2]) W. W. PIGMAN, Advanc. Enzymol. 4, 41 (1944).

[3]) V. P. WHITTAKER, in: *Progress in Stereochemistry*, ed. by W. KLYNE, vol. I (Butterworths Scientific Publications, London 1954), p. 285.

[4]) W. W. PIGMAN and R. M. GOEPP, *Chemistry of the Carbohydrates* (Academic Press, New York 1948).

[5]) S. VEIBEL, *The Enzymes*, ed. by J. B. SUMNER and K. MYRBÄCK, vol. 2 (Academic Press, New York 1950), pt. 1.

[6]) M. BRENNER, E. SAILOR and V. KOSHER, Helv. chim. Acta 31, 1908 (1948).

[7]) K. A. J. WRETLIND, J. biol. Chem. 186, 221 (1950).

[8]) O. WARBURG, Z. physiol. Chem. 48, 205 (1906).

[9]) M. BERGMANN and J. S. FRUTON, Advanc. Enzymol. 1, 63 (1941).

[10]) M. BERGMANN and J. S. FRUTON, J. biol. Chem. 124, 321 (1938).

[11]) M. A. STAHMANN, J. S. FRUTON and M. BERGMANN, J. biol. Chem. 164, 753 (1946).

Acylase derived from kidney and carboxypeptidase from pancreas are capable of acting stereospecifically on the N-acylated amino acids. The L-forms of the amides are more susceptable to a renal *amidase*-Mn++ preparation than the D-forms[1]).

When an enzyme acts on a derivative of an α-amino acid, the ratio of its effect upon the L- and D-isomers of the same substituted amino acid may be influenced by the nature of the substituent[2, 3]). For instance, the ratio of hydrolysis rates of N-acetyl-L- to N-acetyl-D-methionine by hog kidney acylase I is about 10,000/1, but with the same enzyme under the same conditions, the ratio of the corresponding N-trifluoro acetyl derivatives of the amino acid enantiomorphs is about 3/1.

The influence of the introduction of a second asymmetric centre (an acyl group) on the relative rates of hydrolysis of the L- and D-configurations of the amino acids have been studied. The hydrolysis of N-acylated-L-amino acids (XXX) by renal acylase I and pancreatic carboxypeptidase indicated[4]) that those with L-acyl substituents were hydrolyzed by renal acylase faster than

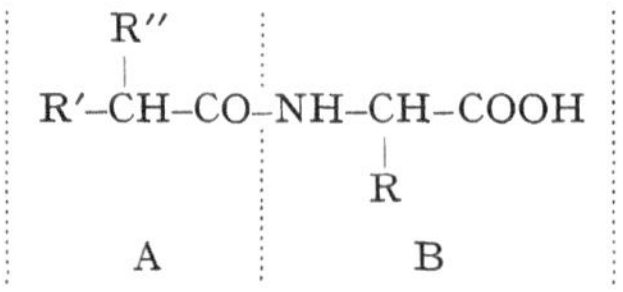

$$R''$$
$$|$$
$$R'-CH-CO-NH-CH-COOH$$
$$|$$
$$R$$

A                  B

(XXX)

those with D-acyl substituents (see Table 2); using pancreatic carboxypeptidase the difference in rates was relatively small except for carbobenzoxyalanyl derivatives. The hydrolysis of an acylated amino acid (XXX) will be influenced by the configuration of B, the nature of the carbon chain R and the nature of A. The effect of A will depend upon its electronic, steric and configurational characteristics.

In (XXX), if $R' = H$ and $R''$ is changed from H to Cl, the rate of hydrolysis is increased but if $R' = CH_3$ the change from $R'' = H$ to $R'' = Cl$ gives a decreased rate; in the first pair the electronic effect must predominate upon introduction of the chlorine atom but in the second pair the steric factors outweigh the electronic upon making the change of hydrogen to chlorine. In L- and D-chloropropionyl alanine (XXX, $R = CH_3$, $R' = CH_3$, $R'' = Cl$) the steric and electronic factors are similar; the difference in rates recorded in Table 2 must therefore be due to configuration. The configuration becomes far more important when $R'' = NH_2$ (see Table 2); presumably the L-configuration results in the $NH_2$-group forming an additional point of attachment to the enzyme surface with a resultant effect on the rate of hydrolysis. An $NH_2$-

[1]) J. S. FRUTON, J. biol. Chem. *165*, 333 (1946).
[2]) J. P. GREENSTEIN, Advanc. Protein Chem. *9*, 122 (1954).
[3]) E. L. BENNETT and C. NIEMANN, J. Amer. chem. Soc. *72*, 1798 (1950).
[4]) S. J. FU, S. M. BIRNBAUM and J. P. GREENSTEIN, J. Amer. chem. Soc. *76*, 6054 (1954).

Table 2

*Hydrolysis of Acylated L-Amino Acids with Optically Active Acyl Groups by Renal Acylase I*

| Terminal amino acid residue | Rate of hydrolysis (micromoles hydrolyzed) per hour | | | | | |
|---|---|---|---|---|---|---|
| | α-chloropropionyl derivatives (XXX A, $R' = CH_3$, $R'' = Cl$) | | | Alanyl derivatives (XXX A, $R' = CH_3$, $R'' = NH_2$) | | |
| | L-form | D-form | L:D | L-form | D-form | L:D |
| Glycine (XXXB, R = H) | 23 | 13 | 1·8 | 240 | 0·5 | 480 |
| L-Alanine (XXXB, R = CH₃) | 87 | 19 | 4·6 | 1200 | 3 | 400 |
| L-Butyrine (XXXB, R = C₂H₅) | 290 | 28 | 10·4 | 5650 | 12 | 470 |
| L-Norvaline (XXXB, R = n-C₃H₇) | 1240 | 106 | 11·7 | 9500 | 28 | 340 |

Table 3

*Hydrolysis of Various Leucyl Dipeptides*

| Substrate | Relative activity | Substrate | Relative activity |
|---|---|---|---|
| L-leucyl glycine | 105 | D-leucyl glycine | 0 |
| L-leucyl-L-leucine | 100 | L-leucyl-D-leucine | 0·7 |
| L-leucyl-L-*iso*leucine | 80 | L-leucyl-D-*iso*leucine | 0 |
| L-leucyl-L-valine | 65 | L-leucyl-D-valine | 0 |
| L-leucyl-L-alanine | 60 | L-leucyl-D-alanine | 3 |
| L-leucyl-L-phenylalanine | 22 | L-leucyl-D-phenylalanine | 0·45 |
| L-leucyl-L-tyrosine | 15 | D-leucyl-L-tyrosine | 0 |

group incorrectly oriented as in the D-configuration of the acetyl group does not constitute a point of attachment.

The hydrolysis of dipeptides with leucine aminopeptidase (see Table 3) indicates that the configuration of the amino acid in the terminal position is more important than its nature in affecting the hydrolysis[1], and that the acyl group must have the L-configuration.

Other peptidases show similar configurational specificity, e.g. prolidase from intestinal mucosa hydrolyses glycyl-L-proline but not the D-isomer[2].

The enzyme arginase from the pressed juice of liver acts upon L- but not the D-configuration of arginine (XXXI) to produce L-ornithine (XXXII) and

[1] E. L. SMITH, N. C. DAVIS, E. ADAMS and D. H. SPACKMAN, in: *The Mechanism of Enzyme Action*, ed. by W. D. McELROY and B. GLASS (The Johns Hopkins Press, Baltimore 1954), p. 291.

[2] M. BERGMANN and J. S. FRUTON, J. biol. Chem. *117*, 189 (1937).

urea as follows[1,2]:

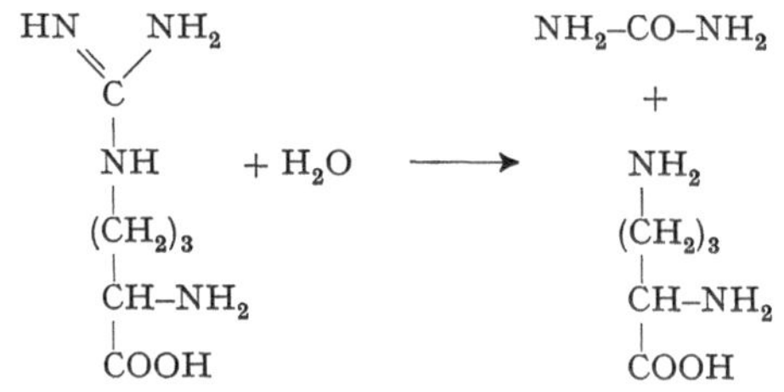

$$HN \diagdown NH_2$$
$$C$$
$$|$$
$$NH \quad + H_2O \longrightarrow$$
$$|$$
$$(CH_2)_3$$
$$|$$
$$CH-NH_2$$
$$|$$
$$COOH$$
$$(XXXI)$$

$$NH_2-CO-NH_2$$
$$+$$
$$NH_2$$
$$|$$
$$(CH_2)_3$$
$$|$$
$$CH-NH_2$$
$$|$$
$$COOH$$
$$(XXXII)$$

The reaction is inhibited by other amino acids of the L-series; the degree of inhibition varies over a wide range and is dependent upon the nature of the side chain. The corresponding D-amino acids were completely non-inhibitory[3].

The polymer, poly-L-lysine was hydrolyzed by trypsin whereas the D-isomer was not; the latter inhibited the tryptic hydrolysis of the latter. However, pancreas powder hydrolyzed both isomers equally well[4]. The hydrolysis of various optical isomers of alanyl-lysyl-alanine by trypsin was in the decreasing order LLD, LLL, DLD, DLL; an L-amino acid attached to the α-aminocarbon of the central amino acid seems to be important for trypsin attack[5].

In transamidation between carbobenzoxyglycinamide and a series of dipeptides, the configuration of the N-terminal amino acid had a great effect but the configuration of the C-terminal amino acid had little effect on the extent of transamidation[6].

### 4.4 Dehydrases

The cis-aconitase system catalyzes the hydration of cis-aconitic acid (XXXIII) to (+)-isocitric acid, the configuration of which has recently been established as (XXXIV) ($\alpha_L$, $\beta_D$)[7]. Approach of the hydroxyl group from the rear and the proton from the front as shown in (XXXIII) is indicated. Aconitase is also specific for one of the hydrogen atoms in the α-carbon atom of citrate, i.e. the same hydrogen atom is attached and removed enzymatically[8].

The hydration of fumarate (XXXV) to L-malate (XXXVII) in deuterium oxide, catalyzed by fumarase from pig heart muscle, is stereospecific since only monodeutero-L-malate is formed and fumarate has been shown not to in-

[1] O. RIESSER, Z. physiol. Chem. 49, 210 (1906).
[2] S. EDLBACHER and P. BONEM, Z. physiol. Chem. 145, 69 (1925).
[3] A. HUNTER and C. E. DOWNS, J. biol. Chem. 157, 427 (1945).
[4] E. TSUYUKI, H. TSUYUKI and M. A. STAHMANN, J. biol. Chem. 222, 479 (1956).
[5] M. J. CLARK and E. ELLENBOGEN, Abstr. Amer. chem. Soc., 131st Meeting, 14 C (1957).
[6] M. J. MYCEK and J. S. FRUTON, J. biol. Chem. 226, 165 (1957).
[7] O. GAWRON and A. J. GLIAD III, J. Amer. chem. Soc. 77, 6638 (1955).
[8] S. ENGLAND and S. P. COLOWICK, J. biol. Chem. 226, 1047 (1957).

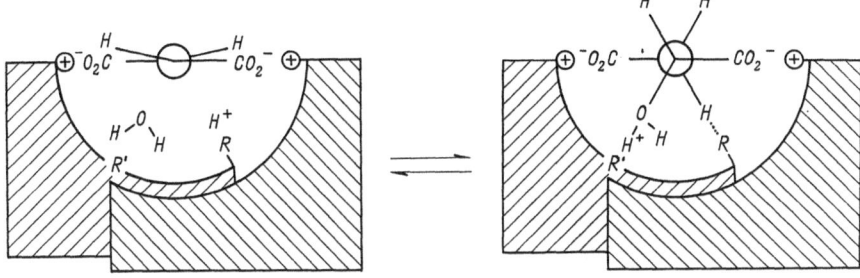

Figure 8

Diagrammatic Representation of the Enzyme-Fumarate and Enzyme-L-Malate Complexes<br>Involved in the cis-Hydration of Fumaric Acid

corporate deuterium[1, 2]); therefore, the enzyme must distinguish unerringly between the two hydrogen positions on the methylene group of L-malate. From deuterium labelling experiments, magnetic resonance measure-

(XXXIII)

(XXXIV)

ments, and the effect of pH on the kinetics of the enzyme hydration, a *cis*-addition to the double bond proceeding by the following intermediates is indicated:

(XXXV)    Fast    (XXXVI)    Slow    (XXXVII)

Presumably these groups entering from the same side came from the protein side since the addition is under stereochemical control; the reaction is diagrammatically represented in Figure 8.

---

[1]) R. A. ALBERTY, W. G. MILLER and H. F. FISCHER, J. Amer. chem. Soc. *79*, 3973 (1957).
[2]) T. C. FARRAR, H. S. GUTOWSKY, R. A. ALBERTY and W. G. MILLER, J. Amer. chem. Soc. *79*, 3978 (1957).

## 4.5 *Biological Oxidations*

The various dehydrogenases exhibit considerable stereochemical specificity, e.g. lactic dehydrogenase (the heart muscle as well as the skeletal muscle enzyme) attacks L-(+) but not D-(−)-lactic acid[1–3]); glutamic dehydrogenase acts only on the L-isomer of glutamic acid and α-glycerophosphate dehydrogenase on L-α-glycerophosphate[4]); malic dehydrogenase reacts only with the L-isomer of malic acid[5]). A β-hydroxysteroid dehydrogenase in the presence of DPN catalyzes[6]) the interconversion of steroidal ketones and β, but not α secondary alcohols in position 17. VENNESLAND and WESTHEIMER[7]) in 1954 wrote: 'A search of this literature has failed to reveal any example of a pyridine nucleotide dehydrogenase which has been demonstrated not to show some steric specificity for the substrate.'

The specificity of yeast alcohol dehydrogenase (ADH) towards alcohols of type R,R'–CHOH in the presence of DPN (diphosphopyridine nucleotide), [DPNH is reduced DPN] was concluded to be determined by three factors, the nucleophilic character of the alcohol, the molecular dimensions of the alcohol and the orientation of the groups[8]). In compounds with R = H, increase in the length of the carbon chain R' gave reduced activity as expected from reduced 'acidity' of the hydroxyl group. Increase in steric effects in the vicinity of the hydroxyl group reduced activity. Stereochemical factors were important, e.g. L-(+)-octanol 2 and D-(−)-lactate may be used as substrates but not their corresponding enantiomorphs; these two substances are configurationally related as (XXXVIII) and (XXXIX).

It seems reasonable to assume that in (XXXVIII) the OH, $CH_3$ and H-groups are oriented toward the enzyme surface since DL-3-hexanol (XL) and

---

[1]) F. A. LOEWUS, P. OFNER, H. F. FISHER, F. H. WESTHEIMER and B. VENNESLAND, J. biol. Chem. *202*, 699 (1953); F. A. LOEWUS, F. H. WESTHEIMER and B. VENNESLAND, J. Amer. chem. Soc. *75*, 5018 (1953).

[2]) F. KUBOWITZ and P. OTT, Biochem. Z. *314*, 94 (1943).

[3]) J. B. NIELANDS, J. biol. Chem. *199*, 373 (1952).

[4]) F. SCHLENK, in: *The Enzymes*, ed. by J. B. SUMNER and K. MYRBÄCK, vol. II, part I (Academic Press, New York 1951), p. 250.

[5]) S. OCHOA, in: *The Enzymes*, ed. by J. B. SUMNER and K. MYRBÄCK, vol. II, part 2 (Academic Press, New York 1951), p. 99.

[6]) P. TALALAY, M. M. DOBSON and D. F. TAPLEY, Nature, Lond. *170*, 620 (1952).

[7]) B. VENNESLAND and F. H. WESTHEIMER, in: *The Mechanism of Enzyme Action*, ed. by W. D. MCELROY and B. GLASS (The Johns Hopkins Press, Baltimore, Md., 1954), p. 357.

[8]) J. VAN EYS and N. O. KAPLAN, J. Amer. chem. Soc. *79*, 2782 (1957).

(XLI) cannot serve as a substrate. In D-(−)-lactate the −COO′ must occupy the position accommodating the $CH_3$-group of the octanol (XXXVIII).

The specificity of the reaction is apparently determined by the enzyme-coenzyme complex rather than the enzyme alone since the reaction sequence:

*Enzyme → Enzyme–Coenzyme → Enzyme–Coenzyme–Substrate*

apparently occurs, and various DPN coenzyme analogues alter the specificity of the system[1]).

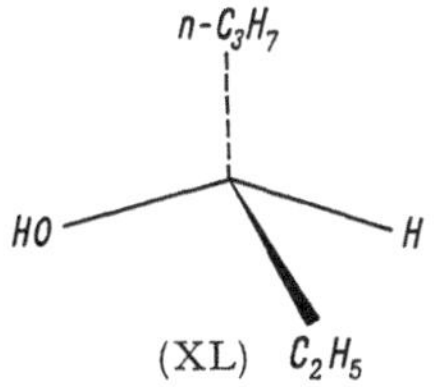

The specificity is explained[1]) by postulating that one substrate molecule fits in between four DPN molecules associated closely with the enzyme. Support is indicated by the fact that the enzyme binds four molecules of coenzyme[1, 2]) but appears to bind only one substrate molecule at a time, and that modification of the DPN-tetrad changes the specificity of the system.

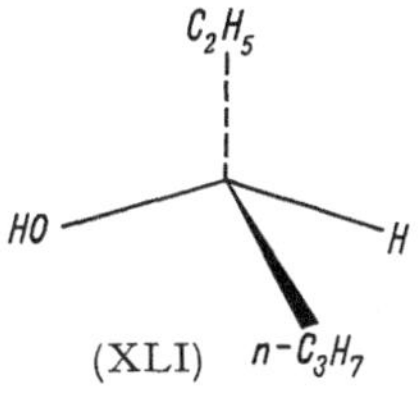

It is possible[1, 3]) that the hydroxyl group of the alcohol is bound to the 4-position of the nicotinamide ring of the DPN molecule (XLII); the importance of the 'acidity' of the group thus becomes explicable.

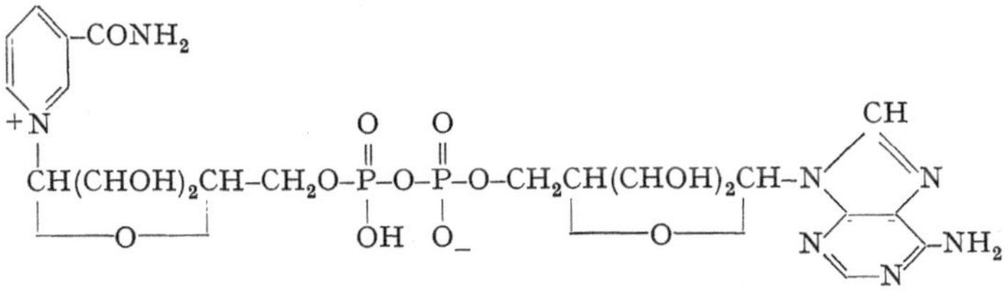

(XLII) Diphosphopyridine nucleotide

The direct transfer of deuterium catalyzed by alcohol and lactic dehydrogenases has shown that, in DPNH, the extra hydrogen atom is attached to position 4 of the nicotinamide ring[4, 5]).

Probably these isolated enzyme studies may indicate the activity of ADH inside the yeast cell because yeast has been shown to act upon 2-octanone to give (+)-octanol 2[6]).

[1]) J. VAN EYS and N. O. KAPLAN, J. Amer. chem. Soc. 79, 2782 (1957).
[2]) J. E. HAYES, Jr., and S. F. VELICK, J. biol. Chem. 207, 225 (1955).
[3]) R. M. BURTON and N. O. KAPLAN, J. biol. Chem. 211, 447 (1954).
[4]) M. E. PULLMAN, A. SAN PIETRO and S. P. COLOWICK, J. biol. Chem. 206, 129 (1954).
[5]) F. A. LOEWUS, B. VENNESLAND and D. L. HARRIS, J. Amer. chem. Soc. 77, 3391 (1955).
[6]) C. NEUBERG and F. F. NORD, Ber. dtsch. chem. Ges. 52, 2237 (1919).

Table 4

*Steric Specificity for Diphosphopyridine Nucleotide*
(not all the listed enzymes cause direct transfer of hydrogen)

| Dehydrogenase | Source | Stereochemical specificity |
|---|---|---|
| Alcohol (with ethanol) . . . . | Yeast, *Pseudomonas*, liver, wheat germ | α |
| Alcohol (with *iso*propanol) . . | Yeast | α |
| Acetaldehyde . . . . . . . . | Liver | α |
| L-Lactate . . . . . . . . . . | Heart muscle | α |
| L-Malate . . . . . . . . . . | Pig heart, wheat germ | α |
| D-Glycerate . . . . . . . . . | Spinach | α |
| Dihydro-orotate . . . . . . | *Zymbacterium oroticum* | α |
| α-Glycerophosphate . . . . . | Muscle | β |
| 3-Phosphoglyceraldehyde . . . | Yeast, muscle | β |
| L-Glutamate . . . . . . . | Liver | β |
| D-Glucose . . . . . . . . . | Liver | β |
| β-Hydroxysteroid . . . . . . | *Pseudomonas* | β |
| DPNH Cytochrome C . . . . | Rat liver mitochondria, pig heart | β |
| DPNH (transhydrogenase) . . | *Pseudomonas* | β |

The rigid geometry postulated for the enzyme–coenzyme complex to account for the stereospecificity of the reaction towards the substrate, also will explain the stereospecificity of transfer of hydrogen to the nicotinamide ring of the DPN. LEVY, VENNESLAND and her coworkers[1] have shown that enzyme reactions involving DPN and various alcohols and aldehydes proceed with direct stereospecific transfer to position 4 of the ring, i.e. the enzyme can distinguish between a pseudo equatorial (e′) and a pseudo axial (a′) hydrogen atom. The side of the ring used by yeast alcohol dehydrogenase has been designated α and the other side β (actual configurations not yet established). The majority of the dehydrogenases tested appeared to be quite specific for one side or the other (Table 4).

Although no obvious correlations are apparent between physico-chemical characteristics of the substrate and the steric specificity for DPN, there may be physiological significance attached to the latter. Geometrical difficulties arise[2] if two dehydrogenase proteins are to bind and activate the same molecule of DPNH unless the proteins act on opposite sides of the pyridine ring. Available data indicates that coupling may occur between pyridine nucleotide dehydrogenases of opposite steric specificity for DPN, without dissociation of DPN from protein; this stereochemical dependent coupling may provide a means whereby certain metabolic pathways may be selected at the expense of others. A diagrammatic representation of the coupling with the

[1]) R. LEVY and B. VENNESLAND, J. biol. Chem. *228*, 85 (1957), and references there cited.
[2]) S. F. VELICK, Ann. Rev. Biochem. *25*, 257 (1956).

associated change in conformation of the DPNH dihydropyridine boat ring is given in Figure 9. Hydrogen transfer could then occur from the substrate associated with an enzyme, via the pyridine ring to the substrate, if associated with an opposite configuration enzyme, without the disruption of the

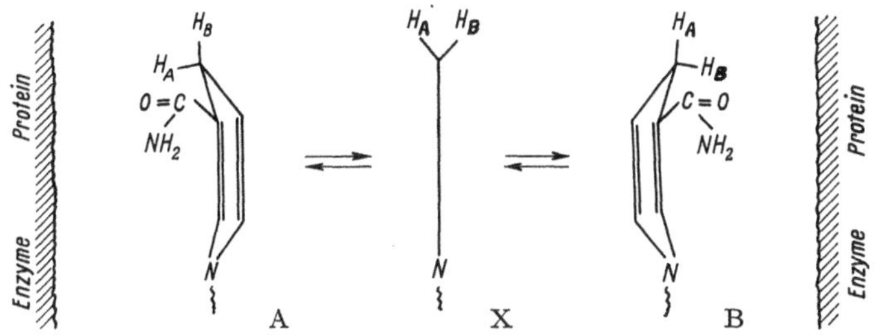

Figure 9

Dihydropyridine conformational changes when DPNH is held between two enzyme proteins of opposite steric specificity. A and B represent the two boat conformations; in A, $H_A$ is pseudo axial (a′) and in B pseudo equatorial (e′). X represents the higher energy planar conformation via which the two boat forms interchange.

enzyme X–DPN–enzyme Y coupled system. It is of interest that a high proportion of the DPN in cells is bound to protein rather than existing in the free state[1, 2].

Further evidence[3] for the stereochemical specificity of ADH for removal of hydrogen from substrate in the presence of DPN is provided by the reduction of $CH_3CDO$, by this enzyme, to stereochemically pure (−)-ethanol-1-$d$ of configuration (XLIII). Thus the reaction indicated by (XLIV) is catalyzed while that represented by (XLV) is not; highly orienting binding forces must therefore be involved. Because ADH can catalyze the reduction of acetone to isopropanol[4, 5], an incorrectly oriented methyl group can still allow reaction to occur [see (XLV) and (XLVI)].

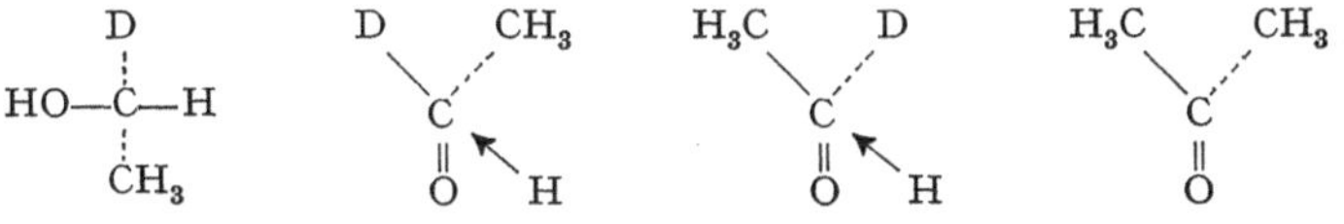

Dehydration. Crystalline crotonase has been shown to dehydrate (+)-3-hydroxybutyryl coenzyme A but not the corresponding (−)-isomer[6].

[1] B. CHANCE, in: The Mechanism of Enzyme Action, ed. by W. D. McELRCv and B. GLASS, (The Johns Hopkins Press, Baltimore, Md., 1954), p. 357.
[2] H. HOLDER, G. SCHULTZ and F. LYNEN, Biochem. Z. 328, 252 (1956).
[3] H. R. LEVY, F. A. LOEWUS and B. VENNESLAND, J. Amer. chem. Soc. 79, 2949 (1957).
[4] E. S. G. BARRON and S. LEVINE, Arch. Biochem. 41, 175 (1952).
[5] K. BURTON and T. H. WILSON, Biochem. J. 54, 86 (1953).
[6] J. R. STERN, A. DEL CAMPILLO and A. L. LEHNINGER, J. Amer. chem. Soc. 77, 1073 (1955).

## 4.6 *Phosphatases*

The groups and configurations which must be present for an α-hydroxy-carboxylic acid to inhibit prostatic acid phosphatase are concluded to be a hydroxyl group on a D-configuration α-position and the β-carbon atom to be part of a carboxy group which may be free, esterified, or amidated, or be attached to a carboxyl or hydroxy group[1].

## 4.7 *Miscellaneous*

The enzymatic deamination and oxidation of *threo*-β-phenyl-DL-serine and the corresponding *erythro*-compound involves attack upon the L-configuration amino acid since the former gave D-(−)-mandelic acid and the latter L-(+)-mandelic acid[2].

An investigation of the metabolism of enantiomorphic forms of glycerol 1-C[14] has led to detailed consideration of the structures of the metabolic products[3].

Four primary reactions are reported for L-serine metabolism. The highly toxic D-serine apparently undergoes only one of these reactions[4].

The stereochemistry of the enzymatic processes involved in the mechanism of enzymatic cyclisation of squalene have been discussed[5].

The D- and L-isomers of glyceraldehyde are metabolized differently[6,7].

$$
\begin{array}{cc}
\text{CH} & \text{CH}_2 \\
\text{HC}\diagup\quad\diagdown\text{COOH} & \text{OC}\diagup\quad\diagdown\text{COOH} \\
\text{HC}\diagdown\quad\diagup\text{COOH} & \text{H}_2\text{C}\diagdown\quad\diagup\text{COOH} \\
\text{CH} & \text{CH}_2 \\
\text{(XLVII)} & \text{(XLVIII)}
\end{array}
$$

The *cis-cis*-muconic acid isomer (XLVII) is metabolized by intact cells; it is converted non-oxidatively into β-oxoadipic acid (XLVIII) by crude cell-free enzyme preparations. The *cis-trans* and *trans-trans*-muconic isomers are biologically inactive[8].

With the aid of deuterium labelling, it has been shown in the action of phosphoglucose isomerase and phosphomannase on fructose 6-phosphate, that

[1] C. S. KILSHEIMER and B. AXELROD, J. biol. Chem. *227*, 879 (1957).

[2] W. S. FONES, Arch. Biochem. Biophys. *36*, 486 (1952).

[3] M. L. KARNOVSKY, G. HAUSER and D. ELWYN, J. biol. Chem. *226*, 881 (1957).

[4] D. ELWYN, J. ASHMORE, G. F. CAHILL, S. ZOTTU, W. WELCH and A. B. HASTINGS, J. biol. Chem. *226*, 735 (1957).

[5] T. T. TCHEN and K. BLOCH, J. biol. Chem. *226*, 931 (1957).

[6] J. J. BURNS, E. H. MOSBACH, G. S. SCHULENBERG and J. REICHENTHAL, J. biol. Chem. *214*, 507 (1955).

[7] C. BUBLITZ and E. P. KENNEDY, J. biol. Chem. *211*, 963 (1954).

[8] W. C. EVANS and B. S. W. SMITH, Biochem. J. *49*, X (1951); W. C. EVANS, B. S. W. SMITH, R. P. LINSTEAD and J. A. ELVIDGE, Nature, Lond. *168*, 772 (1951).

these enzymes distinguish between the hydrogen atoms at C-1 of the substrate, forming either a *cis*- or *trans*-fructose enediol depending upon which enzyme is involved[1]).

### 4.8 *The Mechanism and Stereochemistry of Enzymatic Reactions*

Stereochemical studies have been very important in the elucidation of the mechanism of chemical reactions (see DE LA MARE[2])). The possibility of using similar studies and considerations to classify enzymatic mechanisms and the structure of enzyme-substrate intermediates has been emphasized by KOSHLAND[3-5]).

In enzymatic reactions involving the substitution of a group X at an asymmetric carbon atom by a group $Y^-$, the product has either the same configuration (L) as the initial substrate, or an inverted configuration (LI).

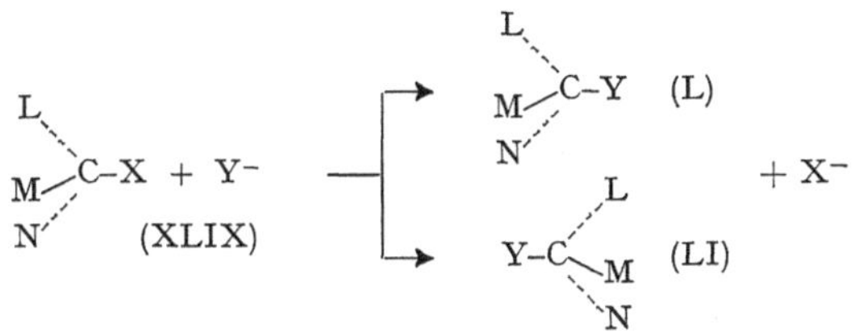

Heterolytic organic chemical reactions may be divided into those which follow first order kinetics (unimolecular mechanism), and usually lead to racemization if the asymmetric centre is involved, and those which follow second order kinetics (bimolecular mechanism) and proceed with inversion of configuration.

The unimolecular reactions proceed as follows:

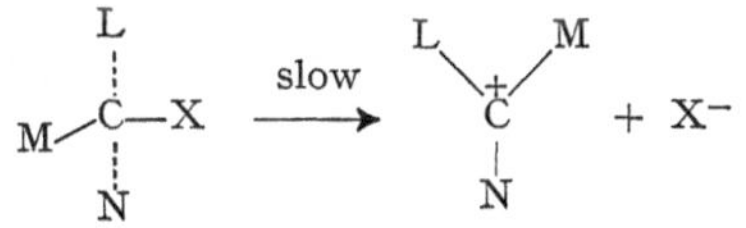

Planar carbonium ion

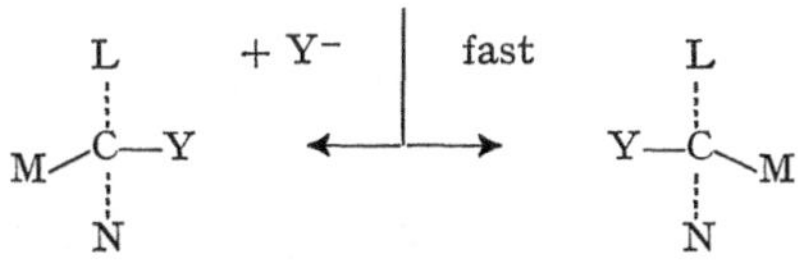

[1]) Y. J. TOPPER, J. biol. Chem. *225*, 419 (1957).
[2]) P. B. D. DE LA MARE, in: *Progress in Stereochemistry*, ed. by W. KLYNE, vol. I (Butterworths Scientific Publications, London 1954), p. 90.
[3]) D. E. KOSHLAND, Jr., Biol. Rev. Camb. phil. Soc. *28*, 416 (1953).
[4]) D. E. KOSHLAND, Jr., in: *The Mechanism of Enzyme Action*, ed. by W. D. McELROY and B. GLASS (The Johns Hopkins Press, Baltimore, Md., 1954), p. 608.
[5]) D. E. KOSHLAND, Jr., Discuss. Faraday Soc. *20*, 142 (1955).

A. H. Beckett

The rate determining step is the slow heterolytic fission of the C–X bond; the resulting carbonium ion generally assumes a planar configuration. Since $Y^-$ can approach similarly from either side, an extensively racemized product results. However, in certain circumstances, the groups on the asymmetric carbon atom may interact with this atom in such a way that the pyramidal configuration of the carbonium ion is retained until group $Y^-$ enters, e.g. (LII).

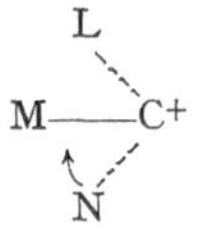

$$
\begin{array}{c}
L \\
\diagdown \\
M\!\!-\!\!-\!\!-\!\!C^+ \\
\diagup \\
N
\end{array}
$$

(LII)

This 'neighbouring group effect' results in a retention of configuration.

In a bimolecular reaction, the attack of $Y^-$ on the asymmetric carbon atom occurs essentially simultaneously with the departure of $X^-$, i.e.

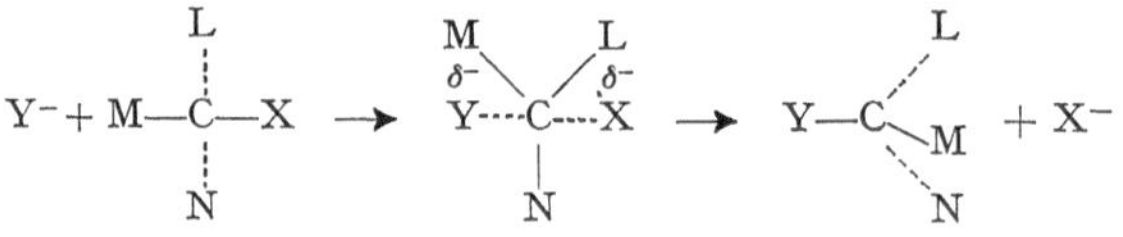

$$
Y^- + M\!\!-\!\!\overset{\displaystyle L}{\underset{\displaystyle N}{C}}\!\!-\!\!X \;\longrightarrow\; Y\cdots\overset{\displaystyle M^{\delta-}\;\;\;L^{\delta-}}{\underset{\displaystyle N}{C}}\cdots X \;\longrightarrow\; Y\!\!-\!\!\overset{\displaystyle L}{C}\diagdown_{\!\!M}^{\!\!N} + X^-
$$

Since $Y^-$ attacks from the side opposite X, the reaction proceeds with inversion.

Enzymatic reactions which proceed with inversion, e.g. reaction of maltose phosphorylase with maltose to give $\beta$-glucose-1-phosphate and of $\beta$-amylase with amylose to give $\beta$-maltose are considered[1]) as involving the attraction of the two substrate molecules to adjacent sites on the enzyme surface and then a direct initial collision between the two substrates, e.g. Figure 10.

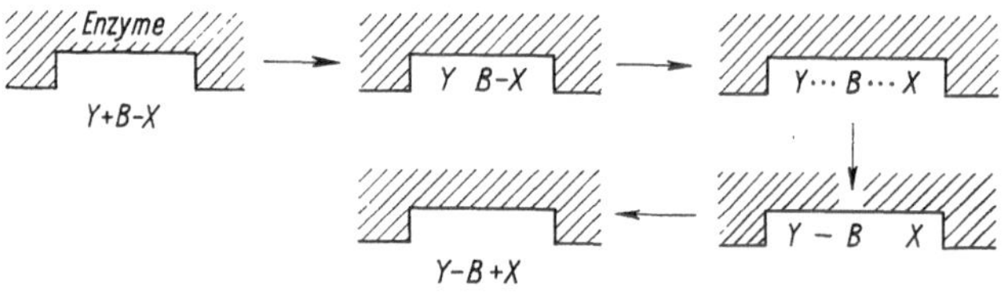

Figure 10

*Single Displacement Mechanism*

This has been called a 'one step' or single displacement reaction. The co-valent bond B–X is broken simultaneously with or after the nucleophilic attack of $Y^-$ on B. The electron repelling and attracting sites on the enzyme surface are considered to catalyze the reaction by their polarizing effect but not to make a direct attack on the asymmetric atom.

---

[1]) D. E. KOSHLAND, Jr., Biol. Rev. Camb. phil. Soc. *28*, 416 (1953).

In those enzymatic reactions proceeding with retention of configuration when an asymmetric centre is involved, e.g. the reaction of sucrose phosphorylase with α-glucose phosphate to yield sucrose, and *trans*-N-glycosidase with inosine to yield adenosine, a two-step mechanism is envisaged[1]). An electron-sharing site on the enzyme surface probably attacks the asymmetric carbon on the side opposite X to form an enzyme substrate intermediate of inverted configuration in the first step. The second displacement occurs when the $Y^-$ interacts with the intermediate, to give another inversion which thus yields a product having the same configuration as the initial substrate (see Figure 11).

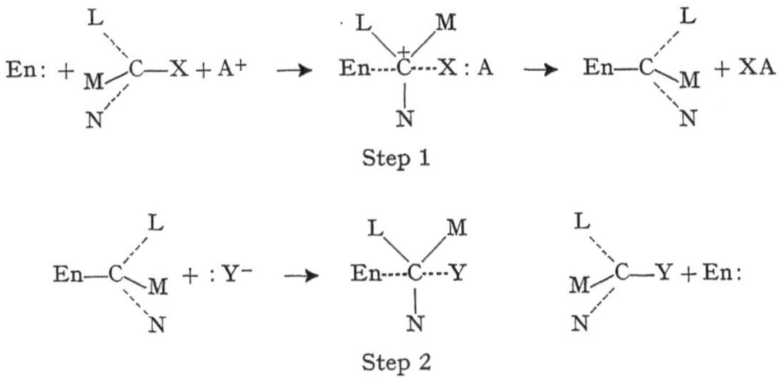

Figure 11
*Double Displacement Mechanism*

It has been stated[2]) that there is probably 'no basic difference between enzymic and non-enzymic catalysis in the nature of the reaction catalyzed[3]), or even the method of catalysis[4]), but that the difference lies in the extreme chemical and steric specificity found in enzymic reactions'.

*Structure of Active Centre in Enzymes.* It is possible that similar 'active centres' might catalyze different chemical reactions. The stereochemical specificity of enzymatic reactions indicates the importance of the complementary character of substrate and enzyme; thus differing substrates may result in differing portions of the molecule receiving differing electronic deformations from similar receptor sites. For instance, the active site of α-chymotrypsin, which specifically hydrolyzes peptide bonds, has been shown to have the same amino acid sequence for at least six amino acids as was demonstrated for phosphoglucomutase, an enzyme which specifically transfers phosphate between carbohydrate molecules[5]).

[1]) D. E. KOSHLAND, Jr., Biol. Rev. Camb. phil. Soc. *28*, 416 (1953).

[2]) K. D. GIBSON, Annu. Rep. Progr. Chem. *54*, 319 (1957).

[3]) R. J. WINZLER, *Methods of Biochemical Analysis*, vol. II (Interscience Publishers, Inc., New York 1955), p. 279.

[4]) G. T. BARRY, Science *126*, 1230 (1957); G. T. BARRY and W. F. GOEBEL, Nature, Lond. *1957*, 179, 206.

[5]) D. E. KOSHLAND, Jr., and M. J. ERWIN, J. Amer. chem. Soc. *79*, 2657 (1957).

Some biologically active peptides and proteins have been degraded without loss of activity[1]); such studies may be expected to provide further information concerning the essential requirements of active sites.

### 4.9. *Enzymatic Conversion of a Symmetrical to an Asymmetrical Molecule*

There are a number of reactions in which the ability of an enzyme to distinguish between chemically identical groups[2-4]), or to attack one side of a symmetrical molecule preferentially[5-7]), has been established.

OGSTON[8]) pointed out that although SHEMIN[9]) had shown that the relative abundance of N[15] and C[13] in glycine was the same as in the precursor serine (LV) labelled on the N and the C of the COOH group, this did not mean that aminomalonic acid (LIV) was not an intermediate. An asymmetric enzyme would be able to distinguish between identical groups of any three of

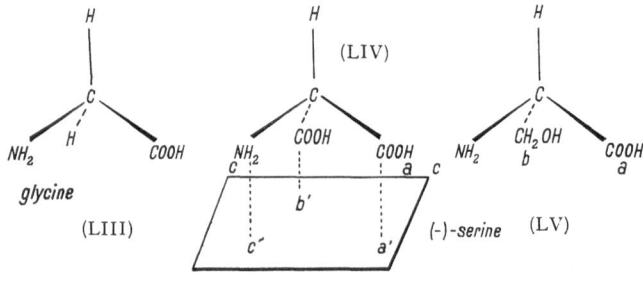

Figure 12

the groups of the substrate specifically associated with the enzyme as shown in Figure 12. Two conditions are therefore necessary, (a) that the sites a' and b' are catalytically different and (b) that a three point combination occurs between the symmetrical substrate and the enzyme. If decarboxylation occurred only at b', all the isotopic C in the COOH group of serine would appear in the glycine.

It has been subsequently shown[10, 11]) that aminomalonic acid is not an intermediate in the above reaction. However, enzymatic attack can distinguish

---

[1]) C. B. ANFINSEN and R. R. REDFIELD, Advanc. Protein Chem. *11*, 1 (1956).

[2]) J. R. POTTER and C. HEIDELBERGER, Nature, Lond. *164*, 180 (1949).

[3]) H. F. FISCHER, E. E. CONN, B. VENNESLAND and F. H. WESTHEIMER, J. biol. Chem. *202*, 687 (1953).

[4]) P. E. WILCOX, C. HEIDELBERGER and V. R. POTTER, J. Amer. chem. Soc. *72*, 5019 (1950).

[5]) R. A. ALBERTY, W. G. MILLER and H. F. FISCHER, J. Amer. chem. Soc. *79*, 3973 (1957).

[6]) T. C. FARRAR, H. S. GUTOWSKY, R. A. ALBERTY and W. G. MILLER, J. Amer. chem. Soc. *79*, 3978 (1957).

[7]) F. A. LOEWUS, P. OFNER, H. F. FISHER, F. H. WESTHEIMER and B. VENNESLAND, J. biol. Chem. *202*, 699 (1953).

[8]) A. G. OGSTON, Nature, Lond. *162*, 963 (1948).

[9]) D. SHEMIN, J. biol. Chem. *162*, 297 (1946).

[10]) D. ELWYN, A. WEISSBACH, S. S. HENRY and D. B. SPRINSON, J. biol. Chem. *213*, 218 (1955).

[11]) R. L. BLACKLEY, Biochem. J. *58*, 448 (1954).

between the two carboxymethyl groups in the enzymatic degradation of citric acid via aconitic and isocitric acids[1]); the enzyme fumarase can distinguish between the two hydrogen atoms in the methylene group of L-malate[2, 3]); alcohol dehydrogenases can distinguish between the two hydrogen atoms in the 4-position of the dihydropyridine ring of DPNH (see p. 487); the two sides of the carbonyl bond of acetaldehyde can be distinguished enzymatically (see p. 487).

Although the above type of structural specificity is usually attributed to the three-point contact between substrate and enzyme as described by OG-STON, the reactions may also be interpreted in terms of different rates of formation of diastereoisomeric transition states[4]).

Reports have also appeared of the isolation of optically active products upon the metabolism of symmetrical molecules, e.g. (+)-*trans* 1:2-dihydro-1:2-dihydroxynaphthalene (LVI) was isolated from cultures of an aerobic gram

(LVI)                                        (LVII)

negative organism containing naphthalene[5]); 5:5-diphenyl-hydantoin (LVII) was metabolized to (−)-5-(*p*-hydroxyphenyl)-5-phenylhydantoin (hydration of one ring only) by man[6]) and rabbit[7]).

## 5. The Importance of Stereoisomerism in Biologically Active Molecules

### 5.1 Antigen-Antibody Systems

Great specificity is demonstrable in antigen-antibody reactions; an antibody acts as though it were formed against the antigen as a template. Detailed reviews, e.g. MARROCK and ORLANS[8]), PRESSMAN[9]) emphasizing this specificity have appeared recently.

Antibodies are serum globulins which differ little, if at all, in their composition despite their specific reactions. The antigen-antibody combination is considered to be due to the presence of a pattern of positively and negatively

---

[1]) P. E. WILCOX, C. HEIDELBERGER and V. R. POTTER, J. Amer. chem. Soc. 72, 5019 (1950).

[2]) R. A. ALBERTY, W. G. MILLER and H. F. FISCHER, J. Amer. chem. Soc. 79, 3973 (1957).

[3]) T. C. FARRAR, H. S. GUTOWSKY, R. A. ALBERTY and W. G. MILLER, J. Amer. chem. Soc. 79, 3978 (1957).

[4]) P. SCHWARTZ and H. E. CARTER, Proc. nat. Acad. Sci., Wash. 40, 499 (1954).

[5]) N. WALKER and G. H. WILTSHIRE, J. Gen. Microbiol. 8, 273 (1953).

[6]) T. C. BUTLER, J. Pharmacol. 119, 1 (1957).

[7]) J. H. GORVIN and G. BROWNLEE, Nature, Lond. 179, 1248 (1957).

[8]) J. R. MARRACK and E. S. ORLANS, in: *Progress in Stereochemistry*, ed. by W. KLYNE and P. B. D. DE LA MARE (Butterworths Scientific Publications, London 1958).

[9]) D. PRESSMAN, *Molecular Structure and Biological Specificity*, Publ. No. 2 (American Institute of Biological Sciences, 1957), p. 1.

charged groups (or dipoles) and cavities in the antibody complementary to the negatively and positively charged projections in the antigen.

In the pioneer studies, LANDSTEINER[1]) diazotized $p$-aminophenylarsonic acid $(NH_2C_6H_4AsO_3H_2)$ and coupled the diazo salt with sheep serum protein. Injection of the product repeatedly into a rabbit resulted in the formation of antibodies in the rabbit serum; these antibodies will form precipitates with compounds obtained by coupling the same diazo salt with protein unrelated to sheep serum proteins. Later[2]), he showed that $(+)$-, $(-)$-haptenic groups gave rise to antibodies which readily distinguished between the isomers. The $(+)$-, $(-)$- and *meso*-isomers of tartaric acid [(LVIII), (LIX) and (LX) respectively] were converted into their $p$-aminotartranilic acid $(H_2N \cdot C_6H_4 \cdot NH \cdot CO \cdot CH(OH) \cdot CH(OH) \cdot COOH)$ derivatives which were then diazotized and coupled with proteins and used to immunize rabbits.

|  (B)  |  |  (B)  |
|-------|--|-------|
| (A) OH | (A) H (B) | (A) OH |
| HOOC—C—H | HOOC—C—OH | HOOC—C—H |
| H—C—CONH〰 | HO—C—CONH〰 | HO—C—CONH〰 |
| OH  (Y) | (X) H  (Y) | (X) H  (Y) |
| (X) |  |  |
| (+)-isomer | (−)-isomer | *meso*-isomer |
| (LVIII) | (LIX) | (LX) |

The precipitates obtained using the antiserum and the optimum amount of antigen are shown in Table 5. The relative amounts are in general agreement with those predicted if the $-COOH$, $-CONH$〰 and the two OH groups are oriented to the surface of the antibody to confer the complementary characteristics. If these groups produce the correctly oriented receptors (A), (B), (X) and (Y), then the various antigens will correctly spatially interact with those sites listed in Table 5 for the various antigen-antibody associations.

Small impurities in an antigen may result in a disproportionately large amount of antibody[3]). Therefore an antibody against a $(-)$-isomer will appear less stereospecific if the isomer is not stereochemically pure. The inhibition method for the test for specificity minimizes the effect of this complicating factor. It depends upon the fact that substances of low molecular weight containing the specific determinant group, e.g. diazotized $p$-aminotartranilates above, combine with the antibody but do not form a precipitate; they may be used to inhibit the formation of a precipitate by test antigen and antiserum. These inhibiting compounds are called *haptens*. In Table 6 the degree of inhibition of the formation of the precipitates between the above tartranilate

---

[1]) K. LANDSTEINER, *The Specificity of Serological Reactions*, 2nd ed. (Harvard Univ. Press, Cambridge, Mass., 1945).

[2]) K. LANDSTEINER and J. VAN DER SCHEER, J. exp. Med. *50*, 407 (1929).

[3]) M. COHN, L. R. WETTER and H. F. DEUTSCH, J. Immunol. *61*, 282 (1949).

Table 5

*Amounts of Precipitate Produced by the Reaction of Isomeric Tartranilic Antigens with Homologous and Heterogeneous Antisera*

(the symbols and their number indicate the amount of precipitate produced)

| | Antigen | | | | | |
|---|---|---|---|---|---|---|
| | (−) | | (+) | | *meso* | |
| | Inter-action points | Precipi-tates | Inter-action points | Precipi-tates | Inter-action points | Precipi-tates |
| (−)-Antiserum . . | ABXY | + + + | AY | Faint trace | AXY | + |
| (+)-Antiserum . . | AY | O | ABXY | + + + | ABY | + |
| *meso*-Antiserum . . | AXY | Faint trace | ABY | O | ABXY | + + + + |

Table 6

*Degree of Inhibition of the Precipitations Involving Isomeric Tartranilic Antigens and Antisera by Homologous and Heterologous Haptens*

(the +-symbols and their number represent the amount of precipitate produced)

| | Hapten | | | Control (no hapten) |
|---|---|---|---|---|
| | (−) | (+) | *meso* | |
| (−)-Antigen and Anti(−)-Serum . . . . . | 0 | + | ± | + + |
| (+)-Antigen and Anti(+)-Serum . . . . . | + ± | 0 | ± | + + ± |
| *meso*-Antigen and Anti-(*meso*)-Serum . . . | + + ± | + + | 0 | + + ± |

antigens and their antisera by homologous and heterologous haptens are recorded; the stereochemical selectivity involved in the inhibition is clearly demonstrated.

The formation of a precipitate involving a diazotized *p*-aminosuccinanilic acid-protein test antigen (protein-N=N-$C_6H_4$·NH·CO·$CH_2CH_2$COOH) and the corresponding antibody was inhibited by maleates but not by fumarates[1, 2]; it was inferred, therefore, that the antigen reacts in the *cis*-con-

---

[1] K. LANDSTEINER and J. VAN DE SCHEER, J. exp. Med. *59*, 75 (1934).
[2] D. PRESSMAN, J. H. BRYDEN and L. PAULING, J. Amer. chem. Soc. *70*, 1352 (1948).

formation (LXI) in the formation of the antibody. The affinity of the haptens was estimated by the degree to which they inhibited precipitate formation[1]) and it was found that, with succinanilate as standard hapten, the $K_0'$ of maleanilate was 0·25 while that of fumaranilate was 0·01 (see also PRESSMAN and SIEGEL[2]) for further evidence of reactions in the cis-conformation). The (−)-isomer of N-(α-methylbenzyl)-succinamate (LXII) is a better inhibitor of the above precipitations than the (+)-isomer.

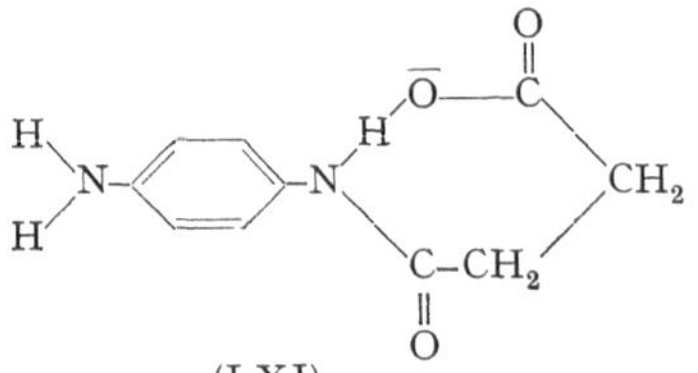

(LXI)

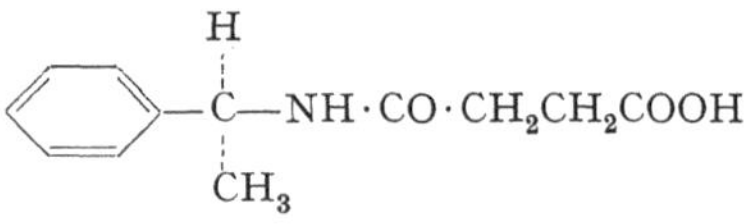

(LXII)

KARUSH[3]) used immunizing antigens prepared by diazotizing D- and L-phenyl(-p-aminobenzoylamino) acetic acid and coupling to bovine-γ-globulin (LXIII).

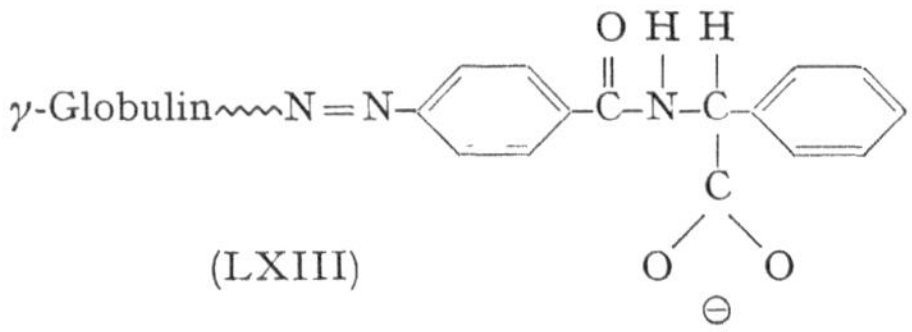

(LXIII)

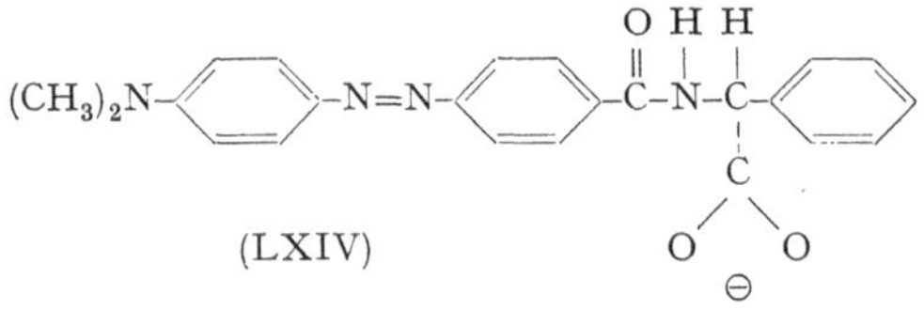

(LXIV)

The anti-D-antibody preparation bound the D-configuration dye (LXIV) approximately 35 times more strongly than the L-configuration dye. Structurally related molecules of the D-configuration inhibited the dye binding to the anti-D-antibody preparation much more strongly than did their enantiomorphs.

The use of antigens formed by linking carbohydrates to proteins leads to the production of stereoselective antisera. The configuration of the C-4 atom seems to be more important than that of the C-1 atom in controlling the degree of selectivity in the case of mono and disaccharides, and in the corresponding hexosamines and hexuronic acids[4]) (see Table 7 for example of hexoses).

[1]) D. PRESSMAN, J. H. BRYDEN and L. PAULING, J. Amer. chem. Soc. 70, 1352 (1948).
[2]) D. PRESSMAN and M. SIEGEL, J. Amer. chem. Soc. 75, 1376 (1953).
[3]) F. KARUSH, J. Amer. chem. Soc. 78, 5519 (1956).
[4]) J. R. MARRACK and E. S. ORLANS, in: Progress in Stereochemistry, vol. II, ed. by W. KLYNE and P. B. D. DE LA MARE (Butterworths Scientific Publications, London 1958).

Table 7

*Reactions of Antigens Containing Carbohydrates*
Amount of precipitate formed using homologous and heterologous test antigens

|  | Test antigens | | |
|---|---|---|---|
|  | α-Glucoside (LXV) | β-Glucoside (LXVI) | β-Galactoside (LXVII) |
| α-Glucoside . . . . | + + + | + + | 0 |
| β-Glucoside . . . . | + + | + + + + | 0 |
| β-Galactoside . . . | 0 | 0 | + + + |

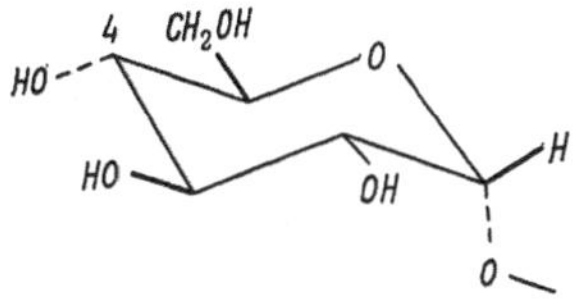

α-Glucoside (LXV)  β-Glucoside (LXVI)  β-Galactoside (LXVII)

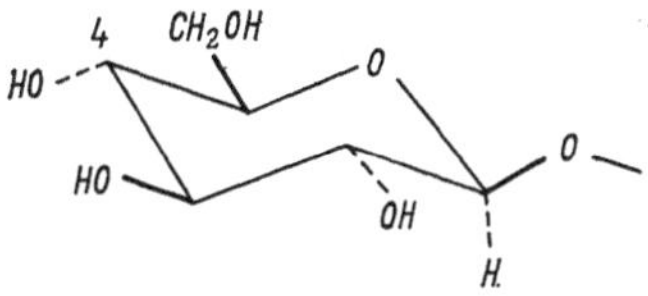

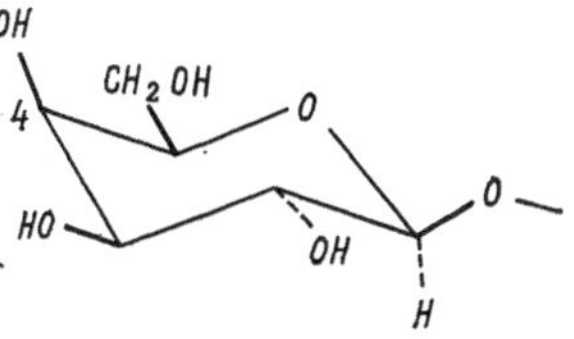

## 5.2 Sympathomimetic Agents

Sympathomimetic amines comprise those amines exemplified by adrenaline, which exhibit pharmacological properties very similar to the effects of stimulating the sympathetic nervous system. They give a rise in blood pressure, accelerate the heart rate and affect smooth muscle; various pharmacological assay procedures are based on these effects.

The effect of stereoisomerism on activity is pronounced in the group as a whole, e.g. Table 8 indicates the relative bronchodilator activities[1] of noradrenaline (LXVIII, R, R′ = H), adrenaline (LXVIII, R = H, R′ = CH$_3$) and *iso*propylnoradrenaline (LXVIII, R = H, R′ = −CH(CH$_3$)$_2$).

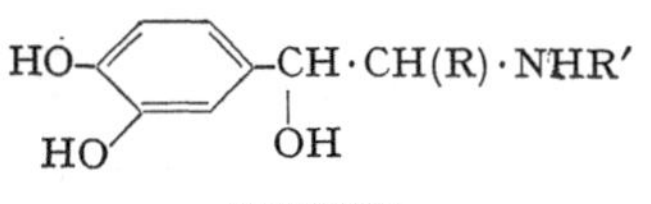

(LXVIII)

---

[1] F. P. LUDUENA, L. VON EULER, B. F. TULLAR and A. M. LANDS, Arch. int. Pharmacodyn. *111*, 392 (1957).

Table 8
*Activity of Some Adrenaline Type Compounds*

| Compounds | Bronchodilator activity ratio (on the guinea-pig lung) | Approximate $-/+$ ratio |
|---|---|---|
| (−)-Noradrenaline . . . . . | 1 | 70 |
| (+)-Noradrenaline . . . . . | 0·014 | |
| (−)-Adrenaline . . . . . . . | 58 | 45 |
| (+)-Adrenaline . . . . . . . | 1·3 | |
| (−)-*Iso*propylnoradrenaline . | 270 | 800 |
| (+)-*Iso*propylnoradrenaline . | 0·33 | |

In other methods of assay of the relative potencies of the isomers, similar large $-/+$ ratios are observed, e.g. the following $-/+$ ratios have been reported[1]) for *iso*propylnoradrenaline: blood pressure of the cat, 600-1600:1 blood pressure of the dog 300–600:1; inhibiting action on the cat uterus *in situ* 200–800:1 and on the isolated rat uterus 800–1600:1. Differences are also shown[2]) in the effect of noradrenaline isomers on various tissues, the $-/+$ ratios being dog blood pressure 27, rabbit ear 12–18, rabbit gut 60, guinea pig gut 27, rat uterus (non-pregnant) 4, guinea-pig lungs (perfused) 60, guinea pig lungs (histamine asthma) 20. In various activities the naturally occurring (−)-isomer of adrenaline has been shown to be 12 to 20 times more active than the (+)-isomer[3]) and in action on arterial blood pressure 12 to 15 times more active[4]).

Some caution must be used in a consideration of the activity ratios since these will depend mainly on the degree of purification of the least active isomer, e.g. compare the activity ratios of *iso*propylnoradrenaline reported by Lindner and Stumpf[5]), Beccari *et al.*[6]), with those reported by Lands *et al.*[1]), for highly purified isomers.

The replacement of the 3:4-dihydroxy group of adrenaline by the 4-hydroxy-phenyl or the phenyl group leads to a reduction in pressure activity but in (LXIX) and (LXX) the (−)-isomers were again found to be more active than their enantiomorphs[3, 7]).

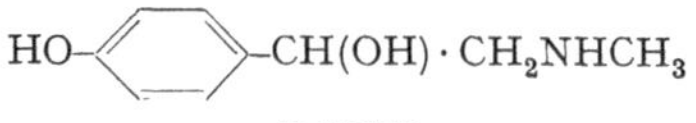

HO—⟨  ⟩—CH(OH)·CH₂NHCH₃          ⟨  ⟩—CH(OH)·CH₂NH₂

(LXIX) 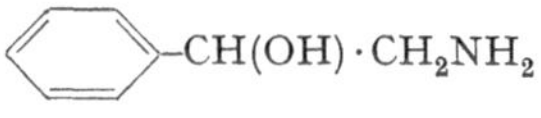                                           (LXX)

[1]) A. M. Lands, F. P. Luduena and B. F. Tullar, J. Pharmacol. *111*, 469 (1954).

[2]) F. P. Luduena, C. Ananenko, O. H. Siegmund and L. C. Miller, J. Pharmacol. *95*, 155 (1949).

[3]) M. L. Tainter, J. Pharmacol. *40*, 43 (1930); M. L. Tainter and M. A. Seidenfeld, J. Pharmacol. *40*, 23 (1930).

[4]) H. Blaschko, Proc. roy. Soc. [B] *137*, 307 (1950).

[5]) A. Lindner and C. Stumpf, Scientia Pharm. *21*, 1 (1953).

[6]) E. Beccari, A. Beretta and J. S. Lawandel, Science *118*, 249 (1953).

[7]) G. A. Alles and P. K. Knoefel, Univ. Calif. Publ. Pharmacol. *1*, 101 (1938).

*Configuration of Adrenaline and Noradrenaline.* FREUDENBERG[1]) assigned the configuration [(LXXI), Ar = 3:4 $(HO)_2$ $C_6H_3^-$] to (−)-adrenaline on the basis of the analogous rotation or (−)-ephedrine (LXXII), the configuration of which had been established from its relationship to D-(−)-mandelic acid (LXXIII)[2,3]) and alanine[3,4]).

Rotational analogies are of doubtful value in the assignment of configuration however[5,6]), DALGLIESH[7]) concluded that decarboxylases which are specific for L-amino acids converted *erythro*-β-3:4-dihydroxyphenyl serine into (−)-noradrenaline and consequently that the configurations of noradrenaline and adrenaline were opposite to those shown in (LXXIV) and (LXXI). However, more recent evidence indicates that the serine used was the *threo*-derivative[8-10]). By an unequivocal chemical route[11]), (−)-adrenaline has now been shown to have the same configuration as D-(−)-mandelic acid (LXXIII).

| $CH_2NHCH_3$ | $CH_3$ | COOH | $CH_2NH_2$ |
|---|---|---|---|
| | H—C—$NHCH_3$ | | |
| H—C—OH | H—C—OH | H—C—OH | H—C—OH |
| Ar | $C_6H_5$ | $C_6H_5$ | Ar |
| (LXXI) | (LXXII) | (LXXIII) | (LXXIV) |

The biogenetic relation of (−)-noradrenaline and (−)-adrenaline indicates their identical configurations[7]). Thus (−)-adrenaline, (−)-noradrenaline, and (−)-ephedrine have identical configurations as shown in (LXXI), (LXXIV) and (LXXII) respectively; those are identical with D-(−)-mandelic acid (LXXIII).

EASSON and STEDMAN[12]) accounted for the different activities of the adrenaline antimers in terms of a difference in their ease of attachment to a receptor surface. They suggested that only the (−)-isomer could come into complete contact with the receptor, and that the less active optical isomer would behave physiologically as if one of the active groups were missing. In sympathomimetic amines, the basic centre, the phenyl ring and the alcoholic hydroxyl group appears to be essential for maximum pressure activity. If the catechol group and the amine (ionized as a cation at physiological pH) constitute the important bindings groups, then the (−)-isomers will have the hydroxyl group correctly oriented while the (+)-isomers will not (see Figure 13).

[1]) K. FREUDENBERG, Stereochemie (Deuticke, Leipzig 1932), p. 697, 720.
[2]) K. FREUDENBERG, E. SCHOEFFEL and E. BRAUN, J. Amer. chem. Soc. 54, 234 (1932).
[3]) W. LEITHE, Ber. dtsch. chem. Ges. 65, 660 (1932).
[4]) K. FREUDENBERG and F. NIKOLAI, Liebigs Ann. 510, 223 (1934).
[5]) A. H. BECKETT and A. F. CASY, Nature, Lond. 173, 1231 (1954).
[6]) A. H. BECKETT and A. F. CASY, J. chem. Soc. 1957, 3076.
[7]) C. E. DALGLIESH, J. chem. Soc. 1953, 3323.
[8]) W. J. HARTMAN, R. S. POGRUND, W. DRELL and W. G. CLARK, J. Amer. chem. Soc. 77, 816 (1955).
[9]) W. A. BOLHOFER, J. Amer. chem. Soc. 76, 1322 (1954).
[10]) W. DRELL, J. Amer. chem. Soc. 77, 5429 (1955).
[11]) P. PRATESI, A. LA MANNA, A. CAMPIGLIO and V. GHISLANDI, J. chem. Soc. 1958, 2069.
[12]) L. H. EASSON and E. STEDMAN, Biochem. J. 27, 1257 (1933).

A. H. Beckett

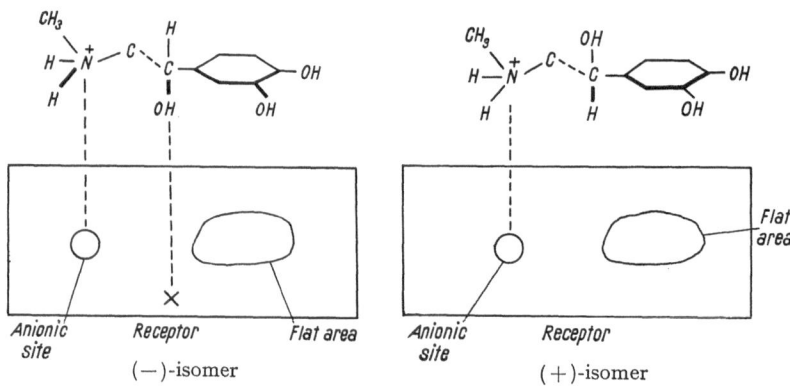

Figure 13

*Orientations of (−)- and (+)-Adrenaline to a Receptor Surface*

.As pointed out by BLASCHKO[1]), the fact that desoxyadrenaline (epinine) (LXXV) has about the same effect on arterial blood pressure as (+)-adrenaline supports the above concept, since both may present the same surface to the receptor if the aromatic ring and basic group are oriented as in (−)-adrenaline. Also in support are the earlier results of SCHAUMANN[2]) who found that the

$$CH_2NHCH_3$$
$$H—\overset{|}{\underset{|}{C}}—H$$
$$Ar$$
$$(LXXV)$$

$CH_2NH\ CH(CH_3)_2$          $CH_2NH\ CH(CH_3)_2$          $CH_2NH\ CH(CH_3)_2$

H—$\overset{|}{\underset{|}{C}}$—OH          HO—$\overset{|}{\underset{|}{C}}$—H          H—$\overset{|}{\underset{|}{C}}$—H

—OH          —OH          —OH

ÓH    (LXXVI)          ÓH    (LXXVII)          ÓH    (LXXVIII)

(+)-isomer of corbasil [1-(3:4-dihydroxyphenyl)-2-aminopropan-1-ol] had approximately the same activity as desoxycorbasil [1-(3:4-dihydroxyphenyl)-2-aminopropane], both compounds being about 160 times less active than corbasil. Furthermore, both the desoxy-compound and the (+)-isomer exhibited the same qualitative differences from (−)-corbasil.

In the case of isopropylnoradrenaline however, the (−)-isomer (LXXVI) is much more active than the (+)-isomer (LXXVII) but the desoxy compound

[1]) H. BLASCHKO, Proc. roy. Soc. [B] *137*, 307, (1950).
[2]) O. SCHAUMANN, *Medicine in Its Clinical Aspects 3*, 361 (1938).

(LXXVIII) has only about half the activity of the (+)-isomer (LXXVII)[1]. Possibly an incorrectly oriented hydroxyl group slightly assists the binding of the drug to the receptor.

Ephedrine ($C_6H_5$ CH(OH) $CHCH_3$ $NHCH_3$) and related compounds possess pharmacological actions which are similar to those of adrenaline but which differ in duration and mechanism of action. Ephedrine and its diastereoisomer $\psi$-ephedrine, exhibit marked differences in their various enantiomorphs[2]. The (−)-isomer of ephedrine, of the same configuration as (−)-adrenaline, is approximately three times as active as the (+)-isomer, whereas the (+)-form of $\psi$-ephedrine possesses seven times the activity of its antimer. The (−)-form of norephedrine has about 1·5 times the pressure activity of the (+)-isomer but the enantiomorphic $\psi$-norephedrines are about equal in activity[3, 4].

## 5.3 Spasmolytics

In 1926, CUSHNY[5] considered that three factors namely, the general structure of the molecule, the presence of an alcoholic group in the acid side chain, and the presence of an asymmetric carbon atom were important in the activity of drugs suchs as hyoscyamine (LXXIX).

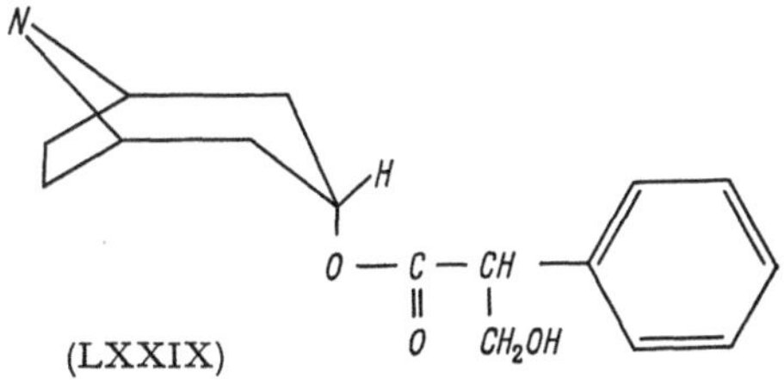

(LXXIX)

The third factor was stated to be 'almost certainly due to a chemical combination being formed between receptor and drug'. The activities of (−)- and (+)-hyoscyamine were given as 600 and 15 respectively, and those of (−)- and (+)-homatropine as 14 and 7 respectively.

In recent years, further examples (see Table 9) have emphasized the importance of spatial arrangement in atropine-like activity. Unfortunately the configurations of the enantiomorphs are unknown and some doubt remains concerning whether the more active enantiomorphs can present similar surfaces to a receptor.

It seems reasonable to consider that the molecules are associated with the receptor via the binding properties of the aromatic structure, alcoholic group and basic centre; discrimination between isomers would thus be possible.

[1]) A. M. LANDS, F. P. LUDUENA and B. F. TULLAR, J. Pharmacol. 111, 469 (1954).
[2]) K. K. CHEN, C. K. WU and E. HENRIKSEN, J. Pharmacol. 36, 363 (1929).
[3]) E. E. SWANSON, C. C. SCOTT, H. M. LEE and K. K. CHEN, J. Pharmacol. 79, 329 (1943).
[4]) C. JAROWSKI and W. HARTUNG, J. org. Chem. 8, 564 (1943).
[5]) A. R. CUSHNY, Biological Relations of Optically Isomeric Substances (Balliere, Tindall and Cox, 1926).

## Table 9
### *Activities of Isomers with Spasmolytic Activity*

| Structure | Activity | Reference |
|---|---|---|
| OH<br>phenyl–C–CH$_2$CH$_2$N(cyclohexyl)<br>H | Relative cholinolytic activity on rabbit ileum $(-)$-hyoscyamine $= 100$<br>$(-)$    47<br>$(+)$    0·3 | Long et al.[1] |
| OH<br>phenyl–C–CH$_2$CH$_2$N(cyclohexyl)<br>S (thienyl) | $(-)$    30·0<br>$(+)$    1·0 | Long et al.[1] |
| OH<br>phenyl–C–COOCH$_2$CH$_2$N(C$_2$H$_5$)$_2$<br>S (thienyl) | $(+)$ at least × 4 activity of $(-)$ | Long et al.[1] |

Structure: OH / phenyl–C–CH$_2$CH$_2$X / H

Relative activity (atropine $= 1$)

| | | Mydriasis | | Guinea-pig ileum | | Reference |
|---|---|---|---|---|---|---|
| X=N (pyrrolidine) | base HCl | $(-)$ | 0·06 | $(-)$ | 0·10 | |
| | | $(+)$ | 0·003 | $(+)$ | 0·002 | |
| | methiodide | $(-)$ | 0·62 | $(-)$ | 1·6 | Duffin and Green[2] |
| | | $(+)$ | 0·01 | $(+)$ | 0·01 | |
| | ethiodide | $(-)$ | 0·76 | $(-)$ | 1·0 | |
| | | $(+)$ | 0·004 | $(+)$ | 0·0034 | |
| X=N (piperidine) | base HCl | $(-)$ | 0·12 | $(-)$ | 0·075 | |
| | | $(+)$ | 0·025 | $(+)$ | 0·71 | |
| | methiodide | $(-)$ | 1·1 | $(-)$ | 0·86 | Duffin and Green[2] |
| | | $(+)$ | 0·034 | $(+)$ | 0·018 | |
| | ethiodide | $(-)$ | 0·41 | | | |
| | | $(+)$ | 0·11 | | | |

| Structure | Activity | Reference |
|---|---|---|
| H<br>phenyl–C–OCH$_2$CH$_2$N(CH$_3$)$_2$<br>–C(CH$_3$)$_3$ (phenyl) | Guinea-pig ileum<br>$(-)$    50<br>$(+)$    0·3 | Harms[3] |

[1]) J. P. Long, F. P. Luduena, B. F. Tullar and A. M. Lands, J. Pharmacol. *117*, 29 (1956).
[2]) W. M. Duffin and A. F. Green, Brit. J. Pharmacol. *10*, 383 (1955).
[3]) A. G. Harms, in: *Scientific Communications*, vol. VI (Brocades, Amsterdam 1955/56), p. 39.

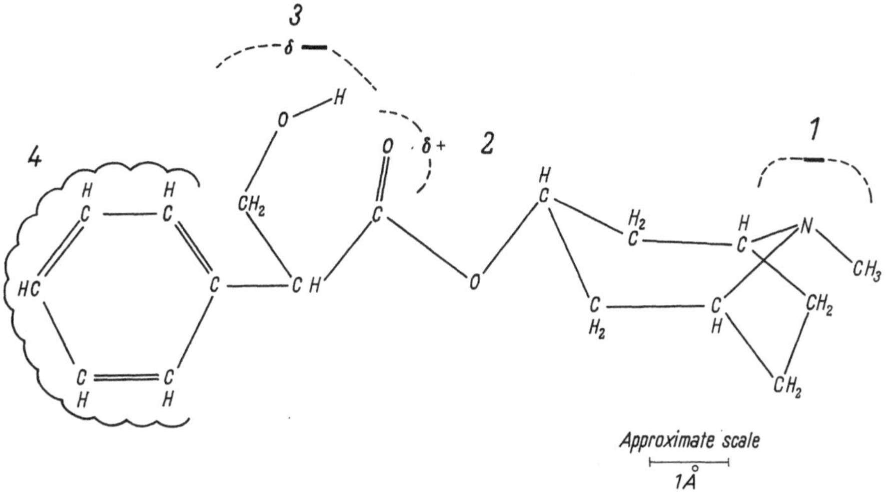

Figure 14

*Spatial and Charge Distribution of the Cholinolytic Receptor Surface*
(from LONG *et al.*[1]))

LONG *et al.*[1]) have proposed Figure 14 as a possible model of the receptor surface because the high activity of (−)-hyoscyamine is said to indicate that the spatial and charge distribution in this molecule must be nearly optimal. Site 1 is the anionic site, site 2 is a positive centre, site 3 is a negative centre and 4 is a surface of limited dimensions with which the cyclic group may associate. However, the flexibility of the molecule, and the doubt concerning the conformation of the tropine nucleus makes a consideration of distances between groups highly speculative. It seems important to design rigid or semi-rigid molecules of known configurations, some of which exhibit and some related ones which do not exhibit the particular effect, before any possible association of a particular surface of a molecule with a receptor can be clarified.

The enantiomorphs of other molecules not directly related to those recorded in Table 9, have also shown differing spasmolytic activities in the pairs of compounds, e.g. the (−)-esters of (LXXX) are more active than the

(LXXX) 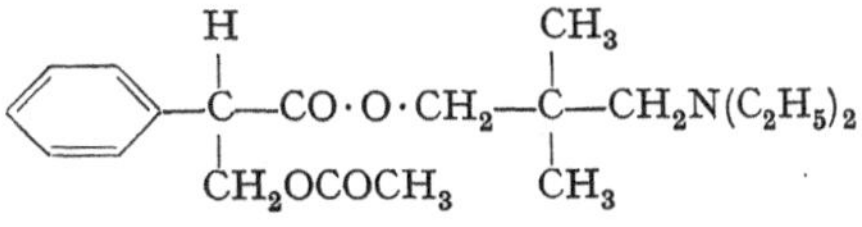                                    (LXXXI)

(+)-esters[2]), and the (−)-isomer of (LXXXI) is more active than the corresponding (+)-compound[3]).

[1]) J. P. LONG, F. P. LUDUENA, B. F. TULLAR and A. M. LANDS, J. Pharmacol. *117*, 29 (1956).
[2]) L. H. STERNBACH and S. KAISER, J. Amer. chem. Soc. *74*, 2215 (1952).
[3]) K. FROMHERZ, Arch. exp. Path. Pharmakol. *173*, 86 (1933).

In compounds of type (LXXXII), the relative activity of the isomers, as indicated by mydriatic activity in mice seems to be dependent upon the mode of administration[1]). By the subcutaneous route, the (+)-isomer of (LXXXII)

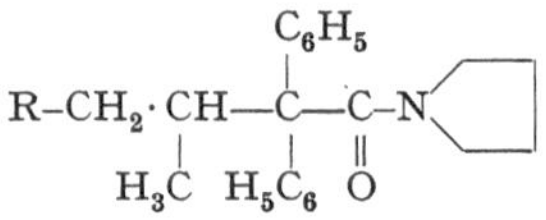

$$
\begin{array}{c}
C_6H_5 \\
| \\
R\text{-}CH_2\cdot CH\text{---}C\text{---}C\text{--}N \\
|\quad |\quad \| \\
H_3C\ H_5C_6\ O
\end{array}
$$

(LXXXII)

$\left( R = -N\ \ O \right)$ possessed the whole of the activity of the racemic mixture; this was not so when the oral route was used. On the other hand, the (+)-isomer of (LXXXII) $\left( R = -N\ \ \right)$ was not much more active than the racemic mixture by the subcutaneous route, but was very much more active by the oral route. Different rates of metabolic transformation of the isomers into more active metabolites by the different routes is indicated, since these compounds were inactive as spasmolytics *in vitro* and the mydriatic effect was shown to develop slowly.

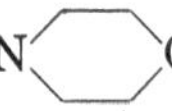

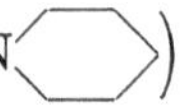

Various sites of action exhibit different stereoselectivity for spasmolytic isomers, e.g. (−)-hyoscine is more active than the (+)-isomer in its peripheral actions but the central depressant activities of the isomers are equal[2, 3]), (−)-hyoscyamine is much more active than (+)-hyoscyamine in its peripheral antiacetylcholine effects but in the central nervous system the isomers are equi-active[4]).

The quaternary ammonium compounds of 2:6-*cis*-dimethylpiperidine are stated to be more active as ganglionic blocking agents than corresponding *trans*-compounds[5]).

### 5.4 *Acetylcholinesterase Substrates and Antagonists*

Studies of optical and geometrical isomers both as substrates and inhibitors of cholinesterases have indicated the asymmetric nature of this type of enzyme surface. Sometimes the pattern is confused because of the use of mixed enzymes.

Serum cholinesterases are reported[6]) to hydrolyze only the (+)-isomer of acetyl-$\beta$-methyl choline (LXXXIII) to an appreciable degree. An enzyme of

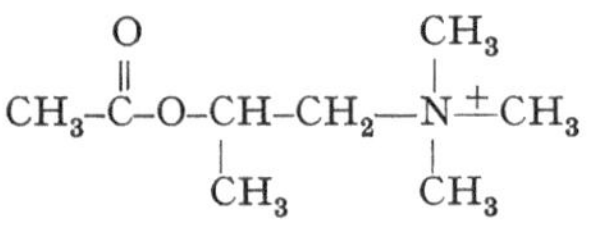

$$
\begin{array}{c}
O\qquad\qquad\quad CH_3 \\
\|\qquad\qquad\quad | \\
CH_3\text{-}C\text{-}O\text{-}CH\text{-}CH_2\text{---}N\overset{+}{\text{---}}CH_3 \\
|\qquad\quad | \\
CH_3\qquad CH_3
\end{array}
$$

(LXXXIII)

---

[1]) P. A. J. JANSSEN and A. H. JAGENEAU, J. Pharm. Pharmacol. *9*, 381 (1957).
[2]) A. R. CUSHNY, J. Pharmacol. *17*, 41 (1921).
[3]) G. KRONEBERG, Arch. exp. Path. Pharmakol. *225*, 522 (1955).
[4]) W. F. VON OETTINGEN, *Die Atropingruppe*, in: HEFFTER'S *Handbuch der experimentellen Pharmakologie* (1937), Suppl. 3, 1.
[5]) L. GYERMEK and K. NADOR, J. Pharm. Pharmacol. *9*, 209 (1957).
[6]) D. GLICK, J. biol. Chem. *125*, 729 (1938).

the true acetylcholinesterase class was found to hydrolyze only half of the racemic mixture of (LXXXIII)[1].

Using a specific cholinesterase, L-amino acids exhibited a weak reversible inhibition while their corresponding D-enantiomorphs were almost inactive[2], but with non-specific cholinesterases, certain of the same amino acids had been reported to enhance the activity of the enzymes[3].

The (−)-isomers of methadone (CXXIII, $R',R'' = CH_3$, $R = COC_2H_5$) and isomethadone (CXXV) are more effective inhibitors of cholinesterase than the corresponding (+)-isomers[4].

Cholinesterases have been irreversibly inhibited by organophosphorus compounds which act by phosphorylating the enzyme. The kinetics of the re-

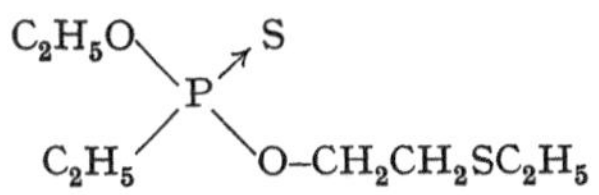

$$C_2H_5O \diagdown \underset{\diagup}{\overset{\nearrow}{P}} \overset{S}{\diagup}$$
$$C_2H_5 \diagup \diagdown O-CH_2CH_2SC_2H_5$$

(LXXXIV)

actions of the isomers of (LXXXIV) with three specific and one non-specific acetylcholinesterase preparations have been investigated[5]. The (−)-isomer reacted from 10 to 20 times faster than the (+)-isomer but no clear-cut distinction between the various types of enzymes was observed.

FRIESS and co-workers[6,7] established that the structural features required for one class of potent inhibitor of purified acetylcholinesterase from electric eel tissue was the unit (LXXXV) in which X represents a locus of high electron

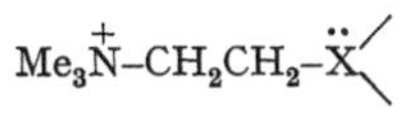

$$Me_3\overset{+}{N}-CH_2CH_2-\overset{..}{X}\diagup$$

(LXXXV)

density, e.g. tertiary nitrogen or halogen atom. In an attempt to obtain more precise information concerning the distance between the two important sites, they used substrates and inhibitors with known distances between the important functional groups; this was achieved[6,7] by using isomers derived from substituting in alicyclic ring systems, e.g. (LXXXVI), (LXXXVII), (LXXXVIII) and (LXXXIX). The virtual planarity of the five membered

[1] F. C. G. HOSKIN and G. S. TRICK, Can. J. Biochem. Physiol. 33, 963 (1955).

[2] F. BERGMANN, I. B. WILSON and D. NACHMANSOHN, J. biol. Chem. 186, 693 (1950).

[3] E. ARON, A. D. HERSCHBERG and E. FROMMEL, Helv. physiol. pharmacol. Acta 2, 495 (1944).

[4] M. E. GRIEG and R. S. HOWELL, Proc. Soc. exp. biol. Med. 68, 352 (1948).

[5] H. S. AARON, H. O. MICHEL, B. WITTEN and J. I. MILLER, J. Amer. chem. Soc. 80, 456 (1958).

[6] S. L. FRIESS and W. J. CARVILLE, J. Amer. chem. Soc. 76, 1363, 2260 (1954); H. D. BALDRIDGE, Jr., W. J. CARVILLE and S. L. FRIESS, J. Amer. chem. Soc. 77, 739 (1955).

[7] S. L. FRIESS and H. D. BALDRIDGE, J. Amer. chem. Soc. 78, 2482 (1956).

Table 10

*Enzyme-Inhibitor Dissociation Constants for Diastereoisomeric Amino-Alcohols*

| Compound | Ring size | $K_I \times 10^4$ | O–N, distance in Å |
|---|---|---|---|
| (LXXXVI), R = H [± *cis*] | 6 | 1·1 | 2·5 to 2·9 |
| (LXXXVII), R = H [± *trans*] | 6 | 2·1 | 2·9 to 3·7 |
| (LXXXVIII), R = H [± *cis*] | 5 | 0·75 | 2·51 |
| (LXXXIX), R = H [± *trans*] | 5 | 0·89 | 3·45 |

Table 11

*Quaternary Aminoacetates as Acetylcholinesterase Substrates*

| Substrate | Ring size | Relative activity at optimum |
|---|---|---|
| Acetylcholine | | 1·00 |
| (LXXXVI),    R = COCH$_3$ [± *cis*] | 6 | 1·14 |
| (LXXXVII),   R = COCH$_3$ [± *trans*] | 6 | 1·06 |
| (LXXXVIII), R = COCH$_3$ [± *cis*] | 5 | 1·43 |
| (LXXXIX),    R = COCH$_3$ [± *trans*] | 5 | 1·07 |

ring (LXXXVIII) leads to a unique disposition of its substituents, and the nitrogen-oxygen distances can be calculated accurately; in the corresponding six-membered system (LXXXVI) and (LXXXVII), the various conformations of ring and substituents lead to uncertainty in group distances. The *cis*-alcohols (LXXXVI) (R = H) and (LXXXVIII) (R = H) were better inhibitors than the corresponding *trans*-isomers (Table 10).

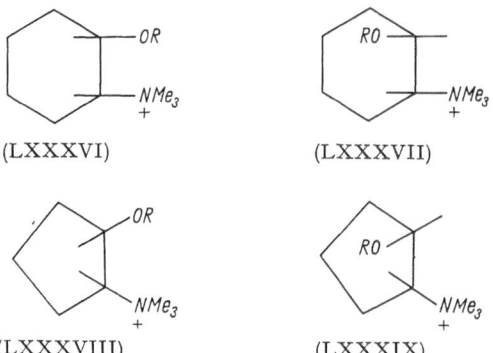

(LXXXVI)          (LXXXVII)

(LXXXVIII)          (LXXXIX)

Furthermore, the *cis*-acetates (LXXXVI) (R = −COCH$_3$) and (LXXXVIII) (R = −COCH$_3$) are hydrolyzed by the enzyme more readily than the *trans*-isomers (Table 11).

The inhibition of acetylcholinesterase by the betaine amino alcohols D- and L-turicine [(XC) and (XCI) respectively] and L-betonicine (XCII) indicates that the relative spatial orientation of the –COO⁻ and –OH groups is important

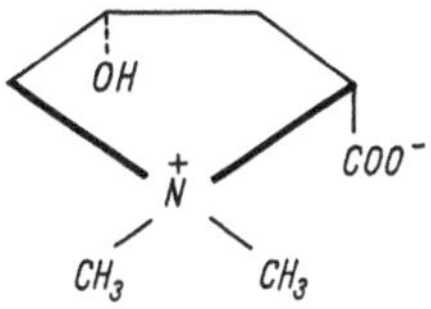

(XC) 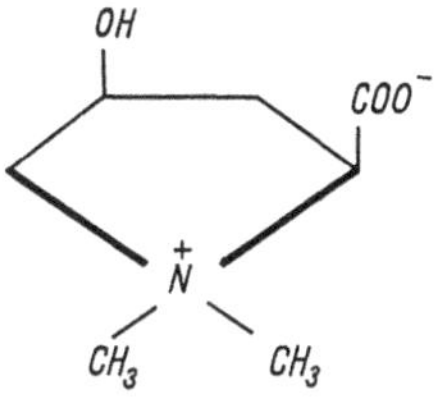                            (XCI) 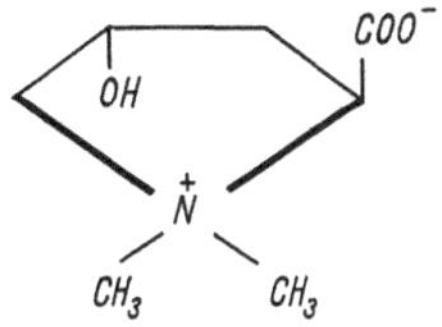                            (XCII)

for inhibition[1]). When *trans* to one another as in (XCII) some inhibition occurs, while in the *cis*-compounds (XC) and (XCI) no inhibition was observed even at concentrations two orders of magnitude higher.

## 5.5 *Steroids*

The fused ring systems of the steroids (XCIII) impart a semi-rigidity to this type of molecule. The stereochemistry of the ring junctions alters the general shape of the molecule, e.g. (XCIV) and (XCV). Substituents are therefore oriented to the general plane of the steroid nucleus differently in different configurations, and the semi-rigidity of the system as a whole ensures that surface characteristics differ in epimeric pairs of compounds. It is therefore not surprising that differences in biological effects are observed between epimers of this type.

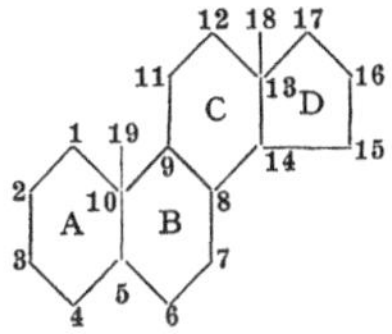

(XCIII)

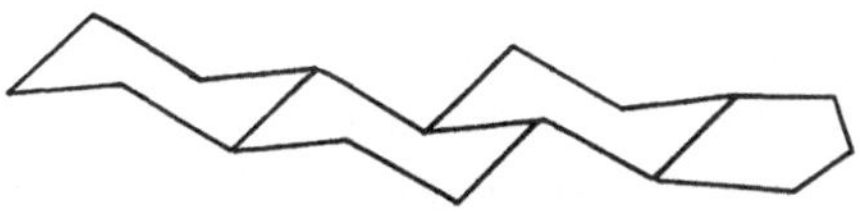

5α-Steroid (A:B-*trans*)                  5β-Steroid (A:B-*cis*)

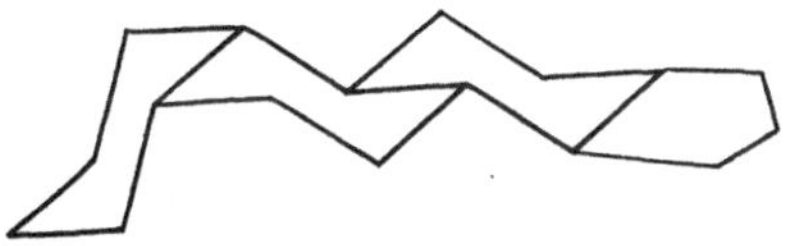

(XCIV)                                    (XCV)

*Ring Junction.* The A/B junction is *trans* (XCIV) in some steroids but *cis* (XCV) in others; the B/C junction is *trans* in all naturally occurring steroids;

---

[1]) S. L. FRIESS, A. A. PATCHETT and B. WITKOP, J. Amer. chem. Soc. *79*, 459 (1957).

the C/D junction is usually *trans* in steroids but the cardiac aglycones and the toad poisons have a *cis*-junction.

*Substituents.* Those substituents which are oriented above the general plane of the ring system [i.e. on the same side as the angular methyl groups at $C_{10}$ and $C_{13}$ in (XCVI)] are designated $\beta$-configuration and are drawn using heavy lines. Groups below the plane of the molecule are designated $\alpha$ and the bonds are drawn with dashed lines.

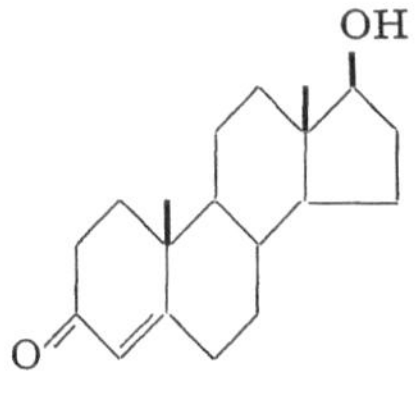

(XCVI) 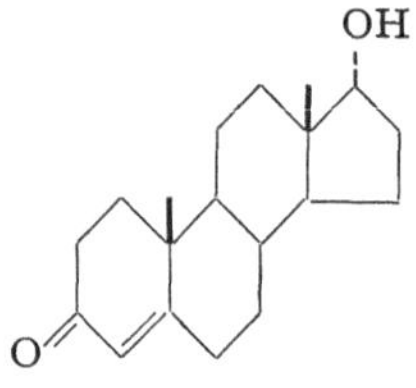                                      (XCVII)

*Sex Hormones* (see FIESER and FIESER[1]), KLYNE[2]) and TURNER[3]). Those sex hormones with a 17-hydroxyl group are biologically more active with the 17$\beta$- rather than the 17$\alpha$-configuration, e.g. testosterone (XCVI) is more active as an androgen than is epitestosterone (XCVII), and 4-dihydro-testosterone (17$\beta$-OH) is more active than the 17$\alpha$-compound.

In the oestrogens, oestradiol (17$\beta$-OH) (XCVIII) is about 40 times as active as its 17-OH epimer and the highly active 17$\alpha$-ethynyloestradiol has the 17-hydroxyl group in the $\beta$-orientation (XCIX).

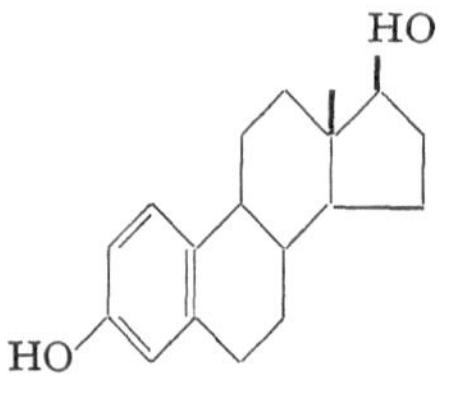

(XCVIII) 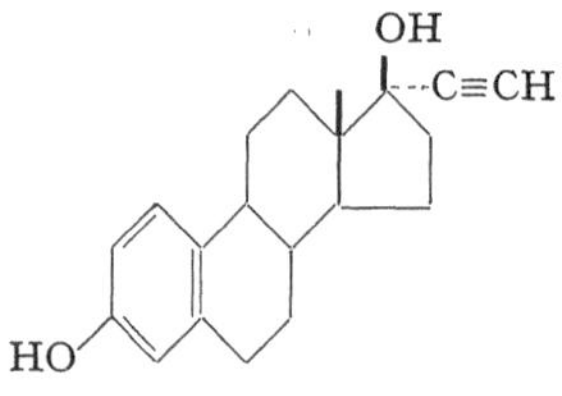                                    (XCIX)

It is possible that the orientation of the hydroxyl groups might alter the binding of the steroid molecule to enzymatic protein. Undoubtedly the hydrophilic groups have a pronounced effect upon the arrangement of steroidal molecules at interfaces, e.g. pregnanediol, with hydrophilic groups at both ends of the molecule, lies flat at the interface while deoxo-oestrone, with a hydroxyl group at one end only, is oriented with this group at the surface and the hydrophobic group at right angles to the surface[3]).

---

[1]) L. F. FIESER and M. FIESER, *Natural Products Related to Phenanthrene*, 3rd ed. (Reinhold Publishing Corporation, New York 1949).
[2]) W. KLYNE, *The Chemistry of the Steroids* (Methuen & Co. Ltd., London 1957).
[3]) R. B. TURNER, in: *Chemical Specificity in Biological Reactions*, ed. by F. R. N. GURD (Academic Press, New York 1954), p. 29 ff.

The orientation of the hydroxyl groups affects the formation of molecular complexes, e.g. the saponin, digitonin, forms stable insoluble molecular complexes with the majority of $3\beta$-hydroxy steroids (CI) but not in general with the epimeric $3\alpha$-compounds (C). Although concentration is an important

(C) 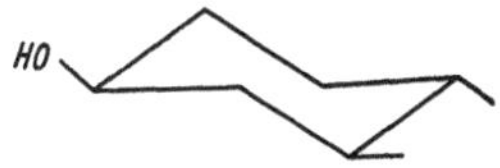                                                       (CI)

factor in such precipitations[1]), differences in ability of epimers to associate with other molecules is also demonstrated. X-ray measurements show that epiandrosterone with an equatorial $3\beta$-hydroxyl group has a greater length but smaller molecular thickness than the corresponding $3\alpha$- (axial) hydroxyl containing compound[2]).

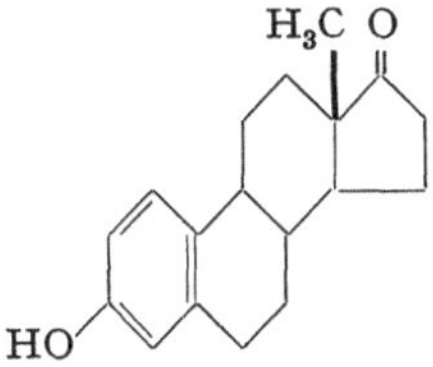

(CII) 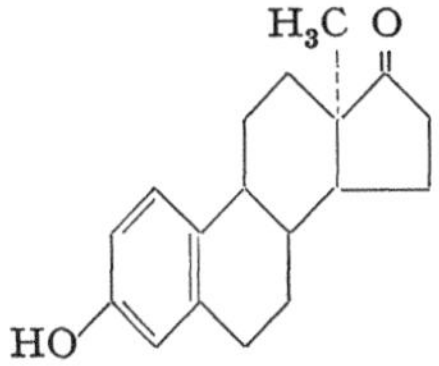                                                     (CIII)

A comparison of the androgenic active steroids, androsterone, androstanediol and androstenediol with their 3-epimers shows that the $3\alpha$-hydroxyl compounds are more active than the $3\beta$ ones.

The configuration of the C/D ring junctions may also affect activity, e.g. oestrone (CII) is active but lumiestrone (CIII) is inactive.

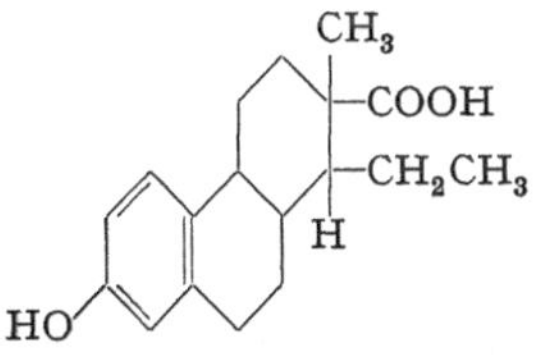

(CIV) 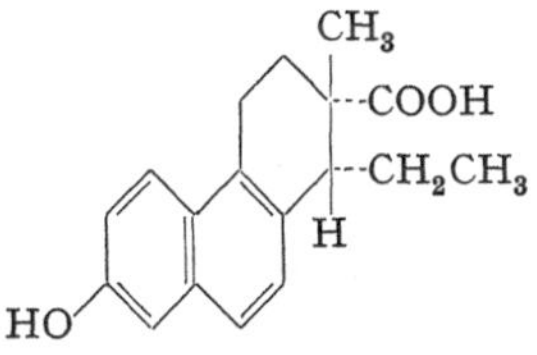                          (CV) 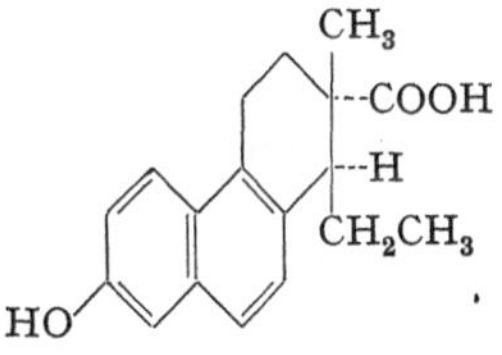                          (CVI)

*Synthetic Oestrogens.* The importance of configuration in biological activity is also demonstrated in simpler compounds with sex-hormone like activity. In the doisynolic acids (CIV) large differences in the activity of the various isomers are observed; (−)-*cis*-bisdehydrodoisynolic acid (CV) is an active oestrogen while (+)-*trans*-bisdehydrodoisynolic acid (CVI) is inactive[3]), and similar

---

[1]) L. F. FIESER and M. FIESER, ref. 1–11, p. 648.
[2]) R. B. TURNER, in: *Chemical Specificity in Biological Reactions*, ed. by F. R. N. GURD (Academic Press, New York 1954), p. 29 ff.
[3]) C. W. SHOPPEE, Annu. Rep. Prog. Chem. *44*, 190 (1947).

results were obtained for the corresponding methyl ethers[1]). *Trans*-stilbo-estrol (CVII) is much more active than the *cis*-isomer[2]). Hexoestrol, the *meso*-compound (CVIII), is a more potent oestrogen than the racemic mixture;

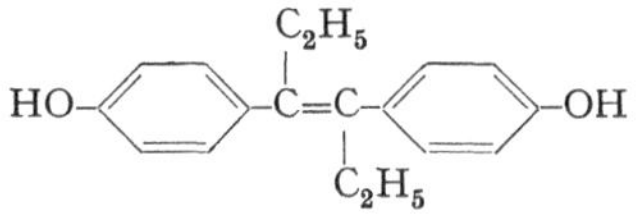

(CVII) 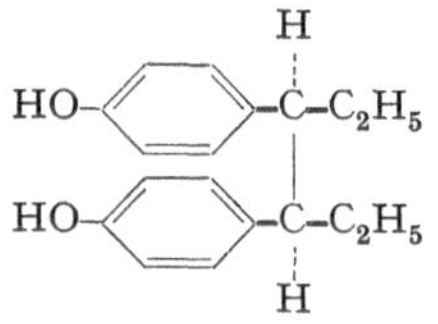                                          (CVIII)

resolution of the latter mixture gave a (+)-isomer which was about 10 times more potent than the (–)-isomer[3]).

*Cardiac Glycosides.* The A/B ring junction of the cardiac glycosides seems to be important for activity, e.g. digitoxin [glycoside of (CIX) with A/B *cis*]

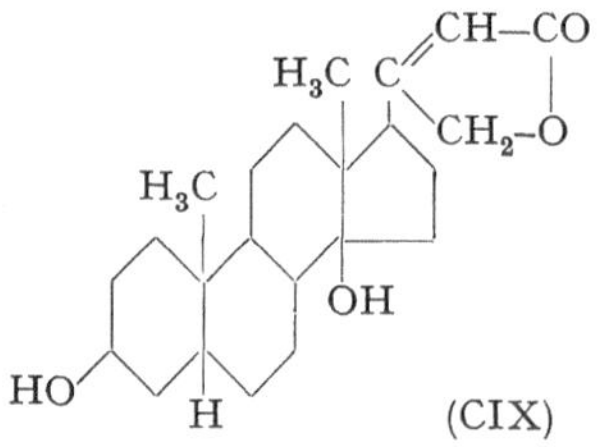

(CIX)

is highly potent, whereas uzarin [glycoside of (CIX) with A/B *trans*] is almost devoid of cardiotonic activity[4]).

### 5.6 *Plant Growth Substances*

The influence of stereochemical factors upon plant growth substances first received attention when KÖGL and VERKAAIK[5, 6]) found that (+)-α-(3-in-dole)-propionic acid was about 30 times as active in the Avena test as the (–)-isomer. It was later shown, however, that this difference was due to selective absorption of the (–)-isomer in the apex and tests independent of transport revealed the two isomers to have similar activities. KOEPFLI, THI-MANN and WENT[7]), as a result of structure-activity studies, have formulated the following requirements for cell elongation activity: (a) a ring system nucleus; (b) a double bond in the ring; (c) a side chain possessing a –CO$_2$H

[1]) R. ROMETSCH and K. MIESHER, Helv. chim. Acta *29*, 1231 (1946).
[2]) E. C. DODDS, L. GOLBERG, W. LAWSON and R. ROBINSON, Proc. Roy. Soc., London [B] *127*, 140 (1939); [B] *132*, 83 (1944).
[3]) F. WESSLEY and H. WILLEBA, Ber. dtsch. chem. Ges. *74*, 777 (1941).
[4]) L. F. FIESER and M. FIESER, *Natural Products Related to Phenanthrene*, 3rd ed. (Reinhold Publishing Corporation, New York 1949).
[5]) F. KÖGL, Naturwissenschaften *25*, 465 (1937).
[6]) F. KÖGL and B. VERKAAIK, Z. Physiol. Chem. *280*, 167 (1944).
[7]) J. B. KOEPFLI, K. V. THIMANN and F. W. WENT, J. biol. Chem. *122*, 763 (1938).

group (or a group easily converted into a $-CO_2H$ group); (d) at least one carbon atom between the ring and the $-CO_2H$ group; and (e) a particular spatial relationship between the ring system and the $-CO_2H$ group.

The latter requirement, of special interest from a stereochemical viewpoint, is exemplified by the variation in activity found among certain *cis-trans* isomeric pairs. Thus, *cis*-cinnamic acid is active, while the *trans*-isomer is inactive[1]. *Cis*-2-Phenyl-cyclopropane-1-carboxylic acid and *cis*-1:2:3:4-tetrahydronaphthylidene-1-acetic acid are plant growth stimulating substances, the *trans*-isomers in both cases being without activity[2,3].

In the examples cited, molecular models reveal the ring and carboxylic acid groups to be almost planar in the *trans*- and non-planar in the *cis*-isomer. VELDSTRA[3,4] considers that the *cis*-forms owe their biological activity to this factor and explained the increase in growth regulating activity which results on hydrogenating α-naphthoic acid (CX) to the 1:2:3:4-tetrahydro analogue (CXI) in the same terms[5].

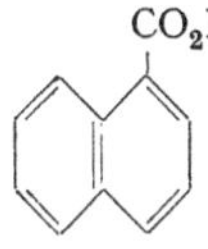

(CX) 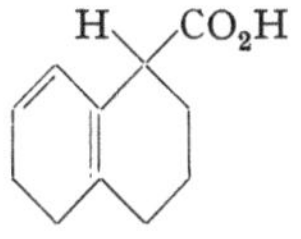                              (CXI)

Recently, many examples of optical antipodes that differ in their activity have been reported, notably by ABERG, VELDSTRA and WAIN (see Table 12). The observed differences cannot be attributed to distribution effects since the assessments of growth regulating activities have been made by immersion tests in which transport problems are essentially absent. An explanation of these results may be made in terms of the interaction of the more active enantiomorph with some asymmetric cell component or receptor site which plays an essential role in the growth response to active compounds[6]. WAIN[7] considers that an α-hydrogen atom, an unsaturated ring system and a carboxyl group make up three essential structural requirements for growth regulating activity. He believes that these features must be orientated in a specific configuration in order that the molecule may 'fit' the receptor surface by 'three-point contact'. In aryloxycarboxylic acids, all three groups are attached to one asymmetric centre and it follows that only one enantiomorph will be able to present the three groups in the correct relative positions to the surface and so initiate a growth response.

---

[1] A. J. HAAGEN-SMIT and F. W. WENT, Proc. Koninkl. ned. Akad. Wetenschap. *38*, 852 (1935).

[2] H. VELDSTRA and C. VAN DE WESTERINGH, Rec. trav. Chim. Pays-Bas *70*, 1127 (1951).

[3] H. VELDSTRA, Enzymologia Acta biocatalytica *11*, 137 (1944).

[4] H. VELDSTRA, Biochem. biophys. Acta *1*, 364 (1947).

[5] H. VELDSTRA and C. VAN DE WESTERINGH, Rec. trav. Chim. Pays-Bas *70*, 1113 (1951).

[6] H. VELDSTRA, Annual Rev. Plant Physiol. *4*, 151 (1953).

[7] R. L. WAIN, Royal Inst. Chem. Monogr. *1953*, No. 2.

Table 12

*Structure and Configuration of Plant Growth Substances*

| $R{-}OCH(CH_3)CO_2H$ R = | Most active isomer | Configuration | Reference |
|---|---|---|---|
|  | (+) | D | Åberg[1]) |
|   | (+) | D | |
| 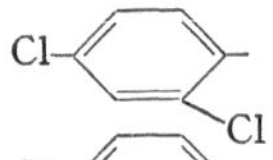  | (+) | D | Wain[2,3]), Thimann[4]) |
| 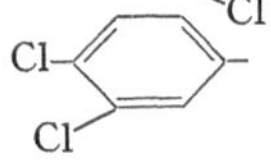  | (+) | D | Åberg[1]) |
| 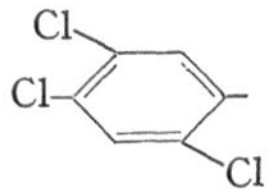  | (+) | D | Wain[2,3]) |
| 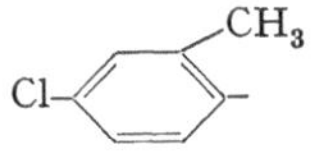  | (+) | D | Åberg[1]) |
| 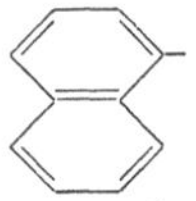 | (−) | D | Åberg[1]) |
| 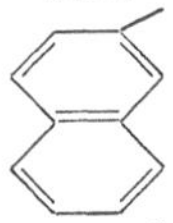 | (+) | D | Wain[2,3]), Åberg[5]) |
| 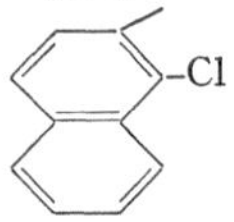  | (+) | D | Åberg[1]) |
| $R{-}OCH(C_2H_5)CO_2H$ R = | | | |
| 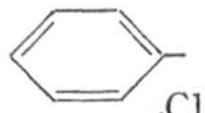 | (+) | D | Åberg[1]) |
| 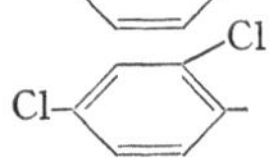  | (+) | D | Åberg[1]) |
| 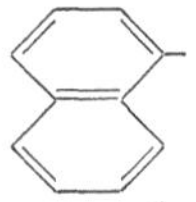 | (−) | D | Åberg[1]) |
| 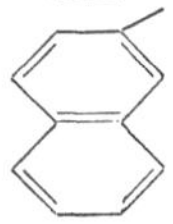 | (+) | D | Åberg[1]) |

Table 12 (Continued)

| $R-OCH(C_2H_5)CO_2H$ <br> R = | Most active isomer | Configuration | Reference |
|---|---|---|---|
| [naphthalene]$-O-CH(C_4H_9)CO_2H$ | (+) | D | Åberg[1] |
| [naphthalene]$-CH_2-CH(CH_3)CO_2H$ | (+) | D (probably) | |
| [naphthalene]$-S-CH(CH_3)CO_2H$ | (+) | D (probably) | |
| [octahydronaphthalene with H, $CO_2H$] | (−) | | Mitsui[6] |
| [decahydronaphthalene with H, $CO_2H$] | (−) | identical configurations | Veldstra[7,8] |
| [ring with H, $C$, $CO_2H$, $CH_2$, $CH$, $CH_2$] | (+) | | Veldstra[8] |

[1]) B. Åberg, quoted by M. Matell, *Stereochemical Studies on Plant Growth Subsances* (Almquist and Wiksells. Boktrycheri, Uppsala 1953).
[2]) M. S. Smith, R. L. Wain and F. Wightman, Nature, Lond., *169*, 883 (1952); Ann. appl. Biol., *39*, 295 (1952).
[3]) M. S. Smith and R. L. Wain, Proc. Roy. Soc. [B] *139*, 118 (1951).
[4]) K. V. Thimann, *Plant Growth Substances* ed. by F. Skoog (Madison, Wisc. 1951), p. 21.
[5]) B. Åberg, Ark. Kemi *3*, 549 (1951).
[6]) T. Mitsui, J. agric. chem. Soc. Japan *26*, 526 (1952).
[7]) H. Veldstra and C. van de Westeringh, Rec. trav. Chim. Pays-Bas *70*, 1127 (1951).
[8]) H. Veldstra and C. van de Westeringh, Rec. trav. Chim. Pays-Bas *70*, 1113 (1951).

An alternative view has been given by Veldstra[1]) who considers that only two factors, namely the ring system and the carboxyl group, are important for interaction at the primary active site, while the intervening carbon atom is essential for the spatial form required for maximum activity. He has criticized the 'three-point contact' theory on the grounds that the predicted inactivity of one of the enantiomorphs is not generally upheld, e.g. (+)-1:2:3:4-

[1]) H. Veldstra, Annual Rev. Plant Physiol. *4*, 151 (1953).

514        A. H. Beckett

tetrahydro-1-naphthoic acid, which is weakly active in the pea test. Furthermore, the activity of α-indole-3-propionic acid is not influenced by the asymmetry of the molecule. VELDSTRA points out that the most active growth substances, indole-, naphthalene- and 2:4-dichlorophenoxypropionic acids are symmetrical molecules and considers that substitution at the α-carbon atom in one of the resulting enantiomorphs interferes by steric hindrance with the interaction of the growth substance and its counterpart in the cell, even if a 'two-point contact' were decisive for activity. The loss of activity caused by di-α-substitution, as in α-isobutyric acid derivatives is in accord with this hypothesis.

Both the 'two' and 'three-point contact' theories depend on the degree of fitting of the active molecules at the primary active site and demand that the more active antipodes belong to the same steric series. Ample evidence has been provided of the configurational identity of many of the more active enantiomorphs. The configurational assignments shown in Table 12 are due to FREDGA and MATELL[1,2] who made extensive use of the method of quasi-racemates in their investigations.

The antagonism of certain optically active plant growth substances by their corresponding inactive enantiomorphs has been demonstrated in a number of cases. WIGHTMAN[3] examined (+)-α-(2-naphthoxy)-, (+)-(2:4-dichlorophenoxy)- and (+)-α-(2:4:5-trichlorophenoxy)-propionic acids in the presence of increasing amounts of their corresponding inactive enantiomorphs. In each case, he found that the inactive (−)-isomer could reduce, and, with a high molar ratio, even eliminate the activity of the (+)-isomer. ÅBERG[4] has established antiauxin properties for a number of optically active naphthoxy acids and related compounds, their antipodes behaving as growth substances.

It is of interest that certain di-α-substituted propionic acids also act as antagonists[5]. STEWARD[6] has found a synergistic action to exist between the cocoanut-milk growth factor and plant growth stimulating substances. He showed that (+)-α-(2:4:5-trichlorophenoxy)- and (+)-α-(2-naphthoxy)-propionic acids were highly active in this respect, whereas both of the corresponding (−)-isomers were completely inactive[7]. Furthermore, the inactive (−)-isomers antagonized the synergistic action of their enantiomorphs[7]. WAIN[7] considers that the results of antagonism studies lend support to the 'three-point contact' theory. Thus, molecules of the inactive enantiomorph possess groupings capable of engaging two of the three receptor centres, and if large numbers of such molecules are present would be expected, by a blocking mechanism, to prevent the active isomer from inducing a response.

[1]) M. MATELL, Stereochemical Studies on Plant Growth Substances (Almquist and Wiksells, Boktrycheri, Uppsala 1953).
[2]) M. MATELL, Ark. Kemi 7, 437 (1954).
[3]) M. S. SMITH, R. L. WAIN and F. WIGHTMAN, Nature, Lond. 169, 883 (1952); Ann. appl. Biol. 39, 295 (1952).
[4]) B. ÅBERG, quoted by M. MATELL, Stereochemical Studies on Plant Growth Substances (Almquist and Wiksells, Boktrycheri, Uppsala 1953).
[5]) H. VELDSTRA, Annual Rev. Plant Physiol, 4, 151 (1953).
[6]) F. C. STEWARD and S. M. CAPLIN, Science 113, 518 (1951).
[7]) R. L. WAIN, Royal Inst. Chem. Monogr. 1953, Nr. 2.

## 5.7 *Antibacterials*

The antibiotic chloramphenicol and related compounds provide good examples of the importance of configuration in biological action. The four optical isomers of 1-*p*-nitrophenyl-2-dichloroacetamido-1:3 propanediol have been obtained and their configurations related to norephedrine and $\psi$-norephedrine[1, 2]; chloramphenicol (D-*threo*) has the same configuration as (−)-nor-

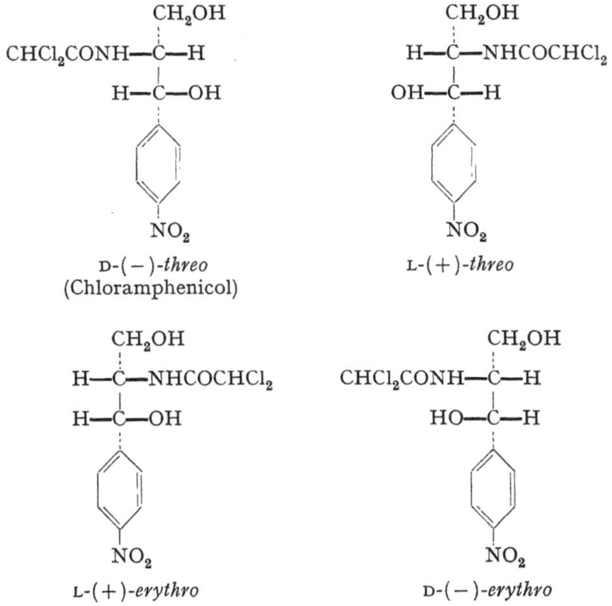

Figure 15

*Chloramphenicol and Its Stereoisomers*

$\psi$-ephedrine and the configuration of the carbon atom on which the dichloroacetamido group is attached has been shown to be the same as that of the natural amino acids[3]. The configurations of the four isomers are presented in Figure 15.

The D-(−)-*threo*-isomer (chloramphenicol) is a potent antibacterial agent whereas the L-(+)-*erythro*-isomer is slightly bacteriostatic for a number of organisms[4, 5]; these two isomers have identical configurations about $C_1$, the aryl and secondary alcohol bearing atom. In contrast, the L-(+)-*threo*- and the D-(−)-*erythro*-isomers, which are largely devoid of biological activity, have the opposite configuration about $C_1$.

[1]) M. C. Rebstock, H. M. Crooks, J. Controulis and Q. R. Bartz, J. Amer. chem. Soc. *71*, 2458 (1949).
[2]) G. Fodor, J. Kiss and J. Sallay, J. chem. Soc. *1951*, 1858.
[3]) D. Fleš and B. Balenović, J. chem. Soc. *78*, 3072 (1956).
[4]) R. E. Maxwell and V. S. Nickel, Antibiotics and Chemotherapy *4*, 289 (1954).
[5]) F. E. Hahn, C. L. Wisseman, Jr., and H. E. Hopps, J. Bact. *67*, 674 (1954).

The D-(−)-*threo*-compound has about 50 to 100 times the activity of the L-(+)-*erythro*-compound[1]; this indicates that the configuration about the second asymmetric centre plays an important part in the biological effect. The D-(−)-*threo*-isomer inhibits the formation of bacterial protein composed of amino acids of the L-configuration, but does not inhibit the formation of bacterial polypeptides consisting of D-glutamic acid[2]). Formation of D-(−)-glutamyl polypeptides by *Bacillus subtilis* was inhibited specifically by the L-(+)-*erythro*-isomer. The L-protein or D-polypeptide formation is inhibited by the particular stereoisomer to which is assigned a spatial configuration antipodal to that of the constituent amino acids of the substance whose formation is inhibited[3]). Little effect on polypeptide formation was shown by D-(−)-*erythro* and L-(+)-*threo*-isomers. The toxicity of the compounds is also dependent upon configuration; the D-(−)-*threo*-isomer was found to be 2 to 3 times more toxic for mice than the L-(+)-*threo*-isomer[4]).

Analogues of chloramphenical also exhibit stereoselectivity, e.g. only one of the diastereoisomeric pairs of the *p*-phenoxyphenyl analogue shows bacteriostatic activity against *Shigella sonnei*[5]).

The antibiotic activity of synthetic penicillin derived from D-penicillamine is lost if the corresponding L-isomer is used[6]).

Not all strains of an organism exhibit similar specificities towards isomers. Some strains of *Bacillus rotans* grow in colonies showing a sinistral rotation while others adopt a dextral form[7]). An enzyme preparation from the dextral strain hydrolyses D-leucylglycine whereas antolysates from sinistral strains do not[8]). Many organisms, including the sinistral form of *B. rotans* are less sensitive to (+)-mepacrine than to (−)-mepacrine; with dextral *B. rotans*, the sensitivity was reversed[9]).

### 5.8 *Miscellaneous*

*Histamine-Type Compounds and Antagonists.* The importance of configuration in the activity of this class of compounds has been demonstrated. Compound (CXII) has many histamine-like properties[10]); the (+)-isomer is about 3 times as active as the (−)-isomer.

The antihistamine (CXIII) can exist in two geometrical isomeric forms. Due to steric hindrance, only one of the aromatic rings can be coplanar with

[1]) R. E. MAXWELL and V. S. NICKEL, Antibiotics and Chemotherapy *4*, 289 (1954).

[2]) F. E. HAHN, C. L. WISSEMAN, Jr., and H. E. HOPPS, J. Bact. *67*, 674 (1954).

[3]) F. E. HAHN, J. E. HAYES, C. L. WISSEMAN, Jr., H. E. HOPPS and J. E. SMADEL, Antibiotics and Chemotherapy *6*, 531 (1956).

[4]) S. CHECCHI, Arch. ital. Sci. farmacol. *3*, 3 (1950).

[5]) M. C. REBSTOCK and E. L. PFEIFFER, J. Amer. chem. Soc. *74*, 3207 (1952).

[6]) V. DU VIGNEAUD, F. H. CARPENTER, R. W. HOLLEY, A. H. LIVERMORE and J. R. RACHELE, Science *104*, 431 (1946).

[7]) J. L. ROBERTS, J. Bact. *29*, 229 (1935).

[8]) G. F. GAUZE, Biokhimiya *7*, 25 (1942).

[9]) V. V. ALPATOV, Nature, Lond. *158*, 838 (1946).

[10]) J. D. P. GRAHAM and R. S. TONKS, Arch. Int. Pharmacodyn. *106*, 457 (1956).

the double bond of the side chain. The antihistaminic activity of the isomer in which coplanarity exists between the pyridine ring and the double bond is greater than that of the stereoisomer[1]. The (+)-isomer of $\beta$-dimethylamino-ethyl-4-methyl benzhydryl ether is reported to be 3 to 4 times more active as an antihistaminic than the (−)-isomer[2].

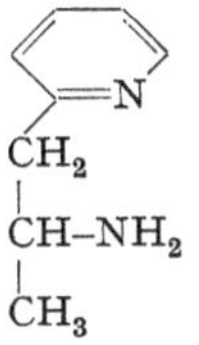

(CXII)

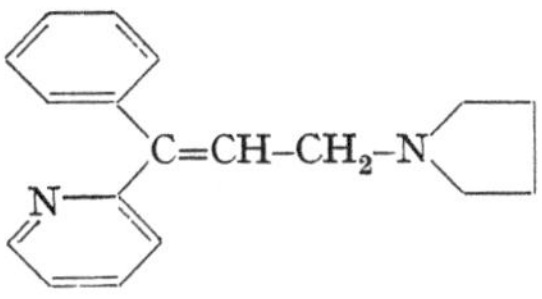

(CXIII)

*Antitumour Compounds.* The amino-acid derivatives O-diazoacetylserine (CXIV) (L-isomer is azaserine, isolated from a *streptomycete*) and p-di-(2-chloro-ethyl) aminophenylalanine (CXV) possesses antitumour activity; maximum activity has been shown in both cases to reside in the L-isomer[3, 4]. The

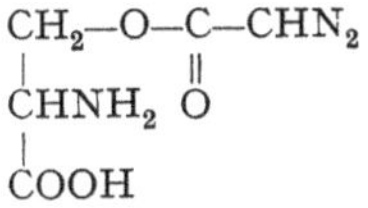

(CXIV)

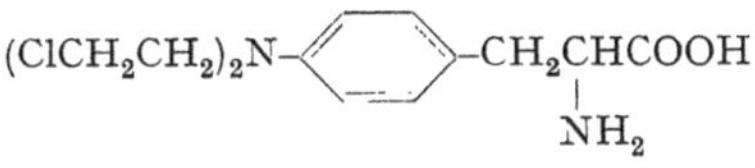

(CXV)

tumour damaging potency of podophyllotoxin and related compounds is closely associated with their stereochemistry[5]. (D-Cysteine is not so effective as L-cysteine in preventing the leucopenia and neutropenia induced by nitrogen mustard[6]).

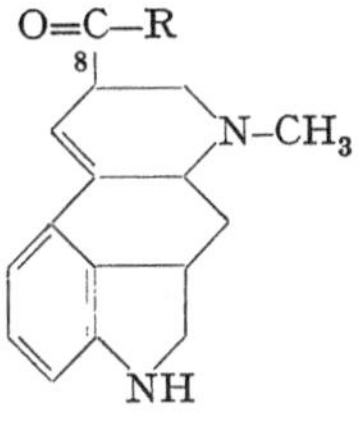

(CXVI)

Physiologically active ergot alkaloids are all derivatives of lysergic acid (CXVI, R = OH); they occur in association with inactive stereoisomers derived

[1] D. W. ADAMSON, P. A. BARRETT, J. W. BILLINGHURST and A. F. GREEN, Nature, Lond. *168*, 204 (1951).

[2] M. J. JARROUSSE and M. T. REGNIER, Ann. Pharm. franç. *9*, 321 (1951).

[3] C. C. STOCK, D. A. CLARKE, H. C. REILLY, C. P. RHOADS and S. M. BUCKLEY, Nature, Lond. *173*, 71 (1954).

[4] F. BERGEL and J. A. STOCK, J. chem. Soc. *1954*, 2409.

[5] J. L. HARTWELL, A. W. SCHRECKER and J. LEITER, Proc. Amer. Ass. Cancer Res. *1*, 19 (1954).

[6] A. S. WEISBERGER and J. P. STORAASLI, J. Lab. clin. Med. *43*, 246 (1954).

from *iso*lysergic acid. The parent acids are epimeric and differ only in the $C_{(8)}$-configuration. The configuration of the non-lysergic acid portion (CXVI; R) does not appear to play an important role in the determination of activity, e.g. STOLL[1] found ergometrine (CXVI, R = NH·CH(CH$_3$)·CH$_2$OH) derived from L-alaninol and the substance obtained using D-alaninol to possess equal activities.

It is the (+)-isomer of lysergic acid diethylamide [(CXVI), R = −N(C$_2$H$_5$)$_2$] which possesses psychogenic action; this is the only enantiomorph of lysergic and *iso*lysergic acids enantiomorphs behaving as a strong 5-hydroxytryptamine antagonist – the other three stereoisomers are more than 100 times weaker[2]).

N-isobutyldeca-*trans*-2-*trans*-4-dienamide is insecticidally active but the other three stereoisomers are less than $1/10$ as active[3]).

Reports on the relative physiological activities of (−)- and (+)-thyroxine, although somewhat conflicting, establish the (−)-isomer to be the more active in a wide variety of tests, e.g. oxygen consumption and weight curves of rats[4]). metamorphosis of tadpoles[4, 5]), reduction of hyperplastic thyroids[5]); prevention of pituitary basophil changes[6]).

It has been reported[7]) that differences occur in the sedative action of the geometrical isomers (CXVII) and (CXVIII).

|  |  |
|---|---|
| C$_2$H$_5$–C–CONHCONH$_2$ <br> ‖ <br> H–C–CH$_3$ | C$_2$H$_5$–C–CONHCONH$_2$ <br> ‖ <br> CH$_3$–C–H |
| (CXVII) | (CXVIII) |
| 2-ethyl-*cis*-crotonylurea | 2-ethyl-*trans*-crotonylurea |

The *cis*-compound is a relatively non-toxic sedative in rodents, dog and man; the *trans*-isomer is more than twice as toxic in rats and dogs, and although a sedative in animals in low doses, exhibits different properties in higher doses.

A series of nortropane substituted phenothiazines have been evaluated for central nervous system and peripheral adrenolytic activity. The isomers (CXIX) of the tropine series (N and OH, *trans*) were more active than those of the $\psi$-tropine (N and OH, *cis*) or the desoxy series[8]); the hydroxyl group may play some part in the binding of the drug to the receptor.

Biotin (CXX) is a growth factor for certain microorganisms. In the natural compound, the cyclic urea portion is *cis*-fused to the tetrahydrothiophan ring; the (+)-isomer is active whereas the (−)-isomer is virtually inactive[9, 10]). The *trans*-isomers are inactive[11]).

[1]) A. STOLL, Experientia *1*, 250 (1945).

[2]) E. ROTHLIN, J. Pharm. Pharmacol. *9*, 569 (1957).

[3]) L. CROMBIE and J. D. SHAH, J. chem. Soc. *1955*, 4244; L. CROMBIE, J. chem. Soc. *1955*, 1007.

[4]) J. H. GADDUM, J. Physiol. *68*, 383 (1930).

[5]) E. P. REINEKE and C. W. TURNER, Endocrinol *36*, 200 (1945).

[6]) W. E. GRIESBACH, T. H. KENNEDY and H. D. PURVES, Nature, Lond. *160*, 192 (1947).

[7]) O. E. FANCHER and K. K. S. LIM, Arch. int. Pharmacodyn. *114*, 418 (1958).

[8]) J. P. LONG, A. M. LANDS and B. L. ZENITZ, J. Pharmacol. *119*, 479 (1957).

[9]) J. L. STOKES and M. GUNNESS, J. biol. Chem. *157*, 651 (1945).

[10]) S. H. RUBIN, L. DREKTER and E. H. MOYER, Proc. Soc. exp. Biol. Med. *58*, 352 (1945).

[11]) S. A. HARRIS, R. MOZINGO, D. E. WOLF, A. N. WILSON and K. FOLKERS, J. Amer. chem. Soc. *67*, 2102 (1945).

It has been established that the sweeter form of reducing sugars has *cis*-hydroxyl groups on carbon atoms 1 and 2; *trans*-hydroxyl groups are present in the less sweet isomers[1].

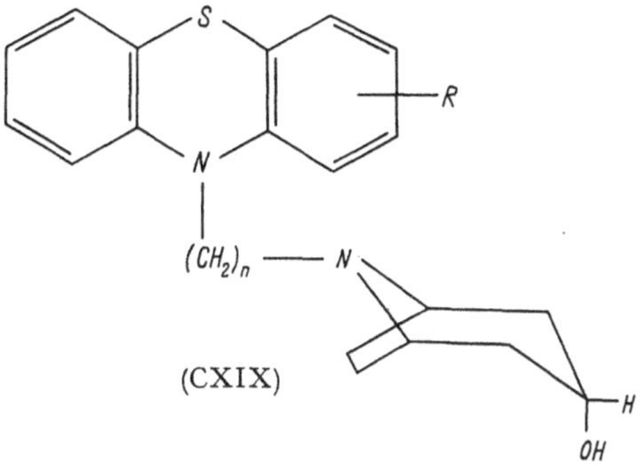

(CXIX)

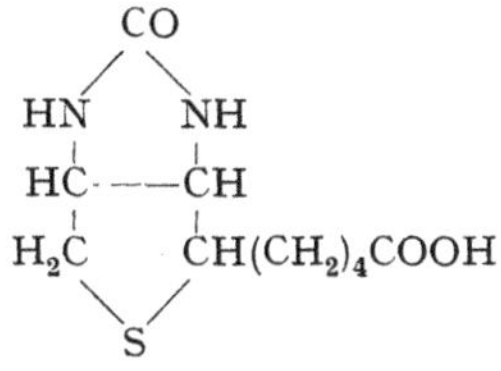

(CXX)

The (−)-isomer of acetyl-β-methylcholine exhibits much less muscarinic activity than does the (+)-isomer[2].

## 6. Analgesics

In this section, not only will examples of observed differences between isomers in a number of classes of compounds be described, but the use of stereochemical studies to help to elucidate the mechanism of drug action and assist in a rational approach to drug design will be presented.

### 6.1 Morphine and Related Compounds

The structure of morphine (CXXI) proposed by GULLAND and ROBINSON[3] has been proved by synthesis[4]. The naturally occurring potent analgesic is the (−)-enantiomorph; the (+)-form recently synthesized and tested by GOTO and YAMAMOTO[5] has not similar analgesic properties. The (+)-isomers (mirror image forms of active analgesics) of dihydrothebainone, dihydro-codeinone, tetrahydrodesoxycodeine and dihydrothebainol are convulsants not analgesics[6].

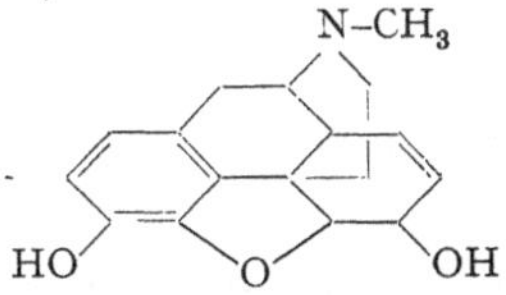

(CXXI)

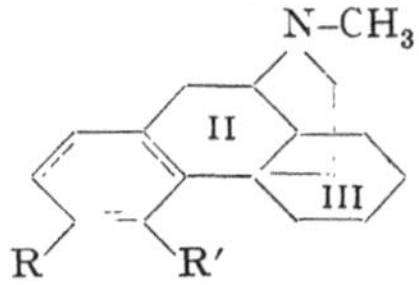

(CXXII)

[1] Y. TSUZUKI and N. MORI, Nature, Lond. *174*, 458 (1954).
[2] A. SIMONART, Arch. int. Pharmacodyn. *60*, 209 (1938).
[3] J. M. GULLAND and R. ROBINSON, Mem. Proc. Manchester Lit. Phil. Soc. *69*, 79 (1924/25).
[4] M. GATES and G. TSCHUDI, J. Amer. chem. Soc. *74*, 1109 (1952); *78*, 1380 (1956).
[5] K. GOTO and I. YAMAMOTO, Proc. Japan. Acad. *33*, 477 (1957).
[6] T. TAKEBE, Kitasato Arch. exp. Med. *11*, 48 (1934).

## 6.2 Morphinan and Related Compounds

The morphinans have the same steric arrangement as morphine (rings II/III *cis*)[1]. The (−)-isomer of (CXXII) (R = OH, R′ = H), called levorphan, has approximately the same toxicity but a higher analgesic action than the racemic compound, while the (+)-isomer (dextrorphan) is less toxic and analgesically inactive[2]. (The replacement of the N–CH$_3$ group by N-allyl in the (−)-isomer produces an analgesic antagonist whereas a similar replacement in the inactive isomer does not yield an antagonist[3].) Levorphan is also a greater respiratory depressant than dextrorphan. The (−)-methyl ether of [(CXXII) R = OH, R′ = H] is more active than the (+)-isomer, although both are less potent than the parent compounds[4]. The synthesis of 3-hydroxy-N-methyl*iso*morphinan [(CXXII), R = OH, R′ = H] (rings II/III, *trans*) and the corresponding △$^6$-dehydro-derivative have recently been reported. The (−)-isomers of both compounds have 8 to 10 times the activity of morphine while the (+)-isomers were much less active than morphine[5].

## 6.3 Methadone and Related Compounds

The resolution of methadone [(CXXIII), R′, R″ = CH$_3$, R = COC$_2$H$_5$] was first accomplished by THORP et al.[6]); they found the (−)-isomer to be more active than the (+)-form. Other workers[7,8] found that the (−)-isomer had approximately 20 times the analgesic activity of the (+)-form. Replacement of the –COC$_2$H$_5$ group of methadone by –SO$_2$C$_2$H$_5$ gave a compound with

$$R' \diagdown$$
$$\qquad N-CH-CH_2-\underset{\underset{C_6H_5}{|}}{\overset{\overset{C_6H_5}{|}}{C}}-R$$
$$R'' \diagup \underset{CH_3}{|}$$

(CXXIII)

comparable activity. This sulphone [(CXXIII) R′, R″ = CH$_3$, R = –SO$_2$C$_2$H$_5$] was resolved[9]) and the (−)-isomer found to be 20 times as active as the (+)-isomer[10]. The (+)-isomer of (CXXIII) (R′, R″ = CH$_3$, R = COOC$_2$H$_5$) is reported to be 7 times as active as the (−)-form[11]. Nearly all the activity of phenodoxone [(CXXIII), NR′R″ = –N⟨⟩O, R = COC$_2$H$_5$], the morpholino analogue of methadone, resides in the (−)-isomer[12].

[1]) R. GREWE, A. MONDON and E. VOLTE, Liebigs Ann. 564, 161 (1949).
[2]) K. FROMHERZ, Arch. int. Pharmacodyn. 85, 378 (1951).
[3]) K. FROMHERZ and B. PELLMONT, Experientia 8, 394 (1952).
[4]) W. M. BENSON, P. L. STEFKO and L. O. RANDALL, J. Pharmacol. 109, 189 (1953).
[5]) M. GATES and W. V. WEBB, J. Amer. chem. Soc. 80, 1186 (1958).
[6]) R. H. THORP, E. WALTON and P. OFNER, Nature, Lond. 160, 605 (1947).
[7]) M. BOCKMÜHL and G. EHRHART, Liebigs Ann. 561, 52 (1948).
[8]) A. POHLAND, F. J. MARSHALL and T. P. CARMEY, J. Amer. chem. Soc. 71, 460 (1949).
[9]) M. M. KLENK, C. M. SUTER and S. ARCHER, J. Amer. chem. Soc. 70, 3846 (1948).
[10]) B. F. TULLAR, W. WETTERAU and S. ARCHER, J. Amer. chem. Soc. 70, 3959 (1948).
[11]) K. K. CHEN, Ann. N. Y. Acad. Sci. 51, 83 (1948).
[12]) A. H. BECKETT and A. F. CASY, J. chem. Soc. 1957, 3076.

Reduction of the ketonic group of methadone to a secondary alcohol introduces a second asymmetric centre; the two diastereoisomeric forms were called α- and β-methadol [(CXXIV), R = H]. It was found[1]) that α-(−)- and

$$(CH_3)_2N-CH-CH_2-\underset{\underset{C_6H_5}{|}}{\overset{\overset{C_6H_5}{|}}{C}}-CH(OR)\cdot C_2H_5$$
$$\underset{CH_3}{|}$$

(CXXIV)

β-(−)-methadols were 7 to 8 times as active as their respective enantiomorphs. The corresponding O-acetyl derivatives were more active than their parent compounds; α-(+)- and β-(−)-acetylmethadol are respectively 6 and 10 times more active than their enantiomorphs[1]). Of the four enantiomorphic pairs, therefore, three are derived from the analgesically active (−)-methadone.

The (−)-isomer of *iso*methadone (CXXV) is much more active than the (+)-form[2]). Reduction of isomethadone give diastereoisomeric *iso*methadols;

$$(CH_3)_2N-CH_2-CH-\underset{\underset{C_6H_5}{|}}{\overset{\overset{C_6H_5}{|}}{C}}-COC_2H_5$$
$$\underset{H_3C\quad C_6H_5}{|\quad|}$$

(CXXV)

$$O\langle\quad\rangle N-CH_2-CH-\underset{\underset{C_6H_5}{|}}{\overset{\overset{C_6H_5}{|}}{C}}-CON\langle\quad|$$
$$\underset{H_3C\quad C_6H_5}{|\quad|}$$

(CXXVI)

the enantiomorphic forms of these alcohols and their acetyl derivatives exhibit significant differences in analgesic potency[3]). More recently, the analgesic activity of (CXXVI) has been shown to reside in the (+)-isomer[4, 5]). This isomer was also more active in lowering the blood pressure, inhibiting respiration and causing mydriasis. However, the (−)-isomer is about as toxic as the (+)-isomer[5]).

### 6.4 Dithienylbutenylamines

Some of these compounds, comparable in analgesic activity with methadone, also provide examples of enantiomorphic pairs which differ in analgesic potency. The (+)-isomers of the dimethylamino [(CXXVII) R′, R″ = CH₃],

$$\underset{R''}{\overset{R'}{>}}N-CH-CH=C\left(-\langle\quad\rangle\right)_2$$
$$\underset{CH_3}{|}\qquad S$$

(CXXVII)

diethylamino [(CXXVII) R′, R″ = C₂H₅] and pyrrolidino [(CXXVII) NR′R″ = −N⟨ ⟩] compounds are more active than their corresponding (−)-isomers[6, 7]).

1) N. B. Eddy, E. L. May and E. Mosettig, J. org. Chem. 17, 321 (1952).
2) A. A. Larsen, B. F. Tullar, B. Elpen and J. S. Buck, J. Amer. chem. Soc. 70, 4194 (1948).
3) N. B. May and E. L. Eddy, J. org. Chem. 17, 1210 (1952).
4) P. A. J. Janssen and A. H. Jageneau, J. Pharm. Pharmacol. 9, 381 (1957).
5) D. K. de Jongh and E. G. van Proosdij-Hartzema, J. Pharm. Pharmacol. 9, 730 (1957).
6) A. H. Beckett, A. F. Casy, J. Pharm. Pharmacol. 6, 986 (1954).
7) A. F. Green, Brit. J. Pharmacol. 8, 2 (1953).

### 6.5 *Aralkylamines*

A systematic investigation of aralkylamines by FELLOWS and ULLYOT[1]) resulted in several examples of asymmetric compounds in which the various forms showed differences in analgesic activity. (±)-Amphetamine [(CXXVIII) R = H] was found to possess weak analgesic properties while the (−)-isomer was inactive. The (±)- and (+)-forms of (CXXVIII) (R = OH) had definite analgesic properties while the (−)-isomer had only slight activity. It was

$R$-⟨ ⟩-$CH_2CH(NH_2)CH_3$

(CXXVIII)

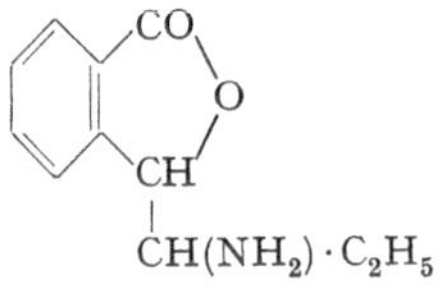

$CH(NH_2) \cdot C_2H_5$

(CXXIX)

shown[2]) that L-amino-1-phthalidyl-propane (CXXIX) possessed analgesic activity; the compound was separated into two racemic mixtures, one of which was found to be more active than the other.

### 6.6 *Pethidine and Related Compounds*

Pethidine itself is a symmetrical molecule, but a number of related a sym metric molecules have been prepared and differences in activity between stereoisomers reported. The 'reversed ester' of pethidine [(CXXX) R, R' = $CH_3$] has been separated into diastereoisomeric forms designated α and β. The

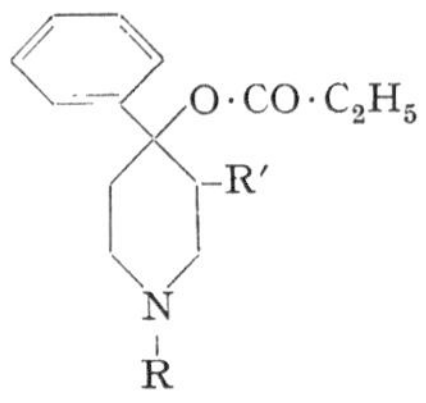

$O \cdot CO \cdot C_2H_5$

−R′

N

R

(CXXX)

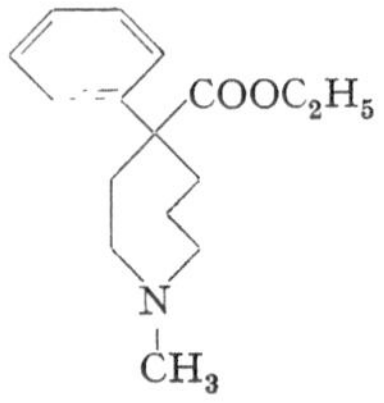

$COOC_2H_5$

N

$CH_3$

(CXXXI)

β-form (betaprodine) is 5 to 6 times more potent an analgesic in rats than the α-form (alphaprodine); the former was resolved and the (−)-isomer found to be more than twice as active as its antimer[3]). The α-form was originally provisionally assigned the *cis*-$C_6H_5$/$CH_3$-configuration[4]) (see also ZIERING[5])).

[1]) E. G. FELLOWS and G. E. ULLYOT, in: *Medicinal Chemistry*, ed. by SUTER, vol. I (1951), p. 390.
[2]) G. E. ULLYOT, H. W. TAYLOR and N. DAWSON, J. Amer. chem. Soc. *70*, 542 (1948).
[3]) L. O. RANDALL and G. LEHMANN, J. Pharmacol. *93*, 314 (1948).
[4]) A. ZIERING and J. LEE, J. org. Chem. *12*, 911 (1947).
[5]) A. ZIERING, A. MOTCHANE and J. LEE, J. org. Chem. *22*, 1521 (1957).

Table 13

*Analgesic Activities of Some Reversed Esters of Pethidine Isomers*

| 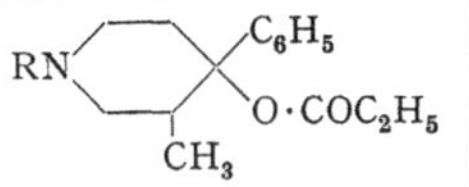 RN — ring with $C_6H_5$, $O \cdot COC_2H_5$, $CH_3$ | Form | $C_6H_5/CH_3$ | Analgesic activity (morphine $=100$) | Reference |
|---|---|---|---|---|
| R = CH₃ | α | (±)-*trans* | 95 | [1] |
| | β | (±)-*cis* | 550 | [1] |
| | β | (+)-*cis* | 350 | [1] |
| | β | (−)-*cis* | 790 | [1] |
| R = –CH₂CH₂C₆H₅ | α | (±)-*trans* | 430 | [2] |
| | β | (±)-*cis* | 2200 | [2] |

[1] L. O. RANDALL and G. LEHMANN, J. Pharmacol. *93*, 314 (1948).
[2] A. H. BECKETT, A. F. CASY and G. KIRK, J. Med. Pharm. Chem. *1*, 37 (1959).

Detailed examination of the stereochemistry of addition to ketones[1-3], of elimination of esters[2] of rates of hydrolysis[3,4] and of infra-red spectra[3] have led to the reversal of this assignment, i.e. the isomer formed in major amount (α-isomer) in this type of compound has the *trans*-Ar/CH₃ configuration. The compound with the *cis*-$C_6H_5$/CH₃-configuration is also much more active than the *trans* in the compound (CXXX) (R = –CH₂CH₂C₆H₅, R′ = CH₃) (see Table 13).

When group R′ is changed to ethyl in (CXXX) (R = CH₃) the α- and β-forms have approximately the same activity. When R′ = allyl, the α-form is between 3 and 4 times as active as the β-form[5,6]; the apparent reversal of isomeric activities upon increasing size of group R′ makes a knowledge of their configuration important in a consideration of the analgesic receptor.

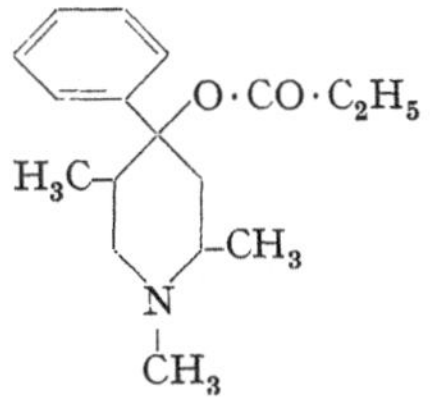

(CXXXII) 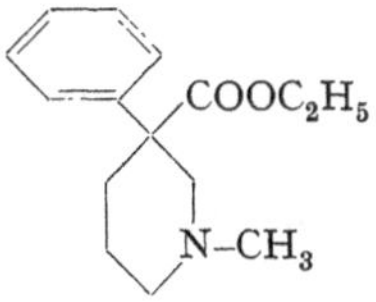                                   (CXXXIII)

The seven membered ring analogue of pethidine (CXXXI) has been resolved and preliminary reports indicate that most of the analgesic activity

[1] A. H. BECKETT, A. F. CASY, G. KIRK and J. WALKER, J. Pharm. Pharmacol. *9*, 939 (1957).
[2] A. H. BECKETT, A. F. CASY and N. J. HARPER, Chem. and Ind. *19* (1959).
[3] A. H. BECKETT, A. F. CASY and G. KIRK, J. Med. Pharm. Chem. *1*, 37 (1959).
[4] A. H. BECKETT and J. WALKER, J. Pharm. Pharmacol. *7*, 1039 (1955).
[5] A. ZIERING, A. MOTCHANE and J. LEE, J. org. Chem. *22*, 1521 (1957).
[6] W. M. BENSEN, D. T. CUNNINGHAM, D. L. HANE and S. VON WINKLE, Arch. int. Pharmacodyn. *109*, 171 (1954).

resides in one of the isomers[1, 2]). The two isomers yield different proportions of products upon metabolism[3]).

One of the isomers (isopromedol) of (CXXXII) is reported to be 2 to 3 times more active than another diastereoisomer (promedol)[4, 5].

The racemic nor-*iso*pethidine (CXXXIII) is one quarter, and the (−)-isomer one half as active as pethidine, while the (+)-isomer is inactive[6]).

### 6.7 *The Use of Stereochemical Studies in a Consideration of the 'Analgesic Receptor' and the Design of Analgesics*

The importance of configuration in the activity of analgesics is indicated by the above survey. In compounds possessing only one asymmetric centre, BECKETT and coworkers[7–11]) established that the more active analgesic of each enantiomorphic pair possessed the same configuration (Table 14) related to D-(−)-alanine (CXXXIV) as shown in (CXXXV).

$$
\begin{array}{cc}
\text{COOH} & \text{R}' \\
| & | \\
\text{H—C—NH}_2 & \text{H—C—N} \diagup \\
| & | \\
\text{CH}_3 & \text{CH}_3 \\
\text{(CXXXIV)} & \text{(CXXXV)}
\end{array}
$$

It therefore seemed probably that 'fit' at a receptor surface was involved in analgesic action.

It was important to establish the configurational relationship of (−)-morphine (CXXI) and (−)-3-hydroxy-N-methylmorphinan [(CXXII) R = CH$_3$, R' = H], the analgesically active enantiomorphs. The method using 'configurational footprints' was applied[12]); it involves the preparation of an adsorbent in the presence of a reference configuration molecule which is then removed from the surface of the adsorbent. Figure 16 shows the adsorption isotherms of quinine, quinidine, cinchonine and cinchonidine on a quinine imprinted adsorbent; those molecules with the same configuration as the reference were adsorbed more strongly than the dissimilar configurations. Similarly a quinidine selective adsorbent adsorbs cinchonine more strongly than

[1]) J. B. DIAMOND, Ph. D. Thesis (Temple University, USA, 1955).

[2]) J. B. DIAMOND, W. F. BRUCE and F. T. TYSON, J. org. Chem. 22, 399 (1957).

[3]) S. S. WALKENSTEIN, J. A. MacMULLEN, C. KNEBEL and J. SEIFTER, J. Amer. pharm. Ass. [B] 47, 20 (1958).

[4]) I. N. NAZAROV, N. S. PROSTAKOV and N. I. SHVETSOV, Zhur. obschei Khim 26, 2798 (1956).

[5]) M. D. MASHKOSKII and P. N. ABRAMOVA, Farmakol i Toksikol. 19, 26 (1956).

[6]) A. D. MacDONALD, G. WOOLFE, F. BERGEL, A. L. MORRISON and H. RINDERKNECHT, Brit. J. Pharmacol. 1, 4 (1946).

[7]) A. H. BECKETT and A. F. CASY, J. Pharm. Pharmacol. 6, 986 (1954), and references there cited.

[8]) A. H. BECKETT and A. F. CASY, J. chem. Soc. 1957, 3076.

[9]) A. H. BECKETT and A. F. CASY, Nature, Lond. 173, 1231 (1954).

[10]) A. H. BECKETT and A. F. CASY, J. chem. Soc. 1955, 900.

[11]) A. H. BECKETT and N. J. HARPER, J. chem. Soc. 1957, 858.

[12]) A. H. BECKETT and P. ANDERSON, Nature, London, 179, 1074 (1957).

Table 14

*Activities and Configurations of Certain Analgesic Enantiomorphs*

| Analgesic | Rotation | Configuration[1] | Analgesic activity ($\pm$ methadone $= 100$) |
|---|---|---|---|
| $(CH_3)_2N-CH-CH_2-\underset{\underset{C_6H_5}{\mid}}{\overset{\overset{C_6H_5}{\mid}}{C}}-COC_2H_5$, with $CH_3$ | $-$ | D | 180 |
| | $+$ | L | 10 |
| $(CH_3)_2N-CH-CH_2-\underset{\underset{C_6H_5}{\mid}}{\overset{\overset{C_6H_5}{\mid}}{C}}-SO_2C_2H_5$, with $CH_3$ | $-$ | D | 180 |
| | $+$ | L | 10 |
| $O\langle\rangle N-CH-CH_2-\underset{\underset{C_6H_5}{\mid}}{\overset{\overset{C_6H_5}{\mid}}{C}}-COC_2H_5$, with $CH_3$ | $-$ | D | 195 |
| | $+$ | L | 5 |
| $(CH_3)_2N-CH-CH = C\left(-\langle\rangle_S\right)_2$, with $CH_3$ | $-$ | L | 30 |
| | $+$ | D | 170 |
| $(C_2H_5)_2N-CH-CH = C\left(-\langle\rangle_S\right)_2$, with $CH_3$ | $-$ | L | 50 |
| | $+$ | D | 120 |

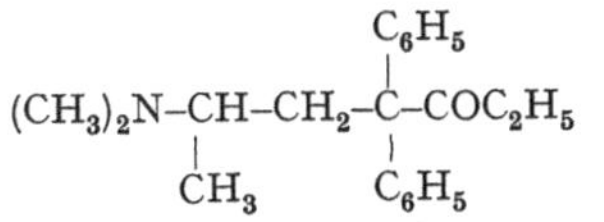

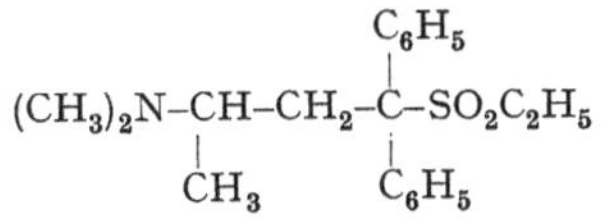

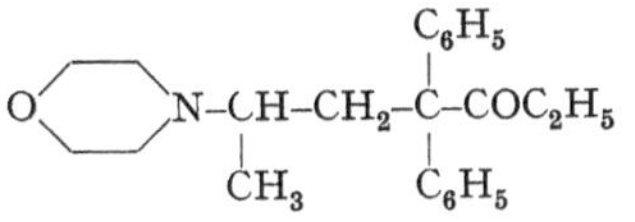

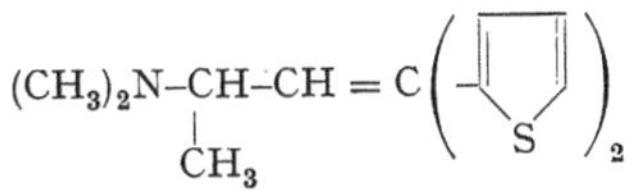

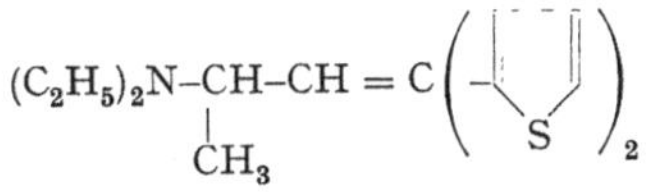

[1] Configurationally related to D-alanine as in (CXXXIV) and (CXXXV).

cinchonidine. Suitable adsorbents may therefore be used to assign configurations and may also be regarded as model templates. Results using analgesics indicated that (−)-morphine (CXXI) and levorphan [(CXXII) R = OH, R′ = H] had the same configuration although the stereoselectivity was of a low order.

A consideration[1]) of metabolic studies of analgesic isomers and the activities of antagonists, indicated that difference in fit of the enantiomorphs at a receptor surface rather than differences in distribution or metabolism explained the biological discrimination of enantiomorphs.

The semi-rigidity of morphine (CXXXVI)[2]) and levorphan (CXXXVII) allowed a consideration of (CXXXVIII) as the most probably 'analgesic receptor surface' (the dimensions of the anionic site will be discussed later).

The association of drug cation and anionic site are considered to be reinforced by van de Waals' force binding of flat aromatic ring and flat portion

---

[1] A. H. BECKETT and A. F. CASY, J. Pharm. Pharmacol. *6*, 986 (1954), and references there cited.

[2] It is probable (K. W. BENTLEY and H. M. E. CARDWELL, J. chem. Soc. *1955*, 3252) that morphine has the opposite configuration to the one depicted. The arguments are unaffected but the receptor surface will be the mirror image of the one shown.

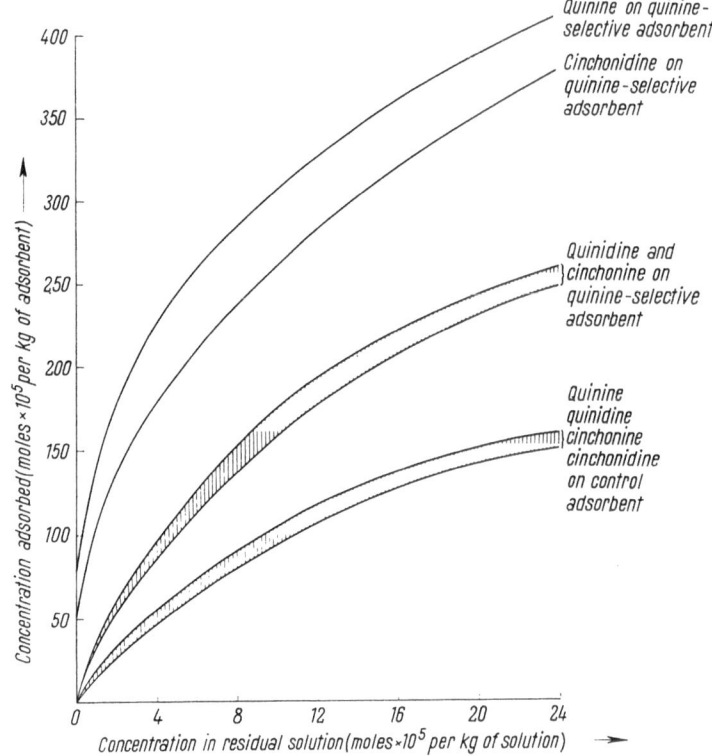

Figure 16

Adsorption of various stereoisomers on quinine-selective adsorbents and control adsorbents
(mean results for numerous batches).

of the receptor. The cavity will accommodate a hydrocarbon moeity in the correct configuration to assist binding, but the antimers of the active drugs will
not have their hydrocarbon moeity correctly oriented.

By the use of physico-organic measurements[1, 2]), it was shown that the
less rigid analgesics, e.g. (CXXXIX) and (CXL) adopted conformations which
would allow ready association with the depicted receptor; one isomer would
'fit' better than its enantiomorph. The analgesically active $cis$-$C_6H_5$/$CH_3$ isomers of the reversed esters of pethidine would be expected to adopt a conformation (CXLI) more suitable for binding with the receptor than the less
active [$trans$-$C_6H_5$/$CH_3$-isomers (CXLII)[3]).

The bulk of the cationic portion of analgesics was shown to be important;
decreasing activities resulted upon increasing the width of basic group in

[1]) A. H. Beckett, J. Pharm. Pharmacol. 8, 848 (1956).
[2]) A. H. Beckett, A. F. Casy, N. J. Harper and P. M. Phillips, J. Pharm. Pharmacol. 8,
860 (1956).
[3]) A. H. Beckett and A. F. Casy, Bull. Narcotics 9, 37 (1957).

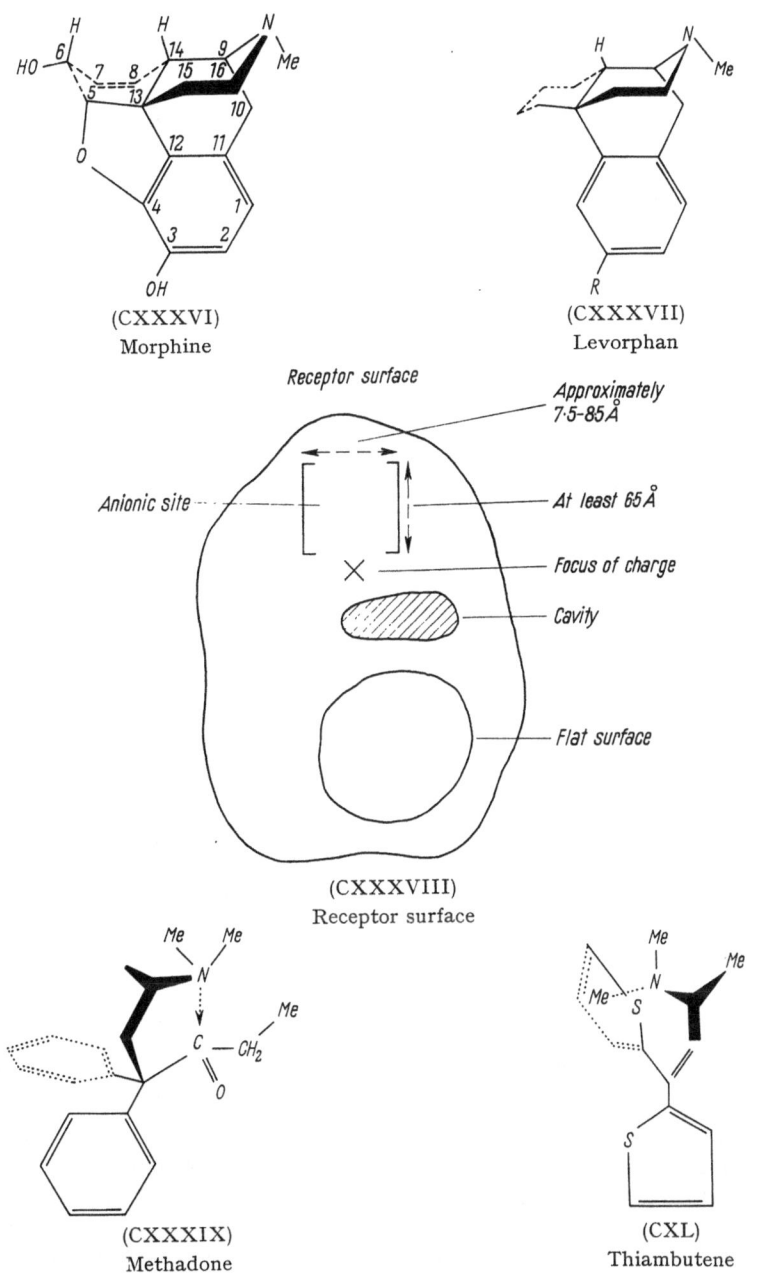

(CXXXVI)
Morphine

(CXXXVII)
Levorphan

(CXXXVIII)
Receptor surface

(CXXXIX)
Methadone

(CXL)
Thiambutene

Figure 17
*Diagrammatic Representation of the Three-Dimensional Arrangement of Analgesics and the*
*'Analgesic Receptor Surface'*
The diagrams represent the lower surface of the drug and the upper surface of the receptor,
i. e, complementary surfaces. In front of, behind, and in the plane of the paper are represented
by ——, ·········· , and —— respectively.

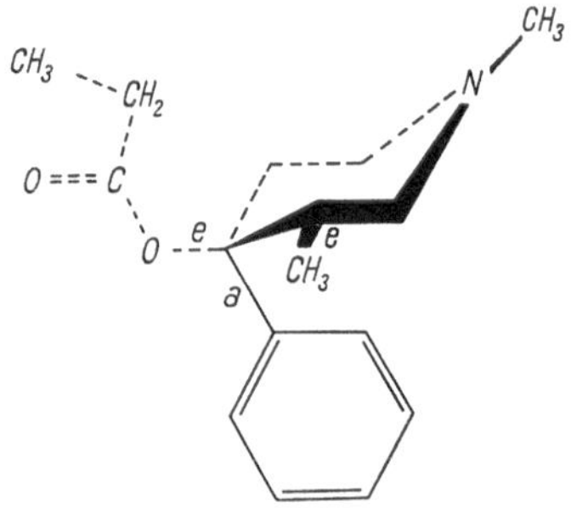

(CXLI) Betaprodine 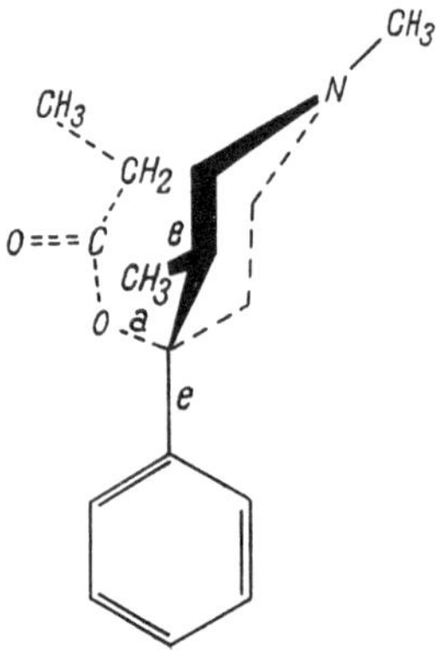                      (CXLII) Alphaprodine

methadone (CXXXIX) and thiambutene-type compounds (CXL)[1] (see Figure 18). Extending the length, e.g. N-phenylethyl or cinnamyl for N-methyl in (CXLIII) or (CXLIV) along the axis increased activity but branching of such chains in the vicinity of the nitrogen destroyed activity[2, 3, 4].

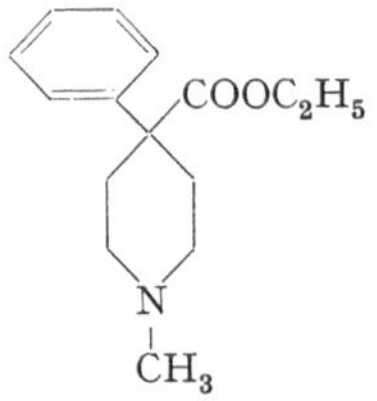

(CXLIII) 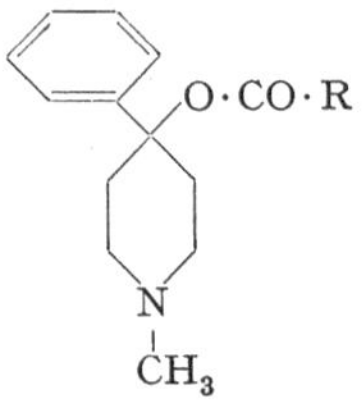                         (CXLIV)

A similar change in the methadone or thiambutene type compounds would be expected to destroy analgesic activity since this critical base 'width'[1] would be exceeded; this has now been shown experimentally[4]. Steric limitations about the analgesic anionic site therefore obtain; the approximate dimensions are shown in (CXXXVIII).

Only those structures with the same configurations as analgesics behave as analgesic antagonists. The change from an analgesic to an antagonist results upon the change of N-methyl to N-allyl in morphine and the morphinan-type compounds[5]. It is therefore postulated that the compounds are adsorbed upon the same receptors but that an analgesic undergoes oxidative dealkylation readily whereas the antagonist dealkylates slowly[5]. N-*nor*-compounds

[1] A. H. BECKETT, A. F. CASY, N. J. HARPER and P. M. PHILLIPS, J. Pharm. Pharmacol. *8*, 860 (1956).

[2] A. H. BECKETT and A. F. CASY, Bull. Narcotics *9*, 37 (1957).

[3] B. ELPERN, L. N. GARDNER and L. GRUMBACH, J. Amer. chem. Soc. *79*, 1951 (1957).

[4] B. ELPERN, W. WETTERAU, P. CARABATEAS and L. GRUMBACH, J. Amer. chem. Soc. *80*, 4916 (1958).

[5] A. H. BECKETT, A. F. CASY, and N. J. HARPER, J. Pharm. Pharmacol *8*, 814 (1955).

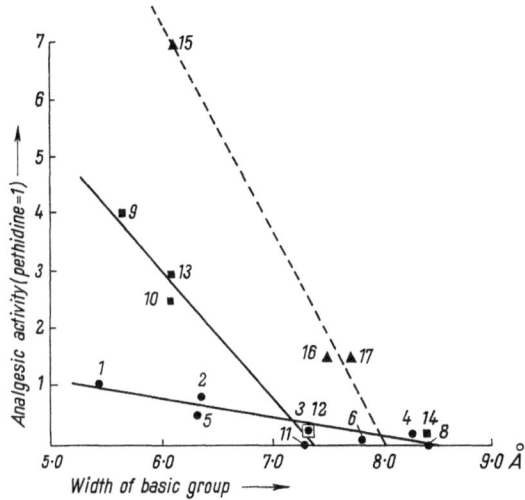

Figure 18

*Relationship Between Analgesic Activity and Width of Basic Group in Methadone-Type Compounds*
The numbers represent different compounds. The symbols indicate the following: ● Alkyl or
aralkyl group; ■ heterocyclic group other than morpholine; ▲ morpholine-type group.

of analgesics would therefore be expected to be active if released near or at
analgesic sites; this has been demonstrated[1, 2].

Compounds have been devised which comply with the above steric requirements and which would be expected to yield the *nor*-compounds readily
at least from chemical considerations, e.g. compounds of type (CXLV) and
(CXLVI). The products are very much more active than the parent molecules
which would not be expected to dealkylate so readily[3, 4].

Ar＼／COOR
|
N
|
CH₂CH₂COAr′

(CXLV)

Ar＼／O·COR
＼R′
|
N
|
CH₂CH₂COAr′

(CXLVI)

### Conclusion

The foregoing account presents some of the many examples which indicate
the importance of stereochemical factors in enzymatic activity, in metabolism
and in the action of drugs. It is expected that stereochemical studies will be

[1] A. H. Beckett, A. F. Casy and N. I. Harper, J. Pharm. Pharmacol. *8*, 814 (1956).

[2] M. F. Lockett and M. M. Davis, J. Pharm. Pharmacol. *10*, 80 (1958).

[3] P. A. J. Janssen, A. H. M. Jageneau, P. J. A. Demoen, C. van de Westeringh,
A. H. M. Raeymaekers, M. S. J. Wouters, S. Sanczuk, B. K. F. Hermans and J. L. M. Loomans,
J. Med. Pharm. Chem. *1*, 105 (1959).

[4] P. A. J. Janssen und A. H. Beckett (to be published).

used increasingly to provide information concerning the mechanism of reactions occurring at biological surfaces and concerning the character of 'receptors'. Nature undoubtedly carries out her reactions on a three-dimensional basis. Since drugs assist or interfere with such reactions, it is important to give increasing attention to a three-dimensional approach in any attempt to reduce the empiricism involved in the preparation of agents with a desired biological effect.

## Acknowledgments

Thanks are expressed to the following for permission to reproduce the following:

Dr. D. E. Koshland, Jr., and the Editor of The Proceedings of the National Academy of Sciences for the use of Figure 5.

Dr. Carl E. Pfeiffer and the Editor of Science for the use of Figure 7.

Dr. J. P. Long and the Journal of Pharmacology for the use of Figure 14.

Dr. T. C. Farrar and the Editor of the Journal of the American Chemical Society for Figure 8.

The Editor of The Journal of Pharmacy and Pharmacology for the use of Figures 1 and 18, and (CXXXIX) and (CXL).

The Editor of Nature for the use of Figure 16.

The Editor of the Bulletin on Narcotics for the use of (CXXXVI), (CXXXVIII) (CXLI), (CXLII).

# Eine Übersicht der neueren Arzneimittel aus den letzten fünf Jahren

Von W. Kunz

in Firma Dr. Schwarz, Arzneimittelfabrik GmbH, Monheim bei Düsseldorf

## 1. Einleitung

Es ist das Ziel dieses Beitrages, alle Arzneistoffe zusammenzustellen und zu besprechen, über die in den letzten Jahren in der Fachliteratur berichtet wurde. Die Einteilung erfolgte in erster Linie nach pharmakologisch-klinischen Gesichtspunkten, wobei diese Hauptgruppen nach Möglichkeit in chemische Klassen unterteilt wurden. Natürlich wäre es in manchen Fällen möglich gewesen, eine andere Einordnung zu wählen. Es galt jedoch nicht an einem starren System festzuhalten, wie es zum Beispiel bei einer rein chemischen Einteilung der Fall gewesen wäre, hier wurde vielmehr das wichtigste Anwendungsgebiet in den Vordergrund gestellt.

Berücksichtigt wurden in erster Linie neue chemische Verbindungen bzw. bereits bekannte Stoffe, bei denen neue Indikationen oder ähnliches aufgefunden wurde. Mischpräparate wurden nur dann aufgeführt, wenn sie chemisch oder wirkungsmäßig neue Substanzen enthalten.

## 2. Analgetika und Antipyretika

### 2.1 Morphin- und Morphinan-Derivate

Schon länger ist die gute analgetische Wirksamkeit des 14-Hydroxy-dihydro-codeinon bekannt, andererseits aber sind in dieser Reihe Verbindungen mit freier phenolischer OH-Gruppe wirksamer als die Phenoläther. So entsprechen 2 mg *Oxymorphon*, NUMORPHAN (Endo) [14-Hydroxy-dihydromorphinon] 16 mg Morphin bzw. 100 mg Meperidin oder 4 mg Dilaudid. Über die suchterregende Wirkung kann bisher noch nichts gesagt werden. In hohen Dosen werden Atmung, Puls und Blutdruck vorübergehend herabgesetzt[1]).

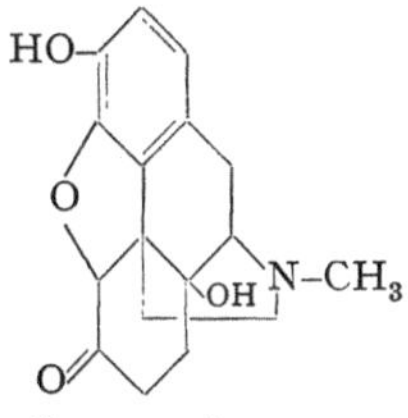

Oxymorphon 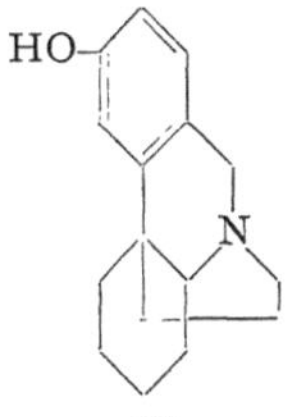                                            (I)

Die Darstellung erfolgt aus dem 14-Hydroxy-dihydro-codeinon durch Einwirken von HBr[2]). Ebenso wirksam wie Morphin ist das 3-Hydroxy-9-aza-morphinan (I)[3]), sein $OCH_3$-Derivat ist unwirksam.

### 2.2 Phenyl-piperidin-Abkömmlinge

Vor einigen Jahren[4]) schon wurde das jetzt eingeführte *Ethoheptazin, Heptacylazin*, ZACTANE (Wyeth) [1-Methyl-4-carbaethoxy-4-phenylhexamethylen-

[1]) A. COBLENTZ und H. R. BIERMAN, New England J. Med. *255*, 694 (1956).
[2]) U. WEISS, J. Amer. chem. Soc. *77*, 5891 (1955).
[3]) N. SUGIMOTO und H. KUGITA, Pharm. Bull. Japan *3*, 11 (1955).
[4]) F. F. BLICKE und EU-PHAND TSAO, J. Amer. chem. Soc. *75*, 3999 (1953).

imin], das auch neben dem Acidum acetylosalicylicum im ZACTIRIN (Wyeth) vorliegt, dargestellt. Vom Pethidin unterscheidet es sich durch eine $CH_2$-Gruppe, wodurch ein 7er-Ring erhalten wird. Diese Substanz soll keinen narkotischen Effekt besitzen. Die analgetische Wirksamkeit verringert sich durch den Austausch des Piperidin-Ringes durch Hexamethylenimin, so liegt die $ED_{50}$ hier bei 33,5 mg/kg (Pethidin 11,2 mg/kg)[1].

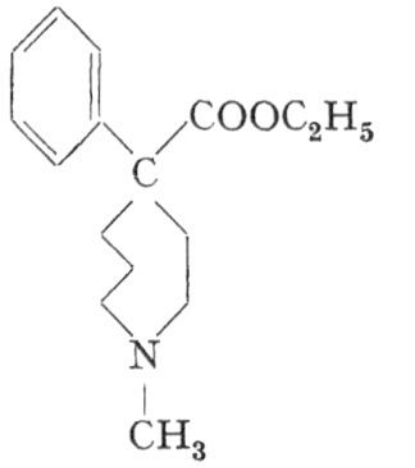

Ethoheptazin 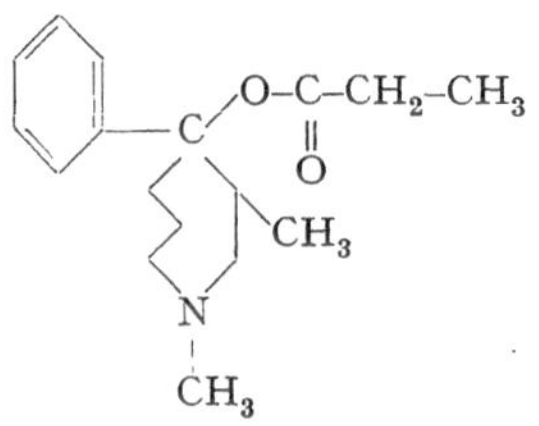                                    Proheptazone

Anders ist es bei dem vom Alphaprodin sich ableitenden *Proheptazone*, *Dimephheprimine* [1,3-Dimethyl-4-phenyl-4-propionyloxy-hexamethylenimin]. Es ist praktisch gleich wirksam wie Morphin[1]).

Während bisher die Ansicht vorherrschte, daß für die analgetische Wirksamkeit einer Substanz unter anderem eine N-$CH_3$-Gruppierung Voraussetzung ist – eine Auffassung, die sich aus dem Morphin selbst ergab und aus den Versuchen an diesem, führten doch alle Modifikationen dieser Gruppe zu analgetisch schwächer wirkenden Verbindungen bzw. sogar Antagonisten –, so wurde jetzt durch systematische Untersuchungen herausgearbeitet, daß der Einbau eines Dialkylaminoalkyl-, Morpholinoäthyl- oder β-Phenyläthylrestes zu einer wesentlichen Wirkungserhöhung führt. So ist das *Morpheridin* (F. J. MacFarlan Co.) [1,2′-Morpholino-äthyl-4-carbäthoxy-4-phenylpiperidin] 3- bis 7mal wirksamer als Pethidin[2-4]).

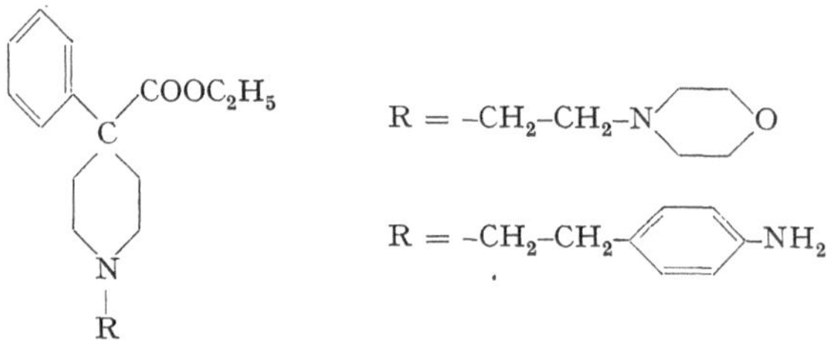

Untersuchungen am Phenäthyl-Derivat wurden von PERRINE und EDDY durchgeführt[5]). Durch Einführung einer Aminogruppe in para-Stellung wird

    [1]) O. J. BRAENDEN, N. B. EDDY und H. HALBACH, Bull. Org. mond. Santé (Bull. World Hlth. Org.) *13*, 937 (1955).
    [2]) R. J. ANDERSON, P. M. FREARSON und E. S. STERN, J. chem. Soc., London *1956*, 4088.
    [3]) R. A. MILLAR und R. P. STEPHENSON, Brit. J. Pharmacol. *11*, 27 (1956).
    [4]) A. F. GREEN und N. B. WARD, Brit. J. Pharmacol. *11*, 32 (1956).
    [5]) T. D. PERRINE und N. B. EDDY, J. org. Chem. *21*, 125 (1956).

eine beträchtliche Wirkungssteigerung erzielt. So zeigte das *Anileridin*, LERI-
TIN (Merck Sharp & Dohme) [1-(2-{p-Aminophenyl}-äthyl)-4-carbäthoxy-4-
phenylpiperidin] nach den Prüfungsmethoden von D'AMOUR und SMITH eine
ebenso starke Wirkung wie Morphin. Gegenüber Meperidin ist es rund zehnmal stärker; es besitzt eine stark ausgeprägte Hustenhemmwirkung und eine
geringe Atembeeinflussung, die etwa der von Meperidin entspricht. Erbrechen
und Obstipation wurden nicht festgestellt. Die Gewöhnung soll schwächer als
nach Morphin sein[1, 2]. Mit dieser 4-Aminophen-äthyl-Gruppierung ist das
Optimum an analgetischer Wirkung erreicht[3].

### 2.3 *Diphenylalkyl-amino-Derivate*

Das Piperidin-Analogon des Methadon liegt im *Dipipanon*, PIPADON (Burroughs Wellcome) [4,4-Diphenyl-6-piperidino-heptan-3-on] vor, das wirkungsmäßig dem DL-Methadon entspricht[4]. Hervorgehoben werden das Fehlen
eines euphorischen Effektes und das seltene Auftreten von Nebenwirkungen.

Dipipanon          Dextromoramid

Viel Vorschußlorbeeren, auch in Laienkreisen, erhielt das R 875, jetzt eingeführt als *Dextromoramid*, *Pyrrolamidol*, PALFIUM (Eupharma, Turnhout),
JETRIUM (HEK-Pharmazeutik, Lübeck), ERRECALMA (Instituto Luso-Farmaco,
Lissabon und Mailand) [D-(+)-2,2-Diphenyl-3-methyl-4-morpholino-butyryl-
pyrrolidin] [5, 6]. Interessant ist, daß hier das D-Isomere doppelt so wirksam
ist wie das Razemat. Im Tierversuch übertraf es an Wirksamkeit oral appliziert
60–100mal Meperidin, 10–40mal Morphin, 10–20mal Methadon und 4mal
Heroin. Auf Grund der klinischen Ergebnisse ist es oral sehr gut wirksam, die
Suchterzeugung scheint geringer als bei den anderen bekannten Präparaten zu
sein, eine Dosiserhöhung soll auch bei längerer Anwendung nicht erforderlich
sein.

Verwandt mit dem Isomethadon ist das D-*Propoxyphen*, *Diméprotane*,
DARVON (Lilly) [α-D-4-Dimethyl-amino-1,2-diphenyl-3-methyl-2-propionyl-
oxy-butan][7], das aber nur etwa 1/10 dessen analgetischer Wirksamkeit be-

---

[1]) J. WEIJLARD, P. D. ORAHOVATS, A. P. SULLIVAN, Jr., G. PURDUE, F. K. HEATH und
K. PFISTER, J. Amer. chem. Soc. 78, 2342 (1956).
[2]) P. D. ORAHOVATS, E. G. LEHMANN und E. W. CHAPIN, J. Pharmacol. 119, 26 (1957).
[3]) B. ELPERN, L. N. GARDNER und L. GRUMBACH, J. Amer. chem. Soc. 79, 1951 (1957).
[4]) M. BOCKMÜHL und G. EHRHART, Liebigs Ann. Chem. 561, 52 (1949).
[5]) P. A. J. JANSSEN, J. Amer. chem. Soc. 78, 3862 (1956).
[6]) P. A. J. JANSSEN und A. JAGENEAU, J. Pharmacy Pharmacol. 10, 14 (1958).
[7]) A. POHLAND und H. R. SULLIVAN, J. Amer. chem. Soc. 75, 4458 (1953); 77, 3400 (1955).

sitzt[1]). Vergleichsuntersuchungen wurden vor allem mit Codeinphosphat durchgeführt[2, 3]). Empfohlen wird es bei Schmerzen jeglicher Art als nicht narkotisches Analgetikum. Wirksam ist nur das optische D-Isomere.

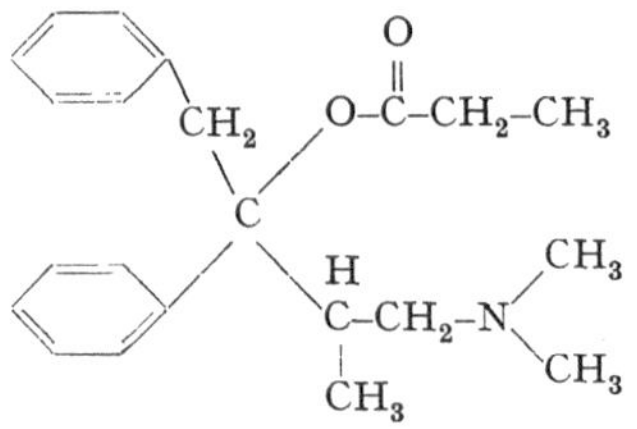

D-Propoxyphen

## 2.4 Pyridazone, Pyridazine

Seit etwa 60 Jahren behaupten die Phenylpyrazolone ihre Stellung auf dem pharmazeutischen Markt als «milde» Analgetika und Antipyretika. Versuche mit dem entsprechenden 6-Ring wurden schon früher durchgeführt[4]), führten aber jetzt erst zu entsprechenden Erfolgen, da in Derivaten des Phenyl-pyridazon-(6) (II) Verbindungen mit antipyretischen und analgetischen Eigenschaften gefunden wurden[5-7]).

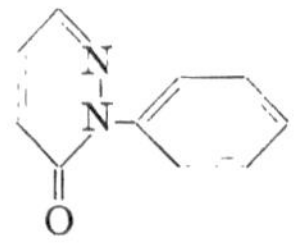

(II) 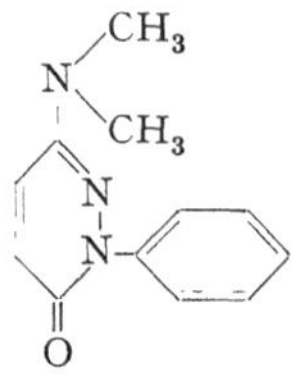                                        (III)

So zeigt das Pyramidon-Analoge 1-Phenyl-3-dimethylamino-pyridazon-(6) (III) im Tierversuch eine gute Wirkung[5]).

Gute analgetische Effekte weist auch das 1,3,4-Trimethyl-5-cyan-pyrida-zon-(6) (IV) auf, wobei es im Tierversuch das Pyramidon 3–5mal übertraf. Diese Eigenschaft von N-Alkyl-Derivaten konnte nicht erwartet werden. Interessant ist, daß die 5-Cyano-Gruppe für die analgetische Wirksamkeit erforderlich zu sein scheint, ein Substituent, der sowohl bei Naturstoffen als auch

---

[1]) C. M. GRUBER, Jr., J. Pharmacol. 113, 25 (1955).

[2]) C. M. GRUBER, Jr., C. L. MILLER, J. FINNERAN und S. M. CHERNIST, J. Pharmacol. 118, 280 (1956).

[3]) C. M. GRUBER, E. P. KING, M. M. BEST, J. F. SCHIEVE, F. ELKUS und E. J. ZMOLEK, Arch. int. Pharmacodyn. 104, 156 (1955).

[4]) H. GREGORY und L. F. WIGGINS, J. chem. Soc., London 1949, 2546.

[5]) J. DRUEY, A. HÜNI, KD. MEIER, B. H. RINGIER und A. STAEHELIN, Helv. chim. Acta 37, 510 (1954).

[6]) Hoffmann-La Roche, Belg. Pat. 536997; Brit. Pat. 769246.

[7]) BASF, DBP 959095.

synthetischen Pharmazeutika eine Seltenheit ist. Bei weiteren Untersuchungen in dieser Reihe zeigten nur die Verbindungen mit Trimethylen- (V) und Tetramethylen- (VI) -Gruppierung in 3- und 4-Stellung sowie das dem (IV) isomere 3,4-Dimethyl-5-cyan-6-methoxy-pyridazin (VII) analgetische Eigenschaften[1]).

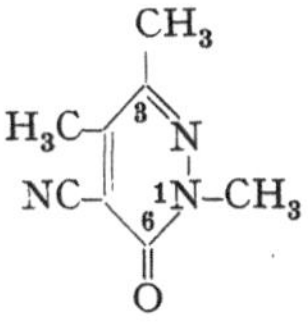

(IV) 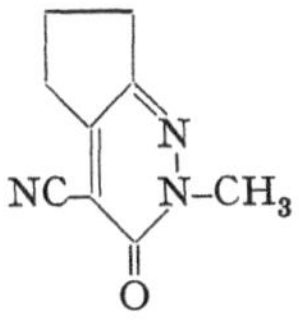          (V) 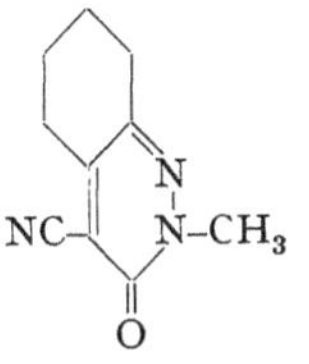          (VI) 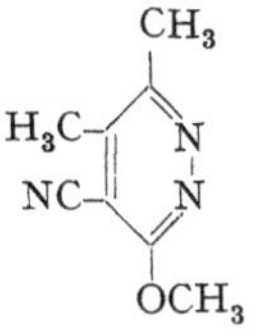          (VII)

## 2.5 Diversa

Aus dem Mephenesin wurde ein schnellwirkendes Analgetikum mit kurzer Dauer entwickelt, das *Tolpronin*, PROPANESIN (Brit. Drug Houses) [1-$\Delta^3$-Piperideino-3-o-tolyl-oxypropan-2-ol][2-5]). Es ist frei von unerwünschten Nebenwirkungen auf Herz und Atmung und soll keine Obstipationen verursachen. Neben der analgetischen Eigenschaft besitzt es auch lokalanästhetische Wirkung, was aus seiner Strukturverwandtschaft zum Piperocain und Mephenesin zu erklären ist[6]).

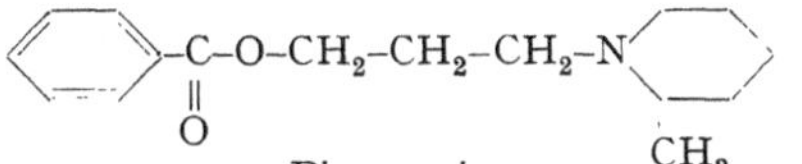

Piperocain

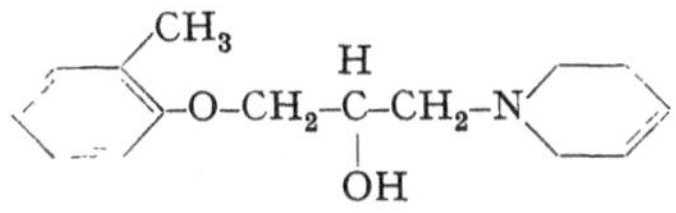

Tolpronin

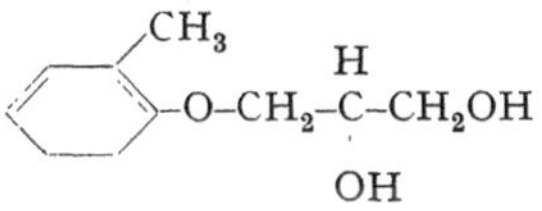

Mephenesin

Eine milde analgetische Wirksamkeit zeigt die 4-Hydroxyisophthalsäure (VIII)[7,8]), die als Nebenprodukt bei der Salicylsäuresynthese anfällt.

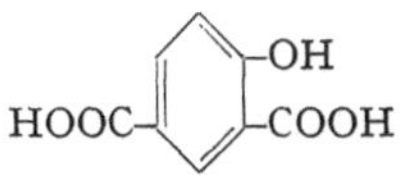

(VIII) 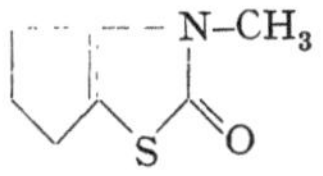          (IX)

[1]) P. SCHMIDT und J. DRUEY, Helv. chim. Acta *40*, 1749 (1957).
[2]) Y. M. BEASLEY, V. PETROW und O. STEPHENSON, J. Pharmacy Pharmacol. *10*, 47 (1958).
[3]) V. PETROW, O. STEPHENSON, A. J. THOMAS und A. M. WILD, J. Pharmacy Pharmacol. *10*, 86 (1958).
[4]) V. PETROW und O. STEPHENSON, J. Pharmacy Pharmacol. *10*, 96 (1958).
[5]) Y. M. BEASLEY, V. PETROW und O. STEPHENSON, J. Pharmacy Pharmacol. *10*, 103 (1958).
[6]) A. DAVID, F. LEITH-ROSS und D. K. VALLANCE, J. Pharmacy Pharmacol. *10*, 60 (1958).
[7]) H. O. J. COLLIER und G. B. CHESTER, Brit. J. Pharmacol. *11*, 20 (1956).
[8]) S. E. HUNT, J. I. JONES und A. S. LINDSEY, Chem. & Ind. *1955*, 417.

Bei oraler und parenteraler Anwendung zeigte das 2,3,5,6-Tetrahydro-3-methyl-4H-cyclo-pentathiazolin-2-on (IX) (Ciba) analgetische Wirkung, wobei der Effekt in 5 bis 10 Minuten einsetzt und für einige Stunden anhält. Andere Substitution am Ringstickstoff bedingt eine verminderte Wirkung[1].

Durch Ringschlußreaktionen mit substituierten Salicylsäurederivaten können Benzoxazine erhalten werden. So ist das Valmorin chemisch ein 2-($\beta$-Chloräthyl)-2,3-dihydro-4-oxo-(benzo-1,3-oxazin). Im intermediären Stoffwechsel weist es Parallelen zu den Salicylaten auf. Neben anderen Wirksubstanzen ist es im FIOBROL (Geigy) enthalten, das zur symptomatischen Grippetherapie dient und sich durch lange Wirkungsdauer bei hoher Wirkungsintensität auszeichnet[2].

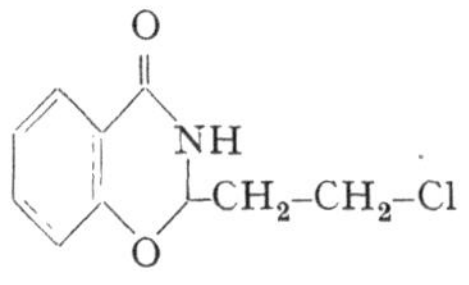

Valmorin im Fiobrol

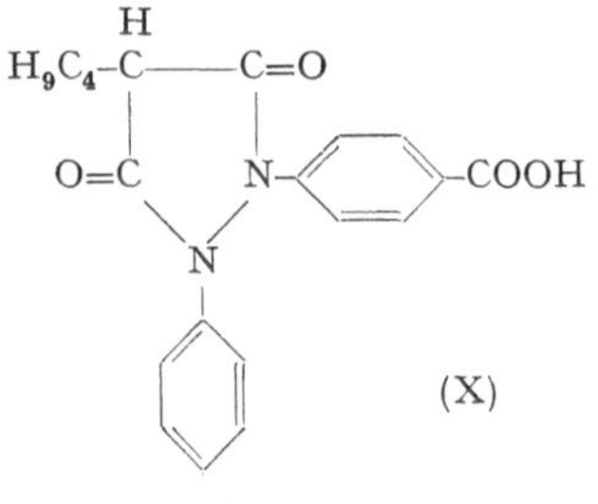

(X)

Untersuchungen am Butazolidin-Molekül wurden in großer Anzahl durchgeführt; unter der Voraussetzung, daß Butazolidin im Organismus zu Hydrazobenzol und weiter zu Anilin abgebaut werden kann – was bekanntlich toxische Erscheinungen zu bewirken vermag –, wurden in beide Phenylgruppen des Butazolidin in p-Stellung COOH-Substituenten eingebaut, wodurch als Spaltprodukt dann die ungiftige p-Aminobenzoesäure entstehen müßte. Diese Verbindung (X) war nicht wirksamer als der Grundkörper, zeigte aber einen weitaus günstigeren therapeutischen Index[3,4].

## 2.6 Morphin-Antagonisten

1914 berichtete POHL[5] über einen antagonisierenden Effekt von N-Allyl-nor-codein auf die atmungshemmende Eigenschaft des Morphins. Viel später erst wurde das entsprechende Morphin-Derivat dargestellt[6] und bei diesem eine ähnliche Eigenschaft gefunden[7-9]. Wenn diese Substanz allein verabreicht wird, zeigt sie bei Mensch und Tier einige morphinähnliche Effekte, wird sie

[1] G. de STEVENS, A. FRUTCHEY, A. HALAMANDARIS und H. A. LUTS, J. Amer. chem. Soc. 79, 5263 (1957).

[2] R. KADATZ, Arzneimittel-Forsch. 7, 651 (1957).

[3] R. BUDZIAREK, D. J. DRAIN, F. J. MACRAE, J. McLEAN, G. T. NEWBOLD, D. E. SEYMOUR, F. S. SPRING und M. STANSFIELD, J. chem. Soc., London 1955, 3158.

[4] E. M. BAVIN, D. J. DRAIN et al., J. Pharmacy Pharmacol. 7, 1022 (1955).

[5] J. POHL, Z. exp. Path. Ther. 17, 370 (1915).

[6] E. L. McCAWLEY, E. R. HART und D. F. MARSH, J. Amer. chem. Soc. 63, 314 (1941).

[7] E. R. HART, Fed. Proc. 2, 82 (1943).

[8] E. R. HART und E. L. McCAWLEY, J. Pharmacol. 82, 339 (1944).

[9] K. UNNA, J. Pharmacol. 79, 27 (1943).

aber kurz vor oder nach Morphin gegeben, werden solche vermindert oder aufgehoben. Diese Blockierung der pharmakologischen Angriffspunkte bzw. Unterdrückung der wichtigsten Wirkungen erstreckt sich auch auf die anderen Gruppen der hochwirksamen Analgetika der Pethidin-[1, 2]), Methadon-[3-5]), Morphinan-[6, 7]) und Dithienylbutenylamin-Reihe[1, 8]). Der Antagonismus richtet sich vor allem gegen die atemlähmende und analgetische bzw. narkotische Wirkung dieser Verbindungen[9]). Bei Morphinisten ruft dieses N-Allyl-nor-morphin – *Nalorphin*, NALLIN (Merck Sharp & Dohme), LETHRIDON (Burroughs Wellcome) – Entziehungserscheinungen hervor[3]), kann also bei Verdächtigen als Diagnostikum eingesetzt werden. Eine Rolle spielt es auch als Antidot bei Überdosierungen der obengenannten Analgetika. Äther-, Cyclopropan- und Barbiturat-Narkosen werden nicht beeinflußt[4]).

Antagonistische Wirksamkeit besitzen auch andere N-Alkyl-Derivate des Morphins, besonders wenn 3 C-Atome in einer geraden Kette der Alkylgruppe stehen. Die entsprechenden Morphinan-Verbindungen zeigen den gleichen Antagonismus. Bekannt geworden sind von diesen vor allem das L-N-Allyl-3-oxy-morphinan – *Laevallorphan*, LORFAN (Hoffmann-La Roche) – und der N-Propargyl-Abkömmling[10-12]). Dieser Antagonismus kann als eine Verdrängungsreaktion aufgefaßt werden.

Nalorphin                    Laevallorphan

## 3. Narkotika

### 3.1 *Halogenierte Kohlenstoffverbindungen*

Schon früher wurde gefunden, daß einige fluorierte Kohlenstoffverbindungen anästhetische Eigenschaften besitzen und eine größere therapeutische

[1]) P. J. COSTAY und D. D. BONNYCASTLE, J. Pharmacol. *113*, 12 (1955).

[2]) L. M. RADOFF und S. E. HUGGINS, Proc. Soc. exp. Biol. Med. *78*, 879 (1951).

[3]) H. F. FRASER, A. WIKLER, A. J. EISEMAN und H. ISBELL, J. Amer. med. Ass. *148*, 1205 (1952).

[4]) R. A. HUGGINS, W. G. GLASS und A. R. BRYAN, Proc. Soc. exp. Biol. Med. *75*, 540 (1950).

[5]) C. C. SMITH, E. G. LEHMANN und J. L. GILFILLAN, Fed. Proc. *10*, 335 (1951).

[6]) H. F. CHASE, R. S. BOYD und P. M. ANDREWS, J. Amer. med. Ass. *150*, 1103 (1952).

[7]) E. F. DOMINO, E. W. PELIKAN und E. F. TRAUT, J. Amer. med. Ass. *153*, 26 (1953).

[8]) P. FLINTAN und C. A. KEELE, J. Pharmacol. *110*, 18 (1954).

[9]) K. FROMHERZ und B. PELLMONT, Experientia *8*, 394 (1952); Naunyn-Schmiedebergs Arch. exp. Pathol. Pharmacol. *218*, 136 (1953).

[10]) W. M. BENSON, E. O'GARA und S. VAN WINKLE, J. Pharmacol. *106*, 373 (1952).

[11]) W. K. HAMILTON und S. C. CULLEN, Anesthesiology *14*, 550 (1953).

[12]) J. HELLERBACH, A. GRÜSSNER und O. SCHNIDER, Helv. chim. Acta *39*, 429 (1956).

Breite aufweisen als Äther und Chloroform[1]). Bekannt geworden aus dieser Reihe ist das FLUOROMAR [1,1,1-Trifluor-äthyl-vinyl-äther][2]), das leider in Mischungen mit Sauerstoff oberhalb von 3% explosiv ist[3]).

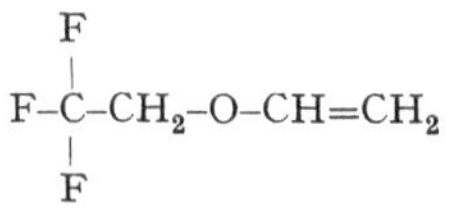

$$
\begin{array}{cc}
\underset{\underset{F}{|}}{\overset{\overset{F}{|}}{F-C}}-CH_2-O-CH=CH_2 & \underset{\underset{F\ Br}{|\ |}}{\overset{\overset{F\ Cl}{|\ |}}{F-C-C}}-H \\
\text{Fluoromar} & \text{Halothane}
\end{array}
$$

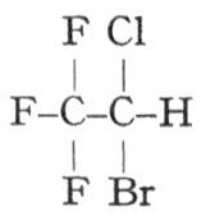

Der jetzt unter dem Namen *Halothane*, FLUOTHANE (Imperial Chemical Industries) [1,1,1-Trifluor-2-brom-2-chlor-äthan] als Inhalationsnarkotikum eingeführte Kohlenwasserstoff ist flüchtig, nicht brennbar und nicht explosiv, auch nicht in Mischungen mit Sauerstoff[4]). Es bewirkt eine schnelle Narkose, das beschwerdefreie Erwachen tritt schnell ein[5, 6]). Prämedikation mit Atropin ist erforderlich, um ein Überwiegen parasympathischer Innervationen auszuschließen, bedingt durch die blockierenden Eigenschaften. Die Konzentration von Halothane ist besonders im geschlossenen System genau einzuhalten (2%, keinesfalls über 3%). Höhere Konzentrationen rufen Blutdrucksenkung und Atmungsschwäche hervor[7]).

## 3.2 *Steroide*

Bei einigen Steroidverbindungen wurden schon vor längerer Zeit neben einer spezifischen Wirkung sedative Eigenschaften festgestellt. In Weiterverfolgung dieser Beobachtung wurde ein narkotisch wirksamer, anästhesierender Abkömmling gefunden, der keinerlei hormonale Eigenschaften zeigte. Dieses 21-Hydroxy-pregnan-3,20-dion liegt als Bernsteinsäurehalbester vor und ist als Natriumsalz wasserlöslich. Hervorgehoben werden bei dem *Hydroxydion*, VIADRIL (Pfizer), PRESUREN (Schering/West), eine gute allgemeine Verträglichkeit, ein relativ niedriger Grad von Atemdepression und eine rasche und un-

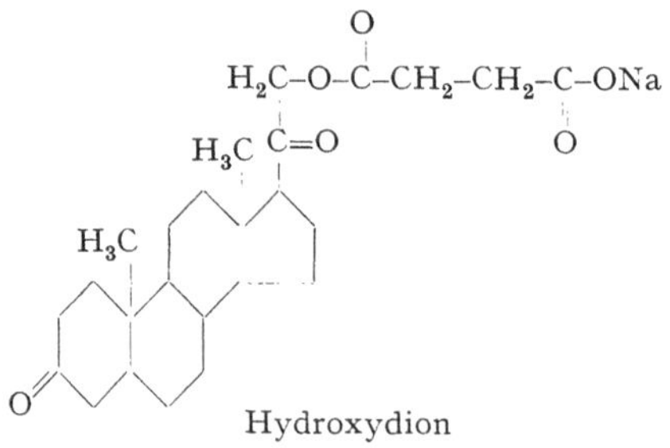

Hydroxydion

[1]) B. H. ROBBINS, J. Pharmacol. *86*, 197 (1946).
[2]) G. LU, J. S. L. LING und J. C. KRANTZ, Jr., Anesthesiology *14*, 466 (1953).
[3]) J. C. KRANTZ, Jr., C. J. CARR, G. LU und F. K. BELL, J. Pharmacol. *108*, 488 (1953).
[4]) J. RAVENTÓS, Brit. J. Pharmacol. *11*, 394 (1956).
[5]) M. JOHNSTONE, Brit. J. Anaesth. *28*, 392 (1956).
[6]) R. BRYCE-SMITH und H. D. O'BRIEN, Brit. med. J. *1956*, II, 969.
[7]) H. J. BRENNAN, A. R. HUNTER und M. JOHNSTONE, Lancet *1957*, II, 453.

komplizierte Erholung, wohl bedingt durch den schnellen Abbau und rasche Ausscheidung. Gegenüber Barbituraten besitzt es eine geringere Toxizität und einen besseren therapeutischen Index. Empfohlen wird es vor allem als Basis-narkotikum und zur kürzer dauernden Vollnarkose[1, 2]).

## 3.3 *Diversa*

Eine die Großrinde dämpfende Eigenschaft besitzt auch das *Chlorathiazol*, HÉMINEURINE (Labors. Debat, Paris) [4-Methyl-5-($\beta$-chloräthyl)-thiazol]. Dieses «Spaltprodukt» des Vitamin $B_1$ wird in der Chirurgie als Narkotikum oder in der Psychiatrie als Neuroplegikum benützt[3, 4]).

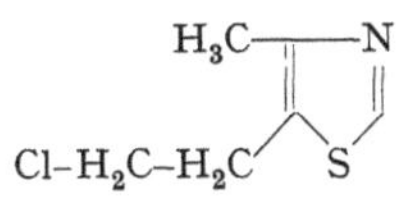

Chlorathiazol 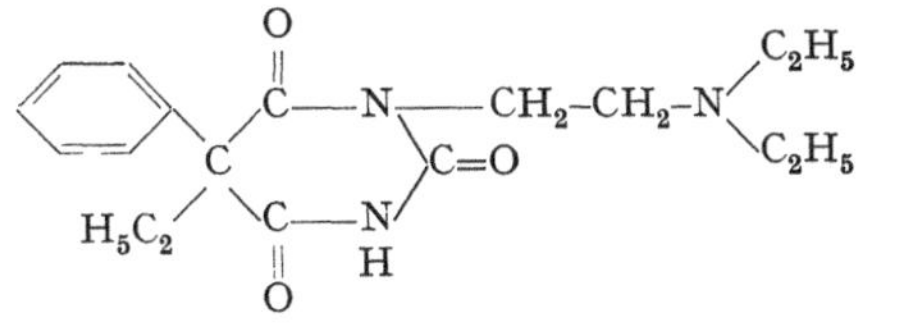                    Hexamid

Für Operationsvorbereitungen und zur Narkosepotenzierung dient das HEXAMID (Nordmark) [5-Äthyl-5-phenyl-3-($\beta$-diäthylaminoäthyl)-2,4,6-trioxo-hexahydro-pyrimidin]. Es ist ein Phenobarbital-Derivat mit basischer Seiten-kette. Hervorgehoben werden rascher Wirkungseintritt, kurze Wirkungs-dauer, wodurch eine gute Narkosesteuerung möglich ist, großer Dosierungs-spielraum, ausgezeichnete Verträglichkeit. Es wirkt etwas schwächer und kürzer als Chlorpromazin, aber stärker als Mepazin[5-7]).

## 4. Lokalanästhetika

### 4.1 *Acyl-anilide*

Durch systematische Untersuchungen in dieser Reihe – ausgehend vom Lidocain – wurden neue wirksame Verbindungen aufgefunden, die zum Teil Vorteile gegenüber den bekannten aufweisen. So ist das AMPLICAIN (Gewo) ein Gemisch von $\beta$-Diäthylamino-buttersäure-anilid (XI) und $\beta$-Piperidino-butter-säure-2,4-dichloranilid (XII) im Verhältnis 5:1. In der Schnelligkeit des Wirkungseintritts und der Wirkungsdauer wurden in der Zahnmedizin keine

[1]) G. D. LAUBACH, S. Y. P'AN und H. W. RUDEL, Science, Washington *122*, 78 (1955).

[2]) S. Y. P'AN, J. F. GARDOCKI, D. E. HUTCHEON, H. W. RUDEL, M. J. KODET und G. D. LAUBACH, J. Pharmacol. *115*, 432 (1955).

[3]) H. LABORIT, R. COIRAULT, R. DAMASIO, R. GAUJARD, G. LABORIT und P. FABRIZY, Anesthésie et Analgésie *14*, 384 (1957).

[4]) H. LABORIT, R. COIRAULT, R. DAMASIO, G. GAUJARD, G. LABORIT, P. FABRIZY, R. CHARON-NAT, P. LECHAT und J. CHARETON, Presse méd. *65*, 1051 (1957).

[5]) G. STILLE, J. BRUNCKOW und H. KRÖGER, Arzneimittel-Forsch. *6*, 482 (1956).

[6]) H. JIRZIK, Chirurg. *27*, H. 12, 556 (1956).

[7]) W. CH. HECKER und H. BERG, Ärztl. Wschr. *12*, 29 (1957).

Unterschiede gegenüber Lidocain festgestellt, ebenso keine toxischen und allergischen Nebenwirkungen beobachtet[1]), und es wird als gleichwertig mit den gebräuchlichen Lokalanästhetika beschrieben[2]). Die Verbindung (XI) ist

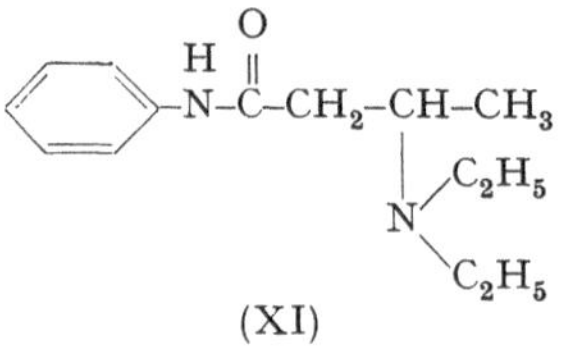

(XI) 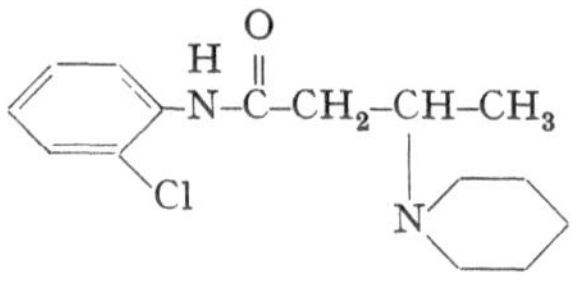                                                      (XII)

neben anderen Substanzen auch im FARCTIL (Gewo) enthalten, einem Präparat mit guter Wirkung bei organisch bedingtem Angina-pectoris-Syndrom und Herzinfarkt.

Das CARBOCAIN (Bofors), SCANDICAIN (Bastian-Werke, München-Pasing) [DL-N-Methyl-hexahydropicolinsäure-2′,6′-dimethylanilid] soll sich durch eine kurze «Anschlagzeit» und lange Wirkungsdauer bei ausgeprägter Anästhesie-

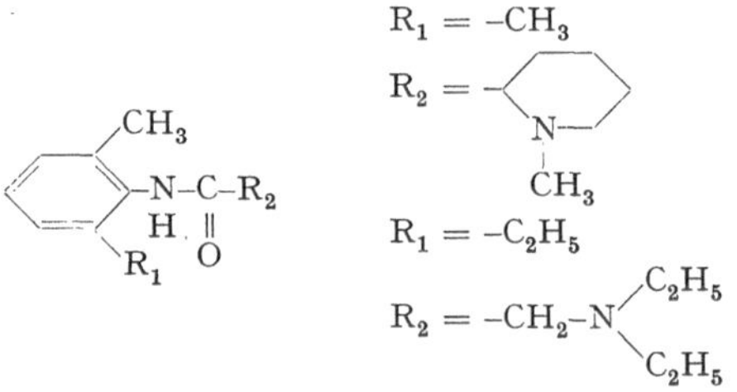

tiefe und guter allgemeiner und lokaler Verträglichkeit auszeichnen[3, 4]). Puls, Blutdruck und Blutgerinnung werden nicht wesentlich beeinflußt[5]).

Im GRAVOCAIN (Bayer) ist das 2-Methyl-6-äthyl-N-diäthylamino-acetanilid enthalten.

### 4.2 Diversa

Verlängert man im Falicain die Propoxy-Gruppe um ein $CH_2$-Glied, so erhält man das *Dyclonin*, DYCLONE (Pitman-Moore) [4-n-Butoxy-β-(1-piperidyl)-propiophenon], das eine hohe oberflächenanästhesierende Wirkung ohne Reizung besitzt[6, 7]).

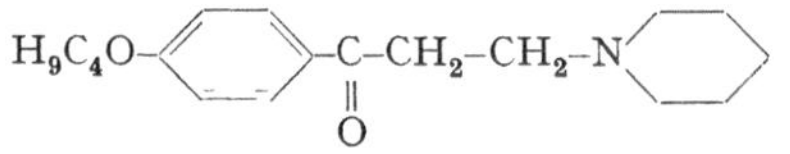

Dyclonin

[1]) P. HUNGERBÜHLER und E. HERZOG, Schweiz. Mschr. Zahnheilk. *66*, 549 (1956).

[2]) H. M. STOTZ, Schweiz. Mschr. Zahnheilk. *67*, 432 (1957).

[3]) B. af EKENSTAM, B. EGNÉR, L. R. ULFENDAHL, K. G. DHUNÉR und O. OLJELUND, Brit. J. Anaesth. *28*, 503 (1956).

[4]) J. M. MUMFORD und T. C. GRAY, Brit. J. Anaesth. *29*, 210 (1957).

[5]) G. GRIESSER, Dtsch. med. Wschr. *82*, 2071 (1957).

[6]) R. B. ARORA und V. N. SHARMA, J. Pharmacol. *115*, 413 (1955).

[7]) B. E. ABREU, A. B. RICHARDS, L. C. WEAVER, G. R. BURCH, C. A. BUNDE, E. R. BOCKSTAHLER und D. L. WRIGHT, J. Pharmacol. *115*, 419 (1955).

## 5. Sedativa und Hypnotika

### 5.1 *Piperidin-Derivate*

Bei der Suche nach barbituratfreien Sedativa und Hypnotika wurden in mit der Barbitursäure isosteren Piperidinen gut wirkende Verbindungen gefunden.

| Disubst. Barbiturs. | Persedon | Noludar | Doriden | Contergan |
|---|---|---|---|---|

Aus dem länger bekannten Pyrithyldion (Persedon) wurde das *Methyprylon*, NOLUDAR (Hoffmann-La Roche) [3,3-Diäthyl-5-methyl-2,4-dioxo-piperidin] entwickelt[1]). Durch die Einführung der $CH_3$-Gruppe wurde gegenüber Pyrithyldion eine Wirkungssteigerung erzielt. Es wurde mit gutem Erfolg als Einschlaf-, Durchschlaf- und Tagesberuhigungsmittel erprobt[2, 3]).

Gute sedativ-hypnotische Eigenschaften zeigt das *Glutethimid*, DORIDEN (Ciba), ELRODORM (VEB Deutsches Hydrierwerk Rodleben) [3-Äthyl-3-phenyl-piperidin-dion-2,6 oder α-Äthyl-α-phenyl-glutarsäureimid][4]). Bei guter Verträglichkeit wirkt es ähnlich wie Phenobarbital[5]). Da die Wirkungsdauer aber kürzer ist, muß angenommen werden, daß es im Organismus leicht abgebaut wird, wodurch die Ausscheidung begünstigt und Kumulation vermieden wird[6]).

Im Gegensatz zu diesen Piperidin-Derivaten, die am C-Atom 3 zweifach substituiert sind, trägt das *Thalidomid*, CONTERGAN (Grünenthal), DISTAVAL (Distillers) [3-Phthalimido-piperidindion-2,6 oder N-Phthalyl-glutaminsäureimid] an diesem C-Atom nur einen Rest. Es besitzt gute zentralsedative Eigenschaften bei äußerst geringer Toxizität. Die nach Barbituraten zunächst auftretende Erregungsphase fehlt, auch wird die Bewegungskoordination kaum beeinflußt[7]). Indiziert ist es bei allen Formen neurovegetativer Dysregulation, Schlaf- und Einschlafstörungen jeder Genese und anderem[8-10]). Es bewährte sich – oral gegeben – als Aktivierungsmittel bei hirnelektrischen Untersuchungen[11]). Den normalen Grundumsatz beeinträchtigt es nicht, jedoch werden erhöhte Grundumsatzwerte deutlich herabgesetzt[8, 9, 12, 13]).

[1]) O. SCHNIDER, H. FRICK und A. H. LUTZ, Experientia *10*, 135 (1954).
[2]) H. KRAUSE, Schweiz. med. Wschr. *85*, 355 (1955).
[3]) W. SCHMITT, Med. Klin. *50*, II, 1223 (1955).
[4]) E. TAGMANN, E. SURY und K. HOFFMANN, Helv. chim. Acta *35*, 1541 (1952).
[5]) F. GROSS, J. TRIPOD und R. MEIER, Schweiz. med. Wschr. *85*, 305 (1955).
[6]) P. MÜLLER und F. ROHRER, Schweiz. med. Wschr. *85*, 309 (1955).
[7]) W. KUNZ, H. KELLER und H. MÜCKTER, Arzneimittel-Forsch. *6*, 426 (1956).
[8]) K. JUNG, Arzneimittel-Forsch. *6*, 430 (1956).
[9]) H. ESSER und F. HEINZLER, Ther. d. Gegenw. *95*, 374 (1956).
[10]) G. STÄRK, Praxis *45*, 966 (1956).
[11]) A. WALKENHORST, Wiener klin. Wschr. *69*, 334 (1957).
[12]) J. McC. MURDOCH und G. D. CAMPBELL, Brit. med. J. *1958*, I, 84.
[13]) R. GREENE und H. FARRAN, Brit. med. J. *1958*, I, 280.

## 5.2 *Alkohole mit Äthingruppierung*

Aus dem Ethinamat wurde das DOLCENTAL (Rheinpreußen) [1-Äthinyl-cyclohexyl)-allophanat-(1)] entwickelt. Während ersteres flüssig ist, ist dieses fest; es soll keinen schlechten Geschmack und Geruch besitzen[1]). Durch Halo-

Dolcental                    Repocal                  Bason

genierung wird eine Verstärkung der hypnotischen Wirkung erzielt[2]), so liegt im REPOCAL (Desitin) das 1-Bromäthinyl-cyclohexanol-(1) vor und im BASON (Ifah, Hamburg) das 1-Brom-3-methyl-pentin-(1)-ol-(3). In Konstitution und Wirkung ist das NIRVOTIN (Carlo Erba) [Äthinyl-phenyl-carbinol-carbamat] mit dem Ethinamat verwandt[3, 4]). Es bewährte sich bei Schlafstörungen; Nebenwirkungen, wie Benommenheit, Müdigkeit und Unlust nach dem Aufwachen, wurden nicht beobachtet[5]).

Nirvotin                            Placidyl

In Dosierung und Wirkungsdauer entspricht das *Ethchlorvynol*, PLADICYL (Abott) [β-Chlor-vinyl-äthyl-äthinyl-carbinol] dem Phenobarbital, besitzt aber weder dessen Exzitationswirkung, noch wirkt es auf das Atemzentrum lähmend[6, 7]).

## 5.3 *Diversa*

Als sedative Komponente ist in dem Analgetikum XARIL (Wander) das Äthyl-sek.-butyl-malonsäureäthylester-amid enthalten, das nur eine schwache hypnotische Wirkung besitzt. Geeignet ist diese Verbindung auch als Tages-sedativum, als Einschlafmittel jedoch nur bei leichten Fällen.

Zur Beeinflussung von neurovegetativen Störungen werden im allgemeinen Kombinationspräparate verwandt. Ein solches liegt auch im ESANIN (Hoffmann-

[1]) W. KEIL, R. MUSCHAWECK und E. RADEMACHER, Arzneimittel-Forsch. *4*, 477 (1954).

[2]) K. SOEHRING, H.-H. FREY und G. ENDRES, Arzneimittel-Forsch. *5*, 161 (1955).

[3]) W. LOGEMANN, P. GIRALDI, D. ARTINI und J. FRANCESCHINI, Hoppe-Seyler's Z. physiol. Chem. *298*, 87 (1954).

[4]) W. LOGEMANN, D. ARTINI und A. MELI, Arzneimittel-Forsch. *6*, 136 (1956).

[5]) E. GMACHL, Wiener med. Wschr. *106*, 532 (1956).

[6]) W. M. McLAMORE, S. Y. P'AN und A. BAVLEY, J. org. Chem. *20*, 109, 1379 (1955).

[7]) S. Y. P'AN, M. J. KODET, J. F. GARDOCKI, W. M. McLAMORE und A. BAVLEY, J. Pharmacol. *114*, 326 (1955).

La Roche) vor, das aus dem Dihyprylon (Sedulon) [2,4-Dioxo-3,3-diäthyl-pipe-ridin], einem milden Sedativum, dem Pimetremid [Tropasäure-N-methyl-N-(β-picolyl)-amid], einem peripher angreifenden Spasmolytikum vom Atropin-

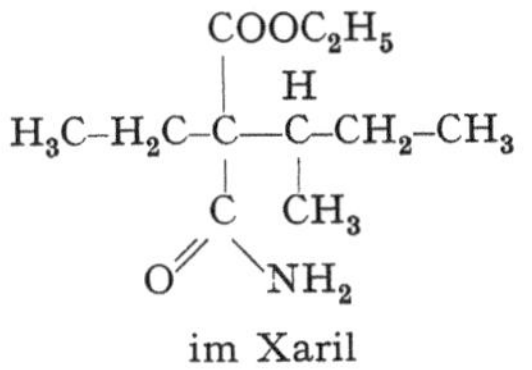

$$COOC_2H_5$$
$$H$$
$$H_3C-H_2C-C-C-CH_2-CH_3$$
$$C \quad CH_3$$
$$O \diagdown \diagup NH_2$$

im Xaril

Typ und dem Xylopropamin [1-(3',4'-Dimethyl-phenyl)-2-aminopropan], chemisch ein Amphetamin-Derivat, einem Sympathikomimetikum besteht. Es bewirkt eine allgemeine Beruhigung sowie eine Regulierung des Para-

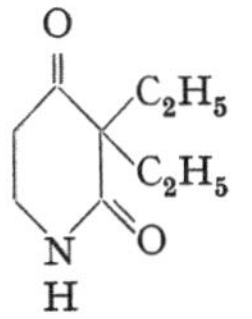

Dihyprylon 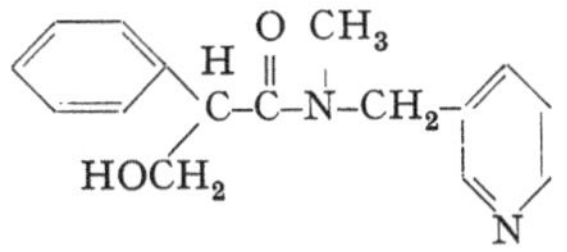              Pimetremid 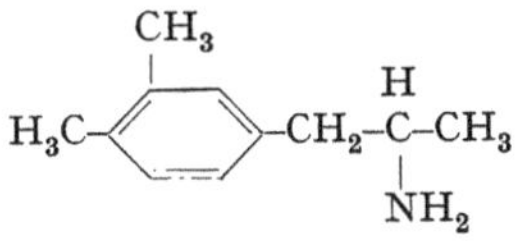              Xylopropamin

sympathikus und Sympathikus[1]). Als ein stärker wirksames Parasympathi-kolytikum als das im Esanin vorliegende β-Isomere erwies sich das Tropa-säure-N-äthyl-(γ-picolyl)-amid, das als MYDRIATIKUM «ROCHE» bekannt wurde.

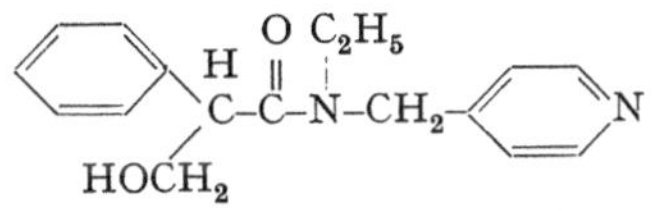

Mydriatikum «Roche»

Ein weiteres Präparat ist das BELCALOID (Thomae), das Reserpin, ein Adre-nolytikum, den Yohimboasäureäthylester und einen Ganglienblocker, das 2-(p-Butoxyphenyl)-2-(methyl-morpholino)-dioxolan-methobromid (XIII) ent-

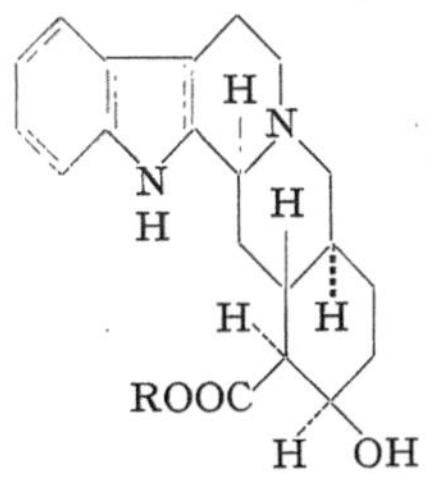

R = H Yohimboasäure

R = CH₃ Yohimbin

R = C₂H₅ Yohimboasäure-äthylester

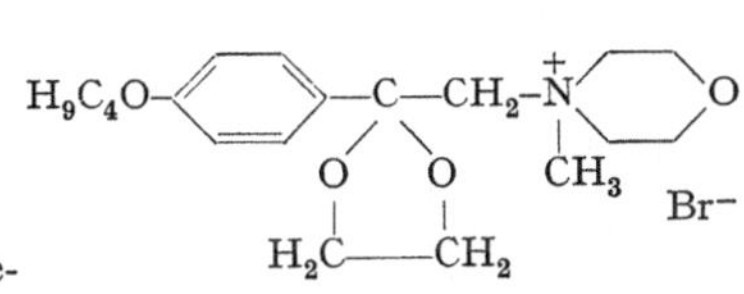

(XIII)

---

[1]) H. J. WEBER und B. PELLMONT, Schweiz. med. Wschr. 85, 1166 (1955).

hält. Letzteres wurde als Q 160 getestet und unterscheidet sich durch seine spezifische Wirkung auf vagale Ganglien von den anderen Stoffen dieser Wirkklasse[1]). Mit dieser Kombination sollen die erwünschten Eigenschaften des Reserpins, wie beruhigende und blutdrucksenkende Wirkung, ergänzt und die unerwünschten – darmerregende und herzverlangsamende – aufgehoben werden.

### 5.4 Barbitursäure-Antagonisten

Für eine sedativ-hypnotische Wirkung ist nicht nur das Piperidin-Grundskelett maßgebend, sondern auch die Stellung der Substituenten. So sind $\gamma$-disubstituierte Derivate unwirksam[2,3]) bzw. Antagonisten gegenüber Barbitursäure-Verbindungen aber auch gegen andere Schlafmittel, wie Glutethimid, Chloralhydrat und Methylparafynol[4]).

Bekannt geworden ist das *Bemegrid*, MEGIMIDE (Nicholas, Abbott, AG für medizinische Produkte, Berlin), EUKRATON (Nordmark), AHYPNON (VEB Chem. Werke Radebeul), MALYSOL [4-Äthyl-4-methyl-piperidin-dion-2,6 oder $\beta$-Äthyl-$\beta$-methyl-glutarimid][5]), welches vor allem bei Vergiftungen mit Schlafmitteln, wie Barbituraten, empfohlen wird. Die Verwendung nach chirurgischen Eingriffen dürfte beschränkt sein, da die Narkose heute meist kombiniert mit zentral und peripher angreifenden Mitteln durchgeführt wird. Eine syner-

Megimid                    Daptazol

gistische Verstärkung der antagonistischen Wirkung des Bemegrid bewirkt die gleichzeitige Verabfolgung von *Amiphenazol*, DAPTAZOL (Nicholas), DAPTAZILE (AG für medizinische Produkte, Berlin), PHENAMIZOL [2,4-Diamino-5-phenyl-thiazol]. Dieser Morphin-Antagonist wirkt Barbituraten nur schwach entgegen, ist aber ein ausgezeichnetes Atmungsstimulans. Die analgetischen Effekte des Morphins werden nicht beeinflußt, Entziehungssymptome treten nicht auf[6-8]).

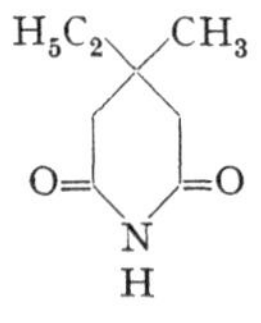

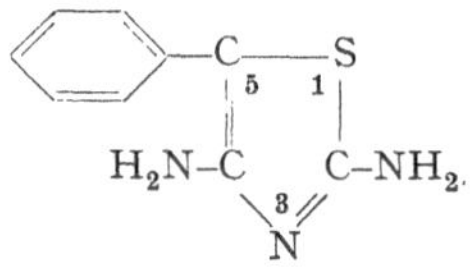

[1]) R. KADATZ und H. KLUPP, Naunyn-Schmiedeberg's Arch. exp. Pathol. Pharmakol. *227*, 383 (1956).

[2]) W. S. BENICA und C. O. WILSON, J. Amer. pharm. Ass. [B] *39*, 451 (1950).

[3]) P. G. MARSHALL und D. K. VALLANCE, J. Pharmacy Pharmacol. *6*, 740 (1954).

[4]) H.-H. FREY, Arzneimittel-Forsch. *6*, 583 (1956).

[5]) F. H. SHAW, S. E. SIMON, N. CASS, A. SHULMAN, J. R. ANSTEE und E. R. NELSON, Nature, London *174*, 402 (1954).

[6]) F. H. SHAW und G. BENTLEY, Nature, London *169*, 712 (1952).

[7]) F. H. SHAW und A. A. SHULMAN, Nature, London *175*, 388 (1955); Brit. med. J. *1955*, 1367.

[8]) A. SHULMAN, F. H. SHAW, N. M. CASS und H. M. WHYTE, Brit. med. J. *1955*, 1238.

## 6. Antitussiva

### 6.1 *Morphinan-Derivate*

Da bei der Synthese von Morphinanen Razemate entstehen, war es von Interesse und Wichtigkeit, die optischen Antipoden in dieser Reihe pharmakologisch zu testen, da alle bisher erhaltenen Ergebnisse am Morphin und seinen Abkömmlingen nur für die natürliche linksdrehende Form zutreffen. Hierbei wurde festgestellt: die linksdrehende (–)-Form ist für die analgetische Eigenschaft wichtig; Verbindungen der rechtsdrehenden (+)-Reihe besitzen diese nicht, haben aber einen Einfluß auf den Hustenreiz, wirken also in dieser Hinsicht «morphinartig». Eine Umwandlung der einen Form in die andere *in vivo* und *in vitro* ist auszuschließen[1]). So ist das *Dextromethorphan*, ROMILAR (Hoffmann-La Roche) [(+)-3-Methoxy-N-methyl-morphinan] zumindest gleich wirksam wie Codein, wobei aber die narkotischen, atemhemmenden, obstipierenden und antidiuretischen Nebenwirkungen der starken Hustenmittel des Morphin-Typs fehlen[2]).

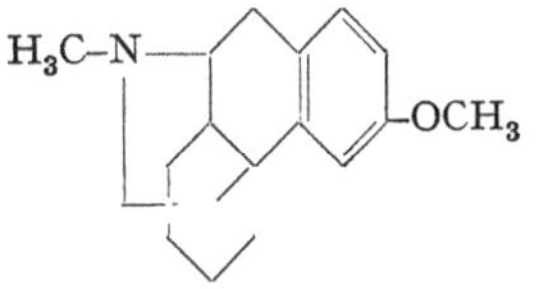


Dextromethorphan

### 6.2 *Phenylessigsäure-Abkömmlinge*

Unterschiedlich zum Caramiphen besitzt das *Carbetapentan*, TUCLASE (Union Chimique Belge), TOCLASE (Pfizer), SEDOTUSSIN (Dr. Pfleger) [1-Phenyl-cyclopentan-carbonsäure-(1)-2-(2-diäthylamino-äthoxy)-äthylester] eine verlängerte Seitenkette, wodurch ein wenig toxisches, hochwirksames Hustensedativum erhalten wurde, dem die Nebenwirkungen des Codein fehlen[3]).

$$R-\overset{\overset{\displaystyle O}{\|}}{C}-O-CH_2-CH_2-O-CH_2-CH_2-N\begin{matrix}C_2H_5\\C_2H_5\end{matrix}$$

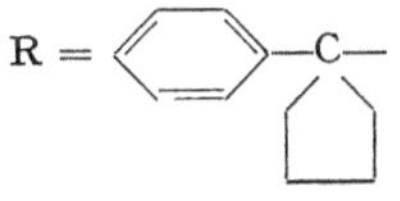


Carbetapentan

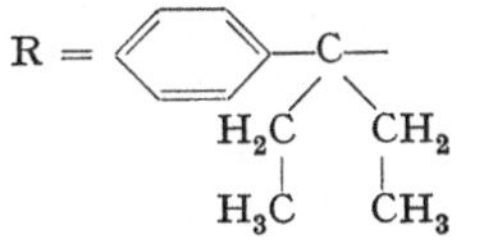


Oxeladin

---

1) O. SCHNIDER, A. BROSSI und K. VOGLER, Helv. chim. Acta *37*, 710 (1954).
2) B. PELLMONT und H. BÄCHTOLD, Schweiz. med. Wschr. *84*, 1368 (1954).
3) S. LEVIS, S. PREAT und F. MOYERSOONS, Arch. int. Pharmacodyn. *103*, 200 (1955).

Wird der Cyclopentan-Ring geöffnet, so liegt das *Oxeladin*, PECTAMOL (Brit. Drug Houses) [Diäthyl-phenylessigsäure-2-(β-diäthylamino-äthoxy)-äthyl-ester] vor[1]), das eine ähnliche antitussive Aktivität wie Carbetapentan besitzt, aber etwas weniger wirksam als Codeinphosphat ist. Seine akute Toxizität ist nicht signifikant von der der zyklischen Verbindung unterschieden; gegenüber Codein ist es 2–5mal so toxisch, in Abhängigkeit von Tierart und Anwendungsform[2]).

### 6.3 *Phenylpropanamin-Abkömmlinge*

Verwandtschaft mit dem Ticarda läßt das PERACON (Kali-Chemie) [α-(Isopropyl)-α-(β-dimethylaminopropyl)-phenylacetonitril] erkennen. Im Tierversuch erwies es sich wirksamer als Codein[3]). Es beseitigt durch selektive Beeinflussung des Hustenzentrums den Hustenreiz, Nebenwirkungen – wie Beeinflussung der Atemkapazität – wurden bisher nicht beobachtet[4]).

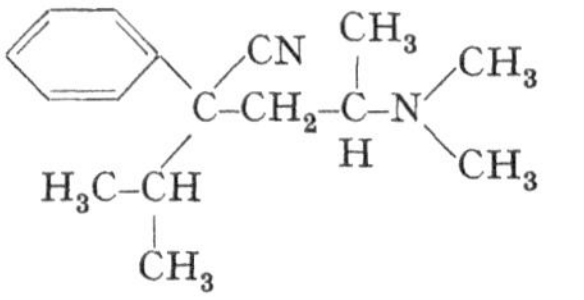

Peracon 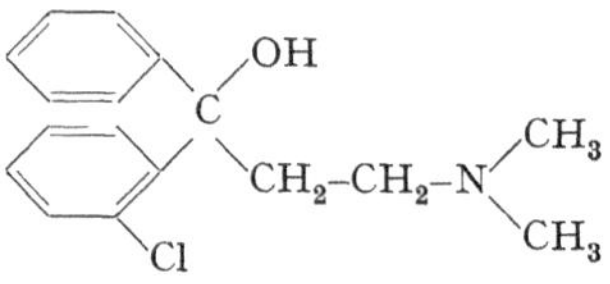                                              Detigon

Auch das DETIGON (Bayer) [1-o-Chlorphenyl-1-phenyl-3-dimethylaminopropanol-(1)] besitzt eine ähnlich starke antitussive Wirkung wie Codein, ist aber frei von dessen unerwünschten Nebenerscheinungen[5]). Anzeichen für Gewöhnung wurden bisher nicht gesehen[6]).

### 6.4 *Diversa*

Da der Hustenstoß zum Teil durch Übererregbarkeit der Dehnungsrezeptoren der Lunge infolge des vertieften Einatmens zustande kommt, wurde nach Verbindungen gesucht, die diese gegen sensible Reize unempfindlich machen. Zu stark erwiesen sich die bekannten Lokalanästhetika und waren bei einer Anwendung über einen längeren Zeitraum auch zu toxisch. Hohe Affinität zu den Dehnungsrezeptoren haben die oberflächenaktiven Polyäthylenglykole. Einbau solcher Kette in bekannte Grundkörper von Lokalanästhetika ergaben Derivate, die eine elektive Dämpfung der Dehnungsrezeptoren bewirken, deren anästhetische Eigenschaften aber zurückgedrängt sind. So liegt dem *Benzononatin*, TESSALON (Ciba) [p-n-Butylaminobenzoesäure-nona-äthylenglykol-

[1]) V. PETROW, O. STEPHENSON und A. M. WILD, J. Pharmacy Pharmacol. *10*, 40 (1958).
[2]) A. DAVID, F. LEITH-ROSS und D. K. VALLANCE, J. Pharmacy Pharmacol. *9*, 446 (1957).
[3]) D. KRAUSE, Arzneimittel-Forsch. *8*, 553 (1958).
[4]) P. CHRISTOFFEL und H. KOLBERG, Med. Klinik *53*, 1507 (1958).
[5]) R. GÖSSWALD, Arzneimittel-Forsch. *8*, 550 (1958).
[6]) V. ZUR LINDEN, Die Medizinische *1958*, 959.

monomethyläther)-ester] das Tetracain zugrunde, dessen Dimethylamino-
äthanolrest durch 9 Äthylen-glykol-Einheiten ersetzt ist[1].

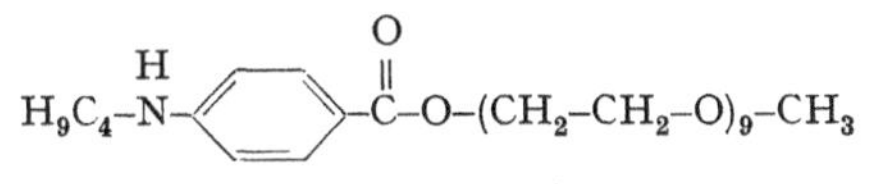

$$H_9C_4-\overset{H}{N}-\underset{}{\fbox{}}-\overset{O}{\overset{\|}{C}}-O-(CH_2-CH_2-O)_9-CH_3$$

Benzononatin

## 7. Neuroplegika

Große Bedeutung haben eine Reihe von Arzneimitteln erlangt, die eine
besondere Integration seelischer Funktionsstörungen hervorrufen sollen und
für die neuartige Begriffsbestimmungen geprägt wurden, wie Ataraktika[2],
Tranquilizer, Neuroplegika, Neuroleptika, vegetative Stabilantien.

Diese Stoffe, die verschiedenen Körperklassen angehören, sollen beruhigen,
von Angst- und Spannungszuständen befreien und Spasmen lösen; ihre Wirkung ist in erster Linie zentral; Konzentration, Denkvermögen und Leistungsfähigkeit sollen nicht beeinflußt werden.

### 7.1 *Phenothiazin-Abkömmlinge*

In diese Gruppe kann man Phenothiazin-Derivate einreihen, die sich vom
Chlorpromazin durch den Substituenten am Ringsystem oder durch die basische Seitenkette am ringständigen N-Atom unterscheiden. Es wurden so Präparate erhalten, die zum Teil weniger Nebenwirkungen als das Chlorpromazin
hervorrufen (Sehstörungen, Austrocknen der Schleimhäute, insbesondere des
Mundes, Hypertensionen) bzw. denen die dem Chlorpromazin eigenen unerwünschten Nebenwirkungen völlig fehlen, zum Teil ausgesprochene zentrale
Effekte bedingen, zum Teil wirksamer sind als das Chlorpromazin. Für die
Wirkung ist eine N–C–C–C–N-Kette erforderlich, die auch ringförmig angeordnet sein kann, wie beim Mepazin.

Verschieden ist auf dem Phenothiazin-Gebiet die Bezifferung des Ring-
systems, wodurch Verwechslungsmöglichkeiten nicht ausgeschlossen sind. Während im BEILSTEIN[3] die Numerierung wie in Formel (XIV) vorgenommen
wird, beziffert der Ring-Index[4] nach Formel (XV).

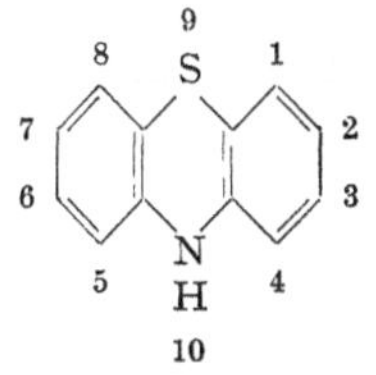

(XIV) 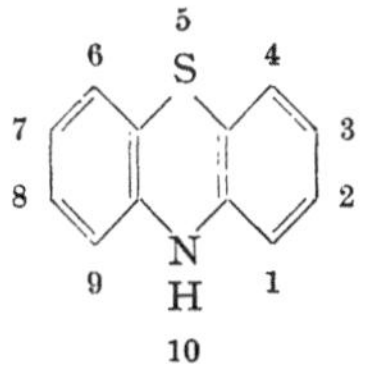                    (XV)

---

[1] K. BUCHER, Schweiz. med. Wschr. *86*, 94 (1956).
[2] H. D. FABING, J. Amer. med. Ass. *158*, 1461 (1955).
[3] Fr. K. BEILSTEIN, 4. Aufl., *27*, 63 (1937).
[4] *The Ring Index*, A. C. S. Monograph Series *84*, 252, No. 1860 (1940).

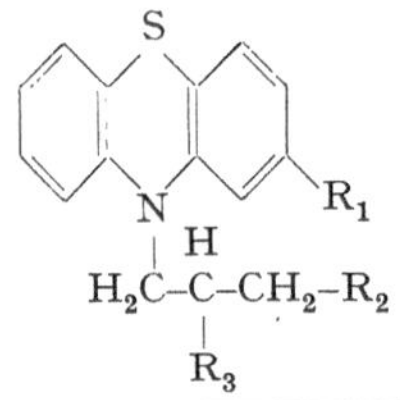

| | |
|---|---|
| $R_1 = R_3 = H$ <br> $R_2 = -N\langle \rangle N-CH_3$ | Taxilan |
| $R_1 = -Cl$ <br> $R_2 = -N\langle \rangle N-CH_3$ <br> $R_3 = -H$ | Prochlorpromazin <br> (Prochlorperazin) |
| $R_1 = -Cl$ <br> $R_2 = -N\langle \rangle N-CH_2-CH_2-OH$ <br> $R_3 = -H$ | Perphenazin <br> (Chlorpiprozin) |
| $R_1 = -Cl$ <br> $R_2 = -N\langle \rangle N-CH_2-CH_2-O-\overset{\parallel}{\underset{O}{C}}-CH_3$ <br> $R_3 = -H$ | Thiopropazate |
| $R_1 = -COCH_3$ <br> $R_2 = -N\langle \overset{CH_3}{\underset{CH_3}{}}$ <br> $R_3 = -H$ | Acetopromazin |
| $R_1 = -OCH_3$ <br> $R_2 = -N\langle \overset{CH_3}{\underset{CH_3}{}}$ <br> $R_3 = -H$ | Methopromazin |
| $R_1 = -CF_3$ <br> $R_2 = -N\langle \overset{CH_3}{\underset{CH_3}{}}$ <br> $R_3 = -H$ | Triflupromazin <br> (Trifluoperazin) |
| $R_1 = -H$ <br> $R_2 = -N\langle \overset{CH_3}{\underset{CH_3}{}}$ <br> $R_3 = -CH_3$ | Trimeprazin |
| $R_1 = -OCH_3$ <br> $R_2 = -N\langle \overset{CH_3}{\underset{CH_3}{}}$ <br> $R_3 = -CH_3$ | Methotrimeprazin <br> (Lévomépromazin) |

The phenothiazine core structure shown at top of the table:

$$\text{phenothiazine with } S \text{ bridge}, \quad N-H, \quad R_1$$
$$H_2C-\underset{R_3}{\overset{|}{C}}-CH_2-R_2$$

Die Nomenklatur der hier aufgeführten Handelsprodukte entspricht derjenigen des BEILSTEIN.

Als Psychoregulans wurde das TAXILAN (Promonta) [10-(3'-{1"-Methyl-4"-piperazinyl}-propyl)-phenothiazin] eingeführt. Ohne wesentlichen hypnotischen Effekt tritt die sedierende Wirkung in den Vordergrund; das Hauptanwendungsgebiet sind endogene und organisch bedingte Psychosen[1]).

Erfolge mit dem *Prochlorperazin*, COMPAZIN (Smith Kline & French), NIPADOL (Bayer), STEMETIL (Specia; May & Baker) [10-(3'-{1"-Methyl-4"-piperazinyl}-propyl)-3-chlor-phenothiazin] wurden bei Angst- und Spannungszuständen, Nausea und Erbrechen und anderem erzielt[2-4]). Sofern Nebenwirkungen bei den gebräuchlichen Dosierungen auftreten, sind diese harmlos und nur vorübergehend.

Ebenso übertrifft das *Perphenazin*, DECENTAN (E. Merck), FENTAZIN, TRILAFON (Schering Corp.) [10-(3'-{1"-Oxyäthyl-4"-piperazinyl}-propyl)-3-chlor-phenothiazin] das Chlorpromazin in der Wirkung, unerwünschte Nebenwirkungen, wie Sehstörungen, Austrocknen der Mundschleimhäute und anderes sollen fehlen[5]). Es ist halb so toxisch wie Chlorpromazin. Wichtig ist die Einhaltung der individuellen Dosis.

Das entsprechende acetylierte Produkt liegt im *Thiopropazat*, DARTAL (Searle, USA), DARTALAN (Searle, Engl.) [10-(3'-{1"-Acetoxyäthyl-4"-piperazinyl}-propyl)-3-chlor-phenothiazin] vor. Auch hier ist für die tranquilisierende Wirkung nur eine niedrige Dosierung notwendig; eine Sedierung tritt nicht auf.

Auch das *Acetopromazin*, *Acepromazin*, NOTENSIL (Benger), PLÉGICIL (Clin-Comar) [10-(3'-Dimethylaminopropyl)-3-acetyl-phenothiazin], das auch im SOPRINTIN (Knoll) neben Bromural enthalten ist, zeichnet sich durch überlegene Wirksamkeit und geringe Toxizität aus, wobei zentrale Effekte besonders auf die Kerngebiete des Thalamus im Vordergrund stehen[6-10]). Es soll starke adrenolytische Wirkung besitzen[11]).

Eine Wirkungsanalogie zum Chlorpromazin wurde auch beim *Methopromazin*, MOPAZIN (Specia) [10-(3'-Dimethylaminopropyl)-3-methoxy-phenothiazin] festgestellt. Wie dieses, ist es ein Neuroplegikum für das periphere und zentrale Nervensystem. In der Therapie vermag es das Chlorpromazin nicht ·
zu ersetzen.

Dreimal so wirksam wie Chlorpromazin bei der Untersuchung von Erregungszuständen und verwandten Symptomen erwies sich das *Triflupromazin*,

[1]) O. NIESCHULZ, I. HOFFMANN und K. POPENDIKER, Arzneimittel-Forsch. *8*, 199 (1958).
[2]) T. J. VISCHER, New Engl. J. Med. *256*, 26 (1957).
[3]) G. SMITHY und F. HOMBURGER, New Engl. J. Med. *256*, 27 (1957).
[4]) J. R. WENNERSTEN, Clin. Med. *3*, 1179 (1956).
[5]) F. J. AYD, Jr., *Meeting Medical Society of the State of New York* (Febr. 1957). Nicht erhältlich.
[6]) J. DELAY, P. PICHOT und R. ROPERT, Presse méd. *65*, Nr. 1, 491 (1957).
[7]) J. SCHMITT, J. MERCIER, M. AUROUSSEAU, A. HALLOT und P. COMOY, C. r. hebd. Séances Acad. Sci. *244*, 255 (1957).
[8]) P. HUGUENARD, Anesthésie et Analgésie *14*, 363 (1957).
[9]) P. HUGUENARD, Presse méd. *65*, Nr. 2, 685 (1957).
[10]) H. HAAS, Arzneimittel-Forsch. *8*, 20 (1958).
[11]) W. WIRTH, Arzneimittel-Forsch. *8*, 507 (1958).

VESPRIN (Squibb) [10-(3'-Dimethylaminopropyl)-3-(trifluor-methyl)-phenothiazin], wobei der sedative Effekt geringer ist[1]).

Als orales Antipruriginosum wurde das *Trimeprazin*, TEMARIL (Smith Kline & French) [DL-10-(3'-Dimethylamino-2'-methyl-propyl)-phenothiazin] eingeführt.

Bewährt bei manischen und verschiedenen anderen Erregungszuständen hat sich das *Methotrimeprazin*, NOZINAN (Specia) [L-10-(3'-Dimethylamino-2'-methyl-propyl)-3-methoxy-phenothiazin]. Adrenolytisch, sympatholytisch und parasympatholytisch ist es schwächer als Chlorpromazin, übertrifft dieses aber in der psychomotorisch dämpfenden Wirkung[2]).

Auf Grund der Tatsachen, daß ein Austausch des Benzolkerns durch einen Pyridinrest sowohl bei Antihistaminen der Äthylendiamin-Reihe als auch der Diphenylpropane zu einem Wirkungszuwachs führte, wurden 4-Aza-phenothiazine synthetisiert, um stark wirksame Antihistaminika ohne sedierende Nebeneffekte zu erhalten[3]). Das hierbei unter anderem dargestellte 10-(3'-Dimethylaminopropyl)-4-aza-phenothiazin zeigte sehr günstige sedierende und neurolytische Effekte. Gegenüber Chlorpromazin besitzt es Vorteile, wie bessere Verträglichkeit und geringere Toxizität[4]). Im Handel ist dieses *Prothipendyl* unter dem Namen DOMINAL und DOMINAL FORTE (Homburg). Wegen der umfassenden zentralen und peripheren Wirkungen ist der Indikationsbereich groß[5, 6]).

Auch bei Squibb wurde dieses 4-Aza-phenothiazin dargestellt[7]).

Strukturchemische Überlegungen führten auch zum Aufbau von Thiaxanthen-Derivaten; hier zeigten 9-Aminoalkylen-Verbindungen, wie N 714 (Lundbeck), starke Parallelen in der Wirkung mit den Phenothiazinen, wie Chlorpromazin, während die gesättigten Thiaxanthenabkömmlinge weniger wirksam

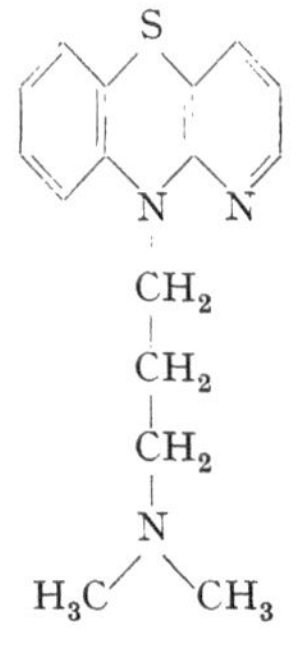

Prothipendyl 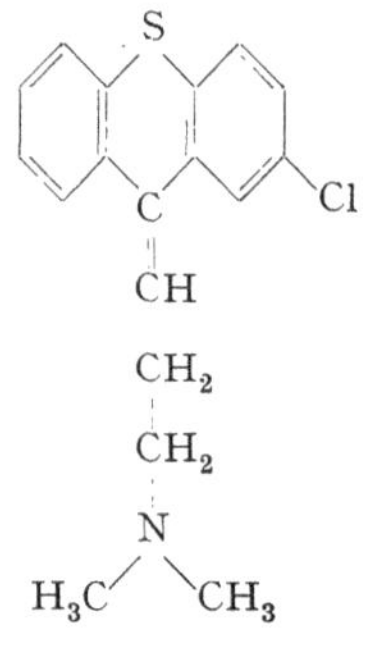                              N 714 (trans)

[1]) H. L. YALE, F. SOWINSKI und J. BERNSTEIN, J. Amer. chem. Soc. *79*, 4375 (1957).
[2]) J. SIGWALD, M. HENNE, D. BOUTTIER, C. RAYMONDEAUD und A. QUETIN, Presse méd. *64*, 2011 (1956).
[3]) A. v. SCHLICHTEGROLL, Arzneimittel-Forsch. *7*, 237 (1957).
[4]) A. v. SCHLICHTEGROLL, Arzneimittel-Forsch. *8*, 489 (1958).
[5]) K. HUTSCHENREUTER und K. PITZLER, Med. Klinik *53*, 1415 (1958).
[6]) J. QUANDT, L. v. HORN und H. SCHLIEP, Psychiatria et Neurologia *135*, 197 (1958).
[7]) H. L. YALE und F. SOWINSKI, J. Amer. chem. Soc. *80*, 1651 (1958).

waren. Es scheint demnach so, daß die $\pi$-Elektronenkonfiguration des Chlorpromazins erhalten bleiben muß für eine starke zentrale depressive Wirkung, ist doch die $\pi$-Elektronenverteilung in den Phenothiazin-Derivaten und den 9-Aminoalkylen-thiaxanthenen mit der stabilisierenden konjugierten Doppelbindung zwischen C 9 im Thiaxanthen-Ring und dem C-Atom 1 der Seitenkette fast die gleiche[1]).

### 7.2 Rauwolfia-Alkaloide

Großes therapeutisches Interesse hat die Gattung Rauwolfia gefunden. Aus dieser Gruppe werden in Indien schon lange die Wurzeln und Rhizome von *R. serpentina* Benth. verwandt. Das hieraus isolierte Reserpin[2]) wurde als Träger der sedativen Wirkung erkannt. Chemisch ist es ein Esteralkaloid, seine alkalische Hydrolyse ergibt Reserpinsäure, Methanol und 3,4,5-Trimethoxybenzoesäure[3,4]). In zunehmendem Maße wurde es in den letzten Jahren zur Behandlung von Psychosen herangezogen.

$R = -OCH_3$    Reserpin

$R = -H$      Deserpidin

Für die Wirkung ist die $OCH_3$-Gruppe im Ring A am C-Atom 11 nicht erforderlich. So ist das aus *R. canescens* isolierte Canescin[5]), Deserpidin[6]), Recanescin[7]) oder Raunormin[8]) praktisch wirkungsgleich mit dem Reserpin[9–11]). Dieses 11-Desmethoxy-Derivat wurde unter dem Namen HARMONYL (Abbott) eingeführt und ist beruhigend und auch hypotensiv wirksam.

[1]) P. V. PETERSEN, N. LASSEN, T. HOLM, R. KOPF und I. MØLLER NIELSEN, Arzneimittel-Forsch. *8*, 395 (1958).

[2]) J. M. MÜLLER, E. SCHLITTLER und H. J. BEIN, Experientia *8*, 338 (1952).

[3]) A. FURLENMEIER, R. LUCAS, H. B. MacPHILLAMY, J. M. MÜLLER und E. SCHLITTLER, Experientia *9*, 331 (1953).

[4]) L. DORFMAN, A. FURLENMEIER, C. F. HUEBNER, R. LUCAS, H. B. MacPHILLAMY, J. M. MÜLLER, E. SCHLITTLER, R. SCHWYZER und A. F. ST. ANDRÉ, Helv. chim. Acta *37*, 59 (1954).

[5]) A. STOLL und A. HOFMANN, J. Amer. chem. Soc. *77*, 820 (1955).

[6]) E. SCHLITTLER, P. R. ULSHAFER, M. L. PANDOW, R. M. HUNT und L. DORFMAN, Experientia *11*, 64 (1955).

[7]) J. H. SLATER, C. RATHBUN, F. G. HENDERSON und N. NEUSS, Proc. Soc. exp. Biol. Med. *88*, 293 (1955).

[8]) S. B. Penick Inc., Research Laboratories, Oil, Paint and Drug Reporter *167*, No. 9, 5 (1955).

[9]) A. CERLETTI, H. KONZETT und M. TAESCHLER, Experientia *11*, 98 (1955).

[10]) J. A. SCHNEIDER, A. J. PLUMMER, A. E. EARL, W. E. BARRET, R. RINEHART und R. C. DIBBLE, J. Pharmacol. *114*, 10 (1955).

[11]) J. W. E. HARRISSON, E. W. PACKMAN, E. SMITH, N. HOSANSKY und R. SALKIN, J. Amer. pharm. Ass. [B] *44*, 688 (1955).

Auch das im MODERIL (Pfizer) enthaltene Rescinnamin – isoliert aus *R. serpentina*[1]) – hat sich bei Angstzuständen bewährt[2]). Chemisch ist es der 3,4,5-Trimethoxyzimtsäureester des Methylreserpats.

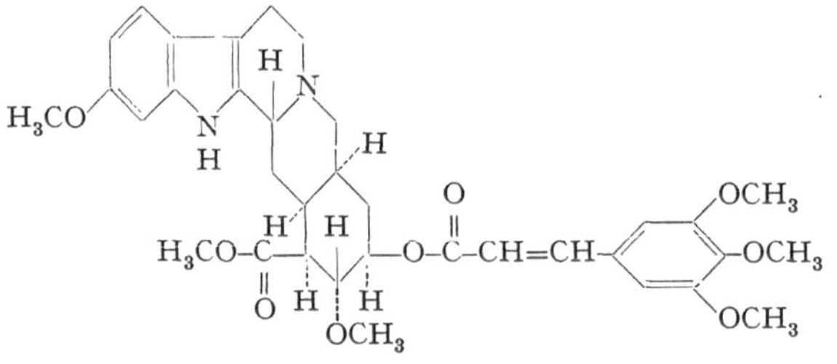

Rescinnamin

Die durch Partialsynthese erhaltenen Ester mit Benzoe-, Phenylessigsäure und anderen zeigten eine verminderte physiologische Aktivität.

### 7.3 *Benzhydryl-Derivate*

Vom Diphenhydramin ist schon lange die sedative Nebenwirkung bekannt. Aus diesem basischen Benzhydryläther wurden nun neue Verbindungen entwickelt, die spezifische ataraktische Wirkungen besitzen. So ist das *Hydroxyzin*, ATARAX (Union Chimique Belge, Pfizer-Roerig, Dr. Pfleger) [1-p-Chlorbenzhydryl-4-(2-{2-hydroxy-äthoxy}-äthyl)-piperazin] chemisch mit dem Antihistaminikum Chlorcyclizin verwandt, und seine pharmakologischen Eigenschaften sind zum Teil den Antihistaminika, zum Teil dem Chlorpromazin ähnlich[3, 4]). Klinisch wird es als Beruhigungsmittel zur symptomatischen Behandlung von Angst-, Spannungs- und Erregungszuständen eingesetzt[5, 6]). Auch bei Dermatosen, in deren Ätiologie und Verlauf psychogene Faktoren eine Rolle spielten, wurden Erfolge erzielt[7]).

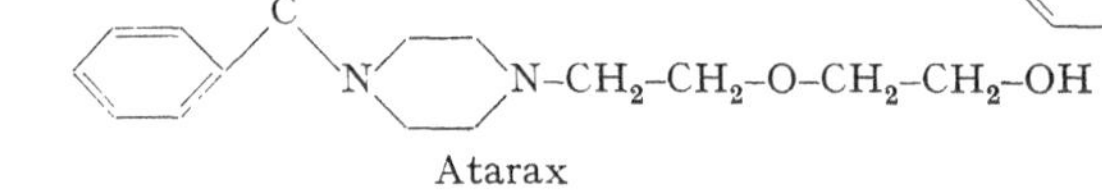

Atarax 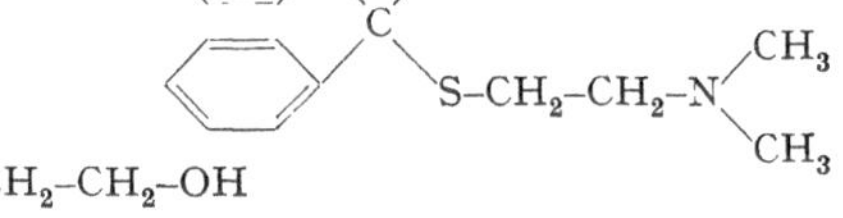                                            Covatix

[1]) M. W. KLOHS, M. D. DRAPER und F. KELLER, J. Amer. chem. Soc. *76*, 2843 (1954).

[2]) F. H. SMIRK und E. G. McQUEEN, Lancet *1955*, II, 115.

[3]) J. Amer. med. Ass. *162*, 205 (1956).

[4]) S. LEVIS, S. PREAT, J. BEERSAERTS, J. DAUBY, L. BEELEN und V. BAUGNIET, Arch. int. Pharmacodyn. *109*, 127 (1957).

[5]) H. SENECA, Antibiotic Med. clin. Therap. *4*, 25 (1957).

[6]) M. SHALOWITZ, Geriatrics 11, *312* (1956).

[7]) H. M. ROBINSON, Jr., R. C. V. ROBINSON und J. F. STRAHAN, J. Amer. med. Ass. *161*, 604 (1956).

Von WEIDMANN und PETERSEN[1,2]) wurde das *Captodiamin*, COVATIN (Lundbeck, W. R. Warner), COVATIX (Goedecke), SUVREN (Ayerst) [p-Butyl-mercapto-diphenyl-methyl-2-dimethylamino-äthyl-sulfid] dargestellt, das von KOPF und MØLLER NIELSEN pharmakologisch und toxikologisch untersucht wurde[3]). Im Gegensatz zum Diphenhydramin besitzt es eine p-Butylmer-captogruppe und ein S-Atom anstelle des Sauerstoffs in der basischen Seiten-kette. Hervorgehoben wird eine hohe sedative und spasmolytische Aktivität und das Fehlen einer hypnotischen Eigenschaft. Sein therapeutischer Effekt tritt erst nach einer Anlaufzeit, unter Umständen nach mehreren Tagen, ein[4-6]).

Auch das *Azacyclonol*, FRENQUEL (Merrell) [α-(4-Piperidyl)-benzhydrol] wird in die Gruppe der Tranquilizer eingereiht. Es wirkt sedativ und antagonistisch gegenüber Pipradrol, Amphetamin und andere Stimulantien. Bei akuten und toxischen Psychosen ist das Präparat von Wert[7]).

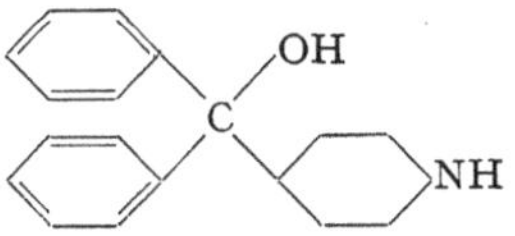

Azacyclonol

### 7.4 *Diphenylessigsäure-Abkömmlinge*

Schon länger bekannt ist das *Benactyzin* [Benzilsäure-diäthyl-aminoäthyl-ester][8]), das sich aber seinerzeit infolge der starken Toxizität für therapeu-tische Zwecke als nicht geeignet erwies[9]). Auf Grund großer Untersuchungs-reihen – vor allem in den nordischen Ländern – wurde die Substanz jetzt ein-geführt zur Behandlung von Angst- und Spannungszuständen[10-12]), im Han-del als SUAVITIL (Medicinalco, Haury, Glaxo, Merck Sharp & Dohme), PARASAN

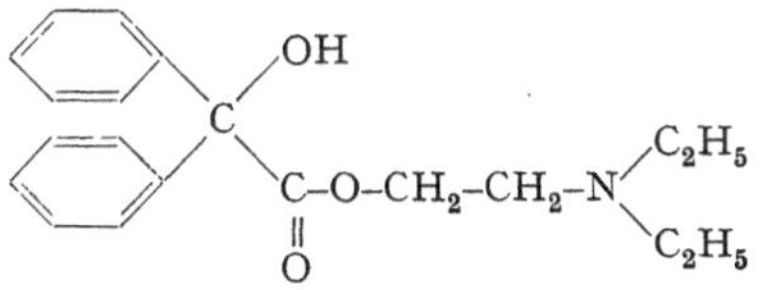

Benactyzin

[1]) H. WEIDMANN und P. V. PETERSEN, J. Pharmacol. *108*, 201 (1955).
[2]) H. WEIDMANN und P. V. PETERSEN, Ugeskr. Laeger, K'hvn. *117*, 378 (1955).
[3]) R. KOPF und I. MØLLER NIELSEN, Arzneimittel-Forsch. *8*, 154 (1958).
[4]) H. WERENBERG, Ugeskr. Laeger, K'hvn. *117*, 381 (1955).
[5]) H. ELLERMANN, Nord. med. *54*, 531 (1955).
[6]) O. H. ARNOLD, Wiener med. Wschr. *22*, 510 (1956).
[7]) S. COHEN und R. R. PARLOUR, J. Amer. med. Ass. *162*, 948 (1956).
[8]) K. FROMHERZ, Naunyn-Schmiedebergs Arch. exp. Path. Pharmakol. *173*, 86, 112 (1933).
[9]) K. FROMHERZ, Dtsch. med. Wschr. *75*, 1377 (1950).
[10]) O. ØSTERGAARD JENSEN, Danish med. Bull. *2*, 140 (1955).
[11]) M. J. RAYMOND und C. J. LUCAS, Brit. med. J. *1956*, I, 952.
[12]) O. ØSTERGAARD JENSEN, Dtsch. med. Wschr. *82*, 1269 (1957).

(Medix), NUTINAL (Boots), CEVANOL (Imperial Chemical Industries), LUCIDIL (Smith & Nephew), PHOBEX (Lloyd, Dabney & Westerfield). Unbeeinflußt bleiben Psychosen und schwere Neurosen. Chemisch ist es mit dem Diphemin verwandt.

### 7.5 *Aliphatische Alkohole und Reaktionsprodukte*

Die sedative Eigenschaft von aliphatischen Alkoholen ist schon lange bekannt. Aus der Reihe der Propandiole wurde zuerst das PRENDEROL (Squibb) [2,2-Diäthyl-1,3-propandiol] als Antiepileptikum eingeführt[1]. Mit diesem verwandt ist das *Meprobamat*, ANEURAL (Asche), BIOBAMAT (Biochemie, Österreich), CYRPON (Tropon), EQUANIL (Wyeth), MILTOWN (Wallace, Lederle), MILTAUN (Lederle-Grünenthal), PEREQUIL (Lepetit), QUANAME (Doetsch-Grether, Basel), RESTENIL (Kabi) [2-Methyl-2-n-propyl-1,3-propandiol-dicarbamat]. Durch die Veresterung mit der Carbaminsäure wird eine stärkere und protrahierte Wirkung erzielt[2]. Auf die vegetativen Stammhirnzentren übt es einen ähnlichen Einfluß wie Mephenesin aus, der beruhigende Einfluß auf nervöse Patienten wird durch eine Blockade in den interneuralen Leistungsbahnen und eine Herabsetzung des Muskeltonus hervorgerufen[3, 4]. Es übt eine selektive Wirkung auf den Thalamus aus. Erprobt wurde es bei Angst- und Spannungszuständen[5, 6].

Meprobamat

Oblivon-C

Auch mit dem Methylparafynol wurden gute Ergebnisse bei milden neurotischen und Angstzuständen erzielt[7]. Nachteilig ist die relativ kurze Wirkdauer von 1–1$\frac{1}{2}$ Stunden. Einen Effekt von 4 Stunden erreicht man mit seinem Carbaminsäureester, dem OBLIVON-C (Brit. Schering), N-OBLIVON (Latéma, Paris), TRUSONO (W. Schur, Hamburg). Bei geringer Toxizität soll eine große Spanne zwischen sedativer und hypnotischer Wirkung bestehen[8, 9]. Aus der Gruppe der Butandiole stammt das *Phenaglycodol*, ACALO (Lilly, Schweiz), ULTRAN (Lilly, USA), SINFORIL (Roussel) [2-p-Chlorphenyl-3-

[1] M. A. PERLSTEIN, Neurology *3*, 744 (1953).
[2] F. M. BERGER, J. Pharmacol. *104*, 229 (1952).
[3] F. M. BERGER, J. Pharmacol. *112*, 413 (1954).
[4] C. D. HENDLEY, T. E. LYNES und F. M. BERGER, Proc. Soc. exp. Biol. Med. *87*, 680 (1954).
[5] L. S. SELLING und P. H. ORLANDO, J. Amer. med. Ass. *157*, 1594 (1955).
[6] J. C. BORRUS, J. Amer. med. Ass. *157*, 1596 (1955).
[7] W. J. MUHLFELDER, H. ARONSON, S. BERG und M. HERMAN, N. Y. State J. Med. *55*, 2185 (1955).
[8] B. H. HALPERN und A. LEHMANN, Presse méd. *65*, 622 (1957).
[9] J. H. BARNES, P. A. MCCREA, P. G. MARSHALL, M. M. SHEAHAN und P. A. WALSH, J. Pharmacy Pharmacol. *10*, 315 (1958).

methyl-butandiol-(2,3)]. Es ruft einen schnellen und milden tranquilisierenden, aber auch relaxierenden Effekt hervor. Infolge der hauptsächlich durch Depression der polysynaptischen Wege bedingten Wirkung wird hier von einem Neurosedativum gesprochen[1]).

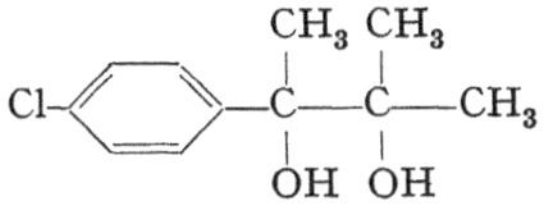

$$Cl-\underset{\underset{OH}{|}}{\overset{\overset{CH_3}{|}}{C}}-\underset{\underset{OH}{|}}{\overset{\overset{CH_3}{|}}{C}}-CH_3$$

Phenaglycodol

## 7.6 Diversa

Harnstoffderivate von disubstituierten Essigsäuren sind schon lange als sedativ wirksam bekannt. Neu eingeführt wurde aus dieser Reihe das *Ectylurea*, NOSTYN (Ames) [2-Äthyl-crotonyl-harnstoff][2]). Von den zwei bei der Darstellung entstehenden Isomeren ist nur die höherschmelzende Form wirksam. Es ist von Wert zur milden Medikation bei Angst- und Spannungszuständen älterer Patienten[3]).

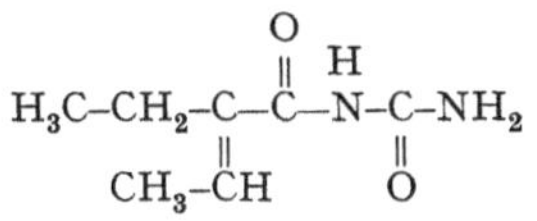

$$H_3C-CH_2-\underset{\underset{CH_3-CH}{\|}}{\overset{\overset{O}{\|}}{C}}-\overset{\overset{H}{|}}{C}-N-C-NH_2$$

Nostyn

$$H_3C-CH_2-CH_2-\overset{\overset{H}{|}}{C}\!\!\overset{\overset{C_2H_5}{|}}{-}\!\!C-C-NH_2$$

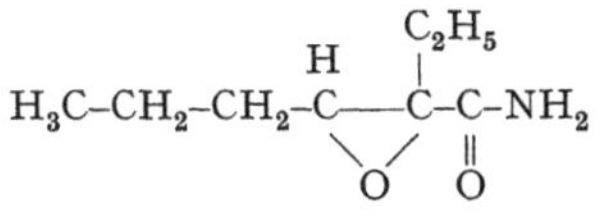

Quiactin

Strukturell unterschiedlich zu den anderen ataraktisch wirkenden Verbindungen ist das *Oxamid*, QUIACTIN (Merrell) [2-Äthyl-3-propyl-glycidamid]. Es wurde zunächst als ein kurzwirksames Hypnotikum mit zentraler Wirkung erkannt[4]). Heute wird es als ein Präparat mit ähnlicher Wirkung wie Meprobamat herausgestellt, aber mit länger anhaltendem Tranquilizer-Effekt[5-7]). Disubstituierte Glycidamide selbst wurden schon früher als Hypnotika geprüft[8]).

Meta-Thiazane wurden schon früher untersucht, bekannt geworden ist aus dieser Reihe das DOLITRONE (Merrell) [5-Äthyl-6-phenyl-m-thiazan-2,4-dion] als intravenöses Anästhetikum[9]). Bei der Weiterbearbeitung dieser Körperklasse bei Sterling-Winthrop wurde in dem 2-(4-Chlorphenyl)-3-methyl-m-thiazanon-(4)-1-dioxyd – TRANCOPAL (Sterling) – ein wirksamer Tranquilizer gefunden[10]).

[1]) J. H. SLATER, G. T. JONES und W. K. YOUNG, Proc. Soc. exp. Biol. Med. *93*, 528 (1956).
[2]) J. T. FERGUSON und F. V. Z. LINN, Antibiotic Med. clin. Therap. *3*, 329 (1956).
[3]) J. T. FERGUSON, J. Amer. Geriat. Soc. *4*, 1080 (1956).
[4]) M. R. WARREN, CH. R. THOMPSON und H. W. WERNER, J. Pharmacol. *96*, 209 (1949).
[5]) C. D. FEUSS und L. GRAGG, JR., Dis. nerv. Syst. *18*, 29 (1957).
[6]) E. A. COATS und R. W. GRAY, Dis. nerv. Syst. *18*, 191 (1957).
[7]) R. PROCTOR, Dis. nerv. Syst. *18*, 223 (1957).
[8]) E. FOURNEAU, J. R. BILLETER und D. BOVET, J. Pharm. Chim. *19*, 49 (1934).
[9]) J. S. LUNDY, J. Amer. med. Ass. *157*, 1399 (1955).
[10]) A. R. SURREY, W. G. WEBB und R. M. GESLER, J. Amer. chem. Soc. *80*, 3469 (1958).

Eine neue, wenig toxische Gruppe mit narkosepotenzierenden und sedativen Effekten wurde in den 2-Oxo-3-alkyl-hexahydro-11bH-benzo[a]chinolizinen gefunden[1]. Nach ihrer Verabreichung nimmt der Serotonin- und Noradrenalingehalt im Gehirn bei verschiedenen Tierspezies ab[2], es resultiert also ein ähnliches Wirkungsbild, wie es bis heute nur von den Rauwolfia-

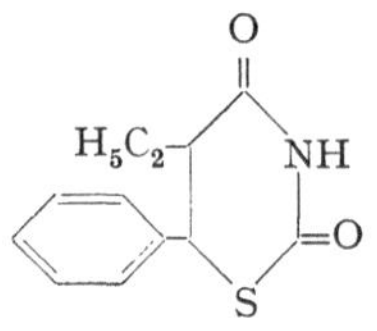

Dolitrone 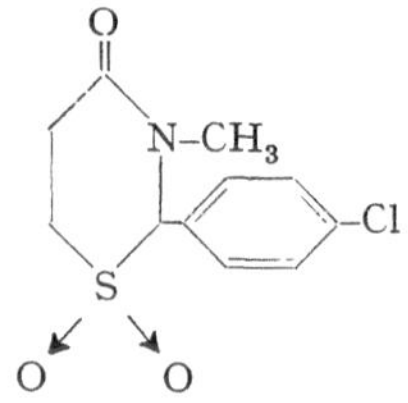                                    Trancopal

Alkaloiden Reserpin, Deserpidin und Rescinnamin bekannt war. Aus dieser Reihe befindet sich das 2-Oxo-3-isobutyl-9,10-dimethoxy-1,2,3,4,6,7-hexahydro-11bH-benzo[a]chinolizin unter dem Namen TETRABENAZIN (Hoffmann-La Roche) in klinischer Prüfung.

Unterschiede zwischen den Rauwolfia-Alkaloiden und den Benzo[a]chinolizinen bestehen nur in Dauer und Intensität der Wirkung, so normalisiert sich der durch Tetrabenazin gesenkte Serotoningehalt wieder nach 10–24 Stunden, der sedative Effekt hält 5–8 Stunden an.

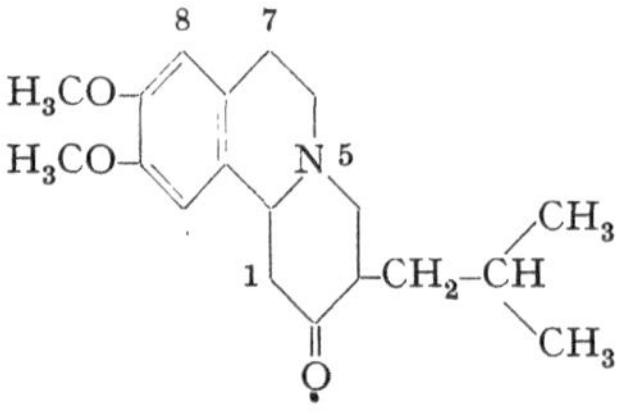

Tetrabenazin 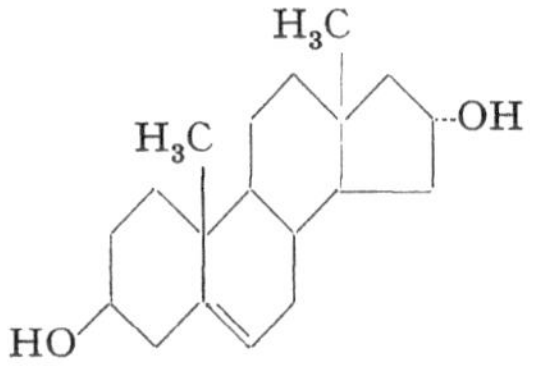                                    Cetadiol

Bei psychischen Krankheitszuständen hat sich auch CETADIOL (Nepera) [$\Delta^5$-Androsten-3$\beta$, 16$\alpha$-diol] bewährt. Es zeigt einen kräftigen tranquilisierenden Effekt. Auch zur Senkung psychisch bedingter Hypertensionen ist es angezeigt[3, 4].

## 8. Muskelrelaxantia

### 8.1 Glycerinäther

Untersuchungen an Muskelrelaxantien des Glycerinäther-Typs ergaben folgende interessanten Ergebnisse: mit steigendem Molekulargewicht sinkt die Wirkungsdauer. Das Optimum der Wirkungsstärke liegt bei Verbindungen mit

[1]) A. Brossi, H. Lindlar, M. Walter und O. Schnider, Helv. chim. Acta 41, 119 (1958).
[2]) A. Pletscher, Science, Washington 126, 507 (1957).
[3]) C. H. Campbell und H. G. Sleeper, Amer. J. Psychiat. 112, 845 (1956).
[4]) F. Lemere, Amer. J. Psychiat. 113, 930 (1957).

10–12 C-Atomen. Stoffe mit langer Wirkungsdauer sind grundsätzlich weniger aktiv als solche mit kurzer Einflußzeit.

So besitzt das TROXANOL (Abbott) [1-Äthyl-3-isopropyl-glycerinäther] eine höhere Wirkungsstärke als Mephenesin. Für klinische Zwecke aber werden Mischungen von länger wirkenden Substanzen mit jenen höherer Aktivität vorgeschlagen, zum Beispiel aus Troxanol und Mephenesin[1]).

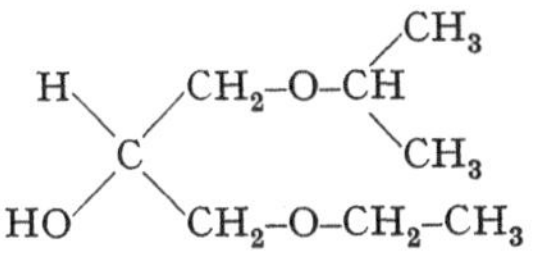

Troxanol

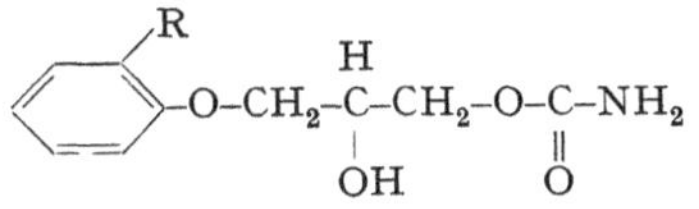

R = –CH₃ Tolseram
R = –OCH₃ Robaxin

Veresterung mit Carbaminsäure bedingt eine Wirkungsverlängerung. Eingeführt wurden das *Mephenesincarbamat*, TOLSERAM (Squibb) [2-Oxy-3-o-toloxy-propyl-1-carbaminat] und das *Methocarbamol*, ROBAXIN (Robins) [3-(o-Methoxy-phenoxy)-2-hydroxy-propyl-1-carbaminat][2, 3]).

### 8.2 Benzoxazole

Wirksamer als die Glycerinäther sind die Benzoxazol-Derivate. So zeigt das *Zoxazolamin*, FLEXIN (McNeil) [2-Amino-5-chlorbenzoxazol] oral gegeben einen guten und langanhaltenden muskelerschlaffenden Effekt. Es wird angewandt bei Krankheiten, die durch Spasmen der Skelettmuskulatur charakterisiert sind[4, 5]). Bei neurologischen Krankheiten erwies sich die Wirkung für klinische Zwecke als zu schwach[6]).

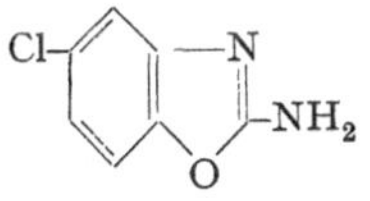

Flexin 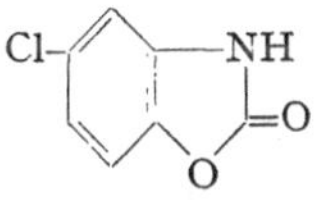                                                        Paraflex

Ein Spinaldepressor mit wenig Nebeneffekten ist auch das *Chlorzoxazone*, PARAFLEX (McNeil) [5-Chlor-benzoxazolinon]. Hervorgehoben wird die lange Wirkungsdauer von annähernd 6 Stunden.

---

[1]) J. S. GOODSELL, J. E. P. TOMAN, G. M. EVERETT und R. K. RICHARDS, J. Pharmacol. 110, 251 (1954).

[2]) A. M. MORGAN, E. B. TRUITT, Jr., und J. M. LITTLE, J. Amer. pharm. Ass. [B] 46, 374 (1957).

[3]) E. B. TRUITT, Jr., und J. M. LITTLE, J. Pharmacol. 119, 161 (1957).

[4]) J. Amer. med. Ass. 162, 206 (1956).

[5]) E. H. ABRAHAMSEN und H. W. BAIRD, III, J. Amer. med. Ass. 160, 749 (1956).

[6]) W. AMOLS, J. Amer. med. Ass. 160, 742 (1956).

### 8.3 *Curareähnlich wirkende Stoffe*

Eine Substanz, die allein nicht die in der Chirurgie erforderlichen, charakteristischen curarisierenden Eigenschaften aufweist, ist das *Hexafluoreniumbromid*, MYLAXEN (Irwin Neisler) [Hexamethylen-1,6-bis-{fluorenyl-(9)-dimethylammoniumbromid}]. Sie lähmt die neuromuskuläre Transmission[1] und bewirkt mit Succinylcholin unter bestimmten Kombinationsbedingungen eine leicht steuerbare vollständige Muskelerschlaffung. Theoretisch weisen beide Substanzen antagonistische Eigenschaften auf, in praxi tritt aber eine Potenzierung ein[2]. Überraschend ist, daß dieses Molekül mit einer C6-Kette zwischen 2 N+ keine ganglienblockierende Wirkung besitzt[3].

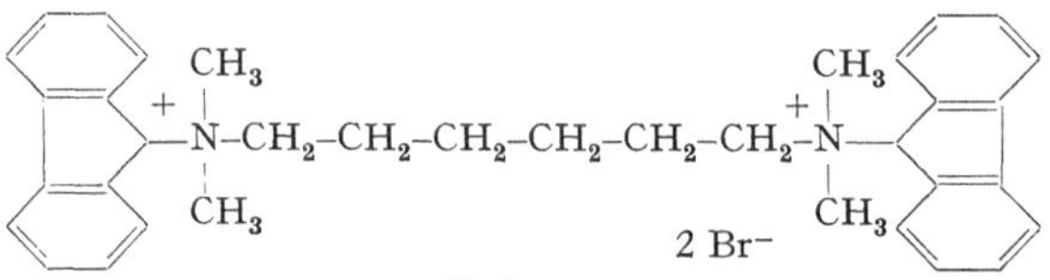

Mylaxen

Auch das BREVATONAL (Union Chimique Belge) [5,5'-Bis-(dimethylamino)-dipentyläther-bis-methochlorid] besitzt ausgeprägte, aber begrenzte Curarewirkung. Meist wird es zusammen mit MEDIATONAL (Union Chimique Belge) [3,4-Bis-(p-{β-dimethylaminoäthoxy}-phenyl)-isopentan-bis-methojodid] angewandt. Die flüchtige Curarewirkung ersterer wird durch die mehr atonisierend wirkende letzterer in günstiger Weise potenziert[4, 5]. Da beide Mittel mit Barbituraten gefällt werden und noch kein Gegenmittel bekannt ist, hat diese Kombination eine beschränkte Anwendbarkeit[6].

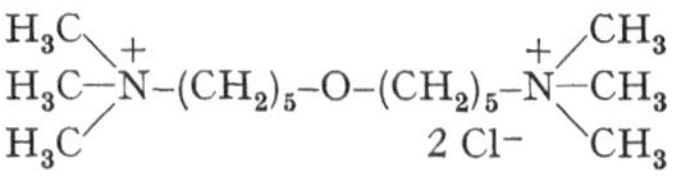

Brevatonal

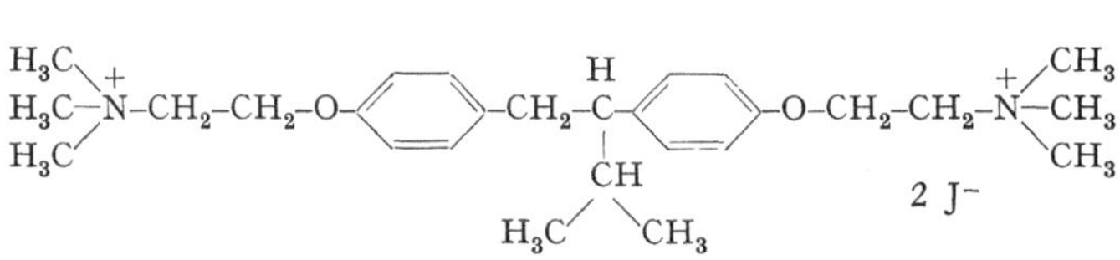

Mediatonal

[1]) J. G. ARROWOOD und M. S. KAPLAN, Curr. Res. Anesth. *35*, 412 (1956).
[2]) R. RIZI und E. GALEOTTO, Anesthésie et Analgésie *13*, 245 (1956).
[3]) CH. J. CAVALLITO, J. G. ARROWOOD und TH. B. O'DELL, Anesthesiology *17*, 547 (1956).
[4]) S. LEVIS, S. PREAT und J. DAUBY, Arch. int. Pharmacodyn. *93*, 46 (1953).
[5]) R. BRODOWSKY und P. HUGUENARD, Anesthésie et Analgésie *10*, 242 (1953).
[6]) K. SAID und Y. CHEN, Nordisk Med. *52*, 1221 (1954).

## 9. Antihistaminika

### 9.1 *Äthylendiamin-Derivate*

Weiterentwicklungen am Cyclizin führten zu einer Verbindung mit einer protrahierten Wirkung, die im *Buclizin*, VIBAZIN (Pfizer), LONGIFEN (Hausmann) [1-(p-Chlor-benzhydryl)-4-(p-tert.-butyl-benzyl)-piperazin] vorliegt[1]).

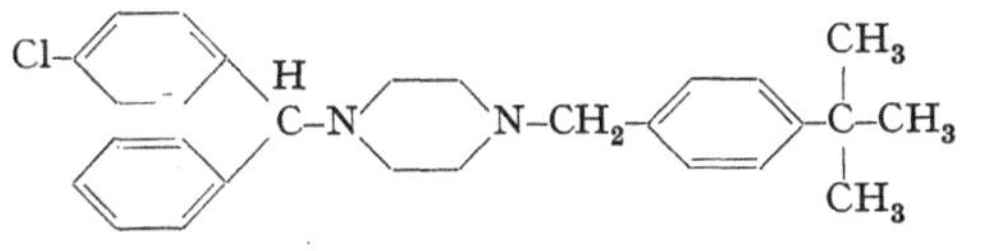

Buclizin 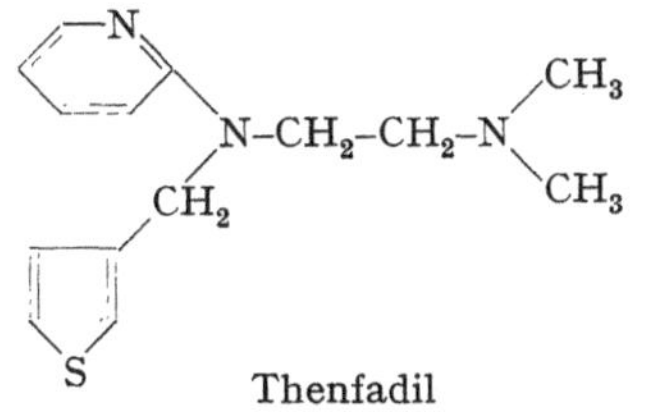                                   Thenfadil

Während in den bisherigen Präparaten ein heterozyklischer Ring immer in α-Stellung mit dem Molekül verknüpft ist, erfolgte im *Thenyldiamin*, THENFADIL (Winthrop) [N,N-Dimethyl-N'-(3-thenyl)-N'-(2-pyridyl)-äthylen-diamin] die Substitution am β-C-Atom.

Weiter sind anzuführen:

SOLAMIN (Daiichi Seiyaku, Japan) [N,N-Dimethyl-N'-(p-chlorbenzyl)-N'-(pyrimidyl-(2))-äthylendiamin][2]) und NEO-RESTAMIN (Kyowa Kagaku) [N-Benzyl-N-(4-{2,6-lutidyl})-β-piperidyl-(1)-äthylendiamin][2]).

Auch das *Isothipendyl*, ANDANTOL (Homburg), NILERGEX (Imperial Chemistry Industries), THERUHISTIN (Ayerst) [10-(2-Dimethylamino-2-methyl-äthyl)-4-aza-phenothiazin] kann als Äthylendiamin-Derivat angesehen werden. Die

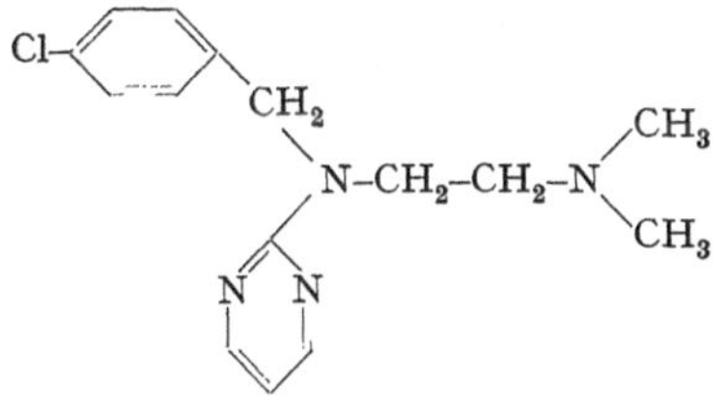

Solamin 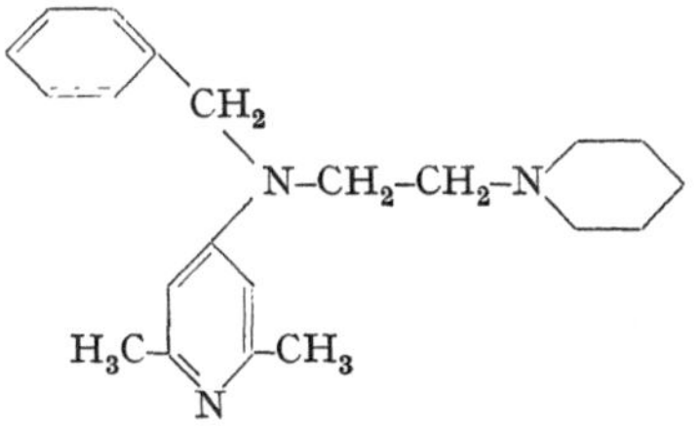                                   Neo-Restamin

Überlegungen, die zu dieser neuen Stoffklasse führten, wurden schon weiter oben beim Dominal abgehandelt[3]). Es ist ein hochwirksames Tagesantihistaminikum mit langer Wirkungsdauer und gutem sekretionshemmendem Effekt[4,5]). Auch 3,4-Diaza-phenothiazine (XVI) weisen eine gute Antihistaminwirkung auf, vor allem wenn R ein OCH$_3$-Rest ist[6]).

[1]) S. A. P'AN, J. F. GARDOCKI und J. C. REILLY, J. Amer. pharm. Ass. [B] *43*, 653 (1954).
[2]) T. IWASAKI, Folia pharmacol. japon. *53*, 375 (1957); rf. C. *1958*, 5151.
[3]) A. v. SCHLICHTEGROLL, Arzneimittel-Forsch. *7*, 237 (1957).
[4]) W. KAISER und H. KROSCH, Münch. med. Wschr. *100*, 499 (1958).
[5]) H. KROSCH und W. KAISER, Die Medizinische *1957*, 1840.
[6]) J. DRUEY, Angew. Chem. *70*, 5 (1958).

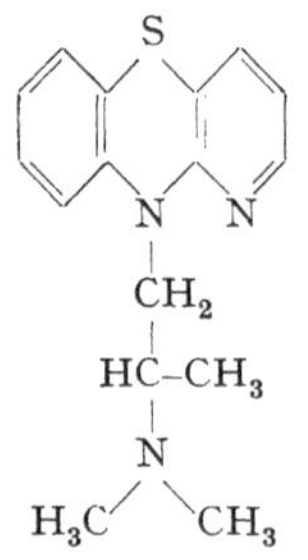

Andantol 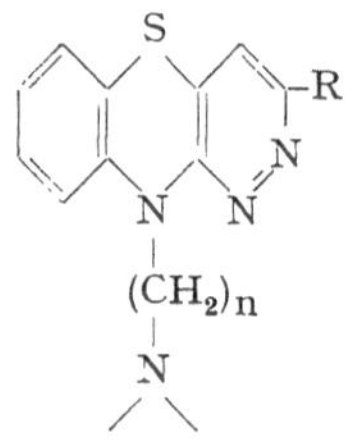                                    (XVI)

## 9.2 Äthanolamin-Verbindungen

Wird im Diphenhydramin die Äthyl-Seitenkette ringförmig in Form des Piperidin-Skeletts festgelegt, so erhält man ein Antihistaminikum mit extrem wenig Nebenwirkungen, das im *Diphenylpyralin*, DIAFEN (Schenlabs) [1-Methyl-piperidyl-(4)-benzhydryläther] vorliegt[1].

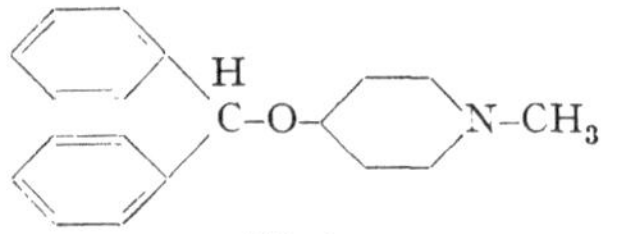

Diafen 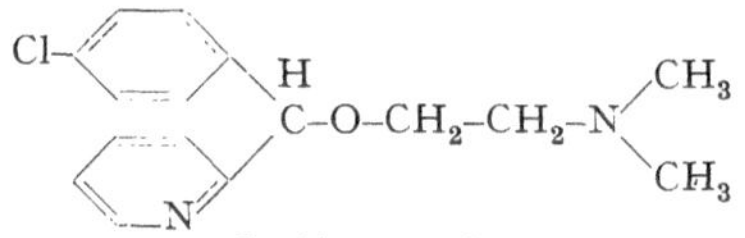                                    Carbinoxamin

Ersatz des Phenylrestes durch einen Pyridinring hat bei Antihistaminika einen günstigen Einfluß auf die therapeutische Wirkung, so auch beim *Carbinoxamin*, CLISTIN (McNeil) [2-(p-Chlor-α-{2-dimethylaminoäthoxy}-benzyl)-pyridin], das in antihistaminwirksamen Dosen (4 mg) einen schwach anticholinergischen Effekt entfaltet.

Auch eine direkte Verknüpfung der Ätherfunktion mit einem Phenylring führt zu hochwirksamen Antihistaminika. Solche Verbindungen liegen im *Phenyltoloxamin*, BRISTAMIN (Bristol) [N,N-Dimethyl-2-(α-phenyl-o-tolyloxy)-äthylamin] vor[2] und in dem N,N-Diäthylderivat, dem AH 3 (VEB Deutsches Hydrierwerk Rodleben).

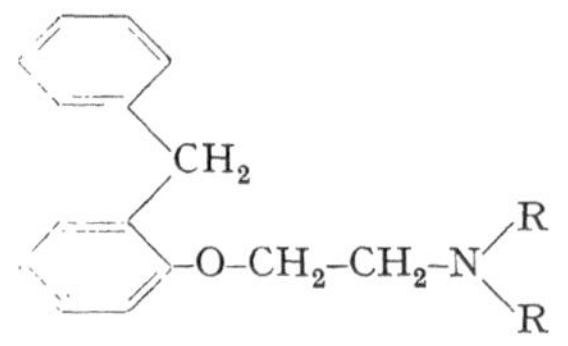

R = –CH$_3$    Bristamin
R = –C$_2$H$_5$    AH 3

## 9.3 Diversa

Eine Steigerung der Antihistamin-Aktivität kann durch Einführung eines weiteren C-Atoms in die Äthylendiamin-Kette erzielt werden, sofern diese

[1] H. B. NACHTIGALL, J. Allergy 27, 75 (1956).
[2] J. B. HOEKSTRA, D. E. TISCH, N. RAKIETEN und H. L. DICKISON, J. Amer. pharm. Ass. [B] 42, 587 (1953).

zyklisch angeordnet sind. Eine solche γ-Aminopiperidin-Struktur liegt im Soventol vor. Ein anderes Präparat aus dieser Reihe ist das *Thenopheno-piperidin*, SANDOSTEN (Sandoz) [1-Methyl-4-amino-N′-phenyl-N′-(2-thenyl)-piperidin], das eine ausgezeichnete Wirksamkeit besitzt.

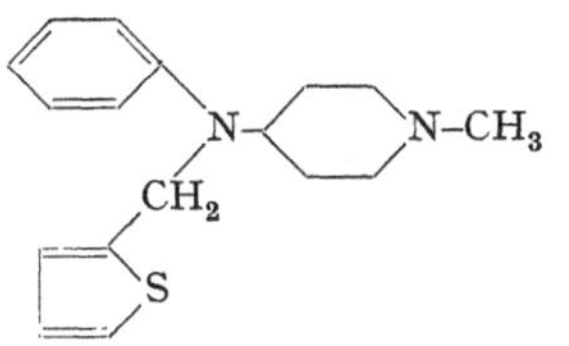

Sandosten

Hochwirksame Antihistaminika mit geringem sedierendem Nebeneffekt wurden auch in Verbindungen mit einer Doppelbindung in der Seitenkette aufgefunden. Eingeführt wurden das *Pyrrobutamin*, PYRONIL (Lilly) [1-(p-Chlorphenyl)-2-phenyl-4-pyrrolidino-buten][1]) und das *Triprolidin*, ACTIDIL (Burroughs Wellcome) [trans-1-(4-Methylphenyl)-1-(2-pyridyl)-3-pyrrolidino-prop-1-en][2]).

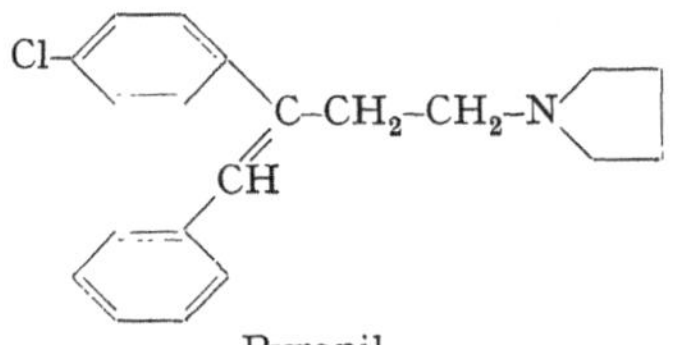

Pyronil 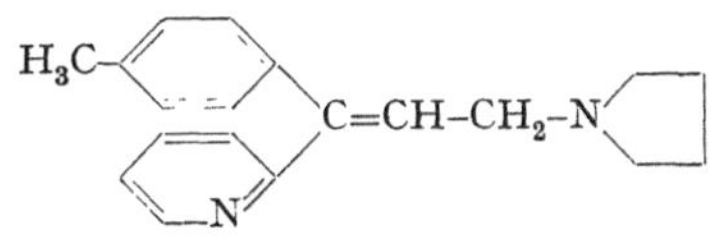                     Actidil

## 10. Spasmolytika

### 10.1 *Phenylessigsäure-Derivate*

Im Rahmen von Untersuchungen physiologisch wirksamer Sulfoniumsalze wurden auch Analoge einiger Typen synthetischer Spasmolytika hergestellt. Bei den Untersuchungen erwies sich das 2-(Phenyl-cyclohexyl-acetoxy)-äthyl-dimethyl-sulfonium-jodid – THIOSPASMIN (ČSR) – als ausgezeichnet wirksam[3]).

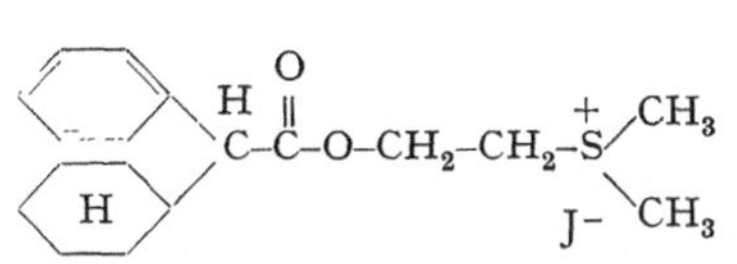

Thiospasmin 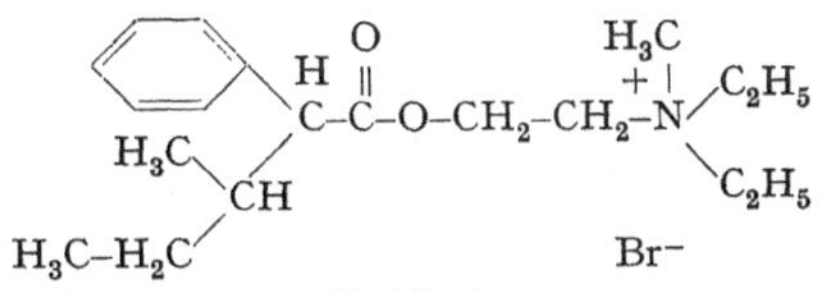                     Epidosin

[1]) M. H. MOTHERSILL, J. MILIS, H. M. LEE, R. C. ANDERSON und P. N. HARRIS, Ann. Allergy *11*, 754 (1953).
[2]) A. P. GREEN, Brit. J. Pharmacol. *8*, 171 (1953).
[3]) M. PROTIVA und O. EXNER, Chem. Listy *47*, 213 (1953). Collect. Czech. Chem. Commun. *19*, 524 (1954).

Das *Valethamatbromid*, EPIDOSIN (Kali-Chemie), MUREL (Ayerst) [1-Phenyl-2-methyl-valeriansäure-$\beta$-diäthyl-amino-äthylester-brommethylat] entspricht in seinen parasympathikolytischen und spasmolytischen Eigenschaften dem Atropin, wie durch Tierexperimente gezeigt werden konnte[1]). Es dient zur Behandlung spastischer Zustände im Bereich der galle- und harnableitenden Wege sowie des Darmtraktes[2]).

Eine Weiterentwicklung bekannter Spasmolytika liegt auch im SPASMONAL (VEB Chem. Werke Radebeul) [$\alpha$-Phenyl-$\alpha$-piperidino-essigsäure-$\beta$-piperidino-äthylester] vor[3, 4]).

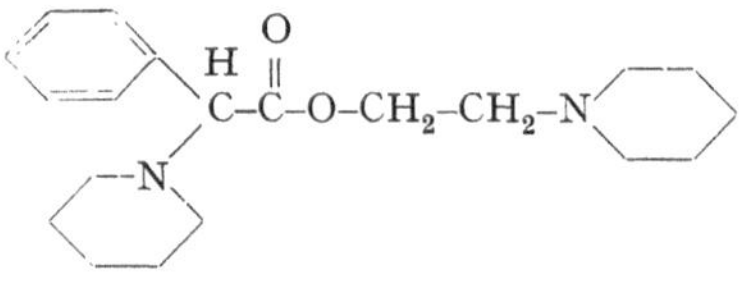

Spasmonal

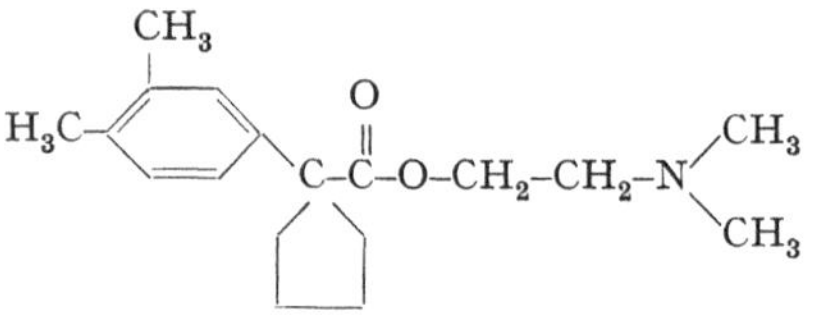

Netrin

Vom Caramiphen leitet sich das *Methcaraphen*, NETRIN (Geigy) [1-(3′,4′-Dimethyl-phenyl)-cyclopentan-1-carbonsäure-$\beta$-diäthyl-aminoäthylester] ab, ein muskulotrop und neurotrop wirkendes Spasmolytikum.

## 10.2 *Diversa*

Als Parasympathikolytikum mit geringer mydriatischer und salivations-hemmender Wirkung wird das SPALISAL (Wander, Bern) [9-($\beta$-Piperidino-äthyl)-xanthen-methylbromid] bei Gastroduodenitis, Ulcera des Magen-Darm-Kanals, Dyskinesien der Gallenwege und Pankreatitis empfohlen[5]).

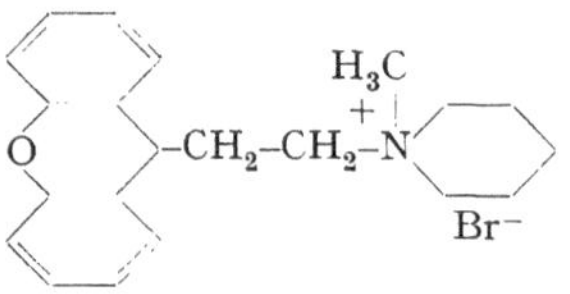

Spalisal

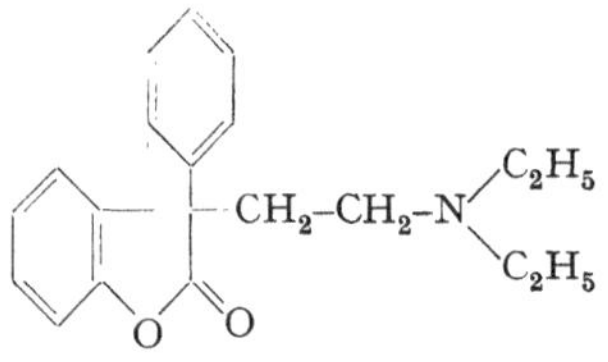

Amolanon

Ein Benzofuranon-Derivat mit anticholinergischen und lokalanästhetischen Eigenschaften ist das *Amolanon*, AMETHAN (Abbott) [3-($\beta$-Diäthyl-amino-äthyl)-3-phenyl-benzofuran-2-on]. Es wird benutzt als intramuskuläres Spasmolytikum zur Beseitigung uteriner Koliken und Spasmen. Vom Antergan leitet

[1]) D. KRAUSE und D. SCHMIDTKE-RUHMAN, Arzneimittel-Forsch. *5*, 599 (1955).
[2]) H. WINTER, Die Medizinische *1955*, 1206.
[3]) H. WUNDERLICH, Pharmazie *8*, 918 (1953); *9*, 15 (1954); *11*, 201 (1956).
[4]) H. WUNDERLICH und H. BARTH, Pharmazie *11*, 261 (1956).
[5]) E. EICHENBERGER und J. EMMRICH, Schweiz. med. Wschr. *86*, 1102 (1956).

sich das DISPASMOL (VEB Deutsches Hydrierwerk Rodleben) [N-Benzyl-N-phenyl-N′,N′-dimethyl-äthylendiamin-äthobromid] ab. Durch die Quaternisierung geht die spezifische Antihistaminwirkung verloren, und die spasmolytischen, parasympathikolytischen und ganglioplegischen Eigenschaften treten stärker hervor[1].

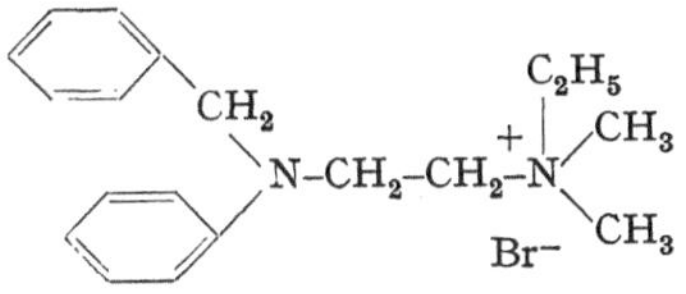

Dispasmol 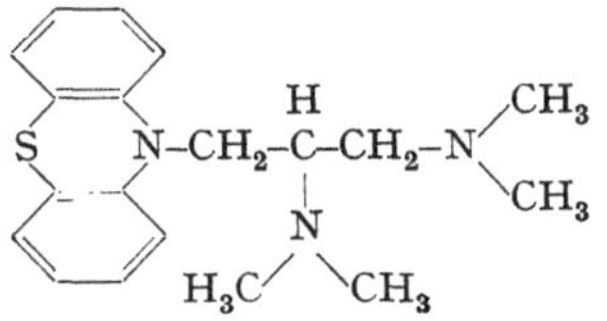                                                Lispamol

Ein anderes Spasmolytikum ist das *Proquamezine, Aminopromazin*, LISPA-MOL (Specia), LORUSIL (Bayer) [2′,3′-Bis-(dimethylamino)-10-propyl-phenothiazin].

Gut bei parasympathikotonen Spasmen wirkt das ELVETIL (Maggioni) [2-Stilbenoxy-äthyl-triäthylammonium-jodid], angewandt bei Krämpfen der Bauchorgane und ausgezeichnet durch eine lange Wirkungsdauer[2].

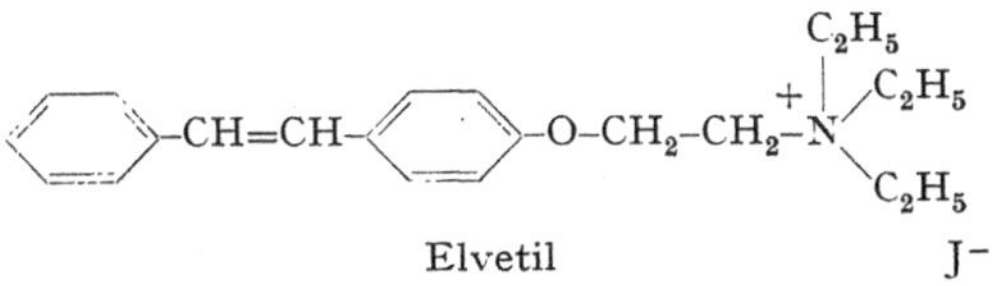

Elvetil                                J⁻

Ein Kombinationspräparat zur Behandlung von Spasmen der glatten Muskulatur liegt im BARALGIN (Hoechst) vor, das aus dem Novalgin, der quaternisierten parasympathikolytischen Komponente des Polamidon C – Diphenyl-piperidino-äthyl-acetamid-methobromid (XVII) – und dem stark papaverinartig wirkenden 4-β-Piperidino-äthoxy-o-carbmethoxy-benzophenon (XVIII) zusammengesetzt ist[3].

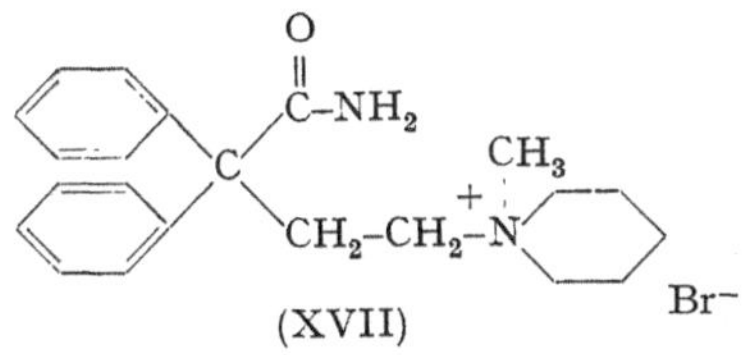

(XVII) 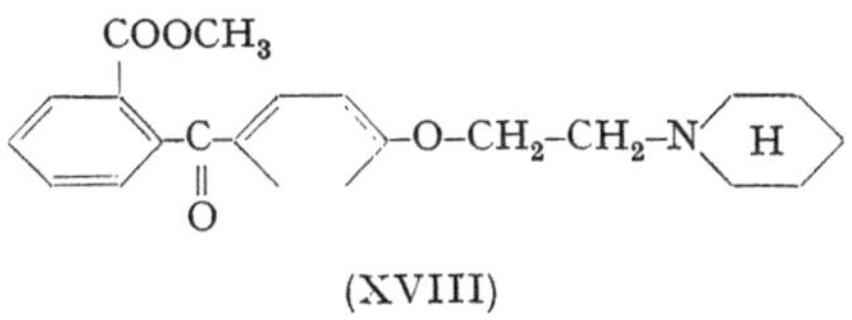                                (XVIII)

Muskulotrop wirksam ist das MONZAL (Thomae) [1-(3,4-Dimethoxyphenyl)-1-dimethylamino-4-phenyl-butan][4], bei dessen Entwicklung das Papaverin-

---

[1]) E. BARTH, G. HEIDELMANN, D. LENKE und P. WELLER, Z. ges. inn. Med. Grenzgebiete *11*, 539 (1956).

[2]) G. CAVALLINI, P. MANTEGAZZA, E. MASSARANI und R. TOMMASINI, Farmaco, Pavia, ediz. sci. *8*, 317 (1953).

[3]) E. LINDNER, Arzneimittel-Forsch. *6*, 124 (1956).

[4]) R. ENGELHORN und L. SCHMIDT, Arzneimittel-Forsch. *6*, 454 (1956).

Molekül als Modell diente. Klinisch wurde es als Spasmolytikum in der Geburtshilfe geprüft[1]).

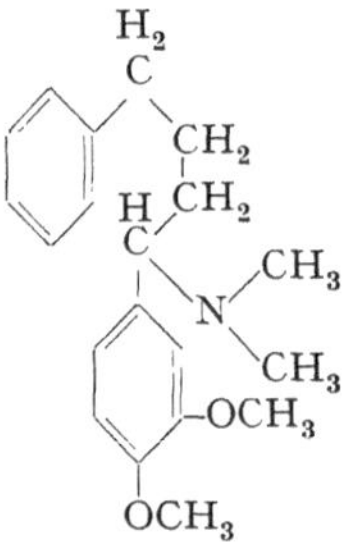

Monzal

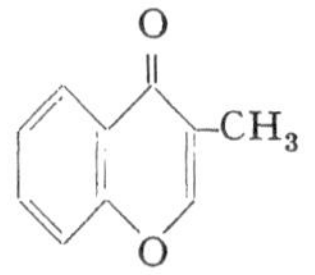

Tricromyl

Ausgangspunkt für die Untersuchungen in der Chromon-Reihe war die Auffindung wirksamer Naturstoffe bei *Ammi visnaga*, wie zum Beispiel des Khellins, die chemisch als Furo-chromone identifiziert wurden. Im 3-Methylchromon, eingeführt als TRICROMYL (Roussel), wurde jetzt ein Synthetikum aufgefunden, das den Spasmus der glatten Muskulatur behebt, die Koronargefäße erweitert und ausgezeichnet vertragen wird.

## 11. Anticholinergika

Die Substanzen dieser Wirkklasse üben einen lähmenden Effekt auf das parasympathische System aus, das heißt, sie hemmen die Acetylcholinwirkung. Durch die Lähmung des Parasympathikus beheben sie mit peripherem Angriffspunkt die Spasmen, hemmen die Magensaftsekretion und verringern die ulkusbedingten Schmerzen.

### 11.1 *Phenylessigsäure-Derivate*

Viele der schon länger im Handel befindlichen Präparate lassen sich von der Phenylessigsäure ableiten, zu denen jetzt weitere hinzugekommen sind, die sich durch eine protrahierte Wirkung oder auch durch geringere Neben-

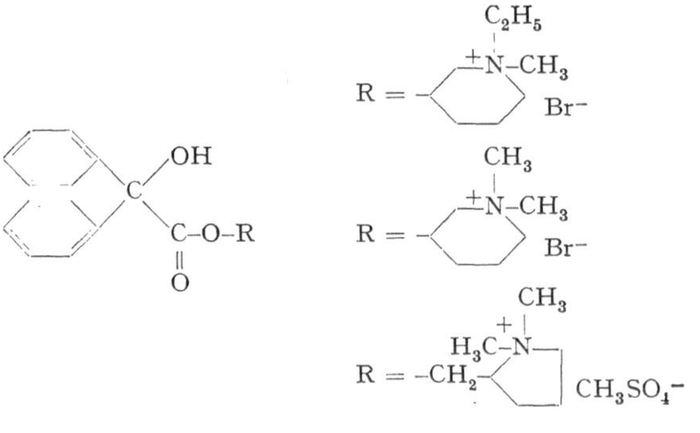

---

[1]) H. SCHIRMACHER, Die Medizinische 1956, 454.

wirkungen auszeichnen. So ist das *Pipenzolat*, PIPTAL (Lakeside) das N-Äthyl-3-piperidyl-benzilsäureester-methobromid[1]), dessen entsprechendes N-Methyl Homologe im CANTIL (Lakeside) vorliegt.

Große Verwandtschaft zu diesen beiden Präparaten läßt das NACTON (C. L. Bencard Ltd., London) [(N-Methyl-2-pyrrolidyl)-methyl-benzilsäureester-methyl-methosulfat] erkennen. Ein anderer Benzilsäureester liegt im *Clidiniumbromid*, MARPLAN (Hoffmann-La Roche) vor [1-Methyl-3-benziloyl-oxy-chinuclidinium-bromid][2]).

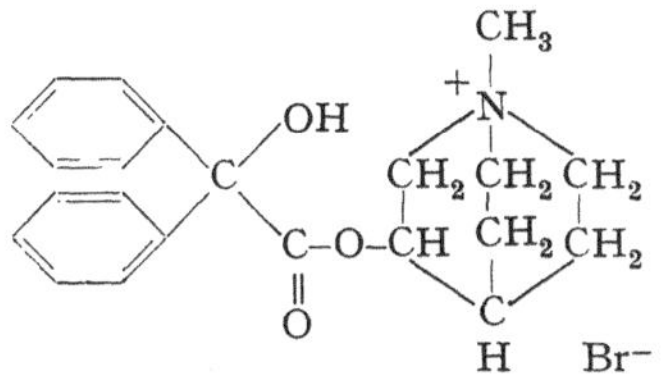

Marplan 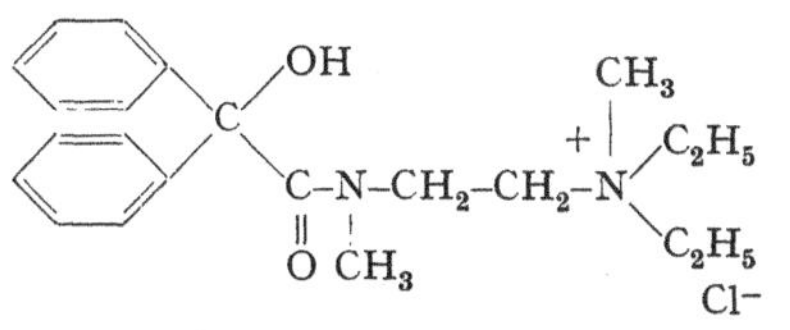                                                    Cotranul

Daß für eine hohe Aktivität die Esterbindung nicht erforderlich ist, konnte am *Benzomethamin*, COTRANUL (Squibb) [N-Diäthylaminoäthyl-N'-methyl-benzil-amid-methobromid] gezeigt werden. Hier wurde durch die Methylsubstitution am Amid-Stickstoff die gleiche Wirksamkeit wie mit dem Oxyphenonium erreicht[3, 4]).

Bei systematischen Untersuchungen an Tropeinen wurden in den mit höheren Alkyl-Ketten[5]) und mit Aralkylen[6]) quaternisierten Derivaten Verbindungen mit einer stark ganglienblockierenden und nur schwach parasympathisch lähmenden Wirkung aufgefunden. Therapeutisch verwendet wer-

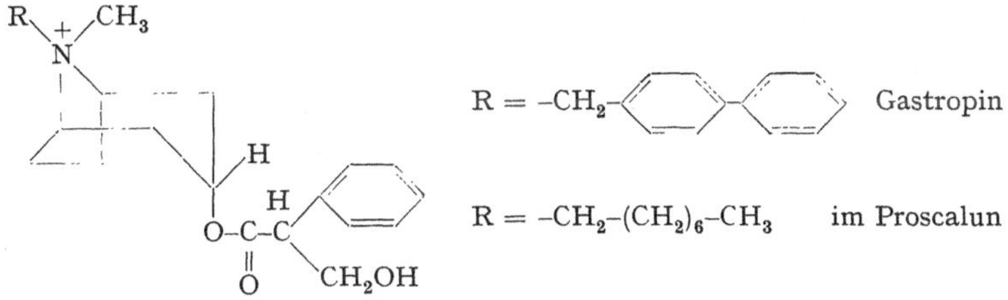

$R = -CH_2-$⟨⟩⟨⟩    Gastropin

$R = -CH_2-(CH_2)_6-CH_3$    im Proscalun

den das N-n-Octyl-atropinium-bromid, das zusammen mit Phenobarbital im PROSCALUN (C. H. Boehringer Sohn) vorliegt, einem Depotpräparat zur zentralen und peripheren Beruhigung[7]), und das DL-N-4-Diphenyl-methyl-atropinium-bromid – GASTROPIN (Vereinigte Heil- und Nährmittelwerke, Buda-

[1]) J. Y. P. CHEN, J. Pharmacol. *112*, 64 (1954).
[2]) W. H. BACHRACH, J. Lab. clin. Med. *48*, 603 (1956).
[3]) R. C. URSILLO und B. B. CLARK, J. Pharmacol. *114*, 54 (1955).
[4]) R. M. LEVINE und B. B. CLARK, J. Pharmacol. *114*, 63 (1955).
[5]) A. ENGELHARDT und H. WICK, Arzneimittel-Forsch. *7*, 217 (1957).
[6]) L. GYERMEK und K. NÁDOR, Arch. int. Pharmacodyn. *113*, 1 (1957).
[7]) G. KORTÜM, Die Medizinische *1957*, 230.

pest) –, das aus einer Reihe von Verbindungen in der Klinik die besten Ergebnisse zeigte[1]).

Auch der Austausch von Arylen in dieser Gruppe führt zu wirksamen Präparaten; so ist das *Penthienat*, MONODRAL (Winthrop) das 2-Cyclopentyl-2-(2-thienyl)-oxy-essigsäure-β-diäthylaminoäthylester-methobromid[2]).

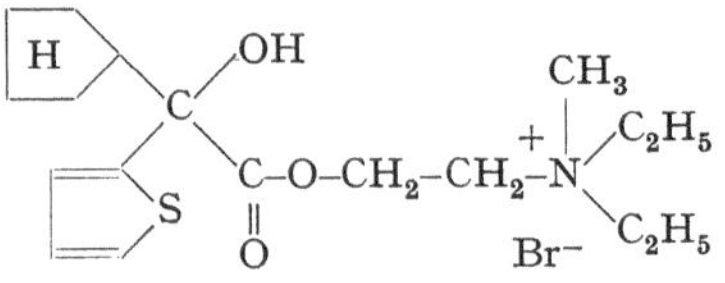

Monodral

## 11.2 *Diaryl-alkyl-amine*

Eine Weiterentwicklung in der γ,γ-Diphenyl-propyl-amin-Reihe ist das *Isopropamid*, PRIAMID (Eupharma), DARBID (Smith Kline & French) [2,2-Diphenyl-4-di-isopropylamino-butyramid-methojodid], das sich von den schon länger bekannten Wirkstoffen dieser Gruppe nur durch die Substituenten am basischen Stickstoffatom unterscheidet. Hervorgehoben wird seine lange Wirkungsdauer[3-6]).

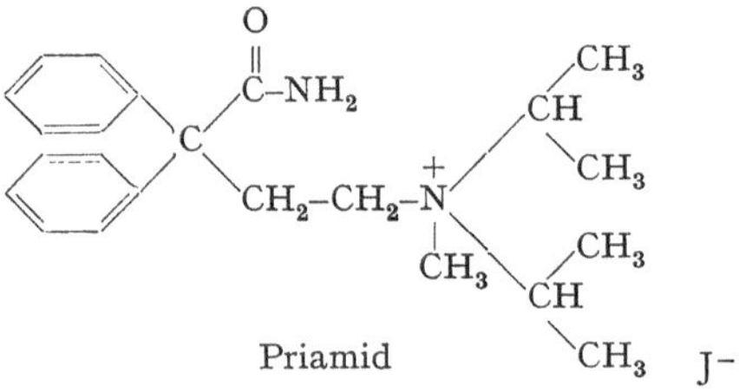

Priamid

Vom Artan ist das *Tridihexäthyljodid*, PATHILON (Lederle), CLAVITON (Lederle-Grünenthal) [3-Diäthylamino-1-cyclohexyl-1-phenyl-1-propanol-äthojodid] abzuleiten, in dem der Piperidinrest des ersteren durch die quaternisierte Diäthylamino-Gruppe ersetzt wurde[7]).

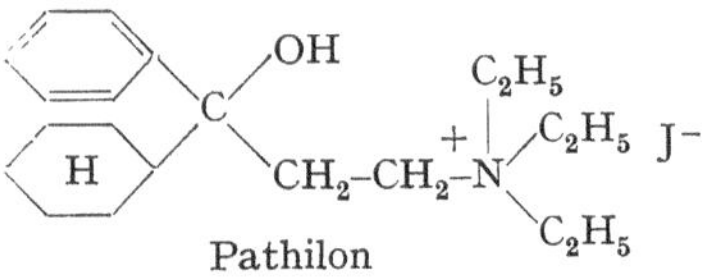

Pathilon 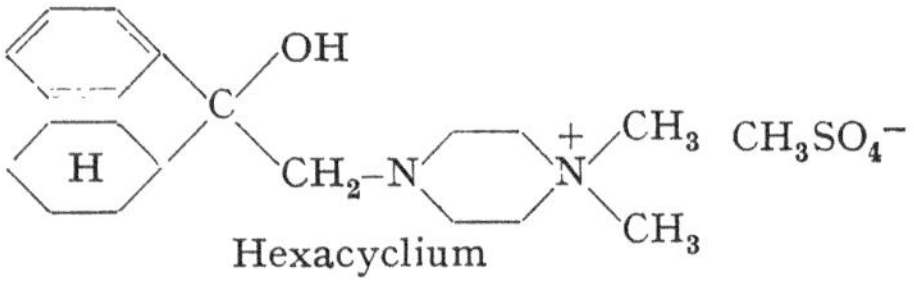                          Hexacyclium

[1]) K. NÁDOR und L. GYERMEK, Arzneimittel-Forsch. *8*, 336 (1958).

[2]) F. P. LUDUENA und A. M. LANDS, J. Pharmacol. *110*, 282 (1954).

[3]) D. K. DE JONGH, E. G. VAN PROOSDIJ-HARTZEMA und P. JANSSEN, Arch. int. Pharmacodyn. *103*, 100 (1955).

[4]) A. JAGENEAU und P. JANSSEN, Arch. int. Pharmacodyn. *106*, 199 (1956).

[5]) A. MULLIE, Arch. int. Pharmacodyn. *106*, 447 (1956).

[6]) P. JANSSEN, D. ZIVKOVIC, A. JAGENEAU und P. DEMOEN, Arch. int. Pharmacodyn. *107*, 194 (1956).

[7]) A. C. OSTERBERG und R. W. CUNNINGHAM, J. Pharmacol. *113*, 41 (1955).

Chemisch verwandt mit diesem Präparat und in seiner pharmakologischen Wirkung qualitativ ähnlich ist das *Hexacyclium*, TRAL (Abbott) [N-($\beta$-Cyclohexyl-$\beta$-hydroxy-$\beta$-phenyläthyl)-N'-methyl-piperazin-dimethylsulfat][1]).

Hier sollen auch die Mittel aufgeführt werden, welche die Symptome des Parkinsonismus zu mildern vermögen. Chemisch verwandt mit den schon länger bekannten Präparaten ist das AKINETON (Knoll) [3-Piperidino-1-phenyl-1-{$\Delta$ [5]-bicyclo-(2,2,1)-heptenyl-2}-propanol], das vor allem bei extrapyramidalen Bewegungsstörungen indiziert ist[2]).

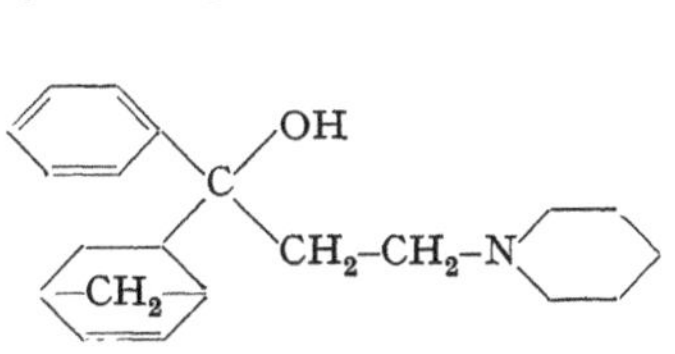

Akineton

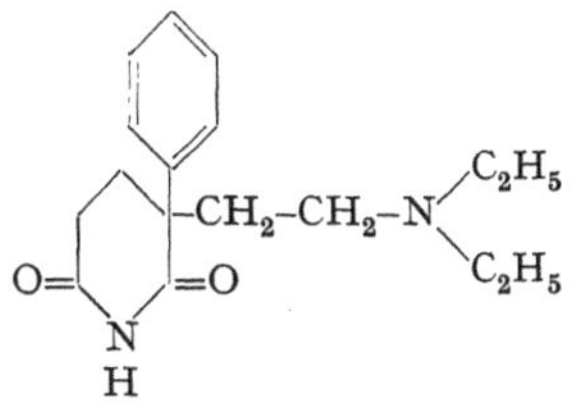

Aturban

Ein Glutarsäureimid-Derivat liegt im ATURBAN (Ciba) [3-Phenyl-3-($\beta$-diäthyl-aminoäthyl)-2,6-dioxopiperidin] vor. Es ist ein peroral wirksames, stammhirnfreies Anticholinergikum, das auf Grund seiner zentralen Wirkung alle Formen des Parkinsonismus günstig beeinflußt[3]).

Die Einführung einer o-ständigen Methyl-Gruppe in das Diphenhydramin-Molekül vermindert die Antihistamineigenschaften und verstärkt gleichzeitig den atropinartigen Charakter[4]). Dieses *Orphenadrin*, DISIPAL (Brocades-Stheeman & Pharmacia, Amsterdam; Riker), BROCADISIPAL (Reichelt, Hamburg), MEPHENAMIN (C. F. Boehringer & Söhne) [$\beta$-Dimethylaminoäthyl-2-methyl-benzhydryläther] wird zur Behandlung des Parkinsonismus verwendet[5,6]). Im PHASEÏN (C. F. Boehringer & Söhne) ist es neben Reserpin enthalten.

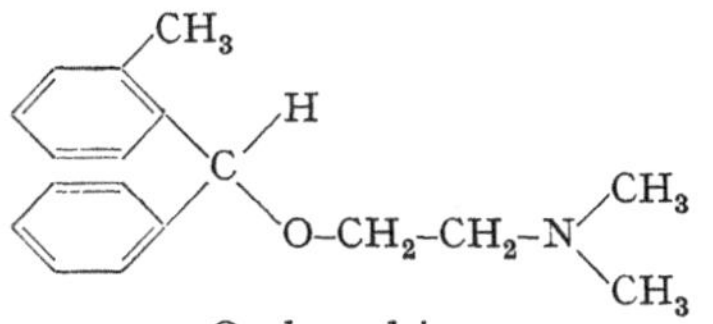

Orphenadrin

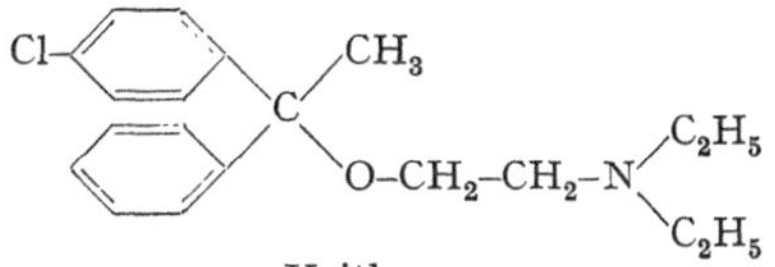

Keithon

Auch das KEITHON (Asta) [$\beta$-Diäthylamino-äthyl-(p-chlor-$\alpha$-methyl-benzhydryl)-äther] leitet sich von einem Antihistaminikum ab, dem Systral. Der

[1]) K. HWANG, Amer. J. Gastroenterol. *26*, Nr. 1, 56 (1956).
[2]) H. HAAS und W. KLAVEHN, Naunyn-Schmiedeberg's Arch. exp. Pathol. Pharmakol. *226*, 18 (1955).
[3]) W. HUGHES, J. H. KEEVIL und I. E. GIBBS, Brit. med. J. *1958*, I, 928.
[4]) U. G. BIJLSMA, A. F. HARMS, A. B. H. FUNCKE, H. M. TERSTEEGE und W. TH. NAUTA, Arzneimittel-Forsch. *5*, 72 (1955).
[5]) W. ERNSTING, Nederl. Tijdschr. Geneeskunde *99*, 1103 (1955).
[6]) L. J. DOSHAY und K. CONSTABLE, J. Amer. med. Ass. *163*, 1352 (1957).

Austausch der Dimethylamino-Gruppierung durch den Diäthylamino-Rest führt zu einer leichten Abschwächung der histamin-antagonistischen Wirkkomponente, wobei aber gleichzeitig die parasympathikolytische Wirkung erheblich zunimmt.

### 11.3 *Antagonisten*

Tierversuche bei Mäusen, Ratten, Meerschweinchen, Katzen, Hunden und Affen zeigten mit TREMORIN (Abbott) [1,4-Dipyrrolidino-2-butin] die Erscheinungen eines Dauertremors, wobei beim Affen das Krankheitsbild weitgehend demjenigen des menschlichen Parkinson-Syndroms entsprach. Als Antagonisten dieser Wirkung können die bekannten Parkinson-Mittel eingesetzt werden. Auf Grund dieser Tatsachen war es nun möglich, eine spezifische Methode zur Testung von Parkinson-Therapeutika zu entwickeln[1]).

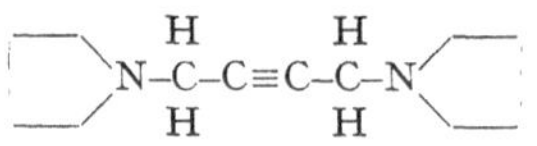

$$\text{N–C–C}\equiv\text{C–C–N}$$

with H above and below each C.

Tremorin

## 12. Hypotensiva

### 12.1 *Quartäre Ammoniumverbindungen*

Homologe des Bis-Cholin-Äther liegen im OXADITON (Pharmacia) [N,N,N,N'-Tetraäthyl-N',N'-dimethyl-3-oxapentan-1,5-diammonium-di-monohydrogentartrat][2,3]) und im DIAMONAL (VEB Deutsches Hydrierwerk Rodleben) [N,N,N',N'-Tetraäthyl-N,N'-dimethyl-3-oxapentan-1,5-diammonium-di-jodid][4]) vor. Diese Präparate führen bei Hypertonikern nach subkutaner Injektion zu einem signifikanten, 4–8 Stunden dauernden Blutdruckabfall.

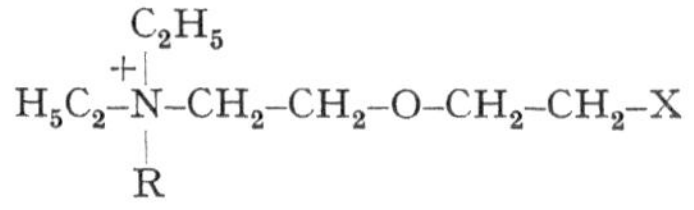

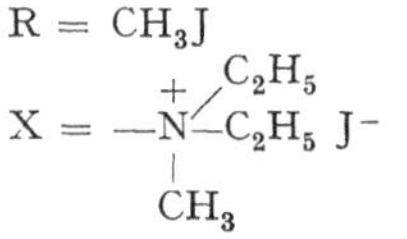

$$\overset{C_2H_5}{\underset{R}{H_5C_2-\overset{+}{N}-CH_2-CH_2-O-CH_2-CH_2-X}}$$

R = CH₃J

X = $-\overset{+}{N}\begin{smallmatrix}C_2H_5\\C_2H_5\end{smallmatrix}$ J⁻ with CH₃

Diamonal

R = –C₄H₅O₆C₂H₅

X = $-\overset{+}{N}\begin{smallmatrix}CH_3\\CH_3\end{smallmatrix}$ C₄H₅O₆⁻ with C₂H₅

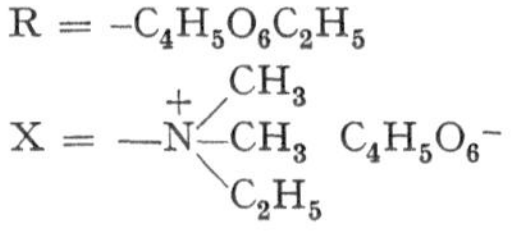

Oxaditon

[1]) G. M. EVERETT, Nature, London *177*, 1238 (1956).
[2]) J. FAKSTORP, J. CHRISTIANSEN und J. G. A. PEDERSEN, Acta chem. scand. *7*, 134 (1953).
[3]) J. FAKSTORP, E. POULSEN, W. RICHTER und M. SCHILLING, Acta pharmacol. toxicol. *11*, 319 (1955).
[4]) D. LENKE, Anaesthesist *5*, 47 (1956).

Aus dieser Reihe wurde schon früher der Bis-(3-Trimethylammonium-propyl)-äther (XIX) als 5–7mal stärker wirksam als TEA gefunden[1]). Verwandt sind beide Handelspräparate mit dem Pendiomid.

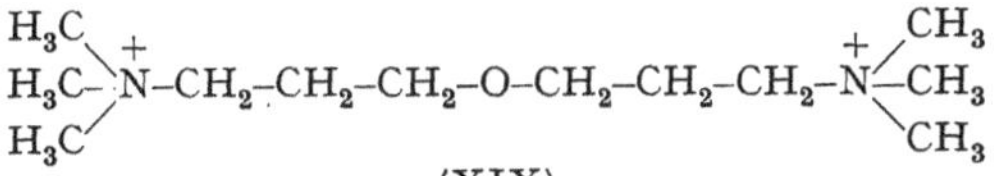

$$H_3C-\overset{H_3C}{\underset{H_3C}{\text{\Large N}}}^+-CH_2-CH_2-CH_2-O-CH_2-CH_2-CH_2-\overset{+}{N}\overset{CH_3}{\underset{CH_3}{\diagdown}}CH_3$$

(XIX)

$$H_3C-\overset{H_3C}{\underset{H_5C_2}{\text{\Large N}}}^+-CH_2-CH_2-\underset{\underset{CH_3}{|}}{N}-CH_2-CH_2-\overset{+}{N}\overset{CH_3}{\underset{C_2H_5}{\diagdown}}CH_3$$

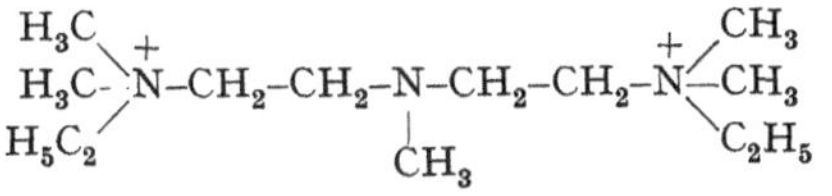

Pendiomid

Chemisch steht diesen Verbindungen auch das *Pentapyrrolidinium, Pentolinium*, ANSOLYSEN (May & Baker) [Pentamethylen-1,5-bis-(1-methyl-pyrrolidinium)-hydrogentartrat] nahe, das in stärkerem Ausmaße als Hexamethonium die ganglionäre Erregungsübertragung hemmt und bei hoher Wirkungsstärke eine große therapeutische Breite besitzt[2,3]).

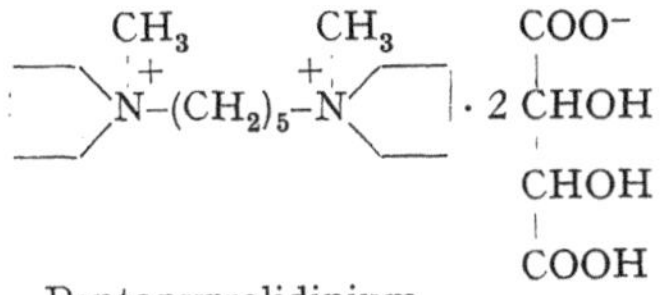

Pentapyrrolidinium 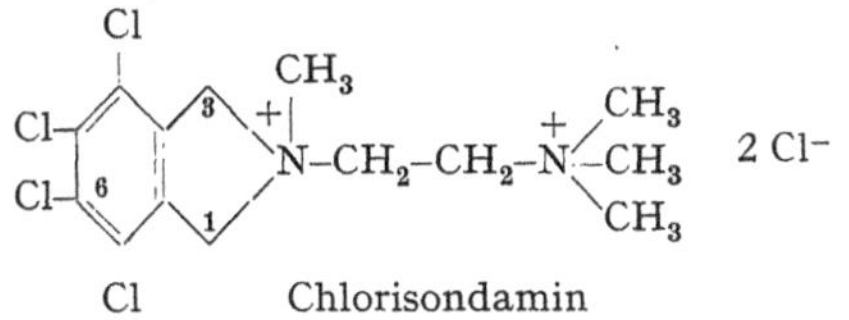                    Chlorisondamin

Ebenso ist das *Chlorisondamin*, ECOLID (Ciba) [4,5,6,7-Tetrachlor-2-(2′-dimethylamino-äthyl)-isoindolin-bis-methochlorid] stärker und daneben auch länger wirksam als Hexamethonium[4]). Auch die orale Medikation führt zu einer schnellen, deutlichen, langdauernden Blutdrucksenkung, einer Erwärmung der Extremitäten und Verzögerung der Magenentleerung[5]).

Eine andere oral wirksame asymmetrische bisquaternäre Verbindung mit ganglioplegischer Wirkung liegt im *Trimethidinium*, CAMPHIDONIUM (Thomae) [N′-(γ-Trimethylammoniumpropyl)-N″-methyl-camphidinium-di-methylsulfat] vor. Es dient zur Behandlung schwerer Hochdruckformen und löst in extrem niedrigen Dosen eine langsam einsetzende, lang anhaltende Blutdrucksenkung aus[6,7]).

Bei schwerer Hypertonie hat sich das hochwirksame *Pentacynium*, PRESIDAL (Wellcome) [4-(2-[N-(5-Cyano-5,5-diphenylpentyl)-N-methyl-amino]-äthyl-morpholin-dimethochlorid] bewährt, das subkutan angewandt wird. Bei pro-

[1]) F. H. LONGINO, K. S. GRIMSON und J. R. CHITTUM, Proc. Soc. exp. Biol. Med. *70*, 467 (1949).

[2]) R. WIEN und D. F. J. MASON, Lancet *264*, I, 454 (1953).

[3]) J. O. NEILL und M. C. MacLEAN, Lancet *269*, I, 224 (1955).

[4]) A. J. PLUMMER, J. H. TRAPOLD und A. E. EARL, J. Pharmacol. *113*, 44 (1955).

[5]) K. S. GRIMSO, A. K. TARAZI und J. W. FRAZER, Jr., Circulation, New York *11*, 733 (1955).

[6]) G. BILECKI, Med. Klinik *51*, 1516 (1956).

[7]) K. KÜHNS, H. LIEBESKIND und W. MÜLLER, Ärztl. Wschr. *11*, 1053 (1956).

trahierter Wirkung besitzt es einen geringen Herzeffekt und minimalen Einfluß auf den Intestinaltrakt[1-3]).

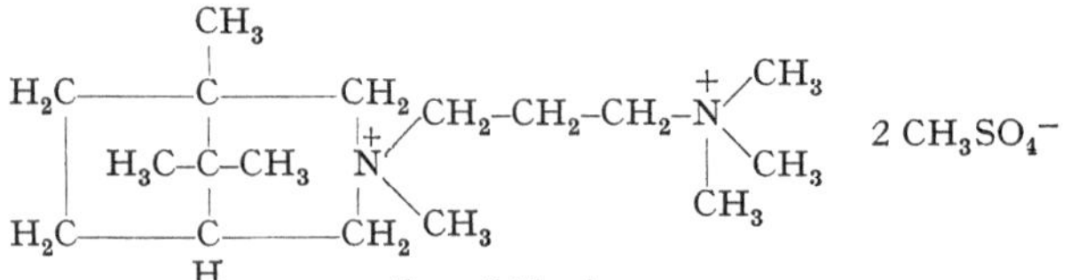

Camphidonium

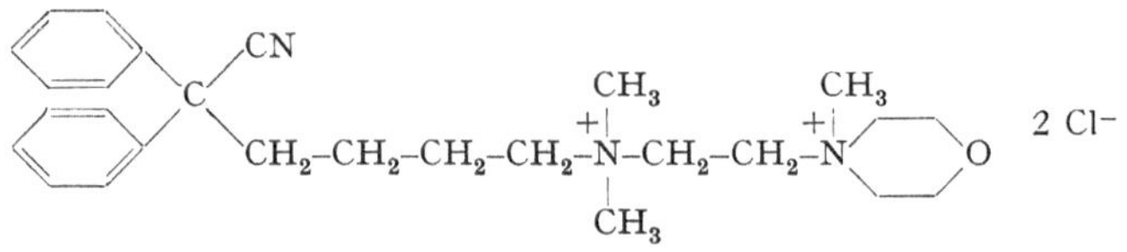

Presidal

Ein Barbitursäure-Abkömmling, der zur Behandlung des arteriellen Hochdrucks und der Eklampsie geeignet ist, ist das PLANIUM (Ibis) [1,3-Bis-($\beta$-trimethyl-aminoäthyl)-5,5-diäthyl-barbitursäure-dijodid][4, 5]).

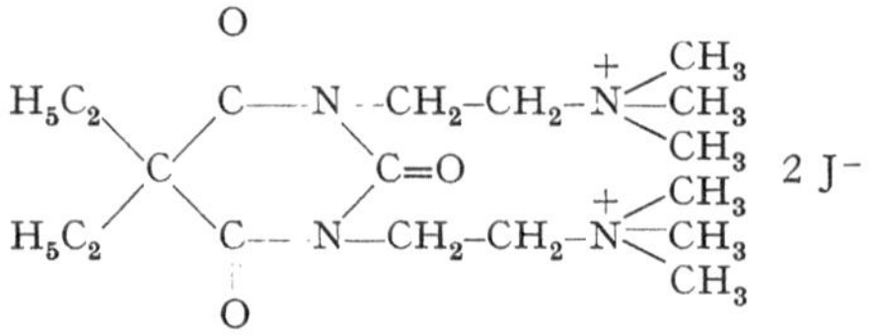

Planium

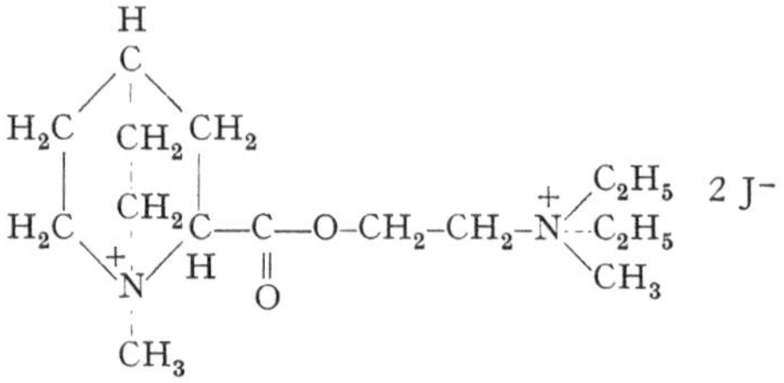

Diochin

Auch das DIOCHIN (UdSSR) [$\beta$-Diäthylamino-äthyl-chinuclidin-carbonsäureester-dimethojodid] ist ein gut wirksamer Ganglienblocker mit blutdrucksenkender Wirkung[6]).

  [1]) S. LOCKET, Brit. med. J. *1956*, II, 116.

  [2]) D. W. ADAMSON, J. W. BILLINGHURST und A. F. GREEN, Nature, London *177*, 523 (1956).

  [3]) C. S. McKENDRICK und P. O. JONES, Lancet *1958*, I, 340.

  [4]) W. CHITI und R. SELLERI, Farmaco, Pavia, ediz. sci. *11*, 607 (1956).

  [5]) R. SELLERI und W. CHITI, Farmaco, Pavia, ediz. sci. *12*, 3 (1957).

  [6]) J. M. SCHARPOV, Pharmakologie und Toxikologie UdSSR, Nr. 6 (1957); ref. Pharm. Industrie *20*, 150 (1958).

## 12.2 *Tertiäre Amine*

Ein Piperidinderivat mit ganglienblockierender Wirkung ist das *Pempidine*, PEROLYSEN (May & Baker), TENORMAL (Imperial Chemical Industries) [1,2,2,6,6-Pentamethylenpiperidin]. Infolge seiner schnellen und guten Resorption im Darmtrakt ist es oral gut wirksam. Seine Ausscheidung erfolgt rasch[1]).

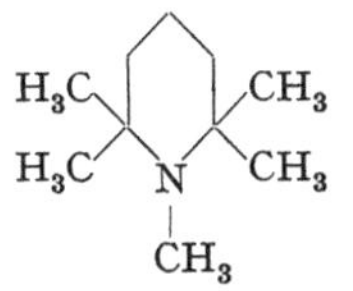

Pempidine

## 12.3 *Sekundäre Amine*

Als erstes ganglienblockierendes Mittel, das, oral appliziert, vom Darm praktisch vollständig resorbiert wird, wurde das *Mecamylamin*, INVERSIN (Merck Sharp & Dohme), MEVASIN (Merck Sharp & Dohme Int.), REVERTIN (Simes) [3-Methyl-aminoisocamphan] eingeführt. Bei langsamem Eintritt der blutdrucksenkenden Wirkung und relativ langer Dauer zeigt es einen zuverlässigen Effekt und führt im Gegensatz zu den anderen hypotensiv wirkenden Substanzen zu keiner oder ganz geringfügiger Toleranzentwicklung[2, 3]).

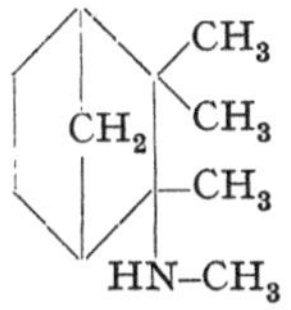

Inversin

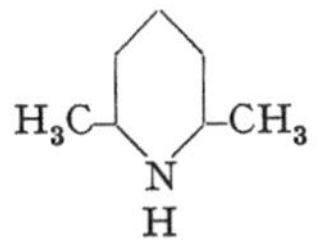

Nanophin

Als Ganglienblocker dient auch das NANOPHIN (UdSSR) [2,6-Dimethylpiperidin][4]), das als Vorstufe des Pempidin angesehen werden kann.

## 13. Antikonvulsiva

Ein neues Hydantoin-Derivat ist das *Ethotoin*, PEGANON (Abbott) [3-Äthyl-5-phenyl-hydantoin], geeignet vor allem zur Kontrolle von «grand-mal»-Anfällen, weniger für «petit mal», psychomotorische Störungen und ähnliches[5]).

[1]) M. HARINGTON, P. KINCAID-SMITH und M. D. MILNE, Lancet *1958*, II, 6.

[2]) J. H. MOYER, R. FORD, E. DENNIS und C. A. HANDLEY, Proc. Soc. exp. Biol. Med. *90*, 402 (1955).

[3]) C. A. STONE, M. L. TORCHIANA, A. NAVARRO und K. H. BEYER, J. Pharmacol. *117*, 169 (1956).

[4]) N. Ss. SMELOW, R. JA. MALYKIN, W. A. LAPTEW und A. P. CHRUNOWA, Sowjet-Med. *21*, Nr. 7, 22 (1957); ref. C. *1958*, 5155.

[5]) C. H. CARTER und M. C. MALEY, Amer. J. med. Sci. *234*, 74 (1957).

Bei der Behandlung von «petit mal» und psychomotorischer Epilepsie hat sich eine Weiterentwicklung des Milontin bewährt, das *Methsuximid*, CELONTIN (Parke Davis) [N-Methyl-α-methyl-α-phenyl-succinimid][1,2]. Die Nebeneffekte sind minimal.

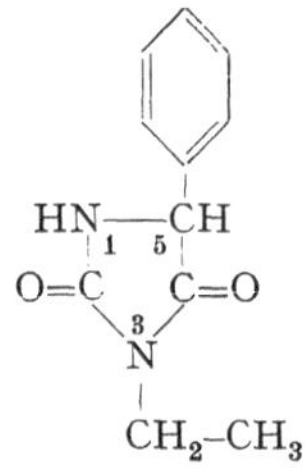

Ethotoin 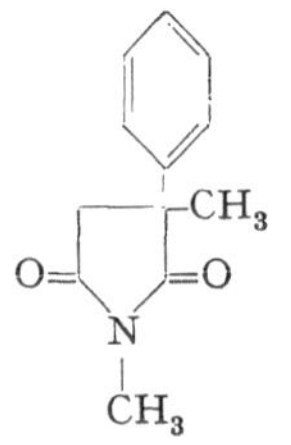　　　　　　　　　　　　　　　Methsuximid

## 14. Cholinesterase-Inhibitoren und Antagonisten

Nachdem Untersuchungen an Amino- und Ammoniumalkylaminobenzochinonen gezeigt hatten, daß Substitution des Benzol-Ringes der quaternärmachenden Gruppe ungewöhnlich große Anticholinesterase-Aktivität bewirkte, wurde die Quaternisierung mit 2-Chlorbenzyl-chlorid auf Aminoalkylamide von Dicarbonsäuren übertragen. Am wirksamsten in dieser Reihe erwies sich das *Ambenonium*, MYSURAN (Winthrop), jetzt MYTELASE (Winthrop) [N, N'-Bis-(2-diäthylaminoäthyl)-oxamid-bis-2-chlor-benzylchlorid][3]. Bei Myasthenia gravis erwies es sich als doppelt so stark wirksam wie Neostigmin oder Pyridostigmin[4,5].

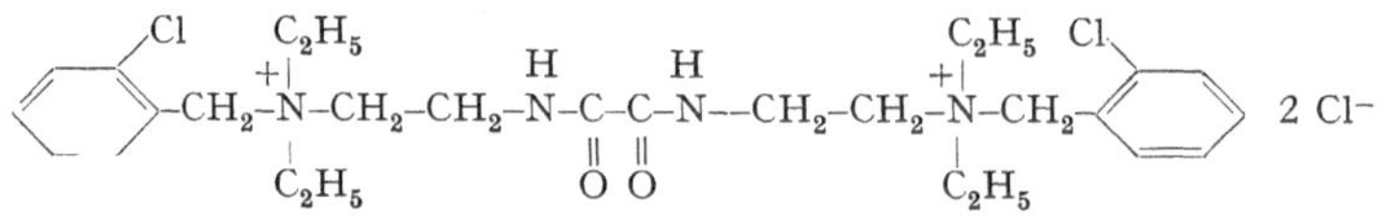

Mytelase

In Verbindungen, die zwei durch eine Polymethylen-Kette verknüpfte Neostigmin-Moleküle enthalten, wurden Substanzen mit ausgeprägtem neostigmin- und muscarinartigem Effekt aufgefunden[6]. Eingeführt wurde das Dekamethylen-bis-(N-methyl-carbaminsäure-m-dimethyl-aminophenylester-brommethylat) – TOSMILEN-Augentropfen (Österreichische Stickstoffwerke, Linz) – zur Behandlung von allen Formen von Glaukom, das eine sehr intensive und langdauernde Wirkung besitzt[7].

[1]) J. S. PRICHARD, E. G. MURPHY und F. E. ESCARDO, Canad. med. Ass. J. *76*, 770 (1957).

[2]) F. T. ZIMMERMANN und B. BURGERMEISTER, J. Amer. med. Ass. *157*, 1194 (1955).

[3]) A. ARNOLD, A. SORIA und F. K. KIRCHNER, Proc. Soc. exp. Biol. Med. *87*, 393 (1954).

[4]) R. S. SCHWAB, C. K. MARSHALL und W. TIMBERLAKE, J. Amer. med. Ass. *158*, 625 (1955).

[5]) A. M. LANDS, A. G. KARCZMAR, J. W. HOWARD und A. ARNOLD, J. Pharmacol. *115*, 185 (1955).

[6]) E. HERZFELD und C. STUMPF, Arch. int. Pharmacodyn. *107*, 33 (1956).

[7]) B. PILLAT, CH. STUMPF, R. GITTER und H. POMMER, Arch. int. Pharmacodyn. *108*, 481 (1956).

Antagonisten von Cholinesterasehemmern wurden in Oximen und Hydroxamsäuren gefunden[1, 2]), von welchen sich vor allem das 2-Pyridinaldoximmethojodid – PAM (Ciba) – als wirksam gegen Phosphorsäureester erwies[3, 4]).

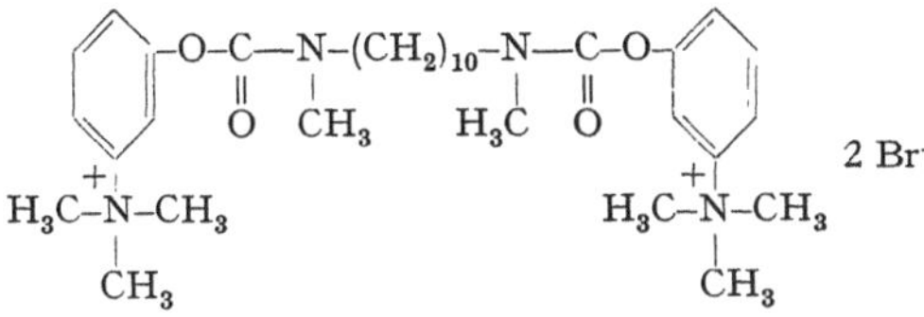

Tosmilen 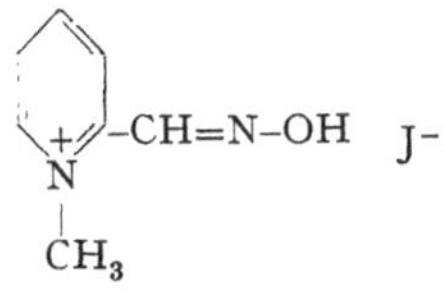                                                                    PAM

## 15. Beeinflussung von Herz und Kreislauf

Nur geringe qualitative und quantitative Unterschiede wurden festgestellt in vergleichenden Untersuchungen von Dilatol und DUVADILAN (Philips-Duphar-Chemie, Wien; Heyl & Co) [1-p-Hydroxy-phenyl-2-$\beta$-phenoxy-isopropylamino-propanol-(1)][5]). In diesem gefäßerweiternden Mittel wurde eine $CH_2$-Gruppe des ersteren Präparates durch eine Sauerstoffbrücke ersetzt. Indiziert ist es unter anderem bei organischen Durchblutungsstörungen, besonders im Bereich der Extremitäten und auf arteriosklerotischer Grundlage[6]). Hautgefäße werden nicht erweitert, darum tritt auch keine Hautrötung und kein subjektives Wärmegefühl ein.

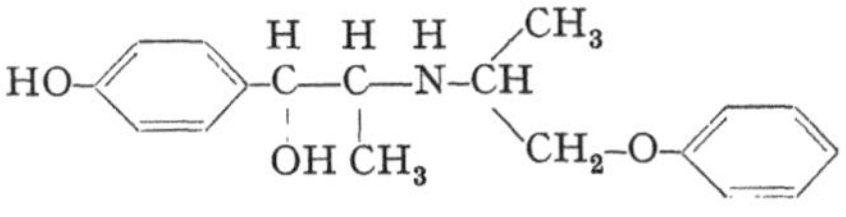

Duvadilan 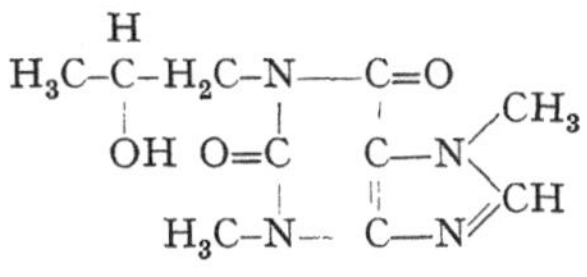                                 Cordabromin

Nachteilig beim Theobromin ist seine schlechte Wasserlöslichkeit. Durch Einführung verschiedener Radikal-Gruppen, wie Oxy- und Aminoalkyle, in 1-Stellung wurden wasserlösliche Theobromin-Derivate erhalten, von denen das 1-($\beta$-Oxypropyl)-theobromin bei den pharmakologischen und klinischen Untersuchungen optimale Eigenschaften zeigte[7–10]). Dieses CORDABROMIN (Chemiewerk Homburg) soll stärker koronarerweiternd wirken als Theophyllin bzw. seine wasserlöslichen Formen.

[1]) A. F. CHILDS, D. R. DAVIES, A. L. GREEN und J. P. RUTLAND, Brit. J. Pharmacol. 10, 462 (1955).

[2]) R. HOLMES und E. L. ROBINS, Brit. J. Pharmacol. 10, 490 (1955).

[3]) I. B. WILSON, Chem. Engng. News 34, 1305, 1446 (1956).

[4]) R. JAQUES, H. J. BEIN und R. MEIER, Schweiz. med. Wschr. 87, 1096 (1957).

[5]) H. G. MENGE, Wiener med. Wschr. 69, 298 (1957).

[6]) K. WEGHAUPT, Wiener med. Wschr. 69, 31 (1957).

[7]) R. TAUGNER, M. v. BUBNOFF, H. WETH, H. WALTZ, H. HOCHREIN, M. BARTELS und E. SCHMID, Arzneimittel-Forsch. 6, 601 (1956).

[8]) H. A. GIERTZ, A. OBERDORF und W. RUMMEL, Arzneimittel-Forsch. 6, 457 (1956).

[9]) G. KUSCHINSKY und E. MUSCHOLL, Arzneimittel-Forsch. 8, 14 (1958).

[10]) H. BACH und H. WEIGEL, Med. Klinik 51, 1641 (1956).

Als ein kranzgefäßerweiterndes Mittel, das alle anderen durch seinen Wirkungsgrad, seine bessere Verträglichkeit und seine Wirkdauer übertrifft, wird das RECORDIL (Dr. Recordati, Mailand) [Flavon-7-äthyl-oxyacetat] beschrieben[1]). Diese chemisch mit dem Khellin verwandte Verbindung soll auch keine unerwünschten Nebenwirkungen hervorrufen.

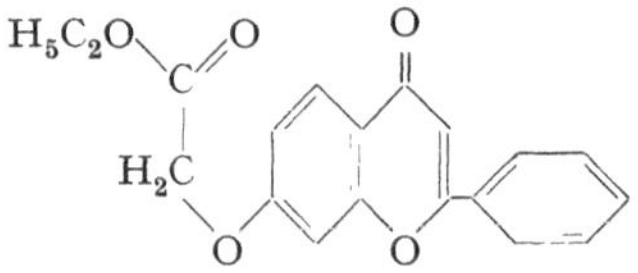

Recordil

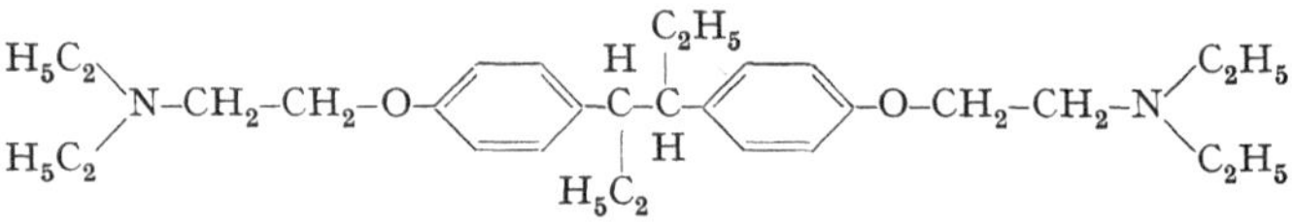

Coralgil

Auch bestimmte Oestrogen-Verbindungen wirken auf die Herzkranzgefäße. Veräthert man die beiden Hydroxyl-Gruppen im Hexoestrol, so erhält man Abkömmlinge mit elektivem koronargefäßerweiterndem Effekt, die keine Nebenwirkungen auf Keimdrüsen, Blutdruck und anderem besitzen. Bewährt hat sich das 4,4'-Diäthyl-amino-äthoxy-hexoestrol – CORALGIL (Maggioni), TRIMANYL (Tosse)[2]).

### 16. Antiasthmatika

Ein sehr gutes Bronchodilatans liegt im *Isoprophenamin* (= Lilly 20025) vor [1-o-Chlorphenyl-2-isopropyl-amino-äthanol][3, 4]). Interessant ist hier das o-ständige Chloratom.

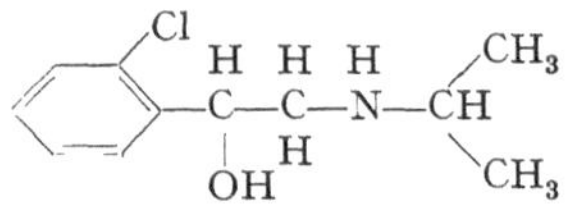

Isoprophenamin 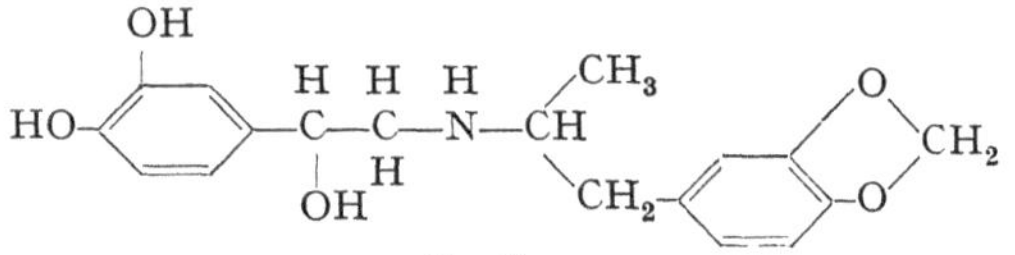    Caytine

Verlängert man im Isopropylarterenol die Kette um eine Methylen-dioxy-phenyl-Gruppe, so erhält man das CAYTINE (Lakeside), das als präventives Asthmamittel empfohlen wird[5]).

---

[1]) J. SETNIKAR und T. ZANOLINI, Farmaco, Pavia, ediz. sci. *11*, 854 (1956).
[2]) G. CAVALLINI, Farmaco, Pavia, ediz. sci. *10*, 644 (1955).
[3]) C. E. POWELL, W. R. GIBSON und E. E. SWANSON, J. Amer. pharm. Ass. [B] *45*, 785 (1956).
[4]) R. E. JOHNSTON und R. E. SHIPLEY, Amer. J. med. Sci. *233*, 303 (1957).
[5]) I. H. ITKIN, W. S. BURRAGE und J. W. IRWIN, J. Allergy *27*, 359 (1956).

## 17. Stimulantia-Analeptika

### 17.1 *Phenyläthylamin-Abkömmlinge*

Die Synthesen in dieser Reihe gehen im allgemeinen über die entsprechenden Keto-Verbindungen. Eine solche «Vorstufe» ist als Wirksubstanz in dem REGENON (Temmler) enthalten, das α-Benzoyl-triäthylamin. Diesem Appetitzügler sollen analeptische und blutdrucksteigernde Wirkungen fehlen.

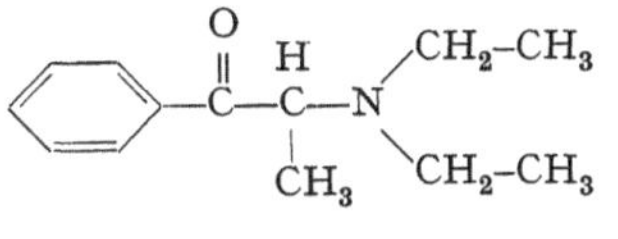

Regenon

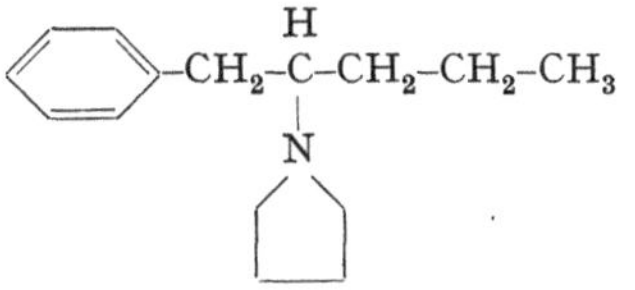

Katovit

Eine entfernte Verwandtschaft zu dem mit kürzerer Seitenkette ausgerüsteten Phenylmethylaminopropan läßt das KATOVIT (Thomae) [1-Phenyl-2-pyrrolidino-pentan] erkennen. Es bewirkt unter anderem eine motorische und zentrale Stimulierung, eine Steigerung des Blutdrucks, eine Atemanregung[1]). Die anregende Wirkung soll zwischen Coffein und Amphetamin liegen. Dieses ergotrope Stammhirnanaleptikum wird empfohlen bei Kreislaufregulationsstörungen, Hypotonie, Rekonvaleszenz und Erschöpfungszuständen.

Eine Aryl–C–C–N-Gruppierung haben auch das *Pipradrol*, MERATRAN (Merrell) [α-(2-Piperidyl)-benzhydrol] und das TRADON (Beiersdorf) [5-Phenyl-2-imino-4-oxo-oxazolidin]. So gleicht das Pipradrol in seiner zentralerregenden Wirkung dem Amphetamin, es fehlt aber der sympathikomimetische Effekt[2]). Die Schlafdauer nach Barbituraten kann es nicht abkürzen, ebenso ist es nicht gegen letale Barbituratdosen wie Cardiazol wirksam[3]). Seine psychisch stimulierende und euphorisierende Wirkung kann man zur Auflockerung bei depressiven Zuständen verschiedener Genese ausnutzen[4]).

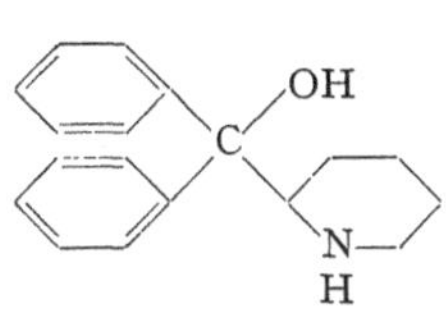

Meratran

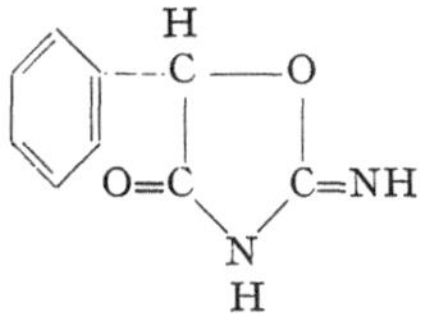

Tradon

Einen anderen Wirkungsmechanismus soll das Tradon besitzen. Während die bekannten Stimulantien im Zwischenhirn und in gewissen Stirnhirn-Arealen angreifen, dürfte diesem eine ambivalente, hirnrindenerregende und

[1]) E. KADATZ und E. POETZSCH, Arzneimittel-Forsch. *7*, 344 (1957).
[2]) M. I. GOLD und H. H. STONE, Anesthesiology *18*, 357 (1957).
[3]) B. B. BROWN, H. W. WERNER und M. J. KEYL, J. Pharmacol. *110*, 180 (1954).
[4]) M. P. BENSOUSSAN und E. M. VILLIAUMEY, Ann. méd.-psychol. *114*, 438 (1956); rf. Zbl. ges. Neurol. *137*, 330 (1956).

stammhirndämpfende Wirkung zukommen[1]). Diese unter der Bezeichnung Yh 1 getestete Substanz[2]) war bei der Umsetzung von α-Bromphenylessigsäurehalogenid mit Harnstoff als Nebenprodukt angefallen und wurde später als identisch mit dem Phenyl-isohydantoin von TRAUBE[3]) erkannt. In ihrer Anregungsintensität steht sie zwischen dem Methyl-amphetamin und dem Methylphenidat bzw. Phenmetrazin[2]).

### 17.2 Morpholin-Derivate

Alle hier neu als Appetitzügler angeführten Präparate leiten sich vom Phenmetrazin ab. So besteht das CAFILON (Ravensberg) aus dem 7-(2-Phenyl-3-methyl-morpholin)-1,3-dimethyl-8-chlor-xanthin und dem Phenyläthylessigsäure-(2-phenyl-3-methyl-morpholino)-äthylester[4]).

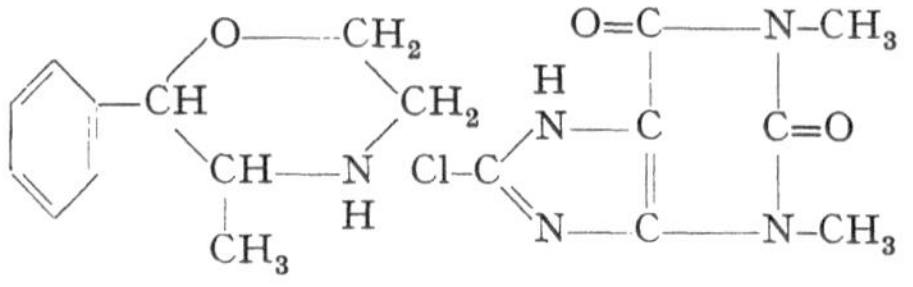

Cafilon

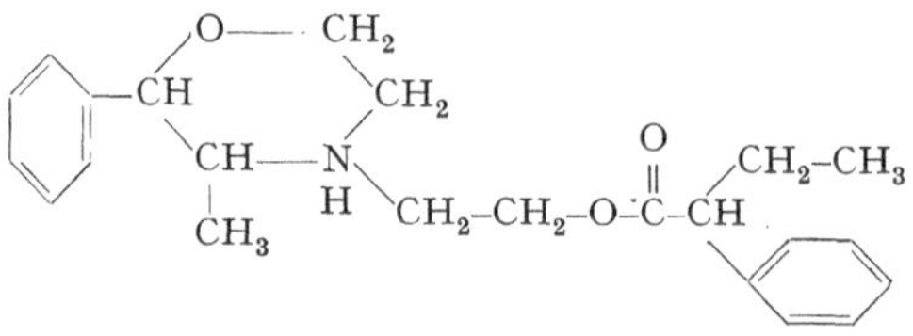

Das N-methylierte Phenmetrazin liegt im ANTAPETAN (Gerot, Wien) [D-2-Phenyl-3,4-dimethyl-morpholin] vor[5]).

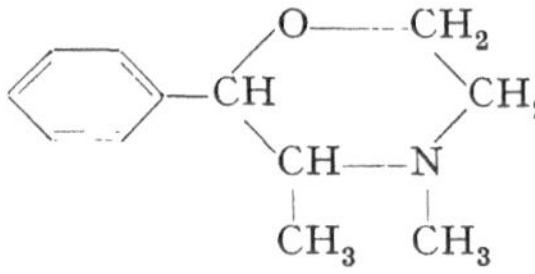

Antapetan

### 17.3 Diversa

Zentralerregend wirkt auch das *Prethcamid*, MICOREN (Geigy), das sich aus gleichen Teilen Crotethamid [α-(N′-Crotonyl-N′-äthylamino)-N,N-dimethyl-butyramid] und Cropropamid [α-(N′-Crotonyl-N′-n-propylamino)-N,N-dime-

[1]) G. A. LIENERT und W. JANKE, Arzneimittel-Forsch. 7, 436 (1957).
[2]) L. SCHMIDT, Arzneimittel-Forsch. 6, 423 (1956).
[3]) W. TRAUBE und R. ASCHER, Ber. dtsch. chem. Ges. 46, 2077 (1913).
[4]) O. HENGEN und H. SIEMER, Arzneimittel-Forsch. 5, 526 (1955).
[5]) W. G. OTTO, Angew. Chem. 68, 181 (1956).

thyl-butyramid] zusammensetzt. Besonders wird das Atemzentrum stimuliert[1]). Empfohlen wird es bei Barbiturat-, Morphin- und Leuchtgasvergiftungen[2]).

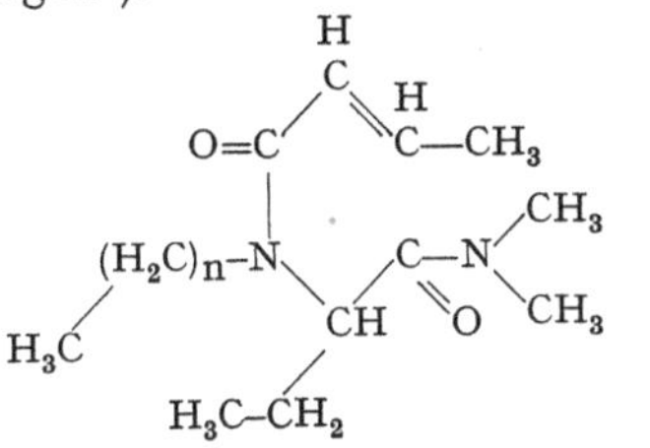

$$n = 1 \text{ Crotethamid} \\ n = 2 \text{ Cropropamid}$$ Micoren

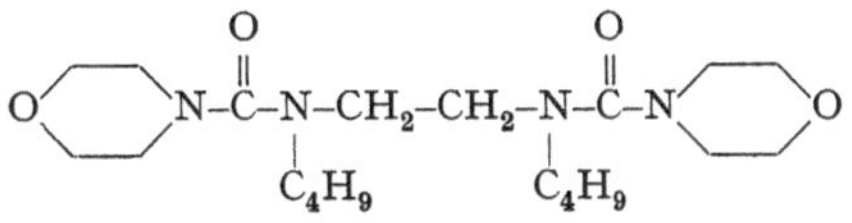

Théraleptique

Eine hervorragende analeptische Wirkung auf Atmung und Kreislauf bei langer Wirkungsdauer weist das THÉRALEPTIQUE (Théraplix) [N,N'-Di-n-butyl-N,N'-äthylen-di-morpholino-carbonsäureamid] auf[3]).

Verwandt mit den Phenothiazinen sind die Imino-dibenzyle. Bei der Prüfung dieser Verbindungsklassen ergab sich, daß ihnen eine Wirkung auf endogene Psychosen zukommt, die zum Teil ähnlich, zum Teil verschieden ist von derjenigen der Phenothiazinderivate. Ihre sedativ-hypnotische Wirkung scheint geringer. In ihren vegetativen Wirkungen zeigen die Iminodibenzylabkömmlinge weitgehende Parallelen zu den homologen Phenothiazin-Verbindungen. Gefährliche Komplikationen wurden nicht beobachtet. Bisher wurde aber kein Präparat gefunden, das das Chlorpromazin voll ersetzen könnte, dagegen aber ein Stoff mit einer dem Chlorpromazin fehlenden günstigen Wirkung auf depressive Zustandsbilder. Diese unter dem Namen TOFRANIL (Geigy) eingeführte Verbindung ist N-(γ-Dimethylaminopropyl)-imino-dibenzyl[4]).

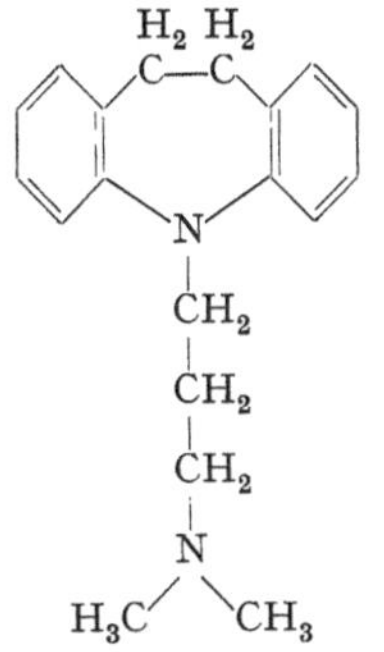

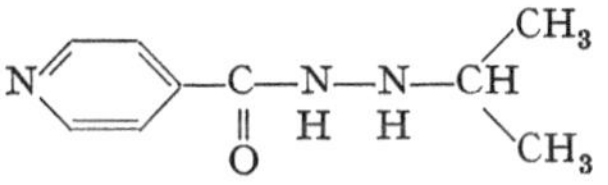

Iproniazid

Tofranil

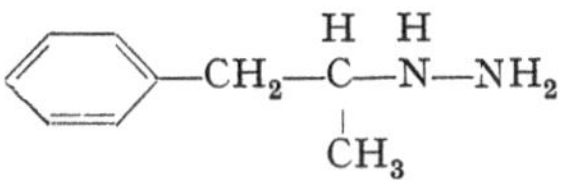

(XX)

Früher schon wurde über den günstigen Einfluß von INH auf geistige Trägheit, Depressionen und verschiedene reaktive Syndrome berichtet[5]), den auch das Isopropyl-Derivat, das *Iproniazid*, MARSILID (Hoffmann-La Roche)

---

[1]) A. LEIMDORFER, Arch. int. Pharmacodyn. *100*, 323 (1955).
[2]) W. BENSTZ, Die Medizinische *1953*, 1115; *1954*, 510.
[3]) D. BARGETON, C. KRUMM-HELLER und M. EON, Arch. int. Pharmacodyn. *103*, 146 (1955).
[4]) R. KUHN, Schweiz. med. Wschr. *87*, 1135 (1957).
[5]) F. LEMERE, A. M. A. Arch. Neurol. Psychiatry *71*, 624 (1954).

besitzt. So wird dieses jetzt als «psychic energizer» herausgestellt. In vivo erwies es sich als einer der stärksten Monoaminoxydasehemmer, so kommt es zu einer Anreicherung der Monoamine (Serotonin und Noradrenalin) im Gehirn bzw. einem Anstieg der Catecholamine (besonders Noradrenalin) im Myocard. Für seine pharmakologischen und klinischen Wirkungen muß also zunächst unter anderem eine Beeinflussung des Stoffwechsels physiologischer Amine angenommen werden[1]). Ein anderer Monoaminoxydase-Inhibitor leitet sich vom Amphetamin ab. Hier wurde die Amino- durch eine Hydrazino-Gruppe ersetzt. Dieses bei Lakeside synthetisierte 1-Phenyl-2-hydrazino-propan (XX) zeigt Amphetamin-ähnliche Aktivität; die Serotonin- und Norepinephrin-Anreicherung war signifikant[2]).

## 18. Oxytocika

Nachdem man den Extrakt aus dem Hypophysenhinterlappen in zwei Fraktionen zerlegen konnte und die Wirkung der beiden Hormone Oxytocin und Vasopressin erkannt hatte, setzten schon bald die Arbeiten an einer Konstitutionsaufklärung ein. Beide Hormone erwiesen sich als Peptide, bestehend aus 8 Aminosäuren[3-8]). Du VIGNEAUD et al. konnten auch als erste das

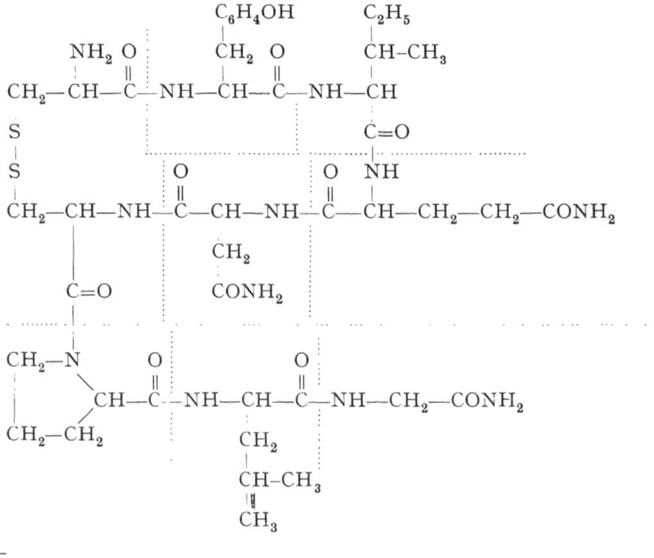

[1]) Chem. Engng. News 36, Nr. 7, 51 (1958).
[2]) J. H. BIEL, A. E. DRUKKER, P. A. SHORE, S. SPECTOR und B. B. BRODIE, J. Amer. chem. Soc. 80, 1519 (1958).
[3]) A. H. LIVERMORE und V. DU VIGNEAUD, J. biol. Chem. 180, 365 (1949).
[4]) J. G. PIERCE und V. DU VIGNEAUD, J. biol. Chem. 182, 359 (1949).
[5]) J. M. MÜLLER, J. G. PIERCE, H. DAVOLL und V. DU VIGNEAUD, J. biol. Chem. 191, 309 (1951).
[6]) R. A. TURNER, J. G. PIERCE und V. DU VIGNEAUD, J. biol. Chem. 191, 21 (1951).
[7]) H. TUPPY, Biochim. biophys. Acta 11, 449 (1953).
[8]) M. PRIVAT DE GARILHE, H. M. MAIER-HÜSER und C. FROMAGEOT, Biochim. biophys. Acta 7, 471 (1951).

Oxytocin synthetisch aufbauen[1]), für das später von Boissonnas *et al.* ein Verfahren zur Herstellung in größerem Maßstab ausgearbeitet wurde[2]). Dieses so dargestellte Oxytocin ist im Handel als syntocinon (Sandoz). Es besitzt alle Vorteile des natürlichen Produktes, ist darüber hinaus aber frei von unerwünschten Beimengungen, wie Vasopressin[3,4]). Von synthetischen Analogen des Oxytocins, bei denen das Isoleucin bzw. die Asparaginsäure durch andere Aminosäuren ersetzt sind[5]), ist am interessantesten das Derivat, das anstelle von Isoleucin Valin enthält. Es weist eine sehr starke uteruserregende und laktationsfördernde, aber nur eine sehr geringe pressorische und antidiuretische Wirkung auf[6]).

## 19. Diuretika

### 19.1 *Sulfonamid-Derivate*

Große Bedeutung haben die Carboanhydrasehemmer erlangt. So besitzt das *Chlorothiazid*, diuril (Merck Sharp & Dohme), saluric (Merck Sharp & Dohme, Engl.), chlotride (Merck Sharp & Dohme; Pharma Stern, Hamburg) [6-Chlor-7-sulfamyl-1,2,4-benzothiadiazin-1,1-dioxyd] genetische Beziehungen zu den Sulfonamiden[7]). Bei schnellem Wirkungseintritt ist es ideal zur Einleitung der Diurese und zur Erhaltung eines ödemfreien Status. Ausgeschieden werden vorwiegend Natrium und Chlorid, und zwar in einem annähernd äquivalenten Verhältnis zueinander, so daß hier von einem typischen Salureticum gesprochen werden kann[8-10]). Auch zur Behandlung der Hypertonie ist es geeignet. Seine Hauptwirkung scheint hier in einer Potenzierung der Wirkung von antihypertonischen Mitteln, wie Reserpin, Hydralazin und anderen, zu bestehen[11]).

Chlorothiazid          Cardrase

[1]) V. du Vigneaud, C. Ressler, J. M. Swan, C. W. Roberts, P. G. Katsoyannis und S. Gordon, J. Amer. chem. Soc. *75*, 4879 (1953).

[2]) R. A. Boissonnas, S. Guttmann, P. A. Jaquenoud und J. P. Waller, Helv. chim. Acta *38*, 1491 (1955).

[3]) H. Konzett, B. Berde und A. Cerletti, Schweiz. med. Wschr. *86*, 226 (1956).

[4]) K. Bösch und O. Käser, Schweiz. med. Wschr. *86*, 229 (1956).

[5]) R. A. Boissonnas, S. Guttmann, P. A. Jaquenoud und J.-P. Waller, Helv. chim. Acta *39*, 1421 (1956).

[6]) B. Berde, W. Doepfner und H. Konzett, Brit. J. Pharmacol. *12*, 209 (1957).

[7]) F. C. Novello und J. M. Sprague, J. Amer. med. Soc. *79*, 2028 (1957).

[8]) R. I. S. Bayliss, D. Marrack, J. Pirkis, J. R. Rees und J. F. Zilva, Lancet *1958*, I, 120.

[9]) J. D. H. Slater und J. D. N. Nabarro, Lancet *1958*, I, 124.

[10]) R. V. Ford, J. B. Rochelle III, C. A. Handley, J. H. Moyer und C. L. Spurr, J. Amer. med. Ass. *166*, 129 (1958).

[11]) E. D. Freis, A. Wanko, J. M. Wilson und A. E. Parrish, J. Amer. med. Ass. *166*, 137 (1958).

Ein Inhibitor der Carbonanhydrase ist auch das *Ethoxzolamid*, CARDRASE (Upjohn) [6-Äthoxybenzothiazol-2-sulfonamid].

Denselben Hemmeffekt übt das NIREXON (Bayer) [Diphenylmethan-4,4'-disulfonamid] aus, das sich durch hohe diuretische Wirkung und gute Verträglichkeit auszeichnet[1]). Bei schwerer Niereninsuffizienz oder bei Natrium- oder Kaliummangelzuständen ist es nicht anzuwenden. Geeignet ist es auch zur Kombinationstherapie mit quecksilberhaltigen Diuretika, wobei sich die Wirkungsprinzipien ergänzen: Während durch Nirexon die Diurese über eine vermehrte Natrium-Ausscheidung gesteigert wird, blockieren die Quecksilber-Diuretika die Chloridresorption. So können bei einer solchen Kombinationsbehandlung die Dosen der Quecksilber-Diuretika wesentlich reduziert werden.

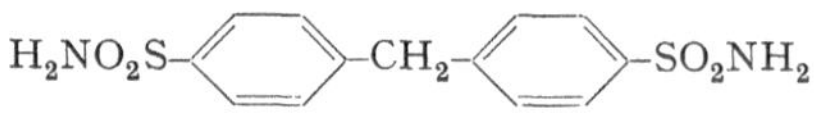

$$H_2NO_2S\text{---}\langle\phantom{x}\rangle\text{---}CH_2\text{---}\langle\phantom{x}\rangle\text{---}SO_2NH_2$$

Nirexon

### 19.2 *Pyrimidin- und Triazin-Abkömmlinge*

Bei der Suche nach quecksilberfreien Diuretika wurden in substituierten Pyrimidindionen oral wirksame Verbindungen gefunden. Eingeführt wurden zwei Präparate, die sich chemisch nur geringfügig unterscheiden, das *Aminometradin*, KATAPYRIN (Frankfurter Arzneimittel), MICTIN (Searle) [1-Allyl-3-äthyl-6-amino-1,2,3,4-tetrahydropyrimidin-dion-2,4] und das *Amisometradin*, ROLICTON (Searle) [1-Methallyl-3-methyl-6-amino-1,2,3,4-tetrahydro-pyrimidin-dion-2,4].

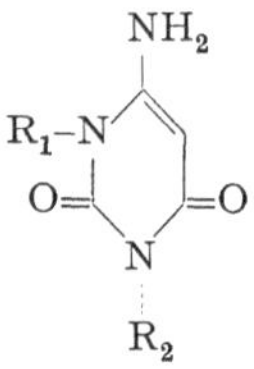

$R_1 = -CH_2-CH=CH_2$
$R_2 = -CH_2-CH_3$

Mictin

$R_1 = -CH_2-\overset{CH_3}{\underset{|}{C}}=CH_2$
$R_2 = -CH_3$

Roliction

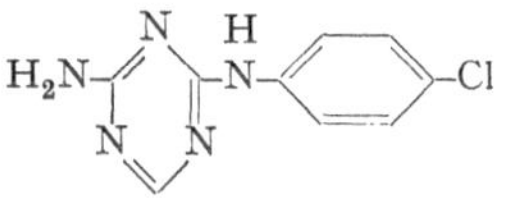

Orpidan

Einen Einfluß auf die diuretische Wirkung einer Verbindung soll die N–C–N-Gruppierung haben, sofern sie mehrfach im Molekül vorkommt. Diese Beobachtung trifft auch für das s-Triazin zu, wobei das interessanteste Derivat, das Diamino-triazin (Formoguanamin), infolge seiner toxischen Nebenwirkungen klinisch nicht benutzt werden kann. Bei der Weiterentwicklung wurde im N-p-Chlorphenyl-2,4-diamino-s-triazin, das im ORPIDAN (Heumann), TRIAZUROL (VEB Farbenfabrik Wolfen) vorliegt, ein Abkömmling gefunden, der diese nicht aufweist. Oral gegeben, bewirkt es eine gute Diuresesteigerung[2]).

---
[1]) W. WIRTH, Dtsch. med. Wschr. *82*, 1908 (1957).
[2]) W. LUEG und A. HESS, Med. Klin. *50*, 2113 (1955).

Von entscheidender Bedeutung für die pharmakologische Wirkung ist hier das p-ständige Chlor-Atom.

## 20. Antibiotika

Bei den Antibiotika geht einmal die Suche nach neuen selektiven Wirkstoffen weiter, zum anderen aber ist man bestrebt, durch Salzbildung, durch Beimischung von «Additiven» oder zum Teil geringfügige Molekülabwandlungen die Wirksamkeit zu verlängern oder die toxischen Erscheinungen herabzudrücken.

### 20.1 Penicillin

Infolge der geringen Giftigkeit und der leichten Zugänglichkeit wurde weiter nach neuen Präparaten gesucht, die weniger einem enzymatischen Abbau unterliegen und eine protrahierte Wirkung besitzen. Neu eingeführt wurden das *Benethamin-Penicillin*, BENAPEN (Glaxo) [N-Benzyl-β-phenyläthylaminsalz des Penicillin G][1]), das ORENCIL (Roussel Ltd., London)[2]) oder PENIDRYL (Roussel) [Penicillinat des Benzhydrylamins], das *Clemizole-Penicillin*, NEOPENYL (Grünenthal) [mit 1-p-Chlor-benzyl-pyrrolidyl-methyl-benzimidazol-Penicillin G][3]), das *Hydrabamin-Penicillin*, COMPOCILLIN[4, 5]) (Abbott) und das *Hydrabamin-Phenoxy-methyl-Penicillin*, COMPOCILLIN V (Abbott), die

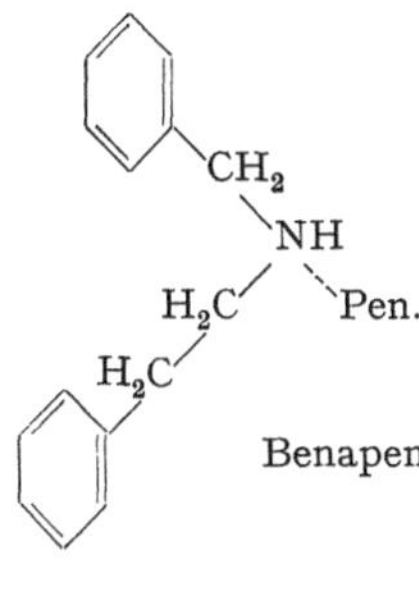

Benapen 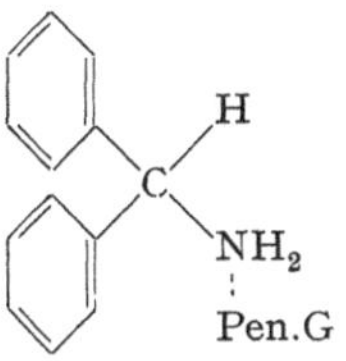    Orencil 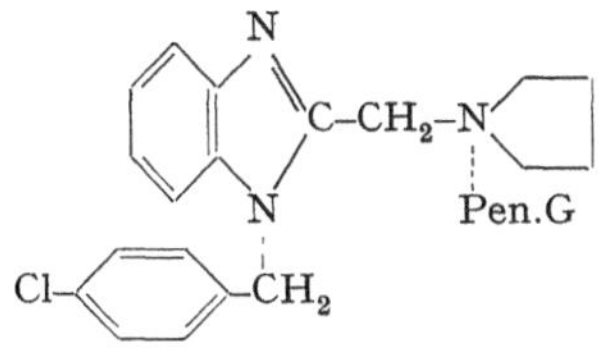    im Neopenyl

R = Pen. G = Compocillin
R = Pen. V = Compocillin V

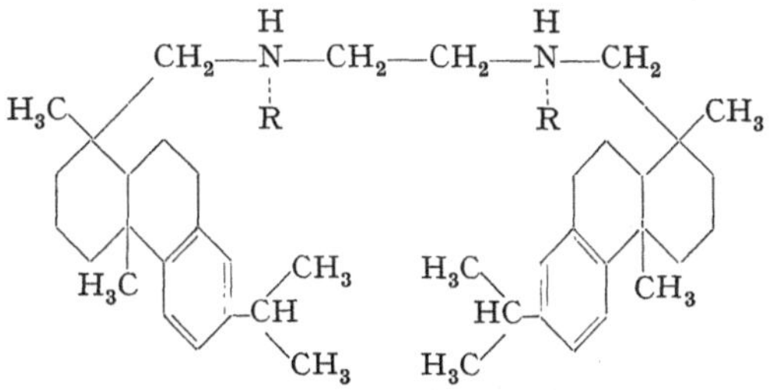

[1]) M. G. NELSON, J. M. TALBOT und T. B. BINNS, Brit. med. J. *1954*, II, 339.

[2]) G. HAGEMANN, H. VELU, R. CLAUDE, M. PYRE, P. DESTOUCHES und N. KARATCHENZEFF, Ann. pharm. franç. *12*, 565 (1954).

[3]) H. MÜCKTER, E. JANSEN, H. SOUS, W. KRÜPE, A. QUAST und H. KELLER, Arzneimittel-Forsch. *4*, 487 (1954).

[4]) A. F. DE ROSE, R. J. MICHAELS, A. W. WESTON und R. K. RICHARDS, Antibiotics and Chemotherapy *5*, 315 (1955).

[5]) A. F. DE ROSE, G. H. BARLOW, R. W. MATTOON und W. H. WASHBURN, Antibiotics and Chemotherapy *5*, 324 (1955).

beiden letzteren Salze des Penicillin G bzw. V mit dem N,N′-Bis-(dehydro-
abietyl)-äthylen-diamin. Alle besitzen eine nur geringe Wasserlöslichkeit und
einen Depoteffekt.

### 20.2 *Streptomycin, Neomycin, Viomycin*

Bei diesen gegen *Mycobacterium tuberculosis* hochwirksamen Antibiotika
wird die therapeutische Anwendung durch toxische Nebenwirkungen, vor allem
Nierenschädigungen, Vestibularis- und Cochlearisstörungen eingeengt. Salze
dieser basischen Streptomyces-Antibiotika mit Pantothensäure zeigten bei verschiedenen Tierarten eine verminderte Neurotoxizität[1, 2]). Diese Ergebnisse
konnten in der Klinik mit den Streptomycin-pantothenaten[3]) – im Handel
als STREPTOTHENAT, DIDROTHENAT und PROTOTHENAT (Grünenthal) – und mit
dem Viomycin-pantothenat[4]) – eingeführt als VIOTHENAT (Grünenthal) und
VIONACTAN P (Ciba) – bestätigt werden.

### 20.3 *Tetracycline*

Auch von diesen Antibiotika wurden Salze mit anderen Säuren als mit der
Salzsäure dargestellt und dabei mit Phosphorsäure-Verbindungen günstige
Ergebnisse erzielt. So wurden mit einer Mischung von Tetracyclin und Natrium-
metaphosphat bzw. dem Tetracyclin-phosphat-Komplex doppelt so hohe Blut-
spiegelwerte innerhalb von 1 bis 3 Stunden nach der Anwendung erhalten als
mit dem Hydrochlorid. Die in diesen Präparaten ACHROMYCIN V (Lederle) bzw.
P (Lederle-Grünenthal), COMYCIN (Upjohn), HOSTACYCLIN P (Hoechst), PANMY-
CIN PHOSPHATE (Upjohn), SUMYCIN (Squibb), TETRABON V bzw. TETRACYN V
(Pfizer), TETRACYN PLUS (Pfizer-C. H. Boehringer Sohn), TETRACYCLIN P
(Bayer), TETREX (Bristol), vorliegenden Phosphate sollen im Darm vorkommende Metallionen, wie zum Beispiel Ca und Fe, binden und so eine Bildung
von sonst auftretenden schwerlöslichen, nicht resorbierbaren Tetracyclin-Ver-
bindungen verhindern.

In weiteren Untersuchungen auf diesem Gebiet wurden bei Pfizer auch
andere Substanzen, insgesamt 84, geprüft, die geeignet schienen, als «Additive» die Wirksamkeit von Antibiotika zu steigern, und dabei die besten Ergebnisse mit Glucosamin erzielt. Mit diesem COSA-TETRACYN (Pfizer) wurden
sehr hohe Blutspiegel erhalten, vor allem in den oft entscheidenden ersten zwei
Stunden. Einfluß auf Magen und gastrische Sekretion wurden nicht beobachtet,
auch keine Allergien[5, 6]).

Die Tetracycline selbst sind amphotere Substanzen und bilden als solche
sowohl mit Säuren als auch mit Basen Salze, die in wässeriger Lösung jedoch
nur in extrem hohen pH-Bereichen beständig sind. Hierdurch sind Schmerz-

[1]) H. KELLER, W. KRÜPE, H. SOUS und H. MÜCKTER, Arzneimittel-Forsch. *5*, 170 (1955).
[2]) H. KELLER, W. KRÜPE, H. SOUS und H. MÜCKTER, Arzneimittel-Forsch. *6*, 61 (1956).
[3]) G. GLOGOWSKI, Die Medizinische *1955*, II, 1121.
[4]) E. KUNTZ, Arzneimittel-Forsch. *7*, 233 (1957).
[5]) Chem. Engng. News *36*, Nr. 7, 54 (1958).
[6]) H. WELCH, W. W. WRIGHT und A. W. STAFFA, Antibiotic Med. clin. Therapy *5*, 52 (1958).

haftigkeit und schlechte lokale Verträglichkeit bedingt. Die Basen aber sind schlecht wasserlöslich. Trotzdem Abwandlungen eines Antibiotika-Moleküls meist Wirkverluste bedingen – Ausnahme Streptomycin $\rightarrow$ Dihydrostreptomy-

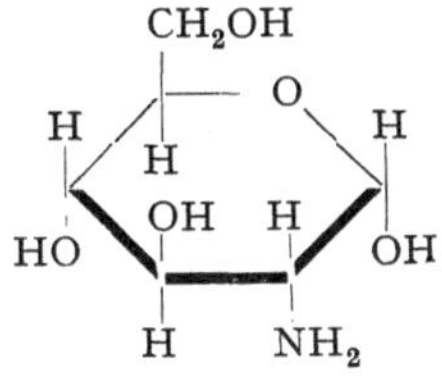

Glucosamin

cin –, wurden Derivate der Tetracycline hergestellt und in den Aminomethyl-Verbindungen Abkömmlinge gefunden, die bei ausgezeichneter Wasserlöslichkeit das therapeutische Wirkungsspektrum nicht verändern. Ein solches Derivat liegt im REVERIN (Hoechst) [Pyrrolidino-methyl-tetracyclin] vor.

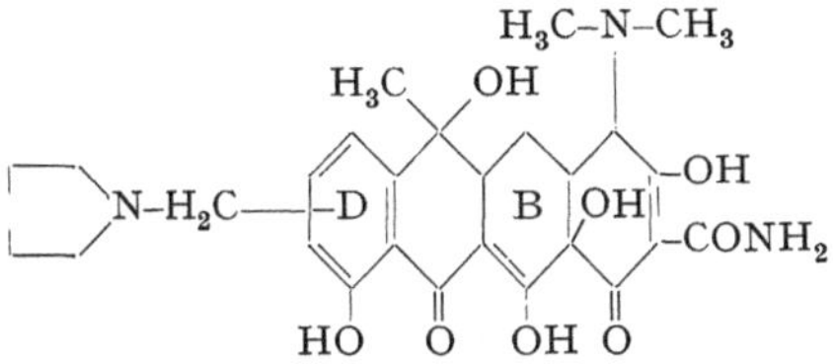

Reverin

Bei diesen durch Mannich-Umsetzung aus den Tetracyclinen, Formaldehyd und Aminen gewonnenen Derivaten wird als Verknüpfung der Aminomethyl-Gruppierung der aromatische Ring D angenommen, wobei hier alles für eine o-Substitution zur Hydroxylgruppe spricht[1]. Die Wasserlöslichkeit konnte mit dem Reverin gegenüber Tetracyclin um das 2500fache gesteigert werden; seine Handelslösung selbst wurde aus Stabilitätsgründen auf pH 5 eingestellt. Im Vergleich zu Tetracyclin ist die Toxizität nicht verändert[2]), auch die Wirkungsgleichheit dem Ausgangsprodukt gegenüber konnte nachgewiesen werden[3]. Mit diesem Präparat ist es nun möglich, eine intravenöse Behandlungsweise durchzuführen, wodurch die bei der bisher fast ausschließlich geübten oralen Medikation auftretenden Gefahren, wie zum Beispiel Enterokolitis, toxische Leberschädigungen, und therapeutischen Nachteile der schwankenden und oft ungenügenden Blutspiegel wegfallen. Als ausreichend hat sich eine Injektion von 250 mg pro Tag erwiesen, wobei bei guter Verträglichkeit keine örtlichen Schädigungen an der injizierten Vene auftraten, als da sind Schmerzen, Thrombophlebitis, Venenverödung, unter Umständen Emboliegefahr[4-6]).

[1]) W. SIEDEL, A. SÖDER und F. LINDNER, Münch. med. Wschr. 100, 661 (1958).
[2]) J. HERGOTT und L. THER, Münch. med. Wschr. 100, 663 (1958).
[3]) R. FUSSGÄNGER, Münch. med. Wschr. 100, 665 (1958).
[4]) D. STRAUCH und E. KOCH, Münch. med. Wschr. 100, 668 (1958).
[5]) H. BOHN und E. KOCH, Münch. med. Wschr. 100, 671 (1958).
[6]) TH. DIMMLING, H. HÜNER, W. LUTZEYER und G. SIMON, Münch. med. Wschr. 100, 676 (1958).

## 20.4 *Nystatin*

Das aus *Streptomyces noursei* isolierte *Nystatin, Fungicidin,* MYCOSTATIN (Squibb), MORONAL (Squibb/Heyden)[1]) ist ein ausschließlich gegen Pilze gerichtetes Antibiotikum, das eine ausgeprägte Wirkung auf vegetative Formen von *Candida albicans* besitzt[2]). Klinisch hat es Bedeutung für die Behandlung der Moniliasis aller Lokalisationen gewonnen.

## 20.5 *Amphotericine*

Von den aus einer namenlosen *Streptomyces*-Art, gewonnen aus einer Erdprobe aus Temladora nahe beim Orinoco in Venezuela, erhaltenen *Amphotericinen A und B*[3]) erwies sich die B-Komponente – FUNGIZONE (Squibb) – als wirksamer gegen Hefen und hefeähnliche Fungi. Chemisch ist es ein Polyen, bei der Hydrolyse wurde ein basischer Anteil isoliert, identifiziert als eine Aminodesoxyhexose mit Namen Mycosamin[4]). Es dient zur Behandlung mykotischer Infektionen, wie Cryptococcosis, Coccidioidomycosis und anderen[5]).

## 20.6 *Spiramycin*

Das aus *Streptomyces ambofaciens* erhaltene peroral wirksame *Spiramycin*[6]), ROVAMYCIN (Specia; May & Baker), SELECTOMYCIN (Grünenthal) scheint aus drei wirkungsmäßig einander nahestehenden, aber chromatographisch trennbaren Komponenten zu bestehen. Wie Carbomycin und Erythromycin wirkt es vornehmlich gegen gram-positive Erreger, speziell Staphylo-, Strepto- und Pneumokokken. Empfohlen wird es vor allem bei bakteriellen Infektionen, speziell Staphylokokken-Stämmen, die sich gegenüber anderen Antibiotika, wie zum Beispiel Penicillin und Aureomycin, aber auch Sulfanilamiden, als resistent erweisen. Gegen Pneumokokken soll es effektiver als Erythromycin und Carbomycin sein[7]). Resistenzbildung soll zumindest nach kurzdauernder Verabreichung nicht auftreten.

## 20.7 *Oleandomycin*

Ein peroral wirksames Mittelspektrum-Antibiotikum ist auch das aus *Streptomyces antibioticus* isolierte *Oleandomycin*[8]), MATROMYCIN (Pfizer), ROMICIL (Hoffmann-La Roche). Auf Grund seiner chemisch-physikalischen und antimikrobiellen Eigenschaften gehört es zur Carbomycin-Erythromycin-

[1]) E. L. HAZEN und R. BROWN, Proc. Soc. exp. Biol. Med. *76*, 93 (1951).
[2]) J. MEYER-ROHN, W. HOPFF und T. LANGE-BROCK, Arzneimittel-Forsch. *7*, 355 (1957).
[3]) W. GOLD, H. A. STOUT, J. F. PAGANO und R. DONOVICK, Antibiotics Annual *1955–1956*, 579.
[4]) J. D. DUTCHER, M. B. YOUNG, J. H. SHERMAN, W. HIBBITS und D. R. WALTERS, Antibiotics Annual *1956–1957*, 866.
[5]) M. L. LITTMAN, P. L. HOROWITZ und J. G. SWADEY, Amer. J. Med. *24*, 568 (1958).
[6]) S. PINNERT-SINDICO, Ann. Inst. Pasteur *87*, 702 (1954).
[7]) C. COSAR, Thérapie *11*, 324 (1956).
[8]) B. A. SOBIN, A. R. ENGLISH und W. D. CELMER, Antibiotics Annual *1954-55*, 827.

Gruppe. Es ist säurestabil, gut verträglich und gegen Infektionen mit den meisten gram-posiven und bestimmten gram-negativen Bakterien wirksam, auch wenn diese gegen Penicillin, Breitspektrum-Antibiotika und Sulfanilamide resistent sind. Hier liegt ein Antibiotikum ohne gekreuzte Resistenz mit anderen Antibiotika vor. Da es gegen gram-negative Darmflora (*Coli-Aerogenes*-Gruppe) praktisch unwirksam ist, sind schwerere Darmstörungen kaum zu befürchten[1–3]). Die Konstitution dieses Antibiotikums ist noch nicht aufgeklärt, bekannt geworden ist bisher folgende Formulierung:

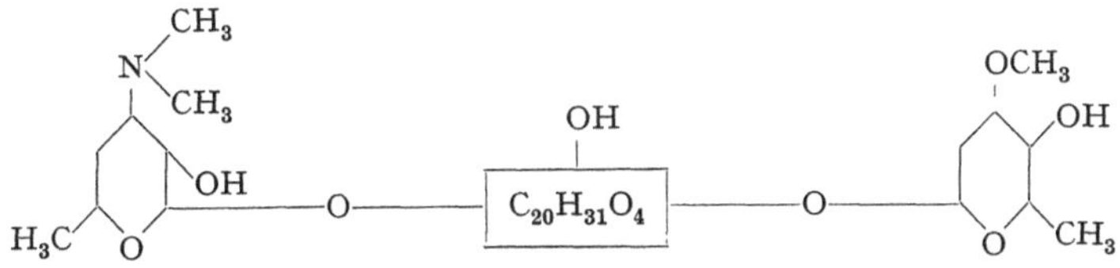

Bei den Arbeiten hierzu wurden bei Pfizer sämtliche möglichen Mono- und Diacetate sowie das Triacetat des Oleandomycins dargestellt und ihre antibiotische Wirksamkeit getestet, wobei sich alle Acetyl-Derivate als wirksam erwiesen. Das Triacetat war der Muttersubstanz sogar klinisch überlegen und wird «eine Art Superpenicillin» genannt[4]). Eingeführt wurde es als SIGNEMYCIN (Pfizer), CYCLAMYCIN (Wyeth), EVRAMYCIN (Wyeth, England), zusammen mit Glucosamin ist es im TAO (Roerig-Pfizer) enthalten.

### 20.8 *Novobiocin*

Aus *Streptomyces niveus* wurde bei Upjohn ein neues Antibiotikum isoliert, das *Streptonivicin*[5]), welches mit dem aus *Str. spheroides* erhaltenen CATHOMYCIN (Merck Sharp & Dohme)[6]) identisch ist[7]). Unter dem Namen *Novobiocin* ist es bekannt geworden, im Handel als ALBAMYCIN (Upjohn), BIOTEXIN (Glaxo), CARDELMYCIN (Pfizer), CATHOCIN (Merck Sharp & Dohme), INAMYCIN

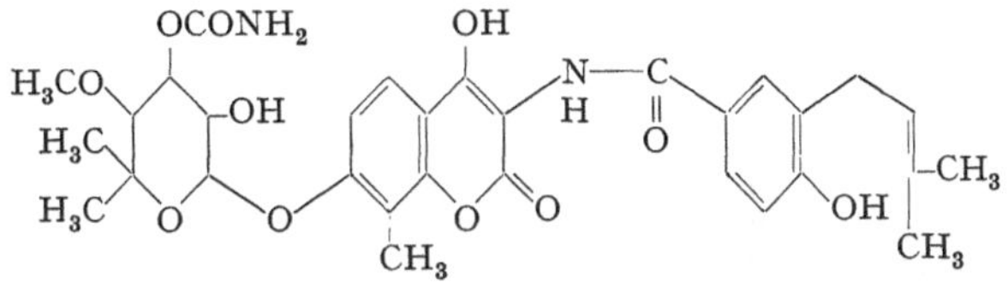

[1]) S. Ross, Antibiotics Annual *1955-56*, 600.

[2]) H. E. Noyes, S. C. Nagle, J. P. Sanford und M. L. Robbins, Antibiotics and Chemotherapy *6*, 450 (1956).

[3]) B. Fust, E. Böhni, G. Zbinden und A. Studer, Schweiz. med. Wschr. *86*, 1246 (1956); Helv. med. acta *23*, 714 (1956).

[4]) W. D. Celmer und F. A. Hochstein, Meeting Amer. chem. Soc., April 1958; rf. Angew. Chem. *70*, 417 (1958).

[5]) H. Hoeksema, J. L. Johnson und J. W. Hinman, J. Amer. chem. Soc. *77*, 6710 (1955).

[6]) E. A. Kaczka, F. J. Wolf, F. P. Rathe und K. Folkers, J. Amer. chem. Soc. *77*, 6404 (1955).

[7]) H. Welch und W. W. Wright, Antibiotics and Chemotherapy *5*, 670 (1955).

(Hoechst), VULCAMICINA (Lepetit). Befriedigende klinische Resultate wurden mit diesem Novobiocin, dem eine Kreuzresistenz zu irgendeinem der bisher bekannten Antibiotika fehlt, bei *Staphylococcus*-, *Proteus*- und *Coli*-Infektionen erzielt[1]. Auf Grund der Identifizierung der Abbauprodukte wird für dieses Antibiotikum vorstehende Struktur vorgeschlagen[2-6].

## 20.9 *Ristocetin*

Ein Antibiotikum aus der Actinomyceten-Art *Nocardia lurida* ist das *Ristocetin*, SPONTIN (Abbott). Es besteht aus den beiden Komponenten A und B und soll nicht nur das Wachstum von Staphylo-, Strepto- und Pneumokokken und vieler anderer gram-positiver Bakterien hemmen bzw. unterbinden, sondern diese Mikroorganismen auch zerstören. Darum wurden bisher noch keine resistenten Bakterienstämme gezüchtet. Die Anwendung erfolgt nur intravenös, da das Antibiotikum vom Magen-Darm-Trakt aus nicht in die Blutbahn übergeht. Die perorale Medikation ist also nur dann angezeigt, wenn es gilt, gegen bakterielle Infektionen im Gastro-Intestinal-Trakt anzugehen[7].

## 20.10 *Kanamycin*

Praktisch unbegrenzt haltbar, dabei im pH-Bereich von 2,0 bis 11,0 beständig, ist das *Kanamycin*, KANTREX (Bristol). Isoliert in Japan aus *Streptomyces kanamyceticus* konnte schon bald die Konstitution geklärt werden[8-11].

[1] R. L. NICHOLS und M. FINLAND, Antibiotic. Med. *2*, 241 (1956).

[2] J. W. HINMAN, H. HOEKSEMA, E. L. CARON und W. G. JACKSON, J. Amer. chem. Soc. *78*, 1072 (1956).

[3] C. H. SHUNK, CH. H. STAMMER, E. A. KACZKA, E. WALTON, C. F. SPENCER, A. N. WILSON, J. W. RICHTER, F. W. HOLLY und K. FOLKERS, J. Amer. chem. Soc. *78*, 1770 (1956).

[4] H. HOEKSEMA, E. L. CARON und J. W. HINMAN, J. Amer. chem. Soc. *78*, 2019 (1956).

[5] C. F. SPENCER, CH. H. STAMMER, J. O. RODIN, E. WALTON, F. W. HOLLY und K. FOLKERS, J. Amer. chem. Soc. *78*, 2655 (1956).

[6] E. A. KACZKA, C. H. SHUNK, J. W. RICHTER, F. J. WOLF, M. M. GASSER und K. FOLKERS, J. Amer. chem. Soc. *78*, 4125 (1956).

[7] Chem. Engng. News *35*, Nr. 48, 46 (1957).

[8] M. J. CRON, D. L. JOHNSON, F. M. PALERMITI, Y. PERRON, H. D. TAYLOR, D. F. WHITEHEAD und I. R. HOOPER, J. Amer. chem. Soc. *80*, 752 (1958).

[9] M. J. CRON, O. B. FARDIG, D. L. JOHNSON, H. SCHMITZ, D. F. WHITEHEAD, I. R. HOOPER und R. U. LEMIEUX, J. Amer. chem. Soc. *80*, 2342 (1958).

[10] T. TEKEUCHI, T. HIKIJI, K. NITTA, S. YAMAZAKI, S. ABE, H. TAKAYAMA und H. UMEZAWA, J. Antibiotics [A] *10*, 107 (1957).

[11] M. J. CRON, O. B. FARDIG, D. L. JOHNSON, D. F. WHITEHEAD, I. R. HOOPER und R. U. LEMIEUX, J. Amer. chem. Soc. *80*, 4115 (1958).

Es ist wirksam gegenüber Tuberkelbazillen, Staphylokokken sowie einer Vielzahl gram-positiver und gram-negativer Organismen. Auftreten einer Resistenz wurde bisher ebensowenig wie Nebenwirkungen beobachtet[1]).

## 20.11 *Cycloserin*

Das Wirkungsspektrum des Cycloserin erstreckt sich vorwiegend auf gram-positive, weniger auf gram-negative Bakterien. Sein therapeutischer Anwendungsbereich umfaßt vor allem Lungentuberkulose und unspezifische Infektionen des Uro-Genital-Traktes. Mit INH wird ein Synergismus angenommen, zu Streptomycin wurde weder ein solcher noch ein Antagonismus gefunden[2]). Gewonnen wird dieses *Cycloserin*, D-CYCLOSERIN (Hoffmann-La Roche) aus *Streptomyces orchidaceus* – SEROMYCIN «Lilly»[3]) – aus *S. garyphalus* – OXAMY-CIN «Merck Sharp & Dohme»[4]) – bzw. aus *S. lavendulae* – PA 94 «Pfizer»[5]). Es besitzt die Konstitution eines D-4-Amino-3-isoxazolidons, was durch die Synthese bewiesen wurde[6]):

Cycloserin

## 20.12 *Streptovaricin*

Das *Streptovaricin*, DALACIN (Upjohn) stammt aus *Streptomyces variabilis*. Dieses Antibiotikum besteht aus mindest fünf aktiven Komponenten (A–E)[7]) und kann als Tuberkulostatikum eingesetzt werden. Es erzeugt keine kreuzweise Resistenz gegenüber Streptomycin oder anderen gebräuchlichen Antibiotika[8]). Im Verhältnis zum Streptomycin ist es zehnmal, gegenüber PAS etwa hundertmal stärker wirksam, besitzt aber nur die halbe Aktivität von INH. Sein Vorteil ist, daß es mit bereits bewährten und bekannten Mitteln einen Synergismus eingeht, zum Beispiel mit INH.

[1]) M. FINLAND, Lancet *1958*, II, 209.

[2]) I. EPSTEIN, K. G. S. NAIR und L. J. BOYD, Antibiotic Med. *1*, 80 (1955).

[3]) P. H. HIDY, E. B. HODGE, V. V. YOUNG, R. L. HARNED, G. A. BREWER, W. F. PHILLIPS, W. F. RUNGE, H. E. STAVELY, A. POHLAND, H. BOAZ und H. R. SULLIVAN, J. Amer. chem. Soc. 77, 2345 (1955).

[4]) R. P. BUHS, I. PUTTER, R. ORMOND, J. E. LYONS, L. CHAIET, F. A. KUEHL, Jr., F. J. WOLF, N. R. TRENNER, R. L. PECK, E. HOWE, B. D. HUNNEWELL, G. DOWNING, E. NEWSTEAD und K. FOLKERS, J. Amer. chem. Soc. 77, 2344 (1955).

[5]) G. M. SHULL und J. L. SARDINAS, Antibiotics and Chemotherapy *5*, 398 (1955).

[6]) CH. H. STAMMER, A. N. WILSON, F. W. HOLLY und K. FOLKERS, J. Amer. chem. Soc. 77, 2346 (1955).

[7]) G. B. WHITFIELD, E. C. OLSON, R. R. HERR, J. A. FCX, M. E. BERGY und G. A. BOYACK, Amer. Rev. Tuberc. *75*, 584 (1957).

[8]) P. SIMINOFF, R. M. SMITH, W. T. SOKOLSKI und G. M. SAVAGE, Amer. Rev. Tuberc. *75*, 576 (1957).

## 21. Sulfanilamide

Durch die Entwicklung neuer Sulfanilamide, die eine niedrige Dosierung von täglich 1–2 g erlauben, hohe therapeutische Blutspiegel ermöglichen, enge Indikationsgebiete besitzen und wenig Nebenwirkungen aufzeigen, haben diese wieder eine größere Bedeutung in der Therapie gewonnen.

So zeichnet sich das *Sulfamethoxypyridazin*, KYNEX (Lederle), LEDERKYN (Lederle-Grünenthal), MIDICEL (Parke Davis), DAVOSIN (Parke Davis, Deutschland) [3-Sulfanilamido-6-methoxy-pyridazin][1,2]) durch lange Wirksamkeit, gute Löslichkeit in Plasma und Urin, schnelle Absorption im Gastro-Intestinal-Trakt, hohen therapeutischen Blutspiegel, langsame Ausscheidung aus. Im Gegensatz dazu steht das azetylierte Produkt, das schnell über die Niere ausgeschieden wird[3,4]).

$$H_2N-\langle\ \rangle-SO_2-\overset{H}{N}-\langle\ \rangle-OCH_3 \qquad H_2N-\langle\ \rangle-SO_2-\overset{H}{N}-\langle\ \rangle-Cl$$

Sulfamethoxypyridazin                    (XXI)

Auch die Synthesevorstufe, das 3-(p-Amino-benzolsulfonamido)-6-chlor-pyridazin (XXI) (Ciba) zeigte sich sowohl im Tierversuch als auch bei der Anwendung am Menschen anderen Präparaten der Sulfa-Reihe überlegen[5]).

Bei der Ciba wurde auch ein anderes hochwirksames, sehr gut verträgliches Sulfanilamid-Derivat mit protrahierter Wirkungsdauer synthetisiert, das ORI-SUL [3-Sulfanilamido-2-phenyl-pyrazol][6]). Blutbildveränderungen oder Störungen der Nierenfunktion wurden bisher nicht beobachtet[7,8]).

Klinisch bewährt bei leichten und mittelschweren Harninfektionen, besonders bei Vorhandensein von *B. coli*, hat sich das *Sulfatriazin*, HB 182 (Österreichische Stickstoffwerke) [2-Sulfanilamido-4,6-dimethoxy-triazin][9]). Mit steigendem pH-Wert ist seine Löslichkeit beträchtlich erhöht, so daß die bei Sulfanilamiden gefährlichen Ausfällungen und Konglomeratbildungen in der Niere kaum zu befürchten sind[10,11]). Dieses Sulfatriazin ist mit Sulfamerazin im DISULFAZIN (Österreichische Stickstoffwerke), indiziert bei Pneumonien,

---

[1]) R. L. NICHOLS, W. F. JONES und M. FINLAND, Proc. Soc. exp. Biol. Med. *92*, 637 (1956).

[2]) J. H. CLARK, J. P. ENGLISH, G. R. JANSEN, H. W. MARSON, M. M. ROGERS und W. E. TAFT, J. Amer. chem. Soc. *80*, 980 (1958).

[3]) W. P. BOGEY, C. S. STRICKLAND und J. M. GYLFE, Antibiotic. Med. *3*, 378 (1956).

[4]) M. SCHOOG, Arzneimittel-Forsch. *8*, 197 (1958).

[5]) J. DRUEY, KD. MEIER und K. EICHENBERGER, Helv. chim. Acta *37*, 121 (1954).

[6]) P. SCHMIDT und J. DRUEY, Helv. chim. Acta *41*, 306 (1958).

[7]) H. GOLDHAMMER, Dtsch. med. Wschr. *83*, 1488 (1958).

[8]) D. BACHMANN, H. PAULY und W. SCHMIDT, Dtsch. med. Wschr. *83*, 1494 (1958).

[9]) H. BRETSCHNEIDER und W. KLÖTZER, Mh. Chemie *87*, 120 (1956).

[10]) R. EHRENREICH und H. HASCHEK, Wiener klin. Wschr. *68*, 45 (1956).

[11]) E. SEMENITZ, Z. Immunitätsforsch. *111*, 386 (1954).

Cystitis, Pyelitis und anderem, und als Tripel-Kombination mit Sulfadimethyl-pyrimidin und dem 2,6-Diamino-3-phenyl-azopyridin-Salz des Sulfatriazins im SULFORALIN (Penicillin-Gesellschaft Dauelsberg & Co., Göttingen) enthalten[1]).

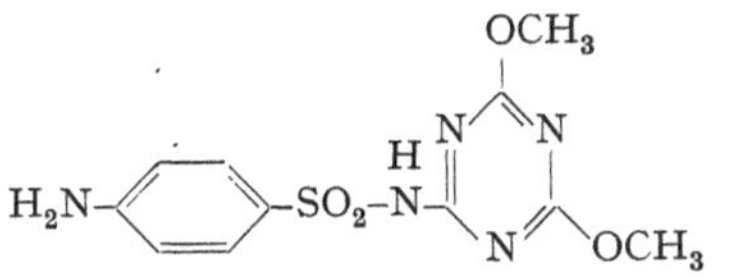

Sulfatriazin 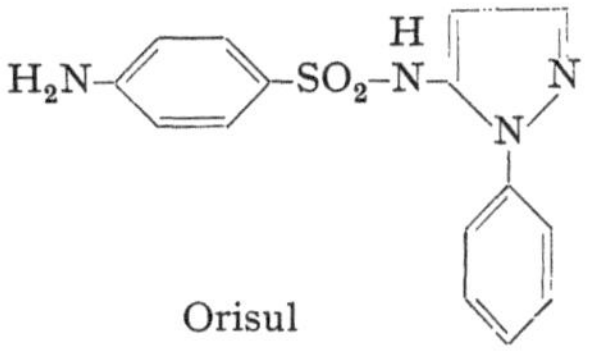                    Orisul

## 22. Tuberkulostatika

### 22.1 INH-Abkömmlinge

Die großen Erfolge, die mit dem INH bei der Bekämpfung der Tuberkulose erzielt wurden, aber auch die auftretenden toxischen Nebenwirkungen führten zur Entwicklung einer großen Anzahl neuer, ähnlich gebauter Verbindungen, um zu besser verträglichen und tuberkulostatisch aktiveren Präparaten zu gelangen. Neu eingeführt wurden von diesen INH-Abkömmlingen:

NEONIAZID (Eupharma), GLUCOTEBEN (Bayer) [N-Isonikotinoyl-N'-glucosyl-hydrazon][2]), INHASAN (Benckiser) [N-Isonikotinoyl-N'-(N''-acetyl-glucos-amin)-hydrazon][3]), *Verazid* [N-Isonikotinoyl-N'-(3,4-dimethoxy-benzal)-hy-drazon][4]), SALUZID (UdSSR) [N-Isonikotinoyl-N'-(2-carboxy-3,4-dimethoxy-benzal)-hydrazon], PHTHIVAZID (UdSSR), INH-O-VAN (VEB Farbenfabrik Wolfen), VANIZID (Australien) [N-Isonikotinoyl-N'-(4-hydroxy-3-methoxy-ben-zal)-hydrazon][5, 6]), das eine depotähnliche Wirkung besitzen soll, erklärbar durch die verzögert einsetzende Resorption, ISORILON (Roussel, Paris) [N-Iso-nikotinoyl-N'-(3-sulfonsäure-benzal)-hydrazon].

Wie schwer es ist, durch geeignete Substitution des INH eine Potenzierung der Aktivität zu erzielen, geht auch aus einer Publikation von LIPP und DAL-LACKER[7]) hervor, die Umsetzungsprodukte von INH mit aliphatischen, heterocyclischen und aromatischen Carbonyl-Verbindungen, mit Monocarbon-säure-chloriden und Dicarbonsäureanhydriden sowie mit Isocyanaten und Iso-thiocyanaten beschreiben. Bei der Prüfung von mehr als 100 Derivaten zeigten nur das 1-Oleyl-2-isonikotinoyl-hydrazin und das Furfuryliden-aceton-isoniko-tinsäure-hydrazon auch in der Klinik befriedigende Ergebnisse.

[1]) G. NABERT-BOCK, Arzneimittel-Forsch. *8*, 79 (1958).
[2]) C. BAAS, H. A. J. WARDENBURG und W. STRUBBE, Nederl. Tijdschr. Geneeskunde *100*, 1691 (1956).
[3]) J. KIMMIG, F. KRÜGER und J. MEYER-ROHN, Arzneimittel-Forsch. *7*, 157 (1957).
[4]) J. CYMERMAN-CRAIG und S. D. RUBBO, Nature, London *176*, 887 (1955).
[5]) M. N. SHCHUKINA, G. N. PERSHIN, C. C. MAKEEVA, E. D. SAZONOVA, E. S. NIKITSKAYA, A. D. YANINA und A. I. YAKOVLEVA, Doklady Akad. SSSR *84*, Nr. 5, 981 (1952).
[6]) S. D. RUBBO, J. EDGAR und G. VAUGHAN, Amer. Rev. Tuberc. *76*, 331 (1957).
[7]) M. LIPP und F. DALLACKER, Arzneimittel-Forsch. *8*, 165 (1958).

R

CH$_2$OH

Neoniazid

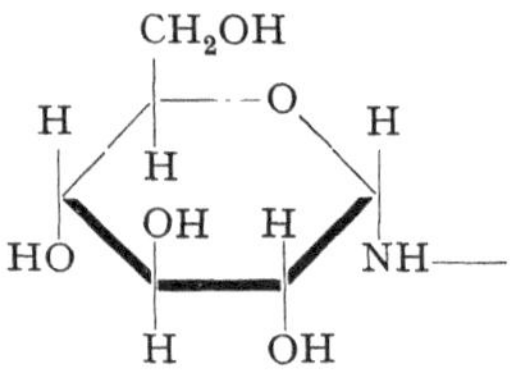

CH$_2$OH

Inhasan

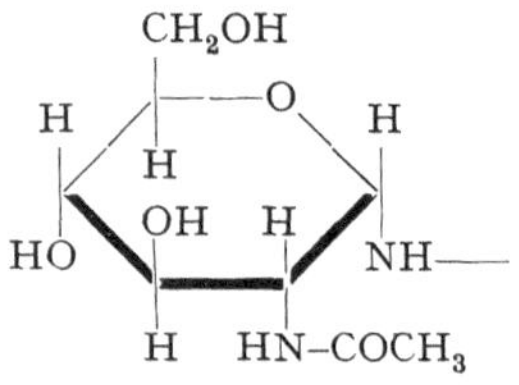

O
‖  H
C–N–R

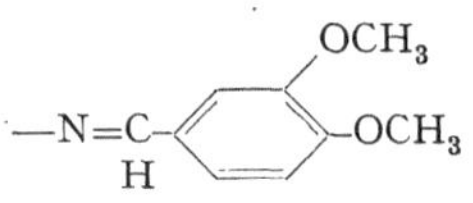

Verazid    —N=C— OCH$_3$, OCH$_3$
           H

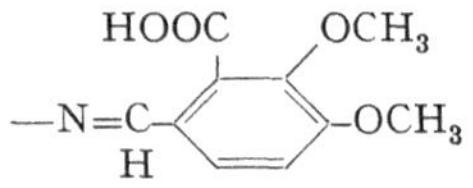

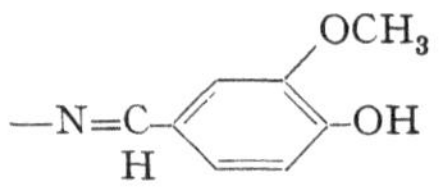

Saluzid    —N=C— HOOC  OCH$_3$, OCH$_3$
           H

Phthivazid —N=C— OCH$_3$, OH
           H

Isorilon   —N=C— SO$_3$H
           H

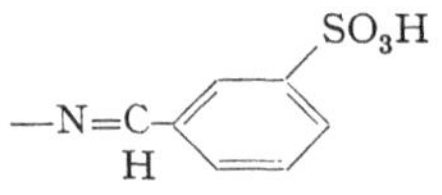

## 22.2 *Thiocarbanilide*

Diese Klasse von tuberkulostatischen Verbindungen wird schon seit langem untersucht[1,2]). Jetzt wurde das THIOBAN (Parke Davis) [4-Isobutoxy-4'-(2-pyridyl)-thiocarbanilid] in den Handel gebracht, das im Kaninchen- bzw.

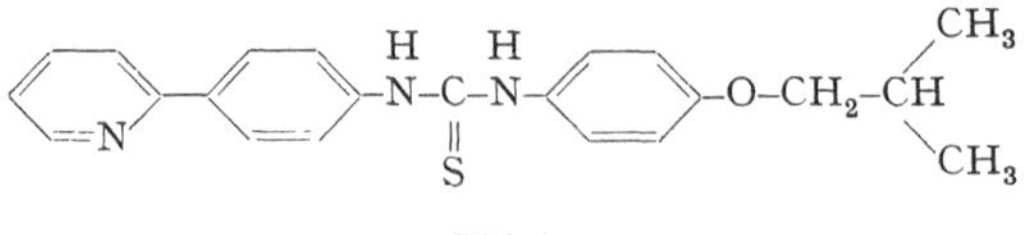

CH$_3$
–N–C–N– –O–CH$_2$–CH
H  H                    CH$_3$
    ‖
    S

Thioban

1) C. F. HUEBNER, J. L. MARSH, R. H. MIZZONI, R. P. MULL, D. C. SCHROEDER, H. A. TROXELL und C. R. SCHOLZ, J. Amer. chem. Soc. 75, 2274 (1953).
2) R. L. MAYER, P. C. EISMAN und E. A. KONOPKA, Proc. Soc. exp. Biol. Med. 82, 769 (1953).

Mäuseversuch die 10- bzw. 20fache Wirksamkeit von PAS besitzen soll, bei guter oraler Verträglichkeit.

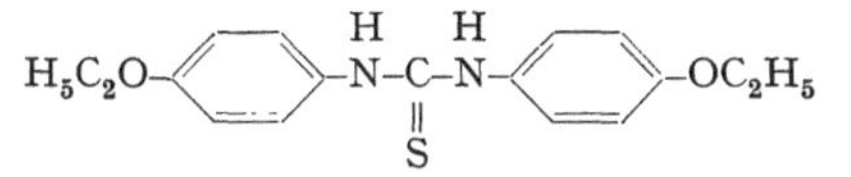

$$H_5C_2O-\!\!\!\!\!\!\!\!\!\!\!\!\!\!\!\!\!\!\!\!\!\!\!-N-\overset{H}{\underset{\parallel}{C}}-N-\!\!\!\!\!\!\!\!\!\!\!\!\!\!\!\!\!\!\!\!\!\!\!-OC_2H_5$$

Äthoksid

In Rußland ist das AETHOKSID [4,4′-Äthoxy-thiocarbanilid] eingeführt[1]).

### 23. Weitere antibakterielle Stoffe

Ein neuer Begriff wurde von R. G. SAUNDERS geprägt, «Synthobiotika», worunter synthetisch hergestellte, antibiotisch wirkende Substanzen verstanden werden[2]). Hierzu gehört das *Hexetidin*, STERISIL (Warner-Chilcott), TRIOCIL (Warner) [1,3-Bis-($\beta$-äthyl-hexyl)-5-methyl-5-amino-hexahydro-pyrimidin], das wirksam ist gegen viele gram-positive – wie Staphylo- und Streptokokken – und viele gram-negative Bakterien, auch gegenüber Penicillin, Streptomycin oder Tetracyclin resistente Stämme. Es wird als lokales antibakterielles Mittel angewandt bei Vaginitis und Cervicitis, bedingt durch Fungi oder Protozoen.

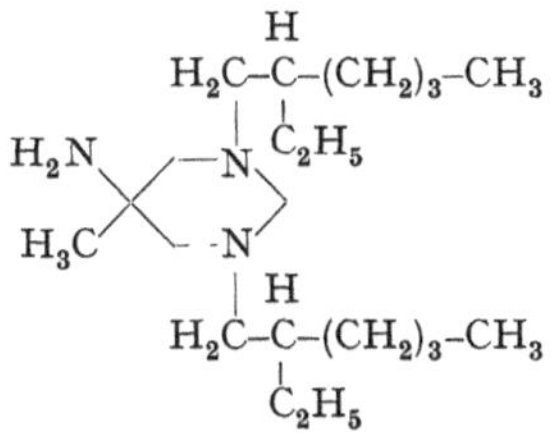

Hexetidine

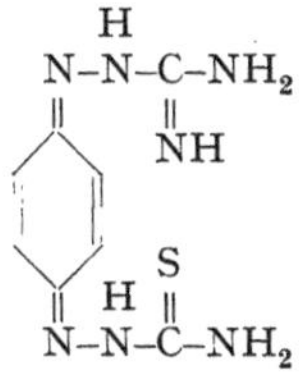

Ambozone

Elektiv gegen $\beta$-haemolytische Streptokokken und Pneumokokken wirkt das Benzo-chinon-guanylhydrazon-thiosemicarbazon, das aber Colibakterien nicht beeinflußt[3,4]). Es wurde als *Ambozone*, IVERSAL (Bayer) eingeführt und dient zur lokalen Behandlung bakterieller Mund- und Rachenkrankheiten, wie Tonsillitis, Pharyngitis und Stomatitis.

Bis-quaternäre Ammoniumverbindungen liegen im *Dequadinchlorid, Dequaliniumchlorid*, DEQUASPON (Allen & Hanburys) [Dekamethylen-bis-(4-amino-chinaldiniumchlorid)] und im *Hedaquiniumchlorid*, TEOQUIL (Allen & Hanburys) [Hexadekamethylen-1,16-bis-(2-isochinoliniumchlorid)] vor. Von diesen erwies sich das Chinolin-Derivat in vitro bei gram-positiven, gram-negativen und säurefesten Bakterien sowie bei *Candida albicans* wirksam. Durch Serum erfolgte keine Inaktivierung. Der Isochinolin-Abkömmling wird bei verschiede-

[1]) G. N. PERSCHIN, Pharmakologie und Toxikologie *21*, H. 2 (1958); ref. Pharmaz. Ind. *20*, 352 (1958).
[2]) Chem. Engng. News *35*, Nr. 16, 22 (1957).
[3]) S. PETERSEN und G. DOMAGK, Naturwissenschaften *41*, 10 (1954).
[4]) S. PETERSEN, W. GAUSS und E. URBSCHAT, Angew. Chem. *67*, 217 (1955).

nen fungalen Infektionen, einschließlich Epidermophyten, Mikrosporie und Trichophyton-Infektionen, empfohlen.

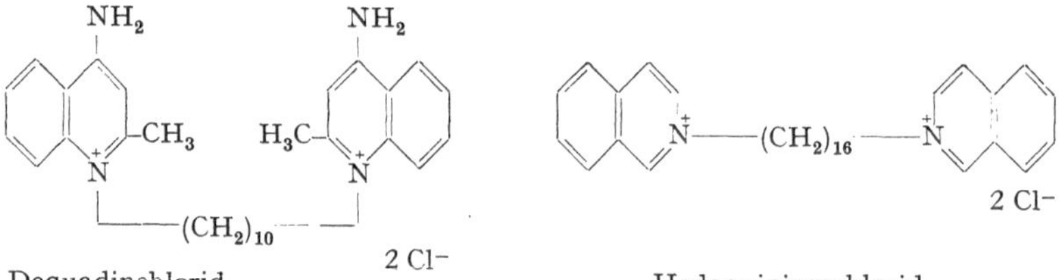

Dequadinchlorid      2 Cl⁻        Hedaquiniumchlorid

Ein Proguanil-Abkömmling ist das *Chlorhexidin*, HIBITAN (Imperial Chemical Industries) [1,6-Di-(4′-chlorphenyl-diguanidino)-hexan], das bei der bakteriostatischen Prüfung einer Reihe von Bis-diguanidinen als hoch wirksam erkannt wurde. Durch Körperflüssigkeiten wird es nicht inaktiviert, auch konnte bisher nicht der Nachweis einer Hibitan-Resistenz erbracht werden[1]), wie auch eine Idiosynkrasie nach längerer Anwendung nicht beobachtet wurde[2]).

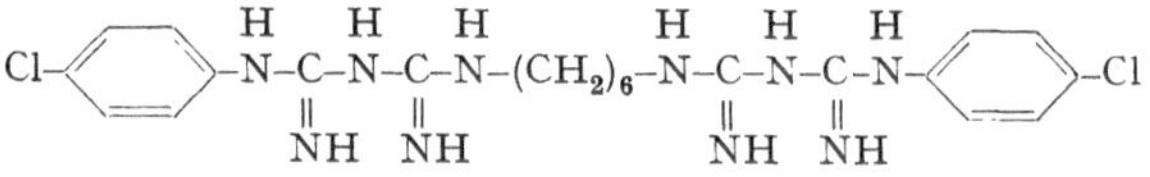

Chlorhexidin

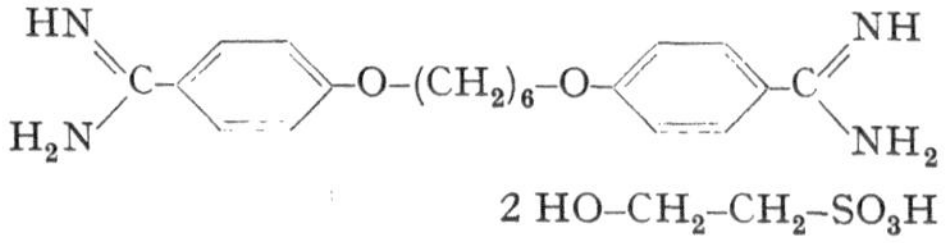

Hexomedin

Ein anderes äußerliches Antiseptikum mit bakteriostatischen Eigenschaften ist das HEXOMEDIN (Théraplix) [Di-isothionat des 4,4-Diamidino-1,6′-diphenoxy-hexan].

Inzwischen wurde ein weiteres Nitrofuran-Derivat eingeführt, und zwar das N-(5-Nitro-2-furfuryliden)-3-amino-2-oxazolidon unter dem Namen *Furazolidon*, FUROXONE (Eaton)[3]), das als peroral effektives Chemotherapeutikum bei bakterieller Enteritis und Dysenterie empfohlen wird[4]).

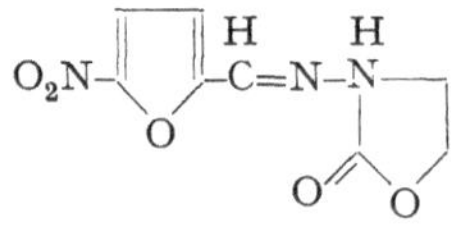

Furazolidon

[1]) G. E. DAVIES, J. FRANCIS, A. R. MARTIN, F. L. ROSE und G. SWAIN, Brit. J. Pharmacol. *9*, 192 (1954).

[2]) J. MURRAY und R. M. CALMAN, Brit. med. J. *1955*, I, 81.

[3]) K. HAYES, F. EBETINO und G. GEVER, J. Amer. chem. Soc. *77*, 2282 (1955).

[4]) P. LEON, Antibiotic Med. clin. Therap. *4*, 816 (1957).

## 24. Amöbicida

### 24.1 N-substituierte Dichloracetamide

Ausgehend vom Chloromycetin, wurden Dichloracetamid-Derivate synthetisiert und in dieser Reihe amöbicid hochwirksame Substanzen gefunden. So wurden mit dem MANTOMID (Winthrop) [N-(2,4-Dichlorbenzyl)-N-(2-hydroxyäthyl)-dichloracetamid] unter anderem gute Erfolge bei chronischer Amöbiasis des Intestinaltraktes erzielt, wobei toxische Erscheinungen oder Hinweise auf etwaige Unverträglichkeiten nicht beobachtet wurden [1, 2]).

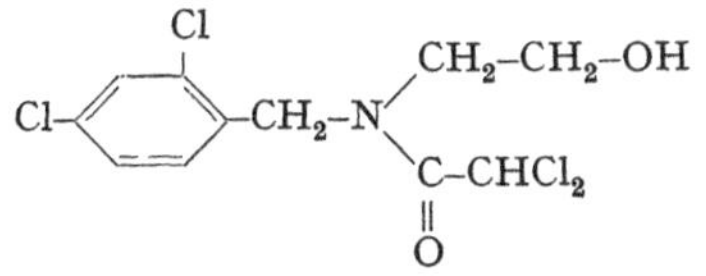

Mantomid 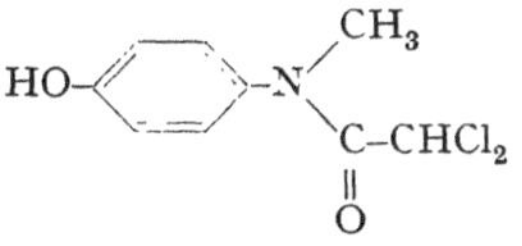                                              Diloxanid

Das *Diloxanid,* ENTAMID (Boots Pure Drugs) [N-Dichloracetyl-p-hydroxy-N-methyl-anilin], das auch als Acetanilid-Abkömmling angesehen werden kann, besitzt eine sehr geringe akute Toxizität [3]).

### 24.2 Chinon-Derivate

Ein orales Amöbicidum, das schon nach kurzer Zeit wirksam ist, liegt im ENTOBEX (Ciba) vor [4,7-Phenanthrolin-chinon-(5,6)-di-semicarbazon] [4]). Sein Effekt erstreckt sich sowohl auf die vegetativen Formen als auch auf die resistenteren Zystenformen der *Entamoeba histolytika.* Überdies besitzt es eine antibakterielle Wirkung, ohne die normale Darmflora zu beeinträchtigen [5, 6]).

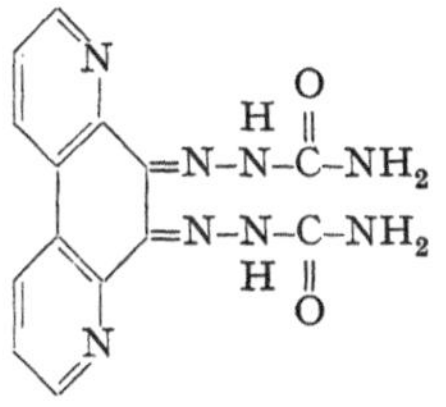

Entobex

[1]) E. W. DENNIS und D. A. BERBERIAN, Antibiotics and Chemotherapy *4*, 554 (1954).
[2]) E. H. LOUGHLIN und W. G. MULLIN, Antibiotics and Chemotherapy *4*, 570 (1954).
[3]) N. W. BRISTOW, P. OXLEY, G. A. H. WILLIAMS und G. WOOLFE, Trans. Roy. Soc. trop. Med. Hyg. *50*, 182 (1956).
[4]) P. SCHMIDT und J. DRUEY, Helv. chim. Acta *40*, 350 (1957).
[5]) J. B. A. VAN DROOGENBROECK, Ann. Soc. belg. Méd. trop. *36*, 875 (1956).
[6]) M. GLORIEUX, Ann. Soc. belg. Méd. trop. *36*, 823 (1956).

## 25. Anthelmintika

Es ist bekannt, daß Phthalsäureester anthelmintisch wirksam sind. Bei der Untersuchung verschiedener Ester in dieser Reihe mit ungesättigten Alkoholen erwies sich das saure Phthalat des 3-Methyl-pent-1-in-3-ol – *Phthalofyne*, WHIPCIDE (Pitman-Moore) – als das aktivste Derivat und zeigte eine hohe spezifische Wirksamkeit gegen *Trichuris vulpis* beim Hund[1]).

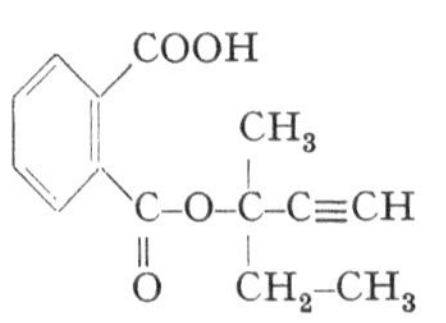

Whipcide 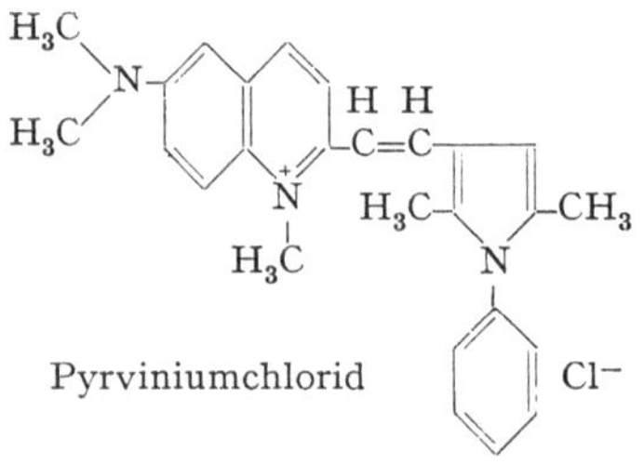                    Pyrviniumchlorid

Wirksam bei Oxyuriasis, doch nur hinreichend aktiv gegen Rundwürmer ist das *Pyrviniumchlorid*, VANQUIN (Parke Davis) [6-Dimethylamino-2-(2-{2,5-di-methyl-1-phenyl-3-pyrryl}-vinyl)-1-methyl-chinoliniumchlorid]. Es ist schlecht löslich und wird im Gastro-Intestinal-Trakt nur gering absorbiert; allein rund 60% der oralen Dosis werden durch den Darm wieder ausgeschieden[2]).

## 26. Stoffe zur Krebsbehandlung

Trotz umfassender und systematischer Forschungsarbeit befindet sich die Chemotherapie des Krebses noch im Anfang der Entwicklung. Alle bisher dargestellten Substanzen besitzen eine zu geringe therapeutische Breite.

### 26.1 N–Lost–Verbindungen

Die Lost-Verbindungen wirken praktisch hemmend auf alle Zellbestandteile der normalen und bösartigen Zelle, wobei die morphologischen Veränderungen weitgehend dem Effekt der Röntgenstrahlen ähneln[3]). Die gleichen Indikationen wie N-Lost hat ein Oxydationsprodukt, NITROMIN (Takeda, Japan), MITOMEN (Asta) [Methyl-bis-(β-chlor-äthyl)-amin-N-oxyd], ist aber besser verträglich. Vor allem in Japan wurde diese schon 1946[4]) dargestellte Substanz intensiv untersucht[5, 6]), und heute wird angenommen, daß das

[1]) F. A. EHRENFORD, A. B. RICHARDS, B. E. ABREN, E. R. BOCKSTAHLER, L. C. WEAVER und C. A. BUNDE, J. Pharmacol. *114*, 381 (1955).

[2]) L. J. BRUCE-CHWATT, J. Amer. med. Ass. *163*, 1481 (1957).

[3]) F. S. PHILIPS, Pharmacol. Rev. *2*, 281 (1950).

[4]) M. A. STAHMANN und M. BERGMANN, J. org. Chem. *11*, 586 (1946).

[5]) M. ISHIDATE, K. KOBAYASHI, Y. SAKURAI, H. SATO und T. YOSHIDA, Proc. Jap. Acad. *27*, 493 (1951).

[6]) K. KIMURA, H. TORIGOE, K. OTA und S. TORII, Nagoya J. med. Sci. *15*, 244 (1952).

N-Oxyd-Lost wie das Diäthyl-dioxy-stilben-diphosphat eine inaktive «Transportform» darstellt und vornehmlich in der Krebszelle in eine hochaktive «Wirkform» überführt wird[1]).

$$O$$
$$H_3C-N \nwarrow^{CH_2-CH_2-Cl}_{CH_2-CH_2-Cl}$$

N-Oxyd-Lost

$$\begin{array}{c} H_2 \quad H \\ C-N \\ H_2C \qquad O=P-N \nwarrow^{CH_2-CH_2-Cl}_{CH_2-CH_2-Cl} \\ C-O \\ H_2 \end{array}$$

Endoxan

Wichtig für die biologische Wirksamkeit von N-Lost-Verbindungen ist die Reaktivität der funktionellen $\beta$-Chloräthyl-Gruppen[2, 3]), wobei die Basizität des zentralen Stickstoffatoms von großer Bedeutung ist. Stärkere Basizität, erreicht durch Einführung nukleophiler Gruppen, führt zu einer Erhöhung der Reaktionsfähigkeit und damit zu toxischen Produkten; elektrophile Gruppen bedingen eine verminderte Basizität und Herabsetzung der Reaktivität, was zu biologisch unwirksamen Substanzen führen kann[4]). Da die Ionisation der Chlor-Atome der $\beta$-Chloräthyl-Gruppen des N-Oxyd-Lostes, die für die Bildung biologisch aktiver Radikalformen Voraussetzung ist, schon im zellfreien Milieu erfolgt, ist eine elektive Wirkung auf Tumoren nicht zu erwarten. Da durch N-Phosphorylierung des N-Lost dessen Basizität und auch Toxizität stark vermindert werden kann[5]), wurden weitere N-Lost-Phosphamide synthetisiert, mit dem Ziel, Substanzen zu finden, deren Umwandlung zur Wirkform im wesentlichen im Organismus erfolgt. Die günstigsten Ergebnisse wurden mit dem ENDOXAN (Asta) [N,N-Bis-($\beta$-chloräthyl)-N',O-propylen-phosphorsäureester-diamid] erzielt[6-8]). Es besitzt eine bedeutend größere therapeutische Breite als N-Oxyd-Lost.

Ein orales Cytostatikum zur Behandlung der chronischen lymphatischen Leukämie ist das *Chlorambucil*, LEUKERAN (Burroughs Wellcome) [4-{p-(Bis-[2-chloräthyl]-amino)-phenyl}-buttersäure][9]). Die Erfolge bei Hodgkinscher Krankheit waren weniger gut als mit N-Lost[10, 11]).

$$Cl-H_2C-H_2C \nwarrow_{Cl-H_2C-H_2C} N \langle \rangle -CH_2-CH_2-CH_2-\overset{O}{\overset{\|}{C}}-OH$$

Chlorambucil

$$Cl-H_2C-H_2C \nwarrow_{Cl-H_2C-H_2C} N \langle \rangle -CH_2-\overset{H}{\underset{NH_2}{C}}-COOH$$

Sarkolysin

[1]) H. DRUCKREY, D. SCHMÄHL, P. DANNEBERG, K. KAISER, H. A. NIEPER, H. W. LO und R. MECKE, Arzneimittel-Forsch. *6*, 539 (1956).
[2]) W. C. J. ROSS, Adv. Cancer Res. *1*, 397 (1953).
[3]) P. HEBBORN und J. F. DANIELLI, Nature, London *177*, 25 (1956).
[4]) N. BROCK, Z. Krebsforsch. *62*, 9 (1957).
[5]) O. M. FRIEDMAN und A. M. SELIGMANN, J. Amer. chem. Soc. *76*, 655, 658 (1954).
[6]) H. ARNOLD, F. BOURSEAUX und N. BROCK, Naturwissenschaften *45*, 64 (1958).
[7]) N. BROCK, Arzneimittel-Forsch. *8*, 1 (1958).
[8]) N. BROCK und H. WILMANNS, Dtsch. med. Wschr. *83*, 453 (1958).
[9]) J. L. EVERETT, J. J. ROBERTS und W. C. J. ROSS, J. chem. Soc., London *1953*, 2386.
[10]) D. A. G. GALTON und M. TILL, Lancet *1955*, I, 425.
[11]) D. A. G. GALTON, L. G. ISRAELS, J. D. N. NABARRO und M. TILL, Brit. med. J. *1955*, II, 1172.

Als Phenylalanin-Abkömmling kann das Di-2-chloräthyl-p-amino-phenyl-alanin auch den Antimetaboliten zugeordnet werden. Im SARCOLYSIN (UdSSR)[1,2] und SARCOCLORINA (Simes, Mailand) liegt das Razemat vor, das einen cytostatischen Effekt unter Besserung des Allgemeinbefindens ausübt; dem steht jedoch die starke Vermehrung der Leukozytenzahl und das rasche Abklingen der klinischen Remissionen entgegen[3]). Stärker wirksam als die D- oder DL-Verbindung ist das L-Isomere – MELPHALAN (Burrougs Wellcome)[4]). Ebenso wurde das DOPAN (UdSSR) [4-Methyl-5-bis-(2-chloräthyl)-amino-ura-cil] in Rußland entwickelt, mit dem gute Ergebnisse bei Hodgkinscher Krankheit erzielt wurden.

Dopan

Mannomustine

Durch die Zellmembran permeïeren allgemein solche Stoffe besonders leicht, die am Stoffwechsel der Zelle selbst teilnehmen, wie zum Beispiel Zucker und die natürlichen Aminosäuren. Da die bisherigen Cytostatika aber, abgesehen von einigen Aminosäuren-Abkömmlingen, Derivate von körperfremden Substanzen sind, wurden nun Zucker-Abkömmlinge dargestellt, vor allem Äthylenimino- und β-Chlor-methylamino-Derivate von Zuckern und zucker-ähnlichen Substanzen. Aus dieser Reihe wurde das *Mannomustine*, DEGRANOL (Chinoin, Budapest; Leda Chemicals Ltd.) [1,6-Bis-(β-chloräthylamino)-1,6-bis-desoxy-D-mannit][5,6] eingeführt, das gegenüber N-Lost und den anderen cytostatischen Stoffen folgende Vorteile besitzt: geringe Toxizität, größere Breite der therapeutisch verwendbaren Dosen, Stabilität der Lösung, keine lokale Reizwirkung, langsame protrahierte Wirkung, perorale Anwendbarkeit[7,8]. Unter den bekannten cytostatischen biologischen Alkylierungsmitteln repräsentiert es gewissermaßen einen neuen Typ, da es im Gegensatz zum N-Lost und seinen Analogen eine sekundäre Base ist. Dieser Unterschied äußert sich auch in seinen biologischen Eigenschaften. Die Anwesenheit der Hydroxylgruppen scheint in diesem Typ wesentlich zu sein, denn das hydroxyl-freie Analoge, das Hexan-Derivat, zeigt so gut wie keine cytostatische Wirk-

[1]) L. F. LARIONOV, E. N. SHKODINSKAJA, V. J. TROOSHEIKINA, A. S. KHOKHLOV, O. S. VA-LINA und M. A. NOVIKOVA, Lancet 1955, II, 169.

[2]) L. F. LARIONOV, Brit. med. J. 1956, I, 252.

[3]) G. CONSOLI und A. VIOLANTI, Tumori 42, 931 (1956).

[4]) P. C. KOLLER und U. VERONESI, Brit. J. Cancer 10, 703 (1956).

[5]) L. VARGHA, Naturwissenschaften 42, 582 (1955).

[6]) L. VARGHA, L. TOLDY, Ö. FEHÉR und S. LENDVAI, J. chem. Soc., London 1957, 805.

[7]) B. KELLNER, L. NÉMETH und C. SELLEI, Naturwissenschaften 42, 582 (1955).

[8]) B. KELLNER und L. NÉMETH, Z. Krebsforsch. 61, 165 (1956).

samkeit. Ebenso ist die Konfiguration von entscheidender Bedeutung, zum Beispiel ist das entsprechende Dulcit-Derivat völlig inaktiv. Auch der Ersatz der Methylgruppe des N-Losts durch einen Glucose-Rest ruft keine bedeutende Änderung in den biologischen Eigenschaften hervor.

## 26.2 Äthylenimine

Da das N-Lost in Lösung schnell in die Äthylenimonium-Verbindung übergeht, lag es nahe, auch Substanzen mit solchen «cytostatischen» Gruppen zu synthetisieren. Die erste in dieser Reihe untersuchte Verbindung war das Triäthylenmelamin (TEM).

Neu hinzugekommen ist das TETRAMIN (BASF) [1-Äthylenimino-2-oxy-buten-(3)], das im Tierversuch ein breites Wirkungsspektrum zeigte[1]) und sich auch in der Klinik bewährte[2]).

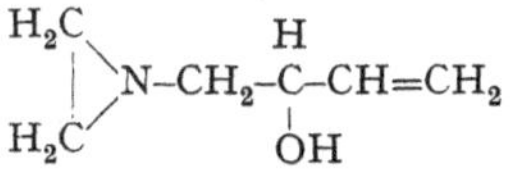

$$H_2C \diagdown \atop H_2C \diagup N-CH_2-\underset{\underset{OH}{|}}{\overset{\overset{H}{|}}{C}}-CH=CH_2$$

Tetramin

Eine interessante Körperklasse liegt in den 2,5-Bis-äthylen-imino-hydro-chinonen vor (bzw. seinen polymeren inneren Salzen), da diese Äthylenimin-Derivate durch ihre Chinonstruktur chemische Beziehungen zu dem cytostatisch wirkenden Actinomycin C erkennen lassen. Verbindungen dieser Reihe erwiesen sich im Tierversuch als hochwirksam gegen sieben verschiedene Arten transplantierter Tumoren[3,4]) und zeigten sich in Tumorhemmeffekt und Verträglichkeit dem TEM und N-Lost überlegen[5,6]). Als *Inproquone*, E 39 (Bayer) steht hieraus das 2,5-Bis-äthylen-imino-3,6-bis-n-propoxy-benzochinon-(1,4) zur Verfügung, das unter anderem auch gegen chronisch-myeloische und chronisch-lymphatische Leukämien wirksam ist[7]).

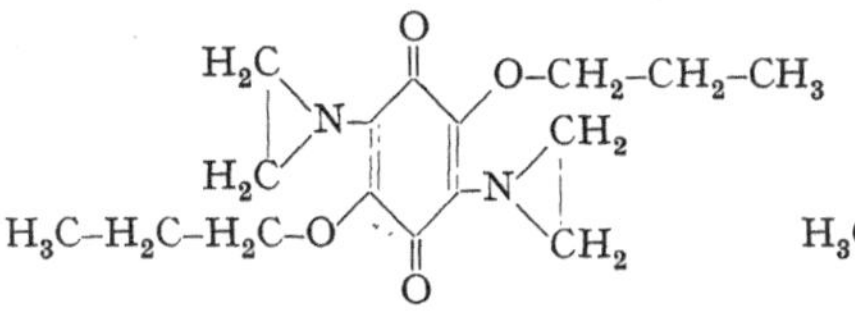

E 39

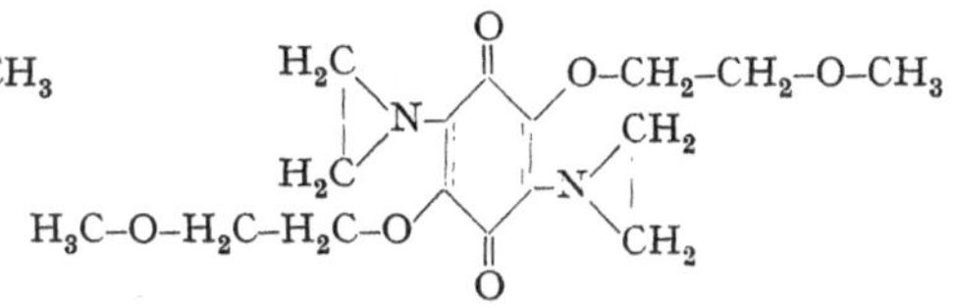

E 39 solubile

Eine Weiterentwicklung ist das E 39 SOLUBILE (Bayer) [2,5-Bis-äthylen-imino-3,6-bis-methoxy-äthoxy-benzochinon-(1,4)], das in organischen Lösungs-mitteln, außer Leichtbenzin, und in Wasser gut löslich ist.

[1]) H. OETTEL und G. WILHELM, Dtsch. med. Wschr. *82*, 1461 (1957).
[2]) W. SCHULZE, Dtsch. med. Wschr. *82*, 1465 (1957).
[3]) A. MARXER, Experientia *11*, 184 (1955); Helv. chim. Acta *38*, 1473 (1955).
[4]) S. PETERSEN, W. GAUSS und E. URBSCHAT, Angew. Chem. *67*, 217 (1955).
[5]) G. DOMAGK, S. PETERSEN und W. GAUSS, Z. Krebsforsch. *59*, 617 (1954).
[6]) G. DOMAGK, Dtsch. med. Wschr. *81*, 801, 821 (1956).
[7]) H. J. WOLF und N. GERLICH, Dtsch. med. Wschr. *81*, 801 (1956).

## 27. Steroide Hormone

### 27.1 *Corticoide Steroide*

Große Anstrengungen werden auf diesem Gebiet unternommen, um zu wirksameren Verbindungen zu gelangen, in der Annahme, daß bei der dadurch bedingten niedrigeren therapeutischen Dosierung auch wesentlich geringere Nebenwirkungen auftreten.

So kann eine Wirkungssteigerung um das 2–5fache durch Einführung einer weiteren Doppelbindung in den Ring A der Cortisone erreicht werden[1, 2]. Diese «Meta-Drugs» beeinflussen den Elektrolytstoffwechsel und Wasserhaushalt nur unwesentlich. Während das *Prednison*, *Metacortandracin*, CO-DELTRA (Merck Sharp & Dohme), CORTANCYL (Roussel), CORTIDELT (Dembach-Roussel), DECORTIN (E. Merck), DECORTISYL (Roussel Ltd.), DELTACORTONE (Merck Sharp & Dohme), DELTASON (Upjohn), DELTRA (Merck Sharp & Dohme), DI-ADRESON (Organon), HOSTACORTIN (Hoechst), METICORTEN (Schering Corp.), NISON (Lepetit), PARACORT (Parke Davis), ULTRACORTEN (Ciba) [17α,21-Dihydroxy-$\Delta^{1,4}$-pregnadien-3,11,20-trion] ein 1,2-Dehydro-cortison darstellt, entspricht das *Prednisolon*, *Metacortandralon*, CODELCORTONE (Knoll), CO-HY-DELTRA (Merck Sharp & Dohme), DECORTIN «H» (E. Merck), DELTACORTEF (Upjohn), DELTACORTRIL (Pfizer; C. H. Boehringer Sohn), DELTASTABS (Boots), DI-ADRESON F (Organon), HOSTACORTIN «H» (Hoechst), HYDELTRA (Merck Sharp & Dohme), HYDROCORTANCYL (Roussel), HYDROCORTIDELT (Dembach-Roussel), METICORTELON (Schering Corp.), PARACORTOL (Parke Davis), PREDNIS (Arlington), PREDSOL (Glaxo), SCHERISOLON (Schering/West), STERAN (Pfizer), ULTRACORTEN-H (Ciba) [11β, 17α, 21-Trihydroxy-$\Delta^{1,4}$-pregnadien-3,20-dion] dem $\Delta^1$-Dehydroderivat des Hydrocortisons. Im klinischen Gebrauch haben sich beide Präparate, deren Indikationsgebiet sich weitgehend mit dem des Cortisons und Hydro-cortisons deckt, als gleichwertig erwiesen[3-5].

R = =O Prednison
R = – OH Prednisolon

Medrol

[1] H. L. HERZOG, C. C. PAYNE, M. A. JEVNIK, D. GOULD, E. L. SHAPIRO, E. P. OLIVETO und E. B. HERSHBERG, J. Amer. chem. Soc. *77*, 4781 (1955).

[2] E. VISCHER, CH. MEYSTRE und A. WETTSTEIN, Helv. chim. Acta *38*, 835 (1955).

[3] H. L. HERZOG, A. NOBILE, S. TOLKSDORF, W. CHARNEY, E. B. HERSHBERG, P. L. PERLMAN und M. M. PECHET, Science, Washington *121*, 176 (1955).

[4] J. J. BUNIN, M. M. PECHET und A. J. BOLLET, J. Amer. med. Ass. *157*, 311 (1955).

[5] J. W. GRAY und E. Z. MERRICK, J. Amer. Geriatr. Soc. *3*, 337 (1955).

Bei der Suche nach neuen Substitutionsmöglichkeiten des Cortison-Moleküls wurden in den 6-Methyl-Verbindungen Abkömmlinge mit hoher Wirksamkeit aufgefunden. So ist das 6α-Methyl-hydrocortison viermal und das entsprechende $\Delta^1$-Dehydroderivat 16mal wirksamer als Cortison, letzteres soll darüber hinaus mineralocorticoid unwirksam sein[1]) und wurde als 6-*Methylprednisolon*, MEDROL (Upjohn) [11β,17α,21-Trihydroxy-6α-methyl-$\Delta^{1,4}$-pregnadien-3,20-dion] eingeführt.

Auch Substitutionen an anderen Kohlenstoffatomen des Moleküls wurden vorgenommen. So bewirkt eine Halogeneinführung am C 9 eine Zunahme der glucocorticoiden, entzündungswidrigen und arthritischen Wirkung des Cortisons, die aber häufig begleitet ist von einer unerwünschten Steigerung der mineralcorticoiden Aktivität, wie zum Beispiel beim $\Delta^1$-Dehydro-9α-fluorhydrocortison[2]). Auch die Anwendung des *Fludrocortison*, ALFLORON (Merck Sharp & Dohme), F-CORTEF (Upjohn), FLORINEF (Squibb), FLUDROCORTONE (Knoll), SCHEROFLURON (Schering/West) [9α-Fluor-hydrocortison], das mindestens 25mal stärker wirksam ist als Cortison[3]), ist aus diesem Grunde beschränkt. Vor allem ist es geeignet zur äußerlichen Behandlung entzündlicher und allergischer Hautaffektionen, die auf Cortisone günstig ansprechen[4]), und zur Substitutionstherapie bei Nebennierenrindeninsuffizienz[5]).

Fludrocortison                    Triamcinolon

Eine weitere Erhöhung der entzündungshemmenden Aktivität wurde durch die Einführung einer OH-Gruppe am C-Atom 16 erzielt[6]). Dieses *Triamcinolon*, ARISTOCORT (Lederle, USA), DELPHICORT (Lederle/Grünenthal), KENACORT (Squibb), LEDERCORT (Lederle, England), VOLON (Squibb/von Heyden, München) [9α-Fluor-16α-hydroxy-prednisolon] ermöglicht eine Reduzierung der Anfangs- und Erhaltungsdosen auf etwa $^2/_3$ bis $^1/_2$ der von Prednison bzw. Prednisolon benötigten Menge. Es zeichnet sich durch eine geringe Natrium- und Wasserretention aus; der Prozentsatz der Ulcus-pepticum- und Osteporose-Fälle ist sehr gering.

[1]) G. B. SPERO, J. L. THOMPSON, B. J. MAGERLEIN, A. R. HANZE, H. C. MURRAY, O. K. SEBEK und J. A. HOGG, J. Amer. chem. Soc. *78*, 6213 (1956).
[2]) J. A. HOGG, F. H. LINCOLN, A. H. NATHAN, A. R. HANZE, W. P. SCHNEIDER, P. F. BEAL und J. KORMAN, J. Amer. chem. Soc. *77*, 4438 (1955).
[3]) J. FRIED und E. F. SABO, J. Amer. chem. Soc. *75*, 2273 (1953); *76*, 1455 (1954).
[4]) L. DE GENNES und G. DELTOUR, Presse méd. *1955*, 1214.
[5]) G. J. HAMWI und R. F. GOLDBERG, J. Amer. med. Ass. *159*, 1598 (1955).
[6]) S. BERNSTEIN, R. H. LENHARD, W. S. ALLEN, M. HELLER, R. LITTELL, S. M. STOLAR, L. I. FELDMANN und R. H. BLANK, J. Amer. chem. Soc. *78*, 5693 (1956).

Praktisch gleich wirksam wie Medrol ist das 21-Fluor-Derivat des 9α-Fluor-prednisolon (XXII) (Squibb)[1,2].

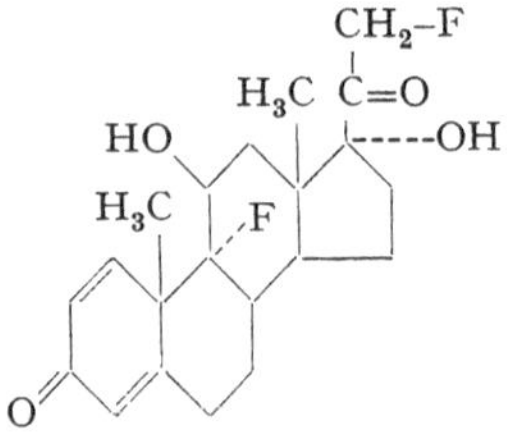

$$CH_2-F$$
$$H_3C \; C=O$$

(XXII)

$$CH_2-O-COCH_3$$
$$H_3C \; C=O$$

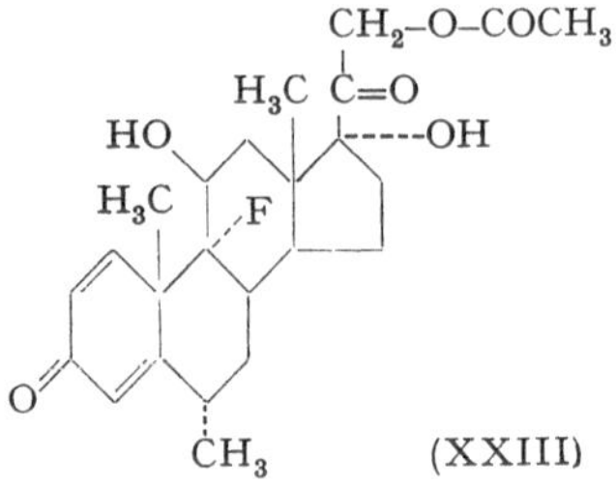

(XXIII)

Im Tierversuch erwies sich das 9α-Fluor-6α-methyl-Δ[1]-hydrocortison-21-acetat (XXIII) (Upjohn) in seiner glucocorticoiden Wirkung nach parenteraler Applikation als 120mal, nach oraler Gabe als 190mal so wirksam wie Hydrocortison, was einer 30–50fachen Wirkungssteigerung gegenüber Prednison und Prednisolon entspricht. Eine merkliche Salz- und Wasserretention ruft es nicht hervor[3,4].

Auch die Einführung einer weiteren Doppelbindung in das Prednison- bzw. Prednisolon-Molekül, und zwar zwischen C 6 und C 7, bringt eine ansehnliche Wirkungssteigerung mit sich, wobei 17α,21-Dihydroxypregna-1,4,6-trien-3,11,20-trion (XXIV) und 11β,17α,21-Trihydroxypregna-1,4,6-trien-3,20-dion (XXV) erhalten werden[5].

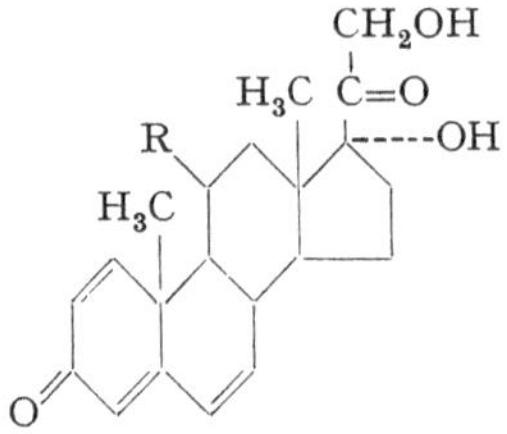

$$CH_2OH$$
$$H_3C \; C=O$$

R = =O   (XXIV)
R = – OH (XXV)

$$CH_2OH$$
$$H_3C \; C=O$$

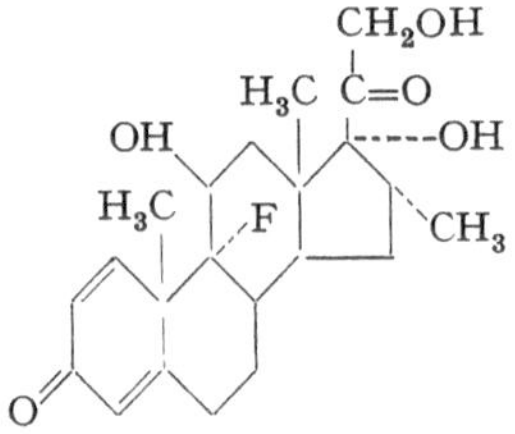

Hexadecadrol

Eine neue Gruppe entzündungshemmender Steroide wurde in den am C-Atom 16 methylierten Verbindungen gefunden[6]), aus welcher das 16α-Methyl-9α–fluor-prednisolon – *Hexadecadrol*, DECADRON (Merck Sharp & Dohme) – das Hydrocortison in seiner Wirksamkeit 30mal übertraf, wobei Nebenwirkungen, wie Natrium- und Wasserretention, fehlen[7].

[1]) J. E. HERZ, J. FRIED, P. GRABOWICH und E. F. SABO, J. Amer. chem. Soc. *78*, 4812 (1956).

[2]) Chem. Engng. News *34*, 6184 (1956).

[3]) Chem. Engng. News *35*, Nr. 16, 23 (1957).

[4]) G. B. SPERO, J. L. THOMPSON, F. H. LINCOLN, W. P. SCHNEIDER und J. A. HOOG, J. Amer. chem. Soc. *79*, 1515 (1957).

[5]) E. J. AGNELLO und G. D. LAUBACH, J. Amer. chem. Soc. *79*, 1257 (1957).

[6]) G. E. ARTH, D. B. R. JOHNSTON, J. FRIED, W. W. SPOONCER, D. R. HOFF und L. H. SARETT, J. Amer. chem. Soc. *80*, 3160 (1958).

[7]) G. E. ARTH, J. FRIED, D. B. R. JOHNSTON, D. R. HOFF, L. H. SARETT, R. H. SILBER, H. C. STOERCK und C. A. WINTER, J. Amer. chem. Soc. *80*, 3161 (1958).

## 27.2 Geschlechtshormone

Eine bedeutende Rolle bei der Regulierung der männlichen Sexualfunktion, aber auch bei der Steuerung des Gewebeaufbaus spielt das Testosteron. Da seinem Einsatz als wirksames Mittel vor allem zur Förderung der Heilungsvorgänge nach schweren Operationen oder auch nach gewissen Erkrankungen sein Einfluß auf die Sexualfunktionen in diesen Fällen störend im Wege steht, ging das Interesse der Forschung dahin, durch Substituentenabwandlungen und Einbau neuer Radikale in das Testosteronmolekül Derivate zu entwickeln, die nur anabolisch oder nur androgen wirken, zumindest aber eine der beiden Funktionen zugunsten der anderen sehr stark zurücktreten lassen. Hier haben vor allem die 19-Nor-testosterone großes Interesse gefunden und hinsichtlich der therapeutischen Anwendung neue Möglichkeiten erweckt. Sie fördern den Wiederaufbau der Gewebe nach schweren Krankheiten und chirurgischen Eingriffen, ohne virilisierend zu wirken. Die Wirkung von Arzneimitteln in der Therapie von Krebserkrankungen, Leukämie und Hodgkinscher Krankheit wird erheblich unterstützt, ohne selbst als Heilmittel gegen diese Krankheiten wirksam zu werden.

So ist das *Nandrolone*, DURABOLIN (Organon) [19-Nor-17 $\beta$-hydroxy-androst-4-en-3-on-17-phenyl-propionat] in seinen pharmakologischen Eigenschaften denen des Methylandrostendiols ähnlich. Die Veresterung mit der Phenylpropionsäure bedingt einen verlängerten Effekt, kann aber als Ester auch nur in öliger Lösung intramuskulär appliziert werden.

Durabolin · Norethandrolon

Das *Norethandrolon*, NILEVAR (Searle) [17$\alpha$-Äthyl-17$\beta$-hydroxy-19-nor-androst-4-en-3-on] gleicht in seiner anabolen Wirkung dem Testosteron, seine androgene Aktivität ist jedoch wesentlich geringer, sie beträgt rund $1/16$ der des Testosterons; es kann also bei beiden Geschlechtern angewandt werden.

Während die Einführung eines 9$\alpha$-Fluor-Substituenten in das Hydrocortison-Molekül eine Vermehrung der mineralcorticoiden und zu einem geringeren Anteil auch der glucocorticalen Aktivität bewirkt, steigert ein solcher Substituent bei den 11$\beta$-Hydroxy-Derivaten des Methyltestosteron deutlich die anabole und androgene Wirksamkeit. Dieses *Fluoxymestron*, HALOTESTIN (Upjohn), ORA-TESTRYL (Squibb), ULTANDREN (Ciba) [9$\alpha$-Fluor-11$\beta$, 17$\beta$-dihydroxy-17$\alpha$-methyl-4-androsten-3-on][1] hat sich bei oraler Gabe klinisch in seiner

[1]) M. E. HERR, J. A. HOOG und R. H. LEVIN, J. Amer. chem. Soc. 78, 500 (1956).

Androgen-Wirkung als etwa 10mal und im anabolen Effekt als etwa 20mal stärker als das Methyltestosteron erwiesen. Das nichthalogenierte Derivat wird ungefähr 5mal übertroffen.

Fluoxymestron                                           Orgasteron

Das 17α-Methyl-19-nor-testosteron – ORGASTERON (Organon) – wurde zuerst von DJERASSI[1]) dargestellt und als oral wirksames anaboles Agens erkannt. Klinische Untersuchungen zeigten seine progestative Wirksamkeit[2]). Neben Methylöstradiol liegt es auch im GYNÄKOSID (C. F. Boehringer und Söhne) vor, einem oralen Schwangerschaftsdiagnostikum.

Dem Progesteron in der Aktivität weit überlegen, vor allem bei sublingualer Applikation, ist auch das *Norethindron, Norethisteron, Norpregninolon*, NORLUTIN (Parke Davis), PRIMOLUT N (Schering/West) [17α-Äthinyl-19-nor-testosteron][3-5]).

Norethisteron                                           Norethinodrel

Ein anderer Typ progestativer Stoffe liegt in Verbindungen vor, in denen die Doppelbindung zwischen den Ringen A und B steht. Hier ist das 17α-Äthinyl-17β-hydroxy-$\Delta^{5\,(10)}$-östren-3-on, oral gegeben, 10–25mal wirksamer als Progesteron und wird bei Cyclus-Unregelmäßigkeiten eingesetzt. Als Nebenwirkung zeigte es sich konzeptionsverhütend (je nach den Umständen erwünscht oder unerwünscht), und es wird schon ein Einsatz zur Geburtenkontrolle erwogen[6]). Zusammen mit dem Äthinyl-östradiol-3-methyläther liegt dieses *Norethinodrel* im ENOVID (Searle) vor.

Als wertvolles Hilfsmittel zur Verhütung von Früh- und Fehlgeburten hat sich bei der klinischen Prüfung das PROVERA (Upjohn) [6α-Methyl-17α-acetoxy-

---

[1]) C. DJERASSI, L. MIRAMONTES, G. ROSENKRANZ und F. SONDHEIMER, J. Amer. chem. Soc. *76*, 4092 (1954).

[2]) J. FERIN, Acta endocrinol., Copenhagen *22*, 303 (1956).

[3]) R. HERTZ, W. TULLNER und E. RAFFELT, Endocrinology *54*, 228 (1954).

[4]) R. B. GREENBLATT, J. clin. Endocrinol. *16*, 869 (1956).

[5]) R. HERTZ, J. H. WAITE und L. B. THOMAS, Proc. Soc. exp. Biol. Med. *91*, 418 (1956).

[6]) Chem. Engng. News *35*, Nr. 23, 30 (1957).

progesteron] erwiesen. Bei subkutaner Anwendung war es 50–60mal wirksamer als Progesteron, und bei oraler Medikation übertraf es das Ethisteron um 100–300mal[1]). Darüber hinaus scheint das Präparat nach den bisher vorliegenden ersten Versuchsergebnissen auch ein brauchbares Antikonzipiens zu sein, da es – wie die Tierversuche gezeigt haben – als Ovulationsinhibitor wirkt[2]).

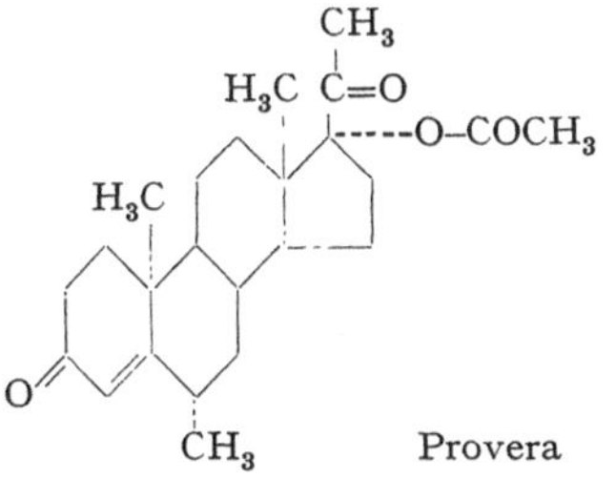

| Provera | Broparaestrol |

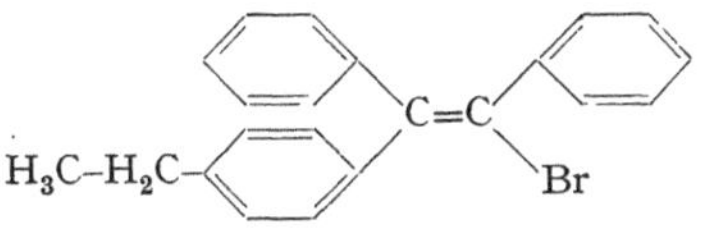

Ein Derivat des Triphenyläthylens ist das *Broparaestrol*, LONGESTROL (Laroche-Navarron) [α-(p-Äthylphenyl)-α,β-diphenyl-β-bromäthylen], das ein zwar schwaches, aber lang wirkendes Östrogen darstellt[3]) und verwandt mit dem Chlortrianisen ist.


### 28. Antidiabetika

Eine blutzuckersenkende Wirkung bei Sulfanilamiden wurde zuerst vom 2-(p-Amino-benzolsulfamido)-5-isopropyl-thiadiazol (XXVI) (2254 RP) – *Glyprothiazol* – bekannt[4]). Nachprüfungen in dieser Reihe ergaben, daß auch mit der 5-tert.-Butyl-Verbindung (XXVII) (2259 RP) – *Glybuthiazol* – bei Diabetikern ein schnelles Verschwinden der Glykosurie erzielt werden kann; es wirkt wie ein Retardsulfonamid und erwies sich als mindest so wirksam, wenn nicht noch besser als die anderen hypoglykämisch wirkenden Derivate[5]).

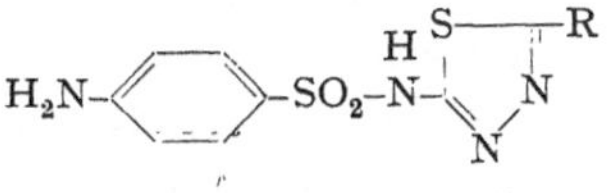

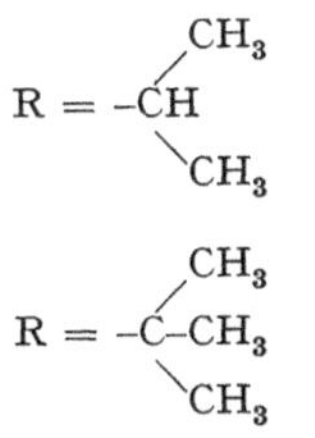

[1]) J. C. BABCOCK, E. S. GUTSELL, M. E. HERR, J. A. HOGG, J. C. STUCKI, L. E. BARNES und W. E. DULIN, J. Amer. chem. Soc. *80*, 2904 (1958).

[2]) Chem. Engng. News *36*, Nr. 24, 52 (1958).

[3]) M. PERAULT und J. B. BOUVIER, Therapiewoche *1955*, H. 15/16, 365.

[4]) M. JANBON, J. CHAPTAL, A. VEDEL und J. D. SCHAAP, Montpellier méd. *21–22*, 441 (1942).

[5]) A. LOUBATIÈRES, P. BOYARD, C. FRUTEAU DE LACLOS und A. S. SASSINE, C. r. Séances Soc. Biol. Filiales *150*, 1604 (1956).

Später wurde nun bei der klinisch-chemotherapeutischen Prüfung des $N_1$-Sulfanilyl-$N_2$-(n-butyl)-harnstoff eine ebensolche Wirkung aufgefunden[1-3]), der dann auf Grund dieser Arbeiten als *Carbutamid, Glybutamide*, NADISAN (C. F. Boehringer und Söhne), INVENOL (Hoechst), ORANIL (VEB Chem. Werke Radebeul), GLUCIDORAL (Servier), ALENTIN (Orion) eingeführt wurde – auch das analoge Isopropyl-Derivat (XXVIII) bewirkt denselben Effekt[4]). Dieses orale Antidiabetikum mit bakteriostatischen Eigenschaften wurde aber schon 1951 ausgetestet, seinerzeit aber wegen seiner langsamen Ausscheidung und der Gefahr der Sulfonamid-Resistenz der Bakterien bei laufender Behandlung abgelehnt[5]). Wegen seiner sulfonamidartigen Nebenwirkungen wurde es auch von LILLY während der klinischen Prüfung zurückgezogen[6]).

$$R-\langle\!\!\!\bigcirc\!\!\!\rangle-SO_2-\overset{H}{N}-\overset{\overset{O}{\|}}{C}-\overset{H}{N}-(CH_2)_n-CH_3$$

$R = -NH_2$
$n = 3$      Carbutamid

$R = -CH_3$
$n = 3$      Tolbutamid

$R = -Cl$
$n = 2$      Chlorpropamid

$$H_2N-\langle\!\!\!\bigcirc\!\!\!\rangle-SO_2-\overset{H}{N}-\overset{\overset{O}{\|}}{C}-\overset{H}{N}-\overset{\nearrow CH_3}{\underset{\searrow CH_3}{CH}} \qquad (XXVIII)$$

Daß die hypoglykämisierende Wirkung nicht an die Sulfanilyl-Gruppierung gebunden ist, konnte bei den weiteren Untersuchungen herausgearbeitet werden; Ersatz der kernständigen Amino- durch eine Methylgruppe führte zu einem Präparat, das keine den Sulfanilamiden vergleichbare antibakterielle Wirkung aufweist[7]). Mit diesem *Tolbutamid, Tolglybutamide*, RASTINON (Hoechst), ARTOSIN (C. F. Boehringer und Söhne), ORINASE (Upjohn), DOLIPOL (Somedia), ORABET (VEB Chemische Werke Radebeul) [$N_1$-(4-Methyl-benzol-sulfonyl)-$N_2$-(n-butyl)-harnstoff][8]) läßt sich ebenso wie mit Carbutamid der Diabetes des älteren Menschen, der nach dem 40. oder 50. Lebensjahr manifest geworden ist, am günstigsten beeinflussen. Voraussetzung für eine orale Therapie mit diesen Mitteln ist, daß der Zuckerkranke in der Lage sein muß, einen gewissen Anteil an Eigeninsulin zu produzieren. Über den Wirkungsmechanismus können zur Zeit noch keine sicheren Angaben gemacht werden.

---

[1]) M. FRANKE und J. FUCHS, Dtsch. med. Wschr. *80*, 1449 (1955).
[2]) J. A. ACHELIS und K. HARDEBECK, Dtsch. med. Wschr. *80*, 1452 (1955).
[3]) F. BERTRAM, E. BENDFELDT und H. OTTO, Dtsch. med. Wschr. *80*, 1455 (1955).
[4]) H. BARTH, Pharmazie *10*, 549 (1955).
[5]) H. KLEINSORGE, Dtsch. med. Wschr. *81*, 750 (1956).
[6]) Chem. Engng. News *34*, 5512 (1956).
[7]) A. BÄNDER und J. SCHOLZ, Dtsch. med. Wschr. *81*, 889 (1958).
[8]) G. EHRHART, Naturwissenschaften *43*, 93 (1956).

Vom *Chlorpropamid*, DIABINESE (Pfizer) [$N_2$-(4-Chlor-benzolsulfonyl)-$N_2$-(n-propyl)-harnstoff] wurden bis jetzt erst Untersuchungen an einem relativ kleinen Krankengut bekannt, so daß über Vor- bzw. Nachteile gegenüber den schon länger benutzten Präparaten noch keine Aussagen gemacht werden können[1, 2].

Besonders in kleineren Dosen soll das DIABORAL (Carlo Erba) [$N_1$-(4-Methylbenzol-sulfonyl)-$N_2$-(cyclohexyl)-harnstoff] eine stärkere und länger anhaltende hypoglykämische Wirkung als Tolbutamid besitzen[3]), außerdem soll bei geringerer Toxizität und Stoffwechselhemmung eine insulinartige, periphere Wirkung fehlen[4]). Die Substanz selbst ist schon im DBP 965400 vom 4. September 1955 (Hoechst) beschrieben.

Diaboral                DBI bzw. PEDG

In den USA werden seit einiger Zeit erneut Guanidin-Verbindungen zur oralen Therapie des Diabetes klinisch erprobt. Es handelt sich um einige Biguanidin-Derivate, vor allem um den N'-β-Phenäthyl-formamidinyl-iminoharnstoff (DBI) oder auch Phenäthyl-diguanid (PEGD) (U.S. Vitamin Corp.). Bei dieser im Tierversuch kaum toxischen Substanz wurden Leber- und Nierenschäden, wie seinerzeit beim Synthalin, nicht festgestellt[5, 6]). Der Wirkungsmechanismus dieser Biguanide – im Hinblick auf den Kohlenhydratstoffwechsel – dürfte dem des Synthalin sehr ähnlich sein. Der Anwendungsbereich der Biguanide scheint aber von vornherein stärker beschränkt[7]).

Über neue peroral wirksame blutzuckersenkende Substanzen berichten HAACK[8]) und RUSCHIG et al.[9]) in zusammenfassenden Arbeiten.

[1]) I. MURRAY, M. J. RIDDELL und I. WANG, Lancet *1958*, II, 553.

[2]) H. A. HEINSEN, G. DEHN und H. HAGEN, Med. Klinik *53*, 1685 (1958).

[3]) A. MELLI, M. A. PARENTI und C. CAPRARO, Farmaco, Pavia, ediz. sci. *12*, 268 (1957).

[4]) A. MELLI, F. PICCININI, M. A. PARENTI und V. CAPRARO, Farmaco, Pavia, ediz. sci. *12*, 274 (1957).

[5]) G. UNGAR, L. FREEDMAN und S. L. SHAPIRO, Proc. Soc. exp. Biol. Med. *95*, 190 (1957).

[6]) R. I. NIELSEN, H. E. SWANSON, D. C. TANNER, R. H. WILLIAMS und M. O'CONNELL, Arch. int. Med. *101*, 211 (1958).

[7]) F. BERTRAM, Arzneimittel-Forsch. *8*, 427 (1958).

[8]) E. HAACK, Arzneimittel-Forsch. *8*, 444 (1958).

[9]) H. RUSCHIG, G. KORGER, W. AUMÜLLER, H. WAGNER, R. WEYER, A. BÄNDER und J. SCHOLZ, Arzneimittel-Forsch. *8*, 448 (1958).